Personalentwicklung in Organisationen

Karlheinz Sonntag
(Hrsg.)

Personalentwicklung in Organisationen

Psychologische Grundlagen, Methoden und Strategien

4., vollständig überarbeitete und erweiterte Auflage

hogrefe

Prof. Dr. Karlheinz Sonntag, Studium der Betriebswirtschaftslehre und der Psychologie an den Universitäten Augsburg und München. 1982 Promotion in Psychologie an der LMU München. 1988 Habilitation in Arbeits- und Organisationspsychologie an der Universität Kassel. Seit 1993 Universitätsprofessor und Inhaber des Lehrstuhls für Arbeits- und Organisationspsychologie an der Universität Heidelberg. Gastprofessuren an der Universität Bern (1999), der Wirtschaftsuniversität Wien (2005) und der Université de Fribourg (2007). 2009–2013 Prorektor für Qualitätsentwicklung an der Universität Heidelberg. Leiter mehrerer Forschungsprojekte zur Gefährdungsbeurteilung psychischer Belastung am Arbeitsplatz, zur Work-Life-Balance und Unternehmenskultur, zu Gesundheitsförderung in einer digitalisierten Arbeitswelt, zur Beurteilung von Potenzialen älterer Mitarbeiter sowie zur Qualitätsentwicklung an Hochschulen. Arbeitsschwerpunkte: Personalentwicklung und Trainingsforschung, Occupational Health und Gesundheitsmanagement, Anforderungsanalyse und Kompetenzmanagement, Demografie und Arbeitswelt.

Bibliografische Information der Deutschen Nationalbibliothek

Die Deutsche Nationalbibliothek verzeichnet diese Publikation in der Deutschen Nationalbibliografie; detaillierte bibliografische Daten sind im Internet über http://dnb.dnb.de abrufbar.

Hogrefe Verlag GmbH & Co. KG
Merkelstraße 3
37085 Göttingen
Deutschland
Tel.: +49 551 999 50 0
Fax: +49 551 999 50 111
E-Mail: verlag@hogrefe.de
Internet: www.hogrefe.de

Satz: Matthias Lenke, Weimar
Druck: Hubert & Co., Göttingen
Printed in Germany
Auf säurefreiem Papier gedruckt

4. Auflage 2016

(E-Book-ISBN [PDF] 978-3-8409-2550-4; E-Book-ISBN [EPUB] 978-3-8444-2550-5)
ISBN 978-3-8017-2550-1
http://doi.org/10.1026/02550-000

Vorwort zur 4. Auflage

Die Dynamik der Umfeldbedingungen menschlicher Arbeit, hervorgerufen durch Globalisierung, Digitalisierung und demografischen Wandel, hat enorme Auswirkungen auf die Personalentwicklung (PE) von Fach- und Führungskräften in Organisationen.

Vielfalt, Flexibilität und Individualität werden gemeinhin als Gestaltungsprämissen zukünftiger Arbeit gesehen. Unabdingbare Voraussetzung für die erfolgreiche Implementierung anspruchsvoller und leistungsfähiger neuer Formen der Arbeit sind Kompetenz und Gesundheit sowie die Motivation der Organisationsmitglieder.

Eine in diesem Sinne betriebene Personalentwicklung muss Konzepte, Methoden und Instrumente bereitstellen, die die Verantwortlichen im HR-Management in die Lage versetzen, die Persönlichkeit ihrer Mitarbeiter und Führungskräfte zu entwickeln, Verhalten zu modifizieren und Wissen zu vermitteln. Erfolgreiche Personalentwicklung hat die Aufgabe, Ressourcen aufzubauen und zu erhalten, um den Anforderungen aktueller und zukünftiger Arbeit zu genügen und negative Beanspruchungsfolgen bei den Erwerbstätigen zu vermeiden.

Vor diesem Hintergrund ist die Psychologie mehr denn je gefordert, ihr Wissen in den Dienst der Anwendung zu stellen. Die vorliegende 4. Auflage wurde deshalb um relevante psychologische Disziplinen im Bereich der Kognition und Motivation erweitert. Zusätzlich wurden Führungsfragen bei Veränderungsprozessen, Strategien zur Harmonisierung von Arbeit, Freizeit und Familie, eine ressourcenorientierte Gesundheitsförderung und die Nutzung der produktiven Potenziale älterer Erwerbstätiger sowie die berufliche Identität entwickelnde und den Erfolg steuernde PE-Konzepte mit aufgenommen. Die bereits in der 3. Auflage enthaltenen Beiträge wurden grundlegend überarbeitet und aktualisiert.

Herzlich bedanke ich mich bei den Mitautorinnen und Mitautoren für die Erstellung beziehungsweise Aktualisierung ihrer Beiträge. Frau Dr. Christine Sattler und Frau Barbara Schulz haben mich beim Lesen der Korrekturfahnen enorm entlastet. Ihnen gilt mein Dank ebenso wie Tobias Johann, Tobias Krieger und Alexander Martin für ihr Engagement bei den vielfältigen Redaktionsarbeiten.

Das Editieren dieser erheblich erweiterten Neuauflage wurde – wie bei den vorangegangenen Auflagen auch – durch kollegiale, offene und wohltuende Gespräche mit Herrn Dr. Michael Vogtmeier vom Hogrefe Verlag befördert und begleitet. Bei Frau Tanja Ulbricht bedanke ich mich für das sehr sorgfältige und professionelle Lektorieren der Beiträge, bei Herrn Peter Schmidt für die komplikationslose Zusammenarbeit bei der Herstellung des Buches.

Heidelberg, im Juli 2016 Karlheinz Sonntag

Inhaltsverzeichnis

I. Einführung

II. Grundlegende Beiträge psychologischer Disziplinen zur Personalentwicklung

III. Methoden und Strategien der Personalentwicklung

Analyse

Intervention

Evaluation

Anhang

I. Einführung

Kapitelübersicht

Kapitel 1

Personalentwicklung – ein Feld psychologischer Forschung und Gestaltung

Karlheinz Sonntag

Inhaltsübersicht

Überblick:

Dieses einführende Kapitel diskutiert die zentrale Rolle der Personalentwicklung (PE) in erfolgreichen Organisationen. Die spürbaren Konsequenzen der Veränderungsdynamik in der Arbeitswelt erfordern Konzepte und Methoden, die eine den Menschen gleichermaßen fördernde wie gesunderhaltende Arbeitsgestaltung und Kompetenzentwicklung umfassen. Der Beitrag zeigt einen deutlichen Bedarf an psychologischem Grundlagen- und Anwendungswissen in der Personalentwicklung. Systematisch dargestellt an einem Phasenmodell personaler Förderung, werden beginnend mit der Bedarfsanalyse über die Gestaltung und Durchführung verschiedener Interventionen bis hin zur Evaluation dieser Maßnahmen und deren Transfer in den Arbeitsalltag innovative Konzepte sowie erprobte Techniken und Methoden genannt, die jeweils in den weiteren Kapiteln des Buches ausführlich beschrieben und diskutiert werden.

1 Bedarf an psychologischer Kompetenz in der Personalentwicklung

Digitalisierung und technologische Entwicklung führen zu erheblichen qualitativen Veränderungen in der Arbeitswelt (vgl. Bauernhansl, ten Hompel & Vogel-Heuser, 2014; Gorecky, Schmitt & Loskyll, 2014; Hirsch-Kreinsen, Ittermann & Niehaus, 2015). Die Berücksichtigung menschlicher Verhaltensweisen und Denkprozesse sowie motivationaler und emotionaler Zusammenhänge ist vor diesem Hintergrund unabdingbar, sollen zunehmende Komplexität und Veränderungsdynamik für den Menschen bei seiner Arbeitstätigkeit bewältigbar bleiben. Gefragt ist ein vorausschauendes Management der Ressourcenerhaltung und -förderung der Organisationsmitglieder, bei dem Personalentwicklung, Führung und Gesundheitsprävention, abgestimmt auf intelligente technische und organisatorische Lösungen, eine zentrale Rolle spielen.

Sichtet man die Fülle vorhandener „Praxisliteratur", Informationsmaterialien und Broschüren von Unternehmen, Verbänden und Gewerkschaften, so wird darin teilweise überzeugend dargelegt, dass eine zukunftsorientierte Personalentwicklung ohne psychologisches Grundlagen- und Methodenwissen nicht mehr durchführbar zu sein scheint. Zumindest legen Postulate nach psychischem Wohlbefinden in der zunehmend vernetzten Arbeitswelt, Persönlichkeitsentwicklung, Teamfähigkeit und Problemlösekompetenz der Mitarbeiter[1] und Führungskräfte in flexiblen Arbeits- und Organisationsformen diesen Schluss nahe.

Ein Blick durch den Annoncenteil einschlägiger Zeitschriften macht deutlich, dass in Stellenangeboten für „Personalentwickler" in vielen Fällen eine psychologische Ausbildung erwünscht ist (Schwerpunkt Arbeits- und Organisationspsychologie). Die Inanspruchnahme von Psychologen durch die betriebliche Praxis mag primär instrumentell motiviert und an die Hoffnung geknüpft sein, bislang ungenutzte Ressourcen und Potenziale der Organisationsmitglieder erschließen zu können. Inwieweit das aber dann seriös, fair und effizient realisiert werden kann, ist abhängig von der theoretischen und methodischen Kompetenz, die die ausgebildeten Psychologen für Lösungen im Human Resource (HR)-Management mitbringen.

In den vom Arbeitskreis Assessment Center formulierten „Qualitätsstandards für Personalentwicklung in Wirtschaft und Verwaltung" wird ausdrücklich auf die

1 Aus Gründen der einfacheren Lesbarkeit wird in diesem und den folgenden Beiträgen häufig auf eine Differenzierung der männlichen und weiblichen Genusformen verzichtet. Selbstverständlich gelten die verwendeten Bezeichnungen jeweils für beide Geschlechter. Wenn möglich, wurden geschlechtsneutrale Begriffe verwendet.

erforderliche fachspezifische Erfahrung von Arbeits- und Organisationspsychologen bei der Konzeption, Durchführung und Evaluation geeigneter Maßnahmen und Instrumente personaler Förderung hingewiesen (vgl. Wolf, Diesner, Fennekels et al., 1998; Höft & Wolf, 2003).

2 Forschungsstand und Literaturlage

2.1 Historische Entwicklung

Als traditionelles Teilgebiet des Personalwesens fand Personalentwicklung (PE) bis in die 1980er Jahre fast ausschließlich Beachtung in der betriebswirtschaftlichen Literatur, wo in den entsprechenden Lehrbüchern und Monografien meist Ansätze der nordamerikanischen Managementforschung thematisiert wurden. Vergleichsweise bescheiden nahm sich bis dahin die psychologierelevante Literatur zur Personalentwicklung aus. Monografien von Conradi (1983) und Neuberger (1991) stellten erste Systematisierungsversuche und Ansätze einer teilweisen psychologischen Aufarbeitung auf verhaltenswissenschaftlichen Grundlagen dar. Andere Veröffentlichungen beschränkten sich auf Teilbereiche der Personalentwicklung, wie beispielsweise Ausbildung und Training (Stocker-Kreichgauer, 1978), Evaluation von Führungskräftetraining (Fisch & Fiala, 1984), Erwachsenenbildung (Sarges & Fricke, 1986), Assessment Center (Schuler & Stehle, 1987) oder Trainingsforschung (Sonntag, 1989).

Fragen der beruflichen Qualifizierung, des betrieblichen Anlernens und Schulens zählten allerdings schon seit Münsterberg (1912) und Giese (1927) – mit unterschiedlichem Verständnis und thematischem Gewicht – zum Gegenstandsbereich der Angewandten Psychologie (vgl. zu einem historischen Überblick Kraiger & Ford, 2007; Sonntag, Frieling & Stegmaier, 2012). Die in der damaligen Psychotechnik meist einseitig ökonomisch ausgerichtete Rationalisierung der Fertigkeitsschulung veranlasste Arbeitspsychologen in der Folge einen stärkeren Bezug zur Allgemeinen Psychologie und zur Lernpsychologie in Fragen der beruflichen Qualifizierung herzustellen. Realisiert wurde dies erst Mitte der 1960er Jahre durch Forschungsarbeiten zum sensumotorischen Lernen (vgl. bspw. Ulich, 1964; Volpert, 1971) und zum Training sozialer Fertigkeiten (Semmer & Pfäfflin, 1978). Erst ab diesem Zeitpunkt kann von einer theoretisch begründeten, experimentell überprüften Methodenentwicklung gesprochen werden, die sich in den Folgejahren auch auf das Training kognitiv anspruchsvoller und komplexer Tätigkeiten bezog (vgl. Sonntag 1990, 1992; Felfe, 1992; Hacker & Skell, 1993; Greif & Kurtz, 1996).

Neben der Erprobung von Trainingsverfahren als Mittel zur Veränderung und Weiterentwicklung beruflicher Qualifikationen sind die, Ende der 1970er Jahre begonnenen, mehrjährigen Forschungsaktivitäten einer theoretischen und empirischen Annäherung der arbeitsimmanenten Qualifizierung und Kompetenzentwicklung durch Arbeitsgestaltung zu nennen (vgl. Frei, Duell & Baitsch, 1984; Franke & Kleinschmitt, 1987). Die dort begonnenen Arbeiten besitzen für die gegenwärtige Personalentwicklung noch immer Relevanz und Aktualität.

Zu Beginn des neuen Jahrtausends konnte in der Folge auf eine Reihe von Übersichtsarbeiten zur Personalentwicklung unter Nutzung psychologischen Anwendungswissens zurückgegriffen werden, wie in Reviews von Holling und Liepmann (2004), Sonntag (2002, 2004) oder in Beiträgen zu speziellen Themenfeldern, wie Personalentwicklung mit computer- und netzbasierten Medien (vgl. Schaper, Sonntag & Baumgart, 2003), selbstgesteuertes Lernen (vgl. Deitering, 2001), wissensorientierte (vgl. Sonntag & Schaper, 2006) oder verhaltensorientierte Verfahren der Personalentwicklung (vgl. Sonntag & Stegmaier, 2006), gesundheitsbezogene Interventionen (vgl. Semmer & Zapf, 2004), Mentoring-Ansätze (vgl. Blickle, 2000), Training von Führungskräften (vgl. Kaschube & von Rosenstiel, 2004), Potenzialdiagnose und -förderung (vgl. Kleinmann und Strauß, 2000), Beurteilung und Förderung beruflicher Leistung (vgl. Schuler & Marcus, 2004) oder Karriereentwicklung (vgl. von Rosenstiel, Lang von Wins & Sigl, 1997). Weiterhin wurden Themenhefte zur Personalentwicklung in deutschsprachigen psychologischen Zeitschriften editiert (vgl. Schuler, 1989; Sonntag & Schaper, 2000; Schaper & Kauffeld, 2008), wobei in der letzteren Ansätze der Kompetenzentwicklung und des Lerntransfers dargestellt wurden.

Bedeutsam werden in diesem Zeitraum Forschungs- und Entwicklungsarbeiten zum arbeitsbezogenen Lernen. Lernen findet demnach direkt im Arbeitsprozess oder in speziell gestalteten Lernumgebungen statt. Erhöhung des Transfers, Berücksichtigung aktueller Lernerfordernisse sowie eine Verbesserung der Selbstorganisation und Eigenverantwortung sind Zielgrößen arbeitsbezogenen Lernens. Theoretische Grundlagen, empirische Befunde, Instrumente und Konzepte zum arbeitsbezogenen Lernen finden sich in Sonntag und Stegmaier (2007). Weitere inhaltliche Entwicklungen in diesen Jahren zeigen mehr oder minder elaborierte und systematische Ansätze der Kompetenzmodellierung, die das operative Tagesgeschäft in der Personalauswahl und -entwicklung effektiv unterstützen sollen. Ein solches Kompetenzmanagement sieht die Integration zentraler Tools wie Aufgaben-/Anforderungsanalysen, Kompetenzmodellierung, Potenzialanalyse und Kompetenzentwicklung vor (vgl. Erpenbeck & von Rosenstiel, 2003; Kauffeld, Grote & Frieling, 2009).

2.2 Neuere Entwicklungen

Wie stark inzwischen Personalentwicklung inhaltlich mit der Psychologie verbunden ist, zeigt ihre Einbindung in aktuelle Standardwerke der Arbeits- und Organisationspsychologie sowie der Personalpsychologie mit eigenen fundierten und gut recherchierten Teilkapiteln, wie Trainingsgestaltung (Sonntag & Stegmaier, 2010), Personale Förderung und Kompetenzentwicklung (Sonntag, Frieling & Stegmaier, 2012), Training und Transfer (Maier, Sobiraj, Steinmann & Nübold, 2014), Karrieremanagement, Training und Beratung (Wihler, Solga & Blickle, 2014), Personalentwicklung (Blickle, 2014), Prozess und Methoden der Personalentwicklung (Kanning, 2014), Konzepte der Trainingsforschung (Schaper, 2014).

Monografien einer psychologieorientierten Personalentwicklung mit starkem Anwendungsbezug liegen vor, mit Themen wie Evaluation und Transfersicherung betrieblicher Trainings (Rowold, Hochholdinger & Schaper, 2008), Nachhaltige Weiterbildung (Kauffeld, 2010), Praxishandbuch Personalentwicklung (Ryschka, Solga & Mattenklot, 2011), Kompetenzmodelle (Krumm, Mertin & Dries, 2012), Teamentwicklung (van Dick & West, 2013), Führungskräftetrainings (Felfe & Franke, 2014), Laufbahnentwicklung & -beratung (Gasteiger, 2014), Coaching (Rauen, 2014), Soziale Kompetenzen (Kanning, 2015).

Insgesamt lässt sich feststellen, dass das Thema der Personalentwicklung – ursprünglich mehr betriebswirtschaftlich ausgerichtet – inzwischen zu einem festen inhaltlichen Bestandteil der Angewandten Psychologie (Arbeits- und Organisationspsychologie, Personalpsychologie) geworden ist und die bisherige Dominanz der Eignungsdiagnostik deutlich relativiert.

2.3 Entwicklungen im angloamerikanischen Sprachraum

Auf eine inhaltlich konsistentere, psychologieaffine Forschungstradition zurückblickend war Personalentwicklung in den USA, ähnlich wie in Großbritannien (vgl. Stammers & Patrick, 1975), zunächst fast ausschließlich durch Trainingsforschung repräsentiert. Personalentwicklung, begrenzt auf Training, definiert sich nach der klassischen Arbeit („Training and Development in Work Organizations") von Goldstein und Gessner (1988) als die systematische Aneignung von Fähigkeiten, Regeln, Konzepten oder Einstellungen mit dem Ziel einer verbesserten Leistung bei der Aufgabenbewältigung.

Eine erste umfassende und fundierte Aufarbeitung der Trainingsforschung im personalen Kontext legten McGehee und Thayer (1961) mit dem Werk „Training in Business and Industry" vor. Weitere „Klassiker" auf diesem Gebiet fokussierten Themen, wie beispielsweise Lernprinzipien bei der Gestaltung von Trainingsprogrammen (Bass & Vaughan, 1966) oder Bedarfsermittlung und Evaluation (Goldstein, 1974). Das gesamte Aufgabenspektrum und Methodeninventar eines wissenschaftlich begründeten Trainingssystems zur Entwicklung von Humanressourcen in Organisationen beinhalteten Arbeiten von Wexley und Latham (1981), Goldstein und Gessner (1988) oder French (1994).

Elaborierte, den gegenwärtigen Status quo reflektierende, Monografien mit einem breiten inhaltlichen Spektrum personaler Förderung liegen mit

- „Learning, Training, and Development in Organizations" von Kozlowski und Salas (2010)
- „Employee Training and Development" von Noe (2013)
- „Human Resource Development" von Carbery und Cross (2015)

vor.

Gute Tradition haben Reviews oder Metaanalysen, die mehr oder minder regelmäßig den inhaltlichen und methodischen Stand der Trainingsforschung in bestimmten Themenfeldern kritisch durchleuchten:

- Anforderungsanalyse und Kompetenzmodelle (vgl. Campion, Fink et al., 2011; Sanchez & Levine, 2012)
- Trainingstransfer (vgl. Hesketh, 1997; Blume, Ford, Baldwin & Huang, 2010; Grossman & Salas, 2011)
- Trainingsmotivation (vgl. Colquitt, LePine & Noe, 2000; Tharenou, 2001)
- Trainingsnutzen (vgl. Aguinis & Kraiger, 2009)
- Workplace Learning (vgl. Kraiger & Ford, 2007; Noe, Tews & Marand, 2013)
- Webbasiertes Training (vgl. Sitzmann, Kraiger, Stewart & Wisher, 2006)
- Mentoring (vgl. Underhill, 2006; Thurston, D'Abate & Eddy, 2012)
- Managementtraining und dessen Effektivität (vgl. Powell & Yalcin, 2010)
- Behavioral Modeling Training und dessen Effektivität (Taylor, Russ-Eft & Chan, 2005)
- Trainingsevaluation und -design (vgl. Arthur, Bennett, Edens & Bell, 2003)
- Trainingsvoraussetzungen (vgl. Mesmer-Magnus & Viswesvaran, 2010)
- das gesamte Aufgabenfeld der Trainingsforschung (vgl. Aguinis & Kraiger, 2009; Noe, Clarke & Klein, 2014; Salas & Cannon-Bowers, 2001; Salas, Tannenbaum, Kraiger & Smith-Jentsch, 2012)

Aktueller Forschungsbedarf wird von den Autoren in der Erweiterung traditioneller Trainingsansätze gesehen, wie in der Einbindung von Trainingsmethoden in strategische Konzepte der Karriereplanung oder in der Integration von Bedarfsanalysen in Planungssystematiken. Auch sollen klassische Konzepte der Arbeitsgestaltung und -strukturierung wie „enlargement", „enrichment" und „job rotation" das HR-Development erweitern. Dynamische Modelle des informalen erfahrungsbasierten Lernens am Arbeitsplatz oder in arbeitsaffinen Lernumgebungen lösen zunehmend formale und strukturierte Lernprozesse („class room setting") ab.

Webbasiertes Training und mobile Lernmethoden (via Smartphone, Tablet) werden in Zukunft eine stärkere und zeitlich unabhängige Teilnahme (24-Stunden-Basis) an Trainingsmaßnahmen von zu Hause aus erlauben. Sie stehen ebenso im Fokus innovativer Forschung im HR-Development wie realitätsnahe Simulationen und virtuelle Realitäten, um eine authentische Lernumgebung gestalten zu können und dadurch den Transfer des Gelernten in das Funktionsfeld zu unterstützen. Nutzerfreundliche Experten- und Assistenzsysteme sollen als innovative Tools einen optimalen Wissens- und Informationsaustausch ermöglichen.

Neben Erweiterungen auf der operativen Ebene des HR-Developments wird deutlich auch auf die soziale Verantwortung des Managements bei der Entwicklung personaler Fördermaßnahmen hingewiesen. Die genannten Forschungs- und Gestaltungsimplikationen aus den aktuellen Reviews und Monografien (vgl. auch zusammenfassend Salas & Kozlowski, 2010) stellen damit eine deutliche inhaltliche Erweiterung des ursprünglich im angloamerikanischen Sprachraum eng begrenzten Personalentwicklungsbegriffs (= Training) dar.

3 Gegenstand und psychologische Perspektiven der Personalentwicklung

3.1 Gegenstand und Themenfelder personaler Förderung

Gegenstand personaler Förderung in Organisationen ist das veränderbare menschliche Verhalten und Wissen sowie die Entwicklung der Persönlichkeit. Der Fokus der Veränderung liegt dabei auf überdauernden, persontypischen, kognitiven, motivationalen und emotionalen Strukturen oder Schemata für den Prozess der psychischen Verhaltensregulation. Einfacher formuliert handelt es sich um Fertigkeiten, Fähigkeiten, Motivationen, Emotionen, Einstellungen, die die gesamte Persönlichkeit eines Menschen repräsentieren und steuern. Intendiertes Ziel von Personalentwicklungsmaßnahmen ist somit nicht der durch methodisch verfeinerte Instrumentarien relativ leicht zu bewirkende Drill elementarer Fertigkeiten motorischer und/oder intellektueller Art, vielmehr ist es die Gesamtpersönlichkeit des in einer Organisation tätigen Menschen. Beabsichtigt ist der Aufbau und die Weiterentwicklung von Kompetenzen und Persönlichkeitsmerkmalen, die zur „Meisterung" beruflicher, aber auch alltäglicher Situationen befähigen; zumindest legt die gegenwärtig feststellbare Zielkongruenz von pädagogischem Anliegen und betrieblichen Interessen, die sich in vermehrten Postulaten nach Kompetenzen mit hohem Transfercharakter, wie Problemlösefähigkeiten, und selbstgesteuertem, reflektiertem Handeln zeigen, dies nahe.

Neuere Auslegungen des Kompetenzbegriffs stellen das Prinzip der Selbstorganisation in den Vordergrund. Kompetenzen charakterisieren danach die Fähigkeit von Menschen, in offenen, komplexen und dynamischen Situationen selbstorganisiert zu denken und zu handeln. Das bedeutet, Kompetenzen in beabsichtigten Handlungen zielgerichtet umzusetzen, gestützt auf fachliches und methodisches Wissen, auf Erfahrung und Expertise sowie unter Nutzung kommunikativer und kooperativer Möglichkeiten. Damit wird eine *Definition von Personalentwicklung* zugrunde gelegt, die die Mittel zur Veränderung und persönlichkeitsförderlichen Weiterentwicklung des Mitarbeiters nicht nur in geplanten und systematischen Trainingsmaßnahmen sieht, sondern wesentlich weiter fasst. Personalentwicklung findet auch in der Arbeitstätigkeit und durch deren Gestaltung statt: Arbeit ist wesentlicher Teil der Identitätsfindung, Kompetenzentwicklung und Persönlichkeitsbildung des Menschen. Demzufolge sind Anforderungs- und Belastungsstrukturen zu analysieren, um Über- oder Unterforderungssituationen zu vermeiden und gesundheitserhaltende und -fördernde Maßnahmen zu entwickeln. Es gilt Arbeitsbedingungen so zu gestalten, dass das Qualifikations-, Gesundheits- und Motivationsrisiko der (zunehmend älteren) Erwerbstätigen reduziert wird. Auch das ist Personalentwicklung, ebenso wie eine inspirierende und wertschätzende Führungs- und Unternehmenskultur, die männlichen und weiblichen Mitarbeitern und Führungskräften ermöglicht, Arbeit, Familie und Freizeit zu harmonisieren.

Eine Delphi-Studie bei Praxisexperten zur Zukunft der Personalentwicklung (vgl. Schermuly, Schröder, Nachtwei, Kauffeld & Gläs, 2012) prognostiziert weitere Themenfelder wie Evaluation und Qualitätssicherung, die Begleitung von Veränderungsprozessen, Wissensmanagement sowie Diversität und Flexibilität bei Fach- und Führungskräften als wichtig für die zukünftige Personalentwicklung. Die Herausforderungen der Globalisierung, des demografischen Wandels und der Informatisierung erfordern eine Personalentwicklung in den Organisationen, die diese Themen adressiert, in Forschungs- und Gestaltungsarbeiten realisiert und konsequent und nachhaltig in die betriebliche Praxis umsetzt. Personalentwicklung ist somit ausgerichtet auf den Menschen, aber eben auch auf die Arbeitstätigkeit und die Organisation. Eine ausschließlich individuell- und differentialpsychologische Fokussierung, wie es aus einer personalpsychologischen Perspektive Tradition ist (vgl. Schuler, 2006) macht wohl wenig Sinn. Vielmehr sind Rahmenbedingungen und Einflussfaktoren menschlicher Arbeit zu analysieren, um so auf einer validen Grundlage Interventionen abzuleiten und zu gestalten.

Nur mit einer erweiterten Sichtweise von Personalentwicklung wird es gelingen, Ressourcen und Potenziale der Organisationsmitglieder zu fördern und zu erhalten. Einem solchen erweiterten Verständnis von Personalentwicklung wird durch die entsprechenden Themen in diesem Buch Rechnung getragen.

3.2 Psychologische Disziplinen und ihr Beitrag zur Personalentwicklung

Eine nach obigem Verständnis betriebene Personalentwicklung stellt einen komplexen Gegenstandsbereich dar, der durch die traditionell damit betraute Betriebswirtschaftslehre und Managementforschung (vgl. Becker, 2013; Stock-Homburg,

2010) nicht angemessen bearbeitet werden kann. Benötigt werden theoretische Konzeptionen, Methoden und Erkenntnisse aus psychologischen Grundlagen- und Anwendungsfächern. Ohne Anspruch auf Vollständigkeit und einer wissenschaftssystematischen Verortung der Personalentwicklung sind hier Entwicklungspsychologie, Allgemeine Psychologie, Persönlichkeitspsychologie, Pädagogische Psychologie, Sozialpsychologie und Arbeits- und Organisationspsychologie zu nennen, die für Fragestellungen der personalen Förderung in Organisationen mehr oder weniger Relevanz besitzen dürften (vgl. Abbildung 1).

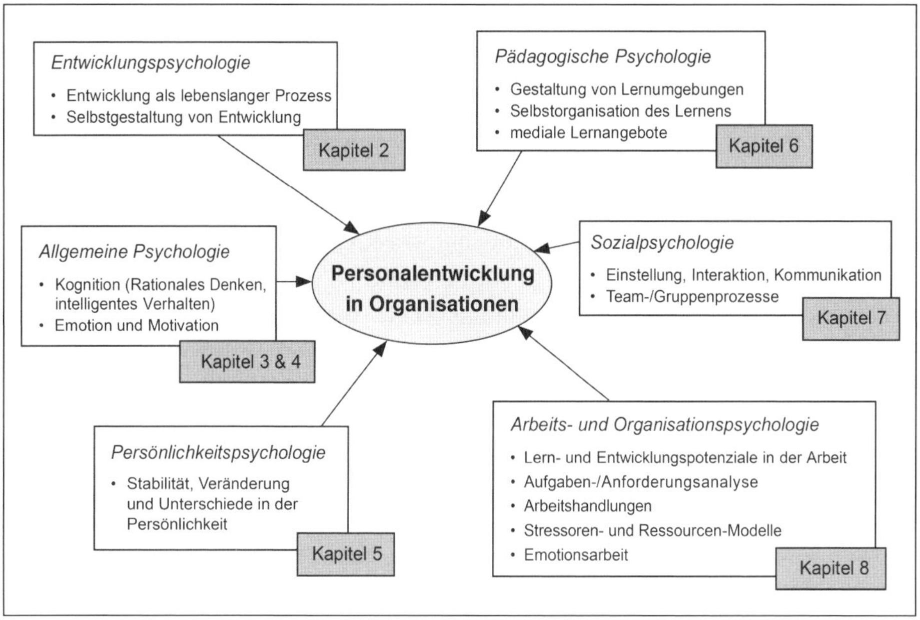

Abbildung 1: Psychologische Disziplinen und relevante Themen zur Personalentwicklung

Themen aus diesen psychologischen Disziplinen werden in den nachfolgenden Beiträgen und Kapiteln dieses Buches ausführlich reflektiert.

Entwicklungspsychologie. Hans-Werner Wahl und *Valerie Elsässer* thematisieren aus *entwicklungspsychologischer Sicht*, auf welche Weise eine Weiterentwicklung des Menschen im Erwachsenenalter möglich ist und wo ihre Grenzen liegen. Dabei orientieren sich die Autoren am Paradigma der lebenslangen Entwicklung. Es wird der Frage nachgegangen, wo die Entwicklungspotenziale und -risiken liegen, die mit der langen Phase der Erwerbstätigkeit verbunden sind. Für eine alternde Arbeitsgesellschaft kommt dem Verlauf der geistigen Leistungsfähigkeit und der Rolle von Altersstereotypen aktuelle Bedeutung zu. Aktive Bemühung des Einzelnen, günstige Kontextbedingungen, aber auch bisherige Lebenserfahrungen und die Lernvergangenheit wirken sich entscheidend auf die Formbarkeit (Plastizität) menschlicher Entwicklung aus. Zunehmende Bedeutung erfährt die Perspektive vom Individuum als Gestalter seiner Entwicklung. Das Vorliegen von Entwicklungschancen, von Kontextbedingungen, die hohen Anregungsgehalt besitzen, dürften aus Sicht der Entwicklungspsychologen eine der zentralen Gestaltungsprinzipien für die betriebliche Personalarbeit darstellen. Entwicklungspsychologisch bedeutsam sind des Weiteren Alltagserfahrungen und erworbenes soziales Wissen im Beruf, in Organisationen, am Arbeitsplatz. Sie prägen das Menschenbild und besitzen für den Einzelnen und dessen Identitätsentwicklung Erklärungs- und Orientierungswert.

Allgemeine Psychologie. Zwei Beiträge aus der Allgemeinen Psychologie diskutieren weitere Themenfelder für die Personalentwicklung. *Joachim Funke* und *Julia Dexheimer* setzen sich aus einer kognitionspsychologischen Perspektive mit intelligentem Verhalten, Kreativität, Urteils- und Entscheidungsprozessen unter Unsicherheit und Problemlösen in komplexen, dynamischen Umwelten auseinander. Bei allen Fördermöglichkeiten intelligenten Verhaltens, wie es durch die Personalentwicklung geleistet werden kann, sollte allerdings gemäß dem Konzept der Quasirationalität in angemessener Weise auch Raum für Intuition und Emotion gegeben sein – so das Plädoyer der Autoren. Mit Gefühlen und Anreizen, als Auslöser und Regulativ menschlicher Handlungen und Aktivitäten, beschäftigt sich der elaborierte Beitrag von *Marie Hennecke* und *Veronika Brandstätter*. Betrachtet werden einflussreiche Bedürfnis-, Motiv- und Werttheorien zur Erklärung von Arbeitsmotivation, Arbeitsleistung und Arbeitszufriedenheit. Dabei wird deutlich auf die enge Beziehung zwischen motivationalen und emotionalen Prozessen bei der Zielerreichung eingegangen und aufgezeigt, welche Strategien und Willensprozesse entscheidend sind, damit Menschen bei der Arbeit und im Beruf Ziele trotz möglicher Widrigkeiten erreichen.

Persönlichkeitspsychologie. Überdauernde individuelle Besonderheiten im Erleben und Verhalten des Menschen – also solche Merkmale, die die Persönlichkeit ausmachen – sind Gegenstand des Beitrages von *Jens Asendorpf.* Die Stabilität und Veränderbarkeit von Persönlichkeitsmerkmalen, vor allem deren Passungen zur Arbeitsumwelt, werden thematisiert. Weniger das „Drehen an der Persönlichkeitsschraube“ durch Trainings als vielmehr die Gestaltung von Arbeitsbedingungen ermöglichen eine optimierte Passung zwischen der Persönlichkeit des Organisationsmitgliedes und den Anforderungen, Strukturen und Verhältnissen der Arbeitstätigkeit.

Pädagogische Psychologie. Ein weiteres psychologisches Aufgabenfeld, das der Pädagogischen Psychologie, beschäftigt sich mit der Gestaltung von Lernumgebungen und -prozessen, die speziell auf Wissensvermittlung und Könnenserweiterung, auf Bildung und Förderung ausgerichtet sind. *Johannes Moskaliuk, Korbinian Möller, Kai Sassenberg* und *Friedrich Hesse* beschreiben hierzu grundlegende individuelle Lernprozesse, aber auch interindividuelle und soziale Voraussetzungen für den Kompetenzerwerb bei kollaborativen Lernformen und Wissensaustausch. Großen Raum nimmt die Gestaltung mediengestützter Lernumgebungen ein. Forschungs- und Entwicklungsarbeiten zum Einsatz digitaler Medien und mobiler Endgeräte zur Gestaltung virtueller Realitäten oder zum aktiven Lernen in Netzwerken liefern wichtige Erkenntnisse für die Personalentwicklung in einer zunehmend digitalisierten Arbeitswelt.

Sozialpsychologie. Rolf van Dick stellt ausgewählte sozialpsychologische Theorien und Modelle vor, die für die Durchführung und Bewertung personaler Fördermaßnahmen von Relevanz sein können: Attribution, Einstellungen und Gruppenprozesse. Während im ersteren Falle untersucht wird, wem Erfolge oder Misserfolge bei einem Ereignis zugeschrieben werden und welche Verzerrungen und Fehler dabei entstehen können, versucht die Einstellungsforschung Änderungen im Verhalten und Denken zu erklären und zu bewirken, um Reaktanzen und Widerstände zu vermeiden. Die sozialpsychologische Analyse von Gruppenprozessen wiederum kann entsprechende Interventionen zur effektiven Führung und Konfliktbewältigung bei heterogen zusammengesetzten Teams unterstützen.

Arbeits- und Organisationspsychologie. Den wohl umfassendsten und wichtigsten Forschungs- und Gestaltungsbeitrag leistet die Arbeits- und Organisationspsychologie für die Personalentwicklung. Angefangen von der Bedarfsanalyse (Anforderungsanalyse und Kompetenzmodelle, Organisationsdiagnose) über die Gestaltung der Interventionen (Trainings, Workplace Learning) bis zur Evaluation und dem Transfer liegen zahlreiche theoretische Erklärungsansätze sowie erprobte und (überwiegend) praktikable Methoden und Instrumente vor. Bedeutsam für die Identitätsfindung, Kompetenzentwicklung und Persönlichkeitsbildung des Menschen ist vor allem die Gestaltung der Arbeitstätigkeit mit ihren Inhalten, Strukturen und Bedingungen. Arbeitsgestaltung dient auch der Gesunderhaltung und -förderung der Erwerbstätigen. *Dieter Zapf* arbeitet in seinem Beitrag die Bedeutung der Arbeit und ihre theoretischen Grundlagen heraus. Handlungsregulatorische Modelle stehen dabei im Mittelpunkt der Erklärung des Lernens in der Arbeit und der Belastungs- und Stressforschung. Um die theoretischen Grundlagen nicht auf kognitive Aspekte menschlichen Handelns einseitig zu fokussieren, wird ausführlich auch Emotionsarbeit im Kontext der Dienstleistung thematisiert. Der Autor plädiert abschließend für eine integrierte Sichtweise von Gesundheit, Qualifikation, Motivation und Leistung zur Bewältigung der aktuellen gesellschaftlichen Herausforderungen hinsichtlich Globalisierung, Digitalisierung und demografischem Wandel.

4 Methoden und Strategien personaler Förderung im Anwendungsfeld

Personalentwicklung ist wenig effektiv und sinnvoll, wenn sie ohne eine vorausgegangene, fundierte Bedarfserfassung und nach Durchführung der Maßnahme ohne ausreichende Effektkontrolle durchgeführt wird. Für die Hauptphasen personaler Förderung *Analyse des Entwicklungsbedarfs, Gestaltung und Realisierung der Maßnahmen, Evaluation und Transfer* (vgl. Abbildung 2), die auch einem in der betrieblichen Praxis realistischen Handlungsmodell entsprechen, liegen zahlreiche mehr oder minder erprobte Instrumente, Methoden und Techniken vor. Eine systematische und methodenkritische Beschreibung dieser psychologischen Verfahren und deren Anwendung in der betrieblichen Praxis sowie die Darstellung neuerer Entwicklungen ist Gegenstand des dritten Buchabschnittes.

4.1 Analyse des Entwicklungs- und Förderbedarfs

Die Bedarfsermittlung liefert vielfältige Informationen über Ziele und Inhalte von Personalentwicklungsmaßnahmen, über Gestaltungsprinzipien von Trainingsmethoden sowie dem Lernumfeld und formuliert Kriterien für die Evaluation. In der klassischen Arbeit von McGehee und Thayer (1961) und in den Weiterführungen bis hin zu aktuellen Standardwerken (vgl. Noe, 2013) sind drei grundlegende Komponenten der Bedarfsermittlung (needs assessment) festgeschrieben:

- die *Organisationsanalyse*, die aus Unternehmensphilosophien und Kulturmerkmalen, aus Daten der strategischen Planung von Humanressourcen oder aus Betriebsklimavariablen Zielvorgaben für die personale Förderung ableitet;
- die *Aufgaben- und Anforderungsanalyse*, die die zur Aufgabenbewältigung erforderlichen Kenntnisse, Fähigkeiten und Einstellungen eines Stelleninhabers erfasst;
- die *Personanalyse*, die individuelle Leistungs- und Verhaltensmerkmale und Entwicklungspotenziale ermittelt.

Die systematische Anwendung einer solchen „Trichotomie der Bedarfsermittlung“ (Latham, 1988, S. 549) reduziert in entscheidendem Maße Unsicherheit und Unbestimmtheit bei der Gestaltung personaler Fördermaßnahmen und ist inzwischen anerkannte Logik und Prozedur in allen Standardwerken (vgl. Noe, 2013) und Reviews (vgl. Salas, Tannenbaum, Kraiger & Smith-Jentsch, 2012) der Trainings- und Personalentwicklungsliteratur. Das vielfältige Methodenspektrum in den einzelnen Analysezugängen macht aber eine kritische Bestandsaufnahme erforderlich.

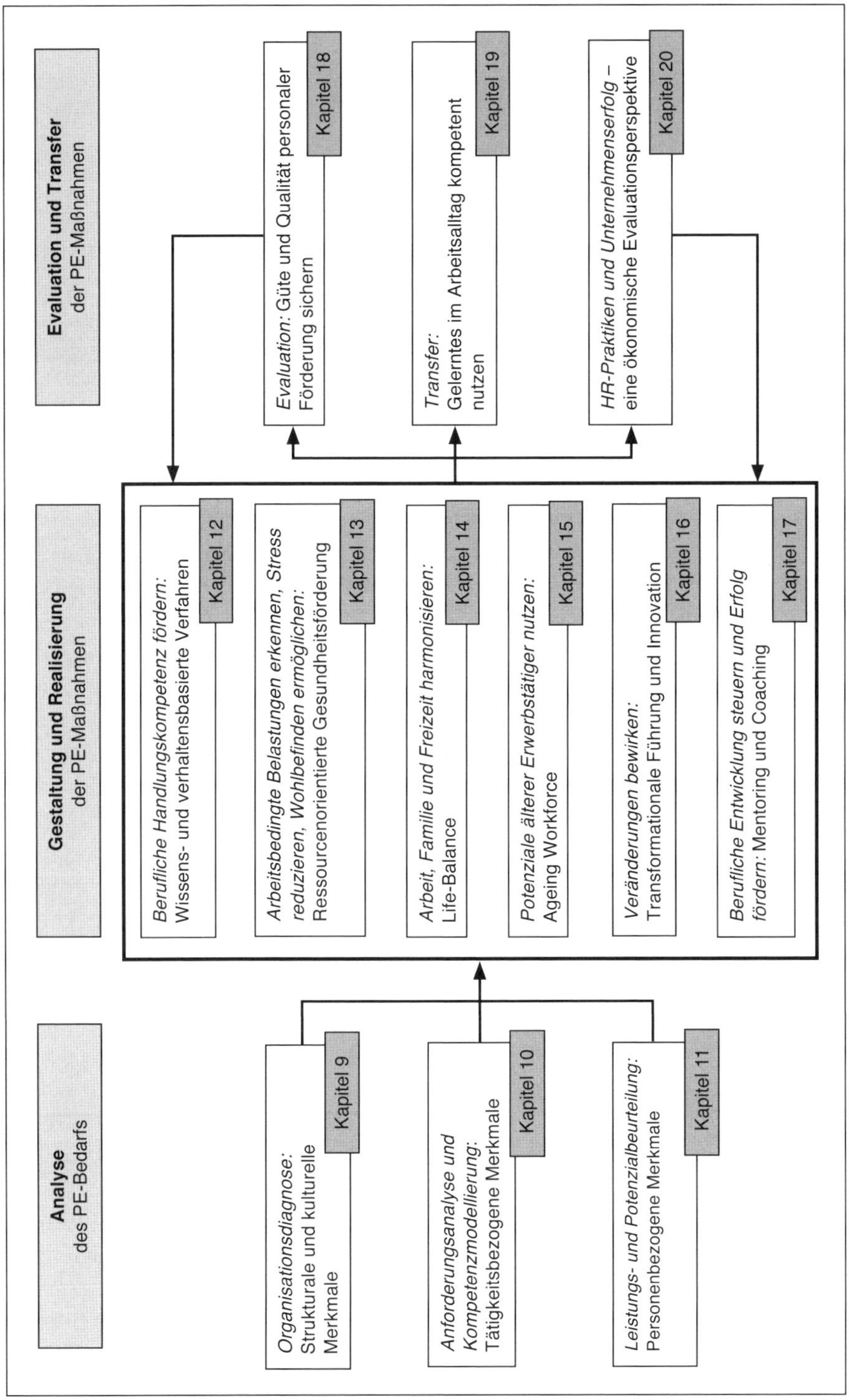

Abbildung 2: Phasenmodell der Aufgaben und Strategien personaler Förderung

Organisationsdiagnose: Strukturale und kulturelle Merkmale. In dem Beitrag von *Karlheinz Sonntag, Ralf Stegmaier* und *Niclas Schaper* werden Ansätze und Verfahren zur Ermittlung organisationaler Merkmale beschrieben. *Organisationsdiagnosen* bzw. -analysen unterstützen die Formulierung von Trainingsbedarfen und Entwicklungszielen, abgeleitet aus Strategien des Unternehmens, dem Organisationsklima oder der Lernkultur. Sie identifizieren aber auch zu optimierende organisationale Rahmenbedingungen, um den späteren Erfolg der PE-Maßnahmen zu gewährleisten. Neben klassischen, vorwiegend standardisierten Verfahren der Organisationsdiagnose, wie Mitarbeiterbefragung oder Survey-Feedback-Ansätzen, wird ausführlich auf Verfahren eingegangen, die in der Lage sind organisationale und qualitätsbezogene Merkmale von Unternehmenskulturen auf einer normativen, strategischen und operativen Ebene zu analysieren und Gestaltungsempfehlungen zur Optimierung personaler Fördermaßnahmen zu formulieren.

Anforderungsanalyse und Kompetenzmodellierung: Tätigkeitsbezogene Merkmale. Die in der Synopse von *Karlheinz Sonntag* dargestellten analytischen Ansätze zur Ermittlung aufgabenbezogener Merkmale und Anforderungen weisen auf ein grundlegendes Problem hin: Auf der einen Seite liegen aufgabenanalytische und funktionsorientierte Ansätze vor, die verrichtungsbezogen und funktional menschliche Verhaltensweisen erfassen, wie beispielsweise Aufgabeninventare oder betriebliche Verfahren. Werden sogenannte extrafunktionale Qualifikationen oder Denkanforderungen ermittelt, dann können sie bei der zugrunde gelegten methodischen Vorgehensweise nicht durch die auszuführende Tätigkeit per se beschrieben werden, sondern werden quasi von außen zugeordnet (bspw. über Attributenlisten oder betriebliche Verfahren, wie Stellenbeschreibungen und Anforderungsprofile). Andererseits liegen Verfahren vor, die eine Erfassung der psychischen Prozesse bei der Aufgabenbewältigung zwar ermöglichen, aber eine inhaltlich-fachliche Qualifikationsdarstellung wiederum nicht leisten (bspw. handlungsregulationstheoretische Ansätze). Die Lösung des Problems wird in kombinierten Vorgehensweisen, die beispielsweise aufgabenanalytische, informationstheoretische und tätigkeitstheoretische Verfahrensteile beinhalten, gesehen. Forschungsbedarf liegt auch in der praxisbezogenen Erprobung kognitionspsychologischer Analysen zur Beschreibung von Wissensstrukturen und Strategien bei der Bewältigung komplexer Aufgabenstellungen. Sie liefern Informationen zur Lernaufgabengestaltung und Wissensvermittlung. Des Weiteren sind Entwicklungsarbeiten strategisch orientierter Anforderungsanalysen zu forcieren, deren Ziel in der frühzeitigen Formulierung benötigter Kompetenzen liegt, um bspw. im Rahmen einer qualitativen Personalplanung den Förderungsbedarf prospektiv festlegen zu können. Zukünftig bedeutsamer wird der Einsatz von Anforderungsanalysen bei der Entwicklung von Kompetenzmodellen. Hierzu wird ein Praxisbeispiel ausführlich dargestellt und kritisch diskutiert.

Leistungs- und Potenzialbeurteilung: Personenbezogene Merkmale. Die psychologische Anforderungsermittlung liefert auch wichtige Informationen für Kriterien und Beurteilungsmaße zur Einschätzung individuellen Leistungsverhaltens. Mit der *Leistungs- und Potenzialbeurteilung von Mitarbeitern* im Rahmen der Bedarfsermittlung beschäftigt sich die methodenkritische Analyse von *Pia Ingold* und *Martin Kleinmann.* Bezieht sich die Einschätzung auf vergangenes Leistungsverhalten, so kommen insbesondere freie Eindrucksschilderungen der Vorgesetzten oder formalisierte Leistungsbeurteilungsverfahren, wie beispielsweise Einstufungs- oder Rangordnungsverfahren zum Einsatz. Soll dagegen das Förder- und Entwicklungspotenzial von Mitarbeitern eingeschätzt werden, so sind als Methoden das Mitarbeitergespräch, psychologische Testverfahren, biografieorientierte Verfahren, Arbeitsproben und Assessment Center zu präferieren. Ein das Kapitel abschließendes Praxisbeispiel beschreibt eine Potenzialanalyse (mit Assessment Center), auf deren Grundlage entsprechende PE-Interventionen (Fördergespräche und Trainingsmaßnahmen) eingeleitet wurden.

4.2 Gestaltung und Realisierung der PE-Maßnahmen

Wissensvermittlung, Verhaltensmodifikation und Persönlichkeitsentwicklung sind Gegenstand einer Vielzahl von Maßnahmen der Personalentwicklung. Sie können der Förderung beruflicher Handlungskompetenz ebenso dienen wie der Bewältigung und Prävention arbeitsbedingter Belastungen und negativer Beanspruchungsfolgen wie Stress. Maßnahmen der Personalentwicklung reduzieren Motivations-, Gesundheits- und Qualifikationsrisiken, die sich aus der Umfelddynamik menschlicher Arbeit ergeben und erhalten und fördern die Leistungsfähigkeit und Bereitschaft zunehmend heterogen zusammengesetzter Belegschaften. Maßnahmen der Personalentwicklung unterstützen Organisationen und deren Verantwortliche darin Arbeit, Familie und Freizeit zu harmonisieren, Mitarbeiter wertschätzend zu führen und Veränderungen erfolgreich für die Organisation und deren Mitglieder zu gestalten. Den konkreten Konzepten und Methoden hierzu sind die nachfolgenden Beiträge gewidmet:

Berufliche Handlungskompetenz fördern: Wissens- und verhaltensbasierte Verfahren. Einen aktuellen und systematischen Überblick über Methoden und Lerntechniken (teilweise medien- und computergestützt), die eine gewisse Verbreitung in der Praxis haben, auf einer Theorie gründen (bspw. lernpsychologisch, kognitionspsychologisch, führungstheoretisch) und Hinweise auf Evaluationsstudien beinhalten, leistet der Beitrag von *Karlheinz Sonntag* und *Niclas Schaper.* Als *wissensbasierte Verfahren* der Personalentwicklung werden neben den klassischen kognitiven Trainings zur Förderung planerischer, strategischer oder diagnostischer Kompetenzen innovative Ansätze computer-, netz- oder simulationsgestützter Formen des Wissenserwerbs und des Wissensaustauschs vorgestellt. Aufgrund der hohen Veränderungsdynamik digitalisierter Arbeitsformen kommt diesen Ansätzen zunehmend Bedeutung zu. Das gleiche gilt auch für arbeitsplatzorientierte Lernumgebungen (Workplace Learning). *Verhaltensbasierte* Verfahren der Personalentwicklung beschäftigen sich mit Verhaltensmodifikationen und Persönlichkeitsbildung. Vor allem Ansätze des Behavior Modeling, der Teamentwicklung oder des Selbstmanagements werden dargestellt und diskutiert. Vor dem Hintergrund ganzheitlicher Gestaltungsoptionen im Produktions-, Dienstleistung- und Verwaltungsbereich finden zunehmend Methoden und Lernkonzepte Beachtung, die neben kognitiven und sozialkommunikativen Aspekten auch die motivationalen und emotionalen Prozesse berufsbezogenen Lernens mitberücksichtigen.

Arbeitsbedingte Belastungen erkennen, Stress reduzieren, Wohlbefinden ermöglichen: Ressourcenorientierte Gesundheitsförderung. Die Förderung beruflicher Handlungskompetenz kann qualitative Überforderungssituationen bei der Aufgabenbewältigung vermeiden und negative Beanspruchungsfolgen wie Stress oder Burnout reduzieren. *Karlheinz Sonntag, Sarah Turgut* und *Elisa Feldmann* vertreten in ihrem Beitrag die Position einer *Personalentwicklung durch Ressourcenaufbau und Gesundheitsförderung.* Vorgestellt werden Konzepte zur Beschreibung gesundheitsrelevanter Aspekte menschlicher Arbeit. Eine systematische Bestandsaufnahme von Verfahren und Instrumenten der Diagnose und Intervention wird vorgenommen, wobei der Erfassung psychischer Belastungen am Arbeitsplatz aufgrund der Informationsvielfalt und des Zeitdrucks in der modernen Arbeitswelt besondere Bedeutung zukommt. Der „State of the Art" wird dargestellt bei Maßnahmen der Verhaltens- und Verhältnisprävention, der gesundheitlichen Führung und der Verwendung von Employee Assistance-Programmen. Abschließend werden Nachhaltigkeitsberechnungen der gesundheitsförderlichen Maßnahmen durchgeführt. Der Rechenalgorithmus eines Gesundheitsindex zeigt dabei deutlich auf, dass sich die organisationsseitigen Investitionen in gesundheitserhaltende und ressourcenfördernde Maßnahmen „auszahlen".

Arbeit, Familie und Freizeit harmonisieren: Life-Balance. Life-Balance, als die intelligente Verknüpfung von Arbeit, Familie und Freizeit, ist Gestaltungsauftrag auch für die Personalentwicklung und Förderung der Mitarbeiter und Führungskräfte. *Karlheinz Sonntag, Elisa Feldmann* und *Christoph Nohe* berichten Studien, die eindeutig belegen, dass ein abgestimmtes Arbeits- und Privatleben einhergeht mit positiver Arbeitseinstellung, verbessertem Gesundheitsempfinden, Zufriedenheit und gesteigerter Arbeitsleistung. Erwartungshaltungen des Unternehmens und der Verantwortlichen hinsichtlich einer ständigen Verfügbarkeit aufgrund digitaler Omnipräsenz (insbesondere bei Führungskräften) haben dagegen deutlich negative Auswirkungen auf die Erholungsphase und den Ressourcenaufbau. Es wird eine PE-Maßnahme vorgestellt, die darauf abzielt „Grenzziehungen" zwischen den Lebensbereichen Arbeit und Privatleben zu ermöglichen. Die positiven Evaluationsergebnisse werden begründet mit selbstregulativen Strategien zur Verbesserung der Life-Balance, Entspannungsübungen und Reflexionstechniken.

Potenziale älterer Erwerbstätiger nutzen: Ageing Workforce. Die Reduzierung des Qualifikations-, Gesundheits- und Motivationsrisikos ist ein zentrales Anliegen der Personalentwicklung, die sich mit den Folgen des demografischen Wandels und den Dynamisierungen der Arbeitswelt auseinanderzusetzen hat. In dem Beitrag von *Karlheinz Sonntag* und *Nadine Seiferling* werden systematisch vorhandene Studien zur physiologischen und kognitiven Leistungsfähigkeit älterer Erwerbstätiger aufbereitet. Als deutlich positive Einflussfaktoren auf die berufliche Leistungsfähigkeit sind belegt: Bildung, berufliche Qualifikationen und Weiterbildungserfahrungen, eine stimulierende Arbeitsumgebung, konstruktive Feedbackkultur, die Wertschätzung durch die Kollegen und Führungskräfte sowie schlussendlich ein aktiver und verantwortungsbewusster Lebensstil. Es werden Konzepte und Praxisbeispiele vorgestellt zur Gestaltung eines demografiesensiblen HR-Managements zur Potenzialnutzung, Kompetenzerhaltung bzw. -entwicklung und zur Gesundheitsförderung älterer Mitarbeiter und Führungskräfte. Deren Erfahrung, Expertise und Persönlichkeit stellt eine wichtige Ressource für den Erfolg und die Innovationsfähigkeit von Organisationen dar.

Veränderungen bewirken: Transformationale Führung und Innovation. Die Bewältigung von Veränderungen, die Implementierung von Innovationen sind existenzkritisch für Organisationen. Nicht wenige Change-Projekte scheitern oder sind suboptimal. Eine wichtige Rolle kommt der Führung zu. *Ralf Stegmaier, Christoph Nohe* und *Karlheinz Sonntag* berichten aus Sicht der Führungsforschung über innovatives Verhalten, Ideengenerierung und -implementierung sowie zu förderlichen und hinderlichen Faktoren bei der konkreten Umsetzung von Veränderungen. Transformationale Führung wird als Ansatz gesehen, organisationale Veränderungen sowohl für die Organisation als auch für den Mitarbeiter und die Führungskraft wirkungsvoll zu gestalten. Berichtet wird über neuere Tools und Trainings zur Führungskräfteentwicklung.

Berufliche Entwicklung steuern und Erfolg fördern: Mentoring und Coaching. In diesem Beitrag von *Alexandra Michel* und *Katrin Bickerich* werden Mentoring und Coaching als zunehmend bedeutsame und etablierte Interventionsformen der Personalentwicklung vorgestellt und kritisch aufgrund aktueller Forschung hinterfragt. Ziel beider PE-Maßnahmen ist es Menschen in ihrer Karriereentwicklung zu unterstützen und beruflichen Erfolg zu fördern. Beide Betreuungs- und Beratungsformen sind äußerst facettenreich (vor allem Coaching). Dementsprechend vielfältig und sehr unterschiedlich ist auch deren Qualität und Wirkung. Systematisch aufbereitet von den Autoren werden die positiven und negativen Effekte von Coaching-Maßnahmen. Voraussetzungen für einen gelingenden Prozess der Akteure in einer vertrauensvollen und intensiven Eins-zu-Eins-Beziehung werden sowohl für das Coaching als auch das Mentoring herausgearbeitet.

4.3 Evaluation und Transfer von PE-Maßnahmen

Evaluation: Güte und Qualität personaler Förderung sichern. Eine zuverlässige Rückmeldung und damit Optimierung der Personalentwicklungsarbeit setzt eine Evaluation und Qualitätssicherung der implementierten Maßnahmen unabdingbar voraus. Derartige Bewertungen mithilfe systematisch angewandter wissenschaftlicher Techniken werden in der betrieblichen Praxis aber auch in vielen Trainingsstudien „wohlwollend" vernachlässigt, obwohl dadurch belegt werden könnte, ob eine Maßnahme zum individuellen Erfolg oder zur Erreichung organisationaler Ziele beigetragen hat. *Christine Sattler* und *Karlheinz Sonntag* führen Gründe mangelnder Evaluationsaktivitäten auf, bevor sie in ihrem Beitrag eine Synopse psychologischer Evaluationsansätze, -kriterien und -instrumente diskutieren. Erfolg und Misserfolg von Evaluationsstudien sind entscheidend abhängig von der Designplanung. Sorgfältig entwickelte experimentelle und quasi-experimentelle Designs ermöglichen es, Güte und Effizienz von Trainingsprogrammen und -techniken miteinander zu vergleichen. Arbeitsschritte und Problembereiche einer Evaluationsstudie werden von den Autoren an einem Praxisbeispiel dargestellt, mit dem abschließenden Hinweis, dass Evaluation einen wirklich hohen Nutzen für die Praxis nur dann haben kann, wenn auf diesem Feld professionelle und methodisch kompetente Arbeit betrieben wird.

Transfer: Gelerntes im Arbeitsalltag kompetent nutzen. Zunehmend als erfolgskritische Größe stellt sich in der Personalentwicklung der *Lerntransfer* dar. In ihrem Beitrag beschreiben *Sabine Hochholdinger* und *Karlheinz Sonntag*, wie die Umsetzung und Generalisierung erworbener Kompetenzen in den Arbeitsalltag erreicht und optimiert werden kann. Dabei ist Hauptziel einer Weiterbildungsmaßnahme nicht die Erlangung einer hohen Zuwachsrate an Wissen oder die Veränderungsquote von Verhaltensweisen in der Lernsituation, sondern die Übertragung des erworbenen Wissens, Verhaltens oder von Strategien auf die Aufgabenerfüllung am Arbeitsplatz, also in das Funktionsfeld. Ein Überblick über Studien zur Transferwirksamkeit gibt Auskunft darüber, welche Merkmale des Arbeitsumfeldes, der Trainingsgestaltung, der Lernenden selbst und des Trainingspersonals Transfer fördern oder hindern. Verschiedene Möglichkeiten, im Lernfeld mittels Arbeitsanalysen oder durch die Gestaltung problemorientierter Lernumgebungen realitätsbezogene Aufgaben zu formulieren, werden diskutiert, bevor exemplarisch ein Ansatz zur Förderung des Lerntransfers dargestellt wird. Es handelt sich um die transferförderliche Gestaltung einer simulationsbasierten E-Learning-Umgebung zur technischen Störungsdiagnose. Wie ein Forschungs-

Praxis-Transfer im HR-Management generell gelingt, zeigt abschließend ein evidenzbasierter Ansatz.

HR-Praktiken und Unternehmenserfolg – eine ökonomische Evaluationsperspektive. Nicht nur die Leistungsfähigkeit und Qualität einzelner personaler Fördermaßnahmen, sondern auch die Personalentwicklung als zentraler Teil des Human Resource Managements befinden sich zunehmend auf dem Prüfstand, ihren Nutzen für das Unternehmen nachzuweisen. Im Beitrag von *Karlheinz Sonntag* und *Ralf Stegmaier* werden Perspektiven der Evaluation von Personalentwicklung bezogen auf *„Unternehmensperformance"* dargestellt und diskutiert. Der Beitrag zeichnet zunächst die Entwicklungslinien eines „wertorientierten" Human Resource Managements nach. Ausgehend von einem Rahmenmodell werden empirische Befunde zur Wirkung von Human Resource Management-Praktiken, der Rolle von vermittelnden Prozessen und der Bedeutung von Rahmenbedingungen diskutiert. Abschließend werden Perspektiven für die weitere Forschung formuliert, wobei am Beispiel der Personalentwicklung aufgezeigt wird, wie Modelle aus der managementwissenschaftlich geprägten Forschung und der psychologischen Forschung zur Personalentwicklung gewinnbringend integriert werden können, um zu einem besseren Verständnis der Auswirkungen der Personalarbeit auf die Unternehmensperformance zu gelangen.

5 Ausblick

Die angesprochenen und in den folgenden Kapiteln dieses Buches vertieften Grundlagen- und Anwendungsthemen bestätigen die Einschätzungen nationaler und internationaler Experten, wonach die Anwendung psychologischer Erkenntnisse für die Personalentwicklung vielfältig und aussichtsreich sein dürfte (vgl. auch Salas & Kozlowski, 2010). Die hier skizzierten Perspektiven und Probleme sind aber auch Belege dafür, dass der Bedarf an übertragungsfähigen und anwendungsbezogenen psychologischen Erkenntnissen im Bereich personaler Förderung eine enge und effektive Zusammenarbeit zwischen Wissenschaftlern und Praktikern nahelegt. Dies setzt voraus, dass

- Organisationen der Personalentwicklung den entsprechenden Stellenwert einräumen und diese in die Unternehmensstrategie integrieren, d. h. Personalentwicklung als strategischen Erfolgsfaktor der Unternehmensplanung betrachten.
- Psychologen, vorwiegend Arbeits- und Organisationspsychologen, sich verstärkt und kontinuierlich mit dem Gegenstandsbereich der Personalentwicklung befassen, theoretische Grundlagen der Analyse und Gestaltung berufs- und arbeitsbezogener Lernprozesse erarbeiten, Methoden und Instrumente auch in oft mühsam organisierbaren Feldstudien kontrolliert überprüfen und

schließlich praxisgerecht aufarbeiten. Das Studium muss darauf vorbereiten und entsprechende Module in der Bachelor- und Masterausbildung müssen obligatorisch angeboten werden.
- Betriebe den Kontakt mit Wissenschaftlern intensivieren und Erprobungen im Praxisfeld ermöglichen. Beidseitig noch immer vorhandene Ressentiments sind rasch abzubauen.

Selbst- und Fremdtäuschung in diesem besonders prädestinierten Bereich der Personalarbeit könnte auf diese Weise vermieden oder zumindest reduziert werden: Personalentwicklung ist komplexer als es manche Praktiker wahrhaben wollen und schnell formulierende Wissenschaftsautoren fundiert aufarbeiten können. Die in Hochglanzbroschüren vorfindbaren Desiderate und wohl anmutenden Begrifflichkeiten verkommen allzu oft zu pädagogischen Leerformeln und können über die methodische Lücke zwischen Wunschvorstellung und Umsetzung im Rahmen seriöser, nachvollziehbarer und langfristig angelegter Personalentwicklungsarbeit nicht hinwegtäuschen. Ist man sich dieser Sichtweise bewusst, dann dürfte Personalentwicklung mehr denn je ein gewichtiges Feld psychologischer Forschung und Gestaltung bleiben, um die Herausforderungen moderner Arbeitswelten menschengerecht zu gestalten: Arbeitstätigkeit ist wesentlicher Teil der Identitätsfindung, Kompetenzentwicklung und Persönlichkeitsbildung des Menschen.

Literatur

Aguinis, H. & Kraiger, K. (2009). Benefits of Training and Development for Individuals and Teams, Organizations and Society. *Annual Review of Psychology, 60,* 451–474. http://doi.org/10.1146/annurev.psych.60.110707.163505

Arthur, W., Bennet, W., Edens, P. & Bell, S. (2003). Effectiveness of training in organizations: A meta-analysis of design and evaluation features. *Journal of Applied Psychology, 2,* 234–245. http://doi.org/10.1037/0021-9010.88.2.234

Bass, B. M. & Vaughan, J. A. (1966). *Training in industry: The management of learning.* Belmont: CA: Wadsworth.

Bauernhansl, T., ten Hompel, M. & Vogel-Heuser, B. (Hrsg.). (2014). *Industrie 4.0 in Produktion, Automatisierung und Logistik.* Wiesbaden: Springer. http://doi.org/10.1007/978-3-658-04682-8

Becker, N. (2013). *Personalentwicklung. Bildung, Förderung und Organisationsentwicklung in Theorie und Praxis.* Stuttgart: Schäffer-Poeschel.

Blickle, G. (2000). Mentor-Protegé-Beziehungen in Organisationen. *Zeitschrift für Arbeits- und Organisationspsychologie, 44,* 168–178. http://doi.org/10.1026//0932-4089.44.4.168

Blickle, G. (2014). Personalentwicklung. In F. W. Nerdinger, G. Blickle & N. Schaper. (Hrsg.), *Arbeits- und Organisationspsychologie* (3. Aufl., S. 291–318). Heidelberg: Springer.

Blume, B. D., Ford, J. K., Baldwin, T. T. & Huang, J. L. (2010). Transfer of training: A meta-analytic review. *Journal of Management, 36,* 1065–1105. http://doi.org/10.1177/0149206309352880

Campion, M. A., Fink, A. A., Ruggeberg, B. J., Carr, L., Phillips, G. M. & Odman, R. B. (2011). Doing competencies well: Best practices in competency modeling. *Personnel Psychology, 64,* 225–262. http://doi.org/10.1111/j.1744-6570.2010.01207.x

Carbery, R. & Cross, C. (2015). *Human Resource Development*. London: Palgrave Macmillan.
Colquitt, J.A., LePine, J.A. & Noe, R.A. (2000). Toward an integrative theory of training motivation: A meta analytic path analysis of 20 years of research. *Journal of Applied Psychology, 85,* 678–707. http://doi.org/10.1037/0021-9010.85.5.678
Conradi, W. (1983). *Personalentwicklung*. Stuttgart: Enke.
Deitering, F.G. (2001). *Selbstgesteuertes Lernen* (2. Aufl.). Göttingen: Hogrefe.
Erpenbeck, J. & von Rosenstiel, L. (Hrsg.). (2003). *Handbuch Kompetenzmessung*. Stuttgart: Schäffer-Poeschel.
Felfe, J. (1992). *TPK-Training pädagogischer Kompetenzen zur Vermittlung fachübergreifender Qualifikationen in der Berufsausbildung*. Frankfurt/M.: Peter Lang.
Felfe, J. & Franke, F. (2014). *Führungskräftetrainings*. Göttingen: Hogrefe.
Fisch, R. & Fiala, S. (1984). Wie erfolgreich ist Führungstraining? Eine Bilanz neuester Literatur. *Die Betriebswirtschaft, 44,* 193–203.
Franke, G. & Kleinschmitt, M. (1987). *Der Lernort Arbeitsplatz. Eine Untersuchung der arbeitsplatzgebundenen Ausbildung in ausgewählten elektrotechnischen Berufen der Industrie und des Handwerks*. Schriften zur Berufsbildungsforschung, Bd. 65. Berlin: Beuth.
Frei, F., Duell, W. & Baitsch, C. (1984). *Arbeit und Kompetenzentwicklung*. Bern: Huber.
French, W.L. (1994). *Human Resources Management*. Boston: Houghton Mifflin.
Gasteiger, R. (2014). *Laufbahnentwicklung und -beratung: Berufliche Entwicklung begleiten und fördern*. Göttingen: Hogrefe.
Giese, F. (1927). Methoden der Wirtschaftspsychologie. In E. Abderhalden (Hrsg.), *Handbuch der biologischen Arbeitsmethoden* (Abt. VI, Teil C/II). Berlin: Urban & Schwarzenberg.
Goldstein, I.L. (1974). *Training: Program development and evaluation*. Monterey, CA: Wadsworth.
Goldstein, I.L. & Gessner, M.J. (1988). Training and development in work organizations. In C.L. Cooper & I. Robertson (Eds.), *International review of industrial and organizational psychology* (pp. 43–72). Chichester: Wiley.
Gorecky, D., Schmitt, M. & Loskyll, M. (2014) Mensch-Maschine-Interaktion im Industrie 4.0 Zeitalter. In T. Bauernhansl, M. ten Hompel & B. Vogel-Heuser (Hrsg), *Industrie 4.0 in Produktion, Automatisierung und Logistik* (S. 525–542). Wiesbaden: Springer.
Greif, S. & Kurtz, H.-J. (Hrsg.). (1996). *Handbuch selbstorganisiertes Lernen*. Göttingen: Verlag für Angewandte Psychologie.
Grossman, R. & Salas, E. (2011). The transfer of training: what really matters. *International Journal of Training and Development, 15,* 103–120. http://doi.org/10.1111/j.1468-2419.2011.00373.x
Hacker, W. & Skell, W. (1993). *Lernen in der Arbeit*. Berlin: Bundesinstitut für Berufsbildung.
Hesketh, B. (1997). Dilemmas in training for transfer and retention. *Applied Psychology: An international Review, 46* (4), 317–339. http://doi.org/10.1080/026999497378124
Hirsch-Kreinsen, H., Ittermann, P. & Niehaus, J. (Hrsg.). (2015). *Digitalisierung in der Arbeit: Die Vision Industrie 4.0 und ihre sozialen Herausforderungen*. Wiesbaden: Nomos. http://doi.org/10.5771/9783845263205
Höft, S. & Wolf, B. (2003). *Qualitätsstandards für Personalentwicklung in Wirtschaft und Verwaltung*. Hamburg: Windmühle-Verlag.
Holling, H. & Liepmann, D. (2004). Personalentwicklung. In H. Schuler (Hrsg.), *Organisationspsychologie* (3. Aufl., S. 285–316) Bern: Huber.
Kanning, U.P. (2014). Prozess und Methoden der Personalentwicklung. In H. Schuler & U.P. Kanning (Hrsg.), *Lehrbuch der Personalpsychologie* (3. Aufl., S. 501–562). Göttingen: Hogrefe.
Kanning, U.P. (2015). *Soziale Kompetenzen fördern* (2. Aufl.). Göttingen: Hogrefe. http://doi.org/10.1026/02697-000
Kaschube, J. & von Rosenstiel, L. (2004). Training von Führungskräften. In H. Schuler (Hrsg.), *Organisationspsychologie – Gruppe und Organisation* (S. 559–602). Göttingen: Hogrefe.

Kauffeld, S. (2010). *Nachhaltige Weiterbildung. Betriebliche Seminare und Trainings entwickeln, Erfolge messen, Transfer sichern.* Heidelberg: Springer.

Kauffeld, S., Grote, S. & Frieling, E. (2009). *Handbuch Kompetenzentwicklung.* Stuttgart: Schäffer-Poeschel.

Kleinmann, M. & Strauß, B. (Hrsg.). (2000). *Potentialfeststellung und Personalentwicklung* (2. Aufl.). Göttingen: Hogrefe.

Kozlowski, W. J. & Salas, E. (2010). *Learning, Training, and Development in Organizations.* New York, NY: Taylor & Francis Group.

Kraiger, K. & Ford, J. K. (2007). The expanding role of workplace training: Themes and trends influencing training research and practice. In L. L. Koppes (Ed.), *Historical perspectives in industrial and organizational psychology* (pp. 291–309). Mahwah, NJ: LEA

Krumm, S., Mertin, I. & Dries, C. (2012). *Kompetenzmodelle.* Göttingen: Hogrefe.

Latham, G. P. (1988). Human resource training and development. *Annual Review of Psychology, 39,* 545–582.

Maier, G. W., Sobiraj, S., Steinmann, B. & Nübold, A. (2014). Personalentwicklung I: Training und Transfer. In H. Schuler & K. Moser (Hrsg.), *Lehrbuch Organisationspsychologie* (S. 131–175). Bern: Huber.

McGehee, W. & Thayer, P. W. (1961). *Training in business and industry.* New York, NY: Wiley.

Mesmer-Magnus, J. & Viswesvaran, C. (2010). The role of pre-training interventions in learning: A meta-analysis and integrative review. *Human Resource Management Review, 20,* 261–282. http://doi.org/10.1016/j.hrmr.2010.05.001

Münsterberg, H. (1912). *Psychologie und Wirtschaftsleben.* Leipzig: Barth.

Neuberger, O. (1991). *Personalentwicklung.* Stuttgart: Enke.

Noe, R. A. (2013). *Employee training and development* (6th edition). New York: NY: McGraw-Hill.

Noe, R. A., Clarke, A. D. M. & Klein, H. J. (2014). Learning in the Twenty-First-Century Workplace. *Annual Review of Organizational Psychology and Organizational Behavior, 1,* 245–275. http://doi.org/10.1146/annurev-orgpsych-031413-091321

Noe, R. A. Tews, M. J. & Marand, A. (2013). Individual differences and informal learning in the workplace. *Journal of Vocational Behavior, 83,* 327–335. http://doi.org/10.1016/j.jvb.2013.06.009

Powell, K. S. & Yalcin, S. (2010). Managerial training effectiveness: A meta-analysis 1952-2002. *Personnel Review, 39* (2), 227–241. http://doi.org/10.1108/00483481011017435

Rauen, C. (2014). *Coaching* (3. Aufl.). Göttingen: Hogrefe.

Rosenstiel, L. von, Lang von Wins, Th. & Sigl, E. (Hrsg.). (1997). *Perspektiven der Karriere.* Stuttgart: Schäffer-Poeschel.

Rowold, J., Hochholdinger, S. & Schaper, N. (2008). *Evaluation und Transfersicherung betrieblicher Trainings.* Göttingen: Hogrefe.

Ryschka, J., Solga, M. & Mattenklot, A. (2011). *Praxishandbuch Personalentwicklung: Instrumente, Konzepte, Beispiele* (3. Aufl.). Wiesbaden: Gabler. http://doi.org/10.1007/978-3-8349-6384-0

Salas, E. & Cannon-Bowers, J. A. (2001). The science of training: A decade of progress. *Annual Review of Psychology, 52,* 471–499. http://doi.org/10.1146/annurev.psych.52.1.471

Salas, E. & Kozlowski, S. W. J. (2010). Learning, Training and Development and Organizations: Much Progress and a Peek over the Horizon. In S. W. J. Kozlowski & E. Salas (Eds.), *Learning, Training and Development in Organizations* (pp. 461 – 476). New York, NY: Routledge.

Salas, E., Tannenbaum, S. I., Kraiger, K. & Smith-Jentsch, K. A. (2012). The Science of Training and Development in Organizations: What Matters in Practice. *Psychological Science in the Public Interest, 13* (2), 74–101. http://doi.org/10.1177/1529100612436661

Sanchez, J. I. & Levine, E. L. (2012). The rise and fall of job analysis and the future of work analysis. *Annual Review of Psychology, 63,* 397–425. http://doi.org/10.1146/annurev-psych-120710-100401

Sarges, W. & Fricke, R. (1986). *Psychologie für die Erwachsenenbildung.* Göttingen: Hogrefe.

Schaper, N. (2014). Aus- und Weiterbildung: Konzepte der Trainingsforschung. In F. W. Nerdinger, G. Blickle & N. Schaper (Hrsg.), *Arbeits- und Organisationspsychologie* (3. Aufl., S. 461–487). Heidelberg: Springer.

Schaper, N. & Kauffeld, S. (Hrsg.). (2008). Lerntransfer und Kompetenzentwicklung [Themenheft]. *Zeitschrift für Personalpsychologie, 7* (2).

Schaper, N., Sonntag, Kh. & Baumgart, C. (2003). Ziele und Strategien von Personalentwicklung mit computer- und netzbasierten Medien. In U. Konradt & W. Sarges (Hrsg.), *E-Recruitment und E-Assessment. Rekrutierung, Auswahl und Beurteilung von Personal im Internet* (S. 55–81). Göttingen: Hogrefe.

Schermuly, C. C., Schröder, T., Nachtwei, J., Kauffeld, S. & Gläs, K. (2012). Die Zukunft der Personalentwicklung – Eine Delphi-Studie. *Zeitschrift für Arbeits- und Organisationspsychologie, 56,* 111–122. http://doi.org/10.1026/0932-4089/a000078

Schuler, H. (1989). Fragmente psychologischer Forschung zur Personalentwicklung. *Zeitschrift für Arbeits- und Organisationspsychologie, 33* (1), 3–11.

Schuler, H. (2006). Stand und Perspektiven der Personalpsychologie. *Zeitschrift für Arbeits- und Organsiationspsychologie, 50,* 176–188. http://doi.org/10.1026/0932-4089.50.4.176

Schuler, H. & Marcus, B. (2004). Leistungsbeurteilung. In H. Schuler (Hrsg.), *Organisationspsychologie – Grundlagen und Personalpsychologie* (S. 947–1006). Göttingen: Hogrefe.

Schuler, H. & Stehle, W. (Hrsg.). (1987). *Assessment Center als Methode der Personalentwicklung.* Stuttgart: Verlag für Angewandte Psychologie.

Semmer, N. & Pfäfflin, M. (1978). *Interaktionstraining. Ein handlungstheoretischer Ansatz zum Training sozialer Fertigkeiten.* Weinheim: Beltz.

Semmer, N. K. & Zapf, D. (2004). Gesundheitsbezogene Interventionen in Organisationen. In H. Schuler (Hrsg.), *Organisationspsychologie – Gruppe und Organisation* (S. 773–843). Göttingen: Hogrefe.

Sitzmann, T., Kraiger, K., Stewart, D. & Wisher, R. (2006). The Comparative Effectiveness of Web-Based and Classroom Instruction: A Meta-Analysis. *Personnel Psychology, 59,* 623–664. http://doi.org/10.1111/j.1744-6570.2006.00049.x

Sonntag, Kh. (1989). *Trainingsforschung in der Arbeitspsychologie.* Bern: Huber.

Sonntag, Kh. (1990). Qualifikation und Qualifizierung bei komplexen Arbeitstätigkeiten. In C. G. Hoyos & B. Zimolong (Hrsg.), *Ingenieurpsychologie* (S. 536–571). Göttingen: Hogrefe.

Sonntag, Kh. (1992). Kognitive Trainingsverfahren. In C. Friede & Kh. Sonntag (Hrsg.), *Kompetenz durch Training* (S. 47–68). Heidelberg: Sauer.

Sonntag, Kh. (2002). Personalentwicklung und Training. Stand der psychologischen Forschung und Gestaltung. *Zeitschrift für Personalpsychologie, 2,* 59–79. http://doi.org/10.1026//16176391.1.2.59

Sonntag, Kh. (2004). Personalentwicklung. In H. Schuler (Hrsg.), *Organisationspsychologie – Enzyklopädie der Psychologie Bd. D/III/3* (S. 827–890). Göttingen: Hogrefe.

Sonntag, Kh., Frieling, E. & Stegmaier, R. (2012). *Lehrbuch Arbeitspsychologie.* Bern: Huber.

Sonntag, Kh. & Schaper, N. (2000). Lernen und Fördern in Organisationen [Themenheft]. *Zeitschrift für Arbeits- und Organisationspsychologie, 44.*

Sonntag, Kh. & Schaper, N. (2006). Wissensorientierte Verfahren der Personalentwicklung. In H. Schuler (Hrsg.), *Lehrbuch der Personalpsychologie* (2. Aufl., S. 255–280). Göttingen: Hogrefe.

Sonntag, Kh. & Stegmaier, R. (2006). Verhaltensorientierte Verfahren der Personalentwicklung. In H. Schuler (Hrsg.), *Lehrbuch der Personalpsychologie* (2. Aufl., S. 281–304).

Sonntag, Kh. & Stegmaier, R. (2007). *Arbeitsorientiertes Lernen. Zur Psychologie der Integration von Lernen und Arbeit.* Stuttgart: Kohlhammer.

Sonntag, Kh. & Stegmaier, R. (2010). Trainingsgestaltung. In U. Kleinbeck & K.H. Schmitt (Hrsg.), *Arbeitspsychologie. Enzyklopädie der Psychologie Themenbereich D, Serie 3, Band 1* (S. 821–868). Göttingen: Hogrefe.

Stammers, R.B. & Patrick, J. (1975). *The psychology of training.* London: Methuen.

Stock-Homburg, R. (2010). *Personalmanagement. Theorien – Konzepte – Instrumente* (2. Aufl.). Wiesbaden: Gabler.

Stocker-Kreichgauer, G. (1978). Ausbildung und Training in der Unternehmung. In A. Mayer (Hrsg.), *Organisationspsychologie* (S. 170–200). Stuttgart: Schäffer-Poeschel.

Taylor, P.J., Russ-Eft, D.F. & Chan, D.W.L. (2005). A meta-analytic review of behavior modeling training. *Journal of Applied Psychology, 90,* 692–709. http://doi.org/10.1037/0021-9010.90.4.692

Tharenou, P. (2001). The relationship of training motivation to participation in training and development. *Journal of Occupational and Organizational Psychology, 74,* 599–621. http://doi.org/10.1348/096317901167541

Thurston, P.W., D'Abate, C.P. & Eddy, E.R. (2012). Mentoring as an HRD Approach: Effects on Employee Attitudes and Contributions Independent of Core Self-Evaluation. *Human Resource Development Quarterly, 23,* 139–165. http://doi.org/10.1002/hrdq.21130

Ulich, E. (1964). Das Lernen sensumotorischer Fertigkeiten. In R. Bergius (Hrsg.), *Handbuch der Psychologie* (Bd. 1 (2), S. 326–346). Göttingen: Hogrefe.

Underhill, C.M. (2006). The effectiveness of mentoring programs in corporate settings: A meta-analytical review of the literature. *Journal of Vocational Behavior, 68,* 292–307. http://doi.org/10.1016/j.jvb.2005.05.003

Volpert, W. (1971). *Sensumotorisches Lernen. Zur Theorie des Trainings in Industrie und Sport* (4. Aufl., 1983). Frankfurt, M.: Limpert.

van Dick, R. & West, M.A. (2013). *Teamwork, Teamdiagnose, Teamentwicklung* (2. Aufl.). Göttingen: Hogrefe.

Wexley, K.N. & Latham, G.P. (1981). *Developing and training human resources in organizations.* Glenview, Ill: Scott, Forseman.

Wihler, A., Solga, M. & Blickle, G. (2014). Personalentwicklung II: Karrieremanagement, Training und Beratung. In H. Schuler & K. Moser (Hrsg.), *Lehrbuch Organisationspsychologie* (5. Aufl., S. 369–405). Bern: Huber.

Wolf, B., Diesner, R., Fennekels, G. et al. (1998). Qualitätsstandards für Personalentwicklung in Wirtschaft und Verwaltung. *Zeitschrift für Arbeits- und Organisationspsychologie, 2* (42), 120–122.

II. Grundlegende Beiträge psychologischer Disziplinen zur Personalentwicklung

Kapitelübersicht

Kapitel 2

Menschliche Entwicklung und ihre Gestaltbarkeit: Beiträge der Entwicklungspsychologie

Hans-Werner Wahl & Valerie Elsässer

Inhaltsübersicht

Überblick:

Die Entwicklungspsychologie orientiert sich heute allgemein an einem Paradigma lebenslanger Entwicklung, d.h. Veränderung und Stabilität über die gesamte Lebensspanne hinweg stehen im Fokus psychologischer Untersuchungen. Der Beitrag zielt vor diesem Hintergrund darauf ab, Erwerbstätigkeit in einen entwicklungspsychologischen Rahmen einzuordnen und nach Konsequenzen einer solchen Einordnung zu fragen. Zunächst wird die Zentralität der langen Periode des „Involvement" in Erwerbsarbeit für die Entwicklung herausgearbeitet. Danach werden Prinzipien und etablierte Modelle lebenslanger Entwicklung dargestellt und auf den Kontext der Erwerbsarbeit bezogen, ergänzt anhand von Befunden zu zwei für eine alternde Arbeitsgesellschaft besonders bedeutsamen Themen: Verlauf der geistigen Leistungsfähigkeit und Rolle von Altersstereotypen. Anschließend werden zusammenfassend die mit Erwerbsarbeit verbundenen Entwicklungspotenziale und -risiken thematisiert. Dieser Beitrag mündet in zwei Resümees.

Einmal wird, auf der Forschungsebene, für eine zukünftig stärkere Verzahnung von Entwicklungspsychologie und Arbeits- und Organisationspsychologie plädiert. Zum Zweiten wird auf der Anwendungsebene gefragt, was in der Lebensspannenpsychologie diskutierte Überlegungen zur Gestaltbarkeit von Entwicklung für den Kontext der Erwerbsarbeit vor allem im Sinne von Prävention bedeuten könnten.

1 Einleitung

Die psychologische Untersuchung menschlicher Entwicklung orientiert sich heute allgemein an einem Paradigma lebenslanger Entwicklung, d. h. Entwicklung wird gesehen als Veränderung und Stabilität über die gesamte Lebensspanne. Wenn spezielle Aspekte einzelner Lebensphasen, wie in diesem Beitrag primär Wechselwirkungen zwischen individueller Entwicklung und Erwerbsarbeit im mittleren Erwachsenenalter, untersucht werden, so hat Lebensspannenpsychologie stets auch das Ziel, die entsprechenden Ergebnisse in den gesamten Lebenslauf einzuordnen bzw. Zusammenhänge mit anderen Lebensphasen zu betrachten. Weiterhin legt psychologische Lebenslauf- und Alternsforschung den Fokus auf interindividuelle Unterschiede und intraindividuelle Veränderungen über die Zeit (Elsässer, Miche & Wahl, 2015; Wahl & Kruse, 2014). Damit rücken prozesshafte Aspekte der Erwerbstätigkeit und kurz- und langfristige Auswirkungen auch auf distale, eventuell erst in der nachberuflichen Zeit auftretende „Outcomes", in den Mittelpunkt.

Ferner führt die vor allem in der psychologischen Alternsforschung schon lange geführte Diskussion bzw. empirische Analyse von Altersstereotypen zu einer besonders hohen Sensibilität in Bezug auf negative Sichtweisen menschlichen Alterns (Miche, Brothers, Diehl & Wahl, 2015). Vor allem im Hinblick auf späte Phasen der Berufstätigkeit erscheint es zentral, ungerechtfertigte Pauschalisierungen und Aktivierungen gängiger negativer Altersstereotype möglichst zu vermeiden. Es geht um die Suche nach einer differenzierten Sicht heutigen Älterwerdens und entsprechenden Forschungsarbeiten zu weiter vorhandenen Ressourcen und Kompetenzen, ohne Verlustelemente des Älterwerdens zu vernachlässigen. Genau diese differenzierte Perspektive und die Notwendigkeit einer Komplexitätsanreicherung in der Sichtweise sog. älterer Arbeitnehmerinnen und Arbeitnehmer scheint in Unternehmenswelten immer noch schwerzufallen, und die Versuchung einer übermäßigen Komplexitätsreduktion, wie sie negativen Altersstereotypen stets eigen ist, ist durchaus groß – auch in einer offensichtlich alternden Arbeitsgesellschaft.

Historisch gesehen ist für eine entwicklungsbezogene Sicht von Erwerbsarbeit die Erwähnung wichtig, dass diese lange weit weniger positiv konnotiert war als heute (vgl. etwa Schmid, 2010). Das moderne Verständnis von Arbeit und damit auch der Arbeitsbegriff der Arbeits- und Organisationspsychologie betonen demgegenüber die wechselseitige Gestaltung und den Austausch zwischen Umwelt und Individuen durch zielgerichtete Arbeitstätigkeiten und entstehende Gratifikationen (Schaper, 2011). Dieser allgemeine Arbeitsbegriff ist grundsätzlich auf viele Tätigkeiten anwendbar, also neben Erwerbsarbeit auch auf Haus- und Familienarbeit, Bildung und Weiterbildung, kreativ-künstlerische Tätigkeiten oder soziales Engagement (Lepperhoff, 2011). Dieser Beitrag bezieht sich auf die auch in der Arbeitspsychologie betonte ökonomische Einbettung und Institutionalisierung von Arbeit. Hier geht es in der Regel um mehrere Lebensjahrzehnte an „Involvement" – und die damit einhergehende große Bedeutung der Entwicklungsdomäne Erwerbsarbeit. Das Erwerbseinkommen und die darauf aufbauende spätere Rente bilden sicherlich einen bedeutsamen Entwicklungsrahmen im mittleren und höheren Erwachsenenalter.

Ziel dieses Beitrags ist es, Erwerbstätigkeit in einen entwicklungspsychologischen Rahmen einzuordnen, d.h. es wird die Beziehung zwischen den aktuell vorherrschenden Sichtweisen menschlicher Entwicklung im Erwachsenenalter und den Anforderungen, Anregungen und Begrenzungen von Erwerbsarbeit untersucht. Beispielsweise neigt die moderne Lebensspannenpsychologie zu einem stark selbstgesteuerten Menschenbild („Agency"), demzufolge sich entwickelnde Individuen primär als „Produzenten ihrer eigenen Entwicklung" gesehen werden (Lerner & Busch-Rossnagel, 1981; Wahl & Kruse, 2014). Viele Befunde deuten ferner darauf hin, dass ein solches aktives Entwicklungsverständnis in Verbindung mit der adaptiven Regulation von nicht (mehr) erreichbaren Zielen Wohlbefinden und die Vermeidung von psychischer Instabilität bzw. Depressivität fördert (Brandtstädter, 2007). Hier ist dann allerdings auch zu fragen, wie sich eine solche Sichtweise mit der dekadenlangen Einbindung in Erwerbsarbeit verträgt und welche Implikationen sich daraus für den Entwicklungskontext der Erwerbsarbeit ergeben.

2 Erwerbsarbeit als zentraler Kontext menschlicher Entwicklung

Vieles spricht dafür, dass grundlegende Aspekte der Erwerbstätigkeit – etwa Befriedigung von Grundbedürfnissen, Verwirklichung von Zielen und Interessen, Selbstwerterhöhung, Sinnerleben – entwicklungsförderliche Einflüsse darstellen und die aktuelle wie auch zukünftige Lebensphasen entscheidend prägen. Allerdings können langfristige Über- oder Unterforderung, Belastungs- und Stresserleben sowie möglicherweise langandauernde Fremdbestimmung den Verlauf und Ausgang von Entwicklungsprozessen bis hinein in die nachberufliche Lebensphase auch in starkem Maße negativ beeinflussen. Vielleicht könnte man gar so weit gehen zu argumentieren, dass Erwerbsarbeit unsere Entwicklung im frühen und mittleren Erwachsenenalter am stärksten hinsichtlich unserer Entwicklungsoptionen und -grenzen insgesamt steuert. Zumindest aber gehört sie neben den wichtigen „Entwicklungsmotoren“ der Partnerschaft, Elternschaft und der weiteren sozialen Beziehungen (vor allem Freundschaft, familiäre Beziehungen) sowie der Gestaltung von Interessen und „freier Zeit“ (man beachte hier auch die Abgrenzung zu „Arbeit“, die eventuell sogar ein entscheidendes Entwicklungsmoment dieses Bereichs darstellt) zu den „mächtigen“ Einflüssen im Hinblick auf Entwicklung im Erwachsenenalter. Dabei beeinflusst Erwerbsarbeit in signifikanter Weise andere Entwicklungsbereiche und ist gleichzeitig selbst Entwicklungsinhalt und -geschehen (Lang, Martin & Pinquart, 2012).

Anzunehmen sind zudem sowohl von außen als auch von innen bestimmte Wandlungsprozesse, die die Domäne Erwerbsarbeit beeinflussen. Gerade in Bezug auf die „Endphase“ beruflicher Tätigkeit scheinen derzeit vielfache Ambivalenzen im Hinblick auf die Gestaltung des Entwicklungskontexts Arbeit gegeben zu sein: Aufseiten der Berufstätigen geht es um eine Verlängerung der Lebensarbeitszeit, aufseiten der Unternehmen stehen Fragen der Innovationskraft, beruflichen Erfahrung, sozialen Kompetenzen und betrieblichen Identifikation älterer Erwerbstätiger im Vordergrund. Diese Aspekte sind auch entwicklungspsychologisch hochbedeutsam und verlangen nach einer engen Verzahnung der Arbeits- und Organisationspsychologie und der Entwicklungs- und Alternspsychologie (vgl. Kapitel 15 in diesem Buch).

Vor diesem Hintergrund wäre eigentlich zu erwarten, dass aktuelle Lehrbücher der Entwicklungs- und Alternspsychologie sehr dezidiert und in vielfältiger Weise den Entwicklungskontext Arbeit einbezögen. Dies geschieht jedoch häufig eher kursorisch mit einem mehr oder weniger allgemeinen Verweis auf die Bedeutung der Arbeit für menschliche Entwicklung bzw. indirekt, indem alterskorrelierte Veränderungen mit Bedeutung für den Arbeitskontext (z. B. Informationsverarbeitungsgeschwindigkeit, gesundheitliche Veränderungen) beschrieben werden. Löbliche Ausnahmen stellen die Lehrbücher „Entwicklungspsychologie – Erwachsenenalter“ (Lang et al., 2012) und „Entwicklungspsychologie des Erwachsenenalters“ von Faltermaier, Mayring, Saup und Strehmel (2014) dar, die den Entwicklungskontext Erwerbsarbeit explizit adressieren. Auch in alternspsychologischen bzw. gerontologischen Werken sind in den letzten Jahren relativ konsistent eigenständige Beiträge zum Entwicklungs- und Alternskontext Arbeit enthalten, was auch deutlich zeigt, dass die soziale und behaviorale Alternsforschung zunehmend eine Lebensspannenorientierung vertritt und hier vor allem auch das mittlere Lebensalter mit einbezieht (Bowen, Noack & Staudinger, 2012; Sonntag, 2012).

Auffällig ist in jedem Fall, dass sich im aktuellen Forschungsstand heute ganz überwiegend ein Bild des mittleren Alters bzw. der Beschäftigten in dieser Lebensphase findet, das von vielen weiter vorhandenen Stärken und Entwicklungspotenzialen bestimmt ist, auch wenn es zu Rückgängen in einzelnen kognitiven Leistungen (vor allem der geschwindigkeitsbezogenen) und zu gesundheitlichen Veränderungen (z. B. sensorisch, kardio-vaskulär, Depression) kommt, dies aber mit sehr hoher interindividueller Variabilität (Bowen et al., 2012; Kruse & Hüther 2014; vgl. auch Kapitel 15 in diesem Buch). Demgegenüber gewinnt man bisweilen in Diskussionen zum alternden Arbeitsmarkt den Eindruck, als handele es sich bei 50- oder 60-Jährigen Erwerbstätigen um „Hochaltrige“ mit vielfältigen Verlusten und Produktivitätsrisiken (vgl. dazu auch Sonntag, 2014a).

3 Lebensspannenpsychologie und Entwicklung im Erwachsenenalter

Wie bereits zu Anfang hervorgehoben, ist heute in der Entwicklungspsychologie die Vorstellung *lebenslanger Entwicklung* weithin als die überzeugendste Meta-Idee von menschlicher Entwicklung akzeptiert (Schneider & Lindenberger, 2012; Staudinger, 2007; Wahl & Kruse, 2014). Die Lebensspannenpsychologie steht dabei in besonderer Weise vor der Herausforderung, Entwicklungsprozesse und -ergebnisse über längere Zeiträume hinweg theoretisch und empirisch miteinander zu verknüpfen bzw. Entwicklungsmodelle zu explizieren, die vor allem das bessere Verstehen von mittel- und langfristigen Verläufen der unterschiedlichsten Domänen erlauben. Diese Anforderung führt naturgemäß zu relativ allgemeinen Prinzipien und entwicklungsregulatorischen Konzepten, die dann anhand von konkreten Entwicklungsbereichen und damit verbundenen typischen Transitionen mit Leben gefüllt werden müssen. Beispielsweise geht es dann darum, in welcher Weise sich der Übergang von schulischer/universitärer Ausbildung in den Beruf vollzieht, welche allgemeinen motivationalen Verschiebungen im Laufe des Erwachsenenalters möglicherweise auch die Beziehung und Einstellung zur Berufstätigkeit beeinflussen, wie sich der Übertritt in die nachberufliche Phase gestaltet und in welcher Weise und Stärke sich all dies in Bezug auf das Erleben der nachberuflichen Phase auswirkt. Im Folgenden werden die heute weithin akzeptierten Prinzipien und etablierten Modelle der Entwicklungsregulation beschrieben und auf dieser Grundlage resümiert, welche Möglichkeiten und Grenzen menschlicher Entwicklung in diesen Modellvorstellungen und zugehörigen empirischen Befunden zum Ausdruck kommen.

3.1 Prinzipien lebenslanger Entwicklung und Implikationen für die Erwerbsarbeit

Trotz der Unterschiede einzelner Sichtweisen im Detail sind die folgenden Prinzipien und Leitideen als für die Lebenslaufpsychologie besonders bedeutsam akzeptiert (Baltes, Lindenberger & Staudinger, 2006; Settersten, 2003; Staudinger, 2007; Wahl & Kruse, 2014):

- Gleichwertigkeit und Kontextualität von Lebensphasen
- Gleichzeitigkeit von Entwicklungsgewinnen und -verlusten in allen Lebensphasen sowie Multidimensionalität und Multidirektionalität von Entwicklung
- Plastizität von Entwicklungsprozessen

Das Konzept der *Gleichwertigkeit aller Lebensphasen* meint, dass es keine für die menschliche Entwicklung mehr oder weniger wichtigen Phasen gibt, wobei dennoch jede Phase des menschlichen Lebens ihre je eigene Dynamik und Ablaufgestalt besitzt. Das Konzept der *Lebensphasenkontextualität* beschreibt ferner, dass keine Phase des menschlichen Lebens aus sich heraus verstanden werden kann, sondern stets einer Sichtweise der Einbettung in eine Gesamtheit von Entwicklungsschritten bedarf. Daraus ergeben sich beispielsweise in Bezug auf Erwerbsarbeit die folgenden Fragen: Welche Bedeutung besitzen Erfahrungen früh im Erwerbsleben für die Gestaltung später Berufsphasen? In welcher Weise werden bereits früh im Erwerbsleben berufliche Entwicklungshorizonte für Zeiträume eventuell 20 oder 30 Jahre später „geschlossen", deutlich eingeengt oder aber auch erst weit geöffnet? Welche Auswirkungen besitzt der Umgang mit Entwicklungsaufgaben im frühen Erwachsenenalter auf die Ausgestaltung später beruflicher Phasen? Welche Zusammenhänge bestehen zwischen Erwerbstätigkeit im mittleren Alter bzw. in den letzten Berufsjahren und der nachberuflichen Alternsphase, eventuell sogar des hohen Lebensalters, das zwar zeitlich distal zum Übergang in den Ruhestand liegt, aber möglicherweise auch durch dort entstandene Risikokonstellationen mitbestimmt wird? So ist heute unbestritten, dass geistig anregende Arbeitsbedingungen die Stabilisierung von kognitiven Reserven unterstützen, die vor allem dann benötigt werden, wenn die allgemeine Vulnerabilität durch biologische Veränderungen und Multimorbidität besonders hoch ist (Hertzog, Kramer, Wilson & Lindenberger, 2009).

Ausgegangen wird weiterhin von einem *Entwicklungsbegriff*, der das traditionelle Verständnis von Entwicklung im Sinne von permanentem Fortschritt und dem Durchschreiten aufeinander aufbauender Stufen immer höherer Entfaltung hinter sich lässt. Ein für die gesamte Lebensspanne hilfreicher Entwicklungsbegriff rekurriert vielmehr darauf, dass Gewinne und Verluste in jeder Lebensphase nebeneinander existieren (z. B. kann der Eintritt in die Schule auch Entwicklungsmöglichkeiten in Bezug auf Kreativität und Phantasiebildung nehmen; die Wahl eines bestimmten Berufes verhindert in der Regel andere Berufserfahrungen), wenngleich sich spät im Leben die Gewinn-Verlust-Bilanz zugunsten von Verlusten verschiebt, aber Gewinne bis zum Ende des Lebens möglich bleiben (Baltes et al., 2006; Heckhausen, Dixon & Baltes, 1989). Das Konzept der *Multidimensionalität* hebt ab auf die Notwendigkeit, innerhalb von psychischen Phänomenen zu differenzieren (z. B. zwischen der Mechanik und Pragmatik geistiger Leistungsfähigkeit, s. u.). *Multidirektionalität* weist auf die „Ungleichzeitigkeit des Gleichzeitigen" in der psychischen Entwicklung über die Lebensspanne und im Alter hin, d. h. Abbau, Stabilität und Wachstum können in paralleler Weise auftreten. Bezogen auf Erwerbsarbeit besitzen diese Leitideen vielfältige Implikationen: So gewinnt die Wechselwirkung zwischen Gewinnen und Verlusten gerade in der Entwicklungsdomäne Erwerbsarbeit große Dynamik, etwa wenn es darum geht, viel in die eigene berufliche Karriere zu investieren, aber dafür möglicherweise bedeutsame Verluste in anderen Bereichen (Beziehung zu Partner/in, zu Kindern, Gesundheit, Freizeit) in Kauf zu nehmen. Hier stellt sich dann oftmals die Frage, welche Balance zwischen Gewinnen und Verlusten kurz-, vor allem aber langfristig für die eigene Entwicklung insgesamt hilfreich und förderlich und welche hingegen eher risikoreich ist. Eine multidimensionale Sichtweise kann beispielsweise auf das gleichzeitige Bestehen von unterschiedlichen beruflichen Kompetenzen hinweisen (z. B. geistige Leistung, soziales Engagement für „Teamgeist", Identifikation mit dem Unternehmen), die sich im Zuge der Erwerbstätigkeit unterschiedlich, also multidirektional, entwickeln können. So geht die geistige Leistungsfähigkeit zwar in einigen Bereichen in der späten Berufsphase zurück (z. B. Informationsverarbeitungsgeschwindigkeit), bleibt in anderen aber konstant (z. B. berufliches Expertisewissen); soziale Kompetenzen und die Identifikation mit Unternehmen nehmen in späten Berufsphasen eher zu (Kruse & Wahl, 2007).

In Bezug auf das ebenfalls zentrale Konzept der *Plastizität* verfügen wir heute aus Längsschnitt-Trainings- und neuropsychologischen Studien über ein reichhaltiges Wissen darüber, wie verlustorientierte Alternsprozesse, vor allem im kognitiven Bereich, zumindest verlangsamt und teilweise auch kompensiert werden können. Erkenntnisse zur Plastizität des Alterns sind besonders bedeutsam, zeigen sie doch die grundsätzliche Beeinflussbarkeit von Alternsprozessen; sie unterstreichen im Sinne von vorhandenen, aber oftmals nicht genutzten Entwicklungsreserven, was älter werdenden Menschen möglich ist, wenn entsprechende Rahmen-, Trainings- und Anregungsbedingungen geschaffen bzw. intensiviert werden (Hertzog et al., 2009; Wahl, Tesch-Römer & Ziegelmann, 2012). Es ist unmittelbar evident, dass auch die Leitidee der Plastizität menschlicher Entwicklung für den Erwerbsarbeitskontext hohe Relevanz besitzt: Berufliche Weiterbildung ist z. B. in allen Phasen der Erwerbsarbeit förderlich und kann negative Alterseffekte weitgehend kompensieren (Kruse & Hüther, 2014). Betriebliche Gesundheitsförderung mit Fokus auf die körperliche Aktivität begünstigt nicht nur die körperliche Fitness, sondern sie besitzt auch positive Auswirkungen auf die geistige Leistungsfähigkeit und die mentale Gesundheit (Colcombe & Kramer, 2003).

3.2 Selbstregulation der eigenen Entwicklung und Gestaltung von Erwerbsarbeit

Etablierte Entwicklungsregulationsmodelle

Bis heute finden in der Lebensspannenpsychologie bereits früh vorgeschlagene Entwicklungsmodelle Beachtung. So charakterisiert Erikson (1966) lebenslange Persönlichkeitsentwicklung als Sequenz von acht qualitativ voneinander abgrenzbaren psychosozialen Krisen, die jeweils durch spezifische Konflikte zwischen psychosexuellen und sozialen Faktoren gekennzeichnet sind. Jede dieser Krisen konfrontiert nach Erikson das Individuum mit einem Spektrum von Aufgaben und Anforderungen, deren erfolgreiche Bewältigung als eine notwendige Bedingung für die Entwicklung einer „voll funktionsfähigen Persönlichkeit“ anzusehen ist. In Bezug auf das Erwachsenenalter sieht Erikson das Streben nach Intimität (frühes Erwachsenenalter), nach Generativität (Weitergabe eigener Erfahrung und Kompetenzen an nachfolgende Generationen; mittleres Erwachsenenalter) und nach Ich-Integrität („Sein, was man geworden ist“; höheres Lebensalter) als zentral an. Erwerbsarbeit und darin empfundene Zufriedenheit stellen aus Sicht grundlegender psychologischer Entwicklungstheorien zentrale Entwicklungsaufgaben (Havighurst, 1972) für ein gelingendes und glückliches Leben dar.

Insgesamt ist vielen der den gesamten Lebenslauf umfassenden Entwicklungsmodelle (vgl. dazu zusammenfassend Faltermaier et al., 2014) die Annahme gemeinsam, dass sich die Erfahrungsperspektive im Laufe der zweiten Lebenshälfte zunehmend von einer Außen- hin zu einer Innengerichtetheit verlagert. In den Vordergrund tritt das Erleben noch verfügbarer Lebenszeit, während die Rolle des Abstands von der Geburt eher zurücktritt (Carstensen, Isaacowitz & Charles, 1999; Tornstam, 2005; Wahl & Lang, 2006). Zudem werden im mittleren Erwachsenenalter häufig erste biologische Vulnerabilitäten deutlich (z. B. erste schwere Erkrankungen; Tod von Freunden; Übernahme der Pflegerolle bei einem Familienangehörigen). Die in diesem Zusammenhang oft (vor allem in Bezug auf Männer) diskutierte „Midlife Crisis“ ist zwar empirisch wenig bestätigt und sicherlich kein normatives Ereignis des mittleren Lebensalters (Freund & Nikitin, 2012); sie weist aber doch darauf hin, dass das mittlere Lebensalter vor allem durch Veränderungen in der Zeitperspektive durchaus krisenhafte Elemente im Sinne bedeutsamer Bilanzierungen („Wo stehe ich im Leben?“ „Wo will ich noch hin?") aufweisen kann. Bei Frauen werden diese Prozesse durch die Menopause weiter verstärkt. Gerade in späten Phasen der Erwerbstätigkeit gibt es auch in anderen Entwicklungskontexten anspruchsvolle Anforderungen, mit denen eine Auseinandersetzung nötig ist (Perrig-Chiello & Höpflinger, 2014).

Theorie der sozio-emotionalen Selektivität. Als aktuell theoretisch und empirisch besonders anerkannt gilt zudem die Theorie der sozio-emotionalen Selektivität (SST) von Carstensen (2006), die argumentiert, dass es im Laufe der menschlichen Entwicklung infolge einer veränderten Zukunftsperspektive zu fundamentalen Verschiebungen der „motivationalen Kräfte" kommt. Die Offenheit der Zukunftsperspektive hängt zwar empirisch eng mit dem chronologischen Alter zusammen, Veränderungen in der Sicht auf die Zukunft vollziehen sich aber nach aktuellem Forschungsstand nicht infolge des Älterwerdens, sondern infolge von Veränderungen in der subjektiven Wahrnehmung der noch verfügbaren Zeit. Je ausgedehnter sich die Zukunftsperspektive, vor allem in frühen Phasen der Lebensspanne darstellt, desto eher rückt das Motiv der Informationssuche in den Vordergrund. Menschen wenden sich eher neuen Möglichkeiten zu und investieren stärker in Lernprozesse und Beziehungen, von denen sie zu einem späteren Zeitpunkt unter Umständen profitieren werden. Wird die Zukunftsperspektive hingegen als stärker begrenzt wahrgenommen, was typischerweise in der zweiten Lebenshälfte bzw. im höheren Lebensalter der Fall ist, zentrieren sich die Ziele menschlicher Entwicklung auf den Erhalt emotional bedeutsamer Erlebensinhalte, vor allem im Bereich der sozialen Beziehungen. Des Weiteren verändert sich im Zuge einer verkürzten Zukunftsperspektive die Verarbeitung emotional relevanter Informationen (Lockenhoff & Carstensen, 2004). Emotionale Aspekte sind für ältere Menschen im Vergleich mit Jüngeren bedeutsamer und es besteht insgesamt bei Älteren eine Präferenz für positive Inhalte (sog. „Positivitätseffekt" vgl. auch Carstensen & Mikels, 2005; Charles, 2011). Unter der Annahme, dass für Unternehmen ein positives soziales Klima große Bedeutung besitzt, lässt sich schlussfolgern, dass ältere Arbeitnehmer „die" Ressource für ein solches sind und sie auch besonderen Anteil daran haben, soziale Konflikte zu entschärfen bzw. zu lösen.

Zwei-Prozess-Modell der Bewältigung. Brandtstädter (2007) unterscheidet in seinem Zwei-Prozess-Modell der Bewältigung zwischen einem *assimilativen*, durch „hartnäckige Zielverfolgung" gekennzeichneten, und einem *akkomodativen*, durch „flexible Zielanpassung" gekennzeichneten Modus (Brandtstädter & Renner, 1990) im Sinne von zwei prinzipiellen Möglichkeiten des Menschen, Ist-Soll-Diskrepanzen zu überwinden. Da die im Alternsprozess auftretenden Einbußen und Verluste häufig irreversibel sind und die in früheren Lebensabschnitten verfolgten Ziele häufig nicht mehr erreicht werden können, wird angenommen, dass im Alter vor allem ein akkomodativer Bewältigungsstil zur

Aufrechterhaltung eines positiven Selbstwertgefühls und zur Lebenszufriedenheit beiträgt. Die Tatsache, dass sich ältere Menschen in ihrer emotionalen Befindlichkeit nicht von jüngeren Menschen unterscheiden (das sog. Zufriedenheitsparadoxon), wird also dadurch zu erklären gesucht, dass Prozesse akkomodativer Bewältigung mit zunehmendem Alter generell an Bedeutung gewinnen, Prozesse assimilativer Bewältigung dagegen mit zunehmendem Alter generell an Bedeutung verlieren.

Lebenslauftheorie kontrollbezogenen Verhaltens. Ferner unterscheiden Heckhausen und Schulz (1995) in ihrer *Motivationalen Theorie lebenslanger Entwicklung* (Heckhausen, Wrosch & Schulz, 2010) zwischen primärer und sekundärer Kontrolle. Primäre Kontrolle bezieht sich auf die Möglichkeit, durch eigenes Verhalten aktiv gewünschte Veränderungen in der Umwelt herbeizuführen, sodass in der Umwelt bestehende Möglichkeiten und Anforderungen besser mit eigenen Bedürfnissen übereinstimmen. Sekundäre Kontrolle bezieht sich dagegen auf eine Veränderung der eigenen Person, der eigenen Wahrnehmung der Umwelt und eigener Ziele. Da ein Scheitern primärer Kontrolle nicht nur bedeutet, dass ein angestrebter Zielzustand nicht eintritt, sondern vor allem auch eine Gefährdung des Selbstbilds zur Folge hat, muss durch geeignete Strategien sekundärer Kontrolle das Vertrauen in die aktuelle und zukünftige Fähigkeit wiederhergestellt werden. Eine zweite Funktion sekundärer Kontrolle ist die Steuerung von Selektivität: Sekundäre Kontrolle erlaubt eine effiziente Auswahl und Verfolgung von Zielen, die zu einer Erhöhung primärer Kontrolle beitragen – z. B. durch Erhöhung der Attraktivität gewählter Ziele, Abwertung nicht gewählter Alternativen oder auch eine moderate Überschätzung eigener Kompetenzen. Nach Schulz und Heckhausen (1996) nimmt die primäre Kontrolle in der Kindheit und Jugend deutlich zu, bleibt dann bis ins höhere Erwachsenenalter nahezu konstant und nimmt erst im hohen Alter – dann allerdings deutlich – ab. Für die sekundäre Kontrolle ist der Theorie zufolge dagegen eine kontinuierliche Zunahme über den gesamten Lebenslauf erkennbar. Zielbezogene Selbstregulationsprozesse, wie bei Brandtstädter und Heckhausen et al. fokussiert, sind mit Sicherheit auch für die berufliche Entwicklung und Zufriedenheit von großer Bedeutung. So kann es beispielsweise hoch relevant für die eigene psychische Gesundheit werden, sich in fortgeschrittenen beruflichen Stadien von nicht mehr erreichbaren Zielen lösen zu können bzw. eigene berufliche Ziele entsprechend flexibel so anzupassen, dass sie umsetzbar bleiben.

Modell der selektiven Optimierung mit Kompensation. Als bisher im Bereich der Erwerbsarbeit besonders gut etablierte entwicklungspsychologische Theorie (siehe Überblick in Clavairoly, 2014) geht das Modell der selektiven Optimierung mit Kompensation (SOK-Modell; Baltes & Baltes, 1990) davon aus, dass lebenslange Entwicklung vor allem von der kontinuierlichen Orchestrierung von drei grundlegenden Entwicklungsmechanismen (Selektion, Optimierung, Kompensation) geprägt ist (vgl. auch Kapitel 15 in diesem Buch). Der Prozess der Selektion bezieht sich auf die Auswahl von Funktions- und Verhaltensbereichen und die damit verbundene Bündelung von (noch) vorhandenen Potenzialen und Ressourcen. In Übereinstimmung mit der jeweils gegebenen Konstellation von persönlichen Motiven, Fähigkeiten, Fertigkeiten und Umweltanforderungen werden subjektiv weniger wichtige Ziele und Funktionsbereiche zugunsten persönlich wichtigerer Ziele und Funktionsbereiche aufgegeben. Der Prozess der Optimierung bezieht sich auf die Wahrung oder Verbesserung von Kompetenzen in spezifischen Funktionsbereichen. Der Prozess der Kompensation hingegen bezieht sich auf den Ausgleich verminderter Potenziale und Ressourcen. Durch die Selektion von Funktions- und Verhaltensbereichen und die gezielte Aufrechterhaltung oder Verbesserung der in diesen Funktions- und Verhaltensbereichen bestehenden Ressourcen wird es dem Modell der selektiven Optimierung mit Kompensation zufolge möglich, die Auswirkungen initialer Defizite durch die Nutzung von zuvor nicht eingesetzten (teilweise auch zuvor nicht vorhandenen) Ressourcen zu mindern. Folgt man dem Modell, dann kann etwa der Verzicht auf Aktivität in spezifischen Funktions- und Verhaltensbereichen dazu beitragen, dass sich altersgebundene Verluste in persönlich wichtigeren Funktions- und Verhaltensbereichen nur begrenzt auswirken. Auch wenn die bisherige Befundlage nicht ganz konsistent ist (Clavairoly, 2014) spricht doch vieles dafür, dass gerade dieses Selbstregulationsmodell eine erfolgreiche lange Phase der Erwerbsarbeit bis zum Übergang in den Ruhestand sowie fortgesetzte Adaptation auch in der nachberuflichen Phase besonders gut erklären kann. Es scheint hier (sowohl in späten Berufsphasen als auch in der nachberuflichen Phase) generell zentral zu sein, sich zunehmend auf jene Bereiche zu konzentrieren, in denen eigene Leistungen besonders gut sind und aufrechterhalten werden können (Selektion). Optimale Arbeitsplatzgestaltung kann zudem kompensatorisch wirken, sodass insgesamt sowohl ein hoher „Output" als auch Zufriedenheit resultieren können.

Selbstregulation von Entwicklung und Erwerbsarbeit – Förderliche und hinderliche Aspekte

Bei allen Unterschieden der eben beschriebenen Entwicklungsregulationsmodelle sind hinsichtlich ihres Grundverständnisses von menschlicher Entwicklung doch auch Gemeinsamkeiten zu verzeichnen: Im Unterschied zu traditionellen Sichtweisen des Älterwerdens mit einer starken Betonung des „Erleidens" bzw. „Ertragens" argumentiert die heutige Lebensspannenpsychologie, wie bereits weiter oben beschrieben, dass Menschen auch in der zweiten Lebenshälfte bis zu einem gewissen aber bedeutsamen Grad *„Produzenten ihrer eigenen Entwicklung“* sind (siehe dazu den Titel des programmatischen Beitrags von Lerner & Busch-Rossnagel, 1981), wobei hierfür förderliche und hinderliche Bedingungen in der Umwelt eine wichtige Rolle spielen. Auch der oben erwähnte Lebensspannenkontextualismus kommt dabei stark ins Spiel. Denn die Gestaltung, Steuerung und Selbstregulation der eigenen Entwicklung im Erwachsenenalter und Alter ist offensichtlich ein über lange Zeiträume und unterschiedliche Lebensphasen hinweg laufendes Geschehen, bei dem Ziele langfristig verfolgt, erreicht und auch wieder revidiert bzw. aufgegeben werden, um insgesamt ein möglichst hohes Maß an Anpassung und Zufriedenheit zu gewährleisten und das Verhältnis von Gewinnen und Verlusten in einer relativ optimalen Relation zu halten. Hier ist auch die Meta-Idee einer Entwicklungs-Ko-Regulation bzw. Ko-Konstruktion zu erwähnen (Valsiner, 1994; Youniss, 1987). Danach wird menschliche Entwicklung immer auch durch andere Menschen und soziale Kontexte insgesamt mitbestimmt.

Bezogen auf Erwerbsarbeit kann nun gefragt werden, inwiefern die allgemeine Idee eines Produzenten der eigenen Entwicklung möglicherweise gerade durch diesen ja so umfassenden sozialen Kontext konterkariert werden kann. Das Anforderungs-Kontroll-Modell von Karasek (1979) nimmt an, dass vor allem zwei Einflussgrößen die Entstehung von Arbeitszufriedenheit prägen, nämlich erstens der Grad der Anforderungen der Tätigkeit (job demands) und zweitens das Ausmaß an Entscheidungsspielraum (decision latitude) der Beschäftigten. Das Modell versteht unter dem Begriff der Arbeitsanforderungen die Beanspruchung durch die Tätigkeitsinhalte, durch die Menge und Zeitorganisation der Arbeit, und die kollegiale Kooperation und die Interaktion mit Vorgesetzten. Den Begriff des Entscheidungsspielraums definiert Karasek als Ausmaß der Einflussmöglichkeiten der Beschäftigten in der Organisation als Ganzes sowie als Ausmaß von Wahl- und Kontrollmöglichkeiten hinsichtlich der Vorbeugung von Unwägbarkeiten, der zeitlichen Reihenfolge von Tätigkeiten im Arbeitsalltag und der geeigneten Arbeitsmittel. Allerdings konnte gerade die sogenannte Pufferhypothese – eine Abmilderung des Stresspotenzials extrem großer Anforderungen durch adäquate Entscheidungsspielräume – nicht bestätigt werden (Hausser, Mojzisch, Niesel & Schulz-Hardt, 2010). Als hoch risikoreich für Arbeitszufriedenheit und Stresserleben gilt demgegenüber die Kombination hoher Arbeitsanforderungen mit geringem Entscheidungsspielraum (Karasek & Theorell, 1990). Entwicklungspsychologisch ist aufbauend auf dem SOK-Modell zu betonen, dass in einem solchen Kontext die zentralen Aspekte von zielgerichteter Selektivität, selbstgesteuerten Kompensationen und damit gegebenen Optimierungen systematisch untergraben, die Möglichkeiten einer Gestaltung der eigenen Entwicklung deutlich reduziert und Erwerbsarbeitsbedingungen als Risiko für Entwicklung insgesamt verstanden werden.

4 Bedeutung bereichsspezifischer Aspekte von Entwicklung im Erwachsenenalter

4.1 Entwicklung der kognitiven Leistungsfähigkeit

Negative Altersstereotype zum kognitiven Abbau bei den „Älteren" sind in der Arbeitswelt weit verbreitet. Forschungsergebnisse zur Entwicklung kognitiver Prozesse über die Lebenspanne unterstreichen jedoch die Bedeutung einer differenzierteren Betrachtung der kognitiven Entwicklung im Alter. Vor allem geht das empirisch gut bestätigte Modell der fluiden (Mechanik) und kristallinen (Pragmatik) Intelligenz grundsätzlich von zwei unterschiedlichen Komponenten kognitiver Funktionen aus, die sich über die Lebensspanne unterschiedlich entwickeln (Baltes et al., 2006; Kray & Lindenberger, 2007; siehe auch Abbildung 1).

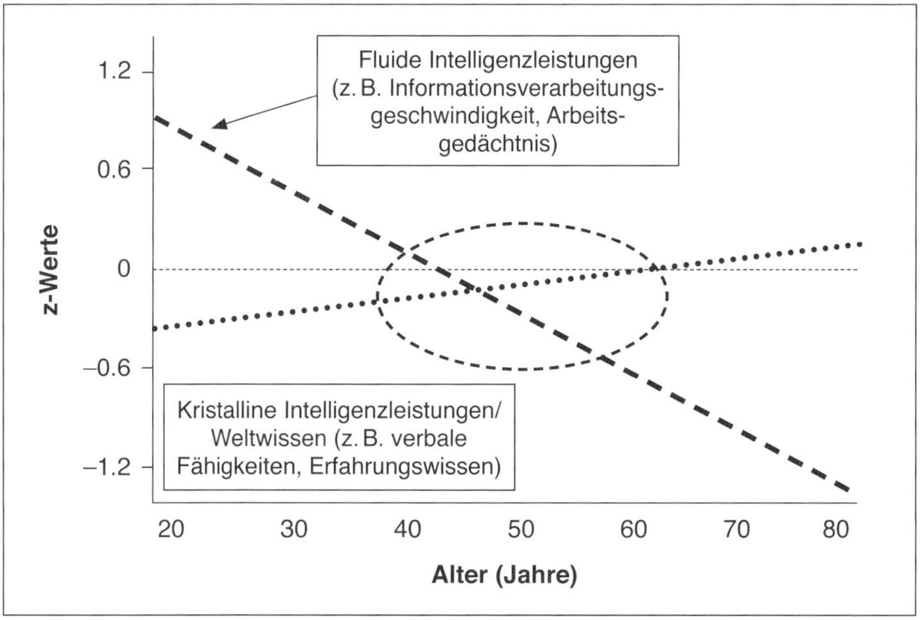

Abbildung 1: Verlauf von fluiden (mechanischen) und kristallinen (pragmatischen) kognitiven Fähigkeiten vom 20. bis zum 80. Lebensjahr (vereinfacht nach Park & Reuter-Lorenz, 2009, S. C1)

Zur Mechanik der kognitiven Leistung zählen Prozesse, die auf biologisch-neurophysiologischen Grundlagen beruhen, wie etwa die Informationsverarbeitungsgeschwindigkeit des Gehirns („Speed of Processing") und eine Reihe von Gedächtnisprozessen. Hier handelt es sich offensichtlich um altersanfällige intellektuelle Fähigkeiten, deren Geschwindigkeit und Genauigkeit bereits ab dem frühen Erwachsenenalter (etwa 20 bis 40 Jahre) abnimmt. Diese Verlustprozesse treten mit dem Älterwerden immer deutlicher zutage. Im Gegensatz zum mittleren Erwachsenenalter konvergieren die Leistungen in verschiedenen kognitiven Domänen im hohen Alter zudem in stärkerem Maß miteinander, d. h. sie lassen sich weniger gut als etwa noch im mittleren Erwachsenenalter voneinander differenzieren – ein Prozess, der mit dem Begriff der Differenzierungs-Dedifferenzierungshypothese bezeichnet wird (Kray & Lindenberger, 2007).

Die zweite Komponente kognitiver Entwicklung – die Pragmatik – umfasst hingegen stark altersresiliente intellektuelle Fähigkeiten (Kray & Lindenberger, 2007). Pragmatische Leistungen entwickeln sich im Laufe des Lebens durch formale Bildung und Erfahrungen mit der sozialen und räumlichen Umwelt und bleibt auch über weite Strecken des höheren Erwachsenenalters stabil und funktional bestehen. Ein sehr bedeutsamer Bereich der Pragmatik ist der Erwerb beruflicher Expertise und eines entsprechenden Fakten- und Strategiewissens. Wie in Abbildung 1 vor allem am Bereich der sprachlichen Kompetenzen („Weltwissen") gezeigt, baut sich die Pragmatik etwa bis zum 40. Lebensjahr auf und kann dann noch weiteren Zuwachs verzeichnen. Erst spät im Leben (jenseits des 80. Lebensjahres; nicht in Abbildung 1 gezeigt), nicht zuletzt aufgrund immer deutlicher werdender Verluste in der Mechanik, zeigt dann auch die Pragmatik eine Verlustdynamik.

Bezogen auf ältere Erwerbstätige ist der in Abbildung 1 gut erkennbare Schnittpunkt der beiden Trends der Mechanik und Pragmatik sehr bedeutsam, denn dieser fällt genau in diese Phase des Erwerbslebens. Mit anderen Worten: Zwar sind die mechanischen Fähigkeiten seit dem frühen Erwachsenenalter im Mittel um etwa eine Standardabweichung zurückgegangen, aber gleichzeitig sind die pragmatischen Leistungen um etwa eine halbe Standardabweichung angestiegen. Der kompensatorische Aspekt der Pragmatik ist also gerade in dieser Arbeitsphase sehr bedeutsam: Die Mechanik, vor allem im Hinblick auf die Informationsverarbeitungsgeschwindigkeit, ist zwar kontinuierlich zurückgegangen, aber das Erfahrungs- und Strategiewissen ist kontinuierlich angestiegen und kann bedeutsame kompensatorische Leistungen ausüben, die insgesamt wohl auch dazu beitragen, dass es keine Hinweise für einen rein altersbezogenen Verlust der Arbeitsproduktivität gibt (Kruse & Hüther, 2014). Eine heute klassische Studie von Salthouse (1984) hat in diesem Zusammenhang wohl immer noch ihre Berechtigung: Salthouse fand in seiner experimentellen Arbeit mit Schreibkräften, dass die älteren Personen zwar weniger Anschläge per Zeiteinheit aufwiesen, aber besser als die Jüngeren in der Lage waren, die jeweiligen Textinhalte zu antizipieren, sodass der „Output" zwischen Jüngeren und Älteren am Ende keinen Unterschied aufwies. Pragmatische Leistungen des höheren Lebensalters sollten aber keineswegs rein kompensatorisch gesehen werden; sie besitzen auch eine eigenständige und optimierende Funktion. So können etwa weisheits- und aufgrund der langen Erfahrung hochentwickelte expertisebezogene Leistungen von älteren Erwerbstätigen (z. B. elaborierte Verbesserungsvorschläge; Verbesserungen in sozialen Aushandlungsprozessen) für Unternehmen überaus hilfreiche Konsequenzen nach sich ziehen (Kruse & Wahl, 2007).

4.2 Rolle von Alternserleben und Altersstereotypen

Es gehört heute zu den robusten Befundlagen, dass Personen, die ihr eigenes Älterwerden als negativ und verlustreich erleben, in zahlreichen Gesundheitsbereichen schlechtere Werte aufweisen, als Personen mit positivem Alternserleben (Westerhof et al., 2014). Negativere Sichtweisen des eigenen Älterwerdens gehen einher mit schlechterer körperlicher Gesundheit, einem höheren Risiko für kardiovaskuläre Erkrankungen, geringerer kognitiver Funktionsfähigkeit und einer erhöhten Mortalitätsrate. In ihrer *Stereotype Embodiment Theory* erörtert Levy (2009) drei mögliche Mechanismen, die den Einfluss subjektiven Alternserlebens auf Gesundheit und Wohlbefinden vermitteln könnten. Über den behavioralen Pfad kann etwa ein einseitiges und negatives Altersbild unvermeidbarer und irreversibler Verluste zu einem geringeren Ausmaß an gesundheitlichen Vorsorgemaßnahmen führen. Der zweite Pfad beschreibt psychologische Mechanismen: Eine negative Alterswahrnehmung verringert positive und steigert negative Erwartungen über zukünftige Lebensumstände, die dann zur selbsterfüllenden Prophezeiung werden. Drittens beschreibt der physiologische Pfad über das vegetative Nervensystem vermittelte Zusammenhänge. So führen subliminal dargebotene negative Altersstereotypen zu einer erhöhten kardiovaskulären Reaktivität, die wiederum mit einer größeren Anfälligkeit für kardiovaskuläre Erkrankungen einhergeht.

Es ist wichtig, das subjektive Alternserleben begrifflich von Altersstereotypen abzugrenzen (Diehl, Wahl, Brothers & Miche, 2015). Stereotype stellen generalisierte kognitive Repräsentationen von Mitgliedern einer sozialen Gruppe dar. So wird die Kategorie „alter Mensch“ oft mit negativen Eigenschaften (z. B. Krankheit, Einsamkeit, Gedächtnisverlust) und seltener mit positiven Eigenschaften (z. B. Weisheit, Wärme) assoziiert. Eine Besonderheit bei Altersstereotypen ist, dass man erst mit zunehmendem Alter zum Mitglied der stereotypisierten Gruppe, also zum direkten Ziel der eigenen (möglicherweise negativen) Stereotype wird und diese Teil der eigenen Selbstwahrnehmung werden können. Wie Miche, Brothers Diehl und Wahl (2015) argumentieren, ist die Sensitivität für Alternserleben und Altersstereotype sowie deren Wechselspiel eine lebenslange Aufgabe, die auch den Bereich der Erwerbstätigkeit stark berührt. So zeigen vielfältige Forschungsbefunde, dass Erwartungen an Ältere via Stereotypisierung und daraus resultierenden Selbst-Stereotypisierungen im Kontext der Erwerbsarbeit den „Output“ in bedeutsamer Weise mitbestimmen (Bowen et al., 2012). Insofern erscheint ein Bewusstsein für die Rolle von Alternserleben und Altersstereotypen gerade im Erwerbskontext von großer Bedeutung bzw. auch als ein zentraler Aspekt von Intervention (siehe dazu auch den Abschlussteil des Kapitels).

5 Potenziale und Risiken von Erwerbstätigkeit für die menschliche Entwicklung

Wie bereits beschrieben, geht die Lebenslaufforschung von wechselseitigen Einflüssen zwischen Person und Umwelt aus, d. h. individuelle Entwicklungsprozesse sind kontextuell eingebettet und Chancen und Grenzen von Entwicklungsverläufen sind geprägt durch biologische Faktoren sowie durch historische, soziale und kulturelle Bedingungen (Baltes, 1990). Wenn die Forschung nach möglichen Einflüssen des Entwicklungskontexts Erwerbsarbeit auf das mittlere bis hohe Erwachsenenalter fragt, sind daher auch soziale Ungleichheiten mitzudenken, etwa hinsichtlich des Zugangs zu Bildung, aber auch in Bezug auf psychische und körperliche Gesundheit. Wichtig ist, dass Kontextbedingungen menschliche Entwicklung hemmen oder fördern können. Gleichzeitig versteht die Lebenslaufforschung Menschen selbst auch als einflussreich, etwa wenn sie bereit sind, für persönlich wichtige Ziele viel Energie, Zeit und andere – nicht nur finanzielle – Kosten einzusetzen. Daher kann Arbeit allgemein – also über Erwerbsarbeit hinaus auch etwa Familienarbeit, freiwilliges Engagement, künstlerische und andere Tätigkeiten – als zentral für Interaktionen zwischen Person und Umwelt und damit für die Gestaltbarkeit menschlicher Entwicklung angesehen werden.

Gesellschaftlich, aber auch individuell, hat Erwerbsarbeit eine große Bedeutung: Ein eigenes Einkommen bedeutet für viele Menschen auch mehr Autonomie, Erwerbsarbeit prägt die Stellung des Einzelnen in der Gesellschaft, sie beeinflusst auch das Selbstwertgefühl, individuelle Lebenschancen und sie ist sozial integrativ. Darüber hinaus werden Lebensläufe mithilfe der Erwerbsarbeit in Phasen der schulischen und beruflichen Qualifikation, Phasen der Erwerbstätigkeit und in nachberufliche Phasen eingeteilt. Auch besteht die gesellschaftliche Erwartung, in der Erwerbsarbeit möglichst erfolgreich und gleichzeitig möglichst zufrieden zu sein (vgl. nochmals Entwicklungsaufgabe Arbeitszufriedenheit nach Havighurst).

Gerade im Vergleich zu Erwerbslosigkeit zeigt die vorliegende Forschung ferner eindrücklich, dass Erwerbsarbeit insgesamt viele salutogene, also gesundheitsförderliche Aspekte besitzt (Gaebel, 2014) und dass Menschen, die ihre bezahlte

Arbeit verlieren oder überhaupt keinen Zugang zu Erwerbsarbeit finden, über finanzielle Aspekte hinaus für ihre weitere Entwicklung mit deutlichen negativen Konsequenzen konfrontiert sind. Es gilt als gesichert, dass körperliche Erkrankungen und psychische Störungen unter Erwerbslosen drastisch stärker verbreitet sind als unter Erwerbstätigen (Robert Koch Institut, 2012). Es scheint, dass ungewollte Erwerbslosigkeit die psychische Gesundheit noch stärker gefährdet als Unzufriedenheit mit und Kritik an einer bestehenden Erwerbsarbeit (Paul & Moser, 2009). Als bahnbrechende wissenschaftliche Untersuchung hinsichtlich der gesundheitlichen Folgen von Erwerbslosigkeit kann die heute klassische Studie „Die Arbeitslosen von Marienthal" von Marie Jahoda aus den 1930er Jahren gelten (Jahoda, Lazarsfeld & Zeisel, 1960). Nach ihren Ergebnissen hat Langzeitarbeitslosigkeit psychisch lähmende Auswirkungen, die Betroffenen können die frei gewordene Zeit nicht für sich und ihnen wichtige Menschen nutzen, sondern sind in den Grundfesten ihrer Person erschüttert. Auf Basis dieser Erkenntnisse leitete Jahoda (1995) in der „latent deprivation theory" mit sogenannten „latent benefits" Aspekte von Erwerbstätigkeit ab, die die psychische Gesundheit fördern und erhalten: Dies sind nach Jahoda (1995) Einkommenssicherung, Halt durch die vorgegebene Tagesstruktur, soziale Kontakte, Erleben der eigenen Leistungsfähigkeit sowie Identitäts- und Statusgewinn. Zentral ist, dass Erwerbsarbeit mit diesen Merkmalen grundlegende menschliche Bedürfnisse erfüllt, das Wohlbefinden vergrößert und förderliche Entwicklungsprozesse im Erwachsenenalter begünstigt.

Auch Bowen und Kollegen (2012) verstehen Erwerbsarbeit als einen zentralen Entwicklungskontext, in dem bereits vorhandene Fähigkeiten durch regelmäßigen Gebrauch aufrechterhalten und neue Fähigkeiten ausgebildet werden können. Bowen und Kollegen (2012) identifizieren günstige Effekte der Erwerbsarbeit auf Intelligenz, Wohlbefinden und Motivation: Herausforderungen der Arbeitsinhalte fordern demnach die intellektuelle Leistungsfähigkeit (intellectual productivity); diese umfasst Problemlösekompetenzen, die Entwicklung realistisch umsetzbarer Ideen sowie Abstimmungsprozesse im Kollegenkreis. Erwerbsarbeit fördert das Wohlbefinden (emotional productivity) der Erwerbstätigen durch Erfahrungen, schwierige Situationen bewältigen zu können, von anderen Unterstützung zu erhalten und selbst Anteilnahme und Hilfe zu geben sowie die Erwerbstätigkeit als sinnvolle Tätigkeit zu erleben. Durch den Einsatz für konkrete berufliche Ziele und Veränderungen unterstützt Erwerbsarbeit auch die motivationalen Fähigkeiten (motivational productivity) der Erwerbstätigen. Insgesamt gehen Bowen und Kollegen (2012) davon aus, dass Erwerbsarbeit vielfältige Gelegenheiten bereithält, die eigene Leistungs- und Entwicklungsfähigkeit über die Lebensspanne zu erhalten und zu vergrößern. Kognitiv anregende Erwerbstätigkeiten stellen ferner eine Art natürliches Training dar, das die weitere Entwicklung der kognitiven Leistungsfähigkeit unterstützen bzw. die Alternsvulnerabilität der mechanischen Leistungen verringern kann (Bowen et al., 2012). Hinzu kommt, dass Forschungen zum Übergang in den Ruhestand gezeigt haben, dass die Anpassung an die nachberufliche Phase besser gelingt, wenn das zurückliegende Berufsleben mit subjektiver Zufriedenheit und dem Gefühl, die eigenen Ziele weitgehend erreicht zu haben, verbunden ist (Lang et al., 2012). Insofern hat die Gestaltung der Erwerbstätigkeitsphase und der damit verbundenen Erfahrungen auch durchaus viel mit der nachberuflichen Phase zu tun. Hinzu kommen mögliche Stresserfahrungen und gesundheitliche Risiken im Zusammenhang mit Erwerbsarbeit, die sich in physischen und mentalen Spätfolgen in der nachberuflichen gesundheitlichen Entwicklung äußern (Lohmann-Haislah, 2012). Insofern ist das heute durch Längsschnittdaten empirisch sehr unterstützte Argument der Wichtigkeit des mittleren Alters für gesundheitliche Entwicklungen spät im Leben eng mit späten Phasen des Erwerbslebens verknüpft (Elsässer et al., 2015).

Über die bereits beschriebenen gravierenden gesundheitsschädlichen Folgen von Langzeitarbeitslosigkeit hinaus identifiziert die existierende Forschung vor dem Hintergrund der Ausweitung sogenannter atypischer Beschäftigung auch die großen Risiken ungünstiger Arbeitsverhältnisse. Interessanterweise zeigen Butterworth und Kollegen (2011) in ihrer Studie, dass Erwerbstätige in ungünstigen Arbeitsverhältnissen mit großer Arbeitsplatzunsicherheit im Vergleich zu Erwerbslosen mit vergleichbaren und zum Teil sogar schwerwiegenderen Einbußen in ihrer psychischen Gesundheit konfrontiert sind. Erwerbsarbeit scheint somit nicht grundsätzlich positive Auswirkungen auf Gesundheit und auch auf das Älterwerden insgesamt zu haben; vielmehr ist die Qualität der Arbeit entscheidend (vgl. dazu Bundesanstalt für Arbeitsschutz und Arbeitsmedizin, 2014).

6 Resümees

6.1 Resümee 1 – Forschung: Plädoyer für eine stärkere Verzahnung von Entwicklungspsychologie und Arbeits- und Organisationspsychologie

Kontrastiert man nun wesentliche Einsichten der eben beschriebenen Ansätze der psychologischen Entwicklungsforschung mit typischen Herausforderungen des „Involvement" in Erwerbstätigkeit, so führt dies rasch zu der Einsicht, dass eine Reihe von Brücken zwischen der Arbeits- und Organisationspsychologie und der Entwicklungspsychologie bestehen bzw. ausgebaut werden sollten. Ein klassisches Forschungsbrückenthema wären Untersuchungen zur Bedeutung von „Work-Life-Balance" (Sonntag, 2014b) oder zur Entwicklung kognitiver Leistungen im Erwachsenenalter (Salthouse, 2012). Umgekehrt wirft die Entwicklungs-, Lebenslauf- und Alternspsychologie, wie bereits weiter oben angemerkt, oftmals nur eher allgemeine Blicke auf den Entwicklungskontext Erwerbsarbeit, auch wenn es hier eine relativ eigenständige Forschungstradition etwa zum „Older Worker“ gibt (siehe noch einmal Lang et al., 2012).

Ein weiteres Beispiel für vielversprechende weitere „Brückenforschung“ im Übergangsfeld zwischen Arbeits- und Organisationspsychologie und Entwicklungspsychologie stellt der entwicklungsregulatorische Umgang mit Lebenszielen dar: Hier ist zentral, dass Erwerbsarbeit nur als ein Bereich eines Ensemble von miteinander verbundenen und teilweise konkurrierenden Entwicklungsaufgaben und häufig damit verbundenen Rollenkonflikten zwischen Erwerbs- und Familienarbeit erscheint (Rantanen, Kinnunen, Pulkkinen & Kokko, 2012). Zielkonflikte im Sinne konkurrierender und bisweilen sich ausschließender Ziele können u. U. nur durch Veränderungen bisheriger Ziele (Bedeutung flexibler Zielanpassung nach Brandtstädter & Lindenberger, 2007) oder Umstrukturierung der Zielhierarchie und Aufgabe wenig realistischer Ziele zugunsten anderer Bedürfnisse gelöst werden (Ziel-Disengagement-Prozesse; kompensatorische sekundäre Kontrolle nach Heckhausen et al., 2010). Ziele in anderen Entwicklungsbereichen als Erwerbsarbeit können hierbei möglicherweise wichtige kompensatorische Rollen übernehmen und Wohlbefinden sichern („Meine Familie ist mir wichtiger als der neue Job an einem ganz anderen Ort.“). Das Wechselspiel zwischen Ziel-Engagement und Ziel-Disengagement ist wahrscheinlich in späten Phasen der beruflichen Entwicklung besonders wichtig und „effortful“ – und empirisch besonders wenig untersucht: Auf der einen Seite sind auch berufliche Ziele im mittleren Erwachsenenalter sehr präsent, Erwerbstätige möchten vielleicht noch einmal „durchstarten“ bzw. durch gezielte Weiterbildung viel dafür tun, um nicht den Anschluss zu verlieren. Auf der anderen Seite ist das (späte) mittlere Erwachsenenalter eine Lebensphase, in der sich typischerweise die Bedeutung des Berufs relativiert und neue Ziele (etwa Freizeitinteressen, enge Freunde, die Großelternrolle) bedeutsam werden. Allerdings sind hier sicher auch bedeutsame Differenzierungen zu treffen und die beschriebenen Prozesse von Ziel-Engagement und -Disengagement können sich auf unterschiedlichen Qualifikations- und Verantwortungsniveaus von Erwerbsarbeit sehr verschieden darstellen. Viele Theorien der Lebenslaufforschung gehen ferner, wie bereits gesagt, von einer zunehmenden Interiorisierung im fortschreitenden Leben aus und betonen die Bedeutung qualitativ hochwertiger sozialer Kontakte (Carstensen et al., 1999). Für die Lebenszufriedenheit im mittleren und höheren Erwachsenenalter scheint viel davon abzuhängen, die für sich selbst und die eigene soziale Umwelt richtigen Prioritäten zu setzen (letztlich Prozesse der Selektion nach dem SOK-Modell), um Optimierungsprozessen möglichst gut zur Entfaltung zu verhelfen – und dies sowohl innerhalb der Phase der späten Berufstätigkeit als auch insgesamt über die Lebensspanne mit sich verändernden Zielen und Prioritäten.

Leitideen von Entwicklung wie jene eines Produzenten der eigenen Entwicklung (Lerner & Busch-Rossnagel, 1981) und des Primats primärer Kontrolle im Modell von Heckhausen et al. (2010) können u. U. mit den Erfahrungen von Fremdbestimmung im Erwerbskontext deutlich kollidieren. Dies wiederum mag entsprechende kompensatorische Prozesse nach sich ziehen (z. B. Suche nach Kontrollmöglichkeiten in anderen Lebenskontexten oder Abwertung des Entwicklungsbereichs Erwerbsarbeit).

6.2 Resümee 2 – Anwendung: Gestaltbarkeit von Entwicklung und Gestaltbarkeit von Arbeitswelten

Insgesamt können die in diesem Beitrag dargestellten entwicklungspsychologischen Konzepte und Befunde wichtige Hinweise für entwicklungsförderliche bzw. entwicklungshinderliche Aspekte von Erwerbsarbeit geben. Diese sind anhand von ausgewählten Beispielen in Tabelle 1 mit einem Fokus auf späte Phasen des Erwerbslebens zusammengestellt:

Tabelle 1: Gegenüberstellung von entwicklungsförderlichen versus entwicklungshinderlichen Aspekten von Erwerbsarbeit (Fokus: späte Phasen des Erwerbslebens)

Entwicklungsförderliche Aspekte von Erwerbsarbeit	Entwicklungshemmende Aspekte von Erwerbsarbeit
Selbstbestätigung und Selbstwertstabilisierung/-erhöhung	Mangelnde Wertschätzung der Potenziale „älterer“ Erwerbstätiger, vorherrschende negative Altersstereotype
Selbstwirksamkeit, Anforderungskontrolle	Stresserfahrungen, Erfahrungen von Autonomie- und Kontrollverlust
Zufriedenstellendes Verhältnis von beruflichem Einsatz und Gratifikationen	Gratifikationskrisen, Angst vor Arbeitsplatzunsicherheit
Erwerbsarbeit als natürliches kognitives Training	Überbeanspruchung und Überforderung
Wohlbefinden und Zufriedenheit, Stabilisierung von psychischer Gesundheit	Gesundheitsgefährdung, Risiken für psychische Erkrankung
Gelungene Work-Life-Balance, Flexibilität im Umgang mit familiären Aufgaben (vor allem Pflege von Familienangehörigen)	Rollenkonflikte und daraus resultierende nicht gelungene Work-Life-Balance, Potenzial für Unzufriedenheit und Schuldgefühle

Tabelle 1: Fortsetzung

Entwicklungsförderliche Aspekte von Erwerbsarbeit	Entwicklungshemmende Aspekte von Erwerbsarbeit
Kompetenzen und Expertise an andere (Jüngere) weitergeben (Generativität im Erwerbskontext)	Konfrontation mit negativen Altersstereotypien/Gefühl des „Abgehängtwerdens" (Obsoleszenz)
Erfolgreich exekutierte Selbstregulationsprozesse (für eigene Entwicklung passende Balance zwischen Zielengagement und Zielablösung im beruflichen Bereich; Selektivität; kompensatorische Strategien)	Nicht erfolgreich exekutierte Selbstregulationsprozesse (keine für eigene Entwicklung passende Balance zwischen Zielengagement und Zielablösung im beruflichen Bereich; zu wenig Selektivität und kompensatorische Strategien)
Vorbereitung/Antizipation der nachberuflichen Phase	Wenig Vorbereitung auf die nachberufliche Phase

Aufbauend auf den in Tabelle 1 zusammengefassten Überlegungen werden (wiederum mit einem Schwerpunkt auf ältere Erwerbstätige) auch anwendungsbezogene Implikationen deutlich: Zur Erhaltung bestehender und zum Aufbau neuer Ressourcen gerade von „älteren" Erwerbstätigen zeigt die Forschung, dass in der Gesundheitsförderung besonders der sogenannte Setting-Ansatz geeignet ist, gesundheitliche Risiken zu reduzieren und günstige Entwicklungspotenziale zu aktivieren (Robert Koch Institut, 2014). Dieser Ansatz impliziert eine Verknüpfung aus Verhältnis- und Verhaltensprävention, also strukturellen gesundheitsförderlichen Veränderungen innerhalb des Betriebs und Maßnahmen, die individuelle gesundheitsförderliche Verhaltensänderungen zum Ziel haben (vgl. Sonntag, Stegmaier & Spellenberg, 2010). Diese Kombination erscheint über gesundheitliche Aspekte hinaus auch hinsichtlich günstiger Entwicklungen der Person insgesamt bedeutsam, gerade auch vor dem Hintergrund einer stark alternden Arbeitsgesellschaft (Sonntag, 2014a). Aus Sicht der psychologischen Lebenslaufforschung ergeben sich daraus vielfältige Ansatzpunkte für präventive Strategien zur Vermeidung von Entwicklungsrisiken, etwa im gesundheitlichen Bereich, aber vor allem auch zur Förderung von Entwicklung im Kontext des Erwerbslebens, wie z. B.:

- Fokus auf Stärken der Erwerbstätigen und systematische Unterstützung zum Aufbau neuer Kompetenzen (siehe noch einmal: SOK-Modell); Vermeidung von langfristiger Über- und Unterforderung.
- Maßnahmen zum Erhalt und zur Förderung der kognitiven Leistungsfähigkeit (formelle Weiterbildung, direktes kognitives Training, kognitive Anreicherung der Job-Umgebung, gerade bei älteren Erwerbstätigen und gering Qualifizierten).

- Maßnahmen zu Erhalt und Förderung der körperlichen Aktivität als selbstverständlicher Bestandteil des beruflichen Alltags, wobei die Forschung auch enge Wechselwirkungen zwischen körperlicher Gesundheit und kognitiver Leistungsfähigkeit zeigt.
- Kultivierung einer hohen Sensibilität für bestehende negative Altersstereotypien bei den Erwerbstätigen untereinander und aufseiten des Betriebs (Personalmanagement, Vorgesetzte) und aktive Bemühungen um deren Beseitigung.
- Systematische Optimierung des Job-Environments als Voraussetzung dafür, dass ältere Erwerbstätige trotz zunehmender Umwelt-Vulnerabilität (zurückgehende Informationsverarbeitungsgeschwindigkeit, Sensorik, Motorik) ihre vorhandenen Stärken (z. B. Expertise, Erfahrung, soziale Kompetenzen) im Beruf optimal einsetzen können.
- Förderung einer dualen Förderperspektive im Sinne einer fokussierten Optimierung aktueller beruflicher Aspekte von älteren Beschäftigten bei gleichzeitig systematischer Förderung einer Beschäftigung und Auseinandersetzung mit der nachberuflichen Phase. Eine solche Verknüpfung von Prozessen der Aufrechterhaltung von Zielbindungen im Erwerbsbereich und des Beginns der Zielloslösung ist kein Widerspruch, sondern ein entwicklungsförderliches Unterfangen, das sich auch positiv auf die Gestaltung und den „Output" der Erwerbsarbeit selbst auswirken dürfte.

Insgesamt zeigen aus unserer Sicht die in diesem Beitrag angestellten Überlegungen vielversprechende Wechselbeziehungen zwischen einer Gesamtsicht auf menschliche Entwicklung, wie sie der Entwicklungs- und Lebensspannenpsychologie eigen ist, und dem naturgemäß stark auf Erwerbsarbeit fokussierten Blickwinkel der Arbeits- und Organisationspsychologie. Es wäre sehr wünschenswert, wenn derartige Überlegungen auch in der zukünftigen Forschung stärker berücksichtigt werden könnten bzw. sich die notwendige Liaison zwischen beiden Feldern auch empirisch verstärken würde.

Literatur

Baltes, P. B. (1990). Entwicklungspsychologie der Lebensspanne: Theoretische Leitsätze. *Psychologische Rundschau, 41,* 1–24.

Baltes, P. B. & Baltes, M. M. (1990). Psychological perspectives on successful aging: The model of selective optimization with compensation. In P. B. Baltes & M. M. Baltes (Eds.), *Successful aging: Perspectives from the behavioral sciences* (pp. 1–34). New York: Cambridge University Press.

Baltes, P. B., Lindenberger, U. & Staudinger, U. M. (2006). Life Span Theory in Developmental Psychology. In R. M. Lerner (Ed.), *Handbook of Child Psychology. Theoretical Models of Human Development* (6th ed., pp. 569–664). Hoboken, NJ: John Wiley & Sons, Inc.

Bowen, C. E., Noack, M. G. & Staudinger, U. M. (2012). Aging in the work context. In K. W. Schaie & S. L. Willis (Eds.), *Handbook of the psychology of aging* (Vol. 7, pp. 263–278). London, Burlington, San Diego: Academic Press.

Brandtstädter, J. (2007). *Das flexible Selbst*. Heidelberg: Spektrum.

Brandtstädter, J. & Lindenberger, U. (2007). *Entwicklungspsychologie der Lebensspanne: ein Lehrbuch*. Stuttgart: Kohlhammer.

Brandtstädter, J. & Renner, G. (1990). Tenacious goal pursuit and flexible goal adjustment – explication and age-related analysis of assimilative and accommodative strategies of coping. *Psychology and Aging, 5* (1), 58–67. http://doi.org/10.1037/0882-7974.5.1.58

Bundesanstalt für Arbeitsschutz und Arbeitsmedizin (Hrsg.). (2014). *Einfluss arbeitsbezogener und individueller Ressourcen auf positive Aspekte der mentalen Gesundheit*. Dortmund, Berlin, Dresden: Bundesanstalt für Arbeitsschutz und Arbeitsmedizin.

Butterworth, P., Leach, L. S., Strazdins, L., Olesen, S. C., Rodgers, B. & Broom, D. H. (2011). The psychosocial quality of work determines whether employment has benefits for mental health: results from a longitudinal national household panel survey. *Occupational Environmental Medicine, 68* (11), 806–812. http://doi.org/10.1136/oem.2010.059030

Carstensen, L. L. (2006). The influence of a sense of time on human development. *Science, 312* (5782), 1913–1915. http://doi.org/10.1126/science.1127488

Carstensen, L. L., Isaacowitz, D. M. & Charles, S. T. (1999). Taking time seriously: A theory of socioemotional selectivity. *American Psychologist, 54* (3), 165–181. http://doi.org/10.1037/0003-066X.54.3.165

Carstensen, L. L. & Mikels, J. A. (2005). At the intersection of emotion and cognition – Aging and the positivity effect. *Current Directions in Psychological Science, 14* (3), 117–121. http://doi.org/10.1111/j.0963-7214.2005.00348.x

Charles, S. T. (2011). Emotional experience and regultation in later life. In K. W. Schaie & S. L. Willis (Eds.), *Handbook of the psychology of aging* (Vol. 7, pp. 295–310). London, Burlington, San Diego: Elsevier.

Clavairoly, V. (2014). *Erfolgreiches Altern in der Arbeitswelt: die Anwendung des Modells Selektiver Optimierung mit Kompensation, eine Tagebuchstudie mit Architekten*. Dissertation, Universität Heidelberg.

Colcombe, S. & Kramer, A. F. (2003). Fitness effects on the cognitive function of older adults: A meta-analytic study. *Psychological Science, 14*, 125–130. http://doi.org/10.1111/1467-9280.t01-1-01430

Diehl, M., Wahl, H.-W., Brothers, A. & Miche, M. (2015). Subjective aging and awareness of aging: Toward a new understanding of the aging self. In M. Diehl & H.-W. Wahl (Eds.), *Research on subjective aging: New developments and future directions. Annual Review of Gerontology and Geriatrics* (Vol. 35, pp. 1–28). New York: Springer.

Elsässer, V., Miche, M. & Wahl, H.-W. (2015). *Psychologische Aspekte des Alterns* (Altern. Reihe Ethik in den Biowissenschaften – Sachstandsberichte des drze). Freiburg: Karl Alber.

Erikson, E. H. (1966). *Wachstum und Krisen der gesunden Persönlichkeit* (Sonderausgabe). Darmstadt: Wissenschaftliche Buchgesesellschaft.

Faltermaier, T., Mayring, P., Saup, W. & Strehmel, P. (Hrsg.). (2014). *Entwicklungspsychologie des Erwachsenenalters* (3., vollst. überarb. Aufl.). Stuttgart: Kohlhammer.

Freund, A. M. & Nikitin, J. (2012). Junges und mittleres Erwachsenenalter. In W. Schneider & U. Lindenberger (Hrsg.), *Entwicklungspsychologie* (pp. 259–282). Weinheim: Beltz.

Gaebel, W. (2014, Mai). *Macht (keine) Arbeit krank?* Vortrag beim Demografiekongress, Zukunftsforum Langes Leben, Berlin.

Hausser, J. A., Mojzisch, A., Niesel, M. & Schulz-Hardt, S. (2010). Ten years on: A review of recent research on the Job Demand-Control (-Support) model and psychological well-being. *Work and Stress, 24* (1), 1–35. http://doi.org/10.1080/02678371003683747

Havighurst, R. J. (1972). *Developmental tasks and education* (3., newly rev. ed.). New York: MacKay.

Heckhausen, J., Dixon, R.A. & Baltes, P.B. (1989). Gains and Losses in Development Throughout Adulthood as Perceived by Different Adult Age Groups. *Developmental Psychology, 25* (1), 109–121. http://doi.org/10.1037/0012-1649.25.1.109

Heckhausen, J. & Schulz, R. (1995). A Life-Span Theory of Control. *Psychological Review, 102* (2), 284–304. http://doi.org/10.1037/0033-295X.102.2.284

Heckhausen, J., Wrosch, C. & Schulz, R. (2010). A motivational theory of life-span development. *Psychological Review, 117* (1), 32–60. http://doi.org/10.1037/a0017668

Hertzog, C., Kramer, A.F., Wilson, R.S. & Lindenberger, U. (2009). Enrichment effects on adult cognitive development: can the functional capacity of older adults be preserved and enhanced? *Psychological Science in the Public Interest, 9,* 1–65.

Jahoda, M. (1995). *Wieviel Arbeit braucht der Mensch? : Arbeit und Arbeitslosigkeit im 20. Jahrhundert.* Weinheim: Beltz.

Jahoda, M., Lazarsfeld, P.F. & Zeisel, H. (1960). *Die Arbeitslosen von Marienthal: ein soziographischer Versuch mit einem Anhang zur Geschichte der Soziographie* (2., unveränd. Aufl.). Allensbach: Verlag für Demoskopie.

Karasek, R. (1979). Job Demands, Job Decision Latitude, and Mental Strain: Implications for Job Redesign. *Administrative Science Quarterly, 24* (2), 285–308. http://doi.org/10.2307/2392498

Karasek, R. & Theorell, T. (1990). *Healthy work: stress, productivity and the reconstruction of working life.* New York: Basic Books.

Kray, J. & Lindenberger, U. (2007). Fluide Intelligenz. In J. Brandtstadter & U. Lindenberger (Hrsg.), *Entwicklungspsychologie der Lebensspanne. Ein Lehrbuch* (S. 194–220). Stuttgart: Kohlhammer.

Kruse, A. & Hüther, M. (2014). Berufliche Entwicklung in Veränderung. In H.-W. Wahl & A. Kruse (Hrsg.), *Lebensläufe im Wandel: Entwicklung über die Lebensspanne aus Sicht verschiedener Disziplinen* (S. 150–165). Stuttgart: Kohlhammer.

Kruse, A. & Wahl, H.-W. (2007). Psychische Ressourcen im Alter. In B. Stiftung (Hrsg.), *Altern neu denken* (S. 101.124). Gütersloh: Bertelsmann.

Lang, F.R., Martin, M. & Pinquart, M. (2012). *Entwicklungspsychologie – Erwachsenenalter.* Göttingen: Hogrefe.

Lepperhoff, J. (2011). Qualität von Arbeit: messen – analysieren – umsetzen. *Aus Politik und Zeitgeschichte, 15,* 32–37.

Lerner, R.M. & Busch-Rossnagel, N.A. (Eds.). (1981). *Individuals as producers of their development: a life-span perspective.* New York: Academic Press.

Levy, B.R. (2009). Stereotype embodiment: a psychosocial approach to aging. *Current Directions in Psychological Science, 18* (6), 332–336. http://doi.org/10.1111/j.1467-8721.2009.01662.x

Lockenhoff, C.E. & Carstensen, L.L. (2004). Socioemotional selectivity theory, aging, and health: The increasingly delicate balance between regulating emotions and making tough choices. *Journal of Personality, 72* (6), 1395–1424. http://doi.org/10.1111/j.1467-6494.2004.00301.x

Lohmann-Haislah, A. (2012). *Stressreport Deutschland 2012.* Dortmund: Bundesanstalt für Arbeitsschutz und Arbeitsmedizin.

Miche, M., Brothers, A., Diehl, M. & Wahl, H.-W. (2015). The role of subjective aging within the changing ecologies of aging: Perspectives for research and practice. In M. Diehl & H.-W. Wahl (Eds.), *Research research on subjective aging: New Developments and Future Directions. Annual Review of Gerontology and Geriatrics* (Vol. 35, pp. 211–246). New York: Springer.

Park, D.C. & Reuter-Lorenz, P. (2009). The adaptive brain: Aging and neurocognitive scaffolding. *Annual Review of Psychology, 60,* 173–196.

Paul, K.I. & Moser, K. (2009). Unemployment impairs mental health: Meta-analyses. *Journal of Vocational Behavior, 74* (3), 264–282. http://doi.org/10.1016/j.jvb.2009.01.001

Perrig-Chiello, P. & Höpflinger, F. (2014). Herausforderungen und neue Gestaltungsmöglichkeiten des mittleren Lebensalters. In H.-W. Wahl & A. Kruse (Hrsg.), *Lebensläufe im Wandel: Entwicklung über die Lebensspanne aus Sicht verschiedener Disziplinen* (S. 138–149). Stuttgart: Kohlhammer.

Rantanen, J., Kinnunen, U., Pulkkinen, L. & Kokko, K. (2012). Developmental trajectories of work–family conflict for Finnish workers in midlife. *Journal of Occupational Health Psychology, 17* (3), 290–303. http://doi.org/10.1037/a0028153

Robert Koch Institut (2012). *Arbeitslosigkeit, prekäre Beschäftigung und Gesundheit GBE kompakt. Zahlen und Trends aus der Gesundheitsberichterstattung des Bundes.* Zugriff am 27.10. 2015. Verfügbar unter: http://www.rki.de/DE/Content/Gesundheitsmonitoring/Gesundheitsberichterstattung/GBEDownloadsK/2012_1_Arbeitslosigkeit_Gesundheit.pdf?__blob=publicationFile

Robert Koch Institut (2014). *Gesundheitliche Lage der Männer in Deutschland. Beiträge zur Gesundheitsberichterstattung des Bundes.* Zugriff am 27.10.2015. Verfügbar unter: https://www.rki.de/DE/Content/Gesundheitsmonitoring/Gesundheitsberichterstattung/GBEDownloadsB/maennergesundheit.pdf?__blob=publicationFile

Salthouse, T.A. (1984). Effects of age and skill in typing. *Journal of Experimental Psychology-General, 113* (3), 345–371. http://doi.org/10.1037/0096-3445.113.3.345

Salthouse, T.A. (2012). Consequences of Age-Related Cognitive Declines. *Annual Review of Psychology, 63,* 201–226. http://doi.org/10.1146/annurev-psych-120710-100328

Schaper, N. (2011). Wirkungen der Arbeit. In F.W. Nerdinger, G. Blickle & N. Schaper (Hrsg.), *Arbeits- und Organisationspsychologie* (2. Aufl., S. 475–495). Berlin, Heidelberg: Springer.

Schmid, J. (2010). Wer soll in Zukunft arbeiten? Zum Strukturwandel der Arbeitswelt. *Aus Politik und Zeitgeschichte, 48,* 3–9.

Schneider, W. & Lindenberger, U. (Hrsg.). (2012). *Entwicklungspsychologie* (7., vollst. überarb. Aufl.). Weinheim; Basel: Beltz.

Schulz, R. & Heckhausen, J. (1996). A life span model of successful aging. *American Psychologist, 51* (7), 702–714. http://doi.org/10.1037/0003-066X.51.7.702

Settersten, R.A.J. (2003). Introduction. Invitation to the life course: The promise. In R.A.J. Settersten (Ed.), *Invitation to the life course: Toward new understandings of later life* (pp. 1–12). Amityville, New York: Baywood Publishing Company, Inc.

Sonntag, Kh. (2012). Arbeitsgestaltung für ältere Beschäftigte. In H.-W. Wahl, C. Tesch-Römer & J.P. Ziegelmann (Hrsg.), *Angewandte Gerontologie. Interventionen für ein gutes Altern in 100 Schlüsselbegriffen* (2. Aufl., S. 486–491). Stuttgart: Kohlhammer.

Sonntag, Kh. (2014a). *Potenziale Erwerbstätiger bei verlängerter Lebensarbeitszeit. Chancen und Herausforderungen für die Wirtschaft. Expertise im Auftrag von Gesamtmetall.* Berlin: Arbeitgeberverband Gesamtmetall.

Sonntag, Kh. (Hrsg.). (2014b). *Arbeit und Privatleben harmonisieren. Life Balance Forschung und Unternehmenskutur: Das WLB-Projekt.* Heidelberg: Asanger.

Sonntag, Kh., Stegmaier, R. & Spellenberg, U. (Hrsg.). (2010). *Arbeit, Gesundheit, Erfolg: Betriebliches Gesundheitsmanagement auf dem Prüfstand: das Projekt BiG.* Kröning: Asanger.

Staudinger, U.M. (2007). Lebensspannen-Psychologie. In M. Hasselhorn & W. Schneider (Hrsg.), *Handbuch der Entwicklungspsychologie* (S. 71–82). Göttingen: Hogrefe.

Tornstam, L. (2005). *Gerotranscendence. A developmental theory of positive aging.* New York: Springer.

Valsiner, J. (1994). Irreversibility of time and the construction of historical developmental psychology. *Mind, Culture, and Activity, 1,* 25–42. http://doi.org/10.1080/10749039409524655

Wahl, H.-W. & Kruse, A. (Hrsg.). (2014). *Lebensläufe im Wandel: Entwicklung über die Lebensspanne aus Sicht verschiedener Disziplinen.* Stuttgart: Kohlhammer.

Wahl, H.-W. & Lang, F.R. (2006). Psychological Aging: A Contextual View. In P.M. Conn (Ed.), *Handbook of Models for Human Aging* (pp. 881–895). Amsterdam: Elsevier.

Wahl, H.-W., Tesch-Römer, C. & Ziegelmann, J.P. (Hrsg.). (2012). *Angewandte Gerontologie. Interventionen für ein gutes Altern in 100 Schlüsselbegriffen* (2. Aufl.). Stuttgart: Kohlhammer.

Westerhof, G.J., Miche, M., Brothers, A.F., Barrett, A.E., Diehl, M., Montepare, J.M., Wahl, H.W. & Wurm, S. (2014). The influence of subjective aging on health and longevity: A meta-analysis of longitudinal data. *Psychology and Aging, 29* (4), 793–802. http://doi.org/10.1037/a0038016

Youniss, J. (1987). Social construction and moral development: Update and expansion of an idea. In W.M. Kurtines & J.L. Gewirtz (Eds.), *Moral development through social interaction* (pp. 131–148). New York: Wiley.

Kapitel 3

Rationales Denken und intelligentes Verhalten: Beiträge der Allgemeinen Psychologie – Kognition

Joachim Funke & Julia Dexheimer

Inhaltsübersicht

Überblick:

Der Beitrag befasst sich mit aktuellen Entwicklungen der kognitiven Psychologie und fragt nach deren Bedeutung für die Personalentwicklung. Das Spannungsverhältnis zwischen Rationalität und Intuition kommt ebenso zur Sprache wie die Rolle von Gedächtnis und Wissen, Urteilen und Entscheiden, Intelligenz und Problemlösen. Das Lösen komplexer Probleme wird angesprochen, aber auch die Themen Kreativität und Fördermöglichkeiten intelligenten Verhaltens werden diskutiert. Als Fazit heißt es anzuerkennen, dass rationales Denken dann zu intelligentem Handeln führt, wenn gemäß dem Konzept der Quasirationalität angemessener Raum für Intuition und Emotion gegeben wird.

1 Einleitung

Rationales Denken ist eine Errungenschaft des europäisch zivilisierten Denkens: Impulskontrolle und kühles Abwägen von Handlungsalternativen anstelle von spontanem und unüberlegtem Handeln. Von Rationalität des Handelns spricht man dann, wenn eine Person die beste Option für das Erreichen ihrer Ziele wählt.

Damit wird zugleich gesagt: Niemand handelt bewusst gegen seine eigenen Interessen. Heißt das zugleich: Nur *bewusste* Entscheidungen sind kluge Entscheidungen? Und wer legt fest, was die beste Option ist, für die man sich entscheiden sollte? In diesem Kapitel wird aufgezeigt, wie durch die Kombination von bewussten *und* unbewussten Prozessen gute Entscheidungen zustande kommen. Einer zu eng gefassten Auffassung von Rationalität ist ein breiteres Konzept der Nutzung menschlicher Erfahrungsquellen gegenübergestellt, das erst die volle Breite intelligenten Handelns eröffnet. Dazu verhelfen verschiedene theoretische Konstrukte der Allgemeinen Psychologie, die nachfolgend näher betrachtet werden.

2 Rationales Denken und Intuition

Die allgemeinpsychologische Perspektive ist eine an generellen Funktionen ausgerichtete Disziplin: Sie interessiert sich für die psychischen Funktionen des Menschen in seiner gesamten Breite. Traditionell werden diese Funktionen in das Dreigestirn „Kognition, Emotion, Motivation" unterteilt, von denen dieser Beitrag auf die Kognition gerichtet ist, während das nachfolgende Kapitel die Bereiche Emotion und Motivation behandelt. In gewisser Weise ist diese Trennung künstlich, da menschliches Handeln immer das Zusammenspiel der verschiedenen Bereiche erfordert. Aber wie immer gilt: Auch beim runden Klang eines Orchesters lohnt sich der Blick auf die einzelnen Instrumente und ihre Beiträge zum Ganzen.

2.1 Kognition

Kognition bedeutet das Erkennen und Verstehen der Welt um uns herum, angefangen mit einfachen Wahrnehmungsprozessen auf den verschiedenen Sinnesebenen bis hin zu tieferem Verstehen von Sinnzusammenhängen und zum Schöpfen neuer Erkenntnisse. In den letzten Jahren hat sich auf dem Feld der Kognitionspsychologie viel getan; einen aktuellen Überblick gibt z. B. Anderson (2013). Themen, an die hier zu denken wäre, sind z. B. Wissensrepräsentation, Gedächtnis, Expertise und Intuition. Diese sollen kurz beschrieben werden.

Im Bereich der *Wissensrepräsentation* wird immer deutlicher, dass Kognition „verkörperlicht" ist *(embodied cognition)* und damit motorische Repräsentationen der Umwelt eine größere Rolle als bisher gedacht spielen. So scheint z. B. die Körperhaltung beim Nachdenken über die Vergangenheit etwas anders auszufallen als beim Nachdenken über die Zukunft (Miles, Nind & Macrae, 2010).

Im Bereich des *Gedächtnisses* ist unser Wissen über die Wirkungen nicht-bewusster Gedächtnisinhalte gestiegen. Wo z. B. auf einer Computertastatur das „a" oder das „m“ liegt, können wir nicht auf Anhieb aus dem Gedächtnis abrufen, jedenfalls nicht als bewusst zugänglichen Inhalt. Wenn wir aber als routinierte Tastaturnutzer anfangen zu schreiben, kommt die richtige Lage der Buchstaben ohne Schwierigkeit zum Vorschein. Auch über die Eigenschaften von impliziten (nicht direkt zugänglichen) und expliziten Gedächtnisinhalten haben wir erheblich dazugelernt (zum Überblick siehe etwa Schacter, 2001).

Im Bereich der *Expertise* zeigen sich in Untersuchungen interessante Unterschiede beim strategischen Vorgehen in Problemsituationen: Während sich Anfänger eher an den Oberflächenmerkmalen einer präsentierten Problemsituation orientieren, sind Fortgeschrittene in der Lage, die Tiefenmerkmale eines Problems auf struktureller Ebene zu erkennen und damit andere Lösungsprozeduren heranzuziehen. Nach Ericsson (2003) ist vor allem die aufgewendete Zeit in der Beschäftigung mit einem Thema verantwortlich für die Ausbildung von Expertise.

2.2 Intuition

Im Bereich rationalen Denkens sehen wir gerade die Rolle der Intuition als Entscheidungshilfe in neuem Licht. In der Tradition psychologischer Theorien über menschliches Denken und Handeln ist immer wieder ein Unterschied zwischen bewussten und unbewussten Prozessen, zwischen Rationalität und Intuition oder zwischen impliziten und expliziten Gedächtnisinhalten gemacht worden. Ein evolutionär altes, schnelles, automatisches, assoziatives, unbewusstes „System 1“ wird einem evolutionär neuen, langsamen, reflexiven, regelbasierten, bewussten „System 2“ gegenübergestellt (z. B. Kahneman, 2011). Ob es wirklich duale Konzepte braucht oder ob man nicht vernünftigerweise von unterschiedlichen Mischungsverhältnissen ausgehen sollte, ist derzeit nicht entschieden. Der britische Entscheidungsforscher Kenneth Hammond (1988) hat in seiner „Cognitive Continuum Theory“ postuliert, dass alle kognitiven Prozesse auf einem Kontinuum zwischen Intuition und Analyse angeordnet werden können.

Dass unbewusste Prozesse unter bestimmten Bedingungen (z. B. bei großen Informationsmengen) sogar zu objektiv besseren Entscheidungen führen können, verdeutlicht ein in Infobox 1 beschriebenes Experiment von Ap Dijksterhuis (2004).

Infobox 1: „Unbewusste Prozesse beim Entscheiden“

Vor dem Hintergrund seiner Theorie unbewusster Denkprozesse („unconscious thought theory“, UTT) beschreibt Ap Dijksterhuis (2004) eine Serie interessanter Experimente, von denen hier eines herausgegriffen wird. Versuchspersonen sollten in der Rolle einer wohnungssuchenden Person die Qualität von vier Amsterdamer Wohnungen beurteilen, zu denen je 12 Fakten (z. B. Preis, Lage, Größe,

Pool, Keller usw.) gegeben wurden. Nach Lektüre der insgesamt 48 zufällig dargebotenen Fakten sollten die Leser entweder sofort ein Urteil abgeben (= *unmittelbares* Urteil), drei Minuten gründlich über die gelesenen Fakten nachdenken und dann urteilen (= *bewusstes* Urteil) oder nach drei Minuten, in denen ablenkende Aufgaben zu bearbeiten waren, eine Beurteilung liefern (= *unbewusstes* Urteil).

Man würde erwarten, dass die Gruppe „bewusstes Urteil" die beste Entscheidung treffen sollte, gemessen als Differenz der Präferenz zwischen dem besten und dem schlechtesten Appartement im Angebotskorb. Interessanterweise lieferte aber die Bedingung „unbewusstes Urteil" die besten Resultate. Als Begründung führt der Autor an, dass gemäß seiner Theorie bewusstes Denken den engen Kapazitätsbeschränkungen bewusster kognitiver Prozesse unterliegt, unbewusstes Denken dagegen über eine wesentlich größere Kapazität verfügt und daher wesentlich mehr Information simultan verarbeiten kann.

Man sollte allerdings nicht vorschnell sein Entscheidungsverhalten auf unbewusst ablaufende Prozesse umstellen. Die von Dhami und Thomson (2012) vermittelnd eingenommene Position, wonach man „quasirationality" für Management-Entscheidungen heranziehen sollte, wird unter Rückgriff auf die Theorie von Hammond in Abbildung 1 veranschaulicht: Empfohlen wird eine Mischung aus Intuition und rationaler Analyse, vermieden werden sollen die beiden Extreme (ganz einseitig rationale Analyse bzw. ganz einseitig intuitive Entscheidung).

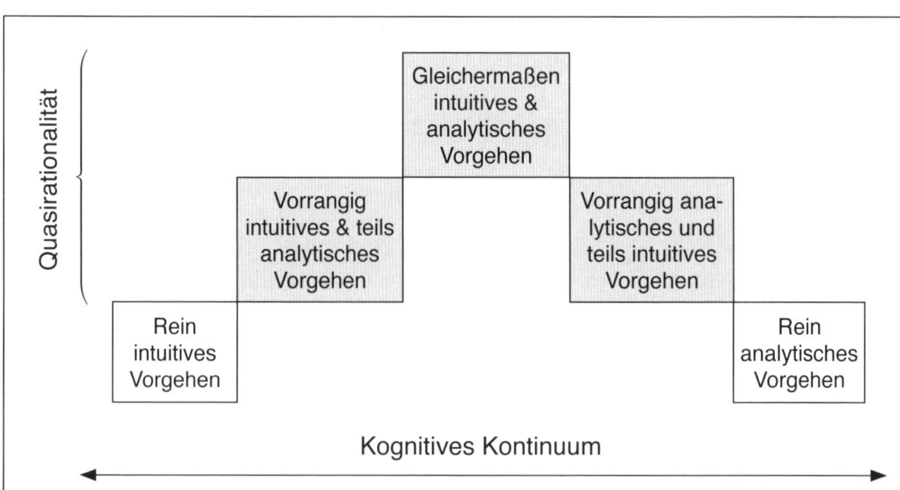

Abbildung 1: „Quasirationalität" als Mischung aus den beiden Extremen reiner Intuition und ausschließlich analytischem Vorgehen (nach Dhami & Thomson, 2012, S. 320; eigene Übersetzung)

Dhami und Thomson (2012) machen deutlich, dass gerade im Bereich von Entscheidungen durch Führungskräfte der mittlere Bereich des Kontinuums zwischen reiner Intuition und reiner Analytik von besonderem Interesse ist. Hier kommt es zu einer Mischung der beiden Modi, die unter dem Begriff der „Quasirationalität" gefasst werden.

Auf die Bedeutung von Intuitionen bei Führungskräften und Managern weist auch Gerd Gigerenzer (2014) hin. In zwei Studien befragte er 32 leitende Führungskräfte aller Ebenen eines internationalen Technologiedienstleisters sowie 52 Führungskräfte der beiden höchsten Ebenen eines internationalen Automobilherstellers in persönlichen Interviews dazu, wie sie berufliche Entscheidungen trafen. Die Mehrheit gab an, in mindestens der Hälfte der Fälle intuitive Entscheidungen zu treffen, wobei Führungskräfte auf den höheren Managementebenen tendenziell häufiger auf ihre Intuition vertrauten. Kein Teilnehmer gab an, stets nur intuitive oder nur rationale Entscheidungen zu treffen. Weiterhin ergab die Befragung allerdings auch, dass die meisten Führungskräfte nicht offen zugaben, intuitiv entschieden zu haben, weil in ihrem Unternehmen entweder nur rational gerechtfertigte Entscheidungen akzeptiert würden oder die Person sich scheue, die Verantwortung für eine Entscheidung zu übernehmen, die sie nicht erklären könne. Insbesondere auf den unteren Ebenen würden daher intuitiv getroffene Entscheidungen häufig nachträglich „rationalisiert", das heißt Fakten gesucht, die die Entscheidung rational legitimieren, oder eine andere, mitunter auch ungünstigere Alternative gewählt („defensives Entscheiden"). Beides ist gemäß Gigerenzer mit erheblichen Kosten für das Unternehmen verbunden, die vermieden werden könnten, wenn Führungskräfte nicht für ihre Intuitionen verpönt, sondern diese ernst genommen würden.

2.3 Wissen und Gedächtnis: Aktive Aneignung von Informationen

Rationalität wie Intuition hängen gleichermaßen von erworbenen Wissens- und Gedächtnisinhalten ab. Um aus Information Wissen zu machen, muss sie „angeeignet", das heißt in das bereits bestehende Wissensnetz im Gedächtnis integriert werden. Wissen kommt in verschiedenen Erscheinungsformen vor. *Deklaratives* Wissen bezeichnet Fakten („Paris ist die Hauptstadt von Frankreich"), *episodisches* Wissen hat einen raumzeitlichen Bezug („Wer hat mir wann und wo erzählt, dass Paris die Hauptstadt Frankreichs ist"), *prozedurales* Wissen beschreibt Inhalte, die man häufig nicht (mehr) beschreiben, aber dennoch ausführen kann (z. B. Radfahren). Der Übergang von häufig genutztem deklarativem Wissen zu prozeduralem Wissen wird auch als Prozeduralisierung bezeichnet und charakterisiert damit das Entstehen von Routine-Handlungen (vgl. auch Kapitel 6 in diesem Buch).

Wissenserwerb setzt aktive Aneignungsprozesse voraus, mit deren Hilfe neue Information in ein bestehendes Netzwerk im semantischen Gedächtnis eingeordnet wird. Multiple Kodierungen (z. B. in Wort und Bild) sind dabei als Erinnerungshilfen ebenso nützlich wie Eselsbrücken („Mein Vater erklärt mir jeden Sonntag unseren Nachthimmel" zum Behalten der Anfangsbuchstaben der acht Planeten).

Wissen besitzt verschiedene Grade von Bewusstsein und damit unterschiedliche Zugänglichkeit. Mit der Unterscheidung expliziter und impliziter Gedächtnisinhalte wird dieser Sachverhalt beschrieben. Implizit sind den meisten Menschen die komplexen Regeln der deutschen Grammatik verfügbar (merkt sofort man, wenn falsch Satz formuliert), ohne dass man genau die Duden-Regeln angeben kann, gegen die ein grammatikalisch falscher Satz verstößt. Implizites Wissen ist damit Basis für intuitive Urteile, die rational nicht ohne Weiteres begründet werden können (z. B. warum genau der oben in Klammern angegebene Satzteil falsch ist) (vgl. auch Kapitel 6 in diesem Buch).

3 Intelligentes Verhalten

Schon in der Skulptur „Der Denker" von Auguste Rodin wird die Selbstversunkenheit (und damit Handlungsferne) einer Innenschau zum Ausdruck gebracht. Das Gegenteil der rastlosen Tätigkeit ist kaum im Standbild festzuhalten, zeigt aber die andere Seite der Medaille und verdeutlicht, dass Denken und Handeln in einem angemessenen Verhältnis stehen sollten. Nur nachzudenken ohne zu handeln erweist sich als ebenso untauglich wie das sinnlose Tun, dem kein Denken hinterlegt ist. Schon in der Antike kannte man die Suche nach dem geeigneten Moment der Situation, in dem die Handlung optimal platziert wird. Die dafür zuständige Gottheit „Kairos" (= der günstige Zeitpunkt) bestimmt den Moment, zu dem man optimalerweise in ein Geschehen eingreift („eine Gelegenheit beim Schopf packt").

Eine gute Balance zwischen rationalem und intuitivem Denken gepaart mit einer optimalen Abstimmung auf den richtigen Moment zu einem daraus abgeleiteten Handeln kann sich in einem Verhalten äußern, das gemeinhin als intelligent bezeichnet wird. Intelligentes Verhalten bezeichnet nach Dietrich Dörner (1986) gewissermaßen den „operativen" Aspekt der Intelligenz. Im Folgenden werden weitere allgemeinpsychologische Aspekte, die intelligentem Verhalten zugrunde liegen, erläutert.

3.1 Intelligenz

Intelligenz als globales, hoch aggregiertes Leistungsmerkmal kognitiver Funktionen hat sich in über 100-jähriger Tradition zumindest vonseiten der Messinstrumente her bewährt. In einer neueren Übersicht (Ones, Dilchert, Viswesvaran

& Salgado, 2010) heißt es, dass kein anderes Konstrukt so gute Prädiktion für berufliche Leistung liefert wie „cognitive abilities“. Für das Konstrukt unter dem Namen „Intelligenz“ wird allerdings auch immer deutlicher, dass wichtige Aspekte in der Konzeptualisierung fehlen. Bis heute kann keine befriedigende Beschreibung und Erfassung dessen vorgenommen werden, was man umgangssprachlich „soziale“ oder „emotionale“ Intelligenz nennt. Die Konzentration traditioneller Intelligenzkonzeptionen auf analytische (logische) Fähigkeiten ist unübersehbar. Unbefriedigend bleibt, dass kreative und pragmatische Anteile („Weisheit“) darin ebenso keinen Platz finden wie strategische Kompetenzen, die man eher dem Problemlösen (s. u.) zuweisen würde.

Ganz offenkundig handelt es sich also bei diesem Intelligenz-Konstrukt um eine summarische Beschreibung verschiedener Teilkompetenzen auf hoher Abstraktionsebene, die man etwa im Rahmen des Berliner Intelligenzstrukturmodells nach Modalität des Inhalts (Bild, Sprache, Zahlen) oder nach kognitiver Tätigkeit (Gedächtnisleistung; Geschwindigkeit; Einfallsreichtum; Verarbeitungskapazität) genauer beschreiben kann. Intelligenz allein ist damit sicherlich notwendig, aber nicht hinreichend, um intelligentes Verhalten zu zeigen. Die Hoffnung, das „non-kognitive“ Prädiktoren (wie z. B. Bio-Daten, Persönlichkeit, Interessen) zu verbesserten Vorhersagen führen könnten, hat sich allerdings nicht bestätigt (siehe Ryan, Ployhart & Friedel, 1998). Inkrementelle Validität gegenüber konventionellen IQ-Tests kommt wohl allerdings dort zustande, wo stärker prozessbezogene kognitive Fähigkeiten wie Problemlösen erfasst werden (z. B. Wüstenberg, Greiff & Funke, 2012).

So betrifft eine interessante Frage der Kognitionspsychologie z. B. den prädiktiven Wert von IQ-Werten für beruflichen Erfolg. Danner et al. (2011) sind dieser Frage nachgegangen und haben dies an einer nicht-studentischen Stichprobe ($N = 173$ Angestellte) untersucht. Nach ihren Ergebnissen ist der allgemeine IQ-Wert prädiktiv für Einkommen, sozialen Status und Bildungsniveau, während das Vorgesetztenurteil am Arbeitsplatz am besten durch einen Kennwert des „Tailorshop“ (einem dynamischen computersimulierten Problemlöseszenario, siehe Infobox 3) vorhergesagt werden konnte. IQ-Werte sind also wichtig, werden aber hinsichtlich der Vorhersagequalität noch von Indikatoren des dynamischen Entscheidungsverhaltens übertroffen. Die Wichtigkeit kognitiver Fähigkeit ist aus der legendären Metaanalyse von Schmidt und Hunter (1998) bereits bekannt: Sie empfehlen diese Kennwerte *(general mental ability)* als die am besten geeigneten für die Personalauswahl. Dass Indikatoren zum Umgang mit komplexen Situationen noch ein Stück besser für die Auswahl geeignet sind, ist zu erwarten. Daher werden komplexe Szenarien auch häufig in der Personalauswahl und Personalentwicklung eingesetzt (siehe z. B. Kanning & Schuler, 2014).

3.2 Urteilen und Entscheiden

Nach Paul Watzlawick kann man ebenso, wie man nicht *nicht* kommunizieren kann, sich auch nicht *nicht* verhalten. Verhalten und Handeln unterscheiden sich durch die Zielgerichtetheit (Intentionalität) des Letzteren. Beide – Verhalten und Handeln – unterliegen mehr oder weniger bewussten Urteils- und Entscheidungsprozessen.

Urteile über die Welt bestehen häufig darin, dass wir Objekte und Ereignisse klassifizieren (eine „Tasse"; ein „Streit"). Manchmal sind derartige Urteile einfach zu fällen, manchmal kommen darin Vorurteile zum Tragen: Eine leicht bekleidete Person kann als Freizeit-bekleidet oder als sexy bekleidet beurteilt werden – verbunden mit ganz unterschiedlichen Konnotationen und Konsequenzen. Urteile bilden die Basis für Entscheidungen, bei denen man zwischen verschiedenen Optionen wählen kann.

Dass Handeln im Sinne physischer Aktivität Energie verbraucht, ist eine Trivialität – weniger trivial dagegen ist die Annahme, dass auch *geistige* Aktivität in Form von Entscheidungen auf einen Speicher zugreift, der sich im Laufe eines Tages durch jede einzelne Entscheidung, die wir treffen, ein Stück verringert und daher wieder aufgefüllt werden muss. Das Kraftspeicher-Modell („ego depletion") von Baumeister, Vohs und Tice (2007) macht entsprechende Annahmen darüber, wie man Energie verbraucht und wieder gewinnen kann (siehe auch Infobox 2). Für die Personalentwicklung heißt dies zweierlei: (a) die Belastung der Mitarbeitenden im Blick zu behalten (Identifizieren „erschöpfter" Entscheider) und (b) (Selbst-)Regulationstechniken zum gelingenden Umgang mit Entscheidungen zu vermitteln.

Infobox 2: „Sparsam mit Entscheidungen umgehen"

In einem Interview mit „Vanity Fair" (Oktober 2012) sagte US-Präsident Barack Obama: „You'll see I wear only gray or blue suits. I'm trying to pare down decisions. I don't want to make decisions about what I'm eating or wearing. Because I have too many other decisions to make. ... You need to focus your decision-making energy. You need to routinize yourself. You can't be going through the day distracted by trivia." In dieser Aussage wird deutlich, dass der Präsident seine Entscheidungs-Energie nicht mit trivialen Entscheidungen wie Kleidung oder Mahlzeiten verschwenden will – ein gutes Beispiel für das Kraftspeicher-Modell von Baumeister, Vohs und Tice (2007).

Entscheidungen haben unterschiedliche Qualitäten. Die in der psychologischen Laborforschung präferierten Entscheidungssituationen betreffen oft eine Wahl zwischen klar spezifizierten Alternativen, z. B. die Wahl zwischen zwei Lotterien mit verschiedenen Gewinnmöglichkeiten. Im Unternehmensalltag sind Entscheidungen unter Unsicherheit der häufigere Fall, Situationen also, in denen exakte

Eintrittswahrscheinlichkeiten für verschiedene Ereignisse unbekannt sind und allenfalls näherungsweise geschätzt werden können. Hier kommen *Heuristiken* als Entscheidungshilfen zum Einsatz (Gigerenzer, 2014), aber auch Techniken des Risikomanagements (Huber, 2012).

Wo Entscheidungen getroffen werden, macht man auch Fehler. Angesichts der Tatsache, dass Fehler unvermeidbar sind, rückt der Gedanke des Fehlermanagements in den letzten Jahren stärker in den Vordergrund (Frese & Keith, 2015). Die Etablierung einer Fehlerkultur zur Vermeidung von Fehlerwiederholungen und die Etablierung der Erkenntnis, dass Fehler ein Lernpotenzial darstellen, machen eine Neubewertung von Fehlern möglich, die in der Vergangenheit eher kritisch beurteilt wurden.

3.3 Probleme erkennen und lösen

Stehen einzelne Entscheidungen in einem größeren Zusammenhang und bilden ein Entscheidungsmuster, kommt man in das Feld des Problemlösens. Im Bereich der Problemlöseforschung haben sich neue Erkenntnisse über den Umgang von Menschen mit Komplexität und Intransparenz ergeben. Standen früher Denksportaufgaben im Vordergrund der Forschung, hat sich insbesondere seit den klassischen Arbeiten von Dietrich Dörner (z. B. 1989) in den letzten Jahrzehnten der Fokus hin zu komplexen Problemen verschoben (Funke, 2012).

In den letzten 30 Jahren haben sich in der Psychologie neue Erkenntnisse darüber ergeben, wie Menschen mit komplexen Situationen umgehen. Komplexität, Ungewissheit, Dynamik und Intransparenz machen Entscheidungen schwer. Anders als beim Schachspiel, wo einzelne Entscheidungen in Ruhe und unter völliger Kenntnis handlungsrelevanter Informationen getroffen werden können, sind Entscheidungen im Alltag von Führungskräften durch eine völlig andere Problemlage gekennzeichnet. Zeitdruck, Ungewissheit über den Erfolg verschiedener Optionen und das Vorliegen von Dilemma-Situationen erschweren rationales Handeln. Dazu kommen dynamische Prozesse ins Spiel, die ungeahnte Entwicklungen der Sachstände mit sich bringen und zu einem permanenten Anpassen von Entscheidungen an neue Lagen zwingen.

Unter den Begriffen „Dynamic Decision Making“ und „Complex Problem Solving“ liegen inzwischen zahlreiche Forschungsergebnisse vor (Überblick bei Funke, 2003), die nicht nur tiefere Erkenntnisse über die Schwierigkeiten dieser Entscheidungssituationen liefern, sondern auch Hinweise zur Bewältigung dieser Herausforderungen liefern. Wie in Infobox 3 erläutert, stellen Computersimulationen dabei eine wichtige Erkenntnisquelle für diese Fragestellungen dar. Über simulationsbasierte Formen des Wissenserwerbs informiert Kapitel 12.

Infobox 3: „Erkenntnisquelle Computersimulation"

Die Erkenntnisse psychologischer Forschung zum Umgang mit komplexen Situationen stammen zum großen Teil aus Studien mit computersimulierten Szenarien. Solche Szenarien bilden politische, ökonomische, technische oder ökologische Entscheidungssituationen ab – Situationen, in denen ein Entscheider eine Menge an Informationen über die gegebene, komplexe Sachlage erhält, einen Satz von Entscheidungen trifft und dann mit den Ergebnissen seiner Entscheidungen konfrontiert wird und erneut Entscheidungen trifft. Neben rundenbasierten (z. B. 12 Runden des Management-Szenarios *Tailorshop*, die für 12 Monate stehen) gibt es auch echtzeitbasierte Szenarien (z. B. 10 Minuten Waldbrandbekämpfung, in denen ein ausgebrochenes Feuer am Bildschirm unter Heranziehung von Löschfahrzeugen und Einsatzkräften zu beenden ist).

Vorteile von Computersimulationen sind die gefahrlose und wiederholte Bearbeitung gefährlicher und schwieriger Situationen, die Erzeugung unterschiedlicher Komplexität und der flexible Umgang mit Zeit (in den drei möglichen Varianten Echtzeit, Zeitlupe, Zeitraffer). Gerade Letzteres ist außerordentlich hilfreich, wenn man auf Langzeitfolgen von Entscheidungen hinweisen möchte. Nachteile von Simulationen sind ihr mangelnder Realismus (beim Szenario *Tailorshop* gibt es z. B. keine echte Konkurrenz am Markt), die zeitliche Verdichtung von ansonsten langsamer dauernden Abläufen, die häufig fehlende soziale Einbettung sowie die spielerische Einbettung. Wenn es um Realitätsnähe in physikalischer Hinsicht geht, kommen Simulatoren statt Simulationsprogrammen zum Einsatz. Ein Flugsimulator etwa bildet idealerweise das Cockpit und das Flugverhalten eines real existierenden Flugzeuges ab. Mehr zu diesem Thema ist bei Gray (2002) sowie Brehmer und Dörner (1993) zu finden.

Nachfolgend wird etwas genauer auf die Schwierigkeiten komplexer, dynamischer Entscheidungssituationen eingegangen.

Zeitdruck. Gerade in komplexen Entscheidungssituationen wünschen sich Entscheider Zeit für tiefergehende Analysen oder das Einholen zusätzlicher Informationen. Knappe Zeitvorgaben erzeugen Zeitdruck, der zu unvollständiger Informationssuche, oberflächlicher Modellbildung und voreiliger Entscheidung führt. Erfahrungsbasierte Intuition hat hier ihren Platz (Kahneman & Klein, 2009).

Dilemma-Situationen. Probleme entstehen häufig durch schwer vereinbare Ziele, z. B. gleichzeitig preiswerte und umweltschonend produzierte Waren herzustellen. Antagonistische (im Unterschied zu synergistischen oder neutralen) Zielkonstellationen zwingen zu Kompromissen, die nicht immer befriedigen können. Hier kommen Werte ins Spiel, die als Entscheidungshelfer fungieren und heute unter dem Stichwort „ethical leadership" diskutiert werden (Den Hartog, 2015).

Ungewissheit. Viele Entscheidungssituationen im psychologischen Labor unterstellen, dass die verschiedenen Handlungsoptionen und deren Eintrittswahrscheinlichkeiten dem Entscheider bekannt sind. In der Realität müssen Entscheidungen unter Ungewissheit getroffen werden. In offenen Systemen sind Ereignisse möglich, die unvorhersehbar sind und den vermuteten Handlungsablauf überraschend abändern. Daher ist nach neueren Ansätzen zum Treffen guter Entscheidungen unter Unsicherheit die Möglichkeit zur Risikoentschärfung wichtiger als die Kenntnis exakter Eintrittswahrscheinlichkeiten (Huber, 2012).

Komplexität. Eine große Zahl beteiligter Variablen und deren häufig unbekannte Vernetzung machen es der begrenzten Kapazität menschlicher Informationsverarbeitung (der Nobelpreisträger Herbert Simon hat das „bounded rationality" genannt) schwer bzw. unmöglich, alle Größen simultan zu berücksichtigen. Vereinfachungen sind notwendig, aber es gilt die Warnung von Henry Louis Mencken (1880–1956): „Für jedes Problem gibt es eine Lösung, die einfach, sauber und falsch ist".

Danner et al. (2011) konnten zeigen, dass die Problemlösefähigkeit ein besserer Prädiktor für das Vorgesetztenurteil ist als allgemeine Intelligenz (s. o.). Eigene Forschungsarbeiten, bei denen das computersimulierte Szenario Tailorshop (vgl. Infobox 3) von Mitarbeitenden unterschiedlicher Unternehmen bearbeitet wurde, weisen außerdem darauf hin, dass die Problemlösefähigkeit auch bei der Prädiktion nicht leistungsbasierter Maße wie der Work-Life-Balance, der Arbeitszufriedenheit und der emotionalen Erschöpfung eine Rolle spielt (Dexheimer, in Vorb.). Zusätzlich zeigte sich, dass Personen mit einem stärker problem- als emotionsfokussiertem Copingstil erfolgreicher mit dieser dynamischen Entscheidungssituation umgehen können.

Neben der individuellen Problemlösefähigkeit ist auch kollaboratives Problemlösen (vgl. auch Kapitel 6 in diesem Buch) im Team ein Forschungsgegenstand mit wachsender Bedeutung. Eine computerbasierte Erfassung dieser komplexen Sammlung von Kompetenzen scheint heutzutage möglich, wobei Partizipation, Perspektivenübernahme, Regulation der Aufgabenbearbeitung und Wissensaustausch zu den kritischen Dimensionen zählen (siehe z. B. Care & Griffin, 2014).

3.4 Kreativität: Neues aus Vorhandenem schöpfen

Im globalen Zeitalter wächst der Innovationsdruck beim einzelnen Unternehmen allein schon dadurch, dass Entwicklungen an ganz anderen Plätzen dieser Erde dem eigenen Produkt gefährlich werden können – und das in womöglich kurzer Zeit! Das daraus resultierende Bestreben, möglichst als Marktführer die Produktentwicklung antreiben zu können (und nicht von Konkurrenten getrieben zu werden), sorgt für ständigen Wunsch nach Innovation. Die hinter innovativen Produkten stehende Kreativität ist allerdings ein zartes Pflänzchen, das nicht unter allen Bedingungen wächst und nicht herbeigezwungen werden kann. Kratzer (2007) betont etwa, dass sich gerade im F&E-Bereich Teamleiter zurücknehmen müssen, wenn sie kreative Ergebnisse ihrer Mitarbeitenden erwarten.

Das Konzept „kreativer Milieus“ (Meusburger, Funke & Wunder, 2009) geht davon aus, dass Potenziale für Begegnungen wichtig sind – Begegnungen, bei denen zum einen Mitstreiter für bestimmte Projekte gefunden werden können, zum anderen aber auch Diversität der Hintergründe zu neuen Anregungen führt. Die aus Sicht der Psychologie zentralen Dimensionen bestehen in der kreativen *Person* (wichtig: Offenheit, aber auch Ambiguitätstoleranz), dem kreativen *Prozess* (Vorbereitung, Reifung, Einsicht, Prüfung, Ausarbeitung), dem kreativen *Produkt* (neu und nützlich) und der kreativen *Umgebung*. Moderne Kreativitätsforschung ist stärker auf den Arbeitsplatz bezogen und versucht, die verschiedenen Einflussfaktoren in einem systemischen Ansatz zu bündeln (Hennessey & Amabile, 2010).

„Design Thinking“ hat sich in den letzten Jahren als eine Technik etabliert, Mitarbeiter in Unternehmen zu einem kreativen Umgang mit Produkten zu bringen. Ein iterativer Wechsel von divergenten und konvergenten Denkprozessen soll dies ebenso ermöglichen wie ein generelles Verständnis von Entwicklungsaufgaben als „wicked problems“ (Plattner, Meinel & Leifer, 2015). Als eine Methode wird dabei unter anderem die von Edward de Bono (1994) vorgeschlagene Technik der „Sechs Hüte“ verwendet – sechs Perspektiven auf ein Thema, die verschiedene Arten des Darüber-Nachdenkens stimulieren sollen (analytisch, emotional, kritisch, optimistisch, kreativ, ordnend). Ein empirischer Nachweis über die Wirksamkeit derartiger Methoden auf die Qualität und Effektivität unternehmerischer Innovation steht allerdings aus.

4 Lernen: Förderung intelligenten Verhaltens

In Studien mit computersimulierten Problemstellungen hat sich gezeigt, dass Experten, die über umfangreichere heuristische Strategien verfügen, erfolgreicher im Umgang mit komplexen Situationen sind (z. B. Schaub & Strohschneider, 1992; Sonntag & Schaper, 1997). Eine häufig im pädagogischen Bereich eingesetzte, aber auch im Arbeitskontext geeignete Methode, die auf die Vermittlung heuristischer Strategien zur Gewährleistung des Transfers erworbenen Wissens auf neue Problemstellungen abzielt, ist der *Cognitive Apprenticeship*-Ansatz (Collins, Brown & Newman, 1989). Der Ansatz basiert auf einem klassischen Meister-Lehrlings-Modell, das auf intellektuelle Tätigkeiten übertragen und bei dem Problemlösen als didaktische Methode eingesetzt wird (Funke & Zumbach, 2006). Grundlegende Idee dabei ist, dass ein Experte den Lernenden durch den Einsatz gezielter Methoden selbst an eine „Expertise“ heranführt. Anhand praxisrelevanter Beispiele führt der Tutor zunächst einzelne Arbeitsschritte vor *(modeling)*, die der Lernende daraufhin selbstständig durchführen soll, wobei der Tutor durch gezielte Hinweise unterstützt *(scaffolding)*. Je sicherer der Lernende wird, desto mehr nimmt sich der Tutor zurück *(fading)* und gibt nur noch bei Bedarf Hilfestellungen *(coaching)*. Um dem Lernenden seine Problemlösestrategien bewusst zu machen, wird er außerdem vom Tutor aufgefordert, seine Lösungsschritte zu verbalisieren *(articulation)* sowie zur Reflexion seines Verhaltens und zum Abgleich mit den Lösungsstrategien des Tutors angehalten *(reflection)*. Abschließend wird der Lernende zum eigenständigen Problemlösen und Transfer der gelernten Strategien auf andere Bereiche angehalten *(exploration)*. Der Ansatz eignet sich damit sowohl für die Offenlegung des in Organisationen vorhandenen impliziten Wissens als auch für die Gestaltung computerbasierter Trainings zum Umgang mit Komplexität und wurde bspw. erfolgreich zum Training der Fehlerdiagnose an komplexen Anlagen eingesetzt (z. B. Schaper, Sonntag, Zink & Spenke, 2000). Weitere Erläuterungen zum Konzept der Cognitive Apprenticeship finden sich in Kapitel 6.

5 Kritische Würdigung des Nutzens kognitionspsychologischer Forschung für die Personalentwicklung

Die Umsetzung der Erkenntnisse in praktisch nutzbare Anwendungen ist aus mehreren Gründen erschwert. Einerseits gibt es keine einfach anzuwendenden Küchenrezepte; kontextspezifische Anpassungen sind nötig. Andererseits gibt es wenig translationale Forschung, die den Übertrag von Grundlagenforschung in die Anwendung erprobt hat. Hier sind Anwender auf sich gestellt und müssen kreativ tätig werden. Das Fehlen translationaler Forschung liegt sowohl an den Grundlagenforschern selbst als auch an den Entscheidern in der Praxis. Über die tieferen Ursachen dieser Vermeidung kann nur spekuliert werden. Die Forscher scheinen (verständlicherweise) den Aufwand und die organisatorischen Schwierigkeiten im natürlichen Setting zu scheuen; bei den Praktikern kann man als Ursachen einerseits (nachvollziehbare) Vorurteile gegenüber unverständlicher akademischer Forschung, andererseits aber auch mangelnde Kenntnis und Bereitschaft, sich in die Themen einzuarbeiten, vermuten. Translationale Forschung setzt wechselseitiges Aufeinander-Zugehen, Offenheit für neue Sichtweisen und wechselseitigen Respekt vor der Arbeit des anderen voraus.

Der Einbezug neuer Erkenntnisse der Kognitiven Psychologie verspricht erheblichen Nutzen, da die angesprochenen Bereiche von großer Bedeutung für die Arbeitswelt des 21. Jahrhunderts sind. Ein immer wieder angeführtes Beispiel dafür ist der wachsende Anteil kollaborativer Tätigkeiten in der modernen Arbeitswelt (Autor, Levy & Murnane, 2003). Aber auch die erwähnte neue Fehlerkultur und die Anerkenntnis der Qualität intuitiver Entscheidungen zählen dazu.

Auch wenn Denken und Intelligenz der Führungskräfte und Mitarbeitenden nur schwer veränderbar sind, zeigen die beschriebenen Konzepte Ansatzpunkte für Personalentwicklungsmaßnahmen auf. Wissensaneignung kann in Trainings gezielt unterstützt, es kann auf typische Denkfehler aufmerksam gemacht und für die Balance zwischen rationalem und intuitivem Denken sensibilisiert werden. Entscheiden unter Unsicherheit und der Umgang mit Komplexität können in Simulationen risikofrei erprobt und Kreativität durch gezielte Umgebungsgestaltung gefördert werden. Kognitionspsychologische Erkenntnisse spielen dabei in zweierlei Hinsicht eine bedeutsame Rolle in der Personalentwicklung: Zum einen zeigen sie Ansatzpunkte für Interventionen auf, zum anderen liefern sie auch Hinweise dafür, wie Personalentwicklungsmaßnahmen zu gestalten sind, um die Weiterentwicklung der Führungskräfte und Mitarbeitenden sowie den Transfer auf den Arbeitsalltag zu gewährleisten.

Die vor allem in den Wirtschaftswissenschaften immer noch verbreitete Metapher vom „homo oeconomicus“ als dem rational handelnden Menschen, der immer die für ihn günstigste Handlungsoption wählt, muss endlich verworfen werden zugunsten eines Akteurs, der multiplen Rationalitäten folgen kann und darüber hinaus irrationale Anteile in seinem Handeln integriert.

Welchen Beitrag kann die aktuelle Kognitionspsychologie zu den großen gesellschaftlichen Veränderungen beitragen, die z. B. durch Themen wie Internet/Digitalisierung, Globalisierung und demografischem Wandel ausgelöst werden? In Bezug auf den Megatrend *Internet* ist z. B. der Beitrag der Lernpsychologie wichtig: Ständiges Neulernen oder Umlernen („updates“) bei Soft- und Hardware wird in immer kürzeren Zyklen nötig. Aber auch der Umgang mit Zeitdruck ist eine Konsequenz aus der schnellen Datenübertragung, die in kürzester Zeit weite Strecken überwindet und damit ungeahnte Dynamiken entstehen lässt. Typisches Beispiel hierfür sind Börsencrashs aufgrund von Softwareprodukten, die innerhalb von Sekunden Aktien kaufen bzw. verkaufen können und durch ähnliche Kriterien bei vielen solchen Agenten ein Aufschaukeln und Verstärken von Trends erzeugen können, die am Ende unkontrollierbar sind. Hier ist Systemdenken gefordert, zu dem die Kognitionspsychologie wichtige Beiträge liefert (vgl. Dörner, 1989; Strunk & Schiepek, 2006).

Der Megatrend *Globalisierung* zwingt etwa zu einer Anpassung der Informationssuche. Waren einst regionale Bezüge z. B. bei der Produktsuche ausreichend (häufig war gar nichts anderes möglich), kann man heute weltweite Suchen durchführen. So phantastisch diese Möglichkeiten sind, so schwierig wird dadurch die Bewertung der möglicherweise zahlreichen Alternativen. In einer globalisierten Welt stellen das Treffen richtiger Entscheidungen und das Lösen von Problemen neue Herausforderungen an die handelnde Person. Informationssuche (Wie viele Informationen brauche ich als Grundlage von Entscheidungen? Wie geht man mit Informationsüberflutung um?), Nebenwirkungen (kleine Ursachen können große Wirkung haben, etwa bei der Auslösung eines „shit storms"), Zielkonflikte und Komplexität (in einer globalisierten Welt ist eine wesentlich höhere Vernetztheit anzutreffen) machen Urteilen, Entscheiden und Problemlösen schwieriger (siehe auch Betsch, Funke & Plessner, 2011). Gerechtigkeit in der Verteilung von Bodenschätzen, Nahrung, Wasser, Bildung und Wohlstand wird zu einem Problem, das Migration bedingt und Unruhen bewirken kann (Montada, 2009).

Der Megatrend *demografischer Wandel* macht Erkenntnisse über die kognitive Leistungsfähigkeit im Alter zu einer wichtigen Quelle. Die pauschale Annahme eines allgemeinen Abbaus kognitiver Fähigkeiten über die Lebensspanne muss ersetzt werden durch ein differenzierteres Bild, in dem kognitive Teilkomponenten in ihrem Entwicklungsverlauf beobachtet werden müssen. So ist z. B. mit einer altersbedingten Verlangsamung der Reaktionszeit zu rechnen, während die Qualität komplexer Entscheidungen häufig mit dem Alter steigt; Staudinger und Baltes (1996) stellen Weisheit als wichtiges Konzept für gutes Entscheiden heraus, das mit dem Erfahrungsschatz wächst (und daher typischerweise im Alter steigt). In der Arbeitswelt hat dies Bedeutung für Expertenwissen, das bei älteren Mitarbeitenden kumuliert anzutreffen und nicht einfach zu ersetzen ist (Sonntag, 2014).

6 Fazit

Rationales Handeln wird dann zu intelligentem Handeln, wenn in angemessener Weise auch Raum für Intuition und Emotion gegeben wird. Damit sind die Kriterien für das Konzept der Quasirationalität erfüllt. Der Buchtitel des schon genannten Bestsellers von Daniel Kahneman (2011) „Thinking, fast and slow" macht diese Integration der beiden Seiten plakativ deutlich: Wir brauchen schnelles (intuitives) Entscheiden ebenso notwendig wie langsames (analytisches) Abwägen. Weder das eine noch das andere kann für sich Dominanz beanspruchen. Gerade Führungskräfte sollten eine gute Balance zwischen beiden Verarbeitungsstilen aufweisen und den Begriff des rationalen Denkens daher im Sinne der hier favorisierten Quasirationalität interpretieren.

Literatur

Anderson, J.R. (2013). *Kognitive Psychologie* (7. Aufl.). Heidelberg: Springer VS. http://doi.org/10.1007/978-3-642-37392-3

Autor, D.H., Levy, F. & Murnane, R.J. (2003). The skill content of recent technological change: An empirical exploration. *Quarterly Journal of Economics, 118* (4), 1279–1333. http://doi.org/10.1162/003355303322552801

Baumeister, R. F., Vohs, K. D. & Tice, D. M. (2007). The strength model of self-control. *Current Directions in Psychological Science, 16,* 351–355. http://doi.org/10.1111/j.1467-8721.2007.00534.x

Betsch, T., Funke, J. & Plessner, H. (2011). *Denken – Urteilen, Entscheiden, Problemlösen.* Heidelberg: Springer. http://doi.org/10.1007/978-3-642-12474-7

Brehmer, B. & Dörner, D. (1993). Experiments with computer-simulated microworlds: Escaping both the narrow straits of the laboratory and the deep blue sea of the field study. *Computers in Human Behavior, 9,* 171–184. http://doi.org/10.1016/0747-5632(93)90005-D

Care, E. & Griffin, P. (2014). An approach to assessment of collaborative problem solving. *Research and Practice in Technology Enhanced Learning, 9* (3), 367–388.

Collins, A., Brown, J. S. & Newman, S. E. (1989). Cognitive Apprenticeship: Teaching the crafts of reading, writing, and mathematics. In L. B. Resnick (Ed.), *Knowing. learning, and instruction* (pp. 453–494). Hillsdale, NJ: Erlbaum.

Danner, D., Hagemann, D., Schankin, A., Hager, M. & Funke, J. (2011). Beyond IQ: A latent state-trait analysis of general intelligence, dynamic decision making, and implicit learning. *Intelligence, 39* (5), 323–334. http://doi.org/10.1016/j.intell.2011.06.004

de Bono, E. (1994). *Parallel thinking. From Socratic to de Bono thinking.* London: Penguin Books.

Den Hartog, D. N. (2015). Ethical leadership. *Annual Review of Organizational Psychology and Organizational Behavior, 2,* 4.1–4.26. http://doi.org/10.1146/annurev-orgpsych-032414-111237

Dexheimer, J. (in Vorb.). *Komplexe und kollaborative Problemlösefähigkeit als Ressourcen am Arbeitsplatz: Zusammenhang zu Arbeitszufriedenheit, emotionaler Erschöpfung und Work-Life-Balance.* (Dissertation), Universität Heidelberg, Heidelberg.

Dhami, M. K. & Thomson, M. E. (2012). On the relevance of Cognitive Continuum Theory and quasirationality for understanding management judgment and decision making. *European Management Journal, 30* (4), 316–326. http://doi.org/10.1016/j.emj.2012.02.002

Dijksterhuis, A. (2004). Think different: The merits of unconscious thought in preference development and decision making. *Journal of Personality and Social Psychology, 87,* 586–598. http://doi.org/10.1037/0022-3514.87.5.586

Dörner, D. (1986). Diagnostik der operativen Intelligenz. *Diagnostica, 32* (4), 290–308.

Dörner, D. (1989). *Die Logik des Mißlingens. Strategisches Denken in komplexen Situationen.* Hamburg: Rowohlt.

Ericsson, A. K. (2003). The acquisition of expert performance as problem solving: Construction and modification of mediating mechanisms through deliberate practice. In J. E. Davidson & R. J. Sternberg (Eds.), *The psychology of problem solving* (pp. 31–85). Cambridge: Cambridge University Press.

Frese, M. & Keith, N. (2015). Action errors, error management, and learning in organizations. *Annual Review of Psychology, 66,* 661–687. http://doi.org/10.1146/annurev-psych-010814-015205

Funke, J. (2003). *Problemlösendes Denken.* Stuttgart: Kohlhammer.

Funke, J. (2012). Complex problem solving. In N. M. Seel (Ed.), *Encyclopedia of the sciences of learning* (pp. 682–685). Heidelberg: Springer.

Funke, J. & Zumbach, J. (2006). Problemlösen. In H. Mandl & H. F. Friedrich (Hrsg.), *Handbuch Lernstrategien* (S. 206–220). Göttingen: Hogrefe.

Gigerenzer, G. (2014). *Risiko: Wie man die richtigen Entscheidungen trifft.* München: Bertelsmann.

Gray, W. D. (2002). Simulated task environments: The role of high-fidelity simulations, scaled worlds, synthetic environments, and laboratory tasks in basic and applied cognitive research. *Cognitive Science Quarterly, 2,* 205–227.

Hammond, K. R. (1988). Judgment and decision making in dynamic tasks. *Information and Decision Technologies, 14,* 3–14.

Hennessey, B. A. & Amabile, T. M. (2010). Creativity. *Annual Review of Psychology, 61,* 569–598. http://doi.org/10.1146/annurev.psych.093008.100416

Huber, O. (2012). Risky decisions: Active risk management. *Current Directions in Psychological Science, 21* (1), 26–30. http://doi.org/10.1177/0963721411422055

Kahneman, D. (2011). *Thinking, fast and slow.* New York: Farrar, Straus and Giroux.

Kahneman, D. & Klein, G. (2009). Conditions for intuitive expertise: A failure to disagree. *American Psychologist, 64,* 515–526. http://doi.org/10.1037/a0016755

Kanning, U. P. & Schuler, H. (2014). Simulationsorientierte Verfahren der Personalauswahl. In H. Schuler & U. P. Kanning (Hrsg.), *Lehrbuch der Personalpsychologie* (3., überarb. und erw. Aufl., S. 215–256). Göttingen: Hogrefe.

Kratzer, J. (2007). Die Kunst der Zurückhaltung: Führung von Forschungs- und Entwicklungsteams. *Zeitschrift Führung Und Organisation, 76* (4), 216–222.

Meusburger, P., Funke, J. & Wunder, E. (Eds.). (2009). *Milieus of creativity. An interdisciplinary approach to spatiality of creativity.* Dordrecht, NL: Springer Science.

Miles, L., Nind, L. & Macrae, C. (2010). Moving through time. *Psychological Science, 21* (2), 222–223. http://doi.org/10.1177/0956797609359333

Montada, L. (2009). Gerechtigkeitsforschung: Themen, Erkenntnisse und ihre Relevanz. In G. Krampen (Hrsg.), *Psychologie – Experten als Zeitzeugen* (S. 275–288). Göttingen: Hogrefe.

Ones, D. S., Dilchert, S., Viswesvaran, C. & Salgado, J. F. (2010). Cognitive abilities. In J. L. Farr & N. T. Tippins (Eds.), *Handbook of employee selection* (pp. 255–276). New York: Routledge.

Plattner, H., Meinel, C. & Leifer, L. (Eds.). (2015). *Design Thinking research: Understanding innovation.* Heidelberg: Springer.

Ryan, A., Ployhart, R. E. & Friedel, L. A. (1998). Using personality testing to reduce adverse impact: A cautionary note. *Journal of Applied Psychology, 83,* 298–307. http://doi.org/10.1037/0021-9010.83.2.298

Schacter, D. L. (2001). *The seven sins of memory: How the mind forgets and remembers.* New York: Houghton Mifflin.

Schaper, N., Sonntag, Kh., Zink, T. & Spenke, H. (2000). Authentizität und kognitive Modellierung als Gestaltungsprinzipien eines Diagnose-CBT. *Zeitschrift für Arbeits- und Organisationspsychologie, 44* (4), 209–220. http://doi.org/10.1026//0932-4089.44.4.209

Schaub, H. & Strohschneider, S. (1992). Die Auswirkungen unterschiedlicher Problemlöseerfahrung auf den Umgang mit einem unbekannten komplexen Problem. *Zeitschrift für Arbeits- und Organisationspsychologie, 36* (3), 117–126.

Schmidt, F. L. & Hunter, J. E. (1998). The validity and utility of selection methods in personnel psychology: Practical and theoretical implications of 85 years of research findings. *Psychological Bulletin, 124* (2), 262–274. http://doi.org/10.1037/0033-2909.124.2.262

Sonntag, Kh. (2014). *Potenziale Erwerbstätiger bei verlängerter Lebensarbeitszeit. Chancen und Herausforderungen für die Wirtschaft.* Berlin: Arbeitgeberverband Gesamtmetall.

Sonntag, Kh. & Schaper, N. (1997). *Störungsmanagement und Diagnosekompetenz – Leistungskritisches Denken und Handeln in komplexen technischen Systemen.* Zürich: Verein der Fachverlage.

Staudinger, U. M. & Baltes, P. B. (1996). Weisheit als Gegenstand psychologischer Forschung. *Psychologische Rundschau, 47,* 57–77.

Strunk, G. & Schiepek, G. (2006). *Systemische Psychologie. Eine Einführung in die komplexen Grundlagen menschlichen Verhaltens.* Heidelberg: Spektrum.

Wüstenberg, S., Greiff, S. & Funke, J. (2012). Complex problem solving – More than reasoning? *Intelligence, 40* (1), 1–14. http://doi.org/10.1016/j.intell.2011.11.003

Kapitel 4

Gefühle und Anreize als Auslöser und Regulativ von Handlungen: Beiträge der Allgemeinen Psychologie – Emotion und Motivation

Marie Hennecke & Veronika Brandstätter

Inhaltsübersicht

Überblick:

Die Kenntnis motivationaler und emotionaler Prozesse ist eine Grundvoraussetzung, wenn im Zuge von Mitarbeiterführung oder Personalentwicklung die sozioemotionalen und physischen Bedingungen am Arbeitsplatz sowie die Arbeitsaufgaben der Mitarbeiter so gestaltet und verändert werden sollen, dass diese motiviert sind, ihre Ressourcen, d. h. ihre Zeit, ihre Anstrengung, ihr Wissen und ihre Fähigkeiten/Fertigkeiten für die Erreichung von Organisationszielen einzusetzen. In diesem Sinne gibt das vorliegende Kapitel einen Überblick über die zentralen theoretischen Ansätze, die für Fragen der Arbeitsmotivation relevant sind. Dabei wird es auch darum gehen, die in diesen Theorien jeweils unterschiedliche Akzentuierung emotionaler Prozesse deutlich zu machen.

Zuerst widmet sich das Kapitel Theorien, die in der Person liegende, teilweise jedoch unbewusste, Bedürfnisse und Motive als Determinanten von Arbeitsmotivation berücksichtigen. Diesen Theorien ist gemein, dass sie das Ausmaß, in dem universale Bedürfnisse oder in ihrer individuellen Ausprägung variierende Motive im Kontext der Arbeit befriedigt oder frustriert werden, als zentral für die Arbeitsmotivation betrachten. Anschließend werden Prozesse der bewussten Ziel- oder Aufgabenwahl im beruflichen Kontext thematisiert. Hier stehen sozial-kognitive Faktoren im Vordergrund, wie z. B. das Ausmaß, in dem eine Person glaubt über bestimmte Fähigkeiten zu verfügen oder der Wert, den sie bestimmten Zielen beimisst. Danach werden Prozesse des Willens beim Zielstreben behandelt: Welche Strategien und Willensprozesse sind entscheidend, damit Personen Ziele, auch im beruflichen Kontext, trotz möglicher Schwierigkeiten erreichen? In den beiden abschließenden Kapiteln werden noch konkrete Handlungsempfehlungen für die Praxis der Personalentwicklung zusammengefasst und schließlich ein Ausblick präsentiert, wie mithilfe von Beiträgen aus der Motivations- und Emotionspsychologie aktuelle Herausforderungen der Arbeitswelt gemeistert werden können.

1 Einleitung

Motivationale und emotionale Prozesse sind untrennbar miteinander verwoben. Menschen reagieren nur dann emotional, wenn ein Ereignis für ihr Zielstreben von Bedeutung ist (Scherer, Schorr & Johnstone, 2001; Weiss & Cropanzano, 1996). Und das, was sie überhaupt zum Handeln motiviert, ist der Wunsch nach bestimmten emotionalen Erfahrungen, die mit der Annäherung an bzw. dem Erreichen antizipierter Zielzustände verbunden sind (Austin & Vancouver, 1996; Carver & Scheier, 1990; McClelland, 1985a, 1985b; Schultheiss, 2008). Dennoch repräsentieren Motivations- und Emotionspsychologie zwei weitgehend voneinander unabhängige Forschungsbereiche, die jeweils eigene theoretische Fragen formulieren und ihre eigenen methodischen Zugänge verwenden. Die *Emotionspsychologie* befasst sich in erster Linie mit Fragen der Entstehung diskreter Emotionen (z. B. Ärger, Traurigkeit, Stolz), interindividuellen Unterschieden im emotionalen Erleben, der Messung von Emotionen, der Auswirkung affektiver Zustände auf Denken und Entscheiden sowie der Emotionsregulation (für einen Überblick siehe Stemmler, 2009). Die *Motivationspsychologie* hingegen versucht zu verstehen, wie in der Person und in der Umwelt liegende Einflussfaktoren für sich und im Zusammenspiel miteinander die Richtung, Intensität und die Ausdauer von zielgerichtetem Verhalten bestimmen. Die vielfältigen Bedingungen und Prozesse zielgerichteten Verhaltens sind Gegenstand unterschiedlichster empirisch überprüfter Theorien. Diese Theorien werden im Folgenden vorgestellt und dabei jeweils auch Bezüge zu emotionspsychologischen Konzepten herausgearbeitet.

Bevor es darum geht, durch welche Faktoren und Prozesse die Arbeitsmotivation beeinflusst wird, sollte der Begriff der *Arbeitsmotivation* definiert werden: Darunter fallen all jene psychologischen Prozesse, die die Form, Richtung, Intensität und Ausdauer bestimmen, mit der sich eine Person für die Erreichung der Organisationsziele einsetzt (siehe Pinder, 2008 für eine ähnliche Definition) und die auch ihre emotionale Befindlichkeit am Arbeitsplatz bestimmen. Die verschiedenen theoretischen Ansätze werden in diesem Kapitel einem Vorschlag Kanfers (1990) zufolge in die Gruppen „Bedürfnis-Motiv-Wert-Theorien“, „Motivationale Theorien der Zielwahl“ und „Volitionale Theorien der Zielrealisierung“ unterteilt. Einige dieser Theorien wurden nicht explizit für den betrieblichen Kontext entwickelt, bieten als allgemeinpsychologische Theorien aber wichtige Anregungen für den Arbeitskontext. Ebenfalls ist es wichtig anzumerken, dass die dargestellten Theorien nur einen Teil der Literatur zum Thema Arbeitsmotivation abdecken, über das sich ganze Bücher füllen lassen (z. B. Kanfer, Chen & Pritchard, 2008; Pinder, 2008). Nach der Vorstellung der verschiedenen theoretischen Ansätze widmet sich ein abschließender Abschnitt der Frage, welche konkreten Handlungsempfehlungen sich aus den motivations- und emotionspsychologischen Erkenntnissen für die berufliche Praxis im Allgemeinen und für die Personalentwicklung im Besonderen ableiten lassen.

2 Bedürfnisse, Motive und Werte als Determinanten von (Arbeits-)motivation

Bedürfnis-, Motiv- und Wert-Theorien gehen davon aus, dass alle Menschen in jeweils individueller Ausprägung über eine begrenzte Anzahl relativ stabiler psychischer Bedürfnisse, Motive oder Werte verfügen, die ihr Verhalten bestimmen. Wie kann der Begriff des Bedürfnisses (engl. „need“) definiert werden? Murray (1938, S. 123–124) beschrieb *Bedürfnisse* als eine in der Person liegende Kraft, als „force which organizes perception, apperception, intellection, conation and action in such a way to transform in a certain direction an existing unsatisfying situation“, also eine Kraft, die Wahrnehmung, Auffassung, Verständnis, Intention und Handlung in einer Form beeinflusst, sodass sie eine existierende, unbefriedigende Situation verändern möge. Diese Definition ist insofern kritisch zu betrachten, als dass sie nicht definiert, was eine Situation als „unbefriedigend“ kennzeichnet. Es ist davon auszugehen, dass wiederum eine Situation dann als unbefriedigend empfunden wird, wenn sie ein Bedürfnis unbefriedigt lässt. Diese oft kritisierte Zirkularität von Bedürfnis- und Motivtheorien wird später noch ein Thema sein.

Bedürfnisse wurden von Locke (1991) in Bezug auf mehrere Merkmale definiert, von denen zur Klärung des Begriffes einige hier genannt sein sollen. Demnach wirken Bedürfnisse zyklisch, sind also nie auf Dauer oder gar endgültig befriedigt. Die Nicht-Erfüllung von Bedürfnissen geht mit unangenehmen Gefühlen einher und kann auf Dauer sogar zu Krankheit führen. Bedürfnisse unterscheiden sich, wie z. B. in Maslows Theorie angenommen, auch im Ausmaß der Dringlichkeit ihrer Befriedigung. Sie existieren auch ohne dass sie bewusst sind. Jedes Bedürfnis kann auf verschiedene Arten, also durch verschiedene Verhaltensweisen, befriedigt werden. Ebenso kann ein Verhalten gleichzeitig mehrere Bedürfnisse befriedigen.

2.1 Maslows Bedürfnistheorie

Maslow (1954) ging davon aus, dass alle Menschen die gleichen Bedürfnisse haben und dass diese Bedürfnisse hierarchisch in Klassen einteilbar seien. Die hierarchische Ordnung dieser Bedürfnisse ergibt sich gemäß Maslow aus ihrer relativen Notwendigkeit für das Überleben. Erst wenn die in der Hierarchie untenstehenden, dringendsten Bedürfnisse befriedigt sind, werden die in der Hierarchie weiter oben stehenden Bedürfnissen handlungsleitend. Insgesamt definierte Maslow fünf Bedürfnisklassen, nach deren Erfüllung Menschen streben. Von unten nach oben sind dies:

1. Physiologische Bedürfnisse, wie das Bedürfnis nach Nahrung, Schlaf und Wärme,
2. Sicherheits-Bedürfnisse nach Schutz und Angstfreiheit,
3. Bedürfnisse nach Kontakt, Liebe und Zugehörigkeit,
4. Bedürfnisse nach Wertschätzung, Kompetenz, Status und Anerkennung und schließlich
5. das Bedürfnis nach Selbstverwirklichung.

Letzteres definierte Maslow als oberstes Leitprinzip menschlichen Daseins. Die Bedürfnisse (1) bis (4) gelten im Vergleich dazu als „Defizit-Bedürfnisse", deren Nicht-Befriedigung mit einem Mangelerleben einhergehe. Die Erfüllung von Selbstverwirklichung hingegen sei ein „Wachstums-Bedürfnis", das niemals endgültig zu befriedigen sei, da der Mensch stets danach strebe, die ihm gebotenen Möglichkeiten zur Entfaltung zu bringen. Das Ausmaß, in dem die Bedürfnisse erfüllt sind, sei laut Maslow bestimmend für das Wohlbefinden und die psychische Gesundheit einer Person. Obwohl die Bedürfnishierarchie oft so verstanden wird, gleicht motiviertes Verhalten laut Maslow keineswegs einem strikt sequenziellen Nacheinander-Abarbeiten der Bedürfnisse. Stattdessen wird Verhalten als in der Regel vielfältig motiviert betrachtet, Maslow selbst sprach hier von „Überbestimmtheit" (over-determination) des Verhaltens, die aus dem Wunsch resultiert, mehrere Bedürfnisse zugleich zu befriedigen.

Maslow nahm außerdem an, dass die von ihm beschriebene Hierarchie der Bedürfnisse zwar die am weitesten verbreitete sei, es jedoch auch interindividuelle Unterschiede in der Reihenfolge ihrer Wichtigkeit geben könne, z. B. könnten einige Personen die Bedürfnisse nach Wertschätzung und Kompetenz über die Bedürfnisse nach Kontakt, Liebe oder Zugehörigkeit stellen. Als Konsequenz lässt sich aus Maslows Theorie auch kein genereller Leitfaden für den Umgang mit Mitarbeitern ableiten. Eine differenzierte Kenntnis ihrer persönlichen Bedürfnisstruktur und des Ausmaßes, in dem diese Bedürfnisse am Arbeitsplatz bereits befriedigt sind, wären dafür notwendig. Wenn außerdem, wie von Maslow angenommen, Verhalten stets durch mehrere Bedürfnisse determiniert ist, ist eine einseitige Fokussierung auf einzelne Bedürfnisse nicht wirkungsvoll.

Während Maslows Theorie unter Praktikern sehr bekannt und beliebt ist, spielt sie in der gegenwärtigen Motivationsforschung keine Rolle mehr, was auf verschiedene Probleme mit ihr zurückzuführen ist (Alderfer, 1969). So versucht die Theorie zwar eine umfassende Erklärung menschlicher Motivation zu liefern, erlaubt aber dafür, wie andere Theorien, in deren Zentrum Konzepte wie Bedürfnisse oder Instinkte stehen, keine konkreten Vorhersagen über menschliches Verhalten. Das Verhalten wird stattdessen im Nachhinein als Beleg für eben das Vorhandensein eines bestimmten Bedürfnisses herangezogen (Ford, 1992): Meint man zum Beispiel zu erkennen, dass eine Person nach Anerkennung strebt, wird dieses Verhalten als Beleg für ein zugrundeliegendes Bedürfnis nach Anerkennung gewertet. Aufgrund dieser Zirkularität kann die Theorie menschliches Verhalten zwar beschreiben, ihr Nutzen zur Erklärung menschlichen Verhaltens ist aber eher begrenzt.

Außerdem erscheint die Annahme einer hierarchischen Anordnung der fünf Bedürfniskategorien willkürlich und schwer messbar. Bei den wenigen Versuchen, Maslows Theorie empirisch zu überprüfen, wurden vorwiegend Querschnitt- statt Längsschnittstudien durchgeführt, deren Ergebnisse insgesamt nur eine schwache Stützung der theoretischen Annahmen erbrachten (siehe Neuberger, 1985; von Rosenstiel, 1975). Für die Anwendbarkeit der Theorie z. B. auf den Arbeitskontext fehlen außerdem Empfehlungen zu Strategien, die die Befriedigung von Bedürfnissen ermöglichen. Trotz aller Kritik an Maslows Ansatz sollte jedoch nicht vergessen werden, dass er den Blick auf Bedürfnisse als wichtige und plausible in der Person liegende Determinanten menschlichen Verhaltens lenkte. Insbesondere die Betonung interindividueller Unterschiede in der Bedürfnisstruktur stellt für Führungskräfte im Umgang mit ihren Mitarbeitern einen wichtigen Ansatzpunkt ihres Handelns dar. Die Bedürfniskategorien Maslows stimmen außerdem teilweise mit anderen verbreiteten und besser empirisch nachgewiesenen Motivklassifikationen überein (siehe Heckhausen & Heckhausen, 2010).

2.2 McClellands Motivtheorie

Bei McClellands Motivtheorie (McClelland, 1985a, 1985b) handelt es sich ebenfalls um eine Theorie, die sich mit in der Person liegenden, ihr Verhalten motivierenden Prozessen befasst. McClelland geht davon aus, dass Handeln durch die

Antizipation positiver Gefühle (Affekte) motiviert wird. Die Präferenz für bestimmte Affektklassen definiert McClelland als (implizites) Motiv. Demnach versuchen Personen positive Gefühle zu erleben, die sich einstellen, wenn sie Zugang zu bestimmten „natürlichen Anreizen" erhalten. Diese sogenannten natürlichen Anreize stehen in enger Verbindung mit Situationen und Handlungen, die in der Evolution funktional für das Überleben der Spezies waren, z. B. Exploration der Umwelt, Nähe und Vertrautheit mit Artgenossen und Durchsetzung gegenüber Konkurrenten. McClelland nimmt drei grundlegende Motive („Big Three") an: das Leistungs-, das Anschluss- und das Machtmotiv. Seiner Theorie zufolge sind diese Motive in allen Menschen angelegt, wobei sie jedoch aufgrund unterschiedlicher Sozialisationserfahrungen interindividuell verschieden stark ausgeprägt sein können. Das Leistungsmotiv wird angeregt in Situationen, in denen man sich einer Herausforderung gegenübersieht, also ein Gütemaßstab für eigene Leistungen vorliegt, und der „Nervenkitzel" (thrill of accomplishment) bei der Aufgabenbearbeitung selbst sowie der antizipierte mit Erfolg einhergehende Stolz handlungsleitend werden. Das Machtmotiv wird hingegen in Situationen angeregt, in denen die Möglichkeit besteht, Einfluss auf andere zu nehmen, und Gefühle der Überlegenheit und Stärke antizipiert werden. Schließlich richtet das Anschlussmotiv Verhalten auf Vertraut-Werden und Geselligkeit mit anderen aus und zielt auf Gefühle von Zugehörigkeit und Geborgenheit (Schultheiss, 2008).

Zur Anregung eines Motivs bedarf es, wie eben bereits erwähnt, spezifischer motivthematischer Anreize in der Umwelt (z. B. eine herausfordernde Aufgabe für das Leistungsmotiv); gleichzeitig bestimmt aber die Motivstärke, wie schnell die gegebenen situativen Anreize wahrgenommen werden und wie sehr sie entsprechendes motivrelevantes Verhalten auslösen – die situativen Anreize und die individuelle Motivstärke stehen also in einem Wechselverhältnis miteinander. So würde beispielsweise eine Person mit einem starken Leistungsmotiv auch vergleichsweise schwache leistungsthematische Hinweisreize wahrnehmen (z. B. wenn sie etwas schnell nach einem bestimmten Muster sortieren soll) und sich motiviert fühlen, ihre Tüchtigkeit unter Beweis zu stellen, während eine Person mit einem schwachen Leistungsmotiv die gleichen leistungsthematischen Hinweisreize gar nicht wahrnähme.

Affektbasierte Motive gelten als nicht bewusst repräsentiert (daher der in diesem Zusammenhang verwendete Begriff der *impliziten* Motive); zu ihrer Messung bedient man sich daher der auf dem Thematischen Apperzeptionstest (TAT) von Morgan und Murray (1935) basierenden Bildgeschichten-Übung (Picture Story Exercise, PSE; Schultheiss & Pang, 2007). Darin werden Probanden gebeten, zu einer Serie von mehrdeutigen Bildern fantasievolle Geschichten zu schreiben, die anhand eines motivationstheoretisch verankerten Kategoriensystems inhaltsanalytisch ausgewertet werden (z. B. Winter, 1994). Die Idee ist, dass Personen in ihren Fantasiegeschichten genau jene Motive zum Ausdruck bringen, die bei ihnen besonders ausgeprägt sind.

Die bei Schultheiss und Brunstein (2010) dokumentierte grundlagentheoretisch ausgerichtete Forschung zu den drei Motiven belegt in beeindruckender Weise, wie mit dem Wissen um die Motivausprägungen einer Person ihre kognitiven, affektiven, physiologischen und verhaltensmäßigen Reaktionen vorhergesagt werden können. McClellands Motivtheorie bietet jedoch auch verschiedene organisationspsychologische Anknüpfungspunkte. Erstens können Motive bis zu einem gewissen Grad durch Training gestärkt werden, wie dies McClelland und Winter (1969) belegen. Die Autoren haben Kleinunternehmer einer Stadt im Südosten Indiens zu einem Motivtraining eingeladen, das verschiedene affektive und kognitive Facetten eines hohen Leistungsmotivs (z. B. Freude an Herausforderung, Stolz bei Erfolg, Erfolgszuversicht) vermittelte sowie relevante Verhaltensweisen einzuüben ermöglichte (z. B. moderate Zielsetzungen, Planung von konkreten Umsetzungsschritten für übergeordnete Ziele). Als Kontrollgruppe dienten Kleinunternehmer einer hinsichtlich verschiedener Merkmale wie geografische Lage, Größe und wirtschaftliche Struktur vergleichbaren Stadt im Südosten Indiens. Nach zwei Jahren wurden die Unternehmer beider Städte zu ihren Wirtschaftsaktivitäten interviewt. Das Motivtraining zeigte sich als wirksam, da die trainierten Geschäftsleute signifikant häufiger neue Produktionsstätten errichtet, mehr Arbeitsplätze geschaffen und mehr Erträge erwirtschaftet hatten als die nicht trainierten Geschäftsleute. Die Leistung in den Aufgaben, mit denen die Kleinunternehmer in ihrer Arbeit konfrontiert waren, profitierte offenbar von einem hohen Leistungsmotiv, welches ja Personen dazu anregt, ihr Können unter Beweis stellen zu wollen.Für die Bewältigung anderer arbeitsbezogener Aufgaben können das Macht- oder das Affiliationsmotiv von größerer Bedeutung als das Leistungsmotiv sein.

Zweitens lässt sich der Erfolg in bestimmten Aufgaben, z. B. Führungsaufgaben, durch die Kenntnis der Motivkonstellation einer Person vorhersagen. McClelland und Boyatzis (1982) schlugen das sogenannte „Führungsmotivmuster“ vor, einer Kombination aus starkem Machtmotiv, schwachem Anschlussmotiv und hoher Selbstkontrolle (oder Inhibition, gemessen durch die relative Häufigkeit des Wortes „nicht“ in den PSE-Protokollen). Nach 16 Jahren hatten Manager des nicht-technischen Bereichs, die beim Eintritt in die Firma AT&T das Führungsmotivmuster aufwiesen, signifikant höhere Hierarchiestufen erreicht im Vergleich zu Führungskräften, die dieses Motivmuster nicht aufwiesen. Offenbar waren diese Personen besonders gut in der Lage, ihre Führungsaufgaben wahrzunehmen und z. B. Verantwortung zu übernehmen, Aufgaben zu delegieren oder unliebsame Entscheidungen durchzusetzen. Eine neuere Studie (Steinmann, Dörr,

Schultheiss & Maier, 2015) unterstützt die Annahme, dass ein hohes Machtmotiv effektives Führungsverhalten fördert, weist jedoch auch darauf hin, dass die Rolle des Anschlussmotivs komplexer ist als bisher angenommen und eine hohe Ausprägung unter Umständen auch positive Folgen haben kann. So wirkt sich ein hohes Anschlussmotiv vermutlich positiv auf Beziehungen zwischen Mitarbeitern und Vorgesetzten aus und ist infolge einer Abnahme von Hierarchisierung innerhalb der Arbeitswelt wichtiger geworden, wie Steinmann et al. (2015) vermuten. Drittens kann auch die Wirksamkeit von Trainingsmaßnahmen von Motiven abhängen. Führungstrainings sind entsprechend vor allem bei Machtmotivierten effektiv, da diese stärker motiviert sein sollten, die gelernten Methoden der Beeinflussung ihrer Mitarbeiter in die Tat umzusetzen (Sokolowski & Kehr, 1999). Dieser Effekt ist vermittelt über das Erleben von Spaß, positiven Gefühlen und der Abwesenheit innerer Widerstände bei der Umsetzung des Gelernten.

Schließlich können auch Zusammenhänge zwischen impliziten Motiven und expliziten, also bewussten, Motiven von Mitarbeitern von Relevanz für ihre Arbeitsmotivation sein. Die Folgen dieser Motivinkongruenzen werden in einem späteren Abschnitt näher behandelt.

2.3 Das Job Characteristics-Modell von Hackman und Oldham

In ihrem mittlerweile klassischen *Job Characteristics-Modell* (siehe Abbildung 1) beschreiben Hackman und Oldham (1976, 1980), welche Merkmale eine Arbeitsstelle aufweisen muss, um emotional befriedigend und motivierend zu sein, oder um in ihrer Terminologie zu bleiben: ein hohes „Motivationspotenzial“ zu besitzen. Das Modell ist zum einen ein Modell des „job designs“ (Arbeitsgestaltung), da es sich mit Merkmalen der Arbeitsumgebung befasst, es ist aber wie die vorher beschriebenen Theorien auch eine Art „Bedürfnismodell“, da es davon ausgeht, dass Mitarbeiter ihre Arbeit dann als intrinsisch motivierend beurteilen, wenn sie drei kritische Erlebniszustände generieren kann: Erstens sollten sie ihre Arbeit als sinnhaft erleben, also das Gefühl haben durch ihre Arbeit etwas Wichtiges zu bewirken. Drei Kernmerkmale der Arbeit können dieses Gefühl hervorrufen, nämlich Anforderungsvielfalt, Ganzheitlichkeit und Bedeutsamkeit. Diese drei Merkmale stehen in einer additiven Beziehung zueinander und können sich somit ergänzen, um das Erleben von Sinnhaftigkeit zu erlauben. Zweitens sollten Mitarbeiter sich für die Leistungen und Ergebnisse ihrer Arbeit verantwortlich fühlen. Hierfür ist entscheidend, ob die Arbeit Autonomie, also Selbstbestimmung und Selbstständigkeit, zulässt. Schließlich sollte eine Person Information über die Ergebnisse der eigenen Arbeit erlangen können, d. h. sich darüber im Klaren sein können, welche Ergebnisse aus ihren Anstrengungen erwachsen. Hierfür ist es wichtig, dass Rückmeldung vorhanden ist. Das Motivationspotenzial einer Arbeit ergibt sich laut Hackman und Oldham schließlich aus dem Produkt der Summe von Anforderungsvielfalt, Ganzheitlichkeit und Bedeutsamkeit multipliziert mit dem Grad der Autonomie und dem Grad der Rückmeldung.

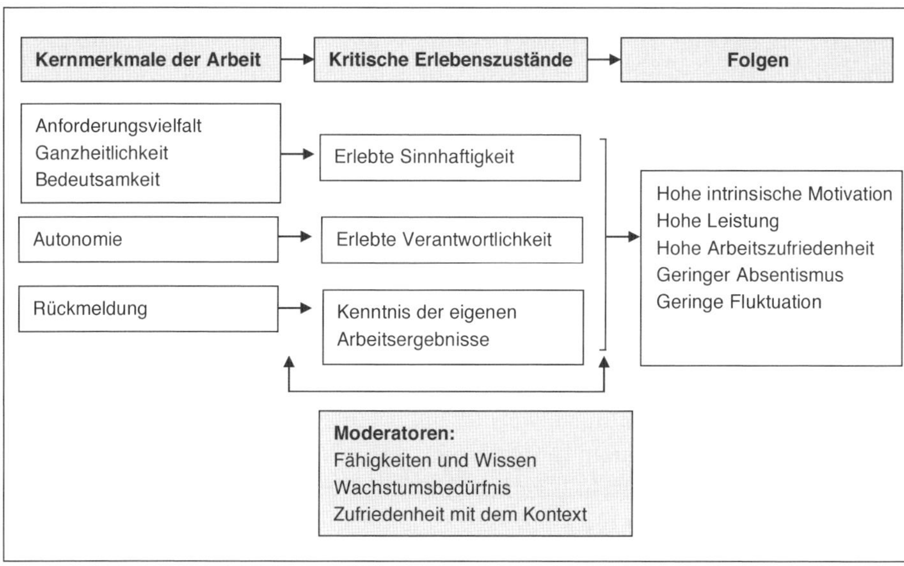

Abbildung 1: Das „Job Characteristics-Modell" von Hackman und Oldham (1976)

Die Vorhersagekraft des Modells für die Motivation am Arbeitsplatz wurde in einer Vielzahl von Studien mit unterschiedlichen Stichproben gezeigt (siehe Hackman & Oldham, 1980). Einschränkend muss jedoch erwähnt werden, dass die Merkmale der Arbeit in diesen Studien üblicherweise mit einem von Hackman und Oldham entwickelten Fragebogen, dem „Job Diagnostic Survey" erfasst werden und die Befunde demnach überwiegend auf korrelativen Selbstberichtsdaten beruhen. In diesen Studien sagen die Kernmerkmale wie erwartet subjektive Erlebenszustände vorher (Arbeitszufriedenheit und Motivation, Fried & Ferris, 1987, Kelly, 1992; Wegge, van Dick, Fisher, Wecking & Moltzen, 2006), wohingegen die Ergebnisse für objektive Verhaltensmaße (Arbeitsleistung, Absentismus und Fluktuation) weniger einheitlich sind (Parker & Wall, 1998). Details des Modells, wie die spezifischen postulierten Zusammenhänge zwischen Kernmerkmalen der Arbeit und den Erlebenszuständen, sind ebenso wie die Unabhängigkeit der Kernmerkmale weniger gut empirisch bestätigt (Cordery & Sevastos, 1993; Johns, Xie & Fang, 1992; Kelly, 1992).

2.4 Die Selbstbestimmungstheorie von Deci und Ryan

Auch die Selbstbestimmungstheorie von Deci und Ryan (z.B. 1985) geht davon aus, dass Menschen durch den Wunsch, angeborene Bedürfnisse (basic needs) zu erfüllen, motiviert sind. Die Autoren unterscheiden dabei drei Grundbedürfnisse: Das Bedürfnis nach Autonomie, also Selbstbestimmung, wie wir es auch schon in Hackman und Oldhams Modell kennengelernt haben, sowie die Bedürfnisse nach Kompetenzerleben und sozialer Eingebundenheit, die wiederum große Nähe zu McClellands Konzept des Leistungs- und Anschlussmotivs aufweisen. Während die auf McClellands Motivtheorie basierende Forschung (zusammenfassend Schultheiss & Brunstein, 2010) auf interindividuelle Motivunterschiede und die damit einhergehenden spezifischen kognitiven, affektiven, physiologischen und verhaltensbezogenen Prozesse fokussiert, sind für Deci und Ryan die situativen Bedingungen der Bedürfnisbefriedung wesentlich zentraler. Insgesamt postulieren sie einen positiven Zusammenhang zwischen dem in einem bestimmten situativen Kontext (z.B. Schule, Familie, Arbeitsplatz) realisierten Grad der Bedürfnisbefriedigung einerseits und dem psychischen und physischen Befinden der Person andererseits (zusammenfassend Ryan & Deci, 2000). Der Idealzustand der umfassenden Bedürfnisbefriedigung lässt sich jedoch nur begrenzt realisieren. In vielen Situationen werden sich Menschen gezwungen sehen, auch Dinge zu tun, die nicht einem Bedürfnis entspringen. Deci und Ryan spezifizieren in ihrer Theorie folgerichtig verschiedene Arten der Motivation, die sich auf einem Kontinuum im Hinblick auf den Grad der Selbstbestimmung, das durch die beiden Pole „Amotivation“ und „intrinsische Motivation“ begrenzt wird, anordnen lassen. Die Kernaussagen dieser Theorie sind in Abbildung 2 grafisch dargestellt.

Ein Zustand der „Amotivation“ liegt vor, wenn eine Person untätig ist oder ihr Verhalten unkontrollierten Impulsen folgt: Es liegen weder in der Person noch äußere Faktoren vor, die das Verhalten der Person auf ein Ziel ausrichten. Der andere Pol, der Zustand intrinsischer Motivation, ist verbunden mit maximaler Selbstbestimmung. Hier wird eine Tätigkeit nur um ihrer selbst Willen und ohne die Erwartung einer irgendwie gearteten extrinsischen Belohnung ausgeführt, was typischerweise dann der Fall ist, wenn die drei Grundbedürfnisse in idealer Weise befriedigt werden. Ist maximale Selbstbestimmung nicht erreicht, kann Verhalten durch extrinsische Faktoren determiniert sein. Im Falle einer vollständigen „externalen Regulation“ handelt eine Person ausschließlich durch äußere Beweggründe motiviert, zum Beispiel um Belohnungen zu erhalten oder Sanktionen zu vermeiden. Ein Mitarbeiter, der nur fürs Geld arbeitet oder eine Aufgabe ungern und nur aus Angst vor einer Kündigung erledigt, gilt demnach als external reguliert. „Introjizierte Regulation“ liegt vor, wenn eine Person äußere Zwänge bereits verinnerlicht hat und aus einem inneren Druck heraus handelt. Ein Mitarbeiter, der eine Aufgabe erledigt, nur um sich eines Versäumnisses nicht schuldig fühlen zu müssen, hat z.B. äußere Zwänge bereits introjiziert. Eine „identifizierte" Regulation liegt vor, wenn eine Tätigkeit immerhin als persönlich bedeutsam empfunden wird, die Person also etwas tun will, wobei immer noch nicht die Schaffensfreude bei der Tätigkeit selbst im Vordergrund steht. Ein Mitarbeiter, der sich in einem Projekt engagiert, da er das Projekt für wichtig hält, handelt auf der Stufe der identifizierten Regulation. Die höchste Stufe der Selbstbestimmung innerhalb der extrinsischen Motivation ist erreicht, wenn „integrierte Regulation" vorliegt und das Verhalten im Dienste übergeordneter Ziele, Normen und Werte gesehen wird, die bereits in das Selbstkonzept der Person integriert wurden. Ein Mitarbeiter einer Umweltschutzorganisation, der sich für die Ziele seiner Arbeit begeistert und daher auch bereit ist, unangenehme Tätigkeiten in Kauf zu nehmen, ist dieser Stufe zuzuordnen. Hier wird deutlich, welch wichtige Rolle die Identifikation der Mitarbeiter mit den Unternehmenszielen und Werten eines Unternehmens zukommt, wenn es um ihre Motivierung geht. Identifizieren sich Mitarbeiter mit ihrem Unternehmen, zeigen sie auch dann großes Engagement für seine Ziele, wenn ihre Aufgaben nicht ihren eigenen Vorlieben und Interessen entsprechen.

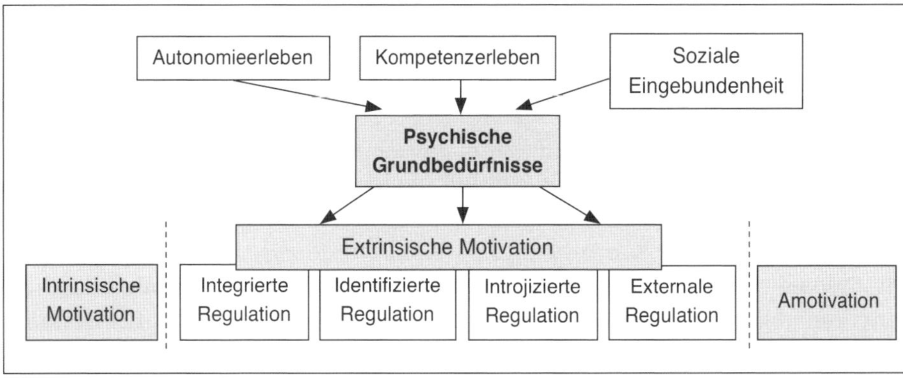

Abbildung 2: Schematische Darstellung von Kernaussagen der Selbstbestimmungstheorie (nach Ryan & Deci, 2007)

Arbeitsbedingungen sollten laut der Theorie eine Befriedigung der Bedürfnisse so gut es geht ermöglichen. Vertrauensvolle und unterstützende Beziehungen zu Mitarbeitern und Vorgesetzten sowie das Gefühl, Teil eines Teams zu sein, erleichtern die Übernahme von weniger reizvollen Aufgaben, da sie soziale Eingebundenheit vermitteln. Tätigkeiten sollten außerdem Kompetenz, ein „Gefühl der Wirksamkeit" (White, 1959), vermitteln, d.h., eine Person sollte den Eindruck haben, durch eigenes Handeln Aufgaben bewältigen und gewünschte Ergebnisse herbeiführen zu können. Schließlich ist Autonomie besonders wichtig: Mitarbeiter sollten das Gefühl haben innerhalb eines gewissen Bereichs über Handlungsfreiheit zu verfügen. Die Präsenz von Kontrolle und äußeren Zwängen (z. B. Deadlines, Zeitdruck, Überwachung, autoritärer Führungsstil) sollte also so gering wie möglich gehalten werden.

Viele Studien zu diesen Faktoren wurden entweder im Labor (z. B. Amabile, DeJong und Lepper, 1976; Deci, Eghrari, Patrick und Leone, 1994) oder mit Kindern und Jugendlichen (z. B. Anderson, Manoogian & Reznick, 1976) durchgeführt, dennoch gibt es auch Studien aus dem Arbeitskontext, die die Annahmen stützen (Baard, Deci & Ryan, 1998; Deci, Connell & Ryan, 1989; Ilardi, Leone, Kasser & Ryan, 1993). So konnten Baard et al. (1998) zeigen, dass das Ausmaß, in dem Angestellte einer Großbank die genannten Bedürfnisse an ihrem Arbeitsplatz befriedigt sahen, positiv mit ihrem psychischen Befinden und ihrer Arbeitsleistung korrelierte. Neben einem guten sozialen Klima (soziale Eingebundenheit) und angemessenem Gefordertsein (weder Unter- noch Überforderung) war vor allem wichtig, in welchem Ausmaß Vorgesetzte die Autonomie der Mitarbeiter förderten, also z. B. Mitarbeiter zu Selbständigkeit und Mitbestimmung ermunterten und insgesamt wenig kontrollierend und sanktionierend auftraten.

Die Bedeutung der Autonomie für intrinsische Motivation wurde insbesondere in Studien zum sogenannten „Korrumpierungseffekt" gezeigt. Diese Studien zeigen, dass intrinsische Motivation durch externe Verstärker und Belohnungen reduziert werden kann. Der Befund ist insofern interessant, als dass behavioristische Modelle der Verhaltensregulation wie sie vor über 50 Jahren von Behavioristen wie Skinner (z. B. 1974) postuliert wurden, noch davon ausgingen, dass Belohnungen Verhalten stets positiv verstärken, die Auftretenswahrscheinlichkeit also erhöhen. Der Korrumpierungseffekt wurde zum ersten Mal von Deci (1971) sowie von Kruglanski, Friedman und Zeevi (1971) experimentell demonstriert, kurz darauf auch von Lepper, Greene und Nisbett (1973). In diesen Experimenten wurde in einer anfänglichen Beobachtungsphase den Studienteilnehmenden, die je nach Studie Erwachsene oder Kinder waren, die Gelegenheit gegeben, für eine bestimmte Zeit einer intrinsisch motivierten Tätigkeit, z. B. dem Lösen von Puzzles oder dem Malen von Bildern, nachzugehen. In einer zweiten Phase wurde dann einem Teil der Studienteilnehmenden für dasselbe, vormals nur intrinsisch motivierte, Verhalten eine Belohnung gegeben, z. B. Geld, ein kleiner Pokal, Süßigkeiten oder Lob. Schließlich wurde in einer dritten und letzten Phase beobachtet, wie lange die Person dem Verhalten dann wieder freiwillig und ohne Belohnung nachging. Die zitierten und viele weiteren Studien (Deci, Koestner & Ryan, 1999; vgl. Eisenberger & Cameron, 1996) zeigten übereinstimmend, dass extrinsische Belohnungen, insbesondere solche, die zuvor angekündigt, nicht an die Leistung gebunden und materieller Natur waren, in der dritten Phase eine geringere spontane Verhaltensausführung zeigten. Auch der Selbstbericht bestätigte, dass das Interesse an der Tätigkeit durch die extrinsischen Belohnungen in Phase 2 in Phase 3 gesunken war. Interessanterweise nahm die intrinsische Motivation nicht ab, wenn Versuchsteilnehmende statt durch materielle Belohnungen durch verbales Lob verstärkt wurden. Die Befunde wurden in der kognitiven Bewertungstheorie (Deci, 1975), einer Untertheorie der Selbstbestimmungstheorie, wie folgt interpretiert: Sachbelohnungen und verbale Anerkennung geben der belohnten Person gleichermaßen positive Rückmeldung über ihre Kompetenz und sollten daher über die Befriedigung des Kompetenzbedürfnisses motivierend wirken. Bei Sachbelohnungen ist jedoch gleichzeitig ein entgegengesetzter Effekt wirksam: Für eine angenehme und interessante Tätigkeit mit Geld belohnt zu werden, verlagere demnach in der Wahrnehmung der Person den „Ort der Verursachung" (locus of causality) von innen (von ihrem Interesse) nach außen (auf die Geldbelohnung). Die Folge ist das Gefühl eingeschränkter Autonomie und damit reduzierte intrinsische Motivation. Eine auf der Selbstwahrnehmungstheorie (Bem, 1972) basierende Alternativerklärung für den Effekt geht davon aus, dass Personen durch Selbstbeobachtung auf die Beweggründe ihres eigenen Handelns schließen. Wird ihr Verhalten durch extrinsische Belohnungen genügend erklärt, spielen intrinsische Motive keine Rolle mehr für die Verhaltenserklärung. Personen folgern also, dass sie ein Verhalten für die Belohnung und nicht aus anderen Gründen gezeigt haben.

Welche Schlussfolgerungen lassen sich aus diesen Studien für die Arbeitsmotivation ziehen? Zum einen sollte betont werden, dass Belohnungen, auch angekündigte materielle Belohnungen, durchaus nützlich sein können, um Personen zu motivieren, ein Verhalten zu zeigen, das sie nicht aus intrinsischem Interesse heraus zeigen würden, wie es lerntheoretisch verankerte Münzverstärkersysteme („token economy") in der Vergangenheit auch gezeigt haben. Ein negativer Effekt materieller Belohnungen auf die intrinsische Motivation ist nur dann zu erwarten, wenn die Tätigkeiten von Anfang an intrinsisch motiviert waren (Deci et al., 1999). Wie materielle Belohnungen sich auf das Erleben von Tätigkeiten auswirken, für die Personen von Anfang an wenig intrinsisch motiviert sind, ist unklar. Anreizprogramme, die Verhalten fördern, für das Mitarbeiter ohnehin hohes Interesse und Engagement aufzeigen, erscheinen vor dem Hintergrund des Korrumpierungseffekts hingegen bedenklich. Leider ist eine direkte Übertragung auf die betriebliche Praxis jedoch schwierig, da die einschlägige Forschung sich in einem großen Ausmaß auf Laborexperimente beruft und Längsschnittuntersuchungen im Feld fehlen. Sicherlich stellt der Arbeitskontext eine Situation dar, die nicht viel mit den in den oben beschriebenen Laborexperimenten herbeigeführten Situationen gemeinsam hat. Während in diesen Studien stets Verhalten beobachtet wurde, das eher den Charakter von Spielen trug und somit üblicherweise nicht finanziell oder anderweitig entschädigt wurde, erwarten Arbeitnehmer und Arbeitnehmerinnen für ihre Leistung finanziell entlohnt zu werden. Eine der wenigen (allerdings querschnittlichen) im Arbeitskontext durchgeführten

Studien zeigte sogar, dass leistungsabhängige Bezahlung positiv mit der von Angestellten wahrgenommenen Autonomie und ihrem intrinsischen Interesse zusammenhängen kann (Fang & Gerhart, 2012). Die Autoren erklären dies damit, dass sich Angestellte üblicherweise ja auch diejenigen Unternehmen aussuchen, für die sie arbeiten, d. h., sich bewusst für ein Unternehmen entscheiden, das ihre individuelle Leistung belohnt und dann höhere Autonomie erleben, weil sie selbst Einfluss auf ihre Bezahlung nehmen können. Es muss jedoch klar sein, dass, wenn Leistungen finanziell entlohnt werden, die Wahrscheinlichkeit unbezahlt ähnliche Leistungen zu zeigen, wahrscheinlich gesenkt wird. So zeigte eine Studie, dass Personen, die Stundenlohn für ihre Arbeit erhalten, oder denen ihr Stundenlohn bewusst gemacht wird, weniger bereit sind unbezahlte Freiwilligenarbeit zu leisten (DeVoe & Pfeffer, 2007).

Alle in diesem Abschnitt präsentierten Theorien messen emotionalen Prozessen große Bedeutung bei. Die Bedürfnis- (Maslow, Hackman & Oldham, Deci & Ryan) bzw. Motivbefriedigung (McClelland) wird übereinstimmend als die zentrale Determinante für Wohlbefinden und Zufriedenheit (am Arbeitsplatz) betrachtet. Ganz unterschiedlich sind jedoch die Empfehlungen, die man aus den einzelnen Theorien für die Praxis ableiten würde: Die Selbstbestimmungstheorie von Deci und Ryan nimmt keine interindividuellen Unterschiede an und plädiert daher generell für die Schaffung autonomiefördernder Arbeitsbedingungen, die den Mitarbeitern darüber hinaus das Gefühl sozialer Eingebundenheit sowie kompetenter Bewältigung ihrer Arbeitsaufgaben vermitteln sollen. Die Theorien von Maslow, McClelland sowie Hackman und Oldham hingegen postulieren interindividuelle Unterschiede, die bei Arbeitsgestaltungs- und Personalentwicklungsmaßnahmen zu berücksichtigen wären, was mit nicht unerheblichen Problemen der Umsetzung verbunden ist (z. B. Messung der Bedürfnisse bzw. Motive; Individualisierung einzelner Arbeitsaufgaben). Während Bedürfnisbefriedigung mit globalem Wohlbefinden assoziiert ist, stehen in der Motivtheorie McClellands diskrete Emotionen im Vordergrund. Die Fähigkeit, nach der Bewältigung einer anspruchsvollen Aufgabe Stolz zu erleben (Leistungsmotiv), ist eine der bedeutsamsten Determinanten intrinsischer Motivation am Arbeitsplatz.

3 Motivationale Prozesse der Zielwahl

Unter dem Konzept des Ziels können kognitive Repräsentationen von erwünschten Zielzuständen, die durch den Einsatz von Mitteln erreicht werden sollen, verstanden werden. Von Wünschen unterscheiden sie sich also durch den definitiven Handlungsentschluss, den angestrebten Zielzustand herbeizuführen, und das Vorhandensein von Mitteln, um dies zu tun (Bargh, Gollwitzer & Oettingen, 2010;

Kruglanski et al., 2002). Ziele unterscheiden sich von impliziten Motiven in erster Linie dadurch, dass sie bewusst gesetzt werden, damit auch bewusst zugänglich und sprachlich formulierbar sind. Eine Person, die sich das Ziel gesetzt hat, beruflich aufzusteigen („Karriere zu machen"), kann darüber verbal Auskunft geben. Motivationale Theorien der Zielwahl stehen in der Tradition von Wert-Erwartungs-Theorien und gehen davon aus, dass Personen Handlungsziele wählen, die sie für wertvoll und erreichbar halten.

Die Stärke der Motivation, ein Ziel anzustreben, die Bindung an ein Ziel, wird durch zwei Komponenten bestimmt, den Wert oder die Valenz des Ziels und die Erwartung, das Ziel erreichen zu können. Dabei werden die beiden Komponenten Erwartung und Wert multiplikativ verknüpft. Ein unerreichbares Ziel wird also nicht gewählt, unabhängig davon, wie wertvoll es erscheint. Gleichermaßen wird ein erreichbares Ziel nicht gewählt, wenn es wenig wertvoll erscheint. Die Bedeutung von Erwartung und Wert ist ein zentraler Teil vieler Theorien der Zielwahl, von denen wir hier zwei klassische Modelle, nämlich Atkinsons Risikowahlmodell und Vrooms Valenz-Instrumentalitäts-Erwartungs-(VIE)-Theorie vorstellen, bevor wir uns anderen Theorien widmen, die die Bedeutung der Art bewusster Ziele für die (Arbeits-)motivation beleuchten.

3.1 Atkinsons Risikowahlmodell

Atkinsons Risikowahlmodell (1957) ist eine der einflussreichsten motivationspsychologischen Theorien und zählt zu den sogenannten Erwartungs-mal-Wert-Theorien. Im Zentrum dieser steht die Überlegung, dass Individuen bei der Wahl von Handlungszielen rational vorgehen und neben dem subjektiven Wert eines Handlungsziels die wahrgenommene Realisierungswahrscheinlichkeit berücksichtigen. Gegenstand des Modells von Atkinson ist die Vorhersage, welche Aufgabe eine Person wählt, wenn ihr mehrere Aufgaben unterschiedlicher Schwierigkeit zur Auswahl stehen. Die Frage stellt sich nicht selten im Alltag: Welches Dossier nimmt sich eine Sachbearbeiterin vor? Ein intellektuell anspruchsvolles, das nur mit einem hohen Maß an Konzentration und Ausdauer zu bewältigen ist oder ein leichtes Standardthema? Welchen beruflichen Weg verfolgt ein Mitarbeiter? Nimmt er die Herausforderung der Leitung eines komplexen Projekts an oder scheut er das Risiko und bleibt lieber bei Altvertrautem? Der Aufgabenwahl kommt hohe Bedeutung zu, denn sie bestimmt letztlich darüber, welche Lernerfahrungen eine Person macht und damit auch, inwieweit sie ihre Kompetenzen weiterentwickelt – unterfordernde oder überfordernde Aufgaben tragen nicht zu einem Lernzuwachs bei.

Nun zu den spezifischeren Modellannahmen: Die subjektive Erfolgswahrscheinlichkeit wird gemäß Atkinson durch die subjektive Aufgabenschwierigkeit bestimmt, während der Wert des Leistungsziels über den antizipierten Stolz bei Erfolg und durch die vorweggenommene Betroffenheit oder Scham bei Misserfolg vermittelt ist. Es wird angenommen, dass sich die Intensität der leistungsbezogenen Emotionen invers linear zur subjektiven Erfolgswahrscheinlichkeit verhält. Dies bedeutet: Je geringer die Erfolgswahrscheinlichkeit (d. h. je schwieriger eine Aufgabe), desto stolzer ist man im Erfolgsfall bzw. desto weniger betroffen wird man bei Misserfolg sein. Die Motivationstendenz ergibt sich schließlich aus der multiplikativen Verknüpfung von Anreiz und Erwartung. Die oben angesprochene Wechselwirkung zwischen Person- und Situationsfaktoren findet im Atkinson-Modell Berücksichtigung, indem das Produkt aus Erwartung und Anreiz noch mit der individuellen Ausprägung des Leistungsmotivs (wiederum multiplikativ) gewichtet wird. Dabei werden sowohl eine Annäherungs- (Hoffnung auf Erfolg) als auch eine Vermeidungstendenz (Furcht vor Misserfolg) berücksichtigt. Dies führt zu der Vorhersage, dass Erfolgsmotivierte (Hoffnung auf Erfolg ist stärker als die Furcht vor Misserfolg) bei Aufgaben mittlerer Schwierigkeit stärker motiviert sind als bei leichten und sehr schwierigen Aufgaben; für Misserfolgsmotivierte (Furcht vor Misserfolg ist stärker als die Hoffnung auf Erfolg) werden die höchsten Motivationswerte dagegen für leichte und sehr schwierige Aufgaben erwartet, die niedrigsten hingegen für Aufgaben im mittleren Schwierigkeitsbereich.

Positiv hervorzuheben an Atkinsons Risikowahlmodell ist seine Genauigkeit in Bezug auf die Vorhersagen, die es macht, ebenso wie die Berücksichtigung von Person-Umwelt-Interaktionen. Nicht nur Aufgabeneigenschaften (ihre Schwierigkeit), sondern auch Personencharakteristika (die Motivausprägung) werden zur Vorhersage der Leistungsmotivation herangezogen. Auch die Unterscheidung in ein Annäherungs- und ein Vermeidungsmotiv hat nachfolgende Forschung stark inspiriert. So konnte Jahre nachdem Atkinson sein Modell aufgestellt hat, gezeigt werden, dass die beiden Orientierungen unterschiedliche Konsequenzen nach sich ziehen. So führt eine Annäherungsorientierung im Vergleich zur Vermeidungsorientierung z. B. zu positiverer Stimmung und kreativerem Denken (Elliott & Harackiewicz, 1996; Elliott & Sheldon, 1997; Higgins, 1997, siehe Abschnitt 3.3 zum regulatorischen Fokus).

Als Erwartungs-mal-Wert-Theorie hat Atkinsons Modell viele empirische Arbeiten im Laborkontext angeregt (siehe Heckhausen, Schmalt & Schneider, 1985). Seine Übertragung auf den Arbeitskontext ist jedoch dadurch erschwert, dass das Modell nur auf einen Anreiz fokussiert: Leistung um der emotionalen Selbstbewertung willen zu erbringen wird als das ultimative Ziel betrachtet. Eine Fülle weiterer Anreize (z. B. Anerkennung von anderen, finanzielle Belohnungen) motivieren Leistungsstreben jedoch ebenfalls. Die Valenz-Instrumentalitäts-Erwartungs-(VIE)-Theorie von Vroom (1964) trägt dieser Erkenntnis stärker Rechnung.

3.2 Vrooms Valenz-Instrumentalitäts-Erwartungs-(VIE)-Theorie oder Erwartungs-Valenz-Theorie

Während Atkinson in seinem Risikowahlmodell den Wert eines Ziels in den selbstbewertenden Emotionen sieht, die eine Person für seine Erreichung oder Nicht-Erreichung antizipiert, betrachtet Vroom (1964) das Konzept der Valenz etwas breiter: Nicht nur eigene Empfindungen wie Stolz oder Betroffenheit, sondern alle subjektiven Folgen, die das Erreichen oder Nicht-Erreichen eines Ziels nach sich ziehen kann, werden in seiner Theorie berücksichtigt (siehe Abbildung 3). Dadurch ermöglicht sie auch, alle positiven und negativen Anreize einer beruflichen Situation (z. B. Verdienstmöglichkeiten, Freizeit, Anerkennung durch Vorgesetzte, Status, Neid von Kollegen, Vorwürfe der Familie) zur Vorhersage von Arbeitsmotivation heranzuziehen. Darüber hinaus wird das Erwartungskonzept stärker differenziert, denn Vroom unterscheidet zwischen der Erwartung, dass ein Verhalten ein bestimmtes Ergebnis nach sich zieht (Ergebniserwartung), und der Erwartung bestimmter Folgen, die diese Ergebnisse nach sich ziehen (Instrumentalitätserwartung). Die Differenzierung kann an folgendem Beispiel deutlich gemacht werden: Eine Mitarbeiterin glaubt, dass sie durch eine Schulung *(Verhalten)* ihre Verkaufsleistung *(Ergebnis)* steigern kann *(Ergebniserwartung)*. Über diese Leistungssteigerung wiederum hat sie *Instrumentalitätserwartungen* in Bezug darauf, welche *Folgen* sie nach sich ziehen wird: Führt die Leistungsverbesserung zu Anerkennung durch den Chef? Führt sie zu einer Gehaltserhöhung? Führt sie zu einer Beförderung? Das Konzept der *Valenz* beschreibt schließlich, wie diese Folgen bewertet werden, also als wie reizvoll der Mitarbeiterin die möglichen Folgen überhaupt erscheinen.

Zur Vorhersage der Stärke einer Handlungstendenz schlägt Vroom vor, Instrumentalitätserwartungen und die Bewertung der einzelnen Handlungsfolgen multiplikativ miteinander zu verknüpfen und aufzusummieren, um diese dann wiederum mit der entsprechenden Ergebniserwartung für das infrage stehende Handlungsergebnis zu multiplizieren. Dementsprechend wird die Summe aller positiven und negativen Anreize, die aus einem Ergebnis resultieren können, mit der Erwartung multipliziert, ob dieses Ergebnis auch erreicht werden kann.

Dem Modell zufolge kann geringe Arbeitsmotivation also ganz unterschiedliche Ursachen haben. Personen können ihr Verhalten (z. B. den Einsatz ihres Wissens oder ihrer Fähigkeiten) als ineffektiv einstufen, um damit Ergebnisse zu erreichen. Sie können aber auch erwarten, dass es ohnehin folgenlos bleibt, ob bestimmte Ergebnisse erreicht werden oder nicht. Schließlich können sie diejenigen Folgen, die sie erwarten, als unattraktiv oder sogar negativ einstufen und daher unmotiviert sein, ein bestimmtes Verhalten zu zeigen. Je nachdem, wo die Ursache geringer Arbeitsmotivation lokalisiert wird, können spezifische

Interventionen eingesetzt werden (z. B. kompetenzerweiternde Schulungen, transparente und zuverlässige Anreizsysteme, an den Bedürfnissen der Mitarbeiter orientierte Anreizsysteme).

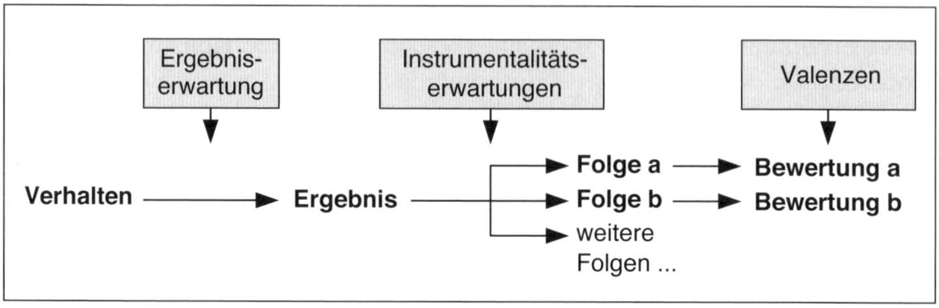

Abbildung 3: Das VIE-Modell von Vroom (1964)

Kritik an dem Modell bezieht sich vor allem auf einige seiner konstrukt- und messtheoretischen Annahmen, wie die postulierte Unabhängigkeit von Erwartung und Wert (die es laut Atkinsons Risikowahlmodell ja nicht gibt). Auch die Vorstellung, dass Menschen ihre Handlungen rein rational nach dem Nutzenmaximierungsprinzip auswählen, wurde bezweifelt (Mitchell, 1982; Neuberger, 1985). Schließlich berücksichtigt das Modell keine Anreize, die im Verhalten selbst liegen, also intrinsische oder Tätigkeitsanreize (Rheinberg, 1989). Erwartungen, ob durch eine Tätigkeit ein bestimmter Nutzen erreicht werden kann, können zwar Intentionen gut vorhersagen, ob eine Intention in die Tat umgesetzt und ausdauernd ausgeführt wird, wird jedoch auch von den Tätigkeitsanreizen der Tätigkeit selbst beeinflusst (Fishbach & Choi, 2012). Tatsächlich ließ sich bei Studenten die Ausdauer bei der Prüfungsvorbereitung besser vorhersagen, wenn der subjektiv erlebte Anreiz des Lernens an sich miterfasst wurde (Rheinberg, 1989). Auch Führungskräfte setzen das in einem Training Gelernte eher in die Tat um, wenn sie dabei „Flow" erleben, also das Gefühl haben, in dieser Tätigkeit „aufzugehen" (Csikszentmihalyi, 1975; Kehr, Bles & von Rosenstiel, 1999).

3.3 Regulatorischer Fokus

Das Konzept des regulatorischen Fokus beschreibt, ob Personen in ihrer Zielverfolgung eher darauf fokussieren, positive Zustände anzustreben und das Ausbleiben positiver Zustände zu vermeiden, oder ob sie eher darauf fokussiert sind, negative Zustände zu vermeiden und das Ausbleiben negativer Zustände zu erreichen. Es weist also Ähnlichkeiten mit Atkinsons Idee der Erfolgsmotivation und Misserfolgsmotivation auf. Der regulatorische Fokus leitet sich ebenfalls von der Valenz des Zustandes ab, auf den eine Person beim Zielstreben fokussiert. (Der Begriff der Valenz ist hier eher als Unterscheidung zwischen positiver oder negativer Valenz zu verstehen.) Eine promotionsfokussierte Zielsetzung wäre z. B. anzustreben, mindestens 80 % aller Lagerbestände in einem Jahr zu verkaufen, während eine präventionsorientierte Zielsetzung sein könnte, zu vermeiden, dass weniger als 20 % aller Lagerbestände in einem Jahr behalten werden. Während ein Promotionsfokus mit dem Streben nach Verbesserung, Wachstum und dem Erreichen von Idealen einhergeht, geht ein Präventionsfokus mit dem Streben nach Sicherheit, dem Erfüllen von Pflichten, Verantwortlichkeiten und Notwendigkeiten und der Vermeidung von Risiken einher. Es stehen nicht Ideale im Vordergrund, sondern ein Sollzustand, der erreicht werden soll (Higgins, 1997).

Laut Higgins unterscheiden sich Personen hinsichtlich ihres dispositionalen regulatorischen Fokus (Higgins, Roney, Crowe & Hymes, 1994), darüber hinaus kann ihr Fokus jedoch auch durch situative Faktoren wie zum Beispiel Aufgabeninstruktionen beeinflusst werden (z. B. Crowe & Higgins, 1997). So wird ein Präventionsfokus hervorgerufen, wenn in einer Situation Sicherheit, die Erfüllung von Pflichten und die Notwendigkeit, Fehler zu vermeiden betont werden, wohingegen ein Promotionsfokus hervorgerufen wird, wenn Wachstum, das Erreichen von Idealen und das Ergreifen von Möglichkeiten im Vordergrund stehen (Higgins, 1997, 1998). Ein Präventionsfokus führt als Konsequenz zu eher vorsichtigem und konservativem Handeln, wohingegen ein Promotionsfokus exploratives Verhalten, also Kreativität, Flexibilität und Innovation befördert (Friedman & Förster, 2001, 2002).

Auch die Bedingungen eines Arbeitsplatzes können sich hinsichtlich des regulatorischen Fokus, den sie bei Mitarbeitern induzieren, unterscheiden (Brockner & Higgins, 2001; Brockner, Higgins & Low, 2004; Lee, Aaker & Gardner, 2000). So beeinflussen zum Beispiel Führungspersonen über ihren Führungsstil den regulatorischen Fokus ihrer Mitarbeiter und schließlich ihr Verhalten. Vorgesetzte, die stark strukturierend auftreten, also klar definieren, welche Leistungen von ihren Mitarbeitern erwartet werden, welche Rollen von ihnen eingenommen werden sollen und dabei Aufgaben vorgeben und anleiten, kommunizieren die Notwendigkeit, den Erwartungen gerecht zu werden, Pflichten zu erfüllen und induzieren dadurch einen Präventionsfokus. Dieser wiederum fördert vor allem die Erfüllung von rollenkonsistentem Verhalten und reduziert die Verletzung von organisationalen Normen. Ein „dienender" Führungsstil hingegen, wie er von Führungspersonen gezeigt wird, die ihre Macht einsetzen, um „Gutes zu tun", andere in ihrem Wachstum zu unterstützen und sie altruistisch in der Durchsetzung ihrer Interessen zu unterstützen, führt dazu, dass Mitarbeiter eher einen Promotionsfokus einnehmen, also versuchen an Anforderungen zu wachsen und Ideale zu erreichen. Dieser Promotionsfokus befördert wiederum kooperatives Verhalten sowie Kreativität der Mitarbeiter (Neubert, Kacmar, Carlson, Chonko & Roberts, 2008).

Die Ergebnisse der soeben beschriebenen Studien machen deutlich, dass eine gute Passung zwischen den Aufgabenprofilen einer Person und ihrem regulatorischen Fokus von Vorteil für die Arbeitsmotivation und die Arbeitsleistung sein kann (Shah, Higgins & Friedman, 1998, Brockner & Higgins, 2001; Wallace & Chen, 2006). So wurde auch argumentiert, dass Entrepreneurs in der Phase der Ideengenerierung von einem Promotionsfokus profitieren, da dieser Kreativität fördert. Müssen sie jedoch ihre Ideen auf Machbarkeit prüfen, scheint ein Präventionsfokus ihnen eher zu dienen (Brockner, Higgins & Low, 2004). Eine gute Passung zwischen dem dispositionalen regulatorischen Fokus einer Person und dem in ihren Aufgaben vorherrschenden Fokus, der sogenannte regulatorische Fit, sollte also zu einer gesteigerten Motivation und besseren Leistungen führen.

3.4 Motiv(in-)kongruenz

Implizite Motive im Sinne McClellands und explizite Motive, also Absichten und Ziele, die sich eine Person selbst zuschreibt und die ihr somit bewusst zugänglich sind, sind weitgehend unabhängig voneinander (Brunstein, Schultheiss & Grässmann, 1998; Koestner, Weinberger & McClelland, 1991; McClelland, 1985a, 1985b) bzw. überschneiden sich nur teilweise (z. B. Brunstein et al., 1998; Sokolowski, Schmalt, Langens & Puca, 2000). Dies ist vermutlich der Fall, weil explizite Motive stärker von äußeren Kontingenzen, wie z. B. Erwartungen anderer oder Belohnungen, abhängen, während implizite Motive von Anreizen, die in der Tätigkeit selbst liegen, angeregt und ggf. befriedigt werden (siehe Deci & Ryan, 2000). Eine besondere volitionale, also den Einsatz von Willenskraft erfordernde, Herausforderung besteht, wenn die expliziten, also bewussten, Motive einer Person nicht mit ihren impliziten Motiven übereinstimmen. Verfolgt eine Person Ziele, die in dieser Form nicht mit den eigenen Motiven übereinstimmen, führt dies zu reduzierter intrinsischer Motivation, geringerem Erfolg in der Zielerreichung und reduziertem Wohlbefinden (Sheldon & Elliott, 1999). Im Arbeitskontext kann eine solche Situation bestehen, wenn z. B. ein Mitarbeiter sich das Ziel, leistungsstark und beruflich erfolgreich zu sein gesetzt hat, aber Leistungssituationen nicht als gefühlsmäßig belohnend erlebt. Gleichermaßen kann es einem Vorgesetzten, der über ein nur schwach ausgeprägtes implizites Machtmotiv verfügt, schwerfallen, seine Führungsposition einzunehmen und die hiermit verbundenen Zielvorgaben, z. B. Einfluss auf die Mitarbeiter zu nehmen, zu erfüllen. In Situationen von Motivinkongruenz müssen Personen aufgrund eines Mangels an intrinsischer Motivation ihr Verhalten unter Einsatz ihres Willens steuern (z. B. Kuhl & Goschke, 1994; Sokolowski, 1993), indem sie widersprüchliche Impulse (z. B. eine Tätigkeit aufzuschieben) unterdrücken (Muraven & Baumeister, 2000). Auf Dauer wird der Einsatz von Willenskraft jedoch als anstrengend erlebt. In der Tat erlebten in einer Studie Manager, deren implizite Motive nicht mit ihren expliziten Motiven übereinstimmten, eine Reduzierung ihrer Willensstärke, vermutlich weil diese dauerhaft beansprucht wurde, und infolge auch ein geringeres subjektives Wohlbefinden (Kehr, 2004a; siehe auch Kazén & Kuhl, 2011). Es ist anzunehmen, dass auch Mitarbeiter in anderen Positionen auf Dauer ihre Arbeit als anstrengender erleben, wenn die Ausübung ihrer beruflichen Aufgaben keine emotionale Stützung durch ein entsprechendes Motiv findet (z. B. eine Pflegefachkraft mit einem schwach ausgeprägten Anschlussmotiv, die Patienten gegenüber Warmherzigkeit und Fürsorglichkeit zu zeigen hat; eine Führungskraft mit einem schwachen Machtmotiv, die sich unbehaglich fühlt in der von ihr erwarteten Rolle des durchsetzungsstarken Machers; Kazén & Kuhl, 2011; Kehr, 2004b).

Auch wenn im Mittelpunkt der in diesem Abschnitt geschilderten Theorien das kognitive Zielkonzept steht, so bestehen doch vielfältige Bezüge zu emotionalen Prozessen. Eine der wichtigsten Erkenntnisse der Studien zum Risikowahl-Modell und zum regulatorischen Fokus ist, dass es einen großen Unterschied für Befinden und Leistung macht, ob eine Person ihre Ziele annäherungs- oder vermeidungsorientiert verfolgt. Nicht nur eine chronische Vermeidungsorientierung (im Sinne eines Persönlichkeits- oder Temperamentsmerkmals, Elliot & Thrash, 2002; Higgins et al., 1994), sondern auch eine situativ verursachte Vermeidungsorientierung sind verbunden mit ängstlicher Anspannung, dysfunktionalen Gedanken und eingeschränkter Lern- und Leistungsfähigkeit. Eine weitere relevante Erkenntnis für den Bereich der Personalentwicklung ist die Tatsache, dass bei Inkongruenz zwischen impliziten und expliziten Motiven sogenannte Emotionsarbeit (emotional labor, Morris & Feldman, 1996; Gross, 1998) notwendig ist, die kognitiv beanspruchend und mit emotionaler Erschöpfung verbunden ist (Ashkanasy & Humphrey, 2011; Hülsheger & Schewe, 2011).

4 Volitionale Prozesse der Zielrealisierung

Bei den bisher beschriebenen Modellen und Theorien handelt es sich um *motivationale* Theorien, die erklären, welche Ziele und Anreize Menschen als erstrebenswert und erreichbar erachten. Mit dem Setzen von Zielen oder dem Identifizieren von Anreizen ist es jedoch noch nicht getan. Ziele in die Tat umzusetzen, ist nicht immer einfach. Jeder hat schon einmal die Erfahrung gemacht, wie schwierig es manchmal sein kann, die Zielverfolgung nicht auf die lange Bank zu schieben (Steel, 2007), Versuchungen oder Ablenkungen auf dem Weg zur Zielerreichung zu widerstehen (Fishbach & Converse, 2011) oder sich endgültig von Zielen, die nicht mehr erreichbar sind oder ihren Reiz verloren haben, zu lösen (Brandstätter & Herrmann, in Druck; Brandstätter & Schüler, 2013). Nachdem ein Ziel gesetzt wurde, müssen volitionale Prozesse der Zielrealisierung in Kraft treten (Heckhausen & Gollwitzer, 1987; Gollwitzer, 2012). Die nächsten Abschnitte beschäftigen sich damit, welche Prozesse ablaufen können, um die Umsetzung von Zielen in die Tat zu befördern.

4.1 Kuhls Handlungskontrolltheorie

In seiner Handlungskontrolltheorie befasst sich Kuhl (1983, 1992, 2001) mit der Frage, wie Menschen auch angesichts konkurrierender Handlungstendenzen (die vielleicht mehr Spaß machen würden, gewohnter oder weniger anstrengend wären) ihre Absichten aufrechterhalten und in die Tat umsetzen können. Man stelle sich zum Beispiel einen Projektleiter vor, der ein langwieriges und immer wieder von Konflikten und Rückschlägen geprägtes Projekt zu Ende bringen will, auch wenn andere Aufgaben momentan reizvoller erscheinen. Um trotzdem am Ball zu bleiben, kann der Mitarbeiter die von Kuhl beschriebenen Handlungskontrollstrategien einsetzen (siehe Tabelle 1).

Tabelle 1: Handlungskontrollstrategien nach Kuhl (1993)

Handlungskontrollstrategie	Beschreibung	Beispiel
Aufmerksamkeitskontrolle	Aufmerksamkeit auf Informationen und Reize fokussieren, die für die Zielrealisierung förderlich sind	Auf positive Eigenschaften eines schwierigen Projektmitarbeiters achten
Sparsamkeit der Informationsverarbeitung	Abbrechen des Prozesses der Abwägung von Handlungsalternativen, wenn eine Fortsetzung die Ausführung der gegenwärtigen Absicht gefährden würde	Gedanken an den Abbruch des Projekts und seiner kurzfristigen positiven Folgen unterdrücken
Enkodierungskontrolle	Solche Merkmale von Reizen im Gedächtnis speichern, die sich auf eine aktuelle Absicht beziehen	In einer Schulung diejenigen Strategien vertieft verarbeiten, die für das Projekt relevant sind
Motivationskontrolle	Sich die positiven Anreize des Ziels vor Augen halten	Positive Gefühle über die Fertigstellung des Projekts antizipieren

Tabelle 1: Fortsetzung

Handlungs-kontrollstrategie	Beschreibung	Beispiel
Emotions-kontrolle	Sich in einen Gefühlszustand versetzen, der für die Zielrealisierung förderlich ist	Sich nach einem Rückschlag durch das Nachdenken über bereits gemachte Fortschritte im Projekt wieder in bessere Stimmung bringen
Umweltkontrolle	Ablenkende Reize aus seiner Umgebung entfernen	Telefon ausschalten

Wie gut Personen darin sind, diese Handlungskontrollstrategien einzusetzen, hängt auch von ihrer Persönlichkeit ab. Kuhl (1994) unterscheidet hier zwischen Handlungs- und Lageorientierung. Während handlungsorientierte Personen mithilfe der Handlungskontrollstrategien gerade schwierige Anforderungen und Situationen meistern können, ohne ihr Ziel aus dem Auge zu verlieren, haben lageorientierte Personen Schwierigkeiten, negative Gefühle beiseite zu schieben, und verharren in negativen Gedanken über ihre Situation, anstatt sie zu bewältigen. Auch in der Handlungsinitiierung zeigen sich Lageorientierte als weniger erfolgreich, schieben diese eher auf und denken exzessiv darüber nach, welche Erledigungen noch ausstehen, während Handlungsorientierte schon konkrete Handlungen planen und ihre Absichten schnell realisieren. Auch situative Einflüsse können bestimmen, ob sich eine Person eher in einem handlungs- oder, z. B. nach einem herben beruflichen Rückschlag, lageorientierten Zustand befindet. Im Kern umfasst die Persönlichkeitsdisposition von Handlungs- bzw. Lageorientierung die Fähigkeit einer Person, situationsangemessen positiven Affekt in sich zu erzeugen bzw. negativen Affekt herab zu regulieren (Kuhl, 2001). Das Erstgenannte soll den nötigen Schwung geben, Vorhaben in Angriff zu nehmen und deren Erledigung nicht auf die lange Bank zu schieben; das Zweitgenannte soll helfen, sich nicht in Grübeleien zu verlieren und den Zugang zu eigenen Bedürfnissen, Zielen und bisherigen Erfahrungen zu erhalten, um Rückschläge und Misserfolge konstruktiv zu verarbeiten.

Tatsächlich setzen Personen in einem handlungsorientierten Zustand ihre Ziele erfolgreicher in die Tat um und erzielen insgesamt bessere Leistungen, was auch für die Leistungsfähigkeit am Arbeitsplatz von Bedeutung ist (Kuhl, 1992). Doch die Kontrollorientierung einer Person nimmt auch Einfluss auf eine weitere zentrale Facette zielgerichteten Handelns: die innere Distanzierung von momentan bzw. generell unerreichbaren Zielen (Kuhl, 1981). Als ein empirischer Beleg für die oben genannte Hypothese kann beispielsweise der Befund von Kuhl und

Eisenbeiser (1986) gelten, dass Lageorientierte sehr viel häufiger als Handlungsorientierte eine äußerst unattraktive, monotone Kartensortieraufgabe fortsetzten, obwohl der Versuchsleiter nach einer gewissen Zeit die Aufgabe für erledigt erklärt und ihnen angeboten hatte, im Versuchsraum ausliegende Illustrierte zu lesen. Schließlich konnten Maier und Brunstein (2001) in einer Längsschnittstudie mit Angestellten verschiedener Industriebetriebe zeigen, dass handlungsorientierte Personen ihre Zielbindung hinsichtlich schwer erreichbarer Ziele lockerten, die Zielbindung an Ziele mit guten Realisierungschancen jedoch erhöhten. Bei lageorientierten Personen hingegen war das Ausmaß ihrer Zielbindung überhaupt nicht beeinflusst von der subjektiv eingeschätzten Realisierbarkeit des Ziels, d. h. sie reagierten wesentlich weniger sensitiv auf die situativen Realisierungsbedingungen und erhöhten – gegenüber einer früheren Messung – selbst bei geringen Realisierungschancen ihre Bindung an das Ziel. Auch jüngere Forschung hat gezeigt, dass handlungsorientierte Personen sich leichter aus einer Handlungskrise, dem innerpsychischen Konflikt zwischen Zielweiterverfolgung und Zielablösung, lösen können, was sich wiederum positiv auch auf ihre Gesundheit und ihr Wohlbefinden auswirkt (Herrmann & Brandstätter, 2013).

Auch wenn die vorliegende Forschung zu Kuhls Ansatz in erster Linie grundlagentheoretisch ausgerichtet ist, so existieren doch Studien, die die Bedeutsamkeit von Handlungs- und Lageorientierung für die organisationale Praxis erkennen lassen (Diefendorff, Richard & Gosserand, 2006; Kuhl, 1992; Weinzimmer, Michel & Franczak, 2011). So berichten beispielsweise Diefendorff, Hall, Lord und Strean (2000) positive Korrelationen zwischen Handlungsorientierung und der fremdeingeschätzten Arbeitsleistung und dem Engagement außerhalb des stellenbezogenen Aufgabenspektrums (Organizational Citizenship Behavior).

4.2 Locke und Lathams Zielsetzungstheorie

Im Mittelpunkt von Locke und Lathams sehr einflussreicher Theorie steht die Frage, welche Eigenschaften Ziele haben müssen, um Personen zu bestmöglichen Leistungen in ihrem beruflichen Arbeitsumfeld anzuregen. Die Theorie geht davon aus, dass Ziele in erster Linie schwierig und spezifisch formuliert sein sollten. Solche Ziele seien anspruchslosen oder auch unspezifischen „Tu-Dein-Bestes"-Zielen gegenüber überlegen. Die Annahme ist gut empirisch belegt (Latham & Locke, 2007; Locke & Latham 1990; Locke & Latham, 2002). Einer der eindrucksvollsten Befunde aus der Praxis stammt aus einer Studie von Latham und Baldes (1975) mit Transportfahrern, die gefällte Bäume aus dem Wald in die Holzfabrik transportierten. Die Beladung ihrer Lastwagen stellt ein schwieriges Unterfangen dar, da sie, um Risiken zu vermeiden, weder überbeladen, noch, um möglichst effizient zu sein, unterbeladen werden sollten, Baumstämme jedoch in Gewicht und Größe variieren. Während die Transportfahrer mit einem „Tu Dein Bestes“-Ziel ihre Lastwagen nur zu 60 % und damit unterbeluden, half ihnen das spezifische, schwierige aber erreichbare Ziel, ihre Lastwagen zu 94 % zu beladen, die durchschnittliche Beladung in den folgenden Monaten anhaltend auf über 90 % zu steigern.

Viele der Prozesse, über die laut Locke und Latham Ziele ihre Wirksamkeit entfalten, sind gut theoretisch und empirisch fundiert. So richten Ziele die Aufmerksamkeit auf diejenigen Tätigkeiten aus, die ihrer Erreichung dienen (Dijksterhuis & Aarts, 2010). Sie definieren außerdem einen Gütemaßstab und ermöglichen dadurch, das Verhalten in Bezug auf diesen Maßstab anzupassen, also Misserfolg zu erkennen und daraufhin Anstrengungen zu steigern oder erfolgreichere Strategien zu suchen (Bandura & Cervone, 1983; Carver & Scheier, 2012). Darüber hinaus geben Ziele dem Verhalten Sinn und können, als Herausforderungen betrachtet, energetisierend wirken, Persistenz und den Einsatz von Ressourcen fördern (Richter, Friedrich & Gendolla, 2008). Die erfolgreiche Zielverfolgung führe zu Zufriedenheit, die wiederum die Bindung an das Unternehmen erhöhe und damit auch die Bereitschaft, weiterhin anspruchsvolle Aufgaben zu übernehmen (sogenannter Hochleistungszyklus, high performance cycle; Locke & Latham, 2002).

Allerdings müssen auch einige Voraussetzungen gegeben sein, damit Ziele effektiv sind. So müssen Personen über die Ressourcen, die Fähigkeiten und das Wissen verfügen, das benötigt wird, um die Ziele zu erreichen. Ziele müssen außerdem so beschaffen sein, dass sie keine Bedrohung darstellen, sondern eine Herausforderung. Bei der praktischen Umsetzung der Zielsetzungstheorie stellt sich also eine drängende Frage: Wo liegt bei einer gegebenen Aufgabe für den Einzelnen das optimal hohe Schwierigkeitsniveau? Dieses zu bestimmen, erfordert viel Erfahrung im Hinblick auf die Aufgabenanforderungen, die zur Verfügung stehenden Ressourcen sowie die Fähigkeiten und Fertigkeiten der Person. Nicht umsonst zählen Seminare zu Zielvereinbarungsgesprächen zum Standardrepertoire der Führungskräfteweiterbildung (von Rosenstiel, Regnet & Domsch, 2009).

Ebenfalls ist es wichtig, dass sich Personen an Ziele, auch wenn sie von außen vorgegeben werden, binden, d. h. sie als wichtig und erreichbar einstufen. Mitarbeitern die Wichtigkeit von Zielen zu vermitteln, und sie dazu zu bringen, sich an Ziele z. B. durch Zielvereinbarungen zu binden, ist eine zentrale Aufgabe von Führungspersonen. Personen müssen Ziele außerdem auch subjektiv als erreichbar einstufen. Auch Subziele können helfen, schwierige Zielsetzungen in kleinere Schritte aufzubrechen. Oftmals ist es aber auch entscheidend, Mitarbeitern die notwendigen Kompetenzen erst durch Trainings zu vermitteln. Schließlich sind Ziele nur dann wirksam, wenn Feedbackstrukturen vorhanden sind, die Personen Informationen über ihren Zielfortschritt geben. Nur dann ist es, wie oben beschrieben, möglich Anstrengungen an den Zielfortschritt anzupassen (Kluger & DeNisi, 1996).

Spezifische Ziele stellen allerdings keineswegs ein Allheilmittel der Mitarbeitermotivation dar (Latham & Locke, 2006; Ordonez, Schweitzer, Galinsky & Bazerman, 2009). So können Ziele auch unerwünschte Nebeneffekte haben: An finanzielle Anreize geknüpfte Ziele können Mitarbeiter dazu bringen, unvernünftige Risiken einzugehen, und quantitative Produktionsziele können dazu verleiten, qualitative Gütekriterien außer Acht zu lassen. Wenn Ziele gesetzt werden, ist also auch wichtig, ihre möglichen negativen Begleiterscheinungen zu reflektieren (siehe Latham & Locke, 2006).

4.3 Willenskraft und „Ego depletion“

In den letzten Jahren hat eine in der Grundlagenforschung viel beachtete Theorie Einzug in die Arbeitsforschung gefunden: 1998 wurde ein sehr einflussreicher Artikel publiziert (Baumeister, Bratslavsky, Muraven & Tice, 1998), in dem die These formuliert wurde, dass Willenskraft oder Selbstkontrolle eine limitierte Ressource sei. Der Theorie zufolge ermüde Willenskraft, ähnlich der Muskelkraft, nach ihrem Einsatz, was infolge zu einer kurzzeitigen Herabsetzung der Willenskraft führt und zu geminderter Leistung in nachfolgenden Aufgaben, die ebenfalls Willenskraft erfordern. Wie ein Muskel erhole sich die Willenskraft aber auch wieder und könne sogar durch gezieltes Training dauerhaft gestärkt werden. Eine weitere zentrale Annahme der Theorie ist, dass Willenskraft als eine Ressource für die Leistung in einer Vielzahl verschiedener Aufgaben notwendig sei, nämlich zum Unterdrücken von Handlungsimpulsen, Emotionen und unerwünschten Gedanken. Dementsprechend wirke sich eine Beanspruchung der Ressource durch eine Aufgabe (z. B. Emotionen unterdrücken) auf die Leistung in nachfolgenden anderen Aufgaben aus, die nur gemeinsam haben, dass sie die gleiche Ressource *Willenskraft* beanspruchen (z. B. konzentriertes Arbeiten an einer anspruchsvollen Aufgabe).

Auch am Arbeitsplatz ist Willenskraft gefordert, wenn Personen ihr Verhalten, ihre Emotionen oder ihre Gedanken regulieren müssen. Dies kann der Fall sein, wenn Mitarbeiter unangenehme Arbeitsaufgaben übernehmen, gewohnte Handlungsmuster durch neue ersetzen, oder ihre wahren Gedanken oder Emotionen unterdrücken oder verbergen müssen. Insbesondere die negativen Konsequenzen von „emotional labor“ sind gut untersucht (z. B. Grandey, 2000; Morris & Feldman, 1996). Es ist davon auszugehen, dass Personen, die aufgrund ihres Berufs immer wieder ihren wahren emotionalen Ausdruck unterdrücken müssen, z. B. Servicepersonal, unter einer Erschöpfung ihrer Willenskraft leiden. In der Tat haben Studien gezeigt, dass das Ausmaß in dem Personen sogenanntes „surface acting“ betreiben, also ihren emotionalen Ausdruck kontrollieren müssen, in direktem Zusammenhang mit der empfundenen Erschöpfung steht. Personen, die ohnehin über wenige Ressourcen verfügen, da sie chronisch erschöpft sind, zeigen diesen Effekt noch stärker, sind also sensibler für die Kosten von Emotionsunterdrückung in ihrem beruflichen Alltag. Darüber hinaus waren Mitarbeiter, die sich am Ende des Tages als erschöpft wahrnahmen, weniger hilfsbereit gegenüber ihren Kolleginnen und Kollegen (Trougakos, Beal, Cheng, Hideg & Zweig, 2015). Es konnte außerdem gezeigt werden, dass das Ausmaß, in dem Personen an ihrem Arbeitsplatz Gefühle vortäuschen müssen, die ihren wahren Gefühlen nicht entsprechen, und das Ausmaß, in dem Personen anderweitig Willenskraft einsetzen müssen (z. B. um Ablenkungen zu widerstehen), gemeinsam vorhersagen, wie erschöpft sich diese Personen durch ihre Arbeit fühlen. Dabei verstärken sich die beiden Faktoren in ihrer negativen Wirkung sogar gegenseitig (Diestel & Schmidt, 2011). Als Folge ergeben sich gesteigerte emotionale Erschöpfung, depressive Symptome und mehr Krankheitstage.

Mittlerweile wird das Konzept Willenskraft sehr kontrovers diskutiert. Erstens wird diskutiert, ob der als „Ego depletion“ bezeichnete Befund, laut dem eine erste Willenskraft-Aufgabe zu einer Leistungsreduktion in einer nachfolgenden Willenskraft-Aufgabe führt, überhaupt replizierbar ist (z. B. Carter & McCullough, 2014; Hagger et al., in Druck). Zweitens wird diskutiert, wie man sich die angebliche Ressource Willenskraft genauer vorzustellen habe (z. B. Inzlicht & Schmeichel, 2012; Kurzban, Duckworth, Kable & Myers, 2013). Die Idee, dass der Blutzuckerspiegel für die Fähigkeit, Willenskraft einzusetzen relevant ist (Gailliot et al., 2007), wird zunehmend in Zweifel gezogen (Beedie & Lane, 2012; Kurzban, 2010; Molden et al., 2012). Andere Theorien gehen davon aus, dass die im „Ego depletion“-Paradigma gezeigten Leistungseinbußen durch motivationale Prozesse besser zu erklären seien und Personen sich demnach nach anspruchsvollen Aufgaben einfach nicht weiter anstrengen möchten (Inzlicht & Schmeichel, 2012). Auch subjektive Theorien darüber, ob Willenskraft eine limitierte Ressource sei oder nicht, können die beobachtbaren Leistungseinbußen in Willenskraftaufgaben nach vorheriger Ausführung einer anderen Willenskraftaufgabe erklären (Job, Dweck & Walton, 2010). Das stark beforschte Feld wird in den nächsten Jahren sicherlich noch neue, interessante Befunde liefern, die insbesondere für die Forschung zu den Auswirkungen von Stressoren am Arbeitsplatz von Relevanz sein werden.

Die in diesem Abschnitt diskutierten Theorien thematisieren emotionale Prozesse wiederum in unterschiedlicher Art und Weise. In Kuhls Handlungskontrolltheorie ist die individuelle Fähigkeit der Emotionsregulation (verstanden im Sinne der Regulation von positivem und negativem Affekt) der Dreh- und Angelpunkt sämtlicher volitionaler Regulationsprozesse. In Locke und Lathams Zielsetzungstheorie wird auf emotionale Prozesse Bezug genommen mit dem Verweis, dass die Erreichung anspruchsvoller Ziele mit positiven Emotionen und Zufriedenheit einhergeht; dies steht in Einklang mit Annahmen des Risikowahl-Modells von Atkinson, aber auch mit dem teleonomischen Modell des Wohlbefindens (z. B. Brunstein et al., 1998). Letzteres postuliert, dass das subjektive Wohlbefinden ganz wesentlich davon abhängt, ob man Fortschritte in persönlich bedeutsamen Zielen macht.

5 Zusammenfassung von Handlungsempfehlungen

Im vorliegenden Kapitel wurde ein Überblick gegeben über die einflussreichsten Motivationstheorien, deren Erkenntnisse wichtige Anregungen für die Personalentwicklung liefern können. Deutlich wurde einerseits die große Vielfalt an motivationalen (die Zielsetzung betreffenden) und volitionalen (die Zielrealisierung betreffenden) Prozessen, die bei der Entstehung von Arbeitsmotivation, Arbeitsleistung und Arbeitszufriedenheit zusammenspielen, und darauf verweisen, dass die Motivierung von Mitarbeitern ein facettenreiches Unterfangen ist. Deutlich wurde andererseits aber auch, dass Motivation eng mit emotionalen Prozessen verbunden ist, die gemäß Ashkanasy und Humphrey (2011) Implikationen für die verschiedensten Ebenen in einer Organisation (Individuum, Dyade, Gruppe/Team, Organisation) haben. Welche Handlungsempfehlungen lassen sich nun zusammenfassend aus den motivationstheoretischen Erkenntnissen für die berufliche Praxis im Allgemeinen und für die Personalentwicklung im Besonderen ableiten?

Das in Abbildung 4 dargestellte Modell soll veranschaulichen, dass innerhalb einer Organisation die unterschiedlichsten Ansatzpunkte existieren (links im Modell), um auf die Arbeitsmotivation, Arbeitszufriedenheit und Arbeitsleistung von Mitarbeitern (rechts im Modell) einzuwirken. Im Mittelpunkt des Modells stehen die wichtigsten theoretischen psychologischen Konstrukte, die im vorliegenden Kapitel behandelt wurden, nämlich Motive und Basisbedürfnisse, explizite Motive und Ziele sowie Handlungskontrolle und Volition. Maßnahmen lassen sich insofern ableiten, als dass theoretisch jeder einzelne organisationale Bereich Interventionsmöglichkeiten auf alle vermittelnden motivationalen und volitionalen Konstrukte bietet.

Wie können motivationale und volitionale Prozesse in der *Personalauswahl* berücksichtigt werden, um leistungswillige und leistungsstarke Mitarbeiter zu rekrutieren? Beispielsweise können im Rahmen von Auswahlverfahren implizite (z. B. mit dem Operanten Motiv-Test, Kuhl, Scheffer & Eichstaedt, 2000) und explizite Motive (z. B. mit dem Leistungsmotivationsinventar, Schuler & Prochaska, 2001) von Mitarbeitern erfasst werden. Besteht auch ein motivationales Anforderungsprofil der vom neuen Mitarbeiter zu erfüllenden Aufgaben (z. B.

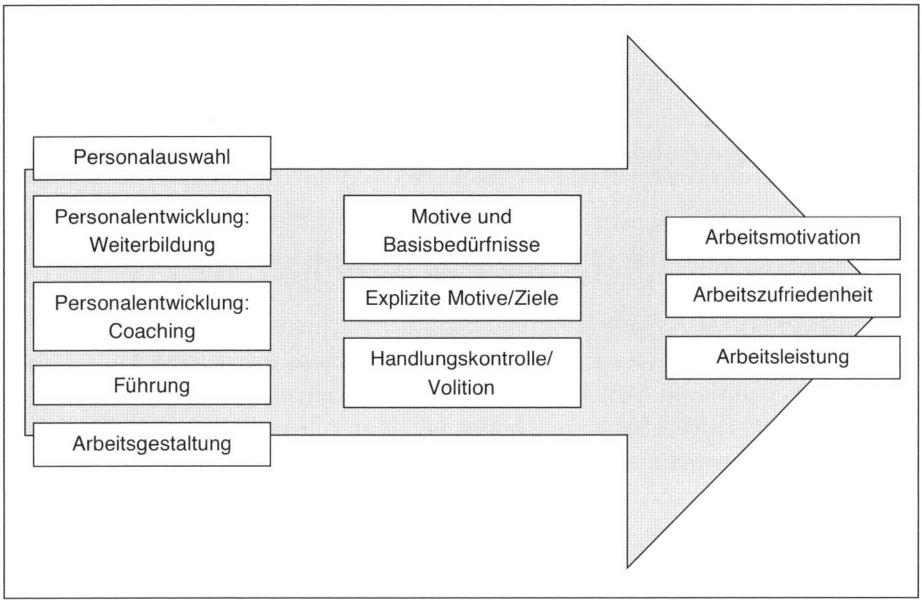

Abbildung 4: Vereinfachtes Modell organisationaler Einflussbereiche auf Arbeitsmotivation und Arbeitszufriedenheit von Mitarbeitern über vermittelnde motivationale und volitionale Konstrukte

als Teamleiter Personalverantwortung übernehmen), können Mitarbeiter ausgewählt werden, die hinsichtlich ihres motivationalen Profils (z. B. moderates bis hohes Machtmotiv) ihren zukünftigen Aufgaben entsprechen (für eine kurze Übersicht über in der organisationalen Praxis einsetzbare standardisierte Verfahren zur Motivationsmessung siehe Trapmann, 2007). Auch der in z. B. Vrooms Erwartungs-Valenz-Theorie formulierten Erwartungskomponente als Bestandteil expliziter Zielsetzungen kann wichtige Bedeutung in der Personalauswahl beigemessen werden: Idealerweise sollten solche Bewerber ausgewählt werden, die sich in Bezug auf die Bewältigung der neuen Tätigkeit bereits kompetent fühlen bzw. sich zutrauen, die nötigen Kompetenzen zu erwerben. Neben der Erfassung von Motivation und subjektiven Kompetenzen mithilfe standardisierter Verfahren (z. B. Fragebogen, Assessment Center), können auch weniger standardisierte Verfahren wie Auswahlgespräche oder Bewerbungsschreiben Aufschluss über die Passung von Bewerbern geben.

Wie kann die *Personalentwicklung* mit ihren beiden Kernfeldern *Weiterbildung* und *Coaching* positiv auf motivationale und volitionale Prozesse einwirken? *Weiterbildung*smaßnahmen kommt vor allem im Zusammenhang mit der Entwicklung von Kompetenzen eine bedeutende Rolle zu, sei es als Vermittlung bestimmter tätigkeitsbezogener Wissensinhalte (z. B. eine neue Programmiersprache), sei es als Erweiterung des eigenen Verhaltensrepertoires (z. B. Kommunikation). Vor dem Hintergrund der Erkenntnis verschiedenster Theorien, wie wichtig anspruchsvolle, dabei aber realistische, Ziele für Arbeitsmotivation und -zufriedenheit sind, wird es immer darum gehen, die Leistungsvoraussetzungen der Mitarbeiter den sich verändernden Anforderungen eines Arbeitsplatzes gemäß zu entwickeln. Damit Mitarbeiter die mit neuen Aufgabenfeldern verbundenen Ziele nicht als überfordernd und damit bedrohlich wahrnehmen und über die für die Zielverfolgung nötigen Fertigkeiten und Fähigkeiten verfügen, können an den Aufgaben der Mitarbeiter ausgerichtete Trainings (z. B. Softwaretraining, Kommunikationstraining) sinnvoll sein. Weiterbildungen können auch auf die Steigerung volitionaler Fähigkeiten, z. B. der Emotionsregulation oder des Zeitmanagements, abzielen oder Mitarbeiter darüber informieren, wie Handlungskontrollstrategien am Arbeitsplatz eingesetzt werden können (z. B. durch das Entfernen von Ablenkungen am Arbeitsplatz, siehe Tabelle 1).

Auch im individuellen *Coaching* oder in Mitarbeitergesprächen, die zu den zentralen *Führung*saufgaben zählen, kann motivational auf Mitarbeiter Einfluss genommen werden. So können Führungspersonen oder Coaches in vertrauensvollen Gesprächen „zwischen den Zeilen lesen", um implizite Motive von Mitarbeitern zu erkennen. Hierfür ist relevant, wie Mitarbeiter ihre Tätigkeit empfinden, welchen Tätigkeiten sie gerne nachgehen oder wozu sie sich nur schwer aufraffen können. Das Führungstraining „Führung durch Motivation" ist darauf ausgerichtet, Führungskräften zu vermitteln, wie sie Zielkonflikte bei den ihnen unterstellten Mitarbeitern erkennen und lösen können, um deren intrinsische Motivation zu steigern (z. B. Kehr & Rawolle, 2012; Kehr & Strasser, 2013). Gemeinsam können Führungskraft/Coach und Mitarbeiter dann versuchen, eine gute Passung zwischen Motiven und Aufgaben herzustellen. So könnte zum Beispiel einem Mitarbeiter mit hohem Affiliationsmotiv ermöglicht werden, viel Kundenkontakt zu haben oder vornehmlich in Teams zu arbeiten. Einem Mitarbeiter mit geringer Ausprägung des Führungsmotivs sollten hingegen keine Führungsaufgaben zugemutet werden, hier wäre ein Karriereweg auf Spezialistenebene zu bedenken. Individuelles Coaching kann auch darauf ausgerichtet sein, erst einmal diejenigen Weiterbildungsmaßnahmen zu identifizieren, die einem Mitarbeiter gezielt helfen, seine wahrgenommenen und tatsächlichen Kompetenzen zu steigern (s. o.).

Gute Führung zeichnet sich auch dadurch aus, dass sie das Bedürfnis nach Selbstbestimmung von Mitarbeitern nicht beschneidet. Autonomiefördernde Führung verzichtet auf Überwachung, das Setzen von Deadlines, Zeitdruck und autoritäre Sprache und erlaubt es Mitarbeitern, möglichst selbständig zu entscheiden, wie sie ihre Arbeitsaufgaben erledigen möchten. Zur Befriedigung des Bedürfnisses nach sozialer Eingebundenheit können Führungskräfte sich um teambildende Maßnahmen bemühen. Eine weitere Möglichkeit, mit der Führungspersonen und

Coaches Einfluss auf die Motivation von Mitarbeitern nehmen können, ist über das Setzen von schwierigen und spezifischen Zielen im Sinne von Locke und Lathams Zielsetzungstheorie. Wie bereits beschrieben, sind diese idealerweise kongruent mit ihren impliziten Motiven und Bedürfnissen. Andernfalls kann es zu einer Reduzierung der intrinsischen Motivation und zu volitionaler Erschöpfung kommen, wenn Mitarbeiter wiederholt Aufgaben erledigen müssen, die nicht durch implizite Motive energetisiert sind oder ihren Grundbedürfnissen widersprechen. Führungspersonen sollten daher versuchen, ihre Mitarbeiter in der Verfolgung solcher Ziele zu bestärken, die mit ihren impliziten Motiven und den Grundbedürfnissen kongruent sind. Sonst sind auf Dauer Beeinträchtigungen des Befindens und der Leistungsfähigkeit zu erwarten. Gut gesetzte, explizite Ziele können Mitarbeiter hingegen zu hohen Leistungen motivieren.

Ebenfalls können Führungskräfte Mitarbeitern einen inspirierenden Blick auf die angestrebte Zukunft des Unternehmens vermitteln. Eine Vision – im Sinne eines sehr positiven übergeordneten Ziels (z. B. „Das Beste in der vernetzten Welt – immer und überall“, Swisscom) schafft eine gemeinsame Orientierung; die Mitarbeiter wissen, wie und wohin sich das Unternehmen entwickeln soll. Daran orientiert leiten die einzelnen Unternehmenseinheiten bzw. Mitarbeiter konkrete Ziele ab, die im Dienste dieses abstrakten Ziels stehen. Durch eine Vision der Zukunft und das Verständnis dafür, wie die eigene Arbeit zur Realisierung der Vision beiträgt, erleben Mitarbeitende ihre Arbeit als sinnvoll. Mitarbeiter sollten bei ihrer Arbeit weder über- noch unterfordert werden, da beides die Leistungsfähigkeit unterminiert. Um Anforderungen an die Leistungsfähigkeit von Mitarbeitern anzupassen und diese in ihrer Arbeit angemessen zu fordern, sind Zielvereinbarungen hilfreich, in welchen mit Mitarbeitern spezifische, herausfordernde und messbare Ziele vereinbart werden.

Feedback in Form von Lob und Kritik sind weitere wichtige Aspekte einer verantwortungsvollen Führung. Nur wenn Mitarbeiter in regelmäßigen Abständen von ihrer Führungskraft Rückmeldung über die Erreichung ihrer Ziele erhalten – sowohl über positive als auch negative Aspekte – sind sie in der Lage, erfolgreiche Arbeitsstrategien beizubehalten und sich über Erfolge zu freuen, aber auch das Arbeitsverhalten den (durch das Feedback kommunizierten) Erfordernissen anzupassen und ihre Leistung zu verbessern (siehe Kluger & DeNisi, 1996 für eine Metaanalyse von Feedbackeffekten).

Schließlich haben Aspekte der *Arbeitsgestaltung* einen Einfluss auf Motivation und Volition. Um das Bedürfnis nach Autonomie zu stillen, sollten alle Mitarbeiter Aufgaben mit Dispositions- und Entscheidungsmöglichkeiten erfüllen können (Ulich, 2007). Dadurch, dass Aufgaben planende, ausführende und kontrollierende Elemente haben sowie dem Mitarbeiter erlauben festzustellen, ob er gute Arbeitsergebnisse erzielt hat, steigen Gefühle der Ganzheitlichkeit, Kompetenz und Sinnhaftigkeit der eigenen Arbeit (Ulich, 2007). Um das Bedürfnis nach sozialer Eingebundenheit zu befriedigen, kann es außerdem wichtig sein, Möglichkeiten der sozialen Interaktion, also Teamaufgaben, zu schaffen. Um volitionale Kontrollstrategien und den Einsatz von Willenskraft nicht zu stark zu strapazieren, sollte ein Arbeitsplatz auch möglichst frei von unerwünschten Ablenkungen und Unterbrechungen sein. Regelmäßige Pausen helfen Mitarbeitern außerdem, volitionale Ressourcen wieder aufzufüllen, sollten diese z. B. durch viel vorherige Emotionsarbeit erschöpft worden sein.

Wie im vorherigen Abschnitt deutlich wurde, haben Unternehmen vielfältige Möglichkeiten, auf motivationale und volitionale Prozesse ihrer Mitarbeiter Einfluss zu nehmen. Die hier genannten Beispiele sind sicher nicht erschöpfend und es ließen sich durch die Verknüpfung der diversen Bereiche des Human Resource Management und vermittelnden psychologischen Prozessen noch weitere konkrete Maßnahmen identifizieren.

6 Ausblick

Die Arbeitswelt ist stetig im Wandel. Im nun folgenden Ausblick soll einmal spekuliert werden, wie sich drei der aktuell markantesten Herausforderungen der Arbeitswelt, der demografische Wandel, die Digitalisierung/Informatisierung sämtlicher Lebensbereiche sowie die Globalisierung, aus Sicht der Emotions- und Motivationspsychologie auswirken können.

Der dramatische *demografische Wandel*, mit dem sich die westlich geprägten Industriegesellschaften konfrontiert sehen, betrifft auch die berufliche Arbeit. Der Mangel an jüngeren Fachkräften sowie eine zunehmend älter werdende Belegschaft stellen besondere Herausforderungen für das betriebliche Human Resource Management dar (z. B. Hertel, Thielgen, Rauschenbach, Grube, Stamov-Rossnagel & Krumm, 2013; Kooij, De Lange, Jansen, Kanfer & Dikkers, 2011). Zur Frage arbeitsbezogener motivationaler und emotionaler Prozesse im Alter liegen bereits empirische Studien vor, die auf sehr einflussreichen Theorien der Lebensspannenpsychologie basieren (z. B. sozioemotionale Selektivitätstheorie, Carstensen, 2009; Modell der selektiven Optimierung bei Kompensation [SOC], Baltes & Baltes, 1990).

In ihrer Metaanalyse fanden Kooij et al. (2011) altersabhängige Veränderungen in den motivationalen arbeitsbezogenen Bestrebungen (bzw. Motiven, wie es die Autorengruppe bezeichnet): Für ältere Mitarbeitende (im Vergleich zu jüngeren Mitarbeitenden) nimmt gemäß dieser Analyse die Bedeutsamkeit von sog. Wachstumsmotiven (Neues lernen, aufsteigen), Sicherheitsmotiven (Arbeitsplatzsicherheit) und extrinsischen Motiven (Einkommen, Prestige) ab, die von intrinsischen

Motiven (Freude an der Tätigkeit) nimmt hingegen zu. Zu sehr ähnlichen Schlussfolgerungen kommen Hertel et al. (2013) in ihrem Überblicksartikel, dessen Hauptergebnisse sich stichpunktartig wie folgt zusammenfassen lassen: Für ältere im Vergleich zu jüngeren Mitarbeitern sind Lernziele weniger bedeutsam, Selbstbestimmung (Autonomie) und das Streben nach positiven Erfahrungen am Arbeitsplatz werden wichtiger und – was in motivationaler Hinsicht besonders interessant ist – die Kongruenz zwischen impliziten und expliziten Motiven scheint mit höherem Alter insgesamt zuzunehmen. Insgesamt ergeben sich daraus wichtige Implikationen für die Personalentwicklung und Führung, wenn es darum geht, ältere Mitarbeiter leistungsbereit und zufrieden im Unternehmen zu halten (vgl. auch Kapitel 15 in diesem Buch). So muss den sich wandelnden motivationalen Bestrebungen Rechnung getragen werden (z. B. durch neue Aufgabenzuweisungen, bei denen intrinsische Anreize und Autonomie eine höhere Rolle spielen als extrinsische Anreize).

Wie wirkt sich die sogenannte *„Digitale Revolution"*, also die zunehmende Durchdringung der Arbeitswelt mit Informations- und Kommunikationstechnologien, auf die Motivation und Volition von Mitarbeitern aus? Hier sind vielfältige Konsequenzen, positive wie negative, denkbar. Dass neue Informations- und Kommunikationswege Mitarbeitern erlauben, ihrer Arbeit unabhängig von Arbeitsort und Arbeitszeit nachzugehen (Flexibilisierung von Arbeitsbedingungen), kann sich positiv auf das Erleben von Autonomie und damit positiv auf die Motivation und Arbeitszufriedenheit auswirken. So sind zunehmend berufliche Tätigkeiten von klassischen Arbeitsräumen (Arbeitsplatz in der Unternehmung) losgelöst. Beispiele dafür sind Videokonferenzen, die unkompliziert immer und überall durchführbar sind, oder Ablagesysteme für arbeitsbezogene Informationen auf Webservern, die jederzeit und von überall in der Welt zugänglich sind. Andererseits kann sich die durch die Digitalisierung entstandene permanente Verfügbarkeit von Mitarbeitern, wenn sie innerhalb eines Unternehmens zur Norm wird, sicherlich auch negativ auf das Autonomieerleben auswirken. Auch die häufig angenommene Steigerung des Zeitdrucks (z. B. Wieland & Krajewski, 2007), die teilweise mit der Nutzung schneller Kommunikationswege wie E-Mails einhergeht, kann von Mitarbeitern als Belastung erlebt werden. Schließlich wird in Zusammenhang mit Informatisierung und Digitalisierung auch stets die Befürchtung laut, dass persönliche Sozialkontakte unwichtiger geworden seien, da E-Mails oder Chats immer mehr die direkte Ansprache ersetzt haben. Hier wären negative Auswirkungen auf das Gefühl der sozialen Eingebundenheit denkbar. Schließlich kann die zunehmende Informatisierung auch besondere Anforderungen an die volitionalen Ressourcen von Mitarbeitern stellen, da permanent Ablenkungen z. B. in Form neu eintreffender E-Mails oder des ständig verfügbaren Internets abgewehrt werden müssen.

Beim Thema *Globalisierung* erscheint es motivational hoch relevant, ob Mitarbeiter die mit ihr einhergehenden Folgen (z. B. erhöhte Anforderung an die Mobilität der Mitarbeiter, Zusammenarbeit mit fremdsprachigen Menschen aus anderen Kulturkreisen, Konfrontation mit neuen Unternehmenskulturen nach Firmenfusionen) als eine Herausforderung, die gemeistert werden kann, oder als eine Bedrohung wahrnehmen, ob sie also im Sinne Vrooms glauben, den neuen Anforderungen gewachsen zu sein. Spezielle Trainings (z. B. interkulturelle Trainings, Sprachkurse) können hier hilfreich sein. Ist ein Unternehmen starken strukturellen Veränderungen ausgesetzt (z. B. Übernahme durch ein ausländisches Unternehmen, Auslagerung von Unternehmensbereichen ins Ausland), kann das „Change Management" durch eine sorgfältige interne Unternehmenskommunikation unterstützt werden (Maier, Schneider & Retzbach, 2012). Durch eine transparente Informationspolitik wird es den Mitarbeitern möglich, bestimmte Entwicklungen vorherzusehen oder sie gar auch in gewissem Masse mitzugestalten, was die erlebte Sinnhaftigkeit und Verantwortlichkeit im Sinne Hackman und Oldhams sowie das Autonomie- und Kompetenzerleben im Sinne Deci und Ryans fördert – all dies ist eine Grundvoraussetzung für hohe intrinsische Motivation und Arbeitszufriedenheit.

Literatur

Alderfer, C. P. (1969). An empirical test of a new theory of human needs. *Organizational Behavior and Human Performance, 4,* 142–175. http://doi.org/10.1016/0030-5073(69)90004-X

Amabile, T. M., DeJong, W. & Lepper, M. R. (1976). Effects of externally imposed deadlines on subsequent intrinsic motivation. *Journal of Personality and Social Psychology, 34,* 92–98. http://doi.org/10.1037/0022-3514.34.1.92

Anderson, R., Manoogian, S. T. & Reznick, J. S. (1976). The undermining and enhancing of intrinsic motivation in preschool children. *Journal of Personality and Social Psychology, 34,* 915–922. http://doi.org/10.1037/0022-3514.34.5.915

Ashkanasy, N. M. & Humphrey, R. H. (2011). Current emotion research in organizational behavior. *Emotion Review, 3,* 214–224. http://doi.org/10.1177/1754073910391684

Atkinson, J. W. (1957). Motivational determinants of risk-taking behavior. *Psychological Review, 64,* 359–372. http://doi.org/10.1037/h0043445

Austin, J. T. & Vancouver, J. B. (1996). Goal constructs in psychology: Structure, process, and content. *Psychological Bulletin, 120,* 338–375. http://doi.org/10.1037/0033-2909.120.3.338

Baard, P. P., Deci, E. L. & Ryan, R. M. (1998). *Intrinsic need satisfaction: A motivational basis of performance and well-being in two work settings.* Unpublished manuscript, Fordham University, NY, New York, USA.

Baltes, P. B. & Baltes, M. M. (1990). Psychological perspectives on successful aging: The model of selective optimization with compensation. In P. B. Baltes & M. M. Baltes (Eds.), *Successful aging: Perspectives from the behavioral sciences* (pp. 1–34). New York, NY, USA: Cambridge University Press.

Bandura, A. & Cervone, D. (1983). Self-evaluative and self-efficacy mechanisms governing the motivational effects of goal systems. *Journal of Personality and Social Psychology, 45,* 1017–1028. http://doi.org/10.1037/0022-3514.45.5.1017

Bargh, J. A., Gollwitzer, P. M. & Oettingen, G. (2010). Motivation. In S. Fiske, D. Gilbert & G. Lindzey (Eds.), *Handbook of Social Psychology* (pp. 268–316). New York, NY, USA: Wiley.

Baumeister, R. F., Bratslavsky, E., Muraven, M. & Tice, D. M. (1998). Ego depletion: Is the active self a limited resource? *Journal of Personality and Social Psychology, 74,* 1252–1265. http://doi.org/10.1037/0022-3514.74.5.1252

Beedie, C. J. & Lane, A. M. (2012). The role of glucose in self-control: Another look at the evidence and an alternative conceptualization. *Personality and Social Psychology Review, 16,* 143–153. http://doi.org/10.1177/1088868311419817

Bem, D. J. (1972). *Self-perception theory. Advances in Experimental Social Psychology, 6,* 1–62.

Brandstätter, V. & Herrmann, M. (in Druck). Goal disengagement and action crises. In N. Baumann, T. Goschke, M. Kazén, S. L. Koole & M. Quirin (Eds.), *Volition, motivation, and personality: A Festschrift in honor of Julius Kuhl.* Berlin: Springer.

Brandstätter, V. & Schüler, J. (2013). Action crisis and cost-benefit thinking: A cognitive analysis of a goal-disengagement phase. *Journal of Experimental Social Psychology, 49,* 543–553. http://doi.org/10.1016/j.jesp.2012.10.004

Brockner, J. & Higgins, E. T. (2001). Regulatory focus theory: Implications for the study of emotions at work. *Organizational Behavior and Human Decision Processes, 86,* 35–66. http://doi.org/10.1006/obhd.2001.2972

Brockner, J., Higgins, E. T. & Low, M. B. (2004). Regulatory focus and the entrepreneurial process. *Journal of Business Venturing, 19,* 203–220. http://doi.org/10.1016/S0883-9026(03)00007-7

Brunstein, J. C., Schultheiss, O. C. & Grässmann, R. (1998). Personal goals and emotional well-being: The moderating role of motive dispositions. *Journal of Personality and Social Psychology, 75,* 494–508. http://doi.org/10.1037/0022-3514.75.2.494

Carstensen, L. L. (2009). *A long bright future: An action plan for a lifetime of happiness, health, and financial security.* New York, NY, USA: Broadway Books.

Carter, E. C. & McCullough, M. E. (2014). Publication bias and the limited strength model of self-control: Has the evidence for ego depletion been overestimated? *Frontiers in Psychology, 5,* 1–11. http://doi.org/10.3389/fpsyg.2014.00823

Carver, C. S. & Scheier, M. F. (1990). Origins and functions of positive and negative affect: A control-process view. *Psychological Review, 97,* 19–35. http://doi.org/10.1037/0033-295X.97.1.19

Carver, C. S. & Scheier, M. F. (2012). Cybernetic control processes and the self-regulation of behavior. In R. M. Ryan (Ed.), *The Oxford Handbook of Human Motivation* (pp. 28–42). New York, NY, USA: Oxford University Press.

Cordery, J. L. & Sevastos, P. P. (1993). Responses to the original and revised Job Diagnostic Survey: Is education a factor in responses to negatively worded items? *Journal of Applied Psychology, 78,* 141–143. http://doi.org/10.1037/0021-9010.78.1.141

Crowe, E. & Higgins, E. T. (1997). *Regulatory focus and strategic inclinations: Promotion and prevention in decision-making. Organizational Behavior and Human Decision Processes, 69,* 117–132.

Csikszentmihalyi, M. (1975/1996). *Beyond boredom and anxiety.* San Francisco, CA, USA: Jossey-Bass.

Deci, E. L. (1971). Effects of externally mediated rewards on intrinsic motivation. *Journal of Personality and Social Psychology, 18,* 105–115. http://doi.org/10.1037/h0030644

Deci, E. L. (1975). *Intrinsic motivation.* New York, NY, USA: Plenum. http://doi.org/10.1007/978-1-4613-4446-9

Deci, E. L., Connell, J. P. & Ryan, R. M. (1989). Self-determination in a work organization. *Journal of Applied Psychology, 74,* 580–590. http://doi.org/10.1037/0021-9010.74.4.580

Deci, E. L., Eghrari, H., Patrick, B. C. & Leone, D. R. (1994). Facilitating internalization: The self-determination theory perspective. *Journal of Personality, 62,* 119–142. http://doi.org/10.1111/j.1467-6494.1994.tb00797.x

Deci, E. L., Koestner, R. & Ryan, R. M. (1999). A meta-analytic review of experiments examining the effects of extrinsic rewards on intrinsic motivation. *Psychological Bulletin, 125,* 627–668. http://doi.org/10.1037/0033-2909.125.6.627

Deci, E. L. & Ryan, R. M. (1985). *Intrinsic motivation and self-determination in human behavior.* New York: Plenum. http://doi.org/10.1007/978-1-4899-2271-7

Deci, E. L. & Ryan, R. M. (2000). The „what" and „why" of goal pursuits: Human needs and the self-determination of behavior. *Psychological Inquiry, 11,* 227–268. http://doi.org/10.1207/S15327965PLI1104_01

DeVoe, S. E. & Pfeffer, J. (2007). Hourly payment and volunteering: The effect of organizational practices on decisions about time use. *Academy of Management Journal, 50,* 783–798. http://doi.org/10.5465/AMJ.2007.26279171

Diefendorff, J. M., Hall, R. J., Lord, R. G. & Strean, M. L. (2000). Action-state orientation: Construct validity of a revised measure and its relationship to work-related variables. *Journal of Applied Psychology, 85,* 250–263. http://doi.org/10.1037/0021-9010.85.2.250

Diefendorff, J. M., Richard, E. M. & Gosserand, R. H. (2006). Examination of situational and attitudinal moderators of the hesitation and performance relation. *Personnel Psychology, 59,* 365–393. http://doi.org/10.1111/j.1744-6570.2006.00040.x

Diestel, S. & Schmidt, K. H. (2011). Costs of simultaneous coping with emotional dissonance and self-control demands at work: results from two German samples. *Journal of Applied Psychology, 96,* 643–653. http://doi.org/10.1037/a0022134

Dijksterhuis, A. & Aarts, H. (2010). Goals, attention, and (un)consciousness. *Annual Review of Psychology, 61,* 467–490. http://doi.org/10.1146/annurev.psych.093008.100445

Eisenberger, R. & Cameron, J. (1996). Detrimental effects of reward: Reality or myth? *American Psychologist, 51,* 1153–1166. http://doi.org/10.1037/0003-066X.51.11.1153

Elliot, A. J. & Harackiewicz, J. M. (1996). Goal setting, achievement orientation, and intrinsic motivation: A mediational analysis. *Journal of Personality and Social Psychology, 66,* 968–980. http://doi.org/10.1037/0022-3514.66.5.968

Elliot, A. J. & Sheldon, K. M. (1997). Avoidance achievement motivation: A personal goals analysis. *Journal of Personality and Social Psychology, 73,* 171–185. http://doi.org/10.1037/0022-3514.73.1.171

Elliot, A. J. & Thrash, T. M. (2002). Approach-avoidance motivation in personality: Approach and avoidance temperaments and goals. *Journal of Personality and Social Psychology, 82,* 804–818. http://doi.org/10.1037/0022-3514.82.5.804

Fang, M. & Gerhart, B. (2012). Does pay for performance diminish intrinsic interest? *The International Journal of Human Resource Management, 23,* 1176–1196. http://doi.org/10.1080/09585192.2011.561227

Fishbach, A. & Choi, J. (2012). When thinking about goals undermines goal pursuit. *Organizational Behavior and Human Decision Processes, 118,* 99–107. http://doi.org/10.1016/j.obhdp.2012.02.003

Fishbach, A. & Converse, B. A. (2011). Identifying and counteracting temptations. In K. D. Vohs & R. F. Baumeister (Eds.), *Handbook of Self-Regulation: Research, Theory, and Applications* (pp. 244–262). New York, NY, USA: Guilford.

Ford, M. E. (1992). *Motivating humans.* Newbury Park, CA, USA: Sage.

Fried, Y. & Ferris, G. R. (1987). The validity of the job characteristics model: A review and meta-analysis. *Personnel Psychology, 40,* 287–322. http://doi.org/10.1111/j.1744-6570.1987.tb00605.x

Friedman, R. S. & Förster, J. (2001). The effects of promotion and prevention cues on creativity. *Journal of Personality and Social Psychology, 81,* 1001–1013. http://doi.org/10.1037/0022-3514.81.6.1001

Friedman, R. S. & Förster, J. (2002). The influence of approach and avoidance motor actions on creative cognition. *Journal of Experimental Social Psychology, 38,* 41–55. http://doi.org/10.1006/jesp.2001.1488

Gailliot, M. T., Baumeister, R. F., DeWall, C. N., Maner, J. K., Plant, E. A., Tice, D. M., Brewer, L. E. & Schmeichel, B. J. (2007). Self-control relies on glucose as a limited energy source: Willpower is more than a metaphor. *Journal of Personality and Social Psychology, 92,* 325–336. http://doi.org/10.1037/0022-3514.92.2.325

Gollwitzer, P. M. (2012). Mindset theory of action phases. In P. Van Lange, A. W. Kruglanski & E. T. Higgins (Eds.), *Handbook of Theories of Social Psychology* (Vol. 1, pp. 526–545). London, UK: Sage.

Grandey, A. A. (2000). Emotional regulation in the workplace: A new way to conceptualize emotional labor. *Journal of Occupational Health Psychology, 5,* 95–110. http://doi.org/10.1037/1076-8998.5.1.95

Gross, J. (1998). The emerging field of emotion regulation: An integrative review. *Review of General Psychology, 2,* 271–299. http://doi.org/10.1037/1089-2680.2.3.271

Hackman, J. R. & Oldham, G. R. (1976). Motivation through the design of work: Test of a theory. *Organizational Behavior and Human Performance, 16,* 250–279. http://doi.org/10.1016/0030-5073(76)90016-7

Hackman, J. R. & Oldham, G. R. (1980). *Work redesign.* Reading, MA, USA: Addisson-Wesley.

Hagger, M. S., Chatzisarantis, N. L. D., Alberts, H., Angonno, C. O., Batailler, C., Birt, A. et al. (in press). A multi-lab pre-registered replication of the ego-depletion effect. *Perspectives on Psychological Science.*

Heckhausen, H. & Gollwitzer, P. M. (1987). Thought contents and cognitive functioning in motivational versus volitional states of mind. *Motivation and Emotion, 11,* 101–120. http://doi.org/10.1007/BF00992338

Heckhausen, J. & Heckhausen, H. (Hrsg.). (2010). *Motivation und Handeln.* Berlin: Springer. http://doi.org/10.1007/978-3-642-12693-2

Heckhausen, H., Schmalt, H.-D. & Schneider, K. (1985). *Achievement motivation in perspective.* New York, NY, USA: Academic Press.

Herrmann, M. & Brandstätter, V. (2013). Overcoming action crises in personal goals – Longitudinal evidence on a mediating mechanism between action orientation and well-being. *Journal of Research in Personality, 47,* 881–893. http://doi.org/10.1016/j.jrp.2013.09.005

Hertel, G., Thielgen, M., Rauschenbach, C., Grube, A., Stamov-Rossnagel, C. & Krumm, S. (2013). Age differences in motivation and stress at work. In C. M. Schlick & Frieling, E. (Eds.), *Age-differentiated work systems* (pp. 119–147). Heidelberg: Springer.

Higgins, E. T. (1997). Beyond pleasure and pain. *American Psychologist, 52,* 1280–1300. http://doi.org/10.1037/0003-066X.52.12.1280

Higgins, E. T. (1998). From expectancies to worldviews: Regulatory focus in socialization and cognition. In J. M. Darley & J. Cooper (Eds.), *Attribution and social interaction: The legacy of Edward E. Jones* (pp. 243–309). Washington, DC, USA: American Psychological Association.

Higgins, E. T., Roney, C. J., Crowe, E. & Hymes, C. (1994). Ideal versus ought predilections for approach and avoidance distinct self-regulatory systems. *Journal of Personality and Social Psychology, 66,* 276–286. http://doi.org/10.1037/0022-3514.66.2.276

Hülsheger, U. R. & Schewe, A. F. (2011). On the costs and benefits of emotional labor: A meta-analysis of three decades of research. *Journal of Occupational Health Psychology, 16,* 361–389. http://doi.org/10.1037/a0022876

Ilardi, B. C., Leone, D., Kasser, T. & Ryan, R. M. (1993). Employee and supervisor ratings of motivation: Main effects and discrepancies associated with job satisfaction and adjustment in a factory setting. *Journal of Applied Social Psychology, 23,* 1789–1805. http://doi.org/10.1111/j.1559-1816.1993.tb01066.x

Inzlicht, M. & Schmeichel, B. J. (2012). What is ego depletion? Toward a mechanistic revision of the resource model of self-control. *Perspectives on Psychological Science, 7,* 450–463. http://doi.org/10.1177/1745691612454134

Job, V., Dweck, C. S. & Walton, G. M. (2010). Ego depletion – is it all in your head? Implicit theories about willpower affect self-regulation. *Psychological Science, 21,* 1686–1693. http://doi.org/10.1177/0956797610384745

Johns, G., Xie, J. L. & Fang, Y. (1992). Mediating and moderating effects in job design. *Journal of Management, 18,* 657–676. http://doi.org/10.1177/014920639201800404

Kanfer, R. (1990). Motivation theory and industrial and organizational psychology. In M. D. Dunnette & L. M. Hough (Eds.), *Handbook of industrial and organizational psychology* (Vol. 1, pp. 75–170). Palo Alto, CA, USA: Consulting Psychologists Press.

Kanfer, R., Chen, G. & Pritchard, R. D. (2008). *Work motivation: Past, present, and future.* New York, NY, USA: Taylor & Francis.

Kazén, M. & Kuhl, J. (2011). Directional discrepancy between implicit and explicit power motives is related to well-being among managers. *Motivation and Emotion, 35,* 317–327. http://doi.org/10.1007/s11031-011-9219-8

Kehr, H. M. (2004a). Implicit/Explicit motive discrepancies and volitional depletion among managers. *Personality and Social Psychology Bulletin, 30,* 315–327. http://doi.org/10.1177/0146167203256967

Kehr, H. M. (2004b). Integrating implicit motives, explicit motives, and perceived abilities: The compensatory model of work motivation and volition. *Academy of Management Review, 29,* 479–499. http://doi.org/10.5465/AMR.2004.13670963

Kehr, H. M., Bles, P. & Rosenstiel, L. von (1999). Zur Motivation von Führungskräften: Zielbindung und Flusserleben als transferfördernde Faktoren bei Führungstrainings. *Zeitschrift für Arbeits und Organisationspsychologie, 43,* 83–94. http://doi.org/10.1026//0932-4089.43.2.83

Kehr, H. M. & Rawolle, M. (2012). „Führung durch Motivation" – Einführung eines mehrstufigen Trainingsprogramms für Führungskräfte in einem Versicherungskonzern. In L. von Rosenstiel, E. von Hornstein & S. Augustin (Hrsg.), *Change Management – Praxisfälle. Veränderungsschwerpunkte Organisation, Team, Individuum* (S. 293–306). Berlin: Springer.

Kehr, H. M. & Strasser, M. (2013).Motivierende Mitarbeiterführung – Gezielt motivieren mit dem 3K-Modell. In K. Haering & S. Litzke (Hrsg.), *Führungskompetenzen lernen* (S. 267–287). Stuttgart: Schaeffer-Poeschel.

Kelly, J. (1992). Does job re-design theory explain job re-design outcome? *Human Relations, 45,* 753–774. http://doi.org/10.1177/001872679204500801

Kluger, A. N. & DeNisi, A. (1996). The effects of feedback interventions on performance: A historical review, a meta-analysis, and a preliminary feedback intervention theory. *Psychological Bulletin, 119,* 254–284. http://doi.org/10.1037/0033-2909.119.2.254

Koestner, R., Weinberger, J. & McClelland, D. C. (1991). Task-intrinsic and social-extrinsic sources of arousal for motives assessed in fantasy and self-report. *Journal of Personality, 59,* 57–82. http://doi.org/10.1111/j.1467-6494.1991.tb00768.x

Kooij, D. T. A. M., De Lange, A. H., Jansen, P. G., Kanfer, R. & Dikkers, J. S. E. (2011). Age and work-related motives: Results of a meta-analysis. *Journal of Organizational Behavior, 32,* 197–225. http://doi.org/10.1002/job.665

Kruglanski, A. W., Friedman, I. & Zeevi, G. (1971). The effects of extrinsic incentive on some qualitative aspects of task performance. *Journal of Personality and Social Psychology, 39,* 606–617.

Kruglanski, A., Shah, J. Y., Fishbach, A., Friedman, R. & Sleeth-Keppler, D. (2002). A theory of goal systems. In M. P. Zanna (Ed.), *Advances in experimental social psychology,* Vol. 34 (pp. 331–378). San Diego, CA, USA: Academic Press.

Kuhl, J. (1981). Motivational and functional helplessness: The moderating effect of state versus action orientation. *Journal of Personality and Social Psychology, 40,* 155–170. http://doi.org/10.1037/0022-3514.40.1.155

Kuhl, J. (1983). *Motivation, Konflikt und Handlungskontrolle.* Heidelberg: Springer. http://doi.org/10.1007/978-3-642-69098-3

Kuhl, J. (1992). A theory of self-regulation: Action versus state orientation, self-discrimination, and some applications. *Applied Psychology: An International Review, 41,* 97–129. http://doi.org/10.1111/j.1464-0597.1992.tb00688.x

Kuhl, J. (1993). *Motivation, Konflikt und Handlungskontrolle.* Berlin: Springer.

Kuhl, J. (1994). Action and state orientation: Psychometric properties of the action control scales (ACS- 90). In J. Kuhl & J. Beckmann (Eds.), *Volition and Personality: Action versus state orientation* (pp. 47–59). Seattle, WA, USA: Hogrefe & Huber Publishing.

Kuhl, J. (2001). *Motivation und Persönlichkeit.* Göttingen: Hogrefe.

Kuhl, J. & Eisenbeiser, T. (1986). Mediating vs. mediating cognitions in human motivation: Action control, inertial motivation, and the alienation effect. In J. Kuhl & J. W. Atkinson (Eds.), *Motivation, thought, and action* (pp. 288–306). New York, NY, USA: Praeger.

Kuhl, J. & Goschke, T. (1994). A theory of action control: Mental subsystems, modes of control, and volitional conflict-resolution strategies. In K. Kuhl & J. Beckmann (Eds.), *Volition and Personality: Action versus state* orientation (pp. 93–124). Seattle, WA, USA: Hogrefe & Huber Publishing.

Kuhl, J. , Scheffer, D. & Eichstaedt, J. (2000). *Operanter Motiv-Test (OMT).* Unveröffentlichtes Manuskript, Universität Osnabrück.

Kurzban, R. (2010). Does the brain consume additional glucose during self-control tasks? *Evolutionary Psychology, 8,* 244–259. http://doi.org/10.1177/147470491000800208

Kurzban, R., Duckworth, A., Kable, J. W. & Myers, J. (2013). An opportunity cost model of subjective effort and task performance. *Behavioral and Brain Sciences, 36,* 661–679. http://doi.org/10.1017/S0140525X12003196

Latham, G. P. & Baldes, J. J. (1975). The „practical significance" of Locke's theory of goal setting. *Journal of Applied Psychology, 60,* 122–124. http://doi.org/10.1037/h0076354

Latham, G. P. & Locke, E. A. (2006). Enhancing the benefits and overcoming the pitfalls of goal setting. *Organizational Dynamics, 35,* 332–340. http://doi.org/10.1016/j.orgdyn.2006.08.008

Latham, G. P. & Locke, E. A. (2007). New developments and directions for goal-setting research. *European Psychologist, 12,* 290–300. http://doi.org/10.1027/1016-9040.12.4.290

Lee, A. Y., Aaker, J. L. & Gardner, W. L. (2000). The pleasures and pains of distinct self-construals: the role of interdependence in regulatory focus. *Journal of Personality and Social Psychology, 78,* 1122–1134. http://doi.org/10.1037/0022-3514.78.6.1122

Lepper, M. R., Greene, D. & Nisbett, R. E. (1973). Undermining children's intrinsic interest with extrinsic rewards: A test of the „overjustification" hypothesis. *Journal of Personality and Social Psychology, 28,* 129–137. http://doi.org/10.1037/h0035519

Locke, E. A. & Associates (1991). *The essence of leadership.* New York, NY, USA: Lexington (Macmillan).

Locke, E. A. & Latham, G. P. (1990). *A theory of goal setting and task performance.* Upper Saddle River, NJ, USA: Prentice-Hall, Inc.

Locke, E.A. & Latham, G.P. (2002). Building a practically useful theory of goal setting and task motivation: A 35-year Odyssey. *American Psychologist, 57,* 705–517. http://doi.org/10.1037/0003-066X.57.9.705
Maier, G.W. & Brunstein, J.C. (2001). The role of personal work goals in newcomers' job satisfaction and organizational commitment: A longitudinal analysis. *Journal of Applied Psychology, 86,* 1034–1042. http://doi.org/10.1037/0021-9010.86.5.1034
Maier, M., Schneider, F.M. & Retzbach, A. (2012). *Psychologie der internen Organisationskommunikation.* Göttingen: Hogrefe.
Maslow, A.H. (1954). *Motivation and personality.* New York, NY, USA: Harper.
McClelland, D.C. (1985a). How motives, skills, and values determine what people do. *American Psychologist, 40,* 812–825. http://doi.org/10.1037/0003-066X.40.7.812
McClelland, D.C. (1985b). *Human motivation.* Glenview, IL, USA: Scott, Foresman.
McClelland, D.C. & Boyatzis, R.E. (1982). Leadership motive pattern and long-term success in management. *Journal of Applied Psychology, 67,* 737–743. http://doi.org/10.1037/0021-9010.67.6.737
McClelland, D.C. & Winter, D.G. (1969). *Motivating economic achievement.* New York: Free Press.
Mitchell, T.R. (1982). Expectancy-value models in organizational psychology. In N.T. Feather (Ed.), *Expectations and actions: Expectancy-value models in psychology* (pp. 293–312). Hillsdale, NJ, USA: Erlbaum.
Molden, D.C., Ming Hui, C., Scholer, A.A., Meier, B.P., Noreen, E.E., D'Agostino, P.R. & Martin, V. (2012). The motivational versus metabolic effects of carbohydrates on self-control. *Psychological Science, 23,* 1137–1444. http://doi.org/10.1177/0956797612439069
Morgan, C. & Murray, H.A. (1935). A method for investigating fantasies: The Thematic Apperception Test. *Archives of Neurology and Psychiatry, 34,* 289–306. http://doi.org/10.1001/archneurpsyc.1935.02250200049005
Morris, J.A. & Feldman, D.C. (1996). The dimensions, antecedents, and consequences of emotional labor. *Academy of Management Review, 21,* 986–1010. http://doi.org/10.5465/AMR.1996.9704071861
Muraven, M. & Baumeister, R.F. (2000). Self-regulation and depletion of limited resources: Does self-control resemble a muscle? *Psychological Bulletin, 126,* 247–259. http://doi.org/10.1037/0033-2909.126.2.247
Murray, H. (1938). *Explorations in personality.* New York, NY, USA: Oxford University Press.
Neuberger, O. (1985). *Arbeit.* Stuttgart: Enke.
Neubert, M.J., Kacmar, K.M., Carlson, D.S., Chonko, L.B. & Roberts, J.A. (2008). Regulatory focus as a mediator of the influence of initiating structure and servant leadership on employee behavior. *Journal of Applied Psychology, 93,* 1220–1233. http://doi.org/10.1037/a0012695
Ordonez, L.D., Schweitzer, M.E., Galinsky, A.D. & Bazerman, M.H. (2009). Goals gone wild: The systematic side effects of overprescibed goal setting. *The Academy of Management Perspectives, 23,* 6–16. http://doi.org/10.5465/AMP.2009.37007999
Parker, S.K. & Wall, T.D. (1998). *Job and work design: Organizing work to promote well-being and effectiveness.* Thousand Oaks, CA, USA: Sage.
Pinder, C.C. (2008). *Work motivation in organizational behavior.* New York, NY, USA: Psychology Press.
Rheinberg, F. (1989). *Zweck und Tätigkeit.* Göttingen: Hogrefe.
Richter, M., Friedrich, A. & Gendolla, G.H.E. (2008). Task difficulty effects on cardiac activity. *Psychophysiology, 45,* 869–875. http://doi.org/10.1111/j.1469-8986.2008.00688.x
Rosenstiel, L. von (1975). *Die motivationalen Grundlagen des Verhaltens in Organisationen – Leistung und Zufriedenheit.* Berlin: Duncker & Humblot.

Rosenstiel, L. von, Regnet, E. & Domsch, M. (Hrsg.). (2009). *Führung von Mitarbeitern*. Stuttgart: Schäffer-Poeschel.

Ryan, R. M. & Deci, E. L. (2000). Self-determination theory and the facilitation of intrinsic motivation, social development, and well-being. *American Psychologist, 55,* 68–78. http://doi.org/10.1037/0003-066X.55.1.68

Ryan, R. M. & Deci, E. L. (2007). Active human nature: Self-determination theory and the promotion and maintenance of spart, exercise, and health. In M. S. Hagger & N. L. D. Chatzisarantis (Eds.), *Intrinsic motivation and self-determination in exercise and sport* (pp. 1–19). Champaign, IL: Human Kinetics.

Scherer, K. R., Schorr, A. & Johnstone, T. (Eds.). (2001). *Appraisal processes in emotion: Theory, Methods, Research.* New York, NY, USA: Oxford University Press.

Schuler, H. & Prochaska, M. (2001). *Leistungsmotivationsinventar (LMI). Dimensionen berufsbezogener Leistungsorientierung.* Göttingen: Hogrefe.

Schultheiss, O. C. (2008). Implicit motives. In O. P. John, R.W. Robins & L.A. Pervin (Eds.), *Handbook of Personality: Theory and Research* (3rd ed., pp. 603–633). New York, NY, USA: Guilford.

Schultheiss, O. C. & Brunstein, J. C. (Eds.). (2010). *Implicit motives.* New York, NY, USA: Cambridge University Press. http://doi.org/10.1093/acprof:oso/9780195335156.001.0001

Schultheiss, O. C. & Pang, J. S. (2007). Measuring implicit motives. In R.W. Robins, R. C. Fraley & R. Krueger (Eds.), *Handbook of research methods in personality psychology* (pp. 322–344). New York, NY, USA: Guilford.

Shah, J.Y., Higgins, E.T. & Friedman, R. (1998). Performance incentives and means: How regulatory focus influences goal attainment. *Journal of Personality and Social Psychology, 74,* 285–293.

Sheldon, K. M. & Elliot, A. J. (1999). Goal striving, need-satisfaction, and longitudinal well-being: The self-concordance model. *Journal of Personality and Social Psychology, 76,* 482–497. http://doi.org/10.1037/0022-3514.76.3.482

Skinner, B. F. (1974). *About behaviorism.* New York, NY, USA: Alfred A. Knopf.

Sokolowski, K. (1993). *Emotion und Volition: Eine motivationspsychologische Standortbestimmung.* Göttingen: Hogrefe.

Sokolowski, K. & Kehr, H. M. (1999). Zum differentiellen Einfluss von Motiven auf die Wirkungen von Führungstrainings (MbO). *Zeitschrift für Differentielle und Diagnostische Psychologie, 20,* 192–202. http://doi.org/10.1024//0170-1789.20.3.192

Sokolowski, K., Schmalt, H.-D., Langens, T.A. & Puca, R. M. (2000). Assessing achievement, affiliation, and power motives all at once – The Multi-Motive Grid (MMG). *Journal of Personality Assessment, 74,* 126–145. http://doi.org/10.1207/S15327752JPA740109

Steel, P. (2007). The nature of procrastination: a meta-analytic and theoretical review of quintessential self-regulatory failure. *Psychological Bulletin, 133,* 65–94. http://doi.org/10.1037/0033-2909.133.1.65

Steinmann, B., Dörr, S. L., Schultheiss, O. C. & Maier, G.W. (2015). Implicit motives and leadership performance revisited: What constitutes the leadership motive pattern? *Motivation and Emotion, 39,* 167–174. http://doi.org/10.1007/s11031-014-9458-6

Stemmler, G. (Hrsg.). (2009). *Psychologie der Emotion* (Enzyklopädie der Psychologie, Themenbereich C, Serie IV, Band 3). Göttingen: Hogrefe.

Trapmann, S. (2007). Messung von Motivation und Interessen. In H. Schuler & Kh. Sonntag (Hrsg.), *Handbuch der Arbeits- und Organisationspsychologie* (S. 459–467). Göttingen: Hogrefe.

Trougakos, J. P., Beal, D. J., Cheng, B. H., Hideg, I. & Zweig, D. (2015). Too drained to help: A resource depletion perspective on daily interpersonal citizenship behaviors. *Journal of Applied Psychology, 100,* 227–236. http://doi.org/10.1037/a0038082

Ulich, E. (2007). Arbeitsgestaltung. In H. Schuler & Kh. Sonntag (Hrsg.), *Handbuch der Arbeits- und Organisationspsychologie* (S. 165–174). Göttingen: Hogrefe.

Vroom, V. H. (1964). *Work and motivation.* New York, NY, USA: Wiley.

Wallace, J. C. & Chen, G. (2006). A multilevel integration of personality, climate, self-regulation, and performance. *Personnel Psychology, 59,* 529–557. http://doi.org/10.1111/j.1744-6570.2006.00046.x

Wegge, J., van Dick, R., Fisher, G. K., Wecking, C. & Moltzen, K. (2006). Work motivation, organizational identification, and well-being in call centre work. *Work and Stress, 20,* 60–83. http://doi.org/10.1080/02678370600655553

Weinzimmer, L. G., Michel, E. J. & Franczak, J. L. (2011). Creativity and firm-level performance: The mediating effects of action orientation. *Journal of Managerial Issues, 23,* 62–82.

Weiss, H. M. & Cropanzano, R. (1996). Affective events theory: A theoretical discussions of the structure, causes and consequences of affective experiences at work. *Research in Organizational Behavior, 18,* 1–74.

Wieland, R. & Krajewski, J. (2007). Neue Organisationsformen der Arbeit. In H. Schuler & Kh. Sonntag (Hrsg.), *Handbuch der Arbeits- und Organisationspsychologie* (S. 210–216). Göttingen: Hogrefe.

White, R. W. (1959). Motivation reconsidered: The concept of competence. *Psychological Review, 66,* 297–333. http://doi.org/10.1037/h0040934

Winter, D. G. (1994). *Manual for scoring motive imagery in running text* (4th ed.). Unpublished manuscript, Department of Psychology, University of Michigan, Ann Arbor, MI, USA.

Kapitel 5

Stabilität, Veränderung und Vorhersagekraft der Persönlichkeit: Beiträge der Persönlichkeitspsychologie

Jens B. Asendorpf

Inhaltsübersicht

Überblick:

Dieses Kapitel behandelt den Beitrag der empirischen Persönlichkeitsforschung für die Personalentwicklung in Organisationen und dabei insbesondere drei Themenbereiche: (a) die Bedeutung von Persönlichkeitsmerkmalen und der Passung zwischen Persönlichkeit und Arbeitsumwelt für eine erfolgreiche Tätigkeit in Organisationen, (b) die mittelhohe langfristige Stabilität von Persönlichkeitsunterschieden, die langfristige Vorhersagen möglich macht, aber auch Raum für Persönlichkeitsveränderungen bietet, und (c) die Wechselwirkung zwischen Arbeitsumwelt und Persönlichkeit durch Selektions- und Sozialisationsprozesse. Hierbei wird deutlich, dass nicht die Persönlichkeit selbst, sondern deren Passung zur Arbeitsumwelt der geeignete Angriffspunkt für erfolgsversprechende Maßnahmen der Personalentwicklung in Organisationen ist.

1 Die Bedeutung von Persönlichkeitsmerkmalen

1.1 Persönlichkeit und ihre Merkmale

Unter der *Persönlichkeit* wird in der Psychologie die Gesamtheit der *Persönlichkeitsmerkmale* eines Menschen verstanden, d. h. der überdauernden individuellen Besonderheiten im Erleben und Verhalten (Asendorpf, 2013). Beispiele für Persönlichkeitsmerkmale sind Intelligenz, Aggressivität, Geselligkeit, Leistungsmotiv, Konservativismus. „Überdauernd" bezieht sich in dieser Definition auf Zeiträume von wenigen Wochen oder Monaten. Persönlichkeit setzt also eine kurzfristige Stabilität der Merkmale voraus. Das schließt langfristige Veränderungen der Persönlichkeit nicht aus (Persönlichkeits*entwicklung*). Mit „individueller Besonderheit" ist gemeint, dass es sich um Merkmale handelt, die zwischen gleichaltrigen Mitgliedern derselben Kultur variieren, denn nur solche Merkmale geben Aufschluss über die Individualität des Einzelnen. Beschrieben wird die Persönlichkeit eines Individuums durch ein *Persönlichkeitsprofil*, d. h. die Ausprägung der Person in vielen Persönlichkeitsmerkmalen.

Es gibt zahlreiche unterschiedliche Klassifikationen von Persönlichkeitsmerkmalen (vgl. Asendorpf & Neyer, 2012, Kap. 3). In der Grundlagenforschung ist die Klassifikation nach graduellen Ausprägungen auf fünf Hauptdimensionen der Persönlichkeit, den *Big Five*, die breite (aber nicht alle) Bereiche der alltagsrelevanten Persönlichkeit erfassen und sich gut zu einer sparsamen Beschreibung von Persönlichkeitsunterschieden eignen (wobei der Bereich der Kompetenzen nur partiell abgedeckt wird), am weitesten verbreitet. Jede Dimension ist durch zwei Gegensatzpole bestimmt, z. B. Extraversion – Introversion. Erfasst werden die Big Five durch Selbst- oder Fremdbeschreibung in Persönlichkeitsfragebögen (im deutschsprachigen Raum z. B. durch das *NEO-FFI* von Borkenau & Ostendorf, 2008, oder den *BFI* von Lang, Lüdtke & Asendorpf, 2001). Umfangreichere Fragebögen, wie das *NEO-PI-R* von Ostendorf und Angleitner (2004), differenzieren jede der Hauptdimensionen nochmals in verwandte, aber nicht identische Facetten, die eine differenziertere Persönlichkeitsbeschreibung ermöglichen. Tabelle 1 listet die Big Five und ihre Facetten im NEO-PI-R auf, wobei aus Platzgründen jeweils nur ein Pol der Dimensionen beschrieben ist, nicht ihr Gegensatzpol.

Speziell auf die Arbeitswelt zugeschnitten ist das *Bochumer Inventar zur berufsbezogenen Persönlichkeitsbeschreibung (BIP)* von Hossiep und Paschen (2003) mit 14 berufsrelevanten graduell abgestuften Persönlichkeitsdimensionen.

Tabelle 1: Die Big Five-Persönlichkeitsdimensionen und ihre Facetten im NEO-PI-R (nach Ostendorf & Angleitner, 2004)

Extraversion	Neurotizismus	Gewissenhaftigkeit	Verträglichkeit	Offenheit
Aktivität	Ängstlichkeit	Kompetenz	Vertrauen	für Fantasie
Erlebnishunger	Reizbarkeit	Ordnungsliebe	Freimütigkeit	für Ästhetik
Frohsinn	Depression	Pflichtbewusstsein	Altruismus	für Gefühle
Herzlichkeit	Soziale Befangenheit	Leistungsstreben	Entgegenkommen	für Handlungen
Geselligkeit	Impulsivität	Selbstdisziplin	Bescheidenheit	für Ideen
Durchsetzungsfähigkeit	Verletzlichkeit	Besonnenheit	Gutherzigkeit	des Werte- und Normensystems

Anmerkung: Beschrieben sind jeweils hohe Ausprägungen der Dimensionen.

1.2 Persönlichkeit und Berufserfolg

Berufserfolg wird im Folgenden in einem breiten Sinn verstanden als alles, was eine erfolgreiche und zufriedenstellende Arbeitstätigkeit ausmacht. Er schließt also Vorgesetztenurteile, Mitarbeiterurteile, Selbstbeurteilungen und objektive Kriterien wie Verkaufserfolg, Einkommen oder Beförderungen ein.

In der bahnbrechenden Metaanalyse von Barrick und Mount (1991) aller bis dahin vorliegenden Studien zur Vorhersagbarkeit des Berufserfolgs durch die Big Five war Gewissenhaftigkeit mit einer „wahren" Korrelation von .22 der beste Prädiktor des Berufserfolgs, gefolgt von Extraversion (.13). „Wahr" bedeutet, dass die Korrelation korrigiert ist für die Unreliabilität der Messung der Persönlichkeit und des Berufserfolgs und zudem für die Varianzeinschränkung, d. h. für die Tatsache, dass die Variabilität von Persönlichkeitsmerkmalen in den jeweils untersuchten Berufsgruppen meistens eingeschränkt ist (z. B. haben Akademiker im Durchschnitt höhere Offenheitswerte als Nicht-Akademiker, sodass die Variabilität in beiden Gruppen eingeschränkt ist).

Barrick, Mount und Judge (2001) gingen noch einen Schritt weiter, indem sie eine „Metaanalyse zweiter Ordnung" aller 15 zwischen 1990 und 1998 erschienenen Metaanalysen zum Zusammenhang zwischen Persönlichkeit und Berufserfolg durchführten, die die Ergebnisse von Barrick und Mount (1991) weitgehend bestätigte (vgl. Tabelle 2; die Ergebnisse zur Führungsqualität stammen von einer Metaanalyse von Judge, Bono, Illies & Gerhardt, 2002). Die Tabelle macht aber auch deutlich, dass die Zusammenhänge zwischen Persönlichkeit und Berufserfolg deutlich mit der Persönlichkeitsdimension, der Berufsgruppe und dem Erfolgskriterium variieren. So sagen vier der Big Five am besten Führungsqualität vorher, Verträglichkeit jedoch am besten Teamfähigkeit. Lediglich Gewissenhaftigkeit scheint immer und in ähnlichem Maße relevant zu sein.

Tabelle 2: Korrelationen zwischen den Big Five und erfolgreicher Tätigkeit (nach Barrick et al., 2001; Judge et al., 2002).

Erfolgskriterium	Extraversion	Neurotizismus	Gewissenhaftigkeit	Verträglichkeit	Offenheit
Erfolg allgemein	.12	–.12	.23	.10	.05
– Manager	.17	–.08	.21	.08	.07
– Verkäufer	.09	–.05	.21	.01	–.02
– Polizisten	.10	–.11	.22	.10	.02
Vorgesetztenurteil	.11	–.12	.26	.10	.05
Objektiver Erfolg[a]	.11	–.09	.19	.13	.02
Fortbildungserfolg	.23	–.08	.23	.11	.24
Teamfähigkeit	.13	–.20	.23	.27	.12
Führungsqualität	.31	–.24	.28	.08	.24

Anmerkung: Für Varianzeinschränkung und Unreliabilität korrigierte Korrelationen. [a] z. B. Verkaufserfolg, Einkommen

Diese Metaanalysen zeichnen allerdings nur ein sehr grobes Bild, weil über verschiedene Berufe, Arbeitsumwelten, Big Five-Facetten oder Erfolgskriterien gemittelt wurde und Korrelationen nur lineare Zusammenhänge anzeigen (höhere Werte im Prädiktor sagen höhere Werte im Kriterium vorher). Es gibt aber vermehrt Befunde von umgekehrt-U-förmigen Zusammenhängen, bei denen eine mittlere Ausprägung auf einer Persönlichkeitsdimension hohen Berufserfolg vorhersagt, sehr niedrige oder sehr hohe Werte jedoch nicht (Le, Oh, Robbins, Ilies, Holland & Westrick, 2011).

So differenzierten Minbashian, Bright und Bird (2009) in einer Untersuchung an 179 Managern Extraversion in agentische Facetten (z. B. Aktivität, Durchsetzungsfähigkeit) und kommunale Facetten (z. B. Geselligkeit, Herzlichkeit) und den Berufserfolg entsprechend in Getting ahead (agentisch) und Getting along (kommunal) (Hogan, 1983). Agentische Extraversion, nicht aber kommunale Extraversion, korrelierte positiv mit Getting ahead; agentische Extraversion zeigte einen umgekehrt U-förmigen Zusammenhang mit Getting along, d. h. zu niedrige *und* zu hohe agentische Extraversion scheint zu Problemen mit anderen zu führen; und das *Produkt* von agentischer und kommunaler Extraversion korrelierte mit Getting along, d. h. Manager mit hohen Werten in *beiden* Facetten von Extraversion scheinen am besten mit anderen zurechtzukommen.

Ein umgekehrt U-förmiger Zusammenhang wurde auch zwischen Durchsetzungsfähigkeit und Führungsqualität gefunden (Ames & Flynn, 2007), d. h. zu hohe Durchsetzungsfähigkeit scheint Führungsqualitäten aufgrund negativer Beziehungen zu behindern. Das stimmt mit Ergebnissen zur *Dunklen Triade* überein (Dark triad; Triade problematischer Persönlichkeitsausprägungen, bestehend aus hohen Werten in Narzissmus, Machiavellismus und Psychopathie; Paulhus & Williams, 2002). Eine Metaanalyse von O'Boyle et al. (2012) fand nur geringe lineare Zusammenhänge mit Berufserfolg (insgesamt nur 1 % erklärte Varianz), aber vergleichsweise starke mit kontraproduktivem Verhalten (28 % erklärte Varianz), und Jonason, Slomski und Partyka (2012) berichteten starke Zusammenhänge mit manipulativem Verhalten und Bedrohungen von Mitarbeitern.

Eine zweite Differenzierung betrifft die Methode der Persönlichkeitsdiagnostik. Während die meisten Studien zur Vorhersage des Berufserfolgs Selbstbeurteilungen, seltener Fremdbeurteilungen in Fragebögen benutzen, verdichten sich Hinweise, dass gerade bei gut beobachtbaren Eigenschaften wie Extraversion Beurteilungen aufgrund von Einstellungsinterviews eine höhere prädiktive Validität zeigen als Selbstbeurteilungen, auch weil sie weniger anfällig gegenüber Verfälschungstendenzen hin zu erwünschten Werten sind. So fanden Huffcutt, Conway, Roth und Stone (2001) in einer Metaanalyse von 8 Studien mit insgesamt 1.055 Interviewten eine „wahre" Korrelation von .33 zwischen Extraversion und dem Berufserfolg, die deutlich höher ausfiel als die in den Metaanalysen von Barrick und Mitarbeitern.

Insgesamt kann jedenfalls festgehalten werden, dass viele Aspekte einer erfolgreichen Arbeitstätigkeit systematisch mit Persönlichkeitsdimensionen zusammenhängen. Wie im nächsten Abschnitt deutlich wird, geht die heutige Forschung aber weit über den schlichten Ansatz einer Korrelation zwischen Persönlichkeitsdimensionen und Berufserfolg hinaus, indem sie die Passung zwischen Persönlichkeit und Umwelt mit berücksichtigt.

2 Die Bedeutung der Passung zwischen Persönlichkeit und Arbeitsumwelt

2.1 Person-Umwelt-Passung

So wie überdauernde Tendenzen im Erleben und Verhalten eines Menschen dessen Persönlichkeit beschreiben, charakterisieren überdauernde Tendenzen eines Menschen, sich in bestimmten Situationen zu befinden, dessen *persönliche Umwelt* (vgl. Asendorpf & Neyer, 2012, Kap. 5). Die persönliche Umwelt ist der stabile Teil der Situationen, in dem sich Mitglieder einer Bezugsgruppe unterscheiden. Die persönliche Umwelt kann zum Persönlichkeitsprofil einer Person mehr oder weniger gut passen *(Person-Umwelt-Passung)*. Ist z. B. die Geselligkeit stark ausgeprägt, passt eine Stelle mit viel Kundenkontakt hierzu besser als eine in der Rechnungsabteilung; ist Offenheit für Ideen stark ausgeprägt, passt eine Stelle in der Entwicklungsabteilung hierzu besser als eine im Controlling.

Passung ist eine spezielle Form der statistischen Person-Umwelt-Interaktion insofern, als die Effekte von Persönlichkeitsmerkmalen umweltabhängig sind. So ist Extraversion bei Managern umso förderlicher für ihren Berufserfolg, je häufiger soziale Interaktionen in ihrem beruflichen Alltag vorkommen, je stärker die Organisationskultur diese Eigenschaft fördert oder behindert (z. B. wie stark sie eher agentisch oder kommunal ausgerichtet ist), und je stärker sie auch in der unmittelbaren Interaktion mit anderen am Arbeitsplatz wertgeschätzt wird (vgl. Tett & Burnett, 2003, für eine ausführliche Diskussion). Es liegt auf der Hand, dass immer dann, wenn es derartige Person-Umwelt-Interaktionen gibt, die Effekte der Person-Umwelt-Passung stärker sind als die Effekte der Persönlichkeit selbst, da erstere die Umwelt mit berücksichtigen. Deshalb sollte die Person-Umwelt-Passung oft bessere Vorhersagen des Berufserfolgs erlauben als isoliert betrachtete Persönlichkeitsmerkmale.

Das Konzept der Person-Umwelt-Passung ist seit Parsons (1909) fester Bestandteil der Arbeits- und Organisationspsychologie, wobei die empirischen Untersuchungen zu Passungs-Effekten zunehmend differenzierter geworden sind. Zum einen werden oft vier Aspekte der Arbeitsumwelt unterschieden: Passung zur Tätigkeit, zum Team, zum Vorgesetzten und zur Organisation selbst (Kristof-Brown, Zimmerman & Johnson, 2005). Zudem lassen sich zwei unterschiedliche Formen der Passung unterscheiden (Kristof, 1996): *komplementäre Passung* (die Persönlichkeit passt zu Anforderungen der Umwelt oder die Umwelt passt zu Anforderungen der Person, z. B. befriedigt Bedürfnisse nach Macht, Geselligkeit oder Leistung) und *Ähnlichkeit* (z. B. in der Wertschätzung von Leistung).

Methodisch muss berücksichtigt werden, dass direkte Beurteilungen der Passung *(wahrgenommene Passung)*, getrennte Beurteilung von Persönlichkeit und Umwelt durch dieselbe Person *(subjektive Passung)* und getrennte Beurteilung von Persönlichkeit und Umwelt durch unterschiedliche Personen *(objektive Passung)* zu unterschiedlichen Ergebnissen führen können. Denn Beurteilungen können durch individuelle Antworttendenzen (z. B. zu mehr oder weniger positiven oder mehr oder weniger extremen Urteilen) verzerrt sein, sodass Urteile durch denselben Beurteiler Ähnlichkeiten eher überschätzen und Urteile durch unterschiedliche Beurteiler Ähnlichkeiten eher unterschätzen.

2.2 Person-Umwelt-Passung und Berufserfolg

Kristof-Brown, Zimmerman und Johnson (2005) führten eine Metaanalyse aller einschlägigen Studien durch, in denen die Person-Umwelt-Passung in Beziehung zu Kriterien des Berufserfolgs gesetzt wurde (vgl. Tabelle 3). Hierbei wurden aufseiten der Person Persönlichkeitsmerkmale in einem breiten Sinn einbezogen, nämlich Fähigkeiten, Temperament, Bedürfnisse und Motive, Interessen, Einstellungen und Werthaltungen (vgl. hierzu Asendorpf & Neyer, 2012, Kap. 4).

Tabelle 3: Korrelationen zwischen der Person-Umwelt-Passung und erfolgreicher Tätigkeit (nach Kristof-Brown et al., 2005)

Erfolgskriterium	Passung zwischen Person und			
	Tätigkeit	Team	Vorgesetzten	Organisation
Erfolg allgemein	.20	.19	.18	.07
Zufriedenheit				
– eigene	.56	.31	.44	.44
– Mitarbeiter	.32	.42	–	.39
– Vorgesetzte	.33	.28	.46	.33
Team-Zusammenhalt	–	.27	–	–
Engagement	.47	.19	.09	.51
Beförderung	.18	.06	.09	.03

Anmerkung: Für Varianzeinschränkung und Unreliabilität korrigierte Korrelationen. „–" bedeutet: nicht berichtet.

Tabelle 3 legt im Vergleich zu Tabelle 2 nahe, dass wie erwartet die Passung der Persönlichkeit zur Arbeitsumwelt wichtiger für den Berufserfolg ist als die Persönlichkeit selbst, wobei die Effekte auf Zufriedenheit höher sind als auf andere Aspekte des Berufserfolgs. Für die Qualität der Ergebnisse spricht, dass die eigene Zufriedenheit am höchsten mit der Passung zur Tätigkeit korreliert, die Zufriedenheit der Mitarbeiter am höchsten mit der Passung zum Team und die Zufriedenheit des Vorgesetzten am höchsten mit der Passung zum Vorgesetzten, und dass die Passung zur Organisation am besten das Engagement in der Organisation vorhersagt.

Allerdings müssen vor allem die hohen Korrelationen mit Zufriedenheit relativiert werden, weil sie stark mit der Methode variierten. Wahrgenommene und subjektive Passung korrelierten mit Zufriedenheit deutlich stärker als die objektive Passung (z. B. waren die entsprechenden Korrelationen für die Passung zur Tätigkeit als Prädiktor der eigenen Zufriedenheit .58, .59, .28). Aber auch bei Berücksichtigung nur der objektiven Passung (die die tatsächliche Passung eher unterschätzt) fielen die Korrelationen höher aus als die mittlere Korrelation über alle Big Five-Dimensionen. Das unterstreicht die Bedeutung der Person-Umwelt-Passung für eine erfolgreiche Tätigkeit.

3 Die Bedeutung der Stabilität von Persönlichkeitsunterschieden

3.1 Stabilität und Veränderung der Persönlichkeit

Die bisherige Diskussion betrachtete Persönlichkeit und Umwelt als statisch und gegeben. Beide können sich jedoch langfristig ändern, auch die Persönlichkeit. Das ist kein Widerspruch zur Definition der Persönlichkeit als Gesamtheit aller kurzfristig stabilen Tendenzen im Erleben und Verhalten, weil mit „langfristig" längere Zeiträume, gemessen in Jahren, gemeint sind. In den letzten Jahrzehnten wurden zahlreiche große Längsschnittstudien durchgeführt, in denen die Persönlichkeit derselben Stichprobe in großen Zeitabständen immer wieder erhoben wurde. Dadurch lassen sich zwei unterschiedliche Aspekte der Persönlichkeitsstabilität empirisch untersuchen: Mittelwertstabilität und differentielle Stabilität (auch Rangordnungsstabilität genannt).

Unter *Mittelwertstabilität* wird verstanden, ob sich die Mittelwerte in Persönlichkeitsmerkmalen wie z. B. den Big Five mit wachsendem Lebensalter ändern. Am einfachsten lässt sich das untersuchen, indem man in einer großen altersgemischten Stichprobe die Mittelwerte der verschiedenen Altersgruppen vergleicht; sind z. B. heutige 40-Jährige gewissenhafter als heutige 20-Jährige? Allerdings bleibt dabei unklar, ob die so gefundenen Mittelwertunterschiede tatsächlich auf Unterschiede im Lebensalter zurückzuführen sind; es könnte sich auch oder sogar ausschließlich um historisch bedingte Unterschiede der miteinander verglichenen Geburtsjahrgänge handeln (Kohorteneffekte). Waren vielleicht die heute 40-Jährigen im Alter von 20 Jahren bereits genauso gewissenhaft wie die heute 20-Jährigen? Dann wäre die Mittelwertstabilität perfekt, obwohl sich die Altersgruppen heute unterscheiden.

Deshalb erfordern Aussagen zur Mittelwertstabilität Längsschnittstudien, in denen dieselbe große Stichprobe von Personen in mehrjährigem Abstand wiederholt untersucht wird; so gefundene Mittelwertveränderungen können nicht auf Kohorteneffekte zurückgehen. Roberts, Walton und Viechtbauer (2006) führten eine Metaanalyse aller derartigen Längsschnittstudien zur Mittelwertstabilität von Persönlichkeitsmerkmalen durch und fanden, dass zwischen dem Alter von 22 und 40 Jahren Neurotizismus abnimmt (Effektgröße $d = -0.49$) und Gewissenhaftigkeit ($d = 0.48$) und Verträglichkeit ($d = 0.23$) zunehmen, was als zunehmend reife Persönlichkeit interpretiert werden kann. Specht, Egloff und Schmukle (2011) konnten dagegen in einer großen repräsentativen deutschen Längsschnittstudie, dem Sozio-oekonomischen Panel (SOEP) des Deutschen Instituts für Wirtschaftsforschung, lediglich eine Zunahme von Gewissenhaftigkeit bis zum Alter von 40 Jahren bestätigen.

Die Mittelwertstabilität eines Merkmals sagt allerdings noch nichts über die Stabilität der Rangfolge der Personen in dem Merkmal aus *(differentielle Stabilität)*. Wenn der Mittelwert sich ändert und alle Personen die gleiche Veränderung zeigen, bleibt die Rangfolge der Personen im Merkmal gleich; ändert sich der Mittelwert nicht, könnten sich dennoch starke Verschiebungen in der Rangfolge ergeben, wobei Zunahmen und Abnahmen sich die Waage halten. Entscheidend für die Frage nach der Veränderung der individuellen Persönlichkeit ist die differentielle Stabilität, die durch die Korrelation des Merkmals zwischen Zeitpunkten bestimmt wird. Ist sie hoch, gibt es höchstens alterstypische Veränderungen, nicht aber Persönlichkeitsveränderungen, also Veränderungen im Vergleich zu Gleichaltrigen; ist sie niedrig, bedeutet dies Persönlichkeitsveränderungen (vgl. Asendorpf & Neyer, 2012, Kap. 6).

Roberts und DelVecchio (2000) fanden in einer Metaanalyse aller vorliegenden Längsschnittstudien zu Persönlichkeitsmerkmalen eine Zunahme der differentiellen Stabilität bis zum Alter von 50 bis 60 Jahren, wobei der mittlere Abstand zwischen den Persönlichkeitserhebungen 7 Jahre betrug. In diesem Alter erreichte die Stabilität fast die Reliabilität (Zuverlässigkeit der Messung) von durchschnittlich .78, d. h., es gab in diesem Alter eine nahezu perfekte „wahre" Stabilität (vgl. Abbildung 1). Specht et al. (2011) konnten dies mithilfe des SOEP weitestgehend bestätigen. Dies widerlegt klar frühere Annahmen, dass die Persönlichkeitsentwicklung im Alter von 30 Jahren oder gar schon im Kindesalter abgeschlossen sei. Vielmehr zeigen viele Menschen im Verlauf des Erwerbslebens durchaus noch Persönlichkeitsveränderungen; dies legt nahe, dass es möglich ist, durch gezielte Maßnahmen Persönlichkeitsmerkmale auch noch im Erwerbsalter zu verändern. Andererseits ist die Stabilität der Persönlichkeit bereits ab dem Vorschulalter so hoch (vgl. Abbildung 1), dass überzufällige langfristige Vorhersagen bis ins Erwachsenenalter hinein möglich sind (vgl. Asendorpf & Neyer, 2012, Kap. 6). Gilt das auch für die Vorhersage des Berufserfolgs?

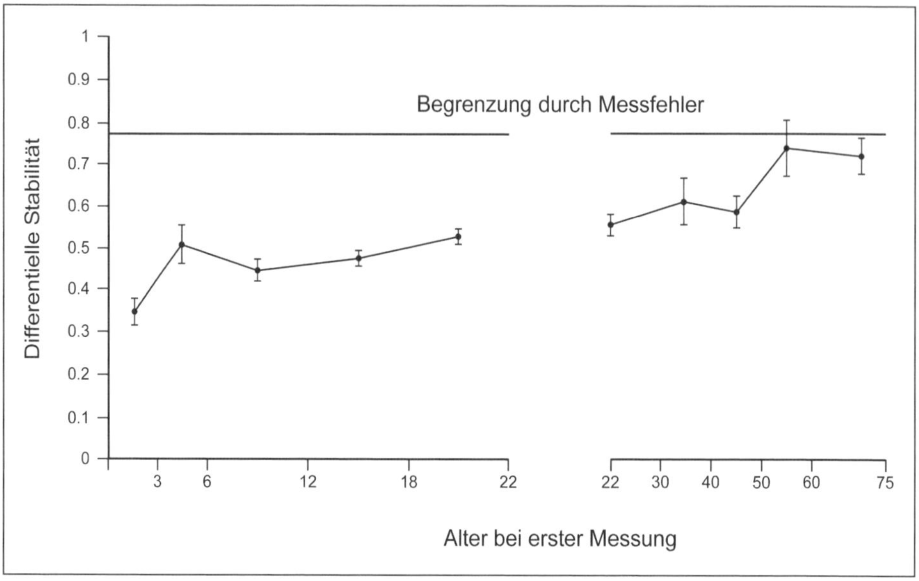

Abbildung 1: Sieben-Jahres-Stabilität von Persönlichkeitsunterschieden im Verlauf des Lebens (nach Asendorpf, 2002)

3.2 Vorhersagekraft der Persönlichkeit für Berufswahl und Berufserfolg

Judge, Higgins, Thoresen und Barrick (1999) konnten erstmals zeigen, dass sich Berufswahl und Berufserfolg bereits durch Persönlichkeitsmerkmale im Kindesalter vorhersagen lassen (vgl. Infobox 1). Dies ist insofern sehr viel aussagekräftiger als Querschnitts- oder kurzfristige Längsschnittvorhersagen, weil die berufliche Karriere nach Erfassung der Persönlichkeit begann, sodass der ausgeübte Beruf keine Auswirkungen auf die Persönlichkeit gehabt haben konnte. Diese Studie und andere kurzfristigere Längsschnittstudien bestätigen eindrucksvoll die Vorhersagekraft der Persönlichkeit für Berufserfolg und Berufswahl.

Infobox 1: Persönlichkeit im Kindesalter sagt Berufswahl und Berufserfolg vorher

Judge et al. (1999) analysierten Daten von drei kalifornischen Längsschnittstudien, in denen die Persönlichkeit (Big Five) im Alter von 12 bis 14 Jahren um 1930 herum erfasst und dann mit der Art des ausgeübten Berufs (Klassifikation von Holland, 1996) und dem Berufserfolg (extrinsisch: Berufsprestige und Einkommen; intrinsisch: Arbeitszufriedenheit) im mittleren Erwachsenenalter korreliert wurde. Die Vorhersagen gingen über 30 bis 35 Jahre. Extraversion sagte die Ausübung eines sozialen Berufs positiv und Verwaltungstätigkeit negativ vorher, Gewissenhaftigkeit die eines forschenden Berufs positiv und Offenheit handwerklich-technische Berufe negativ. Extrinsischer und intrinsischer Erfolg wurden durch Gewissenhaftigkeit und Offenheit positiv und durch Neurotizismus negativ vorhergesagt; bei optimaler Gewichtung aller Big Five (multiple Korrelation) sagten sie extrinsischen Erfolg zu .54 und intrinsischen Erfolg zu .42 vorher. Die Vorhersagen des Berufserfolgs durch die Persönlichkeit im Erwachsenenalter waren nur unwesentlich stärker als Vorhersagen durch die kindliche Persönlichkeit (extrinsisch: .56, intrinsisch: .51).

4 Prozesse der Person-Umwelt-Passung

Die Studie von Judge et al. (1999) weist auf *Selektionsprozesse durch die Persönlichkeit* hin. In Abhängigkeit von der Persönlichkeit wählen Menschen bestimmte Berufsfelder und sind in ihrem Beruf mehr oder weniger erfolgreich und zufrieden. Im Falle von Organisationen wird hier auch von *Gravitation* gesprochen (Wilk, Desmarais & Sackett, 1995): So wie ein Himmelskörper Anziehung auf alle Masse in seiner Umgebung ausübt, üben bestimmte Organisationen eine Anziehung auf die Menschen aus, die glauben, dass sie dort ihre beruflichen Interessen umsetzen können. Wer sich bei einer Unternehmensberatung wie McKinsey bewirbt, wird sich eher nicht bei einer Entwicklungshilfe-Organisation bewerben und umgekehrt – es sei denn, seine oder ihre Interessen haben sich grundlegend geändert.

Eine solche Änderung der Interessen kann durch Erfahrungen am Arbeitsplatz bedingt sein, die den ursprünglichen Erwartungen widersprachen. Während bei Selektionsprozessen die Kausalität von der Person zum Beruf läuft, läuft sie in diesem Fall umgekehrt vom Beruf zur Person. Allgemein spricht man von *beruflichen Sozialisationsprozessen*, wenn sich Personen durch berufliche Erfahrungen verändern. Hierzu gehören Prozesse der Anpassung an die Arbeitsumwelt, aber auch solche der missglückten Anpassung, die zu Unzufriedenheit, Fehlzeiten und Kündigung führen. Gibt es auch Veränderungen der Persönlichkeit durch berufliche Sozialisation? Erschwert wird dies durch die Stabilität von Persönlichkeitsmerkmalen, die allerdings zumindest bis ins mittlere Erwachsenenalter hinein immer noch Raum für Veränderung lässt (vgl. Abbildung 1).

Obwohl eine umfangreiche Literatur zu Effekten beruflicher Sozialisation in Organisationen vorliegt (Moser, 2004), gibt es nur wenige Längsschnittstudien zu Effekten auf Persönlichkeitsmerkmale. So fanden Brousseau und Prince (1981) in einem 7-Jahres-Längsschnitt bei männlichen Ingenieuren, dass Tätigkeitsmerkmale Veränderungen in 9 von 10 Dimensionen eines relativ umfassenden Persönlichkeitsinventars vorhersagten. Roberts (1997) fand bei studierten Frauen, dass Ausmaß und Erfolg der beruflichen Tätigkeit einen Anstieg in sozialer Dominanz und Gewissenhaftigkeit zwischen dem Alter von 27 und 43 Jahren vorhersagten, und Roberts und Chapman (2000) berichteten für dieselbe Stichprobe sinkenden Neurotizismus zwischen dem Alter von 21 bis 52 Jahren als Konsequenz von Arbeitszufriedenheit.

Die meisten dieser Studien zu Selektions- und Sozialisationsprozessen haben nur eine der beiden Kausalrichtungen (Persönlichkeit auf die Umwelt oder Umwelt auf die Persönlichkeit) betrachtet. Roberts, Caspi und Moffitt (2003) fanden in einer repräsentativen neuseeländischen Längsschnittstudie an 910 jungen Erwachsenen, dass Facetten der Extraversion und Verträglichkeit im Alter von 18 Jahren beruflichen Status, Arbeitszufriedenheit und bestimmte Arbeitsmerkmale wie z. B. Autonomie der Tätigkeit im Alter von 26 Jahren vorhersagten. Diese beruflichen Variablen sagten wiederum entsprechende Persönlichkeitsveränderungen zwischen 18 und 26 Jahren vorher, z. B. Autonomie der Tätigkeit eine Zunahme an agentischer Extraversion. Die Autoren interpretierten dies als *Korresponsivitätsprinzip* der Persönlichkeitsentwicklung: Eigenschaften, die zu bestimmten Umwelterfahrungen führen, sind auch diejenigen Eigenschaften, die sich durch eben diese Umwelterfahrungen verstärken (zumindest was Selbstbeurteilungen der Persönlichkeit angeht). Hier korrespondieren also Selektions- und Sozialisationsprozesse.

Denissen, Ulferts, Lüdtke, Muck und Gerstorf (2014) konnten das Korresponsivitätsprinzip für die Big Five nur teilweise bestätigen, wobei besondere Stärken ihrer Untersuchung im Kreuzkorrelationsdesign, der großen repräsentativen Stichprobe, der Unterscheidung von Berufstätigen mit bzw. ohne Berufswechsel und der objektiven Erfassung persönlichkeitsrelevanter Merkmale der Arbeitsumwelt bestehen (siehe Infobox 2). Ihre Untersuchung zeigt, dass innerhalb eines relativ kleinen Zeitfensters von 4 Jahren Selektionsprozesse nicht nur bei der ersten Berufswahl, sondern auch bei Berufswechsel stattfinden und dass Sozialisationsprozesse eher bei stabilem Berufsfeld wirksam werden.

Infobox 2: Berufliche Selektion und Sozialisation: Eine Kreuzkorrelationsstudie

Denissen et al. (2014) untersuchten im Sozio-oekonomischen Panel (SOEP) bei über 7.000 Erwerbstätigen zu zwei Messzeitpunkten im Abstand von 4 Jahren simultan die Big Five, den Beruf und persönlichkeitsrelevante Arbeitsanforderungen des Berufs, die von Experten aufgrund der Berufsbeschreibung beurteilt wurden, sodass Persönlichkeit und Arbeitsanforderungen aus weitestgehend unabhängigen Datenquellen stammten und ihre Passung besonders gut untersucht werden konnte. Das Design erlaubt die Unterscheidung direkter Effekte der Arbeitsumwelt auf die Persönlichkeit unabhängig von indirekten, die durch Korrelation beider Variablen zum ersten Messzeitpunkt und die Stabilität der Persönlichkeit bedingt sind; entsprechendes gilt für direkte und indirekte Effekte der Persönlichkeit auf die Arbeitsumwelt. Die direkten Effekte sind bessere Schätzungen kausaler Effekte als die einfachen Korrelationen über die Zeit, weil sie für die indirekten Effekte statistisch kontrollieren (Kreuzkorrelationsdesign; vgl. Asendorpf & Neyer, 2012, Kap. 3.7). Zudem wurden Berufsanfänger, kontinuierlich im selben Beruf Tätige und Berufswechsler unterschieden.

Denissen et al. (2014) fanden deutliche Selektionseffekte der Big Five für Berufsanfänger und Berufswechsler. Sozialisationseffekte auf die Persönlichkeit waren vergleichsweise schwächer und betrafen hauptsächlich die kontinuierlich im selben Beruf Tätigen. Die Korresponsivität der Selektions- und Sozialisationseffekte variierte je nach Persönlichkeitsdimension und Gruppe, sodass Korresponsivität kein allgemeingültiges Prinzip zu sein scheint.

5 Konsequenzen für die Personalentwicklung

Wenn es das Ziel der Personalentwicklung ist, den Berufserfolg der Mitarbeiter zu erhöhen, liegt es nahe, aus den gut gesicherten Korrelationen zwischen Merkmalen des Berufserfolgs und grundlegenden Persönlichkeitsmerkmalen (vgl. Tabelle 2) zu schließen, dass Maßnahmen der Personalentwicklung auch darauf abzielen sollten, erfolgsförderliche Persönlichkeitsmerkmale zu verstärken. Darauf setzen Angebote, die Persönlichkeit von Mitarbeitern durch Persönlichkeits- und Sensitivitätstrainings zu „optimieren“ (Leidenfrost, Götz & Hellmeister, 2000; Meier & Storch, 2013; Röschmann, 1998). Trainings dieser Art sind aber eher dubioser Natur und können für nicht wenige Teilnehmer zu einem verminderten Selbstwertgefühl und erhöhter sozialer Unsicherheit führen (Schwertfeger, 1998). Seriöse Evaluationen des Trainingserfolgs durch Vergleich der Effekte mit Kontrollgruppen, längerfristige Nachbefragungen und Prüfung von Transfereffekten auf den Arbeitsalltag scheint es noch nicht zu geben.

Zudem gibt es grundlegende Einwände gegen das „Drehen an der Persönlichkeitsschraube“. Der obige Schluss von Korrelationen auf Kausalität beruht auf einer einseitigen kausalen Interpretation der Korrelationen als Effekte von Selektionsprozessen: Die Persönlichkeit bestimmt den Berufserfolg. Wie aber in der Diskussion von Sozialisationseffekten deutlich wurde, kann auch das Umgekehrte gelten (Berufserfolg führt zu Veränderungen der Persönlichkeit). Auch können unberücksichtigte Drittvariablen sowohl Persönlichkeitsmerkmale als auch den Berufserfolg beeinflussen und so zu Korrelationen führen, ohne dass überhaupt Kausalität zwischen Persönlichkeit und Berufserfolg fließt. So könnte die Übernahme von Verantwortung sowohl Gewissenhaftigkeit als auch den Berufserfolg fördern; in diesem Fall sollte die Übernahme von Verantwortung das Ziel von Maßnahmen der Personalentwicklung sein, nicht die Förderung von Gewissenhaftigkeit. Und nicht zuletzt können die Ergebnisse der in Tabelle 2 berichteten Metaanalysen bedeutsame Wechselwirkungen zwischen Persönlichkeit und Arbeitsumwelt verschleiern, weil über ganz verschiedene Umwelten gemittelt wurde (vgl. Infobox 3).

Infobox 3: Unterschiedliche Effekte von Extraversion je nach Arbeitsumwelt

Grant, Gino und Hofmann (2011) untersuchten Effekte der Extraversion von 57 Managern einer großen Pizzakette in den USA. Die Manager waren jeweils nur für ihre eigene Filiale zuständig. Unterschieden wurde die Arbeitsumwelt dieser Manager danach, wie proaktiv ihre Mitarbeiter waren (u. a. motiviert, hohe Eigenverantwortung, konstruktive Vorschläge zur Lösung von Problemen; beurteilt durch die 374 Mitarbeiter). Die Manager beurteilten sich selbst in den Big Five, sodass die Daten zu Persönlichkeit und Umwelt aus unterschiedlichen Quellen stammten. Es ergab sich eine vollständige statistische Interaktion zwischen den Effekten von Extraversion und Proaktivität auf den realisierten Gewinn der Filialen (vgl. Abbildung 2a). Extraversion war förderlich bei passiven Mitarbeitern, aber hinderlich bei proaktiven Mitarbeitern.

Dieses Ergebnis wurde in einer zweiten Studie durch ein Laborexperiment repliziert, in dem es darum ging, möglichst viele T-Shirts in begrenzter Zeit zu falten. Die 56 „Manager" wurden überzeugt, dass extravertiertes bzw. introvertiertes Verhalten förderlich sei und die 112 „Mitarbeiter" waren instruiert, sich passiv oder proaktiv zu verhalten. Die statistische Interaktion zwischen Extraversion und Proaktivität bei der Vorhersage der Zahl gefalteter T-Shirts fiel genauso aus wie bei den Pizza-Managern (vgl. Abbildung 2b). Diese Befunde beruhen vermutlich auf dem gut gesicherten generellen Prinzip der Komplementarität von Dominanz und Submission in sozialen Interaktionen (Carson, 1969; Kristof-Brown, Barrick & Stevens, 2005). Die eher dominanten extravertierten Manager kamen mit proaktiven Initiativen ihrer Mitarbeiter nicht zurecht, während die introvertierten Manager die proaktiven Initiativen ihrer Mitarbeiter nicht behinderten oder sogar förderten. Dies zeigt, dass es für die Pizzakette nicht sinnvoll gewesen wäre, für die Filialen möglichst extravertierte Manager einzustellen oder zu versuchen, ihnen in Persönlichkeitstrainings beizubringen, sich extravertierter zu verhalten. Vielmehr wäre es sinnvoll, die Manager zu schulen, sich Mitarbeiter auszuwählen, die zu ihrer Persönlichkeit passen (es handelte sich um Franchise-Unternehmer).

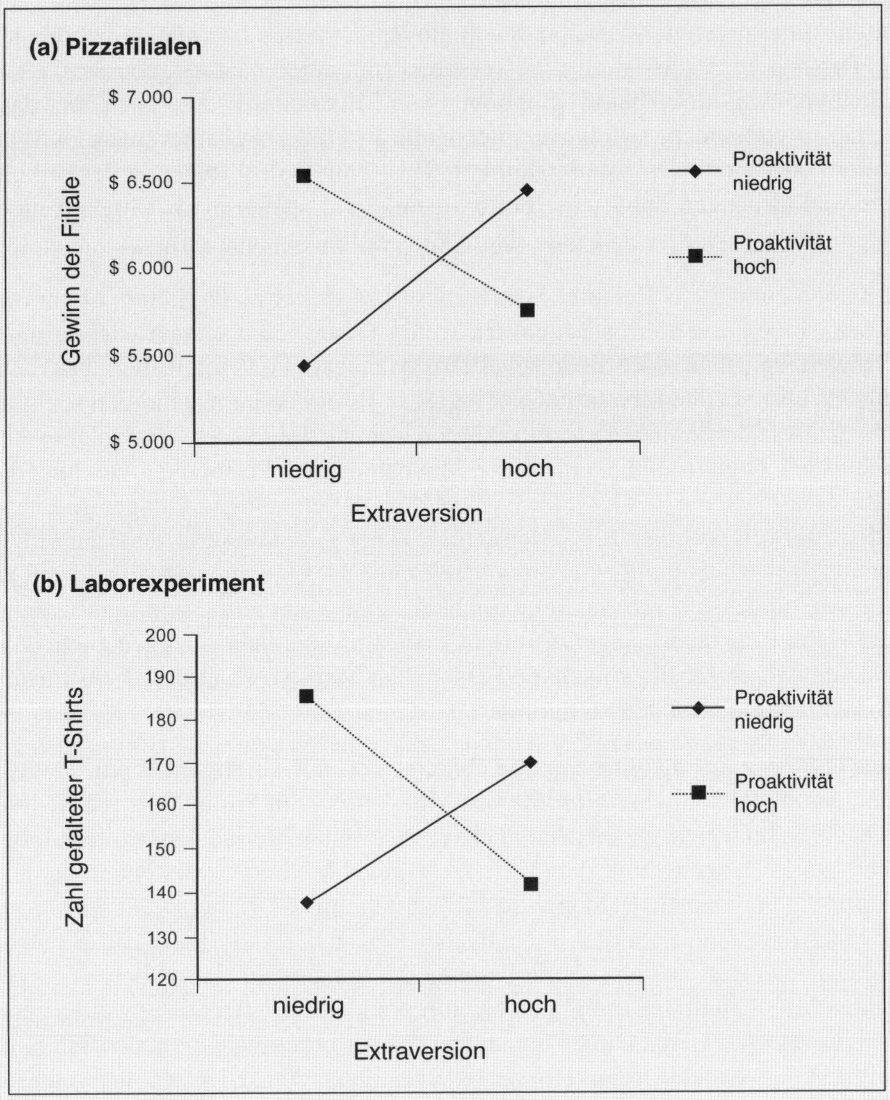

Abbildung 2: Statistische Interaktion zwischen Extraversion von Managern und Proaktivität ihrer Mitarbeiter (nach Grant et al., 2011)

Die Ergebnisse der empirischen Forschung weisen eher darauf hin, dass der Berufserfolg im Rahmen der Personalentwicklung dadurch gesteigert werden kann, dass eine gute Passung zwischen Arbeitsumwelt und Persönlichkeit hergestellt wird, denn diese Passung sagt den Berufserfolg besser vorher als die isoliert betrachteten Persönlichkeitsmerkmale (vgl. Tabelle 3), und die Passung kann durch Änderungen der Arbeitsumwelt einfacher gezielt beeinflusst werden als die Persönlichkeit. Es ist also vielversprechend, durch Maßnahmen der Personalentwicklung die Arbeitsbedingungen von Mitarbeitern so zu gestalten, dass sie deren vorhandene erfolgsversprechende Persönlichkeitsmerkmale optimal fördern oder zumindest nicht behindern. Das schließt nachfolgende Persönlichkeitsveränderungen durch eine befriedigende und erfolgreiche Tätigkeit nicht aus, sondern fördert sie auf indirektem Weg vielleicht sogar optimal.

Um noch einmal das Beispiel extravertierter Manager zu bemühen: Organisationen, die extravertierten Managern wenig Gelegenheit zum Ausleben ihrer Extraversion geben, oder die introvertierte Manager, die Erfolge eher über Leistung als über soziale Interaktion erbringen, in Positionen mit ständigen sozialen Interaktionsanforderungen pressen, werden wenig Erfolg in der Personalentwicklung haben. Organisationen, die durch Maßnahmen der Personalentwicklung die Passung zwischen dem Grad der Extraversion der einzelnen Manager und ihrer Arbeitsumwelt optimieren, werden erfolgreicher sein. Dies erfordert, die Extraversion der Manager und extraversionsrelevante Aspekte ihrer Arbeitsumwelt zu erfassen, eingeschlossen die Persönlichkeit ihrer Mitarbeiter, und durch geeignete Platzierung der Manager in vorhandene Arbeitsbereiche oder geeignete Umgestaltung ihrer Arbeitsumwelt die Passung der Manager zu ihrer Arbeitsumwelt hinsichtlich Extraversion zu optimieren.

Dies lässt sich auf mehrere Persönlichkeitsmerkmale verallgemeinern. Es geht dann darum, Persönlichkeitsprofile von Mitarbeitern mit Profilen der Arbeitsumwelt, die auf entsprechenden persönlichkeitsrelevanten Merkmalen beruhen, möglichst gut in Deckung zu bringen. Hierzu können Methoden verwendet werden, die für die Personalauswahl entwickelt wurden, um Bewerberprofile mit Profilen von Arbeitsanforderungen abzugleichen (vgl. z. B. das System PERLS, www.eligo.de), nur dass es hier um die Passung der Persönlichkeit von bereits eingestellten Mitarbeitern und möglichen Konfigurationen von Arbeitsumwelten geht. Hierzu können z. B. die Dimensionen und das Anforderungsmodul des BIP bzw. BIP-AM verwendet werden (Hossiep & Bräutigam, 2006). Umsetzungen dieses Ansatzes zur Passungserhöhung im Rahmen der Personalentwicklung liegen m. W. jedoch noch nicht vor.

6 Zusammenfassung und Ausblick

Dieses Kapitel hat gezeigt, dass bedeutsame Zusammenhänge zwischen Persönlichkeit, Berufswahl und Berufserfolg bestehen, die durch Selektionseffekte der Persönlichkeit, aber auch durch Sozialisationseffekte der Arbeitsumwelt zustande kommen. Das führt zu einer mehr oder weniger guten Passung zwischen Persönlichkeit und Arbeitsumwelt. Da die Persönlichkeit im Erwachsenenalter relativ stabil ist, ist es wenig erfolgsversprechend, sie direkt durch Training und Beratung der Arbeitsumwelt anzupassen. Vielmehr sollte Personalentwicklung darauf abzielen, die Passung zwischen Persönlichkeit und Arbeitsumwelt zu optimieren. Das ist keine einfache Aufgabe, weil oft mehrere relevante Persönlichkeitsmerkmale berücksichtigt werden müssen. Dies kann z. B. durch den Abgleich von Merkmalsprofilen der Persönlichkeit und der Arbeitsumwelt geschehen, wobei unvermeidbare Arbeitsanforderungen, mangelnde Kompetenzen vorhandener Mitarbeiter, mangelnde Verfügbarkeit neuer Mitarbeiter, materielle und psychische Kosten von Veränderungen und nicht zuletzt negative Konsequenzen der Passungsoptimierung für ein Persönlichkeitsmerkmal auf die Passung zu anderen Persönlichkeitsmerkmalen die Optimierung der Gesamtpassung erschweren.

Die bisherigen Beiträge der Persönlichkeitspsychologie zur Personalentwicklung beruhten weitestgehend auf Selbst- und Bekanntenurteilen über Persönlichkeitsmerkmale. Obwohl viele angewandte Studien mit Mitarbeitern von Organisationen durchgeführt wurden, beruhen viele Grundlagenstudien auf repräsentativen Bevölkerungsstichproben (z. B. SOEP) oder Stichproben von Studierenden; letztere müssen mit entsprechender Vorsicht betrachtet werden.

Die klassischen „reaktiven" Methoden der Persönlichkeitsdiagnostik, bei denen Informanten nach Persönlichkeitseinschätzungen gefragt werden, werden neuerdings durch „nicht-reaktive" Methoden der Persönlichkeitserfassung ergänzt, bei denen aus dem individuellen Verhalten bei der Nutzung von Medien (z. B. Telefon, E-Mail, soziale Netzwerke) auf Persönlichkeitsmerkmale geschlossen wird. Hierzu werden in massiven Datensätzen, z. B. von Facebook, Google oder Mobilfunk- und Internetprovidern *(Big Data)*, die *digitalen Spuren* von Individuen bezüglich Persönlichkeit und sozialen Beziehungen ausgewertet (vgl. für eine Übersicht Lambiotte & Kosinski, 2014). So fanden z. B. Youyou, Kosinski und Stillwell (2015) in einer Analyse von 86.000 Facebook-Nutzern, dass automatische Analysen der Facebook-Likes die selbstbeurteilten Big Five Persönlichkeitsmerkmale, Werthaltungen, politische Einstellungen, Gesundheit und soziale Beziehungen besser vorhersagen können als Beurteilungen durch Freunde oder Arbeitskollegen.

Die Erstellung derartiger Nutzerprofile aus digitalen Spuren auch der Arbeitstätigkeit und ihre Nutzung zur Personalentwicklung bietet Organisationen neue Möglichkeiten, stellt sie aber auch vor neue Herausforderungen, insbesondere was Datenschutzprobleme angeht. Es bleibt abzuwarten, wie das Recht des Einzelnen auf Privatheit angesichts der verführerischen Verfügbarkeit von Big Data gewahrt werden kann.

Literatur

Ames, D.R. & Flynn, F.J. (2007). What breaks a leader: The curvilinear relation between assertiveness and leadership. *Journal of Personality and Social Psychology, 92,* 307–324. http://doi.org/10.1037/0022-3514.92.2.307

Asendorpf, J.B. (2002). Die Persönlichkeit als Lawine: Wann und warum sich Persönlichkeitsunterschiede stabilisieren. In G. Jüttemann & H. Thomae (Hrsg.), *Persönlichkeit und Entwicklung* (S. 46–72). Weinheim: Beltz.

Asendorpf, J.B. (2013). Persönlichkeit. In M.A. Wirtz (Hrsg.), *Lexikon der Psychologie* (16. Aufl., S. 1170–1172). Bern: Huber.

Asendorpf, J.B. & Neyer, F.J. (2012). *Psychologie der Persönlichkeit* (5. Aufl.). Berlin, Heidelberg: Springer. http://doi.org/10.1007/978-3-642-30264-0

Borkenau, P. & Ostendorf, F. (2008). *NEO-Fünf-Faktoren Inventar (NEO-FFI)* (2. Aufl.). Göttingen: Hogrefe.

Barrick, M.R. & Mount, M.K. (1991). The Big Five personality dimensions and job performance: A meta-analysis. *Personnel Psychology, 44,* 1–26. http://doi.org/10.1111/j.1744-6570.1991.tb00688.x

Barrick, M.R., Mount, M.K. & Judge, T.A. (2001). Personality and performance at the beginning of the new millenium: What do we know and where do we go next? *International Journal of Selection and Assessment, 9,* 9–30. http://doi.org/10.1111/1468-2389.00160

Brousseau, K.R. & Prince, J.B. (1981). Job-person dynamics: An extension of longitudinal research. *Journal of Applied Psychology, 66,* 59 –62. http://doi.org/10.1037/0021-9010.66.1.59

Carson, R.C. (1969). *Interaction concepts of personality.* Chicago, IL: Aldine.

Denissen, J.J.A., Ulferts, H., Lüdtke, O., Muck, P.M. & Gerstorf, D. (2014). Longitudinal transactions between personality and occupational roles: A large and heterogeneous study of job beginners, stayers, and changers. *Developmental Psychology, 50,* 1931–1942. http://doi.org/10.1037/a0036994

Grant, A.M., Gino, F. & Hofmann, D.A. (2011). Reversing the extraverted leadership advantage: The role of employee proactivity. *Academy of Management Journal, 54,* 528–550. http://doi.org/10.5465/AMJ.2011.61968043

Hogan, R. (1983). A socioanalytic theory of personality. In M.M. Page (Ed.), *Nebraska Symposium on Motivation* (Vol. 30, pp. 55–89). Lincoln: University of Nebraska Press.

Holland, J.L. (1996). Exploring careers with a typology: What we have learned and some new directions. *American Psychologist, 51,* 397–406. http://doi.org/10.1037/0003-066X.51.4.397

Hossiep, R. & Bräutigam, S. (2006). Personalauswahl und -entwicklung mit dem Bochumer Inventar zur berufsbezogenen Persönlichkeitsbeschreibung (BIP). In W. Simon (Hrsg.), *Persönlichkeitsmodelle und Persönlichkeitstests* (S. 136–158). Offenbach: Gabal.

Hossiep, R. & Paschen, M. (2003). *Bochumer Inventar zur berufsbezogenen Persönlichkeitsbeschreibung (BIP)* (2. Aufl.). Göttingen: Hogrefe.

Huffcutt, A.I., Conway, J.M., Roth, P.L. & Stone, N.J. (2001). Identification and meta-analytic assessment of psychological constructs measured in employment interviews. *Journal of Applied Psychology, 86,* 897–913. http://doi.org/10.1037/0021-9010.86.5.897

Jonason, P.K., Slomski, S. & Partyka, J. (2012). The Dark Triad at work: How „toxic" employees get their way. *Personality and Individual Differences, 52,* 449–453. http://doi.org/10.1016/j.paid.2011.11.008

Judge, T.A., Bono, J.E., Illies, R. & Gerhardt, M.W. (2002). Personality and leadership: A qualitative and quantitative review. *Journal of Applied Psychology, 87,* 765–780. http://doi.org/10.1037/0021-9010.87.4.765

Judge, T.A., Higgins, C.A., Thoresen, C.J. & Barrick, M.R. (1999). The Big Five personality traits, general mental ability, and career success across the life span. *Personnel Psychology, 52,* 621–652. http://doi.org/10.1111/j.1744-6570.1999.tb00174.x

Kristof, A.L. (1996). Person–organization fit: An integrative review of its conceptualizations, measurement, and implications. *Personnel Psychology, 49,* 1–49. http://doi.org/10.1111/j.1744-6570.1996.tb01790.x

Kristof-Brown, A., Barrick, M.R. & Stevens, C.K. (2005). When opposites attract: A multi-sample demonstration of complementary person-team fit on extraversion. *Journal of Personality, 73,* 935–958. http://doi.org/10.1111/j.1467-6494.2005.00334.x

Kristof-Brown, A.L., Zimmerman, R.D. & Johnson, E.C. (2005). Consequences of individuals' fit at work: A meta-analysis of person-job, person-organization, person-group, and person-supervisor fit. *Personnel Psychology, 58,* 281–342. http://doi.org/10.1111/j.1744-6570.2005.00672.x

Lambiotte, R. & Kosinski, M. (2014). Tracking the digital footprints of personality. *Proceedings of the IEEE, 102,* 1934–1939. http://doi.org/10.1109/JPROC.2014.2359054

Lang, F.R., Lüdtke, O. & Asendorpf, J.B. (2001). Testgüte und psychometrische Äquivalenz der deutschen Version des Big Five Inventory (BFI) bei jungen, mittelalten und alten Erwachsenen. *Diagnostica, 47,* 111–121. http://doi.org/10.1026//0012-1924.47.3.111

Le, H., Oh, I.-S., Robbins, S.B., Ilies, R., Holland, E. & Westrick, P. (2011). Too much of a good thing: Curvilinear relationships between personality traits and job performance. *Journal of Applied Psychology, 96,* 113–133. http://doi.org/10.1037/a0021016

Leidenfrost, J., Götz, K. & Hellmeister, G. (2000). *Persönlichkeitstraining im Management.* Mering: Hampp.

Meier, R. & Storch, M. (2013). Coaching mit dem Zürcher Ressourcen Modell (ZRM). In E. Lippmann (Hrsg.), *Coaching* (3. Aufl., S. 74–86). Berlin, Heidelberg: Springer.

Minbashian, A., Bright, J.E.H. & Bird, K.D. (2009). Complexity in the relationships among the subdimensions of extraversion and job performance in managerial occupations. *Journal of Occupational and Organizational Psychology, 82,* 537–549. http://doi.org/10.1348/096317908X371097

Moser, K. (2004). Organisationale Sozialisation und berufliche Entwicklung. In H. Schuler (Hrsg.), *Organisationspsychologie 1 – Grundlagen und Personalpsychologie. Enzyklopädie der Psychologie, Band D/III/3* (S. 535–595). Göttingen: Hogrefe.

O'Boyle Jr, E.H., Forsyth, D.R., Banks, G.C. & McDaniel, M.A. (2012). A meta-analysis of the dark triad and work behavior: A social exchange perspective. *Journal of Applied Psychology, 97,* 557–579. http://doi.org/10.1037/a0025679

Ostendorf, F. & Angleitner, A. (2004). *NEO-Persönlichkeitsinventar nach Costa und McCrae, Revidierte Fassung (NEO-PI-R).* Göttingen: Hogrefe.

Parsons, F. (1909). *Choosing a vocation.* Boston: Houghton-Mifflin.

Paulhus, D.L. & Williams, K.M. (2002). The Dark Triad of personality: Narcissism, Machiavellianism, and psychopathy. *Journal of Research in Personality, 36,* 556–563. http://doi.org/10.1016/S0092-6566(02)00505-6

Roberts, B.W. (1997). Plaster or plasticity: Are work experiences associated with personality change in women? *Journal of Personality, 65,* 205–232. http://doi.org/10.1111/j.1467-6494.1997.tb00953.x

Roberts, B.W., Caspi, A. & Moffitt, T.E. (2003). Work experiences and personality development in young adulthood. *Journal of Personality and Social Psychology, 84,* 582–593. http://doi.org/10.1037/0022-3514.84.3.582

Roberts, B.W. & Chapman, C. (2000). Change in dispositional well-being and its relation to role quality: A 30-year longitudinal study. *Journal of Research in Personality, 34,* 26–41. http://doi.org/10.1006/jrpe.1999.2259

Roberts, B. W. & DelVecchio, W. F. (2000). The rank-order consistency of personality traits from childhood to old age: A quantitative review of longitudinal studies. *Psychological Bulletin, 126,* 3–25. http://doi.org/10.1037/0033-2909.126.1.3

Roberts, B. W., Walton, K. E. & Viechtbauer, W. (2006). Patterns of mean-level change in personality traits across the life-course: A meta-analysis of longitudinal studies. *Psychological Bulletin, 132,* 1–25. http://doi.org/10.1037/0033-2909.132.1.1

Röschmann, D. (1998). *Ein Verzeichnis von über 400 Gruppenübungen und Rollenspielen*. Hamburg: Windmühle.

Schwertfeger, B. (1998). *Der Griff nach der Psyche. Was umstrittene Persönlichkeitstrainer in Unternehmen anrichten*. Frankfurt a. M.: Campus.

Specht, J., Egloff, B. & Schmukle, S. C. (2011). Stability and change of personality across the life course: The impact of age and major life events on mean-level and rank-order stability of the Big Five. *Journal of Personality and Social Psychology, 101,* 862–882. http://doi.org/10.1037/a0024950

Tett, R. P. & Burnett, D. B. (2003). A personality trait-based interactionist model of job performance. *Journal of Applied Psychology, 88,* 500–517. http://doi.org/10.1037/0021-9010.88.3.500

Wilk, S. L., Desmarais, L. B. & Sackett, P. R. (1995). Gravitation to jobs commensurate with ability: Longitudinal and cross-sectional tests. *Journal of Applied Psychology, 80,* 79–85. http://doi.org/10.1037/0021-9010.80.1.79

Youyou, W., Kosinski, M. & Stillwell, D. (2015). Computer-based personality judgments are more accurate than those made by humans. *Proceedings of the National Academy of Sciences of the United States of America (PNAS), 112,* 1036–1040. http://doi.org/10.1073/pnas.1418680112

Kapitel 6

Gestaltung von (mediengestützten) Lernprozessen und -umgebungen in organisationalen Kontexten – Beiträge der Pädagogischen Psychologie

Johannes Moskaliuk, Korbinian Moeller, Kai Sassenberg & Friedrich W. Hesse

Inhaltsübersicht

Überblick:

Ziel von Personalentwicklung ist die Vermittlung von Qualifikationen. Es geht darum, die Leistungen der Mitarbeitenden zu erhalten und zu steigern und deren berufliche Entwicklung zu unterstützen (Stock-Homburg, 2010). Diese beiden Ziele – Bildung und Förderung – greifen zentrale Schwerpunkte der Pädagogischen Psychologie auf. Im vorliegenden Kapitel sollen entsprechend die Beiträge der

Pädagogischen Psychologie zur Personalentwicklung diskutiert werden. Dazu werden im ersten Teil des Buchkapitels grundlegende individuelle Lernprozesse beschrieben und daraus jeweils Hinweise für die Gestaltung von Lernprozessen abgeleitet. Im zweiten Teil wird der Fokus auf interindividuelle und soziale Voraussetzungen für den Kompetenzerwerb und für kooperatives Lernen und Arbeiten gelegt. Auf dieser Grundlage wird die Frage beantwortet, welche Rolle der Einsatz von Medien bei der Gestaltung von Lernumgebungen spielt. Hier geht es um die Frage, wie Lernumgebungen entwicklungsförderlich gestaltet werden können. Konkrete Projekte aus der Praxis illustrieren diesen Teil des Kapitels.

1 Einführung: Die Entwicklung der Pädagogischen Psychologie

Oft wird das Entstehen bzw. die Entwicklung einer Disziplin mit der Gründung einer sie vertretenden und repräsentierenden Fachzeitschrift assoziiert. Legt man dieses Kriterium an, liegt die Geburtsstunde der Pädagogischen Psychologie im Jahr 1899, in dem die erste Ausgabe der „Zeitschrift für Pädagogische Psychologie" erschien. Allerdings verweisen Krapp, Prenzel und Weidenmann (2006, siehe auch Brugger, Rath & Wehner, 1986) völlig zu Recht darauf, dass die Wurzeln der Pädagogischen Psychologie aus historischer Sicht betrachtet weiter zurückreichen und sich aus Pädagogik und Philosophie ableiten lassen. So werden oft Autoren von Rousseau über Pestalozzi bis Fröbel angeführt, deren Ideen und Theorien nicht nur die Erziehungswissenschaft prägten, sondern später auch in der (Pädagogischen) Psychologie berücksichtigt wurden und zum Entstehen der Disziplin beitrugen.

Krapp und Kollegen (2006) schreiben der Psychologie jedoch schon früh eine Sonderrolle im Kontext pädagogischen Handelns zu und verweisen auf Herbart (1841), der die Pädagogik auf Erkenntnisse sowohl der praktischen Philosophie als auch der Psychologie angewiesen sieht, denn „Jene zeigt das Ziel der Bildung, diese den Weg, die Mittel, und die Hindernisse" (Herbart, 1896, Bd. I, S. 284). Entsprechend dieses Bildungsziels ist die Pädagogische Psychologie seit ihren Anfängen und bis heute eng mit der universitären Lehrerbildung verknüpft. Zum Beispiel wurde schon 1824 vom preußischen Schulministerium verfügt, dass Schulamtskandidaten neben ihrem Unterrichtsfach auch Kenntnisse in Philosophie und Psychologie erwerben mussten – was bis heute der Fall ist.

Allerdings sehen Krapp und Weidenmann (2006) „das Konzept der Förderung von individuellen Veränderungsprozessen, speziell im Hinblick auf Wissen und Können" (S. 84) als den Schwerpunkt des Selbstverständnisses der Pädagogischen

Psychologie als angewandte Wissenschaft – was keinen spezifischen Fokus auf die Förderung solcher Prozesse im schulischen Bereich beinhaltet. Jedoch konzentriert sich die Pädagogische Psychologie immer noch weitgehend auf Lernformen, die Diagnose und Prognose von Lernerfolg, Lehrer-Schüler-Beziehungen usw. im schulischen Bildungskontext (vgl. die Lehrbücher von Hasselhorn & Gold, 2013; Mietzel, 2007). Veränderungsprozesse im Hinblick auf Wissen und Können im Erwachsenenalter gelangen erst in jüngerer Zeit in den Fokus der pädagogisch-psychologischen Forschung – oft unter dem Stichwort lebenslanges Lernen (z.B. Mienert & Pitcher, 2011). Dies erscheint insbesondere vor dem Hintergrund wünschenswert und sinnvoll, als dass berufliche Aus- und Weiterbildung eine spezifische Förderung von Veränderungsprozessen im Hinblick auf Wissen und Können mit dem Ziel der Qualifizierung der Mitarbeitenden darstellt. Im Folgenden sollen mögliche Beiträge der Pädagogischen Psychologie zur Personalentwicklung diskutiert werden. Für Letztere bietet sich ein pädagogisch-psychologischer Zugang an, da unter Personalentwicklung die Maßnahmen zur Vermittlung von Qualifikationen und zur Unterstützung der beruflichen Entwicklung verstanden werden (siehe auch Blickle, 2014) und sie damit – ähnlich der Pädagogischen Psychologie – ihre zentrale Aufgabe in der Vorbereitung, Entwicklung und Evaluation von Maßnahmen zur individuellen Förderung (in Organisationen) hat.

In diesem Kapitel werden zunächst individuelle Voraussetzungen wie Wissensarten und grundlegende Lerntheorien vorgestellt, die aus der Pädagogischen Psychologie kommend eine zentrale Rolle in der Personalentwicklung spielen. Danach wird der Fokus auf den Einfluss interindividueller und sozialer Aspekte wie Feedback und Kooperationsfähigkeit erweitert, bevor abschließend insbesondere auf mediengestützte Lernumgebungen in der Personalentwicklung eingegangen wird.

2 Individuelle Voraussetzungen: Der Erwerb von Wissen und Können

2.1 Unterschiedliche Wissensarten: Implizites vs. explizites Wissen

Renkl (2015) stellt im Kontext von Wissenserwerb die berechtigte Frage, was denn nun eigentlich erworben wird. Auf einer ersten groben Ebene wird meist zwischen Arten von Wissen unterschieden: Bedeutsame Unterschiede werden dabei oft zwischen explizitem und implizitem sowie deklarativem und prozeduralen Wissen gemacht (vgl. Kapitel 3 in diesem Buch).

Die Unterscheidung von explizitem und implizitem Wissen geht auf Polanyi (1966) zurück. In seiner Klassifikation beschreibt *explizites* Wissen die Art von Wissen, die eindeutig kodiert ist, d.h. mittels formaler Zeichensysteme (z.B. Sprache, Schrift, Computercode etc.) eindeutig und nachvollziehbar erfassbar ist und damit kommunizierbar wird. Damit wird es möglich Wissen aufzuzeichnen, zu speichern, weiterzuverarbeiten und zu übertragen (z.B. wissenschaftliche Erkenntnisse in Form von Fachartikeln oder auch Lehrbüchern). Demgegenüber bezeichnet *implizites* Wissen eine Art von Wissen, die vielen alltäglichen und beruflichen Tätigkeiten zugrunde liegt, aber nur schwer oder gar nicht formalisiert erfasst und z.B. verbal ausgedrückt werden kann. Ein Beispiel für diese Art von Wissen stellt u.a. das Tennisspielen dar. Um den Ball im richtigen Moment, der richtigen Höhe und im richtigen Winkel zu treffen, ist komplexes physikalisches Wissen nötig (z.B. Flugbahn des Balles in Zeit und Raum einschätzen), das jedoch meist vom Spieler nicht verbalisiert werden kann. In dem Fall *kann* man Tennis spielen ohne explizit sagen zu können, wie genau.

Im organisationalen Kontext wird diese Form von Wissen oft auch als *Erfahrungswissen* der Mitarbeitenden beschrieben. In verschiedenen Untersuchungen wurde deutlich, dass diese Art von Wissen nicht unerheblich zum Organisationsablauf und -erfolg beiträgt. So gab in einer Befragung von kleinen und mittleren Unternehmen ungefähr die Hälfte an, dass der Anteil des Erfahrungswissens an der erfolgreichen Erledigung ihrer Aufgaben ca. 60% bis 80% beträgt (Orth, Finke & Voigt, 2008; siehe auch Schelten, 2005). Diese Zahlen machen schon deutlich, dass implizites und damit nur in den Köpfen und dem Tun der Mitarbeitenden vorhandenes und damit nicht für die Gesamtorganisation explizierbares und nutzbares Wissen jedoch auch zu Problemen führen kann; z.B. dann, wenn der betreffende Mitarbeiter oder die betreffende Mitarbeiterin die Organisation verlässt. Vor diesem Hintergrund sind Organisationen im Allgemeinen bestrebt, neben dem verbalisierbaren expliziten Wissen auch das implizite Wissen ihrer Mitarbeitenden auf Dauer für die Organisation nutzbar zu machen, indem man es mithilfe von sog. Knowledge Management-Systemen expliziert (vgl. Schewe & Nienaber, 2011). Dabei wird versucht, implizites Wissen durch Externalisierung, Strukturierung, Formalisierung und Kodifizierung in explizites Wissen zu übertragen, das dann der gesamten Organisation zur Verfügung steht. Dieser Prozess wird oft als Knowledge Engineering beschrieben (vgl. Kimble, 2013). Damit liegt der Umgang mit explizitem und implizitem Wissen in einer Organisation oft an der Schnittstelle zwischen Personal- und Organisationsentwicklung (siehe auch Abschnitt 3.4).

Eine ähnliche, wenn auch nicht identische, Unterscheidung ist die Unterteilung in deklaratives und prozedurales Wissen. Sie impliziert eine Differenzierung zwischen Wissen und Können und birgt eindeutigere Konsequenzen für den Bereich der Personalentwicklung. In dieser Einteilung bezieht sich *deklaratives* Wissen auf all das, was man mit „Wissen, dass …“ beschreiben kann. Darunter fallen im organisationalen Kontext nicht nur einzelne Fakten (z. B. das Datum einer wichtigen Lieferung), sondern auch Wissen um wirtschaftliche Zusammenhänge (z. B. Angebot und Nachfrage). Demgegenüber bezeichnet *prozedurales* Wissen all das, was man mit „Wissen, wie …“ beschreiben kann. Darunter fällt im organisationalen Kontext v. a. Wissen über einzelne Schritte bei der Ausübung einer Tätigkeit (z. B. das Wechseln der Zündkerzen an einem PKW), die oftmals als Wenn-Dann-Produktionsregeln gefasst sind. Damit entspricht prozedurales Wissen eher dem alltäglichen Konzept des Könnens, während deklaratives Wissen eher dem Konzept des Wissens gleichkommt. Aus der Kombination von deklarativem und prozeduralen Wissen ergibt sich im Weiteren das sog. Handlungswissen (z. B. Moskaliuk, 2014; vgl. das Konzept knowledge-in-use bei De Jong & Ferguson-Hessler, 1996). Der Begriff Handlungswissen beschreibt dabei die Gesamtheit der Kenntnisse über Vorrausetzungen, Möglichkeiten, Strategien und Prozeduren, die es einer Person erlauben, die von ihr verlangte Aufgabe erfolgreich zu lösen. Handlungswissen manifestiert sich dementsprechend in kompetentem Handeln. Es ist in der Regel implizit.

Nachdem aus einer pädagogisch-psychologischen Perspektive diskutiert wurde, welche Arten von Wissen bzw. Können denn eigentlich in der Personalentwicklung erworben werden sollen, wird im nächsten Abschnitt darauf eingegangen, welche lerntheoretischen Grundlagen entsprechenden Maßnahmen zugrunde liegen können.

2.2 Lernen als Ziel von Personalentwicklung

Wie verschiedene Formen des Wissens bzw. Könnens erworben, mental repräsentiert und abgerufen bzw. genutzt werden, ist entscheidend durch die kognitive Struktur des Lernenden bzw. Wissenden geprägt. Bei der Lerngestaltung allgemein wie auch der Personalentwicklung im Besonderen sind deshalb je nach Art und Funktion des Wissens bzw. Könnens Spezifika zu berücksichtigen, um den Lernprozess optimal zu gestalten. Im Folgenden soll neben Theorien des Wissenserwerbs v. a. auf handlungstheoretische und konstruktivistische Lehr-Lernansätze in der Personalentwicklung eingegangen werden.

Oftmals geht es in der Personalentwicklung darum, Mitarbeitende im Umgang mit Produktions- und Arbeitsmitteln zu schulen. Dabei ist meist die Vermittlung prozeduralen Wissens das Ziel, d. h. Mitarbeitende sollen beispielsweise lernen, eine neue Steuerungssoftware für eine Maschine korrekt zu benutzen. Ansätze des prozeduralen Lernens sind in diesem Kontext sehr verbreitet, da sie die Lernmechanismen beim Erwerb (kognitiver) Fertigkeiten beschreiben. Dies beinhaltet v. a. hierarchisch ineinander geschachtelte Bedingungs-Aktions-Regeln – im Sinne von Wenn-Dann Verknüpfungen –, die die erfolgreiche Bearbeitung der jeweiligen Aufgabe kennzeichnen und vom Lerner befolgt werden sollen. Bei dieser Form des prozeduralen Lernens sind nach Schaper (2014) drei Phasen zu durchlaufen: In einer ersten Phase geht es v. a. um das Verstehen der Aufgabenanforderungen und der Anwendung deklarativen Wissens zur Erfüllung dieser. In dem Beispiel geht es hier für die Mitarbeitenden darum, die Menüführung zu verstehen und zu wissen, welche Funktionen wo im Menü zu finden sind, um sie entsprechend der Aufgabenanforderung aufrufen zu können. In der zweiten Phase findet dann eine Prozeduralisierung des Wissens statt. Das vorhandene deklarative Zusammenhangswissen wird dabei in eine ausführbare Prozedur umgesetzt, die die Aufgabenbearbeitung beschreibt. Im Beispiel wird jetzt die Abfolge von Schritten im Menü zusammengesetzt, die notwendig sind, um die Aufgabe zu erfüllen. In der letzten Phase kommt es schließlich zu einer Automatisierung der erworbenen Fertigkeiten, wodurch Schnelligkeit und Genauigkeit der Ausführung der jeweiligen Prozedur steigen und kognitive Ressourcen geschont werden. Zur Vermittlung solch prozeduralen Wissens kommen oft arbeits- und aufgabenbasierte Trainingsmethoden zum Einsatz (vgl. Schaper & Sonntag, 2007a). Dabei erfolgt die Wissensvermittlung im Allgemeinen mit direktem Bezug zur Arbeitstätigkeit oder am Arbeitsplatz mittels angeleitetem Üben oder Verhaltensmodellierung (Seel, 2003).

2.3 Handlungstheoretische Lernkonzepte: Handlungswissen fördern

Neben solch wissensorientierten Verfahren der Personalentwicklung (siehe Sonntag & Schaper, 2006, sowie Kapitel 12 in diesem Buch) sind v. a. auch handlungstheoretisch fundierte Lernkonzepte in der Personalentwicklung sehr verbreitet. Diese „gehen davon aus, dass Lernen die aktive und kognitiv-reflektierende Auseinandersetzung mit den Handlungsanforderungen bei einer Aufgabe bzw. Tätigkeit erfordert" (Schaper, 2014, S. 469) und adressieren somit das Handlungswissen der Mitarbeitenden. Dazu wird die erforderliche Handlung in verschiedene Phasen unterteilt (u. a. Planungs-, Ausführungs- und Reflexionsphase), die dann im Training durchlaufen und behandelt werden. Die Auseinandersetzung mit den einzelnen Anforderungen der jeweiligen Phasen erfolgt oft anhand von sog. Leittexten, die Leitfragen, Leitsätze und Teilaufgaben beinhalten. Ziel von handlungstheoretisch fundierten Maßnahmen ist es, spezifisches Wissen über Ausgangsbedingungen, Zielzustände und die vermittelnden Handlungen als mentale Repräsentation (sog. operative Abbildsysteme) aufzubauen. Der Lernprozess beginnt meist mit einfachen Aspekten der Tätigkeit (z. B. Auswahl der relevanten Hauptmenüpunkte) bevor nach und nach komplexere Teilaufgaben trainiert werden, bis schließlich Aufgaben in der Schwierigkeit und Vielfalt realer Aufgaben- bzw. Tätigkeitsanforderungen eingeübt werden, z. B. Einstellen spezifischer Parameter in einzelnen Untermenüs, um den korrekten Einsatz der Maschine sicherzustellen). Dabei wird auch darauf geachtet, dass es eine Entwicklung von angeleiteter hin zu selbstständiger Ausführung der zu erlernenden Aufgaben bzw. Tätigkeiten gibt (siehe Frese & Zapf, 1994, für eine detailliertere Diskussion der Konsequenzen für die Lerngestaltung).

2.4 Konstruktivistische Lehr-/Lernkonzepte: Lernen durch Anwenden

Einer weiteren Gruppe von lehr-lerntheoretischen Ansätzen in der Personalentwicklung liegt eine konstruktivistische Ansicht von Lernprozessen zugrunde (vgl. Schaper & Sonntag, 2007b). „Konstruktivistisch orientierte Lehr-/Lernszenarien zielen darauf ab, dass Lernende Qualifikationen, Wissen und Kompetenzen erwerben, die sie *im konkreten Anwendungsfall einsetzen* können, um berufliche Anforderungen zu bewältigen. Je nach konstruktivistischem Ansatz steht dabei in unterschiedlichem Ausmaß das *selbstorganisierte Lernen* im Vordergrund" (Allmendinger, 2011, S. 277, siehe auch Reinmann-Rothmeier & Mandl, 2001). Wissenserwerb ist in diesem Kontext als Konstruktionsleistung zu verstehen und erfordert deshalb aktive Aneignungsprozesse des Lernenden, die meist ein Anwenden von Wissen auf relevante Aufgaben schon in der Trainingsphase beinhalten. Damit verfolgen konstruktivistische Lernansätze oft problemorientiertes Lernen, um damit gezielt den Transfer des Gelernten in den beruflichen Alltag zu erhöhen (z. B. Gräsel & Mandl, 1999). Dabei wird das zu erwerbende Wissen nicht als Abbild einer objektiven und unveränderbaren Wirklichkeit verstanden, sondern davon ausgegangen, dass Wissen durch aktive und kontextabhängige Auseinandersetzung mit einem komplexen authentischen Problem individuell konstruiert wird. Die Lernenden sollen bei der Problembearbeitung Lerninhalte eigenständig durchdenken, mit ihrem Vorwissen und ihren Vorerfahrungen verknüpfen, um Zusammenhänge herzustellen und so einen Transfer auf neue Kontexte zu erreichen.

Als ein Praxisbeispiel soll hier die konstruktivistisch motivierte Überarbeitung des Lehrgangs „Industriemeister, Fachrichtung Metall" kurz dargestellt werden. Ausgangspunkt für die Neuordnung des Lehrgangs war der Erlass einer neuen Prüfungsordnung für Industriemeister der Fachrichtung Metall (Deutscher Industrie- und Handelstag, 1998). Diese sieht nicht länger vor, dass die einzelnen Fächer des Lehrgangs jeweils für sich genommen und damit relativ unabhängig voneinander geprüft werden. Stattdessen umfasst die Abschlussprüfung drei sogenannte „Situationsaufgaben", die an die betriebliche Praxis von Industriemeistern angelehnt sind. Ganz im konstruktivistischen Sinne ist es zur Lösung dieser Aufgaben erforderlich, das in den jeweiligen Handlungsbereichen Technik, Organisation und Führung erworbene Fachwissen zu verknüpfen und auf die konkrete Aufgabenstellung zu transferieren. Dabei beziehen sich die Prüfungsfragen sowohl auf fachspezifische Inhalte (z. B. die Berechnung von Maschinenteilen), aber eben auch auf Aspekte der Arbeitsorganisation (z. B. Etablierung von Qualitätszirkeln) oder Führung von Mitarbeitenden (z. B. Schulung) innerhalb ein und desselben Praxisbeispiels (z. B. als Schichtleiter in einem Automobilzulieferbetrieb).

Zusammenfassend lässt sich sagen, dass pädagogisch-psychologische Ansätze der Wissensdifferenzierung und damit verbunden unterschiedliche Lehr-Lernansätze zum Erwerb von Wissen bzw. Handlungskompetenzen Eingang in die Konzeption und Durchführung von Personalentwicklungsmaßnahmen gefunden haben. Im Folgenden soll in diesem Teil abschließend auf zwei Lehr-Lernansätze eingegangen werden, die eine besondere Nähe zum organisationalen Kontext zeigen: Kollaboratives Problemlösen und Cognitive Apprenticeship.

2.5 Kollaboratives Problemlösen als zentrale Kompetenz für die moderne Arbeitswelt

Als *kollaboratives Problemlösen* wird die gemeinsame Bearbeitung einer Aufgabe bezeichnet, für die den Beteiligten kein Lösungsweg bekannt ist. Gemeinsam oder kollaborativ steht dabei für (a) die Verfolgung des gleichen Ziels durch alle Beteiligten, (b) die offene und zuhörerorientierte Kommunikation von Information sowie (c) die Übernahme von Verantwortung (z. B. für Teilaufgaben) und die damit verbundene aktive Teilnahme an der Problemlösung. Die Befähigung zum kollaborativen Problemlösen gilt als eine der Kompetenzen, die bisher zu wenig in Bildungseinrichtungen vermittelt werden, obwohl sie für die Arbeitswelt von großer Bedeutung sind (Griffin, McGaw & Care, 2012).

Hesse, Care, Buder, Griffin und Sassenberg (2015) haben auf Basis einer breit angelegten Sichtung der empirischen Literatur die zentralen Handlungsdimensionen zum erfolgreichen kollaborativen Problemlösen zusammengefasst:

- Die zielgerichtete *Partizipation* (d. h. die aktive Teilnahme) an der gemeinsamen Problembearbeitung bildet die Grundlage. Individuen müssen also relevante Information und Handlungen in den Problemlöseprozess einbringen.
- Die Fähigkeit zur *Perspektivenübernahme* ist für das Gelingen der Zusammenarbeit von zentraler Bedeutung. Zentral hierbei ist vor allem die Fähigkeit, so zu kommunizieren, dass es für die gegenwärtigen Interaktionspartner verständlich ist (Clark & Murphy, 1982; für eine ausführliche Diskussion dieses Aspekts siehe Abschnitt 3.1 zur Experten-Laien-Kommunikation).
- Die *Soziale Regulation* (Peterson & Behfar, 2005) ist von zentraler Bedeutung für erfolgreiches kollaboratives Problemlösen. Sie umfasst das Erkennen von eigenen und fremden Kompetenzen (vgl. Infobox 1 „Transaktives Gedächt-

nis"), das Aushandeln von inhaltlichen Kompromissen zur Lösung von Meinungsunterschieden und die Übernahme von Verantwortung für die gemeinsame Problemlösung. Die Fähigkeit zur sozialen Regulation ist vor allem von großer Bedeutung, um das Potenzial, das in diversen oder heterogenen Teams steckt, zu nutzen (de Wit & Greer, 2008).
- Die Fähigkeit zur *Aufgabenregulation* stellt die kognitive Grundlage dar. Sie umfasst die Problemanalyse, das Zielsetzen, das Ressourcenmanagement und kognitive Flexibilität. Diese Schritte der klassischen Planung und Problemanalyse sind bei der gemeinsamen Problembearbeitung von zentraler Bedeutung (Weldon & Weingart, 1993).
- Schließlich ist die Fähigkeit zur Wissenskonstruktion (engl. Knowledge Building, Scardamalia, 2002) zu nennen. Sie umfasst das Erkennen von Regelmäßigkeiten und Regeln sowie das Bilden von Hypothesen.

Insgesamt setzt das erfolgreiche gemeinsame Bearbeiten von Problemen somit eine Reihe von sozialen und kognitiven Teilkompetenzen voraus. Ohne diese Kompetenzen bleiben Teams häufig hinter dem Potenzial zurück, das sie allein aufgrund ihres Wissens mitbringen (Hinsz, Tindale & Vollrath, 1997).

2.6 Cognitive Apprenticeship unterstützt das praxisnahe Lernen kognitiver Kompetenzen

Eine zentrale Frage für die Pädagogische Psychologie ist, wie der Erwerb kognitiver Kompetenzen (vgl. Abschnitt 2.2) unterstützt werden kann. Das Konzept der Cognitive Apprenticeship (Collins, Brown & Newman, 1989) überträgt die Lehr-Lernmethoden aus der praktischen bzw. handwerklichen Ausbildung (Lehrling lernt durch Beobachten des Meisters und zunehmend selbstständiges Ausprobieren) auf den Erwerb kognitiver Kompetenzen (z. B. Lesen, Schreiben, Rechnen). Dem Konzept liegt ähnlich wie dem konstruktivistischen Lehr-Lernansatz die Idee zugrunde, dass Lernen immer situiert stattfindet (Greeno, 1998) Das bedeutet: Der Erwerb von Wissen und Fertigkeiten erfordert einen realitätsnahen Kontext, in dem Lernende eigene Erfahrungen machen können (vgl. Sonntag & Stegmaier, 2007). Deshalb wird bei der Cognitive Apprenticeship mit praxisnahen Problemen gearbeitet, welche die Lernenden selbständig lösen sollen (vgl. kollaboratives Problemlösen im vorherigen Abschnitt). Um den Erwerb kognitiver Kompetenzen zu unterstützen, machen die Lehrenden eigene kognitive Prozesse zuerst explizit *(Modelling)* – erklären also z. B. während der Berechnung einer Mathe-Aufgabe, wie sie dabei vorgehen. Im nächsten Schritt werden die Lernenden selbst aktiv, während sie aber von den Lehrenden noch unterstützt werden *(Coaching)*. Im dritten Schritt greifen die Lehrenden nur noch ein, wenn die Lernenden ohne Hilfe nicht mehr weiterkommen *(Scaffolding)*. Den Lernenden wird damit ein Gerüst (scaffold) angeboten, das sie bei Bedarf nutzen können. Ein wichtiges Prinzip der Cognitive Apprenticeship ist das *Fading*. Mit zunehmenden Wissen und steigenden Kompetenzen wird die Unterstützung durch die Lehrenden weiter reduziert. So können die Lernenden immer selbstständiger an der Lösung eines Problems arbeiten (siehe auch Kapitel 3 in diesem Buch).

Auch im Bereich des mediengestützten Lernens findet das Konzept der Cognitive Apprenticeship inzwischen Anwendung. So können sich z.B. Studierende der Medizin (Kopcha & Alger, 2014) während eines Praktikums über Videos und Diskussionsforen mit den Lehrenden austauschen, Praxiserfahrungen reflektieren und von den Erfahrungen der anderen profitieren. Angehende Lehrer (Dickey, 2008) können geplante Schulstunden mit denen von Experten abgleichen und mithilfe eines Screen-Videos andere bei der Bedienung und Erstellung von digitalen Lernprogrammen beobachten und dabei lernen.

3 Interindividuelle bzw. soziale Voraussetzungen für Lernen und Entwicklung

Die im vorherigen Teil des Kapitels beschriebenen Konzepte des kollaborativen Problemlösens und der Cognitive Apprenticeship machen bereits klar: Lernen ist immer auch ein sozialer Prozess. Wenn Menschen voneinander Lernen, treffen oft Laien und Experten aufeinander. Dann gibt es meist notwendigerweise ein Gefälle in Bezug auf Wissen und Kompetenzen, z.B. zwischen Lehrenden und Lernenden. Deswegen wird im Folgenden zunächst die Frage geklärt, was *Laien und Experten* voneinander unterscheidet, bevor darauf eingegangen werden soll, welche Konsequenzen das für das Lernen voneinander hat. Das Konzept der *Knowledge Awareness* wird vorgestellt und die Idee, dass der Wissensaustausch durch Metawissen über das Wissen anderer unterstützt werden kann. Außerdem wird der *Austausch von Handlungswissen* als zentrale Herausforderung für Organisationen sowie die Bedeutung von *Reflexion und Feedback* diskutiert.

3.1 Die Kommunikation zwischen Laien und Experten wird durch Common Ground verbessert

Experten und Laien treten im Unternehmenskontext bei der dualen Berufsausbildung sowie im Gespräch zwischen Verkäufer oder Dienstleister und Kunden in Kontakt. Erkenntnisse aus der Pädagogischen Psychologie sind für solche Kommunikationssituationen von höchster Relevanz. Experten unterscheiden sich durch Erfahrung, Wissen und Handlungskompetenz von Laien einer Domäne (Ericsson, 2006). Diese Unterschiede wurden durch Ausbildung und/oder praktische Erfahrung erworben, wodurch das Wissen eines Experten detaillierter und zumeist anders (z. B. entsprechend fachspezifischer Kriterien) organisiert ist, als bei Laien. Die unterschiedliche Organisation des Wissens von Experten und Laien beeinflusst auch die Informationsverarbeitung (Gruber & Stamouli, 2014):

- Experten können flexibler mit Information in Bezug auf einen Sachverhalt umgehen, was ihnen beim Bilden unterschiedlicher Hypothesen hilft.
- Experten sind in der Lage, Sachverhalte auf unterschiedlichen Analyseebenen zu betrachten (z. B. im Schach eine Eröffnung vs. ein Spielzug), während Laien oft nur über wenig abstrakte Analyseebenen verfügen.
- Experten können flexibler zwischen unterschiedlichen Informationsverarbeitungsstrategien wechseln, was ihnen erlaubt, Aufgaben schneller und erfolgreicher zu bearbeiten.

Neben den Wissensunterschieden zwischen Experten und Laien ist die Interaktion zwischen beiden auch durch die Einordnung bzw. die Zuordnung des jeweils anderen zur sozialen Rolle als Experte oder Laie und die damit verbundenen entsprechenden Erwartungen (oder Vorurteile) beeinflusst. Patienten haben beispielsweise bestimmte Vorstellungen von Ärzten und Systemadministratoren von Computernutzern. Dazu tragen auch Prüfungen und andere gesellschaftliche Regeln bei, die Experten als solche akkreditieren (Bromme, Jucks & Rambow, 2004).

Schließlich unterscheiden sich Experten und Laien in ihrer Einstellung zu Wissen. Experten verfügen häufig über andere epistemologische Überzeugungen (Hofer & Bendixen, 2012), d. h. andere Annahmen über die Gewissheit und Struktur von Wissen. Laien sehen Wissen häufig als unabänderliche Fakten an, wohingegen Experten Wissen eher als den momentanen Erkenntnisstand, der widersprüchlich sein und sich ggf. auch verändern kann, betrachten.

Somit unterscheiden sich Laien und Experten nicht nur hinsichtlich des Wissensumfangs, sondern auch hinsichtlich der Struktur, der Bewertung und der Verarbeitung des jeweils vorhandenen Wissens. Dazu kommen – nicht immer korrekte – Erwartungen hinsichtlich der Rolle des jeweiligen Experten und Laien. Dies schafft alles andere als ideale Voraussetzungen für die Kommunikation zwischen Experten und Laien. Erfolgreiche Kommunikation setzt nach Clark (1996) voraus, dass ein sogenannter *Common Ground* (gemeinsame Basis) geschaffen wird. Dies bedeutet, dass eine gemeinsame Basis zwischen zwei Personen hinsichtlich des Verständnisses des Gegenstands der Kommunikation geschaffen wird. Diese Basis umfasst Vorwissen, Einstellungen und Überzeugungen. In der sozialen Interaktion werden von den Interaktionspartnern Inhalte vor dem Hintergrund der Situationswahrnehmung der einen Person kommuniziert, die dann von der anderen Person vor dem Hintergrund ihrer eigenen Situationswahrnehmung interpretiert werden. Unterscheiden sich die Situationswahrnehmungen zwischen den beiden Kommunikationspartnern, fehlt ein ausreichender Common

Ground. Daraus resultieren oft Verständigungsprobleme, die aufgrund der zuvor beschriebenen Unterschiede im Wissen, dessen Repräsentation und der Problemanalyse zwischen Experten und Laien quasi vorprogrammiert sind (Bromme et al., 2004).

In der alltäglichen Kommunikation wird der Common Ground meist durch nonverbale und verbale Signale des (Nicht-)Verstehens hergestellt (z. B. zustimmendes Nicken) – das sogenannte Grounding (Clark, 1996). Für die Verbesserung der Experten-Laien-Kommunikation ist auch die Schulung der Perspektivenübernahme und damit der kommunikativen Kompetenz seitens der Experten sinnvoll (für eine Trainingskonzeption siehe Bromme, Jucks & Rambow, 2003). Daneben spielen aber auch situative Bedingungen eine Rolle für die erfolgreiche Experten-Laien-Kommunikation. Asynchrone Medien (z. B. E-Mail oder Diskussionsforen) erschweren das Grounding und sind deshalb weniger gut zur Experten-Laien-Kommunikation geeignet (Bromme & Jucks, 2001). Auch Zeitdruck, geringe Wertschätzung für die Wissenskommunikation in einer Organisation oder die Wahrnehmung von Expertise als nicht jedem zugänglich (im Sinne von Wissen als Machtinstrument) behindern die Experten-Laien-Kommunikation (Bromme et al., 2004).

3.2 Knowledge Awareness fördert den Wissensaustausch

Die Forschung zum Lernen in Gruppen von Laien hat sich ebenfalls mit Möglichkeiten und Problemen, die dieses soziale Setting für den erfolgreichen Wissensaustausch mit sich bringt, beschäftigt. Zunächst ist es zentral für den Lernerfolg, dass die Lernpartner sich dessen bewusst sind, wer was weiß (vgl. Infobox 1 „Transaktives Gedächtnis") und damit über sogenannte Knowledge Awareness verfügen (Engelmann, Dehler, Bodemer & Buder, 2009). Dieses Metawissen erlaubt es, sowohl eine geeignete Ansprechperson für die eigenen Fragen zu finden, als auch passende Antworten auf die Fragen anderer zu geben. In Studien zum computergestützten kollaborativen Lernen wurde Knowledge Awareness darüber hergestellt, dass zwei Lernpartner für alle Elemente einer anstehenden Lerneinheit angaben, ob sie diese verstanden hatten oder nicht. Bevor das eigentliche gemeinsame Lernen begann, bekamen die Lernpartner ein Feedback über diese Selbstauskunft des Lernstandes beider Beteiligter. In mehreren Studien konnte nachgewiesen werden, dass mit dieser einfachen Methode das Grounding, der Wissensaustausch und der Lernerfolg gesteigert werden konnten (Dehler, Bodemer, Buder & Hesse, 2009, 2011; Dehler-Zufferey, Bodemer, Buder & Hesse, 2011).

Um den Wissensaustausch insgesamt zu verstehen, ist es jedoch sinnvoll, nicht nur die kognitive Seite mit Wissen und Knowledge Awareness zu berücksichtigen, sondern auch den motivationalen Komponenten der sozialen Wissensaustauschsituation Aufmerksamkeit zu schenken (siehe auch Kapitel 4 in diesem Buch). So haben z. B. Leistungsziele Auswirkungen auf den Wissensaustausch. Personen, die nach optimaler Leistung streben, tauschen mehr Wissen mit Lernpartnern aus, als Personen, die vor allem besser sein wollen als andere (Poortvliet & Darnon, 2010). Das Streben nach einem positiv ausgehenden sozialen Vergleich scheint dementsprechend den Wissensaustausch zu behindern.

Infobox 1: Transaktives Gedächtnis

Derartiges Metawissen ist nicht nur für den Wissensaustausch von Vorteil, sondern auch für die gemeinsame Bearbeitung von Aufgaben. Wegner (1995) nannte dieses Wissen Transaktives Gedächtnis. Nach seinem Ansatz ist die Leistung von Gruppen und Dyaden nicht nur durch das Wissen jedes einzelnen Individuums beeinflusst, sondern auch durch das Wissen darüber, was die anderen Personen wissen. Dies ermöglicht einen effizienten Umgang mit den eigenen Ressourcen und den Zugang zu und damit die Nutzung von humanen Wissensressourcen. Dies hat positive Auswirkungen auf die gemeinsame Aufgabenbearbeitung – insbesondere wenn eine Person weiß, was alle anderen wissen (Liang, Moreland & Argote, 1995; Mell, van Knippenberg & van Ginkel, 2014; Wegner, Erber & Raymond, 1991).

Für multidisziplinäre Teams ist ein funktionierendes Transaktives Gedächtnis besonders wichtig, da unterschiedliche Wissens-Barrieren (knowledge boundaries) den Austausch von Wissen in einem Team und die Bildung eines Transaktiven Gedächtnisses behindern können. So konnten z. B. Kotlarsky, van den Hooff und Houtman (2015) zeigen, dass syntaktische Barrieren, die sich auf Unterschiede in der Verwendung von Begriffen beziehen, und pragmatische Barrieren, die sich auf unterschiedliche Interessen, Ziele und Vorannahmen der Gruppenmitglieder beziehen, das Entstehen eines Transaktiven Gedächtnisses behindern. In einer Metaanalyse haben Turner, Chen und Danks (2014, siehe auch DeChurch & Mesmer-Magnus, 2010) Studien zusammengefasst, die die Bedeutung des Transaktiven Gedächtnisses für die Leistung von Teams untersuchten. Dabei zeigte sich, dass Wissensaustausch zwischen den Mitgliedern größere Effekte auf die Teamleistung hat als ein funktionierendes Transaktives Gedächtnis. Als einen Grund für dieses Ergebnis nennen die Autoren, dass ein Transaktives Gedächtnis dazu beiträgt, Routine-Aufgaben im Team erfolgreich zu lösen. Es eignet sich jedoch nicht, um den Austausch von neuem Wissen zwischen den Teammitgliedern zu messen und zu fördern.

Derartige Effekte können auch im Kontext von Knowledge Awareness auftreten. Die Rückmeldung über das eigene Wissen und das Wissen eines Lernpartners erlaubt soziale Vergleiche und damit Information darüber zu gewinnen, ob man selbst viel oder wenig weiß. Bei Personen, denen derartige soziale Vergleiche wichtig sind, kann diese Möglichkeit zum sozialen Vergleich starke Auswirkungen auf die Bereitschaft haben, Wissen zu teilen. Überlegene Lernpartner, die zu sozialen Vergleichen neigen, strengen sich weniger an ihr Wissen zu vermitteln, wenn – hergestellt über ein digitales Werkzeug zur Förderung der Knowledge Awareness – die Möglichkeit zum sozialen Vergleich besteht, als wenn das nicht der Fall ist (Ray, Neugebauer, Sassenberg, Buder & Hesse, 2013). Bei unterlegenen Lernpartnern mit Neigung zu sozialen Vergleichen hat Knowledge Awareness hingegen positive Effekte: Sie strengen sich mehr an, um für den negativen sozialen Vergleich zu kompensieren (Neugebauer, Ray & Sassenberg, 2016).

Insgesamt ist festzuhalten, dass der Wissensaustausch durch Metawissen über das Wissen anderer (d. h. Knowledge Awareness) verbessert werden kann. Legt die Situation soziale Vergleiche nahe oder neigen die Personen zu sozialen Vergleichen, kann dies jedoch die Bereitschaft, Wissen zu teilen behindern.

3.3 Feedback und Reflexion tragen zur Leistungsverbesserung bei

Feedback wird als Rückmeldung zu Prozessen und Ergebnissen von Lernen und Arbeiten sowie damit verbundenen Kompetenzen verstanden und spielt im Lehr- und Lernprozess eine zentrale Rolle. Feedback gibt Hinweise auf Diskrepanzen zwischen aktueller Leistung und Zielen oder zwischen dem momentanen und dem idealen Vorgehen (Hattie & Timperley, 2007). Feedback kann durch Lehrende und Vorgesetzte sowie durch Kollegen gegeben werden. Voraussetzung für sinnvolles Feedback ist eine Übereinstimmung zwischen Feedbackgeber und -empfänger hinsichtlich der Ziele und des idealen Vorgehens. Somit gelten reine Erfolgs- oder Misserfolgsrückmeldungen im Allgemeinen nicht als Feedback, haben kaum Einfluss auf die Leistung des Feedbackempfängers und werden im Folgenden deshalb nicht weiter berücksichtigt (Mory, 2004). Feedback, das Information über die korrekte Lösung oder strategische Fehler enthält, hat demgegenüber zumeist positive Effekte auf das Lernen bzw. die Arbeits- oder Tätigkeitsausführung (Kluger & DeNisi, 1996). Voraussetzungen dafür sind jedoch (a) die Verständlichkeit des Feedbacks für den jeweiligen Feedbackempfänger, (b) die Beschränkung auf relevante Information und (c) die Übereinstimmung der Komplexität des Feedbacks mit der Komplexität der Tätigkeit (Mory, 2004).

Bei einfachen Aufgaben sollte das Feedback zeitnah gegeben werden, bei komplexen Aufgaben kann hingegen eine Verzögerung zwischen der Aufgabenbearbeitung und dem Feedback die leistungsförderliche Wirkung der Rückmeldung verstärken (Hattie & Timperley, 2007). Schließlich sollte sich das Feedback nicht auf die Person, sondern auf aufgaben- bzw. tätigkeitsrelevante Aspekte ihres Denkens und Handelns beziehen (Hattie & Timperley, 2007). Insbesondere Feedbackempfänger mit geringem Vorwissen profitieren von vollständigem Feedback, wohingegen bei größerem Vorwissen unvollständige Hinweise effektiver sein können als vollständiges Feedback (Mory, 2004).

Solche Hinweise können einen Reflexionsprozess auslösen. Insbesondere das Simulieren alternativer Handlungen und Ausgänge ermöglicht dann Leistungsverbesserungen durch Reflexion (Epstude & Roese, 2008). Voraussetzung für positive Effekte von Feedback und Reflexion sind ausreichende Motivation und Kontrollerleben beim Feedbackempfänger (Scholl & Sassenberg, 2014). Feedback und Reflexion lösen nicht nur über Veränderungen der Kognitionen und der Strategien Leistungsverbesserungen aus, sondern auch vermittelt über Motivation, Emotionen und Intentionen.

3.4 Die Explizierung von stillem Wissen erlaubt den Austausch von Handlungswissen

Aus organisationaler Sicht ist der Austausch von Handlungswissen (siehe Abschnitt 2.1) eine zentrale Herausforderung. Ziel ist es hier, das implizite Wissen der Mitarbeitenden für andere zugänglich zu machen. Implizites Wissen kann meist nur schwer explizit beschrieben werden, ist aber eine wichtige Ressource einer Organisation.

Das von den Japanern Ikujiro Nonaka und Hirotaka Takeuchi (1995) entwickelte Modell der Wissensspirale (oft wird es auch SECI-Modell genannt) beschreibt den Übergang von implizitem Wissen zu explizitem Wissen. Dabei geht das Modell von vier Prozessen aus:

- *Sozialisierung:* Durch Beobachten und Nachahmen wird Handlungswissen direkt in der Arbeitssituation implizit auf Basis gemeinsamer Erfahrungen weitergegeben. Hier bleibt implizites Wissen also implizit.
- *Externalisierung:* Durch das Beschreiben des eigenen impliziten Wissens wird der Kern des Wissen „herauskristallisiert". Hier wird implizites Wissen explizit gemacht und kann mit anderen geteilt werden.
- *Kombination:* Durch die Kombination von explizit vorhandenem Wissen zu neuen komplexeren und systematischeren Wissensstrukturen entsteht neues Wissen. Hier wird explizites Wissen mit anderem expliziten Wissen kombiniert.
- *Internalisierung:* Explizites Wissen verteilt sich in der Organisation, indem es von den einzelnen Individuen „verinnerlicht" und angewendet wird. Grundlage dafür können Trainings- und Ausbildungsprogramme sein oder „Learning by doing". Hier wird explizites Wissen wieder zu implizitem Wissen.

Nach der Phase der Internalisierung schließt sich wieder die Phase der Sozialisierung an, in der eine Person neu gelerntes Handlungswissen an andere Personen weitergeben kann – und so weiter. Die vier Prozesse folgen also spiralförmig aufeinander. Das verdeutlicht die ständige Weiterentwicklung des Wissens nach Durchlaufen der vier Prozesse. Durch den Austausch zwischen den Mitarbeitenden und die ständige Interaktion von explizitem und implizitem Wissen findet eine Weiterentwicklung des Wissens auch auf organisationale Ebene statt. Die Organisation wird zur lernenden Organisation.

4 Einsatz von Medien bei der Gestaltung von Lernumgebungen

In modernen Unternehmen nehmen mediengestützte Lernprozesse und -umgebungen einen immer größeren Stellenwert ein. Deshalb soll im letzten Teil dieses Kapitels der Fokus auf digitale Medien gelegt werden und aktuelle Trends im Blick auf mediengestützte Lernumgebungen- und -prozesse in organisationalen Kontexten beschrieben werden. In Kapitel 12 dieses Buches finden sich weitere Erläuterungen zu computergestützten Formen der Wissensvermittlung.

4.1 Lerngemeinschaften

Lerngemeinschaften in Unternehmen basieren oft auf dem Konzept der Community of Practice und verfolgen das Ziel, mithilfe entsprechender Technologien (z. B. einem Online-Forum oder einem Wiki) arbeitsplatznahes Lernen zu ermöglichen (Behringer, 2014). Sie können dazu beitragen, innerhalb einer Organisation die entsprechenden Expertinnen und Experten zu identifizieren und so den kollegialen Austausch von Erfahrungen zu fördern. Anders als bei meist zeitlich begrenzten Trainings oder Weiterbildungen ist das Ziel, kooperatives Lernen in den Arbeitsalltag zu integrieren sowie langfristig (Handlungs-)Wissen auszutauschen und gemeinsam weiterzuentwickeln. Lerngemeinschaften fördern dabei nicht nur individuelles Lernen, sondern tragen auch zur Weiterentwicklung einer Organisation als Ganzes bei. Die Mitglieder der Community teilen ihr eigenes Wissen und stellen damit ihre Erfahrungen der Organisation zur Verfügung. So profitieren alle von den zur Verfügung stehenden Inhalten, der Erwerb von neuem Wissen und neuen Kompetenzen wird gefördert und ist im besten Fall gleich in den Arbeitskontext eingebunden.

Infobox 2: Eine Community of Practices erlaubt soziales Lernen

Das Konzept Community of Practices wurde von Lave und Wenger (1991) entwickelt. Sie beschreiben damit eine Gemeinschaft von Menschen, die ein gemeinsames Interesse verbindet. Diese Gemeinschaft erlaubt den ständigen Austausch von Erfahrungen und Ideen. Die Mitglieder einer Community of Practice helfen und beraten sich gegenseitig; durch die Zusammenarbeit und den Austausch wird soziales Lernen möglich. Anders als z. B. bei einem Unternehmen oder einer Arbeitsgruppe wird die Community of Practice nicht durch die formale Zugehörigkeit der Mitglieder definiert, sondern durch das gemeinsame Thema. Dabei geht es nicht nur um den Austausch von Wissen, sondern um konkrete Praxiserfahrungen und typische Probleme bzw. deren Lösungsmöglichkeiten. Neue Mitglieder partizipieren zunächst nur „an den Rändern" der Community (legitimate peripheral participation) und werden mit zunehmender Erfahrung vollwertige Mitglieder der Community. Sie erwerben die Fähigkeiten, die für die Partizipation notwendig sind (z. B. die entsprechenden Fachbegriffe zu verwenden, um ein Problem zu beschreiben) und entwickeln durch die ständige Partizipation eine Identität als Mitglieder der Community of Practice.

In einem Überblicksartikel haben Bolisani und Scarso (2014) 82 Studien zusammengefasst, die den aktuellen Forschungsstand zum Konzept der Community of Practice im Bereich des Wissensmanagements beschreiben. Dabei kommen sie zu dem Schluss, dass das Konzept sowohl aus praktischer als auch aus wissenschaftlicher Perspektive hohe Relevanz für die Konzeption und Evaluation von Wissensmanagement-Maßnahmen hat. Gleichzeitig handelt es sich bei den zusammengefassten Studien überwiegend um deskriptive Studien oder Einzelfallstudien, die außerdem eine große Heterogenität der Operationalisierungen in Bezug auf die konkreten Merkmale einer Community of Practice aufwiesen. Die Autoren regen deshalb die Weiterentwicklung eines einheitlichen theoretischen Rahmenmodells an, mit dem unterschiedliche Formen von Communities of Practice beschrieben und deren Entwicklung über die Zeit hinweg systematischer untersucht werden kann.

Lerngemeinschaften sind in vielen Fällen nur organisationsintern zugänglich, also z. B. auf die Mitglieder eines Unternehmens beschränkt. Vor dem Hintergrund des Konzeptes der Community of Practice bieten sich jedoch auch organisationsübergreifende Gemeinschaften an. Der Austausch von Wissen und Erfahrungen über die Grenzen einer Organisation hinweg kann dann neue und innovative Lösungen fördern und so zur Weiterentwicklung einer Organisation beitragen. Berücksichtigt werden müssen organisationale (z. B. hierarchische Kommunikationsstrukturen oder ein starkes Konkurrenzdenken unter den Mitarbeitenden) und motivationale Barrieren (z. B. einen Vergleich von Kosten und Nutzen aus Sicht des Einzelnen). Wenn es gelingt, diese Barrieren zu umgehen, setzen Lerngemeinschaften Lernen am Arbeitsplatz um und fördern den Erwerb von implizitem Wissen (für einen Überblick über Motivatoren und Barrieren des Wissensaustausches siehe Matschke, Moskaliuk, Bokhorst, Schümmer & Cress, 2014). Ein Praxisbeispiel für eine Lerngemeinschaft wird in Infobox 3 vorgestellt.

Infobox 3: Praxisbeispiel PATONGO – Personalentwicklungsmaßnahmen im Non-Profit-Kontext

Im Projekt PATONGO (Patterns and Tools for Non-Governmental Organizations) wurde eine Web 2.0-basierte Plattform für die Evangelische Kirche in Deutschland entwickelt. Auf dieser Plattform können haupt- und ehrenamtliche Mitarbeitende unterschiedliche Kooperationswerkzeuge zum Austausch von Wissen und

Erfahrungen nutzen. Ziel ist – im Sinne einer Community of Practice – den Erfahrungsaustausch der Nutzerinnen und Nutzer anzuregen und so eine Weiterentwicklung guter Praxis zu fördern (Matschke, Moskaliuk & Cress, 2012). Mithilfe vorgegebener Eingabestrukturen – sogenannter Pattern – können die Nutzenden konkrete Erfahrungen aus der Praxis mit anderen teilen. Ein Pattern gibt die Kategorien Problem, Kontext/Situation und Lösung vor und soll so die Externalisierung von Handlungswissen unterstützen (Bokhorst, Moskaliuk & Cress, 2014). Mehrere individuelle Erfahrungen werden dann zu einem gemeinsamen Artikel zusammengefasst, der von den Nutzenden kommentiert und bearbeitet werden kann. Durch diese gemeinsame Arbeit an den Inhalten entwickelt sich die Organisation als Ganzes weiter. Die Erfahrungen anderer fließen in eigenes Handeln mit ein und Best Practices setzen sich durch.

Zur Evaluation der Plattform wurde von den Nutzerinnen und Nutzern erfragt, welche Faktoren ihre aktive Beteiligung beeinflussen (Matschke, Moskaliuk, Bokhorst, Schümmer & Cress, 2014). Zusätzlich zu deren subjektiver Einschätzung wurde das tatsächliche Verhalten in der Plattform mithilfe von Logfiles analysiert. So konnte z. B. untersucht werden, welche Bereiche der Plattform wie oft und wie lange genutzt wurden und ob sich die Nutzerinnen und Nutzer aktiv an der Erstellung von Inhalten beteiligten. Es zeigte sich, dass eine hohe Qualität und Quantität des Angebots aus Sicht der Nutzerinnen und Nutzer ein wesentlicher Erfolgsfaktor ist. Wenn sich eine große Anzahl von Personen aktiv beteiligt, ist damit ein aktiver Austausch sichergestellt. Die intrinsische Motivation, sich zu beteiligen und die Möglichkeit, sich dadurch z. B. als Experte für ein Thema zu positionieren und damit das eigene Prestige zu steigern, sind wichtig motivationale Faktoren. Außerdem nannten die Befragten als wichtigen Faktor den Spaß an der Nutzung des Angebots. Der Zeitverlust, der durch die Beteiligung entsteht, und der zusätzliche Aufwand, der sich z. B. aus einer mangelnden Nutzerfreundlichkeit der Plattform ergibt, waren aus Sicht der Nutzerinnen und Nutzer die größten Hürden. Zusätzlich wurden die fehlende Identifizierbarkeit der eigenen Beiträge, die Angst vor Gesichtsverlust oder verletzendem Feedback und mangelnde Reziprozität (also eine faire Beteiligung aller Nutzerinnen und Nutzer) als Hürden für eine aktive Beteiligung aufgeführt.

4.2 Mobiles Lernen und Arbeiten

Die Verfügbarkeit von mobilen Endgeräten (wie Smartphones, Tablets, Laptops) ermöglicht den mobilen Zugriff auf Daten und den Austausch von Informationen beispielsweise im Zug oder von Zuhause aus. Damit wird mobiles Lernen möglich (Wessel, 2014). Gleichzeitig verändert sich dadurch auch der Arbeitsalltag von Wissensarbeitern. Da die notwendigen Informationen und die technische Infrastruktur im Prinzip überall und zu jeder Zeit zugänglich sind, kann deshalb – im Prinzip – auch immer und von überall aus gearbeitet werden (Ubiquitous Working). Daraus ergeben sich Chancen und Risiken (Renner, Moskaliuk & Cress,

2014). Einerseits ist durch die gestiegene Flexibilität eine orts- und zeitunabhängige Zusammenarbeit auch über weite Entfernungen möglich, wodurch auch eine global agierende Organisation auf die notwendigen Expertinnen und Experten zugreifen kann, ohne diese an einem Ort zusammenbringen zu müssen. Das führt zu einer Reduktion von Kosten (z. B. durch den Wegfall von Reisekosten oder Raummieten). Gleichzeitig kann dadurch die Vereinbarkeit von Beruf und Privatleben unterstützt werden (z. B. weil die Arbeitszeiten an individuelle Bedürfnisse angepasst werden können; vgl. Kapitel 14 in diesem Buch) und damit die Zufriedenheit der Mitarbeitenden gesteigert werden (Fonner & Roloff, 2010). Andererseits verwischen auch die Grenzen zwischen Arbeit und Privatleben, und die Arbeit außerhalb des eigentlichen Arbeitsplatzes kann auch zu einer erhöhten Belastung führen und sich auf die Gesundheit und die Arbeitsleistung der Mitarbeitenden auswirken (Mann & Holdsworth, 2003).

Dazu kommen Unterbrechungen und Ablenkungen aus der Umwelt, welche die Produktivität gefährden können. Durch die unterschiedlichen Arbeitszeiten kann sich außerdem die Kommunikation zwischen den Mitarbeitenden verschlechtern. So fallen z. B. die informelle Kommunikation und direkte Austauschmöglichkeiten zwischen Kolleginnen und Kollegen weg. Hier müssen gezielt Maßnahmen ergriffen werden, z. B. regelmäßige Online-Meetings, feste Zeiten, in denen eine telefonische Erreichbarkeit gewährleistet ist, oder interne Social Media-Plattformen.

4.3 Virtuelle Realitäten für die Personalentwicklung

Virtuelle Realitäten sind ein weiteres Beispiel für den Einfluss technologischer Veränderungen auf die Personalentwicklung in Unternehmen. Zunächst sind technisch sehr aufwendige Fahr- und Flugsimulatoren oder virtuelle Welten zu nennen, die mit Head-Mounted Displays arbeiten – einem Gerät, das wie eine Brille getragen wird und die Bilder direkt vor das Auge projiziert – bzw. die virtuelle Welt direkt auf die Wände einer sogenannten CAVE (Cave Automatic Virtual Environment) projizieren. Die Anschaffung und der Betrieb solcher Anlagen sind mit hohen Kosten verbunden und in der Regel können solche Anlagen auch nur ortsgebunden verwendet werden. Deshalb werden sie vorwiegend für das Training sehr komplexer, gefährlicher oder anspruchsvoller Arbeitsaufgaben verwendet, z. B. bei der Ausbildung von Polizei und Militär (Hays & Vincenzi, 2000) oder bei Pilotinnen und Piloten (de Winter, Dodou & Mulder 2012). Durch die technische Weiterentwicklung sind mittlerweile auch virtuelle Realitäten verfügbar, die auf herkömmlichen Personal Computern realisiert werden können. Dadurch sind die Kosten für die Anschaffung und den Betrieb von virtuellen Realitäten deutlich gesunken. Außerdem ist so die Nutzung direkt am Arbeitsplatz möglich.

Virtuelle Welten werden mittlerweile in vielen Kontexten eingesetzt, z. B. um Notfallmediziner zu schulen (Heinrichs, Youngblood, Harter & Dev, 2008), um mit körperbehinderten Menschen die Nutzung von Rollstühlen zu trainieren (Harrison, Derwent, Enticknap, Rose & Attree, 2002) oder kognitive Fähigkeiten wie z. B. die mentale Rotation zu verbessern (Rafi & Samsudin, 2009). Der Einsatz von virtuellen Realitäten ermöglicht also das Erlernen und Weiterentwickeln von Wissen und Kompetenzen in virtuellen, computerbasierten Welten (Moskaliuk, Bertram & Cress, 2013b). Reale Arbeitsaufgaben können so zunächst virtuell trainiert werden, z. B. der Umgang mit einem Gerät zur Wiederbelebung, die Benutzung eines Rollstuhls, die interkulturelle Kommunikation oder das kundenorientierte Verkaufen. Insbesondere wenn ein Training in der Realität zu teuer, zu aufwendig oder zu gefährlich wäre, eignet sich der Einsatz von virtuellem Training.

Außerdem kann beim virtuellen Training die Schwierigkeit einer Aufgabe beliebig verändert werden. So kann eine in der Realität sehr komplexe Aufgabe zunächst in Teilaufgaben zerlegt werden und so Teilkompetenzen trainiert werden. Des Weiteren können den Trainierenden während dem Training immer wieder Hilfestellungen gegeben oder ein komplexer Handlungsablauf zwischendurch unterbrochen werden. So können z. B. zunächst mögliche Handlungsstrategien oder Lösungen reflektiert werden, die dann direkt angewendet werden. In Infobox 4 wird das Projekt ViPOL vorgestellt, in dem ein virtuelles Training für Polizisten entwickelt und evaluiert wurde.

Infobox 4: Praxisbeispiel ViPOL – Virtuelles Training für Polizisten

Im Projekt *ViPOL – Virtuelle Polizei* wurde eine virtuelle Trainingsumgebung für die Polizei in Baden-Württemberg entwickelt. Ziel war es, die Zusammenarbeit unterschiedlicher Einsatzkräfte zu trainieren und den Austausch von Erfahrungswissen zu fördern. In einer Pilotanwendung wurde ein Einsatzszenario umgesetzt, in dem Polizistinnen und Polizisten am Boden zusammen mit einer Hubschraubercrew eine vermisste Person oder einen flüchtigen Täter finden müssen. Dieser sehr komplexe Einsatz erfordert eine ständige Kommunikation zwischen allen Beteiligten, ein schnelles und sicheres Handeln im Team und die Fähigkeit, sich in die Perspektive der anderen Teammitglieder hineinzuversetzen. Die virtuelle Trainingsumgebung soll das gemeinsame Training im Team ermöglichen. Dazu wurde zunächst ein Trainingskonzept erarbeitet, das Lernziele und Trainingsanforderungen beschreibt. Im engen Austausch zwischen Hubschrauberpiloten, Einsatz-Trainern, Personalfachleuten und Software-Spezialisten wurde zentrales Erfahrungswissen identifiziert. Auf Grundlage des Trainingskonzeptes wurde die virtuelle Trainingsumgebung entwickelt. In der virtuellen Umgebung kann die Kommunikation mit dem Hubschrauberpiloten, die Zusammenarbeit im Team und ein sicherheitsbewusstes Handeln trainiert werden. Die Trainingsumgebung wurde in einer umfangreichen Feldstudie in Bezug auf ihre Wirksamkeit untersucht (Bertram, Moskaliuk & Cress, 2015; Moskaliuk, Bertram & Cress, 2013a).

Dazu wurden zwei Experimentalgruppen mit einer Kontrollgruppe verglichen, die nicht trainiert wurde: Die erste Experimentalgruppe nutzte die virtuelle Trainingsumgebung, die zweite Experimentalgruppe nahm an einem Standardtraining teil, das Trainingsvideos, Präsentationen und Gruppenübungen umfasste. Im Anschluss wurde die Zufriedenheit der Teilnehmenden mit dem Training erhoben. Außerdem mussten die Teilnehmenden einschätzen, welchen Wert das Training für sie hatte (z. B. mit der Frage „Durch das Training fühle ich mich gut vorbereitet auf zukünftige Einsätze mit einem Hubschrauber"). Hier zeigte sich, dass das Standardtraining besser abschnitt als das virtuelle Training. Zudem wurde mit einer Vorher-/Nachher-Messung erhoben, welches Wissen die Teilnehmenden durch das Training erworben haben. Hier zeigte sich in allen drei Gruppen (auch in der Kontrollgruppe) ein Zuwachs an Wissen, wobei dieser bei den Experimentalgruppen (Standardtraining und virtuelles Training) höher war als bei der Kontrollgruppe. Um zu untersuchen, ob die Teilnehmenden das Gelernte auf Situationen aus dem Arbeitsalltag übertragen können, wurde darüber hinaus ein Test zur Messung des Wissenstransfers eingesetzt. Hier wurden den Teilnehmenden kurze Videos eines Einsatzes gezeigt. In einer kritischen Situation wurde das Video angehalten und die Teilnehmenden mussten antworten, wie sie sich jetzt verhalten würden. Hier zeigte sich ein Vorteil des virtuellen Trainings. Bei der virtuell trainierten Gruppe ließen sich bessere Transferergebnisse beobachten als in den Gruppen, die an einem Standardtraining teilgenommen hatten bzw. gar nicht trainiert wurden. Das virtuelle Training führte damit im Vergleich zu einem mit deutlich mehr Aufwand und Kosten verbundenen Standardtraining zu einem ähnlichen Lernerfolg. Insbesondere die beobachteten Transfereffekte legen nahe, dass mit dem virtuellen Training zusätzliche Aspekte trainiert werden können, die das Standardtraining nicht abbilden kann.

4.4 Web 2.0: Aktives Lernen und Netzwerken

Der Begriff Web 2.0 (O'Reilly, 2007) beschreibt technologische Veränderungen in der digitalen Kommunikation und die damit verbundenen Veränderungen im Umgang mit Wissen und Informationen. Durch die Verfügbarkeit einfacher Werkzeuge zum Erstellen und Hochladen von Webseiten, Fotos und Filmen werden die Nutzer zu Produzenten von nutzergenerierten Inhalten – das Internet wird zum „Mitmach-Web". Deshalb wird oft auch der Begriff Social Web verwendet, um die aktive Rolle der Konsumenten zu betonen. Außerdem kann das Web 2.0 als Plattform beschrieben werden, die den Personal Computer als zentralen Speicherplatz von Daten ablöst (Cloud Computing). Auch Software wird im Netz bereitgestellt und kann über den Browser verwendet werden (Software as Services). Sie wird dabei unter Einbindung der Nutzer ständig weiterentwickelt und verbessert (Hendry, 2008).

Digitale Werkzeuge sind auch anwendungs- und plattformübergreifend nutzbar: Inhalte werden zwischen einzelnen Anwendungen ausgetauscht (z. B. Einbindung von Online-Straßenkarten auf externen Webseiten) und von unterschiedlichen Geräten aus zugänglich gemacht (z. B. Computer, Handy, Fernseher). Die technologische Entwicklung und die damit verbundenen veränderten Nutzungsgewohnheiten haben auch Einfluss auf Kommunikation und Wissensmanagement in Unternehmen. Mit dem Stichwort Enterprise 2.0 wird der Einsatz von Web 2.0-Software (z. B. Wikis oder Blogs) im Unternehmenskontext beschrieben (Levy, 2009). Das bringt oft eine veränderte Unternehmenskultur mit sich – analog zu den Entwicklungen des Web 2.0. Der Fokus liegt auf dem teamorientierten Wissensaustausch. Organisationsstrukturen werden aufgeweicht, da der Austausch auch über Abteilungs-und Hierarchiegrenzen hinweg erfolgt. Der offene Austausch mit anderen orientiert sich an den konkreten Anforderungen einer Aufgabe oder eines Problems und erlaubt so, gemeinsam neues Wissen zu entwickeln und zu nutzen. Wie bei allen organisationalen Veränderungen solchen Umfangs, setzt die erfolgreiche Einführung von Web 2.0-Software in Organisationen voraus, dass Mitarbeitende Defizite wahrnehmen, die durch die neuen Werkzeuge adressiert werden können (Behringer & Sassenberg, 2015).

5 Zusammenfassung

In diesem Buchkapitel wurde der Beitrag der Pädagogischen Psychologie im Blick auf die Personalentwicklung in drei Teilen beleuchtet: Die Pädagogische Psychologie hat ihren Schwerpunkt in der Entwicklung von Theorien und Modellen, mit denen sich menschliches Lernen beschreiben und erklären lässt. Als Fach der angewandten Psychologie steht dabei die lernförderliche Gestaltung von Erziehung und Unterricht im Mittelpunkt mit einem Fokus auf (Vor-)Schule und Hochschule. Auch Bereiche der Erwachsenenbildung und in zunehmendem Maße auch informelle Lernprozesse, z. B. in Museen oder im Internet, gelangen in letzter Zeit immer mehr in den Fokus der Pädagogischen Psychologie. Die Anwendung von Erkenntnissen aus der Pädagogischen Psychologie auf die Personalentwicklung muss deshalb die spezifischen Rahmenbedingungen von Lernen und Entwicklung im organisationalen Kontext berücksichtigten (z. B. Hierarchische Leitungs- und Beurteilungsstrukturen, die Kopplung von Leistung und Entlohnung, die stärkere Ergebnisorientierung von Lernprozessen).

Dazu kommt, dass es sich bei einem großen Teil der empirischen Arbeiten im Bereich der Pädagogischen Psychologie um quantitative Forschung (in der Regel unter experimentellen Bedingungen im Labor) oder um repräsentative Studien und Längsschnittstudien handelt, in die betriebliche Randbedingungen und Fragestellungen bisher wenig Eingang gefunden haben. Da die Pädagogische Psychologie jedoch grundlegend die Frage nach der entwicklungsförderlichen

Gestaltung von Lernumgebungen und -prozessen behandelt, lassen sich die entsprechenden Theorien und Modelle zur Beschreibung und Erklärung menschlichen Lernens auch auf den Kontext der Personalentwicklung übertragen. Dementsprechend kann die Personalentwicklung in hohem Maße von der fundierten (d. h. empirisch überprüften) Vorgehensweise der Pädagogischen Psychologie profitieren, wenn es gelingt, ihre empirischen Erkenntnisse auf den spezifischen Kontext zu beziehen und die Theorien und Modelle dahingehend auszuarbeiten und weiterzuentwickeln. Gleichzeitig findet die Pädagogische Psychologie in der Personalentwicklung einen weiteren Anwendungskontext, aus dem sich neue Anregungen und eine Weiterentwicklung bestehender Theorien ergeben, z. B. in Bezug auf das Zusammenwirken von Individuum und Organisation.

In Zeiten technologischer Entwicklungen und hoch dynamischer Märkte gehören Lernen und Weiterbildung zu den ständigen Aufgaben der Mitarbeitenden in Organisationen. Deshalb sind Kenntnisse über Lernen und damit über Pädagogische Psychologie, wie sie in diesem Kapitel zusammengefasst sind und darüber hinaus, zentral für die arbeits- und organisationspsychologische Tätigkeit im HR-Management in modernen Organisationen.

Literatur

Allmendinger, K. (2011). Aufgabenorientierte Personalentwicklung: Konstruktivistische und computerbasierte Ansätze. In J. Ryschka, M. Solga & A. Mattenklott (Hrsg.), *Praxishandbuch Personalentwicklung – Instrumente, Konzepte, Beispiele* (3. Aufl., S. 177–198). Berlin: Springer-Verlag.

Behringer, N. (2014). Online Learning Communities. In U. Cress, F. W. Hesse & K. Sassenberg (Hrsg.), *Wissenskollektion: 100 Impulse für Lernen und Wissensmanagement in Organisationen* (S. 135–136). Wiesbaden: Springer Gabler.

Behringer, N. & Sassenberg, K. (2015). Introducing social media for knowledge management: Determinants of employees' intentions to adopt new tools. *Computers in Human Behavior, 48,* 290–296. http://doi.org/10.1016/j.chb.2015.01.069

Bertram, J., Moskaliuk, J. & Cress, U. (2015). Virtual training: Making Reality Work? *Computers in Human Behavior, 43,* 284–292. http://doi.org/10.1016/j.chb.2014.10.032

Blickle, G. (2014). Personalentwicklung. In F. W. Nerdinger, G. Blickle & N. Schaper (Hrsg.), *Arbeits- und Organisationspsychologie* (S. 462–487). Berlin: Springer-Verlag.

Bokhorst, F., Moskaliuk, J. & Cress, U. (2014). How patterns support computer-mediated exchange of knowledge-in-use. *Computers & Education, 71,* 153–164. http://doi.org/10.1016/j.compedu.2013.09.021

Bolisani, E. & Scarso, E. (2014). The place of communities of practice in knowledge management studies: A critical review. *Journal Of Knowledge Management, 18* (2), 366–381. http://doi.org/10.1108/JKM-07-2013-0277

Bromme, R. & Jucks, R. (2001). Wissensdivergenz und Kommunikation: Lernen zwischen Experten und Laien im Netz. In H. F. Hesse & F. Friedrich (Hrsg.), *Partizipation und Interaktion im virtuellen Seminar* (S. 81–103). Münster: Waxmann.

Bromme, R., Jucks, R. & Rambow, R. (2003). Wissenskommunikation über Fächergrenzen: Ein Trainingsprogramm. *Wirtschaftspsychologie, 5,* 96–104.

Bromme, R., Jucks, R. & Rambow, R. (2004). Experten-Laien-Kommunikation im Wissensmanagement. In G. Reinmann & H. Mandl (Hrsg.), *Psychologie des Wissensmanagements: Perspektiven, Theorien und Methoden* (S. 176–188). Göttingen: Hogrefe.

Brugger, B., Rath, M. & Wehner, E.G. (1986). Geschichte der Pädagogischen Psychologie. In B. Weidenmann & A. Krapp (Hrsg.), *Pädagogische Psychologie. Ein Lehrbuch* (S. 21–39). München: PVU/Urban & Schwarzenberg.

Clark, H.H. (1996). *Using language*. Cambridge: Cambridge University Press. http://doi.org/10.1017/CBO9780511620539

Clark, H.H. & Murphy, G.L. (1982). *Audience design in meaning and reference. Advances in Psychology, 9,* 287–299.

Collins, A., Brown, J.S. & Newman, S.E. (1989). Cognitive apprenticeship: Teaching the crafts of reading, writing and mathematics. In L.B. Resnick (Ed.), *Knowing, learning, and instruction: Essays in honor of Robert Glaser* (pp. 453–495). Hillsdale, NJ: Erlbaum.

DeChurch, L.A. & Mesmer-Magnus, J.R. (2010). The cognitive underpinnings of effective teamwork: A meta-analysis. *Journal of Applied Psychology, 95,* 32–53. http://doi.org/10.1037/a0017328

Dehler, J., Bodemer, D., Buder, J. & Hesse, F.W. (2009). Providing group knowledge awareness in computer-supported collaborative learning: Insights into learning mechanisms. *Research and Practice in Technology Enhanced Learning, 4,* 111–132. http://doi.org/10.1142/S1793206809000660

Dehler, J., Bodemer, D., Buder, J. & Hesse, F.W. (2011). Guiding knowledge communication in CSCL via group knowledge awareness. *Computers in Human Behavior, 27* (3), 1068–1078. http://doi.org/10.1016/j.chb.2010.05.018

Dehler-Zufferey, J., Bodemer, D., Buder, J. & Hesse, F.W. (2011). Partner knowledge awareness in knowledge communication: Learning by adapting to the partner. *The Journal of Experimental Education, 79,* 102–125. http://doi.org/10.1080/00220970903292991

De Jong, T. & Ferguson-Hessler, M. (1996). Types and qualitites of knowledge. *Educational Psychologist, 31,* 105–113. http://doi.org/10.1207/s15326985ep3102_2

Deutscher Industrie- und Handelstag (1998). *Geprüfter Industriemeister, Geprüfte Industriemeisterin, Fachrichtung Metall: Rahmenstoffplan mit Lernzielen.* Bonn: DIHT.

de Wit, F.R.C. & Greer, L.L. (2008). The black-box deciphered: A meta-analysis of team diversity, conflict, and team performance. *Academy of Management Proceedings, 1,* 1–6.

de Winter, J.C., Dodou, D. & Mulder, M. (2012). Training effectiveness of whole body flight simulator motion: A comprehensive meta-analysis. *The International Journal of Aviation Psychology, 22,* 164–183. http://doi.org/10.1080/10508414.2012.663247

Dickey, M.D. (2008). Integrating cognitive apprenticeship methods in a Web-based educational technology course for P-12 teacher education. *Computers & Education, 51,* 506–518. http://doi.org/10.1016/j.compedu.2007.05.017

Engelmann, T., Dehler, J., Bodemer, D. & Buder, J. (2009). Knowledge awareness in CSCL: a psychological perspective. *Computers in Human Behavior, 25,* 949–960. http://doi.org/10.1016/j.chb.2009.04.004

Epstude, K. & Roese, N.J. (2008). The functional theory of counterfactual thinking. *Personality and Social Psychology Review, 12,* 168–192. http://doi.org/10.1177/1088868308316091

Ericsson, K.A. (2006). An introduction to The Cambridge Handbook of Expertise and Expert Performance: Its development, organization, and context. In K.A. Ericsson, N. Charness, P.J. Feltovich & R.R. Hoffman (Eds.), *The Cambridge Handbook of Expertise and Expert Performance* (pp. 3–21). Cambridge: Cambridge University Press.

Fonner, K.L. & Roloff, M.E. (2010). Why teleworkers are more satisfied with their jobs than are office-based workers: When less contact is beneficial. *Journal of Applied Communication Research, 38,* 336–361. http://doi.org/10.1080/00909882.2010.513998

Frese, M. & Zapf, D. (1994). Action as the core of work psychology: A German approach. In H.C. Triandis, M.D. Dunnette & L.M. Hough (Eds.), *Handbook of industrial and organizational psychology, Volume 4* (pp. 271–340). Palo Alto: Consulting Psychologists Press.

Gräsel, C. & Mandl, H. (1999). Problemorientiertes Lernen: Anwendbares Wissen fördern. *Personalführung, 32,* 54–62.

Greeno, J. (1998). The situativity of knowing, learning, and research. *American Psychologist, 53,* 5–26. http://doi.org/10.1037/0003-066X.53.1.5

Griffin, P., McGaw, B. & Care, E. (Eds.). (2012). *Assessment and teaching of 21st Century Skills* (Vol. 1). Heidelberg: Springer. http://doi.org/10.1007/978-94-007-2324-5

Gruber, H. & Stamouli, E. (2014). Intelligenz und Vorwissen. In E. Wild & J. Möller (Hrsg.), *Pädagogische Psychologie* (S. 24–44). Heidelberg: Springer.

Harrison, A., Derwent, G., Enticknap, A., Rose, F.D. & Attree, E.A. (2002). The role of virtual reality technology in the assessment and training of inexperienced powered wheelchair users. *Disability & Rehabilitation, 24* (11/12), 599–606. http://doi.org/10.1080/09638280110111360

Hasselhorn, M. & Gold, A. (2013). *Pädagogische Psychologie. Erfolgreiches Lernen und Lehren* (3. Aufl.). Stuttgart: Kohlhammer.

Hattie, J. & Timperley, H. (2007). The power of feedback. *Review of Educational Research, 77* (1), 81–112. http://doi.org/10.3102/003465430298487

Hays, R.T. & Vincenzi, D.A. (2000). Fleet assessments of a virtual reality training system. *Military Psychology, 12,* 161–186. http://doi.org/10.1207/S15327876MP1203_1

Heinrichs, W.L.R., Youngblood, P., Harter, P.M. & Dev, P. (2008). Simulation for team training and assessment: case studies of online training with virtual worlds. *World Journal of Surgery, 32,* 161–170. http://doi.org/10.1007/s00268-007-9354-2

Hendry, D.G. (2008). Public participation in proprietary software development through user roles and discourse. *International Journal of Human-Computer Studies, 66,* 545–557. http://doi.org/10.1016/j.ijhcs.2007.12.002

Herbart, J.F. (1841). *Umriss pädagogischer Vorlesungen* (2., vermehrte Ausgabe). Göttingen: Dieterich.

Herbart, J.F. (1896). *Pädagogische Schriften* (2 Bde., 6. Aufl.). Langensalza: Hermann Beyer & Söhne.

Hesse, F.W., Care, E., Buder, J., Griffin, P. & Sassenberg, K. (2015). A framework for teachable collaborative problem solving skills. In P. Griffin, B. McGaw & E. Care (Eds.), *Assessment and teaching of 21st Century Skills* (Vol. 2, pp. 37–54). Heidelberg: Springer.

Hinsz, V.B., Tindale, R.S. & Vollrath, D.A. (1997). The emerging conception of groups as information processors. *Psychological Bulletin, 121,* 43–64. http://doi.org/10.1037/0033-2909.121.1.43

Hofer, B.K. & Bendixen, L.D. (2012). Personal epistemology: Theory, research, and future directions. In K.R. Harris, S. Graham, T. Urdan, C.B. McCormick, G.M. Sinatra & J. Sweller (Eds.), *APA educational psychology handbook* (Vol. 1: Theories, constructs, and critical issues, pp. 227–256). Washington: American Psychological Association.

Kimble, C. (2013). Knowledge management, codification and tacit knowledge. *Information Research, 18* (2), paper 577.

Kluger, A.N. & DeNisi, A. (1996). The effects of feedback interventions on performance: A historical review, a meta-analysis, and a preliminary feedback intervention theory. *Psychological Bulletin, 119* (2), 254–284. http://doi.org/10.1037/0033-2909.119.2.254

Kopcha, T.J. & Alger, C. (2014). Student teacher communication and performance during a clinical experience supported by a technology-enhanced cognitive apprenticeship. *Computers & Education, 72,* 48–58. http://doi.org/10.1016/j.compedu.2013.10.011

Kotlarsky, J., van den Hooff, B. & Houtman, L. (2015). Are we on the same page? Knowledge boundaries and transactive memory system development in cross-functional teams. *Communication Research, 42,* 319–344. http://doi.org/10.1177/0093650212469402

Krapp, A., Prenzel, M. & Weidenmann, B. (2006). Geschichte, Gegenstandsbereich und Aufgaben der Pädagogischen Psychologie. In A. Krapp & B. Weidenmann (Hrsg.), *Pädagogische Psychologie* (S. 1–31). Weinheim: Beltz PVU.

Krapp, A. & Weidenmann, B. (2006). Entwicklungsförderliche Gestaltung von Lernprozessen – Beiträge der Pädagogischen Psychologie. In Kh. Sonntag (Hrsg.), *Personalentwicklung in Organisationen* (3., überarb. u. erw. Aufl., S. 84–107). Göttingen: Hogrefe.

Lave, J. & Wenger, E. (1991). *Situated learning: Legitimate peripheral participation.* Cambridge: Cambridge University Press. http://doi.org/10.1017/CBO9780511815355

Levy, M. (2009). WEB 2.0 implications on knowledge management. *Journal of knowledge management, 13,* 120–134.

Liang, D.W., Moreland, R. & Argote, L. (1995). Group versus individual training and group performance: The mediating role of transactive memory. *Personality and Social Psychology Bulletin, 21,* 384–393. http://doi.org/10.1177/0146167295214009

Mann, S. & Holdsworth, L. (2003). The psychological impact of teleworking: stress, emotions and health. *New Technology, Work and Employment, 18,* 196–211. http://doi.org/10.1111/1468-005X.00121

Matschke, C., Moskaliuk, J., Bokhorst, F., Schümmer, T. & Cress, U. (2014). Motivational factors of information exchange in social information spaces. *Computers in Human Behavior, 36,* 549–558. http://doi.org/10.1016/j.chb.2014.04.044

Matschke, C., Moskaliuk, J. & Cress, U. (2012). Knowledge exchange using Web 2.0 technologies in NGOs. *Journal of Knowledge Management, 16,* 159–176. http://doi.org/10.1108/13673271211199007

Mell, J., van Knippenberg, D. & van Ginkel, W. (2014). The catalyst effect: the impact of transactive memory system structure on team performance. *Academy of Management Journal, 57,* 1154–1173. http://doi.org/10.5465/amj.2012.0589

Mietzel, G. (2007). *Pädagogische Psychologie des Lernens und Lehrens.* Göttingen: Hogrefe.

Mienert, M. & Pitcher, S. (2011). *Pädagogische Psychologie.* Berlin: Springer. http://doi.org/10.1007/978-3-531-92095-5

Mory, E.H. (2004). Feedback research revisited. In D.H. Jonassen (Ed.), *Handbook of research on educational communications and technology* (pp. 745–783). Mahwah, NJ: Lawrence Erlbaum.

Moskaliuk, J. (2014). Handlungswissen. In U. Cress, F.W. Hesse & K. Sassenberg (Hrsg.), *Wissenskollektion. 100 Impulse für Lernen und Wissensmanagement in Organisationen* (S. 11–13). Wiesbaden: Springer Gabler.

Moskaliuk, J., Bertram, J. & Cress, U. (2013a). Impact of Virtual Training Environments on the Acquisition and Transfer of Knowledge. *Cyberpsychology, Behavior, and Social Networking, 16,* 210–214. http://doi.org/10.1089/cyber.2012.0416

Moskaliuk, J., Bertram, J. & Cress, U. (2013b). Training in virtual environments: putting theory into practice. *Ergonomics, 56,* 195–204. http://doi.org/10.1080/00140139.2012.745623

Neugebauer, J., Ray, D. & Sassenberg, K. (2016). When being worse helps: The influence of upward social camparisans and knowledge awareness on learner engagement and learning in peer-to-peer knowledge exchange. *Learning & Instruction, 44,* 41–52.

Nonaka, I. & Takeuchi, H. (1995). *The Knowledge-Creating Company.* NewYork: Oxford University Press.

O'Reilly, T. (2007). What is Web 2.0: Design patterns and business models for the next generation of software. *Communications & Strategies, 1,* 17–37.

Orth, R., Finke, I. & Voigt, S. (2008). *Wissen greifbar machen: Den Umgang mit Wissen beschreiben und bewerten* (ProWis-Projektstudie Nr. 2.). Berlin und Magdeburg: Fraunhofer-Institut für Produktionsanlagen und Konstruktionstechnik.

Peterson, R.S. & Behfar, K.J. (2005). Leadership as group regulation. In D.M. Mannix & R.M. Kraemer (Eds.), *The psychology of leadership: New perspectives and research* (pp. 143–162). Mahwah, NJ USA: Erlbaum.

Polanyi, M. (1966). *The tacit dimension*. Garden City, NY: Doubleday.

Poortvliet, P.M. & Darnon, C. (2010). Toward a More Social Understanding of Achievement Goals The Interpersonal Effects of Mastery and Performance Goals. *Current Directions in Psychological Science, 19,* 324–328. http://doi.org/10.1177/0963721410383246

Rafi, A. & Samsudin, K. (2009). Practising mental rotation using interactive desktop mental rotation trainer (iDeMRT). *British Journal of Educational Technology, 40,* 889–900. http://doi.org/10.1111/j.1467-8535.2008.00874.x

Ray, D., Neugebauer, J., Sassenberg, K., Buder, J. & Hesse, F.W. (2013). Motivated shortcomings in explanation: The role of comparative self-evaluation and awareness of explanation recipient knowledge. *Journal of Experimental Psychology: General, 142,* 445–457. http://doi.org/10.1037/a0029339

Reinmann-Rothmeier, G. & Mandl, H. (2001). Unterrichten und Lernumgebungen gestalten. In A. Krapp & B. Weidenmann (Hrsg.), *Pädagogische Psychologie. Ein Lehrbuch* (4. Aufl., S. 601–646). Weinheim: Psychologie Verlags Union.

Renkl, A. (2015). Wissenserwerb. In E. Wild & J. Moller (Hrsg.), *Pädagogische Psychologie* (S. 4–24). Berlin: Springer-Verlag.

Renner, B., Moskaliuk, J. & Cress, U. (2014). Ubiquitous Working – Chancen & Risiken für die Wissensarbeit. *Wissensmanagement – Das Magazin für Führungskräfte, 8,* 8–10.

Scardamalia, M. (2002). Collective cognitive responsibility for the advancement of knowledge. In B. Smith (Ed.), *Liberal education in a knowledge society* (pp. 67–98). Chicago: Open Court.

Schaper, N. (2014). Aus- und Weiterbildung: Konzepte der Trainingsforschung. In F.W. Nerdinger, G. Blickle & N. Schaper (Hrsg.), *Arbeits- und Organisationspsychologie* (S. 462–487). Berlin: Springer-Verlag.

Schaper, N. & Sonntag, Kh. (2007a). Wissensorientierte Verfahren der Personalentwicklung. In H. Schuler & Kh. Sonntag (Hrsg.), *Handbuch der Arbeits- und Organisationspsychologie* (S. 602–612). Göttingen: Hogrefe.

Schaper, N. & Sonntag, Kh. (2007b). Weiterbildungsverhalten. In D. Frey & L. von Rosenstiel (Hrsg.), *Wirtschaftspsychologie* (Enzyklopädie der Psychologie, Bd. D/III/6, S. 573–648). Göttingen: Hogrefe.

Schelten, A. (2005). *Grundlagen der Arbeitspädagogik*. Stuttgart: Steiner.

Schewe, G. & Nienaber, A.M. (2011). Explikation von implizitem Wissen: Stand der Forschung zu Barrieren und Lösungsansätzen. *Journal für Betriebswirtschaft, 61,* 37–84. http://doi.org/10.1007/s11301-011-0073-2

Scholl, A. & Sassenberg, K. (2014). Where could we stand if I had…? How social power impacts counterfactual thinking after failure. *Journal of Experimental Social Psychology, 53,* 51–61. http://doi.org/10.1016/j.jesp.2014.02.005

Seel, N. (2003). *Psychologie des Lernens: Lehrband für Pädagogen und Psychologen*. München: Reinhardt.

Sonntag, Kh. & Schaper, N. (2006). Wissensorientierte Verfahren der Personalentwicklung. In H. Schuler (Hrsg.), *Lehrbuch der Personalpsychologie* (S. 261–272). Göttingen: Hogrefe.

Sonntag, Kh. & Stegmaier, R. (2007). *Arbeitsorientiertes Lernen: Zur Psychologie der Integration von Lernen und Arbeit.* Stuttgart: Kohlhammer.

Stock-Homburg, R. (2010). *Personalmanagement: Theorien – Instrumente – Konzepte* (2. Aufl.). Wiesbaden: Gabler. http://doi.org/10.1007/978-3-8349-6353-6

Turner, J. R., Chen, Q. & Danks, S. (2014). Team shared cognitive constructs: A meta-analysis exploring the effects of shared cognitive constructs on team performance. *Performance Improvement Quarterly, 27,* 183–117. http://doi.org/10.1002/piq.21163

Wegner, D. M. (1995). A computer network model of human transactive memory. *Social cognition, 13,* 319–339. http://doi.org/10.1521/soco.1995.13.3.319

Wegner, D. M., Erber, R. & Raymond, P. (1991). Transactive memory in close relationships. *Journal of personality and social psychology, 61,* 923–929. http://doi.org/10.1037/0022-3514.61.6.923

Weldon, E. & Weingart, L. R. (1993). Group goals and group performance. *British Journal of Social Psychology, 32,* 307–334. http://doi.org/10.1111/j.2044-8309.1993.tb01003.x

Wessel, D. (2014). Mobiles Lernen. In U. Cress, F. W. Hesse & K. Sassenberg (Hrsg.), *Wissenskollektion. 100 Impulse für Lernen und Wissensmanagement in Organisationen* (S. 173–274). Wiesbaden: Springer Gabler.

Kapitel 7

Attribution, Einstellungen und Gruppenprozesse: Beiträge der Sozialpsychologie

Rolf van Dick

Inhaltsübersicht

Überblick:

In diesem Kapitel sollen einige zentrale sozialpsychologische Theorien und Modelle vorgestellt werden, die besonders für diejenigen Mitarbeiter in der Personalentwicklung relevant sein können, die für die Gestaltung und Durchführung von Personalentwicklungsprozessen und insbesondere von Trainings verantwortlich sind. Dabei geht es hier im Sinne Lutz von Rosenstiels (2006) nicht um die Analyseeinheit der Organisation, also um die Entwicklung des Personals einer Organisation, sondern um die Analyseeinheit des Individuums. Es werden Prozesse beschrieben, die den Einzelnen mit seinen Einstellungen und Überzeugungen dazu motivieren oder davon abhalten, an Maßnahmen der Personalentwicklung teilzunehmen. Das Wissen um diese Prozesse kann den Mitarbeiterinnen und Mitarbeitern in der Personalentwicklung wiederum helfen, Entwicklungsangebote entsprechend zu gestalten und anzubieten.

Die Sozialpsychologie weist insgesamt ein viel zu großes Themenspektrum auf, als dass sie hier in der Breite dargestellt werden könnte. Dieses Kapitel konzentriert sich daher auf eine Auswahl von drei Bereichen, nämlich der Attribution, der Einstellungen und der Gruppenprozesse, die (a) sowohl als „klassische" Themenfelder der Sozialpsychologie gelten und die dort jeweils seit 50 Jahren erforscht werden und die (b) sozusagen als „Querschnittsthemen" in vielen Bereichen der Personalentwicklung angewandt werden können. Die Modelle werden jeweils kurz vorgestellt und Implikationen für die Personalentwicklung diskutiert.

1 Attribution

Attribution beschreibt die alltägliche Zuschreibung von Ursachen. Wenn die Vorgesetzte beobachtet, dass ein Mitarbeiter lange nach Feierabend noch im Büro sitzt, sucht sie unweigerlich nach Erklärungen für das beobachtete Verhalten. Nach Fritz Heider (1958), dem „Vater" der Attributionsforschung, ist diese Ursachenzuschreibung etwas ganz Unwillkürliches, das die Person gar nicht vermeiden kann, sobald sie etwas beobachtet. Sie kann dann grundsätzlich entweder nach internen, in der Person liegenden Ursachen suchen – wenn sie zum Beispiel denkt, dass der Mitarbeiter besonders motiviert ist, die Aufgaben zu bewältigen oder im Gegenteil denkt, dass der Mitarbeiter nicht besonders fähig sei und deshalb für alles länger braucht. Oder sie sucht nach externen, außerhalb der Person liegenden Gründen – wenn sie zum Beispiel glaubt, dass der Mitarbeiter länger arbeitet, weil er von einem Kollegen um einen Gefallen gebeten wurde.

1.1 Attributionstheorien

Das erste Modell, das uns hilft zu verstehen, wann wir die Gründe für ihr Verhalten eher der Person selbst zuschreiben, wurde von Jones und Davis (1965) entwickelt. In ihrer Theorie der korrespondierenden Schlussfolgerungen benennen sie einige Merkmale, die dazu führen, dass von einem beobachteten Verhalten (der Mitarbeiter arbeitet noch lange nach Büroschluss) auf zugrunde liegende Persönlichkeitseigenschaften (der Mitarbeiter ist sehr motiviert) geschlossen wird.

Diese Schlussfolgerung ist erstens nur dann möglich, wenn man davon ausgehen kann, dass der Mitarbeiter freiwillig handelt und nicht von seiner Führungskraft dazu gezwungen wurde. Zweitens ist eine Schlussfolgerung auf die Person und nicht die Situation eher dann der Fall, wenn das Verhalten nicht sozial erwünscht ist. Wenn jemand einer älteren Person über die Straße hilft, geht man nicht automatisch davon aus, dass es sich um einen Altruisten handelt – wenn jemand aber einer älteren Person ein Bein stellt, schließt man auf eine sadistische oder aggressive Persönlichkeit. Drittens schließt man eher auf die Person, wenn ihr Verhalten nicht Teil einer sozialen Rolle ist: Eine Krankenschwester, die einen Patienten wäscht, wird nicht unbedingt als besonders hilfsbereit wahrgenommen. Der vierte Faktor ist, ob das Verhalten der anderen Person einen direkt selbst betrifft: Unterstützt die Person einen Kollegen, schließt man nicht so schnell auf Hilfsbereitschaft, als wenn sie einen selbst unterstützt. Und schließlich wird eher auf die Person attribuiert, wenn das Verhalten nur ganz bestimmte Auswirkungen hat: Bleibt ein verheirateter Kollege länger im Büro, könnte man neben einer besonderen Motivation auch darauf schließen, dass er zu Hause Probleme mit der Partnerin hat, denen er aus dem Weg gehen will – bei einem Kollegen ohne

Partner gibt es diesen zusätzlichen Effekt nicht und man könnte eher auf reine Arbeitsmotivation schließen.

Die wohl bekannteste Attributionstheorie stammt von Kelley (1967), der drei verschiedene Informationsquellen miteinander verknüpft, um zu Schlussfolgerungen zu kommen, nämlich Konsistenz, Distinktheit und Konsensus. Beobachtet man, dass die Führungskraft einen Mitarbeiter überschwänglich lobt, verknüpft man dies mit früheren Beobachtungen über die Führungskraft und den Mitarbeiter. Lobt die Führungskraft immer (hohe Konsistenz) auch alle anderen Mitarbeiter (niedrige Distinktheit) so überschwänglich und wird der betreffende Mitarbeiter von sonst niemandem so behandelt (Konsensus niedrig), handelt es sich wohl um eine Führungskraft, die gerne besonders viel Lob verteilt. Wird der Mitarbeiter aber meistens (hohe Konsistenz) von den Kollegen gelobt (Konsensus hoch) und lobt die Führungskraft nur diesen einen Mitarbeiter so überschwänglich (Distinktheit hoch), handelt es sich wohl eher um einen besonders leistungsfähigen und erfolgreichen Mitarbeiter.

Die Theorie Kelleys hat Weiner (1986) aufgegriffen und eine eigene Theorie zur Attribution in Leistungssituationen entwickelt, die in Tabelle 1 dargestellt ist. Erfährt der Vorgesetzte, dass ein Mitarbeiter eine Weiterbildungsprüfung nicht bestanden hat, kann er sich fragen, ob das Versagen auf interne oder externe Gründe zurückgeht, ob es auf mehr oder weniger kontrollierbare Ursachen zurückgeht und ob diese eher stabil sind oder nicht. Die Beantwortung dieser drei Fragen führt zu acht unterschiedlichen Attributionen. Führt die Führungskraft das Durchfallen auf die mangelnde Fähigkeit des Mitarbeiters zurück, ist dies internal und relativ stabil, aber nicht oder zumindest nicht kurzfristig von ihm zu kontrollieren. Glaubt die Führungskraft dagegen, dass die Prüfung einfach zu schwer war, ist dies ebenfalls wenig kontrollierbar, aber nun eine externale (sie bezieht sich auf die Prüfung selbst) und stabile (vermutlich sind alle diese Prüfungen schwer) Attribution usw.

Tabelle 1: Attribution in Leistungssituationen nach Weiner (1995)

		internal		**external**	
		Stabilität		**Stabilität**	
		hoch	**niedrig**	**hoch**	**niedrig**
Kontrollierbarkeit	**hoch**	typische Anstrengung	untypische Anstrengung	nachhaltige Hilfe bzw. Behinderung von anderen	einmalige Hilfe oder Behinderung durch andere
	niedrig	Fähigkeit	Stimmung	Schwierigkeit der Aufgabe	Glück/Pech

Später hat Weiner (1995) die Dimension der Kontrollierbarkeit durch Verantwortlichkeit ersetzt, aber das Modell hat sich in der Forschung insgesamt bewährt. Abramson und Kollegen (1978) haben die Kontrollierbarkeit wiederum ersetzt durch die Frage, ob ein Verhalten spezifisch für eine ganz bestimmte Situation oder „global" ist, d. h. über Situationen hinweg (und nicht nur zeitlich) stabil. Weiners Modell wurde meist eingesetzt, um zu verstehen, wie Individuen nach Erfolg oder Misserfolg attribuieren und welche Auswirkungen dies auf ihre Einstellungen, Gefühle und ihr zukünftiges Verhalten hat. Wenn man die schlechte Leistungsbeurteilung seiner Führungskraft auf die Inkompetenz der Führungskraft attribuiert (external, stabil und durch den Mitarbeiter nicht kontrollierbar), wird man sich zum Beispiel auch in der Zukunft nicht mehr anstrengen. Wenn man dagegen eine schlechte Beurteilung auf seine eigenen, zu geringen Anstrengungen in der letzten Zeit attribuiert (internal, nicht stabil und kontrollierbar), wird man eher versuchen, durch bessere Leistung in der Zukunft auch eine bessere Beurteilung zu bekommen. Kelleys Modell dagegen wird hauptsächlich benutzt, um Verhalten anderer Personen zu erklären. Martinko und Thomson (1998) haben versucht, die beiden Modelle zu integrieren und setzen die Konsensus-Dimension in Kelleys Modell der Dimension External/Internal in Weiners Modell gleich, die Konsistenz-Dimension der Stabilität von Weiner und die Distinktheits-Dimension der Frage, ob Verhalten spezifisch oder global ist.

1.2 Attributionsfehler

Häufig wurde gefunden, dass eigene Misserfolge eher external attribuiert werden. Fällt man durch eine Prüfung, ist in der Regel der Prüfer schuld oder der Test war zu schwer usw. Hat man dagegen Erfolg, attribuiert man eher auf die eigenen Fähigkeiten. Dieser Effekt ist ein typischer Attributionsfehler und wird als *selbstwertdienliche Urteilsverzerrung* bezeichnet, also ein Fehler, der hilft, den eigenen Selbstwert zu schützen. Der Effekt wurde auch in einer Metaanalyse von Malle (2006) bestätigt (siehe Infobox 1). Ein anderer klassischer Attributionsfehler, der Beobachter-Akteur-Unterschied, nach dem Beobachter eher internal auf die handelnde Person attribuieren, während die handelnde Person selbst eher auf die Umstände achtet und darauf attribuiert, konnte von Malle in seiner Metaanalyse allerdings nicht bestätigt werden.

Infobox 1: Metaanalyse von Malle (2006) zur selbstwertdienlichen Urteilsverzerrung

Zu fast jedem Thema in der psychologischen Forschung findet man einzelne Studien, die eine Hypothese bestätigen und zum Beispiel einen positiven Zusammenhang (z. B. zwischen Arbeitszufriedenheit und Leistung) aufzeigen, andere Studien, die keinen Zusammenhang finden und wieder andere, die sogar negative

Zusammenhänge ermitteln. Ziel einer Metaanalyse ist es, Ordnung in dieses Durcheinander zu bringen. Dies schafft sie auf zwei Wegen: Zum einen wird aus einer Vielzahl von Einzelbefunden – meist über Dutzende, manchmal sogar Hunderte von Einzelstudien hinweg – ein durchschnittlicher Effekt berechnet und ein Konfidenzintervall um diesen Effekt herum. Malle (2006) fasste zum Beispiel die Daten aus 173 verschiedenen Studien zusammen. Er ermittelte dabei einen äußerst geringen Unterschied zwischen internalen und externalen Attributionen für Handelnde versus Beobachter von 0,095 – generell ist also der lange Zeit in der Literatur diskutierte Beobachter-Akteur-Unterschied vernachlässigbar klein. Zum anderen schauen Metaanalysen nach Moderatoren, d. h. Variablen die erklären können, wann der Zusammenhang positiv oder negativ bzw. stark oder schwach ausgeprägt ist. Malle unterschied zum Beispiel Studien, in denen Erfolg oder Misserfolg des Handelnden beschrieben wurde. Bei Misserfolg zeigte sich dabei ein positiver Effekt (d=0,24), bei Erfolg ein negativer Effekt (d= –0,14). Dies bedeutet, dass es bei negativen Handlungen bzw. Misserfolg tatsächlich einen Unterschied dahingehend gibt, dass Handelnde eher auf externe und Beobachter eher auf interne Ursachen attribuieren, während es bei positiven Handlungen bzw. Erfolg genau umgekehrt ist.

Schließlich seien noch kurz drei weitere Attributionsfehler genannt, die Auswirkungen auf unser zukünftiges Verhalten haben können. Dies sind der fundamentale Attributionsfehler von Ross (1977), der ultimative Attributionsfehler von Pettigrew (1979) und der Effekt des falschen Konsensus von Ross, Greene und House (1977).

Der *fundamentale Attributionsfehler* beschreibt, dass man aufgrund motivationaler und perzeptueller Mechanismen ein beobachtetes Verhalten eher auf die Person attribuiert als auf situationale Umstände. Ein motivationaler Grund ist das grundsätzliche Bedürfnis der Menschen, sich als „Herr über sein eigenes Schicksal" erleben zu wollen. Ein perzeptueller Mechanismus ist zum Beispiel das Figur-Grund-Prinzip der Gestalttheorie, nach dem andere Personen als „Figur" stärker wahrgenommen werden als die Situation, die den „Grund" darstellt. Man überschätzt also z. B. die mangelnde Motivation der Teilnehmer eines Trainings, die vor sich hindösen, als dass man es zurückführt auf den langweiligen Trainer, die trivialen Inhalte oder schlicht die Tatsache, dass es im Raum heiß ist und am Abend vorher kräftig gefeiert wurde.

Der *ultimative Attributionsfehler* ist eine Urteilsverzerrung auf Gruppenbasis. Wenn ein Mitglied der eigenen Gruppe etwas Schlechtes tut (ein Arbeiter verursacht einen Unfall), attribuieren wir es auf das Fehlverhalten der Einzelperson. Macht ein Mitglied der eigenen Gruppe aber etwas Gutes (ein Kollege macht einen tollen Verbesserungsvorschlag), attribuieren wir es auf die ganze Gruppe („wir" sind ein kreatives Team). Bei der Attribution des Verhaltens von Mitgliedern anderer Gruppen ist es genau umgekehrt: Gutes Verhalten wird auf die Einzelperson beschränkt, schlechtes Verhalten auf die ganze Gruppe generalisiert.

Der Effekt des *falschen Konsensus* sagt schließlich, dass man seine eigenen Einstellungen in unrealistischer Weise als repräsentativ für die ganze Gesellschaft ansieht. Fragt man eine Gruppe von Mitarbeitern, ob sie sich für ein soziales Projekt engagieren würden, denken sowohl diejenigen, die dies bejahen, als auch diejenigen, die es ablehnen, dass etwa zwei Drittel aller Kollegen genauso wie sie selbst entscheiden würden – was natürlich statistisch gesehen nicht möglich ist. Man denkt also, dass die eigenen Meinungen von den meisten anderen geteilt werden, weil man über die eigenen Bekannten eine verzerrte Stichprobe hat. Ein sehr gut verdienender Manager wird zum Beispiel im Bekanntenkreis ebenfalls eher besserverdienende Menschen haben. Daher wird er, wenn er um 500 Euro als Spende für ein soziales Projekt gebeten wird, eher denken, dass alle Menschen leicht einige 100 Euro für ein Projekt spenden könnten. Ein Mitarbeiter der unteren Gehaltsstufen wird die Bitte dagegen nicht nur persönlich ablehnen, weil er gar nicht so viel Geld spenden kann, sondern – wiederum auf Basis seiner persönlichen Bekannten – denken, dass dies auch sonst fast niemand tun würde. Ein weiterer Grund für den Effekt ist, dass man sich natürlich als Mensch erleben möchte, der gut und richtig handelt. Und wenn man glaubt, dass das eigene Handeln dem der meisten anderen Menschen entspricht, schützt es davor, sich immer wieder zu hinterfragen. Dies gilt natürlich ganz besonders in Situationen, in denen man sich vielleicht nicht so ganz korrekt verhält: Die Flasche Wein vom Lieferanten anzunehmen, würde „ja jeder machen“, das ist also keine Bestechung.

Attributionsprozesse spielen in der betrieblichen Praxis an all den Stellen eine Rolle, in der bewertet wird, d. h. in der Regel von der Führungskraft. Wird die Mitarbeiterin als leistungsfähig oder sogar als „Potenzialträgerin“ für Führungsaufgaben angesehen, wird sie von der Führungskraft stärker gefördert und mit anspruchsvolleren Aufgaben betraut, als wenn die Bewertung nur durchschnittlich ausfällt. Für die Leistungsbewertung muss die Führungskraft aus Beobachtungen schließen und dabei kann es aufgrund der oben diskutierten Attributionsfehler zu Verzerrungen kommen. Dies kann ein Stück weit ausgeglichen werden, indem z. B. mehrere Beurteiler eingesetzt werden (wenn z. B. in Matrix-Organisationen jeder Mitarbeiter mehrere Vorgesetzte hat oder wenn in 360°-Feedbacks die Führungskraft von allen Mitarbeitern beurteilt wird). Auch standardisierte Beurteilungsverfahren helfen, die Attributionsfehler zu reduzieren.

Aufgabe der Personalentwicklung ist es, die Tools zur Verfügung zu stellen wie Checklisten zur Beurteilerinformation, Leitfäden für Mitarbeitergespräche, 360°-Feedbacksysteme, usw. Für diese Tools müssen Schulungen angeboten werden, die die Betroffenen in der Nutzung dieser Tools einführen und unterstützen. Eine weitere Aufgabe der Personalentwicklung ist es, z. B. in Führungskräftetrainings auf die Probleme im Zusammenhang mit den Attributionsfehlern hinzuweisen und sie durch Übungen zu reduzieren.

Im Zusammenhang mit Fehlern bei der Beurteilung haben Zhang und Kollegen (Zhang, Schuh, Ullrich, Morgeson & van Dick, 2015) mehrere Studien mit Führungskräften und Mitarbeitern chinesischer Unternehmen durchgeführt, um den Einfluss der Beziehung zwischen Mitarbeiter und Führungskraft auf die Leistungsbewertung zu untersuchen. In der ersten Studie wurden die Mitarbeiter von etwa 30 Teams eines chinesischen Unternehmens im produzierenden Bereich gebeten, ihre Innovation gegenseitig einzuschätzen und außerdem ihre jeweilige Beziehung zur Führungskraft zu beurteilen. Dazu wurde eine standardisierte Skala zur Erfassung des sogenannten LMX (Leader-Member-Exchange) von Graen und Uhl-Bien (1995) verwendet. Die Führungskräfte sollten wiederum die Leistung ihrer jeweiligen Mitarbeiter beurteilen. Entsprechend den Hypothesen wurde eine (von den Kollegen eingeschätzte) stärkere Innovation nur dann mit positiveren Leistungsbeurteilungen durch die Vorgesetzten belohnt, wenn Mitarbeiter und Führungskraft eine positive Beziehung hatten. Mitarbeiter mit einer schlechten Beziehung zur Führungskraft konnten dagegen so innovativ sein, wie sie wollten – dies spiegelte sich nicht in besseren Beurteilungen wieder.

In einer zweiten Studie mit etwa 150 Führungskraft-Mitarbeiter-Dyaden konnte dieser Effekt repliziert werden. In dieser Studie stammten die Befragten aus einer Vielzahl unterschiedlicher chinesischer Unternehmen aus verschiedenen Bereichen (Groß- und Einzelhandel, öffentliche Verwaltungen, Ingenieursberufe, Justiz) und die Führungskräfte wurden im Rahmen von MBA-Programmen rekrutiert. In dieser Studie konnte außerdem gezeigt werden, dass der Effekt auf die stärkere Wahrnehmung von Devianz zurückgeht, die die Führungskräfte bei den innovativen Mitarbeitern wahrnahmen, zu denen sie eine schlechte Beziehung hatten. Devianz, also abweichendes und unerwünschtes Verhalten, wurde in dieser Studie mit mehreren Items operationalisiert (ein Item würde in der Übersetzung etwa lauten: „Der Mitarbeiter tratscht häufig mit den Kollegen über nicht arbeitsbezogene Dinge“).

Dass innovatives Verhalten mit stärkerer Wahrnehmung von Devianz zusammenhängen kann, liegt daran, dass Innovation durchaus ambivalent wahrgenommen werden kann. Innovationen zielen ja auf Veränderungen und Neuerungen, was eingefahrene Prozesse herausfordert und auch mit Unsicherheit einhergehen kann – dies kann die Abläufe stören und wird nicht immer nur unterstützt. Der Punkt hier ist aber, dass Mitarbeiter bei gleicher innovativer Leistung unterschiedlich bewertet werden, je nachdem wie gut die Beziehung zur Führungskraft ist – was natürlich nicht im Sinne objektiver Beurteilungen ist. Auf diese Zusammenhänge in Trainings zu Mitarbeitergesprächen, Leistungsbeurteilungen usw. aufmerksam zu machen, ist ein erster Schritt zur Reduktion der Probleme.

Es gibt übrigens eine ganze Reihe von Studien zu den Themen Innovation und Führung in China, die gezeigt haben, dass Forschungsergebnisse aus China ganz gut übertragbar sind auch auf westeuropäische Verhältnisse – dies hat zum Beispiel damit zu tun, dass chinesische Unternehmen seit etlichen Jahren ebenfalls global tätig sind und viele Führungskräfte international ausgebildet sind und die Managementmodelle im Wesentlichen denen in den USA oder Westeuropa entsprechen (siehe z. B. Fernandez & Underwood, 2009). Auch konnten Zhang, Reyna, Qian und Yu (2008) zeigen, dass chinesische Manager die gleichen Hinweise auf Konsistenz, Distinktheit und Konsensus nutzen wie westliche Manager und dass sie sich eher über Mitarbeiter ärgern, wenn sie sie für Fehler verantwortlich ansehen (also internal attribuieren).

Offermann, Schroyer und Green (1998) ließen im Labor zunächst (in die Rolle der Führungskraft bzw. des Mitarbeiters eingeteilte) Versuchspersonen miteinander arbeiten. Dann bekamen die Führungskräfte die Rückmeldung, dass die Mitarbeiter entweder gut oder schlecht gearbeitet hätten, und unterschiedliche Attributionen für ihr Abschneiden. Wenn ihnen internale Gründe für ein schlechtes Abschneiden suggeriert wurden, bestraften die Führungskräfte die Mitarbeiter eher (z. B. durch negative Kommentare, weniger Zeit), als wenn externe Gründe genannt wurden.

2 Einstellungen

Einstellungen spielen in der Personalentwicklung an vielen Stellen eine Rolle. Die Einstellungen der Mitarbeiterinnen und Mitarbeiter und der Führungskräfte beeinflussen ihr tägliches Handeln. Hat man eine positive Einstellung zu dem Produkt, das man vertreibt, wird man dies erfolgreicher tun, als wenn man dem Produkt selbst skeptisch gegenübersteht. Ist der Mitarbeiter seiner Führungskraft gegenüber positiver eingestellt, wird er ihre Vorschläge eher umsetzen, als wenn er seine Führungskraft nicht besonders mag. Hat man eine positive Einstellung gegenüber der Einführung einer neuen Technologie, neuer Prozesse oder einer Fusion mit einem ehemaligen Wettbewerber, wird man diese Change-Maßnahmen mehr unterstützen. Manche Trainingsprogramme zielen darauf ab, die Einstellungen der Mitarbeiter oder Führungskräfte zu verändern. So sollen zum Beispiel Diversity-Workshops helfen, positive Einstellungen zum Thema Gender, Minderheiten und Gleichstellungen zu erzeugen. Einstellungen spielen außerdem bei der Beurteilung von Personen eine große Rolle: Im Grunde besteht ein 360°-Beurteilungssystem aus einer Reihe von Aussagen, denen die Beurteilenden auf einer bestimmten Skala (zum Beispiel in Schulnoten) zustimmen sollen – dies kann man zu Recht als Einstellungsmessung betrachten.

Schließlich sollten gute Personalentwicklungsmaßnahmen immer auch evaluiert werden. Das bedeutet zum Beispiel, dass man mit einem Fragebogen die Qualität der Inhalte, des Trainers oder der Rahmenbedingungen beurteilen lässt, um das Training zu optimieren, oder dass vor und nach dem Training die Einstellung der Trainierten zum Trainingsinhalt gemessen wird, um zu sehen, ob das Training tatsächlich die gewünschten Veränderungen bringt (vgl. Kapitel 18 in diesem Buch). In diesem Abschnitt werden zunächst einige Grundlagen zur Messung von Einstellungen dargestellt, dann wird auf Modelle eingegangen, die sicherstellen, dass die gemessenen Einstellungen auch tatsächlich mit dem Verhalten, das man mit ihnen vorhersagen möchte, korrelieren und schließlich wird auf die psychologischen Theorien der Dissonanz und der Reaktanz eingegangen.

2.1 Einstellungsmessung

Das Messen von Einstellungen ist keineswegs trivial und in der Personalentwicklung wird häufig unterschätzt, dass es für eine gute Einstellungsmessung Sachverstand über psychologische und statistische Zusammenhänge braucht, um mit den gewonnenen Daten auch etwas anfangen zu können. Dazu gehört die Formulierung der Fragen oder Aussagen, mit denen man den Sachverhalt messen will, relevant sind aber auch die verwendeten Instruktionen im Fragebogen und die Rahmenbedingungen der Administrierung. Fragt man zum Beispiel für eine Führungskräfteevaluation lediglich, ob der Mitarbeiter mit seiner Führungskraft zufrieden ist, ohne näher zu erläutern, was unter Zufriedenheit verstanden wird, ohne zu begründen, warum man diese Frage stellt und was später mit den Ergebnissen geschehen soll, und lässt man den Mitarbeiter womöglich den Fragebogen in Anwesenheit der Führungskraft beantworten, ist die Einstellungsmessung von vornherein unbrauchbar. Wenn immer möglich, sollte der Personalentwickler auf standardisierte Skalen zurückgreifen, die in der Regel aus mehreren Aussagen zu einem bestimmten Thema bestehen, in der Praxis erprobt wurden und wissenschaftlichen Kriterien genügen.

Zu den wichtigsten Kriterien gehören die Reliabilität, das ist die Genauigkeit oder Zuverlässigkeit, mit der die Aussagen die Einstellung messen, und die Validität, das ist der Grad, mit dem das Gemessene auch das zu Messende beschreibt. Die Reliabilität kann zum Beispiel dadurch bestimmt werden, dass man die Einstellungsmessung in relativ kurzem Abstand wiederholt und dann zeigt, dass die Einstellung zum ersten Zeitpunkt auch tatsächlich mit der Einstellung einige Wochen später stark zusammenhängt – dies ist die sogenannte Retest-Reliabilität. Die Validität wird häufig über die sogenannte Kriteriumsvalidität bestimmt. Man misst zum Beispiel die Einstellung gegenüber einer Führungskraft und korreliert diese dann mit der Leistung des Mitarbeiters um zu zeigen, dass eine positivere Beurteilung der Führungsqualität auch mit besserer Leistung der Mitarbeiter einhergeht.

Für viele Bereiche der Personalentwicklung, wie zum Beispiel der Führungsqualität, der Arbeitszufriedenheit oder auch der Arbeitsgestaltung, liegen solche standardisierten und erprobten Verfahren vor. Diese sind nach den oben genannten Kriterien entwickelt und überprüft. Abbildung 1 zeigt beispielhaft die Items zur Erfassung der globalen Arbeitszufriedenheit aus dem Job Diagnostic Survey von Hackman und Oldham (1975).

	Stimme vollkommen zu	Stimme eher zu	unentschieden	Stimme eher nicht zu	Stimme überhaupt nicht zu
Alles in allem bin ich mit meinem Beruf sehr zufrieden.					
Ich denke häufig darüber nach, den Beruf zu wechseln. (–)					
Mit der Art meiner Tätigkeiten bin ich im Allgemeinen zufrieden.					

Abbildung 1: Beispielitems aus dem Job Diagnostic Survey (in der deutschen Übersetzung von van Dick et al., 2001)

Der Praktiker wundert sich dabei manchmal, warum die gleichen Fragen mehrfach in ähnlicher Form gestellt werden. Dies hat seinen Sinn meist darin, dass man von einer bestimmten Einstellung mehrere Facetten erfassen will, dass man die Einstellung dadurch genauer erfassen kann und auch, dass man durch die Vorgabe mehrerer Fragen, die zum Teil auch negativ formuliert sind, die soziale Erwünschtheit reduzieren kann. Soziale Erwünschtheit bedeutet, dass der Befragte sich bewusst oder unbewusst positiver darstellen möchte, als er ist. Sind keine erprobten Messinstrumente vorhanden, sollte ein Psychologe der Personalabteilung oder ein externer Berater mit entsprechenden Kompetenzen hinzugezogen werden.

2.2 Zusammenhänge zwischen Einstellung und Verhalten

Das Messen von Einstellungen ist eigentlich nur sinnvoll, wenn man davon ausgeht, dass die Einstellung der Person auch ihr Verhalten vorhersagen kann. Dafür, dass dies nicht unbedingt der Fall sein muss, wird immer wieder die Studie von

LaPiere (1934) zitiert. Der amerikanische Soziologe Richard LaPiere besuchte auf einer Rundreise durch die USA gemeinsam mit einem befreundeten chinesischen Ehepaar über 200 Hotels und Restaurants und wurde entgegen seiner Befürchtungen aufgrund der allgemein negativen Stimmung gegenüber Asiaten zu der Zeit so gut wie immer sehr freundlich aufgenommen und bedient. Sechs Monate später kontaktierte er alle Hotels und Restaurants mit einem Fragebogen und fragte, ob dort chinesische Gäste akzeptiert würden und zu seiner großen Überraschung sagten 92 %, dass sie dies nicht tun würden. Das Verhalten stand also in krassem Gegensatz zur Einstellung der Befragten. Auch wenn es an dieser Studie viel zu kritisieren gibt – LaPiere wusste zum Beispiel nicht, ob die Person, die seinen Fragebogen ausfüllte, auch identisch war mit der Person, die bei seinem Besuch im Restaurant bediente – war sie ein wichtiger Meilenstein in der sozialpsychologischen Einstellungsforschung. Sie führte zur Entwicklung von Modellen, mit denen die Einstellungs-Verhaltens-Übereinstimmung besser vorhergesagt werden kann, als mit der eher einfachen Frage, die LaPiere verwendete. Martin Fishbein und Izeck Ajzen (1975) waren unter den ersten, die zum Beispiel zwischen allgemeinen und spezifischen Einstellungen unterschieden und betonten, dass die Einstellung und das Verhalten hinsichtlich Spezifität oder auch Zeitraum übereinstimmen müsse. Wenn zum Beispiel ein ganz konkretes Verhalten der Mitarbeiter für einen ganz bestimmten Zeitraum vorhersagt werden soll (z. B. ob sie innerhalb der nächsten Wochen kündigen), ist es wenig sinnvoll, sie nach ihrer globalen Arbeitszufriedenheit zu fragen.

Ullrich, Wieseke, Christ, Schulze und van Dick (2007) nannten dies das „Matching-Prinzip" und fanden bei Reisekaufleuten, dass deren Identifikation mit dem eigenen Reisebüro eher Verhalten auf Reisebüroebene vorhersagte (Kundenorientierung), während eine starke Identifikation mit der Dachgesellschaft eher Verhalten gegenüber dieser vorhersagen konnte (z. B. besonderes Engagement in der Dachgesellschaft). Harrison, Newman und Roth (2006) kombinierten in einer Metaanalyse auf der einen Seite Einstellungen (organisationales Commitment und allgemeine Arbeitszufriedenheit) und auf der anderen Seite Verhalten (Leistung, Engagement, Absentismus, Kündigungsabsichten) zu jeweils übergeordneten Faktoren von allgemeinen Einstellungen und allgemeinem Verhalten. Sie konnten zwischen diesen übergeordneten Faktoren dann recht enge Zusammenhänge von .50 und mehr identifizieren.

Ajzen und Fishbein (1980) entwickelten aus diesen Annahmen zunächst die Theorie des überlegten Handelns, die dann zur Theorie des geplanten Verhaltens weiterentwickelt wurde (Ajzen & Madden, 1986). Diese Theorie ist wohl die am meisten verwendete Theorie, die sowohl Grundlage für viele Praxisprojekte bildet, an der aber nach wie vor auch geforscht wird (Fishbein & Ajzen, 2010). Das Modell ist in Abbildung 2 dargestellt.

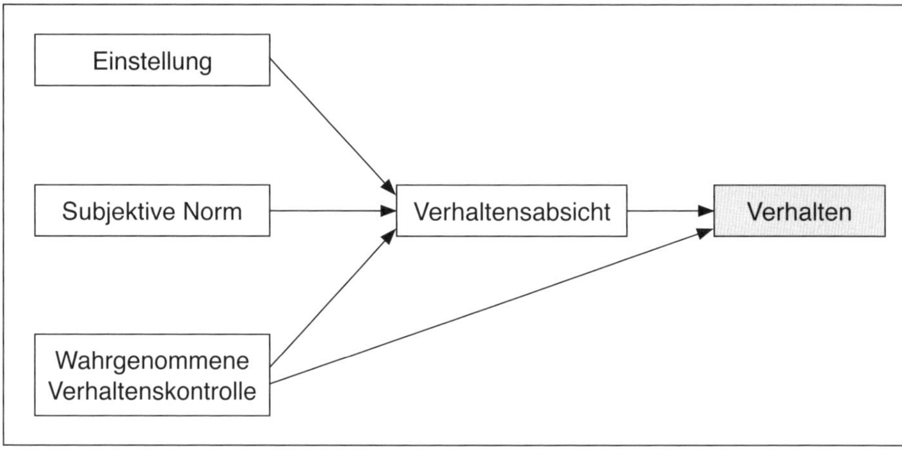

Abbildung 2: Das Modell des geplanten Verhaltens nach Ajzen und Madden (1986)

Wie in der Abbildung zu sehen, wird das Verhalten zunächst vorhergesagt durch die Verhaltensabsicht. Diese wird wiederum ermittelt aus der Summe der Messungen der drei Komponenten Einstellung, subjektive Norm und wahrgenommene Verhaltenskontrolle. Der Komponente der *Einstellung* liegt ein sogenanntes Erwartungs-mal-Wert-Modell zugrunde (vgl. auch Kapitel 4 in diesem Buch). Wenn der Personalentwickler z. B. wissen möchte, wie wahrscheinlich sich Mitarbeiter für ein Führungskräftetraining anmelden würden (das vorherzusagende Verhalten), kann er nach diesem Modell die Einstellung messen, indem er zunächst verschiedene Konsequenzen, die der Besuch des Trainings hätte, nach der jeweiligen Wahrscheinlichkeit des Eintretens abfragt. Diese Einschätzungen der Wahrscheinlichkeit werden dann mit der Bewertung der jeweiligen Konsequenz multipliziert. Zum Beispiel: Die Konsequenz, dass der Mitarbeiter für das Training zusätzliche Zeit aufbringen muss, wird er mit hoher Wahrscheinlichkeit einschätzen und vermutlich eher negativ bewerten; die Konsequenz, dass er interessante Dinge im Training lernt, schätzt er als gering wahrscheinlich ein (vielleicht weil er bereits in der Vergangenheit solche Trainings mitgemacht hat), aber Neues zu lernen wird sehr positiv bewertet. Die Wahrscheinlichkeit, dass er nach dem Training in die angestrebte Abteilungsleiterposition kommt, schätzt er als mittelwahrscheinlich ein und bewertet diese Konsequenz sehr positiv usw. Ganz ähnlich wird auch die *subjektive Norm* ermittelt durch die Abfrage, welche Erwartungen andere Personen haben, multipliziert mit der eigenen Motivation, diesen Erwartungen Folge zu leisten. Die Partnerin wird ein zusätzliches Training am Wochenende oder abends nicht sehr gut finden und man möchte sie nicht enttäuschen. Der Vorgesetzte hätte gern, dass der Mitarbeiter sich fortbildet und diesem ist die Meinung des Vorgesetzten wichtig usw. Die *wahrgenommene Verhaltenskontrolle* ist schließlich die subjektive Einschätzung, ob man das Verhalten auch tatsächlich ausführen kann. Der Mitarbeiter kann zum Beispiel durchaus eine positive Einstellung haben und auch eine hohe subjektive Norm wahrnehmen – aber wenn er im Vertrieb ist und viele Außentermine wahrnehmen muss, hat er eher eine gering wahrgenommene Verhaltenskontrolle für eine regelmäßige Teilnahme an einem Training, das unter der Woche am frühen Nachmittag stattfindet.

Die drei Komponenten, also Einstellung, Norm und Verhaltenskontrolle, werden dann aufsummiert und diese Summe bildet die Absicht, das Verhalten zu zeigen. Mit dieser Absicht wiederum konnte in vielen Bereichen das tatsächliche Verhalten recht gut vorhergesagt werden. Unabhängig von dieser Vorhersage würde eine so detaillierte Messung dem Personalentwickler aber auch helfen, das Training optimal zu gestalten. Wenn sich zum Beispiel viele Mitarbeiter aufgrund der negativ bewerteten Konsequenz und/oder subjektiven Norm, die gegen Trainings am Wochenende sprechen, nicht anmelden würden, kann dies entsprechend berücksichtigt werden.

Wichtig ist noch zu erwähnen, dass sich die subjektive Verhaltenskontrolle an zwei Stellen im Modell auswirkt – zum einen beeinflusst sie die Verhaltensabsicht, zum anderen kann sie aber auch das Verhalten direkt beeinflussen. Das heißt häufig, dass auch wenn die Absicht eher hoch ist, das Verhalten am Ende doch nicht gezeigt wird, weil man sich nicht zutraut, es auch wirklich erfolgreich ausüben zu können. Beispiele hierfür finden sich im betrieblichen Gesundheitsmanagement: Auch wenn die meisten Mitarbeiter eine positive Einstellung und in der Regel auch eine positive subjektive Norm zum Thema gesunde Ernährung oder Bewegung haben, werden entsprechende Angebote des Unternehmens oft nur von denen angenommen, die es am wenigsten nötig haben, während der stark übergewichtige Kollege trotzdem nicht in den Gesundheitskurs „Bewegte Pause“ geht, weil er es sich gar nicht zutraut oder er in der Kantine das Schnitzel mit Pommes isst, weil er gar nicht weiß, dass es auch möglich ist, sich etwas Gesundes und trotzdem Schmackhaftes zusammenzustellen. Hier muss immer wieder informiert und aufgeklärt werden und manchmal auch der Weg der „kleinen Schritte“ gegangen werden.

2.3 Die Dissonanztheorie

In der Regel geht man davon aus, wie auch in diesem Abschnitt bislang dargestellt, dass unsere Einstellungen unser Verhalten beeinflussen. Manchmal ist es aber auch umgekehrt und unser Verhalten beeinflusst unsere Einstellung. Dies hat Leon Festinger (1957) erkannt und in der Theorie psychologischer Dissonanz formalisiert. Wir Menschen haben zu jeder Zeit eine Vielzahl von „Kognitionen“, also Gedanken, die aus unserem Wissen und Verhalten bestehen. Nach der Theorie löst es unangenehme Gefühle – die Dissonanz – aus, wenn unsere

Kognitionen zueinander im Widerspruch stehen. Das klassische Beispiel ist das Rauchen. Ein Raucher hat auf der einen Seite die Kognition „Ich rauche", auf der anderen Seite weiß er, dass Rauchen gesundheitsschädlich ist. Nun könnte er ja leicht sein Verhalten ändern und die Dissonanz wäre reduziert. Wie wir wissen, ist es aber nicht so einfach, mit dem Rauchen aufzuhören, und gelingt es vielen Menschen nicht. Um dennoch nicht ständig mit dem unangenehmen Gefühl der Dissonanz leben zu müssen, ändert der Raucher also eher seine Einstellung und fügt dem Verhalten passende Kognitionen hinzu wie „Rauchen ist cool", „Rauchen beruhigt mich" oder „Mein Opa hat viel geraucht und ist trotzdem 100 Jahre alt geworden". Wenn man im Gesundheitsmanagement um diese Prinzipien weiß, kann man versuchen, durch Plakate und Flyer gegenzusteuern und die üblichen „Entschuldigungskognitionen" zu reduzieren (der Opa ist eine Ausnahme, bei den meisten kommt Rauchen gar nicht cool an, usw.) oder andere Kognitionen hinzuzufügen (Rauchen ist teuer, Rauchen beeinträchtigt andere Kollegen), um so den Druck zu erhöhen, das Verhalten tatsächlich zu ändern.

Zwei Gebiete, auf das Wissenschaftler die Dissonanztheorie angewandt haben, sind die forcierte Einwilligung und die Aufwands-Rechtfertigung. Zur *forcierten Einwilligung* führten Festinger und Carlsmith (1959) ein mittlerweile klassisches Experiment durch: Sie baten Versuchspersonen, die gerade an einem extrem langweiligen Experiment teilgenommen hatten, einem vor dem Labor wartenden Studenten zu erzählen, dass das Experiment spannend gewesen sei, weil man dringend noch Versuchspersonen benötigen würde. Für diese kleine Lüge bekam die Hälfte der Versuchspersonen einen Dollar gezahlt, die andere Hälfte bekam 20 Dollar (damals eine sehr stattliche Summe). Anschließend wurden die Versuchspersonen gefragt, wie interessant sie selbst das Experiment gefunden hatten. Entsprechend den Hypothesen fanden die Studenten, die 20 Dollar bekommen hatten, das Experiment tatsächlich sehr langweilig. Sie hatten nach Festinger und Carlsmith auch keinen Grund, ihre Einstellung zu ändern: Das Experiment war langweilig und für die Lüge hatten sie viel Geld bekommen. Anders war es mit den Versuchspersonen, die nur einen Dollar als Entschädigung bekommen hatten: Sie konnten ihre Lüge nicht mit einem hohen Geldbetrag rechtfertigen und konnten die Dissonanz, die entstanden war („Ich habe an einem langweiligen Experiment mitgemacht" – „Ich habe jemand anderem erzählt, dass das Experiment interessant war") nur dadurch auflösen, dass sie ihre Einstellung änderten und das Experiment im Nachhinein interessanter fanden, als es wirklich war. Wichtig bei dieser Studie und bei nachfolgenden Studien war immer die Freiwilligkeit der Handlung. Die Versuchspersonen wurden lediglich höflich darum gebeten, die Lüge zu erzählen. Hätte der Versuchsleiter sie dazu gezwungen, wäre keine Dissonanz entstanden, denn dann wäre der Zwang ja wiederum genügend Rechtfertigung gewesen.

Aronson und Mills (1959) führten das grundlegende Experiment zur *nachträglichen Rechtfertigung* eines erbrachten Aufwands durch. Sie baten weibliche Studierende, die sich freiwillig zu einer Gruppendiskussion zum Thema Sexualität gemeldet hatten, zunächst an einem kleinen Test zur Fähigkeit vor Publikum zu sprechen, teilzunehmen. Die eine Hälfte der Studentinnen musste dabei Texte mit sehr expliziten sexuellen Inhalten vortragen, die andere Hälfte musste Texte mit weniger peinlichem Inhalt vorlesen. Anschließend hörten sie per Kopfhörer eine Diskussion der Gruppe. Diese war aber nicht live, sondern eine Bandaufnahme, die bewusst sehr langweilig gestaltet war – die Diskussionsteilnehmer murmelten teilweise sehr unverständlich usw. Schließlich wurden die Studierenden gebeten, anzugeben, wie interessant sie die gerade gehörte Diskussion einschätzten. Entsprechend den Hypothesen fanden die Studierenden, die vorher den höheren Aufwand hatten und sehr explizite Texte vortragen mussten, die anschließende Diskussion viel interessanter – weil sie damit ihre Dissonanz reduzieren konnten.

Für die Personalentwicklung bedeuten die Ergebnisse dieser Studien einerseits, dass die Teilnahme an Trainings immer freiwillig sein sollte – wer vom Vorgesetzten zu einem Training zwangsverpflichtet wird, wird in der Regel weniger davon profitieren. Zum anderen führen eine große Belohnung oder andere externe Rechtfertigungen eher dazu, dass man das Training anschließend weniger wertschätzt. Entsprechend der alten Regel „was nichts kostet, kann auch nichts wert sein“, lohnt es sich manchmal, die Teilnehmer durchaus zu etwas Aufwand zu verpflichten. Wenn Teilnehmer z. B. einen Teil ihrer Freizeit für das Training opfern oder sich während eines Trainings durch entsprechende Übungen oder sogar Hausaufgaben aktiv beteiligen müssen, wird dies zwar im Moment nicht so positiv gesehen – aber sie werden das Training im Nachhinein besser bewerten! Dies hat sich zum Beispiel auch im therapeutischen Bereich gezeigt, wo Patienten sich eher einer unangenehmen Therapie unterziehen und mehr von ihr profitieren, wenn sie dies ganz freiwillig tun und mehr Aufwand damit verknüpft ist (Haisch, Osnabrügge & Frey, 1983). Die Dissonanztheorie ist übrigens auch in der Forschung sehr lebendig und wird nach wie vor auf eine Vielzahl von Themen angewandt (z. B. Harmon-Jones, Schmeichel, Inzlicht & Harmon-Jones, 2011). Im Folgenden soll sozusagen die „Schwester“ der Dissonanztheorie, nämlich die Reaktanztheorie vorgestellt werden.

2.4 Die Reaktanztheorie

Brehm (1966) entwickelte die Reaktanztheorie um zu erklären, warum Menschen auf Einflussversuche häufig mit Widerstand reagieren (siehe für eine Übersicht: Miron & Brehm, 2006). Nach dieser Theorie haben alle Menschen zunächst die Erwartung und das Bedürfnis nach Freiheit. Sie wollen zum Beispiel frei entscheiden, welche Produkte sie kaufen, wo sie Urlaub machen oder was sie essen. Werden sie in ihrer Freiheit eingeschränkt und wird die Einschränkung als illegitim empfunden, erzeugt dies den unangenehmen Zustand der Reaktanz (eigentlich ein Begriff aus der Elektronik, der einen Widerstand bezeichnet), der dazu führt, dass die Person ihre Freiheit wiederherstellen will. Dies ist allerdings nicht immer direkt möglich. Verbietet die Chefin zum Beispiel ihrem Mitarbeiter, an einem Coaching der Personalentwicklung teilzunehmen, schränkt das seine Freiheit ein und er wird dies – wenn es nicht gut begründet wird – als illegitim wahrnehmen. Er kann aber trotzdem nicht einfach teilnehmen, weil dies vermutlich negative Konsequenzen hätte. Eine Möglichkeit ist die indirekte Wiederherstellung seiner Freiheit, indem er zum Beispiel andere Dinge tut, die die Chefin ihm gar nicht verbieten kann, er könnte sich zum Beispiel Urlaub nehmen und sich in dieser Zeit fortbilden. Ist auch dies nicht möglich, kann Reaktanz durch Aggression abgebaut werden, auch wenn diese sich selten direkt gegen die Quelle der Einschränkung richtet, weil dies wieder negative Konsequenzen hätte. Daraus ergibt sich die bekannte Kettenreaktion: Der Meister schränkt den Gesellen ein und dieser lässt seinen Ärger am Lehrling aus. Die letzte und durchaus häufige Konsequenz von Reaktanz ist die Attraktivitätsveränderung der eingeschränkten Freiheit. Darf die Mitarbeiterin das Führungstraining nicht besuchen, aber sehr wohl den Computerkurs, wird sie vielleicht zunächst den Computerkurs blöd finden, sich aber nach einer Weile damit abfinden und vor allem die Vorteile betonen, die der Computerkurs hat und die möglichen Nachteile des Führungstrainings herausstellen.

Die Stärke der Reaktanz hängt erstens davon ab, wie wichtig einem das jeweilige Verhalten ist. Wenn dem Mitarbeiter Fortbildungen sowieso nicht sehr wichtig sind, wird er eine Ablehnung als weniger einschränkend wahrnehmen. Zweitens hängt die Reaktanz davon ab, wie groß der Umfang der Einschränkung ist – erlaubt der Chef nur nicht, an einer Trainingsmaßnahme teilzunehmen oder verbietet er jede Art der Weiterbildung? Der dritte Faktor ist die Stärke der Einschränkung: Gibt der Chef nur einen „sanften" Hinweis, dass man seine Zeit „besser" investieren könne (geringe Stärke) an oder macht er dem Mitarbeiter klar, dass eine Weiterbildung für ihn mit Bonuskürzungen verbunden wäre, weil man ja dann weniger präsent sei (hohe Stärke).

Sowohl die Reaktanz- wie die Dissonanztheorie sprechen also dafür, dass Personalentwicklung auf freiwilliger Basis stattfinden sollte und Mitarbeiter nicht dazu gezwungen werden sollten. Wenn die Führungskraft denkt, dass Personalentwicklung wichtig ist, sollte sie ihre Mitarbeiter mit positiven Anreizen und vor allem guten Begründungen dazu bewegen, freiwillig daran teilzunehmen. Allerdings gibt es in der Reaktanztheorie einen Fall, in dem keine Reaktanz auftritt: nämlich dann, wenn die Person gar keine Freiheitserwartung hat. Dies wird zum Beispiel in der Kindererziehung genutzt: Ein kleines Kind muss schnell lernen, dass es nicht einfach über die Straße laufen darf. Halten die Eltern es konsequent fest, wenn es das versucht, wird es irgendwann gar nicht mehr die Erwartung haben, frei zu entscheiden und wird auch keine Reaktanz mehr erleben. In diesem Sinne könnten Unternehmen Weiterbildung einfach als zur Kultur gehörend definieren und schon neuen Kollegen unmissverständlich klar machen, wie wichtig Weiterentwicklung ist und dass ein gewisser Prozentsatz der Arbeitszeit darin investiert werden muss. Wenn dies dann auch tatsächlich von allen so gelebt wird, insbesondere natürlich den Führungskräften, wird keine oder nur wenig Reaktanz auftreten. Reaktanzprozesse spielen natürlich nicht nur bei der Frage eine Rolle, ob Personalentwicklungsmaßnahmen akzeptiert werden, wie dies die obigen Beispiele suggerieren. Reaktanz kann überall dort auftreten, wo Menschen versuchen, andere zu beeinflussen, also insbesondere bei Versuchen, die Einstellungen zu ändern, womit sich der nächste Abschnitt befasst.

3 Einstellungsänderung

3.1 Zentrale und periphere Routen der Überzeugung

Führungskräfte versuchen häufig, die Einstellungen der Mitarbeiter zu verändern, zum Beispiel wenn sie Ziele mit ihnen vereinbaren, die die Mitarbeiter vielleicht zunächst für überzogen halten. Mitarbeiter versuchen umgekehrt, die Einstellungen ihrer Kollegen oder Führungskräfte zu verändern – wenn sie zum Beispiel eine innovative Idee ausprobieren wollen, denen die anderen skeptisch gegenüberstehen. Wie oben schon gesagt, geht es bei der Personalentwicklung häufig um Einstellungsänderung (z. B. im Bereich Diversity, Gesundheit und Arbeitsschutz usw.). Ein Modell, mit dem man vorhersagen kann, wann es eher zu einer Einstellungsänderung kommt, die auch nachhaltig ist, haben Petty und Cacioppo (1986) mit dem Elaboration-Likelihood-Model (ELM, deutsch etwa: Verarbeitungs-Wahrscheinlichkeits-Modell) vorgeschlagen (siehe auch Petty & Wegener, 1999).

Wie in Abbildung 3 dargestellt, sieht das ELM zwei Routen der Informationsverarbeitung vor. Auf der *zentralen Route* werden die Informationen sorgfältig verarbeitet und die Argumente gründlich geprüft. Ob es zu einer Einstellungsänderung kommt, hängt dabei vor allem von der Qualität der Argumente ab. Will der Personaler die Geschäftsführung von der Einführung eines neuen Potenzialerkennungsverfahrens überzeugen und hat er gute Argumente – z. B. langfristige Bindung sehr guter Mitarbeiter, nachgewiesener Return-on-Investment durch mehr Innovation – dann führt diese Route nicht nur dazu, dass die Geschäftsführung sich kurzfristig „überreden" lässt. Die tiefe Informationsverarbeitung auf der zentralen Route führt auch zu einer nachhaltigen Einstellungsänderung – die

Geschäftsführung wird dann das neue System auch unterstützen, wenn Widerstände auftauchen oder das Geld etwas knapper wird. Allerdings setzt die zentrale Route voraus, dass die Mitglieder der Geschäftsführung auch motiviert und fähig sind, die Argumente zu verstehen.

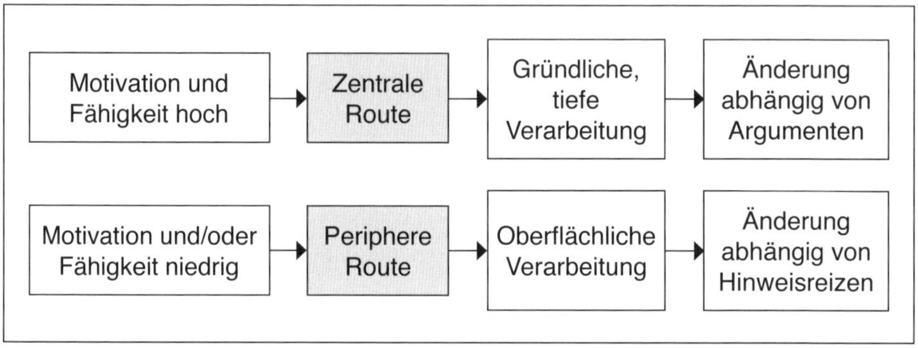

Abbildung 3: Das Elaboration-Likelihood-Model (ELM) nach Petty und Wegener (1999)

Ist das Personalthema im Vorstand nicht besetzt und haben die Juristen oder Ingenieure dort nur ein eingeschränktes Interesse an guter Personalarbeit, werden sie die Argumente vermutlich nicht gründlich verarbeiten, ihre Qualität nicht erkennen und sich nicht oder wenig beeinflussen lassen. Wann immer die Adressaten der Botschaft nicht die Fähigkeit besitzen, Argumente tief zu verarbeiten, wenn zum Beispiel technische Laien über die Einführung anspruchsvoller Maschinen oder Software entscheiden sollen, oder sie dazu nicht motiviert sind – üblicherweise ist der Fernsehzuschauer in der Werbepause nicht gerade hochmotiviert, die Werbebotschaften gründlich zu verarbeiten –, ist Beeinflussung über die *periphere Route* möglich. Auf dieser Route werden die Argumente nicht wirklich geprüft, sondern man lässt sich von Hinweisreizen beeinflussen. Dies sind in der Werbung klassischerweise der angebliche Wissenschaftler im weißen Laborkittel oder das knapp bekleidete Model neben den Fahrzeugen auf der Automobilausstellung. Auch auf dieser Route findet Beeinflussung statt, aber sie ist weniger nachhaltig, weil der Adressat nicht wirklich überzeugt, sondern nur überredet wird. Manchmal kann es dennoch sinnvoll sein, die periphere Route zu wählen, wenn man jemanden überzeugen will. Der Personalentwickler, der über ein neues Kursprogramm zum Thema Gesundheit informieren möchte, sollte sich zum Beispiel Mühe geben, die Flyer und Plakate, die gedruckt werden, ansprechend zu gestalten und mit professionellen Designern zu entwickeln. Er kann nicht unbedingt davon ausgehen, dass die Belegschaft von vornherein hoch motiviert ist, die Argumente, die für das Gesundheitsprogramm sprechen, auch zur Kenntnis zu nehmen. Dies trifft gerade auf diejenigen zu, die es vielleicht besonders nötig haben, denn diese vermeiden gesundheitsrelevante Informationen schon allein deshalb, weil diese ja bei ihnen Dissonanz auslösen würden (siehe oben).

3.2 Taktiken der Überzeugung

Zuletzt seien noch zwei bewährte Taktiken erwähnt, mit denen man Menschen zu etwas bringen kann, was sie freiwillig nicht unbedingt tun würden. Manchmal macht es Sinn, solche Taktiken selbst anzuwenden – zum Beispiel bei den oben erwähnten Mitarbeitern, die von einem Gesundheitsprogramm profitieren würden oder bei der Führungskraft, von der alle (außer ihr selbst) wissen, dass sie wenig von Mitarbeitermotivation versteht. Die erste Taktik lautet Fuß-in-der-Tür-Taktik (foot-in-the-door), die zweite ist die Tür-ins-Gesicht-Taktik (door-in-the-face). Beide Taktiken werden wissenschaftlich seit über 40 Jahren untersucht (siehe Cialdini & Goldstein, 2004) und sie haben sich in vielen Praxisfeldern bewährt (Cialdini, 2013).

Bei der *Fuß-in-der-Tür-Taktik* geht es darum, dass man die andere Person zunächst um einen kleinen Gefallen bittet, bevor man das eigentliche, anspruchsvollere Anliegen nennt. Man fällt also nicht mit der Tür ins Haus, sondern versucht erst einmal einen kleinen Fuß in die Tür zu bekommen. Freedman und Fraser (1966) baten zum Beispiel zufällig ausgewählte Menschen darum, dass ein Team von sechs Wissenschaftlern ein Inventar aller Gegenstände in ihren Haushalten erstellen dürfte. Dem stimmten nur 22 % derjenigen zu, die lediglich um diesen Gefallen gebeten worden waren. Von denjenigen aber, die zunächst gebeten wurden, einige einfache Fragen zu ihren Waschmitteln zu beantworten, stimmten 53 % der Inventarisierung ihres gesamten Haushaltes zu. In einer anderen Studie bat Doliński (2000) einige Passanten zunächst um eine Wegauskunft. Etwas später auf der Straße wurden die gleichen Passanten gebeten, auf ein großes Gepäckstück aufzupassen, während die Besitzerin noch einmal in ihre Wohnung in den 5. Stock müsse, um dort etwas zu holen. Von den Passanten, die vorher nicht nach dem Weg gefragt wurden, war etwa ein Viertel dazu bereit, auf das Gepäck aufzupassen. Von denjenigen, die zuvor nach dem Weg gefragt wurden (wohlgemerkt: von ganz anderen Menschen), sagten etwa 60 % zu! Will der Personalentwickler für ein neues Training ein Budget von einigen 1.000 Euro, von dem er weiß, dass die Geschäftsführung dies nicht unbedingt genehmigen wird, könnte er den Geschäftsführer zunächst um etwas Kleineres bitten, z. B. darum, die Büros der Personalabteilung kostenneutral umorganisieren zu dürfen. Der Geschäftsführer wird dem zustimmen – warum auch nicht – und sich dabei als hilfsbereiter und großzügiger Mensch erleben. Schließt der Personaler dann sein eigentliches Anliegen an, wird es dem Geschäftsführer wesentlich schwerer fallen, nein zu sagen, weil er sich ja treu bleiben, d. h. sich weiterhin als großzügig darstellen und fühlen will. Ebenso kann die Führungskraft, die ihre Mitarbeiter zum Besuch eines Arbeitsschutztrainings motivieren will (was diese normalerweise nicht freiwillig absolvieren würden) zunächst um die Teilnahme an einer kleinen Übung bitten, bevor sie den eigentlichen Vorschlag macht.

Die *Tür-ins-Gesicht-Taktik* ist genau umgekehrt aufgebaut. Wenn die Mitarbeiterin ein mittelgroßes oder sogar kleines Anliegen hat, von dem sie aber trotzdem nicht ganz sicher ist, ob der Geschäftsführer sich davon überzeugen lässt, kann sie zunächst eine große Bitte formulieren: Wir brauchen in der Personalabteilung mindestens zwei weitere Mitarbeiter, sonst kommen wir mit der Arbeit nicht hinterher. Dies wird der Geschäftsführer vermutlich ablehnen (und falls nicht, hat die Mitarbeiterin einen Grund zur Freude). Dann kommt sie mit der eigentlichen Bitte: Wir möchten einen Werkstudenten einstellen, um uns bei einem bestimmten Projekt zu unterstützen. Diese wird der Geschäftsführer dann weniger wahrscheinlich ablehnen, weil er ja nicht ständig als herzlos und abweisend dastehen möchte. Cialdini et al. (1975) haben in einer Studie Studenten gefragt, ob sie zwei Jahre lang zwei Stunden pro Woche in einem Heim für jugendliche Straftäter mitarbeiten würden. Fast keiner der Angesprochenen war dazu bereit. Anschließend wurden sie gefragt, ob sie als Begleitperson bei einem zweistündigen Ausflug der Straftäter mitmachen würden. Dem stimmten 50 % zu. Ohne die vorherige, große Bitte waren lediglich 17 % bereit, mit in den Zoo zu gehen.

Wie schon gesagt, haben sich beide Taktiken vielfach und in ganz unterschiedlichen Bereichen bewährt. Man sollte sich zunächst klarmachen, was man eigentlich möchte und ob es sich um eine eher große oder kleine Sache handelt und sich dann für eine der beiden Taktiken entscheiden. Dies darf man natürlich nur, wenn man eine gute Sache vertritt – wenn eine Führungskraft versucht, mit solchen Tricks die Mitarbeiter über den Tisch zu ziehen, wird sie es später bereuen, weil die Mitarbeiter das Vertrauen verlieren!

4 Gruppenprozesse

Als letztes Thema sollen Gruppenprozesse angesprochen werden. Bislang ging es um individuelle Prozesse oder Prozesse, bei denen zwei Personen agieren – eine, die handelt und eine andere, die beobachtet und attribuiert, oder eine, die eine Einstellung hat und eine andere, die diese Einstellung verändern möchte. Häufig, wenn nicht in den allermeisten Fällen, sind diese beiden Personen aber Mitglieder von Gruppen, wie Teams in der Organisation, bestimmten Bereichen (Vertrieb vs. Produktion; Buchhaltung vs. Marketing) oder Funktionen (Tarifmitarbeiter vs. leitende Angestellte). Wie oben beim ultimativen Attributionsfehler schon erwähnt, kann dies zu einer verzerrten Wahrnehmung und/oder Interpretation von Sachverhalten führen. Gruppenmitgliedschaften können sich aber auch auf viele andere Aspekte der Personalarbeit auswirken – insbesondere Vorurteile hinsichtlich anderer Gruppen haben in der Regel negative Auswirkungen. An dieser Stelle soll die Theorie der sozialen Identität dargestellt werden, weil diese in den letzten 20 Jahren auf viele Aspekte in Organisationen angewandt wurde, wie z. B. effektive Führung (Ullrich, Christ & van Dick, 2009), Diversität in Teams (van Dick et al., 2008), Kreativität und Innovation (Hirst, van Knippenberg & van Dick, 2009), Kundenorientierung (Ullrich et al., 2007), Stress in Organisationen (Haslam & van Dick, 2011; van Dick & Haslam, 2012) oder die Analyse von Konflikten in der Zusammenarbeit zwischen Teams (Richter et al., 2006). Eine hervorragende Übersicht über die Anwendung der Theorie der sozialen Identität in einer Vielfalt von organisationsrelevanten Bereichen findet sich bei Haslam (2004; siehe auch van Dick, 2004).

4.1 Die Theorie des realistischen Gruppenkonfliktes

Die Forschung zu Intergruppenkonflikten begann jedoch etwas früher mit einer anderen Theorie, die zunächst dargestellt werden soll: Die erste Theorie zur Analyse von Konflikten zwischen Gruppen entwickelte Muzafer Sherif aufgrund seiner berühmten Ferienlagerstudien (Sherif et al., 1961). In diesen Sommerlagern unterteilte Sherif die ca. 11-jährigen Jungen einige Tage nach der Ankunft in zwei Gruppen, die Rattlers und die Eagles. Bereits ohne jede weitere Intervention begannen diese, die jeweils andere Gruppe abzuwerten und schlecht über sie zu sprechen. In der nächsten Phase wurden die Gruppen zu Wettkämpfen, z. B. Tauziehen, aufgefordert. Dabei konnte nur eine Gruppe gewinnen und nur die Mitglieder der siegreichen Gruppe bekamen wertvolle Preise, z. B. Taschenmesser. Dies führte sehr schnell zu scharfen Wettkämpfen, aber auch außerhalb der eigentlichen Wettkämpfe kam es zu massiven Feindseligkeiten: Die Gruppen beschimpften sich, warfen mit Essen aufeinander und versuchten, Dinge aus dem gegnerischen Lager zu erbeuten. Erst in der letzten Phase konnten Sherif und seine Mitarbeiter die Konflikte wieder reduzieren, indem sie übergeordnete Ziele einführten: Zum Beispiel blieb der Transporter, der das Essen brachte, „stecken" (indem Muzafer Sherif, der als eine Art Hausmeister überall im Lager präsent war, einfach auf die Bremse drückte) und konnte nur bewegt werden, indem Kinder beider Gruppen ihn anschoben. Sherif (1966) entwickelte aus den Beobachtungen in diesen Ferienlagern die Theorie des realistischen Gruppenkonfliktes. Danach entstehen Konflikte zwischen Gruppen dadurch, dass es begrenzte materielle Ressourcen gibt, und der Gewinn der einen Partei bedeutet automatisch Verluste für die andere Partei.

Selbstverständlich gibt es solche Konflikte in Organisationen auch heute. Jede Gehaltsverhandlung zwischen Arbeitgebern und Gewerkschaften stellt im Grunde einen Ressourcenkonflikt da. Allerdings können solche Konflikte schneller gelöst werden, wenn das Problem nicht als Nullsummenspiel wahrgenommen wird, sondern man versucht, die Interessen beider Gruppen abzubilden (die Gewerkschaften wollen eine höhere Zahl vor dem Komma, die Arbeitgeber eine längere Laufzeit). Diese Art der Konfliktbewältigung kann in Führungskräftetrainings geübt werden bzw. Mitarbeiter von Personalabteilungen können geschult werden, in Konflikten zwischen Mitarbeitern oder ganzen Teams und Abteilungen als Mediatoren zu vermitteln. Insbesondere das obere Management kann durch entsprechende Trainings auch darin geschult werden, übergeordnete Prozesse (z. B. Ressourcenverteilung zwischen Abteilungen, Bonierungssysteme) so aufzusetzen, dass es nicht zu wahrgenommenen Konflikten dieser Art kommt.

4.2 Die Theorie der sozialen Identität

Dass begrenzte Ressourcen Streit auslösen können, ist sehr plausibel und wird durch die Alltagserfahrung bestätigt. Allerdings begannen die Rattlers und die Eagles mit ersten Feindseligkeiten ja schon, bevor überhaupt der erste Wettkampf ausgetragen und Ressourcenkonflikte sichtbar wurden. Wie kann man das erklären? Henri Tajfel (1978) ging dieser Frage nach und führte zunächst eine Reihe von Kategorisierungsexperimenten durch. In dem mittlerweile klassischen Experiment (Tajfel et al., 1971) wurden 11-jährige Jungen in zwei Gruppen eingeteilt. Sie sollten entweder Bilder beurteilen und wurden anschließend nach ihren Urteilen (in Wirklichkeit per Zufall) in eine Klee-Gruppe und eine Kandinsky-Gruppe eingeteilt. Oder sie sollten Dias mit Punktwolken ansehen und die Anzahl der Punkte schätzen und wurden dann (wieder per Zufall) in eine Überschätzer- und eine Unterschätzer-Gruppe eingeteilt. Anschließend gab man ihnen Matrizen vor, in denen sie einem Mitglied der eigenen und einem Mitglied der anderen Gruppe Punkte oder kleine Geldbeträge zuweisen konnten. Dabei wussten sie lediglich, dass die anderen beiden Personen jeweils ein Mitglied der eigenen Gruppe und ein Mitglied der anderen Gruppe waren – sie wussten aber nicht, um wen es sich konkret handelte und es war auch ausgeschlossen, dass sie sich selbst Geld zuweisen konnten. Manche Jungen versuchten in diesen Matrizen möglichst faire Aufteilungen, sodass beide Personen etwa gleich viel bekamen. Es zeigte sich aber auch ein weiterer Effekt, nämlich dass viele Jungen versuchten, zwischen der eigenen und der anderen Gruppe maximale Differenzen zugunsten der eigenen Gruppe zu erreichen – selbst wenn dies auf Kosten des maximalen Gewinns ging. Man verzichtete also sogar auf einen möglichen absoluten Gewinn, solange das Mitglied der eigenen Gruppe nur mehr bekam als das Mitglied der anderen Gruppe. Tajfel und Kollegen nannten diese Studien Minimalgruppenstudien (minimal group studies), weil sie lediglich die Kenntnis der Gruppenmitgliedschaft als minimale Information enthielten und keinerlei weitere Information über Größe, Qualität, Einstellungen oder eine gemeinsame Geschichte. So konnte der Effekt der reinen Kategorisierung in eine Gruppe losgelöst von historischen, religiösen oder materiellen Einflüssen untersucht werden.

Aufgrund der Studienergebnisse entwickelten Tajfel und Turner (1979) die Theorie der sozialen Identität. Diese besagt in aller Kürze, dass alle Menschen (1) eine positive Selbsteinschätzung von sich selbst anstreben (man will sich als „guter" Mensch fühlen) und dass sie (2) einen Teil der Selbsteinschätzung aus ihrer personalen Identität (d. h. den individuellen Eigenschaften mit allen Stärken und Schwächen) gewinnen, einen anderen Teil aus ihrer sozialen Identität (d. h. den Eigenschaften der Gruppen, denen sie angehören) und dass (3) aus den ersten beiden Prämissen zusammen folgt, dass Menschen versuchen, ihre eigenen Gruppen positiv von relevanten anderen Gruppen abzugrenzen, weil das wiederum positiv auf ihren Selbstwert wirkt.

Wenn jemand Fan der Frankfurter Eintracht ist, fühlt er sich nach einem Sieg besser, als wenn Frankfurt verliert – er kann dann aber verschiedene Strategien wählen, damit umzugehen. Er kann z. B. die Vergleichsgruppe wechseln und sich als 15. der Bundesligatabelle mit den Mannschaften vergleichen, die auf den Abstiegsrängen liegen. Oder er betont, dass es auf das Gewinnen letztlich gar nicht ankommt, aber die Eintracht einfach den schöneren Fußball spielt oder besonders fair ist usw. Letztlich kann man natürlich auch die Gruppe wechseln und zum FC Bayern-Fan werden (was ein echter Fußballfan natürlich nie tun würde). Ganz ähnlich ist es natürlich auch in Unternehmen: Die Mitglieder der Marketingabteilung versuchen sich aufgrund der oben genannten Prinzipien positiv vom Vertrieb abzugrenzen oder die Mitglieder des Vorstandes grenzen sich von den anderen leitenden Angestellten („mittleres Management") ab.

Je mehr Macht eine Gruppe hat, umso eher kann sie Grenzen festlegen und ihre Überlegenheit durch Symbole bekräftigen: Der Vorstand hat eine eigene Kantine, einen eigenen Aufzug und die größeren Dienstwagen usw. Aber auch statusunterlegene Gruppen entwickeln ihre eigenen Symbole, auf die sie stolz sind und die sie benutzen, um sich positiv abzusetzen. Natürlich sind wir jederzeit Mitglied vieler verschiedener Gruppen und welche der jeweiligen Gruppen wichtig oder bedeutsam für unseren Selbstwert und unser Handeln ist, haben Turner und Kollegen (1987) mit dem Begriff der Salienz definiert: Eine Gruppe ist dann salient, wenn sie in der gegebenen Situation am besten passt, d. h. die Unterschiede innerhalb der Gruppe möglichst klein werden und die Unterschiede zur jeweils anderen Gruppe maximiert werden. Der Leiter der Marketingabteilung wird sich in einem Teammeeting vielleicht eher als Führungskraft sehen und sich von den anderen Mitgliedern seiner Abteilung abgrenzen (durch Sprache, Kleidung, Sitzposition), während er eine Stunde später in einem Abteilungsleitertreffen die Marketingabteilung repräsentiert und sich dort wiederum gegenüber den Kollegen aus den Finanzen abgrenzt usw.

Diese Prinzipien sind für die Personalentwicklung wichtig zu verstehen, denn Teambuilding-Maßnahmen gehören zu den Kernaufgaben der Personal- bzw. Teamentwicklung. Wenn man Teams in ihrer Identität stärkt, hat dies in der Regel positive Auswirkungen auf die Zusammenarbeit innerhalb des Teams, die einzelnen Mitarbeiter sind motivierter und kreativer (Hirst et al., 2009) und man unterstützt sich stärker gegenseitig (van Dick, Grojean, Christ & Wieseke, 2006). Allerdings kann eine zu stark entwickelte Teamidentität auch zu Silodenken und Konflikten mit anderen Abteilungen führen. Richter, West, van Dick und Dawson (2006) konnten anhand von 40 Teams in britischen Krankenhäusern zeigen, dass Konflikte zwischen Teams dann am stärksten ausgeprägt waren, wenn die einzelnen Mitglieder sich zwar mit ihren Teams identifizierten, sie gleichzeitig aber keine starke Bindung an die Gesamtorganisation, das Krankenhaus, entwickelt hatten. War die Identifikation mit beiden Einheiten stark, arbeiteten die Teams effektiv zusammen, wie Richter et al. (2006) durch Vorgesetztenbefragungen ermitteln konnten. Für den Personaler bedeutet dies, bei der Planung von Teambuilding-Maßnahmen immer beides im Blick zu haben, d.h. in den Worten von West, Hirst, Richter und Shipton (2004) nicht nur „bonding“, sondern „bridging“ zu betreiben – enge Bindung innerhalb des Teams zu erzeugen, aber auch starke Brücken über Teams hinweg zu bauen (siehe auch van Dick & West, 2013).

Zum Schluss sei noch angemerkt, dass Personalentwickler natürlich auch selbst eine eigene Identität haben, auf die sie stolz sind und die zu ihrem Selbstwert beiträgt. Manchmal sitzen sie aber auch zwischen den Stühlen und werden sowohl von der Geschäftsführung und den Mitarbeitern nicht so wertgeschätzt, wie dies für ein motiviertes Arbeiten nötig wäre. Insbesondere wenn Personalentwickler etwas umsetzen sollen, das Widerstände bei den Adressaten (z.B. ein neues 360°-Beurteilungssystem für Führungskräfte) auslöst, kann es aufgrund der Identitäten zu Problemen kommen. Van Dijk und van Dick (2009) haben dies zum Beispiel in einer qualitativen Studie bei Change Agents nach einer Unternehmensfusion beobachtet: Die Mitarbeiter zeigten gegenüber der Fusion Widerstand, weil sie ihre alte Identität bedroht sahen. Diesen Widerstand nahmen die Change Agents, die eine eigene Identität als Motor des Wandels entwickelt hatten, sozusagen „persönlich“ und als Angriff auf ihre Identität war. Deshalb wurden die Widerstände schlechter gemanagt, als dies der Fall hätte sein können, und daraus entwickelt sich schnell eine Negativspirale. Personalentwickler sind sicherlich keine besseren Menschen – aber ihre Kenntnisse gerade bei Themen wie Kommunikation und Konfliktlösung sollten ihnen helfen, mit den in diesem Kapitel genannten Themen gut umzugehen.

5 Zusammenfassung und Ausblick

In diesem Kapitel wurde zunächst dargestellt, mit welchen Modellen man erklären kann, wie Menschen Ursachenzuschreibungen vornehmen, wie sie also attribuieren und welche Fehler sie dabei begehen können. Das Wissen um diese Prozesse ist für die Personalentwicklung insofern von großem Nutzen, als dass sowohl Mitarbeiter wie Führungskräfte im Vermeiden dieser Fehler trainiert werden können. Insbesondere bei der Frage von Leistungsbeurteilungen – in der Regel von der Führungskraft über die Mitarbeiter, manchmal aber auch umgekehrt – ist allein das Wissen um Verzerrungen hilfreich.

Anschließend wurde dargestellt, wie man theoretische Modelle heranziehen kann, um Einstellungen zu messen und zu verändern. Im Grunde hat die gesamte Personalentwicklung keinen anderen Zweck als Einstellungen (und assoziierte Verhaltensweisen) im Sinne der Ziele der Organisation zu verändern. Für Personaler ist es also wichtig, anhand der vorgestellten Modelle zu überlegen, welche Einstellungen bzw. welches Verhalten überhaupt geändert werden soll, welche relevanten Faktoren gemessen und wie ein möglicher Entwicklungserfolg evaluiert werden könnte. Bei der Einführung und Administration von Entwicklungsmaßnahmen helfen schließlich die Erkenntnisse aus Dissonanz- und Reaktanztheorie, eine möglichst hohe Akzeptanz der Maßnahmen bei den Betroffenen zu erreichen.

Schließlich sind Menschen in Organisationen immer auch Angehörige ganz verschiedener Gruppen (Management, Produktion, Controlling, ältere Mitarbeiter usw.). Daher ist es auch für den Personaler wichtig zu verstehen, was die Grundlagen für Konflikte zwischen diesen Gruppen sein können. Hier wurden insbesondere zwei Theorien vorgestellt. Die Theorie des realistischen Gruppenkonfliktes erklärt Konflikte mit unterschiedlichen Interessen und knappen Ressourcen. Dies ist sicherlich häufig genug der Fall, und Abteilungen in Unternehmen stehen im Wettbewerb um Geld, Räume, Mitarbeiter, Kunden usw. Aber die Theorie der sozialen Identität geht einen Schritt weiter und sagt, dass Konflikte schon allein dadurch entstehen, dass die an die Gruppen gebundene Identität der einzelnen Gruppenmitglieder und ihr Wunsch nach einer positiven Identität zu einer Abgrenzung von anderen Gruppen führen. Knappe Ressourcen können also Konflikte auslösen, sie sind aber keine notwendige Bedingung, sondern allein die Kategorisierung in Gruppen löst schon entsprechende Abgrenzungstendenzen aus.

Diese Theorie wurde aus den sogenannten Minimalgruppenstudien entwickelt. Wie viele Studien, die im sozialpsychologischen Labor durchgeführt werden, haben diese Experimente einen großen Nachteil: Sie lassen sich nicht einfach, manchmal fast gar nicht, auf die „wirkliche Welt" übertragen. Wenn Jungen im

Labor anderen Jungen, die sie gar nicht kennen, Geldbeträge zuweisen, ist dies eine sehr künstliche Situation. Wenn aber auch in dieser Situation Unterschiede auftreten, kann man dies nur auf die im Experiment vorgenommene Einteilung in Gruppen zurückführen. Es gibt in der kontrollierten Situation des Labors keine anderen Einflüsse. Der wichtigste Zweck und der Wert des Experimentes liegen daher darin, dass man Ursache und Wirkung auseinanderhalten kann. Und man muss klar wissen, welches die Ursache ist, damit man als Personaler dort mit Veränderungen ansetzen kann. Wenn man zum Beispiel aus einer Befragungs- oder Beobachtungsstudie erfährt, dass Arbeitszufriedenheit und Arbeitsleistung zusammenhängen, nützt dies zunächst wenig: Zufriedene Mitarbeiter können mehr leisten; aber leistungsfähigere Mitarbeiter können auch zufriedener sein. Schließlich kann es sein, dass ein weiterer Faktor beides beeinflusst (zum Beispiel die Organisationskultur). Man braucht also Experimente, die – zusätzlich zu den Feldstudien – zeigen, dass Zufriedenheit tatsächlich ursächlich für gute Leistung ist. Denn dann kann der Personaler beginnen, die Zufriedenheit zu fördern, wenn er positive Effekte auf die Leistung erzielen will.

Auch die Minimalgruppenstudien sind übrigens nicht so weit von der Realität entfernt, wie es vielleicht den Anschein hat. Brown (1978) untersuchte in englischen Betrieben die Akzeptanz für Lohnveränderungen: Dabei zeigte sich, dass Arbeiter einer mittleren Lohngruppe sogar mit einer geringeren Lohnerhöhung zufrieden waren, solange nur der Abstand zur nächstniedrigeren Gruppe gewahrt wurde – bekamen beide Gruppen mehr, aber die untere Gehaltsgruppe so viel mehr, dass sich der Abstand zur eigenen Gruppe verkleinerte, lehnte man das Angebot ab. Es ist hier aber wichtig festzuhalten, dass sich Experimente und Studien im Feld, also in Betrieben mit tatsächlichen Führungskräften und Mitarbeitern, gegenseitig ergänzen – beide Forschungsansätze haben ihre Berechtigung, beide haben Vor- und Nachteile.

Die Sozialpsychologie kann mit den hier vorgestellten Theorien teilweise auch Beiträge für künftige Entwicklungen in der Arbeitswelt leisten. Die Trends zur Globalisierung und die demografisch veränderten Gesellschaften in Bezug auf unterschiedliche Kulturen, aber auch die Altersdemografie, bergen das Potenzial für Konflikte. Insofern bildet die Theorie der sozialen Identität einen interessanten Ansatzpunkt für das Diversity Management. In den letzten Jahren wurde diese Theorie in der Forschung zunehmend auf das Thema der Diversität angewandt. Grundsätzlich ist es dabei so, dass sich Menschen eher dann mögen und mit Gruppen identifizieren, wenn man sich möglichst ähnlich ist – Unterschiede führen zu Cliquenbildung und Konflikten (siehe van Dick & Stegmann, 2016). Wenn aber die Gruppenmitglieder der Überzeugung sind, dass deren Vielfältigkeit der Schlüssel für das Lösen neuer Probleme und für eine starke Leistung ist – in der Forschung sprechen wir in diesem Fall von positiven Diversitätsüberzeugungen – dann identifizieren sich die Teammitglieder auch gerade mit der Vielfalt (van Dick et al., 2008). Die Personalentwicklung wird hier in den kommenden Jahren immer mehr gefordert werden und die Sozialpsychologie bietet hier gute Grundlagen, auf denen man aufbauen kann.

Ähnliches gilt für den weiteren Megatrend der Digitalisierung. Die sozialpsychologischen Theorien zum Beispiel der Attribution oder aus der Einstellungsforschung können helfen, beim Übergang zu ganz neuen Formen von virtuellen Teams und der elektronischen Kommunikation (siehe z. B. Millward, Haslam & Postmes, 2007) Beiträge zu leisten – allerdings hinkt hier die Forschung zum Teil auch den rasanten Entwicklungen hinterher. Daher wird sich auch die sozialpsychologische Forschung und Theorienbildung weiterentwickeln müssen – dies kann sie am besten im Austausch mit der organisationalen Praxis!

Literatur

Abramson, L. Y. Seligman, M. E. P. & Teasdale, J. D. (1978). Learned helplessness in humans: Critique and reformulation. *Journal of Abnormal Psychology, 87,* 49–74. http://doi.org/10.1037/0021-843X.87.1.49

Ajzen, I. & Fishbein, M. (1980). *Understanding attitudes and predicting social behavior.* Englewood Cliffs, NJ: Prentice-Hall.

Ajzen, I. & Madden, T. J. (1986). Prediction of goal-directed behavior: Attitudes, intentions, and perceived behavioral control. *Journal of Experimental Social Psychology, 22,* 453–474. http://doi.org/10.1016/0022-1031(86)90045-4

Aronson, E. & Mills, J. (1959). The effect of severity of initiation on liking for a group. *Journal of Abnormal and Social Psychology, 59,* 177–181. http://doi.org/10.1037/h0047195

Brehm, J. W. (1966). *Theory of psychological reactance.* New York: Academic Press.

Brown, R. J. (1978). Divided we fall: Analysis of relations between different sections of a factory workforce. In H. Tajfel (Ed.), *Differentiation between social groups: Studies in the social psychology of intergroup relations* (pp. 395–429). London: Academic Press.

Cialdini, R. B. (2013). *Die Psychologie des Überzeugens* (7. Aufl.). Bern: Huber.

Cialdini, R. B. & Goldstein, N. J. (2004). Social influence: Compliance and conformity. *Annual Review of Psychology, 55,* 591–621. http://doi.org/10.1146/annurev.psych.55.090902.142015

Cialdini, R. B., Vincent, J. E., Lewis, S. K., Catalan, J., Wheeler, D. & Darby, B. L. (1975). Reciprocal concessions procedure for inducing compliance: The door-in-the-face technique. *Journal of Personality and Social Psychology, 31,* 206–215. http://doi.org/10.1037/h0076284

Doliński, D. (2000). On inferring one's beliefs form one's attempts and consequences for subsequent compliance. *Journal of Personality and Social Psychology, 78,* 260–272. http://doi.org/10.1037/0022-3514.78.2.260

Fernandez, J. A. & Underwood, L. (2009). *China entrepreneur: Voices of experience from 40 international business pioneers.* New York, NY: Wiley.

Festinger, L. (1957). *A Theory of Cognitive Dissonance.* Stanford, CA: Stanford University Press.

Festinger, L. E. & Carlsmith, J. M. (1959). Cognitive consequences of forced compliance. *Journal of Abnormal and Social Psychology, 58,* 203–210. http://doi.org/10.1037/h0041593

Fishbein, M. & Ajzen, I. (1975). *Belief, attitude, intention, and behavior: An introduction to theory and research.* Reading, MA: Addison-Wesley.

Fishbein, M. & Ajzen, I. (2010). *Predicting and changing behavior: The reasoned action approach.* New York: Psychology Press.

Freedman, J. L. & Fraser, S. C. (1966). Compliance without pressure: The foot-in-the-door technique. *Journal of Personality and Social Psychology, 4,* 196–202 http://doi.org/10.1037/h0023552

Graen, G. B. & Uhl-Bien, M. (1995). The Relationship-based approach to leadership: Development of LMX theory of leadership over 25 years: Applying a multi-level, multi-domain perspective. *Leadership Quarterly, 6,* 219–247. http://doi.org/10.1016/1048-9843(95)90036-5

Hackman, J. R. & Oldham, G. R. (1975). Development of the Job Diagnostic Survey. *Journal of Applied Psychology, 60,* 159–170. http://doi.org/10.1037/h0076546

Haisch, J., Osnabrügge, G. & Frey, D. (1983). Dissonanztheorie – Dissonanztherapie. Zur Bestimmung therapeutischer Techniken aus der Dissonanztheorie. In J. Haisch (Hrsg.), *Angewandte Sozialpsychologie* (S. 39–56). Bern: Huber.

Harmon-Jones, C., Schmeichel, B. J., Inzlicht, M. & Harmon-Jones, E. (2011). Trait approach motivation relates to dissonance reduction. *Social Psychological and Personality Science, 2,* 21–28. http://doi.org/10.1177/1948550610379425

Harrison, D. A., Newman, D. A. & Roth, P. L. (2006). How important are job attitudes? Meta-analytic comparisons of integrative behavioral outcomes and time sequences. *Academy of Management Journal, 49,* 305–325. http://doi.org/10.5465/AMJ.2006.20786077

Haslam, S. A. (2004). *Psychology in organizations: The social identity approach* (2nd ed.). London: Sage Publications.

Haslam, S. A. & van Dick, R. (2011). A social identity analysis of organizational well-being. In D. de Cremer, R. van Dick & K. Murnighan (Eds.), *Social psychology and organizations* (pp. 325–352). New York: Taylor & Francis.

Heider, F. (1958). *The psychology of interpersonal relations.* New York: John Wiley & Sons. http://doi.org/10.1037/10628-000

Hirst, G., van Dick, R. & van Knippenberg, D. (2009). A social identity perspective on leadership and employee creativity. *Journal of Organizational Behavior, 30,* 963–982. http://doi.org/10.1002/job.600

Jones, E. E. & Davis, K. E. (1965). From acts to dispositions: The attribution process in person perception. In L. Berkowitz (Ed.), *Advances in experimental social psychology* (Vol. 2, pp. 220–266). New York: Academic Press.

Kelley, H. H. (1967): *Attribution theory in social psychology.* In D. Levine (Ed.), *Nebraska symposium on motivation* (pp. 192–238). Lincoln: University of Nebraska Press.

LaPiere, R. T. (1934). Attitudes vs. actions. *Social Forces, 13,* 230–237. http://doi.org/10.2307/2570339

Malle, B. F. (2006). The actor-observer asymmetry in causal attribution: A (surprising) meta-analysis. *Psychological Bulletin, 132,* 895–919. http://doi.org/10.1037/0033-2909.132.6.895

Martinko, M. J. & Thomson, N. F. (1998). A synthesis and extension of the Weiner and Kelley attribution models. *Basic and Applied Social Psychology, 20,* 271–284. http://doi.org/10.1207/s15324834basp2004_4

Millward, L. J., Haslam, S. A. & Postmes, T. (2007). The impact of hot desking on organizational and team identification. *Organization Science, 18,* 547–559. http://doi.org/10.1287/orsc.1070.0265

Miron, A. M. & Brehm, J. (2006). Reactance theory – 40 years later. *Zeitschrift für Sozialpsychologie, 37,* 9–18. http://doi.org/10.1024/0044-3514.37.1.9

Offermann, L. R., Schroyer, C. J. & Green, S. K. (1998). Leader attributions for subordinate performance: Consequences for subsequent leader interactive behaviors and ratings. *Journal of Applied Social Psychology, 28,* 1125–1139. http://doi.org/10.1111/j.1559-1816.1998.tb01671.x

Pettigrew, T. (1979). The ultimate attribution error: Extending Allport's cognitive analysis of prejudice. *Personality and Social Psychology Bulletin, 5,* 461–476. http://doi.org/10.1177/014616727900500407

Petty, R.E. & Cacioppo, J.T. (1986). The Elaboration Likelihood Model of Persuasion. In L. Berkowitz (Ed.), *Advances in experimental social psychology* (Vol. 19, pp. 123–205). New York: Academic Press.

Petty, R.E. & Wegener, D.T. (1999). The Elaboration likelihood model: Current status and controversies. In S. Chaiken & Y. Trope (Eds.), *Dual-process theories in social psychology* (pp. 41–72). New York: Guilford Press.

Richter, A., West, M.A., van Dick, R. & Dawson, J.F. (2006). Boundary spanners' identification, intergroup contact and effective intergroup relations. *Academy of Management Journal, 49,* 1252–1269. http://doi.org/10.5465/AMJ.2006.23478720

Rosenstiel, L. von (2006). Entwicklung von Werthaltungen und interpersonaler Kompetenz. In Kh. Sonntag (Hrsg.), *Personalentwicklung in Organisationen* (3. Aufl., S. 108–137). Göttingen: Hogrefe.

Ross, L. (1977). The intuitive psychologist and his shortcomings: Distortions in the attribution process. In L. Berkowitz (Ed.), *Advances in experimental social psychology* (Vol. 10, pp. 174–220). New York: Academic Press.

Ross, L., Greene, D. & House, P. (1977). The false consensus effect: An egocentric bias in social perception and attribution processes. *Journal of Experimental Social Psychology, 13,* 279–301. http://doi.org/10.1016/0022-1031(77)90049-X

Sherif, M. (1966). *In common predicament: Social psychology of intergroup conflict and cooperation.* Boston: Houghton Mifflin Company.

Sherif, M., Harvey, O.J., White, B.J., Hood, W.R. & Sherif, C.W. (1961). *Intergroup conflict and cooperation: the Robbers Cave experiment.* Norman: University of Oklahoma Book Exchange.

Tajfel, H. (1978). *Differentiation between social groups. Studies in the social psychology of intergroup relations.* London: Academic Press.

Tajfel, H., Billig, M.G., Bundy, R.P. & Flament, C. (1971). Social categorization and intergroup behavior. *European Journal of Social Psychology, 1,* 149–178. http://doi.org/10.1002/ejsp.2420010202

Tajfel, H. & Turner, J.C. (1979). An integrative theory of intergroup conflict. In W.G. Austin & S. Worchel (Eds.), *The social psychology of intergroup relations* (pp. 33–47). Monterey: Brooks/Cole.

Turner, J.C., Hogg, M.A., Oakes, P.J., Reicher, S.D. & Wetherell, M.S. (1987). *Rediscovering the social group.* Oxford: Blackwell.

Ullrich, J., Christ, O. & van Dick, R. (2009). Substitutes for procedural fairness: Prototypical leaders are endorsed whether they are fair or not. *Journal of Applied Psychology, 94,* 235–244. http://doi.org/10.1037/a0012936

Ullrich, J., Wieseke, J., Christ, O., Schulze, J. & van Dick, R. (2007). The identity matching principle: Corporate and organizational identification in a franchising system. *British Journal of Management, 18,* 29–44. http://doi.org/10.1111/j.1467-8551.2007.00524.x

van Dick, R. (2004). *Commitment und Identifikation mit Organisationen.* Göttingen: Hogrefe.

van Dick, R., Grojean, M.W., Christ, O. & Wieseke, J. (2006). Identity and the extra-mile: Relationships between organizational identification and organizational citizenship behaviour. *British Journal of Management, 17,* 283–301. http://doi.org/10.1111/j.1467-8551.2006.00520.x

van Dick, R. & Haslam, S.A. (2012). Stress and well-being in the workplace: Support for key propositions from the social identity approach. In J. Jetten, C. Haslam & S.A. Haslam (Eds.), *The social cure: Identity, health, and well-being* (pp. 175–194). Hove and New York: Psychology Press.

van Dick, R., Schnitger, C., Schwartzmann-Buchelt, C. & Wagner, U. (2001). Der Job Diagnostic Survey im Bildungsbereich: Eine Überprüfung der Gültigkeit des Job Characteristics Model bei Lehrerinnen und Lehrern, Hochschulangehörigen und Erzieherinnen mit berufsspezifischen Weiterentwicklungen des JDS. *Zeitschrift für Arbeits- und Organisationspsychologie, 45,* 74–92. http://doi.org/10.1026//0932-4089.45.2.74

van Dick, R. & Stegmann, S. (2016). Diversity, Social Identity und Diversitätsüberzeugungen. In P. Genkova & T. Ringeisen (Hrsg.), *Handbuch Diversity Kompetenz* (S. 34–51). Heidelberg: Springer.

van Dick, R., van Knippenberg, D., Hägele, S., Guillaume, Y. R. F. & Brodbeck, F. (2008). Group diversity and group identification: The moderating role of diversity beliefs. *Human Relations, 61,* 1463–1492. http://doi.org/10.1177/0018726708095711

van Dick, R. & West, M. A. (2013). *Teamwork, Teamdiagnose und Teamentwicklung* (2., überarb. u. erw. Aufl.). Göttingen: Hogrefe.

van Dijk, R. L. & van Dick, R. (2009). Navigating organizational change: Change leaders, employee resistance and work-based identities. *Journal of Change Management, 9,* 143–163. http://doi.org/10.1080/14697010902879087

Weiner, B. (1986). *An attributional theory of motivation and emotion.* New York: Springer. http://doi.org/10.1007/978-1-4612-4948-1

Weiner, B. (1995). *Judgments of responsibility: A foundation for a theory of social conduct.* New York: The Guilford Press.

West, M. A., Hirst, G., Richter, A. & Shipton, H. (2004). Twelve steps to heaven: successfully managing change through developing innovative teams. *European Journal of Work and Organizational Psychology, 13,* 269–299. http://doi.org/10.1080/13594320444000092

Zhang, A., Reyna, C., Qian, Z. & Yu, G. (2008). Interpersonal attributions of responsibility in the Chinese workplace: A test of western models in a collectivistic context. *Journal of Applied Social Psychology, 38,* 2361–2377. http://doi.org/10.1111/j.1559-1816.2008.00395.x

Zhang, X-A., Schuh, S. C., Ullrich, J., Morgeson, F. P. & van Dick, R. (2015). *Are you really doing good things in your boss's eyes? Interactive effects of subordinate innovative behavior and leader-member-exchange on supervisor ratings of job performance.* Manuscript in preparation.

Kapitel 8

Lern- und Entwicklungspotenziale in der Arbeit: Beiträge der Arbeits- und Organisationspsychologie

Dieter Zapf

Inhaltsübersicht

Überblick:

Die Arbeits- und Organisationspsychologie ist in vielfacher Weise für die Personalentwicklung von Bedeutung. Zum einen wurde in der handlungstheoretischen Tradition eine große Zahl psychoregulativ orientierter Trainings entwickelt. Zum anderen wird hervorgehoben, dass in der Arbeit selbst die überwiegenden Lernprozesse stattfinden. Wie gut dies geschehen kann, hängt jedoch von den Arbeitsbedingungen ab. Es werden in diesem Beitrag Theorien dargestellt und diejenigen Arbeitsbedingungen beschrieben, die diese Lernprozesse unterstützen. Im Wesentlichen wird dabei auf unterschiedliche Stressoren- und Ressourcenmodelle eingegangen. Aus diesen Modellen wird deutlich, dass insbesondere die Ressourcen und deren Berücksichtigung bei der Gestaltung der Personalentwicklung oft gleichermaßen relevant sind für Gesundheit, Lernen, Motivation und Leistung.

1 Einführung

Die Arbeits- und Organisationspsychologie als eines der angewandten Fächer der Psychologie beschäftigt sich mit psychologischen Fragestellungen, die sich ergeben, wenn Menschen in Organisationen arbeiten (z. B. Nerdinger, Blickle & Schaper, 2014). Der Untersuchungsgegenstand der Arbeitspsychologie ist das Erleben und Verhalten des Menschen bei der Arbeit in Abhängigkeit von Arbeitsbedingungen, Arbeitsaufgaben und den dazu erforderlichen Leistungsvoraussetzungen. Kernfragen sind dabei: Wie wirken sich Arbeitsbedingungen auf den arbeitenden Menschen aus und wie wirkt der Mensch seinerseits auf die Arbeitsbedingungen ein? Organisationen sind dadurch gekennzeichnet, dass sie einen Zusammenschluss von Menschen zur Erreichung bestimmter Ziele darstellen. Die Organisationspsychologie thematisiert die psychologischen Aspekte der Wechselbeziehungen zwischen einzelnen Menschen bzw. Gruppen und der Organisation. Die „Personalpsychologie", die zunehmend als ein eigenständiges Gebiet erscheint, in Lehrbüchern dargestellt wird (z. B. Schuler & Kanning, 2014) und u. a. die Themen Personalrekrutierung, Personalauswahl, Personalbeurteilung, Personalentwicklung mit den Schwerpunkten Qualifizierung und Training und Personalberatung umfasst, wird traditionellerweise als Teilgebiet der Organisationspsychologie gesehen. Da Themen wie Eignungsdiagnostik, Qualifizierung und Training (Arnold & Randall, 2010; Sonntag, Frieling & Stegmaier, 2012; Ulich, 2011), Arbeitsmotivation, Arbeitszufriedenheit und Performanz traditionellerweise sowohl der Arbeits- als auch der Organisationspsychologie zugeordnet werden, hat es sich vielfach eingebürgert, Arbeits- und Organisationspsychologie integriert zu betrachten (z. B. Chmiel, 2000; Nerdinger et al., 2014; Woods & West, 2010).

Die Arbeits- und Organisationspsychologie stellt eine Vielfalt von Theorien und Konzepten bereit, die in Maßnahmen zur Personalentwicklung aufgegriffen werden. Ohne Anspruch auf Vollständigkeit sind hier zu nennen: Führungstheorien (z. B. von Rosenstiel & Kaschube, 2014; Yukl, 2010), Arbeitsgruppe, Teamentwicklung und Heterogenität in Gruppen (z. B. Hackman, Wageman, Ruddy & Ray, 2000; van Dick & West, 2013; Wegge, 2014) oder Kommunikation und Konflikt (Blickle, 2004; De Dreu, 2014), auf die hier nicht näher eingegangen werden kann.

Im Mittelpunkt der Arbeitspsychologie steht, dass der Mensch arbeitet. Eine Definition von Arbeit von Nerdinger, Blickle und Schaper (2014, S. 7) lautet beispielsweise: „*Arbeit* lässt sich bestimmen als jede auf ein wirtschaftliches oder organisationales Ziel gerichtete planmäßige menschliche Tätigkeit, bei der sowohl körperliche als auch geistige Kräfte eingesetzt werden. Bei der Arbeit geht es somit um planmäßige Handlungen, die auf die Erfüllung von Aufgaben im Rahmen wirtschaftlicher oder organisationaler Prozesse unter bestimmten (Arbeits-)Bedingungen und unter Nutzung unterschiedlicher Ressourcen (insbesondere Werkzeuge bzw. technische Mittel sowie menschliche Fähigkeiten und Leistungen) gerichtet sind". „Arbeit" ist ein interdisziplinäres Konzept. Das speziell Psychologische daran ist das *Arbeitshandeln.* In der deutschsprachigen Arbeits- und Organisationspsychologie haben psychologische Konzepte des Arbeitshandelns immer eine herausragende Rolle gespielt. Die theoretischen Grundlagen dazu wurden von Winfried Hacker in seinen Arbeiten zur psychischen Regulation von Arbeitstätigkeiten (u. a. Hacker, 1973; Hacker & Sachse, 2014) gelegt, die weiter unten noch dargestellt werden.

Spricht man mit betrieblichen Praktikern, sucht man im Internet nach Angeboten zur Personalentwicklung, blättert in den einschlägigen Werken zur Personalentwicklung nach, dann entsteht leicht der Eindruck, Personalentwicklung bestehe aus betrieblichen oder außerbetrieblichen Aus-, Fort- und Weiterbildungsveranstaltungen und erschöpfe sich darin. (vgl. Ulich, 2006). Natürlich steht außer Zweifel, dass die Gestaltung von Unterrichts- und Trainingsmaßnahmen einen Schwerpunkt der Personalentwicklung ausmacht. Aus der Perspektive der Arbeits- und Organisationspsychologie wäre dies aber eine Engführung, wie im Folgenden ausgeführt werden soll. Es ist aber durchaus auch eine Praktikererfahrung, dass 20 % durch formale Trainingsmaßnahmen gelernt wird und 80 % durch informelles Lernen überwiegend „on the job" erfolgt (Petry, 2014; Staudt & Kriegesmann, 1999). In der Arbeitspsychologie wird davon ausgegangen, dass die Entwicklung der Persönlichkeit im Sinne von allgemeiner Kompetenzentwicklung über die Arbeit an arbeitsimmanente Qualifizierung gebunden ist (Hacker & Sachse, 2014; Ulich, 2011). In ähnlicher Weise fragt von Rosenstiel (2006, S. 110), ob von Personalentwicklung nur dann gesprochen werden soll, wenn es sich um gezielt entwickelte Maßnahmen handelt. Er schlägt vor, nicht nur von Personalentwicklung zu reden, wo es um „Sozialmachung" (aktiv herbeigeführte Sozialisation) geht, sondern auch, wenn es um „Sozialwerdung" (nicht aktiv herbeigeführte Sozialisation) geht. Im ersten Fall also geht es um Training und Schulung, Aufgaben- und Organisationsgestaltung, im zweiten Fall um Organisationsklima und Organisationskultur als Teil der Personalentwicklung. Ziel der folgenden Ausführung ist es zu zeigen, dass sich aus der Sicht der Arbeits- und Organisationspsychologie eine umfassendere Sichtweise ergibt, in der Personalentwicklung sich nicht in Trainingsmaßnahmen erschöpft, sondern Aspekte der Arbeits- und Organisationsgestaltung zu integrieren sind.

2 Theorien der Arbeits- und Organisationspsychologie

2.1 Die Bedeutung der Arbeit

In der Personalentwicklung ist in der Vergangenheit häufig hervorgehoben worden, dass es darum geht, gleichermaßen die „Zielverwirklichung der Mitarbeiter und des Unternehmens zu fördern“ (Conradi, 1983, S. 3; ebenso Berthel, 1989). Auch wenn von Unternehmensseite immer ein Verwertungsinteresse angenommen werden muss, so werden doch in der Personalentwicklung gewisse Interessensübereinstimmungen von Mitarbeitern und Unternehmen gesehen. Sonntag (2004, S. 828 f.) sieht als ein Ziel der Personalentwicklung die „Entwicklung der Gesamtpersönlichkeit“. Wichtige persönliche Ziele wird eine Person in der Arbeit nur erreichen können, wenn damit grundlegende Bedürfnisse erfüllt werden. Am markantesten hat darauf wohl Marie Jahoda (1981) in ihrer Unterscheidung zwischen der manifesten und der latenten Funktion der Arbeit hingewiesen. Untersuchungen zur Arbeitslosigkeit (Mohr, 2010) legen nahe, dass mit dem Verlust der Arbeit keineswegs nur der Verlust einer Einkommensquelle einhergeht – die manifeste Funktion der Arbeit. Es gehen damit auch wichtige soziale Beziehungen verloren, der soziale Status und die damit einhergehende Anerkennung, die Möglichkeit zur sinnvollen Aktivität, eine Strukturierung der Zeit sowie die Teilhabe an bedeutsamen kollektiven Zielen (Jahoda, 1981, 1982; Paul & Batinic, 2010). In existierenden Theorien und Konzepten wird eine Vielzahl von Bedürfnissen vorgeschlagen, die durch Arbeit erfüllt werden (Bradley, McColl-Kennedy, Sparks, Jimmieson & Zapf, 2010), am bekanntesten ist hier wohl Maslows (1943) Bedürfnispyramide (vgl. dazu Kapitel 4 in diesem Buch). Die Befriedigung psychosozialer Bedürfnisse ist zwar nicht zum unmittelbaren, individuellen Überleben notwendig, sie ist aber wichtig für das Wohlbefinden und für die psychische Entwicklung (Deci & Ryan, 2000). Will man tatsächlich in der Personalentwicklung zur Entwicklung der Gesamtpersönlichkeit der Mitarbeiter beitragen, so ist dies nicht möglich, wenn in der Arbeitssituation diese psychosozialen Bedürfnisse nicht berücksichtigt werden.

Zu den Bedürfnissen gehört einmal das Verstehen (Bradley et al., 2010): Mitarbeiter wollen ihre Arbeitssituation und ihre Aufgaben verstehen und es muss für sie einen Sinn machen. Sie wollen Informationen, sodass sie in der Lage sind, Ereignisse zu erklären, zu interpretieren, Pläne aufzustellen und entsprechend zu handeln. Jedenfalls wollen sie sich nicht unwissend, verwirrt oder fassungslos fühlen. Ein zweites Bedürfnis ist das Gefühl der eigenen Kompetenz und Selbstwirksamkeit. Man möchte sich in der Lage fühlen, Ziele aufzustellen und zu erreichen, nützlich und wirksam zu sein (Leistungsmotiv, McClelland, 1961) (vgl. dazu McClellands Motivtheorie in Kapitel 4 in diesem Buch). Drittens wird ein Kontrollbedürfnis angenommen. Man möchte die Situation, in der man sich befindet, beeinflussen und man möchte nicht das Gefühl haben, durch äußere Kräfte oder zufällig gesteuert zu werden. Ein Bedürfnis nach Kontrolle als Kern-Motiv spielt zum Beispiel in den Arbeiten von Fiske (2004) und Shapiro et al. (1996) eine große Rolle. Natürlich ist Kontrolle in der Regel nur möglich, wenn man die Situation versteht und entsprechende Kompetenzen besitzt.

Bedürfnisse, die eher das soziale Miteinander betreffen, sind das nach Gerechtigkeit (Folger & Cropanzano, 1998) – man möchte selber fair behandelt werden, aber auch, dass insgesamt Gerechtigkeit herrscht – sowie das Bedürfnis nach Vertrauen (Fiske, 2004). Ein weiteres Bedürfnis ist, dass man mit Respekt behandelt werden möchte (Bradley et al., 2010) sowie ein Bedürfnis nach positiven sozialen Beziehungen bzw. ein Bedürfnis nach Anschluss sowie nicht ausgegrenzt zu sein (Fiske, 2004; Maslow, 1943; McClelland, 1961; Murray, 1938). Viele dieser Bedürfnisse können auch als Aspekte einen übergreifenden Motivs nach Selbstaktualisierung bzw. Schutz und Erhöhung des Selbstwertgefühls gesehen werden (Bradley et al., 2010).

In der Arbeits- und Organisationspsychologie wird man immer davon ausgehen, dass solche Bedürfnisse nur bei geeigneter Arbeits- und Organisationsgestaltung befriedigt werden können. Soll also Personalentwicklung auch die Gesamtpersönlichkeit des Mitarbeiters entwickeln, dann ist dies nur unter Einbeziehung von Arbeits- und Organisationsgestaltung möglich.

2.2 Die Arbeitshandlung als Grundkonzept der Arbeits- und Organisationspsychologie

Aus der psychologischen Perspektive ist der Kern des Arbeitsprozesses das Arbeitshandeln. Dieses ist psychisch reguliert. Deshalb ist die Theorie der psychischen Regulation des Arbeitshandelns ein wesentliches Grundkonzept für die Arbeitspsychologie (Hacker, 1973; Hacker & Sachse, 2014; Volpert, 1987). Eine Kernaussage dieser Theorie ist, dass Arbeitstätigkeit oder Arbeitshandeln nicht beschreibbar ist als lediglich sichtbare äußere Verrichtungen, denn diese Verrichtungen werden durch innere psychische Prozesse und innere psychische Repräsentationen (operative Abbildsysteme: OAS) reguliert. Zentral ist der Begriff der Handlung: „Handlungen bilden die kleinste psychologische Einheit der willentlich gesteuerten Tätigkeiten. Die Abgrenzung dieser Handlungen erfolgt durch das bewusste Ziel, das die mit einer Vornahme verbundene Vorwegnahme des Ergebnisses der Handlung darstellt. Nur kraft ihres Ziels sind Handlungen selbständige, abgrenzbare Grundbestandteile oder Einheiten der Tätigkeit" (Hacker

& Sachse, 2014, S. 44). Grundmerkmale von Handlungen sind, dass sie zielgerichtet, bewusst, gegenständlich und sozial und gesellschaftlich eingebunden sind. Handlungen lassen sich als Prozess von der Zielbildung, Orientierung, Planung, Entscheidung, Ausführung der Handlung bis zur Verarbeitung von Feedback darstellen. Weiterhin ist eine zentrale Annahme, dass die Zielverfolgung über ein hierarchisch-sequenzielles Modell der Handlungsregulation erfolgt (Hacker & Sachse, 2014; Volpert, 1987). Das heißt, Ziele, Pläne und Handlungen werden in hierarchisch geordnete Teilziele, Teilpläne und Teilhandlungen zerlegt und über Regelkreismodelle gesteuert (vgl. das Test-Operate-Test-Exit-(TOTE)-Modell von Miller, Galanter & Pribram, 1960). So ergibt sich eine hierarchische Steuerung einer Sequenz von Handlungen.

In der Erwerbsarbeit können Ziele in der Regel nicht (vollständig) frei gewählt werden, da der einzelne Mitarbeiter Arbeit als Teil einer Organisation verrichtet. Dem einzelnen Organisationsmitglied wird (meist von einem Vorgesetzten) ein Arbeitsauftrag zugeordnet. Dieser Arbeitsauftrag wird nicht 1:1 ausgeführt. Vielmehr spielen hier die von Hackman (1969) beschriebenen Redefinitionsprozesse eine wichtige Rolle. Jeder Arbeitsauftrag wird von der arbeitenden Person aus ihrer Sicht interpretiert und redefiniert. Dieser Prozess hängt u. a. von Sozialisationsprozessen, der beruflichen Identität, der Persönlichkeit des Arbeitenden und seinen oder ihren beruflichen und sozialen Kompetenzen ab (Hacker & Sachse, 2014; Rafaeli & Sutton, 1987; Zapf 2002).

Der sequenzielle Aspekt der Handlung

Der sequenzielle Aspekt der Handlung (vgl. zu diesem Abschnitt Hacker, 2010; Hacker & Sachse, 2014) beginnt mit der *Zielbildung* (Hacker spricht hier auch von „Richten"). Die Zielbildung ergibt sich aus der Übernahme des Arbeitsauftrages und dessen Redefinition. Abhängig von den Arbeitsbedingungen besteht ein unterschiedliches Ausmaß an Einflussmöglichkeiten auf die Zielbildung. Beim *Orientieren* geht es darum, die für die Handlung erforderlichen Informationen aufzunehmen und zu verarbeiten sowie Wissen und Kenntnisse aus dem Gedächtnis zu aktivieren. Der nächste Schritt ist das *Planen*. Hacker spricht hier allgemein vom *Entwerfen eines Aktionsprogramms*, wobei letzteres umfassender ist als Planung und auch Strategien, Handlungs- und Bewegungsentwürfe enthält. Da es oft mehrere mögliche Pläne zur Erreichung eines Zieles gibt, ist als nächstes eine *Entscheidung* für ein bestimmtes Aktionsprogramm erforderlich. Eine Implementationsintention (die Vornahme, die Handlung nun tatsächlich auch auszuführen; Gollwitzer, 1996) führt dann zu einer *Handlungsausführung*. Diese ist mit *Prozessen des Monitorings* (Handlungsüberwachung) verbunden. Es ist eine gewisse Aufmerksamkeit erforderlich, damit die Handlung auch wie geplant ausgeführt wird und es nicht zu Handlungsfehlern kommt (Frese & Zapf,

1994). Schließlich kommt es zu *Vergleichsprozessen* zwischen dem erreichten Ist-Zustand und dem sich aus dem Ziel ergebenden Soll-Zustand (Feedbackprozesse).

Der hierarchische Aspekt der Handlung

Die Handlungsregulationstheorie geht davon aus, dass es bei einer Handlungsausführung ständig zu Feedbackprozessen kommt und nicht nur nach Abschluss einer Handlung, wie es etwa das Rubikon-Modell (Gollwitzer, 1996) nahelegt. Menschen sind in der Lage, sehr flexibel zu handeln; sogar ziemlich einfache und sich wiederholende Handlungen sind niemals genau gleich. Man passt seine Schritte an die Bedingungen des Bodens an (z. B. um zu verhindern, dass man über etwas auf dem Boden stolpert), oder man passt die Art zu sprechen auf der Grundlage der Rückmeldungen vom Dialogpartner an usw. Eine derartige Flexibilität ist nur möglich, wenn man eine hierarchische Steuerung annimmt. Die Handlungsregulationstheorie geht deshalb davon aus, dass Handlungen ähnlich wie in dem bekannten TOTE-Modell von Miller et al. (1960) über Regelkreisprozesse gesteuert werden. Handlungen werden über eine Hierarchie von zyklischen Einheiten (wie beispielsweise die erwähnten TOTE-Einheiten) reguliert (Volpert, 1987). Eine zyklische Einheit besteht aus einem Ziel und mehreren Transformationseinheiten. Jede Transformationseinheit ist selber wieder eine zyklische Einheit und besteht aus Ziel und Transformationseinheiten. Daraus ergibt sich ein hierarchisch-sequenzielles Modell des Arbeitshandelns, welches annimmt, dass Ziele in Teilziele und Pläne in Teilpläne gegliedert sind und über Feedbackschleifen kontrolliert abgearbeitet werden. In diesem Modell wird angenommen, dass es einerseits eine (sichtbare) Abfolge einzelner Handlungsschritte gibt und andererseits eine (nicht sichtbare) interne hierarchische Struktur von Zielen und Teilzielen sowie zugehörige Pläne und Teilpläne. Eine Grundannahme ist nun, dass sich die Prozesse der psychischen Regulation von Handlungen (Zielbildung, Planung, Ausführung, Feedback) qualitativ unterscheiden, je nachdem ob es sich um Prozesse an der Spitze oder an der Basis der Pyramide handelt. In der kognitiven Psychologie werden meist zwei Arten der Handlungssteuerung unterschieden: die bewusste und die automatische Kontrolle von Handlungen. Je nachdem, welchen Grad der Detailliertheit man anwendet, kann man mehrere Qualitätsstufen – sie heißen bei Hacker Regulationsebenen – unterscheiden. Am geläufigsten ist Hackers (1973, 2010; Hacker & Sachse, 2014) Dreiteilung, in welcher bewusst gesteuerte, aber gutbeherrschte Routinehandlungen von weitgehend automatisierten Prozessen und neuartigen bewusst zu planenden Handlungen unterschieden werden.

Auf der *sensumotorischen bzw. automatischen Regulationsebene* werden weitgehend automatisierte Bewegungen und kognitive Vorgänge reguliert. Die entsprechenden Bestandteile des OAS (Gedächtnis) sind bewegungsorientierende Abbilder. Diese werden automatisch durch übergeordnete Prozesse abgerufen und lenken Bewegungen oder mentale Operationen als unselbständige nicht durch eigene Ziele regulierte Handlungskomponenten (Operationen) (Hacker, 2010). Sensumotorische Prozesse laufen überwiegend automatisch ab und sind nicht bewusstseinspflichtig und zum großen Teil nicht einmal bewusstseinsfähig.

Die *wissensbasierte Ebene* (früher auch perzeptiv-begriffliche Ebene, Hacker, 1973; bzw. Ebene der flexiblen Handlungsmuster, Semmer & Frese, 1985) steuert gut beherrschte Handlungen (Routinehandlungen) durch flexibel anpassbare bewusstseinsfähige Abbilder (flexible Handlungsschemata). Dabei wird auf explizites Wissen in Form von begrifflich formulierbaren Wahrnehmungen und Vorstellungen zurückgegriffen. Die Regulation auf dieser Ebene ist bewusstseinsfähig, aber nicht bewusstseinspflichtig. Die Handlungssteuerung auf dieser Ebene erscheint, wie bei der sensumotorischen Ebene, als wenig aufwendig, weil Teilziele Handlungsschemata aus dem Gedächtnis aufrufen, die „fertige" Handlungspläne darstellen. Diese werden flexibel an die Situation angepasst. Bei der Steuerung spielen die Sprache sowie Signale eine wichtige Rolle. Letztere sind bedeutsame Reize, die erlernt wurden, nur einfache Wahrnehmungs- und Klassifikationsvorgänge erfordern und einen nächsten Handlungsschritt auslösen können.

Auf der *intellektuellen Regulationsebene* findet statt, was man als Denkprozesse bezeichnen würde. Denkvorgänge mit handlungsleitender Funktion sind nicht nur bewusstseinsfähig, sondern *bewusstseinspflichtig*. Hohe Anforderungen an die intellektuelle Regulationsebene entstehen vor allem dann, wenn man mit *neuartigen Aufgaben* konfrontiert wird. Regulation auf dieser Ebene beinhaltet sorgfältige Analysen einer Handlungssituation und Durchspielen verschiedener Wege der Zielerreichung (gedankliches Probehandeln), die dann gegeneinander abgewogen werden müssen (siehe im Detail Hacker & Sachse, 2014).

Die hierarchische Verschachtelung bedeutet u. a., dass Einheiten der höheren Regulationsebenen umfassender sind, untergeordnete Regulationseinheiten enthalten und diese weitgehend bestimmen. Durch Delegation von Prozessen „nach unten" werden die höheren Ebenen entlastet (Automatisierung). Zugleich haben die Prozesse der unteren Ebene auch eine bestimmte Autonomie, weshalb auch von Heterarchie gesprochen wird (von Cranach, 1994).

2.3 Stressor-Ressourcen-Konzepte

Die wesentlichen Wirkungen der Arbeitssituation auf den einzelnen Arbeitenden sind Auswirkungen auf Arbeitsmotivation, Arbeitszufriedenheit, Leistung und Persönlichkeitsförderlichkeit einerseits und Gesundheit des Arbeitenden andererseits. Letztlich handelt es sich hier um Arbeitsmerkmale, die sich entweder positiv oder negativ auf den Arbeitenden auswirken. Allgemeine Stressor-Ressourcen-Konzepte bieten dafür einen konzeptionellen Rahmen und werden deswegen im Folgenden dargestellt (siehe dazu die Stresstheorien in Kapitel 13 in diesem Buch).

Eines der Hauptthemen der Arbeitspsychologie ist „Arbeit und Gesundheit". Schon früh hat sich die Arbeitspsychologie mit krankmachenden Aspekten der Arbeit beschäftigt (Ulich, 2011). Die rapide Zunahme an Arbeitsunfähigkeit bedingt durch psychische Erkrankungen, die teilweise den Arbeitsbedingungen zugeschrieben werden (Semmer, Grebner & Elfering, 2010) sowie die immensen Kosten durch krankheitsbedingte Fehlzeiten im zweistelligen Milliardenbereich (Bundesministerium für Arbeit und Soziales, 2013) haben auch das öffentliche Interesse erweckt. Seit den 1970er Jahren hat es zunehmend Arbeiten zu psychischen Belastungen oder Stressoren gegeben (Kahn & Byosiere, 1992). In den letzten 20 Jahren ist auch in der Praxis das Interesse an diesem Thema gestiegen und Betriebe beschäftigen sich zunehmend mit dem Thema „betriebliche Gesundheitsförderung".

Zur Begrifflichkeit

Leider ist die arbeitspsychologische Stressforschung dadurch gekennzeichnet, dass einige Begriffe sehr unklar verwendet werden und manchmal zu Verwirrung führen (Zapf & Semmer, 2004). In den Verlautbarungen im Rahmen des Arbeitsschutzes werden die Begriffe „psychische Belastung" und „psychische Beanspruchung" verwendet. *Psychische Belastung* wird verstanden als die Gesamtheit der erfassbaren Einflüsse, die von außen auf den Menschen zukommen und auf ihn psychisch einwirken. *Psychische Beanspruchung* ist die individuelle, zeitlich unmittelbare und nicht langfristige Auswirkung der psychischen Belastung im Menschen in Abhängigkeit von seinen individuellen Voraussetzungen und seinem Zustand (Luczak & Rohmert, 1997). Die neutrale Begrifflichkeit lässt es grundsätzlich zu, dass – etwa analog zur Unterscheidung von *Eustress* und *Distress* bei Selye (1976) – Belastungen positive oder negative Effekte haben können. In der Arbeits- und Organisationspsychologie wird das aber kaum so gemacht und in der Praxis werden psychische Belastungen in aller Regel negativ verstanden.

Auch bei dem Begriff „Stress" herrscht große terminologische Unklarheit (Zapf & Semmer, 2004). Allerdings gehen die meisten Auffassungen davon aus, dass Stress ein Ungleichgewicht im Verhältnis von Mensch und Situation darstellt – zwischen Anforderungen und den Möglichkeiten, diese Anforderungen zu bewältigen. Weiterhin wird von vielen, wenn auch nicht von allen, davon ausgegangen, dass die *Qualität* des Ungleichgewichts bedeutsam ist und dass nur ein Ungleichgewicht, das als unangenehm erlebt wird, als Stress bezeichnet werden sollte. Nur wenn eine „Bedrohung" erlebt wird, ergibt sich nach dieser Auffassung Stress, gekennzeichnet durch Angst, Anspannung, Ärger, Wut oder Verzweiflung (vgl.

Lazarus, 1966, 1999; Lazarus & Folkman, 1984). Auf diesem Hintergrund kann *Stress* verstanden werden als „ein subjektiv unangenehmer Spannungszustand, der aus der Befürchtung entsteht, eine aversive Situation nicht ausreichend bewältigen zu können" (Zapf & Semmer, 2004, S. 1011; vgl. Semmer, 1984). Psychische Stressoren gelten als krankmachend und werden häufig definiert als Merkmale der Arbeit und der Organisation, die mit erhöhter Wahrscheinlichkeit bei einer Person zu Stresszuständen führen (z. B. Zapf & Semmer, 2004).

Grundlegende Theorien

Stressmodell von Lazarus. In dem wohl einflussreichsten psychologischen Stressmodell von Richard S. Lazarus (1966, 1999; Lazarus & Folkman, 1984) ist für die Entstehung von Stress die subjektive Bewertung der Situation („appraisal") maßgebend. In der *primären Bewertung* wird ein Ereignis dahingehend eingeschätzt, ob es irrelevant, günstig/positiv oder stressend ist. Situationen, die als irrelevant oder gar positiv einschätzt werden, sind im Stresskontext nicht von Bedeutung. Wird die Situation als stressend bewertet, dann ist eine Anpassungsreaktion erforderlich. Die Situation kann entweder als Schädigung/Verlust, als Bedrohung oder als Herausforderung bewertet werden. Schädigung/Verlust („harm – loss") bezieht sich auf eine bereits eingetretene Schädigung, z. B. eine Verletzung oder einen zwischenmenschlichen Verlust. Bedrohung („threat") betrifft eine Schädigung oder einen Verlust, die bzw. der noch nicht eingetreten ist, sondern antizipiert wird. Um eine Herausforderung („challenge") handelt es sich dann, wenn die Situation einerseits bedrohlich ist und zu negativen Folgen führen kann, zum anderen aber die Möglichkeit besteht, die Situation erfolgreich zu bewältigen und dies mit erstrebenswerten positiven Folgen einhergeht.

Die *sekundäre Bewertung* bezieht sich darauf, welche Bewältigungsfähigkeiten und -möglichkeiten in Bezug auf den Umgang mit den Stressoren vorhanden sind (interne und externe Ressourcen). „Primär" und „sekundär" beziehen sich hierbei auf eine analytische Unterscheidung dieser beiden Prozesse und nicht so sehr auf eine zeitliche Abfolge. Eine Situation, von der man weiß, dass man sie sehr gut bewältigen kann, wird normalerweise nicht als bedrohend bewertet.

In Abhängigkeit von den Bewertungsprozessen kommt es zum Bewältigungsverhalten. Dieses bezieht sich zum einen auf das stressauslösende Problem, bspw. auf die Bewältigung eines kurzfristigen zusätzlichen Arbeitsauftrages (problembezogenes Coping) und zum anderen auf die Beherrschung der entstandenen Stressemotionen, wie etwa Angst und Anspannung (emotionsbezogenes Coping, Lazarus & Folkman, 1984). In Abhängigkeit von der mehr oder weniger erfolgreichen Bewältigung kann es zu einer Neubewertung der Situation kommen. Bei erfolgreicher Bewältigung wird man die gleiche Situation in Zukunft in der Regel als weniger stressend einschätzen (Zapf & Semmer, 2004).

Lazarus hat die Bedeutung von Ressourcen im Stressgeschehen bereits 1966 hervorgehoben. Da der Stressbegriff auf ein Ungleichgewicht zwischen situativen Anforderungen und persönlichen Leistungsvoraussetzungen abhebt, ergibt sich schon aus der Definition, dass sich situationsbezogene externe Ressourcen, die in der Arbeitspsychologie die größere Rolle spielen, von persönlichen internen Ressourcen unterscheiden lassen (Zapf & Semmer, 2004). Zu den internen Ressourcen gehören berufliche Qualifikation, Problemlösekompetenz, Stressbewältigungsstrategien, soziale Kompetenzen, Selbstwert, Selbstwirksamkeitserwartung, Kontrollkognitionen, Kohärenzsinn und auch Optimismus.

Job Demand-Control-Modell von Karasek. In Bezug auf externe Ressourcen ist eines der wegweisenden Modelle das „Demand-Control"-Modell von Karasek (1979; Karasek & Theorell, 1990). Karasek geht davon aus, dass Arbeitsplätze durch die Kombination von *Demands* (Belastungen, Stressoren) und *Decision Latitude* (eine Kombination aus Komplexität, Qualifikationsanforderungen, Handlungs- und Entscheidungsspielraum) beschrieben werden können, woraus sich vier Kombinationen ergeben (Abbildung 1). Die Dimension von links unten nach rechts oben beschreibt die Zunahme von Stressreaktionen. Man hat wenig Stress, wenn die Demands gering sind und der Handlungsspielraum gleichzeitig groß ist. Umgekehrt gilt die Kombination aus niedrigem Handlungsspielraum und hohen Demands als besonders belastend. Zusätzlich enthält Karaseks Modell eine zweite Dimension (von links oben nach rechts unten), die das Aktivitätsniveau beschreibt. Sind sowohl die Demands als auch der Handlungsspielraum niedrig, dann ergibt sich insgesamt ein niedriges Aktivitätsniveau. Sind dagegen sowohl Handlungsspielräume als auch Demands hoch, dann handelt es sich um eine aktive herausfordernde Arbeit (hier ergibt sich eine Nähe zum Challenge-Konzept von Lazarus, 1999). Das Modell postuliert somit, dass Arbeitsbedingungen mit hohen Demands bei gleichzeitig hohem Handlungsspielraum keinen Stress hervorrufen, sondern vielmehr ein Lernpotenzial zur Weiterentwicklung in der Arbeit bieten. Was Karaseks Modell interessant macht, ist die Vorstellung, die Wirkung hoher Demands (die sich ja manchmal gar nicht vermeiden lassen) durch eine Erhöhung des Handlungsspielraums neutralisieren zu können (der sog. Puffereffekt). Karaseks Modell hat zu einer Vielzahl von Studien zu Interaktionseffekten zwischen Demands und Ressourcen bei der Arbeit geführt.

Conservation of Resources Model. Im „Conservation of Resources Model" COR von Hobfoll (z.B. 1998, 2001) stehen die Ressourcen im Mittelpunkt: Stress entsteht durch den (drohenden) Verlust von Ressourcen. Diese umfassen eine breite Palette von angestrebten „Gütern" aller Art – von ausreichender Ernährung und Absicherung im Krankheitsfall über gute Beziehungen in der Ehe, im Freundeskreis und am Arbeitsplatz bis hin zu dem Gefühl, seine Ziele erreichen zu können (Hobfoll, 2001, S. 342). Im COR-Modell wird davon ausgegangen, dass der Verlust von Ressourcen schwerwiegendere Folgen hat als ein vergleichbarer

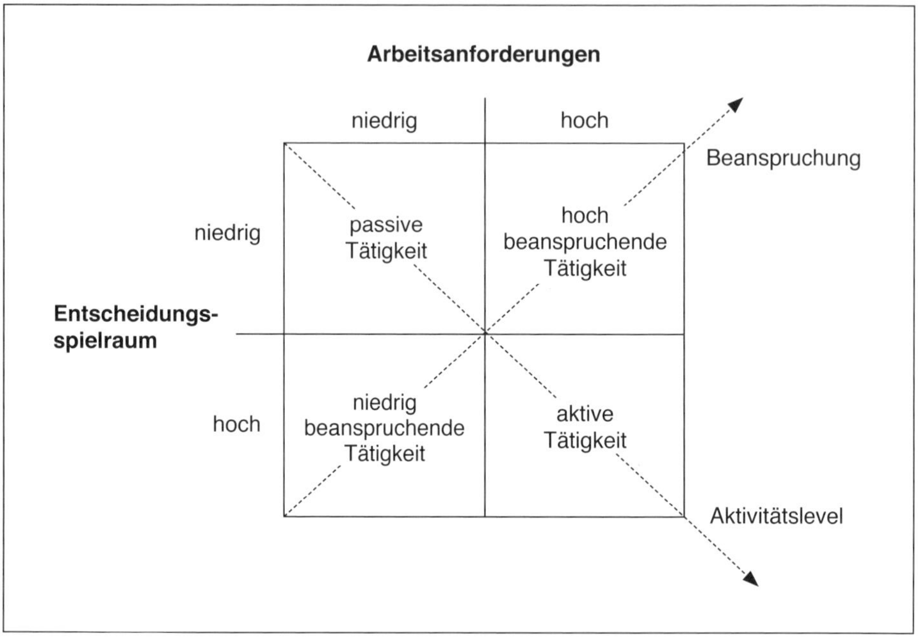

Abbildung 1: Das Job Demand-Control-Modell von Karasek (1979)

Gewinn („primacy of loss"). Ein Gewinn an Ressourcen ist jedoch dann besonders wichtig, wenn er im Kontext von Verlusten erfolgt und damit diese kompensieren kann. Zudem ist es belastend, wenn man viel in den Aufbau von Ressourcen investiert, der erwartete Gewinn jedoch ausbleibt. Hobfoll betont außerdem Gewinn- bzw. Verlustspiralen: Die Schwächung von Ressourcen macht anfällig für weitere Verluste. Umgekehrt erleichtert der Aufbau von Ressourcen weitere Gewinne; die negative Spirale ist jedoch leichter zu initiieren und entwickelt eine stärkere Eigendynamik als die positive.

Modell beruflicher Gratifikationskrisen. Schließlich soll das Modell beruflicher Gratifikationskrisen von Siegrist (z. B. 1996, 2000) noch angesprochen werden. Hier stehen auf der einen Seite beruflich vorgegebene wie auch selbst gesetzte Anforderungen. Auf der anderen Seite stehen die Gratifikationen („rewards") wie Bezahlung, Wertschätzung und berufliche Statuskontrolle. Mit Letzterem ist im Wesentlichen die Kontrolle über die eigene berufliche Position gemeint. Beispiele für mangelnde Statuskontrolle sind vor allem Unsicherheit des Arbeitsplatzes, erzwungener beruflicher Wechsel, beruflicher Abstieg oder fehlende Aufstiegsmöglichkeiten. Das sogenannte *Effort-Reward-Imbalance-Modell* besagt nun, dass es zu Stress kommt, wenn Anstrengungen und Gratifikationen nicht in einem ausgeglichenen Verhältnis stehen. Ähnliche Vorstellungen von mangelnder Reziprozität findet man auch in der Burnout-Forschung (Schaufeli, van Dierendonck & Gorp, 1996). Theoretisch wird damit die Perspektive insofern erweitert, als es nicht nur um die Frage geht, wie belastend eine Situation angesichts der zu ihrer Bewältigung zur Verfügung stehenden Ressourcen für die Person ist, sondern darüber hinaus, ob eine in Kauf genommene Belastung sich „lohnt", weil ihr die entsprechende Gratifikation gegenübersteht.

Job Demands-Resources-Modell. In den letzten Jahren ist Karaseks Modell zu einem allgemeinen Job Demands-Resources-Modell (JD-R-Modell) erweitert worden (Bakker & Demerouti, 2007; Demerouti, Bakker, Nachreiner & Schaufeli, 2001; Schaufeli & Bakker, 2004). Job Demands sind Merkmale, die mit physischen und/oder psychischen (kognitiven und emotionalen) Anstrengungen einhergehen (Bakker & Demerouti, 2007). Sie führen deshalb mit erhöhter Wahrscheinlichkeit zu Stresszuständen. Schaufeli und Bakker (2004, S. 296) definieren Ressourcen folgendermaßen: Ressourcen sind (1) Mittel, die ein Individuum in die Lage versetzen, mit Stress am Arbeitsplatz umzugehen (sensu Lazarus, 1966). Sie tragen (2) zum Erreichen (persönlicher) Arbeitsziele bei und führen (3) zu Lernen, Engagement und persönlicher Entwicklung und Wohlbefinden.

In Abbildung 2 (Schaufeli & Bakker, 2004, S. 297) sind die typischen Beziehungen dargestellt, die für Demands und Ressourcen angenommen werden. Job demands haben negative Wirkungen und sind deshalb mit Burnout (hier als Indikator für Befindensbeeinträchtigungen) verbunden und darüber langfristig mit Gesundheitsproblemen. Ressourcen haben einerseits positive Wirkungen und bewirken z. B. Engagement bei der Arbeit (hier als Indikator für Variablen des Wohlbefindens) und wirken sich gleichzeitig reduzierend auf Burnout aus.

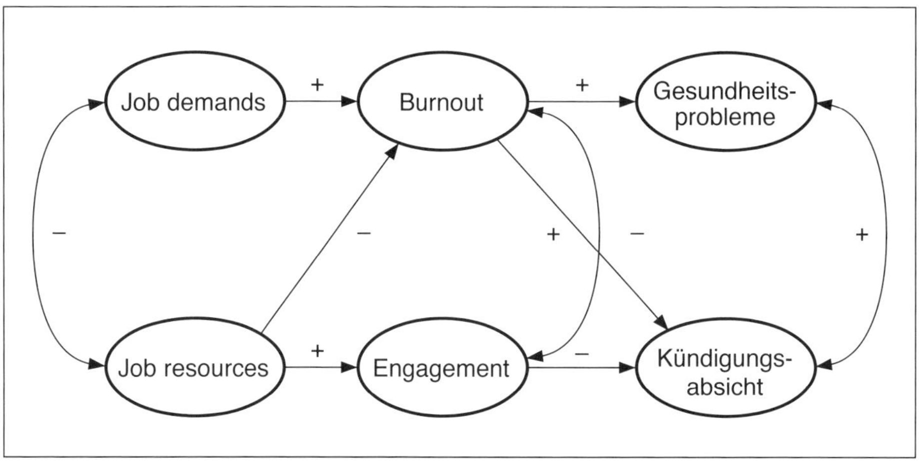

Abbildung 2: Das Job Demands-Resources-Modell (Schaufeli & Bakker, 2004, S. 297)

Challenge-Hindrance-Stressor-Framework. Stressoren sind darüber definiert, dass sie sich negativ auf den arbeitenden Menschen auswirken. Es zeigt sich aber immer wieder in Studien, dass dies nicht ausschließlich so ist. In der Studie von Zapf, Seifert, Schmutte, Mertini und Holz (2001) sind Zeitdruck und Konzentrationsnotwendigkeiten erwartungsgemäß positiv mit emotionaler Erschöpfung korreliert, weisen aber gleichzeitig eine positive anstelle einer erwarteten negativen Korrelation mit dem Gefühl persönlicher Leistungserfüllung auf. Dieser Sachverhalt führte zu der Unterscheidung zwischen sog. Challenge-Stressoren und Hindrance-Stressoren (z. B. Cavanaugh, Boswell, Roehling & Boudreau, 2000; LePine, Podsakoff & LePine, 2005). Diese Stressoren lassen sich unterscheiden nach ihren Auswirkungen auf (a) negative gesundheitliche Folgen einerseits und Wohlbefinden (Widmer, Semmer, Kälin, Jacobshagen & Meier, 2012) sowie „work outcomes“ andererseits, worunter Variablen wie Arbeitszufriedenheit, Arbeitsplatzwechsel, Motivation und Leistung verstanden werden. Auf der Basis von Lazarus' (1966) Stresstheorie und der Unterscheidung im „primary appraisal“ zwischen Bedrohung und Schädigung einerseits und Herausforderung andererseits definieren Cavanaugh et al. (2000, S. 68) *Challenge-Stressoren* als arbeitsbedingte Anforderungen oder Umstände, die – obwohl potenziell stressend – mit potenziellen Gewinnen für die Person verbunden sind. *Hindrance-Stressoren* dagegen beinhalten solche potenziellen Gewinne nicht, sondern sie behindern oder stören die Arbeitsleistung des Einzelnen. Das heißt, Hindrance-Stressoren ziehen ausschließlich negative Folgen wie Gesundheitsbeeinträchtigungen, weniger Wohlbefinden und Beeinträchtigung der Leistung nach sich, während Challenge-Stressoren neben den negativen Gesundheitsfolgen simultan positive Konsequenzen nach sich ziehen, wie beispielsweise eine höhere Loyalität zur Organisation (Boswell, Olson-Buchanan & LePine, 2004) und eine positivere Lebenseinstellung (Schaufeli & Bakker, 2004). Als typische Challenge-Stressoren gelten unter anderem ein hoher Workload und Zeitdruck (Widmer et al., 2012). Dabei werden häufig die unterschiedlichen Effekte der Stressoren auf Variablen wie Burnout, Arbeitszufriedenheit, Befinden und Selbstwertgefühl untersucht. Hindrance-Stressoren wirkten sich in der Metaanalyse von LePine et al. (2005) direkt negativ auf die Leistung aus und zeigten zusätzlich einen indirekten negativen Effekt über Motivation und Beanspruchung auf Leistung. Challenge-Stressoren hatten hingegen direkt und indirekt positive Zusammenhänge mit Leistungsaspekten.

Mithilfe des Challenge-Hindrance-Konzeptes lassen sich einige Ungereimtheiten des Job Demand-Control-Modells von Karasek (1979) erklären: Die meisten Untersuchungen des Karasek-Modells wurden mit dem Job Content Questionnaire (JCQ, Karasek et al., 1998) durchgeführt. Job Decision Latitude wird operationalisiert über hohe kognitive Anforderungen, Fähigkeitserfordernisse und Entscheidungsmöglichkeiten – man kann dies als Arbeitsinhalte bezeichnen. Die Job Demands sind operationalisiert über Items, die Workload, Zeitdruck und hohe Konzentrationsanforderungen umfassen, also die Stressoren, die im Challenge-Hindrance-Konzept als Challenge-Stressoren identifiziert worden sind. Nur unter dem Challenge-Gesichtspunkt lässt sich verstehen, dass hohe Demands bei gleichzeitig hoher Decision Latitude zu Active Jobs und damit zu Lernmöglichkeiten führen. Die Active Job-Bedingung heißt dann nichts anderes, als dass hohe Fähigkeiten unter großem Druck gefordert werden. Würde man Hindrance-Stressoren für Demands einsetzen – so wie im Job Demand-Resources-Modell vorgesehen, wird dies mit Sicherheit nicht funktionieren.

Handlungsregulatorische Modelle von Stressoren und Ressourcen

Auf der Grundlage der oben dargestellten Handlungsregulationstheorie hat sich im deutschen Sprachraum ein Konzept entwickelt (Dunckel & Pleiss, 2007; Hacker, Fritsche, Richter & Iwanowa, 1995; Oesterreich, Leitner & Resch, 2000; Semmer, Zapf & Dunckel, 1999; Zapf & Semmer, 2004), welches sich einerseits in die Unterscheidung zwischen Demands und Ressourcen einordnen lässt, zum anderen aber eine theoretische Begründung einzelner Merkmale zulässt und diese gleichzeitig in einen theoretischen Gesamtrahmen stellt (siehe für das Folgende ausführlich Zapf & Semmer, 2004).

Konzepte der Handlungsregulation betonen die Zielgerichtetheit des Handelns. Es liegt daher nahe, Stressoren als Hindernisse und Ressourcen als Unterstützung für die Zielverfolgung und die Handlungsregulation zu konzipieren (siehe Semmer, 1984). Oesterreich et al. (2000) haben hierzu, ähnlich Karasek, Regulationsanforderungen als integrativen Begriff für Denkanforderungen und Entscheidungsmöglichkeiten und Regulationshindernisse als Stressoren unterschieden. Andere Autoren haben zusätzlich die Unterschiede zwischen Denkanforderungen und Entscheidungsmöglichkeiten betont und entsprechend Regulationsanforderungen (direkte Ressourcen), Regulationsmöglichkeiten (puffernde Ressourcen) und Regulationsprobleme (Stressoren) unterschieden (vgl. Abbildung 3 und Frese & Zapf, 1994, Semmer et al., 1999; Zapf & Semmer, 2004).

Stresskonzepte (z. B. Lazarus; 1999; Selye, 1976) treffen sich mit handlungstheoretischen Konzepten in der Vorstellung, dass Menschen Situationen aktiv bewerten und Einfluss nehmen, und sie gehen davon aus, dass „Nichtstun" keinesfalls der wünschenswerte „stressfreie Idealzustand" ist. Ein gewisses Maß an Anforderungen ist daher nötig und sinnvoll und ermöglicht das aktive Verfolgen von Zielen (Hacker & Sachse, 2014). *Regulationsanforderungen* sind daher nicht als negativ zu bewerten. Denn sie entsprechen der Definition von Ressourcen von Schaufeli und Bakker (2004), da sie notwendig sind für die Erreichung persön-

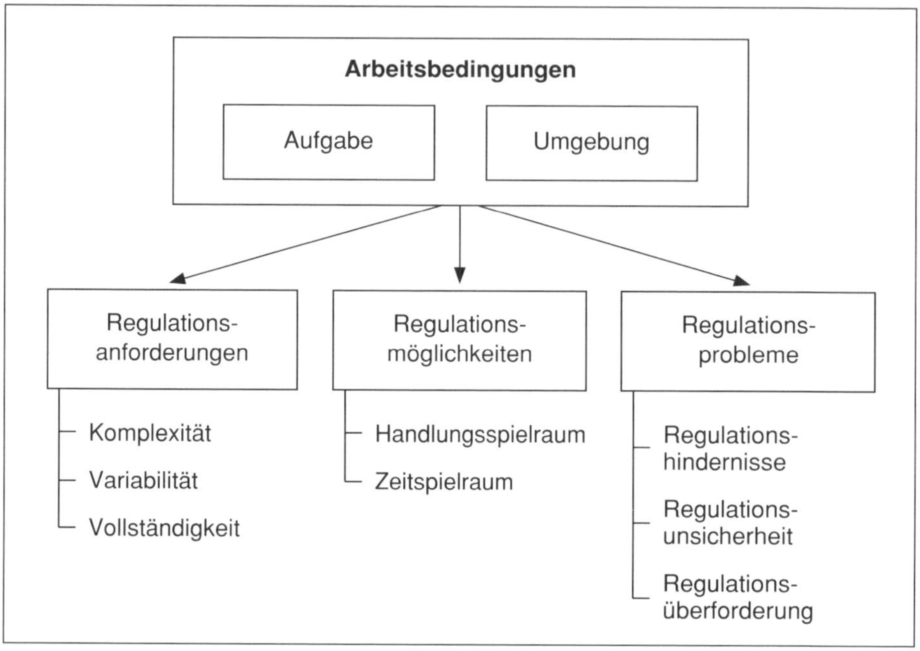

Abbildung 3: Handlungstheoretische Klassifikation von Arbeitsmerkmalen (aus Zapf & Semmer, 2004, S. 1025)

lich wichtiger Ziele. Die Kernvariable der Regulationsanforderungen ist die Komplexität. Sie beinhaltet, inwieweit bei der Erledigung der Arbeit komplexe (vs. einfache, routinehafte) Ziele und Pläne erstellt und komplexe Entscheidungen getroffen werden müssen. Hohe Komplexität enthält Regulation auf allen Regulationsebenen und entspricht dem Konzept der hierarchischen Vollständigkeit von Aufgaben (Hacker & Sachse, 2014).

Mit *Regulationsmöglichkeiten* sind Handlungs- und Entscheidungsspielräume bei der Arbeit gemeint. Sie beinhalten das Ausmaß an Entscheidungsmöglichkeiten zwischen Zielen und Vorgehensweisen bei der Arbeit. Die Kernvariable hier ist Handlungsspielraum oder im Englischen „control". Regulationsanforderungen und Regulationsmöglichkeiten hängen sowohl theoretisch als auch empirisch eng zusammen (Frese & Zapf, 1994; Semmer, 1984). Daher wird in einigen Konzepten nicht zwischen beiden Begriffen differenziert (z. B. Karasek & Theorell, 1990; Oesterreich et al., 2000). Dass sie theoretisch differenzierbar sind, lässt sich jedoch an einer Reihe von Fällen zeigen: Die Lösung eines schwierigen Problems zu finden, ist in jedem Fall komplex. Wenn jedoch nur eine Lösung existiert (bzw. akzeptiert wird), existieren oft nicht viele Freiheitsgrade: Es muss eine ganz bestimmte Lösung gefunden werden. Umgekehrt können relativ einfache Tätigkeiten mit Freiheitsgraden versehen sein, die zwar nicht besonders komplexe Anforderungen stellen (z. B. die Entscheidung, wann welcher Raum gereinigt werden soll), aber dennoch Möglichkeiten bieten können, Abfolge und Ausführung an eigene Vorlieben und Bedürfnisse anzupassen (siehe dazu Semmer, 1984; empirische Belege für die Unterscheidung finden sich bei Zapf & Semmer, 2004).

Eine dritte Gruppe sind die *Regulationsprobleme*. Das sind Bedingungen, die die Handlungsregulation in irgendeiner Form beeinträchtigen (Semmer, 1984), und stellen eine handlungstheoretische Konzeption von Arbeitsstressoren dar. Kennzeichnend für *Regulationshindernisse* ist, dass es prinzipiell für den Arbeitenden kein Problem wäre, Ziele aufzustellen und Pläne zu entwickeln und auszuführen. Durch die Regulationshindernisse wird dies jedoch erschwert und der Arbeitende ist dazu gezwungen, Zusatzaufwand zu leisten, z. B. von vorne anzufangen, einige Arbeitsschritte zu wiederholen oder Umwege zu machen (z. B. informatorische Erschwerungen, arbeitsorganisatorische Probleme oder Arbeitsunterbrechungen). Stressoren dieser Art sind oft mit Ärger und Frustration verbunden, da sie von den Beschäftigten für unnötig gehalten werden. *Regulationsunsicherheit* liegt dann vor, wenn keine vollständige Sicherheit besteht, ob das Arbeitsziel erreicht werden kann oder nicht. Dies kann einmal darin bestehen, dass die Ziel- und Planbildung zu komplex ist und der Arbeitende kognitiv überfordert wird (vgl. das Konzept der qualitativen Überforderung). Widersprüchliche bzw. unklare Aufgabenziele sind bspw. wesentliche Merkmale von Rollenkonflikten und Rollenambiguität (Kahn, Wolfe, Quinn, Snoek & Rosenthal, 1964), die nach dem handlungstheoretischen Konzept hier einzuordnen sind. Schließlich kann Regulationsunsicherheit auch durch ungenügendes oder verspätetes Feedback entstehen. Bei *Regulationsüberforderungen* gibt es Schwierigkeiten, die Regulation in der entsprechenden Zeiteinheit zu leisten. Dadurch kommt es zu einer quantitativen Überforderung (Zeitdruck). Ein zweiter Bereich hier ist die informationale Überforderung des Arbeitsgedächtnisses während der Arbeitsausführung. Zu viele Informationen müssen gleichzeitig im Arbeitsgedächtnis gehalten werden (Konzentrationsnotwendigkeiten).

Dass Stressoren negative gesundheitliche Auswirkungen mit sich bringen, ist hinlänglich gezeigt worden (z. B. Kahn & Byosiere, 1992; Zapf & Semmer, 2004). In den letzten Jahren konnte auch gezeigt werden, dass Zeitdruck und Konzentrationsanforderungen im Sinne von Challenge-Stressoren aber auch positive Effekte auf Wohlbefinden und Leistung haben (Cavanaugh et al., 2000; Van den Broeck, De Cuyper, De Witte & Vansteenkiste, 2010; Widmer et al., 2012), die hier als Regulationsüberforderungen eingeordnet wurden, während sich Regulationshindernisse und Regulationsunsicherheit als Hindrance-Stressoren erwiesen (Irmer, Kern, Zapf & Semmer, 2015; Widmer et al., 2012).

In Bezug auf Ressourcen ist gezeigt worden, dass sie mit Lernmöglichkeiten verbunden sind. Hohe kognitive Anforderungen (hohe Komplexität) – handlungstheoretisch bedeutet dies hohe Anforderungen auf der intellektuellen Regulationsebene – sind mit allgemeinen kognitiven Fähigkeiten und intellektueller Flexibilität verbunden, was auch im Längsschnitt gezeigt werden konnte (Häfeli, Kraft & Schallberger, 1988; Kohn & Schooler, 1983; Schleicher, 1973). Positive Effekte von Autonomie, Variabilität und Verantwortlichkeit gehen mit generalisierter Selbstwirksamkeit und Selbstwertgefühl einher (Häfeli et al., 1988). In Untersuchungen im Rahmen des Job Demand-Resources-Modells zeigen sich vielfach Zusammenhänge mit dem Konzept des Engagements bestehend aus den Komponenten *Vigor* (Elan, Energie), gekennzeichnet durch ein hohes Maß an Energie und psychischer Belastbarkeit bei der Arbeit, *Dedication* (Hingabe, Einsatz), gekennzeichnet von einem Gefühl der Bedeutsamkeit, Begeisterung, Inspiration, Stolz und Herausforderung und *Absorption,* gekennzeichnet durch die vollständige Konzentration und tiefe Versunkenheit in die Arbeit, wobei die Zeit schnell vergeht und man Schwierigkeiten hat, sich von der Arbeit zu lösen (Bakker & Demerouti, 2007; Schaufeli & Bakker, 2004).

Im Job Demand-Resources-Modell haben die Ressourcen eine *motivierende Wirkung*. Zur Begründung wird dabei u. a. auf Hackman und Oldhams (1980) Job Characteristics-Modell verwiesen (siehe dazu Kapitel 4 in diesem Buch). In diesem Modell führen Variabilität (vielfältige Anforderungen), Ganzheitlichkeit (entspricht in etwa der sequenziellen Vollständigkeit bei Hacker) und Bedeutsamkeit (für die Gesellschaft) zu erlebter Sinnhaftigkeit bei der Arbeit, Autonomie (Handlungsspielraum, Kontrolle) führt zu erlebter Verantwortung und Feedback zur Kenntnis der Ergebnisse der eigenen Arbeit. Diese fünf Kernmerkmale der Arbeit führen über die kritischen psychischen Zustände Sinnhaftigkeit, Verantwortung und Kenntnis der Ergebnisse zu intrinsischer Arbeitsmotivation und Arbeitszufriedenheit. Die motivierenden Arbeitsmerkmale in Hackman und Oldhams Modell kommen dem Konzept der vollständigen Tätigkeit von Hacker sehr nahe.

Andere in der Arbeits- und Organisationspsychologie aufgegriffene Motivationsmodelle wie etwa das Valenz-Instrumentalitäts-Modell von Vroom (1964; siehe dazu Kapitel 4 in diesem Buch) oder das Rubikon-Modell (Gollwitzer, 1996) gehen davon aus, dass wertvolle Ziele, die auch mit einer gewissen Wahrscheinlichkeit erreicht werden können, motivierend sind. Man wird davon ausgehen können, dass dies nur möglich ist, wenn die Arbeit herausfordernd ist, also hohe Regulationsanforderungen stellt und im Sinne Hackman und Oldhams ein hohes intrinsisches Motivationspotenzial hat. In den Zielsetzungstheorien (Locke & Latham, 1990) (siehe dazu Kapitel 4 in diesem Buch) wird davon ausgegangen, dass es motivierend ist, wenn konkrete, anspruchsvolle

Ziele gesetzt werden, die von der Person übernommen werden und denen sie sich auch verbunden fühlt. Die Effekte von Goal-setting sind weniger ausgeprägt bei komplexen Aufgaben. Eine Erklärung wäre, dass es ohne Goal-setting bei einfachen Aufgaben zu größeren Motivationsverlusten kommt. Komplexe Aufgaben üben auch ohne Goal-setting-Technik eine motivierende Wirkung aus. In der Metaanalyse von Fried und Ferris (1987) zeigten sich bedeutsame Zusammenhänge zwischen den fünf Arbeitsmerkmalen des Job Characteristics-Modells mit Arbeitszufriedenheit, intrinsischer Arbeitsmotivation und Leistung.

Die beschriebenen Effekte der Ressourcen sind alles direkte Effekte auf Wohlbefinden und Leistungsaspekte. Weniger diskutiert wird, dass Ressourcen auch indirekte Effekte auf die Gesundheit haben können, indem sie dazu beitragen, dass *Stressoren reduziert* werden (Semmer & Beehr, 2014; Zapf & Semmer, 2004). Der interessanteste Effekte ist allerdings der sog. *Puffereffekt*: Ressourcen tragen dazu bei, dass die negativen Auswirkungen der Stressoren abgepuffert werden und bei Vorliegen von Ressourcen weniger stark zu Befindensbeeinträchtigungen führen. Dies ist auch das Verständnis von Ressourcen im transaktionalen Stressmodell von Lazarus (1966, 1999). Statistisch bedeutet dies das Vorliegen von Interaktions- oder Moderatoreffekten (Cohen, Cohen, West & Aiken, 2003). Abgesehen von den methodischen Schwierigkeiten, die es gibt, Moderatoreffekte in Feldstudien nachzuweisen (Dormann, Zapf & Perels, 2010), werden Moderatoreffekte keineswegs immer gefunden. Dies hat theoretische Gründe. Denn es ist keineswegs bei allen Konstrukten, die in letzter Zeit als Ressourcen diskutiert wurden, plausibel, dass sie eine stresspuffernde Wirkung haben, einem also helfen, mit Stress in irgendeiner Art besser umzugehen. Bei den Regulationsmöglichkeiten Handlungsspielraum und Zeitspielraum ist dies unmittelbar plausibel, aber warum sollten hohe kognitive Anforderungen (Komplexität) dazu führen, dass Zeitdruck oder Regulationshindernisse weniger Gesundheitsbeeinträchtigungen hervorrufen? Eher das Gegenteil wäre plausibel. Sollten Effekte gefunden werden, dann meistens, weil Komplexität mit Handlungsspielraum positiv korreliert ist und Handlungsspielraum für den Effekt verantwortlich ist. Letztlich müssen die Mechanismen dargelegt werden, wie die Ressource ihren stresspuffernden Effekt entfaltet. Dies ist bei Handlungsspielraum und sozialer Unterstützung plausibel und konnte hier auch wiederholt gezeigt werden, bei vielen anderen Variablen aber nicht. Deren positive Effekte beschränken sich auf die direkten positiven Wirkungen. Aus diesen Gründen ist es sinnvoll, Ressourcen, die prinzipiell positive Wirkungen auf Wohlbefinden, Lernen und Leistung haben, von denen zu unterscheiden, die zusätzlich eine stresspuffernde Wirkung haben, da nur letztere Stresseffekte tatsächlich reduzieren können. Tabelle 1 zeigt zusammenfassend die Wirkung unterschiedlicher Arten von Stressoren und Ressourcen.

Tabelle 1: Unterscheidung unterschiedlicher Arten von Stressoren und Ressourcen

	Befindensbeeinträchtigungen	Wohlbefinden/ Leistung
Hindrance-Stressoren (z. B.) – Regulationshindernisse – Rollenkonflikte – Soziale Konflikte – Negatives Sozialverhalten	+	(–)
Challenge-Stressoren (z. B.) – Zeitdruck – Konzentrationsanforderungen	+	+
Direkte Ressourcen (z. B.) – Komplexität – Variabilität – Ganzheitlichkeit – Bedeutsamkeit	(–)	+
Puffernde Ressourcen (z. B.) – Handlungsspielraum (Autonomie, Kontrolle) – Soziale Unterstützung	(–) Moderatoreffekte	+

2.4 Interaktion mit Vorgesetzten, Kollegen und Untergebenen: soziale Stressoren und soziale Unterstützung

Während aufgaben- und organisationsbezogene Stressoren schon seit den 70er Jahren untersucht wurden, sind *soziale Stressoren* erst in den letzten 15 bis 20 Jahren in den Fokus der Forschung gerückt, ganz im Gegensatz zur nicht-arbeitsbezogenen Forschung, in der von Anfang an soziale Stressoren als eine der Hauptquellen von Stress untersucht wurden (Zapf & Semmer, 2004). In sozialen Stressoren sind in der Regel konflikt- oder problemhaltige soziale Situationen thematisiert (z. B. Frese & Zapf, 1987). Empirische Ergebnisse zu Sach- und Beziehungskonflikten zeigen, dass Beziehungskonflikte bzw. persönliche Konflikte zwar seltener sind. Wenn sie aber auftreten, dann sind sie viel häufiger mit negativen psychischen Folgen wie psychischen Befindensbeeinträchtigungen, Demotivation und Arbeitsunzufriedenheit verbunden (De Dreu & Weingart, 2003). Bei Sachkonflikten kommt es zwar auch unter günstigen Umständen zu positiven Effekte, wie z. B. die tiefere Durchdringung von Problemen (Jehn, 1995). Unter Gesundheitsgesichtspunkten jedoch überwiegen auch hier die negativen Folgen (De Dreu & Weingart, 2003), u. a. deshalb, weil viele Sachkonflikte als vollkommen überflüssig erachtet, prinzipiell vermeidbar und deswegen eher als eine Zumutung empfunden werden (Semmer & Jacobshagen, 2003).

Ein weiterer Aspekt von sozialen Stressoren ist faires und unfaires Verhalten beziehungsweise organisationale Ungerechtigkeit (Greenberg, 1993). Obwohl das Konzept der organisationalen Gerechtigkeit keineswegs neu ist, ist das Konzept erst seit einigen Jahren mit Gesundheit in Beziehung gesetzt worden (z. B. Judge & Colquitt, 2004). Man unterscheidet in der Regel distributive Gerechtigkeit (gerechte Verteilung), prozedurale Gerechtigkeit (gerechte Regeln) und Interaktionsgerechtigkeit. Dies beinhaltet faires Verhalten im persönlichen Umgang. Unter Stressgesichtspunkten erweist sich die distributive Gerechtigkeit meist als weniger relevant als prozedurale und Interaktionsgerechtigkeit. Es zeigt sich, dass beim Gefühl, ungerecht behandelt zu werden, oder beim Eindruck, dass andere bevorzugt werden und eine Sonderstellung genießen, auf Dauer die Arbeitsmotivation und Arbeitszufriedenheit sinkt, Frustration entsteht, Kündigungsgedanken auftreten und es zu Ärger, Aggression und anderen psychischen Beeinträchtigungen kommt (z. B. Judge & Colquitt, 2004; Zapf & Semmer, 2004).

Weiterhin gibt es eine längere Tradition zu Aggression am Arbeitsplatz (Neuman & Baron, 2005). Allerdings hat man sich im Rahmen dieser Forschung eher mit dem Aggressor befasst und weniger mit der Befindlichkeit derjenigen, die Aggressionen ausgesetzt sind. Aggression wird definiert als die Absicht, anderen Personen psychisch oder körperlich zu schaden. Studien zu Aggression unterscheiden in der Regel physische und psychische, direkte und indirekte, aktive und passive Aggression sowie Aggression gegen Sachen und Aggression gegen Personen (Neuman & Baron, 2005). Da Intentionen nicht immer klar sind (Einarsen, Hoel, Zapf & Cooper, 2011), wird häufig allgemein von negativem Sozialverhalten gesprochen. Dazu gehört, jemanden anzuschreien, auszugrenzen oder lächerlich zu machen. In entsprechenden Untersuchungen zu negativem Sozialverhalten und psychischen Beeinträchtigungen werden regelmäßig substanzielle Effekte in Bezug auf Befindensbeeinträchtigungen und kontraproduktivem Verhalten gefunden (Nielsen, Hoel, Zapf & Einarsen, 2016). Ähnliches gilt auch, wenn man verbaler Aggression von Kunden oder Klienten ausgesetzt ist (Dormann & Zapf, 2004).

Insgesamt spielt *selbstwertbedrohendes Verhalten* innerhalb der Erforschung sozialer Stressoren eine bedeutsame Rolle. Stress wird darüber definiert, dass eine Situation als bedrohlich bewertet wird. Semmer, Jacobshagen, Meier und Elfering (2007) argumentieren, dass eine Bedrohung durch Stress letztendlich immer eine Bedrohung des Selbstwerts und dies der Grund ist, weswegen Konflikte, negatives Sozialverhalten und Ungerechtigkeit als Stress erlebt werden.

Eine extreme Form von sozialen Stressoren ist Mobbing (Einarsen et al., 2011; Zapf & Einarsen, 2005). Darunter versteht man, dass eine Person über längere Zeit hinweg von einer oder mehreren Personen belästigt, drangsaliert oder ausgegrenzt wird. Zu Mobbing werden soziale Stressoren durch ihre Häufigkeit (z. B. einmal pro Woche), Dauer (mindestens über 6 Monate) und Systematik. Eine Person gerät in den Brennpunkt des Geschehens: auf sie werden negative Handlungen gezielt gerichtet. Dabei mag nicht jede einzelne Handlung bewusst beabsichtigt gewesen sein, insbesondere sind die teils schwerwiegenden Folgen nicht immer gewollt. Mobbing ist weiterhin gekennzeichnet durch eine ungleiche Machtstruktur: In einer Mobbingsituation befindet sich das Opfer in einer unterlegenen Position und kann sich nur ungenügend wehren. Die negativen gesundheitlichen Auswirkungen dieses extremen Stressors sind ebenfalls sehr stark ausgeprägt (Høgh, Mikkelsen & Hansen, 2011). Insgesamt kann Mobbing im Rahmen der Stressoren-Ressourcen-Modelle als eine Situation mit extrem hohen Stressoren, extrem niedrigen externen und internen Ressourcen und als Konsequenz extrem negativen gesundheitlichen Folgen charakterisiert werden (Zapf & Einarsen, 2005).

Im Bereich sozialer Beziehungen in Organisationen ist *soziale Unterstützung* als Ressource intensiv untersucht worden. Es gibt eine Vielzahl von Belegen für die Zusammenhänge verschiedener Arten sozialer Unterstützung mit Variablen des Wohlbefindens (vgl. Beehr 1995; Kahn & Byosiere 1992; Zapf & Semmer, 2004). Soziale Unterstützung beinhaltet instrumentelle, informationale, emotionale und bewertungsbezogene Aspekte (Kahn & Byosiere, 1992; Semmer & Beehr, 2014; Zapf & Semmer, 2004). Instrumentelle Unterstützung beinhaltet konkrete Hilfeleistungen, z. B. für jemanden Aufgaben übernehmen. Mit informationaler Unterstützung hilft man jemandem, Probleme und Problemlösungen besser einzuschätzen. Emotionale Unterstützung beinhaltet, jemanden zu trösten, zu beruhigen, Verständnis zu zeigen oder zuzuhören. Bewertungsbezogene Unterstützung umfasst, jemanden bei Entscheidungen zu bestätigen, das Selbstbewusstsein zu stärken und zu vermitteln, dass man ihn oder sie schätzt und akzeptiert. Insgesamt scheint es so zu sein, dass das Gefühl, geschätzt und für kompetent gehalten zu werden und ein wichtiges Mitglied der Gruppe zu sein, von besonders hoher Bedeutung ist (Semmer & Beehr, 2014). Mit sozialer Unterstützung können somit eine Reihe der eingangs dargestellten Bedürfnisse angesprochen werden. Es zeigt sich, dass die wahrgenommene Verfügbarkeit der sozialen Unterstützung das eigentlich Wichtige ist und weniger die konkrete Hilfeleistung. Insgesamt ist die Wirkung von sozialer Unterstützung durch Vorgesetzte meist effektiver (Kahn & Byosiere 1992). Dies zeigt, dass Führungskräfte im sozialen System eine Schlüsselfunktion einnehmen. Soziale Unterstützung kann einmal direkt das Befinden positiv beeinflussen (direkter Effekt), sie kann die Stressoren reduzieren und damit einen positiven Effekt auf das Befinden hervorrufen (indirekter Effekt) oder es kommt zu sog. Moderator- oder Interaktionseffekten mit Stressoren (Zapf & Semmer, 2004). Manchmal ist die Unterstützung auch unerwünscht, weil sie auf sozial ungeschickte Weise angeboten wird, man als hilfsbedürftig erscheint und als jemand, der alleine nicht klarkommt. Soziale Unterstützung auf akzeptable Weise anzubieten und auch auf akzeptable Weise anzufordern, ist vor diesem Hintergrund unter Stressgesichtspunkten eine wichtige soziale Kompetenz. Dies gilt insbesondere für Vorgesetzte (Eilles-Matthiessen & Zapf 2000), da ihre Kritik als besonders selbstwertbedrohend empfunden wird.

2.5 Interaktion mit Kunden und Klienten: Dienstleistung und Emotionsarbeit

Nach einigen Vorläufern (z. B. Nerdinger, 1994) hat sich die Arbeits- und Organisationspsychologie erst in den vergangenen 15 Jahren verstärkt mit Aspekten der Dienstleistung auseinandergesetzt. Spezifisch dafür ist, dass andere Menschen nicht als Vorgesetzte, Kollegen oder Untergebene, sondern als Teil der Arbeit auftreten: als Kunden, Klienten, Patienten oder Schüler. Die Interaktion mit diesem Personenkreis wird damit zum integralen Bestandteil des Arbeitshandelns (Hacker, 2009; Nerdinger, 1994; Rafaeli & Sutton, 1987). Dadurch entstehen neben den kognitiven Anforderungen an die Handlungsregulation, die weiter oben schon bei der Darstellung der Handlungstheorie angesprochen wurden, Anforderungen an die Regulation eigener Emotionen, was zu dem Konzept der Emotionsarbeit führt (Hochschild, 1983/1990). Zum anderen können Kunden auch zu einer Quelle von Stress werden, was in dem Konzept der Kundenstressoren (Dormann & Zapf, 2004) zum Ausdruck kommt.

In der Marketingforschung gibt es vielfache Belege dafür, dass es sich für Dienstleistungsorganisationen auszahlt, wenn sowohl das Unternehmen als auch der einzelne Dienstleister sich kundenorientiert verhalten (z. B. Dormann & Zapf, 2007; Nerdinger, 2011; Wilson, Zeithaml, Bitner & Gremler, 2012). Da die Interaktion mit dem Kunden oder Klienten als genuiner Bestandteil der Dienstleistungsarbeit gesehen wird, gilt es, diese Interaktion aus der Sicht des Unternehmens so zu gestalten, dass der Kunde möglichst zufrieden ist, dem Unternehmen gegenüber loyal bleibt und auch weiterhin dessen Dienste in Anspruch nimmt. Dem SERVQUAL zufolge, einem vielfach benutzten Instrument zur Messung von Servicequalität, umfasst dies zum Beispiel u. a. Courtesy (Zuvorkommenheit: Höflichkeit und Freundlichkeit der Dienstleister); Credibility (Vertrauenswürdigkeit: Glaubwürdigkeit und Ehrlichkeit der Dienstleister bzw. Dienstleistungs-Organisationen); Kommunikation (den Kunden zuhören und sich in einer für sie verständlichen Sprache ausdrücken) und Understanding the customer (Verständnis: sich die Mühe machen, die Kunden und ihre Bedürfnisse kennenzulernen) (Parasuraman, Berry & Zeithaml, 1991; Zeithaml, Parasuraman & Berry, 1990; siehe zusammenfassend Dormann & Zapf, 2007; Nerdinger, 2011). Im Konzept der Emotionsarbeit wird davon ausgegangen, dass dies u. a. durch das Zeigen geeigneter Emotionen dem Kunden gegenüber erreicht werden kann. Organisationen stellen sogenannte Display Rules (Darbietungsregeln) auf, die beinhalten, welche Emotionen in bestimmten Situationen gezeigt werden sollen (Hochschild, 1983/1990; Rafaeli & Sutton, 1987). In einigen Organisationen mögen die Display Rules explizit vorliegen, in anderen sind sie eher impliziter Bestandteil der Unternehmenskultur und man merkt das Vorliegen einer Display Rule vielleicht erst, wenn eine Kunde sich über den unfreundlichen Dienstleister beim Chef beschwert und dieser dann mit dem Dienstleister ein Gespräch führt.

Emotionsarbeit

Das Konzept der Emotionsarbeit wurde von Arlie Hochschild (1983/1990) eingeführt. Sie definierte „Emotionsarbeit" oder „emotional labor" als die bezahlte Arbeit, bei der ein Management der eigenen Gefühle erforderlich ist, um nach außen in Mimik, Stimme und Gestik ein bestimmtes Gefühl zum Ausdruck zu bringen, unabhängig davon, ob dies mit den inneren Empfindungen übereinstimmt oder nicht. Man stelle sich etwa eine Krankenpflegerin, Altenpflegerin oder Erzieherin vor, die sich den Kranken, Alten oder Kindern gegenüber gefühlskalt wie ein Roboter verhält, sodass sich ihre Arbeitstätigkeit ausschließlich auf Aspekte der Informationsverarbeitung und Sensumotorik reduziert. Das so erzeugte Arbeitsergebnis würde kaum den Erwartungen der Kunden entsprechen und bei gegebener „Kundenorientierung" des Unternehmens auch nicht den Erwartungen der Organisation. Emotionsarbeit beinhaltet nach Hochschild (1983/1990), in anderen Menschen (Kunden, Patienten, Klienten, Gästen) bestimmte – in der Regel – positive Gefühlszustände zu erzeugen, was – wiederum in der Regel – dadurch erreicht wird, dass der oder die Dienstleisterin selbst solche positiven Emotionen sichtbar zeigt. Grundlage dafür ist das Konzept der emotionalen Ansteckung (Hatfield, Cacioppo & Rapson, 1994). Hochschild (1983/1990) hat aus ihren qualitativen Untersuchungen bei Flugbegleitern und Fahrkartenkontrolleuren geschlossen, dass Emotionsarbeit in erster Linie mit negativen Folgen wie Substanzmissbrauch, Kopfschmerzen oder Absentismus verbunden ist. In ersten Untersuchungen zur Emotionsarbeit, in denen man Arbeitende, die offensichtlich Emotionsarbeit leisten müssen (z. B. Pflegepersonal, Lehrer) mit Personen verglichen hat, die das offensichtlich nicht oder nur wenig machen müssen (Arbeitende in der Produktion, Büroangestellte), wurden die negativen Folgen von Emotionsarbeit bestätigt. Gegen ausschließlich negative Folgen von Emotionsarbeit spricht aber, dass sich viele Menschen gezielt einen Beruf aussuchen, in welchem sie mit Menschen arbeiten können. Das wäre kaum der

Fall, wenn Dienstleistungsarbeit ausschließlich negative Effekte hätte. Zum anderen spricht die empirische Literatur der letzten Jahre gegen Hochschilds Ansicht. Es zeigen sich sowohl positive als auch negative Effekte von Emotionsarbeit (Hülsheger & Schewe, 2011; Zapf, 2002).

Unterschiedliche Aspekte von Emotionsarbeit

Die empirischen Ergebnisse zu den positiven und negativen Folgen legen es nahe, unterschiedliche Aspekte von Emotionsarbeit zu differenzieren (Grandey, 2000; Zapf, Isic, Fischbach & Dormann, 2003; Zapf, Semmer & Johnson, 2014). Zwei Aspekte der Emotionsarbeit sind hier zu unterscheiden. Aus arbeitsanalytischer Sicht stellt sich die Frage, welche emotionalen Arbeitsanforderungen man unterscheiden kann und zum anderen den Emotionsarbeitsprozess: Was tun Emotionsarbeiter, wenn sie Emotionsarbeit leisten?

Zur Unterscheidung *emotionaler Arbeitsanforderungen* haben Morris und Feldman (1996) ein weithin rezipiertes Modell vorgelegt, welches die Häufigkeit (wie häufig müssen Emotionen ausgedrückt werden?), die geforderte Beachtung von Display Rules konkretisiert durch Dauer (wie lange dauern die Interaktionen, in welchen die Emotionen ausgedrückt werden müssen?) und Intensität des geforderten Emotionsausdrucks (müssen eher intensive oder eher oberflächliche Emotionen ausgedrückt werden?) sowie emotionale Dissonanz (müssen Emotionen ausgedrückt werden, die man in der Situation nicht hat?) unterscheidet. In der *Emotional Labour Scale* von Brotheridge und Lee (2003) wurden diese Dimensionen zum Beispiel operationalisiert. Es zeigte sich, dass diese Merkmale positiv mit persönlicher Leistungserfüllung zusammenhingen, sich aber nicht die erwarteten Zusammenhänge mit Indikatoren von Befindensbeeinträchtigungen wie emotionaler Erschöpfung oder Depersonalisation zeigten (Brotheridge & Grandey, 2002; Brotheridge & Lee, 2003). Côté (2005) hat in einer theoretischen Arbeit dargelegt, dass die Verarbeitung positiver und negativer Emotionen sehr unterschiedliche Implikationen hat. Deswegen wurden in anderen Arbeiten Anforderungen, bestimmte einzelne Emotionen oder Gruppen von Emotionen zu zeigen, unterschieden (Glomb & Tews, 2004; Zapf, Vogt, Seifert, Mertini & Isic, 1999). Die Anforderung, positive Emotionen zu zeigen, ist am offensichtlichsten und man kann wohl davon ausgehen, dass positive Emotionen fast immer gefordert werden, wenn Emotionsarbeit geleistet werden soll. Dies wurde deshalb auch in mehreren Studien untersucht (z. B. Diefendorff & Richard, 2003; Schaubroeck & Jones, 2000; Zapf et al., 2001) und es zeigte sich in diesen Studien, dass die Anforderung, positive Emotionen zu zeigen sowohl positiv mit Variablen der Befindensbeinträchtigung korreliert als auch positiv mit Variablen des Wohlbefindens, wie z. B. dem Gefühl persönlicher Leistungserfüllung.

In Bezug auf *negative Emotionen* wird häufiger gefragt, ob man diese unterdrücken muss (z. B. Diefendorff & Richard, 2003; Schaubroeck & Jones, 2000) und weniger häufig, ob es eine Anforderung gibt, diese Emotionen zu zeigen (Zapf et al., 1999). Sutton (1991) beschreibt eindrücklich, wie man als Schuldeneintreiber lernt, systematisch negative Emotionen einzusetzen. Die Anforderung, negative Emotionen auszudrücken, ist hier deswegen nicht unbedingt negativ zu sehen, wenn auch die negativen gesundheitlichen Folgen meist stärker sind als die der positiven Emotionen (Zapf et al., 2000, 2001). In anderen Berufen, wie im Bank- und Hotelgewerbe, ist das Ausdrücken negativer Emotionen ungewöhnlich und eher ein Zeichen misslungener Interaktion oder sonstiger Probleme mit den Kunden oder Klienten. Das Zeigen von Anteilnahme erweist sich manchmal als ein eigenständiger Faktor (Zapf et al., 1999, 2001).

Ein eher vernachlässigter Aspekt der Emotionsarbeit ist, dass es natürlich nicht nur ein Erfordernis gibt, Emotionen auszudrücken. Es gibt auch das Erfordernis, Gefühle des Interaktionspartners wahrzunehmen. Um die Emotionen von Kunden oder Klienten beeinflussen zu können, ist ihre genaue Wahrnehmung eine wichtige Voraussetzung (Elfenbein, Marsch & Ambady, 2002). Sonst könnte es zum Beispiel leicht passieren, dass der Interaktionspartner sich nicht ernst genommen fühlt. Dies wird als *Sensitivitätsanforderungen* bezeichnet. Je höher die Sensitivitätsanforderungen sind, desto anspruchsvoller ist die zugrunde liegende soziale Interaktion mit dem Klienten und desto mehr kann sich ein Gefühl der Leistungserfüllung einstellen (Zapf et al., 2000). Die Arbeit ist dann aber auch meist anstrengender und es zeigen sich substanzielle Korrelationen mit z. B. emotionaler Erschöpfung und Depersonalisation (Zapf et al., 1999, 2000).

Am meisten Aufmerksamkeit hat das Konzept *„Emotionale Dissonanz"* gefunden. Hochschild (1983/1990) argumentierte, dass zu lange oder zu intensive Emotionsarbeit zu einem Zustand emotionaler Dissonanz führt, wobei sie darunter den Widerspruch zwischen ausgedrückten und empfundenen Gefühlen verstand. Morris und Feldman (1996) dagegen sahen in emotionaler Dissonanz die Diskrepanz zwischen geforderten und gefühlten Emotionen und damit ein Merkmal der Arbeitssituation. Diese unterschiedliche Verwendung von emotionaler Dissonanz hat lange zu einer gewissen Verwirrung geführt. Holman, Martínez-Iñigo und Totterdell (2008) haben dies herausgearbeitet und vorgeschlagen, von *Emotion Rule Dissonance* zu sprechen, wenn die Diskrepanz zwischen geforderten und gefühlten Emotionen gemeint ist, und *von Fake Emotional Displays*, wenn die Diskrepanz zwischen gefühlten und gezeigten Emotionen gemeint ist. Da emotionale Dissonanz im Sinne von Hochschild (1983/1990) weiter verbreitet ist, erscheint es sinnvoll, diesen Begriff so zu belassen, aber bei der (arbeitsanalytisch relevanten) Diskrepanz zwischen geforderten und gefühlten Emotionen von Emotion Rule Dissonance oder ER-Dissonanz zu sprechen (vgl. Abbildung 4).

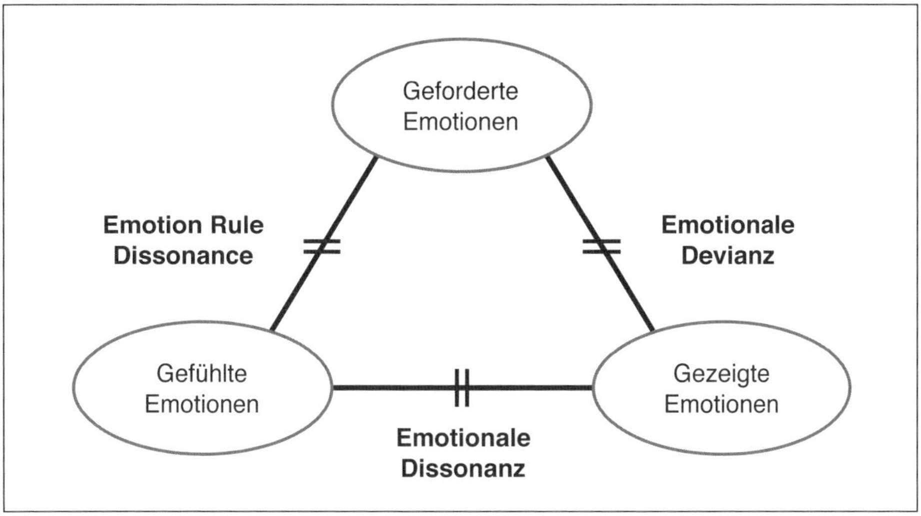

Abbildung 4: Zur Unterscheidung von Emotionaler Dissonanz, Emotion Rule Dissonance und Emotionaler Devianz

Man mag sich hier die Frage stellen, wie man etwas als Situationsmerkmal bezeichnen kann, wenn doch Bezug genommen wird auf eine Emotion, die ein Arbeitender in dieser Situation fühlt. Es verhält sich hier aber auch nicht anders als in den anderen Bereichen. Die oben angesprochenen handlungstheoretischen Instrumente zur Analyse von Arbeitsmerkmalen setzen einen idealtypischen Arbeitenden voraus, der die entsprechende Arbeit gut beherrscht bzw. von individuellen Besonderheiten abstrahieren kann (Dunckel, 1999; Dunckel & Resch, 2010). Obwohl es bei der Auslösung von Emotionen auch interindividuelle Unterschiede gibt, lassen sich den einzelnen Emotionen jedoch sehr gut typische Situationen zuordnen (siehe dazu beispielsweise die Affective Events-Theorie von Weiss & Cropanzano, 1996; siehe Wegge, 2004). Wenn ein Kunde aggressiv oder arrogant auftritt, wird der durchschnittliche Dienstleister kaum automatisch positive Emotionen empfinden. Auf aggregierter Ebene zeigen sich hier deswegen gute Übereinstimmungen innerhalb von Teams (Ortíz Bonnin, García Buades & Zapf, in Druck). ER-Dissonanz liegt vor allem dann vor, (1) wenn Emotionen zu häufig gezeigt werden müssen, d. h., wenn zu häufig und zu viele Stunden mit Kunden oder Klienten interagiert werden muss; (2) wenn die Darstellungsregeln allzu strikt sind und keine persönlichen Freiräume lassen oder (3) wenn die Qualität der sozialen Situation nicht der zu zeigenden Emotion entspricht, d. h., wenn beispielsweise eine positive Emotion gezeigt werden soll, die Situation aber natürlicherweise eine negative Emotion hervorruft, weil man es etwa mit einem aggressiven Kunden zu tun hat (Grandey, 2000; Totterdell & Holman, 2003). ER-Dissonanz erweist sich in den meisten Studien als ein Stressor (Zapf, 2002).

In der Metaanalyse von Hülsheger und Schewe (2011) korreliert ER-Dissonanz (um Nicht-Reliabilität korrigiert) mit emotionaler Erschöpfung, Depersonalisation und psychosomatischen Beschwerden mit ungefähr .40, mit Arbeitszufriedenheit mit –.40 und mit dem Gefühl persönlicher Leistungserfüllung mit –.11.

Handlungsspielraum oder Kontrolle ist, wie schon beschrieben, ein etabliertes Konzept in der Arbeitspsychologie. In Bezug auf Emotionsarbeit kann man fragen, welchen Einfluss der Einzelne auf die soziale Interaktion mit dem Kunden und das Zeigen bestimmter Gefühle hat. Entsprechend kann man Interaktionsspielraum (den Einfluss auf die zugrunde liegende soziale Interaktion) und *emotionsbezogene Kontrolle* (den Einfluss darauf, welche Gefühle man in einer Situation zeigen darf) unterscheiden (Zapf et al., 1999). Hier zeigen sich ähnlich positive Effekte wie bei allgemeinem Handlungsspielraum (Zapf et al., 2000, 2001).

Der Prozess der Emotionsarbeit

Emotionen werden meist als Reaktion auf äußere oder innere Bedingungen beschrieben. Dabei herrscht die Vorstellung vor, dass eine Emotion „automatisiert", also ohne bewusste Kontrolle auftritt, zumindest das „innere Gefühl" und die zugehörigen physiologischen Prozesse. Allerdings gibt es seit einiger Zeit auch Konzepte, die sich mit dem gezielten Ausdruck von Emotionen beschäftigen, am bekanntesten wohl Gross' (1998, 2002) Modell der Emotionsregulation. In der Emotionsarbeit geht es ja darum, gezielt bestimmte Emotionen zu zeigen. Also auch hier geht es um aktive Emotionsregulation. Von Hochschild (1983/1990) stammen dazu die Konzepte „surface acting" und „deep acting", die bislang in der Forschung am meisten Aufmerksamkeit gefunden haben. Grandey (2000) hat die Konzepte von Hochschild und Gross integriert.

Unter *Surface Acting* fasst Hochschild (1983/1990) die Regulation des sichtbaren äußeren Verhaltens (Gesichtsausdruck, Gesten, Stimme): Der äußere Emotionsausdruck wird mit der von der Organisation (und dem Kunden) erwarteten Emotion in Übereinstimmung gebracht, die inneren Gefühle bleiben dabei unberührt. Grandey (2000) hat einen Bezug zwischen Hochschilds Surface Acting und Deep Acting einerseits und Gross' (1998) Unterscheidung zwischen auslöserbezogener („antecedent focussed") und reaktionsbezogener („response focussed") Emotionsregulation gezogen und dabei Surface Acting konzeptuell mit der reaktionsbezogenen Emotionsregulation gleichgesetzt. Letzteres bedeutet nach Gross, dass versucht wird, auf die aufgetretene Emotion zu reagieren und sie zu modulieren. Die Emotionen können unterdrückt, intensiviert oder vorgespielt werden.

Die Strategie des Surface Acting wird häufig als problematisch gesehen. Nach außen vorgespielte Freundlichkeit könnte vom Kunden durchschaut und als „aufgesetzt" empfunden werden, geheucheltes Interesse könnte leicht das Gegenteil von dem bewirken, was beabsichtigt wurde. Ekman und Friesen (1982) haben echtes und vorgespieltes Lächeln verglichen und kommen zu dem Ergebnis, dass es bei echtem und vorgespieltem Lächeln bei der Steuerung der Gesichtsmuskeln Unterschiede bzgl. Timing, Lateralität und Intensität gibt. Beim vorgespielten Lächeln werden beispielsweise bestimmte Gesichtsmuskeln in der Augenregion nicht aktiviert, und der Ausdruck ist stärker asymmetrisch.

Aus dieser Sicht wäre es im Interesse einer Organisation, wenn sich Dienstleister authentisch verhalten und die Gefühle, die sie vermitteln sollen, auch wirklich empfinden. Solche Strategien bezeichnet Hochschild (1983/1990) als *Deep Acting*. Hochschild hat in Bezug auf Deep Acting auf Techniken zurückgegriffen, die bei professionellen Schauspielern verwendet werden. Dazu gehören zum Beispiel Imaginationstechniken: Man stellt sich intensiv eine Situation vor, in der man ein bestimmtes Gefühl hatte. Grandey (2000) hat Deep Acting mit Gross' (1998) auslöserbezogenen Emotionsregulation gleichgesetzt. Hier geht es darum, die Wirkung der Auslösebedingungen von Emotionen zu beeinflussen. Im Rahmen einer Service-Interaktion kann dies durch kognitive Restrukturierung („cognitive change") oder Aufmerksamkeitssteuerung („attention deployment") geschehen.

Eher wenig Beachtung hat gefunden, dass man natürlich davon ausgehen kann, dass eine gewünschte Emotion auch automatisch ausgelöst werden kann. *Automatische Emotionsregulation* (Zapf, 2002) bedeutet, dass bei jemandem die geforderte Emotion automatisch ohne bewusste Zuwendung ausgelöst wird. Man denke etwa an eine Kinderkrankenschwester, die von einem kleinen Patienten freudig begrüßt wird und dadurch automatisch selber positive Emotionen hat. Hochschild (1983/1990) bezeichnet dies als „passive deep acting". Da in den amerikanischen motivationsorientierten Ansätzen (vgl. Frese & Zapf, 1994) etwas, was automatisch passiert und deswegen nicht als anstrengend empfunden wird, auch nicht als Arbeit betrachtet wird (z. B. Bono & Vey, 2005), wurde dieser Strategie bislang auch wenig Bedeutung beigemessen. Eine Ausnahme bilden Ashforth und Humphrey (1993): Sie sprechen von „genuine emotions" und sehen dies sehr wohl als eine Strategie der Emotionsarbeit. Aus handlungstheoretischer Sicht aber fällt automatische Emotionsregulation unter den Arbeitsbegriff, weil damit ein Arbeits-(teil-)ziel erreicht wird (Zapf, 2002).

Schließlich kann es natürlich auch passieren, dass ein gewünschtes Gefühl nicht gezeigt wird. Dies wurde als „emotional deviance" bezeichnet (Rafaeli & Sutton, 1987). Dies kann unabsichtlich geschehen, weil die Person ihre Gefühle nach außen nicht genügend kontrollieren kann oder weil sie zu erschöpft ist. Es kann auch absichtlich geschehen, weil die Person die Darstellungsregeln nicht akzeptiert.

In der Metaanalyse von Hülsheger und Schewe (2011) zeigen sich eindeutige Ergebnisse für Surface Acting: Es gibt substanzielle positive Korrelationen um .40 (korrigiert) mit emotionaler Erschöpfung, Depersonalisation oder psychosomatischen Beschwerden und negative Korrelationen um .30 mit Arbeitszufriedenheit oder organisationaler Verbundenheit. Zusammenhänge zu Leistungsparametern sind eher klein. In der Tendenz ist Surface Acting mit geringer Leistung verbunden. Bei Deep Acting dagegen sind marginal positive Zusammenhänge mit unterschiedlichen Befindensbeeinträchtigungen sowie ebenso marginale positive Zusammenhänge mit Arbeitszufriedenheit, organisationaler Verbundenheit und aufgabenbezogener Leistung zu beobachten. Dagegen gibt es positive Zusammenhänge mit dem Gefühl persönlicher Leistungserfüllung (.27 korrigiert), emotionsbezogener Leistung (.18 korrigiert) und Kundenzufriedenheit (.37 korrigiert).

Nur wenige Ergebnisse gibt es zu automatischer Emotionsregulation und emotionaler Devianz. Automatische Emotionsregulation weist insgesamt sehr positive Effekte auf: negative Korrelationen mit Befindensbeeinträchtigungen und positive Korrelationen mit Indikatoren des Wohlbefindens und der Leistung (Martínez-Iñigo, Totterdell, Alcover & Holman, 2007; Zammuner & Galli, 2005; Zapf, Trumpold, Elian, Keck & Weber, 2008). Ausgesprochen negative Effekte zeigen sich für emotionale Devianz, also das Nichtzeigen der geforderten Emotionen. Es ergeben sich positive Zusammenhänge mit Befindensbeeinträchtigungen und negative Effekte für Wohlbefinden und Leistung (Büssing & Glaser, 1999; Tschan, Rochat & Zapf, 2005; Zapf et al., 2008). Daraus ist ersichtlich, dass das Nichtzeigen erwünschter Emotionen keineswegs leichtfertig geschieht, etwa aus Desinteresse an der Arbeit.

Die negativen Effekte von ER-Dissonanz und Surface Acting werden dadurch erklärt, dass die Regulation von Emotionen Ressourcen verbraucht, dass Inauthentizität ein unangenehmer Zustand ist und dass das Vorliegen von ER-Dissonanz und Surface Acting damit verbunden ist, dass die soziale Interaktion negativ ist und deswegen gefühlte negative Emotionen vorliegen, die als solches ja Indikatoren einen negativen Spannungszustandes darstellen, welcher weiter oben mit Stress gleichgesetzt wurde (Hülsheger & Schewe, 2011; Zapf, 2002). Auch bei Deep Acting wird angenommen, dass die Emotionsregulation Ressourcen verbraucht, aber es besteht keine Inauthentizität und die zugrunde liegende Situation, in der Deep Acting gezeigt wird, ist meist eher positiv. Die positiven Effekte von Deep Acting werden möglicherweise überschätzt, weil es nicht ausgeschlossen werden kann, dass die Messungen mit passivem Deep Acting konfundiert sind. In einzelnen Untersuchungen hat Deep Acting negative Auswirkungen, was man auf den Regulationsaufwand zurückführen kann, in anderen nicht. Zapf et al. (2008) haben argumentiert, dass Deep Acting nicht immer in der Situation durchgeführt wird, sondern auch *vor* der Situation. Dies wird man tun, wenn man davon ausgeht, dass einem eine Interaktion vielleicht nicht ganz leicht fallen wird oder wenn man Konflikte oder Probleme antizipiert. Entsprechend zeigte sich in einer Tagebuchstudie, dass antizipatives Deep Acting mit Anstrengung und Erschöpfung verbunden war, situatives Deep Acting dagegen nicht. Umgekehrt war situatives Deep Acting mit Zufriedenheit mit der Interaktion verbunden, antizipatives Deep Acting dagegen nicht.

3 Implikationen für die Personalentwicklung

Im Folgenden soll auf die Implikationen für die Personalentwicklung eingegangen werden. Zuerst werden Implikationen für das Training angesprochen. Es folgen Implikationen für das Lernen während der Arbeit, die Bedeutung der Arbeits- und Organisationsgestaltung für die Arbeit sowie ein Plädoyer für die Integration von Gesundheit, Qualifikation, Motivation und Leistung.

3.1 Unmittelbare Auswirkungen für die Personalentwicklung: Implikationen für das Training

Durch den Einfluss der Handlungsregulationstheorie haben sich „psychoregulative" Trainingsverfahren entwickelt, die sich dadurch auszeichnen, dass sie erstens handlungsorientiert sind, also das aktive Ausführen der zu erlernenden Arbeitshandlung im Zentrum steht (im Gegensatz zum Erwerb von Wissen über eine Handlung). Zum anderen wird aber auf die skizzierten Regulationsprozesse abgehoben, womit sich diese Trainings von eher behavioristisch orientierten Trainings des Vormachens und Nachmachens abheben. Elemente wie mentales Vorstellen und Durchspielen, Sprechimpulse, kognitive Rückmeldungen, geistiges Probehandeln oder systematische Konfrontation mit Fehlersituationen spielen hier eine Rolle (vgl. dazu Hacker & Sachse, 2014; Hacker & Skell, 1993; Heimbeck, Frese, Sonnentag & Keith, 2003; Sonntag, 1989, 2004; Ulich, 2006, 2011). Durch direkte Vermittlung der kognitiven Regulationsgrundlagen über Denk-, Sprech- und Vorstellungsprozesse können einzelne Regulationskomponenten wie Wissen um Signale vermittelt werden. Ebenso auf handlungsregulationstheoretischer Grundlage entwickelt wurden Ausbildungskonzepte für ungelernte Maschinenarbeiter zum Erlernen von CNC-Maschinen wie CLAUS (Krogoll, Pohl & Wanner, 1988), in welchem aus der Arbeitstätigkeit abgeleitete gestufte ganzheitliche Lernaufgaben eingesetzt werden.

Der Stressbegriff als Ungleichgewicht zwischen Person und Situation beinhaltet, dass Maßnahmen gegen Stress eine Veränderung der Situation (Verhältnisprävention), der Person (Verhaltensprävention) oder beides beinhalten können. Teil des transaktionalen Stressmodells ist das Bewältigen von Stress (Lazarus & Folkman, 1984). In dem Modell werden problembezogene und emotionsbezogene Stressmanagementstrategien unterschieden. Sie bilden in der Regel Grundbausteine von Stressmanagementtrainings, die in den letzten Jahren in Vielzahl entwickelt wurden und sich auch als effektiv erwiesen haben (Semmer & Zapf, 2004). In Stressmanagementtrainings lassen sich jedoch auch Aspekte der Situationsveränderung integrieren (z. B. Bunce & West, 1996).

Aus der Beschreibung des Konzepts zur Emotionsarbeit folgt, dass für Dienstleistungsberufe neben Fach- und Methodenkompetenz die Förderung sozioemotionaler Kompetenzen von zentraler Bedeutung ist. Emotionale Intelligenz nach Salovey und Mayer (1990) umfasst (1) Expression: die eigenen Emotionen gut erkennen und ausdrücken können; (2) Sensitivität: Emotionen anderer gut erkennen und nachempfinden können; (3) Regulation: sowohl eigene als auch Emotionen anderer gut regulieren können und (4) Nutzung: Emotionen für sich nutzbar machen und für die eigenen Ziele einsetzen können (z. B. um flexibel zu planen, kreativ zu sein, die Aufmerksamkeit auf wirklich wichtige Aspekte zu lenken und sich selbst auch besser durch Emotionen motivieren zu können). In den wenigen Studien in diesem Bereich zeigt sich, dass bei hoher emotionaler Intelligenz Emotionsarbeit eher positiv mit Leistung korreliert als bei geringer emotionaler Intelligenz (Joseph & Newman, 2010).

3.2 Lernen in der Arbeit

Ein Großteil des Lernens erfolgt nicht in der institutionalisierten Weiterbildungsveranstaltung, sondern in der Arbeit selbst (Sonntag & Stegmaier, 2007). Dabei ist das Lernen beim Arbeiten überwiegend eher beiläufig und nicht beabsichtigt (Hacker & Sachse, 2014). Ulich (2006, 2011) spricht hier von arbeitsimmanenter Qualifizierung. Man kann Aspekte des Hinzulernens, Erhaltungslernens und Verlernens unterscheiden. Erhaltungslernen kann z. B. bedeutsam werden, wenn wichtige Handlungen nur sehr selten ausgeführt werden. Hier bleibt dann oft nur die Möglichkeit, entsprechende Handlungen (z. B. am Flugsimulator) zu trainieren.

Unterschiedliche Arbeitsaufgaben beinhalten unterschiedliche Lernerfordernisse. Damit hängt es (auch) von der Arbeitsgestaltung ab, ob und wie gut an einem Arbeitsplatz gelernt werden kann. Bei der Arbeit können Wissen, Fertigkeiten und Fähigkeiten, aber auch Einstellungen erworben und verfestigt werden. Man kann hier handlungsleitende Kenntnisse und handlungsleitende Erfahrung unterscheiden. Während die Kenntnisse prinzipiell auch außerhalb des Arbeitsprozesses erworben werden können, ist der Erwerb von Erfahrungswissen fast ausschließlich an die Feedbackprozesse beim Arbeiten gebunden (Hacker & Sachse, 2014). Es kommt im Einzelnen zu Sensibilisierungsprozessen, zur psychischen Automatisierung gleichartig wiederkehrender Handlungskomponenten, zum Aufbau und der verkürzten begrifflichen Fassung von Handlungsabschnitten sowie zu intellektuellen Analyse- und Reorganisationsprozessen zum Aufbau effektiver Arbeitsverfahren (Hacker & Sachse, 2014; Sonntag & Stegmaier, 2007). Stress ist mit Aktivierungsprozessen verbunden und spielt in diesem Kontext ebenfalls eine Rolle. Leichter Stress, der mit einer mittleren Anspannung verbunden ist, kann Lernprozesse unterstützen. Zu hoher Stress führt zu Überaktivierung, hoher Anspannung, Leistungseinbußen und ist dem Lernen bei der Arbeit nicht förderlich (Hacker & Sachse, 2014; Semmer et al., 2010).

3.3 Situations- und Aufgabenbezug: Arbeits- und Organisationsgestaltung

Aus der Sicht der Arbeits- und Organisationspsychologie ist ein bedeutsamer Aspekt der Aufgabenbezug. Aus der Vorstellung, dass die Handlung oder die Tätigkeit das Vermittlungsglied zwischen handelndem Subjekt und der Umwelt ist, und sich die subjektiven Vorstellungen der Umwelt in der aktiven (d. h., handelnden) Auseinandersetzung mit der Umwelt niederschlagen (Leontjew, 1979), ergibt sich, dass Aufgaben, Arbeitsumgebung und die daraus resultierenden Handlungsanforderungen zur substanziellen Voraussetzung von Qualifikation und Training werden. Aufgaben- und Arbeitsanalyseverfahren spielen deswegen zu Recht in der Arbeitspsychologie eine wichtige Rolle (Hacker & Sachse, 2014; Ulich, 2011; Zapf & Semmer, 2004). Ihre Bedeutung für die Personalentwicklung wird deshalb in diesem Band in einem eigenen Kapitel dargestellt (vgl. Kapitel 10 in diesem Buch) und braucht hier deswegen nicht ausführlich behandelt zu werden.

Weiter oben wurde auf Ergebnisse Bezug genommen, die zeigen, dass es vor allem dann zur Entwicklung von Kompetenzen kommt, wenn hinreichende Vollständigkeit der Tätigkeit, Komplexität, Variabilität, Ganzheitlichkeit und Handlungsspielraum bei der Arbeit gegeben sind. Nur wenn die Arbeitstätigkeit auch substanziell Regulation auf der intellektuellen Regulationsebene erfordert, besteht überhaupt die Möglichkeit, etwas Neues dazuzulernen und nur wenn die eigene Arbeit beeinflussbar ist, kann neu erworbenes Wissen den Arbeitsablauf auch verändern.

In Bezug auf die Organisationsgestaltung sind unterschiedliche Arten der sozialen Unterstützung zu erwähnen. Die Metaanalyse von Fried und Ferris (1987) zeigte allgemein positive Effekte von Feedback auf die Arbeitenden. In der Feedback-Interventions-Theorie von Kluger und DeNisi (1996) lenken *korrektive Rückmeldungen* die Aufmerksamkeit auf Aufgabendetails und sind funktional für das Lernen, vorausgesetzt, das Feedback wird sozial adäquat gegeben. Vorgesetzte und Kollegen können so durch geeignetes Feedback Lernprozesse während der Arbeit unterstützen. Auch Beratung kann so gestaltet werden, dass z. B. im Sinne der Hilfe zur Selbsthilfe Lernprozesse bei der Arbeit angestoßen werden, z. B. beim Umgang mit Informationstechnologien (Zapf & Scherübl, 1991). Soziale Unterstützung durch den Vorgesetzten und Partizipation bei der Planung von Weiterbildungsmaßnahmen wirkt sich deshalb positiv auf das Lernen aus (Sonntag, 2004).

Arbeits- und Organisationsgestaltung ist auch bedeutsam für den Lerntransfer (Sonntag, 2004). Insbesondere Handlungsspielräume sind für den Lerntransfer von Bedeutung (vgl. Hacker & Sachse, 2014; Sonntag, 2004; Ulich, 2011). Eine Studie von von Papstein und Frese (1988) zeigt z. B., dass nur Ingenieure, die viel im Training gelernt haben und die gleichzeitig einen hohen Handlungsspielraum bei der Arbeit haben, das neu Gelernte bei der Arbeit auch häufig anwenden. Nur wenn Handlungsspielräume bei der Arbeit existieren, hat man die Möglichkeit, Neues in seinen Arbeitsablauf zu integrieren. Von Bedeutung sind auch eine positive Lernkultur, in der der sozialen Unterstützung durch Vorgesetzte wieder eine besondere Rolle zukommt (vgl. Sonntag, 2004).

3.4 Eine integrierte Sicht von Gesundheit, Qualifikation, Motivation und Leistung

Stress und Belastung in Organisationen wird in vielen Unternehmen immer noch als ein Problem betrachtet, welches an den Arbeitsschutz delegiert wird und welches in erster Linie einen Kostenfaktor darstellt. Qualifikation ist das Hauptthema der Personalentwicklungsabteilung, Motivation und Leistung ein Problem der Vorgesetzten. Die gemachten Ausführungen zeigen, dass diese isolierte Betrachtung der einzelnen Problemkreise keineswegs dem Stand der Forschung entspricht. Vielmehr gibt es Zusammenhänge von Stressoren und Ressourcen mit Motivation, Commitment, Zufriedenheit und Leistung (Zapf & Dormann, 2006). Wie ausgeführt, sind alle modernen Stresstheorien Stressoren-Ressourcen-Theorien und es sind insbesondere die Ressourcen, die ja auch in vielen theoretischen Kontexten eine Rolle spielen. So hat Kontrolle (Handlungsspielraum, Autonomie) natürlich nicht nur eine Funktion im Stressprozess. Autonomie gilt als eines der Arbeitsmerkmale, die im Job Characteristics-Modell von Hackman und Oldham (1980) zur Entstehung intrinsischer Motivation und Arbeitszufriedenheit beiträgt, was sich in Metaanalysen (Spector, 1986) auch empirisch zeigen ließ. Motivation und Arbeitszufriedenheit sind positiv korreliert (Brown & Peterson, 1993) und Arbeitszufriedenheit wiederum ist – auch dies alles durch Metaanalysen belegt – mit Leistung verbunden (Harter, Schmidt & Hayes, 2002; Judge, Thoresen, Bono & Patton, 2001). Hohe Komplexität, Variabilität und Handlungsspielraum tragen zur Aufrechterhaltung und Weiterentwicklung allgemeiner kognitiver Kompetenzen bei (Hacker & Sachse, 2014; Kohn & Schooler,

1983). Handlungsspielraum fördert Transfer und Lernen am Arbeitsplatz (Semmer & Beehr, 2014; Sonntag & Stegmaier, 2007; von Papstein & Frese, 1988). Unter solchen Bedingungen kommt es zur Befriedigung wichtiger Bedürfnisse wie denen nach Verstehen, Kompetenz, Kontrolle und dem Erhalt des Selbstwertes. Die angesprochenen Arbeitsmerkmale sind für Gesundheit, Qualifikation, Motivation und Leistung gleichermaßen von Bedeutung.

Gute soziale Beziehungen am Arbeitsplatz, soziale Unterstützung durch Vorgesetzte und Kollegen, gutes Arbeits- und Betriebsklima, Gerechtigkeit und Fairness sind mit hoher Arbeitszufriedenheit, gutem Wohlbefinden und wenigen psychischen und körperlichen Beschwerden verbunden (Zapf & Semmer, 2004). Dies sind positive Aspekte aus der Sicht der Arbeitnehmer, da insbesondere ihre Bedürfnisse nach positiven sozialen Beziehungen sowie Anerkennung und Respekt befriedigt werden. Dass Arbeitszufriedenheit positiv mit Leistung verbunden ist, wurde schon erwähnt. West et al. (2002) zeigten, dass es bei einem guten Teamklima bei Notoperationen zu weniger Todesfällen bei den Patienten kommt. Soziale Unterstützung durch Vorgesetzte und Kollegen, gute Beziehungen zum Management und Management Support (Christian, Bradley, Wallace & Burke, 2009; Iverson und Erwin, 1997) sind mit einer verringerten Zahl von Unfällen verbunden. Soziale Unterstützung durch Vorgesetzte im Sinne fürsorgenden Vorgesetztenverhaltens ist auch ein Teilkonzept der klassischen verhaltenstheoretischen Führungsansätze (Consideration, mitarbeiterorientierte Führung; Yukl, 2010) und im transformationalen Führungsansatz (Bass & Riggio, 2006), um nur zwei herauszugreifen. Metaanalysen zeigen, dass Mitarbeiterorientierung genauso hoch mit Leistung korreliert ist wie Aufgabenorientierung (Judge, Piccolo & Ilies, 2004). Ähnliches gilt für personbezogene Ressourcen wie Selbstwirksamkeit, wo ebenfalls metaanalytisch ein substanzieller Zusammenhang zu Performanz nachgewiesen werden konnte (Stajkovic & Luthans, 1998). Metaanalysen zeigen einen generellen Zusammenhang zwischen Gruppenkohäsion und Leistung (Beal, Cohen, Burke & McLendon, 2003). Insgesamt zeigt sich auch auf der Ebene der sozialen Beziehungen zwischen Mitarbeitern und Vorgesetzten, dass gute soziale Beziehungen und soziale Unterstützung gleichermaßen positiv für Gesundheit, Qualifikation, Motivation und Leistung sind.

Schließlich sei noch der Bereich der Dienstleistungsarbeit angesprochen. Die meisten Dienstleistungsunternehmen versuchen, sich kundenorientiert aufzustellen. In Hinblick auf die Personalentwicklung kann daher die Verbesserung der Kundenorientierung als eine zentrale Maßnahme angesehen werden. Aber auch hier gilt erstens, wie schon bei den anderen Abschnitten, dass man auch die Situation gestalten muss, um eine hohe Servicequalität zu erreichen (Schneider, White & Paul, 1998). Zum anderen zeigt sich, dass sich die Arbeitssituation der Dienstleister auf die Kundenzufriedenheit auswirkt, wofür es unterschiedliche Erklärungsmechanismen gibt (Dormann & Zapf, 2007) (siehe Abbildung 5).

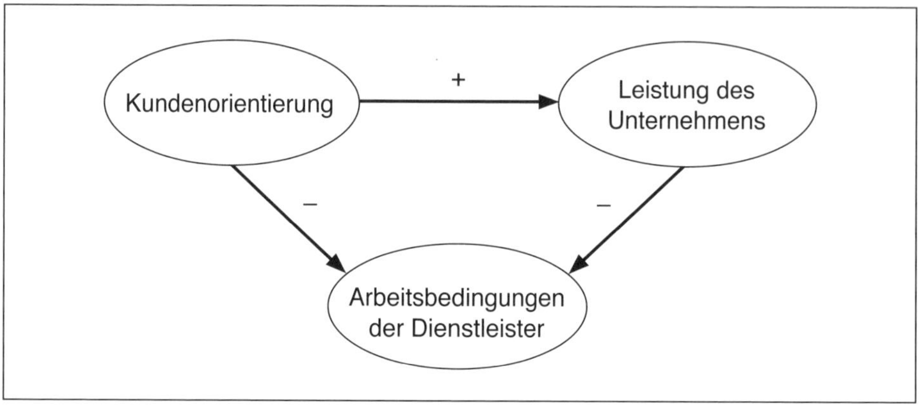

Abbildung 5: Die Bedeutung der Arbeitsbedingungen von Dienstleistern für die Leistung eines Unternehmens

Erreichbarkeit rund um die Uhr führt notwendigerweise zur Einführung von Schichtarbeit und damit zu zeitlichen Belastungen. Wenn Kundenanrufe jederzeit Priorität haben, steigen *Unsicherheit* und *Arbeitsunterbrechungen,* weil dadurch Arbeitsaufgaben jederzeit unterbrochen und verändert werden können. Die Maximierung der *Kontrolle* (Entscheidungsmöglichkeiten) des Kunden führt zur Reduktion der Kontrolle (Entscheidungsmöglichkeiten) des Service-Mitarbeiters. Anforderungen an *Vertrauenswürdigkeit* (Glaubwürdigkeit und Ehrlichkeit) und *Zuvorkommenheit* (Höflichkeit und Freundlichkeit) führen zu erhöhter *Emotionsarbeit.* In einer Untersuchung von Jimmieson und Griffin (1998) im Gesundheitswesen wirkten sich Rollenkonflikte und Rollenambiguität der Mitarbeiter negativ auf Kundenzufriedenheit aus. In der Untersuchung von Egold (2007; Egold, van Dick & Zapf, 2009) waren organisationale Gerechtigkeit, faires Vorgesetztenverhalten und Commitment der Mitarbeiter mit Kundenzufriedenheit verbunden. Dormann und Kaiser (2002) fanden im Erziehungswesen und im kirchlichen Dienst, dass sich von den Mitarbeitern berichteter Zeitdruck und Arbeitsunterbrechungen, aber auch emotionale Erschöpfung und psychosomatische Beschwerden der Mitarbeiter negativ und Handlungsspielraum und soziale Unterstützung durch Kollegen positiv auf Kundenzufriedenheit auswirkten. In der Studie von Ortíz Bonnin et al. (in Druck) war ER-Dissonanz mit verminderter Kundenzufriedenheit verbunden. Positive Korrelationen zwischen Arbeitszufriedenheit und Kundenzufriedenheit sind in einer ganzen Reihe von Studien nachgewiesen worden (Dormann & Zapf, 2007). In der Metaanalyse von Harter et al. (2002) wurde ein Zusammenhang zwischen der durchschnittlichen Arbeitszufriedenheit der Mitarbeiter von 2.940 Abteilungen aus 39 Organisationen und Kundenzufriedenheit von $r = .32$ gefunden.

Dies bedeutet, dass eine einseitige Ausrichtung an dem Kunden unter Vernachlässigung der Arbeitsbedingungen der Servicemitarbeiter keine optimale Lösung darstellen kann, da schlechte Arbeitsbedingungen der Servicemitarbeiter sich negativ auf Kundenzufriedenheit auswirken. Abgesehen einmal von ethisch-moralischen Überlegungen, zeigen diese empirischen Ergebnisse, dass Wohlergehen und Wertschätzung der Kunden und der Mitarbeiter gleichermaßen optimiert werden müssen und auch hier Gesundheit und Leistung keinesfalls als Gegensätze angesehen werden können, sondern integriert entwickelt werden müssen.

Wie die Ausführungen zeigen, gibt es vielfache Überschneidungen zwischen Gesundheit, Qualifizierung, Motivation und Leistung, da die gleichen Arbeits- und Organisationsmerkmale dafür verantwortlich sind. Dadurch entsteht ein Potenzial, Maßnahmen der Personal- und Organisationsentwicklung in Hinblick auf Qualifikation, Stress und Gesundheit, Motivation und Leistung integriert zu betrachten. Insbesondere Stress und Gesundheit erweisen sich damit als Themen, welche mit vielfältigen anderen zentralen Anliegen einer Organisation vernetzt sind. Sie gehören deshalb zu den zentralen Managementaufgaben in jedem Unternehmen und sind Teil des umfassenden Anliegens einer menschengerechten Gestaltung der Arbeit.

4 Resümee und Ausblick

In diesem Kapitel wurde der potenzielle Beitrag der Arbeits- und Organisationspsychologie für die Personalentwicklung dargestellt. Es wurde argumentiert, dass einerseits mit der Arbeits- und Organisationspsychologie bestimmte Perspektiven einhergehen, die auch für die Personalentwicklung Relevanz haben, zum anderen sind viele Themen der Arbeits- und Organisationspsychologie inhaltlich von Relevanz. Von diesen inhaltlichen Themen konnten nur einige ausgewählt und vorgestellt werden.

Was die Perspektiven angeht, wurde argumentiert, dass die Arbeitssituation und die durch sie gestellten Anforderungen genuin mit zu berücksichtigen und zu gestalten sind. Das mag allzu trivial klingen, ist es aber nicht. Schuler (2007) stellt in einem Beitrag zur Anwendung von Assessment Centern fest, dass deren Validität in den letzten Jahren gesunken sei, weil sie zur „Spielwiese für Laien" geworden seien. Bei den meist standardmäßig vorbereiteten Simulationsübungen stehe der Anforderungsbezug ebenso infrage wie ihre Organisationsspezifität (S. 28). Es ist vielleicht nicht unrealistisch anzunehmen, dass ähnliches auch für Trainings gilt.

Die Frage, inwieweit Arbeits- und Organisationsgestaltung Teil der Personalentwicklung sein muss, ist bislang meist auf die kognitiven Aspekte der Arbeit und die Arbeitsorganisation bezogen worden (Stichworte wie lernförderliche Arbeit). Wenn man berücksichtigt, dass der soziotechnische Systemansatz, der besagt, dass jede Organisation aus einem organisatorisch-technischen und einem sozialen Teilsystem besteht, die ineinander verwoben sind, eine lange Tradition in der Arbeitspsychologie hat (z. B. Ulich, 2011), dann muss das Augenmerk auch auf das soziale Teilsystem gerichtet werden. Zur Arbeits- und Organisationsgestaltung gehört dann natürlich auch die Gestaltung der Beziehung zum Vorgesetzten, zum Team oder zu den Kunden, die ja aus der Perspektive eines einzelnen Arbeitenden zur *Arbeitssituation* gehören. Ob ein Kommunikationstraining dann eine Maßnahme der Personalentwicklung oder der Organisationsentwicklung ist, ist dann eine Frage der Perspektive.

Aktuelle gesellschaftliche Themen wie Globalisierung, Digitalisierung und demografischer Wandel werden auch zu Themen der Arbeits- und Organisationspsychologie. Von den aktuellen gesellschaftlichen Themen sei am Schluss kurz auf das Thema Alter und gesellschaftlicher Wandel eingegangen. Da diesem Thema ein eigenes Kapitel in diesem Buch gewidmet ist, sei dies nur kurz angerissen (vgl. Kapitel 15 in diesem Buch). Durch den demografischen Wandel gibt es immer mehr alte und immer weniger junge Menschen in unserer Gesellschaft. Ältere Mitarbeiter im Unternehmen sind von daher ein Thema seit ca. 15 Jahren. In den 80er und 90er Jahren prägten in Bezug auf ältere Mitarbeiter noch Themen wie die „58er-Regelung" als Maßnahme für den vorzeitigen Ruhestand die Diskussion. Im Jahr 2002 waren nur rund 26 % der über 60- bis 65-Jährigen berufstätig. 10 Jahre später waren es schon doppelt so viele (Bundesagentur für Arbeit, 2013). Während man vor gut 20 Jahren noch über Vorruhestandsmodelle nachdachte, um Platz für die nachrückende Generation zu schaffen, geht es nun darum, ältere Arbeitnehmer im Betrieb zu halten, weil sie, insbesondere im qualifizierten Bereich, oft kaum ersetzbar sind. Viele Führungskräfte tun sich mit diesem „Strategiewandel" schwer. Dies hängt nicht zuletzt damit zusammen, dass die Sicht auf ältere Mitarbeiter weithin mit Vorurteilen behaftet ist und ein Defizitmodell dominiert: Im Alter komme es zu verschiedenen Abbauprozessen und damit zu einer Verschlechterung der Leistung (siehe dazu Hertel & Zacher, in Druck; Semmer & Richter, 2004; Sonntag, 2014). Metaanalysen zum Thema (Ng & Feldman, 2008) zeigen jedoch, dass es keinen Zusammenhang zwischen Alter und Leistung gibt. Wenn überhaupt, dann schlägt der Zeiger eher zugunsten Älterer aus. Den Verschlechterungen bei physischen, sensorischen und basalen kognitiven Fähigkeiten stehen Vorteile beim Erfahrungswissen und den positiven Arbeitseinstellungen (Ng & Feldman, 2010) gegenüber (Sonntag, 2014). Vernachlässigt in der Diskussion ist, dass Ältere ihre Vorteile auch im sozioemotionalen Bereich haben, z. B. im Bereich des Stress-Managements (Hertel, Rauschenbach, Thielgen & Krumm, 2015; Johnson, Holdsworth, Hoel & Zapf, 2013), des Konfliktmanagements (Beitler, Machowski, Johnson & Zapf, 2016; Yeung,

Fung & Chan, 2015) und des Emotionsmanagements beim Umgang mit Kunden (Dahling & Perez, 2010; Johnson, Machowski, Zapf & Holdsworth, 2015).

Von den älteren Arbeitnehmern, die das 60. Jahr überschritten haben, kommen viele zunehmend in die Situation, dass sie aus finanziellen Gründen nicht mehr arbeiten müssen. In gewisser Weise sind sie vergleichbar mit „Lotteriegewinnern“, die verschiedentlich untersucht wurden. Harpaz (2002) berichtet, dass in unterschiedlichen Ländern zwischen 60 und 85 % trotzdem weiterarbeiten würden, auch wenn dies aus finanziellen Gründen nicht mehr notwendig wäre. In eine älteren Studie berichten Ruiz-Quintanilla und Wilpert (1991) für die späten 80er Jahre, dass in Deutschland etwa 64 % weiterarbeiten würden. Ein Drittel aber würde aufhören und ein Drittel würde nur unter anderen Bedingungen weiterarbeiten. Offensichtlich spielt hier eine Rolle, inwieweit die Bedürfnisse bei der Arbeit befriedigt werden können. Sonntag (2014) fasst mehrere Untersuchungen zu den Motiven für längeres Arbeiten bei Älteren zusammen. Ältere Arbeitnehmer wollen Wissen und Erfahrung einsetzen und Kontrolle über das eigene Leben haben. Die Arbeit soll als sinnhaft erlebt werden und Spaß machen. Anerkennung und Wertschätzung spielen bei den Älteren die größte Rolle sowie ein erträgliches Maß von Stress. Letztendlich sind es gute Arbeitsbedingungen mit einem bewältigbaren Ausmaß an Stressoren und hohen Ressourcen, die motivieren, weiterzuarbeiten, da so die meisten der anfangs geschilderten Bedürfnisse bei der Arbeit befriedigt werden können. Da die Älteren die Option haben, auszusteigen, sind sie die Nagelprobe für eine gelungene Personalentwicklung sowie Arbeits- und Organisationsgestaltung. Sie werden dann länger bleiben, wenn sie zentrale Bedürfnisse bei der Arbeit befriedigen können. In der Personalentwicklung kann dazu ein wesentlicher Beitrag geleistet werden.

Literatur

Arnold, J. & Randall, R. et al. (2010). *Work psychology. Understanding human behavior in the workplace* (5th ed.). Harlow: Pearson.

Ashforth, B. E. & Humphrey, R. H. (1993). Emotional labor in service roles: The influence of identity. *Academy of Management Review, 18,* 88–115. http://doi.org/10.2307/258824

Bakker, A. B. & Demerouti, E. (2007). The job demands-resources model: State of the art. *Journal of Managerial Psychology, 22* (3), 309–328. http://doi.org/10.1108/02683940710733115

Bass, B. M. & Riggio, R. E. (2006). *Transformational leadership* (2nd ed.). Mahwah, NJ: Erlbaum.

Beal, D. J., Cohen, R. R., Burke, M. J. & McLendon, C. L. (2003). Cohesion and performance in groups: a meta-analytic clarification of construct relations. *Journal of Applied Psychology, 88* (6), 989–1004. http://doi.org/10.1037/0021-9010.88.6.989

Beehr, T. A. (1995). *Psychological stress in the workplace.* London: Routledge.

Beitler, L., Machowski, S., Johnson, S. J. & Zapf, D. (2016). Conflict management and age in service professions. *International Journal of Conflict Management, 27.*

Berthel, J. (1989). *Personal-Management. Grundzüge für Konzeptionen betrieblicher Personalarbeit* (2. Aufl.). Stuttgart: Schäffer-Poeschel.

Blickle, G. (2004). Kommunikation und Interaktion in Organisationen. In H. Schuler (Hrsg.), *Enzyklopädie der Psychologie D/III/4: Gruppe und Organisation* (S. 55–128). Göttingen: Hogrefe.

Bono, J. & Vey, M. (2005). Toward understanding emotional management at work: A quantitative review of emotional labor research. In C.E. Härtel & W.J. Zerbe (Eds.), *Emotions in organizational behavior* (pp. 213–233). Mahwah: Erlbaum.

Boswell, W.R., Olson-Buchanan, J.B. & LePine, M.A. (2004). Relations between stress and work outcomes: The role of felt challenge, job control, and psychological strain. *Journal of Vocational Behavior, 61* (1), 165–181. http://doi.org/10.1016/S0001-8791(03)00049-6

Bradley, G.L., McColl-Kennedy, J.R., Sparks, B.A., Jimmieson, N.L. & Zapf, D. (2010). Service encounter needs theory: A dyadic, psychosocial approach to understanding service encounters. In W.J. Zerbe, C.E.J. Härtel & N.M. Ashkanasy (Eds.), *Research on emotions in organizations* (Vol. 6: Emotions and creativity, learning, change and development, pp. 231–259). Bingley, UK: Emerald Group Publishers/JAI.

Brotheridge, C.M. & Grandey, A.A. (2002). Emotional labor and burnout: comparing two perspectives of people work. *Journal of Vocational Behavior, 60,* 17–39.

Brotheridge, C.M. & Lee, R.T. (2003). Development and validation of the Emotional Labour Scale. *Journal of Occupational and Organizational Psychology, 76,* 365–379. http://doi.org/10.1348/096317903769647229

Brown, S.P. & Peterson, R.A. (1993). Antecedents and consequences of salesperson job satisfaction: Meta-analysis and assessment of causal effects. *Journal of Marketing Research, 30,* 63–63. http://doi.org/10.2307/3172514

Bunce, D. & West, M.A. (1996). Stress management and innovation interventions at work. *Human Relations, 49,* 209–232. http://doi.org/10.1177/001872679604900205

Bundesagentur für Arbeit (2013). *Arbeitsmarktberichterstattung: Der Arbeitsmarkt in Deutschland – Ältere am Arbeitsmarkt.* Nürnberg: Bundesagentur für Arbeit, Statistik/Arbeitsmarktberichterstattung.

Bundesministerium für Arbeit und Soziales (BMAS). (2013). *Sicherheit und Gesundheit bei der Arbeit 2013. Unfallverhütungsbericht Arbeit.* Dortmund/Berlin/Dresden: Bundesanstalt für Arbeitsschutz und Arbeitsmedizin.

Büssing, A. & Glaser, J. (1999). Interaktionsarbeit. Konzept und Methode der Erfassung im Krankenhaus. *Zeitschrift für Arbeitswissenschaft, 53,* 164–173.

Cavanaugh, M.A., Boswell, W.R., Roehling, M.V. & Boudreau, J.W. (2000). An empirical examination of self-reported work stress among U.S. managers. *Journal of Applied Psychology, 85* (1), 65–74. http://doi.org/10.1037/0021-9010.85.1.65

Chmiel, N. (Ed.). (2000). *Introduction to work and organizational psychology. A European perspective.* Oxford, UK: Blackwell Publishers.

Christian, M.S., Bradley, J.C., Wallace, J.C. & Burke, M.J. (2009). Workplace safety: a meta-analysis of the roles of person and situation factors. *Journal of Applied Psychology, 94* (5), 1103–1127. http://doi.org/10.1037/a0016172

Cohen, J., Cohen, P., West, S.G. & Aiken, L.S. (2003). *Applied multiple regression/correlation analysis for the behavioral sciences.* Hillsdale: Lawrence Erlbaum.

Conradi, W. (1983). *Personalentwicklung.* Stuttgart: Enke.

Côté, S. (2005). A social interaction model of the effects of emotion regulation on work strain. *Academy of Management Review, 30,* 509–530. http://doi.org/10.5465/AMR.2005.17293692

Cranach, M. von (1994). Die Unterscheidung von Handlungstypen – Ein Vorschlag zur Weiterentwicklung der Handlungspsychologie. In B. Bergmann & P. Richter (Hrsg.), *Die Handlungstheorie. Von der Praxis einer Theorie* (S. 69–88). Göttingen: Hogrefe.

Dahling, J. J. & Perez, L. A. (2010). Older worker, different actor? Linking age and emotional labor strategies. *Personality and Individual Differences, 48* (5), 574–578. http://doi.org/10.1016/j.paid.2009.12.009

Deci, E. L. & Ryan, R. M. (2000). The „what" and „why" of goal pursuits: Human needs and the self-determination of behavior. *Psychological Inquiry, 11,* 227–268. http://doi.org/10.1207/S15327965PLI1104_01

De Dreu, C. K. (2014). *Social Conflict within and between Groups.* New York: Psychology Press.

De Dreu, C. K. & Weingart, L. R. (2003). Task versus relationship conflict, team performance, and team member satisfaction: a meta-analysis. *Journal of Applied Psychology, 88* (4), 741–749. http://doi.org/10.1037/0021-9010.88.4.741

Demerouti, E., Bakker, A. B., Nachreiner, F. & Schaufeli, W. B. (2001). The job demands-resources model of burnout. *Journal of Applied Psychology, 86* (3), 499–512. http://doi.org/10.1037/0021-9010.86.3.499

Diefendorff, J. M. & Richard, E. M. (2003). Antecedents and consequences of emotional display rule perceptions. *Journal of Applied Psychology, 88,* 284–294. http://doi.org/10.1037/0021-9010.88.2.284

Dormann, C. & Kaiser, D. (2002). Job conditions and customer satisfaction. *European Journal of Work & Organizational Psychology, 11,* 257–283. http://doi.org/10.1080/13594320244000166

Dormann, C. & Zapf, D. (2004). Customer-related social stressors and burnout. *Journal of Occupational Health Psychology, 9,* 61–82. http://doi.org/10.1037/1076-8998.9.1.61

Dormann, C. & Zapf, D. (2007). Kundenorientierung und Kundenzufriedenheit. In D. Frey & L. von Rosenstiel (Hrsg.), *Enzyklopädie der Psychologie, Themenbereich D, Serie III, Band 5, Marktpsychologie* (S. 751–835). Göttingen: Hogrefe.

Dormann, C., Zapf, D. & Perels, F. (2010). Quer- und Längsschnittstudien in der Arbeitspsychologie. In U. Kleinbeck & K.-H. Schmidt (Hrsg.), *Enzyklopädie der Psychologie, Themenbereich D, Serie III, Band 1, Arbeitspsychologie* (S. 923–1001). Göttingen: Hogrefe.

Dunckel, H. (Hrsg.). (1999). *Handbuch psychologischer Arbeitsanalyseverfahren.* Zürich: vdf Hochschulverlag.

Dunckel, H. & Pleiss, C. (Hrsg.). (2007). *Kontrastive Aufgabenanalyse: Grundlagen, Entwicklungen und Anwendungserfahrungen.* Zürich: vdf Hochschulverlag AG.

Dunckel, H. & Resch, M. G. (2010). Arbeitsanalyse. In H. Schuler (Hrsg.), *Enzyklopädie der Psychologie, Themenbereich D Praxisgebiete, Serie III Wirtschafts-, Organisations- und Arbeitspsychologie, Band 1, Arbeitspsychologie* (S. 1111–1158). Göttingen: Hogrefe.

Egold, N. (2007). *Kundenorientierung und Kundenzufriedenheit: Korrelate der personalen und organisationalen Kundenorientierung.* Unveröffentlichte Dissertation, Goethe-Universität Frankfurt, FB Psychologie und Sportwissenschaften.

Egold, N. W., van Dick, R. & Zapf, D. (2009). Personale und organisationale Prädiktoren von Kundenorientierung und Kundenzufriedenheit: Eine Untersuchung im therapeutischen Dienstleistungsbereich. *Zeitschrift für Personalpsychologie, 8,* 180–190. http://doi.org/10.1026/1617-6391.8.4.180

Eilles-Matthiessen, C. & Zapf, D. (2000). Führungskultur verträgt kein sozial inkompetentes Vorgesetztenverhalten. *Personalführung, 33* (12), 34–41.

Einarsen, S. E., Hoel, H., Zapf, D. & Cooper, C. L. (2011). The concept of bullying at work: the European tradition. In S. Einarsen, H. Hoel, D. Zapf & C. L. Cooper (Eds.), *Bullying and harassment in the workplace: Developments in theory, research, and practice* (2nd ed., pp. 3–39). Boca Raton: CRC Press.

Ekman, P. & Friesen, W. V. (1982). Felt, false, and miserable smiles. *Journal of Nonverbal Behavior, 6* (4), 238–252. http://doi.org/10.1007/BF00987191

Elfenbein, H.A., Marsh, A. & Ambady, N. (2002). Emotional intelligence and the recognition of emotion from the face. In L. Feldman Barrett & P. Salovey (Eds.), *The wisdom of feelings: Processes underlying emotional intelligence* (pp. 37–59). New York: Guilford Press.

Fiske, S.T. (2004). *Social beings: Core motives in social psychology*. New York: Wiley.

Folger, R. & Cropanzano, R. (1998). *Organizational justice and human resource management*. Thousand Oaks, CA: Sage.

Frese, M. & Zapf, D. (1987). Eine Skala zur Erfassung von Sozialen Stressoren am Arbeitsplatz. *Zeitschrift für Arbeitswissenschaft, 41,* 134–141.

Frese, M. & Zapf, D. (1994). Action as the core of work psychology; A German approach. In H.C. Triandis, M.D. Dunnette & L.M. Hough (Eds.), *Handbook of Industrial and Organizational Psychology* (Vol. 4, pp. 271–340). Palo Alto, CA: Consulting Psychologists Press.

Fried, Y. & Ferris, G.R. (1987). The validity of the job characteristics model: A review and meta-analysis. *Personnel Psychology, 40* (2), 287–322. http://doi.org/10.1111/j.1744-6570.1987.tb00605.x

Glomb, T.M. & Tews, M.J. (2004). Emotional labour: A conceptualization and scale development. *Journal of Vocational Behavior, 64,* 1–23. http://doi.org/10.1016/S0001-8791(03)00038-1

Gollwitzer, P.M. (1996). Das Rubikonmodell der Handlungsphasen. In J. Kuhl & H. Heckhausen (Hrsg.), *Motivation, Volition und Handlung. Enzyklopädie der Psychologie, Serie IV: Motivation und Emotion* (S. 531–582). Göttingen: Hogrefe.

Grandey, A.A. (2000). Emotion regulation in the workplace: A new way to conceptualize emotional labor. *Journal of Occupational Health Psychology, 5,* 95–110. http://doi.org/10.1037/1076-8998.5.1.95

Greenberg, J. (1993). The social side of fairness: Interpersonal and informational classes of organizational justice. In R. Cropanzano (Ed.), *Justice in the workplace* (pp. 79–103). Hillsdale, NJ: Erlbaum.

Gross, J.J. (1998). The emerging field of emotion regulation: An integrative review. *Review of General Psychology, 2,* 271–299. http://doi.org/10.1037/1089-2680.2.3.271

Gross, J.J. (2002). Emotion regulation: Affective, cognitive, and social consequences. *Psychophysiology, 39,* 281–291. http://doi.org/10.1017/S0048577201393198

Hacker, W. (1973). *Allgemeine Arbeits- und Ingenieurspsychologie*. Berlin: Deutscher Verlag der Wissenschaften.

Hacker, W. (2009). *Arbeitsgegenstand Mensch: Psychologie dialogisch-interaktiver Erwerbsarbeit. Ein Lehrbuch*. Lengerich: Pabst.

Hacker, W. (2010). Psychische Regulation von Arbeitstätigkeiten. In U. Kleinbeck & K.-H. Schmidt (Hrsg.), *Enzyklopädie der Psychologie, D/III/1, Arbeitspsychologie* (S. 3–37). Göttingen: Hogrefe.

Hacker, W., Fritsche, B., Richter, P. & Iwanowa, A. (1995). *Das Tätigkeitsbewertungsverfahren TBS-L*. Zürich: vdf Hochschulverlag AG.

Hacker, W. & Sachse, P. (2014). *Allgemeine Arbeitspsychologie. Psychische Regulation von Arbeitstätigkeiten* (3. Aufl.). Göttingen: Hogrefe.

Hacker, W. & Skell, W. (1993). *Lernen in der Arbeit*. Berlin: Bundesinstitut für Berufsbildung.

Hackman, J.R. (1969). Effects of task factors on job attitudes and behavior: A symposium: IV Nature of the task as a determiner of job behavior. *Personnel Psychology, 22* (4), 435–444. http://doi.org/10.1111/j.1744-6570.1969.tb00344.x

Hackman, J.R. & Oldham, G.R. (1980). *Work redesign*. Reading, MA: Addison Wesley.

Hackman, J.R., Wageman, R., Ruddy, T.M. & Ray, C.R. (2000). Team effectiveness in theory and practice. In C.L. Cooper & E.A. Locke (Eds.), *Industrial and organizational psychology: Theory and practice* (pp. 109–129). Oxford: Blackwell.

Häfeli, K., Kraft, U. & Schallberger, U. (1988). *Berufsausbildung und Persönlichkeitsentwicklung*. Bern: Huber.

Harpaz, I. (2002). Expressing a wish to continue or stop working as related to the meaning of work. *European Journal of Work and Organizational Psychology, 11* (2), 177–198. http://doi.org/10.1080/13594320244000111

Harter, H.K., Schmidt, F.L. & Hayes, T.L. (2002). Business-unit-level relationship between employee satisfaction, employee engagement, and business outcomes: A meta-analysis. *Journal of Applied Psychology, 87,* 268–279. http://doi.org/10.1037/0021-9010.87.2.268

Hatfield, E., Cacioppo, J.T. & Rapson, R.L. (1994). *Emotional contagion*. New York: Cambridge University Press.

Heimbeck, D., Frese, M., Sonnentag, S. & Keith, N. (2003). Integrating errors into the training process: The function of error management instructions and the role of goal orientation. *Personnel Psychology, 56* (2), 333–361. http://doi.org/10.1111/j.1744-6570.2003.tb00153.x

Hertel, G., Rauschenbach, C., Thielgen, M. & Krumm, S. (2015). Are older workers more active copers? Longitudinal effects of age-contingent coping on strain at work. *Journal of Organizational Behavior, 36* (4), 514–537. http://doi.org/10.1002/job.1995

Hertel, G. & Zacher, H. (in press). Managing the aging workforce. In C. Viswesvaran, N. Anderson, D.S. Ones & H.K. Sinangil (Eds.), *The SAGE handbook of industrial, work & organizational psychology* (2nd ed., Vol. 3). London: Sage Publications.

Hobfoll, S.E. (1998). *Stress, culture, and community: The psychology and philosophy of stress*. New York, NY: Plenum Press. http://doi.org/10.1007/978-1-4899-0115-6

Hobfoll, S.E. (2001). The influence of culture, community, and the nested-self in the stress process: Advancing conservation of resources theory. *Applied Psychology: An International Review, 50,* 337–421. http://doi.org/10.1111/1464-0597.00062

Hochschild, A.R. (1990). *Das gekaufte Herz. Die Kommerzialisierung der Gefühle*. Frankfurt/M.: Campus. (Original erschienen 1983: The managed heart)

Høgh, A., Mikkelsen, E.G. & Hansen, A.M. (2011). Individual consequences of workplace bullying/mobbing. In S. Einarsen, H. Hoel, D. Zapf & C.L. Cooper (Eds.). *Bullying and harassment in the workplace: Developments in theory, research, and practice* (2nd ed., pp. 107–128). Boca Raton: CRC Press.

Holman, D., Martínez-Iñigo, D. & Totterdell, P. (2008). Emotional labor, well-being, and performance. In S. Cartwright & C.L. Cooper (Eds.), *The Oxford handbook of organizational well being* (pp. 331–355). New York: Oxford University Press.

Hülsheger, U. R & Schewe, A.F. (2011). On the costs and benefits of emotional labor: a meta-analysis of three decades of research. *Journal of Occupational Health Psychology, 16,* 361–389. http://doi.org/10.1037/a0022876

Irmer, J.P., Kern, M., Semmer, N.K. & Zapf, D. (2015). *Meta-analytical results on the challenge-hindrance-stressor concept using the instrument of stress-oriented job analysis ISTA*. 9. Tagung der Fachgruppe für Arbeits-, Organisations- und Wirtschaftspsychologie, 24.–26.09.2015, Mainz.

Iverson, R.D. & Erwin, P.J. (1997). Predicting occupational injury: The role of affectivity. *Journal of Occupational and Organizational Psychology, 70,* 113–128. http://doi.org/10.1111/j.2044-8325.1997.tb00637.x

Jahoda, M. (1981). Work, employment, and unemployment: Values, theories, and approaches in social research. *American Psychologist, 36,* 184–191. http://doi.org/10.1037/0003-066X.36.2.184

Jahoda, M. (1982). *Employment and unemployment: A social-psychological analysis*. Cambridge, England: Cambridge University Press.

Jehn, K. (1995). A multimethod examination of the benefits and detriments of intragroup conflict. *Administrative Science Quarterly, 40,* 256–282. http://doi.org/10.2307/2393638

Jimmieson, N.L. & Griffin, M.A. (1998). Linking client and employee perceptions of the organization: A study of client satisfaction with health care services. *Journal of Occupational and Organizational Psychology, 71,* 81–96. http://doi.org/10.1111/j.2044-8325.1998.tb00664.x

Johnson, S., Holdsworth, L., Hoel, H. & Zapf, D. (2013). Customer stressors in service organizations: The impact of age on stress management and burnout. *European Journal of Work and Organizational Psychology, 22,* 318–330. http://doi.org/10.1080/1359432X.2013.772581

Johnson, S., Machowski, S., Zapf, D. & Holdsworth, L. (2015). *Emotion regulation strategies, burnout and engagement in the service sector: advantages of older employees.* Manuscript submitted for publication.

Joseph, D.L. & Newman, D.A. (2010). Emotional intelligence: an integrative meta-analysis and cascading model. *Journal of Applied Psychology, 95* (1), 54–78.

Judge, T.A. & Colquitt, J.A. (2004). Organizational justice and stress: the mediating role of work-family conflict. *Journal of Applied Psychology, 89* (3), 395–404. http://doi.org/10.1037/0021-9010.89.3.395

Judge, T.A., Piccolo, R.F. & Ilies, R. (2004). The forgotten ones? The validity of consideration and initiating structure in leadership research. *Journal of Applied Psychology, 89,* 36–51. http://doi.org/10.1037/0021-9010.89.1.36

Judge, T.A., Thoresen, C.J., Bono, J.E. & Patton, G.K. (2001). The job satisfaction-job performance relationship: A qualitative and quantitative review. *Psychological Bulletin, 127,* 376–407. http://doi.org/10.1037/0033-2909.127.3.376

Kahn, R.L. & Byosiere, P. (1992). Stress in organizations. In M.D. Dunnette & L.M. Hough (Eds.), *Handbook of industrial and organizational psychology* (Vol. 3, 2nd ed., pp. 571–650). Palo Alto, CA: Consulting Psychologists Press.

Kahn, R.L., Wolfe, D.M., Quinn, R.P., Snoek, J.D. & Rosenthal, R.A. (1964). *Organizational stress: Studies in role conflict and ambiguity.* New York, NY: Wiley.

Karasek, R.A. (1979). Job demands, job decision latitude and mental strain: Implications for job redesign. *Administrative Science Quarterly, 24,* 385–408. http://doi.org/10.2307/2392498

Karasek, R.A., Brisson, C., Kawakami, N., Houtman, I., Bongers, P. & Amick, B. (1998). The Job Content Questionnaire (JCQ): an instrument for internationally comparative assessments of psychosocial job characteristics. *Journal of Occupational Health Psychology, 3* (4), 322–355. http://doi.org/10.1037/1076-8998.3.4.322

Karasek, R.A. & Theorell, T. (1990). *Healthy work. Stress, productivity, and the reconstruction of working life.* New York, NY: Basic Books.

Kluger, A.N. & DeNisi, A. (1996). The effects of feedback interventions on performance: a historical review, a meta-analysis, and a preliminary feedback intervention theory. *Psychological Bulletin, 119* (2), 254–284. http://doi.org/10.1037/0033-2909.119.2.254

Kohn, M.L. & Schooler, C. (1983). *Work and personality. An inquiry into the impact of social stratification.* Norwood: Ablex.

Krogoll, T., Pohl, W. & Wanner, C. (1988). *CNC-Grundlagenausbildung mit dem Konzept CLAUS: Didaktik und Methoden.* Frankfurt: Campus-Verlag.

Lazarus, R.S. (1966). *Psychological stress and the coping process.* New York, NY: McGraw Hill.

Lazarus, R.S. (1999). *Stress and emotion. A new synthesis.* New York, NY: Springer.

Lazarus, R.S. & Folkman, S. (1984). *Stress, appraisal and coping.* New York, NY: Springer.

LePine, J.A., Podsakoff, N.P. & LePine, M.A. (2005). A meta-analytic test of the challenge stressor-hindrance stressor framework: An explanation for inconsistent relationships among stressors and performance. *Academy of Management Journal, 48* (5), 764–775. http://doi.org/10.5465/AMJ.2005.18803921

Leontjew, A.N. (1979). *Tätigkeit, Bewußtsein, Persönlichkeit.* Berlin: Volk und Wissen.

Locke, E.A. & Latham, G.P. (1990). *A theory of goal setting and task performance*. Englewood Cliffs, N.J.: Prentice Hall.

Luczak, H. & Rohmert, W. (1997). Belastungs-Beanspruchungs-Konzept. In H. Luczak & W. Volpert (Hrsg.), *Handbuch Arbeitswissenschaft* (S. 326–332). Berlin: Springer.

Martínez-Iñigo, D., Totterdell, P., Alcover, C.M. & Holman, D. (2007). Emotional labour and emotional exhaustion: Interpersonal and intrapersonal mechanisms. *Work & Stress, 21* (1), 30–47. http://doi.org/10.1080/02678370701234274

Maslow, A.H. (1943). A theory of human motivation. *Psychological Review, 50*, 370–396. http://doi.org/10.1037/h0054346

McClelland, D.C. (1961). *The achieving society*. Princeton: Van Nostrand. http://doi.org/10.1037/14359-000

Miller, G.A., Galanter, E. & Pribram, K.H. (1960). *Plans and the structure of behavior*. London: Holt. http://doi.org/10.1037/10039-000

Mohr, G. (2010). Erwerbslosigkeit. In U. Kleinbeck & K.-H. Schmidt (Hrsg.), *Enzyklopädie der Psychologie, D/III/1, Arbeitspsychologie* (S. 471–519). Göttingen: Hogrefe.

Morris, J.A. & Feldman, D.C. (1996). The dimensions, antecedents, and consequences of emotional labor. *Academy of Management Review, 21*, 986–1010. http://doi.org/10.5465/AMR.1996.9704071861

Murray, H.A. (1938). *Explorations in personality*. New York: Oxford University Press.

Nerdinger, F.W. (1994). *Zur Psychologie der Dienstleistung*. Stuttgart: Schäffer-Poeschel.

Nerdinger, F.W. (2011). *Psychologie der Dienstleistung*. Göttingen: Hogrefe.

Nerdinger, F.W., Blickle, G. & Schaper, N. (2014). *Arbeits- und Organisationspsychologie* (3. Aufl.). Berlin: Springer.

Neuman, J.H. & Baron, R.M. (2005). Aggression in the workplace: A social-psychological perspective. In S. Fox & P.E. Spector (Eds.), *Counterproductive behavior. Investigations of actors and targets* (pp. 13–40). Washington, DC: American Psychological Association.

Ng, T.W. & Feldman, D.C. (2008). The relationship of age to ten dimensions of job performance. *Journal of Applied Psychology, 93* (2), 392–423. http://doi.org/10.1037/0021-9010.93.2.392

Ng, T.W. & Feldman, D.C. (2010). The relationships of age with job attitudes: a meta-analysis. *Personnel Psychology, 63* (3), 677–718. http://doi.org/10.1111/j.1744-6570.2010.01184.x

Nielsen, M.B., Hoel, H., Zapf, D. & Einarsen, S. (2016). Exposure to aggression in the workplace – implications for health and well-being. In S. Clarke, T.M. Probst, F. Guldenmund & J. Passmore (Eds.), *The Wiley Blackwell handbook of the psychology of occupational safety and workplace health* (pp. 205–227). Chichester: Wiley Blackwell.

Oesterreich, R., Leitner, K. & Resch, M. (2000). *Analyse psychischer Anforderungen und Belastungen in der Produktionsarbeit. Das Verfahren RHIA-VERA-Produktion*. Göttingen: Hogrefe.

Ortíz Bonnin, S., García Buades, E. & Zapf, D. (in press). Linking emotion work to customer satisfaction and loyalty. *International Journal of Hospitality Management*.

Papstein, P. von & Frese, M. (1988). Transferring skills from training to the actual work situation: The role of application knowledge, action styles and job decision latitude. In E. Soloway, D. Frye & S.B. Sheppard (Eds.), *Proceedings of the CHI '88 conference of human factors in computing systems* (pp. 55–60). Reading: Addison-Wesley Publishing.

Parasuraman, A., Berry, L.L. & Zeithaml, V.A. (1991). Refinement and reassessment of the SERVQUAL scale. *Journal of Retailing, 67*, 420–450.

Paul, K.I. & Batinic, B. (2010). The need for work: Jahoda's latent functions of employment in a representative sample of the German population. *Journal of Organizational Behavior, 31*, 45–64. http://doi.org/10.1002/job.622

Petry, T. (2014). Ist der Hype um Social Media schon vorbei? *Wirtschaft + Weiterbildung, 11/12*, 36–37.

Rafaeli, A. & Sutton, R. I. (1987). Expression of emotion as part of the work role. *Academy of Management Review, 12,* 23–37. http://doi.org/10.2307/257991

Rosenstiel, L. von (2006). Entwicklung von Werthaltungen und interpersonaler Kompetenz – Beiträge der Sozialpsychologie. In Kh. Sonntag (Hrsg.), *Personalentwicklung in Organisationen* (3. Aufl., S. 108–137). Göttingen: Hogrefe.

Rosenstiel, L. von & Kaschube, J. (2014). Führung. In H. Schuler & U. P. Kanning (Hrsg.), *Lehrbuch der Personalpsychologie* (3. Aufl., S. 677–724). Göttingen: Hogrefe.

Ruiz-Quintanilla, S. A. & Wilpert, B. (1991). Are work meanings changing? *The European Work and Organizational Psychologist, 1* (2–3), 91–109. http://doi.org/10.1080/09602009108408515

Salovey, P. & Mayer, J. D. (1990). Emotional intelligence. *Imagination, Cognition and Personality, 9,* 185–211.

Schaubroeck, J. & Jones, J. R. (2000). Antecedents of workplace emotional labor dimensions and moderators of their effects on physical symptoms. *Journal of Organizational Behavior, 21,* 163–183. http://doi.org/10.1002/(SICI)1099-1379(200003)21:2<163::AID-JOB37>3.0.CO;2-L

Schaufeli, W. B. & Bakker, A. B. (2004). Job demands, job resources, and their relationship with burnout and engagement: A multi-sample study. *Journal of Organizational Behavior, 25,* 293–315. http://doi.org/10.1002/job.248

Schaufeli, W. B., Dierendonck, D. V. & Gorp, K. V. (1996). Burnout and reciprocity: Towards a dual-level social exchange model. *Work & Stress, 10* (3), 225–237. http://doi.org/10.1080/02678379608256802

Schleicher, R. (1973). Die Intelligenzleistung Erwachsener in Abhängigkeit vom Niveau der beruflichen Tätigkeit. *Probleme und Ergebnisse der Psychologie, 44,* 25–55.

Schneider, B., White, S. S. & Paul, M. C. (1998). Linking service climate and customer perceptions of service quality: Test of a causal model. *Journal of Applied Psychology, 83,* 150–163. http://doi.org/10.1037/0021-9010.83.2.150

Schuler, H. (2007). Spielwiese für Laien? Weshalb das Assessment-Center seinem Ruf nicht mehr gerecht wird. *Wirtschaftspsychologie aktuell, 14* (2), 27–30.

Schuler, H. & Kanning, U. P. (Hrsg.). (2014). *Lehrbuch der Personalpsychologie* (3. Aufl.). Göttingen: Hogrefe.

Selye, H. (1976). *The stress of life* (rev. ed.). New York, NY: McGraw-Hill.

Semmer, N. K. (1984). *Stressbezogene Tätigkeitsanalyse.* Weinheim und Basel: Beltz.

Semmer, N. K. & Beehr, T. A. (2014). Job control and social aspects of work. In M. C. W. Peeters, J. de Jonge & T. W. Taris, T. (Eds.), *An introduction to contemporary work psychology* (pp. 171–195). Chichester, UK: Wiley Blackwell.

Semmer, N. & Frese, M. (1985). Action theory in clinical psychology. In M. Frese & J. Sabini (Eds.), *Goal directed behavior: The concept of action in psychology* (pp. 296–310). Hillsdale: Erlbaum.

Semmer, N. K., Grebner, S. & Elfering, A. (2010). „Psychische Kosten" von Arbeit: Beanspruchung und Erholung, Leistung und Gesundheit. In H. Schuler (Hrsg.), *Enzyklopädie der Psychologie, Themenbereich D Praxisgebiete, Serie III Wirtschafts-, Organisations- und Arbeitspsychologie, Band 1, Arbeitspsychologie* (S. 325–370). Göttingen: Hogrefe.

Semmer, N. K. & Jacobshagen, N. (2003). Selbstwert und Wertschätzung als Themen der arbeitspsychologischen Stressforschung. In K.-C. Hamborg & H. Holling (Hrsg.), *Innovative Personal- und Organisationsentwicklung* (S. 131–155). Göttingen: Hogrefe.

Semmer, N. K., Jacobshagen, N., Meier, L. L. & Elfering, A. (2007). Occupational stress research: The „Stress-as-Offense-to-Self" perspective. In J. Houdmont & S. McIntyre (Eds.), *Occupational health psychology: European perspectives on research, education and practice* (Vol. 2, pp. 43–60). Castelo da Maia, Portugal: ISMAI Publishing.

Semmer, N. K. & Richter, P. (2004). Leistungsfähigkeit, Leistungsbereitschaft und Belastbarkeit älterer Menschen. In M. v. Cranach, H.-D. Schneider, E. Ulich & R. Winkler (Hrsg.), *Ältere Menschen im Unternehmen* (S. 95–116). Bern: Haupt.

Semmer, N. K. & Zapf, D. (2004). Gesundheitsbezogene Interventionen in Organisationen. In H. Schuler (Hrsg.), *Enzyklopädie der Psychologie, Themenbereich D Praxisgebiete, Serie III Wirtschafts-, Organisations- und Arbeitspsychologie, Band 4, Organisationspsychologie II – Gruppe und Organisation* (S. 773–843). Göttingen: Hogrefe.

Semmer, N. K., Zapf, D. & Dunckel, H. (1999). Instrument zur Stressbezogenen Tätigkeitsanalyse ISTA. In H. Dunckel (Hrsg.), *Handbuch psychologischer Arbeitsanalyseverfahren* (S. 179–204). Zürich: vdf Hochschulverlag.

Shapiro, D. H., Schwartz, C. E. & Astin, J. A. (1996). Controlling ourselves, controlling our world: Psychology's role in understanding positive and negative consequences of seeking and gaining control. *American Psychologist, 51,* 1213–1230. http://doi.org/10.1037/0003-066X.51.12.1213

Siegrist, J. (1996). *Soziale Krisen und Gesundheit. Eine Theorie der Gesundheitsförderung am Beispiel von Herz-Kreislauf-Risiken im Erwerbsleben.* Göttingen: Hogrefe.

Siegrist, J. (2000). Adverse health effects of effort-reward imbalance at work: Theory, empirical support, and implications for prevention. In C. L. Cooper (Ed.), *Theories of organizational stress* (pp. 190–204). Oxford: Oxford University Press.

Sonntag, Kh. (1989). *Trainingsforschung in der Arbeitspsychologie.* Bern: Huber.

Sonntag, Kh. (2004). Personalentwicklung. In H. Schuler (Hrsg.), *Organisationspsychologie – Enzyklopädie der Psychologie Bd. D/III/3* (S. 827–890). Göttingen: Hogrefe.

Sonntag, Kh. (2014). *Potenziale Erwerbstätiger bei verlängerter Lebensarbeitszeit. Chancen und Herausforderungen für die Wirtschaft. Expertise im Auftrag von Gesamtmetall.* Berlin: Arbeitgeberverband Gesamtmetall.

Sonntag, Kh., Frieling, E. & Stegmaier, R. (2012). *Lehrbuch Arbeitspsychologie* (3. Aufl.). Bern: Huber.

Sonntag, Kh. & Stegmaier, R. (2007). *Arbeitsorientiertes Lernen. Zur Psychologie der Integration von Lernen und Arbeit.* Stuttgart: Kohlhammer.

Spector, P. E. (1986). Perceived control by employees: A meta-analysis of studies concerning autonomy and participation at work. *Human Relations, 39,* 1005–1016. http://doi.org/10.1177/001872678603901104

Stajkovic, A. D. & Luthans, F. (1998). Self-efficacy and work-related performance: A meta-analysis. *Psychological Bulletin, 124,* 240–261. http://doi.org/10.1037/0033-2909.124.2.240

Staudt, E. & Kriegesmann, B. (1999). Weiterbildung: Ein Mythos zerbricht. Der Widerspruch zwischen überzogenen Erwartungen und Misserfolgen der Weiterbildung. In Arbeitsgemeinschaft Qualifikations-Entwicklungs-Management (Hrsg.), *Kompetenzentwicklung, 99, Aspekte einer neuen Lernkultur, Argumente, Erfahrungen, Konsequenzen* (S. 17–59). Münster: Geschäftsstelle der Arbeitsgemeinschaft Betriebliche Weiterbildungsforschung.

Sutton, R. I. (1991). Maintaining norms about expressed emotions: The case of bill collectors. *Administrative Science Quarterly, 36,* 245–268. http://doi.org/10.2307/2393355

Totterdell, P. & Holman, D. (2003). Emotion regulation in customer service roles: Testing a model of emotional labor. *Journal of Occupational Health Psychology, 8,* 55–73. http://doi.org/10.1037/1076-8998.8.1.55

Tschan, F., Rochat, S. & Zapf, D. (2005). It's not only clients: Studying emotion work with clients and co-workers with an event-sampling approach. *Journal of Occupational and Organizational Psychology, 78,* 195–220. http://doi.org/10.1348/096317905X39666

Ulich, E. (2006). Lern- und Entwicklungspotenziale in der Arbeit – Beiträge der Arbeits- und Organisationspsychologie. In Kh. Sonntag (Hrsg.), *Personalentwicklung in Organisationen: Psychologische Grundlagen, Methoden und Strategien* (3. Aufl., S. 138–176). Göttingen: Hogrefe.

Ulich, E. (2011). *Arbeitspsychologie* (7. Aufl.). Stuttgart: Schäffer-Poeschel.

Van den Broeck, A., De Cuyper, N., De Witte, H. & Vansteenkiste, M. (2010). Not all job demands are equal: Differentiating job hindrances and job challenges in the Job Demands- Resources model. *European Journal of Work and Organizational Psychology, 19* (6), 735–759. http://doi.org/10.1080/13594320903223839

van Dick, R. & West, M.A. (2013). *Teamwork, Teamdiagnose, Teamentwicklung* (2. Aufl.). Göttingen: Hogrefe.

Volpert, W. (1987). Psychische Regulation von Arbeitstätigkeiten. In U. Kleinbeck & J. Rutenfranz (Hrsg.), *Enzyklopädie der Psychologie, Themenbereich D, Serie III, Band 1* Arbeitspsychologie (S. 1–42). Göttingen: Hogrefe.

Vroom, V.H. (1964). *Work and motivation*. New York: Wiley.

Wegge, J. (2004). Emotionen in Organisationen. In H. Schuler (Hrsg.), *Enzyklopädie der Psychologie: Organisationspsychologie – Grundlagen und Personalpsychologie* (S. 673–749). Göttingen: Hogrefe.

Wegge, J. (2014). Gruppenarbeit und Management von Teams. In H. Schuler & U.P. Kanning (Hrsg.), *Lehrbuch der Personalpsychologie* (3. Aufl., S. 933–983). Göttingen: Hogrefe.

Weiss, H.W. & Cropanzano, R. (1996). *Affective events theory: a theoretical discussion of the structure, causes and consequences of affective experiences at work. Research in Organizational Behavior, 18,* 1–74.

West, M.A., Borrill, C., Dawson, J., Scully, J., Carter, M., Anelay, S., Patterson, M. & Waring, J. (2002). The link between the management of employees and patient mortality in acute hospitals. *The International Journal of Human Resource Management, 13* (8), 1299–1310. http://doi.org/10.1080/09585190210156521

Widmer, P.S., Semmer, N.K., Kälin, W., Jacobshagen, N. & Meier, L.L. (2012). The ambivalence of challenge stressors: Time pressure associated with both negative and positive well-being. *Journal of Vocational Behavior, 80* (2), 422–433. http://doi.org/10.1016/j.jvb.2011.09.006

Wilson, A., Zeithaml, V.A., Bitner, M.J. & Gremler, D.D. (2012). *Services marketing: Integrating customer focus across the firm*. London, UK: McGraw Hill.

Woods, S.A. & West, M.A. (2010). *The Psychology of work and organizations*. London: Cengage.

Yeung, D.Y., Fung, H.H. & Chan, D. (2015). Managing conflict at work: comparison between younger and older managerial employees. *International Journal of Conflict Management, 26* (3), 342–364. http://doi.org/10.1108/IJCMA-06-2014-0044

Yukl, G. (2010). *Leadership in organizations* (7th ed.). Upper Saddle River, NJ: Prentice Hall.

Zammuner, V.L. & Galli, C. (2005). Wellbeing: Causes and consequences of emotion regulation in work settings. *International Review of Psychiatry, 17,* 355–364. http://doi.org/10.1080/09540260500238348

Zapf, D. (2002). Emotion work and psychological strain. A review of the literature and some conceptual considerations. *Human Resource Management Review, 12,* 237–268.

Zapf, D. & Dormann, C. (2006). Gesundheit und Arbeitsschutz. In H. Schuler (Hrsg.), *Lehrbuch der Personalpsychologie* (2. Aufl., S. 699–728). Göttingen: Hogrefe.

Zapf, D. & Einarsen, S. (2005). Mobbing at work. Escalated conflicts in organizations. In S. Fox & P.E. Spector (Eds.), *Counterproductive work behavior: Investigations of actors and targets* (pp. 237–270). Washington, DC: American Psychological Association.

Zapf, D., Isic, A., Fischbach, A. & Dormann, C. (2003). Emotionsarbeit in Dienstleistungsberufen. Das Konzept und seine Implikationen für die Personal- und Organisationsentwicklung. In K.-C. Hamborg & H. Holling (Hrsg.), *Innovative Personal- und Organisationsentwicklung* (S. 266–288). Göttingen: Hogrefe.

Zapf, D. & Scherübl, K. (1991). Konsequenzen von Fehleranalysen für die Softwareberatung. In M. Frese & D. Zapf (Hrsg.), *Fehler bei der Arbeit mit dem Computer: Ergebnisse von Beobachtungen und Befragungen im Bürobereich* (S. 166–176). Bern: Huber

Zapf, D., Seifert, C., Mertini, H., Vogt, C., Holz, M., Vondran, E., Isic, A. & Schmutte, B. (2000). Emotionsarbeit in Organisationen und psychische Gesundheit. In H.-P. Muhsal & A. Eisenhauer (Hrsg.), *Psychologie der Arbeitssicherheit. 10. Workshop 1999* (S. 99–106). Heidelberg: Asanger.

Zapf, D., Seifert, C., Schmutte, B., Mertini, H. & Holz, M. (2001). Emotion work and job stressors and their effects on burnout. *Psychology & Health, 16,* 527–545. http://doi.org/10.1080/08870440108405525

Zapf, D. & Semmer, N. K. (2004). Stress und Gesundheit in Organisationen. In H. Schuler (Hrsg.), *Enzyklopädie der Psychologie, Themenbereich D Praxisgebiete, Serie III Wirtschafts-, Organisations- und Arbeitspsychologie, Band 3, Organisationspsychologie I – Grundlagen der Personalpsychologie* (S. 1007–1112). Göttingen: Hogrefe.

Zapf, D., Semmer, N. K. & Johnson, S. (2014). Qualitative demands at work. In M. C. W. Peeters, J. de Jonge & T. W. Taris (Eds.), *An introduction to contemporary work psychology* (pp. 144–168). Chichester: Wiley-Blackwell.

Zapf, D., Trumpold, K., Elian, C., Keck, A. & Weber, A. (2008). *Reconsidering emotion regulation strategies in service work.* Presentation at the symposium „Service Work, Emotional Labor and Emotion Regulation", Congress „Work, Well-being and Performance: New Perspectives for the Modern Workplace" of the Institute of Work Psychology, 18.–20. 6. 2008, Sheffield, U. K.

Zapf, D., Vogt, C., Seifert, C., Mertini, H. & Isic, A. (1999). Emotion work as a source of stress. The concept and development of an instrument. *European Journal of Work and Organizational Psychology, 8,* 371–400. http://doi.org/10.1080/135943299398230

Zeithaml, V. A., Parasuraman, A. & Berry, L. L. (1990). *Delivering service quality: Balancing customer perceptions and expectations.* New York: Free Press.

III. Methoden und Strategien der Personalentwicklung

Analyse

Kapitelübersicht

Kapitel 9

Organisationsdiagnose: Strukturale und kulturelle Merkmale

Karlheinz Sonntag, Ralf Stegmaier & Niclas Schaper

Inhaltsübersicht

Überblick:

Im Beitrag wird die Bedeutung der Organisationsdiagnose für die Personalentwicklung verdeutlicht. Nach einer begrifflichen Klärung des Selbstverständnisses werden Verfahren und Vorgehensweise zur Diagnose lern- und entwicklungsrelevanter Merkmale der Organisation vorgestellt und diskutiert. Zwei Verfahrensbeispiele zur Erfassung und Beschreibung von Lernkultur und Qualitätskultur werden ausführlich dargestellt. Für eine aussagekräftige Bedarfsermittlung personaler Förder- und Entwicklungsmaßnahmen ergänzt die Organisationsdiagnose somit Anforderungsanalysen sowie Leistungs- und Potenzialbeurteilungen.

1 Organisationsdiagnose im Kontext der Personalentwicklung

In einem allgemeinen und traditionellen Verständnis stellt die Organisationsdiagnose den Ausgangspunkt für Maßnahmen der Organisationsentwicklung dar, um Effektivität und Effizienz einer Organisation zu optimieren (vgl. Alderfer, 2011). Eine Organisationsdiagnose, die auf Belange der Personalentwicklung fokussiert, ist dagegen wichtiger Bestandteil der dreigliedrigen Ermittlung von Trainings- und Entwicklungsbedarfen personaler Förderung („needs assessment"; vgl. Arnold & Randall, 2010; Noe, 2013). Diese Bedarfe sind ausgehend von Aspekten der Organisation, der Aufgabe und der Person zu formulieren.

Eine Organisationsdiagnose in diesem Sinne dient der Erfassung *lern- und entwicklungsrelevanter Rahmenbedingungen*, die das Umfeld des Lernenden einbeziehen (Noe, 2013; Salas, Tannenbaum, Kraiger & Smith-Jentsch, 2012). Eine hierdurch erreichte Verbesserung personaler Förderung kann sich in verschiedenen Indikatoren wie Teilnahmequote (Maurer, Weiss & Barbeite, 2003), Trainingsmotivation (Beier & Kanfer, 2010), Wissenstransfer (Grossman & Salas, 2011) und nachhaltiger Leistungsverbesserung ausdrücken. Forschungsbefunde zu wesentlichen organisationalen Rahmenbedingungen, die das Lernen beeinflussen, wie organisationales Klima, Führungsverhalten, Prozesse und Strukturen institutionalisierter Personalentwicklung, werden im Folgenden beschrieben.

1.1 Organisationales Klima

Organisationales Klima im Kontext der Personalentwicklung ist gekennzeichnet durch das Verständnis und vitale Interesse für die Belange personaler Förderung und Entwicklung, das sich in Werten, Einstellungen und alltäglichen Handlungsweisen der Organisationsmitglieder untereinander und zwischen den Gruppen zeigt. Befunde der Trainingsforschung belegen deutlich die Wirkung dieses Konstrukts in seinen unterschiedlichen Facetten.

Ein positives Transferklima, infolge konstruktiver Rückmeldung, sozialer Unterstützung durch Kollegen, herausfordernder Aufgabenstellungen, fördert die Anwendung neuer Kompetenzen bei der Arbeit (Blume, Ford, Baldwin & Huang, 2010). Auch eine Kultur des kontinuierlichen Lernens (Sessa & London, 2006; Tracey, Tannenbaum & Kavanagh, 1995) sowie ein vorhandenes Lernklima wirken sich förderlich auf Lern- und Entwicklungsprozesse aus. Das Lernklima ist in der Lage, Stresserleben in der Arbeit und die Fluktuation zu reduzieren sowie die Lernmotivation, die Arbeitszufriedenheit und das organisationale Commitment der Mitarbeiter zu verbessern (Govaerts, Kyndt, Dochy & Baert, 2011; Kyndt, Raes, Dochy & Janssens, 2013; Mikkelsen & Gronhaug, 1999). Darüber hinaus ist ein kontinuierliches Lernklima förderlich für den Aufbau von Expertise (vgl. Salas & Rosen, 2010).

Studien sowohl auf der individuellen, gruppenbezogenen als auch organisationalen Ebene zeigen, dass ein Klima psychologischer Sicherheit („keine Angst vor Benachteiligungen, wenn Ideen, Kritik oder Unsicherheit offen geäußert werden") eine wichtige Voraussetzung für Lernprozesse und erfolgreichen Wissenstransfer darstellt (Baer & Frese, 2003; Edmondson, Bohmer & Pisano, 2001).

Yang, Watkins und Marsick (2004) konnten darüber hinaus belegen, dass die gezielte Förderung individuellen und organisationalen Lernens auf verschiedenen Gestaltungsebenen (z. B. durch die Schaffung von Möglichkeiten zum kontinuierlichen Lernen, die Erweiterung von Entscheidungsspielräumen oder die Förderung teambezogenen Lernens) wissensbezogene Leistungen und die finanzielle Performanz der Unternehmen steigern kann. Colquit et al. (2000) zeigen anhand metaanalytischer Befunde, dass ein entwicklungsfreundliches Klima positiv mit der Bewertung von Trainingsmaßnahmen, Lernmotivation, Fertigkeitserwerb, Wissenstransfer und anschließender Leistung in der Arbeit zusammenhängt.

In dem dynamischen Modell informellen Lernens am Arbeitsplatz (Tannenbaum, Beard, McNall & Salas, 2010) spielt das Organisationsklima ebenfalls eine zentrale Rolle. Danach beeinflussen weitere organisatorische und situative Faktoren, wie die zur Verfügung stehende „Lernzeit", die Unterstützung durch das Management und die Kollegen sowie eingesetzte Lerntechniken und Methoden den Trainingserfolg.

1.2 Unterstützung durch die Führungskraft

Vorgesetzte auf den unterschiedlichen Führungsebenen besitzen vielfältige Möglichkeiten, die Personalentwicklung ihrer Mitarbeiter zu unterstützen. Diese reichen von der Ermutigung zur Teilnahme an Entwicklungsmaßnahmen und der Unterstützung der Zielformulierung, über das Schaffen von Möglichkeiten zur Anwendung neuer Kompetenzen und die entsprechende Verstärkung neuer Verhaltensweisen bis hin zum eigenen (positiven) Modellverhalten (Hetland, Skogstad, Hetland & Mikkelson, 2011; Wirth, Kauffeld, Bates & Holton, 2009).

Die Unterstützungsleistungen der Führungskraft beginnen bereits in der *Vorbereitungsphase* des Personalentwicklungsprozesses. Mitarbeiter, die von ihrer Führungskraft zur Teilnahme an Entwicklungsmaßnahmen ermutigt werden, sehen einen höheren Nutzen in der Maßnahme und erzielen bessere Transferleistungen (Cohen, 1990). Unterstreicht die Führungskraft die Wichtigkeit einer Maßnahme, erhöht dies die Trainingsmotivation und den Wissenstransfer des Mitarbeiters (Salas & Rosen, 2010; Huczynski & Lewis, 1980). Vereinbart die Führungskraft mit ihrem Mitarbeiter neben Leistungszielen auch Lernziele (Vandewalle, 1997) und belohnt nicht nur Erfolge, sondern auch das Bemühen Neues auszuprobieren (Roberson & Alsua, 2002), stärkt dies die Lernmotivation der Mitarbeiter.

Auch in der *Transferphase* können Vorgesetzte das Lernen fördern. Mitarbeiter müssen die Gelegenheit bekommen, neue Kompetenzen bei der Arbeit einzusetzen (Ford, Quiñones, Sego & Sorra, 1992), da mit zunehmender Zeit, die zwischen dem Erwerb neuer Kompetenzen und der Möglichkeit zur Anwendung liegt, eher ein Verlernen stattfindet (Arthur, Bennett, Stanush & McNelly, 1998). Signalisiert die Führungskraft ihrem Mitarbeiter Unterstützung, holt dieser verstärkt Rückmeldungen zu seinem Verhalten ein (Williams, Miller, Steelman & Levy, 1999). Generell ist bei entsprechender Gestaltung von Feedback- und Zielsetzungsgesprächen durch den Vorgesetzten eine positive Wirkung auf die Lernbereitschaft und das Leistungsverhalten festzustellen (Ilies & Judge, 2005; Muck & Sonntag, 2007). Lob und Anerkennung für die Anwendung neuer Kompetenzen verbessern ebenfalls den Wissenstransfer (Smith-Jentsch, Salas & Branick, 2001). Anschaulich wird der Nutzen für den Transfer in einer Studie von Warr, Allan und Birdi (1999) dargestellt: Techniker mit starker Unterstützung durch Vorgesetzte und Kollegen nutzen nach einer Trainingsmaßnahme zur Handhabung einer neuen Anlage die neue Technologie deutlich intensiver als Kollegen ohne vergleichbare Unterstützung. Insgesamt zeigen Mitarbeiter mit guter Unterstützung ein ausgeprägteres entwicklungsbezogenes Selbstmanagement (London, Larsen & Thisted, 1999).

Förderlich auf das Lernklima und das individuelle Lernverhalten der Mitarbeiter wirkt auch ein *transformationaler Führungsstil*. In einer Studie von Hetland et al. (2011) wurden 1.061 Mitarbeiter der Norwegischen Post im Hinblick auf den Führungsstil ihrer direkten Führungskräfte und die Wahrnehmung verschiedener Lernklimaaspekte sowie ihrer Lernaktivitäten am Arbeitsplatz befragt. Die Autoren konnten zeigen, dass ein stark ausgeprägter transformationaler Führungsstil mit der Wahrnehmung von mehr Zeit für individuelles Lernen und Entwicklungsaktivitäten, einem besseren Zugang zu Informationen und arbeitsrelevantem Wissen, einer erhöhten Autonomie und Verantwortung für die eigenen Arbeitsergebnisse und einer stärkeren gegenseitigen Unterstützung im Team sowie verstärkten eigenen Lern- und Entwicklungsaktivitäten verbunden war. Umgekehrt führt eine starke Ausprägung eines passiv-vermeidenden Führungsstils dazu, dass die genannten Variablen der Lernklimawahrnehmung und der eigenen Lernaktivitäten gering ausgeprägt waren bzw. reduziert wurden.

1.3 Aspekte institutionalisierter Personalentwicklung

Strukturen, Ressourcen und Prozesse im Rahmen der Planung und Durchführung personaler Förder- und Entwicklungsmaßnahmen liefern ebenfalls wichtige Informationen für die Organisationsdiagnose. Organisationen stehen aufgrund ihrer Governance-Strukturen und strategischen Ausrichtung, des Technikeinsatzes und der Wettbewerbsdynamik vor jeweils spezifischen Herausforderungen bei der konkreten Gestaltung ihrer Personalentwicklung. Dies betrifft die normative, strategische und operative Ebene.

Auf der *normativen Ebene* ist organisationsdiagnostisch für die Bedarfsermittlung relevant, ob und in welcher Deutlichkeit Lern- und Entwicklungsaspekte sich in der Unternehmensphilosophie, in den Leitbildern oder gar in Führungsgrundsätzen wiederfinden. Betriebsvereinbarungen geben Auskunft, wie verpflichtend einzelne Maßnahmen (sei es bei der Umsetzung integrativer Ansätze der Gefährdungsbeurteilung physischer und psychischer Belastung, bei der Einführung von Teilzeit für Eltern, bei der Umsetzung von Rauch- und Alkoholverboten oder der Einrichtung von Sprachkursen, Ernährungsberatung usw.) für Mitarbeitergruppen vorgegeben sind.

Die *strategische Analyseebene* gibt Auskunft über die Bedeutung und Einbindung der Personalentwicklung in die Governance-Struktur der jeweiligen Organisation: Personale Förderung und Entwicklung als strategischer Erfolgsfaktor der Unternehmensplanung erfordert eine entsprechende aufbauorganisatorische Verankerung mit einem breitem Verantwortungs- und Zuständigkeitsbereich (bspw. als Vorstandsressort). Eine in diesem Sinne betriebene qualitative Personalplanung bezieht sich sowohl auf die Potenzialförderung der Fach- und Führungskräfte als auch auf Maßnahmen der Gesunderhaltung durch präventive Ansätze des Arbeits- und Gesundheitsschutzes.

Auf der *operativen Ebene* sind relevante organisationsdiagnostische Informationen und Entscheidungen zu berücksichtigen, die über Art und Umfang der Bedarfsermittlung Auskunft geben. Sollen bspw. Kompetenzanforderungen bei neueingerichteten oder restrukturierten Organisationseinheiten „am grünen Tisch" ermittelt oder die Tätigkeit vor Ort sorgfältig analysiert werden? Fowlkes, Salas, Baker, Cannon-Bowers und Stout (2000) konnten in einer qualitativen Studie zeigen, dass die Qualität der Anforderungsanalyse mit der Güte der Trainingsgestaltung und den Trainingsergebnissen zusammenhängt (vgl. auch Kapitel 10 in diesem Buch).

Ressourcenfragen stehen bei der Planung und Durchführung von PE-Maßnahmen im Mittelpunkt: sei es bei der Trainer- und Coach-Auswahl (Anzahl und Qualität, extern oder intern) oder der didaktisch-methodischen Ausgestaltung (E-Learning, Blended Learning usw.), der Raumplanung (Akustik, Beleuchtung, Medienausstattung) oder der Umsetzung innovativer Konzepte des Lernens am Arbeitsplatz (Gestaltung lernförderlicher Arbeitsumgebung). Auch für die Qualitäts- und Transfersicherung der durchgeführten Maßnahmen sind organisationsdiagnostische Informationen wertvoll. Interessierende Fragestellungen sind in diesem Zusammenhang: Wie ausgeprägt ist die Qualitätskultur in der Organisation, werden formative und summative Evaluationen durchgeführt sowie seriöse und aussagekräftige Studien und Untersuchungsdesigns zugrunde gelegt?

Die Beispiele machen deutlich, dass für die Durchführung von Organisationsdiagnosen eine Vielzahl von Merkmalen relevant sind, um die Rahmenbedingungen wie Organisationsklima, Führung sowie strukturale und kulturelle Aspekte der Personalentwicklung auf ihren lern- und entwicklungsförderlichen Beitrag hin zu analysieren.

2 Erhebungsmethoden und Ablauf der Organisationsdiagnose

Nachdem Gegenstand sowie relevante Merkmalsbereiche beschrieben sind, werden Erhebungsmethoden und Ablauf der Organisationsdiagnose dargestellt.

2.1 Erhebungsmethoden der Organisationsdiagnose

Die Methoden, um strukturelle und kulturelle Merkmale in Organisationen zu diagnostizieren, sind vielfältiger Art. Standardisierte und unstandardisierte schriftliche und mündliche Befragungen, Beobachtungstechniken und Dokumentenanalysen werden hinsichtlich ihrer Vor- und Nachteile diskutiert. Eine ausführliche Beschreibung und kritische Würdigung der einzelnen Methoden und ihrer Anwendung in der Praxis leisten Alderfer (2011) oder Borg (2015).

Standardisierte schriftliche Befragungen. Standardisierte Befragungen erlauben einen breiten und ökonomischen Einsatz und sind die Basis für Vergleiche innerhalb der Organisation oder zwischen Organisationen. Allerdings sind Formulierungen in standardisierten Instrumenten nicht immer genau passend für jede Situation und können so zu Interpretations- und Anwendungsschwierigkeiten bei den Befragten führen. Je nach Konstruktion können auch die Gütekriterien der klassischen Testtheorie für standardisierte Verfahren sprechen (Kleinmann & Wallmichrath, 2004).

Das *Organizational Assessment Inventory (OAI)* von Van de Ven und Ferry (1980) und der *Michigan Organizational Assessment Questionnaire (MOAQ)* von Cammann, Fichman, Jenkins und Klesh (1983) sind klassische Beispiele für standardisierte, allgemein anwendbare organisationsdiagnostische Verfahren, die sich durch ganzheitliche, integrative Rahmenmodelle und die Berücksichtigung mehrerer Analyseebenen auszeichnen. Auch *Mitarbeiterbefragungen* (vgl. Borg, 2015) können anhand standardisierter Instrumente durchgeführt werden und erlauben die Erfassung vielfältigster Themen (u. a. Belastungen bei der Arbeit, Führungsthemen, Kommunikation, Arbeitszufriedenheit, Konflikte). Hier hat sich im Rahmen des Partizipationsmanagements der „survey feedback“-Charakter durchgesetzt (vgl. Bungard, Müller & Niethammer, 2007). Ergebnisse einer (Mitarbeiter-)Befragung sind an die Teilnehmer zurückzumelden.

Unstandardisierte schriftliche und mündliche Befragungen. Unstandardisierte Befragungen können schriftlich oder mündlich durchgeführt werden. Meist wird die Befragung fallorientiert ausgehend von einem konkreten Auftrag konzipiert und entwickelt (Kleinmann et al., 2004). Spezifische Bedingungen der Organisation, sprachliche Gepflogenheiten und akute Probleme prägen das Verfahren und erlauben eine Erfassung von Merkmalen, die sehr nah an der „Realität" der betrachteten Organisation ist und von den Organisationsmitgliedern gut verstanden wird. Insbesondere durch Interviews mit Schlüsselpersonen einer Organisation können Fragen und Themen vertieft diskutiert und so wertvolle Hinweise für Hypothesenformulierungen gewonnen werden.

Beobachtungstechniken. Beobachtungen können je nach eingesetzter Technik und Zielsetzung mehr oder minder standardisiert ablaufen. Insbesondere für den Bereich der Interaktionsanalyse von Teamprozessen und der Analyse von Arbeitssystemen liegen standardisierte Beobachtungsverfahren vor (Sonntag, Frieling & Stegmaier, 2012). Ein Vorteil der Beobachtung liegt darin, dass zunächst Daten unabhängig von den Interpretationen von Organisationsmitgliedern gewonnen werden können. Beobachtungen sind jedoch deutlich zeitaufwendiger als andere Verfahren. Schließlich bedarf es auch intensiver Gespräche mit den Auftraggebern einer Organisationsdiagnose, um sich auf einzusetzende Techniken, Dimensionen der Beobachtung und bei der Ergebnisdarstellung auf Interpretationen des Beobachteten zu verständigen (Kleinmann et al., 2004).

Analyse von Dokumenten und Kennzahlen. Die Analyse von Dokumenten und Kennzahlen ist ein weiterer nicht zu unterschätzender Analysezugang der Organisationsdiagnose. Hierbei können Organigramme, Sitzungsprotokolle, Dienstanweisungen, Leitbilder, Stellenbeschreibungen, Organisationshandbücher, Kennzahlen aus dem Controlling oder Rechnungswesen und viele andere Materialien herangezogen werden (Alderfer, 2011). Auch bei der Analyse von Dokumenten muss die Gültigkeit der Daten sorgfältig geprüft werden. Leitbilder werden nicht unbedingt gelebt, Dienstanweisungen bilden nicht zwangsläufig die Art der Aufgabenbearbeitung ab, Stellenbeschreibungen sind oftmals veraltet (vgl. Sonntag & Schaper, 2004), und auch Organigramme stellen nicht immer die tatsächlichen Beziehungen und Machtverhältnisse dar.

Auswahl der geeigneten Erhebungsmethode. Bei der Auswahl der geeigneten Erhebungsmethode für eine Organisationsdiagnose spielen Gegenstand und Zielsetzung der Diagnose sowie methodische Stärken und Schwächen der Erhebungsalternativen eine wichtige Rolle. Fragen der Reaktivität von Messungen, Durchführungsaufwand oder Akzeptanz bei den Teilnehmern sind hier genauso wichtig wie Fragen nach den methodischen Gütekriterien. Letztlich manifestiert sich bei der Entscheidung für ein Verfahren immer auch der prinzipielle Zielkonflikt zwischen wissenschaftlichem Anspruch und pragmatischen Notwendigkeiten (Kleinmann et al., 2004). Häufig liegt aber auch gerade in der Kombination von Erhebungsmethoden ein geeigneter Lösungsweg. So eignen sich offene Verfahren wie Beobachtung oder Interview für frühe Projektphasen, wenn noch wenige Informationen über die Organisation vorliegen (Alderfer, 2011). In einer späteren Phase können dann eher geschlossene Verfahren (standardisierte Befragung oder systematische Beobachtung) zum Einsatz kommen, die auch eine breitere Erfassung und damit repräsentativere Aussagen ermöglichen.

2.2 Ablauf und Vorgehensweise

Zur Beschreibung des Vorgehens bei der Organisationsdiagnose liegen unterschiedliche *Phasenmodelle* vor (Felfe, 2014; Kleinmann et al., 2004; Nerdinger, 2014), die im Wesentlichen folgender Logik entsprechen (vgl. hierzu auch die ausführliche Beschreibung der Umsetzungserfahrungen in den einzelnen Diagnosephasen bei Alderfer, 2011).

Konzeption und Vorbereitung. Im Gespräch mit Auftraggebern und Organisationsmitgliedern muss zunächst ein grobes Verständnis über Ziele und Rahmenbedingungen entwickelt werden. Auch eine Rollenklärung zwischen Auftraggeber und Organisationsdiagnostiker sollte in dieser Phase stattfinden. Durch kritisches Hinterfragen und ausreichende Exploration muss vermieden werden, dass zu früh ein unzureichendes Problemverständnis als Grundlage für einen Auftrag gesetzt wird, das die Arbeit möglicherweise in eine falsche Richtung lenkt und relevante Fragen ausblendet.

Schließlich gilt es ein Rahmenmodell aufzustellen, das die weitere Organisationsdiagnose leitet und die Kommunikation aller Beteiligten unterstützt. Das Rahmenmodell spezifiziert die relevanten Variablen und mögliche Zusammenhänge und Wirkungsweisen. Die Komplexität einer Organisation erfordert die Auswahl eines zutreffenden theoretischen Hintergrundes (z. B. systemtheoretisch, soziotechnisch, gruppendynamisch oder evaluationstheoretisch), der Aspekte, Variablen und relevante Zusammenhänge für eine Organisationsdiagnose inhaltlich akzentuiert. Ausgehend von dem entwickelten Rahmenmodell kann dann die Zusammenstellung bzw. Anpassung von Instrumenten erfolgen. Auch ein Grobkonzept zur Datenaufbereitung und -auswertung muss in dieser Phase erstellt werden. All dies ist Gegenstand des Vertrags mit dem Auftraggeber und muss schriftlich niedergelegt sein. Vorausgegangen ist eine Offerte mit Zeit- und Finanzplanung. Alderfer (2011) empfiehlt in diesem Zusammenhang einen ausführlichen „Contract Letter" (S. 348), in dem detailliert Ablauf, Auswahl der Teilnehmer und Rückmeldemodalitäten beschrieben sind.

Durchführung. Bei der Durchführung kommen die gewählten Methoden zur Datenerhebung zum Einsatz. Projektmanagement und Projektcontrolling sind hierbei wichtig, damit der Auftraggeber und -nehmer jederzeit über Prozessstatus,

Termine, Kosten und Qualität der Arbeit informiert werden kann. Häufig verändern sich zwischen Konzeption und Durchführung Bedingungen in der Organisation, sodass der Umgang mit solchen Veränderungen und etwaige Anpassungen des Vorgehens Bestandteil der Durchführung sein können.

Auswertung. Bei der Auswertung ist die Kontrolle und Sicherung der Datenqualität von großer Bedeutung. Die Qualität der erzielten Ergebnisse und Empfehlungen wird entscheidend durch die Qualität der Daten bestimmt. In erster Linie geht es hierbei um die Vermeidung und Identifikation von Fehlern oder Missing Values bei der Datenerhebung (Antwortverweigerung), der Datenaufbereitung (Kodierfehler) und dem Datenmanagement (Polung von Variablen, Skalenbildung, Variablenbenennung). Auch die Einhaltung von Bestimmungen zum Datenschutz und zur Wahrung der Persönlichkeitsrechte ist hier zu berücksichtigen. Ausgehend vom formulierten Rahmenmodell werden dann Annahmen und entsprechende Wirkzusammenhänge statistisch geprüft.

Ergebnisdarstellung und Interpretation. Die Ergebnisse müssen so aufbereitet werden, dass auch Nicht-Wissenschaftler in der Lage sind, Ergebnisse statistischer Auswertungen im Spannungsfeld von statistischer und praktischer Bedeutsamkeit zu verstehen. Der Rückbezug der Ergebnisse auf die formulierten Ziele und Ausgangsfragen ist besonders wichtig. Schwachstellen sollten klar benannt werden, ebenso wie Handlungsempfehlungen, die bestenfalls an bestehende Stärken der Organisation anknüpfen.

3 Verfahren zur Diagnose lern- und entwicklungsrelevanter Merkmale der Organisation

In Tabelle 1 werden Instrumente der Organisationsdiagnose vorgestellt, die eine Erfassung lern- und entwicklungsrelevanter Merkmale der Organisation erlauben. Die Reihenfolge der Darstellung orientiert sich am Publikationsjahr der Verfahren.

Tabelle 1: Überblick zu organisationsdiagnostischen Verfahren im Kontext personaler Förderung und Entwicklung

Organisationsdiagnostische Instrumente	Dimensionen
Learning Climate Questionnaire (LCQ) (Batram, Foster, Lindley, Brown & Nixon, 1993)	– Management-Stil – Zeit – Autonomie und Verantwortung – Team-Stil – Entwicklungsmöglichkeiten – Hilfestellungen für den Job – Zufriedenheit

Tabelle 1: Fortsetzung

Organisationsdiagnostische Instrumente	Dimensionen
Checkliste des lernenden Unternehmens (Pedler, Burgoyne & Boydell, 1994)	– Strategiebildung – Partizipative Unternehmenspolitik – Freier Informationsfluss – Formatives Rechnungs- und Kontrollwesen – Austausch zwischen Einheiten und Geschäftsbereichen – Flexible Vergütung – Qualifizierende Strukturen – Strategische Frühaufklärung – Firmenübergreifendes Lernen – Ausgeprägtes Lernklima – Selbstentwicklungsmöglichkeiten
Skala zur Erfassung der kontinuierlichen Lernkultur (Tracey, Tannenbaum & Kavanagh, 1995)	– Soziale Unterstützung – Kontinuierliche Innovation – Wettbewerb
Checkliste zur Erfassung von Lernkultur in Unternehmen (Sonntag, 1996)	– Entwicklungs- und lernorientierte Leitbilder – Lernoberfläche des Unternehmens – Lernen als Teil der Unternehmensplanung – Partizipation der Organisationsmitglieder am Lernprozess – Lern- und Entwicklungspotenziale in der Arbeit – Lernen als Forschungsgegenstand und interdisziplinärer Dialog
Fragebogen zum Lernen in der Arbeit (LIDA) (Wardanjan, Richter & Uhlemann, 2000)	– Partizipationsmöglichkeiten – Zeitliche Bedingungen – Anerkennung von Selbständigkeit und soziales Klima – Entwicklungsmöglichkeiten
Dimensions of the Learning Organization Questionnaire (DLOQ) (Watkins & Marsick, 2003)	– Gelegenheiten für kontinuierliches Lernen schaffen – Förderung von Nachfragen und Dialog – Ermutigung von Teamlernen – Systeme zum Erfassen und Teilen von Wissen bereitstellen – Befähigung (Empowering) von Mitarbeitern – Die Organisation mit ihrer Umgebung verknüpfen – Strategische Führung bei organisationalen Lernprozessen

Tabelle 1: Fortsetzung

Organisationsdiagnostische Instrumente	Dimensionen
Lernkulturinventar (LKI) (Sonntag, Schaper & Friebe, 2005)	– Lernen als Teil der Unternehmens-philosophie – Rahmenbedingungen für Lernen im Unternehmen – Aspekte der Personalentwicklung – Formalisierung der Kompetenzentwicklung – Lernatmosphäre und Unterstützung durch Kollegen – Lernorientierte Führungsaufgaben – Information und Partizipation – Wissensaustausch des Unternehmens mit der Umwelt – Lern- und Entwicklungsmöglichkeiten im Unternehmen
Lerntransfer-System-Inventar (LTSI) (Kauffeld, Bates, Holton & Müller, 2008)	Spezifische Faktoren – Erwartungsklarheit – Motivation zum Lerntransfer – Transfer-Design – Training-Arbeits-Übereinstimmung – Positive Folgen bei Anwendung – Negative Folgen bei Nicht-Anwendung – Unterstützung durch Kollegen – Unterstützung durch den Vorgesetzten – Positive Einstellung des Vorgesetzten – Persönliche Transferkapazität – Möglichkeit der Wissensanwendung Generelle Faktoren – Generelle Selbstwirksamkeitsüberzeugung – Leistungsverbesserung durch Anstrengung – Ergebniserwartungen – Offenheit für Änderungen in der Arbeitsgruppe – Feedback

Tabelle 1: Fortsetzung

Organisationsdiagnostische Instrumente	Dimensionen
Qualitätskulturinventar (QKI) (Sattler & Sonntag, 2016)	Teil 1: Struktural-formale Ebene – Stellenwert der Qualitätssicherung – Zuständigkeiten – Qualitätsziele – Qualitätssicherungskonzept – Instrumente – Evaluation Teil 2: Organisationspsychologische Ebene – Commitment – Engagement – Verantwortung – Führung – Kommunikation – Partizipation – Gemeinsame Werte – Vertrauen

Learning Climate Questionnaire (LCQ)

Der *Learning Climate Questionnaire (LCQ)* von Batram, Foster, Lindley, Brown und Nixon (1993) operationalisierte erstmals das Lernklima in Unternehmen anhand von sieben Dimensionen.

Die Skala „Management-Stil“ (1) bezieht sich auf ein unterstützendes Management, das seine Mitarbeiter kennt und schätzt, mit ihnen kooperiert und sie bei der Arbeit unterstützt. „Zeit“ (2) bestimmt, inwieweit Mitarbeiter ausreichend Zeit für eine gründliche Erledigung ihrer Arbeit haben und darüber hinaus noch Zeit für das Weiterlernen durch den Austausch mit Kollegen oder die Beschäftigung mit neuen Entwicklungen verbleibt. Hohe Werte auf der Skala „Autonomie und Verantwortung“ (3) zeigen, dass Mitarbeiter Verantwortung bei der Arbeit übernehmen können. Der „Team-Stil“ (4) gibt Auskunft, wie gut Mitarbeiter von erfahrenen Kollegen lernen können und wieviel die Teammitglieder über eigene Stärken und Schwächen wissen. Die Skala „Entwicklungsmöglichkeiten“ (5) zeigt, inwieweit Mitarbeiter neue Tätigkeiten erlernen und abwechslungsreiche Aufgaben übernehmen können. Verfügbare Informationen, Anleitungen bzw. das Angebot von Coaching oder Training werden durch die Skala „Hilfestellungen für den Job“ (6) ermittelt. Mit der Skala „Zufriedenheit“ (7) lässt sich die allgemeine Zufriedenheit mit dem Klima am Arbeitsplatz bestimmen.

Interne Konsistenzen und Retest-Reliabilität zeigen akzeptable Werte (Batram et al., 1993). Der LCQ erlaubt eine Erfassung des Lernklimas auf der Ebene von Individuum, Gruppe und Gesamtorganisation.

Checkliste des lernenden Unternehmens

Pedler, Burgoyne und Boydell (1994) haben eine Checkliste des lernenden Unternehmens entwickelt. Unternehmen können anhand von elf Merkmalen bestimmen, in welchem Ausmaß sie einem lernenden Unternehmen entsprechen.

„Strategiebildung“ soll als Lernprozess (1) verstanden werden, d. h. Formulierung, Implementierung und erfahrungsbasierte Revidierung von Unternehmensplänen sind als Teile eines kontinuierlichen Lernprozesses zu verstehen. „Partizipative Unternehmenspolitik“ (2) zielt auf die Beteiligung aller Unternehmensmitglieder an der Formulierung unternehmenspolitischer Ziele und deren Umsetzung. Durch einen „freien Informationsfluss“ (3) wird sichergestellt, dass Informationen allen relevanten Zielgruppen zur Verfügung stehen. Ein intelligenter Einsatz von Informationstechnologie ist hierfür ebenso Voraussetzung wie eine Kultur, in der Informationen nicht aus Machtmotiven zurückgehalten werden. Ein lernendes Unternehmen zeichnet sich durch ein „formatives Rechnungs- und Kontrollwesen“ (4) aus, in dem Buchführungs-, Budgetierungs- und Berichtssysteme so gestaltet sind, dass sie Lernen unterstützen und das unternehmerische, selbstverantwortliche Agieren von Teilsystemen des Unternehmens fördern. Im lernenden Unternehmen ist der „Austausch zwischen Einheiten und Geschäftsbereichen“ (5) nicht durch Konkurrenzdenken, sondern vielmehr durch Zusammenarbeit bestimmt. „Flexible Vergütung“ (6) erlaubt einen stärkeren individuellen Leistungsbezug bei Löhnen und Gehältern sowie eine Anbindung variabler Vergütungsbestandteile an den Unternehmenserfolg. „Qualifizierende Strukturen“ (7) bieten Raum für Wachstum und schaffen so die Möglichkeit zur persönlichen Entwicklung und der Entwicklung des gesamten Unternehmens. Umfeldkontakte – gerade von Mitarbeitern mit externem Kundenkontakt – müssen zur „strategischen Frühaufklärung“ (8) genutzt werden, damit wichtige Veränderungen rechtzeitig erkannt werden können. „Firmenübergreifendes Lernen“ (9) beispielsweise in Form von Benchmarking, Kooperationen in Forschung und Entwicklung oder gemeinsamer Weiterbildungsarbeit fördert Perspektivenwechsel und ermöglicht die Neukombination vorhandener Wissensbestände. Lernende Unternehmen haben ein „ausgeprägtes Lernklima“ (10), in dem Fehler erlaubt sind und das Infragestellen bisheriger Positionen gewünscht wird. „Selbstentwicklungsmöglichkeiten“ (11) sollen alle Unternehmensmitglieder ermutigen, Verantwortung für ihr eigenes Lernen zu übernehmen.

Pedler et al. (1994) formulieren für jedes Merkmal fünf Indikatoren, die anhand einer vom Unternehmen zu wählenden 5- oder 10-Punkte-Skala einzuschätzen sind. Angesichts einer ausstehenden methodischen Validierung hat das Instrument eher einen explorativen Charakter und dient der Anregung zur weiteren Überprüfung von Gestaltungsbedarfen.

Skala zur Erfassung der kontinuierlichen Lernkultur

Unter einer Lernkultur verstehen Tracey, Tannenbaum und Kavanagh (1995) eine Arbeitsumgebung, in der Mitarbeiter Lernen als einen wichtigen Bestandteil des Arbeitsalltags begreifen und in der Erwerb und Austausch von Wissen gefördert werden. Herausforderungen der Arbeit, soziale Unterstützung, Belohnungen und Weiterentwicklungsmöglichkeiten beeinflussen die Lernkultur. Die Autoren finden, dass sich Lernkultur förderlich auf den Transfer von neuem Wissen in die tägliche Arbeit auswirkt.

Das Verfahren besteht aus drei Dimensionen mit insgesamt 24 Items. Die Skala „Soziale Unterstützung“ (1) erfasst, inwieweit der Mitarbeiter durch Vorgesetzte oder Kollegen zum Erwerb und der Anwendung neuen Wissens und neuer Verhaltensweisen ermutigt wird. Die Skala „Kontinuierliche Innovation“ (2) bezieht sich auf die Erwartungen und Anstrengungen des Unternehmens hinsichtlich der kontinuierlichen Weiterentwicklung von Kompetenzen. Mit der Skala „Wettbewerb“ (3) wird bestimmt, wie stark ein Unternehmen bemüht ist, besser zu sein als seine Mitbewerber.

Für die Gütekriterien des Instruments liegen zufriedenstellende Befunde vor (Tracey et al., 1995).

Checkliste zur Erfassung von Lernkultur in Unternehmen

Sonntag (1996, 1999) legt eine Checkliste zur Erfassung von Lernkultur in Unternehmen vor, die sich in der Pflege und im Stellenwert des Lernens im Unternehmen ausdrückt. Sichtbar wird dieser Stellenwert auf normativer Ebene in lernbezogenen Werten, Normen und Erwartungen, auf strategischer Ebene in der Bereitstellung adäquater struktureller Rahmenbedingungen und dem Support für das Lernen sowie auf operativer Ebene in den Formen individueller, gruppenbezogener und organisationaler Lernprozesse.

Mit der Checkliste werden sechs Dimensionen der Lernkultur erfasst. Die Dimension „Entwicklungs- und lernorientierte Leitbilder“ (1) zielt auf die Verankerung des Themas Lernen in Unternehmensleitbildern und -grundsätzen. Die „Lernoberfläche des Unternehmens“ (2) gibt Aufschluss über lernförderliche Kontakte zur Umwelt. Um die Verzahnung von Fragen des Lernens und des Human Resource Managements mit der strategischen Planung im Unternehmen geht es bei der Dimension „Lernen als Bestandteil der Unternehmensplanung“ (3). Ob alle Mitarbeiter oder lediglich ausgewählte Gruppen am Lernen teilhaben, wird im Bereich „Partizipation der Organisationsmitglieder am Lernprozess“ (4) ermittelt. Die

Lernförderlichkeit der Arbeitsbedingungen wird unter „Lern- und Entwicklungspotenziale in der Arbeit“ (5) bestimmt. Die sechste Dimension beschäftigt sich mit „Lernen als Forschungsgegenstand und interdisziplinärer Dialog“ (6).

Ein einfaches Beantwortungsschema – je Dimension drei bis sechs Items, die mit „Ja“ oder „Nein“ zu beantworten sind – zeigt dem Praktiker schnell Gestaltungsbedarf im jeweiligen Unternehmen auf. Der Wert des Instruments liegt weniger in einer wissenschaftlich exakten Erfassung der Lernkultur als vielmehr in der Reflexion und Formulierung von Hypothesen über lernförderliche Kulturmerkmale einer Organisation, aber auch in der Ableitung konkreter Gestaltungsfelder personaler Förderung.

Fragebogen zum Lernen in der Arbeit (LIDA)

Der *Fragebogen zum Lernen in der Arbeit (LIDA)* von Wardanjan, Richter und Uhlemann (2000) befasst sich mit der Lernförderung und der Lernunterstützung durch die Organisation.

Der Abschnitt Lernförderung durch die Organisation gliedert sich in vier Dimensionen. „Partizipationsmöglichkeiten“ (1) erfragt, inwieweit Mitarbeiter in Entscheidungsprozesse einbezogen sind. Zeitliche Freiräume sowie die Zufriedenheit der Mitarbeiter mit Arbeitszeit- und Pausenregelungen bestimmt die Skala „Zeitliche Bedingungen“ (2). Die dritte Skala „Anerkennung von Selbständigkeit und soziales Klima“ (3) bezieht sich auf die Qualität der Beziehungen zwischen Kollegen und den Stellenwert, der Eigeninitiative und selbständigem Handeln im Unternehmen zukommt. Mit der Skala „Entwicklungsmöglichkeiten“ (4) werden die Chancen für Weiterbildung und persönliche Entwicklung am Arbeitsplatz erfasst. Im Abschnitt zur Lernunterstützung von Unternehmensseite wird anhand von 15 Items nach der konkreten Unterstützung für Lernen im Prozess der Arbeit gefragt, beispielweise in Form von Arbeitsanleitungen.

Bezogen auf interne Konsistenz, Retest-Reliabiliät, Kriteriumsvalidität und Konstruktvalidität sind die Ergebnisse empirischer Untersuchungen befriedigend (Wardanjan et al., 2000). Das Verfahren eignet sich als Screening-Verfahren – auch in Kombination mit dem Einsatz objektiver Arbeitsanalyseverfahren – und soll Gestaltungspotenziale aufzeigen und zur Diskussion im Unternehmen anregen.

Dimensions of the Learning Organization Questionnaire (DLOQ)

Der *DLOQ* von Watkins und Marsick (2003) erfasst Aspekte in Bezug auf das Klima und die Kultur sowie die Systeme und Strukturen einer Organisation, die das individuelle und organisationale Lernverhalten beeinflussen, und dient vor allem zur Unterstützung bei Veränderungsprozessen bezüglich organisationaler Lernpraktiken und -kulturen. Die Konzeption des Instruments basiert auf der Annahme, dass Veränderungen des Lernverhaltens innerhalb einer Organisation auf drei verschiedenen Ebenen erforderlich sind, der individuellen, Gruppen- und Organisationsebene.

Das Instrument besteht aus insgesamt sieben Skalen mit sechs Items pro Skala: Die Skala „Gelegenheiten für kontinuierliches Lernen schaffen“ (1) bezieht sich auf die Bereitstellung von Möglichkeiten zur kontinuierlichen Entwicklung der Mitarbeiter. Dabei wird Bezug auf die Arbeitsplatzgestaltung genommen und gefordert, dass dem Lernen im Arbeitsalltag eine hohe Bedeutung zukommt. Die zweite Dimension „Förderung von Nachfragen und Dialog“ (2) gibt Anforderungen wieder zur Implementierung einer Kultur, die Wert auf Fragen, Feedback und Experimentieren legt. Die Mitarbeiter sollen ihre Aufgaben und Tätigkeiten kritisch reflektieren und in gegenseitigen Dialog treten, um bessere Ergebnisse zu erzielen. Die Skala „Ermutigung von Teamlernen“ (3) geht auf Aspekte der Zusammenarbeit der Mitarbeiter untereinander ein, um das Team als Ganzes effizienter zu machen. Die Lernprozesse sind so zu gestalten, dass die Mitarbeiter von gegenseitigen Erfahrungen profitieren und sich unterstützen und die Unternehmenskultur Zusammenarbeit und gemeinsame Erfolge belohnt. Die Skala „Systeme zum Erfassen und Teilen von Wissen bereitstellen“ (4) geht auf das Wissensmanagement im Rahmen einer Organisation ein. Ein Unternehmen sollte demnach ein System einführen, das das Wissen des Unternehmens organisiert, verwaltet und den Mitarbeitern in einer geeigneten Struktur darstellt und für diese uneingeschränkt zugänglich macht. Die Skala „Befähigung (Empowering) von Mitarbeitern“ (5) beschreibt Aspekte, wie Mitarbeiter an Entscheidungsprozessen beteiligt werden und eine gemeinsame Unternehmensvision kommuniziert wird und die Mitarbeiter so lernen, zusätzliche Verantwortung und eine entscheidendere Rolle im Wertschöpfungsprozess zu übernehmen. Bei der Skala „Die Organisation mit ihrer Umgebung verknüpfen“ (6) geht es darum, den Mitarbeitern die Wirkungen und Bedeutung ihrer Arbeit für das Unternehmen zu verdeutlichen, ihre Vorgehensweisen und Arbeitspraktiken an Bedarfe und Anforderungen der Kunden und der Unternehmensumwelt anzupassen und das Unternehmen mit unternehmensrelevanten „Communities“ zu verbinden. Die Dimension „Strategische Führung bei organisationalen Lernprozessen“ (7) spricht die besondere Rolle von Führungskräften in lernenden Unternehmen an. Die Items der Skala beschreiben, wie Führungskräfte Vorbilder und Mentoren für Lernprozesse im Unternehmen sein und die Lernprozesse im Unternehmen strategisch zur Erreichung von Unternehmenszielen nutzen können. Neben Anforderungen an die Gestaltung der organisationalen Lernumgebung können mithilfe des DLOQ auch zwei Wirkungsaspekte des organisationalen Lernens erfasst werden: Anhand von zwölf weiteren Items werden hierzu Aspekte wissensbezogener Leistungen und der finanziellen Performanz des Unternehmens erfasst.

Die internen Konsistenzen der beschriebenen DLOQ-Skalen liegen zwischen .83 und .89 (Watkins & Dirani, 2013). Außerdem wurde die Konstruktvalidität des

DLOQ mithilfe einer konfirmatorischen Faktoranalyse untersucht, wobei die angenommene Dimensionierung des Instruments bestätigt werden konnte (Yang, Watkins & Marsick, 2004). In einer Studie von Yang et al. (2004) konnte außerdem gezeigt werden, dass die DLOQ-Skalen die genannten Maße bezüglich wissensbezogener Leistungen und der finanziellen Performanz des Unternehmens vorhersagen, sodass auch Belege für die kriteriumsbezogene Validität des Instruments vorliegen. Darüber hinaus wurde eine interkulturell vergleichende Analyse mithilfe des DLOQ durchgeführt (7.954 Befragte von 28 Unternehmen aus fünf Ländern), die zeigt, dass der DLOQ auch für interkulturelle Vergleiche von zentralen Aspekten des organisationalen Lernens geeignet ist (Watkins & Dirani, 2013).

Lerntransfer-System-Inventar (LTSI)

Mit dem *Lerntransfer-System-Inventar (LTSI)* lassen sich organisationale und individuelle Faktoren erfassen, die eine entscheidende Rolle für den Lerntransfer spielen (Bates, Kauffeld & Holton, 2007). Das ursprünglich englischsprachige Inventar liegt mittlerweile auch in einer validierten deutschsprachigen Version (GLTSI) vor (vgl. Bates et al., 2007; Kauffeld, Bates, Holton & Müller, 2008). Nachfolgend werden die einzelnen Faktoren kurz beschrieben (vgl. ausführliche Darstellung bei Wirth et al., 2009).

Unterschieden werden elf spezifische Faktoren für eine konkrete Trainingsintervention sowie fünf generelle Faktoren, in denen es allgemein um Trainingsinterventionen in der Organisation geht. Zunächst werden die *spezifischen Faktoren* beschrieben. Mit der Skala „Erwartungsklarheit" (1) wird ermittelt, ob Trainees eine Vorstellung davon haben, was im Training passieren wird. Die Skala „Motivation zum Lerntransfer" (2) bezieht sich auf die Absicht der Trainees, das was sie gelernt haben, bei der täglichen Arbeit einzusetzen. Durch die Skala „Transfer-Design" (3) lässt sich erfassen, inwieweit didaktische Elemente im Training bereits den Lerntransfer anregen und fördern. Ob Anforderungen und Elemente im Training Ähnlichkeiten mit den Bedingungen und Erfordernissen der Arbeitssituation aufweisen, wird anhand der Skala „Training-Arbeits-Übereinstimmung" (4) festgestellt. Inwieweit man positive Konsequenzen erzielt, wenn man im Training Gelerntes bei der Arbeit einsetzt, wird durch die Skala „Positive Folgen bei Anwendung" (5) abgebildet. Entsprechend bezieht sich die Skala „Negative Folgen bei Nicht-Anwendung" (6) auf negative Konsequenzen, mit denen gerechnet werden muss, wenn das neu Gelernte nicht angewendet wird. Items der Skala „Unterstützung durch Kollegen" (7) erfragen, inwieweit Kollegen einem helfen, neues Wissen oder Verhalten bei der Arbeit einzusetzen. Wie stark der Vorgesetzte sich engagiert, um das Lernen und den Transfer seiner Mitarbeiter zu fördern, wird durch die Skala „Unterstützung durch den Vorgesetzten" (8) gemessen. Durch die Skala „Positive Einstellung des Vorgesetzten" (9) wird erfasst, ob der Vorgesetzte es positiv sieht, wenn Mitarbeiter Neuerungen aus einem Training in die Arbeit einbringen wollen. Mit der Skala „Persönliche Transferkapazität" (10) können Trainees einschätzen, inwieweit Zeitdruck und Arbeitsbelastung es zulassen, dass sie neues Wissen und Verhalten einsetzen. Schließlich bildet die Skala „Möglichkeit der Wissensanwendung" (11) ab, ob Trainees auf die für den Transfer erforderlichen Ressourcen bei der Arbeit zurückgreifen können.

Darüber hinaus werden fünf *generelle Faktoren* im LTSI erfasst. Zunächst erlaubt es die Skala „Generelle Selbstwirksamkeitsüberzeugung" (1) den Trainees zu bewerten, inwieweit sie sich zutrauen, im Training Gelerntes in der Arbeitssituation einzusetzen. Die Skala „Leistungsverbesserung durch Anstrengung" (2) ermittelt, ob die Trainees erwarten, durch den Transfer ihre Leistung bei der Arbeit steigern zu können. Ob sich Trainees Vorteile versprechen, wenn ihnen der Lerntransfer gelingt, ist Gegenstand der Skala „Ergebniserwartungen" (3). Inwieweit Normen in der Arbeitsgruppe Transferprozesse begünstigen, wird durch die Skala „Offenheit für Änderungen in der Arbeitsgruppe" (4) erfasst. Schließlich geht es bei der Skala „Feedback" (5) darum, inwieweit Trainees von anderen Anregungen und Hinweise erhalten, wie sie ihre Arbeitsleistung steigern können.

Erste Erprobungen im amerikanischen und deutschsprachigen Raum (vgl. zusammenfassend Wirth et al., 2009) zeigen die Nützlichkeit des Verfahrens sowohl für praxisbezogene als auch wissenschaftliche Fragestellungen zur Optimierung des Lerntransfers.

Lernkulturinventar (LKI) und Qualitätskulturinventar (QKI)

Beide organisationsdiagnostischen Verfahren zur Erfassung von Lernkultur und Qualitätskultur in Organisationen werden als Verfahrensbeispiele im nachfolgenden Kapitel ausführlicher dargestellt.

4 Ausgewählte Verfahrensbeispiele zur Beschreibung der Lern- und Qualitätskultur in Organisationen

4.1 Das Lernkulturinventar (LKI)

Zielsetzung

Eine Lernkultur ist Ausdruck des Stellenwertes und der Bedeutung, der Lernen in den jeweiligen Organisationen von ihren Mitgliedern zugeschrieben wird (Sonntag, 1999, 1996). Lernkultur zielt auf Kompetenzentwicklung der Fach- und Führungskräfte sowie die Steigerung von Flexibilität und Innovationsfähigkeit im Unternehmen. Wie Lernen in den Organisationen von ihren Mitgliedern „gepflegt" oder „gelebt" wird, findet auf einer normativen Ebene (schriftlichen)

Ausdruck in gemeinsamen Werten, Normen, Regelwerken und Leitbildern. Auf der strategischen Ebene manifestiert sich Lernkultur in Governance-Strukturen, die die Verantwortung für Lernen und Entwicklung aufbauorganisatorisch etablieren ebenso, wie in der Bereitstellung von Ressourcen, die das Lernen längerfristig und nachhaltig unterstützen und fördern. Operativ betrachtet, drückt sich Lernkultur in den vielfältigen Formen des individuellen, gruppenbezogenen und organisationalen Lernens aus.

Das *Lernkulturinventar* (LKI; Sonntag, Schaper & Friebe, 2005) hat das Ziel, diese organisationalen Merkmale von Lernkulturen zu erfassen und damit Grundlagen für die Ableitung von Gestaltungsempfehlungen zur Optimierung nachhaltigen Lernens im Unternehmen bereitzustellen. Das LKI kann sowohl zu Forschungszwecken (z. B. Studien zu Zusammenhängen und Wirkmechanismen zwischen lernrelevanten Kulturmerkmalen und erfolgreichen Organisationen) als auch zur konkreten Diagnose in Unternehmen (Stärken-Schwächen-Analysen der Personalentwicklung) eingesetzt werden.

Um Lernkultur in Organisationen umfassend diagnostizieren zu können, ist es wichtig, verschiedene Perspektiven der Wahrnehmung durch die Organisationsmitglieder zu betrachten. Dabei kann zwischen der Sichtweise der gestaltenden Akteure, also der Fachleute in der Personalentwicklung und Weiterbildung und der Human Resource Manager *(Expertenversion)*, und der Perspektive der Fach- und Führungskräfte *(Mitarbeiterversion)* unterschieden werden.

Struktur des Lernkulturinventars

Das Lernkulturinventar besteht in der Experten- und Mitarbeiterversion jeweils aus insgesamt drei Abschnitten. Zunächst wird in einer Instruktion der Umgang mit dem Fragebogen erläutert sowie beispielhaft das Item- und Antwortformat vorgestellt. Der zweite Abschnitt erfasst soziodemografische und unternehmensspezifische Daten. Im dritten Abschnitt befindet sich der eigentliche Fragebogen zur Lernkultur. Die formulierten Items erfassen zum einen konkrete Tatsachen, wie bspw. das Vorhandensein schriftlich fixierter Führungsgrundsätze, als auch die Wahrnehmung bzw. Einschätzung eines bestimmten Sachverhalts (Beispielitem: „Durch unsere Arbeitszeitregelungen können sich die Mitarbeiter ihre Zeit für Lernen selbst einteilen"). Im Inventar werden drei Itemtypen verwendet:

- *Einzelitems* sind als Feststellung (Statements) formuliert und sollen Einstellungen und Meinungen zu lernförderlichen Bedingungen und Maßnahmen im Unternehmen erfassen.
- *Checklistenitems* fragen ergänzend zu einzelnen Items mehrere für die Thematik relevante Inhalte ab. Hier geht es zum Beispiel um die Frage, welche Maßnahmen zur Erfassung des Lernbedarfs Anwendung finden. Jede einzelne Maßnahme wird mit „vorhanden ja/nein" bewertet. Diese Items haben eine Art Check-

listencharakter, der es ermöglicht, den aktuellen Ist-Zustand der Maßnahmen zu bestimmen.

- *Gesamtitems* enthalten zum Abschluss ein Item, in dem in Form einer Gesamtabfrage erfasst wird, ob die in der Subdimension angesprochene organisationsbezogene Bedingung oder Maßnahme lernunterstützend gestaltet ist. Dies dient dazu, die Lernförderlichkeit bestimmter Rahmenbedingungen und Maßnahmen im Unternehmen umfassender und direkter abzufragen.

Die Einzelitems, die den Großteil der Items ausmachen, sowie die Gesamtitems des Lernkulturinventars werden mittels einer Likert-Skala beantwortet. Sie enthält 5 Antwortkategorien von „trifft gar nicht zu" über „trifft teilweise zu" bis „trifft völlig zu". Die Checklistenitems haben ein dichotomes Antwortformat mit den Kategorien „ja" und „nein".

Dimensionen des Lernkulturinventars

Das LKI geht von einem breiten Verständnis von Lernkultur aus. Bei der Ableitung der Dimensionen wurde eine umfassende Recherchearbeit zu inhaltlich ähnlichen und verwandten theoretischen Konzepten und Konstrukten aus der Organisations-, Führungs- und Personalforschung sowie zur Lern- und Trainingsforschung geleistet (vgl. zusammenfassend Sonntag et al., 2005).

Nachfolgend werden Dimensionen und Subdimensionen des LKI (vgl. Tabelle 2) und zugrunde liegende Annahmen ihrer Operationalisierung diskutiert und durch Beispiele aus der Mitarbeiterversion veranschaulicht.

Tabelle 2: Dimensionen und Konsistenzen der Mitarbeiter- und Expertenversion des LKI (Sonntag et al., 2005)

	Dimensionen/Subdimensionen	**Mitarbeiter-version** Itemzahl (interne Konsistenz[1])	**Experten-version** Itemzahl (interne Konsistenz[1])
I	Lernen als Teil der Unternehmensphilosophie	10 (.82)	15 (.92)
	– Lernorientierte Leitlinien	5 (.88)	9 (.94)
	– Erwartungen an lernende Mitarbeiter	5 (.68)	6 (.70)
II	Rahmenbedingungen für Lernen im Unternehmen	15 (.58)	19 (.75)
	– Organisationsstrukturen	3 (nb)	6 (.57)
	– Entgelt- und Anreizsysteme	4 (.65)	4 (.63)
	– Arbeitszeitregelungen	4 (.62)	5 (.64)
	– Lernen in Veränderungsprozessen	4 (.71)	4 (.80)

Tabelle 2: Fortsetzung

	Dimensionen/Subdimensionen	**Mitarbeiter-version** Itemzahl (interne Konsistenz[1])	**Experten-version** Itemzahl (interne Konsistenz[1])
III	Aspekte der Personalentwicklung	11 (.91)	27 (.87)
	– Reichweite und Nutzung von PE-Maßnahmen	4 (.83)	8 (.72)
	– Unterstützung durch PE	2 (nb)	nz
	– Erfassung des Lernbedarfs	3 (.76)	nz
	– Überprüfung der Qualität von PE	2 (nb)	8 (.79)
	– Stellenwert der PE	nz	5 (.74)
	– Strategische Ausrichtung	nz	6 (.82)
IV	Formalisierung der Kompetenzentwicklung	5 (.46)	10 (.74)
V	Lernatmosphäre und Unterstützung durch Kollegen	10 (.87)	nz
VI	Lernorientierte Führungsaufgaben	14 (.92)	16 (.86)
VII	Information und Partizipation	15 (.77)	22 (.83)
	– Informationswege und Möglichkeiten	5 (.83)	7 (nb)
	– Einflussmöglichkeiten bei der Gestaltung von Lernen und PE	3 (nb)	4 (.77)
	– Lernen durch Wissensaustausch	4 (.60)	11 (.75)
	– Interne Netzwerke zum Lernen und Wissensaustausch	3 (nb)	nz
VIII	Wissensaustausch des Unternehmens mit der Umwelt	7 (.88)	12 (.83)
IX	Lern- und Entwicklungsmöglichkeiten im Unternehmen	22 (.88)	31 (.88)
	– Lernformen im Unternehmen	16 (.74)	24 (.82)
	– Anwendung des Gelernten und Transfersicherung	6 (.82)	7 (.76)

Anmerkungen: [1] Cronbachs Alpha-Werte, nb = nicht berechnet, nz = nicht zutreffend

Lernen als Teil der Unternehmensphilosophie. Annahme: Eine lernorientierte Unternehmensphilosophie formuliert Leitlinien und Erwartungen an das Lernverhalten ihrer Fach- und Führungskräfte. Konkrete Inhalte betreffen Ziele für das Lernen on- und off-the-job, die Bedeutung individueller Verantwortung für Lernen und Kompetenzentwicklung, Art und Weise des von Mitarbeitern geforderten Lernverhaltens, Zugänglichkeit zu Wissen im Unternehmen oder die

Bereitschaft des Unternehmens, aus individuellen Lernerfahrungen und auch aus Fehlern zu lernen.

Entscheidend ist, dass die Unternehmensphilosophie tatsächlich gelebt wird und nicht zur pädagogischen Leerformel verkommt. Dies gelingt nur durch professionelle Information der Mitarbeiter und Führungskräfte, die ihre Vorbild- und Multiplikatorenfunktion wahrnehmen sowie die Umsetzung normativer Vorgaben in strategische Prozesse, insbesondere im Bereich des HR-Managements und der Personalentwicklung (Schöni, 2001).

Operationalisierung: Die Subdimensionen „Lernorientierte Leitlinien" (Beispielitem: „Die lernorientierten Leitlinien werden bei uns tatsächlich gelebt") und „Erwartungen an lernende Mitarbeiter" (Beispielitem: „Das Unternehmen stellt deutliche Erwartungen an uns Mitarbeiter in Bezug auf unser Lernen und unsere Kompetenzentwicklung") dienen der Erfassung der lernorientierten Unternehmensphilosophie im LKI.

Rahmenbedingungen für Lernen im Unternehmen. Annahme: Organisationsstrukturen, Entgeltgestaltung und Regelungen der Arbeitszeit sind Rahmenbedingungen, die Lernen im Unternehmen fördern oder beeinträchtigen können.

Lernförderliche Organisationsstrukturen zeichnen sich durch flache Hierarchien mit modularisierten, eigenverantwortlich agierenden Organisationseinheiten, ausgeprägte Mitwirkungsmöglichkeiten der Mitarbeiter, funktionierende Informationsstrukturen, eine gute Vernetzung mit internen und externen Kooperationspartnern sowie einen geringen Grad von Zentralisierung aus (Shipton, Dawson, West & Patterson, 2002; Sonntag & Stegmaier, 2007). Eigenverantwortliche Organisationseinheiten motivieren Mitarbeiter durch vollständige und ganzheitliche Aufgaben. Partizipation und Selbstorganisation, Projektgruppen und abteilungsübergreifende Teams ermöglichen Gruppenlernen, erweiterte Verantwortungs- und Entscheidungsspielräume fördern die Entwicklung methodischer und personaler Kompetenzen und flache Strukturen erleichtern den Austausch von Wissen und Information.

Die Entgeltgestaltung ist durch eine zunehmende Leistungsorientierung und verstärkte Flexibilisierung und Individualisierung gekennzeichnet. Neben der Leistung beginnen sich Kompetenz, Wissen sowie Lern- und Entwicklungsfähigkeiten als Maßstäbe für die Entgeltgestaltung zu etablieren (vgl. Ulich, 2006). In Zielvereinbarungsgesprächen werden daher verstärkt neben Leistungszielen auch Ziele für die Kompetenzentwicklung gemeinsam von Führungskraft und Mitarbeiter formuliert, die idealerweise durch eine Zertifizierung von Kompetenzen mess- und diskutierbar werden (vgl. Muck & Sonntag, 2007).

Auch bei der Gestaltung der Arbeitszeit hat die Flexibilisierung höchste Priorität, um Schwankungen des Gleichgewichts von Nachfrage und verfügbarer Kapazität gezielt ausgleichen zu können (Sonntag, Frieling & Stegmaier, 2012). Die explizite Formulierung von Lernzeiten, die Einrichtung entsprechender Konten sowie eine Regelung der Lernzeiten im Rahmen der Arbeitszeitpolitik sind wichtige Rahmenbedingungen, damit Lernzeiten angesichts von erhöhtem Arbeitsdruck nicht vernachlässigt werden (Frieling, Bernard & Grote, 1999; Seifert, 2003).

Operationalisierung: Die Rahmenbedingungen für Lernen im Unternehmen werden im LKI durch die Skalen „Organisationsstrukturen" (Beispielitem: „Es ist lernförderlich, dass die Hierarchien bei uns eher flach sind"), „Entgelt- und Anreizsysteme" (Beispielitem: „Das Unternehmen motiviert uns zum Lernen, indem es uns Entwicklungsmöglichkeiten im Unternehmen anbietet"), „Arbeitszeitregelungen" (Beispielitem: „Während meiner Arbeit habe ich Zeit, mich mit Kollegen auszutauschen") sowie „Lernen in Veränderungsprozessen" (Beispielitem: „Wir Mitarbeiter werden in Veränderungsprozessen auf neue Arbeiten und Aufgaben ausreichend vorbereitet") erfasst.

Aspekte institutionalisierter Personalentwicklung. Annahme: Die Personalentwicklung in einer gelebten Lernkultur verfolgt sowohl eine strategieerfüllende Perspektive, d. h. sie unterstützt den Aufbau der für die Umsetzung der Unternehmensstrategien erforderlichen Kompetenzen, als auch eine strategiegestaltende Perspektive, indem sie durch den gezielten Aufbau von Kompetenzen neue Wege der Arbeitsorganisation und Wertschöpfung ermöglicht. Hierzu benötigt die Personalentwicklung eine Strategie mit normativen Grundsätzen, Entwicklungszielen, bevorzugten Methoden und Instrumenten sowie klar geregelten Verantwortlichkeiten aller Beteiligten (vgl. Schöni, 2001; Schaper et al., 2003).

Konkrete Ziele der Personalentwicklung in einer Lernkultur sind es, die Kompetenzentwicklung der Mitarbeiter zu fördern, arbeitsbezogene Lernformen verstärkt neben traditionellen Weiterbildungsangeboten zu verankern, Eigenverantwortung und Selbstorganisation der Mitarbeiter für ihre Kompetenzentwicklung zu stärken und die Organisationsmitglieder am Lernprozess partizipieren zu lassen. Diese anspruchsvollen Ziele fordern eine systematisch agierende Personalentwicklung mit einer fundierten Bedarfserfassung auf den Ebenen Organisation, Tätigkeit, Person, eine durchdachte Gestaltung und Realisierung von Maßnahmen, ausreichende Evaluation, Qualitätskontrollen und Transfersicherung sowie die strategische Einbettung der Personalentwicklung in die Unternehmensplanung (Schöni, 2001; Sonntag, 2004).

Operationalisierung: Lernrelevante Aspekte der Personalentwicklung werden in der Mitarbeiterversion des LKI durch die Skalen „Reichweite und Nutzung von PE-Maßnahmen" (Beispielitem: „Uns steht ein umfangreiches Weiterbildungsangebot zur Verfügung"), „Unterstützung durch PE" (Beispielitem: „Für uns Mitarbeiter gibt es konkrete Ansprechpartner in der Personalentwicklung"), „Erfassung des Lernbedarfs" (Beispielitem: „Bei der Bestimmung meines Lernbedarfs wird auch darauf geachtet, welche Anforderungen zukünftig an mich gestellt werden") sowie „Überprüfung der Qualität von PE" (Beispielitem: „Die PE-Maßnahmen, an denen ich teilnehme, werden regelmäßig im Hinblick auf Gestaltung, Inhalte und Durchführung überprüft") erfasst.

Formalisierung der Kompetenzentwicklung. Annahme: Stellenbeschreibungen mit Kompetenzprofilen unterstützen eine systematische Personalentwicklung (Sonntag & Schaper, 2004). Gerade im Hinblick auf Nachfolgeplanungen oder Job-Rotationen dienen aussagekräftige Stellenbeschreibungen als wichtige Orientierungshilfe bei der Auswahl geeigneter Mitarbeiter bzw. bei der Festlegung vorbereitender Qualifizierungsschritte. Die Zertifizierung von Kompetenzen, die im Rahmen der Arbeit erworben wurden, fördert eine professionelle Kompetenzentwicklung.

Operationalisierung: Mit dem LKI werden Dokumente, Formulare und Zertifikate institutionalisierter PE erfasst (Beispielitem: „Das Unternehmen zertifiziert in der Arbeitstätigkeit erworbene Kompetenzen").

Lernatmosphäre und Unterstützung durch Kollegen. Annahme: Sowohl aus der Forschung zum arbeitsbezogenen Lernen wie auch zu transferförderlichen Bedingungen des Arbeitsumfelds ist bekannt, dass eine geeignete Lernatmosphäre sowie die Unterstützung durch Kollegen Lernprozesse fördern (Tannenbaum et al., 2010).

Operationalisierung: Das LKI bezieht sich in diesem Zusammenhang auf Themen wie gegenseitige Hilfe, Teilen von Erfahrungen, Ermutigen zum Ausprobieren neuer Dinge oder auch den konstruktiven Umgang mit Kritik (Beispielitem: „Meine Kollegen lassen mich an ihren Erfahrungen teilhaben").

Lernorientierte Führungsaufgaben. Annahme: Die Führungskraft spielt eine wichtige Rolle bei der Gestaltung einer Lernkultur. Zum einen als Multiplikator, der lernbezogene Werte, Erwartungen und Einstellungen vermittelt, andererseits auch durch die konkrete Unterstützung der Mitarbeiter beim Lernen. Die Führungskraft fördert die Selbstentwicklung ihrer Mitarbeiter, indem sie Lernmöglichkeiten bei der Arbeit aufzeigt, Feedback und konstruktive Kritik vermittelt und Lob und Anerkennung ausspricht (vgl. Wunderer, 2003). Das Mitarbeitergespräch bzw. Zielvereinbarungsgespräch ist ein zentrales Instrument zur Unterstützung der lernorientierten Führungsaufgaben (Comelli & Rosenstiel, 2001; Muck & Sonntag, 2007). Das Thema Lernen sollte in die Führungsgrundsätze eines Unternehmens integriert sein, sodass Führungsziele und Führungsaufgaben konkret auf die Förderung von Lernen bezogen sind.

Operationalisierung: Mit dem LKI können vielfältige Aspekte des lernorientierten Führungsverhaltens bestimmt werden wie beispielsweise Modellverhalten und Vorbildwirkung der Führungskraft, die Übertragung herausfordernder Aufgaben, das Vereinbaren von Lern- und Entwicklungszielen mit dem Mitarbeiter, das Durchführen regelmäßiger Feedbackgespräche oder auch die Beratung zum Angebot der Personalentwicklungsmaßnahmen (Beispielitem: „Ich erarbeite gemeinsam mit meiner Führungskraft Lern- und Entwicklungsziele").

Information und Partizipation. Annahme: In einer Lernkultur sind Unternehmensleitung und Führungskräfte gefordert, ihre Mitarbeiter in einem Top-down-Prozess mit Informationen zu versorgen. Die einsetzbaren Medien sind vielfältig (u. a. Intranet, Mitarbeiterzeitschrift, Unternehmenskommunikation, Informationsveranstaltungen).

Zusätzlich zur Information der Mitarbeiter muss ein lernförderlicher Wissensaustausch im Unternehmen gestaltet werden. Ansätze zum Wissensmanagement (Kluge & Schilling, 2000; Salas & Rosen, 2010; Sonntag & Stegmaier, 1999) oder zum Wissen in lokalen Praxisgemeinschaften – communities of practice – (Wenger, 1998) bieten wertvolle Gestaltungsimpulse für eine lernorientierte Netzwerkbildung. Ein offener Umgang mit Wissen und die Bereitschaft, Wissen zu teilen, bilden die Grundlage erfolgreicher interner Netzwerke. Informations- und Kommunikationsstrukturen sind so zu gestalten, dass sie einen vertikalen und horizontalen, formellen und informellen Wissensaustausch ermöglichen.

Operationalisierung: Das LKI bezieht sich auf „Informationswege und Möglichkeiten" (Beispielitem: „Ich bin mit den angebotenen Informationsmöglichkeiten zufrieden"), „Einflussmöglichkeiten bei der Gestaltung von Lernen und PE" (Beispielitem: „Die Mitarbeiter werden in grundlegende Entscheidungen im Rahmen der Personalentwicklung miteinbezogen"), „Lernen durch Wissensaustausch" (Beispielitem: „Wir können auf Wissensdatenbanken zugreifen, die im Unternehmen vorhandenes Wissen organisieren und bereitstellen") sowie „Interne Netzwerke zum Lernen und Wissensaustausch" (Beispielitem: „Bei uns gibt es organisierte interne Netzwerke zum Wissens- und Erfahrungsaustausch").

Wissensaustausch des Unternehmens mit der Umwelt. Annahme: Durch Kontakte mit Partnern, Kunden, Lieferanten, Universitäten, Beratungen oder anderen Institutionen wird die Lernoberfläche eines Unternehmens erweitert und interorganisationales Lernen durch einen unternehmensübergreifenden Informations- und Erfahrungsaustauschs angeregt (Baitsch, 1998; Sonntag & Stegmaier, 1999). Offenheit und Vertrauen sowie eine gemeinsame Zielverfolgung sind Voraussetzungen für das Funktionieren übergreifender Netzwerke (Newell & Swan, 2000).

Durch individuelle, gruppenbezogene oder intraorganisationale Lernprozesse kann das neue Wissen in einem nächsten Schritt im eigenen Unternehmen verteilt werden.

Operationalisierung: Das LKI bezieht sich auf Form und Ausmaß der Nutzung von interorganisationalen Netzwerken, den Aufbau neuer Kontakte durch Mitarbeiter oder auch die Zufriedenheit der Mitarbeiter mit den vom Unternehmen angebotenen externen Kontaktmöglichkeiten (Beispielitem: „Das Unternehmen pflegt den Austausch mit Partnern und anderen Firmen").

Lern- und Entwicklungsmöglichkeiten im Unternehmen. Annahme: Dieser Merkmalsbereich beschäftigt sich mit Lernformen im Unternehmen, die Ausdruck einer zeitgemäßen Lernkultur sind. Hierzu zählen arbeitsbezogenes Lernen, informelles Lernen, selbstgesteuertes Lernen, Lernen in Gruppen sowie mediengestütztes Lernen (vgl. ausführlich Kapitel 12 in diesem Buch). Zunehmend findet eine verstärkte Integration von Lernen und Arbeiten statt, sodass Lernangebote off-the-job zunehmend durch Lernen in der Nähe des Arbeitsplatzes (near-the-job) oder am Arbeitsplatz selbst (on-the-job) ergänzt oder gar abgelöst werden (Sonntag & Stegmaier, 2007; Tannenbaum et al., 2010). Arbeitsbezogenes Lernen fördert die Anwendung des Gelernten und unterstützt kontinuierliches und selbstorganisiertes Lernen. Informelles Lernen erfolgt ohne bewusste Lernabsicht implizit bei der täglichen Arbeit.

In einer zeitgemäßen Lernkultur wird von den Fach- und Führungskräften selbstgesteuertes Lernen erwartet, d. h. Mitarbeiter sind gefordert, Verantwortung für ihre Kompetenzentwicklung zu übernehmen, ihre Lernprozesse selbst zu initiieren, zu gestalten und zu steuern. Didaktische Maßnahmen zur Verbesserung der Selbstmanagement-Kompetenz sowie die lernförderliche Gestaltung von Lern- und Arbeitsumgebungen durch das Einräumen von Handlungsspielraum oder Möglichkeiten zum Wissensaustausch unterstützen selbstgesteuertes Lernen (Bergmann, 2001; Schaper & Sonntag, 2007).

In einer ausgeprägten Lernkultur wird das individuelle Lernen durch das Lernen auf Gruppenebene ergänzt, wie es in Experten-Novizen-Gruppen, Communities of Practice oder auch Lernpartnerschaften stattfindet (Kluge & Schilling, 2000; Salas & Rosen, 2010). Neben der Vermittlung von Techniken zum Arbeiten in Gruppen fördern lernförderliche Anreizstrukturen und flexible Arbeitszeitregelungen das gruppenbezogene Lernen.

Computergestütztes Lernen kann Eigenaktivität und Selbststeuerung der Mitarbeiter fördern, vorausgesetzt das mediale Lernen wird vom Unternehmen sinnvoll in ein Gesamtkonzept der Mitarbeiterförderung integriert. Hierzu zählt der flankierende Einsatz vorbereitender, begleitender und nachbereitender Maßnahmen wie das Vereinbaren von Lernzielen und Lernzeiten oder die Kombination des computergestützten Lernens mit gruppenbezogenen Lernformen (Schaper et al., 2003; Schaper & Konradt, 2004).

Operationalisierung: Das LKI erlaubt eine Erfassung der „Lernformen im Unternehmen" (Beispielitems: „Meine Arbeitstätigkeit ist so gestaltet, dass ich gefordert bin, immer Neues dazuzulernen", „Das Lernen in Seminaren wird bei uns zunehmend durch Lernen mit neuen Medien ersetzt") und bezieht sich auch explizit auf die Frage der „Anwendung des Gelernten und Transfersicherung" (Beispielitem: „Meine Führungskraft unterstützt mich beim Anwenden des Gelernten in meiner Arbeit, indem sie mir dazu Feedback gibt").

Erprobungsstudien und Gütekriterien des LKI

Zur Überprüfung der Reliabilität und Validität des LKI wurden verschiedene Studien sowohl mit der Experten- als auch der Mitarbeiterversion durchgeführt. In einer Studie zur Reliabilität und Validität der Expertenversion (Schaper, Friebe, Wilmsmeier & Hochholdinger, 2006) wurde eine Stichprobe von 105 Experten, die sich aus Personalentwicklern, Personalverantwortlichen und Weiterbildungsverantwortlichen unterschiedlicher Unternehmen zusammensetzt, untersucht. Die Experten stammen aus Unternehmen, die den Branchen Produktion (24 %), Informationstechnologie (25 %), Verwaltung (22 %) und Dienstleistung (29 %) zugeordnet werden können. Die Anzahl der Mitarbeiter pro Unternehmen variierte von 80 bis zu 200.000 Mitarbeitern.

Die Überprüfung der internen Konsistenzen der Dimensionen ergab Werte im Bereich von .74 bis .92. Damit sind die Reliabilitäten auf Dimensionsebene als gut bis sehr gut zu bewerten. Auch die Reliabilitäten der Subdimensionen liegen in einem überwiegend zufriedenstellenden Wertebereich (.57 bis .94).

Zur Überprüfung der Validität wurden die Experteneinschätzungen im Hinblick auf Branchenunterschiede hypothesengeleitet miteinander verglichen. Die Ergebnisse der Vergleichsstudie zeigen, dass die Annahmen in Bezug auf Branchenunterschiede bei der Ausprägung von unternehmensbezogenen Lernkulturen in weiten Teilen bestätigt werden konnten. So zeichnet sich besonders die Verwaltungsbranche in den Bereichen strategische und qualitative Personalentwicklung und in Bezug auf die Rolle der Führungskraft beim Lernen der Mitarbeiter durch eine eher restriktive, lernhinderliche Ausprägung aus. Eine mehr förderlich ausgeprägte Lernkultur ist vor allem in den Dienstleistungsunternehmen festzustellen, was möglicherweise darauf zurückgeführt werden kann, dass die in höherem Maße vorhandene Kundennähe und -orientierung eine stärker ausgeprägte Mitarbeiterförderung erfordert. Damit liegen erste Hinweise zur Validität der LKI-Expertenversion zur Erfassung von Lernkulturmerkmalen vor.

In einer Studie von Friebe (2005) wurde zunächst die Reliabilität (interne Konsistenz) der Skalen der LKI-Mitarbeiterversion analysiert. Darüber hinaus wurde die kriteriumsbezogene Validität der Mitarbeiterversion anhand der Fragestellung, ob organisationale Lernkulturmerkmale Aspekte der Kompetenzentwicklung vorhersagen können, untersucht. Hierzu wurden 112 Beschäftigte aus Produktions- und Dienstleistungsunternehmen mithilfe der Mitarbeiterversion des LKI und einem Instrument zur Selbsteinschätzung beruflicher Kompetenzen befragt. Die Überprüfung der internen Konsistenzen der Hauptdimensionen ergab Werte im Bereich von .46 bis .92 und für die Subdimensionen Werte im Bereich von .60 bis .88. Damit sind die Reliabilitäten der LKI-Mitarbeiterversion als teilweise nicht ganz zufriedenstellend bis gut zu bewerten. Im Hinblick auf die Fragestellung zur Überprüfung der kriteriumsbezogenen Validität zeigten sich substanzielle Zusammenhänge (.21 bis .39) bzw. Vorhersagekoeffizienten (.19) der Lernkulturmerkmale auf die Kompetenzentwicklung sowohl in Bezug auf den Gesamtwert als auch in Bezug auf die untersuchten Teilkompetenzen.

In einer weiteren Validierungsstudie (Schaper et al., 2008) wurde analysiert, inwieweit formelle und informelle Weiterbildungsaktivitäten aus einer breit gestreuten Stichprobe von 287 Mitarbeitern aus Produktions- und Dienstleistungsunternehmen mithilfe der LKI-Mitarbeiterversion vorhergesagt werden können. Dabei zeigte sich, dass insbesondere die Skalen zum „Lernen als Teil der Unternehmensphilosophie“, zu „Aspekten der Personalentwicklung“, zu „Lern- und Entwicklungsmöglichkeiten im Unternehmen“ sowie zum „Wissensaustausch des Unternehmens mit der Umwelt“ das formelle und informelle Weiterbildungsverhalten der befragten Mitarbeiter substanziell vorhersagen (β =.14 bis .26). Die Zusammenhänge zwischen Lernkulturmerkmalen und Weiterbildungsverhalten werden dabei partiell über Facetten der Weiterbildungsmotivation mediiert. In einer Studie, in der das informelle, arbeitsplatzbezogene Weiterbildungsverhalten mithilfe einer Tagebuchmethodik über 8 Wochen erfasst wurde, konnte darüber hinaus gezeigt werden, dass eine „lernorientierte Führung der Mitarbeiter“ und der „interne und externe Wissensaustausch“ bedeutsame Prädiktoren des informellen Weiterbildungsverhaltens darstellen (Fromme-Ruthmann, 2013).

Insgesamt zeigt sich anhand dieser Ergebnisse, dass das Lernkulturinventar ein sowohl reliables als auch valides Instrument zur Erfassung von organisationalen Lernkulturaspekten darstellt, mit dem Aspekte des Weiterbildungsverhaltens und der Kompetenzentwicklung von Organisationsmitgliedern substanziell vorhergesagt werden können.

4.2 Das Qualitätskulturinventar (QKI)

Eine weitere lern- und entwicklungsrelevante Kulturfacette, die der Qualität, beschreibt und diagnostiziert das Qualitätskulturinventar (QKI; Sattler & Sonntag, submitted; Sattler, Sonntag & Götzen, 2016).

Zielsetzung

In Anlehnung an Edgar Schein (2010), der das vielbemühte Eisbergmodell („iceberg metaphor") zur Erklärung von Organisationskultur aufgriff, setzt sich dieses Konstrukt zusammen aus

- Artefakten (der kleinere Teil), als sicht- und erfassbare Strukturen, Normen und Verhaltensweisen einer Organisation und ihrer Mitglieder,
- bekundeten kollektiven Werten und Überzeugungen („sense of what ought to be") und
- impliziten Grundannahmen, die bestimmte Denkprozesse und Handlungen beim Einzelnen oder der Gruppe auslösen.

Bezogen auf das Konzept der *Qualitätskultur* bedeutet das über vorhandene Qualitätssicherungsinstrumente hinaus, das Qualitätsbewusstsein der Organisationsmitglieder, deren Einstellungen sowie geteilten Werte im Hinblick auf Qualität zu erfassen. Gerade im Zusammenhang mit Lernen und Kompetenzentwicklung sowie der Durchführung und Evaluierung von Förder- und Gestaltungsmaßnahmen spielt deren Qualität eine zentrale Rolle.

Das *Qualitätskulturinventar* (QKI; Sattler, Sonntag & Götzen, 2016) wurde im Rahmen eines dreijährigen Projektes entwickelt mit dem Ziel, die Qualität und Leistungsfähigkeit von Hochschulen in Lehre, Forschung und den zentralen Servicebereichen mittel- und langfristig zu sichern und zu stärken (Projektförderung: Ministerium für Wissenschaft, Forschung und Kunst Baden-Württemberg). Ein aufwandsökonomischer Einsatz des QKI soll den Qualitätsstatus diagnostizieren und Stärken sowie Entwicklungspotenziale identifizieren.

Entwicklungsarbeiten

Eine zunächst durchgeführte umfangreiche Recherche aktueller internationaler Studien (Zeitraum 1997 bis 2012) zeigte, dass sich bislang nur eine geringe Zahl von Forschungsprojekten auf das Konzept der Qualitätskultur im Allgemeinen und im Hochschulkontext im Speziellen bezieht. Es konnten nur 21 (von 786) empirische Studien identifiziert werden, die die Konstrukte Qualitätskultur und Qualität operationalisierten. Lediglich drei Studien befassten sich mit dem Konstrukt der Qualitätskultur. Neben empirischen Studien finden sich in der Literatur vor allem qualitativ ausgerichtete Pilotprojekte der European University Association (EUA), die sich dem Thema Qualitätskultur im Rahmen eines diskursiven Prozesses unter europäischen Hochschulen annäherten (vgl. European

University Association, 2006; Loukkola & Zhang, 2010; Sursock, 2011; Vettori, 2012). In diesem Zusammenhang wurde die Definition der EUA zur Qualitätskultur entwickelt (vgl. Infobox 1).

Infobox 1: Begriff der Qualitätskultur (EUA, 2006, S. 10)

„Quality Culture refers to an organisational culture that intends to enhance quality permanently and is characterised by two distinct elements: on the one hand, a cultural/psychological element of shared values, beliefs, expectations and commitment towards quality and, on the other hand, a structural/managerial element with defined processes that enhance quality and aim at coordinating individual efforts."

Im Anschluss an die Literaturrecherche wurden 41 explorative Experteninterviews durchgeführt, um die theoretischen Annahmen und mögliche Dimensionen eines vorläufigen Arbeitsmodells zu diskutieren. Ein weiterer inhaltlicher Fokus betraf die Bestimmung förderlicher und hinderlicher Faktoren hinsichtlich der Entwicklung von Qualitätskultur. Als Interviewpartner fungierten nationale sowie internationale Experten aus Hochschulforschung und -praxis. Die Gespräche wurden aufgezeichnet, transkribiert und systematisch ausgewertet. Auf dieser Grundlage wurde dann das vorläufige Arbeitsmodell teilweise modifiziert und in das *finale Qualitätskulturmodell* (vgl. Abbildung 1) überführt.

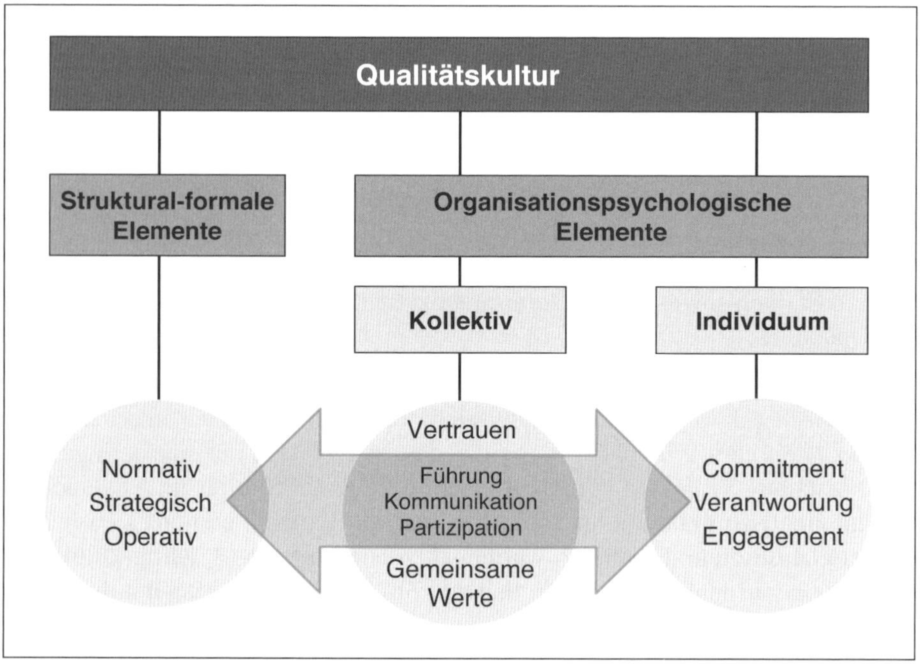

Abbildung 1: Finales Modell zur Erfassung von Qualitätskultur (Sattler, Sonntag & Götzen, 2016)

Demnach setzt sich Qualitätskultur aus struktural-formalen und organisationspsychologischen Elementen zusammen. Struktural-formale Elemente finden sich auf einer normativen, strategischen und operativen Ebene der Qualitätssicherung. Als organisationspsychologische Elemente werden kollektive und individuumsbezogene Merkmale differenziert.

Unter *kollektiven Merkmalen* sind mehrere Qualitätskulturdimensionen zusammengefasst, die in den Studien und Experteninterviews für die gemeinsame Entwicklung einer Qualitätskultur von zentraler Bedeutung sind. Hierzu zählen Führung, Partizipation und Kommunikation, die durch Vertrauen und gemeinsame Werte unter den Organisationsmitgliedern unterstützt werden. *Individuumsbezogene Aspekte* beschreiben dagegen Elemente einer Qualitätskultur, die auf individueller Ebene verankert sind. Im Einzelnen handelt es sich hierbei um Commitment, Engagement und Verantwortungsbewusstsein jedes einzelnen Organisationsmitglieds gegenüber Qualität.

Es ist anzunehmen, dass die beschriebenen Qualitätskulturdimensionen nicht unabhängig voneinander existieren, sondern in einem dynamischen Zusammenhang stehen. Entsprechend sind die Bereiche Führung, Kommunikation und Partizipation im Modell in Form eines Pfeils dargestellt, der die struktural-formale Ebene mit der Ebene des Individuums in Beziehung setzt. So ist beispielsweise davon auszugehen, dass normativ verortete Qualitätsziele adäquat kommuniziert werden müssen, um jedes Individuum einer Organisation zu erreichen.

Struktur und Aufbau des QKI

Das Qualitätskulturinventar besteht aus zwei selbstständigen Befragungseinheiten:
- struktural-formaler Fragebogen
- organisationspsychologischer Fragebogen

Zur Operationalisierung der struktural-formalen Ebene wurde ein Fragebogen mit 73 Items entwickelt, der sich an die Qualitätssicherungsexperten der befragten Hochschulen richtet (siehe Tabelle 3). Die Items wurden auf der Grundlage einer umfassenden Literaturrecherche zu normativen, strategischen und operativen Aspekten der Qualitätssicherung im Hochschulkontext erstellt.

Im Rahmen von standardisierten Interviews wird erfragt, inwiefern normative (z. B. Qualitätsziele, Evaluationsordnung), strategische (z. B. Zuständigkeiten) und operative Elemente (z. B. Evaluationsinstrumente) der Qualitätssicherung bereits in den verschiedenen Kernbereichen der jeweiligen Hochschule implementiert sind. Das übergeordnete Ziel dieser Befragung besteht darin, den Status quo der Qualitätssicherung bzw. des Qualitätsmanagements zu ermitteln, um Potenziale zur struktural-formalen Qualitätsentwicklung aufzeigen zu können.

Tabelle 3: Operationalisierung der struktural-formalen Elemente des QKI

Bereich	Dimensionen der Qualitätssicherung (Auszug)	Items
Informationen zur Hochschule	– Stellenwert	13
Hochschulstrukturen	– Zuständigkeiten	17
Studium und Lehre	– Qualitätsziele	14
Forschung	– Qualitätssicherungskonzept	9
Wissenschaftlicher Nachwuchs	– Instrumente	9
Verwaltung und Service	– Evaluation	11
Gesamt		**73**

Zur Operationalisierung der organisationspsychologischen Ebene wurde auf Basis der systematischen Literaturrecherche sowie der Experteninterviews ein weiterer Fragebogen mit 45 Items entwickelt, der sich an sämtliche Mitglieder einer Hochschule richtet (siehe Tabelle 4).

Tabelle 4: Operationalisierung der organisationspsychologischen Elemente des QKI

Bereich	Dimensionen der Qualitätskultur	Items	Cronbachs α
Individuum	– Commitment	4	.603
	– Engagement	4	.696
	– Verantwortung	4	.358
Kollektiv	– Führung	12	.935
	– Kommunikation	9	.871
	– Partizipation	4	.716
	– Gemeinsame Werte	4	.772
	– Vertrauen	4	.734
Gesamt		**45**	

Hiervon beziehen sich jeweils 4 Items auf die individuumsbezogenen Aspekte Commitment, Verantwortung und Engagement. Der kollektiv verortete Bereich der Führung wird anhand von 12 Items abgebildet, während der Bereich der

Kommunikation 9 Items umfasst. Jeweils 4 Items sind den kollektiven Dimensionen Partizipation, Gemeinsame Werte und Vertrauen zugeordnet. Im Rahmen des Fragebogens wird der Grad der Zustimmung zu verschiedenen Aussagen erfasst (6-stufige Antwortskala von „trifft gar nicht zu" bis „trifft völlig zu"). Zur Beantwortung relevanter wissenschaftlicher und praktischer Fragestellungen wurden bei der Konstruktion des Fragebogens außerdem demografische Angaben (z. B. Alter, Geschlecht), sowie potenzielle Moderator- und abhängige Variablen (z. B. Gewissenhaftigkeit, Zufriedenheit mit der Qualitätskultur) berücksichtigt, sodass der gesamte organisationspsychologische Fragebogen aus 97 Items besteht (Dauer der Bearbeitung des Online-Fragebogens: ca. 20 Minuten).

Erprobungsstudie und Gütekriterien

Das QKI wurde anhand einer Pilotstudie ($N = 93$) hinsichtlich seiner Gütekriterien überprüft und geringfügig überarbeitet. An der anschließenden Haupterhebung nahmen insgesamt 789 Mitarbeiter von drei Hochschulen teil, wobei sämtliche Zielgruppen (Hochschulleitung, Professoren, akademische Mitarbeiter sowie Sekretariats-, Verwaltungs- und Servicemitarbeiter) vertreten waren. Die Güte des Fragebogens und die inhaltliche Struktur wurden im Rahmen der Haupterhebung anhand einer explorativen sowie konfirmatorischen Faktorenanalyse bestätigt (vgl. Sattler & Sonntag, submitted).

Sämtliche statistische Kennwerte sprechen für die Güte und Belastbarkeit des Modells, womit die empirische Fundierung des organisationspsychologischen Fragebogens insgesamt bestätigt werden konnte.

5 Fazit

Im Beitrag wurde die Bedeutung der Organisationsdiagnose zur Identifikation lern- und entwicklungsrelevanter Rahmenbedingungen für eine fundierte Bedarfsanalyse herausgestellt. Eine Vielzahl von Verfahren mit unterschiedlichem theoretischen Hintergrund, inhaltlicher Ausrichtung und methodischer Qualität liegt vor. Damit der Organisationsdiagnostiker eine sinnvolle Auswahl treffen oder sich für eine Eigenentwicklung entscheiden kann, muss zunächst ein Rahmenmodell formuliert werden, das klar spezifiziert, welche Variablen und Zusammenhänge für die Fragestellung der Organisationsdiagnose von Bedeutung sind. Letztlich muss bei der Entscheidung für ein Vorgehen und ein Verfahren immer auch eine Abwägung wissenschaftlicher und praktischer Erfordernisse und Interessen stattfinden. Ein solches Abwägen fordert vom Organisationsdiagnostiker gleichermaßen gute Kenntnisse über existierende Verfahren und deren

Vor- und Nachteile wie ein vertieftes Verständnis der Situation und Zielsetzungen des Auftraggebers einer Organisationsdiagnose. Dies impliziert, dass es sich bei der Durchführung einer Organisationsdiagnose zwar um ein Standardvorgehen handelt, jede Organisationsdiagnose weist aber Besonderheiten auf, die vom Diagnostiker einen Balance-Akt zwischen allgemeinen Vorgehensweisen und spezifischen Anpassungen, zwischen methodischen Standards und pragmatischen Erfordernissen, fordern.

Um eine aussagekräftige Bedarfsermittlung personaler Förder- und Entwicklungsmaßnahmen zu erreichen, müssen weitere Informationen über Tätigkeitsmerkmale (via Arbeitsanalyse und Kompetenzmodelle, siehe Kapitel 10 in diesem Buch) und personenbezogene Merkmale (via Leistungs- und Potenzialbeurteilung, siehe Kapitel 11 in diesem Buch) gesammelt und aufbereitet werden.

Literatur

Alderfer, C. P. (2011). *The practice of organizational diagnosis. Theory and methods*. New York, NY: Oxford University Press.

Arnold, J. & Randall, R. (2010). *Work Psychology. Understanding Human Behaviour in the Workplace*. Harlow: Pearson.

Arthur, W., Bennett, W., Stanush, P. L. & McNelly, T. L. (1998). Factors that influence skills decay and retention: a quantitative review and analysis. *Human Performance, 11,* 79–86. http://doi.org/10.1207/s15327043hup1101_3

Baer, M. & Frese, M. (2003). Innovation is not enough: climates for initiative and psychological safety, process innovations and firm performance. *Journal of Organizational Behavior, 24,* 45–68. http://doi.org/10.1002/job.179

Baitsch, C. (1998). Lernen im Prozess der Arbeit – zum Stand der internationalen Forschung. In Arbeitsgemeinschaft Qualifikations-Entwicklungs-Management (Hrsg.), *Kompetenzentwicklung, 98* (S. 269–337). Münster: Waxmann.

Bates, R. A., Kauffeld, S. & Holton, E. F. III (2007). Examining the factor structure and predictive ability of the german-version of the learning transfer systems inventory. *Journal of European Industrial Training, 31,* 195–211. http://doi.org/10.1108/03090590710739278

Batram, D., Foster, J., Lindley, P. A., Brown, A-K. & Nixon, S. (1993). *Learning Climate Questionaire (LCQ): Background and Technical Information*. Oxford: Employment Service and Newland Park Associates Limited.

Beier, M. E. & Kanfer, R. (2010). Motivation in Training and Development: A Phase Perspective. In S. W. J. Kozlowski & E. Salas (Eds.), *Learning, Training, and Development in Organizations* (pp. 65–97). New York, NY: Routledge.

Bergmann, B. (2001). Arbeitsimmanente Kompetenzentwicklung. In B. Bergmann, A. Fritsch, P. Göpfert, F. Richter, B. Wardanjan & S. Wilczek (Hrsg.), *Kompetenzentwicklung und Berufsarbeit* (S. 11–40). Münster: Waxmann.

Blume, B. D., Ford, J. K, Baldwin, T. T. & Huang, J. L. (2010). Transfer of training: A meta-analytic review. *Journal of Management, 36,* 1065–1105. http://doi.org/10.1177/0149206309352880

Borg, I. (2015). *Mitarbeiterbefragungen in der Praxis.* Göttingen: Hogrefe.

Bungard, W., Müller, K. & Niethammer, C. (2007). *Mitarbeiterbefragung – was dann ...? MAB und Folgeprozesse erfolgreich gestalten.* Heidelberg: Springer. http://doi.org/10.1007/978-3-540-47841-6

Camman, C., Fichman, M., Jenkins, G. D. & Klesh, J. R. (1983). Assessing the attitudes and perceptions of organizational members. In S. E. Seashore, E. E. Lawler, P. H. Mirwis & C. Camman (Eds.), *Assessing organizational change* (pp. 71–138). New York, NY: Wiley.

Cohen, D. J. (1990). What motivates trainees. *Training Development Journal, 44* (11), 91–93.

Colquit, J. A., LePine, J. A. & Noe, R. A. (2000). Toward an integrative theory of training motivation: A meta-analytic path analysis of 20 years of research: *Journal of Applied Psychology, 85,* 678–707. http://doi.org/10.1037/0021-9010.85.5.678

Comelli, G. & Rosenstiel, L. von (2001). *Führung durch Motivation: Mitarbeiter für Organisationsziele gewinnen.* München: Vahlen.

Edmondson, A. C., Bohmer, R. M. & Pisano, G. P. (2001). Disrupted routines: Team learning and new technology implementation in hospitals. *Administrative Science Quarterly, 46,* 685–716. http://doi.org/10.2307/3094828

European University Association (EUA). (2006). *Quality culture in European universities: A bottom up approach: Report on the three rounds of the quality culture project 2002*–2006. Brussels: European University Association.

Felfe, J. (2014). Organisationsdiagnose. In H. Schuler & K. Moser (Hrsg.), *Lehrbuch Organisationspsychologie* (4. Aufl., S. 409–455). Bern: Huber.

Ford, J. K., Quiñones, M. A., Sego, D. J. & Sorra, J. S. (1992). Factors affecting the opportunity to perform trained tasks on the job. *Personnel Psychology, 45,* 511–527. http://doi.org/10.1111/j.1744-6570.1992.tb00858.x

Fowlkes, J. E., Salas, E., Baker, D. P., Cannon-Bowers, J. A. & Stout, R. J. (2000). The utility of event-based knowledge elicitation. *Human Factors, 42,* 24–35. http://doi.org/10.1518/001872000779656615

Friebe, J. (2005). *Merkmale unternehmensbezogener Lernkulturen und ihr Einfluss auf die Kompetenzen der Mitarbeiter.* Dissertationsschrift, Fakultät für Verhaltens- und Empirische Kulturwissenschaften der Ruprecht-Karls-Universität Heidelberg.

Frieling, E., Bernard, H. & Grote, S. (1999). Unternehmensflexibilität und Kompetenzerwerb. In Arbeitsgemeinschaft Qualifikations-Entwicklungs-Management (Hrsg.), *Kompetenzentwickung '99. Aspekte einer neuen Lernkultur: Argumente, Erfahrungen, Konsequenzen* (S. 147–202). Berlin: Waxmann.

Fromme-Ruthmann, M. (2013). *Einfluss organisationaler Lernkultur und personaler Aspekte auf die Motivation sowie Art und Ausmaß formeller und informeller Lernaktivitäten in Unternehmen.* Mering: Rainer Hampp Verlag.

Govaerts, N., Kyndt, E., Dochy, F. & Baert, H. (2011). Influence of learning and working climate on the retention of talented employees. *Journal of Workplace Learning, 23* (1), 35–55. http://doi.org/10.1108/13665621111097245

Grossman, R. & Salas, E. (2011). The transfer of training: What really matters. *International Journal of Training and Development, 15,* 103–120. http://doi.org/10.1111/j.1468-2419.2011.00373.x

Hetland, H., Skogstad, A., Hetland, J. & Mikkelsen, A. (2011). Leadership and Learning Climate in a Work Setting. *European Psychologist, 16* (3), 163–173. http://doi.org/10.1027/1016-9040/a000037

Huczynski, A. A. & Lewis, J. W. (1980). An empirical study into the learning transfer process in management training. *Journal of Management Studies, 17,* 227–240. http://doi.org/10.1111/j.1467-6486.1980.tb00086.x

Ilies, R. & Judge, T.A. (2005). Goal regulation across time: The effects of feedback and affect. *Journal of Applied Psychology, 90,* 463–467. http://doi.org/10.1037/0021-9010.90.3.453

Kauffeld, S., Bates, R., Holton, E.F. III & Müller, A.C. (2008). Das deutsche Lerntransfer-System-Inventar (GLTSI): Psychometrische Überprüfung der deutschsprachigen Version. *Zeitschrift für Personalpsychologie, 7,* 50–69. http://doi.org/10.1026/1617-6391.7.2.50

Kleinmann, M. & Wallmichrath, K. (2004). Organisationsdiagnose. In H. Schuler (Hrsg.), *Enzyklopädie der Psychologie: Themenbereich D Praxisgebiete, Serie III Wirtschafts-, Organisations- und Arbeitspsychologie, Band 4 Organisationspsychologie – Gruppe und Organisation* (S. 653–701). Göttingen: Hogrefe.

Kluge, A. & Schilling, J. (2000). Organisationales Lernen und Lernende Organisation – ein Überblick zum Stand von Theorie und Empirie. *Zeitschrift für Arbeits- und Organisationspsychologie, 44* (4), 179–191. http://doi.org/10.1026//0932-4089.44.4.179

Kyndt, E., Raes, E., Dochy, F. & Janssens, E. (2013). Approaches to Learning at Work. Investigating Work Motivation, Perceived Workload, and Choice Independence. *Journal of Career Development, 40* (4), 271–291. http://doi.org/10.1177/0894845312450776

London, M., Larsen, H.H. & Thisted, L.N. (1999). Relationships between feedback and self-development. *Group & Organization Management, 24,* 5–27. http://doi.org/10.1177/1059601199241002

Loukkola, T. & Zhang, T. (2010). *Examining quality culture part I: Quality assurance processes in higher education institutions.* Brussels: European University Association.

Maurer, T.J., Weiss, E.M. & Barbeite, F.G. (2003). A model of involvement in work-related learning and development activity: The effects of individual, situational, motivational and age variables. *Journal of Applied Psychology, 88,* 707–724. http://doi.org/10.1037/0021-9010.88.4.707

Mikkelsen, A. & Gronhaug, K. (1999). Measuring Organizational Learning Climate. A Cross-National Replication and Instrument Validation Study Among Public Sector Employees. *Review of Public Personnel Administration,* 31–44.

Muck, P.M. & Sonntag, Kh. (2007). Zielsetzung-, Beurteilungs- und Feedbackgespräch. In M. Schuler & Kh. Sonntag (Hrsg.), *Handbuch der Arbeits- und Organisationspsychologie* (S. 567–573). Göttingen: Hogrefe.

Nerdinger, F.W. (2014). Organisationsdiagnose. In F.W. Nerdinger, G. Blickle & N. Schaper (Hrsg.), *Arbeits- und Organisationspsychologie* (3. Aufl., S. 133–142). Heidelberg: Springer.

Newell, S. & Swan, J. (2000). Trust and inter-organizational networking. *Human Relations, 53* (10), 1287–1328.

Noe, R.A. (2013). *Employee training and development* (6th ed.). New York, NY: McGraw-Hill.

Pedler, M., Burgoyne, J. & Boydell, T. (1994). *Das lernende Unternehmen. Potentiale freilegen – Wettbewerbsvorteile sichern.* Frankfurt: Campus.

Roberson, L. & Alsua, C.J. (2002). Moderating effects of goal orientation on the negative consequences of gender-based preferntial selection. *Organizational Behavior & Human Decision Processes, 87,* 103–135. http://doi.org/10.1006/obhd.2001.2960

Salas, E. & Rosen, M.A. (2010). Experts at work: Principles for developing expertise in organizations. In S.W.J. Kozlowski & E. Salas (Eds.), *Learning, Training, and Development in Organizations* (pp. 99–134). New York, NY: Routledge.

Salas, E., Tannenbaum, S.J., Kraiger, K. & Smith-Jentsch, K.A. (2012). The science of training and development in organizations: What matters in practice. *Psychological Science in the public interest, 13* (2), 74–101. http://doi.org/10.1177/1529100612436661

Sattler, C. & Sonntag, Kh. (submitted). Measuring quality culture in higher education: A comprehensive approach. *Higher education.*

Sattler, C., Sonntag, Kh. & Götzen, K. (2016). The Quality Culture Inventory (QCI): An Instrument Assessing Quality-Related Aspects of Work. In B. Deml, P. Stock, R. Bruder & C.M. Schlick (Eds.), *Advances in Ergonomic Design of Systems, Products and Processes* (pp. 43–56). Heidelberg: Springer.

Schaper, N. & Konradt, U. (2004). Personalentwicklung mit E-Learning. In G. Hertel & U. Konradt (Hrsg.), *Human Reource Management im Inter- und Intranet* (S. 274–293). Göttingen: Hogrefe.

Schaper, N. & Sonntag, Kh. (2007). Weiterbildungsverhalten. In D. Frey & L. von Rosenstiel (Hrsg.), *Markt- und Wirtschaftspsychologie* (Enzyklopädie der Psychologie, D/III/6, S. 573–648). Göttingen: Hogrefe.

Schaper, N., Friebe, J., Wilmsmeier, A. & Hochholdinger, S. (2006). Ein Instrument zur Erfassung unternehmensbezogener Lernkulturen – das Lernkulturinventar (LKI). In R. Rapp, P. Sedlmeier & G. Zunker-Rapp (Hrsg.), *Perspectives on cognition. A Festschrift for Manfred Wettler* (S. 175–198). Lengerich: Pabst Science Publishers.

Schaper, N., Sonntag, Kh. & Baumgart, C. (2003). Ziele und Strategien von Personalentwicklung mit computer- und netzbasierten Medien. In K. Konradt & W. Sarges (Hrsg.), *E-Recruitment und E-Assessment. Rekrutierung, Auswahl und Beurteilung von Personal im Internet* (S. 55–81). Göttingen: Verlag für Angewandte Psychologie.

Schaper, N., Wozny, C., Vemmer, H. & Thöne, M. (2008). *Organisational Learning Culture and its Effects on Continuous Learning Motivation and Behavior.* Paper presented at the XXIX International Congress of Psychology in Berlin, Germany, 20–25 July 2008.

Schein, E.H. (2010). *Organizational Culture & Leadership* (4th ed.). San Francisco, CA: Jossey-Bass.

Schöni, W. (2001). *Praxishandbuch Personalentwicklung: Strategien, Konzepte und Instrumente.* Zürich: Rüegger.

Seifert, H. (2003). Strukturen von Arbeits- und Lernzeiten sowie Ansätze für Lernzeitkonten. In R. Dobischat & E. Ahlene (Hrsg.), *Integration von Arbeitszeit und Lernen. Erfahrungen aus der Praxis des lebenslangen Lernens* (S. 47–82). Berlin: Ed. Sigma.

Sessa, V. & London, M. (2006). *Continuous learning in organizations: Individual, group, and organizational perspectives.* Mahwah, NJ: Lawrence Erlbaum.

Shipton, H., Dawson, J., West, M. & Patterson, M. (2002). Learning in manufacturing organizations: What factors predict effectiveness? *Human Resource Development International, 5* (1), 55–72. http://doi.org/10.1080/13678860110057656

Smith-Jentsch, K.A., Salas, E. & Brannick, M.T. (2001). To transfer or not to transfer? Investigating the combined effects of trainee characteristics, team leader support, and team climate. *Journal of Applied Psychology, 86* (2), 279–292. http://doi.org/10.1037/0021-9010.86.2.279

Sonntag, Kh. (1996). *Lernen im Unternehmen.* München: Beck.

Sonntag, Kh. (1999). Lernkultur in Unternehmen. In W. Schöni & Kh. Sonntag (Hrsg.), *Personalförderung im Unternehmen* (S. 253–264). Zürich: Rüegger.

Sonntag, Kh. (2004). Personalentwicklung. In H. Schuler (Hrsg.), *Enzyklopädie der Psychologie: Themenbereich D Praxisgebiete, Serie III Wirtschafts-, Organisations- und Arbeitspsychologie, Band 3 Organisationspsycholgie – Grundlagen und Personalpsycholgie* (S. 827–893). Göttingen: Hogrefe.

Sonntag, Kh., Frieling, E. & Stegmaier, R. (2012). *Lehrbuch Arbeitspsychologie.* Bern: Huber.

Sonntag, Kh. & Schaper, N. (2004). Stellenbeschreibung. In E. Gaugler, W. A. Oechsler & W. Weber (Hrsg.), *Handwörterbuch des Personalwesens* (3. Aufl., S. 1809–1817). Stuttgart: Schäffer-Poeschel.

Sonntag, Kh., Schaper, N. & Friebe, J. (2005). Erfassung und Bewertung von Merkmalen unternehmensbezogener Lernkulturen. In Arbeitsgemeinschaft betriebliche Weiterbildungsforschung (Hrsg.), *Kompetenzmessung im Unternehmen. Lernkultur- und Kompetenzanalyse im betrieblichen Umfeld* (S. 19–340). Münster: Waxmann.

Sonntag, Kh. & Stegmaier, R. (1999). Organisationales Lernen und Wissensmanagement. In W. Schöni & Kh. Sonntag (Hrsg.), *Personalförderung im Unternehmen* (S. 47–64). Zürich: Rüegger.

Sonntag, Kh. & Stegmaier, R. (2007). *Arbeitsorientiertes Lernen. Zur Psychologie der Integration von Lernen und Arbeit.* Stuttgart: Kohlhammer.

Sursock, A. (2011). *Examining quality Culture part II: Processes and tools – participation, ownership and bureaucracy.* Brussels: European University Association.

Tannenbaum, S. J., Beard, R. L., McNall, L. A. & Salas, E. (2010). Informal learning and development in organizations. In S. W. J. Kozlowski & E. Salas (Eds.), *Learning, Training, and Development in Organizations* (pp. 303–331). New York, NY: Routledge.

Tracey, I. B., Tannenbaum, S. J. & Kavanagh, M. J. (1995). Applying trained skills on the job: The importance of the work environment. *Journal of Applied Psychology, 80,* 239–252. http://doi.org/10.1037/0021-9010.80.2.239

Ulich, E. (2006). Lern- und Entwicklungspotenziale in der Arbeit – Beiträge der Arbeits- und Organisationspsychologie. In Kh. Sonntag (Hrsg.), *Personalentwicklung in Organisationen* (S. 138–176). Göttingen: Hogrefe.

Van de Ven, A. & Ferry, D. L. (1980). *Measuring and assessing organizations.* New York: Wiley.

Vandewalle, D. (1997). Development and validation of a work domain goal orientation instrument. *Educational and Psychological Measurement, 8,* 995–1015. http://doi.org/10.1177/0013164497057006009

Vettori, O. (2012). *Examining quality culture part III: From self-reflection to enhancement.* Brussels: European University Association.

Wardanjan, B., Richter, F. & Uhlemann, K. (2000). Lernförderung durch die Organisation – Erfassung mit dem Fragebogen zum Lernen in der Arbeit. *Zeitschrift für Arbeitswissenschaft, 54* (3–4), 184–190.

Warr, P., Allan, C. & Birdi, K. (1999). Predicting three levels of training outcome. *Journal of Occupational and Organizational Psychology, 72,* 351–375. http://doi.org/10.1348/096317999166725

Watkins, K. E. & Dirani, K. M. (2013). *A Meta-Analysis of the Dimensions of a Learning Organization Questionnaire: Looking Across Cultures, Ranks, and Industries. Advances in Developing Human Resources, 15* (2), 148–162.

Watkins, K. & Marsick, V. (2003). Making learning count! Diagnosing the learning culture in organizations. *Advances in Developing Human Resources, 5* (2), 129–130.

Wenger, E. (1998). *Communities of Practice. Learning, meaning, and identity.* Cambridge: Cambridge University Press. http://doi.org/10.1017/CBO9780511803932

Williams, J. R., Miller, C. E., Steelman, L. A. & Levy, P. E. (1999). Increasing feedback seeking in public context: It takes two (or more) to Tango. *Journal of Applied Psychology, 84,* 969–976. http://doi.org/10.1037/0021-9010.84.6.969

Wirth, R., Kauffeld, S., Bates, R. & Holton, E. (2009). Katalysatoren und Barrieren für den Transfererfolg: Das Lerntransfer-System-Inventar. In S. Kauffeld, S. Grote & E. Frieling (Hrsg.), *Handbuch Kompetenzentwicklung* (S. 79–104). Stuttgart: Schäffer-Poeschel.

Wunderer, R. (2003). *Führung und Zusammenarbeit. Eine unternehmerische Führungslehre*. München: Luchterhand.

Yang, B., Watkins, K. & Marsick, V. (2004). The construct of the learning organization: Dimensions, measurement, and validation. *Human Resource Development Quarterly, 15* (1), 31–56. http://doi.org/10.1002/hrdq.1086

Kapitel 10

Anforderungsanalyse und Kompetenzmodellierung: Tätigkeitsbezogene Merkmale

Karlheinz Sonntag

Inhaltsübersicht

Überblick:

Verlässliche und valide Informationen über die Anforderungsseite der Arbeit zu erhalten, ist für das HR-Management im Kontext der Personalauswahl und -entwicklung unabdingbar. Erst auf dieser Grundlage ist es möglich, dass Mitarbeiter und Führungskräfte einer Organisation rechtzeitig über entsprechende (Handlungs-)Kompetenzen verfügen, um aktuelle und neue Aufgaben bewältigen zu können. Der Beitrag zeigt, wie menschliche Leistungsvoraussetzungen bei der Arbeitstätigkeit ermittelt und als Kompetenzen formuliert werden. Unterschiedliche Formate und Methoden von Aufgaben- und Anforderungsanalysen stehen dabei zu Verfügung, die eine fundierte Kompetenzmodellierung erst möglich machen. Ein integrativer evidenzbasierter Ansatz der Kompetenzmodellierung unter Einbezug von Arbeitsanalysen wird vor dem Hintergrund eines Change-Projektes ausführlich beschrieben und methodenkritisch diskutiert.

1 Menschliche Leistungsvoraussetzungen als Kompetenzen in Arbeitssituationen

Die Beschreibung menschlicher Verhaltensweisen und Denkleistungen bei der Arbeitstätigkeit stellt eine wesentliche Informationsquelle für die Gestaltung personaler Fördermaßnahmen dar. Sie gibt Auskunft darüber, welche kognitiven, sensumotorischen, sozialkommunikativen, motivationalen Leistungsvoraussetzungen und Persönlichkeitsmerkmale am Arbeitsplatz in welchem Ausmaß gefordert bzw. beansprucht werden. Förderung und Erhalt dieser Handlungskompetenzen durch entsprechende Interventionen ist Ziel der Personalentwicklung.

Wie werden Leistungsvoraussetzungen bei der Arbeitstätigkeit ermittelt, in Kompetenzmodelle transformiert und als zu fördernde bzw. auszuwählende Elemente individueller Leistungsdispositionen für das HR-Management aufbereitet? Abbildung 1 zeigt den konzeptuellen Zusammenhang und dessen systematische Umsetzung durch entsprechenden Methodeneinsatz. Ausführlich wird darüber in den nachfolgenden Abschnitten berichtet.

1.1 Analyse von Aufgaben und Anforderungen

Untersuchungsgegenstand analytischer Prozeduren sind Aufgaben und Anforderungen in leistungskritischen Arbeitssituationen. Aus definierten Arbeitsaufgaben und den damit verbundenen Ausführungsbedingungen („work oriented") resultieren die Anforderungen an das Verhalten und die Handlungskompetenz eines Stelleninhabers oder Funktionsträgers („worker oriented") (vgl. Abbildung 1).

Bei der konkreten Bearbeitung oder Bewältigung einer Aufgabe *redefiniert* der Stelleninhaber die übernommenen Aufgaben im Rahmen seiner vorhandenen psychischen und physischen Leistungsvoraussetzungen. Darunter sind Fähigkeiten, Fertigkeiten, Kenntnisse, motivationale, emotionale oder sonstige Persönlichkeitsmerkmale zu verstehen. In der angloamerikanischen arbeits- und personalpsychologischen Literatur sind dies sogenannte KSAO, wie *k*nowledge, *s*kills, *a*bilities and *o*ther characteristics (vgl. bspw. Wilson, Bennet, Gibson & Alliger, 2012, oder Noe, 2013). Nach Sanchez und Levine (2006, S. 82) sind Kenntnisse und Fertigkeiten (K, S) leichter zu operationalisieren und werden durch formale Instruktionen und Übungen erlernt, wohingegen Fähigkeiten und andere Charakteristika (A, O) eher persönlichkeitsbezogen sind, auf Erfahrungen basieren und über die Zeit stabil bleiben. Solche individuellen Leistungsvoraussetzungen sind wesentlich schwieriger zu erfassen, zu beurteilen und in Trainings zu vermitteln.

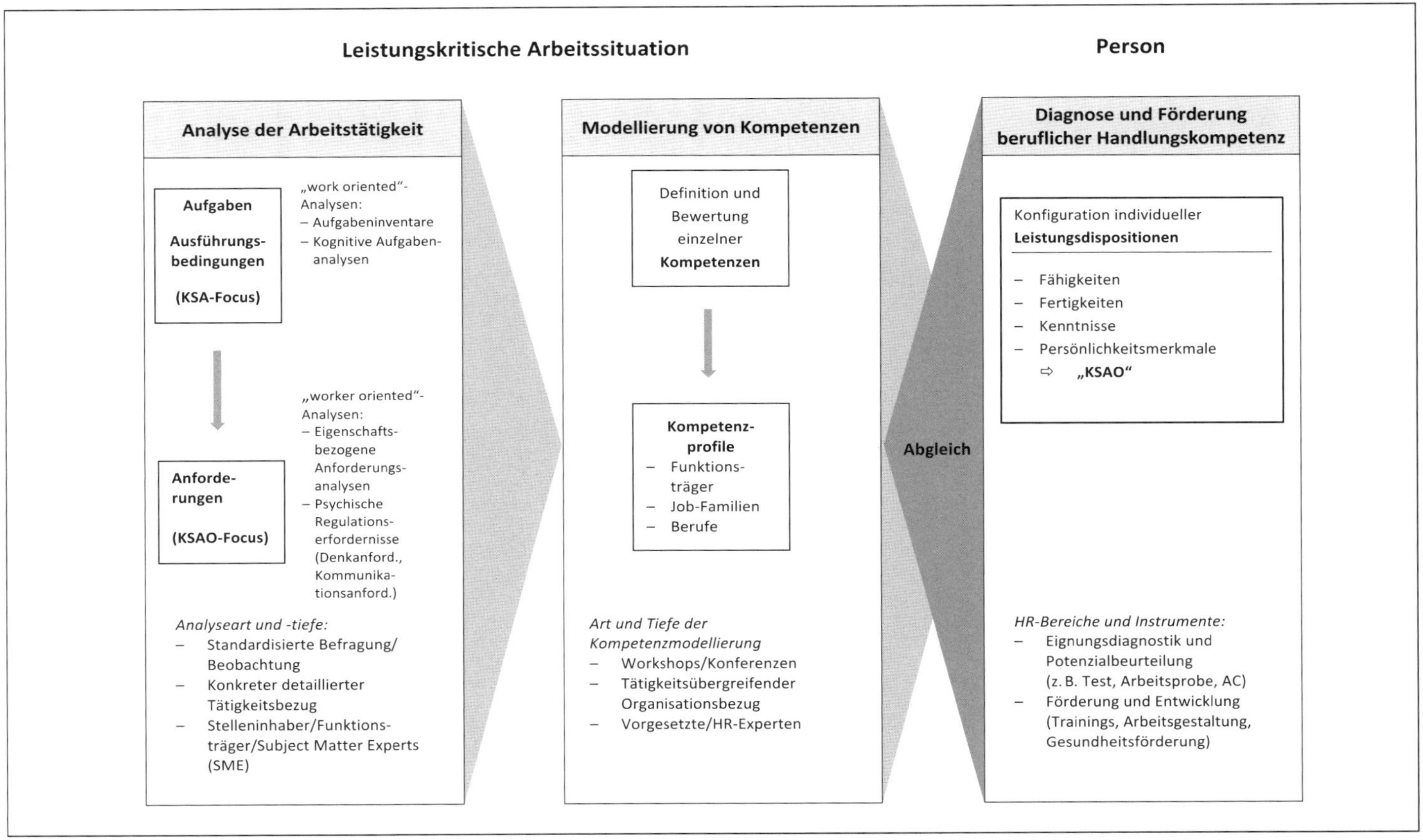

Abbildung 1: Menschliche Leistungsvoraussetzungen als Kompetenzen in Arbeitssituationen – ein Modell zur systematischen Umsetzung im HR-Management (KSAO = *k*nowledge, *s*kills, *a*bilities and *o*ther characteristics)

In einem für die psychologische Personalforschung ebenso klassischen wie aktuell noch immer bedeutsamen Beitrag stellten Fleishman und Quaintance (1984) grundlegende Konzeptionen zur Kategorisierung menschlicher Leistungen, Voraussetzungen und Potenziale vor. Danach ergeben sich Analysezugänge über

- die Aufgabenbedingungen und -strukturen („task characteristic approach"),
- die Handlungsausführung als beobachtbares Verhalten („behavior description approach"),
- die intervenierenden Prozesse zwischen Aufgabenstruktur und Handlungsausführung als Informationstransfer („behavior requirements approach") oder als Fähigkeiten („ability requirement approach").

Eine Operationalisierung der in Arbeitstätigkeiten enthaltenen psychischen und physischen Leistungsvoraussetzungen ist somit grundsätzlich möglich:

- durch verrichtungs- und funktionsbezogene Termini (wie bspw. „Messskala lesen", „Tastaturen bedienen" usw.) oder durch allgemeine verhaltensbezogene Variablen (wie bspw. Umgang mit Werkzeugen, Kommunikations- und Kooperationsformen) bei der beobachtbaren Handlungsausführung (eher KSA-fokussiert)
- durch psychologische Konstrukte in prozessbezogenen informatorischen Begriffen (wie bspw. „identifizieren", „koordinieren", „bewerten" usw.) oder in Eigenschaftsbegriffen als erforderliche Fähigkeiten (wie bspw. „Merkfähigkeit", „räumliches Vorstellungsvermögen" usw.) bei nicht beobachtbaren internalen Prozessen und Zuständen („states") der Handlungsausführung (eher KSAO-fokussiert).

Auf der Grundlage der so ermittelten arbeitsbezogenen Daten individueller Leistungsvoraussetzungen („occupational requirements") können entsprechend eines auswahl- oder entwicklungsbezogenen Verwendungszweckes Kompetenzmodelle für das HR-Management generiert werden.

Um die in *beruflichen Leistungssituationen* aktivierten Kompetenzen adäquat beschreiben zu können, ist zwischen unterschiedlichen Situationen, in denen Menschen ihre Leistungen erbringen, zu differenzieren. Nach Klehe und Kleinmann (2007) zeigt sich der relationale und kompensatorische Charakter einzelner Kompetenzen in einer Kombination von typischen und maximalen Leistungssituationen. Ältere Studien von Borman und Motowidlo (1993) unterscheiden zwischen aufgabenbezogener („task performance") und umfeldbezogener („contextual performance") Leistung. Während im ersteren Fall als Kompetenzen von den Autoren Kenntnisse, Fähigkeiten, Fertigkeiten und Erfahrungen genannt werden, sind für kontextuelle Leistungen vor allem motivationale und personale Merkmale relevant (vgl. Roch & Williams, 2012). Aktuelle Arbeiten nennen eine weitere Form beruflicher Leistungen – die der *adaptiven* beruflichen Leistung. Darunter verstehen Huang, Ryan, Zabel und Palmer (2014) die Bewältigung unerwarteter oder veränderter Arbeitssituationen. Aufgrund mehr oder minder kontinuierlicher Veränderungen der Aufgaben- und Anforderungsmuster in Organisationen („the changing nature of work") durch wettbewerbliche Erfordernisse sind Kompetenzen, die Veränderungspotenzial aktivieren, von erheblicher Bedeutung.

1.2 Modellierung von Kompetenzen

Bei näherer Betrachtung des Kompetenzbegriffs (vgl. bspw. Sonntag, 2009) ist festzuhalten, dass der Ermittlung und Bewertung von Kompetenzen in leistungskritischen Arbeitssituationen eine arbeitsanalytische Prozedur vorausgehen sollte. Die Begründung hierfür liefert Infobox 1.

Infobox 1: Anforderungen an die Verwendung von Kompetenzen in der Personalforschung, insbes. der Personalentwicklung

In deutlicher Unterscheidung zu dem Kompetenzbegriff der empirischen Bildungsforschung (Einengung auf kognitive Leistungsdispositionen; vgl. Klieme & Leutner, 2006) müssen Kompetenzen im Bereich der Personalforschung drei zentralen Voraussetzungen genügen (vgl. Sonntag, 2009). Sie müssen

- *kontextualisiert* (d. h. Kompetenzen sind bereichsspezifisch auf bestimmte Aufgaben und Anforderungen bezogen),
- *lernbar* (d. h. der Kompetenzerwerb setzt das Sammeln von Erfahrungen in entsprechenden Situationen voraus) und
- *strukturiert* (d. h. Kompetenzen verfügen über eine Binnenstruktur, die nicht wie in der Intelligenzforschung primär an psychischen Prozessen orientiert ist, sondern jeweils aus situationsspezifischen Anforderungen abgeleitet ist; Anforderungen definieren in diesem Sinne die Strukturen von Kompetenzen)

sein.

Kontextualisierung, Lernbarkeit und (Binnen-)Struktur von Kompetenzen unterstreichen also die enorme Bedeutung vorangehender Analysen von Aufgaben und Anforderungen bei der Festlegung und Entwicklung von Kompetenzen.

In einem „task force project" im Auftrag der US-amerikanischen Gesellschaft für Industrie- und Organisationspsychologie (SIOP), bestehend aus HR-Managern und Arbeitspsychologen, wurden systematisch Arbeitsanalyseverfahren und Kompetenzmodelle verglichen (vgl. Schippmann, Ash, Battista et al., 2000). In der Folge erschienen eine Reihe kritischer Übersichtsarbeiten, in denen die wesentlichen Charakteristika von arbeitsanalytischen Verfahren und Ansätzen der Kompetenzmodellierung herausgearbeitet und diskutiert wurden (vgl. Lievens & Sanchez, 2007; Sanchez & Levine, 2009, 2012; Stevens, 2012; Campion, Fink, Ruggeberg et al., 2011 oder Höft & Goerke, 2014). Danach charakterisieren die in Tabelle 1 aufgeführten Merkmale den Einsatz von Arbeitsanalysen und Kompetenzmodellen im HR-Bereich.

Tabelle 1: Arbeitsanalyse und Kompetenzmodelle im Vergleich

Charakteristika	Arbeitsanalyse	Kompetenzmodelle
Inhaltsbezug	Konkrete Tätigkeitsausübung	Organisationsziele und Geschäftsstrategie
Zeitbezug	Aktueller IST-Zustand	zukunftsgerichtet, Planungsrelevanz
Analyserichtung	stellenspezifische Besonderheiten („work oriented“)	stellenübergreifende Leistungsmerkmale („worker oriented“)
Methodeneinsatz	Kombinierte Beobachtung/ Befragung, standardisiert	Workshop/ Brainstorming
Zielgruppe	Stelleninhaber/Externe Experten (Subject Matter Experts – SME)	Vorgesetzte/ Führungskräfte
Gütekriterien	Objektivität, Validität, Reliabilität	Augenscheinvalidität
Analyseeinheiten	Fachtermini (theoretisch hergeleitet, empirisch geprüft)	alltagssprachliche, organisationsspezifische ad hoc-Definitionen
Schlussfolgerung auf erforderliche psychische Leistungsvoraussetzung	induktiv (von der Aufgabe auf die Leistungsanforderung)	deduktiv (vom Ergebnis auf die Leistungsanforderung)
Aufwandsökonomie (Durchführung + Verfügbarkeit der Ergebnisse)	moderat	gut

Vergleicht man die charakteristischen Merkmale beider Vorgehensweisen, so wird deutlich, dass für die Verantwortlichen im HR-Bereich Kompetenzmodelle aufwandsökonomischer zu handhaben sind. Diesem scheinbaren Attraktivitätsvorteil stehen aber methodische Gründlichkeit, Qualität und Aussagekraft einer arbeitsanalytischen Vorgehensweise gegenüber.

Es ist der Schlussfolgerung von Sackett und Laczo (2003) zuzustimmen, dass Kompetenzmodelle keinen Ersatz („replacement“) für Arbeitsanalysen darstellen. Idealerweise sind für eine valide und umfassende Beschreibung erforderlicher psychischer Leistungsvoraussetzungen Arbeitsanalyse *und* Kompetenzmodellierung zu integrieren (vgl. Sackett & Laczo, 2003). Vermieden werden dadurch sog. „conference room competency models“ (Van de Voort & Whelan,

2012, S. 65), bei denen HR-Manager oder Vorgesetzte mehr intuitiv und weniger empirisch begründet Kompetenzen ad hoc formulieren und festschreiben. Auch Campion et al. (2011, S. 230 ff.) empfehlen für ihren „Best Practice"-Ansatz zur Ableitung von Kompetenzen den Einsatz von Arbeitsanalysen: „The combination of traditional job analysis and competency modelling methods can allow for a highly robust approach to competency modelling" (S. 234). Das in Abschnitt 3 beschriebene Praxisbeispiel geht von einem solchen integrativen Ansatz unter Verwendung von Arbeitsanalysen zur Modellierung von Kompetenzen aus.

2 Zum Einsatz arbeitsanalytischer Verfahren im Human Resource Management

Bei der Ermittlung aufgaben- und anforderungsrelevanter Daten aus konkreten Arbeitstätigkeiten werden arbeitsanalytische Techniken (wie Befragung, Beobachtung, Einzel-, Gruppeninterviews usw.; vgl. Sonntag, Frieling & Stegmaier, 2012; Wilson et al., 2012) von unterschiedlichen Disziplinen eindeutig präferiert.

Zu nennen sind hier
- die psychologische Arbeits- und Personalforschung (vgl. Gael, 1988; Oswald, 2003; Sanchez & Levine, 2006; Arnold & Randall, 2010; Wilson et al., 2012; Blickle, 2014; Schuler, 2014a);
- die betriebswirtschaftliche Personalforschung (Scholz, 2000; Stock-Homburg, 2008);
- die arbeitspsychologische Trainingsforschung (vgl. Sonntag, 1989; Sonntag & Stegmaier, 2010; Noe, 2013);
- die Expertise-/Kognitionsforschung (vgl. Salas & Klein, 2000; Schraagen, Chipman & Shalin, 2000; Diaper & Stanton, 2004; Hoffman & Militello, 2009);
- die Kompetenzforschung (vgl. Schippmann et al., 2000; Sackett & Laczo, 2003; Sonntag, 2009; Höft & Goerke, 2014).

Weitgehend einig ist man sich unter den genannten Autoren, dass der Einsatz arbeitsanalytischer Verfahren ein empirisch fundiertes Korrektiv zu normativen betrieblichen personal- und bildungspolitischen Zielsetzungen bei der Gestaltung konkreter Maßnahmen personaler Förderung darstellt.

Für die nachfolgende Beschreibung ausgewählter Analyseverfahren zur Ermittlung tätigkeitsbezogener Merkmale im HR-Bereich werden die Verfahren entsprechend ihrer Zielsetzung und theoretischen Konzeptionen in folgende Gruppierungen pragmatisch aufgeteilt:

Verhaltensanalytische Ansätze:
- Aufgabenanalytische Verfahren,
- Anforderungsanalytische Verfahren

Ansätze zur Analyse psychischer Regulationsgrundlagen:
- Handlungstheoretische Verfahren,
- Erweiterte theoretische Ansätze
- Integrative und strategische Analysekonzepte

Die erste Gruppe reflektiert die oben beschriebenen Zugänge zur Analyse und Beschreibung menschlichen Leistungsverhaltens bei der Aufgabenbewältigung: Aufgabendimensionen, Verhaltensanforderungen und intervenierende Prozesse zwischen Aufgabenstruktur und Ausführung. Die zweite Gruppe berücksichtigt handlungs- und tätigkeitstheoretische Ansätze, die eine Analyse psychischer Regulationsgrundlagen anstreben. In der dritten Gruppe werden wissensanalytische und strategische Verfahren integriert, um das Aufgaben- und Anforderungsspektrum sich verändernder Arbeitstätigkeiten differenziert zu erfassen.

2.1 Aufgabenanalytische Verfahren

Aufgabenanalysen haben ihren Ursprung in der Industriepsychologie, der „Human Factor"-Forschung und der Instruktionspsychologie. Insbesondere in den USA finden aufgabenanalytische Verfahren („task analysis") als Informationsbasis zur Trainings- und Lernaufgabengestaltung starke Verbreitung. Hoffmann und Militello (2009) liefern einen historischen Überblick zur Entwicklung und Verbreitung aufgabenanalytischer Verfahren. Diaper und Stanton (2004) sowie Annett und Stanton (2006) diskutieren Methoden der Aufgabenanalyse für unterschiedliche Anwendungsfelder. Ursprünglich gedacht für die Analyse relativ einfacher Aufgaben mit überwiegend psychomotorischen Anteilen finden zunehmend Techniken Anwendung, die auch die kognitiven Komponenten komplexer Aufgabenstellungen einer Analyse zugänglich machen. Dementsprechend variieren Erhebungsmerkmale und Analyseniveau der einzelnen Verfahren.

Aufgaben werden als Einheiten zielbezogenen menschlichen Verhaltens verstanden, die durch eine Reihe von Merkmalen charakterisiert sind. Van Cott und Paramore (1988) nennen als allgemeine Aufgabenmerkmale:
- einen Satz von Bedingungen, deren Erfüllung menschliche Leistungen erfordert,
- eine auf ein spezifisches Ziel hin ausgerichtete Aufgabenbewältigung,
- Beginn und Ende sind definiert durch Hinweisreize,
- die Aufgabenbewältigung bezieht sich auf eine relative kurze Zeitspanne,
- kann durch andere Aufgaben unterbrochen werden.

Die Aufgaben lassen sich analytisch in kleinere Einheiten, sog. Unteraufgaben („sub-tasks“) oder Verhaltenselemente aufteilen und nach verrichtungsbezogenen Merkmalen entweder systematisch aufgelistet („task inventories“) oder in einer logisch sequenziellen Abfolge („hierarchical task analysis“) beschreiben.

Aufgabeninventare

„Task inventory“-Ansätze, wie beispielsweise das „Comprehensive Occupational Data Analysis Program“ (CODAP; vgl. Christal & Weissmuller, 1988) oder „The work performance survey system“ (vgl. AT & T, 1980) sind wegen ihrer ökonomischen Durchführbarkeit und statistisch relativ anspruchslosen Auswertung sehr verbreitet. So wurde das CODAP, ein Computerprogramm zur Erfassung berufs- und ausbildungsbezogener Daten, auf der Basis großer Stichproben (200.000 Personen in 150 Berufen innerhalb der Air Force) für die Curriculum-Entwicklung im Rahmen von Berufsanfänger-Trainings in den USA eingesetzt.

Gemeinsam ist diesen Techniken, dass mittels Fragebogen verschiedene Aufgaben (Funktionen) mehr oder weniger systematisch aufgelistet werden, deren Beschreibung sich in einem Objekt und einem Verb erschöpft; wie beispielsweise „Schleifen eines Drehmeißels“, „Durchführen von Programmkorrekturen“ oder „Einlegen von Papier in den Drucker“. Die einzelnen Aufgaben(-items) werden dann unter Verwendung unterschiedlicher Skalen („Wichtigkeit für Tätigkeitsausführung“, „Häufigkeit“, „Schwierigkeit“) von den Stelleninhabern oder Ausbildungsexperten eingestuft (vgl. bspw. Mitchell, Ruck & Driskill, 1988 oder Goffin & Woychesin, 2006).

Auch in der betrieblichen Praxis werden Aufgabenlisten in den unterschiedlichsten Varianten (hinsichtlich Itemumfang und Bewertungsmerkmalen) eingesetzt. Sie finden beispielsweise Anwendung – einzeln oder in Kombination mit anderen Analysetechniken – bei der Entwicklung von Aus- und Weiterbildungsprogrammen für den Umgang mit Informations- und Kommunikationstechniken (vgl. Sonntag & Heun, 1992; Röben, 2008) oder in Kombination mit Anforderungsanalysen zur Gestaltung von Kompetenzmodellen (vgl. Sonntag & Schmidt-Rathjens, 2004).

Die Attraktivität solcher Aufgabeninventare liegt darin begründet, dass die als Items charakterisierten Aufgaben wegen ihres verrichtungsbezogenen Charakters ohne Transformation als Trainingsinhalte formuliert und gewichtet werden können. Einschränkend ist jedoch zu bemerken, dass, ähnlich dem Erfassungsmodus von arbeitswissenschaftlichen Zeit- und Bewegungsstudien, sich der Untersucher an der Oberflächenstruktur der Tätigkeit (Folge von Verrichtungselementen) orientiert. Der äußere sichtbare Ablauf der Tätigkeit wird unterteilt und danach werden Erfassungseinheiten festgelegt. Eine Analyse der die Tätigkeitselemente steuernden psychischen Prozesse und Strukturen des Arbeitenden kann allerdings nicht geleistet werden. Gleichwohl liefern Aufgabenanalysen wichtige fachinhaltliche Informationen für die Ausgestaltung von Kompetenzen. So berichten Goffin und Woychesin (2006) über einen empirischen Ansatz zur Bestimmung von Kompetenzen für Vorgesetzte im Öffentlichen Dienst. Aus einem 307 Aufgaben umfassenden Inventar wurden 39 nach ihrer Bedeutsamkeit geratet, die dann faktorenanalytisch zur Ableitung von 6 Kompetenzen führten. Aufgrund der Zunahme von Teamarbeit in Organisationen wurden in den letzten Jahren auch teambasierte Aufgabenanalysen entwickelt und diskutiert (Arthur, Villado & Bennett, 2012).

Hierarchische Aufgabenanalyse

Gegenüber dem obigen Ansatz wird mit der hierarchischen Aufgabenanalyse (Hierarchical Task Analysis – HTA –, vgl. Annett & Duncan, 1967; Shepherd, 2001; Annett, 2004) versucht, Aufgaben als logisch konsistente Abfolge von Regeln zu beschreiben. Die HTA basiert auf der Annahme, dass Verhalten (sensu Miller, Galanter & Pribram, 1960) hierarchisch organisiert ist. Analysekategorien sind „Operationen“ und „Pläne“ (vgl. das Beispiel in Abbildung 2).

Operationen stellen nach Duncan (1974, S. 315) Aussagen dar, wie eine Handlung ausgeführt bzw. das Ziel erreicht wird. Es sind Instruktionen mit Aufforderungscharakter, beispielsweise „Ursache des Motorausfalls ermitteln“, die in untergeordnete Operationen, wie „Stromversorgung des Motors prüfen“, „Ansteuerung des Motors prüfen“, „Funktionsfähigkeit des Motors überprüfen“ und diese wiederum in weitere Operationen usw. unterteilt werden (vgl. Abbildung 2). Untergeordnete Operationen müssen angemessen ausgewählt, in logischen Sequenzen geordnet sein, um eine übergeordnete Operation erfolgreich ausführen zu können. Solche Bedingungen, unter denen Operationen ausgeführt werden können, werden *Pläne* genannt. Die Aufgabenbewältigung ist damit als eine Hierarchie von Operationen und Plänen repräsentiert. Durch eine sog. „P × C-Regel“ wird, als weiteres Element der HTA, ein angemessenes Analyseniveau erreicht. Eine Analyse sollte dann nicht weiter durchgeführt werden, wenn das Produkt aus Wahrscheinlichkeit (P) und Kosten (C) einer nicht adäquaten Ausführung als akzeptabel und nicht trainingsbedürftig angesehen wird. Ist einer der beiden Werte nicht akzeptabel, wird die Aufgabe weiter analysiert und der Trainingsbedarf spezifiziert.

Mit der HTA können Trainingsentscheidungen über besonders leistungskritische Sequenzen innerhalb einer Gesamtaufgabe getroffen werden und Strategien zur Bewältigung komplexer Aufgaben wie am obigen Beispiel der Fehlereingrenzung an Anlagen und in technischen Systemen oder komplexe Planungsaufgaben computergestützt trainiert werden (vgl. auch Shepherd & Duncan, 1980). Analysebei-

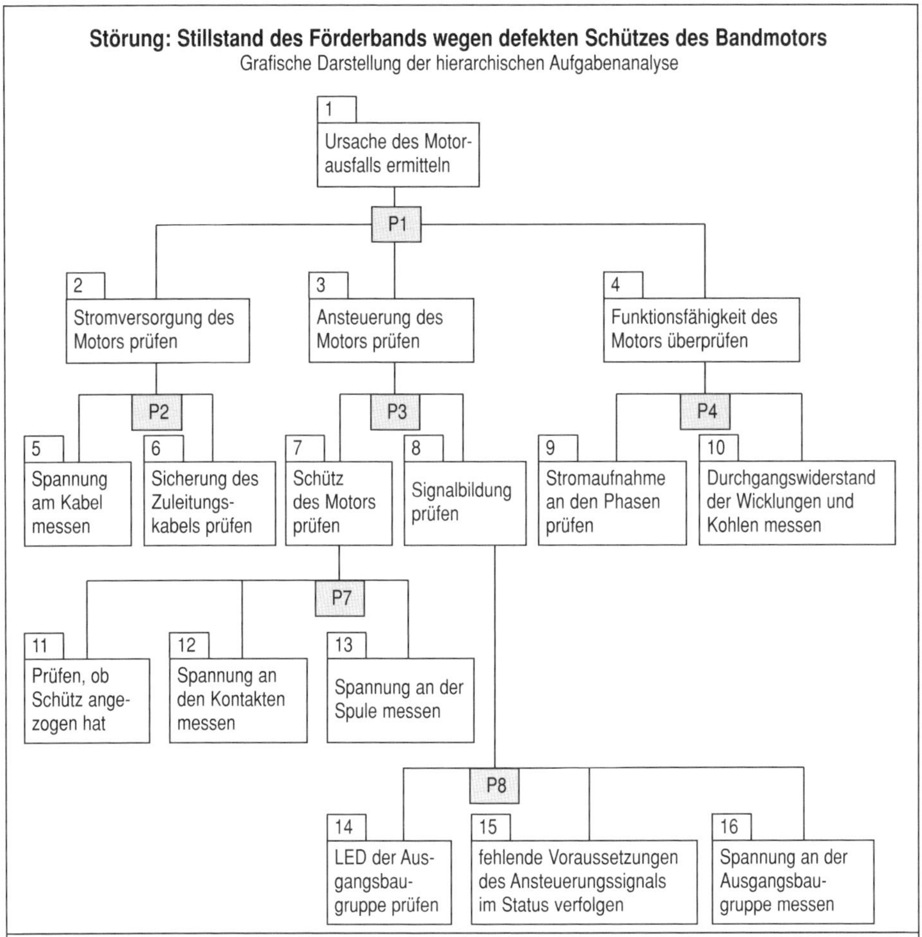

Pläne der hierarchischen Aufgabenanalyse

P1: Beginne mit 2.
Wenn Stromversorgung i. O.,
dann weiter mit 3.
Wenn Ansteuerung des Motors i. O.,
dann weiter mit 4.

P2: Beginne mit 5.
Wenn Spannung vorhanden,
dann weiter mit 3.
Wenn keine Spannung vorhanden,
dann weiter mit 6.

P3: Beginne mit 7.
Wenn Schütz i. O.,
dann weiter mit 8.

P4: Beginne mit 9.
Wenn Stromaufnahme i. O.,
dann weiter mit 10.
Wenn Stromaufnahme zu hoch,
dann Motor wechseln.

P7: Beginne mit 11.
Wenn Schütz angezogen hat,
dann weiter mit 12.
Wenn Schütz nicht angezogen hat,
dann weiter mit 13.

P8: Beginne mit 14.
Wenn LED leuchtet, dann 16.
Wenn LED nicht leuchtet, dann 15.

Anmerkungen: i. O. = in Ordnung; LED = Leuchtdiode

Abbildung 2: Hierarchische Aufgabenanalyse am Beispiel der Diagnose einer elektrischen Störung (Sonntag, 2006, S. 211)

spiele liegen für Tätigkeiten von Kraftwerksoperateuren (Shepherd, 1986) oder Diagnoseaufgabe von Anlageninstandhaltern (Schaper & Sonntag, 1995) vor. Phipps, Meakin und Beathy (2011) berichten von dem Einsatz weiterentwickelter HTAs im Medizinbereich beim Umgang mit fertigkeits-, regel- und wissensbasierten anästhesistischen Informationen. Über die Anwendung einer HTA in der Medikamentenverwaltung in Krankenhäusern zur Vermeidung folgenschwerer Fehler bei der Vergabe berichten Lasse, Stanton und Harrison (2006). Von weiteren HTA-Einsätzen berichten Mills (2007) zum Software-Design und Asimakopoulos, Dix und Fildes (2011) zu Vorhersagesystemen im Logistikbereich.

Die HTA ist relativ einfach durchzuführen (vgl. hierzu Stanton, 2006) und erfordert vom Analytiker keinerlei theoretische Vorkenntnisse – sehr wohl aber Fachkenntnisse. Sie enthält in der Regel aber keine Beschreibungsmerkmale psychischer Prozesse menschlicher Aufgabenbewältigung. Schlussfolgerungen von sichtbaren Operationen auf dahinterstehende kognitive Leistungen sind erforderlich.

Eine dem oben beschriebenen Ansatz ähnliche, aber erweiterte Vorgehensweise beschreibt Merrill (1987) aus instruktionspsychologischer Sicht. Ausgangspunkt sind die lerntheoretischen Positionen des sequenziellen Lernens und des Teile-Ganzes-Lernens. Die Aufgabenanalyse wird als wichtige Technik angesehen, die Tätigkeit eines Stelleninhabers in lern- und lehrbare Aufgaben aufzuteilen. Zunächst werden, wie bei den „task inventories“, Aufgaben einer Tätigkeit aufgelistet und hinsichtlich Wichtigkeit und Trainingsbedarf auf einer fünfstufigen Skala von den Stelleninhabern bewertet. Auf dieser Basis kann entschieden werden, welche Aufgaben einer pädagogischen Intervention bedürfen. Die ausgewählten Aufgaben werden dann einer strukturierten Aufgabenanalyse, ähnlich der oben beschriebenen hierarchischen Aufgabenanalyse, unterzogen.

Diese kombinierte aufgabenanalytische Vorgehensweise identifiziert zu lehrende Teilaufgaben und deren sequenzielle und hierarchische Beziehungen zueinander. In Abhängigkeit der Zielgruppe und Komplexität der Aufgaben lassen sich dann spezifische Lernsequenzen (bspw. vom Einfachen zum Komplexen) gestalten. Ursprünglich für die Bestimmung von Trainingsanforderungen und Lehrinhalten entwickelt, findet sie zunehmend auch Einsatz im Bereich der Human-Computer-Interaction (vgl. Stanton, 2006).

Kognitive Aufgabenanalyse (cognitive task analysis)

Im Gegensatz zu den o. g. verhaltenswissenschaftlichen Ansätzen versuchen kognitive Aufgabenanalysen, für bestimmte Aufgabenklassen die relevanten Wissenskonzepte, Zielstrukturen, kognitiven Strategien, mentalen Modelle und/oder

Stufen des Expertiseerwerbs zu identifizieren und zu beschreiben. Sie basieren auf Theorien der kognitiven Psychologie und Expertiseforschung (vgl. Redding, 1990; Gordon & Gill, 1997; Salas & Klein, 2000; Schraagen, Chipman & Shalin, 2000) und liefern Grundlagen für (simulationsbasierte) Trainingsprogramme, die flexible und effiziente mentale Modelle für komplexe Aufgaben vermitteln. Weitere Anwendungen, wie auf dem Gebiet des „Interface Design", des „Cognitive Engineering" und der Entscheidungsforschung finden sich bei Hoffman und Militello (2009) oder Millen, Edwards, Golightly, Sharples, Wilson und Kirwan (2011). Techniken der *kognitiven Aufgabenanalyse* unterscheiden sich in Bezug auf

- die Art der Wissensrepräsentation bzw. das Repräsentationsformat, das der Darstellung der Analyseergebnisse zugrunde gelegt wird;
- die Methode zur Erhebung des Wissens;
- den Aufgabentyp bzw. das Aufgabenmaterial, das als Ausgangssituation für die Analyse herangezogen wird.

Gebräuchliche Repräsentationsformate sind Netzwerkdarstellungen, Kreuztabellen, Ablaufdiagramme und Problemraumgrafen. Als Erhebungsmethoden werden z. B. strukturierte Interviews, Gruppenbefragungstechniken, systematische Verhaltensbeobachtungen, lautes Denken, retrospektives Befragen oder Strukturlegetechniken eingesetzt. Einen Überblick über die Stärken und Schwächen der einzelnen Methoden einer kognitiven Aufgabenanalyse zeigen Rosen, Salas, Lazzara und Lyons (2012). Exemplarisch für die Vielfalt der im Kontext kognitiver Aufgabenanalysen vorgenommenen Methodenentwicklungen sind die früheren Konzepte, wie die „Decision Ladder" von Rasmussen (1981), die „Conceptual Graph Analysis" von Gordon und Gill (1992) oder die „PARI"-Methodik von Means und Gott (1988) zu nennen. Sie wurden vorwiegend für die Analyse menschlicher Informationsverarbeitungsprozesse und Entscheidungsstrategien entwickelt, die sich in Handlungsroutine, Regeln und Operationen zeigten. Für komplexere soziotechnische Systeme entwickelte Vicente (1999) die sogenannte „Cognitive Work Analysis", die traditionelle aufgabenanalytische Ansätze mit soziotechnischen Bedingungen eines computergestützten Systems integriert. Kognitive Analyseprozeduren zur Erfassung von Teamaufgaben und Teamexpertise als Grundlage für die Gestaltung von Training und Lernumgebungen finden sich bei Fiore und Salas (2007). Eine anschauliche Studie der Verwendung einer kognitiven Aufgabenanalyse zum Lernen operativer urologischer Fertigkeiten in der Medizinerausbildung an niederländischen Universitätskliniken berichten Tjiam, Schout, Hendrikx, Scherpbier, Witjes und Merrienboer (2012). Umgesetzt werden die analytisch ermittelten Aufgaben und Teilaufgaben des operativen Eingriffs in ein entsprechendes simulationsbasiertes Instruktionsdesign.

2.2 Anforderungsanalytische Verfahren

Analysegegenstand dieser relativ verbreiteten Verfahrensgruppe sind erforderliche und zu erlernende Leistungsvoraussetzungen für das Ausführen von Arbeitstätigkeiten. Die dabei von den Organisationsmitgliedern gezeigten Verhaltensweisen und Eigenschaften werden identifiziert und bewertet. Ursprung und Hauptanwendung liegen im Bereich der Eignungsdiagnostik. Als sog. Anforderungsprofile sind sie aber auch bei der Ermittlung des Förder- und Entwicklungsbedarfs im HR-Management entsprechend verbreitet. Im Folgenden werden einige dargestellt.

Critical Incident Technique (CIT)

Die „Critical Incident Technique" geht auf Flanagan (1954) zurück und bezieht sich auf einen Abschnitt des Arbeitsverhaltens, der mit „besonders erfolgreich" oder „besonders wenig erfolgreich" umschrieben werden kann. Ursprünglich konzipiert für die Leistungsbeurteilung, werden Experten oder Vorgesetzte über das mehr oder weniger erfolgreiche Verhalten der Mitarbeiter befragt. Mittels halbstandardisierter Interviews wird beschrieben, welches Verhalten besonders leistungskritisch war, was zu diesem Verhalten geführt hat und welche Konsequenzen sich daraus ergeben haben. Um eine möglichst objektive Datensammlung mit einem Minimum an Interpretationsspielräumen (beim Schlussfolgern) und subjektiven Informationen zu erreichen, sind ausführliche Planungen der CIT-Untersuchung und der Datenanalyse und -erhebung erforderlich (vgl. Sonntag, Frieling & Stegmaier, 2012, S. 138; Roch & Williams, 2012 oder Brannick, Levine & Morgeson, 2007).

Die CIT hat ihre Stärken, wenn es darum geht, erfolgskritische Verhaltensweisen zu erfassen, um daraus Anregungen zur Entwicklung von Trainingsmodulen zu gewinnen, d. h. mit der CIT lassen sich Verhaltenskonsequenzen beschreiben, die durch spezielle Interventionen optimiert werden können.

In den letzten Jahren hat die CIT eine Reihe von Anwendungen und Adaptionen im HR-Bereich erfahren. So setzten Patterson, Ferguson und Thomas (2008) eine gruppenorientierte CIT zur Kompetenzentwicklung im Gesundheitsbereich ein. Schuler (2014a) berichtet von weiteren Anwendungen zur Entwicklung anforderungsanalytischer Verfahren für den Einsatz in der Personalauslese oder zur Feststellung des Entwicklungsbedarfes bei Mitarbeitern. Behrmann (2007) stellt die Entwicklung eines „Situational Judgement Test (SJT)" vor, bei dem Bewerbern vorgegebene Arbeitssituationen zur Beurteilung vorgelegt werden. Jedes Item besteht aus der Beschreibung einer erfolgskritischen Situation. Der Bewerber soll vorgegebene Antwortalternativen hinsichtlich der Wirksamkeit der eigenen Verhaltenstendenzen auswählen, einschätzen oder sortieren. Der Vergleich der Antworten mit einer Referenzlösung erlaubt eine Vorhersage späteren Verhaltens.

„Functional Job Analysis" und deren Weiterentwicklung

Sowohl aufgabenanalytische als auch anforderungsanalytische Komponenten enthält die Weiterentwicklung der „Functional Job Analysis" (FJA) von Fine (1973) zur Bestimmung tätigkeitsbezogener Leistungsstandards als Grundlage der Ermittlung von Ausbildungsinhalten – aber auch weiterer Anwendungen im HR-Management zur Auswahl und Leistungsbeurteilung von Mitarbeitern (vgl. Olson, Fine, Meyers & Jennings, 1981; Fine & Getkate, 1995; Fine & Cronshaw, 1999).

Die FJA basiert auf einer freien Beobachtung und Befragung des Stelleninhabers durch Experten hinsichtlich der zu analysierenden Tätigkeit. Die daraus ermittelten *Aufgabenbeschreibungen* werden mithilfe von Einstufungsvorgängen auf sieben Skalen quantifiziert. Diese Einstufungen erlauben Aussagen über das Komplexitätsniveau auf folgenden Dimensionen:

- Umgang mit Daten: erforderliche mentale Operationen, wie Vergleichen, Übertragen, Berechnen usw.
- Umgang mit Personen: erforderliche interpersonelle Beziehungen, wie Kommunizieren, Beraten, Unterweisen usw.
- Umgang mit Dingen: psychische Manipulationen von Arbeitsmitteln, wie Anlagen beschicken, Maschinen bedienen usw.
- Ausmaß, in dem für die Aufgabenerfüllung spezielle Anweisungen erforderlich sind
- Ausmaß, in dem Denk- und Beurteilungsleistungen erforderlich sind
- erforderliche Rechengewandtheit
- erforderliche Sprachbeherrschung

Die Vorgehensweise dieses kombinierten verhaltensanalytischen Verfahrens ermöglicht die Ableitung der quantitativen und qualitativen Leistungsstandards sowie der funktionalen, kenntnis- und fähigkeitsbezogenen Anforderungen. Da die so ermittelten Qualifikationsanforderungen auf einem relativ allgemeinen Niveau festgeschrieben sind, werden zusätzliche Spezifizierungsvorgänge über Expertengremien erforderlich. Cronshaw (2012) beschreibt hierzu ausführlich die einzelnen Phasen einer FJA, beginnend mit der Vorbereitung bis zur Validierung der ermittelten Inhalte unter Beteiligung trainierter Arbeitsanalytiker, Stelleninhaber, Vorgesetzter und HR-Manager.

Fleishman Job Analysis Survey

Der Fleishman Job Analysis Survey (F-JAS; vgl. Fleishman & Reilly, 1995) ist ein deduktives anforderungsanalytisches Verfahren, das auf die Beschreibung von Fähigkeiten fokussiert, die ein Organisationsmitglied benötigt, um erfolgreich Aufgaben zu bewältigen. Erfasst werden „abilities", die teilweise Leistungsvoraussetzungen i. S. überdauernder Eigenschaften repräsentieren, teilweise aber auch solche, die durch Erfahrungen erworben werden und durch Trainings veränderbar sind. Durch Expertenurteile (Stelleninhaber, Vorgesetzte, Ausbilder) werden einzelne Aufgaben den für deren Realisierung erforderlichen Fähigkeiten zugeteilt. Dafür wird eine allgemeine theoretisch bzw. empirisch abgeleitete Taxonomie individueller Leistungsfähigkeiten bereitgestellt. Diese Liste hat den Anspruch möglichst umfassend menschliche Fähigkeiten abzubilden, die für unterschiedliche Arbeitstätigkeiten relevant sind – von Routinetätigkeiten oder körperlich beanspruchenden Tätigkeiten bis hin zu komplexen technischen, administrativen oder wissenschaftlichen Tätigkeiten und Managementtätigkeiten. Die Taxonomie gliedert sich in fünf Bereiche:

- Kognitive Fähigkeiten (21 Skalen, wie bspw. Räumliche Orientierung, Ideenfluss, Merkfähigkeit usw.)
- Psychomotorische Fähigkeiten (10 Skalen, wie bspw. Reaktionszeit, Arm-Hand-Stabilität, Geschicklichkeit der Finger usw.)
- Physische Fähigkeiten (9 Skalen, wie Beweglichkeit, Gesamtkörperkoordination, Gleichgewichtssinn usw.)
- Sensorische Fähigkeiten (12 Skalen, wie Hörsensitivität, Nachtsicht, Farbeunterscheidung usw.)
- Soziale/interpersonelle Fähigkeiten (21 Skalen, wie Zuverlässigkeit, Emotionale Kontrolle, Leistungsmotivation, Kontaktfähigkeit usw.)

Bedeutung und Ausprägung der einzelnen Fähigkeiten werden mithilfe verhaltensbasierter Beurteilungsskalen von den Experten eingestuft.

Kleinmann, Manzey, Schumacher und Fleishman (2010) haben eine deutschsprachige Bearbeitung des F-JAS vorgelegt und ein Manual, in dem das Verfahren ausführlich beschrieben ist. Außerdem werden Anforderungsprofile aus Referenzstudien für Tätigkeiten im Rettungsdienst (Feuerwehr, Sanitäter) und im Luft- und Schienenverkehr (z. B. Fluglotse) darin aufgeführt.

Während mit dem F-JAS die für eine Arbeitstätigkeit relevanten Fähigkeiten *direkt* erfasst werden können, liegt mit der „synthetischen Validierung" (vgl. Johnson, 2007) ein Ansatz vor, bei dem auf der Basis vorangegangener Arbeitsanalysen spezifischen Arbeitselementen Eigenschaftsanforderungen von Experten zugeordnet werden; d. h. Aufgaben und Anforderungen werden als Fähigkeiten attribuiert. Frieling (1977) thematisierte diesen Ansatz im Kontext der Eignungsdiagnostik; eine sehr fundierte Studie zur Ermittlung kognitiver und sozial-kommunikativer Fähigkeitsattribute liegt im deutschsprachigen Raum mit der Untersuchung von Edelmann (1996) zur Ableitung von Anforderungen bei Instandhaltertätigkeiten vor (vgl. auch Sonntag, Frieling & Stegmaier, 2012).

Den genannten aufgaben- und anforderungsanalytischen Ansätzen und Vorgehensweisen zur Ermittlung personaler und curricularer Informationen ist ein zentrales Problem gemeinsam: Es erfolgt, insbesondere bei anforderungsanalytischen Verfahren, eine Einschätzung durch Experten mithilfe von Attributenlisten. Die Urteile basieren auf Meinungen von „Ratern“ über das, was eine Arbeitstätigkeit erfolgreich machen könnte. Es bleibt offen, inwieweit die Untersucher zu der erforderlichen differenzierten Einsicht in die Tätigkeit als Grundlage weiterer Ableitungen gelangen. Des Weiteren ist anzuführen, dass die kognitiven Anforderungen (bspw. Denkanforderungen) selbst nicht beobachtbar oder aussagbar sind, sondern verallgemeinernde Schlüsse von Aufgaben oder Arbeitstätigkeiten auf gedachte psychische Leistungsvoraussetzungen darstellen.

2.3 Ansätze zur Analyse psychischer Regulationsgrundlagen

Die Bedeutung der Analyse psychischer Regulationsgrundlagen im Rahmen der Anforderungsermittlung für personale und curriculare Zwecke wird unterstrichen durch eine Reihe inhaltlicher und methodischer Argumente:

- die technische Entwicklung und die damit verbundene Anforderungsverlagerung macht Verfahren erforderlich, die zuverlässig Aussagen über die in Tätigkeiten geforderten psychischen, speziell kognitiven Vorgänge leisten können,
- die funktionsorientierten aufgabenanalytischen Vorgehensweisen beschreiben menschliche Tätigkeiten und die daraus resultierenden Anforderungen nur unzureichend,
- das methodenkritische Schließen von Tätigkeiten auf als Voraussetzungen gedachte psychische Funktionen (Fähigkeiten) erfordert Analyseverfahren, die diese auch tatsächlich ermitteln.

Verfahren auf handlungstheoretischer Basis

Für die Entwicklung solcher Verfahren wird eine handlungstheoretische Konzeption (vgl. hierzu Hacker & Sachse, 2014 und Kapitel 8 in diesem Buch), die die Ermittlung kognitiver und motivationaler Regulationsvorgänge (Ausführungs- und Antriebsregulation) leistet, als wesentlich angesehen. Zum gegenwärtigen Zeitpunkt lässt sich hinsichtlich der Anwendung handlungstheoretischer Analyseverfahren im HR-Bereich feststellen:

- Die zu Beginn der 1970er Jahre in der Bundesrepublik von Arbeitswissenschaftlern und Berufsbildungsforschern eingeleiteten Bemühungen, auf handlungstheoretischer Basis Qualifikationsanalysen zu entwickeln und einzusetzen (vgl. Rüger, 1974; Volpert, 1974), sind über den Stand theoretischer Ausarbeitungen und einiger Projektskizzen nicht hinausgekommen.
- Das im Rahmen von industriesoziologischen Untersuchungen von Mickler, Mohr und Kadritzke (1977) für die Entwicklung eines Kategorienschemas zur

Analyse von Qualifikationsanforderungen adaptierte Modell der hierarchischen Handlungsregulation lieferte nur sehr allgemeine und abstrakte Beschreibungen von Qualifikationen.

- Erprobte Analyseinstrumente, die auf der Grundlage der psychologischen Handlungstheorie entwickelt wurden, wie
  - das Verfahren zur Ermittlung von Regulationshindernissen in der Arbeitstätigkeit (RHIA/VERA-Produktion; Oesterreich, Leitner & Resch, 2000)
  - das Tätigkeitsbewertungssystem (TBS; vgl. Hacker, Fritsche, Richter & Iwanowa, 1995) oder das auf die Erfassung kognitiver Anforderungen ausgerichtete Tätigkeitsbewertungssystem-Geistige Arbeit (TBS-GA, vgl. Richter & Hacker, 2003)
  - die Kontrastive Aufgabenanalyse im Büro (KABA, Dunckel & Pleiss, 2007)

  dienen nicht primär qualifikations- und kompetenzbezogenen Fragestellungen, sondern der Bewertung potenziell persönlichkeitsförderlicher oder -hemmender Arbeitstätigkeiten oder Belastungsanalysen.

Insgesamt bleibt festzuhalten, dass Anforderungsanalysen auf handlungstheoretischer Basis in erprobter Form für den HR-Bereich nicht vorliegen.

Verfahren mit einem erweiterten theoretischen Anspruch

Tätigkeits-Analyse-Inventar (TAI). Als ein solches Verfahren versteht sich das *Tätigkeits-Analyse-Inventar* (TAI; vgl. Frieling, Facaoaru, Benedix, Pfaus & Sonntag, 1993), dessen konzeptioneller Rahmen tätigkeitstheoretische (i. S. Leontjews, 1977) und informationstheoretische (vgl. bspw. Klix, 1973) Konzepte mit einschließt.

Das Verfahren soll Aussagen über die Auswirkungen neuer Techniken in Produktion und Verwaltung im Hinblick auf zwei Anwendungsgebiete zulassen:

- die Belastungs- und Gefährdungsermittlung zum Zwecke der Ableitung organisatorischer, technischer und ergonomischer Gestaltungsempfehlungen,
- die Ermittlung von Qualifikationsanforderungen (wie kognitive und sensumotorische Anforderungen, fachspezifische und fachübergreifende Kenntnisse) zum Zwecke der Ableitung von Ausbildungsinhalten für die Entwicklung beruflicher Curricula und anforderungsgerechter Trainingskonzepte und -programme.

Die qualifikationsbezogene Intention des TAI verfolgt das Ziel, Art und Niveau der zur Ausführung von Arbeitstätigkeiten erforderlichen Leistungsvoraussetzung auf einem differenzierten und für die Praxis aussagegerechten Analyseniveau zu erfassen.

Neben der Ermittlung sensumotorischer und sozial-kommunikativer Qualifikationsanforderungen kommt der Operationalisierung *kognitiver Anforderungen* zentrale Bedeutung zu. Hierfür wird auf informationstheoretische Modellvorstellungen zurückgegriffen (vgl. Facaoaru & Frieling, 1986). Die Arbeitstätigkeiten zugrunde liegenden kognitiven Operationen und Prozesse können so aus den äußerlich sichtbaren, gegenständlichen und informatorischen Tätigkeitsbereichen erfasst werden. Mit dieser Vorgehensweise werden zeitlicher Umfang, Komplexität, Gedächtnisleistung bei konkreten Arbeitshandlungen der Informationsaufnahme (wie Beobachten/Überwachen, Zuhören/Befragen, Betrachten von Zeichnungen/Grafiken, Lesen von Texten) und der Informationsumsetzung/-erzeugung (wie Reden/Sprechen, Zeichnen, Rechnen, Schreiben) analysiert und bewertet.

Erprobungen des Verfahrens zur Ableitung von Qualifikationsanforderungen bei Tätigkeiten in einem Flexiblen Fertigungssystem und an computergestützten Werkzeugmaschinen (vgl. Sonntag, 1985) sowie bei der Störungsdiagnose und -beseitigung im Rahmen von Wartungs- und Instandsetzungstätigkeiten an Fertigungs- und Montagelinien (vgl. Sonntag, Benedix & Heun, 1989) zeigten brauchbare Ergebnisse.

Leitfaden zur qualitativen Personalplanung bei Innovationen (LPI). Der *LPI* (Sonntag, Schaper & Benz, 1999) wurde als ein kombiniertes Verfahren zur Analyse von Aufgaben und Anforderungen bei Tätigkeiten mit operativen, planerischen, diagnostischen, koordinierenden und administrativen Anteilen entwickelt. Ausgehend von einer aufgabenanalytischen, handlungstheoretischen und informationstheoretischen Fundierung liefert der LPI für eine Reihe von Anwendungen im HR-Bereich methodische Unterstützung, wie bspw. der
- Gestaltung von beruflichen Lernaufgaben und -inhalten
- Entwicklung von Kompetenzmodellen
- strategieorientierten qualitativen Personalplanung

Operationalisiert werden zunächst einzelne Aufgaben- und Verhaltenselemente mittels verrichtungs- und funktionsbezogener Items nach Häufigkeit, Bedeutung und Schwierigkeit (= Oberflächenstruktur der Tätigkeit). Danach werden kognitive Anforderungen im LPI durch eine Analyse der Informationsverarbeitung bestimmt (= Tiefenstruktur der Tätigkeit). Hierbei wird das informationstheoretische Modell von Facaoaru und Frieling (1986) zugrunde gelegt, das Handlungen und Prozesse der Informationsaufnahme, -verarbeitung und -erzeugung unterscheidet.

Da die Regulation von Arbeitshandlungen meistens auch kommunikative Abstimmungen und Kooperation zwischen den Arbeitenden erfordert, müssen diese

Anforderungen in der Analyse ebenfalls berücksichtigt werden. Die psychische Regulation von Arbeitshandlungen erfordert außerdem Kenntnisse und Wissen über die Ausführungsbedingungen von Aufgaben und die einzusetzenden Arbeitsverfahren. Im LPI werden deshalb neben Kooperationserfordernissen auch erforderliche Kenntnisse erhoben.

Der in enger Zusammenarbeit mit betrieblichen Experten entwickelte Leitfaden ist in drei eigenständige Verfahrensteile gegliedert, die jeweils den Fragenkatalog für eine Expertengruppe repräsentieren: Vorgesetzte (LPI/V), Stelleninhaber (LPI/S) und Planer (Technische, strategische Planung: LPI/P). Struktur und Inhalt des LPI gibt Tabelle 2 wieder.

Tabelle 2: Struktur und Inhalt des LPI

Verfahrensteil	Inhalt	Items
LPI/V	– Betriebliche und technische Strukturdaten	16
	– Arbeitsorganisatorische Strukturdaten	5
	– Personalwirtschaftliche Strukturdaten	8
LPI/S	– Personalwirtschaftliche Strukturdaten	27
	– Aufgaben/Funktionen	17
	– Kognitive Anforderungen bei der • Infoaufnahme • Infoverarbeitung • Infoerzeugung	 32 16 22
	– Kommunikations-/Kooperations-anforderungen	18
	– Kenntnisanforderungen	17
LPI/P	– Organisatorische, personelle und technische Entwicklung/Veränderung (mittelfristig)	20
	– Veränderungen (mittelfristig) in den Aufgaben und Anforderungen in vergleichbaren Analysekategorien (s. o.)	122

Eine ausführliche Beschreibung des Verfahrens zu theoretischem Hintergrund, Entwicklung und Gütekriterien findet sich in Sonntag und Stegmaier (2007). Aufgeführt sind dort auch eine Reihe von Studien, in denen der LPI seine grundsätzliche Tauglichkeit als Anforderungsanalyse für den Einsatz in HR-Anwendungsfeldern gezeigt hat – wie auch in den folgenden integrativen Analysekonzeptionen.

2.4 Integrative und strategische Analysekonzeptionen

Arbeitsanalytische Verfahren liegen entsprechend ihres theoretischen Konzepts, der methodischen Herangehensweise und Praktikabilität in unterschiedlicher Form für den Einsatz im HR-Management vor. Vor dem Hintergrund zunehmender Informatisierung und Digitalisierung sowie neuer Organisations- und Gestaltungsmodelle von Arbeit verändert sich das Aufgaben- und Anforderungsspektrum des Menschen. Neben den fachlichen Qualifikationen werden komplexere Anforderungsmuster, aber auch soziale Kompetenzen eine größere Rolle spielen. Arbeitsanalytische Verfahren müssen solche Veränderungen frühzeitig und umfassend erkennen und auf dieser Grundlage Maßnahmen einer vorausschauenden Personalplanung und -entwicklung bereitstellen. Entsprechende Weiterentwicklungen werden nachfolgend vorgestellt.

Integration wissensanalytischer Methoden

Vielfach ist es schwierig, zu begründeten Annahmen über Strukturen und Inhalte kognitiver Prozesse bei der Bewältigung komplexer Aufgaben zu kommen und diese lehrbar aufzubereiten. Analysegegenstand sind nicht körperliche (und damit sichtbare) Handlungen und Verhaltensweisen, sondern kognitive Operationen, die weder vollständig aussagbar noch beobachtbar sind. Herkömmliche psychologische Anforderungsanalysen sind hierfür teilweise unzureichend und bedürfen der Ergänzung durch wissensanalytische Methoden, wie bspw. „Lautes Denken“, Sortiermethoden, Assoziationsversuche usw. (Hacker, 2008) oder verbaler Protokollanalysen (Gordon, Coovert & Elliott, 2012).

Kognitive Aufgabenanalysen (cognitive task analysis), wie sie in Abschnitt 2.1 beschrieben wurden, sind im Vergleich zu traditionellen Aufgabenanalysen zwar in der Lage, deklaratives und prozedurales Wissen sowie mentale Modelle zu identifizieren und können auf der Basis eines Experten-Novizen-Vergleichs Aufbau und Entwicklung von Wissensstrukturen für Instruktionszwecke abbilden. Sie lassen aber die psychischen Erfordernisse, die kognitive Operationen regulieren und steuern weitgehend außer Acht. Ein integrierter Verfahrenseinsatz arbeits- und wissensanalytischer Methoden (vgl. Tabelle 3) wurde im betrieblichen Untersuchungsfeld zur Gestaltung kognitiver Trainingsverfahren bei komplexen Tätigkeiten erprobt (vgl. Schaper & Sonntag, 1995).

Tabelle 3: Integrierter arbeits- und wissensanalytischer Ansatz bei der Lernbedarfsanalyse komplexer Tätigkeiten (Sonntag, 2006, S. 219)

Arbeitsanalyse	
1. Organisations- und Technikanalyse	
➡ Personale, technische und organisatorische Rahmenbedingungen	– Expertengespräche – Dokumentenanalyse
2. Aufgaben- und Anforderungsanalyse	
➡ Aufgaben- und Funktionsbereiche ➡ Kognitive Anforderungen ➡ Handlungsstruktur/Ausführungsbedingungen	– LPI (vgl. Sonntag et al., 1999) – TBS-GA (vgl. Richter & Hacker, 2003) – Interviewleitfaden
⬇	
Wissensanalyse	
3. Störungsanalyse	
➡ Prototypische Störungen nach Kriterien der Aufgabenkomplexität	– Interviewleitfaden
4. Wissensanalyse	
➡ Diagnosestrategien und Wissensstrukturen ➡ Formalisierung und Validierung der Diagnosestrukturen und der Symptom-Ursache-Beziehung	– Interviewleitfaden – „Struktur-Lege-Technik" – „Hierarchical Task Analysis"
5. Expertiseanalyse	
➡ Kontrastierung von Expertise und Durchschnittsleistung	– Beobachtung – Befragung

Untersucht wurden Diagnosetätigkeiten des Instandhaltungspersonals in flexibel automatisierten Fertigungssystemen in der Automobilindustrie. Die Bestimmung des Trainingsbedarfs orientierte sich dabei am Handeln und Wissen erfahrener Instandhalter in konkreten Störungssituationen. Insgesamt ist der Analyseprozess durch ein „trichter-förmiges" Vorgehen charakterisiert, d. h. zu Beginn der Analyse galt es über die Vielfalt der technisch-organisatorischen Tätigkeitsbedingungen einen Überblick zu gewinnen, sodass in weiteren Analyseschritten eine gezielte Auswahl repräsentativer und kritischer Anforderungsbereiche getroffen werden konnte, um schließlich in Feinanalysen die psychischen Regulationsgrundlagen bei der Aufgabenbewältigung beschreiben zu können. Eine ähnliche methodische Abfolge empfiehlt auch Hacker (2008) im Sinne einer „multi-level procedure" (S. 765). So ist bspw. anhand vorangegangener Arbeitsanalysen eine validere und zuverlässigere Wissensexplikation bei Experten möglich. Wie Tabelle 3 zeigt, wurden hierfür eine Reihe unterschiedlicher arbeits- und wissensanalytischer Methoden (wie Tätigkeitsanalysen, Hierarchische Aufgabenanalyse, Struktur-Lege-Techniken, Experten-Novizen-Vergleiche) eingesetzt. Insbesondere die Ermittlung der Unterschiede zwischen Könnern und „Durchschnittsleistung" ist erfolgskritisch und ausbildungsrelevant. Sie liefern hinsichtlich Wissen und Wissensorganisation, Orientierungs- und Diagnosetätigkeiten, Entwurfsprozeduren und Eingriffshandlungen aussagekräftige Hinweise auf lehrbare Leistungsvoraussetzungen.

Auf dieser Basis entwickelte und evaluierte Lernaufgaben und Übungen scheinen diesen aufwendigen Ansatz zu rechtfertigen, nach der globalen Tätigkeitsanalyse mit wissensanalytischen Methoden und deren formalisierten Darstellungen weiterzuarbeiten und für definierte Schwierigkeitsklassen strategische Anforderungen und handlungsleitendes Wissen zu erfassen. Anspruchsvolle Lernaufgaben mit hohem Realitätsgehalt können so didaktisch-methodisch, z. B. für die Entwicklung computergestützter Trainings, aufbereitet werden (vgl. Schaper, Hochholdinger & Sonntag, 2004, siehe auch Kapitel 19 in diesem Buch).

Strategische Analysekonzeptionen

Den oben beschriebenen Analysetechniken zur Ermittlung qualifizierungsrelevanter und entwicklungsförderlicher Informationen von Arbeitstätigkeiten liegt die implizite Annahme zugrunde, dass die zu einem gegenwärtigen Zeitpunkt erhobenen Daten stabil über die Zeit bleiben und auch zukünftig gültig sind. Dies führt zu einer Festschreibung des Status quo und „künftiger" Leistungsvoraussetzungen, die den raschen technisch-ökonomischen Strukturwandel nicht berücksichtigen können: Fertigkeiten, Fähigkeiten, Kenntnisse und andere Eigenschaften (KSAOs) sind nicht zeitnah verfügbar.

In den Reviews zum Einsatz arbeitsanalytischer Verfahren im HR-Management wird auf die Notwendigkeit von Entwicklungsarbeiten solcher Analyseverfahren hingewiesen, die auch dann aussagekräftig sind, wenn künftige Aufgaben und Tätigkeiten nur als planerische Größen für die Auslegung neu zu installierender technischer Systeme oder zu restrukturierender Arbeitsorganisationen vorliegen (vgl. Sackett & Laczo, 2003; Sanchez & Levine, 2006; Singh, 2008). Dabei sind nicht nur die strategischen Ziele einer Organisation mit einzubeziehen, vielmehr gilt es zukünftige Anforderungen konkret zu formulieren, um entsprechende Kompetenzen der Organisationsmitglieder bereitstellen zu können.

Als entsprechende Verfahren sind zu nennen:

- die „Strategic Job Analysis“ von Schneider und Konz (1989), die aufbauend auf traditionellen Aufgaben- und Anforderungsanalysen zwei ergänzende Analyseschritte vorsieht, in denen Daten über zukünftige Anforderungen in Workshops mit Technischen Planern, Personalplanern, Vorgesetzten und Stelleninhabern gesammelt werden und anschließend den vorher ermittelten Aufgaben- und Anforderungsstrukturen gegenübergestellt und bewertet werden;
- die „Skill-Based Job Analysis“ von Lundquist und Crosby (1991), die auf der Basis von Experten- und Vorgesetztenurteilen Anforderungen im kognitiven und sozial- kommunikativen Bereich jeweils nach gegenwärtiger und zukünftiger Bedeutung und Anspruchsniveau bewertet. In abschließenden Gruppendiskussionsphasen werden die Einstufungen auf abweichende Urteile analysiert, einer Konsensbildung zugeführt und der Trainingsbedarf festgelegt;
- der „Leitfaden zur qualitativen Personalplanung bei Innovationen (LPI)“ von Sonntag, Schaper und Benz (1999), mit dem Aufgaben und Anforderungen an bestehenden (IST-) und für zukünftig geplante (SOLL-) Arbeitssysteme(n) ermittelt werden können.

Abbildung 3 zeigt ein Beispielitem des LPI zur Erfassung von Anforderungen bei Rede-/Sprechleistungen in gegenwärtigen und zukünftigen Arbeitssystemen. Zur Beschreibung des Verfahrens siehe oben.

Ein Rahmenkonzept zur Durchführung einer strategischen Arbeitsanalyse („strategic job analysis“) schlägt Singh (2008) in mehreren Stufen vor:

1. Eine Umfeldanalyse, in der Informationen über zukünftige Strategien und beabsichtigte Veränderungen in der Organisation gesammelt und bewertet werden („environmental analysis“).
2. Eine klassische Arbeitsanalyse, die auch teambezogene Arbeitstätigkeiten miteinbezieht („traditional job analysis“).
3. Mit einem Vergleich gegenwärtiger und zukünftiger Anforderungen („gap analysis“) durch Experten wird der Trainingsbedarf festgelegt und validiert.
4. Um die Wirksamkeit dieses Procederes einer strategischen Job-Analyse zu überprüfen, sollen kontinuierliche Evaluationen stattfinden („evaluate effectiveness“). Dadurch ist es möglich, eine proaktive Analyse zu betreiben, die die strategischen Planungen und konkreten Veränderungen innerhalb der Organisation erfasst.

Gruppendiskussionstechniken oder das Generieren von Szenarien mit Fachexperten (Subject Matter Experts – SME) sind die häufigsten Methoden zur Durchführung strategischer Analysen (Sackett & Laczo, 2003). Obwohl die Notwendigkeit solcher Analysen aufgrund sich verändernder Umfeldbedingungen unstrittig ist,

Frage: Welche der nachfolgenden Rede-/Sprechleistungen sind erforderlich, um die Tätigkeit effektiv ausführen zu können?		
Rede-/Sprechleistungen	**Häufigkeit** nie ⓪ selten ① monatlich ② wöchentlich ③ täglich ④	
	gegenwärtig	**zukünftig**
Informationen geben Auskünfte erteilen, Hinweise geben über Sachverhalte mittels einzelner Wörter oder kurzer Sätze	⓪ ① ② ③ ④	⓪ ① ② ③ ④
Anweisen Erteilen von fachlichen Anordnungen, Vorgeben von Richtlinien in knappen Sätzen, Aufträge vergeben	⓪ ① ② ③ ④	⓪ ① ② ③ ④
Beraten Erteilen von Ratschlägen; fachliche Unterstützung bei Problemlösungen	⓪ ① ② ③ ④	⓪ ① ② ③ ④
Instruieren Vermittlung von Wissen und Fertigkeiten, Unterrichten unter Einsatz von Medien	⓪ ① ② ③ ④	⓪ ① ② ③ ④
Vortragen/Präsentieren Ergebnisse darstellen, Vorträge halten	⓪ ① ② ③ ④	⓪ ① ② ③ ④
Verhandeln Austauschen von Ideen, Informationen und Meinungen, um gemeinsam zu Lösungen oder Entscheidungen zu gelangen; Diskussionen, Gruppengespräche leiten und moderieren	⓪ ① ② ③ ④	⓪ ① ② ③ ④

Abbildung 3: LPI-Items zur Erfassung von Sprech- und Redeleistungen in gegenwärtigen und zukünftigen Arbeitssystemen (Sonntag, 2006, S. 222)

liegt kaum empirische Evidenz über deren Einsatz in der Praxis vor. Vor allem fehlen Aussagen zur Validität von Expertenratings über zukünftige Tätigkeiten und Jobs, die gegenwärtig noch nicht existieren (vgl. Sackett & Laczo, 2003; Dierdorff & Wilson, 2005).

3 Anforderungsanalyse und Kompetenzmodellierung – ein evidenzbasierter Ansatz

Vor dem Hintergrund kontinuierlicher Veränderungsprozesse ist das Wissen um Anforderungen und Mitarbeiterkompetenzen für die Personalverantwortlichen eines Unternehmens von zentraler Bedeutung. Kompetenzmodelle können eine verlässliche und inhaltsvalide Grundlage für Personalauswahl, -beurteilung und -förderung darstellen. Der volle Nutzen von Kompetenzmodellen wird aber nur dann erreicht, wenn ein *strategie-* und *evidenzbasierter* Entwicklungsprozess zugrunde gelegt wird, wie die vorangegangenen Ausführungen aktueller Recherchen und Befunde zur Arbeitsanalyse und Kompetenzmodellierung nahelegen.

Das bedeutet im Einzelnen

- den Einsatz von Aufgaben- und Anforderungsanalysen,
- die Erfassung aktueller und zukünftiger Aufgaben und Anforderungen,
- die Einbeziehung von Stelleninhabern, Vorgesetzten und strategischem Management,
- die Transformation der Anforderungen und Kompetenzen pro Funktion oder Funktionsgruppe (Kompetenzmodellierung),
- die Verwendung von Kompetenzmodellen für Mitarbeiterauswahl und -förderung.

Diese Prämissen forschungsgeleiteter Kompetenzmodellierung wurden in einem umfangreichen Change-Projekt mit der Schweizerischen Post umgesetzt (Sonntag & Schmidt-Rathjens, 2004; Sonntag, 2012).

Die Schweizerische Post wurde ab 2000 einem fundamentalen Veränderungsprozess unterzogen: weg von einem Staatsbetrieb hin zu einem „staatsnahen" Unternehmen, das neben der Sicherstellung der Grundversorgung auch die Eigenwirtschaftlichkeit in den Fokus ihres unternehmerischen Handelns stellte. Marktöffnung, Lösungsorientierung, Kundenorientierung und die Wahrnehmung von Verantwortung waren unter anderem die Zielgrößen des Kulturwandels.

Aufbauorganisatorisch wurde die bis dahin vorherrschende Stab-Linien-Organisation in eine Matrix-Organisation mit sieben Geschäftsfeldern umgewandelt. Das Geschäftsfeld „Poststellen & Verkauf", auf das sich die folgenden Ausführungen beziehen, umfasste 2.585 Poststellen in der gesamten Schweiz. Neben einer Typisierung des Poststellennetzes und der Optimierung der Geschäftsprozesse sowie der Einführung von Zielvereinbarungen, Deckungsbeitragsrechnung und einem neuen Lohnsystem sollten im Rahmen der Neuorganisation Aufgaben und Anforderungen der Stelleninhaber (z. B. Poststellenleiter, Verkaufsmanager, Schalterpersonal usw.) neu definiert und in entsprechende Kompetenzmodelle transformiert werden. Mit diesen Modellen sind Maßnahmen der Personalauswahl und -entwicklung eng verbunden.

Der zentrale Prozess der Kompetenzmodellierung und seine Umsetzung in das Human Resource Management der Schweizerischen Post beinhaltete die in Abbildung 4 dargestellten Phasen.

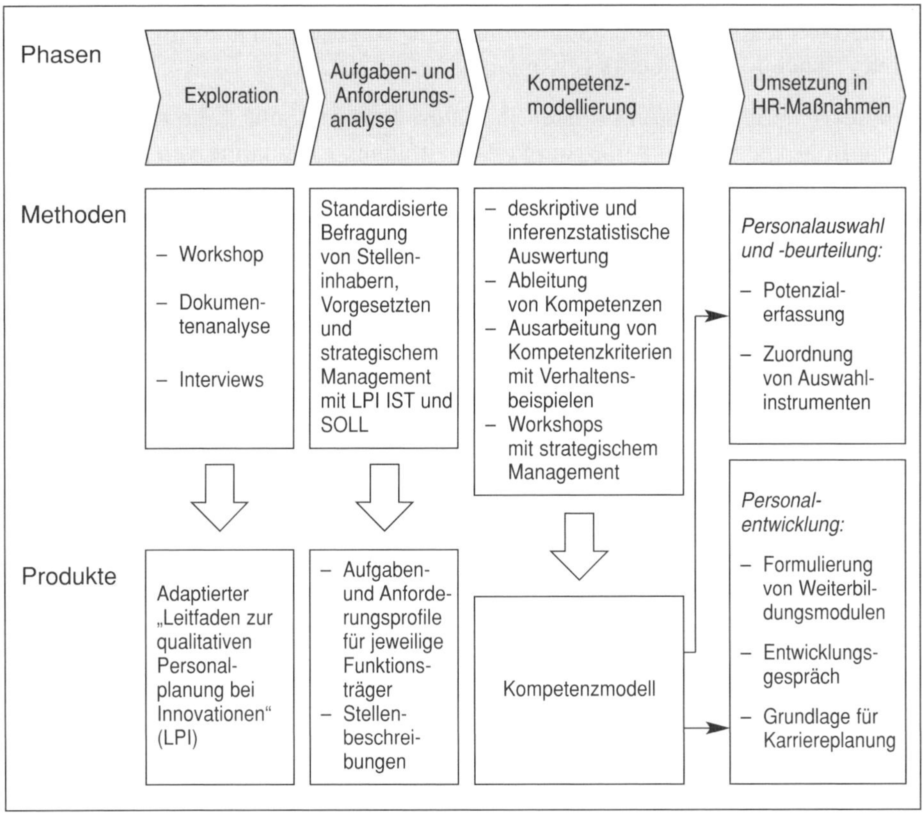

Abbildung 4: Entwicklungsphasen, Methoden und Produkte eines evidenzbasierten Kompetenzmodells (Sonntag, 2006, S. 224; 2012)

Die entsprechenden Entwicklungsarbeiten orientieren sich an den wesentlichen Forderungen einer wissenschaftlich fundierten, aber praxistauglichen Vorgehensweise der Kompetenzmodellierung, wie sie Campion et al. (2011) in ihrem „best practice“-Ansatz vorschlagen.

Exploration

Um erste Informationen über Aufgaben und Anforderungen der Stelleninhaber zu bekommen, für die ein Kompetenzmodell entwickelt werden sollte, fand ein Workshop mit Teilnehmern aus der Geschäftsleitung und dem strategischen Management statt. Zusätzlich wurden detailliertere Informationen über Tätigkeitsinhalte (Haupt- und Teilaufgaben) sowie relevante Anforderungsbereiche der verschiedenen Stelleninhaber (wie Poststellenleiter, Verkaufsmanager, Schalterpersonal) sowohl im Hinblick auf die aktuelle Situation als auch auf die künftigen Entwicklungen im Rahmen von halbstandardisierten Interviews mit einer kleineren Stichprobe von 28 Stelleninhabern, Vorgesetzten und Angehörigen des strategischen Managements gewonnen.

Die ausgewerteten Daten bildeten in einem weiteren Schritt die Grundlage für die auftragsspezifische Anpassung des Leitfadens zur qualitativen Personalplanung bei Innovationen (LPI; Sonntag, Schaper & Benz, 1999). Dieses strategisch ausgerichtete Analyseverfahren ist modular aufgebaut und ermöglicht, sowohl aktuelle als auch zukünftige Aufgaben und Anforderungen für unterschiedliche Funktionen und Stellen zu erfassen (siehe Abschnitt 2.4 zu strategischen Analysekonzeptionen). Im konkreten Fall wurden die Interviews ausgewertet und anschließend inhaltsvalide Items für Aufgaben und Anforderungen der verschiedenen Stelleninhaber formuliert.

Aufgaben- und Anforderungsanalysen

In einem nächsten Schritt wurden mithilfe des auf die Zielgruppe der Schweizerischen Post adaptierten LPI (LPI-PV) Aufgaben- und Anforderungsanalysen durchgeführt. Analysegegenstand dieser Verfahren sind die erforderlichen Leistungsvoraussetzungen für das Ausführen von Arbeitstätigkeiten. Aus den vorangegangenen Entwicklungsarbeiten wurden 176 Aufgabenitems und 95 Anforderungsitems in das Analyseinstrument übernommen und für die Hauptstudie eingesetzt.

Da mit dem LPI-PV schweizweit 1.098 Funktionsträger in den Poststellen befragt wurden, mussten Schulungen für die Interviewer durchgeführt werden. Im Rahmen eines Workshops wurden die Interviewer in das Verfahren der Anforderungsanalyse und der Untersuchungsmethodik sowie in Theorie und Praxis der Kompetenzmodellierung (vgl. Sonntag, 2009) eingeführt. Mithilfe des Datenanalyseprogramms SPSS wurden die Daten deskriptiv sowie inferenzstatistisch ausgewertet und in Form von Aufgaben- und Anforderungsprofilen für die jeweiligen Stelleninhaber aufbereitet.

Der LPI-PV ist ein Instrument, das vorzugsweise im Rahmen von Organisationsentwicklungsprozessen einzusetzen ist. Für die Beschreibung der *zukünftigen*

Aufgaben und Anforderungen ist es erforderlich, dass die in einem ersten Schritt ermittelte aktuelle Bestandsaufnahme durch die Funktionsträger (IST) in einem Workshop mit Vertretern des Strategischen Managements vorgestellt wird. Auf dieser Grundlage wird das Strategische Management aufgefordert, die aktuelle Situation im Hinblick auf zukünftige, mittelfristige Veränderungen (SOLL) zu reflektieren und Stellung zu nehmen. Differenziertere Beurteilungen zukünftiger Entwicklungen in den Aufgaben und Anforderungen erfolgten dann über die Bearbeitung der Version des LPI-PV „Strategisches Management".

Die so ermittelten Aufgaben- und Anforderungsprofile lassen zentrale Aussagen über Vergleiche zwischen verschiedenen Gruppen von Stelleninhabern, aber auch den Vergleich zwischen aktuellen und zukünftigen Aufgaben und Anforderungen pro Stelleninhaber zu. Ein Nebenprodukt der Aufgaben- und Anforderungsanalyse im Rahmen der Kompetenzmodellierung sind aktualisierte Stellenbeschreibungen für das HR-Management.

Kompetenzmodellierung

Ableitung der Kompetenzen. Die Ableitung der Kompetenzen erfolgte auf der Basis der durchgeführten Aufgaben- und Anforderungsanalyse. Diejenigen Anforderungen, die sich nach Maßgabe der Untersuchungsergebnisse für die verschiedenen Stelleninhaber als relevant erwiesen, wurden zu übergeordneten Kompetenzen zusammengefasst. Für die Aggregation waren folgende Fragestellungen leitend:

- Lassen sich leistungs- und erfolgskritische Aufgaben und Anforderungen auf gemeinsame Kompetenzen zurückführen?
- Welche Kompetenzen tragen am stärksten zur Performance des Funktionsträgers bei?
- Durch welche inhaltlichen Aspekte und Verhaltensweisen wird die Kompetenz am besten repräsentiert?

Auf diese Weise wurden zunächst 36 Kompetenzen abgeleitet, die sich den Bereichen Fach-, Methoden-, Sozial-/Führungs- sowie Personal-/Selbstkompetenz zuordnen lassen. Bei der Definition dieser Teilbereiche beruflicher Handlungskompetenz wurde sich an der Definition von Sonntag (2009) orientiert: Unter *Fachkompetenz* werden vor allem jene spezifischen Kenntnisse, Fertigkeiten und Fähigkeiten verstanden, die zur Bewältigung von Aufgaben einer beruflichen Tätigkeit erforderlich sind. *Methodenkompetenz* bezieht sich auf situationsübergreifende, flexibel einsetzbare kognitive Fähigkeiten (z. B. zur Problemlösung oder Entscheidungsfindung), die eine Person zur selbstständigen Bewältigung komplexer und neuartiger Aufgaben befähigen. *Sozial- und Führungskompetenz* umfasst kommunikative und kooperative Verhaltensweisen oder Fähigkeiten, die das Realisieren von Zielen in sozialen Interaktionssituationen erlauben. *Perso-*

nal-/Selbstkompetenz schließlich bezieht sich am deutlichsten auf persönlichkeitsbezogene Dispositionen, die sich in Einstellungen, Werthaltungen, Bedürfnissen und Motiven äußern und vor allem die motivationale und emotionale Steuerung des beruflichen Handelns betreffen.

Festlegung und Definition der Kompetenzen. In einem nächsten Schritt wurden die 36 Kompetenzen definiert. Dies erfolgte u. a. auf der Basis intensiver Recherchen in der entsprechenden Fachliteratur. Es wurden auch existierende Kompetenzmodelle anderer Organisationen gesichtet. Auf diese Weise war eine umfassende und theoretische Fundierung der einzelnen Kompetenzen gewährleistet. Die endgültigen im Modell verwendeten Definitionen sind das Ergebnis mehrerer Optimierungsdurchgänge. Bei jeder Kompetenz wurde sorgsam geprüft, ob sie wirklich erforderlich ist, im Vergleich zu den übrigen zusätzlichen Informationsgewinn bringt und eindeutig abzugrenzen ist. Dies erfolgte durch eine Einigung auf Definitionsbestandteile, die von allen Projektmitarbeitern in gleicher Weise verstanden und als wichtig bzw. relevant für die Tätigkeiten und Funktionsträger in den Poststellen der Schweizerischen Post erachtet wurden.

Erstellung von Kompetenzlisten. Die einzelnen Kompetenzen wurden zu sog. Kompetenzlisten zusammengefasst, die neben den entsprechenden Kompetenzdefinitionen auch jeweils Beschreibungen für einen hohen bzw. niedrigen Ausprägungsgrad dieser Kompetenz enthielten. Darüber hinaus wurden zur besseren Veranschaulichung für jede Berufsgruppe relevante Aufgaben (entsprechend der Ergebnisse der Aufgabenanalysen) ausgewählt, die beispielhaft für die jeweiligen Kompetenzen sind. Mit anderen Worten: Es wurden solchen Aufgaben ausgesucht, für deren erfolgreiche Bewältigung die jeweilige Kompetenz in einer bestimmten Ausprägung vorliegen muss. Abbildung 5 zeigt eine entsprechend gestaltete Kompetenzliste am Beispiel „Teamfähigkeit“.

Am Ende dieses Arbeitsschritts lag für jede der 36 Kompetenzen eine Kompetenzliste vor, die jeweils eine aussagekräftige Definition, verbale Verankerungen für einen hohen bzw. niedrigen Ausprägungsgrad (entspricht den Leistungsstufen eines low oder high performers) sowie relevante Aufgabenbeispiele enthielt.

Durchführung von Workshops zur Kompetenzmodellierung. Die 36 Kompetenzlisten bildeten die Grundlagen für die Durchführung von Workshops zur Kompetenzmodellierung. Bei den Teilnehmern der Workshops handelte es sich um die Vorgesetzten der betreffenden Funktionsträger sowie Mitarbeiter des strategischen Managements. Als Bearbeitungsunterlagen erhielt jeder Teilnehmer eine Kompetenzliste sowie ein Glossar, in dem die für die einzelnen Kompetenzen relevanten Aufgabenbeispiele aufgeführt waren. Die Teilnehmer sollten einschätzen, welcher Ausprägungsgrad der jeweils diskutierten Kompetenz erforderlich

Kompetenz: Teamfähigkeit

Definition Fähigkeit zur konstruktiven Zusammenarbeit in einer Arbeitsgruppe/im Team im Rahmen der gemeinsamen Leistungserbringung. Dies beinhaltet die Fähigkeit, sich und sein Können im Sinne einer Gruppenaufgabe optimal einzubringen, ohne den Beitrag anderer zu beeinträchtigen sowie einen freundlichen und höflichen Umgang mit den anderen Teammitgliedern.

Hoher Ausprägungsgrad
Konzentriert seine Handlungen auf Aktivitäten, die zum Erreichen der Ziele der Gruppe führen; stellt die Interessen des Teams über die Bedürfnisse der eigenen Person und geht respektvoll mit den anderen Teammitgliedern um. Tritt aktiv für gemeinsame Ziele ein und denkt auch bei internen Meinungsverschiedenheiten oder Streitigkeiten zuallererst an die Teamleistung.

7
6
5
4
3

Niedriger Ausprägungsgrad
Ist in der Lage, bei Bedarf in einem gut funktionierendem Team zu arbeiten und seinen Teil zur Gruppenleistung beizutragen.

2
1

Kompetenz nicht erforderlich 0 ☐

Frage

Welcher Ausprägungsgrad der Kompetenz „**Teamfähigkeit**" ist erforderlich, um die Aufgaben eines Poststellenleiters erfolgreich ausüben zu können?

Bitte nehmen Sie die Einstufung durch Ankreuzen auf der siebenstufigen Skala vor und beachten Sie hierbei die unten aufgeführten Aufgabenbeispiele.

Um Ihnen die Einstufung zu erleichtern, sind im folgenden Beispiele für Aufgaben aus dem Tätigkeitsbereich eines Poststellenleiters aufgeführt:

- **Sich im Team gegenseitig Auskünfte erteilen**
- **An Meetings und Teamsitzungen teilnehmen**
- **Teamgespräche führen**
- **Kontakte mit Mitarbeitenden pflegen**
- **Betriebsklima fördern**

Abbildung 5: Kompetenzliste am Beispiel „Teamfähigkeit" (Sonntag, 2006, S. 226; 2012)

ist, um die Aufgaben der infrage stehenden Berufsgruppe erfolgreich ausüben zu können. Die Einschätzung erfolgte auf einer siebenstufigen Skala unter Berücksichtigung der aufgeführten Aufgabenbeispiele.

Endgültiges Kompetenzmodell. Im Anschluss an die Erhebung der Daten im Rahmen der Workshops erfolgte die Auswertung. Die erarbeiteten Definitionen und formulierten Ausprägungsgrade erwiesen sich bis auf wenige Optimierungswünsche als gut verständlich und konsensfähig. Anmerkungen oder Änderungsvorschläge der Teilnehmer bezogen sich primär auf die Verwendung von Fremdwörtern in den Definitionen oder die Anpassung an Schweizerische Sprachgepflogenheiten. Die Verbesserungsvorschläge wurden bei der Erarbeitung der endgültigen Version des Kompetenzmodells berücksichtigt.

Die Ergebnisse der statistischen Auswertung der Daten hinsichtlich der Ausprägung der einzelnen Kompetenzen wurden in einem Profilzug dargestellt und in das Kompetenzmodell übertragen. Somit lagen schlussendlich für die untersuchten Funktionsgruppen Kompetenzprofile bzw. Kompetenzmodelle vor. Abbildung 6 zeigt die grafische Darstellung eines Kompetenzmodells am Beispiel der Funktionsgruppe Schalterpersonal.

Umsetzung in das Human Resource Management

Kompetenzmodelle stellen die wesentliche Komponente für ein effizientes HR-Management einer Organisation dar und bilden die Grundlage für unterschiedliche Verwendungen im Bereich der Personalauswahl, -beurteilung und -entwicklung. Im Rahmen dieses Projekts stand die Konzeption eines diagnostischen Instrumentariums für die Personalauswahl im Vordergrund.

Diagnostische Erfassung der Kompetenzen. Um die Messung einzelner Kompetenzen personenseitig zu ermöglichen, sind diagnostische Verfahren der beruflichen Eignung einzubeziehen. Entsprechende Testverfahren wurden recherchiert. Grundlagen hierzu bildeten die psychologischen Datenbanken PSYNDEX und PsycINFO sowie die Test-Datenbank des Hogrefe Verlags (www.testzentrale.de; Testzentrale der Schweizer Psychologen AG: www.testzentrale.ch). Des Weiteren wurden Internet-Suchmaschinen verwendet sowie einschlägige Testkataloge und Lehrbücher zur psychologischen Eignungsdiagnostik (z.B. Brähler, Holling, Leutner & Petermann, 2002) konsultiert. Basierend auf diesen Informationen wurde eine Liste der Verfahren erstellt, die die entsprechende Kompetenz erfassen.

Im nächsten Arbeitsschritt wurde ausgewählt, welches der Verfahren für eine personenseitige Erhebung der jeweiligen Kompetenzen angemessen erschien. Entscheidend für die Auswahl waren folgende verfahrensspezifische Aspekte:

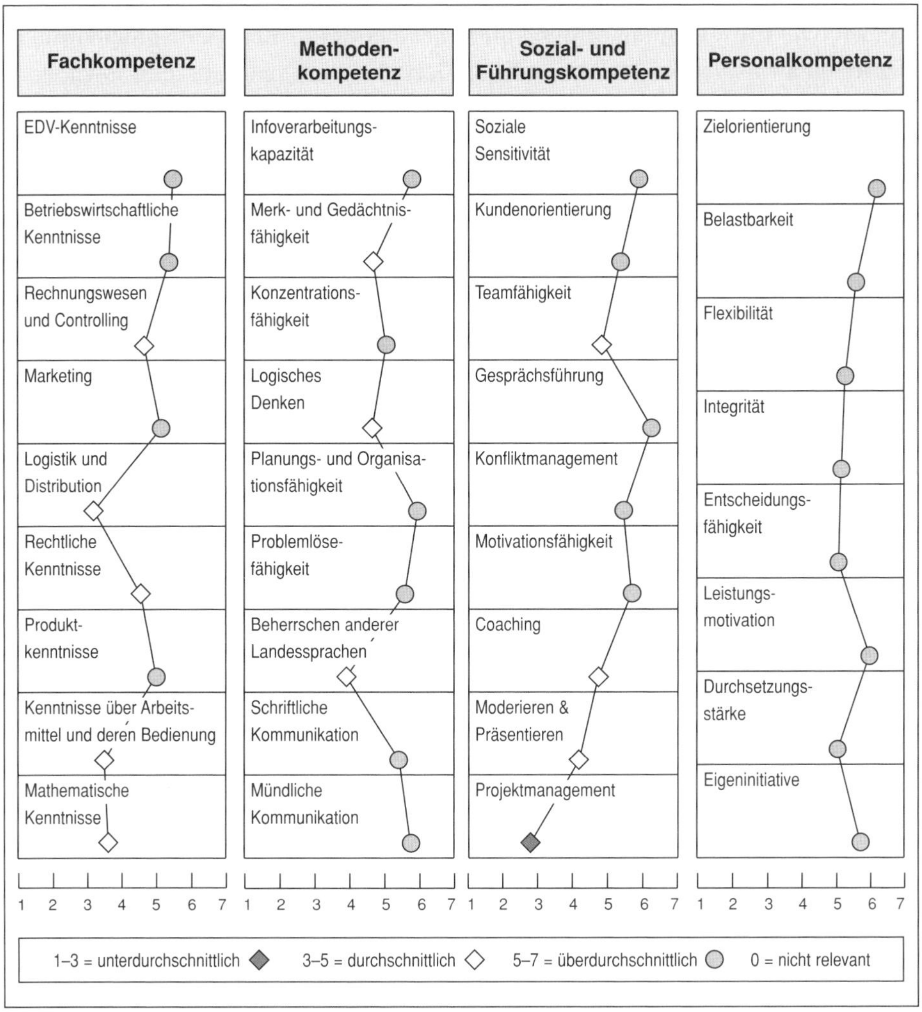

Abbildung 6: Kompetenzmodell am Beispiel der Funktionsgruppe Schalterpersonal (Frontoffice) (Sonntag, 2006, S. 228; 2012)

- Zeitaufwand der Testdurchführung, Auswertung und Interpretation
- Aktualität
- Verfügbarkeit
- Kostenaspekt
- Anspruchsniveau

In den Empfehlungen zur eignungsdiagnostischen Erfassung der Kompetenzen wurden pro Kompetenz immer mindestens ein psychologisches Testverfahren und eine alternative Möglichkeit der Erfassung aufgeführt.

Weitere Anwendungsbereiche im HR-Management. Für die Personalentwicklung lieferten die Kompetenzmodelle der Funktionsträger auch wichtige inhaltliche Grundlagen für Weiterbildungsmodule, Zielvereinbarungsgespräche sowie Karriereplanung. Im konkreten Fall wurden Weiterbildungseinheiten für defizitäre vorhandene Kompetenzen erarbeitet. Die elaborierten Module enthielten pro Kompetenz Angaben zu Lerninhalten, Lernzielen, didaktisch-methodischer Konzeption und Lernerfolgskontrolle. In ihrer Gesamtheit repräsentieren die Module auf diese Weise ein Curriculum für die berufsspezifische Weiterbildung der Funktionsträger im Bereich Poststellen und Verkauf der Schweizerischen Post.

Fazit und Aufwand der Kompetenzmodellierung

Das hier dargestellte Praxisbeispiel macht deutlich, dass die Entwicklung von Kompetenzmodellen kein triviales Abarbeiten von Routinehandlungen darstellt und mit einem nicht unerheblichen Aufwand an Zeit und Kosten verbunden ist. Die Modellierung von Kompetenzen ist ein komplexes Vorhaben und erfordert den Sachverstand mehrerer Experten. Deshalb empfiehlt sich eine enge Zusammenarbeit von Personalverantwortlichen des Unternehmens, Vertretern des Managements und (externen) arbeits- und organisationspsychologischen Beratern. Die Beratungsleistungen beziehen sich vor allem auf arbeits- und personalpsychologische Expertise hinsichtlich der Anwendung anforderungsanalytischer Verfahren, das Know-how bei der Modellierung von Kompetenzen sowie die Kenntnis eignungsdiagnostischer Instrumente. Kompetenzmodelle sind schwierig zu implementieren, wenn sie nicht die Unterstützung durch das Top-Management erfahren und dessen Willen zur nachhaltigen Umsetzung nicht erkennbar ist.

4 Zusammenfassung und Ausblick

Für die Analyse menschlicher Leistungsvoraussetzungen zum Zwecke ihrer Förderung liegen, wie die obigen Ausführungen zeigen, vielfältige Methoden und Verfahrensansätze mit unterschiedlichen theoretischen Modellen, Analyseebenen und Operationalisierungsmerkmalen vor. Methodenwahl und Analysevorgehen sind abhängig vom Gegenstand und Anliegen der konkreten personalen Förderung (bspw. Ermittlung spezifischer, lehrbarer Leistungsvoraussetzungen, Ableitung von Lehrzielen und -inhalten oder inhaltliche Ausgestaltung von Kompetenzmodellen).

Für Personalverantwortliche im Unternehmen dürfte eine inhalts- und funktionsbezogene Aufgabenbeschreibung attraktiver und nachvollziehbarer sein als Verfahren, deren theoretischer Hintergrund und psychologische Analysekategorien für sie schwer verständlich sind – auch auf die Gefahr hin, dass bei der anschließenden Ableitung der erforderlichen Kompetenzen tautologische Schlüsse über lehrbare Fähigkeiten und Leistungsvoraussetzungen zustande kommen und pragmatische Zuordnungen durch Experten erfolgen. Entscheidend für die Methodenfestlegung ist in diesem Zusammenhang, ob Personalentwicklung nur ein sehr verkürztes und begrenztes fachspezifisches Fertigkeits- und Kenntnistraining intendiert oder ob eine umfassende Handlungskompetenz der Mitarbeiter (i. S. von Fach-, Methoden- *und* Sozialkompetenzen) erreicht werden soll, wie es die Anforderungsverlagerungen in der künftigen Arbeits- und Berufswelt dringend nahelegen. Letztgenannte Intention erfordert weitere teilweise aufwendige Entwicklungsarbeiten der HR-Forscher und einen nachhaltigen Umsetzungswillen der Personalverantwortlichen: Valide Kompetenzen von Mitarbeitern und Führungskräften müssen rechtzeitig bekannt sein, damit entsprechende Maßnahmen der Personalauswahl und -entwicklung eingeleitet werden können.

Eindeutig präferiert wird ein Ansatz, der Arbeitsanalysen in den Prozess der Kompetenzmodellierung integriert. Eine Identifizierung von Kompetenzen *ohne* vorangegangene Aufgaben- und Anforderungsanalyse öffnet Spekulationen über gegenwärtige und künftige Anforderungen Tür und Tor. Vor diesem Hintergrund ergibt sich Forschungsbedarf hinsichtlich:

- der Weiterentwicklung eines aufwandsökonomischeren Einsatzes von Arbeitsanalysen und der Entwicklung innovativer Analyseformate, wie bspw. teambasierter Arbeitsanalysen (Arthur et al, 2012) oder webbasierter Systeme (vgl. Sandall, Henderson, Reiter-Palmon, Brown & Homan, 2012);
- der Zusammensetzung geeigneter Experten für zukünftige Anforderungen (Strategisches Management, Vorgesetzte) und der Validität ihrer Aussagen (vgl. Sackett & Laczo, 2003, Dierdorff & Wilson, 2005);
- der Aussagekraft (soziale Erwünschtheit!) von Stelleninhabern und externen Experten bei abstrakten vs. konkreten Aufgaben und Anforderungsbeschreibungen (vgl. Kersting & Birk, 2011; Schumacher, Kleinmann & König, 2012).

Legt man ein seriöses und teilweise auch aufwendiges Procedere der Kompetenzmodellierung zugrunde, das sorgfältig geplant ist und methodischen Standards genügt, wie der oben beschriebene evidenzbasierte Ansatz oder das „best practice"-Beispiel einer Kompetenzmodellierung bei Campion et al. (2011), ist die Befürchtung Schulers (2014) einer „fragwürdigen wissenschaftlichen Dignität" (S. 85) bei der Gestaltung von Kompetenzmodellen wohl obsolet.

Literatur

Annett, J. (2004). Hierarchical task analysis. In D. Diaper & N.A. Stanton (Eds.), *The handbook of task analysis for human-computer interaction* (pp. 67–82). Mahwah, NJ.: Lawrence Erlbaum Associates.

Annett, J. & Duncan, K.D. (1967). Task analysis and training design. *Occupational Psychology, 41,* 211–221.

Annett, J. & Stanton, N.A. (2006). Task analysis. In G.P. Hodgkinson & J.K. Ford (Eds.), *International review of industrial and organizational psychology* (Vol. 21, pp. 45–78). New York, NY: John Wiley & Sons.

Arnold, J. & Randall, R. (2010). *Work Psychology. Understanding Human Behaviour in the Workplace* (5th ed.). Prentice Hall: Pearson.

Arthur, W., Villado, A.J. & Bennett, W. (2012). Innovations in Team Task Analysis. In M.A. Wilson, W. Bennet, S.G. Gibson & G.M. Alliger (Eds.), *The handbook of work analysis* (pp. 641–661). New York: Routledge.

Asimakopoulos, S., Dix, A. & Fildes, R. (2011). Using hierarchical task decomposition as a grammar to map actions in context.: Application to forecasting systems in supply chain planning. *International Journal of Human Computer Studies, 69,* 234–250. http://doi.org/10.1016/j.ijhcs.2011.01.001

AT & T (American Telephon and Telegraph Company). (1980). *The work performance survey system. A procedural guide.* Human resources department/AT & T Baskin Ridge, New Jersey, 3.

Behrmann, M. (2007). Situational Judgement Test. In H. Schuler & Kh. Sonntag (Hrsg.), *Handbuch der Arbeits- und Organisationspsychologie* (S. 483–489). Göttingen: Hogrefe.

Blickle, G. (2014). Anforderungsanalyse. In F.W. Nerdinger, G. Blickle & N. Schaper (Hrsg.), *Arbeits- und Organisationspsychologie* (3. Aufl., S. 207–222). Heidelberg: Springer.

Borman, W.C. & Motowidlo, S.J. (1993). Expanding the criterion domain to include elements of contextual performance. In N. Schmitt & W.C. Borman (Eds.), *Personnel selection in organizations* (pp. 71–98). New York: Jossey-Bass.

Brähler, E., Holling, H., Leutner, D. & Petermann, F. (Hrsg.). (2002). *Brickenkamp Handbuch psychologischer und pädagogischer Tests* (Bd. 1 und 2). Göttingen: Hogrefe.

Brannick, M.T., Levine, E.L. & Morgeson, F.P. (2007). *Job and work analysis: Methods, research, and applications for human resource management.* Thousand Oaks, CA: Sage Publications.

Campion, M.A., Fink, A.A., Ruggeberg, B.J., Carr, L., Phillips, G.M. & Odman, R.B. (2011). Doing competencies well: Best practices in competency modeling. *Personnel Psychology, 64,* 225–262. http://doi.org/10.1111/j.1744-6570.2010.01207.x

Christal, R.E. & Weissmuller, J.J. (1988). Job-task inventory analysis. In S. Gael (Ed.), *The job analysis handbook for business, industry, and government* (pp. 1036–1050). New York; NY: John Wiley & Sons.

Cronshaw, S.F. (2012). Functional job analysis. In M.A. Wilson, W. Bennet, S.G. Gibson & G.M. Alliger (Eds.), *The handbook of work analysis* (pp. 265–280). New York: Routledge.

Diaper, D. & Stanton, N.A. (Eds.). (2004). *The handbook of task analysis for human-computer interaction.* Mahwah, NJ.: Lawrence Erlbaum.

Dierdorff, E.C. & Wilson, M.A. (2005). A meta-analysis of job analysis reliability. *Journal of Applied Psychology, 88* (4), 635–646. http://doi.org/10.1037/0021-9010.88.4.635

Duncan, K.D. (1974). Analytical techniques in training design. In E. Edwards & F.P. Lees (Eds.), *The human operator in process control* (pp. 283–319). London: Taylor & Francis.

Dunckel, H. & Pleiss, C. (Hrsg.). (2007). *Kontrastive Aufgabenanalyse. Grundlagen, Entwicklungen und Anwendungserfahrungen.* Zürich: vdf.

Edelmann, M. (1996). *Zur synthetischen Validierung des Leitfadens zur qualitativen Personalplanung bei technisch-organisatorischen Innovationen (LPI). Eine Pilotstudie.* Unveröffentlichte Diplomarbeit am Psychologischen Institut der Universität Heidelberg.

Facaoaru, C. & Frieling, E. (1986). Verfahren zur Ermittlung informatorischer Belastungen – Teil II: Aufbau und Darstellung eines Verfahrensentwurfs. *Zeitschrift für Arbeitswissenschaft, 40,* 90–96.

Fine, S. A. (1973). *Functional job analysis. An approach to a technology for manpower planning.* Kalamazoo, Mich.: The W. E. Upjohn Institute for Employment Research.

Fine, S. A. & Cronshaw, S. F. (1999). *Functional job analysis. A foundation for human resource management.* Mahwah, NJ.: Lawrence Erlbaum.

Fine, S. A. & Getkate, M. (1995). *Benchmark tasks for job analysis: A guide to functional job analysis (FJA) scales.* Mahwah, NJ.: Lawrence Education.

Fiore, S. M. & Salas, E. (Eds.). (2007). *Toward a science of distributed learning and training.* Washington, DC: APA. http://doi.org/10.1037/11582-000

Flanagan, J. C. (1954). The critical incident technique. *Psychological Bulletin, 51,* 327–358. http://doi.org/10.1037/h0061470

Fleishman, E. A. & Quaintance, M. K. (1984). *Taxonomies of human performance. The description of human tasks.* Orlando: Academic Press.

Fleishman, E. A. & Reilly, M. E. (1995). *Administrator's guide to the Fleishman Job Analysis Survey (F-JAS).* Potomac, MD: Management Research Institute.

Frieling, E. (1977). Die Arbeitsplatzanalyse als Grundlage der Eignungsdiagnostik. In J. K. Triebe & E. Ulich (Hrsg.), *Beiträge zur Eignungsdiagnostik* (S. 20–90.) Bern: Huber.

Frieling, E., Facaoaru, C., Benedix, J., Pfaus, H. & Sonntag, Kh. (1993). *Das Tätigkeits-Analyse-Inventar. Handbuch und Verfahren.* Landsberg: econmed.

Gael, S. (1988). Job descriptions. In S. Gael (Ed.), *The job analysis handbook for business, industry and government* (Vol. 2, pp. 71–77). New York: Wiley.

Goffin, R. D. & Woychesin, D. E. (2006). An empirical method of determining employee competencies/KSAOs from task-based job analysis. *Military Psychology, 18* (2), 121–130. http://doi.org/10.1207/s15327876mp1802_2

Gordon, S. E. & Gill, R. T. (1992). Knowledge acquisition with question process and conceptual graph structures. In T. Lauer, E. Peacock & A. Graesser (Eds.), *Questions and information systems* (pp. 29–46). Hillsdale, NJ: Erlbaum.

Gordon, S. E. & Gill, R. T. (1997). Cognitive task analysis. In C. E. Zsambok & G. Klein (Eds.), *Naturalistic decision making* (pp. 131–140). Mahwah, NJ: Erlbaum.

Gordon, T. R., Coovert, M. D. & Elliott, L. R. (2012). Integrating cognitive task analysis and verbal protocol analysis. In M. A. Wilson, W. Bennet, S. G. Gibson & G. M. Alliger (Eds.), *The handbook of work analysis* (pp. 625–640). New York: Routledge.

Hacker, W. (2008). Knowledge Diagnosis. In F. Rauner & R. McLean (Eds.), *Handbook of technical and vocational education and training research* (pp. 761–766). Heidelberg: Springer.

Hacker, W., Fritsche, F., Richter, P. & Iwanowa, A. (1995). *Tätigkeitsbewertungssystem (TBS).* Zürich: vdf; Teubner.

Hacker, W. & Sachse, P. (2014). *Allgemeine Arbeitspsychologie. Psychische Regulation von Arbeitstätigkeiten.* Göttingen: Hogrefe.

Hoffman, R. R. & Militello, L. G. (2009). *Perspectives on Cognitive Task Analysis.* New York: Taylor & Francis.

Höft, St. & Goerke, P. (2014). Traditionelle Arbeits- und Anforderungsanalyse trifft modernen Kompetenzmanagementansatz: Rosenkrieg oder Traumhochzeit? *Wirtschaftspsychologie, 16,* 5–14.

Huang, I. L., Ryan, A. M., Zabel, K. L. & Palmer, A. (2014). Personality and adaptive performance at work: A meta-analytic investigation. *Journal of Applied Psychology, 99,* 162–179. http://doi.org/10.1037/a0034285

Johnson, J. W. (2007). Synthetic validity: A technique of use (finally). In S. M. McPhail (Ed.), *Alternative validation strategies. Developing new and leveraging existing validity evidence* (pp. 122–158). San Francisco: Jossey-Bass.

Kersting, M. & Birk, M. (2011). Zur zweifelhaften Validität und Nützlichkeit von Anforderungsanalysen für die Interpretation eignungsdiagnostischer Daten. In P. Gelléri & C. Winter (Hrsg.), *Potenziale der Personalpsychologie* (S. 83–95). Göttingen: Hogrefe.

Klehe, U.C. & Kleinmann, M. (2007). Typische versus maximale Arbeitsleitung. In H. Schuler & Kh. Sonntag (Hrsg.), *Handbuch der Arbeits- und Organisationspsychologie* (S. 254–260). Göttingen: Hogrefe.

Kleinmann, M., Manzey, D., Schumacher, S. & Fleishman, E.A. (2010). *Fleishman Job Analyse System für eigenschaftsbezogene Anforderungsanalysen (F-JAS).* Göttingen: Hogrefe.

Klieme, E. & Leutner, D. (2006). Kompetenzmodelle zur Erfassung individueller Lernergebnisse und zur Bilanzierung von Bildungsprozessen. Beschreibung eines neu eingerichteten Schwerpunktprogramms der DFG. *Zeitschrift für Pädagogik, 52,* 876–903.

Klix, F. (1973). *Information und Verhalten. Kybernetische Aspekte der organismischen Informationsverarbeitung.* Berlin: Deutscher Verlag der Wissenschaften.

Lasse, Rh., Stanton, N.A. & Harrison, D. (2006). Applying hierarchical task analysis to medication administration errors. *Applied Ergonomics, 37,* 669–379. http://doi.org/10.1016/j.apergo.2005.08.001

Leontjew, A.N. (1977). *Tätigkeit, Bewußtsein, Persönlichkeit.* Stuttgart: Klett.

Lievens, F. & Sanchez, J. (2007). Can training improve the quality made by raters in competence modelling? A quasi-experiment. *Journal of Applied Psychology, 90,* 442–452.

Lundquist, K.K. & Crosby, M.M. (1991, April). *Skill-based job analysis: A strategy for closing the skills gap.* Paper presented at the Sixth Annual Conference of the Society for Industrial and Organizational Psychology, St. Louis.

Means, B. & Gott, S.P. (1988). Cognitive task analysis as a basis for tutor development: Articulating abstract knowledge representations. In J. Psotka, L.D. Massey & S.A. Mutter (Eds.), *Intelligent tutoring systems. Lesson learned* (pp. 35–57). Hillsdale, NJ: Erlbaum.

Merrill, P.F. (1987). Job and task analysis. In R.M. Gagné (Ed.), *Instructional technology: foundations* (pp. 141–174). Hillsdale, NJ: Erlbaum.

Mickler, J., Mohr, W. & Kadritzke, U. (1977). *Produktion und Qualifikation – eine empirische Untersuchung zur Entwicklung von Qualifikationsanforderungen in der industriellen Produktion und deren Ursachen* (Teil I und II). Göttingen: SOFI.

Millen, L. Edwards, T., Golightly, D., Sharples, S., Wilson, J.R. & Kirwan, B. (2011). System Change in Transport control: Applications of Cognitive Work Analysis. *The International Journal of Aviation Psychology, 21,* 62–82. http://doi.org/10.1080/10508414.2011.537560

Miller, G.A., Galanter, E. & Pribram, K.H. (1960). *Plans and the structure of behavior.* New York: Holt, Rinehart & Winston. http://doi.org/10.1037/10039-000

Mills, S. (2007). Contextualising design: Aspects of using usability context analysis and hierarchical task analysis for software design. *Behaviour & Information Technology, 26,* 499–506. http://doi.org/10.1080/01449290600740835

Mitchell, J.L., Ruck, H.W. & Driskill, W.E. (1988). Task-based training program development. In S. Gael (Ed.), *The job analysis handbook for business, industry and government* (Vol. 3, pp. 205–215). New York: Wiley.

Noe, R.A.C. (2013). *Employee Training and Development* (6th ed.). New York: Mc-Graw-Hill.

Oesterreich, R., Leitner, K. & Resch, M. (2000). *Analyse psychischer Anforderungen und Belastungen in der Produktionsarbeit. Das Verfahren RHIA/VERA-Produktion.* Göttingen: Hogrefe.

Olson, H.C., Fine, S.A., Meyers, D. & Jennings, M.C. (1981). The use of functional job analysis in establishing performance standards for heavy equipment operators. *Personnel Psychology, 6,* 351–364. http://doi.org/10.1111/j.1744-6570.1981.tb00948.x

Oswald, F.L. (2003). Job analysis: Method, research and applications for human resource management in the new millennium. *Personnel Psychology, 56* (3), 800–812.

Patterson, F., Ferguson, E. & Thomas, C. (2008). Using job analysis to identify core and specific competencies for three secondary care specialities: Implications for selection and recruitment. *Medical Education, 42,* 1195–1204. http://doi.org/10.1111/j.1365-2923.2008.03174.x

Phipps, D. L., Meakin, G. H. & Beathy, P. C. W. (2011). Extending hierarchical task analysis to identify cognitive demands and information design requirements. *Applied Ergonomics, 42,* 741–748. http://doi.org/10.1016/j.apergo.2010.11.009

Rasmussen, J. (1981). Models of mental strategies in process plant diagnosis. In J. Rasmussen & W. B. Rouse (Eds.), *Human detection and diagnosis of system failures* (pp. 241–258). New York, NJ: Plenum Press

Redding, R. E. (1990). *Taking cognitive task analysis into the field.* Bridging the gap from research to application. *Proceedings of the Human Factors Society 34th annual meeting* (pp. 1304–1308). Santa Monica, CA: Human Factors Society.

Richter, G. & Hacker, W. (2003). *Tätigkeitsbewertungssystem – Geistige Arbeit für Arbeitsplatzinhaber*. Zürich: vdf.

Röben, P. (2008). Task Analysis in Vocational Science. In F. Rauner & R. MacLean (Eds.), *Handbook of Technical and Vocational Education and Training Research* (pp. 751–755). Heidelberg: Springer.

Roch, S. G. & Williams, K. J. (2012). Building effective performance appraisals from an analysis of work. In M. A. Wilson, W. Bennett, S. Gibson & G. M. Alliger (Eds.), *The handbook of work analysis* (pp. 419–436). New York: Routledge.

Rosen, M. A., Salas, E., Lazzara, E. H. & Lyons, R. (2012). Cognitive Task Analysis. In M. A. Wilson, W. Bennet, S. G. Gibson & G. M. Alliger (Eds.), *The handbook of work analysis* (pp. 185–213). New York: Routledge.

Rüger, S. (1974). Tätigkeitsanalysen zur Erhebung beruflicher Bildungsinhalte. *Zeitschrift für Berufsbildungsforschung, 3,* 15–20.

Sackett, P. R. & Laczo, R. M. (2003). Job and work analysis. In W. C. Borman, D. R. Ilgen & R. J. Klimoski (Eds.), *Handbook of Psychology* (Vol. 12: Industrial and Organizational Psychology, pp. 21–33). New York: Wiley.

Salas, E. & Klein, D. (Eds.). (2000). *Linking expertise and naturalistic decision making*. Mahwah, NJ: Erlbaum.

Sanchez, J. I. & Levine, E. L. (2006). The analysis of work in the 20th and 21st Centuries. In N. Anderson, D. S. Ones, H. K. Sinangil & Ch. Viswesvaran (Eds.), *Handbook of Industrial Work and Organizational Psychology* (Vol. 1, Personnel Psychology, pp. 71–89). London: Sage Publications.

Sanchez, J. I. & Levine, E. L. (2009). What is (or should be) the difference between competency modeling and traditional job analysis? *Human Resource Management Review, 29,* 53–63 http://doi.org/10.1016/j.hrmr.2008.10.002

Sanchez, J. I. & Levine, E. L. (2012). The rise and fall of job analysis and the future of work analysis. *Annual Review of Psychology, 63,* 397–425. http://doi.org/10.1146/annurev-psych-120710-100401

Sandall, D. L., Henderson, J., Reiter-Palmon, R., Brown, M. L. & Homan, S. R. (2012). A comprehensive, interactive, web based approach to job analysis. The Skills NET Methodolody. In M. A. Wilson, W. Bennet, S. G. Gibson & G. M. Alliger (Eds.), *The handbook of work analysis* (pp. 527–550). New York: Routledge.

Schaper, N., Hochholdinger, S. & Sonntag, Kh. (2004). Förderung des Transfers von Diagnosestrategien durch computergestütztes Training mit kognitiver Modellierung. *Zeitschrift für Personalpsychologie, 3* (2), 51–62. http://doi.org/10.1026/1617-6391.3.2.51

Schaper, N. & Sonntag, Kh. (1995). Lernbedarfsanalyse bei komplexen Aufgabenstellungen – eine inhaltsbezogene und methodenkritische Studie. *Zeitschrift für Arbeits- und Organisationspsychologie, 39* (4), 168–178.

Schippmann, J. S., Ash, R. A., Battista, M., Carr, L., Eyde, L. D. et al. (2000). The practice of competency modelling. *Personnel Psychology, 53,* 703–740. http://doi.org/10.1111/j.1744-6570.2000.tb00220.x

Scholz, S. (2000). *Personalmanagement.* München: Vahlen.

Schneider, B. & Konz, A. M. (1989). Strategic job analysis. *Human Resource Management, 28,* 51–63. http://doi.org/10.1002/hrm.3930280104

Schraagen, J. M., Chipman, S. F. & Shalin, V. L. (Eds.). (2000). *Cognitive task analysis.* Mahwah, NJ: Erlbaum.

Schumacher, S., Kleinmann, M. & König, C. J. (2012). Job analysis by incumbents and laypersons. Does item decomposition and the use of less complex items make the ratings of both groups more accurate? *Journal of Personnel Psychology, 11,* 69–76. http://doi.org/10.1027/1866-5888/a000050

Schuler, H. (2014). Arbeits- und Anforderungsanalyse. In H. Schuler & U. P. Kanning (Hrsg.), *Lehrbuch der Personalpsychologie* (3. Aufl., S. 61–87). Göttingen: Hogrefe.

Shepherd, A. (1986). Issues in the training of process operators. *International Journal of Industrial Ergonomics, 44,* 175–189.

Shepherd, A. (2001). *Hierarchical task analysis.* London: Taylor & Francis. http://doi.org/10.4324/9780203305614

Shepherd, A. & Duncan, K. D. (1980). Analysing a complex planning task. In K. D. Duncan, M. M. Gruneberg & D. Wallis (Eds.), *Changes in working life.* Chichester: Wiley.

Singh, P. (2008). Job analysis for a changing workplace. *Human Resource Management Review, 18,* 87–99. http://doi.org/10.1016/j.hrmr.2008.03.004

Sonntag, Kh. (1985). Erforderliche Qualifikationen beim Tätigkeitsvollzug in der flexiblen automatisierten Fertigung. *Zeitschrift für Arbeitswissenschaft, 39,* 193–200.

Sonntag, Kh. (1989). *Trainingsforschung in der Arbeitspsychologie.* Bern: Huber.

Sonntag, Kh. (2006). Ermittlung tätigkeitsbezogener Merkmale: Qualifikationsanforderungen und Voraussetzungen menschlicher Aufgabenbewältigung. In Kh. Sonntag (Hrsg.), *Personalentwicklung in Organisationen* (3. Aufl., S. 206–234). Göttingen: Hogrefe.

Sonntag, Kh. (2009). Kompetenztaxomie und –modelle: Orientierungsrahmen und Referenzgröße beruflichen Lernens bei sich verändernden Umfeldbedingungen. In U. M. Staudinger & H. Heidemeier (Hrsg), *Altern in Deutschland, Band 2: Altern, Bildung und Lebenslanges Lernen* (Nova Acta Leopoldina, NF, Bd. 100, Nr. 364, S. 249–265). Stuttgart: Wissenschaftliche Verlagsgesellschaft.

Sonntag, Kh. (2012). Kompetenzmodellierung nach Veränderungsprozessen: Neue Aufgaben kompetent bewältigen. In L. v. Rosenstiel, E. v. Hornstein & S. Augustin (Hrsg.), *Change Managemen Praxisfälle* (S. 269–279). Heidelberg: Springer.

Sonntag, Kh., Benedix, J. & Heun, D. (1989). Kognitive Anforderungen bei Anlagenführer- und Instandhaltungstätigkeiten. *Zeitschrift für Arbeitswissenschaft, 43,* 26–33.

Sonntag, Kh., Frieling, E. & Stegmaier, R. (2012). *Lehrbuch Arbeitspsychologie.* Bern: Huber.

Sonntag, Kh. & Heun, D. (1992). *Anforderungsgerechte Qualifizierung in der Berufsausbildung unter besonderer Berücksichtigung der Steuerungstechnik* (Modellversuche zur beruflichen Bildung, Heft 27). Berlin/Bonn: Bundesinstitut für Berufsbildung.

Sonntag, Kh., Schaper, N. & Benz, D. (1999). Der Leitfaden zur qualitativen Personalplanung bei technisch-organisatorischen Innovationen (LPI). In H. Dunckel (Hrsg.), *Handbuch psychologischer Arbeitsanalyse* (S. 285–317). Zürich: vdf.

Sonntag, Kh. & Schmidt-Rathjens, C. (2004). Kompetenzmodelle – Erfolgsfaktoren im HR-Management? Ein strategie- und evidenzbasierter Ansatz der Kompetenzmodellierung. *Personalführung, 10,* 18–26.

Sonntag, Kh. & Stegmaier, R. (2007). *Arbeitsorientiertes Lernen. Zur Psychologie der Integration von Lernen und Arbeit.* Stuttgart: Kohlhammer.

Sonntag, Kh. & Stegmaier, R. (2010). Trainingsgestaltung. In U. Kleinbeck & K.H. Schmidt (Hrsg.), *Arbeitspsychologie* (Enzyklopädie der Psychologie, D/III/1, S. 821–868). Göttingen: Hogrefe.

Stanton, N.A. (2006). Hierarchical task analysis: Developments, applications and extensions. *Applied Ergonomics, 37,* 55–79. http://doi.org/10.1016/j.apergo.2005.06.003

Stevens, G.W. (2012). A Critical Review of the Science and Practice of Competence Modeling. *Human Resource Development Review, 12* (1), 86–107. http://doi.org/10.1177/1534484312456690

Stock-Homburg, R. (2008). *Personalmanagement.* Wiesbaden: Gabler.

Tjiam, J.M., Schout, B.M., Hendrikx, A.J., Scherpbier, A., Witjes, J.A. & Merrienboer, J.J. (2012). Designing simulator-based training: An approach integrating cognitive task analysis and four-component instructional design. *Medical Teacher, 34,* 698–707. http://doi.org/10.3109/0142159X.2012.687480

Van Cott, H.P. & Paramore, B. (1988). Task analysis. In S. Gael (Ed.), *The job analysis handbook for business, industry and government* (Vol. 7, pp. 651–671), New York: Wiley.

Van de Voort, D.M. & Whelan, T.J. (2012). Work analysis questionnaires and app interviews. In M.A. Wilson, W. Bennet, S.G. Gibson & G.M. Alliger (Eds.), *The handbook of work analysis* (pp. 41–80). New York: Routledge.

Vicente, K.J. (1999). *Cognitive work analysis: Toward safe, productive, and healthy computer-based work.* Mahwah, NJ.: Erlbaum.

Volpert, W. (1974). *Handlungsstrukturanalyse als Beitrag zur Qualifikationsforschung.* Köln: Pahl-Rugenstein.

Wilson, M.A., Bennet, W., Gibson, S.G. & Alliger, G.M. (2012). (Eds.). *The Handbook of Work Analysis. Methods, Systems, Applications and Science of Work Measurement in Organizations.* New York: Routledge.

Kapitel 11

Leistungs- und Potenzialbeurteilung: Personenbezogene Merkmale

Pia V. Ingold & Martin Kleinmann

Inhaltsübersicht

Überblick:

Personenbezogene Entwicklungsmaßnahmen zielen auf den Ausbau von Fähigkeiten, Fertigkeiten und das Wissen der Mitarbeiter ab und können indirekte Auswirkungen auf die operativen Ergebnisse einer Organisation haben. Als Basis dieser Entwicklungsmaßnahmen gilt es, systematisch die Leistung und das Potenzial der Mitarbeitenden zu beurteilen. Das vorliegende Kapitel befasst sich mit den konzeptionellen und methodischen Ansätzen der Leistungs- und Potenzialanalyse. Der Prozess der Leistungs- und Potenzialanalyse wird vor dem Hintergrund aktueller Forschungserkenntnisse und praxisrelevanter Aspekte beleuchtet, dabei liegt ein Schwerpunkt auf verbreiteten Leistungsdaten und gängigen Potenzialanalyseverfahren. Ein Beispiel der Potenzialanalyse aus der Praxis rundet das Kapitel ab.

1 Einführung

Personalentwicklung zielt darauf ab, die Qualifikationen der Mitarbeiter für gegenwärtige und zukünftige Tätigkeiten systematisch sicherzustellen und beinhaltet alle von der Organisation vorgenommenen Maßnahmen, um dies zu erreichen (Kraiger, 2003; Wright & McMahan, 1992). Ergebnisse von Metaanalysen unterstreichen den Nutzen von personenbezogenen Entwicklungsmaßnahmen im

Hinblick auf den Ausbau von Fähigkeiten, Fertigkeiten und das Wissen der Mitarbeiter. So konnte gezeigt werden, dass personenbezogene Entwicklungsmaßnahmen das Humankapital einer Organisation bedeutsam steigern (Arthur, Day, McNelly & Edens, 2003), einen Zusammenhang zur Mitarbeiterleistung aufweisen (Tharenou, Saks & Moore, 2007) und indirekte positive Auswirkungen auf die operativen Ergebnisse der Organisation haben (Jiang, Lepak, Hu & Baer, 2012).

Um Personalentwicklungsmaßnahmen planen zu können, bedarf es einer Entwicklungsbedarfsanalyse *(training needs assessment)* (Goldstein & Ford, 2002). Diese Analyse umfasst (a) die Organisationsanalyse (vgl. auch Kapitel 9 in diesem Buch) (b) die Arbeits- und Anforderungsanalyse (vgl. auch Kapitel 10 in diesem Buch) und (c) die personenbezogene Analyse *(person analysis)*, welche den Fokus des vorliegenden Kapitels darstellt.

Die *personenbezogene Analyse* umfasst die Beurteilung der gegenwärtigen Leistung der Mitarbeiter sowie die Einschätzung der personenbezogenen Merkmale[1], die für das zukünftige Potenzial des Mitarbeiters relevant sind (Noe, 2013), weshalb sich im deutschsprachigen Raum für die personenbezogene Analyse im Rahmen der Personalentwicklung auch der ausführliche Begriff der Leistungs- und Potenzialbeurteilung etabliert hat. Nach Noe (2010, 2013) dient die personenbezogene Analyse dazu festzulegen, ob (a) Maßnahmen zur Personalentwicklung notwendig sind, (b) wer diese Maßnahmen benötigt, wenn es Handlungsbedarf gibt und (c) ob die betreffenden Personen bereit für solche Maßnahmen sind. Diese Analyse dient aus Sicht der Organisation einer bedarfsgerechten Personalentwicklung und Laufbahnplanung und aus Sicht der Mitarbeiter der Einschätzung ihrer Leistung und ihrer zukünftigen Entwicklungsmöglichkeiten in der Organisation.

Genauer besteht die Zielsetzung der *Leistungsbeurteilung* im Rahmen der Personalentwicklung darin, vergangene Leistung von Mitarbeitern so zu messen, dass sie eine möglichst valide und reliable Rückmeldung zu ihrer Leistung erhalten, welche die Vergleichbarkeit mit anderen Mitarbeitern gewährleistet oder bezogen auf divergierende Tätigkeiten Abweichungen im Profil erkennen lässt. Die Leistungsbeurteilung ermöglicht dabei den Abgleich der wahrgenommenen Leistung mit der Selbstwahrnehmung des Mitarbeiters und kann durch die Festlegung von Zielsetzungen (z. B. *Management by Objectives*) und (bei entspre-

1 Im Folgenden wird das Wort personenbezogene Merkmale allgemein im Hinblick auf Wissen, Fertigkeiten, Fähigkeiten, Persönlichkeit, Interessen und Verhalten verwendet. In der englischsprachigen Literatur wird die Persönlichkeit bei der personenbezogenen Analyse für Personalentwicklungszwecke oftmals nicht aufgeführt (z. B. Noe, 2013; Kraiger, 2003), obwohl die Persönlichkeit der Mitarbeiter bei der Gestaltung der konkreten Personalentwicklungsmaßnahmen Berücksichtigung finden kann.

chendem Bedarf) der Festlegung von Entwicklungsmaßnahmen der Weiterentwicklung dienen.

Bei der *Potenzialbeurteilung* gilt es, zukünftiges Potenzial anhand personenbezogener Merkmale vorherzusagen, d. h. der zeitliche Bezug ist nicht vergangenheitsgerichtet wie bei der Leistungsbeurteilung. Potenzial wird hierbei definiert als „Gesamtheit der einer Person zur Verfügung stehenden Leistungsmöglichkeiten" (Schuler, 2000, S. 54), welche zukunftsorientiert die noch nicht entwickelten Fähigkeiten, Fertigkeiten, Verhaltensweisen und das Wissen umfasst (Becker, 2008). Die Feststellung des Potenzials ermöglicht dem Mitarbeiter und der Organisation eine Einschätzung der Laufbahnmöglichkeiten und die Ableitung von Entwicklungsmaßnahmen.

2 Konzeptionelle Ansätze zur Leistungsbeurteilung und Potenzialanalyse

Spezifisch bestehen Annahmen dazu, was bei der Festlegung der zu messenden Konstrukte (d. h. der Leistungskriterien bzw. der personenbezogenen Merkmale), die man zur Beurteilung der beruflichen Leistung und des Potenzials heranzieht, zu beachten ist. Zum einen gilt die Prämisse, dass bei der Wahl der Kriterien der beruflichen Leistung und des Potenzials Leistung und personenbezogene Merkmale eingeschätzt werden sollen, die für die jetzige und potenzielle Tätigkeit relevant, also anforderungsbezogen und erfolgskritisch sind (Ployhart, Schneider & Schmitt, 2006). Dabei bezieht sich der Anforderungsbezug bei der Leistungsbeurteilung auf die derzeitige Tätigkeit (d. h. Anforderungen der jetzigen Tätigkeit wie z. B. analytisches Denken als Fachkraft) und bei der Potenzialanalyse auf die zukünftige Tätigkeit (z. B. Anforderungen an Führungskräfte). Zum anderen gilt die Prämisse, dass der ausgewählte Prädiktor, also z. B. die Merkmale, die das Potenzial vorhersagen, zum Kriterium, also z. B. dem Erfolg bei der späteren Tätigkeit, passen sollte. Dies beinhaltet, dass die Breite des Prädiktors der Breite des Kriteriums entsprechen sollte. Will man z. B. recht breit das Kriterium aufgabenbezogene Arbeitsleistung vorhersagen, sollte man einen passenden breiten Prädiktor dafür auswählen, wie z. B. kognitive Fähigkeiten (Hülsheger, Maier & Stumpp, 2007; Salgado et al., 2003; Schmidt & Hunter, 2004). Ein weiterer Punkt betrifft die Tätigkeitsspezifität der personenbezogenen Merkmale, welche für die Leistungs- und Potenzialbeurteilung ausgewählt werden. Aufgrund der Ausrichtung auf die Zukunft und diverse mögliche Tätigkeiten im Karriereverlauf sind bei der Potenzialbeurteilung oftmals die zu erfassenden personenbezogenen Merkmale weniger auf eine einzige Tätigkeit ausgerichtet, sondern globaler für mehrere Tätigkeiten relevant. Deshalb geht es bei der Potenzialanalyse in Abgrenzung von der Leistungsbeurteilung häufig um Merkmale, welche allgemein für eine Vielzahl von Tätigkeiten im Karriereverlauf als angehende Führungskraft relevant sein können, wie z. B. Führungsfähigkeit oder Belastbarkeit.

Für die Leistungs- und Potenzialanalyse misst man, mit der Zielsetzung der Vorhersage, oftmals die bisherige Leistung von Mitarbeitenden, das Verhalten in arbeitsnahen Simulationen oder bestimmte Eigenschaften. Die zugrunde liegenden Prämissen zur Auswahl der interessierenden Merkmale werden im Folgenden dargelegt.

Eine Prämisse ist, dass vergangenes Verhalten der beste Prädiktor zukünftigen Verhaltens ist (Janz, 1982) bzw. vergangene Ergebnisse zukünftige Leistung vorhersagen. Dieser Prämisse folgend gilt es Auskünfte über vergangenes Verhalten bzw. erzielte Ergebnisse zu sammeln und darüber zukünftiges Verhalten bzw. Leistung vorherzusagen, was anhand von *biografieorientierten Verfahren* erfolgt und der Leistungsbeurteilung dient.

Alternativ ist es auch möglich, aktuelles Verhalten zu beobachten, um daraus Rückschlüsse bezüglich zukünftigem Verhalten zu machen. Dies wird unter dem Begriff *Verhaltenskonsistenzprinzip* (Motowidlo, Dunnette & Carter, 1990; Thornton & Cleveland, 1990; Wernimont & Campbell, 1968) zusammengefasst. Demzufolge kann man Stichproben des Verhaltens in arbeitsnahen Situationen sammeln, um durch die hohe Übereinstimmung zwischen dem Prädiktor (also beispielsweise dem Assessment Center) und dem Kriterium (also der Arbeitssituation) gute Vorhersagen zu erzielen. Diese Verfahrensklasse bezeichnet man als *simulationsorientierte Verfahren*.

Eine weitere Prämisse ist, dass Personen über Dispositionen verfügen, die stabil sind und zukünftiges Verhalten vorhersagen können. Diese Merkmale, wie z. B. kognitive Fähigkeiten oder Persönlichkeit, werden oftmals über *konstruktorientierte Verfahren* gemessen. Einschränkend sei hierbei gesagt, dass man bei dieser Prämisse oftmals von stabilen, d. h. wenig veränderlichen Merkmalen ausgeht (vgl. auch Kapitel 5 in diesem Buch). Dabei stellt sich die Frage, inwiefern diese für Personalentwicklungszwecke relevant sind, wenn sie nicht als veränderlich gelten. Entgegnet werden kann hier, dass bei Entwicklungsmaßnahmen eine Anpassung an die Zielgruppe erfolgen sollte (Kraiger & Culbertson, 2012) und Kenntnisse über Persönlichkeit und kognitive Fähigkeit von zu trainierenden Personen dies leisten können (z. B. durch die Festlegung des Tempos des Trainings, das Interaktionslevel), selbst wenn nicht die Disposition an sich trainiert wird. Zudem werden mit konstruktorientierten Verfahren auch Konstrukte gemessen, die prinzipiell als veränderlich erscheinen (z. B. soziale Kompetenzen), was für die Gestaltung der Inhalte von Personalentwicklungsmaßnahmen aufgrund der Veränderungsintention also relevant ist.

3 Methoden der Leistungsbeurteilung und Potenzialanalyse

3.1 Der Prozess der Leistungsbeurteilung und Potenzialanalyse

Die Leistungs- und Potenzialanalyse kann als ein mehrstufiger Prozess beschrieben werden (siehe Abbildung 1) und erfordert Entscheidungen bezüglich der interessierenden Konstrukte (Inhalte) und bezüglich der zu diesem Zwecke einsetzbaren Methoden (Verfahren). Dabei sollte die Wahl der Konstrukte und die Wahl der Methode (Arthur & Villado, 2008) separat betrachtet werden. So bedingt die Wahl des Konstrukts „soziale Kompetenz" noch nicht die Wahl des Verfahrens, da beispielsweise Assessment Center, biografisches Interview oder schriftliche Tests als Verfahren möglich wären. Zudem sollte darauf geachtet werden, dass Konstrukte und Methoden ausgewählt werden, die auf Akzeptanz aufseiten der Mitarbeiter respektive des Betriebsrats stoßen, da es bei Analysen zu Entwicklungsmaßnahmen auch immer um das Commitment der qualifizierten Mitarbeiter gegenüber der Organisation geht.

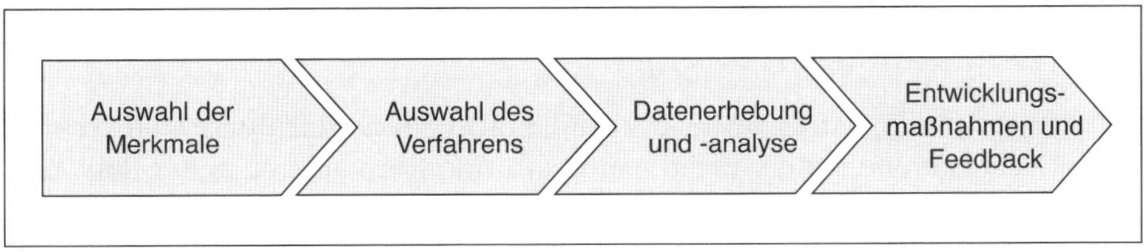

Abbildung 1: Prozess der Leistungsbeurteilung und Potenzialanalyse

In einem ersten Schritt werden die zu beurteilenden Konstrukte (z. B. analytische Fähigkeit, Durchsetzungsfähigkeit) festgelegt. Diese Entscheidung sollte auf anforderungsanalytischen Erkenntnissen basieren (siehe Kapitel 10 dieses Buches), sodass die zu beurteilenden Konstrukte erfolgskritisch für die Tätigkeit sind. Beispielsweise werden aufgrund von Interviews mit Stelleninhabern nach der *Critical Incident Technique* (Flanagan, 1954) erfolgskritische Situationen identifiziert und anschließend in erfolgsrelevante Verhaltensweisen bzw. Merkmale eingeteilt, die dann als zu beurteilende Merkmale infrage kommen.

In einem zweiten Schritt wird aufgrund der zu messenden Konstrukte festgelegt, mit welchen Verfahren die entsprechenden Daten erhoben werden können. Es existieren in der Praxis zahlreiche Verfahren, welchen unterschiedliche Annahmen zu Auswahl der erfolgsrelevanten Merkmale zugrunde liegen (z. B. aktuelles Verhalten beobachten versus durch früheres Verhalten auf zukünftiges Verhalten schließen).

In einem dritten Schritt werden die Daten erhoben, bzw. wenn bereits vorhanden, aufbereitet und anschließend analysiert. Wenn Daten erhoben werden müssen, stellt sich die Frage, ob die Beurteilungen online über Befragungsplattformen vorgenommen werden sollen oder mit Papierfragebögen. Aus Effizienzgründen können in diesem Fall Online-Beurteilungen mit Befragungsplattformen empfohlen werden, da nach einer einmaligen Einrichtung Befragungen sehr schnell wieder durchgeführt und adaptiert werden können, was für regelmäßige Leistungsbeurteilungen als Datengrundlage für die Personalentwicklung und Mitarbeitergespräche einen Vorteil darstellt. Zudem lassen sich Beurteilungen schnell in gängige Bürosoftware exportieren ohne aufwendige Eingabeverfahren wie bei Paper- und Pencil-Beurteilungen. Für schriftliche Potenzialanalyseverfahren, die regelmäßig für verschiedene Personen in Unternehmen durchgeführt werden, gelten die gleichen Überlegungen bezüglich des Erhebungsformats wie für Leistungsbeurteilungen.

Im letzten Schritt erhält der Mitarbeitende ein Feedback zu den Ergebnissen der Leistungs- und Potenzialanalyse, beispielsweise im Rahmen eines Mitarbeitergesprächs und es werden entsprechende Entwicklungsmaßnahmen abgeleitet und vereinbart.

3.2 Leistungsbeurteilung

Leistungsbeurteilungen in Bezug auf die Tätigkeit von Mitarbeitern sind verbreitet in Organisationen und werden häufig als eine Kernaufgabe in der Personalarbeit angesehen (Judge & Ferris, 1993). Sie dienen der Beurteilung der Leistung eines Mitarbeiters innerhalb des definierten Zeitrahmens und werden häufig vom Vorgesetzten (Schmitt, 2014) sowie ggf. ergänzend von anderen relevanten Personengruppen wie beispielsweise Kunden im Rahmen eines 360-Grad-Feedbacks vorgenommen. Die Zielsetzungen der Leistungsbeurteilung können sehr unterschiedlich sein und umfassen nach Cleveland, Murphy und Williams (1989) administrative[2] Entscheidungen (z. B. zur Entlohnung, Beförderung), intrapersonale Entscheidungen (z. B. Beratung, Analyse für Personalentwicklungsmaßnahmen, Feedback) sowie Zielsetzungen im Hinblick auf die Systemerhaltung (z. B. Personalplanung) und die Dokumentation (z. B. Validierungsansätze für Auswahl und Entwicklung). Im Rahmen des Personalentwicklungsfokus des Buchs stehen hier die intrapersonalen Entscheidungen zur Personalentwicklung im Vordergrund.

Nach der Festlegung der interessierenden Aspekte der beruflichen Leistung (z. B. der Verkaufsleistung, der administrativen Leistung) in Bezug auf die Anforderungen der Tätigkeit (siehe Kapitel 10 in diesem Buch), kann das Leistungsbe-

2 alternativ auch als interpersonale Entscheidungen bezeichnet

urteilungsverfahren, also die Methode zur Erhebung der Daten, festgelegt werden. Dies wird im Folgenden genauer dargelegt, im Hinblick auf die Datenquelle, die Beurteilungsverfahren und das Erhebungsformat.

Daten der Leistungsbeurteilung aus verschiedenen Quellen: Objektive Daten und beurteilungsbasierte Daten

Leistungsbeurteilungen können auf unterschiedlichen Quellen basieren. Zum einen ist es möglich bei bestimmten Tätigkeiten objektive Daten, wie z. B. Verkaufszahlen bei einer Verkaufstätigkeit, als Maß für Leistung heranzuziehen. Eine andere Möglichkeit liegt in der Verwendung beurteilungsbasierter Daten, welche auf Beurteilung durch Personen beruhen, die die berufliche Leistung der betreffenden Person einzuschätzen vermögen. Dabei spricht man alternativ auch von subjektiven Daten. Die empirischen Zusammenhänge zwischen objektiven und beurteilungsbasierten Daten fallen eher klein aus (Bommer, Johnson, Rich, Podsakoff & MacKenzie, 1995; Rich, Bommer, MacKenzie, Podsakoff & Johnson, 1999), sodass davon ausgegangen werden kann, dass sie unterschiedliche Leistungsaspekte eines Mitarbeiters abbilden, was auch bei der Rückmeldung der Leistungseinschätzung an Mitarbeitende und der Vereinbarung zukünftiger Zielsetzungen bedacht werden sollte.

Objektive Leistungsdaten. Objektive Daten werden als objektiv bezeichnet, da sie nicht auf Beurteilungsprozessen durch Personen basieren, sondern faktenbasierter sein sollen. Je nach Tätigkeit und organisationsinterner Dokumentation, können unterschiedliche Kategorien objektiver Daten zugänglich sein, die für die Beurteilung der Leistung einer Person herangezogen werden können (siehe Infobox 1).

Infobox 1: Kategorien objektiver Leistungsdaten (adaptiert nach Ployhart et al., 2006)

- Anzahl produzierter Leistungen und Güter
- Qualität produzierter Leistungen und Güter
- Arbeitsprobeergebnisse
- Beförderungen
- Rückzugsverhalten
- Sicherheit und Unfälle
- Kontraproduktives Verhalten

Darunter fallen Produktivitätsdaten zur Anzahl produzierter Dienstleistungen und Güter, Qualitätsdaten wie z. B. zu Fehlerraten und Reklamationen, objektive Daten zu Arbeitsprobeergebnissen wie z. B. Anschläge pro Minute bei Diktiertätigkeiten, Daten zu Beförderungen wie z. B. Beförderungsanzahl, Zeitintervall bis zur nächsten Beförderung und Gehalt, Rückzugsdaten wie z. B. Absenzraten sowie Daten zu kontraproduktivem Verhalten wie z. B. Diebstahlzahlen und Sicherheits- und Unfalldaten (Ployhart et al., 2006).

So attraktiv die Heranziehung objektiver Daten erscheint, da z. B. Verkaufszahlen eines Außendienstmitarbeiters oder eine geringe Fehlerrate in einem Produktionskontext bedeutend für eine Organisation sein können, so ist doch einschränkend zu bemerken, dass objektive Daten Nachteile besitzen. Verkaufszahlen hängen beispielsweise von den Charakteristika des zugeteilten Verkaufsgebietes ab (verkaufsstärkere vs. -ärmere Gebiete) oder von konjunkturellen Schwankungen. Ein Verkäufer A ist beispielsweise für eine Region zuständig, die sich bezüglich des Absatzes als problematisch erwiesen hat und ein Verkäufer B ist für eine Region zuständig, deren Absatz seit Jahren wächst. Würde man die Leistung des Verkäufers A lediglich anhand seiner Verkaufszahlen in der verkaufsschwächeren Region im Vergleich mit der Leistung des Verkäufers B in der verkaufsstärkeren Region beurteilen, wären diese Daten durch die unterschiedlichen Regionen verzerrt und würden keine faire Leistungsbeurteilung erlauben. Zusammenfassend lässt sich sagen, dass objektive Daten als Ergebnisse nicht ausschließlich durch die Leistung des Mitarbeiters, sondern auch durch leistungsexterne Faktoren außerhalb des Steuerungsbereichs des Mitarbeiters beeinflusst werden und dadurch die Interpretation risikobehaftet ist. Zudem zeigen Untersuchungen, dass objektive Daten, die aufgrund ihrer Ähnlichkeit eng miteinander zusammenhängen sollten, Reliabilitätsprobleme zu besitzen scheinen, da die empirischen Zusammenhänge effektiv sehr gering ausfallen (Landy & Farr, 1983). Zusammenfassend sollte man sich der potenziellen Kontamination der objektiven Daten bewusst sein, wenn sie als Leistungsmaß interpretiert werden (siehe Murphy, 2008, für eine Übersicht zu Problemen objektiver Daten), was auch zu Problemen bei der Fairness der Ableitung von Entwicklungsmaßnahmen und internen Personalentscheidungen führen kann.

Beurteilungsbasierte Leistungsdaten. Berufliche Leistung kann sehr unterschiedlich konzeptualisiert werden und je nach Tätigkeit und Kontext können verschiedene Dimensionen herangezogen werden. Ein umfassender Ansatz zur Konzeptualisierung beruflicher Leistung stammt von Campbell, McHenry und Wise (1990). Diesem Modell beruflicher Leistung zufolge können acht verschiedene Dimensionen die berufliche Leistung verhaltensbezogen für alle Tätigkeitsbereiche umschreiben. Die verschiedenen Dimensionen umfassen die tätigkeitsbezogene Leistung, die tätigkeitsunspezifische Leistung, die Kommunikationsleistung, die Anstrengung, die Disziplin, die Unterstützung von Teamarbeit und Kollegen, Leitungs- und Führungsaufgaben und die administrative Aufgabenerfüllung.

In einem anderen Ansatz, der Leistung anhand des Bezugs zu den Vorgaben der Tätigkeit differenziert, unterscheiden Borman und Motowidlo (1997) berufliche Leistung dahingehend, inwiefern sie aufgabenbezogen ist *(task-based perfor-*

mance) oder über die Beschreibung der Tätigkeit hinausgeht *(contextual performance)* und dem Wohl der Organisation dient. Dies stellt somit eine Erweiterung des Ansatzes von Campbell um eine kontextuelle Leistungsdimension dar. Diese kontextuelle Leistung wird auch in einem verwandten Ansatz als *Organizational Citizenship Behavior* (Organ, 1997) bezeichnet. Unter kontextueller Leistung versteht man beispielweise das freiwillige Engagement zur Unterstützung organisationaler Ziele oder die Übernahme zusätzlicher Aufgaben, die über die eigene Tätigkeit hinausgehen. Studien zeigen auf, dass diese kontextuelle Leistung zum Organisationserfolg beitragen kann (Podsakoff, Whiting, Podsakoff & Blume, 2009; Podsakoff, MacKenzie, Paine & Bachrach, 2000).

In veränderungsreichen Arbeitsumgebungen ist die *adaptive berufliche Leistung* eine dritte relevante Form der beruflichen Leistung neben der aufgabenbezogenen und kontextuellen Leistung (Pulakos, Arad, Donovan & Plamondon, 2000). Unter adaptiver beruflicher Leistung versteht man den Umgang einer Person mit unerwarteten oder veränderlichen Anforderungen der Arbeitsumgebung (Huang, Ryan, Zabel & Palmer, 2014). Die Berücksichtigung adaptiver beruflicher Leistung hat in den letzten Jahren zugenommen (Huang et al., 2014; Pulakos, Mueller-Hanson & Nelson, 2012) und gerade für Mitarbeiter, die bei einer zukünftigen Tätigkeit zunehmend mehr Veränderungen ausgesetzt sind, kann die Einschätzung der adaptiven Leistung von besonderer Relevanz sein für Entscheidungen bezüglich der Personalentwicklung.[3]

Beurteilende. Als beurteilende Personen kommen Vorgesetzte, Kunden, Kollegen und Mitarbeiter infrage. Am weitesten verbreitet bei Leistungsbeurteilungen insgesamt, also auch unter Berücksichtigung von objektiven Daten, sind generell Vorgesetztenurteile (z. B. Cleveland et al., 1989; Landy & Farr, 1980). Zum einen sind Vorgesetzte durch ihre Rolle per se dazu angehalten, Einschätzungen der Leistung der Mitarbeiter vorzunehmen, zum anderen zeigen Ergebnisse einer Metaanalyse, dass es sich bei Vorgesetztenurteilen im Vergleich zu Urteilen anderer Personengruppen um die zuverlässigsten Urteile handelt (Viswesvaran, Ones & Schmidt, 1996). Insgesamt zeigt sich bei Leistungsbeurteilungen keine starke Übereinstimmung zwischen dem Urteil von Vorgesetzten und dem Selbsturteil. Beispielsweise zeigen Ergebnisse einer Metaanalyse von Heidemeier und Moser (2009), dass das Selbsturteil der Mitarbeiter bezüglich ihrer beruflichen Leistung und das Urteil der Vorgesetzten nur zu .22 miteinander korrelieren. Da die zu beurteilende Person, Arbeitskollegen, Mitarbeiter und Kunden andere Aspekte des

3 Kontraproduktive Verhaltensweisen bei der Arbeit wie z. B. Beschädigung von Unternehmensinventar, Diebstahl, Rückzug (Rotundo & Spector, 2010) sind ein weiterer Schwerpunkt der Forschung zur Arbeitsleistung. Für den Entwicklungskontext ist die Messung dieser Verhaltensweisen weniger empfehlenswert, da eine verzerrte Beantwortung in einem Selbstbericht zu diesen Verhaltensweisen im Rahmen einer Leistungsbeurteilung wahrscheinlich erscheint und die Implikationen für den Mitarbeiter auf der Hand liegen.

Verhaltens miterleben (Murphy & Cleveland, 1995) und die Beurteilung von den Zielen der Beurteilenden beeinflusst wird (Murphy, Cleveland, Skattebo & Kinney, 2004), können durch 360-Grad-Feedbacks weitere Personengruppen ergänzend die berufliche Leistung einschätzen, um ein umfassendes Bild zu erhalten. Durch die Rückmeldung von verschiedenen Parteien können dem Mitarbeitenden neue Perspektiven auf die Leistung gegeben werden, die auch Ansichten des Vorgesetzten relativieren können. Einen Schritt weitergeführt ist die Grundidee der 360-Grad-Feedbacks, dass durch diese zusätzlichen Informationen stärkere Leistungsverbesserungen bei Personen möglich sind, was der Zielsetzung von Personalentwicklungsmaßnahmen entgegenkommt. Die Befundlage einer Metaanalyse weist derzeit allerdings keine entscheidenden Vorteile von 360-Grad-Feedbacks auf, da die erzielten Leistungsverbesserungen bei Hinzunahme von 360-Grad-Feedbacks klein sind (Smither, London & Reilly, 2005).

Abschließend sei einschränkend zu beurteilungsbasierten Daten gesagt, dass, auch wenn sie als etablierter Standard bei Leistungsbeurteilungen gelten, die Verbesserung der Qualität von Leistungsbeurteilungen aus gutem Grund Gegenstand vieler Forschungsarbeiten ist (siehe Murphy, 2008). Verbesserungsansätze betreffen die Entwicklung von Ratingskalen mit Verhaltensankern (s. u.) und Rater-Trainings zu Rater-Fehlern wie Halo-Effekten oder zur Herstellung eines gemeinsamen Bezugsrahmens (Frame-of-Reference-Trainings, Macan et al., 2011; Roch, Woehr, Mishra & Kieszczynska, 2012; Woehr & Huffcutt, 1994).

Leistungsbeurteilungsverfahren

In der Praxis haben sich die folgenden Leistungsbeurteilungsverfahren entwickelt: Verfahren der freien Eindrucksschilderung, Auswahlverfahren, Ratingverfahren und Rangordnungsverfahren.

Freie Eindrucksschilderungen. Freie Eindrucksschilderungen zur beruflichen Leistung stellen ein wenig formalisiertes und wenig strukturiertes Verfahren dar, bei dem beispielsweise Vorgesetzte ohne spezifische Vorgaben ihre Eindrücke von der beruflichen Leistung der zu beurteilenden Person schildern. Beispielsweise könnte offen gefragt werden, was den Vorgesetzten an der Leistung des betreffenden Mitarbeiters im letzten Jahr besonders positiv aufgefallen ist oder wo sie Veränderungsbedarf sehen. In manchen Fällen liegen Angaben zu relevanten Beurteilungsaspekten vor, an denen sich die Eindrucksschilderung orientieren kann. Vorteile der freien Eindrucksschilderung liegen in der Akzeptanz des Beurteilenden und des geringen Aufwands für die Konstruktion im Gegensatz zu strukturierteren Verfahren. Diese Vorteile werden allerdings durch Nachteile in der Vergleichbarkeit der Urteile über Personen hinweg und die Gefahr der mangelnden Berücksichtigung aller tätigkeitsrelevanten Aspekte der Leistung gesehen. Dies kann insbesondere bei der Heranziehung der Leistungsbeurteilung für

Personalentwicklungsentscheidungen ungünstig sein und sollte vor diesem Hintergrund eher vermieden werden.

Auswahlverfahren. Auswahlverfahren geben den Beurteilenden eine Liste von Aussagen vor, aus der die Beurteilenden die auf die zu beurteilende Person zutreffenden Aussagen auswählen (siehe Abbildung 2).

	Bitte kreuzen Sie die Aussagen an, die auf den Dozenten/die Dozentin der Veranstaltung zutreffen.
	Der Dozent/die Dozentin
☐	… zeigt Engagement in seiner/ihrer Lehrtätigkeit.
☐	… stellt den Stoff verständlich dar.
☐	… ging auf Fragen und Anregungen der Teilnehmer ausreichend ein.
☐	… verdeutlichte die Verwendbarkeit und den Nutzen des Stoffs zu wenig.
☐	… gab ausreichend erklärende und weiterführende Informationen zu den behandelten Themen.
☐	… konnte Kompliziertes verständlich machen.
☐	… förderte Fragen und aktive Mitarbeit.
☐	… gab eindeutige Anforderungen für den Erhalt des Leistungsnachweises vor.
☐	… wirkte nicht gut vorbereitet.

Abbildung 2: Beispiel für ein Auswahlverfahren zur Evaluation einer Weiterbildungsveranstaltung mit einer Aussagenliste mit freier Wahl

Damit stellen sie ein Verfahren dar, das bereits mehr Struktur als freie Eindrucksschilderungen vorgibt und die Vergleichbarkeit von Urteilen eher gewährleistet. Es existieren verschiedene Varianten von Auswahlverfahren, welche sich bezüglich der Wahlfreiheit unterscheiden. Während manche Verfahren dichotome Wahlmöglichkeiten anbieten (zutreffend vs. unzutreffend oder ja vs. nein), die ggf. nachträglich gewichtet werden (in dem Fall als *weighted checklists* bezeichnet), unterliegen andere Wahlverfahren noch größeren Restriktionen, da man aus einer Auswahl an Aussagen nur eine Aussage als zutreffend auswählen kann (sogenannte *forced choice*-Verfahren). Vorteile der forced choice-Verfahren liegen in der größeren Differenzierung zwischen Teilnehmern aufgrund der verdeckten Zuordnung zu unterschiedlichen Leistungsniveaus, welche den Beurteilenden nicht zugänglich sind. Nachteile liegen in der aufwendigen Konstruktion der forced choice-Verfahren und der Beeinträchtigung der Akzeptanz bei den Beurteilern sowie dem Problem, dass kein Feedback anhand der Skalen gegeben werden kann, um sie nicht im Nachhinein transparent zu machen und zukünftige Beurteilungen zu beeinflussen. Aus letzterem Grund empfiehlt sich der Einsatz von forced choice-Verfahren als Beurteilungsgrundlage für die Personalentwicklung weniger.

Ratingverfahren. Ratingverfahren (alternativ auch als Einschätzungsverfahren bezeichnet) stellen eines der am weitesten verbreiteten Leistungsbeurteilungsverfahren dar und ermöglichen die Einschätzung der Leistung auf einer mehrstufigen Antwortskala. Vorteile liegen im standardisierten Vorgehen, der Akzeptanz durch differenzierte Abstufungen der Leistung und den in der Regel verhaltensnahen Aussagen sowie dem im Vergleich zu forced choice-Verfahren geringen Konstruktionsaufwand. Die Stufen können an den Endstufen oder an jeder Stufe verbale Bezeichnungen (z. B. von „überhaupt nicht zutreffend" bis „voll zutreffend") oder grafische Symbole (z. B. Smileys) enthalten. Etablierte Skalen zur beruflichen Leistung (z. B. Bott, Svyantek, Goodman & Bernal, 2003; Staufenbiel & Hartz, 2000) enthalten häufig Verhaltensbeschreibungen, die dann beurteilt werden (siehe Abbildung 3 für ein Beispiel). Diese sind gegenüber Eigenschaftsbeschreibungen aufgrund der Akzeptanz beim Feedback vorzuziehen und aufgrund der besser ableitbaren Verhaltensziele zu bevorzugen.

Bitte kreuzen Sie im Folgenden die Antwortmöglichkeit an, die Ihre Einschätzung am besten wiedergibt!

- trifft voll und ganz zu (7)
- trifft zu (6)
- trifft eher zu (5)
- teils – teils (4)
- trifft eher nicht zu (3)
- trifft nicht zu (2)
- trifft überhaupt nicht zu (1)

	Der Mitarbeiter/die Mitarbeiterin							
	… hilft anderen, wenn diese mit Arbeit überlastet sind.	1	2	3	4	5	6	7
	… ergreift freiwillig die Initiative, neuen Kollegen/Kolleginnen bei der Einarbeitung zu helfen.	1	2	3	4	5	6	7
	… wirkt bei auftretenden Meinungsverschiedenheiten ausgleichend auf Kollegen/Kolleginnen ein.	1	2	3	4	5	6	7
	… bemüht sich aktiv darum, Schwierigkeiten mit Kollegen/Kolleginnen vorzubeugen.	1	2	3	4	5	6	7
	… ermuntert Kollegen/Kolleginnen, wenn diese niedergeschlagen sind.	1	2	3	4	5	6	7

Abbildung 3: Beispiel für ein Ratingverfahren zur Einschätzung des Organizational Citizenship Behaviors eines Mitarbeiters durch den Vorgesetzten (Items der Subskala Hilfsbereitschaft des Fragebogens von Staufenbiel & Hartz, 2000)

BARS (Behaviorally Anchored Rating Scales, Smith & Kendall, 1963) stellen eine Sonderform der Ratingverfahren mit Verbalbezeichnungen dar, bei denen die Verhaltensanker jeder Stufe im Konstruktionsprozess durch Experten festgelegt worden sind, sodass jede Stufe Verhaltensbeschreibungen umfasst, die dadurch auch Leistungserwartungen genauer definieren (siehe Abbildung 4 für ein Beispiel). Psychometrische Eigenschaften von BARS sind trotz der aufwendigen Konstruktion zwar nicht höher, dennoch gelten sie aufgrund der positiven Reaktionen der Beurteiler und der zu beurteilenden Personen als attraktiv und rechtlich als unbedenklicher (Ployhart et al., 2006).

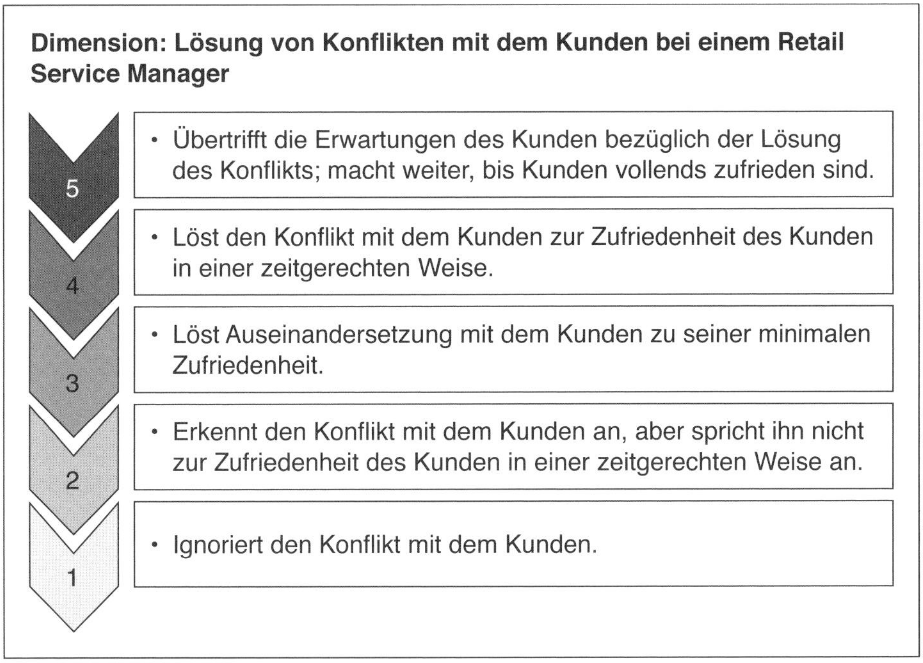

Abbildung 4: Beispiel für Behaviorally Anchored Rating Scales (Abbildung adaptiert von Ployhart et al., 2006, S. 181; übersetzt von den Autoren des Buchkapitels)

Rangordnungsverfahren. Rangordnungsverfahren unterscheiden sich von den zuvor aufgeführten Verfahren dahingehend, dass explizit zwischen Personen unterschieden wird und insgesamt eine Rangfolge in Bezug auf die Leistung aller zu beurteilenden Personen entsteht. Dies hat auf den ersten Blick Vorteile, da zwischen der Leistung von Personen explizit differenziert wird. Auf der anderen Seite erweist es sich für die Personalentwicklung allerdings als wenig vorteilhaft, dass keine verhaltensbezogenen Beurteilungen zum Individuum vorliegen, die der Festlegung von Entwicklungszielen und dem Feedback dienen, sondern nur Rangfolgen. Zudem erweist sich die Erstellung einer Rangfolge bei zunehmender Personenzahl als diffizil, weshalb auch Programme zum Einsatz kommen können (Staufenbiel & Kleinmann, 2002). Teilweise kommen zur Leistungsbeurteilung auch *forced distribution*-Verfahren zum Einsatz, sodass Personen nach ihrer Leistung in eine von beispielsweise fünf Kategorien eingeteilt werden, deren maximale Anzahl an Mitgliedern pro Kategorie aufgrund von Normalverteilungsüberlegungen begrenzt ist (z. B. A = höchste Leistung, 10 Personen; B = hohe Leistung, 20 Personen; C = mittlere Leistung, 40 Personen; D = niedrige Leistung, 20 Personen; E = niedrigste Leistung, 10 Personen). Die Nachteile für die Personalentwicklung entsprechen aber denen des allgemeinen Rangordnungsverfahrens.

Abschließend lässt sich beim Vergleich von objektiven und beurteilungsbasierten Leistungsdaten sagen, dass Beurteilungen, die von Personen vorgenommen werden, gegenüber objektiven Daten den Vorteil haben, dass sie externe Einflüsse und damit Kontaminationen bewusst berücksichtigen können. Zudem kann der Schwerpunkt der Beurteilung gezielt auf das Arbeitsverhalten des Mitarbeiters gelegt werden und nicht nur auf die erzielten Ergebnisse, was gerade aus der Perspektive der Personalentwicklung attraktiv erscheint, da verhaltensbezogene Empfehlungen und Entwicklungsziele formuliert werden können. Zudem wird die Beurteilung des Verhaltens oftmals als angemessenste Variante der Beurteilung angesehen (z. B. Motowidlo, 2003).

3.3 Potenzialanalyse

Die Potenzialanalyse ergänzt die Leistungsbeurteilung um eine zukunftsorientierte Perspektive, welche die Eignung bzw. den Förderbedarf einer im Unternehmen tätigen Person für zukünftige Tätigkeiten umfasst und sich deswegen oft auf globalere Merkmale (z. B. Führungsfähigkeit) jenseits der derzeitigen Tätigkeit fokussiert. Wie bei Personalauswahlmaßnahmen, beispielsweise vor dem Eintritt in ein Unternehmen, ist die Perspektive auf die Vorhersage ausgerichtet und viele der eingesetzten Verfahren werden deshalb sowohl in der Potenzialanalyse als auch bei der Auswahl neuer Mitarbeiter eingesetzt. Beim Fokus der Personalentwicklung gilt es allerdings kontrastierend zur Auswahl neuer Mitarbeiter zu beachten, dass eine spezifische individuelle Rückmeldung für Verhaltensbereiche, die verändert werden sollen und verändert werden können, zielführend ist. Deshalb sollte bei der Potenzialanalyse ein besonderes Augenmerk auf die Messung personenbasierter Merkmale gelegt werden, welche als veränderbar gelten. Die Erfassung stabilerer Merkmale sollte eher in Erwägung gezogen werden, wenn die Laufbahnplanung im Sinne einer Auswahl erfolgt oder die Entwicklungsmaßnahmen auf die Bedürfnisse der zu trainierenden Mitarbeiter zugeschnitten werden sollen.

Die Planungsschritte zur Potenzialanalyse sehen folgendermaßen aus: Zuerst werden die entsprechenden erfolgsrelevanten Merkmale der Personen festgelegt, die mit den Verfahren gemessen werden sollen. Dabei empfiehlt es sich, basierend auf Anforderungsanalysen der zukünftigen Tätigkeit Merkmale auszuwählen (siehe Kapitel 10 zu Anforderungsanalysen). Anschließend können die einzusetzenden Verfahren zur Messung der entsprechenden personenbezogenen Merkmale ausgewählt und eingesetzt werden und beruhend auf den Ergebnissen Personalentwicklungsmaßnahmen geplant werden.

Es besteht eine Vielzahl an Verfahren für die Potenzialanalyse, welche im Folgenden eingeordnet in die Kategorien biografieorientiert, simulationsorientiert oder konstruktorientiert (Schuler, 2000) vorgestellt werden. Um ein umfassendes Bild des Potenzials einer Person zu erhalten, empfiehlt es sich, Verfahren nach Möglichkeit aus unterschiedlichen methodischen Kategorien zu kombinieren und dadurch Verzerrungen der Potenzialanalyseergebnisse durch einseitige Methoden (*common method bias*, z. B. durch die ausschließliche Messung von Konstrukten über Fragebögen im Selbstbericht) zu vermeiden (siehe Podsakoff, MacKenzie, Lee & Podsakoff, 2003, für einen Überblick).

Biografieorientierte Verfahren

Biografieorientierte Verfahren beruhen auf der bereits dargelegten Prämisse, dass vergangenes Verhalten, respektive erzielte Ergebnisse, ein Prädiktor für zukünftiges Verhalten und zukünftige Ergebnisse ist. Die Bezeichnung biografieorientierte Verfahren veranschaulicht, dass es sich um eine zeitpunktbezogene Verfahrensbezeichnung handelt, bei der keine Festlegung der zu messenden Konstrukte besteht. Im Bereich der Potenzialanalyse bieten sich vor allem Interviews und Fragebögen an, Lebensläufe sind zwar auch typische Vertreter der biografieorientierten Verfahren, eignen sich jedoch eher für die Auswahl vor dem Eintritt in die Organisation, da neue Daten im Lebenslauf innerhalb der Organisation bei langjährigen Mitgliedern bekannt sind und keine verhaltensbasierte Rückmeldung zu Entwicklungszwecken ermöglichen.

Häufig kommen als biografieorientierte Verfahren biografische Interviews zum Einsatz. Das *Behavioral Description Interview* (Janz, 1982) ist ein strukturiertes biografisches Interview. Die Strukturierung bietet Vorteile, da unterschiedliche Interviewer das Interview vergleichbar für unterschiedliche Teilnehmer durchführen, und sich zudem die Strukturierung vorteilhaft auf die Vorhersage der beruflichen Leistung auswirkt (Huffcutt & Arthur, 1994). Der Interviewer stellt hierbei vorab festgelegte biografiebezogene Fragen zu Situationen, die die Interviewteilnehmer bereits erlebt haben und bewertet sie anhand eines festgelegten Ratingschemas. Die biografiebezogenen Fragen sollten wiederum einen Bezug zum Erfolg bei der Tätigkeit haben. Das Behavioral Description Interview weist, in Abhängigkeit der Jobkomplexität, einen mittleren korrigierten Zusammenhang von .48 bis .51 zur beruflichen Leistung auf (Huffcutt, Conway, Roth & Klehe, 2004), was die Eignung für die Potenzialanalyse insgesamt und auch für die Potenzialanalyse im Hinblick auf komplexere Tätigkeiten unterstreicht. Ein Vorteil für die Personalentwicklung besteht zudem in dem Bericht über vergangenes Verhalten, was eine Grundlage zur Rückmeldung von Veränderungsbedarf anhand von Verhaltensbeispielen ermöglicht und auch bereits eine Reflexion aufseiten des Handelnden auslösen kann.

Neben biografischen Interviews können biografische Fragebögen (im Englischen *biodata*) zum Einsatz kommen. Es handelt sich hierbei um Testverfahren mit Items zu unterschiedlichsten Lebensbereichen der Person. Dabei ist es grundsätzlich wichtig, Items zu verwenden, welche relevante vergangenheitsbezogene Ergebnisse und Ereignisse (z. B. zu Arbeitserfahrungen und Ausbildung) abfragen und nicht unberechtigte Einblicke ins Privatleben darstellen. Bei einer Potenzialanalyse im Rahmen einer Entscheidung für weitere Fördermaßnahmen von Führungskräften bietet es sich beispielsweise an, Fragen zu bisherigen Führungserfahrungen zu stellen. Bei biografischen Fragebögen besteht kein großer Pool an zugänglichen Verfahren und die Konstruktion erfolgt oftmals in Eigenregie. Bei einer eigenständigen Konstruktion ist es wichtig, nach einer Sammlung relevanter Items mit einer Stichprobe zu überprüfen, inwiefern diese Items berufliche Leistung vorhersagen können, also kriteriumsvalide sind. Anschließend können auf dieser Grundlage Items nach ihrer Kriteriumsvalidität ausgesucht werden, sodass ein kriteriumsvalider Fragebogen entsteht. Verschiedene Verfahren zur Konstruktion biografischer Fragebögen werden beispielsweise bei Breaugh (2009) dargelegt. Der mittlere unkorrigierte Zusammenhang von biografischen Fragebögen und beruflicher Leistung liegt Metaanalysen zufolge bei .32 (Bliesener, 1996) bzw. bei .35 (Schmidt & Hunter, 1998).

Simulationsorientierte Verfahren

Die Grundidee der simulationsorientierten Verfahren besteht in Anlehnung an das Verhaltenskonsistenzprinzip darin, Arbeitssituationen zu simulieren und dadurch eine Aussage über zukünftiges Arbeitsverhalten zu treffen. Es handelt sich beim Begriff der simulationsorientierten Verfahren um eine methodenbasierte Bezeichnung (Lievens & De Soete, 2012), welche erst einmal keine Auskunft über die zu messenden Inhalte macht und unterschiedliche Inhalte erfassen kann. Simulationsorientierte Verfahren können definiert werden als „more or less exact replicas of tasks and knowledge, skills, and abilities (KSAs) required in work behavior“ (Lievens & De Soete, 2012, S. 383). Wie es die Definition bereits anklingen lässt, unterscheiden sich simulationsorientierte Verfahren bezüglich des Ausmaßes, in welchem sie Arbeitssituationen imitieren. Es handelt sich bei der sogenannten *fidelity* um den Grad der Realitätsnähe, mit der die Arbeitssituation imitiert wird und die daraus resultierende Nähe des zu messenden Konstrukts (z. B. Verhalten vs. Intentionen) zum eigentlichen Verhalten in Arbeitssituationen. Simulationen werden häufig nach dieser Realitätsnähe in die Kategorien *high* versus *low fidelity simulation* eingeteilt (Lievens & De Soete, 2012).

Simulationsorientierte Verfahren mit hoher Realitätsnähe. Traditionsgemäß werden bei Potenzialanalysen mit Simulationsansatz häufig Assessment Center oder Arbeitsproben eingesetzt. Diese beiden Verfahren zeichnen sich durch die größte Nähe zur Arbeitssituation aus und verfolgen die Grundidee, dass durch im Verfahren gezeigtes Verhalten zukünftiges Verhalten bei der Arbeit vorhergesagt werden kann.

In *Assessment Centern* werden deshalb verschiedene arbeitsbezogene Situationen wie z. B. Mitarbeitergespräche, Kundenpräsentationen und teaminterne Diskussion simuliert, bei denen geschulte Beobachter anforderungsbezogenes Verhalten der Teilnehmer beobachten und bewerten. Umfragen zeigen, dass mehr als die Hälfte der eingesetzten Assessment Center im deutschsprachigen Raum für Potenzialanalyse und Entwicklungszwecke eingesetzt werden (Krause & Gebert, 2003). Die genaue Konstruktion des Assessment Centers hängt von den zu messenden Merkmalen ab, die zuvor festgelegt worden sind. Je nach Zielsetzung des Assessment Centers können Veränderungen im Ablauf erfolgen. Assessment Center, welche beispielsweise das Lernpotenzial testen sollen (z. B. Scheffer & Sarges, 2007), also die Veränderungsfähigkeit nach dem Feedback erfassen sollen, enthalten Feedbackeinheiten während des Assessment Centers, während andernfalls typischerweise Teilnehmer erst am Ende des Assessment Centers Feedback erhalten (siehe Praxisbeispiel in Abschnitt 4). Einen allgemeinen Überblick zu Assessment Center bietet Kleinmann (2013), zu Potenzial-Assessment Centern Schuler (2007), und auf Problemstellungen bei Assessment Centern für Entwicklungszwecke gehen Rupp, Snyder, Gibbons und Thornton (2006) ein.

In *Arbeitsproben* führen Teilnehmer tatsächliche Aufgaben aus, die sich durch eine große Übereinstimmung mit späteren beruflichen Aufgaben auszeichnen (Ployhart et al., 2006; Roth, Van Iddekinge, Huffcutt, Eidson & Schmit, 2005). Gerade zur Messung von Fertigkeiten für Tätigkeiten, die motorische und technische Fertigkeiten erfordern, besitzen sie besondere Relevanz. So können beispielsweise Arbeitsproben von angehenden Piloten in der Steuerung eines Flugsimulators bestehen. Ausgehend vom Niveau der gemessenen Fertigkeiten können dann entsprechende Trainings entwickelt werden. Ein ausführlicheres Beispiel für eine Arbeitsprobe im industriellen Bereich findet sich bei Schaper (2007). Die Entwicklung von Arbeitsproben erfordert die Zusammenarbeit mit Experten der Tätigkeit, da sie auf sehr tätigkeitsspezifischen Informationen zur Messung der Fertigkeiten beruht.

Sowohl Assessment Center als auch Arbeitsproben sind in der Lage, berufliche Leistung vorherzusagen, d. h. sie sind kriteriumsvalide und deshalb als Verfahren der Potenzialanalyse prinzipiell einsetzbar. Metaanalytische Befunde zeigen auf, dass der mittlere korrigierte Zusammenhang von Assessment Centern und beruflicher Leistung zwischen .26 und .40 liegt (Becker, Höft, Holzenkamp & Spinath, 2011; Gaugler, Rosenthal, Thornton & Bentson, 1987; Hardison & Sackett, 2007; Hermelin, Lievens & Robertson, 2007) und der von Arbeitsproben und beruflicher Leistung bei .33 (Roth, Bobko & McFarland, 2005). Besondere Vorteile beim Einsatz von Simulationen mit hoher Realitätsnähe für die Potenzialanalyse bestehen darin, dass den Teilnehmenden in interaktiven Situationen ihre Verhaltenseinschränkungen bzw. ihr möglicher Trainingsbedarf unmittelbarer ersichtlich wird. Aus diesem Grund setzen sie sich unter Umständen bereits mit Alternativen zu ihrem gezeigten Verhalten in erfolgsrelevanten Situationen auseinander, was eine gute Basis für darauf aufbauende Entwicklungsmaßnahmen bieten kann.

Simulationsorientierte Verfahren mit niedriger Realitätsnähe. Kontrastierend zu Assessment Centern und Arbeitsproben werden Situational Judgment Tests (SJTs) als low fidelity-Simulationen bezeichnet (Motowidlo et al., 1990). Dies begründet sich dadurch, dass SJTs konzeptionell die Idee zugrunde liegt, dass nicht das eigentliche Verhalten, sondern Kognitionen und Verhaltensabsichten erfasst werden, die dann Verhalten vorhersagen (Thornton & Rupp, 2006). Auch diese etwas verhaltensferneren Verfahren besitzen für die Potenzialanalyse im Rahmen der Personalentwicklung ihre Berechtigung, da beispielsweise nach der Zielsetzungstheorie Intentionen Verhalten vorhersagen (Latham, Almost, Mann & Moore, 2005; Locke & Latham, 1990; vgl. auch Kapitel 4 in diesem Buch). Außerdem bietet der gemeinsame Einsatz mit den realitätsnahen Verfahren den diagnostischen Vorteil, dass analysiert werden kann, ob optimierbare Verhaltensweisen eher auf Kognitionen oder Verhalten beruhen, was für die zu planenden Maßnahmen entscheidend sein kann.

SJTs variieren bezüglich ihres Formats, es handelt sich um schriftliche oder videobasierte Tests, in denen mehrere erfolgskritische Situationen geschildert werden. Für jede geschilderte Situation, beispielsweise eine Konfliktsituation mit einem Mitarbeiter, sollen in der Regel Antworten aus einer vorgegebenen Liste an Antworten ausgewählt oder auf einer Skala beurteilt werden. Bezüglich der Antwortinstruktion lassen sich zwei gängige Varianten unterscheiden (McDaniel, Hartman, Whetzel & Grubb, 2007): Entweder wird das effektivste (z. T. zusätzlich auch ineffektivste) Verhalten in der Situation gesucht (Was ist die beste Lösung?) oder das typische Verhalten (Was würden Sie tun?). Ein Beispiel für ein SJT-Item, welches beide Antwortinstruktionen kombiniert, ist in Abbildung 5 ersichtlich.

Aufgabe: Denken Sie sich in die beschriebene Situation hinein und nehmen Sie für die fünf vorgegebenen Reaktionsmöglichkeiten folgende zwei Beurteilungen vor:

1. Beurteilen Sie für jede Antwortalternative jeweils die Effektivität auf der 7-stufigen Skala.
2. Wählen Sie diejenige Aussage aus, die jeweils am besten auf Sie zutrifft, und diejenige, die am wenigsten auf Sie zutrifft, also am wahrscheinlichsten bzw. am unwahrscheinlichsten Ihre Reaktion in der Situation kennzeichnet.

Situation: Sie beziehen als Firmenkunde seit kurzer Zeit eine wichtige Dienstleistung von einem Anbieter und wollen die Konditionen für die weitere Zusammenarbeit neu verhandeln.		trifft in dieser Situation am besten auf mich zu	trifft in dieser Situation überhaupt nicht auf mich zu
... vor dieser Verhandlung einen Misserfolg fürchten.	gar nicht wirkungsvoll – teils teils – sehr wirkungsvoll ○ ○ ○ ○ ○ ○ ○	○	○
... darauf bauen, dass ich auch in Zukunft noch in gutem Kontakt mit meinem Gesprächspartner stehe.	gar nicht wirkungsvoll – teils teils – sehr wirkungsvoll ○ ○ ○ ○ ○ ○ ○	○	○
... mich in dieser geschäftlichen Besprechung lieber etwas zurückhalten.	gar nicht wirkungsvoll – teils teils – sehr wirkungsvoll ○ ○ ○ ○ ○ ○ ○	○	○
... nicht wissen, wie ich reagieren soll, wenn meine Positionsgegner in dieser Besprechung gute Argumente haben.	gar nicht wirkungsvoll – teils teils – sehr wirkungsvoll ○ ○ ○ ○ ○ ○ ○	○	○
... den Mut für die nächste Verhandlung verlieren, wenn diese erfolglos verläuft.	gar nicht wirkungsvoll – teils teils – sehr wirkungsvoll ○ ○ ○ ○ ○ ○ ○	○	○

Abbildung 5: Beispielitem Situational Judgment Test (Item aus Behrmann, 2011, S. 286)

SJTs haben in den letzten Jahren zunehmend an Bedeutung gewonnen und können zur Messung von unterschiedlichen Konstrukten, die für den Potenzialanalysekontext relevant sind, eingesetzt werden. Beispielweise wurden SJTs zur Messung von Initiative (Bledow & Frese, 2009), Proaktivität (Chan & Schmitt, 2000), Führung (Peus, Braun & Frey, 2013) und interpersonalen Fertigkeiten (Lievens & Sackett, 2012) entwickelt. Ersten metaanalytischen Befunden zufolge liegt die mittlere Kriteriumsvalidität von SJTs zu diversen Konstrukten bei .27 bzw. .28 (Christian, Edwards & Bradley, 2010; McDaniel et al., 2007), was die Berechtigung des Einsatzes von SJTs untermauert. Forscher haben das Potenzial von SJTs für den Personalentwicklungsbereich erkannt (z. B. Campion, Ployhart & MacKenzie, 2014; Ployhart & Ward, 2013), sodass es nur noch eine Frage der Zeit ist, bis dies durch entsprechende Forschungsarbeiten belegt werden kann.

Eine weiterer Vertreter der simulationsorientierten Verfahren mit einem niedrigeren Realitätsgehalt gegenüber der Situation sind situative Interviews (Latham, Saari, Pursell & Campion, 1980). In *situativen Interviews* werden Interviewteilnehmern hypothetische Arbeitssituationen vorgegeben und sie müssen ihren Umgang mit der Situation darlegen. Die zugrunde liegende Idee ist, dass die geäußerten Verhaltensintentionen das zukünftige Verhalten vorhersagen. Situative Interviews gehören zu den strukturierten Interviews, welche sich durch ihre Kriteriumsvalidität gegenüber unstrukturierten Interviews hervorheben (Huffcutt & Arthur, 1994) und durch die Standardisierung der Fragen und des Antwortformats eine höhere Strukturierung erzielen (siehe Levashina, Hartwell, Morgeson & Campion, 2014). Somit besteht beim zusätzlichen Einsatz der diagnostische Vorteil, dass Personen ihre kognitionsbasierten Überlegungen zur optimalen Lösung darlegen können, ohne durch ihr Verhalten eingeschränkt zu sein, was bei der Entwicklungsplanung berücksichtigt werden kann. Zur Konstruktion von situativen Interviewfragen können erfolgskritische Situationen gesammelt werden mit der Critical Incident Technique (Flanagan, 1954). Jede Interviewfrage umschreibt dann eine ausgewählte erfolgskritische Situation, zu der dann entsprechende Ankerantworten mit Verhaltensbeschreibungen entwickelt werden. Die mittlere korrigierte Kriteriumsvalidität situativer Interviews liegt im Bereich von .30 bis .51, mit höheren Zusammenhängen für Tätigkeiten mit geringer bis mittlerer Komplexität (Huffcutt et al., 2004). Somit ist auch der Einsatz situativer Interviews empfehlenswert.

Konstruktorientierte Verfahren

Unter konstruktorientierten Verfahren versteht man Verfahren, die zur Messung von personenbezogenen Merkmalen entwickelt wurden und der Vorhersage der beruflichen Leistung und des Potenzials dienen. Dies steht im Gegensatz zu den simulationsorientierten und biografischen Verfahren, bei denen die Messung der Konstrukte nicht im Vordergrund steht.

Oftmals kommen bei den konstruktorientierten Verfahren Intelligenztests und Persönlichkeitsinventare zum Einsatz, da kognitive Fähigkeiten und beispielsweise Gewissenhaftigkeit und emotionale Stabilität als zwei der Big Five-Faktoren der Persönlichkeit berufliche Leistung über verschiedene Tätigkeiten hinweg vorhersagen (Barrick, Mount & Judge, 2001; Hülsheger et al., 2007; Salgado et al., 2003; Schmidt & Hunter, 2004). Vor dem Hintergrund, dass kognitive Fähigkeiten und Persönlichkeit als stabil gelten, ist aber zu beachten, dass sich aus ihrer Messung keine Entwicklungsmaßnahmen im eigentlichen Sinne (z. B. Training der Gewissenhaftigkeit) ableiten lassen, was sie – abgesehen von der angesprochenen Nutzung zur Zuschneidung von Trainings und Annahmen zum Trainingserfolg aufgrund der kognitiven Fähigkeiten – für Personalentwicklungszwecke weniger geeignet erscheinen lässt. Es existieren zahlreiche konstruktorientierte Verfahren zur Erfassung kognitiver Fähigkeiten respektive der Persönlichkeit auf dem Markt, eine Übersicht zu bei PSYNDEX verzeichneten Testverfahren liefert das Leibniz Institut (Leibniz-Zentrum für Psychologische Information und Dokumentation (ZPID), 2014).

In Abhängigkeit von der (zukünftigen) Tätigkeit können weitere Konstrukte relevant sein für die Potenzialanalyse. Dies betrifft die *beruflichen Interessen*, welche derzeit eine Renaissance in der Forschung erleben und vermutlich auch in der Praxis erleben werden. Nach niederschmetternden Ergebnissen zur Kriteriumsvalidität von beruflichen Interessen in der Metaanalyse von Hunter und Hunter (1984) waren berufliche Interessen lange nur für den Berufsberatungskontext relevant. Neue Erkenntnisse aus Metaanalysen und Überblicksartikeln (Nye, Su, Rounds & Drasgow, 2012; Van Iddekinge, Roth, Putka & Lanivich, 2011) zeigen auf, dass berufliche Interessen ebenfalls berufliche Leistung vorhersagen können, was sie für Potenzialanalysen als Basis für Personalentwicklung wieder attraktiver macht als es zuvor aufgrund der früheren ernüchternden Metaanalyse denkbar war. Beispielsweise kann durch die Diagnose der beruflichen Interessen festgestellt werden, welche Interessen in der derzeitigen beruflichen Tätigkeit vernachlässigt werden und es können Entwicklungsmaßnahmen für eine Tätigkeitserweiterung oder eine zukünftige Tätigkeit, die diesen Interessen entspricht, vorgenommen werden.

In stark interpersonal geprägten Arbeitswelten steigen die Anforderungen an *soziale Kompetenzen* der Mitarbeiter insgesamt, was eine Messung sinnvoll machen kann. Zudem kann im Karriereverlauf die Relevanz sozialer Kompetenzen für die Führungskräfte steigen, weshalb sie in Potenzialanalysen zur Planung von Personalentwicklungsmaßnahmen und Karriereförderung erfasst werden sollten. Neben der Erfassung in simulationsorientierten Verfahren sind Selbstberichte verbreitet. Unter soziale Kompetenzen fallen unterschiedliche Konstrukte, wie z. B. politische Fertigkeiten (Ferris et al., 2008), Self-Monitoring (Snyder, 1974) oder die Fähigkeit, Anforderungsdimensionen zu erkennen („ability to identify criteria“ – ATIC; Kleinmann, 1993; Kleinmann et al., 2011), zu denen entsprechende konstruktbasierte Tests bestehen. Die zu messende Form der sozialen Kompetenzen sollte bezüglich ihrer Relevanz für die Tätigkeit ausgewählt werden und anschließend sollte der Zusammenhang zur beruflichen Leistung geprüft werden. Jüngste Forschung im Bereich der Personalauswahlforschung hat gezeigt, dass die soziale Kompetenzfacette, Anforderungsdimensionen zu erkennen, nicht nur für das Abschneiden in Auswahlverfahren relevant ist (siehe Kleinmann et al., 2011 für einen Überblick), sondern darüber hinaus diese Fähigkeit auch berufliche Leistung vorhersagt (Ingold, Kleinmann, König, Melchers & Van Iddekinge, 2015; Jansen et al., 2013).

4 Praxisbeispiel

Ein Finanzdienstleistungsunternehmen hatte im Laufe der vergangenen Jahre zunehmend Wert darauf gelegt, bei der Besetzung von Führungs- und Kundenbetreuungspositionen auf soziale Kompetenzen der Bewerber zu achten (vgl. für eine ausführlichere Darstellung Kleinmann, 2013). Dies führte dazu, dass etliche Führungspositionen mangels sozialer Kompetenz nicht mit internen geeigneten Mitarbeitern besetzt wurden. Externen Bewerbern meist den Vorrang zu geben, schied aus, da dies mittelfristig die Mitarbeiter demotiviert hätte. Die Personalvertretung erhielt dementsprechend vom Vorstand den Auftrag, ein Personalentwicklungskonzept für Nachwuchskräfte zu erarbeiten. Dieses Personalentwicklungskonzept sollte helfen, Stärken und Schwächen der Mitarbeiter zu diagnostizieren und Verhaltenskompetenzen zielgerichtet zu entwickeln. Die Personalabteilung entschied sich, ein solches Konzept unter Einbeziehung eines Assessment Centers zu starten (siehe Abbildung 6 für einen Überblick).

Vorbereitung	Konstruktion	Ablauf	PE-Orientierung
Zielsetzung	Tätigkeitsanalyse	Beobachtertraining	Feedback
Zielgruppe	Aufgaben-entwicklung	Einführung der Teilnehmer	Fördergespräch
Projektgruppe	Skalenentwicklung	Durchführung	PE-Maßnahmen
Implementierung	Logistik	Beobachter-konferenz	Evaluation

Abbildung 6: Ablaufschema zum Praxisbeispiel (leicht modifiziert aus Kleinmann, 2013, S. 70)

Vor der Teilnahme am Assessment Center stand die schriftliche Potenzialbeurteilung des Vorgesetzten an. Diese Potenzialeinschätzung bezog sich auf die Arbeitsleistung, Verhalten sowie wahrgenommene Stärken und Defizite. Die letztendliche Entscheidung über die Teilnahme einzelner Personen hatte die Personalabteilung vollzogen. Die internen Teilnehmer konnten damit rechnen, an einem Personalentwicklungsprogramm, bei dem sie eine ausführliche Rückmeldung erhalten würden, sowie an spezifischen Personalentwicklungsmaßnahmen im Laufe der nächsten drei Jahre teilzunehmen. Ebenso war klar definiert, dass das Programm zwar soziale Kompetenzen stärken sollte, es jedoch keine Bevorzugung oder Garantie für weitere Positionsbesetzungen geben würde. Stellenbesetzungen werden weiterhin von den Linienabteilungen vorgenommen. Entscheidend hierfür war die Gesamtqualifikation des internen Bewerbers.

Das Assessment Center umfasste zwei Tage. Vorgeschaltet wurde ein Beobachtertraining für die meist erfahrenen Beobachter. Die Einführung der Teilnehmer fand zweistufig statt: Vor dem Assessment Center wurden die Teilnehmer detailliert über den Ablauf des Assessment Centers informiert. Darüber hinaus erhielten sie Unterlagen über die Anforderungsdimensionen, welche bewertet werden. In dieser ca. zweistündigen Einführungsveranstaltung wurden auch alle Fragen der Teilnehmer beantwortet. Wenn anschließend Teilnehmer und alle Beobachter aufeinandertrafen, fand – nach ein paar einleitenden Worten des Personalleiters – eine persönlich gehaltene Vorstellungsrunde aller anwesenden Personen statt, um sie miteinander vertraut zu machen.

Unmittelbar nach der Beobachterkonferenz am Ende des Assessment Centers fanden die Rückmelde- und Beratungsgespräche statt. Sie dauerten in der Regel 90 Minuten und wurden von dem Personalentwicklungsleiter gemeinsam mit dem externen Berater durchgeführt. Hierbei wurde neben der Vermittlung der Beobachterergebnisse insbesondere geprüft, ob Selbst- und Fremdbild stark überlappten. Weiterhin wurde die Motivation, Verhalten zu verändern, erfragt. Zwei Wochen später fand ein Fördergespräch zwischen dem jeweiligen Teilnehmer, Personalentwicklungsleiter und Fachvorgesetztem statt. In diesem wurden die wesentlichen Ergebnisse der Standortbestimmung zusammengefasst und Maßnahmen on und off the job vereinbart. Auch wurde besprochen, wer für die Durchführung und die Ergebnisse dieser Maßnahmen verantwortlich ist. Weitere Fördergespräche erfolgten dann im jährlichen Abstand, um die Maßnahmen zu begleiten und die Ausrichtung eventuell zu modifizieren bzw. zu ergänzen.

Die Personalentwicklungsmaßnahmen waren in ein dreijähriges Personalentwicklungsprogramm eingebettet, welches identische Maßnahmen für alle Teilnehmer umfasst (z. B. Soziales Kompetenztraining) sowie von individuellen Maßnahmen (z. B. Coaching) flankiert wurde. Die gesamte Maßnahme wurde nach drei Jahren evaluiert. Hierzu fand ein zweites Assessment Center statt, welches zwei Tage dauerte und mit einem umfangreichen eintägigen Feedback abgeschlossen wurde. Im Gegensatz zum ersten Assessment Center nehmen an diesem Seminar nur drei der acht Beobachter teil (Personalabteilung, Personalrat, externer Berater). Die anderen Beobachter rekrutierten sich abwechselnd aus den 12 Teilnehmern. Die Beobachtungsaufgaben sollten von den Teilnehmern bewältigt werden, da diese durch die erfolgten Maßnahmen geschult waren und auch in evtl. zukünftigen Positionen derartige Aufgaben im Alltag zu bewältigen haben. Abgeschlossen wurde das Seminar mit einer Rückmeldung der Teilnehmer an die ehemaligen Beobachter mit dem Fokus auf die gesamte Personalentwicklungsmaßnahme und die Änderungswünsche der Teilnehmer. Neben dieser qualitativ-quantitativen Evaluation erfolgte zusätzlich eine weitere externe Evaluation, welche von einer Universität begleitet wurde.

5 Fazit

Die Leistungsbeurteilung und Potenzialanalyse bietet eine Grundlage zur gezielten Personalentwicklung in Organisationen und stellt somit für Mitarbeitende und Organisationen eine Ressource zur bedarfsgerechten Entwicklung dar. Entscheidend bei der Leistungs- und Potenzialanalyse erweist sich die Ausrichtung auf die personenbezogenen Merkmale, die erfolgsrelevant für die derzeitige oder zukünftige Tätigkeit sind und die mit verschiedenen Verfahren erfasst werden können, um eine umfassende Analyse des Entwicklungsbedarfs zu ermöglichen. Vor dem Hintergrund der Personalentwicklung ist das Ziel hierbei, dass veränderbare Merkmale im Fokus stehen, sodass die darauf basierenden Entwicklungsmaßnahmen auf eine Steigerung der entsprechenden Merkmale abzielen können. Zudem sollte, wenn Merkmale und Verfahren im Rahmen der Leistungs- und Potenzialanalyse ausgewählt werden, insbesondere auf die Akzeptanz von Mitarbeitenden geachtet werden, sodass sich beispielsweise verhaltensnahe Beurteilungen (wie z. B. durch Assessment Center und personenbasierte Leistungsbeurteilungen), die zur Rückmeldung mit konkreten nachvollziehbaren Verhaltensbeispielen angereichert werden können, besonders eignen.

Zukünftige Veränderungen im Bereich der Leistungs- und Potenzialbeurteilung können aufgrund des technischen Fortschritts und der organisationsintern zur Verfügung stehenden Daten die Verwendung von „Big Data“ betreffen, sofern datenschutzrechtlich angemessen. Herausforderungen stellen sich hierbei im Bereich der Analyse bzw. der Bewertung von großen Datenmengen, die zwar zur Verfügung stehen, aber bei denen es noch an Erfahrung und Forschung zur Interpretation mangelt, die aber aufgrund des Verhaltensbezugs besondere Relevanz für die Personalentwicklung besitzen könnten.

Literatur

Arthur, W., Day, E. A., McNelly, T. L. & Edens, P. S. (2003). A meta-analysis of the criterion-related validity of assessment center dimensions. *Personnel Psychology, 56,* 125–154. http://doi.org/10.1111/j.1744-6570.2003.tb00146.x

Arthur, W. & Villado, A. J. (2008). The importance of distinguishing between constructs and methods when comparing predictors in personnel selection research and practice. *Journal of Applied Psychology, 93,* 435–442. http://doi.org/10.1037/0021-9010.93.2.435

Barrick, M. R., Mount, M. K. & Judge, T. A. (2001). Personality and performance at the beginning of the new millennium: What do we know and where do we go next? *International Journal of Selection and Assessment, 9,* 9–30. http://doi.org/10.1111/1468-2389.00160

Becker, M. (2008). *Messung und Bewertung von Humanressourcen: Konzepte und Instrumente für die betriebliche Praxis.* Stuttgart: Schäffer-Poeschel.

Becker, N., Höft, S., Holzenkamp, M. & Spinath, F. M. (2011). The predictive validity of assessment centers in German-speaking regions: A meta-analysis. *Journal of Personnel Psychology, 10,* 61–69. http://doi.org/10.1027/1866-5888/a000031

Behrmann, M. (2011). Verhandeln, Persönlichkeit und ihre Messung in Situational Judgment Tests. In P. Gelléri & C. Winter (Hrsg.), *Potenziale der Personalpsychologie* (S. 281–293). Göttingen: Hogrefe.

Bledow, R. & Frese, M. (2009). A situational judgment test of personal initiative and its relationship to performance. *Personnel Psychology, 62,* 229–258. http://doi.org/10.1111/j.1744-6570.2009.01137.x

Bliesener, T. (1996). Methodological moderators in validating biographical data in personnel selection. *Journal of Occupational and Organizational Psychology, 69,* 107–120. http://doi.org/10.1111/j.2044-8325.1996.tb00603.x

Bommer, W.H., Johnson, J., Rich, G.A., Podsakoff, P.M. & MacKenzie, S.B. (1995). On the interchangeability of objective and subjective measures of employee performance: A meta-analysis. *Personnel Psychology, 48,* 587–605. http://doi.org/10.1111/j.1744-6570.1995.tb01772.x

Borman, W.C. & Motowidlo, S.J. (1997). Task performance and contextual performance: The meaning for personnel selection research. *Human Performance, 10,* 99–109. http://doi.org/10.1207/s15327043hup1002_3

Bott, J.P., Svyantek, D.J., Goodman, S.A. & Bernal, D.S. (2003). Expanding the performance domain: Who says nice guys finish last? *International Journal of Organizational Analysis, 11,* 137–152. http://doi.org/10.1108/eb028967

Breaugh, J.A. (2009). The use of biodata for employee selection: Past research and future directions. *Human Resource Management Review, 19* (3), 219–231. http://doi.org/10.1016/j.hrmr.2009.02.003

Campbell, J.P., McHenry, J.J. & Wise, L.L. (1990). Modeling job performance in a population of jobs. *Personnel Psychology, 43,* 313–575. http://doi.org/10.1111/j.1744-6570.1990.tb01561.x

Campion, M.C., Ployhart, R.E. & MacKenzie, W.I. (2014). The state of research on situational judgment tests: A content analysis and directions for future research. *Human performance, 27,* 283–310. http://doi.org/10.1080/08959285.2014.929693

Chan, D. & Schmitt, N. (2000). Interindividual differences in intraindividual changes in proactivity during organizational entry: a latent growth modeling approach to understanding newcomer adaptation. *Journal of Applied Psychology, 85,* 190–210. http://doi.org/10.1037/0021-9010.85.2.190

Christian, M.S., Edwards, B.D. & Bradley, J.C. (2010). Situational judgment tests: Constructs assessed and a meta-analysis of their criterion-related validities. *Personnel Psychology, 63,* 83–117. http://doi.org/10.1111/j.1744-6570.2009.01163.x

Cleveland, J.N., Murphy, K.R. & Williams, R.E. (1989). Multiple uses of performance appraisal: Prevalence and correlates. *Journal of Applied Psychology, 74,* 130–135. http://doi.org/10.1037/0021-9010.74.1.130

Ferris, G.R., Blickle, G., Schneider, P.B., Kramer, J., Zettler, I., Solga, J. et al. (2008). Political skill construct and criterion-related validation: a two-study investigation. *Journal of Managerial Psychology, 23* (7), 744–771. http://doi.org/10.1108/02683940810896321

Flanagan, J.C. (1954). The critical incident technique. *Psychological Bulletin, 51,* 327–358. http://doi.org/10.1037/h0061470

Gaugler, B.B., Rosenthal, D.B., Thornton, G.C. & Bentson, C. (1987). Meta-analysis of assessment center validity. *Journal of Applied Psychology, 72,* 493–511. http://doi.org/10.1037/0021-9010.72.3.493

Goldstein, I.L. & Ford, J.K. (2002). *Training in organizations: Needs assessment, development, and evaluation* (4th ed.). Belmont: Wadsworth.

Hardison, C.M. & Sackett, P.R. (2007). Kriterienbezogene Validität des Assessment Centers: lebendig und wohlauf? In H. Schuler (Hrsg.), *Assessment Center zur Potenzialanalyse* (S. 192–202). Göttingen: Hogrefe.

Heidemeier, H. & Moser, K. (2009). Self–other agreement in job performance ratings: A meta-analytic test of a process model. *Journal of Applied Psychology, 94,* 353–370. http://doi.org/10.1037/0021-9010.94.2.353

Hermelin, E., Lievens, F. & Robertson, I.T. (2007). The validity of assessment centres for the prediction of supervisory performance ratings: A meta-analysis. *International Journal of Selection and Assessment, 15,* 405–411. http://doi.org/10.1111/j.1468-2389.2007.00399.x

Huang, J.L., Ryan, A.M., Zabel, K.L. & Palmer, A. (2014). Personality and adaptive performance at work: A meta-analytic investigation. *Journal of Applied Psychology, 99,* 162–179. http://doi.org/10.1037/a0034285

Huffcutt, A.I. & Arthur, W. (1994). Hunter and Hunter (1984) revisited: Interview validity for entry-level jobs. *Journal of Applied Psychology, 79,* 184–190. http://doi.org/10.1037/0021-9010.79.2.184

Huffcutt, A.I., Conway, J.M., Roth, P.L. & Klehe, U.-C. (2004). The impact of job complexity and study design on situational and behavior description interview validity. *International Journal of Selection and Assessment, 12,* 262–273. http://doi.org/10.1111/j.0965-075X.2004.280_1.x

Hülsheger, U.R., Maier, G.W. & Stumpp, T. (2007). Validity of general mental ability for the prediction of job performance and training success in Germany: A meta-analysis. *International Journal of Selection and Assessment, 15,* 3–18. http://doi.org/10.1111/j.1468-2389.2007.00363.x

Hunter, J.E. & Hunter, R.F. (1984). Validity and utility of alternative predictors of job performance. *Psychological Bulletin, 96,* 72–98. http://doi.org/10.1037/0033-2909.96.1.72

Ingold, P.V., Kleinmann, M., König, C.J., Melchers, K.G. & Van Iddekinge, C.H. (2015). Why do situational interviews predict job performance: The role of interviewees' ability to identify criteria. *Journal of Business and Psychology, 30* (2), 387–398. http://doi.org/10.1007/s10869-014-9368-3

Jansen, A., Melchers, K.G., Lievens, F., Kleinmann, M., Brändli, M., Fraefel, L. et al. (2013). Situation assessment as an ignored factor in the behavioral consistency paradigm underlying the validity of personnel selection procedures. *Journal of Applied Psychology, 98,* 326–341. http://doi.org/10.1037/a0031257

Janz, T. (1982). Initial comparisons of patterned behavior description interviews versus unstructured interviews. *Journal of Applied Psychology, 67,* 577–580. http://doi.org/10.1037/0021-9010.67.5.577

Jiang, K., Lepak, D.P., Hu, J. & Baer, J.C. (2012). How does human resource management influence organizational outcomes? A meta-analytic investigation of mediating mechanisms. *Academy of Management Journal, 55,* 1264–1294. http://doi.org/10.5465/amj.2011.0088

Judge, T.A. & Ferris, G. (1993). Social context of performance evaluation decisions. *Academy of Management Journal, 36,* 80–105. http://doi.org/10.2307/256513

Kleinmann, M. (1993). Are rating dimensions in assessment centers transparent for participants? Consequences for criterion and construct validity. *Journal of Applied Psychology, 78,* 988–993. http://doi.org/10.1037/0021-9010.78.6.988

Kleinmann, M. (2013). *Assessment-Center* (2., überarb. u. erw. Aufl.). Göttingen: Hogrefe.

Kleinmann, M., Ingold, P.V., Lievens, F., Jansen, A., Melchers, K.G. & König, C.J. (2011). A different look at why selection procedures work: The role of candidates' ability to identify criteria. *Organizational Psychology Review, 1,* 128–146. http://doi.org/10.1177/2041386610387000

Kraiger, K. (2003). Perspectives on training and development. In W.C. Borman, D.R. Ilgen & R.J. Klimoski (Eds.), *Handbook of Psychology* (pp. 171–192). Hoboken, NJ: John Wiley.

Kraiger, K. & Culbertson, S.S. (2012). Understanding and facilitating learning: Advancements in training and development. In N.W. Schmitt, S. Highhouse & I.B. Weiner (Eds.), *Handbook of Psychology* (2nd ed., pp. 244–261). Hoboken, NJ: John Wiley & Sons, Inc.

Krause, D.E. & Gebert, D. (2003). A comparison of assessment center practices in organizations in German-speaking regions and the United States. *International Journal of Selection and Assessment, 11,* 297–312. http://doi.org/10.1111/j.0965-075X.2003.00253.x

Landy, F.J. & Farr, J.L. (1980). Performance rating. *Psychological Bulletin, 87,* 72. http://doi.org/10.1037/0033-2909.87.1.72

Landy, F.J. & Farr, J.L. (1983). *The measurement of work performance: Methods, theory, and applications*. New York, US: Academic Press.

Latham, G.P., Almost, J., Mann, S.A. & Moore, C. (2005). New developments in performance management. *Organizational Dynamics, 34,* 77–87. http://doi.org/10.1016/j.orgdyn.2004.11.001

Latham, G.P., Saari, L.M., Pursell, E.D. & Campion, M.A. (1980). The situational interview. *Journal of Applied Psychology, 65,* 422–427. http://doi.org/10.1037/0021-9010.65.4.422

Leibniz-Zentrum für Psychologische Information und Dokumentation (ZPID). (Hrsg.). (2014). *Verzeichnis Testverfahren: Kurznamen. Langnamen. Autoren. Testrezensionen* (21., aktualisierte Auflage). Trier: ZPID [Online im Internet, URL Verzeichnis Testverfahren geordnet nach Inhaltsbereichen: http://www.zpid.de/pub/tests/verz_teil1.pdf; Stand: 31.8.2014].

Levashina, J., Hartwell, C.J., Morgeson, F.P. & Campion, M.A. (2014). The Structured Employment Interview: Narrative and Quantitative Review of the Research Literature. *Personnel Psychology, 67,* 241–293. http://doi.org/10.1111/peps.12052

Lievens, F. & Sackett, P.R. (2012). The validity of interpersonal skills assessment via situational judgment tests for predicting academic success and job performance. *Journal of Applied Psychology, 97,* 460–468. http://doi.org/10.1037/a0025741

Lievens, F. & De Soete, B. (2012). Simulations. In N. Schmitt (Ed.), *The Oxford handbook of personnel assessment and selection* (pp. 383–410). New York: Oxford University Press.

Locke, E.A. & Latham, G.P. (1990). *A theory of goal setting and task performance*. Englewood Cliffs, NJ: Prentice-Hall.

Macan, T.H., Mehner, K., Havill, L., Meriac, J.P., Roberts, L. & Heft, L. (2011). Two for the price of one: Assessment center training to focus on behaviors can transfer to performance appraisals. *Human Performance, 24,* 443–457. http://doi.org/10.1080/08959285.2011.614664

McDaniel, M.A., Hartman, N.S., Whetzel, D.L. & Grubb, W.L. (2007). Situational judgment tests, response instructions, and validity: A meta-analysis. *Personnel Psychology, 60* (1), 63–91. http://doi.org/10.1111/j.1744-6570.2007.00065.x

Motowidlo, S.J. (2003). Job performance. In W.C. Borman, D.R. Ilgen & R.J. Klimoski (Eds.), *Handbook of psychology: Industrial and organizational psychology* (Vol. 12., pp. 39–53). Hoboken, NJ, US: John Wiley & Sons Inc.

Motowidlo, S.J., Dunnette, M.D. & Carter, G.W. (1990). An alternative selection procedure: The low-fidelity simulation. *Journal of Applied Psychology, 75,* 640–647. http://doi.org/10.1037/0021-9010.75.6.640

Murphy, K.R. (2008). Explaining the weak relationship between job performance and ratings of job performance. *Industrial and Organizational Psychology, 1,* 148–160. http://doi.org/10.1111/j.1754-9434.2008.00030.x

Murphy, K.R. & Cleveland, J.N. (1995). *Understanding performance appraisal: Social, organizational, and goal-based perspectives*. Thousand Oaks, CA: Sage.

Murphy, K.R., Cleveland, J.N., Skattebo, A.L. & Kinney, T.B. (2004). Raters who pursue different goals give different ratings. *Journal of Applied Psychology, 89,* 158–164. http://doi.org/10.1037/0021-9010.89.1.158

Noe, R.A. (2010). *Employee training and development* (5th ed.). Boston: McGraw-Hill.

Noe, R.A. (2013). *Employee training and development* (6th ed.). Boston: McGraw-Hill.

Nye, C. D., Su, R., Rounds, J. & Drasgow, F. (2012). Vocational interests and performance: A quantitative summary of over 60 years of research. *Perspectives on Psychological Science, 7* (4), 384–403. http://doi.org/10.1177/1745691612449021

Organ, D. W. (1997). Organizational citizenship behavior: It's construct clean-up time. *Human Performance, 10,* 85–97. http://doi.org/10.1207/s15327043hup1002_2

Peus, C., Braun, S. & Frey, D. (2013). Situation-based measurement of the full range of leadership model – Development and validation of a situational judgment test. *The leadership quarterly, 24,* 777–795. http://doi.org/10.1016/j.leaqua.2013.07.006

Ployhart, R. E., Schneider, B. & Schmitt, N. (2006). *Staffing organizations: Contemporary practice and theory* (3rd ed.). Mahwah, NJ, US: Lawrence Erlbaum Associates Publishers.

Ployhart, R. E. & Ward, A.-K. (2013). Situational judgment measures. In K. F. Geisinger, B. A. Bracken, J. F. Carlson, J.-I. C. Hansen, N. R. Kuncel, S. P. Reise & M. C. Rodriguez (Eds.), *APA handbook of testing and assessment in psychology* (Vol. 1: Test theory and testing and assessment in industrial and organizational psychology, pp. 551–564). Washington, DC, US: American Psychological Association.

Podsakoff, N. P., Whiting, S. W., Podsakoff, P. M. & Blume, B. D. (2009). Individual- and organizational-level consequences of organizational citizenship behaviors: A meta-analysis. *Journal of Applied Psychology, 94,* 122–141. http://doi.org/10.1037/a0013079

Podsakoff, P. M., MacKenzie, S. B., Lee, J. Y. & Podsakoff, N. P. (2003). Common method biases in behavioral research: A critical review of the literature and recommended remedies. *Journal of Applied Psychology, 88,* 879–903. http://doi.org/10.1037/0021-9010.88.5.879

Podsakoff, P. M., MacKenzie, S. B., Paine, J. B. & Bachrach, D. l. G. (2000). Organizational citizenship behaviors: A critical review of the theoretical and empirical literature and suggestions for future research. *Journal of Management, 26,* 513–563. http://doi.org/10.1177/01492063 0002600307

Pulakos, E. D., Arad, S., Donovan, M. A. & Plamondon, K. E. (2000). Adaptability in the workplace: Development of a taxonomy of adaptive performance. *Journal of Applied Psychology, 85,* 612–624. http://doi.org/10.1037/0021-9010.85.4.612

Pulakos, E. D., Mueller-Hanson, R. A. & Nelson, J. K. (2012). Adaptive performance and trainability as criteria in selection research. In N. Schmitt (Ed.), *The Oxford handbook of personnel assessment and selection* (pp. 595–613). New York: Oxford University Press.

Rich, G. A., Bommer, W. H., MacKenzie, S. B., Podsakoff, P. M. & Johnson, J. L. (1999). Apples and apples or apples and oranges? A meta-analysis of objective and subjective measures of salesperson performance. *Journal of Personal Selling & Sales Management, 19,* 41–52.

Roch, S. G., Woehr, D. J., Mishra, V. & Kieszczynska, U. (2012). Rater training revisited: An updated meta-analytic review of frame-of-reference training. *Journal of Occupational and Organizational Psychology, 85,* 370–395. http://doi.org/10.1111/j.2044-8325.2011.02045.x

Roth, P. L., Bobko, P. & McFarland, L. A. (2005). A meta-analysis of work sample test validity: Updating and integrating some classic literature. *Personnel Psychology, 58,* 1009–1037. http://doi.org/10.1111/j.1744-6570.2005.00714.x

Roth, P. L., Van Iddekinge, C. H., Huffcutt, A. I., Eidson, C. E. & Schmit, M. J. (2005). Personality saturation in structured interviews. *International Journal of Selection and Assessment, 13,* 261–273. http://doi.org/10.1111/j.1468-2389.2005.00323.x

Rotundo, M. & Spector, P. E. (2010). Counterproductive work behavior and withdrawal. In J. L. Farr & N. T. Tippins (Eds.), *Handbook of employee selection* (pp. 489–511). New York: Routledge.

Rupp, D. E., Snyder, L. A., Gibbons, A. M. & Thornton, G. C. (2006). What should developmental assessment centers be developing? *The Psychologist-Manager Journal, 9,* 75–98. http://doi.org/10.1207/s15503461tpmj0902_3

Salgado, J. F., Anderson, N., Moscoso, S., Bertua, C., de Fruyt, F. & Rolland, J. P. (2003). A meta-analytic study of general mental ability validity for different occupations in the European community. *Journal of Applied Psychology, 88,* 1068–1081. http://doi.org/10.1037/0021-9010.88.6.1068

Schaper, N. (2007). Arbeitsproben und situative Fragen zur Messung arbeitsplatzbezogener Kompetenzen. In J. Erpenbeck & L. von Rosenstiel (Hrsg.), *Handbuch Kompetenzmessung* (2. Aufl., S. 160–174). Stuttgart: Schäffer-Poeschel.

Scheffer, D. & Sarges, W. (2007). Lernpotential-Assessment Center. In J. Erpenbeck & L. von Rosenstiel (Hrsg.), *Handbuch Kompetenzmessung* (2. Aufl., S. 44–50). Stuttgart: Schäffer-Poeschel.

Schmidt, F. L. & Hunter, J. E. (1998). The validity and utility of selection methods in personnel psychology: Practical and theoretical implications of 85 years of research findings. *Psychological Bulletin, 124,* 262–274. http://doi.org/10.1037/0033-2909.124.2.262

Schmidt, F. L. & Hunter, J. (2004). General mental ability in the world of work: Occupational attainment and job performance. *Journal of Personality and Social Psychology, 86,* 162–173. http://doi.org/10.1037/0022-3514.86.1.162

Schmitt, N. (2014). Personality and cognitive ability as predictors of effective performance at work. *Annual Review of Organizational Psychology and Organizational Behavior, 1,* 45–65. http://doi.org/10.1146/annurev-orgpsych-031413-091255

Schuler, H. (2000). Was ist Potential und wie lässt es sich messen? In L. von Rosenstiel & T. Lang-von Wins (Hrsg.), *Perspektiven der Potentialbeurteilung* (S. 53–71). Göttingen: Verlag für Angewandte Psychologie.

Schuler, H. (2007). *Assessment Center zur Potenzialanalyse.* Göttingen: Hogrefe.

Smith, P. C. & Kendall, L. M. (1963). Retranslation of expectations: An approach to the construction of unambiguous anchors for rating scales. *Journal of Applied Psychology, 47,* 149–155. http://doi.org/10.1037/h0047060

Smither, J. W., London, M. & Reilly, R. R. (2005). Does performance improve following multisource feedback: A theoretical model, meta-analysis, and review of empirical findings. *Personnel Psychology, 58,* 33–66. http://doi.org/10.1111/j.1744-6570.2005.514_1.x

Snyder, M. (1974). Self-monitoring of expressive behavior. *Journal of Personality and Social Psychology, 30,* 526–537. http://doi.org/10.1037/h0037039

Staufenbiel, T. & Hartz, C. (2000). Organizational Citizenship Behavior: Entwicklung und erste Validierung eines Meßinstruments. *Diagnostica, 46,* 73–83. http://doi.org/10.1026//0012-1924.46.2.73

Staufenbiel, T. & Kleinmann, M. (2002). PaiRs: Ein Skalierungsverfahren für die Eignungsdiagnostik. *Zeitschrift für Personalpsychologie, 1,* 27–34. http://doi.org/10.1026//1617-6391.1.1.27

Tharenou, P., Saks, A. M. & Moore, C. (2007). A review and critique of research on training and organizational-level outcomes. *Human Resource Management Review, 17,* 251–273. http://doi.org/10.1016/j.hrmr.2007.07.004

Thornton, G. C. & Cleveland, J. N. (1990). Developing managerial talent through simulation. *American Psychologist, 45,* 190–199. http://doi.org/10.1037/0003-066X.45.2.190

Thornton, G. C. & Rupp, D. E. (2006). *Assessment centers in human resource management: Strategies for prediction, diagnosis, and development.* Mahwah, NJ: Lawrence Erlbaum Associates Publishers.

Van Iddekinge, C. H., Roth, P. L., Putka, D. J. & Lanivich, S. E. (2011). Are you interested? A meta-analysis of relations between vocational interests and employee performance and turnover. *Journal of Applied Psychology, 96,* 1167–1194. http://doi.org/10.1037/a0024343

Viswesvaran, C., Ones, D. S. & Schmidt, F. L. (1996). Comparative analysis of the reliability of job performance ratings. *Journal of Applied Psychology, 81* (5), 557–574. http://doi.org/10.1037/0021-9010.81.5.557

Wernimont, P. F. & Campbell, D. T. (1968). Signs, samples and criteria. *Journal of Applied Psychology, 52,* 372–376. http://doi.org/10.1037/h0026244

Woehr, D. J. & Huffcutt, A. I. (1994). Rater training for performance-appraisal: A quantitative review. *Journal of Occupational and Organizational Psychology, 67,* 189–205. http://doi.org/10.1111/j.2044-8325.1994.tb00562.x

Wright, P. M. & McMahan, G. C. (1992). Theoretical perspectives for strategic human resource management. *Journal of Management, 18,* 295–320. http://doi.org/10.1177/014920639201800205

III. Methoden und Strategien der Personalentwicklung

Intervention

Kapitelübersicht

Kapitel 12

Berufliche Handlungskompetenz fördern: Wissens- und verhaltensbasierte Verfahren

Karlheinz Sonntag & Niclas Schaper

Inhaltsübersicht

Überblick:

Personalentwicklung dient der Förderung beruflich kompetenten Verhaltens. Es sind solche Kompetenzen zu entwickeln, die Organisationsmitglieder befähigen, Arbeitshandlungen zielgerichtet und weitgehend selbstorganisiert umzusetzen, gestützt auf fachliches und methodisches Wissen, auf Erfahrung und Expertise sowie unter Nutzung kommunikativer und kooperativer Möglichkeiten. Dargestellt werden wissensorientierte Verfahren (kognitive Trainings, computer- und netzgestützte Formen der Wissensvermittlung, Simulationsprogramme und arbeitsintegrierte Lernprogramme), Ansätze der Verhaltensmodifikation (Behavior Role Modeling, Teamentwicklung, Crew Resource Management) sowie Verfahren der Persönlichkeitsentwicklung (Arbeitsstrukturale Ansätze, Outdoor-Training und Selbstmanagement-Training). Abschließend werden Gestaltungserfordernisse für die wirkungsvolle Entwicklung und Erprobung der einzelnen Maßnahmen dargestellt.

1 Berufliche Handlungskompetenz – Ziel personaler Förderung und Entwicklung

Die Dynamisierung der Umfeldbedingungen menschlicher Arbeit erfordert Mitarbeiter, die über eine umfassende Handlungskompetenz verfügen, die sie befähigt, die zunehmende Komplexität ihrer beruflichen Umwelt zu begreifen und durch ziel- und selbstbewusstes, reflektiertes und verantwortliches Handeln zu gestalten. Diese Aussage besitzt Gültigkeit für alle Mitglieder einer Organisation, hierarchieübergreifend.

Berufliche Handlungskompetenz geht in diesem Sinne von einer ganzheitlichen Sichtweise menschlicher Tätigkeit (Arbeits- und Lerntätigkeit) in einem sozialen Umfeld aus. Dabei charakterisieren *Anforderungsbezug, Handlungsintention* und *Selbstorganisation* den Kompetenzbegriff im Zusammenhang mit beruflichem Handeln (zur Genese des Kompetenzbegriffs in diesem Kontext vgl. ausführlich Sonntag, 2009).

Im Gegensatz zur Intelligenzforschung orientieren sich Kompetenzen nicht primär an psychischen Prozessen, sondern sind jeweils aus situationsspezifischen Aufgaben und Anforderungen abgeleitet (kontextualisiert). Neben diesem Anforderungsbezug führen Handlungsintention und Selbstorganisation dazu, dass beruflich kompetent Handelnde auch in der Lage sind, ihre individuellen Leistungsvoraussetzungen angesichts sich verändernder Aufgaben selbstorganisiert weiterzuentwickeln und anzupassen. Kompetenzen umfassen somit auch die Fähigkeit zu innovativem Lösungsverhalten angesichts neuartiger Problemstellungen in modernen Arbeitsstrukturen.

Somit ist als Ziel personaler Förderung und Entwicklung zu formulieren: Im beruflichen arbeitsbezogenen Kontext sind solche Kompetenzen zu entwickeln, die Mitglieder einer Organisation befähigen, Handlungen zielgerichtet und weitgehend selbstorganisiert umzusetzen, gestützt auf fachliches und methodisches Wissen, auf Erfahrung und Expertise sowie unter Nutzung kommunikativer und kooperativer Möglichkeiten.

In der Praxis, aber auch in der wissenschaftlichen Diskussion, hat sich inzwischen eine Unterteilung und Spezifizierung beruflicher Handlungskompetenz in die Bereiche Fach-, Methoden-, Sozial- und Personalkompetenz durchgesetzt (vgl. Infobox 1). Die dahinterliegende Faktorenstruktur konnte zumindest für Fach-, Methoden- und Sozialkompetenz empirisch bestätigt werden (vgl. Sonntag & Schäfer-Rauser, 1993; Kauffeld, 2006).

Infobox 1: Definition der Bereiche beruflicher Handlungskompetenz (Sonntag, 2009)

Unter *Fachkompetenz* werden jene spezifischen Kenntnisse, Fertigkeiten und Fähigkeiten verstanden, die zur Bewältigung von Aufgaben einer beruflichen Tätigkeit erforderlich sind. *Methodenkompetenz* bezieht sich auf situationsübergreifende, flexibel einsetzbare kognitive Fähigkeiten (z. B. zur Problemlösung oder Entscheidungsfindung), die eine Person zur selbstständigen Bewältigung befähigen. *Sozialkompetenz* umfasst kommunikative und kooperative Verhaltensweisen oder Fähigkeiten, die das Realisieren von Zielen in sozialen Interaktionssituationen erlauben. *Selbst-* oder *Personalkompetenz* schließlich bezieht sich auf persönlichkeitsbezogene Dispositionen (z. B. Gewissenhaftigkeit), die sich in Einstellungen, Werthaltungen, Bedürfnissen und Motiven äußern und vor allem die motivationale und emotionale Steuerung des beruflichen Handelns betreffen.

Ein solches Verständnis von Kompetenz im Erwerbsleben umfasst die von Weinert (2001) für die Bildungsforschung formulierten Varianten der Handlungs-, Schlüssel- und Metakompetenz. Wohlgemerkt: Berufliche Handlungskompetenz als erfolgs- und leistungskritisches Konstrukt menschlicher Arbeitstätigkeit deckt nicht nur *eine* Kompetenzfacette ab, wie bspw. Fach- oder Methodenkompetenz, sondern zeigt ihre Wirkung erst in der Gesamtheit und Integration aller Kompetenzbereiche.

Bei der folgenden Darstellung der Personalentwicklungsmethoden wird in Abhängigkeit von der inhaltlichen Ausrichtung zwischen „wissensorientierten Verfahren“, die vor allem auf die Förderung von Fach- und Methodenkompetenzen ausgerichtet sind, und „verhaltens- und persönlichkeitsorientierten Verfahren“, die mehr auf die Förderung von Sozial- und Personal- bzw. Selbstkompetenzen zielen, unterschieden.

2 Wissensorientierte Verfahren der Personalentwicklung

Bei sich dynamisch verändernden Wirtschafts-, Arbeits- und Technologiestrukturen und dem damit verbundenen Anforderungswandel an Arbeitsplätzen ist ein lebenslanges Lernen der betroffenen Mitarbeiter erforderlich: Das in der Ausbildung erworbene Wissen ist allenfalls eine erste, wenn auch wichtige Voraussetzung für die kompetente Bewältigung beruflicher Anforderungen im weiteren Erwerbsleben. In zunehmendem Maße ist der Mitarbeiter daher mit dem Um- und Neulernen beruflicher Wissensbestände konfrontiert. Die Personalentwicklung ist in diesem Zusammenhang vor allem durch folgende Trends gekennzeichnet:

- Das zur Bewältigung von Arbeitstätigkeiten erforderliche Wissen wird für die Mehrzahl der Tätigkeiten umfangreicher. Dies bezieht sich nicht nur auf die fachlichen, sondern in zunehmendem Maße auch auf fachübergreifende Wissensinhalte (Schaper & Sonntag, 2007; Salas & Kozlowski, 2010). Da die Ressourcen zur Vermittlung entsprechenden Wissens durch systematische insbesondere seminargestützte Qualifizierungsmaßnahmen im Unternehmen begrenzt sind, wird der selbstorganisierte und -gesteuerte Wissenserwerb bedeutsamer (Salas & Rosen, 2010; Schaper, 2014).
- Beruflicher Wissenserwerb ist in hohem Maße auf die Anwendung und Umsetzung des Wissens am Arbeitsplatz gerichtet. Diese Zielgröße wurde lange zugunsten einer wissenschaftlich-systematischen Aufbereitung der Lerninhalte und überwiegend fachdidaktischen Gestaltung der Lernsituation vernachlässigt (vgl. Reinmann & Mandl, 2006). Hieraus ergeben sich vielfältige Probleme beim Wissenstransfer in komplexen Anwendungssituationen und bei entsprechenden Arbeitsaufgaben. Lösungsmöglichkeiten werden vor allem in arbeitsplatznahen und anwendungsorientierten Lernformen gesehen (Sonntag & Stegmaier, 2007; Schaper, 2004; Tannenbaum, Beard, McNall & Salas, 2010).
- Die umfassende Durchdringung von Arbeitsstrukturen durch Informations- und Kommunikationstechniken erfordert nicht nur Kompetenzen für die Nutzung und den Umgang mit computergestützten Arbeitsmitteln. Es ergeben sich dadurch auch eine Reihe von neuen Möglichkeiten für den Wissenserwerb am Arbeitsplatz und die Nutzung computergestützter multimedialer Lernumgebungen für Zwecke der beruflichen Aus- und Weiterbildung (Mayer, 2010; Cannon-Bowers & Bowers, 2010).

Ausgewählte wissensorientierte Methoden und Techniken der Personalentwicklung werden im Folgenden dargestellt.

2.1 Sensumotorische und kognitive Trainingsverfahren

Diese Art der Trainings beruhen auf dem Einsatz spezifischer Methoden zur Lernunterstützung, um bestimmte Wissensinhalte, Fertigkeiten oder Strategien zur Bewältigung von konkreten Arbeitsaufgaben systematisch zu vermitteln. Lerntheoretisch fundiert und wissenschaftlich-empirisch erprobt sind vor allem folgende Ansätze.

Sensumotorische Trainingstechniken

Mit sensumotorischen Trainingstechniken soll der Erwerb von Fertigkeiten für berufliche Aufgaben (z. B. Mikro- oder Feinmontagetätigkeiten) unterstützt werden. Ihre Entwicklung beruht auf Konzepten der Handlungsregulationstheorie

(Hacker & Sachse, 2014; Sonntag, Frieling & Stegmaier, 2012; Schaper, 2014). Um sich das (innere) Abbild einer Arbeitstätigkeit anzueignen, werden bei diesen Trainingsverfahren die Beobachtungs-, Vorstellungs-, Denk- und Sprechtätigkeit der Lernenden systematisch in den Unterweisungs- und Lernvorgang einbezogen. Hierzu werden verschiedene Trainingstechniken miteinander kombiniert:

- systematisches Beobachten zu erlernender Ausführungsweisen *(observatives Training)*,
- mentales Nachvollziehen der Handlungsabläufe *(mentales Training)*,
- sprachliche Unterstützung von aktiven eigenen Übungsversuchen *(verbales Training)*,
- systematisches Üben der Abläufe unter Bedingungsvariationen bzw. erhöhten Schwierigkeitsstufen *(aktives Training)*.

Sensumotorische Trainingstechniken wurden z. B. erfolgreich zum Training komplexer Montagearbeiten (Witzgall, 1984), zum Training laparoskopisch-chirurgischer Eingriffshandlungen (Immenroth, 2003) oder Tätigkeiten im Sport (Eberspächer, 2004) eingesetzt.

Kognitive Trainingsverfahren

Mithilfe kognitiver Trainingsverfahren sollen Mitarbeiter befähigt werden, komplexe und anspruchsvolle Arbeitsaufgaben mit planenden und zustandsanalysierenden Anforderungselementen zu bewältigen. Im Unterschied zur Aneignung sensumotorischer Fertigkeiten werden nicht konkrete Tätigkeitsabläufe erlernt, sondern Denkleistungen wie gedankliches Probehandeln, Planen und Entscheiden sowie Diagnostizieren geübt. Im Vordergrund steht die Befähigung, für wechselnde und problemhaltige Arbeitssituationen verfahrens- und ergebnisgünstige Vorgehenslösungen zu finden.

Kognitive Trainingsverfahren beruhen auf der Anwendung und Kombination verschiedener lernpsychologischer Prinzipien und Methoden, wie dem Einsatz von Regeln und Verfahrensvorschriften, der Verwendung von Selbstreflexionstechniken und der Nutzung von Selbstinstruktionsmethoden.

Heuristische Regeln. Der Einsatz heuristischer Regeln und Verfahrensvorschriften basiert auf der Formulierung und Vermittlung von möglichst knappen, aber eindeutigen Anweisungen, die den Lernenden zu einer präzisen Situationsanalyse, zur Mitgestaltung des Problemraums und zur Reflexion und Bewertung über bereits vollzogene Denkschritte auffordern bzw. anregen soll (vgl. Sonntag & Schaper, 1988).

Selbstreflexionstechniken. Selbstreflexionstechniken beruhen darauf, dass Lernende mittels relativ einfacher Fragen im Anschluss oder während des Problemlösungsprozesses zur Reflexion und Modifikation ihres eigenen Denken und Handelns angeregt werden. In verschiedenen Untersuchungen (vgl. bspw. Tisdale, 1993; Schaper & Sonntag, 1997) konnte gezeigt werden, dass durch ein Training mit Selbstreflexionstechniken eine Verbesserung der eigenständigen Verhaltensorganisation, eine Erhöhung der Handlungsflexibilität und ein verbesserter Transfer von Problemlösefähigkeiten erzielt wird.

In einer Studie von Schaper und Sonntag (1997, 1998) sollte geklärt werden, in welchem Ausmaß ein kognitives Training mit heuristischen Regeln und eine Variante mit Selbstreflexionstechniken strategisches und zielgerichtetes Verhalten bei der Fehlersuche fördern. Durch die Internalisierung von heuristischen Regeln wurden die Lernenden befähigt, komplexe Diagnoseprozeduren selbstständig zu planen und auszuführen. Die Formulierung der Regeln leitete sich aus den in vorangegangenen Schritten aufgabenanalytisch ermittelten (vgl. Kapitel 10 in diesem Buch) Denk- und Handlungsanforderungen bei Diagnosetätigkeiten ab (z. B. „Mache Dir den Schaltungsablauf klar und ermittle den nächstfolgenden Schritt!"). Ziel des Selbstreflexionstrainings war, dass die Auszubildenden durch Anleitungen zum Reflektieren ihres Denken und Handelns bei praktischen Diagnoseübungen (mit Fragen wie „Welchen Fehler habe ich vermutet?", „Wie bin ich vorgegangen, um den Fehler zu finden?" oder „Was habe ich gut, was habe ich schlecht gemacht?") selbständig effiziente Diagnosestrategien entwickeln und in Störungssituationen mit unterschiedlichen Schwierigkeitsgraden anwenden können. In einem quasi-experimentellen Kontrollgruppendesign konnte gezeigt werden, dass die Experimentalgruppen die Störungsursachen deutlich besser bestimmen und bei der Fehlersuche die Anzahl der Prüfhandlungen und der irrelevanten Prüfschritte deutlich reduzieren konnten.

Fehlermanagement-Training. Bei Fehlermanagement-Trainings, einer weiteren Variante kognitiver Trainings, geht es darum neue Aufgaben bzw. Handlungskontexte (z. B. beim Erlernen eines neuen Computerprogramms) eigenständig zu explorieren und dabei auch und bewusst Fehler zuzulassen. Im Anschluss an solche explorativen Phasen werden die Trainees angeleitet, sich reflexiv mit den Bedingungen und auslösenden Faktoren der Fehler bzw. Fehlhandlungen auseinanderzusetzen, um anschließend Strategien zur Vermeidung solcher Fehler zu entwickeln (Keith & Frese, 2005). Bei Fehlermanagement-Trainings wird davon ausgegangen, dass Fehler zu machen und die gezielte Auseinandersetzung damit lern- und leistungsförderlich sein kann. In verschiedenen Evaluationsstudien (siehe z. B. Heimbeck, Frese, Sonnentag & Keith, 2003) und einer Metaanalyse (Keith & Frese, 2008; „overall effect" $d = .44$) konnte gezeigt werden, dass das Fehlermanagement-Training im Vergleich zu klassischen Trainings, in denen effektive Strategien der Aufgabenbewältigung und Fehlervermeidung vermittelt wurden, überlegen ist. Dies zeigte sich insbesondere, wenn es um die Leistung bei sog. „adaptiven Transferaufgaben“ geht, also neuartigen Aufgaben, die über das im Training Gelernte hinausgehen.

Die Wirksamkeit des Fehlermanagement-Trainings wird darüber hinaus wesentlich durch *selbstregulatorische* Prozesse der Metakognition (z. B. zur Evaluation des eigenen Lernhandelns) und der Emotionskontrolle (z. B. zur Bewältigung stressauslösender Situationen) beeinflusst (Keith & Frese, 2005). Studien von Sitzmann, Bell, Kraiger und Kanar (2009) oder Chen, Thomas und Wallace (2005) berichten deutliche Effekte der Wirksamkeit selbstregulatorischer Prozesse auf die Leistungsfähigkeit (Verbesserung des deklarativen und prozeduralen Wissens) bei arbeitsbezogenen Trainings oder in Laborsituationen.

Weitere Anwendungen und Erprobungen kognitiver Trainingsverfahren liegen vor im Kontext der Expertise- (Salas & Rosen, 2010) oder der Human Factors-Forschung (Edkins, 2002; Linou & Kontogiannis, 2004). Cooke und Fiore (2010) liefern einen allgemeinen Überblick zur Entwicklung und den Prinzipien kognitiver Trainingsverfahren.

2.2 Computer- und netzgestützte Formen der Wissensvermittlung

Die informationstechnische und mediale Unterstützung ermöglicht vielfältige Trainings- und Lernformen (Brown & Ford, 2002; Mayer, 2010; Cannon-Bowers & Bowers, 2010; siehe hierzu auch die grundlegenden Erläuterungen zum Einsatz von Medien bei der Gestaltung von Lernumgebungen in Kapitel 6 dieses Buches). Computer- und netzgestützte Methoden der Personalentwicklung werden meist eingesetzt, um Kosten zu reduzieren (v. a. Reise- und Arbeitszeitkosten, auch wenn der Konstruktionsaufwand bei E-Learning-Programmen enorm ist), die Lernzeiten zu verringern und damit das betriebliche Lernen effizienter zu gestalten (Ostrowski, Kolomitro & Lam, 2014). Unter lernmethodischen Gesichtspunkten wird darüber hinaus angestrebt, dass das Lernen mithilfe von E-Learning stärker auf individuelle Bedürfnisse zugeschnitten und durch den Einsatz vielfältiger Medien anschaulicher und praxisbezogener gestaltet wird. Nicht zuletzt sollen die Lernprozesse arbeitsintegrierter und kontinuierlicher erfolgen, insbesondere an Arbeitsplätzen, bei denen der Computer gleichzeitig auch als Arbeitsmittel benutzt wird (vgl. Noe, Clarke & Klein, 2014).

Um entsprechende Zielsetzungen zu erreichen, bedarf es allerdings fundierter Kenntnisse und Erfahrungen darüber, welche Gestaltungslösungen unter Berücksichtigung der jeweiligen betrieblichen Kontextbedingungen im Sinne entsprechender „E-Learning“-Maßnahmen tatsächlich geeignet sind (vgl. Schaper & Konradt, 2004; Mayer, 2010). Im Folgenden werden verbreitete und erprobte Ansätze der computer- und netzgestützten Wissensvermittlung dargestellt.

Computergestützte Lernsysteme

Tutorielle Programme. Tutorielle Programme ermöglichen Lernenden, eigenverantwortlich und in selbstbestimmtem Lerntempo, Fähigkeiten und Wissen zu erwerben. Neben der Vermittlung von Wissen wird bei tutoriellen Programmen auch die Anwendung des Gelernten anhand konkreter Fallbeispiele trainiert und eingeübt. Sie geben darüber hinaus Rückmeldungen in Bezug auf Lernleistungen und weisen Möglichkeiten für eine adaptive Lernsteuerung auf. Die Ausgestaltung der Lernprogramme ist sehr facettenreich, sodass ein breites Spektrum an unterschiedlichen Formen existiert und der Gestaltung unterschiedliche lern- bzw. instruktionstheoretische Konzepte (vom Programmierten Unterricht bis zu kognitionspsychologischen Konzepten des problemlösenden Lernens) zugrunde liegen. Einfache tutorielle Programme bestehen aus Frage-Antwort-Sequenzen (Drill & Practice-Systeme). Ältere Anwendungsbeispiele sind Vokabel- und Rechentrainer oder Lernprogramme zur Prüfungsvorbereitung. Anspruchsvollere tutorielle Programme beinhalten „intelligente" Diagnosekomponenten, die ein Modell der kognitiven Prozesse des Lerners aufbauen und fortlaufend ausdifferenzieren, um dessen individuelle Schwächen zu erkennen und bei der Instruktion zu berücksichtigen. Die Lerneffekte solcher tutoriellen Programme sind sowohl für die einfachen als auch anspruchsvolleren Programme in vielen Fällen schon früher untersucht und nachgewiesen worden (vgl. z. B. Mandl & Lesgold, 1988). Allerdings werden durch das stark geführte Lernen meist nur eng umgrenzte Kenntnisse und Fertigkeiten trainiert. Ein selbstgesteuerter Wissenserwerb ist im Rahmen solcher Programme meist nicht vorgesehen. Entsprechende metakognitive Fähigkeiten werden daher nicht bzw. kaum gefördert.

Hypertext- oder Hypermediasysteme. Hypertext- oder Hypermediasysteme repräsentieren die Inhalte eines Lernstoffs in Form eines Informationsnetzwerks mit verlinkten Seiten bzw. Darstellungselementen. Sie werden dabei entweder als „elektronische Lexika" zur systematischen Darstellung spezifischer beruflicher Wissensgebiete (z. B. Aufbau und Funktionsweise von Produktionsmaschinen und Prozessen) oder zur Darstellung von Anwendungsfällen bestimmter beruflicher Fähigkeiten (z. B. Beratung eines Kunden) eingesetzt. Die Bewegung und Orientierung im Programm wird durch Navigationssysteme ermöglicht und unterstützt. Dies erlaubt dem Lernenden je nach Lern- und Informationsbedarf einen flexiblen Zugriff auf beliebige Informationseinheiten. Solche Lernumgebungen erfordern einen selbstständigen Umgang mit den Lern- bzw. Wissensinhalten, da diese weitgehend selbstgesteuert gesucht und verarbeitet werden müssen. Hypertext- bzw. Hypermediasysteme eignen sich für die Darstellung komplexerer Wissens- und Lerninhalte und erlauben die integrierte Darbietung von Wissensinhalten mithilfe unterschiedlicher Darstellungsmedien wie Text, Grafik, Ton und Video. Sie unterstützen insbesondere fall- und problemorientiertes sowie entdeckend-explorierendes Lernen (Tergan, 1995). Mandl, Renkl und Gruber (1997) sprechen in diesem Zusammenhang auch von „situierten Lernumgebungen“, in denen ein Lernen anhand authentischer, anwendungsnaher Darstellungskontexte ermöglicht wird. Ein konkretes Hypermediasystem zur Vermittlung von Managementfähigkeiten zur Steigerung des Umsatzes einer Kaufhausfiliale auf der Basis des „Goal-Based Scenario“-Ansatzes beschreibt Zumbach (2002). Konradt (2004) berichtet von einem Hypermedia-Programm zum Erwerb zielorientierter Führungstechniken. Evaluationsstudien (vgl. Reimann & Zumbach, 2001) zeigen, dass mithilfe solcher Gestaltungsansätze wirkungsvoll transferierbare Fähigkeiten für komplexe praktische Aufgabenstellungen vermittelt werden können.

In einem narrativen Review analysierten Dillon und Gabbard (1998) die zwischen 1990 und 1996 veröffentlichten Studien ($N = 25$) zu Hypermediasystemen. Generell stellen sie fest, dass der Nutzen dieser Lernsysteme eher begrenzt ist. Die Mehrzahl der Untersuchungen zeigen, dass eine Überlegenheit von Hypermediasystemen nur bei Lernaufgaben festzustellen ist, die eine schnelle Informationssuche durch umfangreiche und multiple Informationsbestände erfordern. Weiterhin scheint die Erhöhung von Freiheitsgraden zur eigenständigen Exploration von Informationsressourcen in Hypermediasystemen je nach Voraussetzungen der Lernenden unterschiedliche Lerneffekte zu bewirken. Bei schwachen Lernern resultiert dies in unzureichenden Lernstrategien und Lernerfolgen, während leistungsfähigere Lerner von diesen Freiheitsgraden profitieren. Eine Metaanalyse von Chen und Rada (1996) mit 23 Studien zur Wirkung von Hypertextsystemen beim Lernen kommt zu ähnlichen Ergebnissen. Auch sie stellen fest, dass das Lernen mit Hypertexten nur bei Aufgaben mit hoher Komplexität Vorteile gegenüber dem Lernen mit konventionellen Texten aufweist. Bei den Persönlichkeitsmerkmalen korreliert vor allem eine gute räumliche Vorstellungsfähigkeit mit guten Lernleistungen, während kognitive Stile nur eine sehr geringe Wirkung auf den Lernerfolg haben. Weiterhin weisen sie auf die positive Wirkung von grafischen Navigationshilfen für den Lernerfolg hin, die insbesondere für schwache Lerner hilfreich sind.

Serious Games. Serious Games sind computer- oder auch netzgestützte Spielumgebungen, die die Trainees in ein Handlungsszenario einbinden, das gleichzeitig durch spielerische und lernorientierte Gestaltungselemente gekennzeichnet ist (z. B. zum Umgang mit Notfallsituationen in der Pflege oder zum Erlernen von Strategien bei der Feuerbekämpfung). Die Spielumgebungen sind durch ein hohes Maß an Interaktion mit dem System, mit Spielregeln zum Verhalten in der Spielumgebung und zur Erreichung der „Spielziele“ sowie mit Rückmeldungen (insb. in Form von Belohnungs- bzw. Sanktionierungsmechanismen) zum Spielverhalten gekennzeichnet (Garris, Ahlers & Driskell, 2002). Eine Förderung des Lernens bei Serious Games verspricht man sich vor allem durch den simulativen

Charakter der Spiele; d.h. die Spieler führen im Spiel zur Erreichung der Ziele Handlungen aus, die realen Arbeitshandlungen entsprechen, und erwerben in der spielerischen Auseinandersetzung arbeits- bzw. berufsrelevantes deklaratives und prozedurales Wissen. Darüber hinaus erhalten die Teilnehmer meist unmittelbares Feedback zu ihren Spielhandlungen, sodass sie deren Konsequenzen direkt erfahren können. Außerdem macht sich diese Methode das besondere motivationale und emotionale Potenzial von Spielen zur Förderung der Lernmotivation und des Spaßes am Lernen zunutze. Eine Metaanalyse zu verschiedenen Evaluationsstudien (Wouters, Nimwegen, Oostendorp & Spek, 2013), in denen Serious Games mit konventionellen Formen der Wissensvermittlung verglichen wurden, zeigt, dass Serious Games-Lernumgebungen leicht effektiver in Bezug auf den Wissenszuwachs und das Behalten des Wissens sind, allerdings nicht wie erwartet die Lernmotivation deutlich steigern. Moderatoranalysen im Rahmen der erwähnten Metaanalyse zeigen darüber hinaus, dass Serious Games effektiver bezüglich der genannten Lerneffekte sind, wenn zusätzliche Instruktionselemente in die Spielumgebung integriert werden, mehrere Spielzyklen durchlaufen werden und das Spiel in einer Arbeitsgruppe gespielt wird. Bedwell und Kollegen (2012) diskutieren unterschiedliche Systemeigenschaften und deren Auswirkung auf die Lernleistung.

Netzgestützte Lernsysteme

Netzgestützte Lernsysteme beruhen auf der Nutzung von telekommunikativen Medien wie z.B. E-Mail, Videokonferenzen oder Diskussionsforen und von Ressourcen im Internet. Unterscheiden lassen sich in diesem Zusammenhang *Online-Teachings*, bei denen eine eher einseitige Kommunikation eines Lehrenden mit mehreren Lernenden vorherrscht, *Online-Tutorials*, bei denen Lehrende und Lernende in gegenseitigem, meist paarweisem Austausch stehen, und *kooperative Lernformen*, bei denen die Lernenden untereinander sowie auch mit den Lehrenden interagieren (Schaper & Konradt, 2004).

Online-Teachings. Online-Teachings sind Formen des netzbasierten E-Learnings, die dadurch gekennzeichnet sind, dass Dozenten oder Fachexperten ihr Wissen an Lernende in beliebiger Zahl weitergeben (Seufert, Back & Häusler, 2001). Dazu werden meist Videoaufzeichnungen von Vorträgen oder Lehrfilme erstellt, die den Lernenden entweder live oder als abspielbare Aufzeichnungen auf Servern zur Verfügung gestellt werden. Hierbei können weitere Darstellungsmedien in unterschiedlicher Form (Texte, Grafiken, Bilder und Animationen) mit der mündlichen Präsentation kombiniert werden. Ziel ist die schnelle, kompakte und systematische Übermittlung von Informationen und Wissen. Dies ist vor allem für Zielgruppen geeignet, die wenig Vorwissen zu einem Thema besitzen oder deren Kenntnisstand rasch auf den neuesten Stand gebracht werden muss (z.B.

bei Produktumstellungen) (Ostrowski et al., 2014). Online-Teachings eignen sich außerdem als Einstieg in komplexe Themenstellungen, um den Lernenden eine erste Orientierung zum Themengebiet zu vermitteln. Das Lernen erfolgt bei dieser Form stark rezeptiv und belässt die Lernenden in einer passiven Rolle. Die didaktische Gestaltung beschäftigt sich bei dieser Lehrform in erster Linie mit der Aufbereitung und Darstellung der zu vermittelnden Wissensinhalte und greift dabei ggf. auf instruktionspsychologische Theorien des wirkungsvollen Lehrens zurück (vgl. Reigeluth, 1999). In erweiterten Varianten des Online-Teachings als virtuelle Seminare werden auch interaktive Elemente (Möglichkeiten zu Rückfragen, Diskussionen und praktischen Übungsphasen) in das Lernarrangement mit aufgenommen (Hesse & Friedrich, 2001).

Ein Anwendungsbeispiel zum Online-Teaching wird von Abicht und Dubiel (2002) in Form des Fernlernsystems „Lernplus" beschrieben, mit dem z. B. Weiterbildungsangebote zum Thema Existenzgründung durchgeführt wurden. Am Bildschirm von Lernplus wird eine Seminarraum-Atmosphäre dadurch erzeugt, dass (1) der Dozent durch die Live-Übertragung für die Teilnehmer in einem Fenster des oberen linken Teils des Bildschirms präsent ist, (2) in einem weiteren Fenster erkennbar ist, wer am Telelernen teilnimmt, und (3) in einem dritten Fenster die vom Dozenten eingeblendeten Folien oder anderes Bildmaterial sichtbar gemacht wird. Die Lernenden können somit den Vortrag unmittelbar in Kombination von Bild und Ton verfolgen, wobei sie die Möglichkeit haben, per Textmeldung Rückfragen an den Dozenten zu richten. Ergebnisse aus Metaanalysen und Reviews zum Vergleich technologiebasierter Trainings mit klassischen Face-to-Face-Trainings („class room setting") zeigen, dass die Unterschiede gering sind und die Wirksamkeit sich weniger in den genutzten Medien als vielmehr in den lerntheoretisch begründeten Instruktionsprinzipien zeigt (Sitzmann, Kraiger, Stewart & Wisher, 2006; Salas, Tannenbaum, Kraiger & Smith-Jentsch, 2012).

Online-Tutorials. Online-Tutorials als Form eines netzbasierten E-Learnings ähneln in ihren Zielsetzungen und Ausprägungsformen stark den tutoriellen Programmen, mit dem Unterschied, dass auf die Programme über das Netz zugegriffen wird. Die bei tutoriellen Programmen gemachten Ausführungen gelten daher prinzipiell auch für die netzbasierten Formen. Die tutorielle Betreuung kann allerdings bei den netzbasierten Formen nicht nur mithilfe des Systems, sondern auch durch Dozenten oder andere Experten über Telekommunikation (E-Mail, Audio-, Videokonferenzen etc.) als sogenanntes Tele-Tutoring erfolgen. Beim Tele-Tutoring sollen die Lernenden die Flexibilität des selbstgesteuerten Lernens an einem Lernprogramm nutzen, bei Bedarf aber auch auf einen Trainer bzw. Tutor zurückgreifen können, mit dem sie individuell Fragen und Probleme zum Lernprogramm klären können und der sie darüber hinaus auch motivational unterstützen soll. Entscheidend für die Effektivität des Tele-Tutoring ist die Art der Kommunikationsgestaltung. Neben E-Mail oder Telefon werden mittlerweile auch technisch aufwendigere Formen auf der Basis von Telekonferenzsystemen verwendet, die Videokonferenzmodalitäten und Application Sharing Software beinhalten. Um komplexere Lernprobleme zu lösen, ist die Unterstützung der Interaktion durch den Bezug auf eine gemeinsame Arbeitsoberfläche und die synchrone Kommunikation per Ton- und Bewegtbildübertragung hilfreich und unterscheidet sich von der Lerneffektivität einer Face-to-Face-Interaktion kaum noch (Fischer, Bruhn, Gräsel & Mandl, 2000). Neben technischen Modalitäten spielen auch die Kompetenzen des Tutors eine wesentliche Rolle für die Effektivität des Tele-Tutoring. Bell und Kozlowski (2002) empfehlen zusätzlich zu den Navigationsmöglichkeiten in der Lernumgebung eine sogenannte „adaptive guidance" einzubauen, um kontextabhängig Feedback und Unterstützung zu ermöglichen.

Kooperative Lernszenarien. Bei kooperativen Lernszenarien im Netz steht das Lernen in einer Gruppe im Zentrum, wobei insbesondere der kommunikative Austausch über Lerngegenstände oder die arbeitsteilige Bearbeitung von Lernaufgaben gefordert und gestaltet wird. Typische Formen des kooperativen Lernens im Netz sind z. B. „Online Discussions" (Seufert et al., 2001), virtuelle Lernprojekte/Seminare oder netzbasierte „Learning Communities" (Reinmann-Rothmeier & Mandl, 1999). Bei Online Discussions steht die Interaktion und Diskussion über die Lerninhalte im Vordergrund. Sie werden angewandt, um Lerninhalte zu vertiefen und die Auseinandersetzung damit aus unterschiedlichen Perspektiven zu fördern. Online Discussions können sowohl in asynchroner Form (meist im Rahmen von Diskussionsforen) und synchroner Form (z. B. im Rahmen von Videokonferenzen mit Unterstützung durch Whiteboards) erfolgen. Bei virtuellen Seminaren steht die langfristige Zusammenarbeit von Lerngruppen zur Erstellung eines konkreten Ergebnisses im Vordergrund. Je nach Lernzielen und -aufgaben werden dabei unterschiedliche kooperative Lernformen miteinander kombiniert (gruppen-, paar- oder lehrerzentriert). Entscheidend ist, dass der kooperative Lernprozess angeleitet und unterstützt wird durch Dozenten oder Tutoren. Bei netzbasierten Learning Communities steht meist eine komplexe Arbeits- oder Lernaufgabe bzw. Problemstellung im Zentrum, die von einer Gruppe gemeinsam bearbeitet werden soll. Erfahrungsbasiertes Lernen und der selbstorganisierte Aufbau einer gemeinsamen Wissensbasis durch Wissensteilung und konstruktive Lernaktivitäten sind leitende Prinzipien. Im Netz wird dies durch kooperative Szenarien, die eine problembezogene Kommunikation (z. B. Vorgabe von Leitfragen und Expertenrollen) und den Einsatz von Visualisierungstools, die eine grafische Darstellung der gemeinsam erarbeiteten Wissenskonstrukte erlauben, ermöglicht. Netzmoderatoren leiten und unterstützen den gruppenbezogenen Kommunikationsprozess.

Kooperative Lernszenarien im Rahmen von E-Learning sind nicht nur geeignet, den Lernerfolg und die Lernmotivation durch die intensivere Auseinandersetzung mit den Lerninhalten sowie die gegenseitige Verstärkung und Anerkennung der Lernaktivitäten in der Gruppe zu steigern, sie können auch zur Förderung sozialen Verhaltens und sozialer Kompetenz der Gruppenmitglieder mit beitragen. Um diese Potenziale zu nutzen, sind allerdings bestimmte Gestaltungserfordernisse zu beachten (vgl. Breuer, 2001; Mayer, 2010; Noe et al., 2014). Im Rahmen von netzbasierten Lernszenarien gehört hierzu insbesondere die Kompensation der geringeren sozialen Präsenz in virtuellen Gruppen (z. B. durch Präsenzphasen zu Beginn der Gruppenarbeit), das Vertrautmachen mit Besonderheiten der elektronischen Kommunikationsmedien, die Notwendigkeit zur stärkeren Strukturierung und Koordination der Interaktion und die Anleitung zum sinnvollen Umgang mit der Vielzahl an Informationsmöglichkeiten und dem Überangebot an Informationen im Netz. Als lerntheoretische Grundlagen können Ansätze zur Beschreibung und Gestaltung kooperativen und kollaborativen Lernens sowie insbesondere von Learning Community-Konzepten für die beschriebenen Lernszenarien herangezogen werden (vgl. Reinmann-Rothmeier & Mandl, 1999). Für weitere Grundlagen zu Lerngemeinschaften sei auf Kapitel 6 in diesem Buch verwiesen.

Untersuchungsergebnisse zur Wirkung netzbasierter kooperativer Lernszenarien liegen eher in Form von experimentellen Studien mit artifiziellen Lernaufgaben vor. Fischer et al. (2000) verglichen beispielsweise die Bearbeitung von Lernaufgaben in einer Face-to-Face-Bedingung und netzbasierten Kooperationsformen, die jeweils zu zweit zu bearbeiten waren. Hierbei zeigte sich, dass sich weder beim individuellen Lernerfolg noch im Hinblick auf die Konvergenz der Lernergebnisse innerhalb der Dyaden signifikante Unterschiede zwischen den Kooperationsbedingungen ergaben. Dies zeigt, dass kooperatives Lernen mittels telekommunikativer Medien keineswegs ineffektiver sein muss als ein direkter Lernaustausch von Angesicht zu Angesicht. Weitere Untersuchungen zur netzbasierten Kommunikation und Kooperation zeigen darüber hinaus (vgl. Hron, Lauche & Schultz-Gambard, 2000; Kreijns, Kirschner & Jochems, 2003), dass diese im Vergleich zur Face-to-Face-Kommunikation Besonderheiten bzw. Probleme aufweist. So fehlen beispielsweise bei asynchronen Kommunikationsmedien (z. B. Diskussionsforen) bestimmte Informationsarten (Mimik, Stimme etc.). Bestimmte Mechanismen und Regeln der sozialen Interaktionen (z. B. Sprecher-/Hörer-Wechsel) sind aufgehoben, wodurch die Themenkohärenz verloren gehen kann. Aber auch bei synchronen Kommunikationsmedien (z. B. Audiokonferenzen) kann eine gemeinsame Referenzsituation häufig nur schwierig hergestellt werden, sodass die Bezugnahme auf Sachverhalte oder Objekte nicht deutlich wird. Mayer (2010) stellte aufgrund zahlreich durchgeführter Experimente drei Schwachstellen webbasierten Lernens fest: (1) Mangelhafte Sensitivität gegenüber der kognitiven Verarbeitungskapazität des Lerners, (2) überfordernde Lerninhalte und (3) mangelnde Nutzerfreundlichkeit. Auf der Basis seiner über 80 Experimente leitet er eine Reihe von Gestaltungsempfehlungen ab.

Hybride Lernarrangements. Für eine sinnvolle und effektive Anwendung neuer Medien in der Personalentwicklung empfiehlt es sich in vielen Fällen, dass diese gezielt mit Präsenzveranstaltungen verknüpft werden. Im Rahmen hybrider Lernarrangements (Kerres, 2002), die auch als „Blended Approaches" bezeichnet werden, haben E-Learning-Komponenten z. B. die Funktion, Wissen vorbereitend auf Präsenztrainings zu vermitteln, die Lerner für bestimmte Problemstellungen zu sensibilisieren, im Nachgang von Seminaren einen Austausch unter den Lernenden bezüglich ihrer Umsetzungserfahrungen zu ermöglichen oder sich vom Trainer möglichst direkt Rat und Hilfestellungen bei Umsetzungsproblemen zu holen. Deren Gestaltung geht von der Annahme aus, dass die notwendigen Bestandteile eines Lernangebots in erster Linie von den Rahmenbedingungen des sich jeweils stellenden didaktischen Problems abzuleiten sind. Zur Planung und Entscheidung darüber, welche didaktischen Elemente sich so kombinieren lassen, dass einerseits pädagogische Ziele und andererseits ein Kosten-Nutzen-Optimum erreicht werden können, bedarf es zum einen spezifischer didaktischer Modelle, die beantworten, welche Prozesse und Gestaltungselemente des Lernens erforderlich oder günstig sind, um Lernerfolge in hybriden Lernarrangements zu erzielen (vgl. z. B. Kerres, 2002 zu seinem 3-2-1-Modell). Zum anderen werden Kriterien und Methoden für eine mediendidaktische Analyse benötigt, um fundierte Entscheidungen zur Auswahl einer passenden und effizienten medialen Realisierung der jeweiligen didaktischen Elemente zu fällen. Ob ein didaktisches Element als telemediales oder Präsenzelement realisiert wird, hängt dabei von den lernförderlichen Charakteristika der spezifischen medialen Lernangebote (z. B. deren Potenzial zur Förderung von selbstgesteuerten Lernaktivitäten), den Anforderungen an interpersonelle Kommunikationsprozesse beim Lernen und dem jeweiligen Kosten-Nutzen-Verhältnis einer Komponente ab.

Ein Beispiel für ein solches hybrides Lernarrangement ist das Programm *Basic Blue*, das bei der Firma IBM zur Führungskräfteentwicklung implementiert wurde (Kleestorfer, 2003). Im Rahmen eines ca. einjährigen Entwicklungsprogramms wurden Führungsnachwuchskräften Lerninhalte zu fünf Bereichen vermittelt (Management-Grundlagen, Entscheidungsfindung, Coaching von Mitarbeitern, Mitarbeiter einstellen und halten, Teamarbeit steuern). Diese Inhalte werden in drei gestuften Phasen vermittelt, wobei webbasiertes Training, Seminarveranstaltungen und die Umsetzung der Inhalte in die Praxis mithilfe von Gruppenarbeit und Mentoring kombiniert werden. Noe, Clarke und Klein (2014) sehen wesentlichen Forschungsbedarf in kombinierten Lernarrangements (wie auch im „blended learning“) hinsichtlich eines optimalen Mix von Face-to-Face-Interventionen, Online-Instruktionen und der Rolle des Trainers in Abhängigkeit wissenserweiternder oder verhaltensmodifizierender Interventionen.

2.3 Simulationsbasierte Formen des Wissenserwerbs

Durch unterschiedliche Formen der Simulation von beruflichen Aufgaben und Anforderungen werden (künstliche) Erfahrungsräume geschaffen, in denen ein anwendungsbezogener Wissens- und Fähigkeitserwerb, aber auch die Erprobung und Modifikation von aufgabenrelevanten Verhaltensweisen erfolgen kann. Je nach Intention der Simulationsprogramme bzw. simulationsbasierten Trainingsszenarien variieren die Komplexität der abgebildeten realen beruflichen Aufgaben und Situationen, der Grad an Selbststeuerung durch die Teilnehmer, Feedbackmöglichkeiten und Reflexionsphasen (vgl. auch Kapitel 3 in diesem Buch). In diesem Zusammenhang kann man zwischen Trainingssimulatoren bzw. Simulationsprogrammen, Planspielen und Fallstudien unterscheiden. Cannon-Bowers und Bowers (2010) fassen diese Varianten unter dem Begriff der synthetischen Lernumgebung („synthetic learning environments“) zusammen.

Trainingssimulatoren. Trainingssimulatoren bzw. Simulationsprogramme zeichnen sich dadurch aus, dass sie in der Lage sind, eine Arbeits- bzw. Systemumgebung synthetisch wiederzugeben und dabei auch die Systemdynamik widerzuspiegeln. Ziel der Darstellung ist es, eine hohe Realitätsnähe in Bezug auf die System- und Aufgabenanforderungen herzustellen, um sowohl spezifische Fertigkeiten als auch komplexere Fähigkeiten zur Aufgabenbewältigung anwendungsnah üben zu können. Simulatoren für Trainingszwecke besitzen darüber hinaus Möglichkeiten zur lehr-/lernbezogenen Gestaltung der Simulation (z. B. bezüglich des Feedbacks). Trainingssimulatoren haben als Lern- und Trainingsmedium im Vergleich zu einem Training an realen Systemen folgende Funktionen (vgl. Salas, Rosen, Held & Weismuller, 2009; Brannick, Prince & Salas, 2005; Cannon-Bowers & Bowers, 2010):

- Sie lassen sich zur Darstellung von Systemen nutzen (z. B. der Ablauf eines chemischen Produktionsprozesses) oder zur Demonstration von bestimmten Vorgehensweisen (z. B. zum Abschalten eines Kraftwerks).
- Sie stellen Übungsmöglichkeiten für praktische Fähigkeiten in Standardsituationen, seltenen bzw. besonders schwierigen Situationen (z. B. das Landen eines Flugzeugs bei dichtem Nebel) und Notfallsituationen (z. B. beim Ausfall eines Flugzeugtriebwerks) zur Verfügung.
- Sie stellen besondere Möglichkeiten zur Analyse und Bewertung von Verhaltensleistungen im Training zur Verfügung (indem z. B. die Verhaltensreaktio-

nen in bestimmten Trainingssituationen den Lernenden sehr detailgenau und anschaulich rückgespiegelt werden können).

- Schließlich können mithilfe von Trainingssimulatoren Lernanforderungen und -chancen auch in besonderer Form optimiert werden. Dies ist insbesondere gegeben durch Möglichkeiten zum „Zuschneiden“ von Trainingsszenarien (z. B. indem verschiedene Bedingungsvariationen einer Situation präsentiert und entsprechende Entscheidungsregeln eingeübt werden können) und durch das Bereitstellen eines lernförderlichen Umfelds ohne Gefahren für Lernende und Material (z. B. in Bezug auf gefährliche Situationen beim Fliegen von Verkehrsmaschinen).

Simulationen ermöglichen insbesondere „entdeckendes Lernen“ und unterstützen den Aufbau mentaler Modelle, etwa als Grundlage zur Steuerung eines komplexen technischen Systems. Mandl, Renkl und Gruber (1997) sprechen in diesem Zusammenhang auch von „situierten Lernumgebungen“, in denen ein Lernen anhand authentischer, anwendungsnaher Darstellungskontexte ermöglicht wird.

Transferexperimente zeigen, dass der kombinierte Einsatz von Simulatoren mit Elementen des kognitiven Trainings (bspw. heuristische Regeln; vgl. Shepherd, Marshall, Turner & Duncan, 1977) oder computergestützten tutoriellen Komponenten (vgl. bspw. Lajoie & Lesgold, 1992) auf der Basis vorangehender, differenzierter Analysen kognitiver Anforderungen einen effizienten Trainingsansatz darstellt (vgl. Sonntag & Schaper, 1997).

Zu Entwicklung, Einsatz und Erprobung von Trainingssimulatoren liegen Übersichtsarbeiten von Cannon-Bowers und Bowers (2010) oder de Winter, Dodou und Mulder (2012) vor. Ergebnisse einer Metaanalyse (Arthur, Bennett, Edens & Bell, 2003) belegen Effekte simulationsgestützter Trainings auf der Ebene „Lernen für kognitive Fähigkeiten“ ($d = .87$) und bei psychomotorischen Fertigkeiten auf den Ebenen „Verhalten“ ($d = 1.81$) und „Ergebnisse“ ($d = .38$). Eine ausführliche Transferstudie einer simulationsbasierten E-Learning-Umgebung zur technischen Störungsdiagnose (Hochholdinger, Schaper & Sonntag, 2008) ist in Kapitel 19 dargestellt. Ein Beispiel für die Gestaltung eines Simulators und entsprechenden Trainings, um den Umgang mit Komplikationen bei der Narkoseführung im Operationssaal zu trainieren, zeigt die Studie von Schaper, Schmitz, Graf und Grube (2004; vgl. auch Infobox 3).

Unternehmensplanspiele. Bei Unternehmensplanspielen werden die Teilnehmer mit der Simulation eines Wirtschaftsbetriebes konfrontiert, in dem sie Funktionen einer Führungskraft ausüben. Unternehmensplanspiele werden auch in Kombination mit Verhaltensanalysen und gruppendynamischen Übungen durchgeführt. Sie dienen vorwiegend der Förderung von individuellem und gruppenorientiertem Problemlöse- und Entscheidungsverhalten, ohne dass negative Konsequenzen aus einem Fehlverhalten entstehen können. Als besonders motivierende Aspekte dieser Methode werden die direkten Rückmeldemöglichkeiten und die Dynamik des Spiels bezeichnet.

Die Frage nach dem Lerntransfer auf reale Arbeitssituationen bleibt weitgehend ungeklärt. Eine Ausnahme bildet eine ältere Studie von Kaplan, Lombardo und Mazique (1983), die anhand einer Follow-up-Studie signifikante Lerntransfereffekte in Bezug auf die Verbesserung des Managementverhaltens und die Kooperation im Team verzeichnen konnte. Wolfe und Roberts (1986, 1993) berichten darüber hinaus mittlere, signifikante Zusammenhänge für die kriterienbezogene Validität von Planspielen hinsichtlich verschiedener Karriereindikatoren. Gredler (2008) und Scherperell (2005) sehen in Managementsimulationen eine wirksame Trainingsumgebung für Wirtschaftswissenschaftler und Manager. Eine Metaanalyse computergestützter Business-Spiele zeigte, dass Lernende bessere Werte in der Selbstwirksamkeit und im Wissenszuwachs hatten als eine Vergleichsgruppe (Sitzmann, 2011). Goodman, Wood und Hendricks (2004) überprüften die Wirksamkeit einer Computersimulation zur Auftragsbearbeitung in einer Möbelfabrik. Untersucht wurde die Wirkung von Art und Zeitpunkt des Feedbacks auf die Arbeitsleistung.

2.4 Arbeitsintegrierte Lernumgebungen des Wissenserwerbs

Die verstärkte Hinwendung zu arbeitsplatzbezogenen Lernformen hat sowohl anforderungsbezogene wie pädagogische Hintergründe. Ihre konsequenteste Umsetzung erfährt diese Gestaltungsmaxime durch Ansätze, die ein Lernen direkt am Arbeitsplatz oder in unmittelbarer Nähe unterstützen (Sonntag & Stegmaier, 2007; Noe et al., 2014). Frieling, Bernard, Schäfer und Fölsch (2005) berichten über Ergebnisse der Lernförderlichkeit von 1.718 Arbeitsplätzen aus 60 Unternehmen der Verpackungsindustrie und Automobilzuliefererbranche. Die Ergebnisse zeigen, dass Selbstständigkeit bei der Arbeit, Partizipationsmöglichkeiten, Komplexität, Variabilität, Kommunikation und Kooperation, Häufigkeit und Intensität der Rückmeldungen allesamt positiv mit der Fach- und Methodenkompetenz der Mitarbeiter zusammenhängen und zwar unabhängig von der jeweiligen Hierarchieebene.

Voraussetzung für die Lernförderlichkeit von Arbeitsplätzen ist demnach, dass ausreichend Spielräume und Gelegenheiten für Lernaktivitäten am Arbeitsplatz bestehen. Die Gestaltung eines Wissenserwerbs am Arbeitsplatz sollte darüber hinaus in hohem Maße auf die konkreten Arbeits- und Lernanforderungen, die persönlichen Entwicklungsbedarfe der Lernenden eingehen und das vorhandene Erfahrungswissen und die kontextspezifische Expertise vor Ort nutzen. Abstrakte nicht anwendungsbezogene Lerninhalte und -formen werden nicht oder kaum akzeptiert. Folgende Ansätze erfüllen diese Anforderungen an eine entsprechende Lerngestaltung:

Aufgabenorientierter Informationsaustausch. Der Aufgabenorientierte Informationsaustausch (Neubert & Tomczyk, 1986) stellt einen methodischen Ansatz dar, mit dem gleichzeitig das bei Mitarbeitern vorhandene Arbeits- und Erfahrungswissen für die Verbesserung von Arbeitsabläufen und die Qualifizierung der Beteiligten genutzt werden kann. Hierzu finden sich Arbeitskräfte mit unterschiedlicher Berufserfahrung und Qualifikation (An-/Ungelernte, Facharbeiter, Meister, Techniker) zusammen, um Arbeitsabläufe in einem Fertigungssystem zu analysieren, zu verbessern und zu dokumentieren. Der dabei geforderte Gruppenprozess ist durch ein kooperatives Problemlösen und Lernen gekennzeichnet und wird durch einen Moderator gesteuert. Zwei Fallstudien in der Druck- und in der Kunststoffindustrie zeigten, dass mithilfe dieser Gruppenprozedur verbesserte Grundlagen für die Handlungsregulation ermittelt werden konnten und die Beteiligten außerdem einen deutlichen individuellen Lerngewinn erzielten, der sich in subjektiven Beurteilungen des erlebten Lerneffekts, der Änderung der persönlichen Arbeitsweise und der Reduzierung von Beanspruchungsfolgen durch die Arbeit zeigte (vgl. Neubert & Tomczyk, 1986). Eine Evaluationsstudie in der Chemieindustrie von Schaper (2000) macht außerdem deutlich, dass mit dem Aufgabenorientierten Informationsaustausch nicht nur arbeitsplatzspezifische fachliche, sondern auch übergreifende methodische und soziale Kompetenzen gefördert werden.

Cognitive Apprenticeship. Cognitive Apprenticeship, ein an der traditionellen Handwerkslehre orientierter instruktionspsychologischer Ansatz (vgl. Brown, Collins & Duguid, 1989), versucht anwendungsbezogene Vermittlungsprozesse in einer Experten-/Novizen-Gemeinschaft nutzbar zu machen. Nicht manuelle Fertigkeiten sind Gegenstand der Vermittlung, sondern strategisches Wissen, das Experten ermöglicht, Faktenwissen, inhaltliche Zusammenhänge und Prozeduren bei der Bewältigung von Aufgaben oder Problemen anzuwenden. Durch das Lernen in authentischen Lernumgebungen werden somit die Anwendungsbedingungen des Wissens gelernt; ebenso wird die Fähigkeit zur flexiblen Nutzung und zum Transfer des Gelernten auf reale Situationen aktiv gefördert. Darüber hinaus sind in diesem Ansatz verschiedene Instruktionsmethoden zur Anleitung des Wissenserwerbs beschrieben (wie Kognitives Modellieren, Anleiten und Zurücknehmen, Hilfestellungen geben, Auffordern zum Verbalisieren, Reflektieren und Explorieren; vgl. Collins, Brown & Newman, 1989). Infobox 2 zeigt die Anwendung des Cognitive Apprenticeship-Ansatzes an produktionsintegrierten Lernorten in einem Automobilunternehmen (Sonntag, Stegmaier, Müller, Baumgart & Schaupeter, 2000; Sonntag & Stegmaier, 2010).

Zu weiteren kognitions- und lernpsychologischen Erläuterungen des Cognitive Apprenticeship-Ansatzes sei auf die Kapitel 3 und 6 in diesem Buch verwiesen.

Infobox 2: Prinzipien des Cognitive Apprenticeship an produktionsintegrierten Lernorten

An solchen Lernorten in Unternehmen arbeiten und lernen gewerblich-technische Auszubildende an realen Produktionsanlagen und übernehmen dort Aufgaben der Maschinenbedienung, des Werkzeugwechsels, der Wartung und Programmierung sowie der Qualitätskontrolle. Ein Meister (Ausbilder) leitet die Lernenden bei ihrer Arbeit an. Konkret wurden folgende Prinzipien des Cognitive Apprenticeship-Ansatzes umgesetzt:

- *Kognitives Modellieren:* Hier demonstriert der Experte (Ausbilder), wie er bei der Bearbeitung eines realen Problems vorgeht, wobei er durch Verbalisierung seiner Gedanken und Wahrnehmung auch Denk- und Urteilsprozesse für den Lernenden modelliert.
- *Coaching:* In Situationen, in denen der Lernende nicht mehr alleine weiterkommt oder direkte Hilfe erfragt, unterstützt der Ausbilder durch konkrete Vorschläge oder die Übernahme von Teilaufgaben.
- *Scaffolding:* In Abhängigkeit vom Kompetenzniveau des Lernenden reduziert der Ausbilder seine Hinweise/Vorschläge und den Grad der Unterstützung.
- *Artikulation:* Der Lernende wird vom Ausbilder angehalten, über seine Arbeitstätigkeit zu sprechen und seine Wahrnehmungs- und Denkprozesse zu explizieren. Dies kann parallel zur Aufgabenbearbeitung erfolgen oder in Phasen der Vor- und Nachbereitung.
- *Reflexion:* Hierbei soll der Lernende seine Arbeitshandlung kritisch betrachten und mit dem Vorgehen von Experten oder anderen Auszubildenden vergleichen. Durch den Wechsel von generativen (Ausführung von Tätigkeiten) und evaluativen (Bewertung der Tätigkeiten) Prozessen wird der Aufbau strategischen Wissens unterstützt.
- *Exploration:* Angeregt wird in dieser Phase das entdeckende Lernen. Der Ausbilder muss hierzu für die Lernenden Handlungsspielräume schaffen, und sie an der Formulierung von Zielen, Aufgaben und Problemstellungen beteiligen.

Eine Evaluation dieser Anwendung des Cognitive Apprenticeship-Ansatzes ergab deutlich positive Effekte auf das Selbstkonzept beruflicher Kompetenzen der Auszubildenden (vgl. Stegmaier & Sonntag, 2009).

In einer weiteren Evaluationsstudie eines Mentorensystems in der praktischen Krankenpflegeausbildung wurden die Methodenelemente des Cognitive Apprenticeship-Ansatzes als theoretische Matrix zur Bewertung und Optimierung der Lerngestaltung herangezogen (vgl. Schaper, 2000). Die Realisierung entsprechender Anleitungsmethoden in der Mentorenbetreuung korrelierte hoch mit einer verbesserten Wissensanwendung und Sicherheit im Handeln der Auszubildenden. Auch Hron, Lauche und Schultz-Gambard (2000) konnten positive Belege für die Wirksamkeit dieses Ansatzes bei der Förderung arbeitsnahen Lernens nachweisen.

3 Verhaltens- und persönlichkeitsorientierte Verfahren der Personalentwicklung

Neben der Wissensvermittlung ist zentraler Gegenstandsbereich personaler Förderung die Modifikation menschlichen Verhaltens und die Entwicklung der Persönlichkeit. Vielfältig sind die Intentionen, die mit dem Einsatz verhaltens- und persönlichkeitsorientierter Verfahren in der Personalentwicklung verbunden sind: Verbesserung des Führungsverhaltens, wirksame Konfliktbearbeitung, Förderung der Teamfähigkeit usw. Immer sind dabei auch Persönlichkeitsmerkmale wie Selbstwertgefühl, Selbstvertrauen, Selbstkonzept, Einstellungen und Werthaltungen angesprochen (vgl. auch Kapitel 5 in diesem Buch). Verhalten soll so verändert werden, dass eine für Mensch und Organisation optimale Auseinandersetzung mit situativen Anforderungen erfolgen kann.

Ausgewählte verhaltens- und persönlichkeitsorientierte Verfahren der Personalentwicklung werden nachfolgend beschrieben. Dabei geht es insbesondere um Methoden zur Förderung von Sozial- und Personalkompetenzen. Eine ausführliche Darstellung spezieller Verfahren der Führungskräfteentwicklung wird in Kapitel 16 dieses Buches geleistet.

3.1 Verhaltensmodifikation in authentischen Kontexten

Hierzu gehören Maßnahmen, die Verhaltensmodifikationen in aktuellen und realen Arbeits- und Lernumgebungen ermöglichen oder die natürliche organisatorische Einheiten miteinbeziehen.

Behavior Role Modeling. Bei der Methode des Behavior Role Modeling handelt es sich um eine Trainingstechnik, die bereits seit Längerem eingesetzt und erprobt wird (vgl. Tannenbaum & Yukl, 1992; Taylor, Russ-Eft & Chan, 2005). Dieser auf der Theorie des sozialen Lernens von Bandura (1977) aufbauende Trainingsansatz geht davon aus, dass menschliches Verhalten überwiegend durch Beobachtung an aktuellen oder symbolischen Modellen gelernt wird. Aufmerksamkeitsprozesse (wie das Wahrnehmen relevanter Merkmale des Modellverhaltens und der Situation), Gedächtnisprozesse (sprachliche oder bildhafte Kodierung des wahrgenommenen Modellverhaltens), motorische Reproduktionsprozesse (aktives Erproben neu erworbener Verhaltensweisen) und motivationale Prozesse (bzgl.

Erwartung von Verstärkung oder Bestrafung neuer Verhaltensweisen) sind entscheidend für den erfolgreichen Lernprozess.

Das Behavior Role Modeling hat üblicherweise folgenden Ablauf (vgl. Latham & Saari, 1979; Noe, 2013):

- Einführung in den Problembereich durch den Trainer,
- Entwicklung von Lernpunkten (Lernpunkte entsprechen den einzelnen Lernzielen des Trainings und lassen sich in Form von Verhaltensweisen oder -prinzipien formulieren),
- Filmdarbietung des Verhaltensmodells (bspw. eines Vorgesetzten, der entsprechende Führungssituationen effektiv nach vorgegebenen Lernpunkten bewältigt),
- Gruppendiskussion über die Effektivität des Verhaltensmodells,
- Übung der zu erlernenden Verhaltensweisen im Rollenspiel,
- Rückmeldung über das Rollenspielverhalten durch die Gruppe.

Eine bemerkenswerte Studie, die die Effektivität dieser Methode im trainingsbezogenen Kontext belegt, legten erstmals Latham und Saari (1979) vor. Gegenstand der Untersuchung war ein Kommunikationstraining von Supervisoren, bestehend aus neun Modulen mit Themenbereichen wie Ansprechen schlechter Arbeitsbedingungen, Umgang mit sich beschwerenden Mitarbeitern usw. Eine sorgfältige Evaluation des Trainings mit zwei Kontrolluntersuchungen (6 und 12 Monate nach dem Training) zeigte signifikante Leistungs- und Verhaltensverbesserungen der Teilnehmer.

In ihrer Metaanalyse weisen Burke und Day (1986) Behavior Role Modeling als eine der effektivsten Trainingsmethoden aus. Auch Auswirkungen auf „harte" Kriterien wie Verkaufsleistung (Meyer & Raich, 1983) oder Unternehmensproduktivität, Absentismus und Fluktuation (Porras & Anderson, 1981) wurden belegt. Russell, Wexley und Hunter (1984) fanden Generalisierungseffekte dann gegeben, wenn die Umfeldbedingungen des konkreten Arbeitsplatzes nach dem Training eine entsprechende Verstärkung des modellierten Verhaltens ermöglichen. In einer weiteren Metaanalyse zur Effektivität von Behavior Role Modeling anhand von 117 Studien (Taylor, Russ-Eft & Chan, 2005) zeigte sich, dass ein Behavior Role Modeling dann am effektivsten ist, wenn Lernpunkte beim Training eingesetzt werden und eine ausreichende Trainingszeit zum Einüben der neuen Verhaltensweisen zur Verfügung steht. Der Transfer der Trainings wird verbessert, wenn sowohl positive als auch negative Modelle gezeigt, Trainee-bezogene Szenarien verwendet, die Teilnehmer aufgefordert werden, eigene Trainingsziele zu setzen und das trainierte Verhalten auch belohnt wird.

Sonntag und Stegmaier (2006) haben ein Behavior Role Modeling-Training konzipiert, mit dem soziale Kompetenzen von Auszubildenden aus dem gewerblich-technischen Bereich zur Vorbereitung auf spätere Gruppenarbeit im Beschäftigungssystem gefördert werden. Auf der Basis einer Anforderungs- und Bedarfsanalyse wurden zu den kritischen Aufgabenbereichen „Gruppendiskussion", „kooperative Konfliktbewältigung" und „Feedback" jeweils Lernpunkte entwickelt, die positive und negative Verhaltensweisen repräsentieren. Die Verhaltensweisen wurden als Regeln formuliert, wobei positive Regeln sozial kompetentes Verhalten, negative Regeln sozial inkompetentes Verhalten in einem Anforderungsbereich beschreiben. Für jeden Aufgabenbereich wurden zwei Filme jeweils mit einem positiven und negativen Verhaltensmodell erstellt. Das Training bestand aus drei Trainingsmodulen, die den drei genannten Anforderungsbereichen entsprechen. Jedes Modul beinhaltet die folgenden didaktische Elemente: (1) Kurzvortrag, (2) Sammlung von Verhaltensregeln, (3) Film und Diskussion, (4) Rollenspiel und Feedback. Auf der Wissens-, Wahrnehmungs- und Verhaltensebene konnten für die Bereiche „Gruppendiskussion", „kooperative Konfliktbewältigung" und „Feedback" Lerneffekte anhand subjektiver Einschätzungen nachgewiesen werden. Bedeutsame Unterschiede ergaben sich gegenüber einer Vergleichsgruppe ohne Training auch hinsichtlich der sozialen Wahrnehmungsfähigkeit, die anhand von Urteilen über die Verhaltensgüte von Modellen in einem Videofilm gemessen wurde (vgl. ausführlich Sonntag & Stegmaier, 2006).

Teamentwicklungsansätze. Bei Teamentwicklungsansätzen werden natürliche organisatorische Einheiten wie Abteilungen, Arbeits- oder Projektgruppen gebildet und diese aktiv in die Lösung von Sach- und Kommunikationsproblemen eingebunden. Bestehend aus mehreren Einzelmaßnahmen, werden für bereits etablierte oder neugebildete Teams Ziele verfolgt wie Kommunikationsverbesserung, Erlernen von Arbeits- und Problemlösetechniken, Verständnis für Gruppenprozesse, Konfliktklärung usw. (vgl. Noe, 2013; Nerdinger, 2014).

Eingebettet in die Phasen eines Teamentwicklungsprozesses – Kontakt, Konstrukt, Diagnose, Maßnahme und Evaluation (vgl. Comelli, 2014) – setzt sich das eigentliche Training aus unterschiedlichen Methoden und Techniken zusammen, die insbesondere der Analyse und Reflexion dienen. Gemeinsame Aufgaben, Rollenklärung, Zielsetzung und Problemlösung im Team stehen dabei im Zentrum der Intervention. Van Dick und West (2013) liefern ausführliche Beispiele solcher Trainings, die im Allgemeinen mit Maßnahmen der Organisationsentwicklung einhergehen.

Es liegen zwar vielfältige Erfahrungsberichte zum Verlauf und zur Wirkung von Teamentwicklungsprozessen vor, relativ rar sind hingegen wissenschaftlich fundierte Evaluationen solcher Maßnahmen. Sundstrom, DeMeuse und Futrell (1990) gaben einen Überblick über 13 Studien – in der Mehrheit mit Kontrollgruppen, die sich auf Interventionen zur Verbesserung interpersoneller Beziehungen, des Zielsetzungsverhaltens, der Rollenerwartungen und von Problemlösungsprozessen beziehen. Verbesserungen von Teamleistungen konnten nur in der Hälfte der untersuchten Fälle beobachtet werden. Es wird angenommen, dass ein geringer Erfolg von Teamentwicklungsinterventionen mit einem zu engen Fokus auf interne Teamprozesse zusammenhängt. Effektiver scheint die Verknüpfung der internen Sicht mit einer Klärung von Außenbeziehungen des Teams zu sein. In neueren Untersuchungen und Metaanalysen (vgl. Salas, Nichols & Driskell, 2007) konnten für verschiedene Varianten von Teamtrainings (z. B. Team-Cross- und Team-Koordinationstrainings) kleine bis moderate Effekte zur Steigerung von Teamleistungen ermittelt werden. Um entsprechende Effekte zu erzielen, kommt es vor allem darauf an, dass die Teammitglieder lernen, ihre Koordinationsstrategien zu verändern und diese flexibel an situative Bedingungen anzupassen.

Einen mittleren Effekt (r=.31 über alle Maßnahmen und Ergebniskriterien hinweg) berichtet eine 20 Studien (N=1.562 Teams) einbeziehende Metaanalyse (Salas, DiazGranados et al., 2008). Die größten Effekte zeigen sich bei Maßnahmen der Zielsetzung (r=.37) und Rollenklärung (r=.35). Insbesondere bei größeren Teams führen Trainingseinheiten wie Ziel- und Rollenklärung aufgrund ausführlicher Reflexion zu einer deutlichen Verbesserung der Zusammenarbeit und des gegenseitigen Vertrauens.

Crew Resource Management Training. Crew Resource Management Training (CRM-Training) hat die Förderung von fachlich-inhaltlichen und teambezogenen Kompetenzen in kritischen Situationen zum Inhalt. Insbesondere bei Flugzeugbesatzungen und Teams in Operationssälen oder Leitständen werden diese Trainings eingesetzt, um menschliche Fehlleistungen zu reduzieren, den Umgang mit Gefahren zu optimieren und die Koordination im Team zu verbessern. Hierfür werden im Allgemeinen methodische Elemente wie Simulatoreinsatz, kognitive Modellierung, Feedback sowie gezielte Nachbesprechungen im Team miteinander kombiniert. Salas, Rhodenizer und Bowers (2000) entwickelten entsprechende Designs und wiesen die Förderung von Teamkompetenzen im Cockpit nach. Auch im Bereich des Zwischenfallmanagements bei der Narkoseführung (Anesthesia Crisis Resource Management, ACRM) sind trainingsbezogene Verbesserungen belegt (vgl. Schaper, Schmitz, Graf & Grube, 2004; Infobox 3).

Infobox 3: Simulatorgestütztes Training zur Bewältigung riskanter Zwischenfälle

Um die Bewältigung von riskanten Zwischenfällen bei der Narkoseführung im Operationssaal (OP) zu trainieren, wurden in der Anästhesie – ähnlich wie z. B. in der Luftfahrt oder bei Kernkraftwerken – Simulatoren entwickelt, um Fähigkeiten zum Zwischenfallmanagement zu trainieren (vgl. Gaba, Fish, Howard & Rall, 1998). Diese Simulatoren werden meist in entsprechenden Simulationszentren von Universitätskliniken eingesetzt, die ein- oder mehrtägige Simulatortrainings anbieten (Manser, 2003). Das Training beruht im Kern auf dem sehr realitätsnahen Durchspielen von mehreren Zwischenfallszenarien (z. B. Komplikationen bei der Narkoseführung wie ein Kreislaufzusammenbruch durch erhöhten Blutverlust). In Vorbereitung zu den Zwischenfallszenarien werden zunächst Prinzipien bzw. Heuristiken des Zwischenfallmanagements durch Lehreinheiten und Videodemonstrationen vermittelt. In den simulierten Zwischenfällen sollen die Zwischenfallprinzipien dann angewandt und eingeübt werden. Nach der Simulation eines Falls wird mit den beteiligten Anästhesisten das Geschehen zusammen mit einem Instruktor in sogenannten „Debriefings" durchgesprochen. Dies erfolgt anhand einer Videoaufzeichnung des Zwischenfalls. Beim Debriefing werden sowohl die zur Zwischenfallbewältigung relevanten medizinischen als auch verhaltensbezogenen Aspekte angesprochen. Entsprechende Trainings dienen dazu, z. B. notfallrelevante Kommunikations- und Teamverhaltensweisen (z. B. Anweisungen präzise und direkt geben) einzuüben, situationsrelevante Stressbewältigungsstrategien (z. B. durch das Delegieren von Aufgaben) oder das Vorgehen bei seltenen klinischen Ereignissen (z. B. anaphylaktische Schockreaktionen) zu trainieren und die Teilnehmer für zwischenfallkritische Einstellungen und Verhaltensweisen (z. B. einen Zwischenfall nicht unbedingt allein bewältigen wollen) zu sensibilisieren.

Überblicksarbeiten und Metaanalysen (O'Connor, Flin & Fletcher, 2002; Salas, Burke & Bowers, 2001; Salas, Wilson, Burke & Wightman, 2006) berichten positive Effekte von CRM-Trainings auf Aufmerksamkeitsleistung, Kommunikationshäufigkeit und generell auf Arbeitsverhalten.

3.2 Persönlichkeits- und erlebnisorientierte Ansätze

Gruppendynamische Verfahren. Der Einsatz gruppendynamischer Verfahren im Rahmen von Personalentwicklungsmaßnahmen ist nicht unumstritten. Die verstärkt in den 1960er und 1970er Jahren im Managementbereich angewandten Techniken (vgl. Burke & Day, 1986) beziehen ihre theoretische Fundierung aus der sozialpsychologischen Kleingruppenforschung (vgl. auch Kapitel 7 in diesem Buch) oder der humanistischen Psychologie (als Gegenstück zur behavioristisch ausgerichteten Lernpsychologie) und der Gruppentherapie. Unter gruppendynamischen Trainingsformen wird eine Vielzahl unterschiedlicher Techniken subsumiert, die hinsichtlich Trainingszielen und -gestaltung, Verhalten des Trainers usw. variieren und offen gestaltet sind. Gemeinsame Charakteristika bestehen vor allem in

- der Konzentration auf eine ungelenkte Gruppeninteraktion,
- der Betonung von Hier-und Jetzt-Aspekten der Situation,
- der Nutzung von Gefühlen zur Analyse der Interaktionsbeziehungen und zur Vermittlung von Lernerfahrungen,
- der Herstellung einer offenen und akzeptierenden Gesprächs- und Lernatmosphäre,

- der Dichte der Rückmeldungen über das eigene Verhalten zum Aufbau eines günstigen und differenzierten Selbstbildes.

Die intensive Gruppenerfahrung soll den Teilnehmern Aufschlüsse über die Form und die Wirkungen ihres Verhaltens auf andere vermitteln, ihnen Einblick in die inneren Beweggründe des Verhaltens anderer gewähren und ein besseres Verständnis für Gruppenprozesse ermöglichen. Diese Trainings können so zu Veränderungen auf der intrapersonalen Ebene (bspw. Selbstbild, Selbsteinsicht oder Selbstsicherheit), interpersonalen (bspw. mehr Toleranz gegenüber anderen, besserer Umgang mit Schwächen anderer) und der gruppenbezogenen Ebene (bspw. kooperatives Verhalten, soziale Sensibilität für gruppendynamische Prozesse) bei den Teilnehmern führen (vgl. Gebert, 2004; Felfe & Franke, 2014). Um solche Prozesse für die Teilnehmer erfahrbar zu machen, stehen vielfältige gruppendynamische Übungen (mit sehr geringem Realitätsbezug) zur Verfügung (vgl. Antons, 2011).

Eine spezifische Technik zur Weiterentwicklung der Persönlichkeit stellt das Sensitivity-Training dar (vgl. Goldstein & Ford, 2002), das eine hohe Bereitschaft der Teilnehmer voraussetzt, sich der Gruppe und dem Trainer zu offenbaren und sich dabei „selbst zu erfahren". Zumindest im deutschsprachigen Raum spielen derartige Trainings im beruflichen Kontext kaum eine Rolle (vgl. Kanning, 2014). In einer frühen Überblicksstudie re-analysierte Smith (1975) 95 Evaluationsstudien zu gruppendynamischem Training. Von diesen konnten 78 Studien signifikante Veränderungen im Sinne der Trainingsziele verzeichnen. Im Einzelnen bezog sich dies auf ein günstigeres Selbstkonzept, mehr Toleranz gegenüber anderen, eine höhere Motivation, persönlichere soziale Beziehungen, ein sozial verbessertes und flexibleres Verhalten in der Arbeitsumgebung wahrgenommen durch Kollegen und eine Reihe von positiven Veränderungen im organisatorischen Verhalten, insbesondere Arbeitsgruppen betreffend.

Diese relativ positive Bilanz wird jedoch von anderen Autoren nicht geteilt. So kritisiert z. B. von Rosenstiel (2007), dass zum Teil nicht intendierte Verhaltensänderungen erzielt wurden (z. B. die Minderung des Selbstwertgefühls und Verunsicherungen im Verhalten bei einzelnen Teilnehmern). Weiterhin zeigten sich Verhaltensänderungen, die sich eher auf private als berufliche Bereiche bezogen, sodass insgesamt von einem unbefriedigenden Transfer gesprochen werden muss. Vor allem aber sollten Teilnehmer der Trainings „keine gemeinsame Vergangenheit und keine gemeinsame Zukunft haben" (a. a. o., S. 336) – eine Empfehlung, die nicht gerade für die Anwendung solcher Trainings im Rahmen der Personalentwicklung in Organisationen spricht.

Outdoor-Training. Trotz mangelnder Übersichtsstudien und kaum belegter Wirksamkeit soll das Outdoor-Training als eine weitere Variante der Förderung von Sozial- und Personalkompetenz aufgrund seiner Verbreitung – insbesondere im

Managementbereich – dennoch Erwähnung finden. Üblicherweise arbeiten beim Outdoor-Training die Teilnehmer als Gruppe an einer Reihe von Aufgaben, die die gegenseitige Abhängigkeit der Gruppenmitglieder erhöhen und wachsendes Vertrauen der Gruppenmitglieder untereinander erfordern. Outdoor-Programme kommen zum Einsatz zur Persönlichkeitsentwicklung, Entwicklung von Führungskompetenzen oder als Element einer Teamentwicklungsmaßnahme.

Nach Winkler und Stein (1994) liegt folgender typischer Ablauf einem Outdoor-Training zugrunde:

- Erarbeiten des Ist-Zustandes der eigenen Teamarbeit und bestimmen fördernder und hemmender Bedingungen; entwickeln von Spielregeln, die von der Gruppe für die eigene Teamarbeit als wichtig erachtet werden. Diese Phase findet im Seminarraum statt.
- Bearbeiten der Übungen und Aufgaben im Freien; unmittelbares Erleben der Konsequenzen unterschiedlichen Teamverhaltens.
- Aufarbeiten der beobachteten Gruppenprozesse erfolgt sowohl während und zwischen den Übungen im Freien wie auch am Ende des Trainings im Seminarraum.

Als Gruppenübungen kommen Orientierungsaufgaben (Zielort mit Karte, Kompass und Wegbeschreibung erreichen, wobei Teile der Strecke zu Fuß oder mit PKW, Mountainbike oder auch Schlauchboot zurückgelegt werden müssen), Geschicklichkeits- und Konstruktionsübungen (Flussüberquerung mit wenigen Hilfsmitteln) oder Konditionsaufgaben (Wand erklimmen, Abseilen von Anhöhe) zum Einsatz. Eine weitere Übungsvariante stellen die sogenannten Stressübungen dar. Hierbei werden die Teilnehmer mit einer emotional belastenden Situation konfrontiert (möglichst realistische Darstellung bspw. eines Unfalls), für die in kürzester Zeit eine geeignete Problemlösung gefunden und umgesetzt werden muss. Kanning und Winter (2007) berichten ausführlich über Inhalte und Durchführung von Outdoor-Trainings.

Über die Auswirkungen von Outdoor-Trainings auf Verhaltens- und Persönlichkeitsmerkmale ist wenig bekannt. Positive Teilnehmerberichte über den Nutzen des Trainings sollten mit gebührender Vorsicht betrachtet werden, da die neuartigen, erlebensintensiven Übungen zunächst so etwas wie Euphorie bei der Gruppe hervorrufen können (vgl. Baldwin & Padgett, 1993). In älteren Untersuchungen von Marsh, Richards und Barnes (1986, 1987) führte ein Outdoor-Training zu erhöhten Selbstkonzeptwerten bei den Teilnehmern. Die Reduzierung von Ängstlichkeitswerten durch ein Outdoor-Training konnte Ewert (1988) belegen. Baldwin und Padgett (1993) berichten über positive Auswirkungen auf Gruppeneffektivität und individuelle Problemlösekompetenz durch ein Outdoor-Training. Verbesserungen in den Bereichen Vertrauen und Selbstkonzept waren nicht zu belegen. Eine quasi-experimentelle Kontrollgruppenstudie von Krüger

(2000) belegt positive Effekte auf Teamkultur und Informations- und Kommunikationsverhalten. Nach Kanning und Winter (2007) unterscheidet sich das klassische Indoor- vom Outdoor-Training weder im Hinblick auf das Teamklima noch hinsichtlich des Zusammenhalts in der Gruppe. Studien, inwieweit ein Transfer auf den betrieblichen Alltag überhaupt gewährleistet ist, oder ob Outdoor-Programme nicht nur den Freizeitwert solcher Veranstaltungen erhöhen, liegen nicht vor (Noe, 2013).

Weitere persönlichkeitsorientierte Ansätze wie beispielsweise das Persönlichkeitscoaching zur Verbesserung der Führungsidentität von Riedelbauch und Laux (2011) werden bei Felfe und Franke (2014) aufgeführt. Kanning (2007) berichtet über Verfahren zur Förderung sozialer Kompetenzen. In Kapitel 17 des vorliegenden Buches werden ausführlich Mentoring- und Coaching-Ansätze thematisiert.

3.3 Arbeitsstrukturale Ansätze

Lern- bzw. entwicklungsförderliche Aufgabengestaltung. Lern- bzw. entwicklungsförderliche Aufgabengestaltung geht davon aus, dass in der Gestaltung der Aufgabe und der Arbeitsinhalte erhebliche Potenziale für die Kompetenz- und Persönlichkeitsentwicklung liegen. Betrachtet man Reviews und vorliegende empirische Studien über den Zusammenhang von Dimensionen der Arbeitstätigkeit und Merkmalen der Persönlichkeit (vgl. zusammenfassend Ulich & Baitsch, 1987; Sonntag & Stegmaier, 2007; Noe et al., 2014), so zeigt sich, dass die Ergebnisse praktisch ausnahmslos eine ähnliche Tendenz aufweisen: Geringe Restriktivität in arbeitsplatz- und berufsbezogenen Dimensionen korreliert positiv mit als vorteilhaft bewerteten Ausprägungen psychologischer Dimensionen, wie bspw. intellektuelle Leistungen, soziale Kompetenz, Selbstkonzept und Leistungsmotivation.

In der klassischen Studie zu Lernpotenzialen von Arbeitsumgebungen von Franke und Kleinschmidt (1987, vgl. auch Franke, 1993) wurden folgende arbeitsbezogene Merkmale als lern- und entwicklungsförderlich angesehen: Problemhaltigkeit, Handlungsspielraum, Variabilität, soziale Unterstützung und qualifikatorischer Nutzwert. Die Realisierung solcher entwicklungsförderlicher Bedingungen bei Arbeitstätigkeiten ist abhängig von übergeordneten organisatorischen Rahmenbedingungen, wie Betriebsklima, Organisationsstruktur, Technologieentwicklung. Ob solche Tätigkeitsmerkmale bzw. Arbeitsbedingungen als entwicklungsförderlich von den Stelleninhabern wahrgenommen werden, ist außerdem bedingt durch Wechselwirkungen mit individuellen personalen Merkmalen: Je nach Motivation, Expertise oder habitualisiertem Verhalten können bspw. Problemhaltigkeit oder Handlungsspielraum als Herausforderung, aber auch als Über- oder Unterforderung erlebt werden. Für die operative Ebene und industrielle Arbeitstätigkeiten liegen Instrumente vor, die es ermöglichen, unter Einbezug der betroffenen Mitarbeiter in Kleingruppen entwicklungsförderliche

Aufgabenstrukturen und Arbeitsinhalte zu gestalten (wie bspw. die „Heuristik qualifizierender Arbeitsgestaltung“ von Duell & Frei, 1986). Die Übersichtsarbeit von Sonntag und Stegmaier (2007) zur Befundlage des Zusammenhangs zwischen Arbeitsstrukturen und Kompetenzentwicklung macht deutlich, dass folgende Merkmale der Arbeit entwicklungsförderlich sind: Vielfalt geforderter Fähigkeiten, Autonomie und Partizipationsmöglichkeiten, Rückmeldungen und Abwechslungsreichtum. Van Ruysseveldt und van Dijke (2011) zeigten die Bedeutung von Autonomie als Moderator der positiven Beziehung zwischen Arbeitspensum (workload) und Lernmöglichkeiten am Arbeitsplatz. In diesem arbeitsstrukturalen Zusammenhang ist auch das Konzept des Job Crafting (Wrzesnewski & Dutton, 2001) zu diskutieren, wonach das Organisationsmitglied selbst einen nennenswerten Einfluss auf die Gestaltung der eigenen Arbeitstätigkeit hat.

Job Assignment. Für Managertätigkeiten liegt mit dem Job Assignment ein aufgabenbezogener Gestaltungsansatz vor (vgl. Baldwin & Padgett, 1993). Gegenstand des Job Assignment sind die Identifikation und Bewältigung herausfordernder Aufgaben, wie bspw. Personalverantwortung, Widerstand von Mitarbeitern, Kontakte zu neuen Mitarbeitern (vgl. McCall, Lombardo & Morrison, 1988; Noe et al. 2014). Das Erleben einer Herausforderung durch eine Aufgabe resultiert aus der Lücke zwischen den Fähigkeiten einer Person und den Anforderungen einer Situation. Dadurch können Lernprozesse in Gang gesetzt werden, wie bspw. die Suche nach relevanten Informationen, das Ausprobieren neuer Verhaltensweisen oder der Aufbau neuer Beziehungen (vgl. McCauley, Ohlott & Ruderman, 1989). Preenen et al. (2011) zeigten, dass herausfordernde Aufgabenstellungen die Wechselabsicht reduzierten. Mit dem „Job Challenge Profile (JCP)“ wurde ein Instrument entwickelt, mit dem die Entwicklungspotenziale einer Aufgabe erfasst werden können (vgl. McCauley et al., 1989; Ruderman, Ohlett & McCauley, 1990). Nach McCall et al. (1988) lag der Erfolg des Job Assignment für Manager vor allem im Entwickeln und Implementieren von Plänen, im Gestalten von Beziehungen, in der Reflexion grundlegender Werte und Einstellungen und in der verstärkten Wahrnehmung eigener Kompetenzen. Day (2001) weist in einem narrativen Review daraufhin, dass Job Assignments insbesondere dann wirksam sind, wenn sie Bezug nehmen auf den Entwicklungsbedarf der Führungskräfte.

3.4 Selbstmanagement-Ansätze

Selbstmanagement-Training. Beim Selbstmanagement-Training lernen die Teilnehmer, Probleme zu diagnostizieren, sich Ziele zu setzen und *sich selbst* und die Umwelt aufmerksam zu beobachten, ob das gewählte Verhalten zielführend oder hinderlich ist. Herausgestellt wird die Bedeutung der Selbstwirksamkeitserwartung, also der Überzeugung, inwieweit das eigene Verhalten positive Ergebnisse bewirken kann. Stewart et al. (1996) weist darauf hin, dass die Lernkultur im Unternehmen eine wichtige Kontextvariable hinsichtlich des Erfolgs oder Misserfolgs von selbstgesteuerter Entwicklung ist. Auch können Zeitdruck, ausbleibende Rückmeldeprozesse und Kritik am gezeigten Verhalten aufgrund der Positionsmacht den Erfolg beeinträchtigen (vgl. Tannenbaum & Yukl, 1992). Kehr und von Rosenstiel (2006) verdeutlichen außerdem unter Berücksichtigung neuerer motivations- und volitionspsychologischer Konzepte und Studien (siehe auch Kapitel 4 in diesem Buch), dass Selbstmanagement-Trainings auch auf die Lösung von Zielkonflikten, die Bewusstmachung impliziter Motive (z. B. Macht- oder Anschlussmotive), die Verstärkung volitionaler Fähigkeiten (z. B. Techniken zur Kontrolle dysfunktionaler Emotionen), die Reduktion von Überkontrolle, die Förderung intrinsischer Motivation und auf die Identifizierung und Überwindung von Handlungsbarrieren gerichtet sein sollten. Erste empirische Überprüfungen der Wirksamkeit dieser zusätzlichen Trainings-Elemente liegen vor: Im Hinblick auf positive Stimmung und volitionale Kompetenz wurden teilweise Verbesserungen erreicht. Über Ablauf, Inhalte und Techniken unterschiedlicher Selbstmanagement-Interventionen berichten König und Kleinmann (2014) ausführlich.

In einer Evaluationsstudie von Klein, König und Kleinmann (2003) zur Wirksamkeit von zwei Selbstmanagement-Trainingsansätzen konnte gezeigt werden, dass insbesondere der Trainingsansatz, bei dem der Fokus auf kleinere Verbesserungsschritte und bewährte Techniken der Verhaltensmodifikation gelegt wurde und nicht umfassende Lebensziele und Verhaltenspraktiken geändert werden sollten, erfolgreich zur Verbesserung von Selbstmanagementfertigkeiten, des Selbstwirksamkeitserlebens und der Lebenszufriedenheit beigetragen hat.

Ansätze zur Förderung selbstorganisierten Lernens bzw. selbstregulatorischer Kompetenzen. Selbstorganisierte Formen der Weiterbildung, die die Steuerung des beruflichen Wissens- und Kompetenzerwerbs stärker in die Eigenverantwortung des lernenden Individuums bzw. von Gruppen legen, gewinnen an Bedeutung. Durch entsprechende Förderungsansätze sollen Mitarbeiter in die Lage versetzt werden, mit den sich rasch verändernden Anforderungen in der modernen Arbeitswelt durch eigenverantwortliche und selbstinitiierte Lern- und Weiterbildungsanstrengungen mitzuhalten und die eigene „Beschäftigungsfähigkeit" zu erhalten. Der Fokus von Ansätzen zur Förderung selbstorganisierter Kompetenzentwicklung liegt darauf, das informelle Lernen am Arbeitsplatz zu intensivieren, zu unterstützen und in systematische Personalentwicklungsaktivitäten einzubinden.

Förderung selbstorganisierter Lernprojekte. Lernprojekte sind als individuelle Lernvorhaben zur eigenverantwortlichen und selbstorganisierten Aneignung ausgewählter berufsbezogener Kompetenzen (z. B. „Verhandlungen mit Fremdfirmen am Telefon strukturiert und sicher führen können“ oder „eine neue Steuerungssoftware effizient und fehlerfrei konfigurieren können“). Die Projekte zeichnen sich durch klar definierte Zielsetzungen, einen Lernplan sowie systematische Schritte zur Umsetzung und Überprüfung des Lernvorhabens aus (Schaper, Mann & Hochholdinger, 2009). Um die eigenverantwortliche Durchführung eines Lernprojekts zu unterstützen, werden zum einen Materialien zur Anleitung und Unterstützung des individuellen Entwicklungsprozesses (z. B. in Form von Arbeitsblättern) bereitgestellt sowie zum anderen Hilfestellungen in Form einer Beratung zu den einzelnen Lernschritten und möglichen Problemen angeboten. Der Ansatz zur Förderung selbstorganisierter Lernprojekte bezieht sich auf ein Rahmenmodell von London und Smither (1999; vgl. auch Schaper & Sonntag, 2007), das berufliches und laufbahnorientiertes Lernen als einen eigenverantwortlichen und selbstgesteuerten Prozess versteht. Die bei der Durchführung eines selbstorganisierten Lernprojekts zu bearbeitenden Schritte zeigt Infobox 4.

Infobox 4: Bearbeitungsfolge eines selbstorganisierten Lernprojekts (Schaper, Mann & Hochholdinger, 2009)

- Auswahl des Lernprojekts auf der Basis des (selbst) ermittelten Lern- und Entwicklungsbedarfs
- Formulierung des Lernziels anhand bestimmter Kriterien (z. B. Überprüfbarkeit der Zielerreichung)
- Sammeln möglicher Maßnahmen zur Erreichung des Lernziels (hierzu gehören neben informellen Lernformen auch herkömmliche Schulungsmaßnahmen)
- Entwurf eines Lernplans (Systematisierung der Lernaktivitäten anhand von Zwischenzielen und einem Zeitplan)
- Klärung von möglichen Schwierigkeiten und Unterstützungsbedarf im Lernverlauf
- Treffen und Festhalten von Vereinbarungen mit Kollegen und Vorgesetzten zum Lernprojekt
- Durchführung der Lernaktivitäten mit regelmäßigen Lernerfolgs- bzw. Lernfortschrittskontrollen
- Anwendung bzw. Transfer des Gelernten in den Arbeitskontext (Identifizierung und Vereinbarung von Anwendungsmöglichkeiten der neu erworbenen Kompetenzen)
- Reflexion des Lernprojekts (in Bezug auf Lernergebnis und Lernprozess)
- (Neu-)Positionierung durch „Bekanntmachen“ der erworbenen Kompetenzen und gegebenenfalls Vereinbarung des Kompetenzeinsatzes in arbeitsplatzübergreifenden Kontexten

Das beschriebene Trainingskonzept wurde im Rahmen der Einführung selbstorganisierter Lernprojekte bei einem Energieversorgungsunternehmen evaluiert (Schaper et al., 2009). Dabei wurde gezeigt, dass Lernprojekte als ergänzendes

Personalentwicklungsinstrument akzeptiert und moderat positiv von den befragten Vorgesetzten und Mitarbeitern bewertet werden. Die erreichten Lernergebnisse wurden ebenfalls von den Teilnehmern positiv bewertet. Die Teilnahme- und Umsetzungsraten von Lernprojekten bei der Mitarbeiterschaft insgesamt sind allerdings noch steigerungs- und verbesserungsfähig. Motivation und Zielbindung in Bezug auf die Lernprojekte waren wiederum bei den Personen, die Lernprojekte durchgeführt haben, positiv bis hoch ausgeprägt. Als bedeutsame Prädiktoren für das Gelingen des Lernprojekts erwiesen sich u. a. die Einstellung zum Lernprojekt, das lern- und transferbezogene Selbstwirksamkeitserleben und die Selbststeuerungsfähigkeit als personale Einflussfaktoren sowie die Transferunterstützung durch Kollegen und lernförderliche Arbeitszeitregelungen als förderliche organisationale Bedingungen.

Trainingskonzept zur Vermittlung selbstregulatorischer Kompetenzen. Ein Trainingskonzept zur Vermittlung selbstregulatorischer Kompetenzen, das Frauen bei der beruflichen Neuorientierung bzw. der Berufsrückkehr unterstützen soll, wurde von Landmann, Pöhnl und Schmitz (2005) entwickelt und erprobt. Es basiert auf dem motivations- und volitionsorientierten Rubikon- bzw. Handlungsphasenmodell nach Heckhausen (1989), das Phasen der Intentionsbildung, Intentionsinitiierung, Intentionsrealisierung und der Handlungsergebnisbewertung unterscheidet, sowie dem Selbstregulationsmodell nach Zimmerman (2000), das einen Prozess der adaptiven Zielverfolgung mit mehreren Feedbackschleifen bei der Selbstregulation annimmt. Im Fokus des Trainingskonzepts steht die Vermittlung motivationaler und volitionaler Strategien, um die berufliche Zielorientierung zu verbessern. Das Training beinhaltet die Formulierung und Strukturierung von beruflichen Zielen, eine Handlungsplanung und Problemanalyse, die Einführung in den Selbstregulationszyklus nach Zimmerman, die Vermittlung von Strategien zur Emotions- und Kognitionssteuerung sowie von Methoden für den Umgang mit Erfolg und Misserfolg. Die Trainingsteilnehmer wurden darüber hinaus angeleitet, ein standardisiertes Tagebuch zu führen, in dem sie täglich ihre Handlungsvollzüge, Gedanken und Gefühle bezüglich einer beruflichen Neuorientierung festhielten und diese mit den gewünschten Zielzuständen verglichen. Durch diese Form der Aufmerksamkeitslenkung wurden die eigenen Verhaltensweisen in die gewünschte Richtung fokussiert. Das Training umfasste sechs wöchentliche Sitzungen à zwei Stunden sowie die Zeit zum Anfertigen der Tagebuchaufzeichnungen. In einer Evaluationsstudie mit Kontrollgruppe (Wartegruppe) konnte der Nutzen der Intervention für die familienbedingt erwerbslosen Frauen belegt werden. Trainingseffekte zeigten sich hinsichtlich der vermittelten Strategien und der Zielerreichung in Selbstberichtsmaßen, sogar noch bei einer Nacherhebung nach 2,5 Jahren.

Die beschriebenen Ansätze zeigen, dass selbstorganisierte berufliche Kompetenzentwicklung wirkungsvoll gefördert werden kann. Sie stellt allerdings auch relativ hohe Anforderungen an das Selbstmanagement der Lernenden. Personen, die entsprechende Fähigkeiten und Bereitschaft für selbstinitiatives und selbstorganisiertes Handeln nicht in einem Mindestmaß mitbringen, werden mit diesem Konzept kaum entsprechende Aktivitäten entfalten bzw. erfolgreich umsetzen. Weiterhin müssen bestimmte Rahmenbedingungen zur Motivierung und Begleitung der selbstorganisierten Lernaktivitäten realisiert werden, d. h. Unternehmensleitung und Führungskräfte müssen das Konzept aktiv unterstützen und die Personalentwicklung muss die Lernvorhaben bedarfsgerecht begleiten. Fehlen solche förderlichen Rahmenbedingungen, werden entsprechende Ansätze in einem Unternehmen kaum in der Breite erfolgreich umgesetzt werden können.

4 Zusammenfassung und Ausblick

Zur Förderung beruflicher Handlungskompetenz wurden aus der Vielzahl vorhandener Personalentwicklungsmaßnahmen exemplarisch Methoden und Lerntechniken dargestellt, die der Wissensvermittlung, Verhaltensmodifikation und Persönlichkeitsentwicklung von Organisationsmitgliedern dienen.

Die Zunahme leistungskritischer Tätigkeiten in vernetzten und komplexen Systemen, die Realisierung ganzheitlicher und gruppenorientierter Gestaltungsoptionen im Fertigungs- und Verwaltungsbereich erfordern verstärkt Interventionen, die sich aus den Erkenntnissen der Erforschung berufsbezogener Lernprozesse ableiten. Zukünftig werden solche Lernkonzepte zu präferieren sein, die planendes und methodisches Denken, selbständiges Problemlösen und kooperative Verhaltensweisen fördern. Hierzu sind wissens- und kognitionspsychologische Ansätze (bspw. Schemata, Netzwerkmodelle) oder Arbeiten zum komplexen Problemlösen im Rahmen von Trainingsmaßnahmen auf ihre Anwendungsmöglichkeiten in der betrieblichen Realität zu überprüfen. Zunehmende Bedeutung bei der Förderung beruflicher Handlungskompetenz erhalten außerdem arbeitsnahe und arbeitsintegrierte Lernformen, da Relevanz, Anwendungsbezug und persönlichkeitsförderliche Potenziale eines Lernens in authentischen Arbeitsumgebungen bei entsprechender Gestaltung als hoch eingeschätzt werden.

Aktuelle Übersichtsarbeiten zum Stand der Trainingsforschung (vgl. Aguinis & Kraiger, 2009; Noe et al., 2014; Salas et al., 2012; Sonntag & Stegmaier, 2010) weisen auf eine Reihe von Determinanten des Trainingserfolgs und personaler Förderung hin. Die Anwendung und Generalisierung (Transfer) erlernten Wissens, neuerworbener Strategien oder Verhaltensweisen am Arbeitsplatz und bei beruflichen Tätigkeiten werden dabei entscheidend beeinflusst von einer:

- *Angleichung von Lern- und Funktionsfeld.* Um die Ähnlichkeit struktureller Merkmale, die Gegenstand der Wahrnehmung und kognitiven Verarbeitung im Lernfeld sind, zu erhöhen, ist die vorangehende Beschreibung der Aufgaben, Anforderungen und Verhaltensweisen im Funktionsfeld mithilfe entsprechender Analysemethoden unumgänglich.
- *Berücksichtigung von Merkmalen der Lernenden.* Individuelle Lernstrategien und Lernstile wirken sich auch auf den Lernzuwachs und Transfererfolg aus. Hierbei sind sowohl kognitive und verhaltensbezogene Strategien als auch emotionale und motivationale Kontrollstrategien zu berücksichtigen. Einstellung, Erwartungshaltungen und Selbstbewusstsein motivieren zur Teilnahme und beeinflussen das Lernergebnis.
- *Merkmale des Trainingsdesigns.* Rückmeldung zu Lernverhalten, Umgang mit Fehlern sowie der erlebte Stress in Trainingskontexten sind Merkmale des Trainingsdesigns, die den Erfolg beeinflussen.
- *Vorbereitung und Gestaltung des Trainingsumfeldes.* Vorgesetzte verbessern den Transfer, wenn sie ihre Mitarbeiter und Führungskräfte vor, während und nach der Interventionsmaßnahme begleitend unterstützen, mit ihnen die Zielsetzung und Inhalte der Fördermaßnahme diskutieren, notwendige Ressourcen bereitstellen und neuerworbene Verhaltensweisen ihrer Mitarbeiter verstärken.
- *Vorhandensein einer Lernkultur.* Untersuchungen belegen eindrucksvoll, dass die gelebte Lernkultur einer Organisation eine entscheidende Rolle für die Trainingsmotivation und für ein transferfreundliches Klima zur Erprobung neu erworbenen Verhaltens spielt (siehe auch Kapitel 9 in diesem Buch).

Nur durch einen engen Austausch zwischen Wissenschaft und Praxis und gegenseitige Unterstützung bei der Erprobung und Umsetzung der Maßnahmen personaler Förderung und Entwicklung lässt sich berufliche Handlungskompetenz erfolgreich und nachhaltig fördern und erhalten.

Literatur

Abicht, L. & Dubiel, G. (2002). Der Lehrer auf dem Bildschirm. E-Learning in kleinen und mittelständischen Unternehmen. In U. Scheffer & F. W. Hesse (Hrsg.), *E-Learning. Die Revolution des Lernens gewinnbringend einsetzen* (S. 136–149). Stuttgart: Klett-Cotta.

Aguinis, H. & Kraiger, K. (2009). Benefits of training and development for individuals and teams, organizations, and society. *Annual Review of Psychology, 60,* 451–474. http://doi.org/10.1146/annurev.psych.60.110707.163505

Antons, K. (2011). *Praxis der Gruppendynamik* (9. Aufl.). Göttingen: Hogrefe.

Arthur, W. Jr., Bennett, W. Jr., Edens, P. S. & Bell, S. T. (2003). Effectiveness of training in organizations: a meta-analysis of design and evaluation features. *Journal of Applied Psychology, 88,* 234–245. http://doi.org/10.1037/0021-9010.88.2.234

Baldwin, T. & Padgett, M. (1993). Management development: a review and commentary. In C. L. Cooper & I. T. Robertson (Eds.), *International Review of Industrial and Organizational Psychology* (Vol. 8, pp. 35–85). Chichester: Wiley.

Bandura, A. (1977). *Social learning theory*. Englewood Cliffs: Prentice-Hall.
Bedwell, W.L., Pavlas, D., Heyne, K., Lazzara, E.H. & Salas, E. (2012). Toward a taxonomy linking game attributes to learning: An empirical study. *Simulation & Gaming, 43,* 729–760. http://doi.org/10.1177/1046878112439444
Bell, B.S. & Kozlowski, S.W.J. (2002). Adaptive guidance: Enhancing self-regulation, knowledge, and performance in technology-based training. *Personnel Psychology, 55,* 267–306. http://doi.org/10.1111/j.1744-6570.2002.tb00111.x
Brannick, M.T., Prince, C. & Salas, E. (2005). Can PC-based systems enhance teamwork in the cockpit? *International Journal of Aviation Psychology, 15,* 173–187. http://doi.org/10.1207/s15327108ijap1502_4
Breuer, J. (2001). Kooperative Lernformen bei E-Learning einsetzen. In A. Hohenstein & K. Wilbers (Hrsg.), *Handbuch E-Learning. Expertenwissen aus Wissenschaft und Praxis* (Kap. 4.2, S. 1–20). Köln: Dt. Wirtschaftsdienst.
Brown, J.S., Collins, A. & Duguid, P. (1989). Situated cognition and the culture of learning. *Educational Researcher, 18*(1), 32–42.
Brown, K.G. & Ford, J.K. (2002). Using computer technology in training: Building an infrastructure for learning. In K. Kraiger (Ed.), *Creating, implementing, and managing effective training and development* (pp. 192–233). San Francisco: Jossey-Bass.
Burke, M.J. & Day, R.R. (1986). A Cumulative Study of the Effectiveness of Managerial Training. *Journal of Applied Psychology, 71, 2,* S. 232–245. http://doi.org/10.1037/0021-9010.71.2.232
Cannon-Bowers, J.A. & Bowers, C.A. (2010). Synthetic learning environments: On developing a science of simulation, games and virtual worlds for training. In S.W.J. Kozlowski & E. Salas (Eds.), *Learning, training, and development in organizations* (pp. 229–261). New York, NY: Routledge.
Chen, C. & Rada, R. (1996). Interacting with Hypertext: A Meta-Analysis of experimental Studies. *Human-Computer-Interaction, 11,* 125–156. http://doi.org/10.1207/s15327051hci1102_2
Chen, G., Thomas, B. & Wallace, J.C. (2005). A multitool examination of the relationships among training outcomes, mediating regulatory processes, and adaptive performance. *Journal of Applied Psychology, 90,* 827–841. http://doi.org/10.1037/0021-9010.90.5.827
Collins, A., Brown, J.S. & Newman, S.E. (1989). Cognitive apprenticeship: Teaching the crafts of reading, writing and mathematics. In L.B. Resnick (Ed.), *Knowing, learning and instruction* (pp. 453–494). Hillsdale, N.Y.: Erlbaum.
Comelli, G. (2014). Qualifikation für Gruppenarbeit. Teamentwicklungstraining. In L. von Rosenstiel, E. Regnet & M. Domsch (Hrsg.), *Führung von Mitarbeitern. Handbuch für erfolgreiches Personalmanagement* (7. Aufl., S. 366–387). Stuttgart: Schäffer-Poeschel.
Cooke, N.J. & Fiore, S.M. (2010). Cognitive science-based principles for the design and delivery of training. In S.W.J. Kozlowski & E. Sales (Eds.), *Learning, training, and development in organizations* (pp. 169–201). New York, NY: Routledge.
Day, D.V. (2001). Leadership development: a review in context. *Leadership Quarterly, 11* (4), 581–613. http://doi.org/10.1016/S1048-9843(00)00061-8
de Winter, J.C.F., Dodou, D. & Mulder, M. (2012). Training Effectiveness of Whole Body Flight Simulator Motion: A Comprehensive Meta-Analysis. *The International Journal of Aviation Psychology, 22* (2), 164–183. http://doi.org/10.1080/10508414.2012.663247
Dillon, A. & Gabbard, R. (1998). Hypermedia as an Educational Technology: A Review of the Quantitative Research Literature on Learner Comprehension, Control, and Style. *Review of Educational Research, 68* (3), 322–349. http://doi.org/10.3102/00346543068003322
Duell, W. & Frei, F. (1986). *Arbeit gestalten – Mitarbeiter beteiligen. Eine Heuristik qualifizierender Arbeitsgestaltung*. Frankfurt: Campus.

Eberspächer, H. (2004). *Mentales Training* (8. Aufl.). München: Stiebner Verlag.

Edkins, G. D. (2002). A review of the benefits of aviation human factors training. *Human Factors & Aerospace Safety, 2,* 201–216.

Ewert, A. (1988). Reduction of trait anxiety through participation in outward bound. *Leisure Science, 10,* 107–117. http://doi.org/10.1080/01490408809512181

Felfe, J. & Franke, F. (2014). *Führungskräftetrainings.* Göttingen: Hogrefe.

Fischer, F., Bruhn, J., Gräsel, C. & Mandl, H. (2000). Kooperatives Lernen mit Videokonferenzen: Gemeinsame Wissenskonstruktion und individueller Lernerfolg. *Kognitionswissenschaft, 9* (1), 5–16. http://doi.org/10.1007/s001970000028

Franke, G. (1993). Training und Lernen am Arbeitsplatz. In C. K. Friede & Kh. Sonntag (Hrsg.), *Berufliche Kompetenz durch Training* (S. 85–99) Heidelberg: Sauer.

Franke, G. & Kleinschmidt, M. (1987). *Der Lernort Arbeitsplatz* (Schriften zur Berufsbildungsforschung, Bd. 65). Berlin: Beuth.

Frieling, E., Bernard, H., Schäfer, E. & Fölsch, T. (2005). Lebensbegleitendes Lernen im Unternehmen. *Personalführung, 1,* 38–46.

Gaba, D. M., Fish, K. J., Howard, S. K. & Rall, M. (1998). *Zwischenfälle in der Anästhesie: Prävention und Management.* Lübeck: Gustav Fischer.

Garris, R., Ahlers, R. & Driskell, J. E. (2002). Games, motivation, and learning: A research and practice model. *Simulation & Gaming, 33,* 441–467. http://doi.org/10.1177/1046878102238607

Gebert, D. (2004). *Innovation durch Teamarbeit.* Stuttgart: Kohlhammer.

Goldstein, I. L. & Ford, K. (2002). *Training in Organizations: Needs assessment, Development and Evaluation* (4th ed.). Belmont: Wadsworth.

Goodman, J. S., Hendricks, M. & Wood, R. E. (2004). *Feedback specifity, exploration, and learning, Journal of Applied Psychology, 89,* 248–262.

Gredler, M. E. (2008). *Learning and instruction: Theory into practice* (5th ed.). Essex: Pearson Merrill Prentice Hall.

Hacker, W. & Sachse, P. (2014). *Allgemeine Arbeitspsychologie* (3. Aufl.). Göttingen: Hogrefe.

Heckhausen, H. (1989). *Motivation und Handeln* (2. Aufl.). Heidelberg: Springer. http://doi.org/10.1007/978-3-662-08870-8

Heimbeck, D., Frese, M., Sonnentag, S. & Keith, N. (2003). Integrating errors into the training process: The function of error management instructions and the role of goal orientation. *Personnel Psychology, 56,* 333–361. http://doi.org/10.1111/j.1744-6570.2003.tb00153.x

Hesse, F. W. & Friedrich, H. F. (2001). *Partizipation und Interaktion im virtuellen Seminar.* Münster: Waxmann.

Hochholdinger, S., Schaper, N. & Sonntag, Kh. (2008). Gestaltung eines E-Learning-basierten Störungsdiagnosetrainings für die berufliche Ausbildung. In J. Rowold, S. Hochholdinger & N. Schaper (Hrsg.), *Evaluation und Transfersicherung betrieblicher Trainings* (S. 111–132). Göttingen: Hogrefe.

Hron, I., Lauche, K. & Schultz-Gambard, I. (2000). Training im Qualitätsmanagement. Eine Interventionsstudie zur Vermittlung von Qualitätswissen und handlungsleitenden Kognitionen. *Zeitschrift für Arbeits- und Organisationspsychologie, 44,* 192–201. http://doi.org/10.1026//0932-4089.44.4.192

Immenroth, M. (2003). *Mentales Training in der Medizin. Anwendung in der Chirurgie und Zahnmedizin.* Hamburg: Dr. Kovac.

Kanning, U. P. (Hrsg.). (2007). *Förderung sozialer Kompetenzen in der Personalentwicklung.* Göttingen: Hogrefe.

Kanning, U. P. (2014). Prozess und Methoden der Personalentwicklung. In H. Schuler & U. P. Kanning (Hrsg.), *Lehrbuch der Personalpsychologie* (3. Aufl., S. 501–562). Göttingen: Hogrefe.

Kanning, U. P. & Winter, B. (2007). Outdoor-Trainings. In U. P. Kanning (Hrsg.), *Förderung sozialer Kompetenzen in der Personalentwicklung* (S. 301–316). Göttingen: Hogrefe.

Kaplan, R. E., Lombardo, M. M. & Mazique, M. S. (1983). *A mirror for managers: using simulation to develop management teams* (Technical Report Number 13). Greensboro, NC: Center for Creative Leadership.

Kauffeld, S. (2006). *Kompetenzen messen, bewerten, entwickeln.* Stuttgart: Schäffer-Poeschel.

Kehr, H. M. & Rosenstiel, L. von (2006). Self-Management Training (SMT): Theoretical and Empirical Foundations for the Development of a Metamotivational and Metavolitional Intervention Program. In D. Frey, H. Mandl & L. von Rosenstiel (Eds.), *Knowledge and action* (pp. 103–141). Cambridge, MA: Hogrefe & Huber Publishers.

Keith, N. & Frese, M. (2005). Self-regulation in error management training: Emotion control and metacognition as mediators of performance effects. *Journal of Applied Psychology, 90,* 677–691. http://doi.org/10.1037/0021-9010.90.4.677

Keith, N. & Frese, M. (2008). Effectiveness of Error Management Training: A Meta-Analysis. *Journal of Applied Psychology, 93* (1), 59–69. http://doi.org/10.1037/0021-9010.93.1.59

Kerres, M. (2002). Online- und Präsenzelemente in Lernarrangements kombinieren. In A. Hohenstein & K. Wilbers (Hrsg.), *Handbuch E-Learning* (Kap. 4.5., S. 1–19) Köln: Dt. Wirtschaftsdienst.

Kleestorfer, E. (2003). Neue Lernkultur mit E-Learning am Beispiel des IBM Führungskräftetrainings „BasicBlue". *Organisationsentwicklung, 1,* 17–23.

Klein, S., König, C. J. & Kleinmann, M. (2003). Sind Selbstmanagement-Trainings effektiv? Zwei Trainingsansätze im Vergleich. *Zeitschrift für Personalpsychologie, 2,* 157–168. http://doi.org/10.1026//1617-6391.2.4.157

König, C. J. & Kleinmann, M. (2014). Selbstmanagement. In H. Schuler & U. P. Kanning (Hrsg.), *Lehrbuch der Personalpsychologie* (3. Aufl., S. 647–674). Göttingen: Hogrefe.

Konradt, U. (2004). Hypermedia in vocational learning: A hypermedia learning environment for training management skills. *International Journal of Instructional Media, 31,* 175–184.

Kreijns, K., Kirschner, P. A. & Jochems, W. (2003). Identifying the pitfalls for social interaction in computer-supported collaborative learning environments: a review of the research. *Computers in Human Behavior, 19,* 335–353. http://doi.org/10.1016/S0747-5632(02)00057-2

Krüger, R. (2000). *Evaluation von Outdoor-Teamentwicklungsseminaren.* Unveröffentlichte Diplomarbeit, Universität Heidelberg.

Lajoie, S. P. & Lesgold, A. (1992). Apprenticeship training in the workplace: Computer-coached practice environment as a new form of apprenticeship. In M. J. Farr & J. Psotka (Eds.), *Intelligent instruction by computer: Theory and Practice* (pp. 15–36). Philadelphia, PA: Taylor & Francis.

Landmann, M., Pöhnl, A. & Schmitz, B. (2005). Ein Selbstregulationstraining zur Steigerung der Zielerreichung bei Frauen in Situationen beruflicher Neuorientierung und Berufsrückkehr. *Zeitschrift für Arbeits- und Organisationspsychologie, 49* (1), 12–26.

Latham, G. P. & Saari, L. M. (1979). The application of social learning theory to training supervisors through behavior modeling. *Journal of Applied Psychology, 64,* 239–246. http://doi.org/10.1037/0021-9010.64.3.239

Linou, N. & Kontogiannis, T. (2004). The effect of training systemic information on the retention of fault-finding skills in manufacturing industries. *Human Factors Ergonomic Manufacturing, 14,* 197–217. http://doi.org/10.1002/hfm.10056

London, M. & Smither, J. W. (1999). Career-related continuous learning: Defining the construct and mapping the process. *Research in Personnel and Human Resources Management, 17,* 81–121.

Mandl, H., Gruber, H. & Renkl, A. (1997). Situiertes Lernen in multimedialen Lernumgebungen. In L. Issing & P. Klimsa (Hrsg.), *Information und Lernen mit Multimedia und Internet* (S. 167–177). Weinheim: Beltz.

Mandl, H. & Lesgold, A. (Eds.). (1988). *Learning issues for intelligent tutoring systems*. New York, NY: Springer. http://doi.org/10.1007/978-1-4684-6350-7

Manser, T. (2003). *Komplexes Handeln in der Anästhesie*. Lengerich: Pabst.

Marsh, H.W., Richards, G. & Barnes, J. (1986). Multidimensional self-concepts: The effect of participation in an outward bound program. *Journal of Personality and Social Psychology, 50,* 195–204. http://doi.org/10.1037/0022-3514.50.1.195

Marsh, H.W., Richards, G. & Barnes, J. (1987). A longterm follow-up of the effect of participation in an outward bound program. *Personality and Social Psychology Bulletin, 12,* 475–492. http://doi.org/10.1177/0146167286124011

Mayer, R.E. (2010). Research-Based Solutions to Three Problems in Web-Based Training. In S.W.J. Koszlowski & E. Salas (Eds.), *Learning, Training, and Development in Organizations* (pp. 203–228). New York, NY: Routledge.

McCall, M.W., Jr., Lombardo, M.M. & Morrison, A.M. (1988). *The lessons of experience: How successful executives develop on the job*. Lexington, MA: Lexington Books.

McCauley, C.D., Ohlott, P.J. & Ruderman, M.N. (1989). On-the-job-development: A conceptual model and preliminary investigation. *Journal of Managerial Issues, 1,* 142–158.

Meyer, H.H. & Raich, M.S. (1983). An objective evaluation of a behavior modeling training program. *Personnel Psychology, 36,* 755–761. http://doi.org/10.1111/j.1744-6570.1983.tb00510.x

Nerdinger, F. (2014). Teamarbeit. In F. Nerdinger, G. Blickle & N. Schaper (Hrsg.), *Arbeits- und Organisationspsychologie* (3., vollst. überarb. Aufl., S. 103–118). Heidelberg: Springer.

Neubert, J. & Tomczyk, R. (1986). *Gruppenverfahren der Arbeitsanalyse und Arbeitsgestaltung*. Heidelberg: Springer. http://doi.org/10.1007/978-3-642-86920-4

Noe, R.A. (2013). *Employee Training and Development*. New York, NY: McGraw Hill.

Noe, R.A., Clarke, A.D.M. & Klein, H.J. (2014). Learning in the Twenty-First-Century Workplace. *Annual Review of Organizational Psychology and Organizational Behavior, 1,* 245–275. http://doi.org/10.1146/annurev-orgpsych-031413-091321

O'Connor, P., Flin, R. & Fletcher, G. (2002). Techniques used to evaluate crew resource management training: a literature review. *Human Factors & Aerospace Safety, 2,* 217–122.

Ostrowski, M.B., Kolomitro, K. & Lam, T.C.M. (2014). Training Methods: A Review and Analysis. *Human Resource Development Review, 13* (1), 11–35. http://doi.org/10.1177/153448431 3497947

Porras, I. & Anderson, B. (1981). Improving managerial effectiveness through modeling-based training. *Organizational Dynamics, 9,* 60–77. http://doi.org/10.1016/0090-2616(81)90026-7

Preenen, P.T.Y., De Pater, I.E., Van Vianen, A.E.M. & Keijzer, L. (2011). Managing voluntary turnover through challenging assignments. *Group and Organization Management, 36,* 308–345. http://doi.org/10.1177/1059601111402067

Reigeluth, C.M. (1999). The elaboration theory: Guidance for scope and sequence decisions. In C.M. Reigeluth (Ed.), *Instructional-Design Theories and Models: A New Paradigm of Instructional Theory* (pp. 425–453). Hillsdale, NJ: Lawrence Erlbaum Associates.

Reimann, P. & Zumbach, J. (2001). Design, Diskurs und Reflexion als zentrale Elemente virtueller Seminare. In F. Hesse & F. Friedrich (Hrsg.), *Partizipation und Interaktion im virtuellen Seminar* (S. 135–163). München: Waxmann.

Reinmann, G. & Mandl, H. (2006). Unterrichten und Lernumgebungen gestalten. In A. Krapp, M. Prenzel & B. Weidenmann (Hrsg.), *Pädagogische Psychologie: Ein Lehrbuch* (S. 613–658). Weinheim: Beltz.

Reinmann-Rothmeier, G. & Mandl, H. (1999). *Teamlüge oder Individualisierungsfalle? Eine Analyse kollaborativen Lernens und deren Bedeutung für die Förderung von Lernprozessen in virtuellen Gruppen* (Forschungsbericht Nr. 115). München: Ludwig-Maximilians-Universität, Lehrstuhl für Empirische Pädagogik und Pädagogische Psychologie.

Riedelbauch, K. & Laux, R. (2011). *Persönlichkeitscoaching. Acht Schritte zur Führungsidentität.* Weinheim: Beltz.

Rosenstiel, L. von (2007). *Grundlagen der Organisationspsychologie* (6. Aufl.). Stuttgart: Schäffer-Poeschel.

Ruderman, M.N., Ohlett, P.J. & McCauley, C.D. (1990). Assessing opportunities for leadership development. In K.E. Clark & M.B. Clark (Eds.), *Measures of leadership* (pp. 547–562). West Orange, NJ: Leadership Library of America.

Russell, J.S., Wexley, K.N. & Hunter, J.E. (1984). Questioning the effectiveness of behavior modeling training in an industrial setting. *Personnel Psychology, 37,* 261–276. http://doi.org/10.1111/j.1744-6570.1984.tb00523.x

Salas, E., Burke, C. & Bowers, C. (2001). Team training in the skies: Does crew resource management (CRM) really work? *Human Factors, 41,* 641–674. http://doi.org/10.1518/001872001775870386

Salas, E., DiazGranados, D., Klein, C., Burke, C.S., Stagl, K.C., Goodwin, G.F. & Halpin, S.M. (2008). Does Team Training Improve Team Performance? A Meta-Analysis. *Human Factors, 50* (6), 903–933. http://doi.org/10.1518/001872008X375009

Salas, E. & Kozlowski, S.W.J. (2010). Learning, Training and Development in Organizations: Much Progress and a Peek Over the Horizon. In S. Kozlowski & E. Salas (Eds.), *Learning, Training, and Development in Organizations* (pp. 461–476) New York, NY: Routledge.

Salas, E., Nichols, D.R. & Driskell, J.E. (2007). Testing Three Team Training Strategies in Intact Teams. A Meta-Analysis. *Small Group Research, 38, 4,* 471–488. http://doi.org/10.1177/1046496407304332

Salas, E., Rhodenizer, L. & Bowers, C.A. (2000). The Design and Delivery of Crew Resource Management Training: Exploiting Available Resources. *Human Factors, 42,* 490–511. http://doi.org/10.1518/001872000779698196

Salas, E. & Rosen, M.A. (2010). Experts at Work: Principles for Developing Expertise in Organizations. In S. Kozlowski & E. Salas (Eds.), *Learning, Training, and Development in Organizations* (pp. 99–134) New York, NY: Routledge.

Salas, E., Rosen, M.A., Held, J.D. & Weismuller, J.J. (2009). Performance Measurement in Simulation-Based Training. A Review and Best Practices. *Simulation & Gaming, 40* (3), 328–376. http://doi.org/10.1177/1046878108326734

Salas, E., Tannenbaum, S.I., Kraiger, K. & Smith-Jentsch, K.A. (2012). The Science of Training and Development in Organizations: What Matters in Practice. *Psychological Science in the Public Interest, 13* (2), 74–101. http://doi.org/10.1177/1529100612436661

Salas, E., Wilson, K.A., Burke, C.S. & Wightman, D. (2006). Does crew resource management training work? An update, an extension, and some critical needs. *Human Factors, 48,* 392–412. http://doi.org/10.1518/001872006777724444

Schaper, N. (2000). Arbeitsplatznahe Kompetenzentwicklung durch einen aufgabenorientierten Informationsaustausch in der Chemieindustrie. *Zeitschrift für Arbeitswissenschaft, 54* (3–4), 199–210.

Schaper, N. (2004). Theoretical substantiation of human resource management from the perspective of work and organisational psychology. *Management Revue, 15* (2), 192–200.

Schaper, N. (2014). Aus- und Weiterbildung: Konzepte der Trainingsforschung. In F. Nerdinger, G. Blickle & N. Schaper (Hrsg.), *Arbeits- und Organisationspsychologie* (3., vollst. überarb. Aufl., S. 461–488). Heidelberg: Springer.

Schaper, N. & Konradt, U. (2004). Personalentwicklung mit E-Learning. In G. Hertel & U. Konradt (Hrsg.), *Human Resource Management im Inter- und Intranet* (S. 274–293). Göttingen: Hogrefe.

Schaper, N., Mann, J. & Hochholdinger, S. (2009). Strategien und Methoden zur Begleitung von Lernprojekten für eine selbstorganisierte betriebliche Kompetenzentwicklung. In S. Kauffeld, S. Grothe & E. Frieling (Hrsg.), *Handbuch Kompetenzentwicklung* (S. 351–365). Stuttgart: Schäffer-Poeschel.

Schaper, N., Schmitz, A., Graf, B. & Grube, C. (2004). Gestaltung und Evaluation von simulatorgestützten Trainings in der Anästhesie. In T. Manser (Hrsg.), *Komplexes Handeln in der Anästhesie* (S. 229–260). Lengerich: Pabst.

Schaper, N. & Sonntag, Kh. (1997). Kognitive Trainingsmethoden zur Förderung diagnostischer Problemlösefähigkeiten. In Kh. Sonntag & N. Schaper (Hrsg.), *Störungsmanagement und Diagnosekompetenz* (S. 193–210). Zürich: vdf.

Schaper, N. & Sonntag, Kh. (1998). Analysis and training of diagnostic expertise in complex technical domains. *European Journal of Work and Organizational Psychology, 7* (4), 479–498. http://doi.org/10.1080/135943298398529

Schaper, N. & Sonntag, Kh. (2007). Weiterbildungsverhalten. In D. Frey & L. von Rosenstiel (Hrsg.), *Wirtschaftspsychologie. Enzyklopädie der Psychologie D/III/6* (S. 573–648). Göttingen: Hogrefe.

Scherperell, C. (2005). Changing mental models: business simulation exercises. *Simulation and Gaming, 36,* 388–403. http://doi.org/10.1177/1046878104270005

Seufert, S., Back, A. & Häusler, M. (2001). *E-Learning – Weiterbildung im Internet. Das „Plato-Cookbook" für internetbasiertes Lernen.* Kilchberg: Smart Books.

Shepherd, A., Marshall, E.C., Turner, A. & Duncan, K.D. (1977). Diagnosis of plant failures from a control panel: a comparison of three training methods. *Ergonomics, 20,* 347–61. http://doi.org/10.1080/00140137708931638

Sitzmann, T. (2011). A meta-analytic examination of the instructional effectiveness of computer-based simulation games. *Personnel Psychology, 64* (2), 489–528. http://doi.org/10.1111/j.1744-6570.2011.01190.x

Sitzmann, T., Bell, B.S., Kraiger, K. & Kanar, A.M. (2009). A multilevel analysis of the effect of prompting self-regulation in technology-delivered instruction. *Personnel Psychology, 62* (4), 697–734. http://doi.org/10.1111/j.1744-6570.2009.01155.x

Sitzmann, T., Kraiger, K., Stewart, D. & Wisher, R. (2006). The comparative effectiveness of web-based and classroom instruction: a meta-analysis. *Personnel Psychology, 59,* 623–664. http://doi.org/10.1111/j.1744-6570.2006.00049.x

Smith, P.B. (1975). Controlled studies of the outcome of sensitivity training. *Psychological Bulletin, 82,* 597–622. http://doi.org/10.1037/h0076841

Sonntag, Kh. (2009). Kompetenztaxonomie und -modelle: Orientierungsrahmen und Referenzgröße beruflichen Lernens bei sich verändernden Umfeldbedingungen. In U.M. Staudinger & H. Heidemeier (Hrsg.), *Altern in Deutschland. Band 2: Altern, Bildung und lebenslanges Lernen* (Nova Acta Leopoldina, NF Bd. 100, Nr. 364, S. 249–265). Stuttgart: Wissenschaftliche Verlagsgesellschaft.

Sonntag, Kh., Frieling, E. & Stegmaier, R. (2012). *Lehrbuch Arbeitspsychologie* (3. Aufl.). Bern: Huber.

Sonntag, Kh. & Schäfer-Rauser, U. (1993). Selbsteinschätzung beruflicher Kompetenzen bei der Evaluation von Trainingsmaßnahmen. *Zeitschrift für Arbeits-und Organisationspsychologie, 37,* 163–171.

Sonntag, Kh. & Schaper, N. (1988). Kognitives Training zur Bewältigung steuerungstechnischer Aufgabenstellungen. *Zeitschrift für Arbeits- und Organisationspsychologie, 32* (3), 128–138.

Sonntag, Kh. & Schaper, N. (Hrsg.). (1997). *Störungsmanagement und Diagnosekompetenz. Leistungskritisches Denken und Handeln in komplexen technischen Systemen*. Zürich: vdf/Teubner.

Sonntag, Kh. & Stegmaier, R. (2006). Verhaltensorientierte Verfahren der Personalentwicklung. In H. Schuler (Hrsg.), *Lehrbuch der Personalpsychologie* (2. Aufl., S. 281–304). Göttingen: Hogrefe.

Sonntag, Kh. & Stegmaier, R. (2007). *Arbeitsorientiertes Lernen*. Stuttgart: Kohlhammer.

Sonntag, Kh. & Stegmaier, R. (2010). Trainingsgestaltung. In U. Kleinbeck & Kh. Schmitt (Hrsg.), *Arbeitspsychologie. Enzyklopädie der Psychologie. D/III/Band 1* (S. 821–868). Göttingen: Hogrefe.

Sonntag, Kh., Stegmaier, R., Müller, B., Baumgart, C. & Schaupeter, H. (2000). *Leitfaden zur Implementation arbeitsintegrierter Lernumgebungen*. Bielefeld: Bertelsmann.

Stegmaier, R. & Sonntag, Kh. (2009). Cognitive apprenticeship: Arbeitsorientiert von Experten lernen. In S. Kauffeld, S. Grote & E. Frieling (Hrsg.), *Handbuch Kompetenzentwicklung* (S. 338–350) Stuttgart: Schäffer-Poeschel.

Stewart, G. L., Carson, K. P. & Cardy, R. L. (1996). The joint effects of conscientiousness and self-leadership training on employee self-directed behavior in a service setting. *Personnel Psychology, 49,* 143–164. http://doi.org/10.1111/j.1744-6570.1996.tb01795.x

Sundstrom, E., DeMeuse, K. P. & Futrell, D. (1990). Work teams: Applications and effectiveness. *American Psychologist, 45,* 120–133. http://doi.org/10.1037/0003-066X.45.2.120

Tannenbaum, S., Beard, R., McNall, L. A. & Salas, E. (2010). Informal learning and development in organizations. In S. Kozlowski & E. Salas (Eds.), *Learning, Training, and Development in Organizations* (pp. 303–331). New York, NY: Routledge.

Tannenbaum, S. I. & Yukl, G. (1992). Training and development in work organizations. *Annual Review of Psychology, 35,* 519–551.

Taylor, P. J., Russ-Eft, D. F. & Chan, D. W. L. (2005). A meta-analytic review of behavior modeling training. *Journal of Applied Psychology, 90* (4), 692–709. http://doi.org/10.1037/0021-9010.90.4.692

Tergan, O.-S. (1995). Hypertext und Hypermedia: Konzeptionen, Lernmöglichkeiten, Lernprobleme. In L. J. Issing & P. Klimsa (Hrsg.), *Information und Lernen mit Multimedia* (S. 123–138). Weinheim: PVU.

Tisdale, T. (1993). Selbstreflexion und seine Bedeutung für die Handlungsregulation. In S. Strohschneider & R. von der Weth (Hrsg.), *Ja, mach nur einen Plan – Pannen und Fehlschläge – Ursachen, Beispiele und Lösungen* (S. 111–125). Bern: Huber.

Ulich, E. & Baitsch, Ch. (1987). Arbeitsstrukturierung. In U. Kleinbeck & J. Rutenfranz (Hrsg.), *Arbeitspsychologie. Enzyklopädie der Psychologie. Themenbereich D/III Bd.1* (S. 493–532). Göttingen: Hogrefe.

van Dick, R. & West, M. A. (2013). *Teamwork, Teamdiagnose, Teamentwicklung* (2. Aufl.) Göttingen: Hogrefe.

van Ruysseveldt, J. & van Dijke, M. (2011). When are workload and workplace learning opportunities related in a curvilinear manner? The moderating role of autonomy. *Journal of Vocational Behavior, 79,* 470–483. http://doi.org/10.1016/j.jvb.2011.03.003

Weinert, F. E. (2001). Concept of competence: A conceptual clarification. In D. S. Rychen & L. H. Salganik (Eds.), *Defining and selecting key competencies* (pp. 45–66). Göttingen: Hogrefe.

Winkler, S. & Stein, F. (1994). Outdoor-Training: Ein Erfahrungsbericht. In L. M. Hofmann & E. Regnet (Hrsg.), *Innovative Weiterbildungskonzepte* (S. 329–334). Göttingen: Verlag für Angewandte Psychologie.

Witzgall, E. (1984). *Höherqualifizierung in der Industriearbeit.* Unveröffentlichte Dissertation, Universität Bamberg, Fakultät Pädagogik-Philosophie-Psychologie.

Wolfe, J. & Roberts, C.R. (1986). The external validity of a business management game: A five-year longitudinal study. *Simulation & Gaming, 17,* 45–49. http://doi.org/10.1177/0037550086171004

Wolfe, J. & Roberts, C.R. (1993). A further study of the external validity of business games: Five-year peer group indicators. *Simulation & Gaming, 24,* 21–33. http://doi.org/10.1177/1046878193241004

Wouters, P., Nimwegen, C. van, Oostendorp, H. van & Spek, E.D. van der (2013). A Meta-Analysis of the Cognitive and Motivational Effects of Serious Games. *Journal of Educational Psychology, 105* (2), 249–265. http://doi.org/10.1037/a0031311

Wrzesniewski, A. & Dutton, J.E. (2001). Crafting a job: Revisioning employees as active crafters of their work. *Academy of Management Review, 26,* 179–201. http://doi.org/10.5465/AMR.2001.4378011

Zimmerman, B.J. (2000). Attaining self-regulation: A social cognitive perspective. In M. Boekaerts, P.R. Pintrich & M. Zeidner (Eds.), *Handbook of self-regulation* (pp. 13–39). San Diego, CA: Academic Press.

Zumbach, J. (2002). Goal-Based Scenarios. In U. Scheffer & F.W. Hesse (Hrsg.), *E-Learning. Die Revolution des Lernens gewinnbringend einsetzen* (S. 67–82). Stuttgart: Klett-Cotta.

Kapitel 13

Arbeitsbedingte Belastungen erkennen, Stress reduzieren, Wohlbefinden ermöglichen: Ressourcenorientierte Gesundheitsförderung

Karlheinz Sonntag, Sarah Turgut & Elisa Feldmann

Inhaltsübersicht

Überblick:

In einer sich stetig verändernden Arbeitswelt und deren dynamischen Umfeldbedingungen steigen Bedarf und Anforderungen an eine personale Förderung, die auch der Aufrechterhaltung von Gesundheit, Wohlbefinden und Leistungsfähigkeit der Beschäftigten dient. In diesem Beitrag wird für eine ressourcenorientierte Gesundheitsförderung in Organisationen plädiert. Zunächst werden Konzepte der Stressforschung zur Beschreibung gesundheitsrelevanter Aspekte menschlicher Arbeit kritisch reflektiert. Für die operative Ebene werden danach Verfahren einer umfassenden Diagnostik psychischer und physischer Belastung und Beanspruchung am Arbeitsplatz vorgestellt. Die betriebliche Gesundheitsförderung kann auf vielfältige Maßnahmen zurückgreifen. Beschrieben werden verhältnis- und verhaltensorientierte Interventionen, die entweder auf die Veränderung von Arbeitsbedingungen oder gesundheitsbezogene Verhaltensänderungen abzielen. Auch ein gesundheitsförderlicher Führungsstil und Tertiärinterventionen (z. B. „Employee Assistance"-Programme) leisten einen wichtigen Beitrag zu einem umfassenden, nachhaltigen Gesundheitsmanagement. Abschließend werden Evaluationsansätze betrieblicher Gesundheitsförderung diskutiert.

1 Gesundheitsförderung und Ressourcenaufbau als Gegenstand der Personalentwicklung

Personalentwicklung kann nicht unabhängig von der Gesundheit und dem Wohlbefinden der Fach- und Führungskräfte betrachtet werden: Zum einen können geeignete Maßnahmen dazu beitragen den Gesundheitszustand der Organisationsmitglieder und deren Wohlbefinden zu verbessern, zum anderen dürfte die Wirkung einer Maßnahme umso stärker sein, je mehr die Beschäftigten psychisch und physisch in der Lage sind, eine entsprechende Intervention auch aufnehmen und umsetzen zu können.

Aufgrund einer sich wandelnden Arbeitswelt steigen Bedarf und Anforderungen an eine personale Förderung, die eine gesunderhaltende Leistungserbringung des Menschen ermöglicht. Für neue Belastungskonfigurationen und Beanspruchungsfolgen aufgrund des Einsatzes moderner Kommunikationstechnologien, erhöhter Eigenverantwortung und beschleunigter Arbeitsprozesse bei zunehmender Informationsdichte müssen fundierte Maßnahmen entwickelt und angeboten werden, um die Mitarbeitergesundheit zu stärken – so auch die Schlussfolgerung der Autoren des sogenannten Stressreports der Bundesanstalt für Arbeitsschutz und Arbeitsmedizin (Lohmann-Haislah, 2012). Gefordert wird ein präventiver Arbeits- und Gesundheitsschutz für die nachhaltige Stärkung der Innovations- und Wettbewerbsfähigkeit der Organisationen und ihrer Mitglieder. Nicht nur auf der Ebene der einzelnen Fach- und Führungskräfte ist die Minimierung des Krankheitsrisikos angezeigt, arbeitsbedingte gesundheitsrelevante Auswirkungen schlagen sich auch deutlich in den Fehlzeiten, Absentismusraten und damit in den ökonomischen Kennziffern produktiver und innovativer Organisationen nieder.

Die Umsetzung der Erkenntnisse gesundheitsrelevanter Arbeitsforschung in den betrieblichen Alltag ist deshalb zwingend für die Verantwortlichen im HR-Management. Es gilt, zwischen Personalentwicklung und dem Arbeits- und Gesundheitsschutz integrative Dienstleistungsstrukturen aufzubauen, um präventive Maßnahmen im Sinne einer *ressourcenorientierten Gesundheitsförderung* für die moderne Arbeitswelt wirkungsvoll zu gestalten.

Mit der Fokussierung auf Ressourcen ist ein Ansatz betrieblicher Gesundheitsförderung zu verstehen, der nicht nur krankmachende Faktoren am Arbeitsplatz (pathogene Strukturen) erfasst, vielmehr stehen Ressourcen im Vordergrund, die zur Gesunderhaltung von Menschen beitragen (salutogenetischer Ansatz). Durch die Erfassung von Ressourcen können so potenziell gesundheitsgefährdende Einflüsse aus arbeitsbedingten Aufgaben und Anforderungen abgepuffert werden (Bakker & Demerouti, 2007; Sonntag, 2010). Abbildung 1 verdeutlicht dies an einem allgemeinen Rahmenmodell zur ressourcenorientierten Gesundheitsförderung.

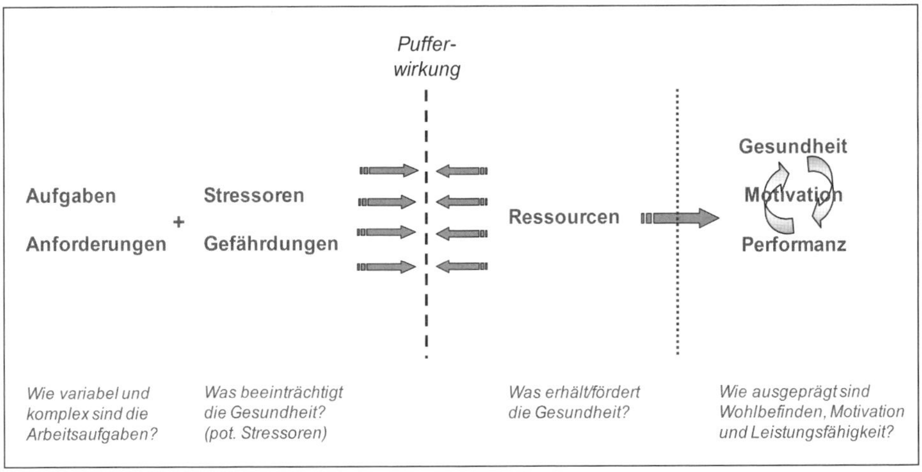

Abbildung 1: Allgemeines Rahmenmodell ressourcenorientierter Gesundheitsförderung (Sonntag, 2015, S. 246)

In diesem generischen Rahmenmodell wird davon ausgegangen, dass Menschen in ihrer Arbeitsumgebung sowohl auf Arbeitsanforderungen (= Belastungen) als auch auf Ressourcen treffen. Während sich Anforderungen in Abhängigkeit individueller Leistungsvoraussetzungen auch negativ auf das Wohlbefinden auswirken (= potenzielle Stressoren) und zu Erschöpfung, Unzufriedenheit oder geringem Arbeitsengagement (= negative Beanspruchungsfolgen) führen können, sind Ressourcen förderlich für Gesundheit, Motivation und Leistungsfähigkeit. Für die Umsetzung des oben genannten Modells im Rahmen der arbeitsbezogenen Stress- und Belastungsforschung werden in den jeweiligen Untersuchungsdesigns arbeitsbedingte Anforderungen in unterschiedlichem Umfang mit Variablen wie Arbeitskomplexität, Variabilität, Arbeitsunterbrechungen und Zeitdruck operationalisiert; Ressourcen beispielsweise als Handlungsspielraum, Kontrolle, soziale Unterstützung, individuelle Coping-Stile, Selbstwirksamkeit und psychophysischer Gesundheitsstatus erfasst (vgl. bspw. Crawford, LePine & Rich, 2010; Nahrgang, Morgeson & Hofman, 2011; Rexroth, Nohe, Sonntag & Feldmann, 2014; Zapf & Semmer, 2004). Erst die exakte Kenntnis über einzelne Belastungen und Ressourcen und deren Wirkungsweise ermöglicht eine sinnvolle Gesundheitsförderung der Organisationsmitglieder.

2 Konzepte zur Beschreibung gesundheitsrelevanter Aspekte menschlicher Arbeit

Im Folgenden werden theoretische Modelle der Stressforschung zur Beschreibung der Zusammenhänge zwischen Arbeit und Gesundheit vorgestellt, bevor ein zentrales Konstrukt, das der Ressourcen als Entlastungsfaktor bei arbeitsbedingtem Stress, diskutiert wird. Anschließend wird aufgrund der aktuellen Erfordernis, psychische Belastungskonfigurationen am Arbeitsplatz zu erfassen, versucht begriffliche Unschärfen zu klären.

2.1 Modelle zum Zusammenhang zwischen Arbeit und Gesundheit

Die arbeitsbezogene Stressforschung hat in der Psychologie Tradition (vgl. zusammenfassend Semmer, McGrath & Behr, 2005; Semmer & Meier, 2014; Zapf & Semmer, 2004). Erste Erklärungsansätze der Stressforschung lassen sich einfachen Reiz-Reaktions-Konzepten zuordnen. Allerdings haben sich weder die stimulibezogene noch die reaktionsbezogene Perspektive sonderlich bewährt. Einflussreichere theoretische Modelle betrachten die Wechselwirkung zwischen dem Menschen und der Umwelt und berücksichtigen auch die jeweiligen individuellen kognitiven Bewertungsprozesse (also die eigentliche Stressverarbeitung). Tabelle 1 gibt einen Überblick über prominente Stresstheorien, ihre Kernaussagen und Umsetzung in der Forschung (empirische Evidenz). Ausführlichere Erläuterungen zu einigen Modellen der Stressforschung finden sich auch im Kapitel 8 dieses Buches.

Tabelle 1: Ein Überblick über ausgewählte Stress-Theorien, ihre Kernaussagen und empirische Evidenz.

Reiz-Reaktions-Konzept (z. B. Selye, 1950)	
Kern-aussage	Die Entstehung von Stress ist bedingt durch das Vorhandensein gewisser Umfeldstimuli oder Lebensereignisse. Es gibt universal gültige Stimuli, die bei jedem Menschen zu einer Stressreaktion führen, z. B. physikalische, arbeitsorganisatorische und/oder soziale Stressoren. Die unspezifischen Reaktionen des Menschen sind Folgen seiner Anpassung an innere oder äußere Anforderungen (Selye, 1983).
Empirische Evidenz	*Schwach* (Zapf & Semmer, 2004)
Job Demand-Control Model (Karasek, 1979; Karasek & Theorell, 1990)	
Kern-aussage	Arbeitsanforderungen und Entscheidungsspielräume werden einander gegenübergestellt. Das Ausmaß der Beanspruchung ist abhängig von der Ausprägung der Anforderungen und der Möglichkeit, Entscheidungen eigenständig treffen zu können: Die Wahrscheinlichkeit für das Erleben von Stress steigt bei der Kombination von hohen Arbeitsanforderungen und geringem Entscheidungsspielraum an.
Empirische Evidenz	*Gut – Sehr gut.* Praxistauglich und aufwandsökonomische Umsetzung (siehe Abschnitt 3.4) *Mittel* (Wissenschaft). Inzwischen liegen einige Erweiterungen dieses Modells vor, da die Generalisierbarkeit des Modells durch den Fokus auf zwei Dimensionen eingeschränkt ist (vgl. Job Demands-Resources Model; Demerouti, Bakker, Nachreiner & Schaufeli, 2001).
Modell der Salutogenese (Antonovsky, 1979)	
Kern-aussage	Das Kohärenzerleben – definiert als das Grundvertrauen einer Person in die Verstehbarkeit, Handhabbarkeit und Sinnhaftigkeit von Lebenssituationen – beeinflusst deren Gesundheit. Stress ist dabei ein Spannungszustand, der durch Umweltanforderungen erzeugt wird und vorhandene Ressourcen zur Bewältigung von Stressoren übersteigt.
Empirische Evidenz	*Gut.* Das Verständnis, dass sich Gesundheit nicht nur durch die Abwesenheit von Krankheit definiert, hat viele Forschungsarbeiten und gesellschaftspolitisches Handeln geprägt (Udris, 2006).

Tabelle 1: Fortsetzung

Person-Environment Fit Theory (French, Caplan & Harrison, 1982; Kristof-Brown & Guay, 2011)	
Kern-aussage	Zur Vorhersage von Stressreaktionen müssen sowohl das Arbeitsumfeld als auch die Person (z. B. Fähigkeiten, Leistungsbereitschaft) berücksichtigt werden. Eine positive oder negative Passung resultiert aus dem Abgleich der wahrgenommenen Anforderungen der Umwelt mit den individuellen Bedürfnissen. Beanspruchungserleben (Stress) kann durch eine dauerhaft ungenügende Passung entstehen.
Empirische Evidenz	*Gut.* Viele empirische Untersuchungen zu unterschiedlichen Formen der Passung (z. B. Person-Job Fit, Person-Organization Fit) bestätigen die angenommenen Zusammenhänge (Caldwell, 2013; Edwards, Caplan & Harrison, 1998).
Transaktionales Stressmodell (Lazarus, 1999; Lazarus & Folkman, 1984)	
Kern-aussage	Stress entsteht durch die Bewertung von Situationen und den wahrgenommenen Handlungsmöglichkeiten. In der primären Einschätzung wird bewertet, ob die jeweilige Situation für den Menschen stressrelevant ist (i. S. v. Herausforderung, Bedrohung, Schädigung oder Verlust). In diesem Falle erfolgt im zweiten Schritt die Bewertung des Vorhandenseins individueller Bewältigungsmöglichkeiten (z. B. Ressourcen). Eine Neuinterpretation resultiert aus dem Ausmaß der erfolgreichen Bewältigung. Stress liegt vor, wenn die Bewältigung der Situation die zur Verfügung stehenden Ressourcen übersteigt.
Empirische Evidenz	*Gut.* Es handelt sich um ein bewährtes empirisches Modell, das in einer Vielzahl von nationalen und internationalen Studien verwendet und gestützt wird (vgl. Sonnentag & Frese, 2013).
Conservation of Resources Theory (Hobfoll, 1989, 2001)	
Kern-aussage	Menschen streben danach, Ressourcen aufzubauen und zu erhalten. Ein Verlust von Ressourcen wiegt schwerer als ein Gewinn an Ressourcen, daher ist Stress die Reaktion auf einen drohenden oder akuten Ressourcenverlust.
Empirische Evidenz	*Gut.* Die Conservation of Resources Theory hat in der Forschung ein breites Anwendungsfeld und wird durch vielfältige Befunde gestützt (Quick & Gavin, 2001).

Tabelle 1: Fortsetzung

Modell beruflicher Gratifikationskrisen (Siegrist, 1996, 2002)	
Kern-aussage	Menschen streben im Sinne der Reziprozität nach einem ausgeglichenen Verhältnis zwischen einem gewissen Investment (d. h. eigene Anstrengungen) und einer entsprechenden Gegenleistung (d. h. Belohnung). Liegt hier ein Ungleichgewicht vor, so entsteht Stress.
Empirische Evidenz	*Gut.* Die genannte Kernhypothese wurde empirisch mehrfach bestätigt (van Vegchel, de Jonge, Bosma & Schaufeli, 2005).
Effort-Recovery Model (Meijman & Mulder, 1998)	
Kern-aussage	Anstrengungen bei der Arbeit kumulieren sich und können zu Beanspruchung führen, wenn diesen (negativen) Effekten nicht durch Erholung entgegengewirkt wird. Stress ergibt sich, wenn Menschen in ihrer Freizeit den gleichen Anforderungen und Anstrengungen ausgesetzt sind wie bei der Arbeit.
Empirische Evidenz	*Gut.* Eine Vielzahl an Studien bestätigt die theoretischen Annahmen des Effort-Recovery Models (Debus, Sonnentag, Deutsch & Nussbeck, 2014; Zijlstra, Cropley & Rydstedt, 2014; Zoupanou, Cropley & Rydstedt, 2013).
Job Demands-Resources Model (Bakker & Demerouti, 2007; Demerouti et al., 2001)	
Kern-aussage	Potenzielle Risikofaktoren bei der Arbeit werden in Arbeitsanforderungen und Ressourcen unterschieden. Arbeitsanforderungen bedingen Beanspruchungserleben, während Ressourcen die Motivation beeinflussen. Stress ist demnach die Reaktion auf hohe Arbeitsanforderungen oder geringe Ressourcen.
Empirische Evidenz	*Gut.* Metaanalytische Studien bestätigen das Modell und zeigen darüber hinaus, dass auch Arbeitsanforderungen mit der Motivation und Ressourcen mit Beanspruchungserleben in Zusammenhang stehen (Crawford et al., 2010). Ressourcen haben eine Pufferwirkung (Bakker & Demerouti, 2007).
Job Demands-Resources-Recovery Model (Kinnunen, Feldt, Siltaloppi & Sonnentag, 2011)	
Kern-aussage	Die Wirkung der Anforderungen und Ressourcen auf Beanspruchung und Motivation wird vermittelt durch Erholungserfahrungen. Stress ist die Folge von hohen Arbeitsanforderungen oder geringen Ressourcen.
Empirische Evidenz	*Noch gering.* Bisher bestehen nur wenige Forschungsergebnisse, die diese Zusammenhänge der jüngsten Weiterentwicklung prüfen.

Die vermutlich am weitesten verbreitete Stresstheorie in der Forschung ist das transaktionale Stressmodell von Lazarus und Folkman (1984). Dieses Modell postuliert keine einfache Reiz-Reaktionskette, sondern betrachtet die Interaktion von Mensch und Umwelt. Dabei steht die kognitive Bewertung eines stressinduzierenden Moments, eines sogenannten Stressors, im Vordergrund.

Die Annahmen zu Bewertungsprozessen bei auftretenden Stressoren haben auch moderne Weiterentwicklungen in der Stressforschung geprägt. So entstand das zweidimensionale Stresskonzept nach Cavanaugh, Boswell, Roehling und Boudreau (2000), bei dem zwischen *Challenge-* und *Hindrance-Stressoren* unterschieden wird. Während *Challenge-Stressoren* Belastungen im Arbeitskontext beschreiben, die mit potenziellem Gewinn und der Möglichkeit zu lernen oder sich weiterzuentwickeln zusammenhängen, sind *Hindrance-Stressoren* arbeitsbezogene Belastungen, die als hinderlich in Bezug auf die Erreichung von Zielen betrachtet werden (vgl. auch Kapitel 8 in diesem Buch). Diese Unterscheidung konnte die zuvor uneinheitliche Befundlage aufklären und wesentlich zum Verständnis des Stressentstehungsprozesses beitragen (Podsakoff, LePine & LePine, 2007). Empirische Studien, Reviews und Metaanalysen (Rodell & Judge, 2009; Turgut, Michel & Sonntag, 2014; Webster, Behr & Christiansen, 2010; Widmer, Semmer, Kälin, Jacobshagen & Meier, 2012) bestätigen den Mehrwert der Unterscheidung von *Challenge-* und *Hindrance-Stressoren* im Rahmen der arbeitspsychologischen Stress- und Belastungsfaktoren.

2.2 Ressourcen als Vehikel der Beanspruchungsoptimierung

Wie bereits erwähnt, spielen Ressourcen im Umgang mit Stressoren eine bedeutende Rolle. Als *Ressourcen* gelten allgemein Faktoren, die es dem Menschen ermöglichen, sich mit Situationen aktiv auseinanderzusetzen, sie zu beeinflussen und dadurch letztlich stressverursachende Einflüsse zu verhindern beziehungsweise abzumildern.

Die Conservation of Resources Theory von Hobfoll (1989; vgl. Tabelle 1) definiert den Ressourcenbegriff sehr breit und umfasst Objekte, Lebensumstände, persönliche Merkmale und Energien, die eine Person wertschätzt, sowie Mittel, um diese wertgeschätzten Ressourcen zu erhalten. Demgegenüber werden im Job Demands-Resources Model (Demerouti et al., 2001) Ressourcen definiert als physische, psychische, soziale oder organisationale Aspekte des Jobs, die der Zielerreichung dienen, die Belastungen reduzieren oder die persönliche Weiterentwicklung und Lernen anregen.

Kategorisierungsversuche ordnen Ressourcen nach situationsbezogenen (Handlungsspielraum, soziale Unterstützung) und personenbezogenen Merkmalen (Optimismus, Selbstvertrauen, berufliche Qualifikation, soziale Fertigkeiten; vgl. Semmer & Meier, 2014, S. 588) oder nach organisationalen, sozialen und personalen Aspekten (vgl. Infobox 1).

Infobox 1: Kategorisierung von Ressourcen (vgl. Richter & Hacker, 1997; Udris, 2006)

- *Organisationale Ressourcen* umfassen Merkmale der Arbeitsumgebung wie z. B. Handlungsspielraum, Partizipationsmöglichkeiten, Weiterentwicklungsmöglichkeiten oder positive Unternehmenskultur. Diese werden als situativ gesunderhaltende Elemente aufgefasst.
- *Soziale Ressourcen* beziehen sich auf die Unterstützung durch das soziale Umfeld. Dazu gehören z. B. die Unterstützung durch Kollegen, Vorgesetzte, Betriebsrat, Familie oder Freunde. Diese können situativ oder habitualisiert auftreten.
- *Personale Ressourcen* bezeichnen individuelle, personenbezogene Eigenschaften wie z. B. Kohärenzerleben, Selbstwirksamkeit, Copingstile, Optimismus, Hardiness (Widerstandsfähigkeit). Diese werden als habitualisierte gesunderhaltende Elemente aufgefasst.

Laut Udris (2006) sind diese drei Ressourcen-Kategorien nicht unabhängig voneinander zu betrachten. Sowohl soziale als auch organisationale Ressourcen können einen direkten Einfluss auf die personalen Ressourcen ausüben. Zapf und Semmer (2004) beschreiben zwei unterschiedliche Wirkungsweisen von Ressourcen im Entstehungsprozess von Stress: Entweder stehen Ressourcen in einem positiven Zusammenhang mit der Gesundheit (direkter Zusammenhang) oder sie schwächen/stärken die Wirkung eines Stressors auf die Gesundheit (indirekter Zusammenhang; vgl. Bakker & Demerouti, 2007; Edelmann, 2002; Westman, Hobfoll, Chen, Davidson & Laski, 2005).

Das *Work-Home Resources Model* (ten Brummelhuis & Bakker, 2012) umfasst eine weitere aktuelle Klassifizierung von Ressourcen, die anhand ihrer *Quelle* (kontextabhängig versus personenbezogen) sowie ihrer *Vergänglichkeit* (flüchtig versus stabil) beschrieben werden können. Beratung wäre in diesem Sinne eine kontextabhängige und flüchtige Ressource, während Fähigkeiten personenbezogen und stabil sind. Darüber hinaus berücksichtigt das Work-Home Resources Model sogenannte Schlüssel- und Makroressourcen. In Form von *Schlüsselressourcen* ermöglichen Persönlichkeitseigenschaften einen effizienten Umgang mit Stressoren, wodurch neue Ressourcen erworben werden. *Makroressourcen* hingegen begünstigen einen direkten Zugang zu Ressourcen; sie sind definiert als das ökonomische, kulturelle und soziale Umfeld eines Menschen. Eine ausführliche Beschreibung der Inhalte und Wirkmechanismen dieses Modells befindet sich in Kapitel 14 dieses Buches im Kontext der Vereinbarkeit von Arbeit und Privatleben.

Mit dem Verlust oder dem Gewinn von Ressourcen setzte sich erstmals die *Conservation of Resources Theory* (Hobfoll, 1989) auseinander. Ein Ressourcenverlust geht mit vermindertem Wohlbefinden und reduzierter Gesundheit einher. Durch einmaligen Ressourcenverlust kann eine Vulnerabilität für weiteren Ressourcenverlust entstehen. Dieses Phänomen bezeichnet Hobfoll (2001) als Verlustspirale, die eine überdauernde, negative Beanspruchungsfolge bewirken kann (Heath, Hall, Russ, Canetti & Hobfoll, 2012) und schwer zu unterbrechen ist (Örtqvist & Wincent, 2010). Darüber hinaus sind auch Gewinnspiralen möglich, die besonders vor dem Hintergrund von Ressourcenverlust und Beanspruchungsfolgen eine hohe Relevanz besitzen.

Besonders im *Selbstwert* und der *Selbstwirksamkeit* sieht Hobfoll (2001) Kernressourcen („key resources"), die Stress entstehen lassen, wenn sie bedroht sind oder deren Aufrechterhaltung nicht gewährleistet ist. Eine stresstheoretische Aufarbeitung des Forschungsstandes zu Selbstwert und Wertschätzung („stress-as-offense-to-self") findet sich bei Semmer, Jacobshagen, Meier und Elfering (2007).

Gulmo (2008) untersuchte an einer Stichprobe von rund 600 Arbeitnehmervertretern bundesweit deren Beanspruchungen und Bewältigungsmöglichkeiten. Es zeigte sich, dass vor allem die Ressourcen Gesundheitsverhalten, allgemeine Selbstwirksamkeitserwartung sowie soziale Unterstützung geeignet waren, Beeinträchtigungen der Gesundheit und des Wohlbefindens entgegenzuwirken.

Als personale Ressource wird aktuell *Resilienz* (Selbstwirksamkeit, Achtsamkeit und Optimismus) und resilientes Verhalten (z. B. emotionale Bewältigung, positive Umdeutung) für die psychische Gesundheit am Arbeitsplatz untersucht. Erste Studien (vgl. Soucek, Pauls, Ziegler & Schlett, 2015) belegen die gesundheitsförderliche Wirkung von Resilienz.

Vielfach wird auch die Ressource *soziale Unterstützung* als gesundheitsförderlich hervorgehoben (Halbesleben, 2006; Rexroth, Sonntag & Michel, 2014). In einer Studie von Westman, Bakker, Roziner und Sonnentag (2011) zeigten sich sogenannte Crossover-Effekte aufgrund der sozialen Unterstützung durch Kollegen innerhalb eines Teams. Diese Effekte beschreiben, dass sich die empfundene Beanspruchung von einer Person auf die andere überträgt. Ein ähnlicher Befund ließ sich für ein *positives Teamklima* bestätigen: Der regelmäßige Austausch von Gedanken und Gefühlen zwischen Teammitgliedern hebt die wahrgenommene Beanspruchung hervor und erhöht dadurch die Wahrscheinlichkeit von Crossover-Effekten (Turgut, Michel, Rothenhöfer & Sonntag, 2016).

Als Fazit lässt sich festhalten, dass die genaue Kenntnis des gesundheitsförderlichen Potenzials von Ressourcen eine zentrale Rolle bei der Gestaltung personaler Förderung und beanspruchungsoptimaler Arbeit einnimmt.

2.3 „Psychische Belastung ist nicht gleich psychische Erkrankung" – eine Begriffsklärung

In jüngster Zeit konzentriert sich der Arbeits- und Gesundheitsschutz in den Organisationen aufgrund rechtlicher und normativer Vorgaben auf die Erfassung psychischer Belastung am Arbeitsplatz (ArbSchG, 2013, § 5; GDA-Arbeitsprogramm Psyche, 2014). Da die Diskussion auf diesem Gebiet noch immer durch begriffliche Unschärfen gekennzeichnet ist, werden im Folgenden kurz die zentralen Definitionen erläutert.

Mit dem klassischen Belastungs-Beanspruchungs-Konzept von Rohmert und Rutenfranz (1975) wurde ein theoretisches Erklärungsmodell entwickelt, das psychische Belastung und Beanspruchung beschreibt. Eingang fanden die Begriffe 1987 erstmalig in eine DIN-Norm durch den Normenausschuss Ergonomie im Deutschen Institut für Normung (siehe Infobox 2).

Infobox 2: Deutsche Industrienormen zu den Begriffen der psychischen Belastung und Beanspruchung

Die DIN 33405 (Deutsches Institut für Normung, 1987) und die DIN EN ISO 10075-1 beinhalten folgende Definitionen:

- *Psychische Belastungen* umfassen die Gesamtheit der erfassbaren Einflüsse, die von außen auf den Menschen zukommen und auf ihn psychisch einwirken.
- *Psychische Beanspruchung* entspricht der unmittelbaren Auswirkung bzw. subjektiven Folgen der Belastung im Menschen in Abhängigkeit von seinen individuellen Voraussetzungen, seinem Zustand und seinen Bewältigungsstrategien.
- *Beanspruchungsfolgen* können sowohl kurzfristig (positive Anregung i. S. v. Aufwärmung, Aktivierung, Lernen sowie negative Beeinträchtigung i. S. v. Ermüdung, Monotonie etc.) als auch langfristig (z. B. Stress, Burnout, Absentismus) sein.

Entsprechend dieser Definition ist der Begriff der *psychischen Belastung* zunächst neutral und kann daher als Anforderung oder Herausforderung erlebt werden. Von *psychischer Fehlbelastung* wird gesprochen, wenn Anforderungen und Belastungen mit einer hohen Wahrscheinlichkeit zu gesundheitlichen Beeinträchtigungen i. S. potenzieller Stressoren führen (LASI, 2002). Das Verständnis von *psychischen Beanspruchungen* ergibt sich in Abhängigkeit vorhandener Kompetenzen, des aktuellen psycho-physischen Status und bestimmter Bewältigungsmechanismen (Coping) einer Person. Mit aktuellen Leistungsvoraussetzungen redefiniert der Mitarbeiter seine jeweils übernommenen Aufgaben („wird beansprucht"). Daraus resultieren entsprechende positive oder negative Beanspruchungsfolgen für den Beschäftigten. In diesem Zusammenhang ist deutlich darauf hinzuweisen, dass psychische Belastungen und psychische Erkrankungen *nicht* zu verwechseln sind. Nicht selten werden fälschlicherweise psychische Erkrankungen als Wirkungsgröße (Outcome-Variable) von Belastungsfaktoren am Arbeitsplatz gesehen (vgl. Infobox 3).

Infobox 3: Unterscheidung von psychischen Belastungen und psychischen Erkrankungen

Psychische Belastungen beziehen sich auf die vielfältigen Einflussfaktoren aus den Umfeldbedingungen des alltäglichen Lebens (z. B. Alltagssituationen, Klima, Wetter, Freizeit, Arbeit, Partner, Familie, Freunde). Psychische Belastungen am Arbeitsplatz haben ganz konkret die Arbeitsbedingungen, Arbeitsorganisation und Arbeitsinhalte, die auf den Erwerbstätigen einwirken, im Fokus. Diese Belastungen und potenziellen Stressoren werden durch Experten (Arbeitspsychologen, Sicherheitsfachkräfte, Arbeitsmediziner) durch Beobachtung der Tätigkeit und/oder Befragung der Stelleninhaber analysiert und bewertet.

Psychische Erkrankungen sind *psychische Störungen*! Zur Vermeidung des vorbelasteten Begriffs der Krankheit wird offiziell der wertneutrale Begriff der psychischen Störung („mental disorder") verwendet, die sich durch eine Schädigung oder Funktionsstörung des Gehirns oder eine körperliche Krankheit bei Menschen in ihrem Erleben und Verhalten zeigt. Psychische Störungen werden durch den Facharzt oder Psychotherapeuten aufgrund seiner fachlichen Kompetenz (hoffentlich sorgfältig und zutreffend) diagnostiziert und mithilfe internationaler Klassifikationskriterien (aufgeführt in der „International Classification of Diseases – ICD" und dem „Diagnostic and Statistical Manual of Mental Disorders – DSM") eingestuft.

Psychische Belastungen sind also nicht mit psychischen Erkrankungen gleichzusetzen, was auch die Untersuchung des Zusammenhangs zwischen diesen beiden Komponenten veranschaulicht. Ein systematisches Review von Rau und Buyken (2015) untersuchte, welche Arbeitsbelastungen als potenziell gesundheitsgefährdend einzuschätzen sind. Nach diesem Review weisen verschiedene Metaanalysen auf einen möglichen Zusammenhang zwischen psychischen Arbeitsbelastungen und diagnostizierten Erkrankungen (z. B. Depression, Angst und kardiovaskuläre Erkrankungen) hin. Die Autoren resümieren, dass bestimmte psychische Arbeitsbelastungen wie Überstunden, geringer Handlungsspielraum, hohe Arbeitsintensität, besonders in der Kombination geringer Handlungsspielraum bei gleichzeitig hoher Arbeitsintensität, ein Gesundheitsrisiko darstellen. Das Review stellt lediglich einen ersten Interpretationsversuch dar, woraus sich die Erfordernis zukünftiger Forschungsarbeiten ergibt, Wirkmechanismen zwischen Belastungsfaktoren am Arbeitsplatz, individuellen Dispositionen, Vorschädigungen und dem Auftreten psychischer Störungen näher zu betrachten.

3 Diagnose arbeitsbedingter Gesundheitsrisiken

Eine sorgfältige Analyse arbeitsbedingter Belastung und Beanspruchung sowie die Ermittlung (potenzieller) Stressoren und Ressourcen ist die Voraussetzung für die Ableitung und Entwicklung differenzierter gesundheitsförderlicher Interventionsansätze.

In der arbeitspsychologischen Stress- und Belastungsforschung liegen vielfältige Instrumente und Verfahren vor, um stressverursachende Faktoren und deren Wechselwirkung mit Ressourcen zu erfassen. Eine ausführliche Bewertung der einzelnen Methoden im Hinblick auf die Erfassung psychologischer und physiologischer Parameter leistet der Beitrag von Semmer, Grebner und Elfering (2004). Weitere arbeitsanalytische Methoden und Vorgehensweisen finden sich bei Sonntag, Frieling und Stegmaier (2012). Im Folgenden wird näher auf die Methodik und Vorgehensweise der Erfassung und Beschreibung psychischer Belastung und Beanspruchung am Arbeitsplatz eingegangen.

Grundsätzlich wählbare Methoden sind sowohl die Beobachtung als auch die Befragung (GDA-Arbeitsprogramm Psyche, 2014). Die Vorteile von Beobachtungsverfahren liegen in der Möglichkeit, differenzierter und tiefergehend Tätigkeiten zu analysieren und konkrete Maßnahmenvorschläge zu entwickeln; auch ist damit eine von subjektiven Wahrnehmungen unabhängige Beurteilung psychischer Belastungen möglich. Im Gegensatz dazu liefern die Ergebnisse einer Befragung einen Überblick über die allgemeine Belastungssituation in einer Organisation unter der Beteiligung der Beschäftigten und Stelleninhaber (Beck, Morschhäuser & Richter, 2014).

In Abhängigkeit von der Art der Datenerhebung und der Analysetiefe lassen sich drei Arten von Verfahren unterscheiden: *Orientierende Verfahren*, *Screeningverfahren* und *Expertenverfahren* (Richter, 2010). Einen umfassenden Überblick über die Vielzahl vorhandener Instrumente zur Erfassung psychischer Belastung und Beanspruchung gibt die Toolbox der Bundesanstalt für Arbeitsschutz und Arbeitsmedizin (Richter, 2010). Beispiele bewährter praxiserprobter Verfahren werden nachfolgend vorgestellt.

3.1 Orientierende Verfahren

Diese Art der Analyse verfolgt nicht den Anspruch, eine fundierte Grundlage zur Ableitung von Handlungsempfehlungen zu erarbeiten, sondern Schwerpunkte oder Handlungsfelder zu identifizieren. Die Verfahren können zum Teil auch von ungeschulten Nutzern verwendet werden. Zu dieser Kategorie der Diagnoseinstrumente zählen mehr oder minder standardisierte Checklisten. Das *Kurzverfahren Psychische Belastung* (KPB; Neuhaus, 2009) ist ein orientierendes Verfahren, das auf arbeitswissenschaftlichen Erkenntnissen und der DIN EN ISO 10075 aufbaut. Das KPB basiert auf einem Kriterienkatalog, der betrieblichen Experten eine Beurteilung psychischer Belastungen am Arbeitsplatz ermöglicht. Dabei handelt es sich um eine bedingungsbezogene Belastungsbeurteilung mittels Beobachtungsinterview, also durch Beobachtung und mündliche Befragung. Das Verfahren zielt auf die Bewertung psychischer Belastungen ab; eine Bewertung des Beanspruchungserlebens einzelner Mitarbeiter ist mit diesem Verfahren nicht möglich. Arbeitsbedingungen werden nur personenunabhängig beurteilt, personenbezogene Daten werden nicht erhoben.

3.2 Screeningverfahren

Screeningverfahren unterscheiden sich von orientierenden Verfahren, indem sie die zu untersuchenden Merkmale durch die Verwendung differenzierter Skalen erfassen. Anhand der Analysetiefe ermöglichen die Ergebnisse Rückschlüsse auf konkrete Handlungsbedarfe sowie Implikationen für die Arbeitsgestaltung.

Der *Copenhagen Psychosocial Questionnaire* (COPSOQ; Nübling, Stößel, Hasselhorn, Michaelis & Hofmann, 2005) ist ein breit angelegtes Screeningverfahren, das die Erfassung psychischer Belastung und Beanspruchung ermöglicht. Für dieses Verfahren existiert in deutscher Fassung eine Langversion (30 Skalen, 141 Items) und eine Standardversion (25 Skalen, 87 Items); es wird typischerweise als schriftliche Befragung durchgeführt. Das Verfahren kann branchenunabhängig verwendet werden und wurde bereits validiert. Bei Verwendung des COPSOQ können die Ergebnisse mit betriebsinternen Untereinheiten und auch berufsgruppenspezifischen Referenzdaten der zentralen Datenbank verglichen werden.

Ein anderes gut erprobtes Screeningverfahren, das auch die Beurteilung psychischer Beanspruchung ermöglicht, ist die *Salutogenetische Subjektive Arbeitsanalyse* (SALSA; Rimann & Udris, 1997). Bei diesem Verfahren handelt es sich um einen Fragebogen, der fünf Teile umfasst: (1) Angaben zur Person, (2) Arbeit und Betrieb, (3) Privatbereich und Freizeit, (4) Persönliche Einstellungen sowie (5) Gesundheit und Krankheit. Der Schwerpunkt des Fragebogens liegt auf den Themen Arbeit und Gesundheit. Zur Erfassung der psychischen Belastung und Beanspruchung wird nach dem Vorhandensein und der Ausprägung verschiedener Aufgabenmerkmale, Anforderungen sowie organisationaler und sozialer Ressourcen der Arbeit gefragt. SALSA legt den Fokus auf die vorhandenen Arbeitsbedingungen und Ressourcen der Arbeit zur Beurteilung der Möglichkeiten von Mitarbeitern, ihre Gesundheit trotz Belastungen aufrechterhalten und wiederherstellen zu können. Mithilfe dieses Verfahrens können Gruppenvergleiche hinsichtlich verschiedener Kriterien durchgeführt werden (z. B. Tätigkeits- und Berufsgruppen, Betriebe mit unterschiedlicher Arbeitsgestaltung).

Mit der *Gefährdungsbeurteilung Psychische Belastung* (GPB; vgl. Michel, Sonntag & Menzel, 2009; Sonntag et al., 2012) liegt ein Screeningverfahren vor, das sich von den beschriebenen Ansätzen deutlich abhebt, indem es einen *objektiven* Zugang zur psychischen Gefährdungsbeurteilung durch ein Analyseteam am Arbeitsplatz ermöglicht (zur Beschreibung dieses Verfahrens siehe Abschnitt 3.4).

3.3 Expertenverfahren

Expertenverfahren verwenden häufig differenziertere Skalen mit verbalen mehrstufigen Antwortmöglichkeiten und speziellen Schlüsseln, die für Beobachtungen oder Beobachtungsinterviews genutzt werden. Die Ergebnisse von Expertenverfahren ermöglichen eine differenzierte Arbeitsgestaltung sowie den Vergleich verschiedener Arbeitstätigkeiten, die Abschätzung von Technikfolgen und die Bestimmung von Qualifikations- und Eignungsanforderungen.

Die *Mensch-Technik-Organisations-Analyse* (MTO; Strohm & Ulich, 1997) ist ein ganzheitliches Expertenverfahren, das einen Mehr-Ebenen-Ansatz zur Untersuchung von Unternehmensstrategie, Humanpotenzialen, Technikeinsatz und Arbeitsorganisation verfolgt. Die Analyse umfasst sieben Schritte, bei denen unterschiedliche Methoden und Untersuchungsgegenstände kombiniert werden können, wie beispielsweise erprobte Verfahren der Tätigkeitsanalyse (z. B. VERA, RHIA; Leitner et al., 1993; Oesterreich, Leitner & Resch, 2000), der Technikfolgenabschätzung (z. B. KABA; Dunckel & Pleiss, 2007), der Analyse der Mensch-Maschine-Funktionsteilung (z. B. KOMPASS; Grote, Wäfler & Weik, 1997) oder der Belastungs-/Beanspruchungsanalyse (z. B. SALSA; Rimann & Udris, 1997). Die MTO-Analyse ermöglicht die Ableitung ganzheitlicher Stärken-Schwächen-Profile für Betriebe, die eine fundierte Grundlage zur Gestaltung der Arbeitsbedingungen und -systeme bilden. Zur Untersuchung spezifischer Fragestellungen (wie etwa für Belastungsanalysen) besteht die Möglichkeit, einzelne Methoden der MTO-Analyse modular zu verwenden.

3.4 Methode und Verfahrensbeispiel: Die Gefährdungsbeurteilung Psychische Belastung (GPB)

Das Screeningverfahren *Gefährdungsbeurteilung Psychische Belastung* (GPB; vgl. Feldmann, Sonntag & Turgut, 2015; Sonntag et al., 2012) dient der objektiven Beurteilung von Arbeitsplätzen und Tätigkeiten hinsichtlich psychischer Belastungen und ihres Gefährdungs- und Risikopotenzials. Das Verfahren besteht aus den Teilen: A) Allgemeine stellenbezogene Daten, B) Aufgabeninhalte und C) Belastungsdimensionen. In Teil A werden allgemeine Daten des zu untersuchenden Arbeitsplatzes festgehalten, um die Arbeitstätigkeit hinsichtlich der Rahmenbedingungen (z. B. Arbeitszeiten, Qualifikationserfordernissen) einordnen zu können. In Teil B werden die an dem Arbeitsplatz zu bearbeitenden Aufgaben anhand von drei Skalen (Bedeutsamkeit, Häufigkeit und Belastungsrelevanz) beurteilt. Ziel ist es, mögliche Belastungsdimensionen fachlich-inhaltlich genau zu beschreiben und einzelnen Aufgaben zuordnen zu können. In Teil C werden die bei der Tätigkeit auftretenden psychischen Belastungen anhand von bis zu 12 Dimensionen beurteilt (siehe Tabelle 2). Dabei werden sowohl Anforderungen (z. B. Arbeitskomplexität, Variabilität) als auch Ressourcen (z. B. Handlungs- und Zeitspielraum) betrachtet, die laut aktueller arbeitspsychologischer Forschung negative Beanspruchungsfolgen identifizieren (z. B. Stress; vgl. Franke, 2015). Die Einschätzung erfolgt auf einer fünfstufigen Likert-Skala.

Tabelle 2: Übersicht über die Dimensionen psychischer Belastungen in der GPB (vgl. Feldmann & Sonntag, 2014)

Arbeitsintensität (Ai)	beinhaltet die Arbeitsmenge, die in einer bestimmten Zeit zu erledigen ist
Arbeitskomplexität (Ak)	beinhaltet Erfassung und Verarbeitung komplexer Informationen; Planungsnotwendigkeit
Arbeitsunterbrechungen (Au)	beinhaltet die Störung/Unterbrechung der sachlich und zeitlich optimalen Bereitstellung von Informationen und Arbeitsmitteln
Emotionsregulation (Er)	beinhaltet die Anforderung, in bestimmten Situationen wahre Gefühle zu unterdrücken und positive Emotionen zu zeigen
Handlungsspielraum (Hs)	beinhaltet Entscheidungen, die selbständig getroffen werden (z. B. Reihenfolge, Ausführungsart, Kontrolle)
Kooperationserfordernisse (Koop)	beinhaltet die wechselseitige Abhängigkeit von Arbeitstempo und Arbeitsqualität der Kollegen
Kontrollerfordernisse (Kon)	beinhaltet die Notwendigkeit der genauen Vorschriftseinhaltung
Konzentrationserfordernisse (Ke)	beinhaltet die Aufrechterhaltung einer dauerhaften Aufmerksamkeit
Kundenorientierung (Ko)	beinhaltet das nachhaltige Eingehen auf die Wünsche und die Bedürfnisse der Kunden sowie das Erbringen bestmöglicher Leistung für den Kunden
Variabilität (Va)	beinhaltet die Ausführung unterschiedlicher Aufgaben (Auftragswechsel), die Anwendung verschiedener Arbeitsmittel oder den Wechsel des Arbeitsortes
Verantwortungsumfang (Vu)	beinhaltet die Verantwortung für Aufgaben, die bei fehlerhafter Ausführung zu erheblichem Schaden führen
Zeitspielraum (Zs)	beinhaltet die selbständige Festlegung der täglichen Arbeitszeit, Arbeitsschritte und Arbeitsgeschwindigkeit

Die GPB ist durch zwei Alleinstellungsmerkmale gekennzeichnet: Einerseits durch die *konsens*orientierte Beurteilung durch Experten sowie andererseits durch die theoriegeleitete Auswertung kritischer Kombinationen psychischer Belastungsfaktoren. Die möglichen psychischen Belastungen am Arbeitsplatz werden objektiv durch ein Analyseteam bestehend beispielsweise aus Betriebsarzt, Sicherheitsfachkraft sowie Betriebsrat erfasst und beurteilt. Dieses Analyseteam wird zunächst durch einen Arbeits- und Organisationspsychologen in der Handhabung des Verfahrens geschult. Die Beurteilung erfolgt anschließend in zwei Schritten: Zuerst findet die Beobachtungsphase statt, in der das Analyseteam die ausgewählten Arbeitsplätze direkt vor Ort beobachtet. Dabei soll jedes Mitglied des Analyseteams umfassende Informationen über die einzustufenden Aufgaben und Belastungsdimensionen erlangen und sich ein unabhängiges Bild machen. Im zweiten Schritt, in der Bewertungsphase, kommt das Analyseteam zusammen, um die Beobachtungen der untersuchten Arbeitsplätze zu besprechen und die psychischen Belastungen im Konsens zu bewerten. Es werden die unterschiedlichen Perspektiven jedes Mitglieds des Analyseteams diskutiert, bis eine einstimmige Bewertung zu jeder Frage des Beobachtungsbogens erzielt wird.

Die zweite Besonderheit der GPB besteht darin, dass Fehlbelastungen (potenzielle Stressoren) im Sinne kritischer Kombinationen zweier Dimensionen psy-

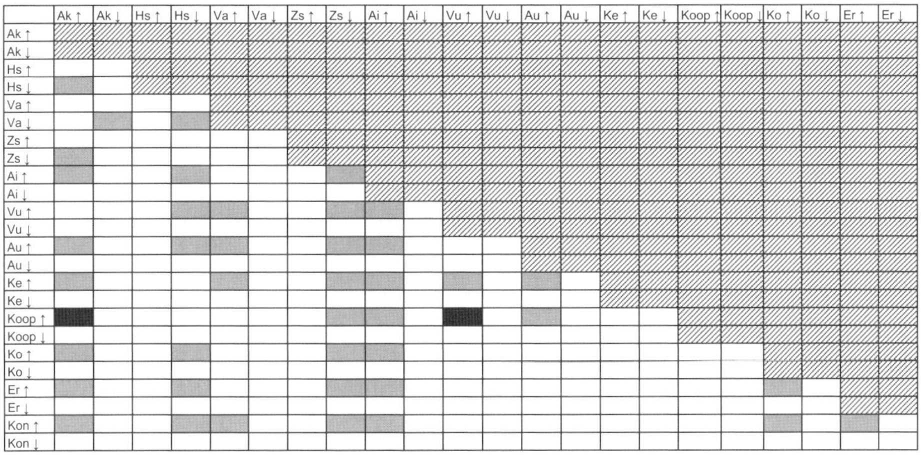

Anmerkungen: Die Belastungsdimensionen sind kritisch ausgeprägt, wenn der Cut-off über- oder unterschritten ist ($x \geq 3{,}5$ bzw. $x \leq 2{,}5$). Grau gefärbte Felder stehen für unkritische Kombinationen psychischer Belastung, schwarz markierte Felder stehen für vorhandene kritische Kombinationen. Ak = Arbeitskomplexität; Hs = Handlungsspielraum; Va = Variabilität; Zs = Zeitspielraum; Ai = Arbeitsintensität; Vu = Verantwortungsumfang; Au = Arbeitsunterbrechungen; Ke = Konzentrationserfordernisse; Koop = Kooperationserfordernisse; Ko = Kundenorientierung; Er = Emotionsregulation; Kon = Kontrollerfordernisse. ↑ = hohe, ↓ = geringe Ausprägung

Abbildung 2: Beispielhafte Auswertungsmatrix der GPB (vgl. Feldmann & Sonntag, 2014)

chischer Belastung ermittelt werden. Die Feststellung solcher Belastungen mit erhöhtem Risiko gesundheitlicher Beeinträchtigungen basiert auf dem Job Demand-Control Model (Karasek, 1979; siehe Tabelle 1). Ein Beispiel einer Auswertungsmatrix über mögliche kritische Kombinationen psychischer Belastungen ist in Abbildung 2 dargestellt. Auswertematrizen liegen für die jeweiligen untersuchten Tätigkeiten mit den kritischen/unkritischen Belastungskombinationen vor und dienen als Grundlage für die Ableitung spezifischer Maßnahmen.

Die GPB wurde bisher an über 1.000 Arbeitsplätzen in 12 Organisationen eingesetzt. Tabelle 3 gibt einen Überblick über die häufigsten kritischen Kombinationen psychischer Belastungen, basierend auf der Beurteilung von 161 Tätigkeiten in 8 Organisationen unterschiedlicher Branchen (Feldmann, Sonntag & Turgut, 2015).

Tabelle 3: Übersicht über die häufigsten kritischen Kombinationen psychischer Belastungen, basierend auf der GPB (vgl. Feldmann et al., 2015).

Kritische Kombination	Relative Häufigkeit	Branche (Tätigkeitsbereich)
Va↓ Ak↓	43 %	– Fluggesellschaft (Technik, Verwaltung, Bodendienstleistung) – Automobilzulieferer (Produktion, Verwaltung)
Va↓ Hs↓	34 %	– Fluggesellschaft (Verwaltung, Bodendienstleistung) – Automobilzulieferer (Produktion, Verwaltung)
Vu↑ Zs↓	18 %	– Fluggesellschaft (Bodendienstleistung) – Flughafen (Bodenverkehrsdienst, Gepäck) – Automobilzulieferer (Produktion) – Chemie (Human Resources) – Stahl (Produktion) – Verkehr (Dienstleistung)
Vu↑ Koop↑	17 %	– Fluggesellschaft (Technik) – Flughafen (Bodenverkehrsdienst, Gepäck) – Chemie (Human Resources) – Stahl (Produktion) – Verkehr (Dienstleistung)
Koop↑ Zs↓	16 %	– Fluggesellschaft (Bodendienstleistung) – Flughafen (Bodenverkehrsdienst, Gepäck) – Automobilzulieferer (Produktion) – Chemie (Human Resources) – Stahl (Produktion) – Verkehr (Dienstleistung)

Tabelle 3: Fortsetzung

Kritische Kombination	Relative Häufigkeit	Branche (Tätigkeitsbereich)
Vu↑ Hs↓	15 %	– Fluggesellschaft (Bodendienstleistung) – Flughafen (Bodenverkehrsdienst, Gepäck) – Chemie (Leitstand) – Stahl (Produktion) – Verkehr (Dienstleistung)
Koop↑ Ak↑	12 %	– Fluggesellschaft (Technik, Verwaltung, Bodendienstleistung) – Flughafen (Bodenverkehrsdienst, Gepäck) – Chemie (Human Resources) – Stahl (Produktion)
Vu↑ Va↑	11 %	– Flughafen (Bodenverkehrsdienst, Mechanik, Elektronik) – Chemie (Human Resources) – Stahl (Produktion)

Anmerkungen: Ak = Arbeitskomplexität; Hs = Handlungsspielraum; Va = Variabilität; Zs = Zeitspielraum; Vu = Verantwortungsumfang; Koop = Kooperationserfordernisse. ↑ = hohe Ausprägung (≥ 3,5); ↓ = niedrige Ausprägung (≤ 2,5). *N* = 161 Tätigkeiten.

Die Ergebnisse zeigen, dass sich die häufigsten kritischen Kombinationen branchenübergreifend auf sich wiederholende Routine-Tätigkeiten beziehen, die mit einem Erleben von Monotonie einhergehen können (Feldmann et al., 2015). Die kritischen Kombinationen ergeben sich aus dem Zusammenspiel einer geringen Variabilität mit einer geringen Arbeitskomplexität (43 %) sowie einem reduzierten Handlungsspielraum (34 %) und treten nicht nur an klassischen Arbeitsplätzen der Produktion (z. B. Fließbandarbeit), sondern auch bei Verwaltungs- und Dienstleistungstätigkeiten auf. Dieses Ergebnis ist insofern bemerkenswert, als das Monotonieerleben – trotz jahrzehntelanger Erkenntnisse arbeitswissenschaftlicher Forschung und Gestaltungsempfehlungen – noch immer eine zentrale negative Beanspruchungsfolge suboptimal gestalteter Arbeitsorganisation darstellt. Mit großem Abstand folgen, wie Tabelle 3 zeigt, kritische Kombinationen, die auf potenzielle Erschöpfungsrisiken durch Überforderung hinweisen. Die Kombination eines hohen Verantwortungsumfangs mit einem eingeschränkten Zeitspielraum (18 %) beziehungsweise erhöhter Kooperationserfordernisse (17 %) zeigt sich beispielsweise in dem Tätigkeitsbereich der Einsatzkoordination.

Die Ergebnisse der GPB liefern sowohl tätigkeitsspezifisch als auch branchenübergreifend wertvolle Ansatzpunkte für die Ableitung gezielter Maßnahmen und Handlungsempfehlungen. Aufgrund der differenzierten Diagnostik lassen sich durch Workshops, wenn erforderlich, geeignete technische, organisatorische und personelle Maßnahmen ableiten, die zur Verringerung bzw. Vermeidung kritischer Belastungskombinationen beitragen und so ein arbeitsbedingtes Gesundheitsrisiko mindern.

Zusätzlich zu der objektiven Beurteilung durch das Analyseteam lässt sich die GPB auch als Fragebogen für eine ergänzende subjektive Befragung einsetzen, um die Ergebnisse der objektiven Beurteilung mit denen der subjektiven Einschätzung der jeweiligen Stelleninhaber zu vergleichen (Michel, Sonntag & Noefer, 2011). Dies entspricht dem Postulat der Stress- und Belastungsforschung im Sinne einer integrativen Gefährdungsbeurteilung, nicht nur Belastungsfaktoren als Einflussgrößen, sondern auch deren Wirkung auf den Beschäftigten (Beanspruchung) zu erfassen.

4 Maßnahmen zur Gesundheitsförderung in Organisationen

In der sogenannten Ottawa-Charta der Weltgesundheitsorganisation (WHO) wurde Gesundheitsförderung als ein Prozess definiert, durch den allen Menschen ein höheres Maß an Selbstbestimmung über ihre Gesundheit ermöglicht und sie damit zur Stärkung ihrer Gesundheit befähigt werden (vgl. World Health Organisation, 1993). Ziel ist ein umfassendes seelisches, körperliches und soziales Wohlbefinden durch Befriedigung der Bedürfnisse, durch Verwirklichung von Wünschen und Hoffnungen sowie durch die Möglichkeit, die Umwelt zu verändern und zu meistern. Übertragen auf die Arbeitswelt heißt dies (vgl. Infobox 4 zur Luxemburger Deklaration), Maßnahmen zu ergreifen, die den Einzelnen befähigen, sich mit belastenden Arbeitsbedingungen auseinanderzusetzen, um gesund zu bleiben.

Infobox 4: Normative Verankerung des ressourcenorientierten Gesundheitsbegriffs

Die *Ottawa-Charta* der WHO manifestiert Strategien und Handlungsfelder zur Stärkung von Gesundheit. Deren Schwerpunkt liegt in der Befähigung aller Menschen zur gesundheitsförderlichen Gestaltung von Lebenswelten.

Die *Luxemburger Deklaration* bezieht sich auf die betriebliche Gesundheitsförderung und fokussiert somit auf die Arbeit als eine bedeutsame Lebenswelt. In diesem Aspekt unterscheidet sich die Luxemburger Deklaration von der Ottawa-Charta, dennoch basieren sie auf dem gleichen Grundgedanken. Die Luxemburger Deklaration umfasst vier konkrete Prämissen zur Umsetzung von Gesundheitsförderung in Unternehmen: (1) Partizipation der Mitarbeiter am Prozess der betrieblichen Gesundheitsförderung, (2) Integration des betrieblichen Gesundheitsmanagements in die Unternehmensstrategie und in Entscheidungsprozesse, (3) systematisches Projektmanagement zur Entwicklung und Umsetzung von Maßnahmen sowie (4) ganzheitliche Ausrichtung der betrieblichen Gesundheitsförderung.

Dies wiederum erfordert zwingend die Identifikation und Förderung personaler und organisationaler Ressourcen der Gesundheit sowie die Veränderung von belastenden Arbeitsbedingungen. Entsprechend werden im Folgenden ausgewählte verhaltens- und verhältnisorientierte Maßnahmen der Gesundheitsförderung in Organisationen diskutiert.

4.1 Bedingungsbezogene Ansätze und Verhältnisprävention

Die Verhältnisprävention bezieht sich auf die Veränderung von Arbeitsbedingungen, um diese gesundheits- und entwicklungsförderlich zu gestalten.

Gestaltung von Arbeitsanforderungen und Arbeitszeit. Arbeitsinhaltliche, -strukturelle und -zeitliche Anpassungen sind die klassischen Interventionsmöglichkeiten der Verhältnisprävention in Organisationen. Handlungsspielräume erweitern, Feedback ermöglichen oder Rollenklarheit schaffen stehen – wie viele Studien zeigen – deutlich mit der Gesundheit und dem Wohlbefinden der Beschäftigten in Zusammenhang (vgl. zusammenfassend Bamberg & Staar, 2014; Metz, 2011; Semmer & Zapf, 2004; Sonntag et al., 2012). Eine Studie von Moen, Kelly und Lam (2013) macht deutlich, dass eine Intervention zur Förderung flexibler Arbeitszeitregelungen mit einer Reduktion von somatischen Beschwerden, emotionaler Erschöpfung und Stress einhergeht.

Ergonomische Maßnahmen und Gestaltung der (Umgebungs-)Bedingungen. Auch die Verringerung ergonomisch bedingter Stressoren und Sicherheitsgefahren liefern einen wichtigen Beitrag zur Gewährleistung einer gesunderhaltenden und das Gefährdungspotenzial reduzierenden Arbeitsumgebung (Helander, 2006; Nahrgang et al., 2011; Reese, 2009; Sonntag et al., 2012). Dazu zählen beispielsweise technische und organisatorische Schutzmaßnahmen bei Hitze, Kälte oder Lärm sowie beim Umgang mit Gefahrstoffen. Ein Ansatzpunkt der Verhältnisprävention spiegelt sich in der *partizipativen* Ausgestaltung ergonomischer Maßnahmen wieder, wobei Beschäftigte wesentlich an der Erarbeitung von Vorschlägen zur Verbesserung der Ergonomie beteiligt sind. Anhand einer Metaevaluation von 17 Überblicksartikeln (vgl. Sockoll, Kramer & Bödeker, 2008) konnte eine begrenzte Evidenz für partizipative ergonomische Maßnahmen nachgewiesen werden. Die bestätigten positiven Effekte beziehen sich auf die körperliche Befindlichkeit, reduzierte muskuloskelettale Beschwerden und weniger Verletzungen. Außerdem konnte eine positive Wirkung auf Absentismus und Ausgleichszahlungen gezeigt werden.

Einrichtung von Gesundheitszirkeln. Das Ziel eines Gesundheitszirkels als eine themenbezogene Projektgruppe mit Vertretern unterschiedlicher Unternehmensbereiche besteht darin, sich zu einem bestimmten Thema der Gesundheitsförderung auszutauschen, Problemfelder zu analysieren und Verbesserungsvorschläge zu erarbeiten (Aust & Ducki, 2004). Merkmale wie heterogene Expertise der Beschäftigten, thematische Offenheit, Gestaltungsfokus auf Arbeitsbedingungen und Konsensorientierung kennzeichnen erfolgreiche Gesundheitszirkel. Ablauf, Ziele und Inhalte zur Vorbereitung und Durchführung von Gesundheitszirkeln sind ausführlich in Sonntag et al. (2012) beschrieben. Die Personalentwicklung einer Organisation kann die Einrichtung solcher Gesundheitszirkel in ihrer moderierenden und koordinierenden Rolle unterstützen. Entsprechende Problemlösegruppen sind auch Beispiele personenbezogener Interventionen (Bamberg & Staar, 2014).

Aust und Ducki (2004) haben die Wirksamkeit von Gesundheitszirkeln untersucht. Die Autorinnen resümierten, dass sich trotz der Schwäche in den methodischen Designs der einbezogenen Studien deutliche Hinweise auf die Wirksamkeit von Gesundheitszirkeln ergaben. Sie trugen dazu bei, Gesundheit und Wohlbefinden der Beschäftigten zu verbessern und krankheitsbedingten Absentismus zu verringern.

4.2 Personenbezogene Ansätze und Verhaltensprävention

Verhaltensorientierte Maßnahmen adressieren die Veränderung von Arbeitsverhalten oder Arbeitserleben der Mitarbeiter und werden daher auch als personenbezogene Interventionen bezeichnet. Sie geben Aufschluss über individuell unterschiedliche Bewältigungsstrategien, Arbeitsweisen, gesundheitliche Beschwerden oder das Erleben von Beanspruchung. Die Konzeption, Durchführung und Bereitstellung verhaltenspräventiver Maßnahmen ist die Schnittstelle zwischen Personalentwicklung und dem Arbeits- und Gesundheitsschutz. Jede Maßnahme, die es dem Mitarbeiter ermöglicht, Kompetenzen zu erwerben, sich Wissen über sein gesundheitsgerechtes Verhalten anzueignen oder über Zusammenhänge zwischen stressauslösenden Arbeitsbedingungen und möglichen Gegenmaßnahmen zu reflektieren, dient der Ressourcenstärkung.

Informationsveranstaltungen zur Reduktion von Gesundheitsrisiken. Viele Unternehmen verfügen über ein umfangreiches Angebot an gesundheitsbezogenen Maßnahmen (vgl. Ehmann & Lukaß, 2015; Schlitt & Gaber, 2015; Spellenberg & Krätzer, 2015). Oftmals werden die Angebote von den Mitarbeitern nicht genutzt. Hilfreich sind Gesundheitswochen oder -messen, um die Organisationsmitglieder über die unterschiedlichen Angebote zu informieren und für das Thema der Gesundheitsförderung zu sensibilisieren. Gleichzeitig werden Beschäftigte interaktiv auf Sicherheitsrisiken aufmerksam gemacht (z. B. Gefahrenparcours zu Alltagssituationen mit Potenzial für Arbeitsunfälle) und können ihre eigene Gesundheit testen (z. B. durch Lungenvolumentestung oder Blutuntersuchungen). Durch die Kombination von Informationen über verschiedene Angebote mit direkten Teilnahmemöglichkeiten und dem Kontakt zu Anbietern können Barrieren zur Nutzung von Maßnahmen der betrieblichen Gesundheitsförderung abgebaut werden (Sonntag & Stegmaier, 2015). Die Information und Aufklärung der Organisationsmitglieder kann auch in Form computergestützter Informationen, mit Plakaten, Broschüren, Flyern und Tonträgern erfolgen (Bamberg & Staar, 2014).

Im Rahmen eines Projektes zur Verbesserung der Life-Balance von Fach- und Führungskräften (vgl. hierzu Kapitel 14 in diesem Buch sowie Sonntag, 2014) wurde beispielsweise zur internen Bekanntmachung bestehender Angebote ein benutzerfreundliches Portfolio im Mitarbeiterportal eingeführt (Becker & Spellenberg, 2014). Ziel war es, einen bereichsübergreifenden und benutzerfreundlichen Zugang zu verschiedensten Angeboten im Rahmen einer verbesserten Vereinbarkeit von Arbeit und Privatleben zu gewährleisten. Darüber hinaus wurde eine spezifische Kommunikationskampagne gestartet, um eine Verankerung der sogenannten Life-Balance auf der operativen Ebene und in der Unternehmenskultur zu erreichen. Neben Plakaten, Flyern und Veröffentlichungen im Intranet wurden beispielsweise Leitmotive erarbeitet, ein Newsletter eingerichtet und ein Blog für die Belegschaft eröffnet.

Um Beschäftigte bei der Verbesserung ihres Gesundheitsverhaltens zu unterstützen, bieten Organisationen vielfältige Kurse zur Reduktion spezifischer Gesundheitsrisiken an, zum Beispiel Raucherentwöhnung, Gewichtsreduktion, Ernährungsberatung und Rückenschule. In diesem Zusammenhang werden teilweise unternehmenseigene Fitnessstudios bereitgestellt oder Kooperationen mit regionalen Anbietern und Institutionen eingegangen. Im Rahmen einer Evaluation von mehr als 350 Studien (vgl. Sockoll et al., 2008) konnte eine ausreichende empirische Evidenz zur Bestätigung der positiven Wirkung solcher Interventionen nachgewiesen werden.

Training der Stressbewältigung. Zur Stressbewältigung stehen Organisationen eine Vielzahl von Angeboten zur Verfügung, durchgeführt von Berufsgenossenschaften, Inhouse- oder externen Beratern, die maßgeschneiderte Seminare zur Stressbewältigung anbieten. Stressmanagement-Seminare können auf vier, gegebenenfalls modular verwendeten Komponenten aufbauen (Semmer & Zapf, 2004): (1) Information über Stressentstehung und Stressbewältigung, (2) Spannungsreduktion durch Methoden des autogenen Trainings oder der progressiven Muskelrelaxation, (3) kognitiv-behaviorale Verfahren, um Bewertungsprozesse und deren Einfluss auf die Stressentstehung zu verstehen und diese durch Strategien beeinflussen zu können und (4) Kompetenztraining als Ressourcenstärkung.

Metaanalytische Untersuchungen bestätigen die Effektivität von Stressmanagement-Interventionen (Richardson & Rothstein, 2008): Auf der Grundlage von 55 Interventionen in 36 experimentellen Studien (N=2.847) ergab sich über alle Interventionen hinweg eine Effektstärke von d=0.53, was einen signifikant mittleren bis großen Effekt darstellt. Diese Wirksamkeit ist sowohl für psychologische (d=0.54), physiologische (d=0.29) als auch für organisationale (d=0.27) Outcomes gültig. Bei einer Kategorisierung verschiedener Arten von Interventionen (z. B. organisational, multimodal) erwiesen sich kognitiv-behaviorale Interventionen als besonders effektiv. Beispiele für Stressmanagement-Trainings sind das klassische Stressimpfungstraining von Meichenbaum (2003) zur Erarbeitung von Bewältigungsstrategien oder das Stress- und Ressourcenmanagement für Un- und Angelernte von Busch, Roscher, Ducki und Kalytta (2009) mit Fokus auf Bewegung, Teamarbeit, Führung sowie Vereinbarkeit von Arbeit und Privatleben. Litzke und Schuh (2011) oder Wenninger (2014) berichten in anschaulicher Form über die Gestaltung und Durchführung verhaltensbezogener Interventionen zur Bewältigung von Stress, Mobbing und Burnout.

Kompetenztraining. Die Förderung berufsbezogener Kompetenzen ist relevant, um mögliche Gesundheitsbeeinträchtigungen durch Über- oder Unterforderung zu vermeiden. Dabei wird angenommen, dass eine gute Passung zwischen den Kompetenzen einer Person und den Anforderungen einer Tätigkeit gesundheitsförderlich wirkt. Welche Kompetenzen gefördert werden sollten, hängt von dem jeweiligen Kompetenzprofil der ausgeübten Tätigkeit ab (vgl. auch Kapitel 12 in diesem Buch). Trainings zur Förderung von Kompetenzen sind vor allem in solchen Arbeitsfeldern angezeigt, in denen die Entwicklung der erforderlichen Kompetenzen (z. B. durch das Auftreten riskanter Zwischenfälle) nicht durch Erfahrungen im Arbeitsalltag erfolgt (Bamberg & Staar, 2014).

Studien belegen, dass die wirkungsvolle Vermittlung relevanter Kompetenzen im Umgang mit entsprechenden kritischen Situationen möglich ist (vgl. Schaper, Schmitz, Graf & Grube, 2004). Darüber hinaus können sowohl die Sensibilisierung für sicherheitskritisches Verhalten (Verhalten, das Gefahren auslösen und dadurch zu gefährlichen Arbeitssituationen führen kann; Nerdinger, Blickler & Schaper, 2014) als auch die Förderung der individuellen Gesundheitskompetenz (Fähigkeit zur Erhaltung und Herstellung des individuellen Wohlbefindens durch eigenverantwortliches und selbstorganisiertes Handeln; Wieland & Hammes, 2015) Komponenten von Kompetenztrainings darstellen.

Ansätze zur Erhöhung personaler und sozialer Ressourcen. Trainings zur Erhöhung personaler Ressourcen befähigen Beschäftigte, zum Beispiel mit den Anforderungen von Arbeit und Privatleben positiv umzugehen. Ziel ist die Veränderung von Einstellungen, Kognitionen und Verhalten. Kontrollierte Studien zeigten, dass sowohl Präsenz-Trainings als auch online-basierte, selbstgesteuerte Trainings einen Beitrag zur Stärkung personaler Ressourcen leisten, die den Umgang mit Schwierigkeiten der Vereinbarkeit von Arbeit, Familie und Freizeit erleichtern (Hahn, Binnewies, Sonnentag & Mojza, 2011; Michel, Bosch & Rexroth, 2014; Rexroth, Feldmann, Peters & Sonntag, in Druck).

In einer aktuellen Studie untersuchten Rexroth et al. (in Druck) die Wirksamkeit einer Boundary Management-Intervention auf die Abgrenzung der Lebensbereiche, Erholung und Wohlbefinden. Das zweitägige Training zur Reflexion der aktuellen Situation und zur Erarbeitung konkreter Strategien sowie Ziele führte auf der Grundlage eines quasi-experimentellen Designs zu einem Anstieg der Abgrenzung von Arbeit und Privatleben sowie einem erhöhten gedanklichen Abschalten von der Arbeit (vgl. zur ausführlichen Beschreibung des Trainings Kapitel 14 in diesem Buch).

Auch erste Ergebnisse einer Metaanalyse zur Wirksamkeit von *online-basierten* Interventionen ($N = 12$ Studien) weisen auf die Reduktion von Stress und Depression durch die Teilnahme an entsprechenden Interventionen hin (Heber, Lehr & Ebert, 2015). Insbesondere die anonyme Teilnahme sowie der räumlich und zeitlich unabhängige Zugang stellen Vorteile solcher Anwendungen dar.

Die Unterstützung durch das soziale Umfeld im Umgang mit Stress stellt eine bedeutsame Ressource für die Gesundheitsförderung dar. Vor allem die Unterstützung von Kollegen wurde als gesundheitsförderlich im Hinblick auf die erlebte Beanspruchung bestätigt (Rexroth, Sonntag, Goecke, Klöpfer & Mensmann, 2014). Teamfindungs-Veranstaltungen sind eine sinnvolle Ergänzung der betrieblichen Gesundheitsförderung, da Teamprozesse aufgrund von Crossover-Effekten oder Mobbing auch negative Folgen haben können (Hämmelmann & van Dick, 2013).

Vergleicht man verhaltens- und verhältnisorientierte Interventionen hinsichtlich ihrer Umsetzung in Organisationen, ist weiterhin ein eindeutiges Bevorzugen verhaltensbedingter Präventionsansätze durch die Verantwortlichen des HR-Managements zu konstatieren: Aufwandsökonomische Überlegungen (z. B. Kosten der Restrukturierung von Prozessen) stehen einem ganzheitlichen Präventionsansatz entgegen.

4.3 Gesundheitsförderliche Führung

Führungskräfte nehmen im Rahmen der betrieblichen Gesundheitsförderung eine besondere Rolle ein, da sie sowohl Gestalter als auch Betroffene sind (Sonntag & Nohe, 2014). Aufgrund ihrer Fürsorgepflicht gegenüber ihren Mitarbeitern werden sie zu Multiplikatoren von Maßnahmen der betrieblichen Gesundheitsförderung. Vier empirisch belegbare Aspekte kennzeichnen gesundheitsförderliche Führung (siehe Infobox 5).

Infobox 5: Aspekte gesundheitsförderlicher Führung

Vier Aspekte der gesundheitsförderlichen Führung sind empirisch bestätigt (Stilijanow & Bock, 2013):

1. Vorbildfunktion der Führungskraft in Bezug auf Gesundheit (Sonntag & Nohe, 2014)
2. Positive Beziehungsgestaltung zu den Mitarbeitern (Spieß & Stadler, 2007)
3. Gesundheitsförderliche Gestaltung der Arbeitsbedingungen (Vincent, 2012)
4. Beitrag zur aktiven Gestaltung der betrieblichen Gesundheitsförderung (Eriksson, Axelsson & Axelsson, 2011).

Die Vorbildfunktion einer Führungskraft in Bezug auf ihre eigene Gesundheit kann einen direkten Einfluss auf das Verhalten der Mitarbeiter ausüben und somit verhaltenspräventiv wirken, während die gesundheitsförderliche Gestaltung der Arbeitsbedingungen, die positive Beziehungsgestaltung sowie die aktive Unterstützung und Umsetzung der betrieblichen Gesundheitsförderung einen Beitrag zur Verhältnisprävention leisten.

Überblicksartikel und Metaanalysen – gestützt auf empirische Ergebnisse von mehr als 150 Studien – belegen einen Zusammenhang zwischen Führungsverhalten auf der einen Seite und Wohlbefinden, Anwesenheit, Arbeitsfähigkeit und Arbeitszufriedenheit der Mitarbeiter auf der anderen Seite (Kuoppala, Lamminpää, Liira & Vainio, 2008; Skakon, Nielsen, Borg & Guzman, 2010). Als gesundheitsförderlich gelten mitarbeiterorientierte Führungsstile wie transformationale Führung, kontingente Belohnung (transaktionale Führung) und Leader-Member-Exchange (Gregersen, Vincent-Höper & Nienhaus, 2014; Zwingmann et al., 2014). Im Gegensatz dazu steht der Laissez-faire-Führungsstil mit einer eher gesundheitsbeeinträchtigenden Wirkung (Zwingmann et al., 2014).

Um die Führungskraft in ihrer Rolle und ihrer Verantwortung gegenüber der Mitarbeitergesundheit zu stärken, sind Trainings eine sinnvolle Maßnahme der betrieblichen Gesundheitsförderung. In diesen Trainings sollten Inhalte zur Sensibilisierung der Führungskraft für die Bedeutung ihrer eigenen Gesundheit sowie für die Auswirkungen ihres Führungsverhaltens auf die Gesundheit der Mitarbeiter vermittelt werden. Als theoretische Basis zur Konzeption eines solchen Trainings bietet sich das Modell der „Health-oriented Leadership“ (Franke & Felfe, 2011) an. Dieses Modell postuliert, dass die gesundheitsbezogene Selbstführung der Führungskraft sowohl das gesundheitsförderliche Führungsverhalten gegenüber den Mitarbeitern als auch die Selbstführung der Mitarbeiter beeinflusst, die sich wiederum auf den Gesundheitszustand auswirken (Franke, Felfe & Pundt, 2014).

Die Zusammenhänge im Kontext gesundheitsförderlichen Führens sind nicht nur unidirektional. Es konnte gezeigt werden, dass sich ein guter Gesundheitszustand im Sinne einer Ressource ebenfalls positiv auf die Selbstführung der Führungskraft auswirkt (Turgut, Sonntag & Römer, 2015). Im Einklang mit der Conservation of Resources Theory (Hobfoll, 1989; siehe Tabelle 1) stellt die Gesundheit einer Führungskraft somit einen potenziellen Ausgangspunkt für Gewinnspiralen dar.

Daher sollte der Fokus von gesundheitsbezogenen Führungskräftetrainings auf der Stärkung der Ressourcen einer Führungskraft liegen. Diese Ressourcen können sich auf interne oder auch externe Merkmale beziehen. Studien belegen eine Stärkung des gesundheitsförderlichen Führungsverhaltens durch die persönliche Einstellung gegenüber der Relevanz von Gesundheit als interne Ressource. Darüber hinaus wurden eine entsprechende Unternehmenskultur sowie betriebliche Möglichkeiten zur Umsetzung gesundheitsförderlichen Führens als externe Ressourcen bestätigt, die einen Einfluss auf das entsprechende Führungsverhalten ausüben (Turgut, Sonntag, Michel & Schlachter, 2014; Wilde, Hinrichs, Bahamondes Pavez & Schüpbach, 2009).

Dennoch bedarf es eines Bewusstseins im Unternehmen (insbesondere auf Ebene des Top-Managements), dass die Verantwortung für die Mitarbeitergesundheit nicht alleine an die unmittelbare Führungskraft delegiert werden darf, auch wenn Führungsverhalten einen großen Einfluss auf die Gesundheit der Mitarbeiter ausübt (Gregersen, Kuhnert, Zimber & Nienhaus, 2011). Organisationen sollten dafür Sorge tragen, dass die Arbeitsbedingungen der Führungskräfte so gestaltet sind, dass diese sich auch für die Gesundheitsförderung ihrer Mitarbeiter einsetzen können. Dazu gehört zum Beispiel die Anpassung der Arbeitsbelastung, die eine Rahmenbedingung für das gesundheitsförderliche Führungsverhalten darstellt (Turgut et al., 2014). Die Befunde bestätigen, dass Führungskräfte mit einer hohen Arbeitsbelastung potenzielle organisationale Ressourcen (z. B. eine entsprechende Unternehmenskultur) weniger wahrnehmen können und weniger gesundheitsförderlich führen.

4.4 „Employee Assistance"-Programme (EAP)

Während sich eine Primärintervention auf den Ursprung eines Problems konzentriert und eine Sekundärintervention bei der Entwicklung von Fertigkeiten zum besseren Umgang mit Problemen hilft, fokussiert eine Tertiärintervention auf die Wiederherstellung der Leistungsfähigkeit von Beschäftigten, nachdem ein Problem bereits aufgetreten ist (Arnold & Randall, 2010). Ein Employee Assistance-Programm (EAP) kann solche Tertiärintervention im Rahmen der betrieblichen Gesundheitsförderung beinhalten. Es ist definiert als ein System von Beratungsleistungen für Organisationen, das der Unterstützung von Mitarbeitern

(z. T. auch von Familienangehörigen) bei der Bewältigung von psychosozialen Problemen im Arbeits- und Privatleben dient und auch Notfallsituationen durch eine 24-Stunden-Erreichbarkeit einschließt (Leidig, 2011). Zu den Leistungen eines EAP-Anbieters gehören individuelle Beratungsangebote (telefonisch oder „unter vier Augen"), Trainings und weitere Maßnahmen zur Prävention sowie Identifikation und Behandlung von individuellen Problembereichen (Jacobson & Attridge, 2010). Organisationen, die ein EAP nutzen, ermöglichen ihren Fach- und Führungskräften schnelle, anonyme und professionelle Hilfe bei der Bewältigung von Alltagsproblemen und Krisen (Taranowski & Mahieu, 2013). Vor allem im Falle ungenügender Kapazitäten oder mangelnder Expertise seitens der Organisation bietet ein EAP ein umfassendes Beratungsangebot, um dem steigenden Bedarf der Gesundheitsförderung entgegenzukommen (Leidig, 2011).

Während der Ursprung des EAP Anfang des 20. Jahrhunderts im angloamerikanischen Raum auf dem Umgang mit Alkoholismus im Arbeitskontext lag, stehen heutzutage vielfältige gesundheitsrelevante Probleme im Vordergrund, die am Arbeitsplatz sichtbar werden und die (arbeitsbezogene) Leistungsfähigkeit beeinträchtigen (Lee & Gray, 1994; Leidig, 2011). Befunde deuten allerdings darauf hin, dass die Dienstleistungen eines EAP mehr persönliche Schwierigkeiten und familiäre Aspekte betreffen als arbeitsbezogene Probleme (Spetch, Howland & Lowman, 2011).

Die Dienstleistungen eines EAP-Anbieters stützen sich weltweit auf ein Grundsatzmodell, das die Leistungen und Vorgehensweise beschreibt. Die einzelnen Aspekte dieses Grundsatzmodells sind im Original als sogenannte *core technologies* bekannt, die als Leitlinien zur Etablierung und Evaluation der EAP anerkannt sind (Jacobson & Attridge, 2010). Infobox 6 gibt einen Überblick über die sieben Grundsätze.

Infobox 6: Grundsatzmodell der Arbeitsweise eines Employee Assistance-Programms (EAP; vgl. Jacobson & Attridge, 2010)

Die sieben *core technologies* der EAP:

1. die Beratung und das Training von Führungskräften
2. das frühzeitige und streng vertrauliche Ansprechen von Mitarbeitern durch die Führungskraft
3. die konstruktive Konfrontation des Mitarbeiters durch die Führungskraft
4. die Überweisung des Betroffenen an geeignete Ärzte, Beratungsstellen oder Therapeuten
5. die Beratung der Betriebe beim Aufbau von Netzwerken zu geeigneten Beratungs- und Behandlungseinrichtungen
6. die Entwicklung einer Organisationskultur, die Mitarbeiter in der Überwindung ihrer arbeitsplatzbezogenen Leistungsrückgänge unterstützt
7. die Evaluation der Effekte des EAP in Bezug auf Organisation und Mitarbeiter

Durch eine intendierte, zielgerichtete und zügige Bewältigung von Problemen der Mitarbeiter (Kurzman, 2013), wirkt sich die Nutzung des EAP nicht nur positiv auf die individuelle Gesundheit, sondern auch auf die Produktivität und Innovationsfähigkeit der Unternehmen aus. Im Zusammenhang mit dem Krankenfehlstand – einer der wichtigsten objektiven Kennzahlen im Kontext des betrieblichen Gesundheitsmanagements – konnte eine Längsschnittstudie verbesserte Anwesenheitsraten durch die Nutzung von EAP belegen (Spetch et al., 2011).

Darüber hinaus besteht ein weiterer Vorteil des Einsatzes eines EAP in der regelmäßigen anonymisierten Rückmeldung über Art und Inhalte der Nutzung. So ist es möglich, aktuelle organisationale Probleme zu identifizieren und mit gezielten Maßnahmen zu einer positiven Gestaltung der Unternehmenskultur beizutragen sowie organisationales Lernen und die dynamische Anpassung an Veränderungen zu ermöglichen (Jacobson & Attridge, 2010; Leidig, 2011).

Arnold und Randall (2010) fassen zusammen, dass die Vorteile eines EAP insbesondere in Kostenvorteilen durch reduzierte Abwesenheiten zu sehen sind. Darüber hinaus vermittelt eine Organisation durch das Angebot eines EAP ein positives Image in dem Sinne, dass sie sich um die gesundheitlichen Belange ihrer Fach- und Führungskräfte kümmert.

5 Evaluation und Nachhaltigkeit gesundheitlicher Förderung in Organisationen

Aufgrund der hohen Bedeutsamkeit der betrieblichen Gesundheitsförderung für die individuelle Mitarbeitergesundheit und den organisationalen Erfolg ist es wichtig, deren Qualität zu sichern und die Wirkung der Intervention zu überprüfen. Dadurch erhalten Organisationen Gewissheit über die Kosten-Nutzen-Relation und den Sinn (oder Unsinn) mancher Interventionen. Ob eine Intervention auch die beabsichtigten Effekte und deren Stärke zeigt, ist abhängig von:

- der Untersuchungsanlage und dem methodischen Anspruch der Evaluationsstudie (kontrollierte quasi-experimentelle Studie, Fallstudie),
- der inhaltlich-theoretischen Fundierung der jeweiligen Maßnahme bei kombinierten Programmen,
- der Passgenauigkeit gewählter Evaluationskriterien zu den jeweiligen Maßnahmen,
- dem Umfang der Maßnahmen (Einzelmaßnahmen, ganzheitliche Programme, betriebliches Gesundheitsmanagement),
- den durchführungsökonomischen Imponderabilien der Organisation,
- den Kontrollmöglichkeiten der Einfluss- beziehungsweise Störgrößen von Rahmenbedingungen und Akteuren (z. B. Unterstützungsverhalten des Vorgesetzten, Einstellung der Betroffenen, Einbindung in die Unternehmensstrategie).

Dieses komplexe Geflecht an Voraussetzungen und Bedingungen macht deutlich, wie schwierig die Durchführung seriöser Evaluationsstudien im Bereich der Gesundheitsförderung ist. Bamberg und Busch (2006) sowie Bamberg und Staar (2014) berichten von Reviews und Metaanalysen zu verhaltensorientierten Interventionen wie Stressmanagementtrainings oder sicherheitstechnischen Maßnahmen, die zufriedenstellende mittlere Effekte aufweisen. Kramer, Sockoll und Bödecker (2009) sowie Sonntag und Stegmaier (2015) belegen in ihren systematischen Überblicksarbeiten den *ökonomischen* Nutzen betrieblicher Gesundheitsförderung. Eine häufig verwendete objektive Kennzahl stellt dabei das Verhältnis des investierten Kapitals zum erwirtschafteten Gewinn dar, der sogenannte *Return on Investment* (ROI).

Bei einer Untersuchung von Chapman (2005) liegt der durchschnittliche ROI von Maßnahmen des Gesundheitsmanagements im US-amerikanischen Raum bei 1:5,81. Aus diesen Ergebnissen lässt sich ableiten, dass jeder investierte Dollar in die betriebliche Gesundheitsförderung einen Gegenwert von 5,81 Dollar schafft. Des Weiteren legt die Studie nahe, dass sich Folgekosten (z. B. Gesundheitsbeeinträchtigungen und Krankmeldungen der Mitarbeiter) durch Maßnahmen des betrieblichen Gesundheitsmanagements um 26 % reduzieren lassen. Studien, die sich auf Daten internationaler Erhebungen stützen, berichten einen ROI zwischen 1:2,3 und 1:1,59 bei Krankheitskosten sowie einen ROI von 1:1,25 bis 1:10,1 bei Maßnahmen mit Bezug auf Fehlzeiten (Kramer et al., 2009). Diese starken Schwankungen lassen sich durch die teilweise unterschiedliche Berechnung der Krankheitskosten je nach Land und Krankenversicherungssystem erklären (Bödeker, 2012).

Einen Überblick über Befunde zum Zusammenhang zwischen dem *ROI und weiteren finanziellen Outcomes* auf der einen Seite sowie der *Gesundheitsförderung* auf der anderen Seite gibt Tabelle 4.

Tabelle 4: Übersicht über zentrale Befunde zum Zusammenhang zwischen Gesundheitsförderung und finanziellen Outcomes (vgl. Sonntag & Stegmaier, 2015)

Autoren	Art der Studie	Intervention/ Prädiktor	Befunde
Gebhardt & Crump (1990)	Review	Fitness-/Wellness-Programme	Reduktion von Gesundheitskosten, Krankenhaustagen und -aufnahmen, Arztkosten, Krankheitstagen
Wolfe, Parker & Napier (1994)	Review	Gesundheitsmanagement-Programm	ROI zwischen $ 1:1,93 und $ 1:3,40

Tabelle 4: Fortsetzung

Autoren	Art der Studie	Intervention/ Prädiktor	Befunde
Aldana (2001)	Review	Gesundheitsrisiken	Positiver Zusammenhang zwischen Gesundheitskosten und Fettleibigkeit (5 von 6 Studien), Stress (5 von 5 Studien) und multiplen Risikofaktoren (5 von 5 Studien)
Aldana (2001)	Review	Gesundheits-förderung	Durchschnittlicher ROI basierend auf Gesundheitskosten ($ 1:3,45), fehlzeitenbezogenen Ersparnissen ($ 1:5,82) und kombinierten Ersparnissen ($ 1:4,3)
Lerner, Rodday, Cohen & Rogers (2013)	Review	Gesundheits-förderung	Positive ökonomische Auswirkungen (8 von 10 Studien) sowie negative ökonomische Auswirkungen (2 von 10 Studien)
Arnetz, Sjörgen, Rydehn & Meisel (2003)	Studie	Ergonomische Intervention	Reduzierte Krankheitstage mit ROI von $ 1:6,80
Stave, Muchmore & Gardner (2003)	Studie	Gesundheits-förderung	Jährliche Ersparnisse von $ 613 pro Programm-Teilnehmer

Neben den berichteten Effekten auf objektive Kennzahlen (z. B. ROI) konnten auch positive Effekte für einzelne Maßnahmen der betrieblichen Gesundheitsförderung wie Stressmanagement-Programme oder Gesundheitszirkel belegt werden. Diese führen zu einer Verbesserung des Gesundheitszustandes der Beschäftigten und verminderten Fehlzeiten (Aust & Ducki, 2004; Kramer et al., 2009; Richardson & Rothstein, 2008). Studien belegen zudem, dass verringerte Fehlzeiten mit der Teilnahme an Maßnahmen der Gesundheitsförderung im Sinne von Fitness- und Wellness-Programmen assoziiert sind. Tabelle 5 fasst die zentralen Befunde zum Zusammenhang zwischen der *Gesundheitsförderung* und *Fehlzeiten* bei der Arbeit zusammen.

Tabelle 5: Übersicht über zentrale Befunde zum Zusammenhang zwischen Gesundheitsförderung und Fehlzeiten (vgl. Sonntag & Stegmaier, 2015)

Autoren	Art der Studie	Intervention/ Prädiktor	Befunde
Kerr & Vos (1993)	Studie	Fitness-Programm	Reduzierte Fehlzeiten
Daley & Parfitt (1996)	Studie	Unternehmens-internes Fitness-Studio	Reduzierte Fehlzeiten
Serxner, Gold, Anderson & Williams (2001)	Studie	Gesundheitsförderung („worksite health promotion program“)	Reduzierte Fehlzeiten
Michaelis, Sonntag & Stegmaier (2015); Schraub, Sonntag, Büch & Stegmaier (2015)	Studie	„Nachhaltiges“ Gesundheits-management	Zusammenhang hoher Gesundheitsindex (GI) mit niedrigem Krankenstand, reduzierten Arbeitsunfällen und hoher Personalproduktivität
Aldana (2001)	Review	Gesundheits-förderung, Fitness-Programm	Reduzierte Fehlzeiten durch Gesundheitsförderung (14 von 14 Studien) und Fitness-Programme (5 von 7 Studien)
Aldana & Pronk (2001)	Review	Gesundheits-förderung	Reduzierte Fehlzeiten (Reduktion um 3 bis 16 %, basierend auf 9 Studien)
Darr & Johns (2008)	Meta-analyse	Arbeitsbelastung, körperliche Erkrankungen, psychische Erkrankungen	Positiver Zusammenhang zwischen Fehlzeiten mit Arbeitsbelastung (r=.15), körperlichen Erkrankungen (r=.22) und psychischen Erkrankungen (r=.29)
Parks & Steelman (2008)	Meta-analyse	Organisationale Wellness-Programme	Negativer Zusammenhang mit Fehlzeiten (r=–.33)

Bei der Studie von Sonntag und Mitarbeitern (Michaelis et al., 2015; Schraub et al., 2015) wurde untersucht, wie sich die Dimensionen eines nachhaltigen Gesundheitsmanagements auf die Leistungsfähigkeit und -bereitschaft der Fach- und Führungskräfte und den ökonomischen Erfolg von Unternehmen auswirken. Es wurden sowohl arbeitspsychologische als auch betriebswirtschaftliche Parameter in Relation zueinander gesetzt. Dimensionen und Variablen zur Operationalisierung eines nachhaltigen Gesundheitsmanagements gibt Abbildung 3 wieder.

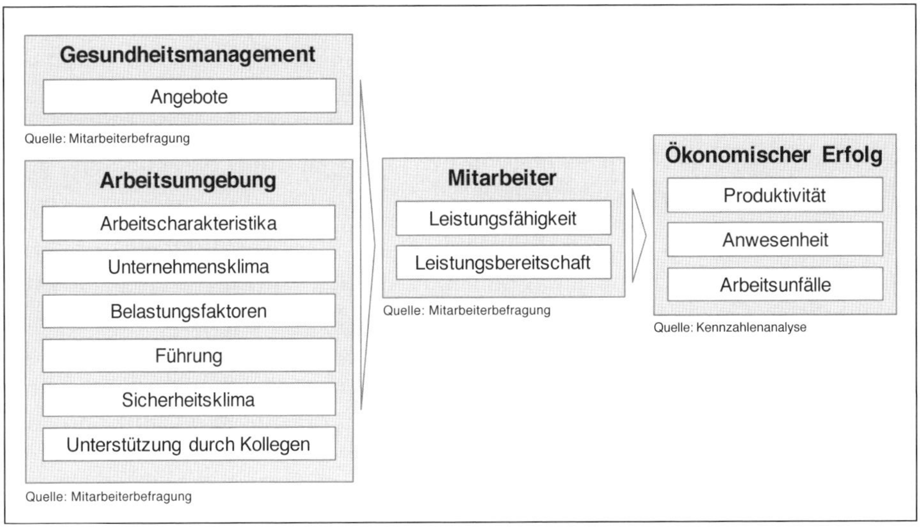

Abbildung 3: Modell eines nachhaltigen Gesundheitsmanagements (Schraub et al., 2015, S. 80)

Mit einem standardisierten Fragebogen wurden die Beschäftigten zur Arbeitsumgebung (Arbeitscharakteristika, Belastungsfaktoren, Unternehmensklima, Führung, Gesundheitsmanagement, Unterstützung durch Kollegen, Sicherheitsklima), zu den Angeboten des Gesundheitsmanagements sowie zu ihrer Leistungsfähigkeit und -bereitschaft befragt. Auf der Grundlage der erfassten Daten wurden ein Gesundheitsindex generiert und Zusammenhänge des Gesundheitsindexes mit der Leistungsfähigkeit und -bereitschaft der Mitarbeiter sowie den objektiven Kennzahlen berechnet (zur Entwicklung des Gesundheitsindexes vgl. Schraub et al., 2015). Die Ergebnisse zeigen, dass der Gesundheitsindex einen wichtigen Prädiktor für die objektiven und subjektiven Gesundheitsmaße darstellt. Es wurden signifikante Zusammenhänge aller Dimensionen des Gesundheitsindexes mit unterschiedlichen Gesundheitsmaßen (z. B. Atemwegserkrankungen, Rückenbeschwerden) und Leistungsvariablen (z. B. Eigeninitiative, Ideengenerierung) bestätigt (Michaelis et al., 2015). Eine ausführlichere Erläuterung dieser Studie ist in Kapitel 20 dieses Buches zu finden.

6 Ausblick

Die Innovationsfähigkeit von Organisationen ist ebenso wie die Gesundheit und Leistungsfähigkeit ihrer Mitglieder ohne ein proaktives, ressourcenorientiertes Vorgehen nicht mehr zu bewirken. Dies setzt voraus, dass die in der Stress- und Belastungsforschung entwickelten vielfältigen Diagnose- und Interventionsverfahren praxistauglich gestaltet werden. Dies setzt ebenso voraus, dass die personale Gesundheitsförderung in den strategischen Unternehmenszielen der Organisationen verankert ist (Briner, 2012; Schabracq, 2003). Nicht nur durch die Unterstützung des Managements und entsprechender Machtpromotoren können gesunderhaltende und -förderliche Wirkungsketten in Gang gesetzt werden. Auch die Wissenschaft muss liefern, eng mit der Praxis zusammenarbeiten und eine kontextbezogene Forschung betreiben.

Wichtig dabei ist, dass sich die Maßnahmen am Bedarf der Mitarbeiter orientieren und sich sowohl Organisationseinheiten als auch die einzelnen Mitarbeiter beteiligen können (Kortum, 2014). Empirische Befunde unterstützen die Bedeutung eines partizipativen Vorgehens. Maßnahmen, bei denen die Expertise der Mitarbeiter einbezogen wurde, sind effektiver als jene, die ohne die Beteiligung der Belegschaft implementiert wurden (Cockburn, Milczarek, Irastorza & González, 2012).

Bei der Bewältigung der Herausforderungen sich ändernder Arbeitswelten kommt den beteiligten Akteuren in der Gesundheitsförderung eine zentrale Rolle zu: Sie müssen gestalten, fördern, entwickeln, sich einmischen und gegebenenfalls gegensteuern!

Literatur

Aldana, S. G. (2001). *Financial impact of health promotion programs: A comprehensive review of the literature. American Journal of Health Promotion, 15,* 296–320. http://doi.org/10.4278/0890-1171-15.5.296

Aldana, S. G. & Pronk, N. P. (2001). Health promotion programs, modifiable health risks and employee absenteeism. *Journal of Occupational and Environmental Medicine, 43,* 36–46. http://doi.org/10.1097/00043764-200101000-00009

Antonovsky, A. (1979). *Health, Stress and Coping.* San Fransisco: Jossey-Bass.

Arbeitsschutzgesetz (ArbSchG). (2013). *Gesetz über die Durchführung von Maßnahmen des Arbeitsschutzes zur Verbesserung der Sicherheit und des Gesundheitsschutzes der Beschäftigten bei der Arbeit.* Berlin: Deutscher Bundestag.

Arnetz, B. B., Sjörgen, B., Rydehn, B. & Meisel, R. (2003). Early workplace interventions for employees with musculoskeletal-related absenteeism: A prospective controlled intervention study. *Journal of Occupational and Environmental Medicine, 45,* 499–506. http://doi.org/10.1097/01.jom.0000063628.37065.45

Arnold, J. & Randall, R. (2010). *Work psychology: Understanding human behavior in the workplace* (5th ed.). Harlow, England: Pearson Education Limited.

Aust, B. & Ducki, A. (2004). Comprehensive health promotion interventions at the workplace: Experiences with health circles in Germany. *Journal of Occupational Health Psychology, 9* (3), 258–270. http://doi.org/10.1037/1076-8998.9.3.258

Bakker, A. B. & Demerouti, E. (2007). The job demands-resources model: State of the art. *Journal of Managerial Psychology, 22* (3), 309–328. http://doi.org/10.1108/02683940710733115

Bamberg, E. & Busch, C. (2006). Stressbezogene Interventionen in der Arbeitswelt. *Zeitschrift für Arbeits- und Organisationspsychologie, 50,* 215–226. http://doi.org/10.1026/0932-4089.50.4.215

Bamberg, E. & Staar, H. (2014). Gesundheit und Sicherheit. In H. Schuler & K. Moser (Hrsg.), *Lehrbuch Organisationspsychologie* (5. Aufl., S. 509–556). Bern: Huber.

Beck, D., Morschhäuser, M. & Richter, G. (2014). Durchführung der Gefährdungsbeurteilung psychischer Belastung. In Bundesanstalt für Arbeitsschutz und Arbeitsmedizin (BAuA) (Hrsg.), *Gefährdungsbeurteilung psychischer Belastung: Erfahrungen und Empfehlungen* (S. 45–130). Berlin: Erich Schmidt.

Becker, P. R. & Spellenberg, U. (2014). Best-Practice: Life-Balance bei der Daimler AG. In Kh. Sonntag (Hrsg.), *Arbeit und Privatleben harmonisieren. Life Balance Forschung und Unternehmenskultur: Das WLB-Projekt* (S. 171–184). Kröning: Asanger.

Bödeker, W. (2012). Lohnt sich Betriebliche Gesundheitsförderung? Ökonomische Indikatoren und Effizienzanalysen. In G. Faller (Hrsg.), *Lehrbuch Betriebliche Gesundheitsförderung* (S. 165–170). Bern: Huber.

Briner, R. B. (2012). Developing evidence-based occupational health psychology. In J. Houdmont, S. Leka & R. Sinclair (Eds.), *Contemporary occupational health psychology – Global perspectives on research and practice* (Vol. 2, pp. 36–56). West Sussex: John Wiley.

Busch, C., Roscher, S., Ducki, A. & Kalytta, T. (2009). *Stressmanagement für Teams in Service, Gewerbe und Produktion – ein ressourcenorientiertes Trainingsmanual.* Heidelberg: Springer.

Caldwell, S. (2013). Change and fit, fit and change. In S. Oreg, A. Michel & R. T. By (Eds.), *The psychology of organizational change – viewing change from the employee's perspective* (pp. 255–274). Cambridge: Cambridge University Press.

Cavanaugh, M. A., Boswell, W. R., Roehling, M. V. & Boudreau, J. W. (2000). An empirical examination of self-reported work stress among U. S. managers. *Journal of Applied Psychology, 85* (1), 65–74. http://doi.org/10.1037/0021-9010.85.1.65

Chapman, L. S. (2005). Meta-evaluation of worksite health promotion economic return studies: 2005 Update. *American Journal of Health Promotion, 19* (6), 1–11.

Cockburn, W., Milczarek, M., Irastorza, X. & González, E. R. (2012). The management of psychosocial risks across the European Union: Findings from ESENER. In J. Houdmont, S. Leka & R. Sinclair (Eds.), *Contemporary occupational health psychology – Global perspectives on research and practice* (Vol. 2, pp. 162–203). West Sussex: John Wiley.

Crawford, E. R., LePine, J. A. & Rich, B. L. (2010). Linking job demands and resources to employee engagement and burnout: A theoretical extension and meta-analytic test. *Journal of Applied Psychology, 95* (5), 834–848. http://doi.org/10.1037/a0019364

Daley, A. J. & Parfitt, G. (1996). Good health – Is it worth it? Mood states, physical well-being, job satisfaction and absenteeism in members and non-members of a British corporate health and fitness club. *Journal of Occupational and Organizational Psychology, 69,* 121–134. http://doi.org/10.1111/j.2044-8325.1996.tb00604.x

Darr, W. & Johns, G. (2008). Work strain, health and absenteeism: A meta-analysis. *Journal of Occupational Health Psychology, 13,* 293–318. http://doi.org/10.1037/a0012639

Debus, M. E., Sonnentag, S., Deutsch, W. & Nussbeck, F. W. (2014). Making flow happen: The effects of being recovered on work-related flow between and within days. *Journal of Applied Psychology, 99* (4), 713–722. http://doi.org/10.1037/a0035881

Demerouti, E., Bakker, A. B., Nachreiner, F. & Schaufeli, W. B. (2001). The job demands-resources model of burnout. *Journal of Applied Psychology, 86* (3), 499–512. http://doi.org/10.1037/0021-9010.86.3.499

Deutsches Institut für Normung e. V. (Hrsg.). (1987). *Belastung, Beanspruchung* (DIN 33405). Berlin: Beuth.

Dunckel, H. & Pleiss, C. (Hrsg.). (2007). *Kontrastive Aufgabenanalyse. Grundlagen, Entwicklungen und Anwendungserfahrungen*. Zürich: vdf Hochschulverlag.

Edelmann, M. (2002). *Gesundheitsressourcen im Beruf: Selbstwirksamkeit und Kontrolle als Faktoren der multiplen Stresspufferung*. Weinheim: Beltz Psychologie Verlags Union.

Edwards, J. R., Caplan, R. D. & Harrison, R. V. (1998). Person-environment fit theory: Conceptual foundations, empirical evidence, and directions for future research. In C. L. Cooper (Ed.), *Theories of organizational stress* (pp. 28–67). Oxford: Oxford University Press.

Ehmann, S. & Lukaß, C. (2015). Best-Practice Ansätze: Deutsche Bahn AG. In Kh. Sonntag, R. Stegmaier & U. Spellenberg (Hrsg.), *Arbeit, Gesundheit, Erfolg – Betriebliches Gesundheitsmanagement auf dem Prüfstand: Das Projekt BiG* (2. Aufl., S. 213–218). Kröning: Asanger.

Eriksson, A., Axelsson, R. & Axelsson, S. B. (2011). Health promoting leadership – different views of the concept. *Work: Journal of Prevention, Assessment & Rehabilitation, 40,* 75–84. http://doi.org/10.3233/WOR-2011-1208

Feldmann, E. & Sonntag, Kh. (2014). *Objektive Analyse psychischer Belastungen: Hinweise zur Durchführung und Auswertung*. Unveröffentlichtes Manual, Universität Heidelberg.

Feldmann, E., Sonntag, Kh. & Turgut, S. (2015). Gefährdungsbeurteilung psychischer Belastung (GPB) – Ein Instrument zur objektiven Erfassung psychischer Belastungen am Arbeitsplatz. In Gesellschaft für Arbeitswissenschaft (Hrsg.), *Dokumentation des Kongresses der Gesellschaft für Arbeitswissenschaften in Karlsruhe, VerANTWORTung für die Arbeit der Zukunft*. Dortmund: GfA Press.

Franke, F. (2015). Is work intensification extra stress? *Journal of Personnel Psychology, 14* (1), 17–27. http://doi.org/10.1027/1866-5888/a000120

Franke, F. & Felfe, J. (2011). Diagnose gesundheitsförderlicher Führung – Das Instrument „Health-oriented Leadership". In B. Badura, A. Ducki, H. Schröder, J. Klose & K. Macco (Hrsg.), *Fehlzeiten-Report 2011: Führung und Gesundheit. Zahlen, Daten, Analysen aus allen Branchen der Wirtschaft* (S. 3–13). Berlin: Springer.

Franke, F., Felfe, J. & Pundt, A. (2014). The impact of health-oriented leadership on follower health: Development and test of a new instrument measuring health-promoting leadership. *Zeitschrift für Personalforschung, 28* (1/2), 139–161. http://doi.org/10.1688/ZfP-2014-01-Franke

French, J. R. P., Jr., Caplan, R. D. & Harrison, R. V. (1982). *The mechanisms of job stress and strain*. New York: Wiley.

GDA-Arbeitsprogramm Psyche (2014). *Empfehlungen zur Umsetzung der Gefährdungsbeurteilung psychischer Belastung*. Berlin: Bundesministerium für Arbeit und Soziales.

Gebhardt, D. L. & Crump, C. E. (1990). Employee fitness and wellness programs in the workplace. *American Psychologist, 45,* 262–272. http://doi.org/10.1037/0003-066X.45.2.262

Gregersen, S., Kuhnert, S., Zimber, A. & Nienhaus, A. (2011). Führungsverhalten und Gesundheit – Zum Stand der Forschung. *Gesundheitswesen, 73,* 3–12. http://doi.org/10.1055/s-0029-1246180

Gregersen, S., Vincent-Höper, S. & Nienhaus, A. (2014). Health-relevant leadership behaviour: A comparison of leadership constructs. *Zeitschrift für Personalforschung, 28* (1/2), 117–138. http://doi.org/10.1688/ZfP-2014-01-Gregersen

Grote, G., Wäfler, T. & Weik, S. (1997). KOMPASS: Komplementäre Analyse und Gestaltung von Produktionsaufgaben in soziotechnischen Systemen. In O. Strohm & E. Ulich (Hrsg.), *Unternehmen arbeitspsychologisch bewerten. Ein Mehr-Ebenen-Ansatz unter besonderer Berück-*

sichtigung von Mensch, Technik und Organisation. Schriftenreihe Mensch-Technik-Organisation (S. 259–280). Zürich: vdf Hochschulverlag.

Gulmo, N. (2008). *Psychische Belastungen und Bewältigungsmöglichkeiten von Arbeitnehmervertretern*. München: Hampp.

Hahn, V.C., Binnewies, C., Sonnentag, S. & Mojza, E.J. (2011). Learning how to recover from job stress: Effects of a recovery training program on recovery, recovery-related self-efficacy, and well-being. *Journal of Occupational Health Psychology, 16* (2), 202–216. http://doi.org/10.1037/a0022169

Halbesleben, J.R.B. (2006). Sources of social support and burnout: A meta-analytic test of the conservation of resources model. *Journal of Applied Psychology, 91* (5), 1134–1145. http://doi.org/10.1037/0021-9010.91.5.1134

Hämmelmann, A. & van Dick, R. (2013). Entwickeln im Team – Effekte für den Einzelnen. Eine Evaluation von Teamentwicklungsmaßnahmen. *Gruppendynamik und Organisationsberatung, 44* (2), 221–238. http://doi.org/10.1007/s11612-013-0207-1

Heath, N.M., Hall, B.J., Russ, E.U., Canetti, D. & Hobfoll, S.E. (2012). Reciprocal relationships between resource loss and psychological distress following exposure to political violence: An empirical investigation of COR theory's loss spirals. *Anxiety, Stress & Coping, 25* (6), 679–695. http://doi.org/10.1080/10615806.2011.628988

Heber, E., Lehr, D. & Ebert, D.D. (2015). Web-based interventions for mental health in employees: A systematic review and meta-analysis. In T. Rigotti, V.C. Haun & C. Dormann (Hrsg.), *Menschen, Medien, Möglichkeiten. 9. Fachgruppentagung AOW in Mainz, 24.–26.09.2015. Abstracts* (S. 91). Lengerich: Pabst.

Helander, M. (2006). *A guide to human factors and ergonomics*. Boca Raton: Taylor & Francis.

Hobfoll, S.E. (1989). Conservation of resources: A new attempt at conceptualizing stress. *American Psychologist, 44* (3), 513–524. http://doi.org/10.1037/0003-066X.44.3.513

Hobfoll, S.E. (2001). The influence of culture, community, and the nested-self in the stress process: Advancing conservation of resources theory. *Applied Psychology: An International Review, 50* (3), 337–370. http://doi.org/10.1111/1464-0597.00062

Jacobson, J.M. & Attridge, M. (2010). Employee assistance programs (EAPs): An allied profession for work/life. In S. Sweet & J. Casey (Eds.), *Work and family encyclopedia*. Chestnut Hill, MA: Sloan Work and Family Research Network.

Karasek, R.A. (1979). Job demands, job decision latitude, and mental strain: Implications for job design. *Administrative Science Quarterly, 24,* 285–308. http://doi.org/10.2307/2392498

Karasek, R.A. & Theorell, T. (1990). *Healthy work. Stress, productivity, and the reconstruction of working life*. New York: Basic Books.

Kerr, J.H. & Vos, M.C. (1993). Employee fitness programmes, absenteeism and general well-being. *Work & Stress, 7,* 179–190. http://doi.org/10.1080/02678379308257059

Kinnunen, U., Feldt, T., Siltaloppi, M. & Sonnentag, S. (2011). Job demands-resources model in the context of recovery: Testing recovery experiences as mediators. *European Journal of Work and Organizational Psychology, 20* (6), 805–832. http://doi.org/10.1080/1359432X.2010.524411

Kortum, E. (2014). The WHO healthy workplace model: Challenges and opportunities. In S. Leka & R. Sinclair (Eds.), *Contemporary occupational health psychology – Global perspectives on research and practice* (pp. 149–164). West Sussex: John Wiley.

Kramer, I., Sockoll, I. & Bödecker, W. (2009). Die Evidenzbasis für betriebliche Gesundheitsförderung und Prävention – Eine Synopse des wissenschaftlichen Kenntnisstandes. In B. Badura, H. Schröder & C. Vetter (Hrsg.), *Fehlzeitenreport 2008. Betriebliches Gesundheitsmanagement: Kosten und Nutzen. Zahlen, Daten, Analysen aus allen Branchen der Wirtschaft* (S. 65–76). Heidelberg: Springer.

Kristof-Brown, A. & Guay, R. P. (2011). Person-environment fit. In S. Zedeck (Ed.), *APA Handbook of Industrial and Organizational Psychology* (pp. 1–59). Washington: APA.

Kuoppala, J., Lamminpää, A., Liira, J. & Vainio, H. (2008). Leadership, job well-being, and health effects – A systematic review and a meta-analysis. *Journal of Occupational and Environmental Medicine, 50* (8), 904–915. http://doi.org/10.1097/JOM.0b013e31817e918d

Kurzman, P. A. (2013). Employee assistance programs for the new millennium: Emergence of the comprehensive model. *Social Work in Mental Health, 11* (5), 381–403. http://doi.org/10.1080/15332985.2013.780836

Länderausschuss für Arbeitsschutz und Sicherheitstechnik (LASI). (2002). *Konzept zur Ermittlung psychischer Fehlbelastung am Arbeitsplatz und zu Möglichkeiten der Prävention.* München/Potsdam: LASI.

Lazarus, R. S. (1999). *Stress and emotion: A new synthesis.* New York, NY: Springer.

Lazarus, R. S. & Folkman, S. (1984). *Stress, appraisal, and coping.* New York, NY: Springer.

Lee, C. & Gray, J. A. (1994). The role of employee assistance programmes. In C. L. Cooper & S. Williams (Eds.), *Creating healthy work organizations* (pp. 215–242). Oxford, England: John Wiley & Sons.

Leidig, S. (2011). Employee Assistance Programme (EAP) in Deutschland. In E. Bamberg, A. Ducki & A.-M. Metz (Hrsg.), *Gesundheitsförderung und Gesundheitsmanagement in der Arbeitswelt. Ein Handbuch* (S. 393–411). Göttingen: Hogrefe.

Leitner, K., Lüders, E., Greiner, B., Ducki, A., Niedermeier, R. & Volpert, W. (1993). *Analyse psychischer Anforderungen und Belastungen in der Büroarbeit. Das RHIA/VERA-Büro-Verfahren. Handbuch, Manual und Antwortblätter.* Göttingen: Hogrefe.

Lerner, D., Rodday, A. M., Cohen, J. T. & Rogers, W. H. (2013). A systematic review of the evidence concerning the economic impact of employee-focused health promotion and wellness programs. *Journal of Occupational and Environmental Medicine, 55,* 209–222. http://doi.org/10.1097/JOM.0b013e3182728d3c

Litzke, S. & Schuh, H. (2011). *Stress, Mobbing, Burnout am Arbeitsplatz.* Heidelberg: Springer.

Lohmann-Haislah, A. (2012). *Stressreport Deutschland 2012 – Psychische Anforderungen, Ressourcen und Befinden.* Dortmund/Berlin/Dresden: Bundesanstalt für Arbeitsschutz und Arbeitsmedizin (BAuA).

Meichenbaum, D. (2003). *Intervention bei Stress: Anwendung und Wirkung des Stressimpfungstrainings* (2. Aufl.). Bern: Huber.

Meijman, T. F. & Mulder, G. (1998). Psychological aspects of workload. In P. J. D. Drenth, H. Thierry & C. J. de Wolff (Eds.), *Handbook of work and organizational psychology, Vol. 2: Work psychology* (2nd ed., pp. 5–33). Hove, England: Psychology Press.

Metz, A.-M. (2011). Intervention. In E. Bamberg, A. Ducki & A.-M. Metz (Hrsg.), *Gesundheitsförderung und Gesundheitsmanagement in der Arbeitswelt: Ein Handbuch* (S. 185–220). Göttingen: Hogrefe.

Michaelis, B., Sonntag, Kh. & Stegmaier, R. (2015). Studien zum Gesundheitsindex, zur Mitarbeiterleistung und zum ökonomischen Nutzen. In Kh. Sonntag, R. Stegmaier & U. Spellenberg (Hrsg.), *Arbeit, Gesundheit, Erfolg – Betriebliches Gesundheitsmanagement auf dem Prüfstand: Das Projekt BiG* (2. Aufl., S. 107–126). Kröning: Asanger.

Michel, A., Bosch, C. & Rexroth, M. (2014). Mindfulness as a cognitive-emotional segmentation strategy: An intervention promoting work-life balance. *Journal of Occupational and Organizational Psychology, 87* (4), 733–754. http://doi.org/10.1111/joop.12072

Michel, A., Sonntag, Kh. & Menzel, L. (2009). Beanspruchung erkennen, Fehlbelastung vermeiden. Instrument zur Analyse von psychischen Belastungen am Arbeitsplatz. *Personalführung, 42* (7), 40–47.

Michel, A., Sonntag, Kh. & Noefer, K. (2011). Erfassung psychischer Belastungen: Subjektive und objektive Analysezugänge am Beispiel von Verladetätigkeiten im Logistikbereich eines internationalen Airports. *Zeitschrift für Arbeitswissenschaft, 65* (3), 245–256.

Moen, P., Kelly, E. L. & Lam, J. (2013). Healthy work revisited: Do changes in time strain predict well-being? *Journal of Occupational Health Psychology, 18,* 157–172. http://doi.org/10.1037/a0031804

Nahrgang, J. D., Morgeson, F. P. & Hofman, D. A. (2011). Safety at work: Meta-analytic investigation of the link between job demands, job resources, burnout, engagement, and safety outcomes. *Journal of Applied Psychology, 96,* 71–96. http://doi.org/10.1037/a0021484

Nerdinger, F. W., Blickle, G. & Schaper, N. (2014). *Arbeits- und Organisationspsychologie* (3. Aufl.). Berlin/Heidelberg: Springer.

Neuhaus, R. (2009). *KPB – Kurzverfahren Psychische Belastung. Ein Verfahren zur Beurteilung psychischer Belastungen.* Köln: Wirtschaftsverlag Bachem.

Nübling, M., Stößel, U., Hasselhorn, H.-M., Michaelis, M. & Hofmann, F. (2005). *Methoden zur Erfassung psychischer Belastungen – Erprobung eines Messinstrumentes (COPSOQ).* Bremerhaven: Wirtschaftsverlag NW.

Oesterreich, R., Leitner, K. & Resch, M. (2000). *Analyse psychischer Anforderungen und Belastungen in der Produktionsarbeit. Das Verfahren RHIA/VERA-Produktion. Handbuch, Manual und Antwortblätter.* Göttingen: Hogrefe.

Örtqvist, D. & Wincent, J. (2010). Role stress, exhaustion, and satisfaction: A cross-lagged structural equation modeling approach supporting Hobfoll's loss spirals. *Journal of Applied Social Psychology, 40* (6), 1357–1384. http://doi.org/10.1111/j.1559-1816.2010.00621.x

Parks, K. M. & Steelman, L. A. (2008). Organizational wellness programs: A meta-analysis. *Journal of Occupational Health Psychology, 13,* 58–68. http://doi.org/10.1037/1076-8998.13.1.58

Podsakoff, N. P., LePine, J. A. & LePine, M. A. (2007). Differential challenge stressor-hindrance stressor relationships with job attitudes, turnover intentions, turnover, and withdrawal behavior: A meta-analysis. *Journal of Applied Psychology, 92* (2), 438–454. http://doi.org/10.1037/0021-9010.92.2.438

Quick, J. C. & Gavin, J. H. (2001). Four perspectives on conservation of resources theory: A commentary. *Applied Psychology: An International Review, 50* (3), 392–400.

Rau, R. & Buyken, D. (2015). Der aktuelle Kenntnisstand über Erkrankungsrisiken durch psychische Arbeitsbelastungen: Ein systematisches Review über Metaanalysen und Reviews. *Zeitschrift für Arbeits- und Organisationspsychologie, 59,* 113–129. http://doi.org/10.1026/0932-4089/a000186

Reese, C. D. (2009). *Occupational health and safety management: A practical approach* (2nd ed.). Boca Raton, FL: CRC Press.

Rexroth, M., Feldmann, E., Peters, A. & Sonntag, Kh. (in Druck). Learning how to manage the boundaries between life domains – Effects of a boundary management intervention on boundary management, recovery, and well-being. *Zeitschrift für Arbeits- und Organisationspsychologie.*

Rexroth, M., Nohe, C., Sonntag, Kh. & Feldmann, E. (2014). Theorien und Konzepte der Work-Life-Balance Forschung. In Kh. Sonntag (Hrsg.), *Arbeit und Privatleben harmonisieren. Life Balance Forschung und Unternehmenskultur: Das WLB-Projekt* (S. 23–38). Kröning: Asanger.

Rexroth, M., Sonntag, Kh., Goecke, T., Klöpfer, A. & Mensmann, M. (2014). Wirkung von Anforderungen und Ressourcen auf die Zufriedenheit mit der Work-Life-Balance. In Kh. Sonntag (Hrsg.), *Arbeit und Privatleben harmonisieren. Life Balance Forschung und Unternehmenskultur: Das WLB-Projekt* (S. 85–128). Kröning: Asanger.

Rexroth, M., Sonntag, Kh. & Michel, A. (2014). Verschwommene Grenzen zwischen den Lebensbereichen: Effekte auf emotionale Erschöpfung und Zufriedenheit mit der Work-Life-Balance. *Zeitschrift für Arbeitswissenschaft, 68* (1), 35–43.

Richardson, K. M. & Rothstein, H. R. (2008). Effects of occupational stress management intervention programs: A meta-analysis. *Journal of Occupational Health Psychology, 13* (1), 69–93. http://doi.org/10.1037/1076-8998.13.1.69

Richter, G. (2010). *Toolbox Version 1.2 – Instrumente zur Erfassung psychischer Belastungen.* Dortmund/Berlin/Dresden: Bundesanstalt für Arbeitsschutz und Arbeitsmedizin (BAuA).

Richter, P. & Hacker, W. (1997). *Belastung und Beanspruchung. Streß, Ermüdung und Borunout im Arbeitsleben.* München: Asanger.

Rimann, M. & Udris, I. (1997). Subjektive Arbeitsanalyse: Der Fragebogen SALSA. In O. Strohm & E. Ulich (Hrsg.), *Unternehmen arbeitspsychologisch bewerten. Ein Mehr-Ebenen-Ansatz unter besonderer Berücksichtigung von Mensch, Technik und Organisation* (S. 281–296). Zürich: Verlag der Fachvereine.

Rodell, J. B. & Judge, T. A. (2009). Can „good“ stressors spark „bad“ behaviors? The mediating role of emotions in link of challenge and hindrance stressors with citizenship and counterproductive behaviors. *Journal of Applied Psychology, 94,* 1438–1451. http://doi.org/10.1037/a0016752

Rohmert, W. & Rutenfranz, J. (1975). *Arbeitswissenschaftliche Beurteilung der Belastung und Beanspruchung an unterschiedlichen industriellen Arbeitsplätzen.* Bonn: Bundesministerium für Arbeit und Sozialordnung.

Schabracq, M. J. (2003). What an organisation can do about its employees' well-being and health: An overview. In M. J. Schabracq, J. A. M. Winnubst & C. L. Cooper (Eds.), *The handbook of work and health psychology* (pp. 585–600). West Sussex: John Wiley.

Schaper, N., Schmitz, A., Graf, B. & Grube, C. (2004). Gestaltung und Evaluation von simulatorgestützten Trainings in der Anästhesie. In T. Manser (Hrsg.), *Komplexes Handeln in der Anästhesie* (S. 229–260). Lengerich: Pabst.

Schlitt, U. & Gaber, W. (2015). Best-Practice Ansätze: Fraport AG. In Kh. Sonntag, R. Stegmaier & U. Spellenberg (Hrsg.), *Arbeit, Gesundheit, Erfolg – Betriebliches Gesundheitsmanagement auf dem Prüfstand: Das Projekt BiG* (2. Aufl., S. 219–229). Kröning: Asanger.

Schraub, E. M., Sonntag, Kh., Büch, V. & Stegmaier, R. (2015). Der Gesundheitsindex. In Kh. Sonntag, R. Stegmaier & U. Spellenberg (Hrsg.), *Arbeit, Gesundheit, Erfolg – Betriebliches Gesundheitsmanagement auf dem Prüfstand: Das Projekt BiG* (2. Aufl., S. 73–92). Kröning: Asanger.

Selye, H. (1950). *The physiology and pathology of exposure to stress.* Oxford, England: Acta, Inc.

Selye, H. (1983). The stress concept today. Past, present, and future. In C. L. Cooper (Ed.), *Stress Research-Issues for the Eighties* (pp. 1–20). Chichester: Wiley.

Semmer, N. K., Grebner, S. & Elfering, A. (2004). Beyond self-report: Using observational, physiological, and situation-based measures in research on occupational stress. In P. L. Perrewé & D. C. Ganster (Eds.), *Emotional and physiological processes and positive intervention strategies: Research in occupational stress and well-being* (Vol. 3, pp. 205–263). Amsterdam: Elsevier.

Semmer, N. K., Jacobshagen, N., Meier, L. L. & Elfering, A. (2007). Occupational stress research: The „stress-as-offense-to-self“ perspective. In J. Houdmont & S. McIntyre (Eds.), *Occupational Health Psychology: European perspectives on research, education and practice* (pp. 43–60). Castelo de Maia: ISMAI Publishers.

Semmer, N. K., McGrath, I. E. & Behr, T. A. (2005). Conceptual issues in research on stress and health. In C. L. Cooper (Ed.), *Handbook of stress and health* (pp. 1–43). New York, NY: CRC Press.

Semmer, N. K. & Meier, L. L. (2014). Bedeutung und Wirkung von Arbeit. In H. Schuler & K. Moser (Hrsg.), *Lehrbuch Organisationspsychologie* (5. Aufl., S. 559–604). Bern: Huber.

Semmer, N. K. & Zapf, D. (2004). Gesundheitsbezogene Interventionen in Organisationen. In H. Schuler (Hrsg.), *Organisationspsychologie – Gruppe und Organisation* (S. 773–843). Göttingen: Hogrefe.

Serxner, S., Gold, D., Anderson, D. & Williams, D. (2001). The impact of a worksite health promotion program on short-term disability usage. *Journal of Occupational and Environmental Medicine, 43,* 25–29. http://doi.org/10.1097/00043764-200101000-00006

Siegrist, J. (1996). Adverse health effects of high-effort/low-reward conditions. *Journal of Occupational Health Psychology, 1* (1), 27–41. http://doi.org/10.1037/1076-8998.1.1.27

Siegrist, J. (2002). Effort reward imbalance at work and health. *Research in Occupational Stress and Well-being, 2,* 261–291. http://doi.org/10.1016/S1479-3555(02)02007-3

Skakon, J., Nielsen, K., Borg, V. & Guzman, J. (2010). Are leaders' well-being, behaviours and style associated with the affective well-being of their employees? A systematic review of three decades of research. *Work & Stress, 24* (2), 107–139. http://doi.org/10.1080/02678373.2010.495262

Sockoll, I., Kramer, I. & Bödeker, W. (2008). *IGA-Report 13.* Essen: BKK Bundesverband.

Sonnentag, S. & Frese, M. (2013). Stress in organizations. In N. W. Schmitt, S. Highhouse & I. B. Weiner (Eds.), *Handbook of psychology, Vol. 12: Industrial and organizational psychology* (2nd ed., pp. 560–592). Hoboken, NJ US: John Wiley & Sons Inc.

Sonntag, Kh. (2015). Ressourcenorientiertes Gesundheitsmanagement – eine arbeits- und organisationspsychologische Perspektive. In Kh. Sonntag, R. Stegmaier & U. Spellenberg (Hrsg.), *Arbeit, Gesundheit, Erfolg – Betriebliches Gesundheitsmanagement auf dem Prüfstand: Das Projekt BiG* (2. Aufl., S. 243–258). Kröning: Asanger.

Sonntag, Kh. (2014). *Arbeit und Privatleben harmonisieren. Life Balance Forschung und Unternehmenskultur: Das WLB-Projekt.* Kröning: Asanger.

Sonntag, Kh., Frieling, E. & Stegmaier, R. (2012). *Lehrbuch Arbeitspsychologie.* Bern: Huber.

Sonntag, Kh. & Nohe, C. (2014). Führungskräfte – Betroffene und Gestalter bei der Harmonisierung der Life Balance. In Kh. Sonntag (Hrsg.), *Arbeit und Privatleben harmonisieren. Life Balance Forschung und Unternehmenskultur: Das WLB-Projekt* (S. 153–170). Kröning: Asanger.

Sonntag, Kh. & Stegmaier, R. (2015). Creating value through occupational health management. In M. Andresen & C. Nowak (Eds.), *Human resource management practices – assessing added value* (pp. 125–145). Heidelberg: Springer.

Soucek, R., Pauls, N., Ziegler, M. & Schlett, C. (2015). Die Bedeutung von Resilienz als personale Ressource und resilientes Verhalten für die psychische Gesundheit am Arbeitsplatz. In T. Rigotti, V. C. Haun & C. Dormann (Hrsg.), *Menschen, Medien, Möglichkeiten. 9. Fachgruppentagung AOW in Mainz,* 24.–26. *09. 2015. Abstracts* (S. 156). Lengerich: Pabst.

Spellenberg, U. & Krätzer, T. (2015). Best-Practice Ansätze: Daimler AG. In Kh. Sonntag, R. Stegmaier & U. Spellenberg (Hrsg.), *Arbeit, Gesundheit, Erfolg – Betriebliches Gesundheitsmanagement auf dem Prüfstand: Das Projekt BiG* (2. Aufl., S. 205–212). Kröning: Asanger.

Spetch, A., Howland, A. & Lowman, R. L. (2011). *EAP utilization patterns and employee absenteeism: Results of an empirical,* 3-year longitudinal study in a national Canadian retail corporation. *Consulting Psychology Journal: Practice and Research, 63* (2), 110–128. http://doi.org/10.1037/a0024690

Spieß, E. & Stadler, P. (2007). Gesundheitsförderliches Führen – Defizite erkennen und Fehlbelastungen der Mitarbeiter reduzieren. In A. Weber & G. Hörmann (Hrsg.), *Psychosoziale Gesundheit im Beruf* (S. 255–264). Stuttgart: Gentner.

Stave, G. M., Muchmore, L. & Gardner, H. (2003). Quantifiable impact of the contract for health and wellness: Health behaviors, health care costs, disability and workers' compensation. *Journal of Occupational and Environmental Medicine, 45,* 109–117. http://doi.org/10.1097/01.jom.0000052952.59271.a8

Stilijanow, U. & Bock, P. (2013). Keine Zeit für gesunde Führung? Befunde und Perspektiven aus Forschung und Beratungspraxis. In G. Junghanns & M. Morschhäuser (Hrsg.), *Immer schneller, immer mehr. Psychische Belastung bei Wissens- und Dienstleistungsarbeit* (S. 145–164). Dortmund/Berlin: Springer VS.

Strohm, O. & Ulich, E. (1997). *Unternehmen arbeitspsychologisch bewerten. Ein Mehr-Ebenen-Ansatz unter besonderer Berücksichtigung von Mensch, Technik und Organisation* (Schriftenreihe Mensch-Technik-Organisation, Vol. 10). Zürich: vdf Hochschulverlag.

Taranowski, C. J. & Mahieu, K. M. (2013). *Trends in employee assistance program implementation, structure, and utilization*, 2009 to 2010. *Journal of workplace behavioral health, 28* (3), 172–191. http://doi.org/10.1080/15555240.2013.808068

ten Brummelhuis, L. L. & Bakker, A. B. (2012). A resource perspective on the work–home interface: The work-home resources model. *American Psychologist, 67* (7), 545–556. http://doi.org/10.1037/a0027974

Turgut, S., Michel, A., Rothenhöfer, L. M. & Sonntag, Kh. (2016). Dispositional resistance to change and emotional exhaustion: Moderating effects at the work-unit level. *European Journal of Work and Organizational Psychology.* http://doi.org/10.1080/1359432x.2016.11575

Turgut, S., Michel, A. & Sonntag, Kh. (2014). Einflussfaktoren emotionaler Erschöpfung und Arbeitszufriedenheit – Anwendung eines integrativen Untersuchungsansatzes. *Zeitschrift für Arbeits- und Organisationspsychologie, 58* (3), 140–154.

Turgut, S., Sonntag, Kh., Michel, A. & Schlachter, S. (2014). Welche Faktoren führen zu gesundheitsförderlichem Führungsverhalten? In M. Eigenstetter, T. Kunz, R. Portuné & R. Trimpop (Hrsg.), *Psychologie der Arbeitssicherheit und Gesundheit: Psychologie der gesunden Arbeit.* Kröning: Asanger.

Turgut, S., Sonntag, Kh. & Römer, M. (2015). Wovon hängt gesundheitsförderliches Führungsverhalten ab? In Gesellschaft für Arbeitswissenschaft (Hrsg.), *Dokumentation des Kongresses der Gesellschaft für Arbeitswissenschaften in Karlsruhe, VerANTWORTung für die Arbeit der Zukunft.* Dortmund: GfA Press.

Udris, I. (2006). Salutogenese in der Arbeit – ein Paradigmenwechsel? *Wirtschaftspsychologie, 8* (2–3), 4–13.

van Vegchel, N., de Jonge, J., Bosma, H. & Schaufeli, W. (2005). Reviewing the effort-reward imbalance model: Drawing up the balance of 45 empirical studies. *Social Science & Medicine, 60* (5), 1117–1131. http://doi.org/10.1016/j.socscimed.2004.06.043

Vincent, S. (2012). Analyseinstrument für gesundheits- und entwicklungsförderliches Führungsverhalten: Eine Validierungsstudie. *Zeitschrift für Arbeitswissenschaft, 66* (1), 38–57.

Webster, I. R., Behr, T. A. & Christiansen, N. D. (2010). Toward a better understanding of the effects of hindrance and challenge stressors on work behavior. *Journal of Vocational Behavior, 76* (1), 68–77. http://doi.org/10.1016/j.jvb.2009.06.012

Wenninger, G. (2014). *Stresskontrolle und Burnout-Prävention.* Kröning: Asanger.

Westman, M., Bakker, A. B., Roziner, I. & Sonnentag, S. (2011). Crossover of job demands and emotional exhaustion within teams: A longitudinal multilevel study. *Anxiety, Stress, and Coping, 24* (5), 561–577. http://doi.org/10.1080/10615806.2011.558191

Westman, M., Hobfoll, S. E., Chen, S., Davidson, O. B. & Laski, S. (2005). Organizational stress through the lens of conservation of resources (COR) theory. In P. L. Perrewé & D. C. Ganster (Eds.), *Exploring interpersonal dynamics* (pp. 167–220). Amsterdam: Elsevier Science/JAI Press.

Widmer, P. S., Semmer, N. K., Kälin, W., Jacobshagen, N. & Meier, L. L. (2012). The ambivalence of challenge stressors: Time pressure associated with both negative and positive well-being. *Journal of Vocational Behavior, 80,* 422–433. http://doi.org/10.1016/j.jvb.2011.09.006

Wieland, R. & Hammes, M. (2015). Psychische Ressource – Unternehmensressource der Zukunft? In T. Rigotti, V. C. Haun & C. Dormann (Hrsg.), *Menschen, Medien, Möglichkeiten. 9. Fachgruppentagung AOW in Mainz, 24.–26. 09. 2015. Abstracts* (S. 176). Lengerich: Pabst.

Wilde, B., Hinrichs, S., Bahamondes Pavez, C. & Schüpbach, H. (2009). Führungskräfte und ihre Verantwortung für die Gesundheit ihrer Mitarbeiter – Eine empirische Untersuchung zu den Bedingungsfaktoren gesundheitsförderlichen Führens. *Wirtschaftspsychologie, 11* (2), 74–89.

Wolfe, R., Parker, D. & Napier, N. (1994). Employee health management and organizational performance. *Journal of Applied Behavioral Science, 30,* 22–42. http://doi.org/10.1177/0021886394301002

World Health Organization (WHO). (1993). *Ottawa-Charta zur Gesundheitsförderung* (Nachdruck der autorisierten Fassung von 1986). Gamburg: Verlag für Gesundheitsförderung.

Zapf, D. & Semmer, N. K. (2004). Stress und Gesundheit in Organisationen. In H. Schuler (Hrsg.), *Organisationspsychologie – Grundlagen und Personalpsychologie* (S. 1007–1112). Göttingen: Hogrefe.

Zijlstra, F. R. H., Cropley, M. & Rydstedt, L. W. (2014). From recovery to regulation: An attempt to reconceptualize 'recovery from work'. *Stress & Health: Journal of the International Society for the Investigation of Stress, 30* (3), 244–252. http://doi.org/10.1002/smi.2604

Zoupanou, Z., Cropley, M. & Rydstedt, L. W. (2013). Recovery after work: The role of work beliefs in the unwinding process. *PLoS ONE, 8* (12), 1–9. http://doi.org/10.1371/journal.pone.0081381

Zwingmann, I., Wegge, J., Wolf, S., Rudolf, M., Schmidt, M. & Richter, P. (2014). Is transformational leadership healthy for employees? A multilevel analysis in 16 nations. *Zeitschrift für Personalforschung, 28* (1/2), 24–51. http://doi.org/10.1688/ZfP-2014-01-Zwingmann

Kapitel 14

Arbeit, Familie und Freizeit harmonisieren: Life-Balance

Karlheinz Sonntag, Elisa Feldmann & Christoph Nohe

Inhaltsübersicht

Überblick:

Aufgrund einer dynamischen und mobilen Arbeitswelt nimmt die Vereinbarkeit von Arbeit, Familie und Freizeit einen zentralen Stellenwert ein. Besondere Herausforderungen ergeben sich durch flexible Arbeitsformen, die Alterung der erwerbstätigen Bevölkerung und neue Lebensmodelle. Life-Balance als eine intelligente Verknüpfung von Arbeit und Privatleben ist Gestaltungsauftrag auch für die Personalentwicklung und personale Förderung der Fach- und Führungskräfte eines Unternehmens. Ein harmonisiertes Arbeits- und Privatleben geht einher mit einer verbesserten Gesundheit, positiven Arbeitseinstellungen, Zufriedenheit und einer gesteigerten Arbeitsleistung. Vielfältige berufliche und private Anforderungen stehen in negativem Zusammenhang mit der Life-Balance, während sich Ressourcen positiv darauf auswirken. Diese Entwicklungen und Befunde verdeutlichen diverse Handlungsfelder sowohl auf der organisationalen als auch auf der individuellen Ebene, die beispielsweise in Form eines umfassenden Gesundheitsmanagements oder gezielter Trainingsinterventionen zur besseren Vereinbarkeit der Lebensbereiche realisiert werden können.

1 Life-Balance in einem dynamischen Umfeld

Eine Vielzahl technologischer, wirtschaftlicher und gesellschaftlicher Veränderungen betonen die Herausforderungen, die die Vereinbarkeit von Arbeit und Privatleben für Beschäftigte, Organisationen und die Personalentwicklung mit sich bringen.

1.1 Flexible Arbeitsformen

Veränderungen im klassischen Verständnis der Erwerbsarbeit zeigen sich in vielfältiger Form sowohl in räumlichen und zeitlichen Dimensionen der Arbeit als auch in der Struktur und den Angeboten von Organisationen: Neue, flexible Arbeitsformen umfassen Telearbeit, Kinder- oder Seniorenbetreuung vor Ort, Gleitzeit, Teilzeit, komprimierte Arbeitswochen und haushaltsnahe Dienstleistungen (Brough & O'Driscoll, 2010; Murphy & Sauter, 2003). So ist es für Beschäftigte beispielsweise möglich, die Arbeitszeit so zu gestalten, dass die Arbeitswoche vier lange Arbeitstage anstelle von fünf „normalen" Arbeitstagen umfasst. Darüber hinaus ist es häufig kein Problem, wenn ein krankes Kind von zu Hause aus betreut wird oder während der eigentlichen Arbeitszeit zum Arzt muss. Innovative informationstechnische Entwicklungen erlauben es, nahezu an jedem Ort und zu jeder Zeit zu arbeiten. Dies führt dazu, dass es für die Betroffenen oftmals schwierig ist, Feierabend zu machen, von der Arbeit abzuschalten und Urlaube ohne Arbeit zu verbringen. Somit wird die Trennung von Arbeit und Privatleben zunehmend kompliziert. In diesem Kontext stellen die Erwartungen an die ständige Erreichbarkeit und die Mobilitätsbereitschaft zentrale Herausforderungen an die Beschäftigten der modernen Arbeitswelt dar und bergen Mechanismen der Selbstausbeutung in sich.

1.2 Alterung der erwerbstätigen Bevölkerung

Die Intensität und Folgenschwere des demografischen Wandels spiegeln sich in Herausforderungen sowohl auf der individuellen Ebene im Privatleben als auch auf der organisationalen Ebene wider. Einerseits nimmt der Bedarf an Pflegeleistungen im privaten Bereich zu, da die Alterung der (erwerbstätigen) Bevölkerung mit einer Zunahme an pflegebedürftigen Angehörigen einhergeht. Die Harmonisierung von Arbeit, Familie und Freizeit wird erschwert, da solche privaten Pflichten häufig dem Wunsch nach aktiver Freizeitgestaltung, Selbstbestimmung und Individualität entgegenstehen können.

Andererseits zeigen sich die Auswirkungen der Alterung der erwerbstätigen Bevölkerung auch auf organisationaler Ebene dadurch, dass dem Arbeitsmarkt spürbar *weniger* und durchschnittlich *ältere* Fach- und Führungskräfte zur Verfügung stehen werden (vgl. Sonntag, 2014b). 2020 wird das Erwerbspersonenpotenzial voraussichtlich jeweils zu ca. 40 % aus 30- bis 49-Jährigen (Rückgang im Vergleich zu 2013 um ca. 7 %) sowie 50- bis 64-Jährigen (Steigerung im Vergleich zu 2013 um ca. 9 %) bestehen (Statistisches Bundesamt, 2015, S. 55). Personalpolitische Aktivitäten zur Rekrutierung jüngerer Talente und Bindung älterer Beschäftigten gewinnen folglich an Relevanz. Die Vereinbarkeit von Arbeit und Privatleben dürfte in diesem Zusammenhang zukünftig eines der bedeutsamsten Merkmale der Arbeitgeberattraktivität darstellen (vgl. auch Bundesministerium für Familie, Senioren, Frauen und Jugend, 2010).

1.3 Neue Lebensmodelle

In der heutigen Arbeitswelt ist das traditionelle „Breadwinner-Homemaker Household"-Modell – der Vater arbeitet und die Mutter kümmert sich zu Hause um Kinder und Haushalt – offensichtlich nicht mehr aktuell: Das Einverdienermodell wird von Konstellationen mit doppeltem Einkommen oder Alleinerziehenden abgelöst. Die Mikrozensus-Befragung 2012 des Statistischen Bundesamtes zeigte beispielsweise, dass lediglich 29 % der Eltern minderjähriger Kinder dem traditionellen Familienmodell folgen (d. h. berufstätiger Vater und Mutter als Hausfrau), während 55 % der Familien ein doppeltes Einkommen beider Elternteile aufweisen (vgl. Keller & Haustein, 2013). Bei 10 % der befragten Paare arbeitete keiner der Partner und bei nur 5 % arbeitete die Mutter, während der Vater für Haushalt und Kinderbetreuung zuständig war. In 70 % der Familien mit Doppeleinkommen kam der Vater einer Vollzeit-Tätigkeit nach, während die Mutter in Teilzeit arbeitete (vgl. Keller & Haustein, 2013). Ein Viertel der befragten Familien gaben an, dass beide Elternteile Vollzeit arbeiten. Sehr selten kam es vor, dass beide Elternteile Teilzeit arbeiteten (3 %) oder die Mutter einen Vollzeitjob ausübte, während der Vater Teilzeit arbeitete (2 %).

Ein Wandel in den Lebensformen zeigt sich auch darin, dass 2011 sowohl die Anzahl an Alleinerziehenden als auch die Zahl unverheirateter Paare mit Kindern im Vergleich zu 2001 steigt, wohingegen der Anteil verheirateter Paare abnimmt (Statistisches Bundesamt, 2013, S. 44 f.). Diese Veränderungen familiärer Strukturen gehen einher mit dem zunehmenden Anteil an erwerbstätigen Frauen.

Alles in allem ist die Harmonisierung von Arbeit und Privatleben deutlich abhängig von dem Wandel in den Lebensmodellen und dynamischen Familienkonstellationen. Auch die Forderung nach Flexibilität und Mobilität auf dem Arbeitsmarkt führt dazu, dass Familienmitglieder (zeitweise) an geografisch unterschiedlichen Orten arbeiten und leben. Da die gegenseitige Unterstützung im privaten Bereich in solchen Fällen oftmals nur eingeschränkt möglich ist, bedarf es hier zusätzlicher personalpolitischer Unterstützungsangebote.

2 Theoretische Konzepte

Nach einer begrifflichen Klärung werden Konzepte und Modelle zum Verhältnis von Arbeit und Privatleben vorgestellt.

2.1 „Work-Life-Balance" – ein missverständlicher Begriff

Der Begriff „Work-Life-Balance" wird sowohl in Wissenschaft und Praxis als auch in den Medien inflationär verwendet. Dennoch ist in den verschiedenen Bereichen unklar, was damit letztendlich gemeint ist.

Bei wörtlicher Übersetzung wird impliziert, dass Arbeit und Leben – als zwei eigenständige und voneinander unabhängige Konstrukte – im Gleichgewicht gehalten werden sollen. Auf der einen Seite befindet sich die Arbeit, gekennzeichnet durch Stress, Mühe und Plage, und auf der anderen Seite steht das Leben, welches Erholung, Freude und Spaß bietet. Dies erweckt den absolut falschen Eindruck, dass das Leben erst nach dem Feierabend beginnt. Arbeit ist jedoch in keiner Weise strikt vom Leben abzugrenzen. Aus einer arbeitspsychologischen Perspektive ist die Arbeit vielmehr ein wesentlicher Teil der Lebensgestaltung: Sie trägt zur *Identitätsfindung*, *Kompetenzentwicklung* und *Persönlichkeitsbildung* des Menschen bei (vgl. Sonntag, Frieling & Stegmaier, 2012, S. 50f.).

Allerdings zeigen Studien, dass schlecht gestaltete Arbeit langfristig nicht nur das persönliche Wohlbefinden schädigt oder die Gesundheit beeinträchtigt, sondern auch der Persönlichkeitsentwicklung entgegensteht. Den Extremfall stellt Arbeitslosigkeit dar. Der Entzug von Arbeit hat gravierende Auswirkungen auf den Alltag und die Persönlichkeit der Betroffenen. Zudem haben viele Tätigkeiten im Bereich des Privatlebens auch Arbeitscharakter, beispielsweise Aufgaben im Haushalt, in der Pflege von Angehörigen und in der Kindererziehung.

Arbeit und Privatleben sind folglich keine unabhängigen, eigenständigen Konstrukte. Angemessen wäre es daher, von einer „Life-Domain-Balance"[1] zu sprechen, da einerseits die Arbeit Teil des Lebens ist und das Privatleben andererseits eine Vielfalt an Tätigkeiten mit sich bringt. Dieser Begriff berücksichtigt neben dem zentralen Bereich des Arbeitslebens weitere wichtige Lebensdomänen. Auch die Definition des Bundesministeriums für Familie, Senioren, Frauen und Jugend (BMFSFJ, 2005) beinhaltet diese weitgefächerte Sichtweise (vgl. Infobox 1).

---

1 Im Folgenden wird zur Übersichtlichkeit der in Wissenschaft und Praxis gängige Begriff „Work-Life-Balance" allerdings weiterverwendet.

Infobox 1: Definition von „Work-Life-Balance" (BMFSFJ, 2005, S. 1)

„Work-Life-Balance bedeutet eine neue, intelligente Verzahnung von Arbeits- und Privatleben vor dem Hintergrund einer veränderten und sich dynamisch verändernden Arbeits- und Lebenswelt. Betriebliche Work-Life-Balance Maßnahmen zielen darauf ab, erfolgreiche Berufsbiografien unter Rücksichtnahme auf private, soziale, kulturelle und gesundheitliche Erfordernisse zu ermöglichen."

2.2 Konzepte und Modelle zur Erklärung des Zusammenhangs zwischen Arbeit und Privatleben

Die Prozesse und Zusammenhänge zwischen Arbeit und Privatleben können auf unterschiedliche Art und Weise erklärt werden. In der arbeitspsychologischen Forschung wird gleichzeitig sowohl von Konflikten zwischen den Lebensbereichen als auch vermehrt von einer gegenseitigen positiven Beeinflussung aufgrund unterschiedlicher Rollen und Anforderungen gesprochen (Rexroth, Nohe, Sonntag & Feldmann, 2014). Im Folgenden werden hierzu Konflikthypothese und Bereicherungshypothese detailliert betrachtet und im Rahmen der aktuellen Forschungslage diskutiert. Eine kurze Übersicht über die beiden theoretischen Annahmen ist in Tabelle 1 dargestellt.

Konflikthypothese. Ein Konflikt zwischen Arbeit auf der einen Seite und Familie beziehungsweise Privatleben auf der anderen Seite (*Work-to-Family-Conflict*; WFC) bezeichnet eine (teilweise) Unvereinbarkeit von arbeitsbezogenen und privaten Rollen (vgl. Greenhaus & Beutell, 1985). Die Probleme der Vereinbarkeit dieser Lebensbereiche ergeben sich daraus, dass vielfältige Rollen aufgrund unterschiedlicher Aufgaben und Anforderungen miteinander in Konflikt geraten und dass die Ausübung einer Rolle das Engagement in eine andere Rolle erschwert.

Ein Rollenkonflikt kann zeit-, beanspruchungs- oder verhaltensbasiert sein (vgl. Greenhaus & Beutell, 1985). Ein *zeitbasierter* Work-to-Family-Conflict resultiert daraus, dass die Erfüllung der Rolle durch die zeitlichen Erfordernisse einer anderen Rolle nicht oder nur eingeschränkt möglich ist (z. B. nicht an einer Familienfeier teilnehmen können, da berufliche Verpflichtungen anstehen). Ein *beanspruchungsbasierter* Work-to-Family-Conflict geht aus der vorherrschenden Beanspruchung einer Rolle hervor, die das Ausüben einer anderen Rolle erschwert (z. B. eine erhöhte Reizbarkeit im Umgang mit der Familie durch beruflichen Stress). Ein *verhaltensbasierter* Work-to-Family-Conflict tritt auf, wenn Verhaltensweisen in einer Rolle gezeigt werden, die jedoch nur in einer bestimmten anderen Rolle angemessen sind (z. B. Personen im privaten Umfeld aufgrund von entsprechenden Anweisungen oder anderen Verhaltensweisen wie „unterstellte" Mitarbeiter behandeln).

Tabelle 1: Konflikt- und Bereicherungshypothese als theoretische Annahmen zum Verhältnis von Arbeit und Familie (aus Rexroth, Nohe et al., 2014, S. 24f.)

Konflikthypothese (Frone, Russell & Cooper, 1992; Greenhaus & Beutell, 1985)	
Kernaussage	Es entstehen Konflikte zwischen den Lebensbereichen aufgrund von knappen zeitlichen Ressourcen, Beanspruchungsfolgen (z. B. Ermüdung) oder widersprüchlichen Erwartungen an das Verhalten (vgl. Greenhaus & Beutell, 1985). Dadurch fällt es Menschen schwer, sich sowohl in der beruflichen als auch in der privaten Rolle gleichermaßen zu engagieren. Einerseits kann sich die Arbeit negativ auf das Privatleben auswirken, andererseits können jedoch auch Anforderungen aus dem Privatleben die vorhandenen Ressourcen bei der Arbeit beeinträchtigen (vgl. Frone et al., 1992).
Empirische Evidenz	*Gut.* Metaanalysen und längsschnittliche Studien weisen darauf hin, dass Konflikte zwischen Arbeit und Privatleben zu einer schlechteren Gesundheit, einer geringeren Arbeits- und Lebenszufriedenheit sowie einer erhöhten Kündigungsabsicht führen (z. B. Allen, Herst, Bruck & Sutton, 2000; Frone, Russell & Cooper, 1997; Kossek & Ozeki, 1998). Die Konflikte zwischen den Lebensbereichen können wiederum durch Stressoren im beruflichen und privaten Umfeld vorhergesagt werden (vgl. Byron, 2005; Leiter & Durup, 1996).
Bereicherungshypothese (Rothbard, 2001)	
Kernaussage	Die Erfahrungen aus einem Lebensbereich können die Geschehnisse in einem anderen Lebensbereich erleichtern und bereichern. Die Lebensbereiche profitieren folglich voneinander, indem zum Beispiel Kompetenzen, die bei der Arbeit erworben werden, im Privatleben angewandt werden können.
Empirische Evidenz	*Gut.* Die Forschung zeigt, dass Bereicherungsprozesse wahrgenommen werden; beispielsweise geht das Engagement in mehreren Lebensbereichen bei weiblichen Führungskräften mit einer höheren Lebenszufriedenheit, einem höheren Selbstwert und einer höheren Selbstakzeptanz einher (vgl. Ruderman, Ohlott, Panzer & King, 2002).

Je nach Ursprung werden zwei Richtungen des Rollenkonfliktes unterschieden: Die Arbeit kann sich negativ auf das Privatleben auswirken (sog. *Work-to-Family-Conflict*; WFC) und umgekehrt kann das Privatleben die Arbeit beeinträchtigen (sog. *Family-to-Work-Conflict*; FWC; Mesmer-Magnus & Viswesvaran, 2005; Nohe, Michel & Sonntag, 2014).

Empirische Studien belegen die Ursachen und Konsequenzen (sog. *nomologisches Netzwerk*) des Work-Family-Conflict. Potenzielle Ursachen für einen Work-Family-Conflict stellen beispielsweise die Menge an Arbeitsstunden, flexible Arbeitszeiten und mangelnde soziale Unterstützung dar (Michel, Kotrba, Mitchelson, Clark & Baltes, 2010). Zusammenhänge zwischen einem Work-to-Family-Conflict und möglichen Konsequenzen werden in Abschnitt 3.3 beschrieben.

Bereicherungshypothese. In den letzten Jahren wurde mehrfach Kritik geübt an der Sichtweise auf ausschließlich negative Effekte bei der Ausübung verschiedener Rollen (z. B. Casper, Eby, Bordeaux, Lockwood & Lambert, 2007; Greenhaus & Powell, 2006). In diesem Sinne beschäftigt sich die Forschung zu der Bereicherungshypothese (engl. *Enrichment*) mit den positiven Wirkungen, die sich aus der Realisierung verschiedenartiger Rollen ergeben (Barnett & Hyde, 2001; Greenhaus & Powell, 2006; Grzywacz & Marks, 2000). Dieser Forschungsstrang bezieht sich auf den positiven Einfluss von unterschiedlichen Rollen und deren Anforderungen im Vergleich zu der Annahme einer lediglich negativen Beeinflussung. Nach Grzywacz und Marks (2000) resultiert eine erleichterte Teilhabe an einem Lebensbereich aus den Fähigkeiten und Erfahrungen, die in einem anderen Lebensbereich erlernt oder erlebt wurden.

Die Tatsache, dass Work-Family-Enrichment und Work-to-Family-Conflict klar zu unterscheiden sind, wird durch Forschungsergebnisse unterstützt, die auf eine Übertragung von sowohl positiven als auch negativen Aspekten zwischen den Lebensbereichen hinweisen (Grzywacz & Butler, 2005). Entsprechend der Bidirektionalität des Work-to-Family-Conflict wird auch bei Work-Family-Enrichment davon ausgegangen, dass sowohl die Arbeit das Privatleben bereichern kann als auch das Privatleben die Arbeit (Greenhaus & Powell, 2006). Beispielsweise kann Geduld – als Fähigkeit, die im Kontext der Kindererziehung erlernt wird – auch positive Effekte auf den Umgang mit anderen Menschen im Arbeitsleben haben. Ebenso kann ein besonders strukturierter Entscheidungsfindungsprozess bei der Arbeit bei Entscheidungssituationen im privaten Alltag hilfreich sein.

Wenig gut erforscht sind bislang die Ursachen von Work-Family-Enrichment. Diesbezüglich gibt es bis dato lediglich Befunde zu organisationaler Unterstützung, Stärke der Identifikation mit der Arbeitsrolle oder Persönlichkeitsmerkmalen als potenzielle Ursachen von Enrichment (vgl. Cohen & Kirchmeyer, 1995; Grzywacz, McDonald & Almeida, 2002; Grzywacz & Marks, 2000). Mögliche Wirkungen von Work-Family-Enrichment werden in Abschnitt 3.3 dargestellt.

Integration von Konflikt- und Bereicherungshypothese. Meist wurden die Konflikt- und Bereicherungshypothese getrennt voneinander untersucht. Erst neuere Arbeiten integrieren die beiden Ansätze in einem übergreifenden Rahmen. Ein

Beispiel hierfür ist das Work-Home Resources-(W-HR)-Modell (ten Brummelhuis & Bakker, 2012; vgl. auch Kapitel 13 in diesem Buch).

Das W-HR-Modell (ten Brummelhuis & Bakker, 2012) baut auf der Conservation of Resources-(COR)-Theorie (Hobfoll, 1989, 2001, 2002) auf, deren Ziel es ist, die Entstehung von Stress zu erklären. Auch hier sei auf weiterführende Erläuterungen in den Kapiteln 8 und 13 dieses Buches verwiesen. Ausgehend von der Annahme, dass jeder Mensch nach dem Aufbau und Erhalt von Ressourcen strebt, wird Stress als eine Reaktion des Menschen auf einen erwarteten oder tatsächlich eintretenden Ressourcenverlust beschrieben. Der Ressourcenbegriff umfasst nach Hobfoll Gegenstände (z. B. Haus), Gegebenheiten (z. B. Familienstand), individuelle Merkmale (z. B. Selbstwert) und Energien (z. B. Zeit, Geld oder Wissen zur Aneignung anderer Ressourcen). Der Aufbau und Verlust von Ressourcen kann laut COR-Theorie in Form von Gewinn- und Verlustspiralen auftreten. Eine *Gewinnspirale* kann entstehen, weil das Vorhandensein vieler Ressourcen dazu führt, dass immer mehr Ressourcen entstehen können (sog. Ressourcen-Karawanen; Hobfoll, 2002). Außerdem neigen Menschen mit vielen Ressourcen eher dazu, schwierige Situationen zu meiden und senken so das Risiko eines Ressourcenverlusts. Falls ihnen dennoch ein möglicher Ressourcenverlust droht, sind sie im Gegensatz zu Menschen mit weniger Ressourcen besser gewappnet und können diese Situationen eher bewältigen. *Verlustspiralen* hingegen treten auf, weil zur Bewältigung von Stressoren Ressourcen eingesetzt und verbraucht werden. Mit wiederholt auftretenden Stressoren stehen folglich auch immer weniger Ressourcen zur Verfügung, was wiederum zu vermehrtem Stress führt.

Ebenso wie in der COR-Theorie (Hobfoll, 1989, 2001) spielt der Ressourcenbegriff auch im W-HR-Modell (ten Brummelhuis & Bakker, 2012) eine zentrale Rolle. So werden Ressourcen mittels zweier Dimensionen klassifiziert: *Quelle* (kontextabhängig versus personenbezogen) und *Vergänglichkeit* (flüchtig versus stabil). Beispiele für Ressourcen sind Beratung (kontextabhängig und flüchtig), soziale Netzwerke (kontextabhängige und stabil), Stimmung (personenbezogen und flüchtig) und Fähigkeiten (personenbezogen und stabil).

Zusätzlich berücksichtigt das W-HR-Modell (ten Brummelhuis & Bakker, 2012) sogenannte Schlüssel- und Makroressourcen. Die *Schlüsselressourcen* dienen dem Erwerb neuer Ressourcen und beinhalten insbesondere Persönlichkeitseigenschaften, wie Selbstwert und Optimismus, die einen effizienten Umgang mit Stressoren ermöglichen. Die *Makroressourcen* basieren auf der Ecological Systems-Theorie von Bronfenbrenner (1994). Sie beziehen sich auf das größere ökonomische, soziale und kulturelle Umfeld eines Menschen und bilden die Rahmenbedingungen für den direkten Zugang zu und die effektive Nutzung von Ressourcen (z. B. soziale Gleichheit und öffentliches Recht).

Das W-HR-Modell (ten Brummelhuis & Bakker, 2012) erklärt die Entstehung von Konflikt beziehungsweise Bereicherung zwischen beruflichen und außerberuflichen Rollen durch Anforderungen und Ressourcen. Konflikte entstehen, weil hohe Anforderungen personenbezogene Ressourcen erschöpfen. Als Folge stehen zu wenige Ressourcen für die Bewältigung beruflicher und außerberuflicher Rollen zur Verfügung und Konflikte werden somit wahrscheinlicher. Sorgt beispielsweise eine Person dauerhaft für die Pflege eines Elternteils und hat daher wenig Zeit für Erholung, kann dies langfristig zu einer verringerten Widerstandsfähigkeit gegenüber Stress und letztendlich Erschöpfung führen. Die berufliche Leistung kann darunter leiden und es kann nach dem Prinzip von Verlustspiralen zu negativen Karrierekonsequenzen kommen. Hingegen erklärt das W-HR-Modell eine Bereicherung zwischen beruflichen und außerberuflichen Rollen durch Ressourcen: Bietet das berufliche oder private Umfeld viele Ressourcen, so können personenbezogene Ressourcen aufgebaut und gestärkt werden, wodurch es wiederum zu einer Bereicherung der beiden Lebensbereiche kommen kann. Beispielsweise können Lob und Anerkennung bei der Arbeit zu einer Steigerung des Selbstwertes führen, der sich wiederum positiv auf das Privatleben auswirken kann (Gewinnspiralen).

Zudem postuliert das W-HR-Modell (ten Brummelhuis & Bakker, 2012), dass Schlüssel- und Makroressourcen den negativen Zusammenhang zwischen Anforderungen und Konflikten abschwächen und gleichzeitig den positiven Zusammenhang zwischen Ressourcen und Bereicherung verstärken. Das bedeutet, dass die Stärkung von Schlüssel- und Makroressourcen einen möglichen Ansatzpunkt bietet, um Konflikte zwischen beruflichen und außerberuflichen Rollen zu reduzieren und Bereicherung zu steigern.

3 Einflussfaktoren und Wirkungen von Work-Life-Balance

Basierend auf dem ressourcenorientierten Ansatz der betrieblichen Gesundheitsförderung (vgl. Kapitel 13 in diesem Buch) wird in der Work-Life-Balance-Forschung zunächst zwischen Anforderungen und Ressourcen unterschieden (Rexroth, Sonntag, Goecke, Klöpfer & Mensmann, 2014). Aktuelle Befunde zu diesen beiden Aspekten werden in Abschnitt 3.1 und Abschnitt 3.2 dargestellt. Anschließend wird die Bedeutsamkeit einer hohen Zufriedenheit mit der Work-Life-Balance als zentraler Erfolgsfaktor für Organisationen belegt, indem Zusammenhänge mit Erschöpfung, Wohlbefinden und Bleibeabsicht aufgezeigt werden (vgl. Abschnitt 3.3). Eine ausführliche Beschreibung dieser Längsschnittstudie (= WLB-Studie), die vom Bundesministerium für Bildung und Forschung gefördert und in vier Untersuchungsfeldern aus Industrie und öffentlichem Dienst durchgeführt wurde, findet sich bei Sonntag (2014a).

3.1 Die Wirkung von Anforderungen

Berufliche und private Anforderungen beeinflussen sich oftmals gegenseitig. Anforderungen der Arbeit resultieren beispielsweise aus der *Arbeitsdauer*, da lange Arbeitstage mit weniger Zeit für private Aktivitäten und Termine einhergehen, und der wahrgenommenen *psychischen Arbeitsbelastung*. Im Gegensatz dazu stellen *Elternschaft* und *Pflege von Angehörigen* Anforderungen aus dem privaten Bereich dar. Herausforderungen für die Vereinbarkeit von Arbeit und Privatleben ergeben sich sowohl durch den Zuwachs von Kindern als auch durch aktuelle demografische Entwicklungen, die eine älter werdende Bevölkerung und damit verbundene etwaige Pflegebedürfnisse aufzeigen.

Anforderungen durch die Arbeitsdauer. Die wöchentliche Arbeitszeit beeinflusst die Work-Life-Balance wesentlich. Viele Beschäftigte arbeiten weit mehr Arbeitsstunden als dies gefordert und vertraglich festgelegt sowie seitens der Beschäftigten gewünscht ist (Rexroth, Sonntag et al., 2014). Eine wesentliche Ursache hierfür ist in den informationstechnologischen Neuerungen zu sehen: Diese könnten zwar einerseits aufgrund einer schnelleren, effizienteren Arbeitsausführung zu einer quantitativen Arbeitsreduktion führen, jedoch erhöhen sie andererseits die Arbeitszeiten, indem überall und jederzeit gearbeitet werden kann (Milliken & Dunn-Jensen, 2005).

Die beeinträchtigenden Wirkungen einer hohen Anzahl an Arbeitsstunden auf die Gesundheit und das Wohlbefinden wurden in einer Vielzahl an Studien untersucht und belegt. So zeigte sich, dass Überstunden mit einer gesteigerten Erschöpfung (Åkerstedt, Fredlund, Gillberg & Jansson, 2002) und einem reduzierten Wohlbefinden (Ng & Feldman, 2008) einhergehen. Darüber hinaus ist die wahrgenommene Zufriedenheit mit der Work-Life-Balance umso geringer, je höher die Anzahl an Arbeitsstunden ist (siehe Abbildung 1).

Psychische Arbeitsbelastung. Psychische Anforderungen im Arbeitsalltag ergeben sich aus hohen, widersprüchlichen Arbeitsanforderungen sowie Zeitdruck bei der Bearbeitung der Aufgaben (Belkic, Landsbergis, Schnall & Baker, 2004). Der direkte Zusammenhang zwischen psychischen Arbeitsbelastungen und negativen Konsequenzen für die Gesundheit und das Wohlbefinden wurde wiederholt nachgewiesen (vgl. zusammenfassend Sonntag, Frieling et al., 2012). Beispielsweise stehen hohe psychische Anforderungen bei der Arbeit in Zusammenhang mit einer Zunahme an Schlafproblemen (De Lange et al., 2009) und einem verstärkten Eintreten von Burnout (Crawford, LePine & Rich, 2010). Auch die Zufriedenheit mit der Work-Life-Balance wird negativ beeinflusst von den psychischen Arbeitsanforderungen am Arbeitsplatz (siehe Abbildung 1). Diese Befunde unterstreichen die Bedeutsamkeit der psychischen Arbeitsbelastung bei der Vorhersage der empfundenen Zufriedenheit mit der eigenen Work-Life-Balance und legen eine fundierte und aussagekräftige Analyse psychischer

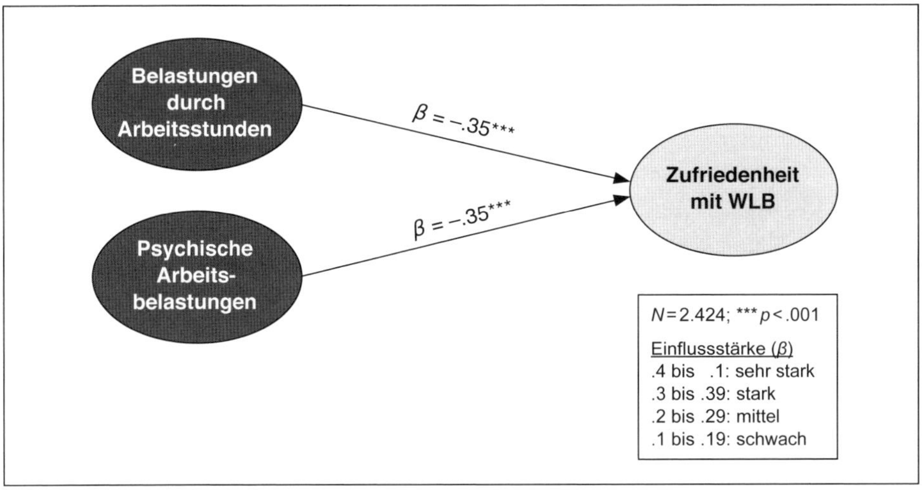

Abbildung 1: Zusammenhang zwischen den Arbeitsanforderungen und der Zufriedenheit mit der Work-Life-Balance (WLB) (aus Rexroth, Sonntag et al., 2014, S. 86)

Belastungsfaktoren bei der Arbeitstätigkeit nahe (vgl. Kapitel 13 in diesem Buch).

Anforderungen aus der Elternschaft. Zum Beitrag der Elternschaft auf die Work-Life-Balance liegen in der aktuellen Literatur inkonsistente Befunde vor. Auf der einen Seite veranschaulichten ten Brummelhuis, Haar und van der Lippe (2010), dass sich berufstätige Eltern von Kleinkindern am Arbeitsplatz weniger kollegial gegenüber ihren Kollegen verhalten. Dies wiederum bedingt eine schlechtere Arbeitsatmosphäre, was womöglich zu einer geringeren Zufriedenheit mit der Arbeitssituation führt. Darüber hinaus geht ein höheres Commitment mit der Elternrolle mit verstärkten wahrgenommenen Konflikten zwischen der Elternrolle und dem Arbeitsplatz einher (Day & Chamberlain, 2006).

Auf der anderen Seite belegt eine Studie von Graves, Ohlott und Rudermann (2007) einen positiven Beitrag der Elternschaft zur Work-Life-Balance. Die Autoren fanden heraus, dass die erlebte Verpflichtung durch die elterliche Rolle zu einer Leistungssteigerung im Beruf und einer gesteigerten Zufriedenheit bei der Arbeit führt. Laut Graves und Kollegen ist dies darauf zurückzuführen, dass die Elternrolle eine verstärkte Empfindsamkeit für die Bedürfnisse anderer anstelle einer Fokussierung auf die eigene Person mit sich bringt, was positiv auf Leistung und Zufriedenheit mit der Karriere wirkt. Darüber hinaus stellt der Beruf eine Einkommensquelle dar, welche die Versorgung der Kinder sicherstellt. Gemäß diesem Forschungsstrang belegte die WLB-Studie im Falle von Elternschaft eine höhere Zufriedenheit mit der Work-Life-Balance bei den Studienteilnehmerinnen (siehe Abbildung 2). Bei diesen Ergebnissen ist jedoch zu berücksichtigen, dass lediglich ein geringer Einfluss der Elternschaft auf die Zufriedenheit mit der Work-Life-Balance nachgewiesen werden konnte.

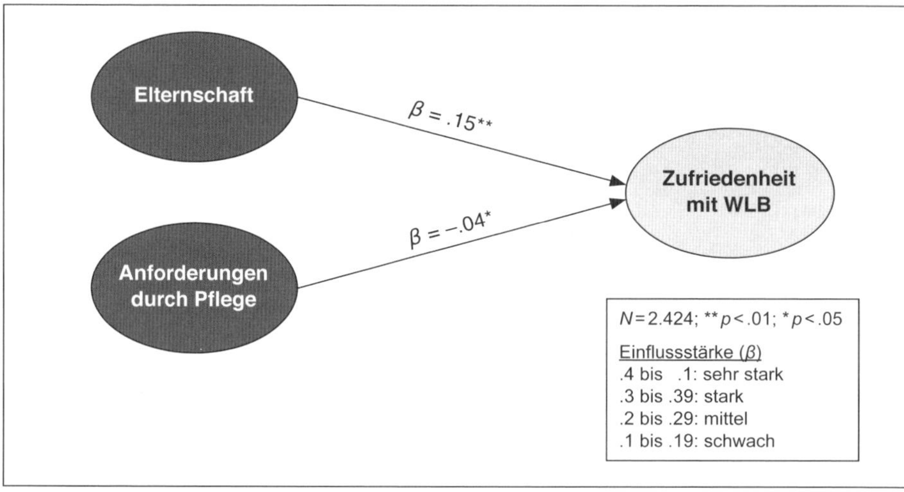

Abbildung 2: Zusammenhang zwischen den Anforderungen aus dem Privatleben und der Zufriedenheit mit der Work-Life-Balance (aus Rexroth, Sonntag et al., 2014, S. 88)

Anforderungen durch die Pflege von Angehörigen. Die bisherige Forschung veranschaulicht, dass eine starke Einbindung in die Rolle als pflegender Angehöriger zu einem höheren *Work-Caregiving Conflict* beiträgt, der wiederum zu einem Zuspätkommen oder Wegbleiben von der Arbeit führt (Gordon & Rouse, 2013). Die Anforderungen durch die Pflege von Angehörigen haben zudem einen (jedoch sehr geringen) Einfluss auf die Zufriedenheit mit der Work-Life-Balance in dem Sinne, dass pflegende Beschäftigte weniger zufrieden sind (siehe Abbildung 2). Die Autoren der WLB-Studie merken an, dass negative Auswirkungen der Pflege von Angehörigen auf die Zufriedenheit mit der Work-Life-Balance womöglich erst ab einem bestimmten Ausmaß an Pflege vorliegen. Daher sollte die zukünftige Forschung in diesem Bereich nach der Qualität und Quantität der Pflegeleistung unterscheiden.

3.2 Die Wirkung von Ressourcen

Im Gegensatz zu den Anforderungen können Ressourcen positiv auf die Work-Life-Balance wirken oder die negativen Auswirkungen der Anforderungen abpuffern. Ressourcen können organisationaler, sozialer oder personaler Natur sein (vgl. auch Kapitel 13 in diesem Buch).

Organisationale Ressourcen

Organisationskultur. Eine Organisationskultur zur Berücksichtigung und Förderung der Vereinbarkeit von Arbeit und Privatleben umfasst die von allen Organisationmitgliedern geteilten Werte, Überzeugungen und Annahmen bezüglich des Ausmaßes, in dem eine Organisation die Vereinbarkeit der beiden Lebensbereiche aller Beschäftigten unterstützt und wertschätzt (vgl. Thompson, Beauvais & Lyness, 1999). Die entsprechende unternehmenskulturelle Verankerung hat einen Einfluss darauf, ob und in welchem Ausmaß Angebote zur Vereinbarkeit von Arbeit und Privatleben seitens der Beschäftigten genutzt werden. Demnach beinhaltet die Organisationskultur, die die Harmonisierung von Arbeit und Privatleben berücksichtigt, drei Facetten: Implizite Erwartungen des Arbeitgebers, befürchtete negative Karrierekonsequenzen durch die Nutzung von Angeboten zur Verbesserung der Work-Life-Balance und Unterstützung durch das Management.

Die *impliziten Erwartungen des Arbeitsgebers* – definiert als die Erwartungen einer Organisation an ihre Belegschaft, die Arbeit dem Privatleben vorzuziehen – beinhalten zeitliche Erwartungen über die Anzahl und Gestaltung der Arbeitsstunden. Entsprechend einer Studie von Major, Klein und Ehrhart (2002) führt die Erwartung seitens der Organisation über eine lange Arbeitsdauer tatsächlich zu einer höheren Anzahl an Arbeitsstunden. Eine große Menge an Arbeitsstunden steht wiederum in Zusammenhang mit mehr Konflikten zwischen Arbeit und Privatleben (Michel et al., 2010) und einem geringen affektiven Commitment (Thompson et al., 1999). Es zeigte sich, dass die impliziten Erwartungen des Arbeitgebers mit einer geringeren Zufriedenheit mit der Work-Life-Balance einhergehen (siehe Abbildung 3). Insbesondere bei Führungskräften sind die impliziten Erwartungen deutlich höher ausgeprägt als bei Mitarbeitern ohne Führungsverantwortung.

Die *negativen Karrierekonsequenzen* beschreiben die Überzeugungen von Beschäftigten, dass sich die Inanspruchnahme von Angeboten zur Harmonisierung von Arbeit und Privatleben (z. B. Home Office) negativ auf die eigenen Karrierechancen auswirken. Diese Erwartungen negativer Konsequenzen seitens der Beschäftigten können mit einer gesteigerten Kündigungsabsicht (Anderson, Coffey & Byerly, 2002) oder mehr Konflikten zwischen Arbeit und Privatleben (Thompson et al., 1999) assoziiert sein, was für Organisationen wenig wünschenswert ist. Zudem weisen die wahrgenommenen negativen Karrierekonsequenzen einen Zusammenhang mit einer geringeren Zufriedenheit mit der Work-Life-Balance auf (siehe Abbildung 3).

Die *Unterstützung durch das Management* bei der Vereinbarkeit von Arbeit und Privatleben ist ein wichtiger Aspekt in der Work-Life-Balance-Forschung. Die Unterstützung, Ermutigung und Vorbildfunktion des Managements können zu geringeren wahrgenommenen Konflikten zwischen Arbeit und Privatleben beitragen (Gordon, Whelan-Berry & Hamilton, 2007; Mauno, 2010; Sonntag,

Becker, Nohe & Spellenberg, 2012). Studien weisen darauf hin, dass die Unterstützung durch das Management positiv auf die Zufriedenheit mit der Work-Life-Balance (Rexroth, Sonntag et al., 2014; siehe Abbildung 3), die Zufriedenheit mit der Arbeit (Gordon et al., 2007), das Arbeitsengagement (Mauno, 2010) und das organisationale Commitment (Allen, 2001; Gordon et al., 2007) wirkt.

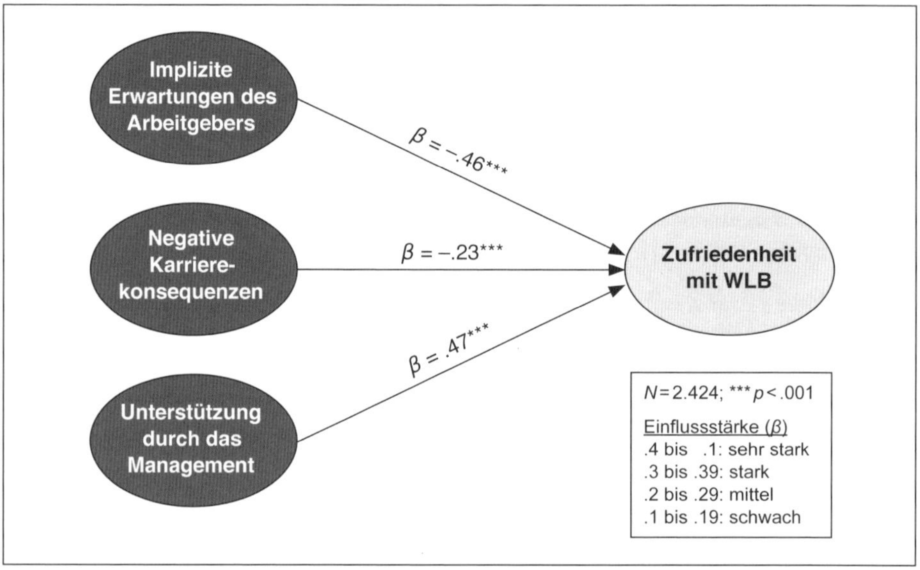

Abbildung 3: Zusammenhang zwischen Aspekten der Organisationskultur und der Zufriedenheit mit der Work-Life-Balance (aus Rexroth, Sonntag et al., 2014, S. 91)

Handlungsspielräume. Der *allgemeine* Handlungsspielraum beinhaltet die Entscheidungsfreiheit sowohl bezüglich der eigenen Arbeit als auch hinsichtlich der Fähigkeiten, die für verschiedene Aufgaben zu verwenden sind (Karasek et al., 1998). Dieser Handlungsspielraum ist nicht nur von zentraler Bedeutung für Arbeitszufriedenheit, Gesundheit und Konflikte zwischen Arbeit und Privatleben (Morgeson, Delaney-Klinger & Hemingway, 2005; Thompson & Prottas, 2006), sondern auch für die Zufriedenheit mit der Work-Life-Balance (siehe Abbildung 4). In diesem Sinne ist eine flexible und weitgehend selbstbestimmte Gestaltung der eigenen Arbeit von Vorteil.

Der *zeitliche* Handlungsspielraum ist definiert als die Kontrolle über die eigene Arbeitszeit (Valcour, 2007), das heißt Beginn und Ende der Arbeit sowie Urlaube und Unterbrechungen können überwiegend selbstständig entschieden werden. Die flexible, selbstbestimmte (Mit-)Gestaltung der Arbeitszeit ermöglicht die Erfüllung der Pflichten und Anforderungen aus Arbeit und Privatleben (Kelly, Moen & Tranby, 2011; Kossek, Lautsch & Eaton, 2006), trägt zu einer Reduktion der Konflikte zwischen den beiden Lebensbereichen bei (Anderson et al., 2002; Hill, Hawkins, Ferris & Weitzmann, 2001; Thompson et al., 1999) und steigert die Zufriedenheit mit der Work-Life-Balance (siehe Abbildung 4).

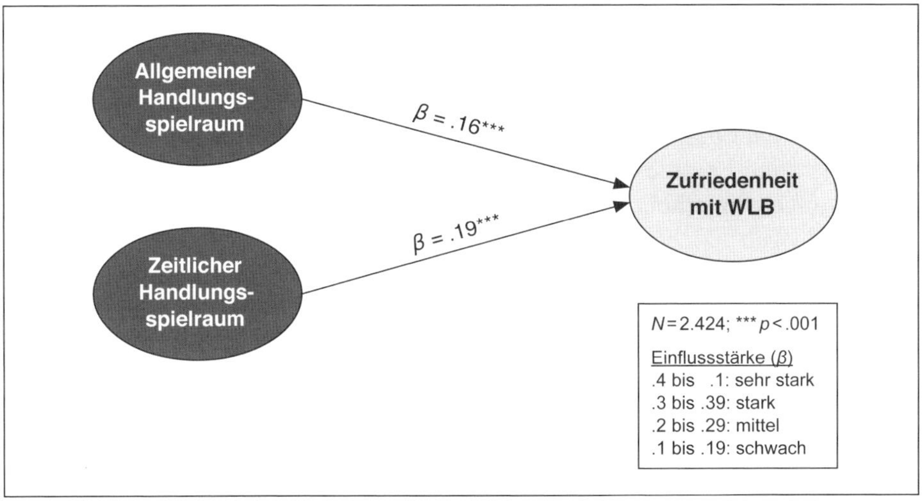

Abbildung 4: Zusammenhang zwischen Handlungsspielraum und der Zufriedenheit mit der Work-Life-Balance (aus Rexroth, Sonntag et al., 2014, S. 95)

Soziale Ressourcen

Soziale Ressourcen beziehen sich auf Menschen aus dem beruflichen oder privaten Umfeld, mit denen enge soziale Kontakte und Beziehungen vorherrschen. Solche sozialen Ressourcen geben bei Bedarf Unterstützung, Rat und Anerkennung.

Die Bedeutsamkeit sozialer Ressourcen wurde vermehrt empirisch nachgewiesen (z. B. Kossek, Pichler, Bodner & Hammer, 2011). Studien veranschaulichen den Zusammenhang zwischen sozialen Ressourcen und Faktoren, die für die Vereinbarkeit von Arbeit und Privatleben von Relevanz sind, wie Stress oder Arbeitszufriedenheit. So können soziale Ressourcen Burnout reduzieren (Halbesleben, 2006).

Soziale Unterstützung kann sowohl *emotional* (z. B. Empathie, Zuneigung oder Anerkennung) als auch *instrumentell* (z. B. Informationen, praktische oder instrumentelle Hilfe) ausgerichtet sein (Adams, King & King, 1996). Beide Formen der sozialen Unterstützung können im privaten und beruflichen Umfeld erlebt werden, beispielsweise wenn Familienmitglieder bei arbeitsbezogenen Problemen Ratschläge geben oder wenn eine Führungskraft zur Erleichterung der Kinderbetreuung Ausnahmeregelungen zur Arbeitszeit genehmigt.

Die Forschung zur sozialen Unterstützung belegt die Bedeutsamkeit familiärer Unterstützung für die Prävention von Stress und Burnout sowie die Relevanz der Unterstützung durch den Vorgesetzten für die Arbeitszufriedenheit (Baruch-Feldman, Brondolo, Ben-Dayan & Schwartz, 2002). Bhave, Kramer und Glomb (2010) veranschaulichen zudem einen geringeren wahrgenommenen Work-Family-Conflict bei Beschäftigten, die durch ihr Arbeitsumfeld unterstützt werden.

Unterstützung durch Familie, Partner und Freunde. Schon frühe Studien verdeutlichen die Wichtigkeit des privaten Umfeldes für eine gelungene Vereinbarkeit von Arbeit und Privatleben. So geht eine mangelnde Unterstützung durch die Familie mit einem erhöhten Work-Family-Conflict einher (Greenhaus & Beutell, 1985); hingegen berichten Personen mit einem stabilen sozialen Umfeld einen besseren Gesundheitszustand als Personen, die weniger Unterstützung erleben (Cohen & Wills, 1985). Das private Umfeld bietet folglich ein Gefühl von Sicherheit und Stabilität. Berufstätige Frauen empfinden beispielsweise weniger Stress bei der Arbeit, wenn sie durch ihren Partner unterstützt werden (Westman, Etzion & Segev, 2005). Darüber hinaus geht die Unterstützung durch Familie, Partner und Freunde mit einer höheren Zufriedenheit mit der eigenen Work-Life-Balance einher (siehe Abbildung 5).

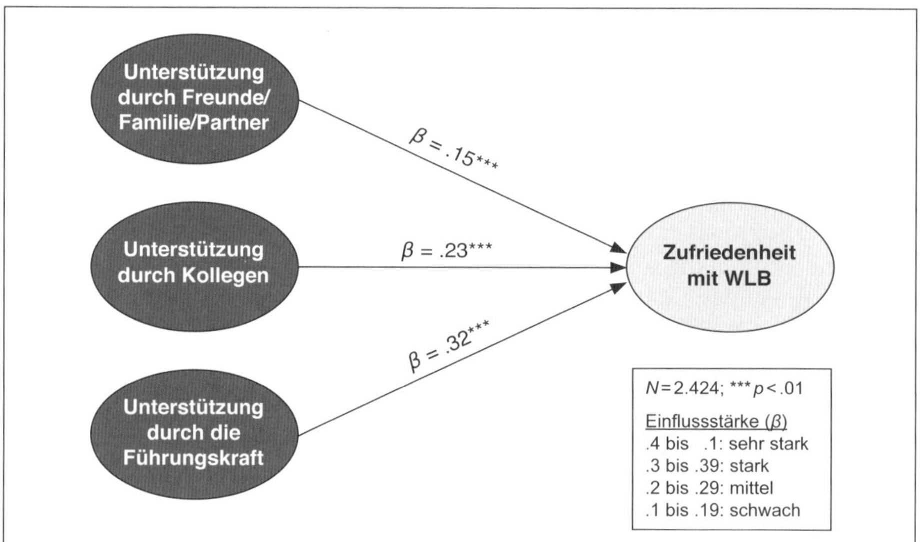

Abbildung 5: Zusammenhang zwischen Aspekten sozialer Unterstützung und der Zufriedenheit mit der Work-Life-Balance (aus Rexroth, Sonntag et al., 2014, S. 97)

Emotionale Unterstützung durch die Familie kennzeichnet sich vor allem durch Aufmerksamkeit, Ratschläge, Interesse an der Arbeitstätigkeit sowie Wertschätzung (King, Mattimore, King & Adams, 1995) und weist einen Zusammenhang mit einem verbesserten physischen Wohlbefinden auf (Lapierre & Allen, 2006). Die instrumentelle Unterstützung im familiären Kontext zeigt sich darin, dass Familienmitglieder Verantwortlichkeiten im Haushalt übernehmen, Erledigungen abnehmen oder das Familienleben an Arbeitszeiten des Berufstätigen ausrichten (King et al., 1995). Durch den Gewinn an Zeit und Energie für berufliche Aufgaben sowie durch reduzierte Probleme der Vereinbarkeit von Arbeit und Privatleben ergibt sich somit eine Entlastung für den Berufstätigen (Lapierre & Allen, 2006).

Unterstützung durch Kollegen. Im Arbeitskontext können Kollegen eine Quelle der sozialen Unterstützung darstellen. Kollegen stehen im Arbeitsalltag häufig in engem Kontakt miteinander, da beispielsweise im Bedarfsfall Arbeitsaufgaben übernommen werden können. Es liegt meist ein direkter Einblick in Arbeitsstrukturen und -aufgaben vor; aufkommende Konflikte mit dem Vorgesetzten oder anderen Kollegen können oft direkt beobachtet und nachvollzogen werden.

Im Gegensatz zu der Kommunikation mit Vorgesetzten werden bei dem Austausch mit Kollegen keine sozialen Grenzen überschritten, da sich diese auf der gleichen hierarchischen Ebene wie der Ratsuchende befinden. Die Unterstützung durch Kollegen geht mit einer erhöhten psychischen und physischen Gesundheit von Beschäftigten einher. Dieser positive Effekt unterstützender Kollegen ist jedoch kleiner als derjenige von unterstützenden Führungskräften.

Aufgrund einer geringeren Wahrscheinlichkeit von widersprüchlichen Rollenerwartungen und wahrgenommenem Zeitdruck trägt die soziale Unterstützung durch Kollegen dazu bei, dass Konflikte bei der Vereinbarkeit von Arbeit und Privatleben erfolgreich bewältigt werden können (Carlson & Perrewé, 1999). Darüber hinaus erhöht die soziale Unterstützung die wahrgenommene Zufriedenheit mit der eigenen Work-Life-Balance (siehe Abbildung 5) sowie das erlebte Gleichgewicht zwischen Arbeit und Privatleben (Ferguson, Carlson, Zivnuska & Whitten, 2012) und wirkt positiv auf die Zufriedenheit in den beiden Lebensbereichen. Dies ist möglicherweise darauf zurückzuführen, dass Menschen ihre Umgebung als weniger bedrohlich bewerten, wenn sie ein hohes Maß an sozialer Unterstützung erleben (Lazarus & Folkman, 1984). Demnach werden Herausforderungen bei der Vereinbarkeit von Arbeit und Privatleben als handhabbar und weniger beunruhigend erlebt, wenn Beschäftigte von unterstützenden Kollegen umgeben sind. Im Gegensatz dazu berichten weniger unterstützte Beschäftigte größere Aggressionen gegenüber ihren Kollegen, welche wiederum in Zusammenhang mit Unzufriedenheit bei der Arbeit stehen (Fitzgerald, Haythornthwaite, Suchday & Ewart, 2003).

Unterstützung durch die Führungskraft. Die Unterstützung durch die Führungskraft liegt insbesondere in der Berücksichtigung der Bedürfnisse der Mitarbeiter hinsichtlich der Vereinbarkeit von Arbeits- und Privatleben. Die WLB-Studie zeigt, dass die soziale Unterstützung durch die Führungskraft mit einer höheren Zufriedenheit mit der Work-Life-Balance einhergeht (siehe Abbildung 5).

Auch in Hinblick auf die Führungskraft können emotionale und instrumentelle Unterstützung voneinander unterschieden werden. Unterstützung auf der emotionalen Ebene spiegelt sich zum Beispiel in der Befürwortung der Nutzung von Angeboten zur Verbesserung der Work-Life-Balance und im Verständnis für familiäre Verpflichtungen wider. So berichten Frauen mit Kindern ein geringeres Maß an Beanspruchung aufgrund konkurrierender Anforderungen aus Arbeit und Familie, wenn sie ihren Vorgesetzten als unterstützend wahrnehmen (Warren & Johnson, 1995).

Die instrumentelle Unterstützung durch die Führungskraft umfasst zum Beispiel Informationen über aktuelle gesetzliche beziehungsweise betriebsinterne Möglichkeiten zur Harmonisierung von Arbeit und Privatleben. Auch die Genehmigung, im Home Office zu arbeiten bei einer plötzlichen Erkrankung des Kindes stellt eine Möglichkeit instrumenteller Unterstützung dar. Die Flexibilität von Führungskräften spielt folglich eine zentrale Rolle, weil beispielsweise ermöglicht wird, wichtige private Anrufe zu tätigen oder kurzfristig Urlaub zu nehmen. Konflikte zwischen beruflichen und privaten Anforderungen werden dadurch verhindert, was wiederum zu einem gesteigerten Wohlbefinden führt (Greenberger, Goldberg, Hamill, O'Neil & Payne, 1989; Lapierre & Allen, 2006).

Über die konkrete Unterstützung hinaus nehmen Führungskräfte im Arbeitskontext eine *Vorbildfunktion* für ihre Mitarbeiter ein, insbesondere in Bezug auf die Vereinbarkeit von Arbeit und Privatleben (Sonntag, Becker et al., 2012; Sonntag & Nohe, 2014). Einen großen Einfluss auf die Motivation und das Arbeitsverhalten der Mitarbeiter haben der jeweilige Führungsstil, die Kommunikationsbereitschaft sowie der Umgang mit Konflikten (Felfe, 2006). Mitarbeiter können erfolgreiche Strategien zur Vereinbarkeit der Lebensbereiche von ihren Führungskräften beobachten und für die Gestaltung der eigenen Work-Life-Balance übernehmen. Ein positives Modell ist gekennzeichnet durch die offene Kommunikation einer Führungskraft und dadurch, dass sie sich anstelle beruflicher Aktivitäten am Wochenende Zeit für Aktivitäten mit der Familie nimmt, Sportveranstaltungen besucht oder im Urlaub nicht dauerhaft erreichbar ist. Kwan, Mao und Zhang (2010) zeigen in ihrer längsschnittlichen Studie, dass Führungskräfte, die Mitarbeitern eine gelungene Work-Life-Balance vorleben, zu verbesserten Fähigkeiten (z. B. Bewältigungsmechanismen) beitragen und somit die Work-Life-Balance ihrer Mitarbeiter positiv beeinflussen. Die Zufriedenheit mit der Work-Life-Balance steigt, je mehr die eigene Führungskraft als Vorbild für eine gelungene Work-Life-Balance wahrgenommen wird (Sonntag & Nohe, 2014).

Personale Ressourcen

In Abgrenzung zu den organisationalen und sozialen Ressourcen umfassen personale Ressourcen nicht äußere Bedingungen und soziale Bezugspersonen, sondern die individuelle Persönlichkeit im Sinne von Einstellungen gegenüber sich selbst und der Umwelt. Personale Ressourcen stehen in Zusammenhang mit einem gesteigerten psychischen und physischen Wohlbefinden (Hobfoll, Johnson, Ennis & Jackson, 2003; Xanthopoulou, Bakker, Demerouti & Schaufeli, 2007). Der Zusammenhang personaler Ressourcen mit der Vereinbarkeit von Arbeit und Privatleben zeigt sich beispielsweise darin, dass Menschen, die optimistischer sind und eine hohe Selbstwirksamkeit haben, seltener Konflikte bei der Vereinbarkeit der Lebensbereiche erleben (ten Brummelhuis & Bakker, 2012).

Coping-Strategien. Coping umfasst die kognitiven und behavioralen Bemühungen von Menschen im Umgang mit Anforderungen, die ihre persönlichen Ressourcen übersteigen (Lazarus & Folkman, 1984). Die Work-Life-Balance-Forschung betrachtet dabei speziell Anforderungen, die sich aus Vereinbarkeitskonflikten von Arbeit und Privatleben ergeben (Korabik, Lero & Whitehead, 2008). Die Anwendung von Coping-Strategien in konflikt- oder stressreichen Situationen im beruflichen und privaten Alltag ist sowohl abhängig von der jeweiligen Situation und der individuellen Wahrnehmung als auch davon, wie gut und wie häufig diese Coping-Strategien genutzt werden. In einer spezifischen Situation kann eine Coping-Strategie beispielsweise sehr hilfreich sein, während in einer anderen Situation eine andere nützlich ist (Latack & Havlovic, 1992).

Es werden *emotionale* und *kognitive* Coping-Strategien unterschieden (Aldwin & Revenson, 1987). Emotionale Strategien beinhalten eine Neubewertung der Situation, wodurch Konflikte zwischen Arbeit und Privatleben reduziert werden können. Beispiele sind die positive Neuinterpretation einer Situation (Aryee, Luk, Leung & Lo, 1999) oder Wunschdenken (Lazarus, 1991). Im Gegensatz dazu beziehen sich kognitive Coping-Strategien auf die aktive Suche nach Informationen und Möglichkeiten zur Veränderung des Zusammenspiels von Umwelt und Mensch. Empirische Befunde zeigen, dass sich Konflikte zwischen Arbeit und Privatleben mithilfe kognitiver Coping-Strategien effektiver reduzieren beziehungsweise vermeiden lassen als mit emotionalen Coping-Strategien (Bhagat, Allie & Ford, 1991; Hall, 1972). Kognitive Coping-Strategien bewirken eine höhere emotionale Zufriedenheit sowie weniger Work-Family-Conflict (Lapierre & Allen, 2006) und führen zu einer höheren Zufriedenheit mit der Work-Life-Balance (siehe Abbildung 6). Zu diesen kognitiven Coping-Strategien gehören beispielsweise die Absprache mit Kollegen zum Tausch von Schichten oder die Koordination wichtiger Termine im Privatleben (Lazarus, 1991).

Die Bedeutsamkeit von Coping-Strategien für Unternehmen zeigt sich vor allem darin, dass mehr Zeit für Arbeitsaufträge bleibt und Ressourcen effizienter eingesetzt werden können, wenn Vereinbarkeitskonflikte von Arbeit und Privatleben durch den Einsatz der Strategien vermieden werden können (Lapierre & Allen, 2006).

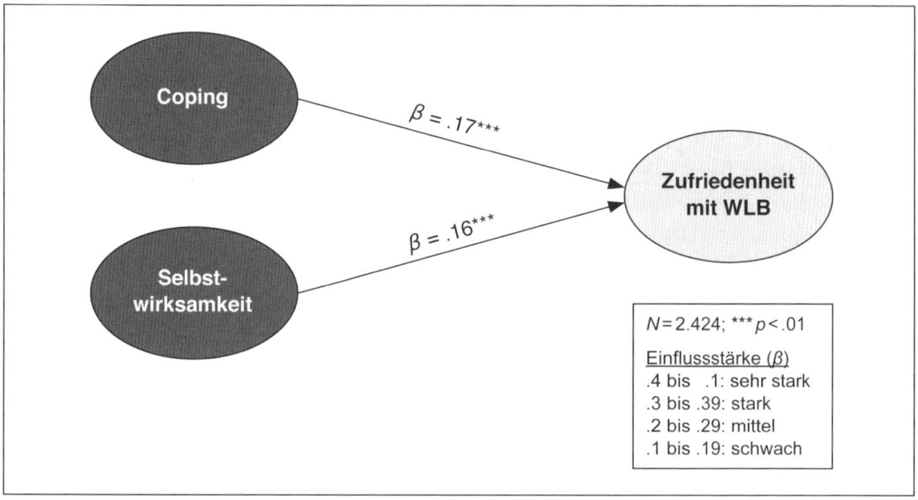

Abbildung 6: Zusammenhang zwischen personalen Ressourcen und der Zufriedenheit mit der Work-Life-Balance (aus Rexroth, Sonntag et al., 2014, S. 101)

Selbstwirksamkeit. Die Selbstwirksamkeit ist definiert als das Vertrauen in die eigenen Fähigkeiten – sprich die individuelle Annahme über eigene Fähigkeiten, die zur Aktivierung von kognitiven Ressourcen, Motivation oder Verhalten benötigt werden, um den Anforderungen der entsprechenden Situation gerecht zu werden (Wood & Bandura, 1989). Ein hohes Selbstwirksamkeitsempfinden geht damit einher, dass Menschen sich höhere Ziele setzen und mehr Einsatz zeigen, auch schwierige Ziele zu erreichen (Bandura, 1997; Wood & Bandura, 1989). Die Selbstwirksamkeit nimmt zudem einen zentralen Stellenwert im Rahmen der Work-Life-Balance-Forschung ein (Ardelt & Eccles, 2001; Fincham, Harold & Gano-Phillips, 2000; Hackett, Betz, Casas & Rocha-Singh, 1992).

Eine Studie von Yu, Lin und Hsu (2009) zeigt, dass Berufstätige mit einer hohen Selbstwirksamkeitserwartung eher in der Lage sind, Indikatoren für Burnout (d. h. emotionale Erschöpfung, Depersonalisation und verminderte Leistungsfähigkeit) zu vermeiden. Darüber hinaus geht eine höhere Selbstwirksamkeitserwartung damit einher, dass Konflikte zwischen Arbeit und Privatleben als weniger schwerwiegend wahrgenommen werden (Cinamon, 2006) und die Zufriedenheit mit der Work-Life-Balance stärker ausgeprägt ist (siehe Abbildung 6). Eine mögliche Erklärung für diese Befunde liegt darin, dass persönliche Ressourcen, die bei der Bewältigung schwieriger Situationen helfen können, im Falle einer hohen Selbstwirksamkeitserwartung vermehrt wahrgenommen werden. Dadurch können Menschen mit einer höheren Selbstwirksamkeitserwartung vermutlich besser zwischen bestehenden Konflikten vermitteln und erleben ihre Work-Life-Balance folglich als zufriedenstellender.

Insgesamt zeigt sich, dass die Förderung personaler Ressourcen von besonderer Relevanz ist, da ein Ungleichgewicht von Arbeit und Privatleben in Zusammenhang steht mit physischen sowie psychischen Belastungen (Catano et al., 2010), dem Konzentrationsvermögen (Crooker, Smith & Tabak, 2002), der Arbeitsleistung (Allen et al., 2000), der Kündigungsabsicht und den Abwesenheitsraten der Beschäftigten (Anderson et al., 2002).

3.3 Wirkung und Konsequenzen eines harmonisierten Arbeits- und Privatlebens

Ein harmonisiertes Arbeits- und Privatleben oder in Ermangelung eines solchen kann verschiedene potenzielle Konsequenzen nach sich ziehen. Beispiele können in die Bereiche Gesundheit, Arbeitseinstellungen und Arbeitsleistung untergliedert werden. Dabei soll hier insbesondere auf drei Aspekte eines harmonisierten Arbeits- und Privatlebens eingegangen werden, das Erleben einer Unvereinbarkeit zwischen Arbeit und Privatleben (Work-to-Family-Conflict), das Erleben einer Bereicherung durch das Innehaben beruflicher und privater Rollen (Work-Family-Enrichment) und die Zufriedenheit mit der Vereinbarkeit von Arbeit und Privatleben.

Work-to-Family-Conflict

Die Literatur zu diesem Konstrukt umfasst eine beachtliche Menge an Studien zu gesundheitsbezogenen und personalpolitischen Implikationen. Diese Implikationen können sowohl psychologischer als auch physiologischer Natur sein. Als Sammelbegriff hierfür wird häufig der Term „Beanspruchung“ (engl. *Strain*) verwendet, der psychologische, behaviorale und physiologische Reaktionen auf Stressoren umfasst (Ganster & Rosen, 2013; Griffin & Clarke, 2011). Die Ergebnisse von Metaanalysen zeigen durchweg, dass ein hoher Work-to-Family-Conflict mit verschiedenen gesundheitlichen Beschwerden einhergeht. So zeigt eine Metaanalyse über 427 querschnittliche Studien, dass das Erleben von Work-to-Family- und Family-to-Work-Conflict mit Burnout, Depression sowie physiologischen Beschwerden wie Kopf- und Nackenschmerzen einhergeht (Amstad, Meier, Fasel, Elfering & Semmer, 2011). In einer aktuellen Metaanalyse über 33 längsschnittliche Studien konnten Nohe, Meier, Sonntag und Michel (2015) zeigen, dass eine schwache aber dennoch statistisch signifikante wechselseitige Beziehung zwischen beiden Richtungen eines Work-to-Family-Conflict und Beanspruchung vorliegt: Einerseits beeinflussen Work-to-Family-Conflict ($\beta = .08$) und Family-to-Work-Conflict ($\beta = .03$) das Ausmaß an Beanspruchung und andererseits sagt die erlebte Beanspruchung eines Menschen auch dessen Work-to-Family-Conflict ($\beta = .08$) und Family-to-Work-Conflict ($\beta = .05$) vorher.

Neben Zusammenhängen mit Gesundheit und Wohlbefinden finden sich in der Literatur auch zum Zusammenhang zwischen Work-to-Family-Conflict und Arbeitseinstellungen eine Vielzahl an Studien. Konflikterzeugende Unvereinbarkeiten von Arbeit und Familie gehen einher mit einer niedrigeren Arbeitszufriedenheit und einem geringeren organisationalen Commitment (Shockley & Singla, 2011). Auch finden sich negative Zusammenhänge zu weiteren Einstellungen wie Lebens- und Ehezufriedenheit (Amstad et al., 2011).

Vergleichsweise weniger Studien gibt es bisher zum Zusammenhang zwischen Work-to-Family-Conflict und Leistung. Die bestehenden Befunde zeigen einen negativen Zusammenhang, sodass eine hohe Konflikteinschätzung mit einer niedrigeren aufgabenbezogenen und nicht aufgabenbezogenen Leistung bei der Arbeit einhergeht (Amstad et al., 2011). In einer aktuellen Tagebuchstudie über den Verlauf einer Arbeitswoche hinweg konnten Nohe et al. (2014) zeigen, dass das Erleben eines täglichen Family-to-Work-Conflict mit geringerer Arbeitsleistung an demselben Tag einhergeht. Allerdings besteht kein Zusammenhang, wenn sich die Studienteilnehmer während ihrer Freizeit erholen, indem sie von der Arbeit mental abschalten. Als praktische Implikation kann also gefolgert werden, dass sich Beschäftigte in ihrer Freizeit erholen sollten, damit ihre wiedergewonnenen Ressourcen aktuell auftretende Unvereinbarkeitskonflikte abpuffern.

Vor dem Hintergrund einer schrumpfenden Erwerbsbevölkerung und einem zunehmenden Fachkräftemangel gewinnt das Thema Vereinbarkeit von Arbeits- und Privatleben auch beim Rekrutieren und Halten qualifizierter Arbeitskräfte immer mehr Bedeutung. Tatsächlich zeigen auch Befunde querschnittlicher Studien, dass beide nicht harmonisierenden konflikterzeugenden Richtungen mit einer höheren Kündigungsabsicht seitens der Beschäftigten einhergehen. Nohe und Sonntag (2014) konnten in einem längsschnittlichen Design mit 665 Beschäftigten zeigen, dass ein Work-to-Family-Conflict Veränderungen der Kündigungsabsicht stärker vorhersagte als ein Family-to-Work-Conflict. Die Autoren empfehlen eine familienfreundliche Unterstützung durch die Führungskraft zu fördern, da hierdurch der Zusammenhang zwischen hohem Work-to-Family-Conflict und hoher Kündigungsabsicht abgepuffert werden kann.

Work-Family-Enrichment

Work-Family-Enrichment beschreibt das Ausmaß, in dem Erfahrungen in einer Rolle die Qualität des Lebens in einer anderen Rolle verbessern (Greenhaus & Powell, 2006). Obgleich Work-to-Family-Conflict und Work-Family-Enrichment zwei Seiten einer Medaille darstellen, finden sich in der Literatur nur wenige Arbeiten zur Integration dieser beiden überwiegend getrennt verlaufenden Forschungsstränge, was vielleicht daran liegen mag, dass Work-Family-Enrichment eine eher jüngere Entwicklung darstellt (Greenhaus & Powell, 2006). Befunde einer Metaanalyse über 25 Studien zeigen, dass hohes Work-to-Family- beziehungsweise Family-to-Work-Enrichment einhergeht mit besserer psychischer und physiologischer Gesundheit, gesteigerter Arbeits-, Familien- und Lebenszufriedenheit sowie einem höheren organisationalen Commitment (McNall, Nicklin & Masuda, 2010).

Zufriedenheit mit der Vereinbarkeit von Arbeit und Privatleben

Während sich in der internationalen Fachliteratur zu Work-Life-Balance zumindest einige Studien zu potenziellen Ursachen für eine hohe Zufriedenheit mit der Vereinbarkeit von Arbeit und Privatleben finden (für einen Überblick siehe Rexroth, Nohe et al., 2014), sind Forschungsarbeiten zu Konsequenzen eher rar. Eine Ausnahme bildet die genannte WLB-Studie, in der die Zufriedenheit mit der Vereinbarkeit von Arbeit und Privatleben in ein nomologisches Netz aus Ursachen und Konsequenzen eingebettet wurde (vgl. Abbildung 7).

Die längsschnittlichen Ergebnisse, basierend auf mehr als 2.400 Studienteilnehmern, belegen eindrucksvoll die Bedeutung der Zufriedenheit mit der Vereinbarkeit von Arbeit und Privatleben für gesundheits- und arbeitsbezogene Konsequenzen: Eine hohe Zufriedenheit mit der Vereinbarkeit von Arbeit und Privatleben geht einher mit niedriger emotionaler Erschöpfung, hohem Arbeitsengagement, hoher Arbeitszufriedenheit, hohem organisationalem Commitment und niedriger Kündigungsabsicht (siehe Abbildung 7).

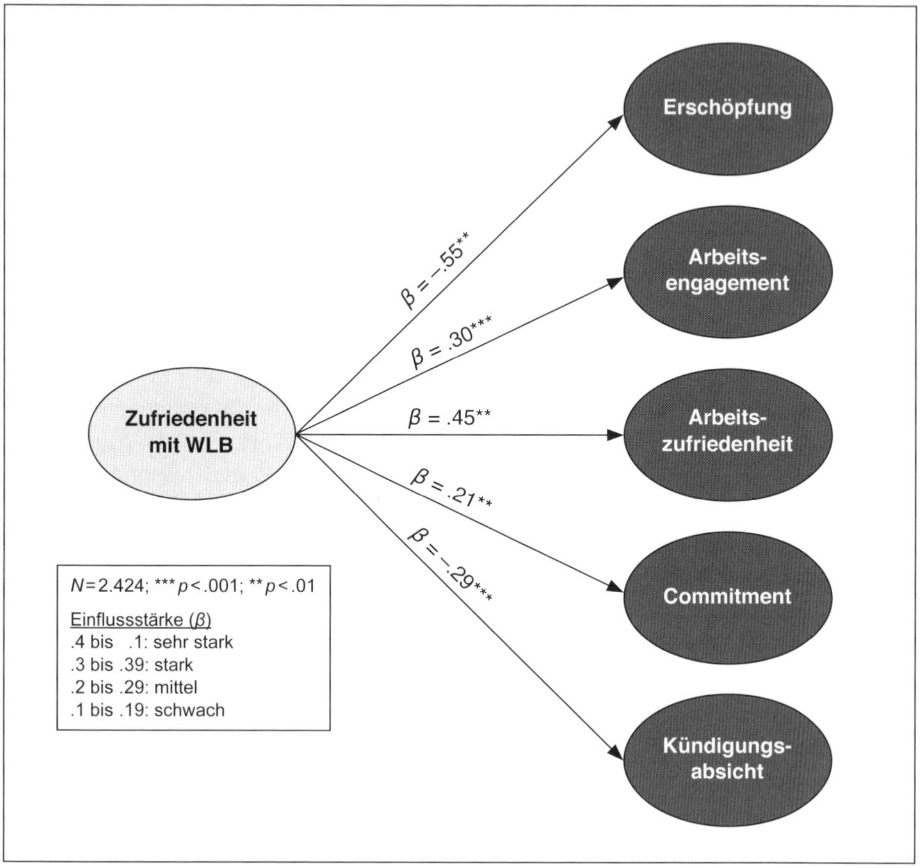

Abbildung 7: Zusammenhang zwischen der Zufriedenheit mit der Work-Life-Balance und Gesundheit sowie (Organisations-)Erfolg (aus Rexroth, Sonntag et al., 2014, S. 109)

4 Handlungsfelder und Maßnahmen

Auf der Grundlage aktueller Entwicklungen zur Vereinbarkeit von Arbeit und Privatleben ergeben sich unterschiedliche Handlungsfelder, die die Ableitung konkreter Maßnahmen ermöglichen: Sowohl auf der organisationalen Ebene (vgl. Abschnitt 4.1) als auch auf der individuellen Ebene (vgl. Abschnitt 4.2) kann die Sensibilisierung zum Thema Work-Life-Balance oder der Aufbau individueller Ressourcen, wie Fähigkeiten zur Abgrenzung von Arbeit und Privatleben stattfinden. Wichtig für alle Maßnahmen ist eine konsequente Umsetzung der Maßnahmen auf der normativen, strategischen und operativen Managementebene, das heißt eine nachhaltige Verankerung von Work-Life-Balance in der Unternehmenskultur. Das Zusammenwirken von Personalentwicklung und Gesundheitsmanagement ist Voraussetzung.

4.1 Good Practice: Life-Balance am Beispiel der Daimler AG

Die Sensibilisierung der Fach- und Führungskräfte zum Thema Life-Balance und die Unterstützung eines ausgeglichenen Verhältnisses zwischen Arbeit und Privatleben nimmt bei der Daimler AG – dem Projektpartner in der WLB-Studie – einen großen Stellenwert ein (Becker & Spellenberg, 2014). Im Folgenden werden die entsprechenden personalpolitischen Interventionen vorgestellt.

HR-Strategie

Das Handlungsfeld zum Thema Life-Balance findet in der HR-Strategie der Daimler AG unter der Rubrik „Attraktivster Arbeitgeber“ Berücksichtigung (Becker & Spellenberg, 2014). Ein Schwerpunkt der Regelungen von HR (= Human Resource) und Gesamtbetriebsrat liegt auf der Förderung flexiblen Arbeitens: Durch Job Sharing, Auszeiten für die Pflege von Angehörigen und mobiles Arbeiten können die Arbeitszeitmodelle individuell und vielfältig gestaltet werden. Dies ist wichtig, um Know-how der Belegschaft im Unternehmen zu halten, insbesondere in unterschiedlichen Lebensphasen. Darüber hinaus wird ein präventives, ganzheitliches Gesundheitsmanagement angeboten (z. B. Sozialberatung und individuelle Bewegungsangebote), mit dem Ziel, die Eigenverantwortung der Belegschaft sowie die Nachhaltigkeit, Leistungs- und Wettbewerbsfähigkeit des Unternehmens zu steigern. Ein breitgefächertes Angebot an Seminaren mit unterschiedlichen Inhalten zum Thema Life-Balance wird standortspezifisch angepasst.

Gesundheitsmanagement und Arbeitsschutz

Der Bereich „Health & Safety“ des Unternehmens bietet vielfältige Interventionen, Informationsveranstaltungen und Beratungen in unterschiedlichen Bereichen an (z. B. Ergonomie, Arbeitsmedizin, Arbeitsschutz und Sozialberatung) und fördert die standortübergreifende Zusammenarbeit von Spezialisten wie Ärzten, Sportwissenschaftlern und Sicherheitsingenieuren (Becker & Spellenberg, 2014). Ziel ist es, dass die Leistungsfähigkeit der Belegschaft durch einen ganzheitlichen Ansatz erhalten und gestärkt wird. Eine kontinuierliche Weiterentwicklung der Maßnahmen ist dabei ebenso wichtig wie die aktive und eigenverantwortliche Einbindung der Mitarbeiter. Forschungsprojekte zu Themen wie psychische Belastung und Work-Life-Balance werden durchgeführt, um eine Verbindung zwischen aktuellen wissenschaftlichen Erkenntnissen und Praxiserfahrungen herzustellen.

Interventionen zur Life-Balance

Im Rahmen der WLB-Studie (vgl. Sonntag, 2014a) wurden bei der Daimler AG unterschiedliche Interventionen auf der Grundlage einer fundierten Bedarfsanalyse und der Studienergebnisse abgeleitet.

Life-Balance-Leitlinien. Eine zentrale Maßnahme zur Nutzung von Life-Balance-Angeboten liegt in der Akzeptanz und Unterstützung durch die Führungskraft (Becker & Spellenberg, 2014). Unter dem Motto, Führungskräfte als Botschafter der neuen Unternehmenskultur zu gewinnen, wurden Leitlinien durch betriebliche Experten entwickelt. Diese umfassen sowohl die Meinung der Mitarbeiter als auch die Erwartungshaltung des Unternehmens: Im Vordergrund steht die Förderung von Life-Balance, die Vorbildfunktion und die Reflexion der eigenen Lebenssituation. Der Fokus auf die Life-Balance wird durch die Führungsleitlinien *Grenzen beachten*, *Erholung bewusst einsetzen*, *Abschalten können* sowie *Arbeit und Privates vereinbaren* gezielt formuliert und es werden verschiedene Führungskräfteveranstaltungen angeboten.

Life-Balance-Portfolio im Mitarbeiterportal. Ein wichtiger Schritt für die erfolgreiche Implementierung einer neuen, life-balance-spezifischen Unternehmenskultur sind Informationen über bestehende Angebote sowie die Reduktion von Nutzungsbarrieren. Ein benutzerfreundlicher Zugang zu den vielfältigen Angeboten zur Vereinbarkeit von Arbeit und Privatleben wurde dadurch erreicht, indem durch die „jeweiligen Experten zum Beispiel aus den Fachbereichen Diversity, Gesundheitsmanagement, Personalentwicklung, Generationenmanagement und Sozialberatung … spezielle Life-Balance Angebote ausgewählt, kategorisiert und gebündelt [wurden]" (Becker & Spellenberg, 2014, S. 177). Diese Struktur ermöglicht es der Belegschaft, über das Intranet detaillierte Informationen über die jeweiligen Angebote zu erhalten. Zur Vermittlung von Bewältigungsstrategien im Umgang mit beruflichen und privaten Anforderungen wurden zudem Best Practice-Beispiele der Mitarbeiter in das Mitarbeiterportal aufgenommen.

Life-Balance-Kommunikationskampagne. Zur Steigerung der Bekanntheit der Life-Balance-Angebote wurden unterschiedliche Informationskanäle genutzt, um die Belegschaft für das Thema zu sensibilisieren (Becker & Spellenberg, 2014). Zusätzlich zu Plakaten und Publikationen im Intranet wurde eine interne Kommunikationskampagne unter dem Motto „Balance – ausgeglichen leben!" gestartet. Mithilfe einer Informationsmail des Personalvorstandes wurde ein Link zu dem Mitarbeiterportal mit neuem Life-Balance-Auftritt an die Belegschaft verschickt. Ein Blog bot der Belegschaft die Möglichkeit für einen Austausch zu Life-Balance-Fragen und potenziellen Maßnahmen. Darüber hinaus wurden Großveranstaltungen angeboten und Newsletter zu der WLB-Studie verschickt.

Zielgruppenspezifische Maßnahmen. Zur Berücksichtigung der unterschiedlichen Handlungsbedarfe in den Fachbereichen werden zielgruppenspezifische Maßnahmen angeboten (Becker & Spellenberg, 2014). Beispielsweise stehen den Mitarbeitern und Führungskräften in der Produktion vielfältige Gesundheitsmaßnahmen zur Verfügung, insbesondere zur Kräftigung der Rücken- und Bauchmuskulatur. Da die ständige Erreichbarkeit vor allem für Führungskräfte ein Problem bei der Vereinbarkeit von Arbeit und Privatleben darstellen kann, wurden in dem Unternehmen neue Regelungen zur E-Mail-Abwesenheit entwickelt.

Insgesamt wird deutlich, dass das Unternehmen großen Wert auf die nachhaltige und langfristige Verankerung von Life-Balance in der Unternehmenskultur legt (Becker & Spellenberg, 2014). Über eine flächendeckende Kommunikation und die Beteiligung von Belegschaft und zahlreichen betrieblichen Experten hinaus ist die Verbindung von Wissenschaft und Praxis in diesem Kontext besonders relevant. Zudem ist die Integration von Life-Balance ein fester Bestandteil des Qualifizierungsangebotes für neu ernannte Führungskräfte.

4.2 Ein Training zur besseren Vereinbarkeit von Arbeit und Privatleben

Kohärent zu den aktuellen Entwicklungen der modernen Arbeitswelt unterstreichen die Ergebnisse der WLB-Studie (vgl. Sonntag, 2014a) ein zunehmendes Vermischen von Arbeit und Privatleben. Drei zentrale Befunde der Gesamtbefragung aus Industriecluster und Öffentlichem Dienst stellen die Grundlage für die Ableitung eines Trainings zur besseren Vereinbarkeit von Arbeit und Privatleben dar:

- Erstens zeigte sich, dass ein störender Einfluss der Arbeit auf das Privatleben wahrgenommen wird. So nehmen 57 % der Befragten (N = 7.423) Konflikte zwischen den beiden Lebensbereichen wahr und 64 % berichten von der Erwartungshaltung des Arbeitsgebers, dass die Arbeit dem Privatleben vorgezogen und gegebenenfalls mit nach Hause genommen wird (vgl. Peters, Rexroth & Sonntag, 2013). Zahlreiche Studien belegen die negativen Auswirkungen von Konflikten zwischen Arbeit und Privatleben auf das individuelle Wohlbefinden und die Zufriedenheit (vgl. Abschnitt 3).
- Zweitens weisen die Ergebnisse darauf hin, dass eine Trennung der Lebensbereiche gewünscht, jedoch nur schwer möglich ist, da die Arbeit nicht aus dem Privatleben herausgehalten werden kann (Peters et al., 2013). Das Verschwimmen der Grenzen zwischen den Lebensbereichen wird insbesondere durch neue Informations- und Kommunikationstechnologien gefördert, die ein örtlich und zeitlich unabhängiges Arbeiten erlauben (Chesley, 2005; Middleton, 2007) und eine natürliche Trennung der Lebensbereiche im heutigen Arbeitsumfeld verhindern (Milliken & Dunn-Jensen, 2005). Chancen und Risiken der

flexiblen Arbeitswelt für die Vereinbarkeit von Arbeit und Privatleben zeigen sich hier deutlich: Einerseits können moderne Technologien als Chance für eine bessere Vereinbarkeit erlebt werden, indem sie ortsunabhängiges Arbeiten und eine flexible Gestaltung des Arbeitsalltags ermöglichen; andererseits kann durch die Informationsflut und eine ständige Verfügbarkeit Stress induziert werden, der sich negativ auf das Familienleben, die individuelle Gesundheit und das gedankliche Abschalten von der Arbeit auswirkt.
- Drittens wird durch die Studienergebnisse deutlich, dass eine Trennung der Lebensbereiche mit einer geringeren emotionalen Erschöpfung und einer gesteigerten Zufriedenheit mit der Work-Life-Balance einhergeht (Peters et al., 2013).

Das im Folgenden dargestellte Training zur besseren Vereinbarkeit von Arbeit und Privatleben (vgl. Peters, Rexroth, Feldmann & Sonntag, 2014) zielt darauf ab, die Teilnehmer durch die Reflexion von Einstellungen und Motiven sowie durch die Stärkung von Selbstregulation für einen kompetenten Umgang mit flexiblen Arbeitsbedingungen zu unterstützen. Im Vordergrund steht dabei eine angemessene Abgrenzung von Arbeit und Privatleben.

Das Training ist präventiv ausgerichtet und soll negativen Konsequenzen vorbeugen, die sich aus einer mangelnden Abgrenzung von Arbeit und Privatleben ergeben können. Zielgruppe sind engagierte Fach- und Führungskräfte, die sich gleichzeitig mit Karriere sowie Familienplanung beschäftigen und sich folglich in der „Rush Hour" ihres Lebens befinden.

Inhalte und Struktur des Trainings

Das Training findet an zwei aufeinanderfolgenden Tagen statt und wird jeweils von zwei Trainern mit circa zwölf Teilnehmern durchgeführt. Jeder Trainingstag umfasst zwei aufeinander aufbauende Module. Eine Übersicht über den Aufbau und die Inhalte des Trainings ist in Abbildung 8 dargestellt. Im Vordergrund steht die eigenständige Erarbeitung individuell präferierter Techniken zur Abgrenzung von Arbeit und Privatleben, um den Transfer gelernter Trainingsinhalte in den beruflichen Alltag zu gewährleisten. Hierfür werden Einzel- und Gruppenarbeiten praktischer Übungen mit Präsentationen der Trainer kombiniert.

Modul 1: Reflexion der Lebensbereiche. Der erste Trainingstag beginnt mit einer ausführlichen Selbstreflexion der privaten und beruflichen Lebensbereiche. Ziel ist es, dass die Teilnehmer dabei ihre Lebensbereiche und Rollen identifizieren. Sie schaffen ein Bewusstsein über ihre Bedürfnisse und ihre aktuelle Lebenssituation; insbesondere darüber, welche Komponenten der unterschiedlichen Rollen Ressourcen verbrauchen und welche dem Aufbau neuer Ressourcen dienen. Die Teilnehmer sollen Verknüpfungen und Konflikte zwischen den Anforderun-

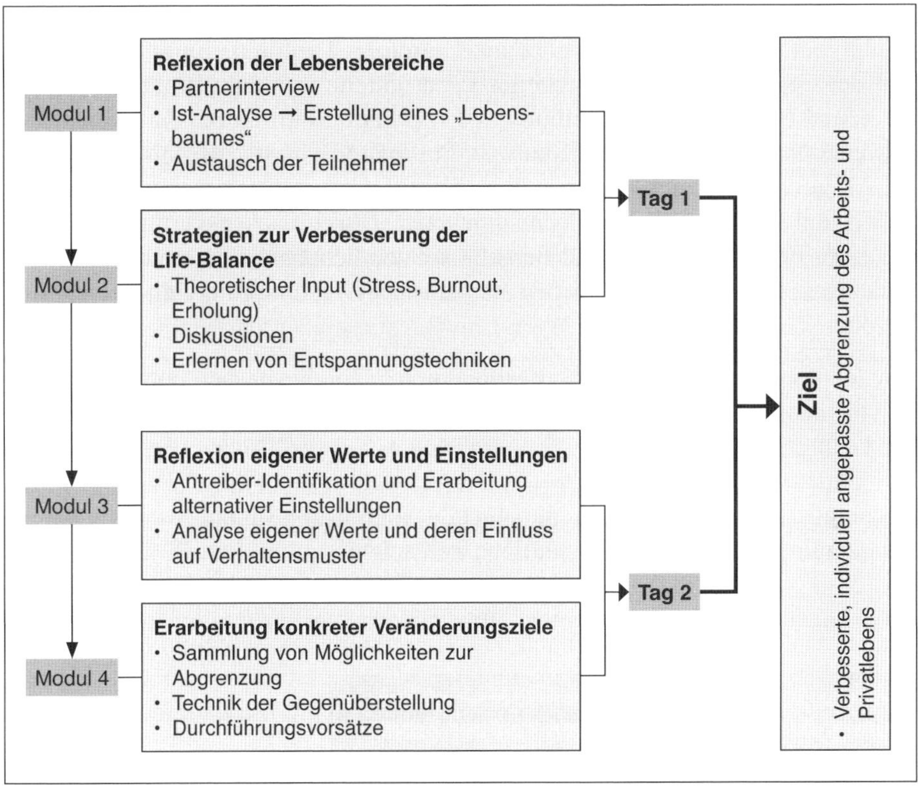

Abbildung 8: Übersicht über das Training „Ausgeglichen! Vereinbarkeit von Arbeits- und Privatleben“ (aus Peters et al., 2014, S. 138)

gen der verschiedenen Lebensbereiche und Rollen erkennen, um daraus einen möglichen Verbesserungsbedarf abzuleiten.

Der Reflexion und Diskussion zu der persönlichen, aktuellen Lebenssituation folgen wissensvermittelnde Einheiten zu den Arten von Rollenkonflikten sowie deren Entstehung und Bewältigung in Anlehnung an Greenhaus und Beutell (1985). Mögliche Ursachen für die Konflikte (z. B. mangelnde Zeit, zu hohe Belastung oder eigenes Verhalten; vgl. Abschnitt 2.2) werden näher beleuchtet und hinsichtlich der zuvor identifizierten Konflikte zwischen privaten und beruflichen Rollen in Einzelübungen reflektiert.

Diese Verbindung aus theoretischen Inhalten und praktischen Übungen dient der Bewusstwerdung, dass Konflikte zwischen den Rollen einen bedeutsamen Einfluss auf das individuelle Wohlbefinden und die Leistungsfähigkeit haben können. Zur Darstellung und Betonung des übergeordneten Zieles der Stärkung individueller Fähigkeiten ist ein solches Bewusstsein zentral.

Modul 2: Strategien zur Verbesserung der Life-Balance. Die Inhalte des zweiten Moduls fokussieren auf Strategien zur Abgrenzung von Arbeit und Privatleben. Auf der Grundlage interindividueller Unterschiede in der präferierten Abgrenzung der Lebensbereiche (Ammons, 2013; Bulger, Matthews & Hoffman, 2007; Edwards & Rothbard, 1999; Rothbard, Phillips & Dumas, 2005) werden nicht nur Möglichkeiten und Übungen zum Abgrenzen vermittelt, sondern vielmehr Strategien auf individueller Ebene erarbeitet. Durch wissensvermittelnde Einheiten zu Erholung, Stress und Burnout soll zunächst ein Bewusstsein über die Bedeutsamkeit einer erfolgreichen Abgrenzung der Lebensbereiche geschaffen werden.

Mit dem Ziel der Motivation zu regelmäßigen Erholungspausen findet ein Wechsel von theoretischen Inhalten und praktischen Übungen statt. Im Vordergrund stehen Übungen zur gedanklichen Trennung von Arbeit und Privatleben (z. B. Übung zum Gedankenstopp; vgl. Infobox 2). Der Schwerpunkt auf diese Trainingsinhalte ist darauf zurückzuführen, dass die mentale Abgrenzung für eine erfolgreiche Erholung relevant, jedoch in der heutigen Zeit schwierig möglich ist (Park, Fritz & Jex, 2011). Im Anschluss tauschen sich die Teilnehmer in der Gruppe aus, wodurch sie von den Erfahrungen und Hinweisen anderer profitieren können.

Infobox 2: Gedankenstopp als eine Möglichkeit zum gedanklichen Abschalten von der Arbeit

Der „Gedankenstopp" (Tyron, 1979, 2011) dient der Abwehr unerwünschter, wiederkehrender Gedanken. Im Rahmen dieser Methode werden zunächst unangenehme Zielgedanken identifiziert sowie die negativen Auswirkungen dieser wiederkehrender Gedanken durch den Trainer verdeutlicht. Der Teilnehmer soll die Augen schließen und sich die störenden Gedanken innerlich vorsprechen, woraufhin der Trainer laut „Stopp!" ruft. Dieses Vorgehen wird schrittweise wiederholt und geändert, bis der Teilnehmer selbst „Stopp!" ruft. Schließlich wird dieses verbale „Stopp!" in ein mentales Stoppschild umgewandelt und immer dann ins Gedächtnis gerufen, wenn der Teilnehmer zu Grübeln beginnt. Das Ziel dieser Übung ist es, die Aufmerksamkeit bei abschweifenden Gedanken aktiv auf bestimmte positive Tätigkeiten oder Gedanken zu richten.

Modul 3: Reflexion eigener Werte und Einstellungen. Das Ziel des dritten Moduls ist es, ein Bewusstsein über den aktuellen Zustand und die gewünschte Zukunft hinsichtlich der Vereinbarkeit der Lebensbereiche zu schaffen, indem eigene Werte und Einstellungen identifiziert werden. In erster Linie soll erkannt werden, auf welche Art und Weise eigene Einstellungen die aktuelle Lebenssituation beeinflussen und mögliche Konflikte hervorrufen.

Einzel- und Partnerübungen dienen dazu, Probleme zu erkennen, Veränderungsvorstellungen zu formulieren, förderliche Einstellungen zu identifizieren sowie eine Bereitschaft zur Veränderung bisheriger dysfunktionaler Verhaltensmuster und Lebenskonzepte zu schaffen. In diesem Kontext werden Methoden der kognitiven Umstrukturierung vorgestellt und eingeübt. Die Grundlage hierfür stellen die Rational-Emotive Verhaltenstherapie nach Albert Ellis (Ellis, 2008; Ellis & Hoellen, 2004), die Kognitive Therapie nach Aaron T. Beck (Beck, Rush, Shaw & Emery, 1979) sowie Methoden der Stressbewältigung nach Gert Kaluza (Kaluza, 2011) dar.

Modul 4: Erarbeitung konkreter Veränderungsziele. Die Formulierung konkreter Ziele zur besseren Abgrenzung der Lebensbereiche und die Umsetzung des Gelernten in den Alltag stehen im Mittelpunkt des vierten und letzten Moduls. Zusätzlich zu bereits erarbeiteten Strategien des zweiten Trainingsmoduls werden weitere Rituale und Strategien gemeinsam entwickelt. Auf der Grundlage aktueller arbeits- und organisationspsychologischer Forschung (z.B. Ashforth, Kreiner & Fugate, 2000; Kreiner, Hollensbe & Sheep, 2009) werden Möglichkeiten zum erfolgreichen Abgrenzen der Lebensbereiche durch die Trainer ergänzend vermittelt (z.B. Gestaltung zeitlicher und räumlicher Grenzen).

Die Teilnehmer formulieren im Anschluss realistische Vorsätze unter der Berücksichtigung denkbarer Hindernisse basierend auf den Möglichkeiten zum gedanklichen Abschalten und der Abgrenzung von Arbeit und Privatleben. Diese Übung ist zurückzuführen auf die *MCII*-Methode: Das mentale Kontrastieren (Mental Contrasting, MC) ist dabei gefolgt von der Entwicklung spezifischer Durchführungsvorsätze in Form von „Wenn …dann …“-Sätzen (Implementation Intentions, II) (Oettingen & Gollwitzer, 2009; Stadler, Oettingen & Gollwitzer, 2005). Durch das Erkennen einer Handlungsnotwendigkeit und möglicher Schwierigkeiten bei der Zielerreichung sollen solche konkreten Ziele die tatsächliche Umsetzung des gewünschten Verhaltens erleichtern. Die Theorie des geplanten Verhaltens (z.B. Ajzen, 1991; vgl. auch Kapitel 7 in diesem Buch) als Grundlage dieser Methode wird den Teilnehmern in diesem Kontext vorgestellt.

Evaluation des Trainings

Das Ziel der Evaluation von Gesundheitsförderungsmaßnahmen ist der Nachweis von Effektivität und ökonomischer Effizienz (vgl. ausführlich Sonntag & Stegmaier, 2014; oder Kapitel 20 in diesem Buch). Das Training „Ausgeglichen! Vereinbarkeit von Arbeits- und Privatleben“ wurde acht Mal in einem großen deutschen Industrieunternehmen durchgeführt ($N=86$). Die Stichprobe umfasste Mitarbeiter, die im Rahmen eines Karriereprogrammes als zukünftige Führungskräfte gefördert wurden. Die Teilnehmer wurden unmittelbar vor und zwei Wochen nach der Teilnahme an dem Training zu ihrem Arbeits- und Privatleben befragt; 50 Teilnehmer beantworteten die Fragebögen zu beiden Messzeitpunkten.

Die Ergebnisse der Evaluation unterstützen die Effektivität des Trainings zur Förderung der besseren Vereinbarkeit von Arbeit und Privatleben (vgl. ausführlich Peters, Rexroth et al., 2014). Nach dem Training waren die Teilnehmer zufriedener mit ihrer Work-Life-Balance ($t(49) = -3.34$, $p < .01$), weniger emotional erschöpft ($t(49) = 2.05$, $p < .05$) und wiesen eine Verbesserung der Schlafqualität auf ($t(49) = -2.05$, $p < .05$). Zudem konnten die Trainingsteilnehmer besser von der Arbeit abschalten ($t(48) = -3.45$, $p < .01$) und nahmen eine bessere Abgrenzung der Lebensbereiche ($t(49) = -2.92$, $p < .01$) sowie eine gesteigerte Kompetenz zur Abgrenzung der Lebensbereiche (Trennungskompetenz) ($t(49) = -2.73$, $p < .01$) wahr.

5 Fazit

Insgesamt wird deutlich, dass die Harmonisierung von Arbeit, Familie und Freizeit vor dem Hintergrund der verschiedenartigen Herausforderungen einer dynamischen Arbeitswelt von besonderer Relevanz für die personale Förderung und Entwicklung der Beschäftigten ist. Unternehmen und Organisationen können auf unterschiedlichen Handlungsfeldern aktiv sein, um die Beschäftigten in einer erfolgreichen Vereinbarkeit von Arbeit und Privatleben zu unterstützen. Dies setzt voraus, dass eine entsprechende Unternehmenskultur auf allen Ebenen der Organisation verankert ist und insbesondere auf der Managementebene (vor-)gelebt wird. Eine enge Zusammenarbeit von Personalentwicklung, Gesundheitsmanagement und Arbeitsgestaltung ist ebenso erforderlich wie ein wirksamer Praxis-Wissenschaftsaustausch.

Individuelle Bedürfnisse und Präferenzen sowie organisationale Möglichkeiten hinsichtlich der Abgrenzung der Lebensbereiche sind zu berücksichtigen, um eine optimale Balance von Arbeit und Privatleben zu erreichen. Sowohl die Beschäftigten als auch die Unternehmen und Organisationen profitieren von einer gelungenen Vereinbarkeit der Lebensbereiche, die sich wiederum – wie die Studien deutlich zeigen – positiv auf die Gesundheit, Zufriedenheit, Motivation und Leistungsfähigkeit auswirkt.

Literatur

Adams, G.A., King, L.A. & King, D.W. (1996). Relationships of job and family involvement, family social support, and work–family conflict with job and life satisfaction. *Journal of Applied Psychology, 81* (4), 411–420. http://doi.org/10.1037/0021-9010.81.4.411

Ajzen, I. (1991). The theory of planned behavior. *Organizational Behavior and Human Decision Processes, 50,* 179–211. http://doi.org/10.1016/0749-5978(91)90020-T

Åkerstedt, T., Fredlund, P., Gillberg, M. & Jansson, B. (2002). Work load and work hours in relation to disturbed sleep and fatigue in a large representative sample. *Journal of Psychosomatic Research, 53* (1), 585–588. http://doi.org/10.1016/S0022-3999(02)00447-6

Aldwin, C.M. & Revenson, T.A. (1987). Does coping help? A reexamination of the relation between coping and mental health. *Journal of Personality and Social Psychology, 53* (2), 337–348. http://doi.org/10.1037/0022-3514.53.2.337

Allen, T.D. (2001). Family-supportive work environments: The role of organizational perceptions. *Journal of Vocational Behavior, 58* (3), 414–435. http://doi.org/10.1006/jvbe.2000.1774

Allen, T.D., Herst, D.E.L., Bruck, C.S. & Sutton, M. (2000). Consequences associated with work-to-family conflict: A review and agenda for future research. *Journal of Occupational Health Psychology, 5,* 278–308. http://doi.org/10.1037/1076-8998.5.2.278

Ammons, S.K. (2013). Work-family boundary strategies: Stability and alignment between preferred and enacted boundaries. *Journal of Vocational Behavior, 82* (1), 49–58. http://doi.org/10.1016/j.jvb.2012.11.002

Amstad, F.T., Meier, L.L., Fasel, U., Elfering, A. & Semmer, N.K. (2011). A meta-analysis of work-family conflict and various outcomes with a special emphasis on cross-domain versus matching-domain relations. *Journal of Occupational Health Psychology, 16,* 151–169. http://doi.org/10.1037/a0022170

Anderson, S.E., Coffey, B.S. & Byerly, R.T. (2002). Formal organizational initiatives and informal workplace practices: Links to work-family conflict and job-related outcomes. *Journal of Management, 28* (6), 787–810. http://doi.org/10.1016/S0149-2063(02)00190-3

Ardelt, M. & Eccles, J.S. (2001). Effects of mothers' parental efficacy beliefs and promotive parenting strategies on inner-city youth. *Journal of Family Issues, 15,* 169–175. http://doi.org/10.1177/019251301022008001

Aryee, S., Luk, V., Leung, A. & Lo, S. (1999). Role stressors, interrole conflict, and well-being: The moderating influence of spousal support and coping behaviors among employed parents in Hong Kong. *Journal of Vocational Behavior, 54* (2), 259–278. http://doi.org/10.1006/jvbe.1998.1667

Ashforth, B.E., Kreiner, G.E. & Fugate, M. (2000). All in a day's work: Boundaries and micro role transitions. *Academy of Management Review, 25* (3), 472–491. http://doi.org/10.5465/AMR.2000.3363315

Bandura, A. (1997). *Self-efficacy: The exercise of control.* New York: Freeman.

Barnett, R.C. & Hyde, J.S. (2001). Women, men, work, and family. *American Psychologist, 56,* 781–796. http://doi.org/10.1037/0003-066X.56.10.781

Baruch-Feldman, C., Brondolo, E., Ben-Dayan, D. & Schwartz, J. (2002). Sources of social support and burnout, job satisfaction, and productivity. *Journal of Occupational Health Psychology, 7* (1), 84–93. http://doi.org/10.1037/1076-8998.7.1.84

Beck, A.T., Rush, A.J., Shaw, B.F. & Emery, G. (1979). *Cognitive therapy of depression.* New York: Guilford Press.

Becker, P.R. & Spellenberg, U. (2014). Best-Practice: Life-Balance bei der Daimler AG. In Kh. Sonntag (Hrsg.), *Arbeit und Privatleben harmonisieren. Life Balance Forschung und Unternehmenskultur: Das WLB-Projekt* (S. 171–184). Kröning: Asanger.

Belkic, K., Landsbergis, P.A., Schnall, P.L. & Baker, D. (2004). Is job strain a major source of cardiovascular disease risk? *Scandinavian Journal of Work, Environment & Health, 30* (2), 85–128. http://doi.org/10.5271/sjweh.769

Bhagat, R.S., Allie, S.M. & Ford, D.L. (1991). Organizational stress, personal life stress and symptoms of life strains: An inquiry into the moderating role of styles of coping. *Journal of Social Behavior & Personality, 6* (7), 163–184.

Bhave, D.P., Kramer, A. & Glomb, T.M. (2010). Work-family conflict in work groups: Social information processing, support, and demographic dissimilarity. *Journal of Applied Psychology, 95* (1), 145–158. http://doi.org/10.1037/a0017885

Bronfenbrenner, U. (1994). Ecological models of human development. In T. Husen & T.N. Postlethwaite (Eds.), *The international encyclopedia of education* (2nd ed., Vol. 3, pp. 1643–1647). Oxford: Elsevir.

Brough, P. & O'Driscoll, M.P. (2010). Organizational interventions for balancing work and home demands: An overview. *Work and Stress, 24* (3), 280–297. http://doi.org/10.1080/02678373.2010.506808

Bulger, C.A., Matthews, R.A. & Hoffman, M.E. (2007). Work and personal life boundary management: Boundary strength, work/personal life balance, and the segmentation-integration continuum. *Journal of Occupational Health Psychology, 12* (4), 365–375. http://doi.org/10.1037/1076-8998.12.4.365

Bundesministerium für Familie, Senioren, Frauen und Jugend (BMFSFJ). (2005). *Work-Life-Balance. Motor für wirtschaftliches Wachstum und gesellschaftliche Stabilität. Analyse der volkswirtschaftlichen Effekte – Zusammenfassung der Ergebnisse*. Berlin: BMFSFJ.

Bundesministerium für Familie, Senioren, Frauen und Jugend (BMFSFJ). (2010). *Familienfreundlichkeit – Erfolgsfaktor für Arbeitgeberattraktivität*. Berlin: BMFSFJ.

Byron, K. (2005). A meta-analytic review of work-family conflict and its antecedents. *Journal of Vocational Behavior, 67,* 169–198. http://doi.org/10.1016/j.jvb.2004.08.009

Carlson, D.S. & Perrewé, P.L. (1999). The role of social support in the stressor-strain relationship: An examination of work-family conflict. *Journal of Management, 25* (4), 513–540. http://doi.org/10.1177/014920639902500403

Casper, W.J., Eby, L.T., Bordeaux, C., Lockwood, A. & Lambert, D. (2007). A review of research methods in IO/OB work-family research. *Journal of Applied Psychology, 92,* 28–43. http://doi.org/10.1037/0021-9010.92.1.28

Catano, V., Francis, L., Haines, T., Kirpalani, H., Shannon, H., Stringer, B. & Lozanzki, L. (2010). Occupational stress in Canadian universities: A national survey. *International Journal of Stress Management, 17* (3), 232–258. http://doi.org/10.1037/a0018582

Chesley, N. (2005). Blurring boundaries? Linking technology use, spillover, individual distress, and family satisfaction. *Journal of Marriage and Family, 67* (5), 1237–1248. http://doi.org/10.1111/j.1741-3737.2005.00213.x

Cinamon, R.G. (2006). Anticipated work-family conflict: Effects of gender, self-efficacy, and family background. *Career Development Quarterly, 54* (3), 202–215. http://doi.org/10.1002/j.2161-0045.2006.tb00152.x

Cohen, A. & Kirchmeyer, C. (1995). A multidimensional approach to the relation between organizational commitment and nonwork participation. *Journal of Vocational Behavior, 46,* 189–202. http://doi.org/10.1006/jvbe.1995.1012

Cohen, S. & Wills, T.A. (1985). Stress, social support, and the buffering hypothesis. *Psychological Bulletin, 98* (2), 310–357. http://doi.org/10.1037/0033-2909.98.2.310

Crawford, E.R., LePine, J.A. & Rich, B.L. (2010). Linking job demands and resources to employee engagement and burnout: A theoretical extension and meta-analytic test. *Journal of Applied Psychology, 95* (5), 834–848. http://doi.org/10.1037/a0019364

Crooker, K.J., Smith, F.L. & Tabak, F. (2002). Creating work-life balance: A model of pluralism across life domains. *Human Resource Development Review, 1* (4), 387–419. http://doi.org/10.1177/1534484302238434

Day, A.L. & Chamberlain, T.C. (2006). Committing to your work, spouse, and children: Implications for work-family conflict. *Journal of Vocational Behavior, 68* (1), 116–130. http://doi.org/10.1016/j.jvb.2005.01.001

De Lange, A.H., Kompier, M.A.J., Taris, T.W., Geurts, S.A.E., Beckers, D.G.J., Houtman, I.L.D. & Bongers, P.M. (2009). A hard day's night: a longitudinal study on the relationships among job demands and job control, sleep quality and fatigue. *Journal of Sleep Research, 18* (3), 374–383. http://doi.org/10.1111/j.1365-2869.2009.00735.x

Edwards, J. R. & Rothbard, N. P. (1999). Work and family stress and well-being: An examination of person-environment fit in the work and family domains. *Organizational Behavior and Human Decision Processes, 77* (2), 85–129. http://doi.org/10.1006/obhd.1998.2813

Ellis, A. (2008). *Grundlagen und Methoden der Rational-Emotiven Verhaltenstherapie* (2. Aufl.). Stuttgart: Klett-Cotta.

Ellis, A. & Hoellen, B. (2004). *Die Rational-Emotive Verhaltenstherapie – Reflexionen und Neubestimmungen* (2. Aufl.). Stuttgart: Klett-Cotta.

Felfe, J. (2006). Transformationale und charismatische Führung – Stand der Forschung und aktuelle Entwicklungen. *Zeitschrift für Personalpsychologie, 5* (4), 163–176. http://doi.org/10.1026/1617-6391.5.4.163

Ferguson, M., Carlson, D., Zivnuska, S. & Whitten, D. (2012). Support at work and home: The path to satisfaction through balance. *Journal of Vocational Behavior, 80* (2), 299–307. http://doi.org/10.1016/j.jvb.2012.01.001

Fincham, F. D., Harold, G. T. & Gano-Phillips, S. (2000). The longitudinal association between attributions and marital satisfaction: Direction of effects and role of efficacy expectations. *Journal of Family Psychology, 14* (2), 267–285. http://doi.org/10.1037/0893-3200.14.2.267

Fitzgerald, S. T., Haythornthwaite, J. A., Suchday, S. & Ewart, C. K. (2003). Anger in young black and white workers: Effects of job control, dissatisfaction, and support. *Journal of Behavioral Medicine, 26* (4), 283–296. http://doi.org/10.1023/A:1024228026022

Frone, M. R., Russell, M. & Cooper, M. L. (1992). Antecedents and outcomes of work-family conflict: Testing a model of the work-family interface. *Journal of Applied Psychology, 77,* 65–78. http://doi.org/10.1037/0021-9010.77.1.65

Frone, M. R., Russell, M. & Cooper, M. L. (1997). Relation of work-family conflict to health outcomes: A four-year longitudinal study of employed parents. *Journal of Occupational and Organizational Psychology, 70,* 325–335. http://doi.org/10.1111/j.2044-8325.1997.tb00652.x

Ganster, D. C. & Rosen, C. C. (2013). Work stress and employee health: A multidisciplinary review. *Journal of Management, 39* (5), 1085–1122. http://doi.org/10.1177/0149206313475815

Gordon, J. R. & Rouse, E. D. (2013). The relationship of job and elder caregiving involvement to work-caregiving conflict and work costs. *Research on Aging, 35* (1), 96–117. http://doi.org/10.1177/0164027511424293

Gordon, J. R., Whelan-Berry, K. S. & Hamilton, E. A. (2007). The relationship among work-family conflict and enhancement, organizational work-family culture, and work outcomes for older working women. *Journal of Occupational Health Psychology, 12* (4), 350–364. http://doi.org/10.1037/1076-8998.12.4.350

Graves, L. M., Ohlott, P. J. & Ruderman, M. N. (2007). Commitment to family roles: Effects on managers' attitudes and performance. *Journal of Applied Psychology, 92* (1), 44–56. http://doi.org/10.1037/0021-9010.92.1.44

Greenberger, E., Goldberg, W. A., Hamill, S., O'Neil, R. & Payne, C. K. (1989). Contributions of a supportive work environment to parents' well-being and orientation to work. *American Journal of Community Psychology, 17* (6), 755–783. http://doi.org/10.1007/BF00922737

Greenhaus, J. H. & Beutell, N. J. (1985). Sources of conflict between work and family roles. *Academy of Management Review, 10,* 76–88. http://doi.org/10.2307/258214

Greenhaus, J. H. & Powell, G. N. (2006). When work and family are allies: A theory of work-family enrichment. *Academy of Management Review, 31,* 72–92. http://doi.org/10.5465/AMR.2006.19379625

Griffin, M.A. & Clarke, S. (2011). Stress and well-being at work. In S. Zedeck (Ed.), *APA handbook of industrial and organizational psychology* (Vol. 3, pp. 359–397). Washington, DC: American Psychological Association.

Grzywacz, J.G. & Butler, A.B. (2005). The impact of job characteristics on work-to-family facilitation: Testing a theory and distinguishing a construct. *Journal of Occupational Health Psychology, 10,* 97–109. http://doi.org/10.1037/1076-8998.10.2.97

Grzywacz, J.G. & Marks, N.F. (2000). Reconceptualizing the work-family interface: An ecological perspective on the correlates of positive and negative spillover between work and family. *Journal of Occupational Health Psychology, 5,* 111–126. http://doi.org/10.1037/1076-8998.5.1.111

Grzywacz, J.G., McDonald, D.A. & Almeida, D.M. (2002). Work-family spillover and daily reports of work and family stress in the adult labor-force. *Family Relations, 51,* 28–36. http://doi.org/10.1111/j.1741-3729.2002.00028.x

Hackett, G., Betz, N.E., Casas, J.M. & Rocha-Singh, I.A. (1992). Gender, ethnicity, and social cognitive factors predicting the academic achievement of students in engineering. *Journal of Counseling Psychology, 39* (4), 527–538. http://doi.org/10.1037/0022-0167.39.4.527

Halbesleben, J.R.B. (2006). Sources of social support and burnout: A meta-analytic test of the conservation of resources model. *Journal of Applied Psychology, 91* (5), 1134–1145. http://doi.org/10.1037/0021-9010.91.5.1134

Hall, D.T. (1972). A model of coping with role conflict: The role behavior of college educated women. *Administrative Science Quarterly, 17* (4), 471–486. http://doi.org/10.2307/2393827

Hill, E.J., Hawkins, A.J., Ferris, M. & Weitzman, M. (2001). Finding an extra day a week: The positive influence of perceived job flexibility on work and family life balance. *Family Relations, 50* (1), 49–58. http://doi.org/10.1111/j.1741-3729.2001.00049.x

Hobfoll, S.E. (1989). Conservation of resources: A new attempt at conceptualizing stress. *American Psychologist, 44,* 513–524. http://doi.org/10.1037/0003-066X.44.3.513

Hobfoll, S.E. (2001). The influence of culture, community, and the nested-self in the stress process: Advancing conservation of resources theory. *Applied Psychology: An International Review, 50,* 337–421. http://doi.org/10.1111/1464-0597.00062

Hobfoll, S.E. (2002). Social and psychological resources and adaptation. *Review of General Psychology, 6,* 307–324. http://doi.org/10.1037/1089-2680.6.4.307

Hobfoll, S.E., Johnson, R.J., Ennis, N. & Jackson, A.P. (2003). Resource loss, resource gain, and emotional outcomes among inner city women. *Journal of Personality and Social Psychology, 84* (3), 632–643. http://doi.org/10.1037/0022-3514.84.3.632

Kaluza, G. (2011). *Stressbewältigung: Trainingsmanual zur psychologischen Gesundheitsförderung* (2. Aufl.). Berlin, Heidelberg: Springer. http://doi.org/10.1007/978-3-642-13720-4

Karasek, R., Brisson, C., Kawakami, N., Houtman, I., Bongers, P. & Amick, B. (1998). The Job Content Questionnaire (JCQ): An instrument for internationally comparative assessments of psychosocial job characteristics. *Journal of Occupational Health Psychology, 3* (4), 322–355. http://doi.org/10.1037/1076-8998.3.4.322

Keller, M. & Haustein, T. (2013). *Vereinbarkeit von Familie und Beruf: Ergebnisse des Mikrozensus 2012.* Wiesbaden: Statistisches Bundesamt, Wirtschaft und Statistik.

Kelly, E.L., Moen, P. & Tranby, E. (2011). Changing workplaces to reduce work-family conflict. *American Sociological Review, 76* (2), 265–290. http://doi.org/10.1177/0003122411400056

King, L.A., Mattimore, L.K., King, D.W. & Adams, G.A. (1995). Family Support Inventory for Workers: A new measure of perceived social support from family members. *Journal of Organizational Behavior, 16* (3), 235–258. http://doi.org/10.1002/job.4030160306

Korabik, K., Lero, D.S. & Whitehead, D.L. (2008). *Handbook of work-family integration: Research, theory, and best practices.* London: Academic Press.

Kossek, E.E., Lautsch, B.A. & Eaton, S.C. (2006). Telecommuting, control, and boundary management: Correlates of policy use and practice, job control, and work-family effective-ness. *Journal of Vocational Behavior, 68* (2), 347–367. http://doi.org/10.1016/j.jvb.2005.07.002

Kossek, E.E. & Ozeki, C. (1998). Work-family conflict, policies, and the job-life satisfaction relationship: A review and directions for organizational behavior-human resources research. *Journal of Applied Psychology, 83,* 139–149. http://doi.org/10.1037/0021-9010.83.2.139

Kossek, E.E., Pichler, S., Bodner, T. & Hammer, L.B. (2011). Workplace social support and work-family conflict: A meta-analysis clarifying the influence of general and work-family-specific supervisor and organizational support. *Personnel Psychology, 64* (2), 289–313. http://doi.org/10.1111/j.1744-6570.2011.01211.x

Kreiner, G.E., Hollensbe, E.C. & Sheep, M.L. (2009). Balancing borders and bridges: Negotiating the work-home interface via boundary work tactics. *Academy of Management Journal, 52,* 704–730. http://doi.org/10.5465/AMJ.2009.43669916

Kwan, H.K., Mao, Y. & Zhang, H. (2010). The impact of role modeling on protégés personal learning and work-to-family enrichment. *Journal of Vocational Behavior, 77* (2), 312–322.

Lapierre, L.M. & Allen, T.D. (2006). Work-supportive family, family-supportive supervision, use of organizational benefits, and problem-focused coping: Implications for work-family conflict and employee well-being. *Journal of Occupational Health Psychology, 11* (2), 169–181. http://doi.org/10.1037/1076-8998.11.2.169

Latack, J.C. & Havlovic, S.J. (1992). Coping with Job Stress: A Conceptual Evaluation Framework for Coping Measures. *Journal of Organizational Behavior, 13* (5), 479–508. http://doi.org/10.1002/job.4030130505

Lazarus, R.S. (1991). Psychological stress in the workplace. *Journal of Social Behavior and Personality, 6* (7), 1–13.

Lazarus, R.S. & Folkman, S. (1984). *Stress, appraisal, and coping*. New York: Springer.

Leiter, M.P. & Durup, M.J. (1996). Work, home, and in-between: A longitudinal study of spillover. *Journal of Applied Behavioral Science, 32,* 29–47. http://doi.org/10.1177/0021886396321002

Major, V.S., Klein, K.J. & Ehrhart, M.G. (2002). Work time, work interference with family, and psychological distress. *Journal of Applied Psychology, 87* (3), 427–436. http://doi.org/10.1037/0021-9010.87.3.427

Mauno, S. (2010). Effects of work-family culture on employee well-being: Exploring moderator effects in a longitudinal sample. *European Journal of Work and Organizational Psychology, 19* (6), 675–695. http://doi.org/10.1080/13594320903106588

McNall, L.A., Nicklin, J.M. & Masuda, A.D. (2010). A meta-analytic review of the consequences associated with work-family enrichment. *Journal of Business and Psychology, 25* (3), 381–396. http://doi.org/10.1007/s10869-009-9141-1

Mesmer-Magnus, J.R. & Viswesvaran, C. (2005). Convergence between measures of work-to-family conflict and family-to-work conflict: A meta-analytic examination. *Journal of Vocational Behavior, 67,* 215–232. http://doi.org/10.1016/j.jvb.2004.05.004

Michel, J.S., Kotrba, L.M., Mitchelson, J.K., Clark, M.A. & Baltes, B.B. (2010). Antecedents of work-family conflict: A meta-analytic review. *Journal of Organizational Behavior, 32,* 689–725. http://doi.org/10.1002/job.695

Middleton, C.A. (2007). Illusions of balance and control in an always-on environment: A case study of BlackBerry users. *Continuum: Journal of Media and Culture Studies, 21* (2), 165–178. http://doi.org/10.1080/10304310701268695

Milliken, F.J. & Dunn-Jensen, L.M. (2005). The changing time demands of managerial and professional work: implications for managing the work-life boundary. In E.E. Kossek & S.J. Lambert (Eds.), *Work and life integration: Organizational, cultural, and individual perspectives* (Vol. 18, pp. 43–59). Mahwah, NJ: Lawrence Erlbaum Associates.

Morgeson, F.P., Delaney-Klinger, K. & Hemingway, M.A. (2005). The importance of job autonomy, cognitive ability, and job-related skill for predicting role breadth and job performance. *Journal of Applied Psychology, 90* (2), 399–406. http://doi.org/10.1037/0021-9010.90.2.399

Murphy, L.R. & Sauter, S.L. (2003). The USA Perspective: Current issues and trends in the management of work stress. *Australian Psychologist, 38* (2), 151–157. http://doi.org/10.1080/00050060310001707157

Ng, T.W.H. & Feldman, D.C. (2008). Long work hours: A social identity perspective on meta-analysis data. *Journal of Organizational Behavior, 29* (7), 853–880. http://doi.org/10.1002/job.536

Nohe, C., Meier, L.L., Sonntag, Kh. & Michel, A. (2015). The chicken or the egg? A meta-analysis of panel studies of the relationship between work-family conflict and strain. *Journal of Applied Psychology, 100,* 522–536. http://doi.org/10.1037/a0038012

Nohe, C., Michel, A. & Sonntag, Kh. (2014). Family-work conflict and job performance: A diary study of boundary conditions and mechanisms. *Journal of Organizational Behavior, 35* (3), 339–357. http://doi.org/10.1002/job.1878

Nohe, C. & Sonntag, Kh. (2014). Work-family conflict, social support, and turnover intentions: A longitudinal study. *Journal of Vocational Behavior, 85,* 1–12. http://doi.org/10.1016/j.jvb.2014.03.007

Oettingen, G. & Gollwitzer, P.M. (2009). Making goal pursuit effective: Expectancy-dependent goal setting and planned goal striving. In J.P. Forgas, R.F. Baumeister & D.M. Tice (Eds.), *Psychology of self-regulation: Cognitive, affective, and motivational processes* (pp. 127–146). New York: Psychology Press.

Park, Y.A., Fritz, C. & Jex, S.M. (2011). Relationships between work-home segmentation and psychological detachment from work: The role of communication technology use at home. *Journal of Occupational Health Psychology, 16* (4), 457–467. http://doi.org/10.1037/a0023594

Peters, A., Rexroth, M., Feldmann, E. & Sonntag, Kh. (2014). Harmonisierung des Arbeits- und Privatlebens durch Grenzziehung – ein arbeitspsychologisches Training. In Kh. Sonntag (Hrsg.), *Arbeit und Privatleben harmonisieren. Life Balance Forschung und Unternehmenskultur: Das WLB-Projekt* (S. 126–152). Kröning: Asanger.

Peters, A., Rexroth, M. & Sonntag, Kh. (2013). Grenzziehung lernen: Ein Training zur besseren Vereinbarkeit von Arbeit und Privatleben. *Berufsbildung in Wissenschaft und Praxis, 1,* 28–32.

Rexroth, M., Nohe, C., Sonntag, Kh. & Feldmann, E. (2014). Theorien und Konzepte der „Work-Life-Balance" Forschung. In Kh. Sonntag (Hrsg.), *Arbeit und Privatleben harmonisieren. Life Balance Forschung und Unternehmenskultur: Das WLB-Projekt* (S. 23–38). Kröning: Asanger.

Rexroth, M., Sonntag, Kh., Goecke, T., Klöpfer, A. & Mensmann, M. (2014). Wirkung von Anforderungen und Ressourcen auf die Zufriedenheit mit der Work-Life-Balance. In Kh. Sonntag (Hrsg.), *Arbeit und Privatleben harmonisieren. Life Balance Forschung und Unternehmenskultur: Das WLB-Projekt* (S. 85–128). Kröning: Asanger.

Rothbard, N.P. (2001). Enriching or depleting? The dynamics of engagement in work and family roles. *Administrative Science Quarterly, 46,* 655–684. http://doi.org/10.2307/3094827

Rothbard, N.P., Phillips, K.W. & Dumas, T.L. (2005). Managing multiple roles: Work-family policies and individuals' desires for segmentation. *Organization Science, 16* (3), 243–258. http://doi.org/10.1287/orsc.1050.0124

Ruderman, M.N., Ohlott, P.J., Panzer, K. & King, S.N. (2002). Benefit of multiple roles for managerial women. *Academy of Management Journal, 45,* 369–386. http://doi.org/10.2307/3069352

Shockley, K.M. & Singla, N. (2011). Reconsidering work-family interactions and satisfaction: A meta-analysis. *Journal of Management, 37* (3), 861–886. http://doi.org/10.1177/0149206310394864

Sonntag, Kh. (Hrsg.). (2014a). *Arbeit und Privatleben harmonisieren. Life Balance Forschung und Unternehmenskultur: Das WLB-Projekt*. Kröning: Asanger.

Sonntag, Kh. (2014b). *Potenziale Erwerbstätiger bei verlängerter Lebenszeit – Chancen und Herausforderungen für die Wirtschaft. Expertise im Auftrag von Gesamtmetall*. Berlin: Arbeitgeberverband Gesamtmetall.

Sonntag, Kh., Becker, P.R., Nohe, C. & Spellenberg, U. (2012). Die Führungskraft als Vorbild: Die Vereinbarkeit von Arbeits-und Privatleben ist eine Führungsaufgabe. *Zeitschrift Führung und Organisation, 81* (6), 372–378.

Sonntag, Kh., Frieling, E. & Stegmaier, R. (2012). *Lehrbuch Arbeitspsychologie*. Bern: Huber.

Sonntag, Kh. & Nohe, C. (2014). Führungskräfte – Betroffene und Gestalter bei der Harmonisierung der Life Balance. In Kh. Sonntag (Hrsg.), *Arbeit und Privatleben harmonisieren. Life Balance Forschung und Unternehmenskultur: Das WLB-Projekt* (S. 153–170). Kröning: Asanger.

Sonntag, Kh. & Stegmaier, R. (2014). Creating value through occupational health promotion. In M. Anderson & C. Nowak (Eds.), *Human resources practices – Assessing added value* (pp. 125–145). Berlin/Heidelberg: Springer.

Stadler, G., Oettingen, G. & Gollwitzer, P.M. (2005). *Gesundheit beginnt im Kopf: Von der Fantasie zum gesunden Lebensstil*. Hamburg: DAK.

Statistisches Bundesamt (2013). *Familie, Lebensformen und Kinder. Auszug aus dem Datenreport 2013*. Zugriff am 12. April 2016. Verfügbar unter: https://www.destatis.de/DE/Publikationen/Datenreport/Downloads/Datenreport2013Kap2.pdf?__blob=publicationFile

Statistisches Bundesamt (2015). *Bevölkerung Deutschlands bis 2060. 13. Koordinierte Bevölkerungsvorausberechnung*. Wiesbaden: Statistisches Bundesamt.

ten Brummelhuis, L.L. & Bakker, A.B. (2012). A resource perspective on the work-home interface: The work-home resources model. *American Psychologist, 67* (7), 545–556. http://doi.org/10.1037/a0027974

ten Brummelhuis, L.L., Haar, J.M. & van der Lippe, T. (2010). Collegiality under pressure: The effects of family demands and flexible work arrangements in the Netherlands. *The International Journal of Human Resource Management, 21* (15), 2831–2847. http://doi.org/10.1080/09585192.2010.528666

Thompson, C.A., Beauvais, L.L. & Lyness, K.S. (1999). When work-family benefits are not enough: The influence of work-family culture on benefit utilization, organizational attachment, and work-family conflict. *Journal of Vocational Behavior, 54* (3), 392–415. http://doi.org/10.1006/jvbe.1998.1681

Thompson, C.A. & Prottas, D.J. (2006). Relationships among organizational family support, job autonomy, perceived control, and employee well-being. *Journal of Occupational Health Psychology, 11* (1), 100–118. http://doi.org/10.1037/1076-8998.10.4.100

Tyron, G.S. (1979). A review and critique of thought stopping research. *Journal of Behavior Therapy and Experimental Psychiatry, 10* (3), 189–192. http://doi.org/10.1016/0005-7916(79)90058-2

Tyron, G.S. (2011). Gedankenstopp. In M. Linden & M. Hautzinger (Hrsg.), *Verhaltenstherapiemanual* (7. Aufl., S. 155–157). Berlin/Heidelberg: Springer.

Valcour, M. (2007). Work-based resources as moderators of the relationship between work hours and satisfaction with work-family balance. *Journal of Applied Psychology, 92* (6), 1512–1523. http://doi.org/10.1037/0021-9010.92.6.1512

Warren, J.A. & Johnson, P.J. (1995). The impact of workplace support on work-family role strain. *Family Relations, 44* (2), 163–169. http://doi.org/10.2307/584803

Westman, M., Etzion, D. & Segev, K. (2005). The crossover of work-family conflict from one spouse to the other. *Journal of Applied Social Psychology, 35* (9), 1936–1957. http://doi.org/10.1111/j.1559-1816.2005.tb02203.x

Wood, R. & Bandura, A. (1989). Impact of conceptions of ability on self-regulatory mechanisms and complex decision making. *Journal of Personality and Social Psychology, 56* (3), 407–415. http://doi.org/10.1037/0022-3514.56.3.407

Xanthopoulou, D., Bakker, A. B., Demerouti, E. & Schaufeli, W. B. (2007). The role of personal resources in the job demands-resources model. *International Journal of Stress Management, 14* (2), 121–141. http://doi.org/10.1037/1072-5245.14.2.121

Yu, M.-C., Lin, C.-C. & Hsu, S.-Y. (2009). Stressors and burnout: The role of employee assistance programs and self-efficacy. *Social Behavior and Personality, 37* (3), 365–378. http://doi.org/10.2224/sbp.2009.37.3.365

Kapitel 15

Potenziale älterer Erwerbstätiger nutzen: Ageing Workforce

Karlheinz Sonntag & Nadine Seiferling

Inhaltsübersicht

Überblick:

Die Schrumpfung und Alterung der Erwerbsbevölkerung in Verbindung mit einer fortschreitenden Dynamisierung der Arbeitswelt wird in den kommenden Jahren zu einer entscheidenden Herausforderung für Arbeitsmarkt, Wirtschaft und Gesellschaft. Eine mögliche Erhöhung der Beschäftigungsquote älterer Mitarbeiter und Führungskräfte setzt einerseits deren Arbeitsfähigkeit und -bereitschaft, Gesundheit und passende Lebenssituationen voraus, fordert andererseits aber auch unternehmensseitig nachhaltige demografiesensible personalpolitische Entwicklungen und Lösungskonzepte. Im Folgenden werden wichtige Einflussfaktoren auf die Leistungsfähigkeit älterer Erwerbstätiger sowie Konzepte und Maßnahmen zur Potenzialförderung, -entwicklung und -erhaltung dargestellt.

1 Demografischer Wandel und Dynamisierung der Arbeitswelt

Zählte 2013 die Bevölkerung im Erwerbsalter (20 bis 65 Jahre) in Deutschland noch 50 Millionen, sind es 2014 43 Millionen und im Jahr 2060 werden es laut Statistischem Bundesamt (2015) noch ca. 34 Millionen Menschen sein. Diesen Zahlen steht ein deutlicher Anstieg der Lebenserwartung gegenüber: So wird nach der 13. koordinierten Bevölkerungsvorausberechnung des Statistischen Bundesamtes bis 2060 ein deutlicher Anstieg um 6 bis 9 Jahre (Männer: 85 bis 88 Jahre, Frauen: 89 bis 91 Jahre) prognostiziert (Statistisches Bundesamt, 2015). Im Jahre 2060 wird ein Drittel der Bevölkerung 65 Jahre oder älter sein (Statistisches Bundesamt, 2015).

Diese demografischen Entwicklungen beeinflussen naturgemäß den Arbeitsmarkt, dem künftig weniger und durchschnittlich ältere Beschäftigte zur Verfügung stehen werden. Auch aktuelle Vorausschätzungen der Entwicklung des Jugend-, Alten- und Gesamtquotienten (vgl. Bundesministerium für Wirtschaft und Energie, 2013) beschreiben entsprechende Entwicklungsverläufe. Demnach wird sich der sog. Altenquotient (Verhältnis der älteren Bevölkerung zur Bevölkerung im erwerbsfähigen Alter) zwischen 2008 und 2060 nahezu verdoppeln. Angesichts dieser Entwicklungen stellen Erhaltung, Förderung und Nutzung der Potenziale und des Wissens älterer Mitarbeiter im Unternehmen aktuell und zukünftig eine Herausforderung für Organisationen und deren Mitglieder dar.

Eine demografiesensible Unternehmensstrategie und Personalpolitik ist notwendig und wird in wenigen Jahren alternativlos sein. Entgegen verbreiteter Vorbehalte können ältere Mitarbeiter aufgrund vielfältiger Potenziale und Stärken einen wesentlichen Beitrag zum Unternehmenserfolg leisten. Dies zeigte auch eine von Prognos im Auftrag des Bundesministeriums für Familie, Senioren, Frauen und Jugend (2008) durchgeführte Studie. Anhand betrieblicher Fallstudien aus 14 repräsentativen Unternehmen sowie einer Balanced Scorecard-Systematik wurde herausgearbeitet, dass ältere Beschäftigte in strategisch wichtigen Bereichen zum Unternehmenserfolg beitragen.

Doch nicht nur die Unternehmen selbst, auch deren Beschäftigte werden sich zukünftig veränderten Anforderungen einer dynamisierten Arbeitswelt mit innovativen und informatisierten Produktions- und Dienstleistungskonzepten gegenüber sehen. Evident sind Veränderungstendenzen im klassischen Verständnis von Arbeit hinsichtlich Raum, Zeit und Struktur in den Organisationen. Neue Arbeitsformen zeichnen sich aus durch hohe Flexibilität, flache Hierarchien, dislozierte Arbeit, fragmentierte Arbeitsstrukturen, variable Tätigkeitsmuster, Arbeitswechsel, Entgrenzung von Arbeit und Freizeit, gestützt durch „smarte" IT-Anwendungen. Eine konsequente Umsetzung solch innovativer Anwendungen findet sich beispielsweise in dem Zukunftsprojekt Industrie 4.0 (Forschungsunion Wirtschaft und Wissenschaft, 2012, 2013).

Mit der Umsetzung der Industrie 4.0 soll einerseits die Informatisierung klassischer Industriebereiche (z. B. Produktionstechnik) vorangetrieben, andererseits aber auch ein Beitrag zum demografischen Wandel geleistet werden. „Arbeit kann demografiesensibel und sozial gestaltet werden. Die Mitarbeiter können sich dank intelligenter Assistenzsysteme auf die kreativen, wertschöpfenden Tätigkeiten konzentrieren und werden von Routineaufgaben entlastet.“ (Forschungsunion Wirtschaft und Wissenschaft, 2013, S. 5). Damit verbunden kommen erhebliche Herausforderungen auf das HR- und Gesundheitsmanagement älterer Erwerbstätiger zu.

Hinsichtlich veränderter Anforderungen gilt generell: Kognitiv und sozial anspruchsvollere Tätigkeitsanteile nehmen zu, körperlich beanspruchende eher ab. Im Hinblick auf innovative, leistungsfähige und flexibel gestaltbare Produktions- und Dienstleistungssysteme werden ältere Fach- und Führungskräfte zwar einerseits von körperlich belastenden und routinisierten Tätigkeiten entlastet und durch intelligente Assistenzsysteme unterstützt, andererseits werden jedoch auch vielfältige, zum Teil kognitiv anspruchsvolle, Anforderungen bei der Umsetzung entstehen.

Es ist vorauszusehen, dass für den Umgang mit diesen Systemen erhebliche Qualifizierungsprogramme für ältere Belegschaften erforderlich sein müssen, ebenso wie die dringende Revision kritischer Einstellungen und Vorurteile beim Umgang Älterer mit neuen Informations- und Kommunikations-(I&K-)Technologien. Ältere Mitarbeiter aufgrund ihrer Erfahrung und ihres Spezialwissens bereits bei der Planung und Auslegung neuer Systeme mit einzubeziehen, stellt einen vielversprechenden Ansatz für die erfolgreiche Implementierung neuer Abläufe und Systeme dar.

2 Leistungsfähigkeit und Gesundheit älterer Erwerbstätiger

Inwiefern altersbedingte Veränderungen Einfluss auf die berufliche – sowohl kognitive als auch physische – Leistungsfähigkeit haben, ist angesichts alternder Belegschaften und fortschreitendem demografischen Wandel eine wichtige Fragestellung für Forschung und Praxis. Insbesondere die ausgeprägten interindividuellen Unterschiede erschweren dabei die Generalisierbarkeit der Befunde.

2.1 Biologische und physiologische Grundfunktionen

Die Auseinandersetzung mit der Potenzialnutzung – und damit auch mit der Leistungsfähigkeit und Gesundheit – älterer Erwerbstätiger erfordert notwendigerweise die Thematisierung altersbedingter Veränderungen in den physiologischen und biologischen Grundfunktionen.

Veränderungen gegenüber jüngeren Erwachsenen zeigen sich aufgrund vielfältiger epidemiologischer, medizinischer, gerontologischer oder neurowissenschaftlicher Studien im physiologischen, sensorischen und motorischen Bereich (vgl. Infobox 1), aber auch in Bezug auf Gehirnfunktionen und -strukturen sowie neurologische Funktionen (vgl. Raz & Rodrigue, 2006).

Infobox 1: Veränderungen in biologischen und physiologischen Grundfunktionen

Physiologie (vgl. Maertens, Putter, Chen, Diehl & Huang, 2012):
- verringerte oder zeitlich verzögerte Wiederherstellung der Homöostase (z. B. längere Erholungszeiten nach Belastungssituationen) sowie Veränderungen im Hormonhaushalt und Schwächung des Immunsystems
- Abnahme der Muskelkraft und Sauerstoffaufnahme (vgl. Kenny, Yardley, Martineaux & Jay, 2008)
- Abnahme von Körperkräften (z. B. Dreh- und Druckkraft; Heben und Tragen von Lasten; Voorbij & Steenbekkers, 2001)
- Negativer Einfluss arbeitsbedingter Körperhaltungen (wie Überkopfarbeit, kniende, gebückte, verdrehte Körperhaltungen usw.) im Alter (55+) auf die körperliche Gesundheit und Leistungsfähigkeit (vgl. Landau et al., 2007)

Sensorik und Motorik (vgl. Lindenberger & Ghisletta, 2009):
- Seh- und Höreinbußen (vgl. Tesch-Römer & Wahl, 2012; Davila et al., 2009), insbesondere Geschwindigkeit und Genauigkeit der Akkommodation sowie die Leistungsfähigkeit beim Tag- und Nachtsehen oder bei Farbunterscheidung (Schieber, 2006) sowie eingeschränktes Hörvermögen (vgl. Hoth & Gudmundsdottir, 2007)
- Sensumotorische Einbußen: verminderte Bewegungsgeschwindigkeit, begrenztes Blickfeld sowie eingeschränkte Beweglichkeit im Greifraum (vgl. Kawakami, Inoue, Ohkubo & Ueno, 2000) können zu höherem Zeitaufwand für komplexe Montagearbeiten führen. Außerdem Verlangsamung präziser Zielbewegungen (vgl. Hegele & Heuer, 2010)
- Vermehrte Stürze, durch reduzierte Integration von motorischen und sensorischen Informationen bei der Bewegungsausführung, wobei die Sturzinzidenz besonders im höheren Alter steigt: diese beträgt bei älteren Personen ab 65 Jahren ca. 30 %, ab 85 Jahren ca. 50 % (vgl. Becker & Nicolai, 2012).

Die Studien zu den biologischen und physiologischen Grundfunktionen verdeutlichen aber auch, dass sich daraus *keine generelle altersbedingte Verschlechte-*

rung der beruflichen Leistungsfähigkeit ableiten lässt. So zeigten die Untersuchungen, dass

- starke altersdifferenzierte Effekte sich in der Regel erst im *höheren Alter* zeigen,
- bei den festgestellten Effekten eine wesentlich größere *interindividuelle Varianz* innerhalb der Alterskohorte auftritt, als bei jüngeren Altersgruppen,
- Verlust- und Degenerationsprozesse im Alter *nicht unwiderruflich* sein müssen. So können Interventionen und Verhaltensmodifikationen helfen, altersbedingten Veränderungen entgegenzuwirken (vgl. Hamberg van Reenen et al., 2009; Kenny, Yardley, Martineau & Jay, 2008),
- eine Kompensation von Veränderungen und Reduktionen durch individuelle Ressourcen und persönliche Kompetenzen sowie situative Bedingungen möglich ist (vgl. Crawford, Graveling, Cowie & Dixon, 2010; Ilmarinen, 2006).

2.2 Kognitive Leistungsfähigkeit

Altersbedingte Veränderungen zeigen sich auch in verschiedenen Bereichen der kognitiven Leistungsfähigkeit (vgl. auch Kapitel 2 in diesem Buch).

Intelligenz und Gedächtnisleistungen

Längsschnittliche Untersuchungen zeigen insbesondere in Leistungen der „fluiden Intelligenz" (z.B. verbale Fähigkeiten, Informationsverarbeitungsgeschwindigkeit, Zahlenfertigkeit) eine Leistungsveränderung bei 50-bis 55-Jährigen (vgl. Schaie, 2005: Seattle-Studie; oder Martin & Zimprich, 2005). Eine Abnahme in der fluiden Intelligenz wird allerdings bereits im Erwachsenenalter (zwischen 20 und 30 Jahren) verzeichnet, die sich im weiteren Lebensalter stabilisiert. Im Gegensatz dazu scheinen Leistungen der „kristallinen Intelligenz" (Fähigkeit, Kenntnisse, Fertigkeiten und Erfahrungen zu nutzen, die sich im Laufe des Lebens angesammelt haben) ihren maximalen Stand in den 40er Jahren zu erreichen. Längsschnittstudien zeigen, dass dieses Niveau bis zum 60. bzw. 70. Lebensjahr erhalten bleibt (vgl. Baltes, Freund & Li, 2005, Whitbourne & Whitbourne, 2011).

Auch verschiedene Gedächtnisprozesse weisen deutliche Unterschiede in ihrer zeitlichen Stabilität auf (vgl. Tabelle 1). Alterskorrelierte Veränderungen sind dabei jedoch weder „vorprogrammiert" noch unbeeinflussbar. Wirksame Trainingsansätze wie z.B. die Vermittlung entsprechender Lernstrategien (z.B. Mnemotechniken, semantische Hinweise) können bei älteren Menschen zum – zumindest teilweisen – Ausgleich von Defiziten bei der Speicherung und beim Abruf von Informationen führen (vgl. Beier & Ackerman, 2005).

Tabelle 1: Veränderlichkeit und Stabilität von Gedächtnisprozessen (nach Martin, Zehnder & Zimprich, 2008)

Relativ stabile Gedächtnisprozesse	Tendenziell eher veränderliche Gedächtnisprozesse
– Wiedererkennen gelernter Informationen – Prozedurales Gedächtnis – Allgemeines Faktenwissen (semantisches Gedächtnis) – Autobiografisches Gedächtnis	– Namensgedächtnis (semantisches Gedächtnis) – Erinnerungen an kürzliche Ereignisse (episodisches Gedächtnis) – Erinnerungen an Details (Quellengedächtnis) – Erinnerungen an Absichten (Prospektive Gedächtnisleistung)

Problemlösen

Bei Planungs- und Problemlöseleistungen zeigt sich eine heterogene Forschungslage (vgl. Tabelle 2). Dabei weisen Altersunterschiede in der Problemlöseleistung einen Zusammenhang zwischen Effekt und Untersuchungsdesign und -setting auf. Insbesondere in Experimenten mit computergestützten Szenarien schneiden ältere Teilnehmer schlechter ab, wohingegen in realen Settings gleiche bis bessere Leistungen gezeigt werden (vgl. Jex, Wang, Zarubin, Shultz & Adams, 2007; Sharit, Hernández, Czaja & Pirolli, 2008).

Ferner finden sich insbesondere bei komplexen Aufgaben, die Anforderungen an das Arbeitsgedächtnis stellen und gleichzeitig eine hohe Verarbeitungsgeschwindigkeit verlangen, sog. GMA-intensive Aufgaben (GMA = „General Mental Abilities") Alterseffekte, wohingegen sich in Aufgaben ohne Zeitdruck keine Altersdifferenzen zeigen (Salthouse, 2004).

Tabelle 2: Altersdifferenzierte Effekte nach verschiedenen kognitiven Leistungsbereichen (vgl. Sonntag & Seiferling, in Druck)

	Vergleich der Produktivität nach Alter		
	–	0	+
Problemlöseleistungen			
– im Experiment (Thornton & Dumke, 2005)	✓		
– in realen Settings (Jex et al., 2007)		✓	✓
– bei GMA-Aufgaben (Salthouse, 2004)			
• schnelle Informationsverarbeitung	✓		
• Abrufen der Wissensbasis		✓	

Tabelle 2: Fortsetzung

	Vergleich der Produktivität nach Alter		
	–	0	+
Erfahrungswissen und Expertise – Kompensatorische Effekte (Börsch-Supan & Weiss, 2010; Korniotis & Kumar, 2007; Masunaga & Horn, 2001; Worthy, Gorlick, Pacheco, Schnyer & Maddox, 2011) – Adaptive Effekte (Molter, Noefer, Stegmaier & Sonntag, 2013) Voraussetzung: Aufbrechen eingefahrener Routinen		✓	✓ ✓
Innovationsfähigkeit (Stegmaier, Noefer & Sonntag, 2008) (Voraussetzung: Freiraum bei der Arbeit, konstruktives und wertschätzendes Feedback)		✓	✓
Entscheidungsverhalten (Frey, Mata & Hertwig, 2015; Mata, Josef, Samanez-Larkin & Hertwig, 2011; Rolison, Hanoch & Wood, 2011)			
– bei zwei Optionen		✓	✓
– bei mehreren Optionen	✓	✓	
– unter Risiko	✓		
Lernleistung (Callahan et al., 2003; Sonntag & Stegmaier, 2007b) (Voraussetzung: didaktische Prinzipien wie selbstgestaltete Lernzeit, aktives Einüben, Problemzentriertheit, Einbezug vorhandenen Wissens)		✓	✓

Anmerkungen: – = Produktivität ist im Alter schlechter, 0 = keine Unterschiede, + = Produktivität ist im Alter besser

Erfahrungswissen, Expertise und Innovationsfähigkeit

Eine besondere Rolle kommt Erfahrungswissen und Expertise in der Arbeitswelt zu. Dieses vielseitige Konstrukt kann sowohl kompensatorische als auch innovationsförderliche Funktionen haben (vgl. Tabelle 2). So sind beispielsweise Verluste in Geschwindigkeit und Präzision teilweise durch Erfahrungswerte ausgleichbar (z. B. durch effektivere Problemanalyse; umsichtigere Entscheidungen; Korniotis & Kumar, 2007; Ilmarinen, 2001; Worthy, Gorlick, Pacheco, Schnyer

& Maddox, 2011). Börsch-Supan und Weiss (2010) zeigten in einer Untersuchung von 100 Arbeitsgruppen, dass es keinen nennenswerten Unterschied in der Arbeitsproduktivität zwischen „älteren" (Durchschnittsalter ≥ 45) und „jüngeren Teams" (Durchschnittsalter <45) gibt. Cavallini, Cornoldi und Vecchi (2009) wiesen sowohl für Literaten als auch für Architekten den kompensatorischen Einfluss der Expertise auf die Leistungsfähigkeit in verschiedenen Aufgabenbereichen (visuell-räumlich/verbal) nach.

Erfahrungswissen und Expertise wirken im Zusammenhang mit den im Laufe einer durchschnittlichen Erwerbsbiografie angeeigneten Wissensbeständen, Verknüpfungs- und Integrationsheuristiken sowie dispositioneller Kompetenz außerdem auch innovationsförderlich (vgl. Tabelle 2) – jedoch nur dann, wenn Ältere in der Lage sind, bei anstehenden organisationalen Veränderungen eingefahrene Routinen und automatisierte Handlungen und Prozeduren „aufzubrechen" und den Veränderungen anzupassen. Molter, Noefer, Stegmaier und Sonntag (2013) verdeutlichen an einer Stichprobe von 858 Arbeitnehmern (18 bis 65 Jahre) verschiedener Berufsgruppen die Bedeutung des Aufbrechens von Routinen für adaptive Leistungen älterer Mitarbeiter.

Um Ideen zu generieren und in Innovationen umzusetzen, sind neben Wissen und entsprechenden Kompetenzen förderliche situative Bedingungen notwendig. Zwei von der Deutschen Forschungsgemeinschaft geförderte Studien (Stegmaier, Noefer, Molter & Sonntag, 2006; Stegmaier, Noefer & Sonntag, 2008) berichten keine Unterschiede zwischen Älteren und Jüngeren hinsichtlich *innovativer und adaptiver Leistungen* (altersneutrale Effekte) oder belegen sogar verbesserte Leistungen Älterer (altersdifferenzierte Effekte). Insbesondere konstruktives, vorurteilsfreies und wertschätzendes Feedback, Freiräume, Aufgabenvielfalt und die Möglichkeit zum Wissenstransfer haben einen Einfluss auf die Innovations- und Anpassungsfähigkeit älterer Mitarbeiter.

Auch Ng und Feldman (2013a) fanden in einer aktuellen Metaanalyse (N=98 empirische Studien), dass ältere Mitarbeiter nicht weniger innovationsbezogenes Verhalten zeigen als jüngere Kollegen (r_c[1] = .07). In Bezug auf die Beschäftigungsdauer war ein – wenngleich schwacher – positiver Zusammenhang (r_c = .17) zu innovationsbezogenen Verhaltensweisen festzustellen. Diese Befunde fanden sich auch am oberen Ende des Alters- und Betriebszugehörigkeitskontinuums. Ältere Mitarbeiter von Aufgaben mit Innovationscharakter „abzuziehen", scheint daher kontraproduktiv.

---

1 r_c = nach Stichprobengröße gewichtete korrigierte Korrelationen. Die Interpretation der Korrelationen nahmen die Autoren nach Cohens (1988) Empfehlung vor: schwach = .10–.23; moderat = .24–.37; stark > .37

Entscheidungsverhalten

Entscheidungen spielen sowohl im beruflichen als auch im privaten Kontext eine wichtige Rolle. Insbesondere in Wirtschaft und Politik werden Entscheidungen häufig auch von älteren Personen getroffen.

Interessante Erkenntnisse lieferten Studien zu „erfahrungsbasiertem" Entscheidungsverhalten, d. h. Szenarien, in denen nicht alle Fakten bekannt sind und Entscheidungen explorativ durch Informationssuche und Lernprozesse über mögliche Folgen und Risiken begründet werden. Vergleiche der Entscheidungen jüngerer ($M=21$ Jahre) und älterer ($M=71$ Jahre) Erwachsener zeigten, dass beide Gruppen etwa gleich viel Aufwand bei der Informationssuche betrieben und gleich oft vorteilhaftere Optionen wählten, wenn zwischen zwei Alternativen zu entscheiden war (vgl. Frey et al., 2015 sowie Tabelle 2). Bei Entscheidungen zwischen mehreren Alternativen hingegen ging die Leistung Älterer zurück – vor allem infolge des Aufwands bei der Informationssuche. Die Forscher führen dies auf reduzierte fluide kognitive Fähigkeiten der älteren Teilnehmergruppe zurück.

In einer Metaanalyse ($N=29$ Studien, $k=4\,093$) fanden Mata et al. (2011) außerdem deutliche altersabhängige Differenzen in den Aufgaben zur Risikoabschätzung und -entscheidung, insbesondere wenn hohe Anforderungen an Lernen und Gedächtnis gestellt werden. Ältere entscheiden risikofreudiger als Jüngere, wenn durch Lernen eigentlich ein vorsichtiges Verhalten nahegelegt wird und vermeiden Risiken, wenn durch Lernen ein riskanteres Verhalten angezeigt wäre. Die Ergebnisse liefern Hinweise auf den potenziellen Unterstützungsbedarf Älterer bei risikoreichen Entscheidungen, die hohe Lernanforderungen mit sich bringen.

Lernleistung

Die Forschung zu Lernleistungen im Alter zeigt deutlich, dass für das Lernen im Erwachsenenalter Autonomie, intrinsische Motivation, Einbeziehung persönlicher Erfahrungen sowie Problemzentriertheit bedeutsam sind (vgl. Tabelle 2). Aufbauend auf diesem Verständnis von Lernprozessen älterer Organisationsmitglieder wurden konkrete Prinzipien für die Gestaltung von Trainings formuliert (Callahan, Kiker & Cross, 2003; Sonntag & Stegmaier, 2007b; vgl. Infobox 2).

Infobox 2: Prinzipien der Trainingsgestaltung für ältere Arbeitnehmer

- *Übung und frühe Erfolge ermöglichen:* Trainingsmaßnahmen sollten so aufgebaut sein, dass durch angemessene Übungsphasen frühe Erfolge möglich sind, um so Unsicherheiten älterer Teilnehmer (z. B. in Bezug auf Lernanforderungen) entgegenzuwirken.
- *Vertrautheit herstellen:* Bei der Vermittlung neuen Wissens oder neuer Fähigkeiten sollte möglichst an bereits vorhandenes Wissen bzw. bestehende Erfahrungen angeknüpft werden.

- *Lerninhalte klar strukturieren und sequenzieren:* Da ältere Lernende ihre Aufmerksamkeit nicht mehr so gut auf verschiedene Informationen gleichzeitig verteilen können, sollten neue Themengebiete stets nach dem sinnvollen Abschluss der vorangegangenen Inhalte begonnen werden.
- *Organisation des Lernens fördern:* Durch die Vermittlung von Lernstrategien im Rahmen des Trainings kann die Enkodierung, das Wiederholen und das Abrufen neuer Informationen erleichtert werden.
- *Ausreichend Lernzeit einplanen:* Da die Informationsverarbeitungsgeschwindigkeit mit dem Alter zurückgeht, benötigen ältere Lernende durchschnittlich mehr Zeit für denselben Lernstoff. Im Training sollte kein Zeitdruck beim Lernen entstehen.

In verschiedenen Studien und Metaanalysen erwiesen sich außerdem weitere Einflussfaktoren, wie z. B. selbstgesteuerte Lernzeit, Entlastung des Gedächtnisses sowie Modellierung und Anwendung von Wissen als förderlich für den Lern- und Transfererfolg älterer Trainingsteilnehmer (vgl. Callahan et al., 2003; Kubeck, Delp, Haslett & McDaniel, 1996). Auch Identifikationsprozesse mit Verhaltensmodellen beeinflussen das Lernen älterer Mitarbeiter (Bausch, Sonntag, Stegmaier & Noefer, 2010; vgl. Infobox 3).

Infobox 3: Altersähnliche Verhaltensmodelle fördern den Lernerfolg (Bausch et al., 2010)

In einem behavior role modeling basierten E-Learning-Programm „ZEUS“ wurden ($N = 285$) Teilnehmern unterschiedlichen Alters wesentliche Inhalte zum Zeit- und Selbstmanagement in drei Modulen (à 2,5 Stunden) zu den Themenschwerpunkten „Ziele und Prioritäten setzen“, „Aufgaben- und Tagesplanung vornehmen“ und „Zeitmanagement trotz Störungen konsequent umsetzen“ vermittelt. Dabei wurden Designprinzipien umgesetzt, die dem Lernstil Älterer in besonderem Maße entgegenkommen (vgl. Infobox 2). Das Programm wurde in drei Variationen mit einem älteren, einem jungen und einem mittelalten Lernmodell (Trainer) gestaltet. Es zeigte sich, dass Lernen mit einem alterskongruenten Lernmodell den Transfererfolg erhöht. Vermutlich erhöht die stärkere Identifikation mit einem altersähnlichen Verhaltensmodell die Aufmerksamkeit der Trainingsteilnehmer für das Modellverhalten.

Bei diesem verhaltensorientierten Training im E-Learning-Format erzielten demnach ältere Teilnehmer einen höheren Lernerfolg und Transfer, wenn Lernvideos mit alterskongruenten Verhaltensmodellen präsentiert wurden. Der Lernerfolg zeigte sich in der Verbesserung des prozeduralen Wissens sowie des persönlichen Verhaltens im Bereich Zeit- und Selbstmanagement.

Relevant dürfte auch die Entwicklung und Erprobung spezifischer kognitiver Trainings bspw. in Form von Prozess- und Strategietrainings für ältere Erwerbstätige sein. Bisher ist deren Wirksamkeit vor allem an klinischen Populationen jüngeren Alters (< 70) mit höherem Bildungsniveau nachgewiesen (vgl. Eschen, Zöllig & Martin, 2012). Die Ergebnisse sind auf den Arbeitskontext kaum übertragbar. Dennoch ist die Entwicklung und Erprobung solcher Trainings für ältere Erwerbstätige dringend angezeigt, haben sie doch bei Instandhaltern (45 bis 55 Jahre) deren Diagnosekompetenz bei der Störungsbehebung erheblich verbessert (vgl. Sonntag & Schaper, 1993, 1997).

Einflussfaktoren auf die kognitive (berufliche) Leistung

Martin, Zehnder und Zimprich (2008) berichten eine Reihe von Studien zum Einfluss förderlicher oder hinderlicher Faktoren auf die *Entwicklung* der kognitiven Leistung über das mittlere Lebensalter hinweg (vgl. Abbildung 1).

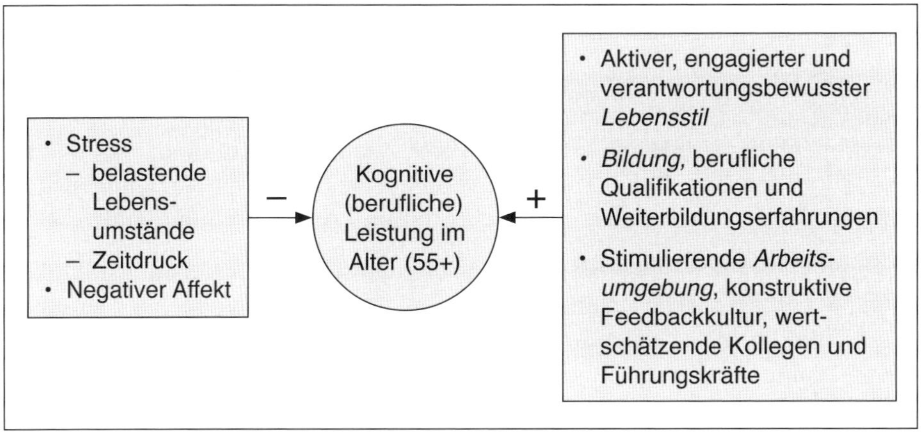

Abbildung 1: Einflussfaktoren auf die Entwicklung kognitiver Leistungen (angelehnt an Martin et al., 2008)

Als belastend wurden insbesondere Lebensumstände identifiziert, die sich negativ auf die Gefühlslage auswirken und zu Leistungseinbußen im kognitiven Bereich führen können (z. B. negative Gedanken und depressive Verstimmungen). Auch die zur Verfügung stehende Zeit bei der Aufgabenbewältigung weist altersdifferenzierte Effekte auf (vgl. z. B. Jex et al., 2007). Teilergebnisse aus der SHARE-Studie (Survey of Health, Ageing and Retirement in Europe; Aichberger et al., 2010; Mazzonna & Peracchi, 2012) belegen außerdem, dass der Abbau kognitiver Leistungen zusammenhängt mit physischer Inaktivität.

Eine fördernde Wirkung auf die Entwicklung kognitiver Leistungen über das mittlere Erwachsenenalter hinaus wird dagegen in einem *aktiven Lebensstil* mit kognitiv und sozial anspruchsvollen Alltagsaktivitäten, in *Bildungseffekten* (z. B. höhere Formalqualifikationen oder weiterführende Lernaktivitäten) sowie in *sti-*

mulierenden Arbeitsumgebungen gesehen (vgl. bspw. Schaie, 2005). Positive Auswirkungen von Arbeitskomplexität, Entscheidungs- und Kontrollspielraum sorgen für den Erhalt der kognitiven Leistungsfähigkeit. Eine lern- und entwicklungsförderliche Gestaltung der Arbeitsumgebung geht einher mit intellektueller Flexibilität und Kompetenzentwicklung.

Zusammenfassend kann es auf die Frage, wie sich das Alter auf die berufliche Leistungsfähigkeit auswirkt, keine einheitliche Antwort geben, da die vorliegenden Befunde teilweise widersprüchlich sind oder eine Vielzahl von moderierenden Faktoren aufdecken. Aus dem Nachlassen grundlegender sensorischer, motorischer und kognitiver Funktionen lässt sich keine grundsätzliche altersbedingte Verschlechterung der beruflichen Leistung ableiten. Dies gilt vor allem für Tätigkeiten, bei denen die berufliche Leistung stark von der über die Zeit gesammelten Arbeitserfahrung abhängt (vgl. Ackerman, 2008) oder bei denen eine Fokussierung der Informationsaufnahme und -verarbeitung möglich ist (vgl. Jex et al., 2007).

Dies spiegelt sich auch in heterogenen Ergebnissen verschiedener Metaanalysen wider, die teilweise einen positiven (Waldmann & Avolio, 1986), keinen Zusammenhang (McEvoy & Cascio, 1989; $N=65$ emp. Studien; Ng & Feldman, 2008; $N=380$ Studien) oder eine umgekehrt U-förmige Beziehung (Sturman, 2003; $N=115$ Studien) zwischen Alter und Arbeitsleistung fanden.

Generell ist bei der Bewertung des Forschungsstandes zur Leistungsfähigkeit älterer Mitarbeiter zu beachten, dass die betrachteten Altersgruppen der verschiedenen Studien stark variieren oder sich auf relativ „junge Ältere" (z.B. bis 45 oder 50 Jahre) beschränken und häufig auch das reale Setting des betrieblichen Umfeldes nicht genügend Beachtung findet.

Unter den Bedingungen förderlicher Feedbackkulturen, wertschätzender, vorurteilsfreier Interaktionen zwischen Vorgesetzten und Kollegen, einem stimulierenden Arbeitsumfeld und der Nutzung des Erfahrungswissens können sich jedoch eindeutige positive Effekte auf die Innovations- und Anpassungsfähigkeit sowie die Lernfähigkeit älterer Erwerbstätiger entwickeln. Die kognitive Plastizität zur Nutzung der Potenziale hängt aber – auch das zeigen die Studien – von einem aktiven, engagierten und verantwortungsbewussten Lebensstil der Einzelnen ab.

2.3 Gesundheit, Krankheitsrisiken und Fehlzeiten

Grundlegende Voraussetzung für den Erhalt der Leistungsfähigkeit und Produktivität älterer Mitarbeiter ist der Gesundheitszustand der Beschäftigten. Allgemein zeigt sich, dass mit dem Alter aufgrund des individuellen physiologischen und biologischen Status sowie des individuellen Gesundheitsverhaltens (vgl. Infobox 4) Veränderungen im Gesundheitszustand einhergehen. So zeigen Berechnungen des Statistischen Bundesamtes (2006) auf Basis des Mikrozensus, dass sich im Alter ab etwa 50 Jahren das Krankheitsrisiko (gemessen als Anteil der Kranken und Unfallverletzen) zunächst beschleunigt, dann zwischen 55 und 69 Jahren stagniert, bevor es in höherem Alter ab 70 wieder deutlicher zunimmt.

Infobox 4: Einflussfaktor individuelles Gesundheitsverhalten

Für die Belastungsbewältigung und Gesundheitsprävention älterer Erwerbstätiger stellt das individuelle Gesundheitsverhalten eine wichtige Ressource dar. Auswertungen der zweiten Welle des Alterssurvey (Wurm, 2004) und die Expertise des Robert Koch Instituts zum 2. Armuts- und Reichtumsbericht der Bundesregierung (vgl. Lampert & Ziese, 2005) weisen bei dieser wichtigen Variable auf die Bedeutung von Einkommen und Bildung hin: Personen aus unteren Sozialschichten treiben weniger Sport, rauchen mehr, haben einen höheren Alkoholkonsum und sind häufiger übergewichtig. Im Gegensatz dazu berichten Personen, die körperlich und sozial im Alter aktiv sind, auch bei den 65-Jährigen und Älteren eine subjektiv als gut oder sogar sehr gut empfundene Gesundheit (DeLong & Associates, 2006; Fone & Lundgren-Lindquist, 2003).

Vielfältige Faktoren beeinflussen den individuellen Gesundheitszustand. Die Bedingungen und das Umfeld der täglichen Arbeit, aber auch der individuelle Lebensstil spielen dabei eine wichtige Rolle.

In einer aktuellen Metaanalyse (Ng & Feldman, 2013b) fand sich – entgegen weit verbreiteter Annahmen und Vorurteile – kein genereller negativer Zusammenhang zwischen Alter und selbstberichtetem mentalen und physischem Gesundheitszustand ($r_c = .00$) der Befragten. Allerdings zeigte sich eine mäßige Verschlechterung bezüglich verschiedener klinischer Indikatoren physischer Gesundheit wie z.B. Blutdruck ($r_c = .34$), Cholesterinwerte ($r_c = .20$) und Body Mass Index ($r_c = .21$). Ferner finden sich schwache positive Zusammenhänge zwischen Alter und Schlafstörungen ($r_c = .12$) sowie Muskelschmerzen ($r_c = .14$).

Krankheitsrisiken durch Arbeitsbedingungen

Ein höheres arbeitsbedingtes Erkrankungsrisiko ist nicht per se alterskorreliert. Vielmehr sind sog. „Risikoberufe“ festzustellen (vgl. Infobox 5).

Infobox 5: Befunde zu gesundheitlichen Beeinträchtigungen Älterer in ausgewählten „Risikoberufen“

„Risikoberufe“

- Dachdecker: Zunahme muskuloskeletaler Probleme ab 55 Jahren (vgl. Welch, Haile, Boden & Hunting, 2008)
- Bauarbeiter: Rückenprobleme bei 83 % der 61- bis 65-Jährigen (vgl. Deacon, Smallwood & Haupt, 2005)

- Pflegeberufe: Rückenbeschwerden (altersdifferenzierte Befunde) (Nägele, 2007)
- Montagetätigkeiten Automobilindustrie: Zunahme körperlicher Beschwerden (Frieling, Kotzab, Enríquez-Díaz & Sytch, 2012)
- produzierendes Gewerbe, Baugewerbe, Landwirtschafts- und Forstbereich: erhöhte Krankheitsrisiken (BiBB-/BAuA-Erwerbstätigenbefragung, 2006)

Gesundheitsrisiken finden sich vorwiegend bei geringer qualifizierten Beschäftigten mit hohem Anteil an schwerer körperlicher Tätigkeit und geringem Handlungsspielraum. Beschäftigte in höher qualifizierten Berufen mit größeren Entscheidungsbefugnissen und Kompetenzbereichen weisen weniger alterstypische Befunde bei Krankheitsrisiken auf.

Der fünfte European Working Conditions Survey (EWCS; Eurofound, 2012) liefert auf Grundlage der Befragung einer repräsentativen Stichprobe von 44.000 Erwerbstätigen (in den damaligen 27 EU-Ländern, sowie Norwegen, Kroatien, Mazedonien, Türkei, Albanien, Montenegro und Kosovo) eine Reihe interessanter Befunde zum Zusammenhang von Gesundheitsrisiken, Arbeitsbedingungen und Arbeitsorganisation. Für die EU-27-Länder, aber auch für die deutsche Stichprobe ist eher eine Abnahme der selbstberichteten Krankheitsrisiken aufgrund schlechter Arbeitsbedingungen (z. B. Geräusche, Vibration, Temperatur, repetitive Bewegungen, chemische Stoffe) mit zunehmendem Alter (50+) feststellbar. Lediglich in Bezug auf das Heben oder Bewegen anderer Menschen (z. B. in der Pflege) weisen ältere Befragte einen höheren Wert in den Krankheitsrisiken auf. Die altersdifferenzierte Auswertung der nationalen BiBB-/BAuA-Erwerbstätigenbefragung von 2006 zeigte bereits einen Rückgang selbstberichteter, belastender Arbeits- und Umgebungsbedingungen (z. B. Beleuchtung, Lasten, Lärm) bei der Altersgruppe 55+.

Krankheitsrisiken durch Arbeitsorganisation

Ergebnisse des 5. EWCS-Surveys (Eurofound, 2012, Befragungswelle 2010) zu gesundheitsrelevanten Indikatoren von *Arbeitsinhalten* und *-strukturen* verdeutlichen, dass in der Gesamtstichprobe ältere Befragte (> 50 Jahre) tendenziell ein höheres Niveau an Autonomie (z. B. Wahl von Arbeitsrhythmus und -methode, Mitspracherecht) sowie eine geringere Arbeitsintensität (z. B. weniger straffe Deadlines, geringerer Anteil hoher Arbeitsgeschwindigkeit, weniger Zeitdruck) erleben als ihre jüngeren Kollegen (30 bis 49 Jahre). Ältere Mitarbeiter scheinen aber weniger Unterstützung von Kollegen und Führungskraft zu erhalten, berichten von weniger Teamarbeit und Aufgabenrotation und sind in neue Formen der Arbeitsorganisation (sog. High Performance Work Organisation = HPWO) weniger involviert. Diese neuen Formen der Arbeitsorganisation sind charakterisiert durch flache Strukturen, Aufgabenrotation, Teamarbeit und aktiven Einbezug in Entscheidungsprozesse. Sie werden zukünftig verstärkt in innovativen Produktions- und Dienstleistungssystemen Anwendung finden (vgl. Abschnitt 1). Ein ähnliches Bild zeigt sich auch in der deutschen Stichprobe (N=2.133). Im Unterschied zum EU-Durchschnitt gaben ältere Erwerbstätige (50+) jedoch im Vergleich zur jüngeren Kohorte ein niedrigeres Autonomie-Niveau an.

Insbesondere die Schichtarbeit stellt einen wichtigen arbeitsorganisatorischen Einflussfaktor auf die Gesundheit und das Krankheitsrisiko älterer Erwerbstätiger dar (vgl. Infobox 6).

Infobox 6: Schichtarbeit als Einflussfaktor für Gesundheit und Krankheitsrisiko älterer Erwerbstätiger

Ergebnisse der BiBB-/BAuA-Erwerbstätigenbefragung (2006) und Studien zu Effekten langer Arbeitszeiten (vgl. Rüters et al., 2008) sprechen dafür, dass Nachtarbeit für Ältere eine besondere Beanspruchung darstellt. Ältere Schichtarbeiter haben gegenüber gleichaltrigen Erwerbstätigen in Normalschicht eine höhere krankheitsbedingte Fehlzeitenrate (Cleveland & Lim, 2007). Ebenso benötigen Ältere in Abhängigkeit von der Dauer der Tätigkeit häufigere und längere Erholungszeiten und Pausen.

Die umfangreichen Studien von Knauth (2007) belegen, dass ergonomisch gestaltete Schichtsysteme zu höherem Wohlbefinden bei der Arbeit und einem weniger beeinträchtigenden Sozial- und Familienleben beitragen. Zur Entlastung in Form zusätzlicher schichtfreier Tage für ältere Schichtarbeiter schlägt Scherf (2014) einen Ansatz zur Schichtplanung vor, der die Reduzierung der Arbeitszeit für einen Teil der Beschäftigten in einem einheitlichen Schichtmodell ermöglicht und dabei die benötigte Schichtbesetzung sicherstellt.

Wahrnehmung des Einflusses der Arbeit auf Gesundheit

Obwohl die o. g. Ergebnisse des EWCS-Surveys zu einzelnen Arbeitsbedingungen und Merkmalen der Arbeitsorganisation auf geringere Krankheitsrisiken für ältere Erwerbstätige schließen lassen, waren in der Befragung Ältere (50+) eher der Meinung, dass ihre Arbeit ihre Gesundheit beeinträchtigt, als jüngere Kohorten (Eurofound, 2012). Dies gilt sowohl für die deutsche Stichprobe als auch für die EU-27-Länder.

Auch diese Befunde müssen jedoch differenziert betrachtet werden. Zwar zeigte sich eine Zunahme von schlecht eingeschätzter Gesundheit, Rückenschmerzen und Schlafproblemen mit steigendem Alter (unabhängig vom Geschlecht), in der europäischen Stichprobe gaben jedoch auch 71 % der über 50-Jährigen an, sie glaubten, ihren derzeitigen Beruf auch mit 60 Jahren noch ausüben zu können (Altersgruppe 30 bis 49 Jahre: 57,6 %). In Deutschland waren sogar 80,6 % dieser Meinung (im Vergleich zu 73,1 % der 30- bis 49-Jährigen) (Eurofound, 2012).

Krankheitsrisiko und Fehlzeiten

Im Gegensatz zu den selbstberichteten Gesundheitsrisiken (s. o.) ergeben verschiedene Statistiken und Reports der Krankenkassen (z. B. TK, Barmer GEK, AOK) ein etwas anderes Bild: Sie verzeichnen gleichgerichtet eine alterskorrelierte Zunahme krankheitsbedingter Fehlzeiten. Zwar sind ältere Erwerbstätige (60+ Jahre) seltener, dafür jedoch deutlich länger krank als jüngere (Meyer, Weirauch & Weber, 2012; DAK-Gesundheit, 2014).

Zu den häufigsten Krankheiten zählen Muskel- und Skeletterkrankungen sowie Herz- und Kreislauferkrankungen, diese sind bei den über 60-Jährigen für ca. 40 % des Krankenstands verantwortlich. Außerdem zeigt sich ein moderater Anstieg psychischer Erkrankungen (z. B. Depressionen, Angststörungen; Meyer, Weirauch & Weber, 2012). Weiterhin sind ältere Arbeitnehmer häufig von chronischen und/oder mehreren Krankheiten gleichzeitig betroffen, wobei seit 1996 ein Rückgang in der Multimorbidität zu verzeichnen ist (Wurm & Tesch-Römer, 2004). Auswertungen des BKK-Gesundheitsatlas 2015 zeigen bei der Gruppe der 55- bis 59-Jährigen die häufigsten Fehlzeiten und längsten Falldauern bei psychischen Krankheiten und Verhaltensstörungen. Ein deutlicher Rückgang ist dann bei den 60- bis 64-Jährigen feststellbar (vgl. Kliner, Rennert & Richter, 2015).

3 Einstellungen und Potenziale älterer Erwerbstätiger

Mit dem Alter verändern sich auch arbeitsbezogene Einstellungen und Quellen der Arbeitsmotivation. Kanfer und Ackerman (2004) arbeiteten heraus, dass ältere Arbeitnehmer vor allem durch eine positive Grundstimmung, ein positives Selbstkonzept und Identitätsbildung motiviert werden. Ältere erleben berufliche Tätigkeit dann als motivierend, wenn sie ihr Wissen und ihre Erfahrung einsetzen und mit anderen teilen können.

3.1 Einstellungen zur Weiterarbeit und berufliche Aktivitäten älterer Mitarbeiter

Neben Veränderungen physischer und kognitiver Art spielen persönliche Einstellungen insbesondere für die Motivation und somit auch die Entwicklung und Ausschöpfung eigener Potenziale eine wichtige Rolle. Diese entwickeln sich einer umfassenden Metaanalyse zufolge mit dem Alter positiv (vgl. Infobox 7).

Infobox 7: Metaanalyse zum Zusammenhang von Alter und Einstellungen zur Arbeit (Ng & Feldman, 2010)

Ng und Feldman (2010) untersuchten in über 800 wissenschaftlichen Publikationen den Zusammenhang zwischen Alter und Einstellungen zur Arbeit. Dabei betrachteten sie 35 verschiedene Variablen der Arbeitseinstellung, die sie in drei Kategorien aufteilten: aufgabenbasierte, personenbasierte und organisationsbasierte Einstellungen:

- *Aufgabenbasierte Einstellungen:* Alter korrelierte positiv mit Arbeitszufriedenheit (r_c=.18), Zufriedenheit mit Bezahlung (r_c=.11), intrinsischer Arbeitsmotivation (r_c=.21) und Job Involvement (r_c=.25). Arbeitsanforderungen (r_c=–.12), Rollenambiguität (r_c=–.15), -konflikt (r_c=–.14), -überlastung (r_c=–.30) sowie Burnout (emotionale Erschöpfung r_c=–.08; Depersonalisation: r_c=–.18; verminderte Leistungsfähigkeit: r_c=–.14) standen hingegen in negativem Zusammenhang mit dem Alter.
- *Personenbasierte Einstellungen:* Es fanden sich positive Zusammenhänge zwischen Alter und der Zufriedenheit mit Kollegen (r_c=.12) und Vorgesetzten (r_c=.10) sowie interpersonellem Vertrauen (r_c=.17). Negative Korrelationen bestanden zwischen dem Alter und Beziehungskonflikten (r_c=–.18). Keine Effekte konnten in Bezug auf die wahrgenommene Unterstützung durch Vorgesetzte und Kollegen nachgewiesen werden.
- *Organisationsbasierte Einstellungen:* Alter steht in positivem Zusammenhang zu verschiedenen Commitment-Formen (r_c=.20 bis .24), der Identifikation mit der Organisation (r_c=.20), Loyalität (r_c=.21), Person-Organization Fit (r_c=.10) und Vertrauen in die Organisation (r_c=.09).

Entgegen vieler gängiger Vorurteile sind Ältere demnach nicht weniger motiviert, engagiert und zufrieden bei der Arbeit als jüngere Kollegen.

3.2 Motivlage für die Weiterbeschäftigung

Um Potenziale älterer Erwerbstätiger optimal fördern und nutzen zu können, spielen auch die Beweggründe und Voraussetzungen älterer Mitarbeiter für die Weiterarbeit in ihrem Beruf sowie das Verhalten verschiedener Akteure vor und nach dem Renteneintritt eine wichtige Rolle. Die Motivlage für eine Weiterbeschäftigung ist vielfältig und gleicht sich in ihrem Grundmuster: finanzieller Zuverdienst, das Gefühl, gebraucht zu werden, etwas Sinnvolles zu tun, persönliche Bestätigung sowie soziale Anerkennung und Kontakte zu anderen.

Auf Basis einer Befragung des Bundesinstituts für Bevölkerungsforschung bei 1.500 Personen der Altersgruppe 55 bis 64 zeigten Büsch, Dittrich und Lieberum (2010), dass der Weiterbeschäftigungswunsch bei Älteren wesentlich durch die Arbeitsmotivation und die selbstempfundene Leistungsfähigkeit bestimmt wird. Als wichtige Einflussfaktoren auf die Arbeitsmotivation dieser Altersgruppe nennen die Autoren vor allem Autonomie, Arbeitsklima, Anerkennung, Wertschätzung und Spaß bei der Arbeit. Eine besondere Bedeutung kommt dabei der Sinnhaftigkeit der Tätigkeit zu.

Auch in einer repräsentativen Umfrage (*N* = 1.001) der Bertelsmann Stiftung (vgl. Prager & Schleiter, 2006) berichteten ältere Erwerbstätige klare Motive und Voraussetzungen für ihre weitere Erwerbsarbeit. Bemerkenswert an dieser Studie ist die hohe *Motivation und Eigenverantwortung* der Beschäftigten bei der Sicherung ihrer Arbeitsfähigkeit in einem längeren Erwerbsleben: 94 % sehen sich selbst am stärksten in der Verantwortung, wenn es um den Erhalt der eigenen Beschäftigungsfähigkeit geht. Dabei sind die Befragten in hohem Maße bereit sich kontinuierlich weiterzubilden (77 %), mehr für ihre körperliche und geistige Fitness zu tun (73 %) und sogar in anderen Abteilungen des Unternehmens zu arbeiten (55 %). All dies ist aus Sicht der Befragten aber nur dann möglich, wenn die notwendige Unterstützung durch den Arbeitgeber und Vorgesetzten erfolgt: Dies beinhaltet vonseiten des Arbeitgebers u. a. herausfordernde und anspruchsvolle Aufgaben anzubieten, eine umfassende Informationspolitik zu betreiben, persönliche Beratung durch den Vorgesetzten zu ermöglichen, Freistellungen für Weiterbildungen sowie flexible Arbeitszeitgestaltung anzubieten. Des Weiteren sollte das betriebliche Gesundheitsmanagement durch geeignete Maßnahmen den Erhalt der Gesundheit mit fördern (vgl. hierzu auch ausführlich Kapitel 13 in diesem Buch).

In den USA ist die Erwerbstätigkeit Älterer (insbesondere auch im Ruhestand) schon seit Langem Bestandteil des Gesellschaftsbildes. Einen interessanten Einblick in berufliche Aktivitäten im Ruhestand liefern die Ergebnisse einer Studie des Loan Center on Ageing and Work in Boston zusammen mit dem Families and Work Institute in New York (vgl. Brown, Aumann, Pitt-Catsouphes, Galinsky & Bond, 2010). Auf der Basis von 1.382 Teilnehmern mit einem Durchschnittsalter von 63 Jahren ergab sich folgendes Bild als Grund für Motive zur Weiterarbeit im Ruhestand: (1) finanzielle Absicherung, (2) Langeweile vorbeugen, (3) nützlich sein und sich gebraucht fühlen, (4) Spaß an der Arbeit, (5) Austausch mit anderen Menschen und (6) um geistig und körperlich fit zu bleiben. Aus den Ergebnissen der Befragungen leiteten Brown et al. (2010) außerdem Kriterien zur Bewertung von Tätigkeiten im Ruhestand ab (siehe Infobox 8).

Infobox 8: Kriterien für die Weiterarbeit im Ruhestand (Brown et al., 2010)

Die Wissenschaftler identifizierten sechs Kriterien zur Bewertung von Tätigkeiten im Ruhestand:

1. Herausforderungen und Lernmöglichkeiten
2. Unterstützung durch den Vorgesetzten
3. Autonomie
4. Respekt- und Vertrauenskultur

5. Work-Life-Passung
6. Ökonomische Sicherheit.

Dabei hat die Unterstützung durch den Vorgesetzten die stärkste Vorhersagekraft für die Arbeitszufriedenheit. Herausforderungen und Lernmöglichkeiten sind die besten Prädiktoren für Engagement, und ökonomische Sicherheit sagt das Kündigungsverhalten voraus.

Ein Resümee der genannten Studien zeigt: Ältere Erwerbstätige verfügen über wichtige Potenziale und Ressourcen. Sie sind motiviert und möchten ihre Arbeitstätigkeit eigenverantwortlich gestalten. Sie erwarten dafür Unterstützung, eine vorurteilsfreie Respekt- und Vertrauenskultur von Unternehmensseite und der Vorgesetzten. Sie fordern Autonomie und Mitsprache bei der zeitlichen und inhaltlichen Gestaltung ihrer Arbeit. Aber auch hier gilt eine differenzielle Sichtweise, die den einzelnen älteren Erwerbstätigen in seiner bisherigen Berufsbiografie und Individualität berücksichtigt. Hierfür bieten sich Konzepte unterschiedlicher Provenienz an.

4 Maßnahmen zur Potenzialerhaltung und Ressourcenentwicklung

Im Hinblick auf die Potenziale, Ressourcen und Risiken älterer Beschäftigter spielen die in Abschnitt 2 thematisierten sensorischen, motorischen und kognitiven Veränderungen eine Rolle, woraus sich jedoch keine generelle altersbedingte Verschlechterung der beruflichen Leistung ableiten lässt. Vielmehr weisen ältere Erwerbstätige wichtige grundlegende Potenziale und individuelle Ressourcen auf (vgl. Infobox 9). Diese Potenziale zu fördern, Ressourcen zu entwickeln und zu erhalten, muss zentrales Ziel einer nachhaltigen demografiesensiblen Unternehmensstrategie und Personalentwicklung sein.

Infobox 9: Potenziale älterer Beschäftigter (aus Sonntag, 2014, S. 47)

Potenziale und deren Nutzung

- Plastizität (generelles Entwicklungspotenzial)
- Erfahrungswissen und Expertise (kompensatorisches und innovationsförderliches Potenzial)
- Eigenverantwortung und Motivation für den Erhalt der Arbeitsfähigkeit
- Gesundheitsbewusstsein und -verhalten
- Aktiver und engagierter Lebensstil
- Persönlichkeitsmerkmale (Zuverlässigkeit, Loyalität)
- Vereinbarkeit von Arbeit und Privatleben

Für den Ausgleich von Verlust- und Degenerationsprozessen im Alter spielen einerseits die hohe Plastizität und kompensatorische Ressourcen, wie z. B. Erfahrungswissen, sportliche Aktivitäten und Gesundheitsbewusstsein, andererseits aber auch ein stimulierendes (Arbeits-)Umfeld eine wichtige Rolle. Eindeutig belegt ist, dass eine lern- und entwicklungsförderliche Gestaltung der Arbeit und ihrer Umgebung einhergeht mit intellektueller Flexibilität, Kompetenzentwicklung und gesundheitlichem Wohlbefinden (vgl. Sonntag & Stegmaier, 2007a). Ein solches aktivierendes und entwicklungsförderliches Arbeitsumfeld für Mitarbeiter zu schaffen, ist Aufgabe von Unternehmen und Führungskräften.

4.1 Konzepte der Potenzialerhaltung und Ressourcenentwicklung

Das Konzept der Selektion, Optimierung und Kompensation

Ein wichtiges Konzept der Ressourcenerhaltung und optimalen Nutzung von Ressourcen stellt das Lebensspannenmodell der *Selektion, Optimierung und Kompensation* (SOK-Modell; Baltes & Baltes, 1990, Baltes & Rudolph, 2013) dar (vgl. auch Kapitel 2 in diesem Buch). Dem ressourcenorientierten Modell legen Baltes und Baltes (1990) die beiden Konzepte der „interindividuellen Variabilität“ und der „intraindividuellen Plastizität des Alterns“ zugrunde und betonen, dass Alter „nicht nur negativ, sondern als Potenzial“ gesehen werden sollte (Clavairoly, 2014; S. 42). „Erfolgreiches Altern“ ist im Sinne von Baltes und Baltes (1990) durch erfolgreiche Anpassung an Veränderungsprozesse konzeptualisiert, wobei Strategien im Vordergrund stehen, die helfen, entwicklungsbezogenen Veränderungen und Verlusten entgegenzuwirken. Infobox 10 beschreibt die drei Strategien der Selektion, Optimierung und Kompensation.

Infobox 10: Strategien des SOK-Modells (nach Baltes & Baltes, 1990; Freund, Wahl, Landis & Martin, 2014)

- *Selektion:* Konzentration auf (Lebens-)Bereiche von hoher Priorität und Auswahl der subjektiv wichtigsten Ziele
- *Optimierung:* Strategien, durch die Entwicklungsreserven und Fähigkeiten gestärkt und verbessert werden (z. B. Übung, Erwerb neuer Fähigkeiten oder Ressourcen, Modelllernen, effektive Zeitnutzung)
- *Kompensation:* Nutzung pragmatischer Strategien (z. B. neu erworbene oder zuvor ungenutzte Ressourcen), externale (z. B. Hilfe durch andere Personen) oder technologische Hilfen (z. B. Hörgerät) zum Ausgleich entwicklungsbezogener Verluste

Ein *Beispiel* lieferte der 80-jährige Pianist Arthur Rubinstein, der auf die Frage hin, wie er es schaffe, in seinem Alter noch solch großartige Konzerte zu spielen, drei Strategien genannt haben soll: Er spiele weniger, ausgewählte Stücke (Selektion), übe diese häufiger und intensiver (Optimierung) und verlangsame das Tempo vor schnelleren Passagen um Kontraste zu schaffen (Kompensation) (Baltes & Baltes, 1990).

Das entwicklungspsychologische Modell bietet nicht nur einen Erklärungsansatz für die Stabilität der Arbeitsleistung bis ins Alter, sondern stellt durch die Übertragung kompensatorischer Strategien in der Erwerbswelt auch einen vielversprechenden Ansatz für den Erhalt von Ressourcen und der Leistungsfähigkeit dar.

In einer frühen Studie untersuchten Abraham und Hansson (1995) an einer Stichprobe von 224 Erwerbstätigen im Alter von 40 bis 69 Jahren den Zusammenhang von SOK-Strategien mit verschiedenen Arbeitsvariablen. Ältere Arbeitnehmer (49+ Jahre), die häufig SOK-Strategien anwendeten, berichteten von einer höheren Arbeitskompetenz. Dabei gaben ältere Mitarbeiter zwar nicht an, häufiger Selektion, Optimierung und Kompensation einzusetzen als ihre jüngeren Kollegen, allerdings zeigte sich eine Zunahme des Zusammenhangs zwischen Selektion und Aufrechterhaltung der Arbeitsleitung mit dem Alter sowie ein Zusammenhang zwischen Optimierung bzw. Kompensation und Zielerreichung.

Im Bereich der Pflegeberufe untersuchten Müller et al. (2013) den Einsatz von SOK-Strategien mithilfe halbstrukturierter Interviews ($N=17$, >45 Jahre) und einer querschnittlichen schriftlichen Befragung ($N=438$; 21 bis 63 Jahre). In den Interviews zeigte sich, dass Pflegepersonal häufig SOK-Strategien einsetzt. Als Selektions-Strategien wurden am häufigsten „Setzen von Prioritäten“ (88 %) und „Akzeptieren persönlicher Grenzen“ (52 %) genannt. 76 % bzw. 70 % der Befragten gaben als Strategien der Optimierung an, „Verbesserungsvorschläge für die Arbeit“ zu machen bzw. zu „Trainieren um die körperlichen Anforderungen erfüllen zu können“. In der Kategorie Kompensation führten „Bitten um Hilfe bei der Ausübung schwerer körperlicher Aufgaben“ (52 %) sowie die „Inanspruchnahme von Therapien (z. B. Physiotherapie)“ (35 %) die Liste an. In der schriftlichen Befragung fanden die Autoren außerdem einen positiven Zusammenhang zwischen Arbeitsfähigkeit und den Strategien Selektion ($r=.15$, $p=.002$), Optimierung ($r=.19$, $p=.001$), und Kompensation ($r=.13$, $p=.008$), wobei der Zusammenhang für ältere Pflegebeschäftigte stärker war.

In einer Tagebuchstudie untersuchte Clavairoly (2014) den Zusammenhang zwischen dem Einsatz von SOK-Strategien und verschiedenen arbeitsbezogenen Variablen an einer Stichprobe von Architekten ($N=64$) im Alter von 32 bis 84 Jahren. Dabei zeigten sich positive Zusammenhänge zwischen Strategien der Selektion und Optimierung mit den Variablen Arbeitsleistung, arbeitsbezogenes Wohlbefinden und Arbeitsmotivation. Altersdifferenzierte Effekte für die Nutzung von SOK-Strategien waren nicht feststellbar, was darauf schließen lässt, dass der Einsatz von SOK-Strategien für Architekten verschiedener Altersgruppen gleich wichtig ist.

Das Konzept „Potenzialnutzung durch Risikominimierung"

Im Rahmen der gerontologischen Forschung werden drei Risikoarten für Handlungskonzepte bei alternden Beschäftigten genannt (vgl. Kruse, 2009): Das *Gesundheits-, Qualifikations- und das Motivationsrisiko.*

Betrachtet man die Ergebnisse der Fehlzeiten-Statistiken, kann ein *Krankheitsrisiko* bei älteren Erwerbstätigen nicht abgesprochen werden – trotz verbesserter Resilienz, Vitalität und Lebenserwartung im Alter. Wie in Abschnitt 2.3 beschrieben, zeigt sich dieses Risiko vor allem in alterstypischen Steigerungsraten akuter Erkrankungen (wie z. B. Muskel-Skelett-Erkrankungen, Herz-Kreislaufstörungen oder Neubildungen/Krebs), in chronischen Erkrankungen oder in Mehrfacherkrankungen und dadurch bedingten längeren Ausfallzeiten. Auch wenn die Befundlage über das Ausmaß teilweise widersprüchlich ist und einige Studien eine Abnahme selbstberichteter Krankheitsrisiken feststellen oder ältere Befragte ihre gesundheitlichen Probleme geringer einstufen als jüngere, sind die Entwicklungen dieser Krankheitsarten und Beanspruchungsfolgen *ernst* zu nehmen.

Zahlreiche gesicherte arbeitswissenschaftliche Befunde zeigen, dass die Reduktion des Krankheitsrisikos bei älteren Mitarbeitern durch Verbesserung der Arbeitsbedingungen, -inhalte und -strukturen möglich ist. So sind hohe Arbeitsintensität in Verbindung mit Zeitdruck und geringer Autonomie Verursacher negativer Beanspruchungsfolgen wie Stress und beeinflussen die Leistungsfähigkeit älterer Erwerbstätiger negativ.

Ältere Berufstätige haben grundsätzlich ein *Qualifikationsrisiko,* wenn es nicht gelingt, die altersspezifischen Besonderheiten von Lernprozessen zu berücksichtigen: individuelles Lerntempo, Problemzentriertheit, Entlastung des Gedächtnisses, aktives Einüben, Einbezug von Vorwissen und persönlicher Erfahrung sind inzwischen erprobte Prinzipien für den Lern- und Transfererfolg im Unternehmen (vgl. Sonntag & Stegmaier, 2007a).

Negative Stereotype hinsichtlich der Lernfähigkeit Älterer (z. B. beim Umgang mit neuen I&K-Technologien) bergen außerdem die Gefahr einer mangelnden Bereitschaft und Motivation, angebotene Maßnahmen der Personalentwicklung wahrzunehmen. Solche Vorurteile dürften inzwischen obsolet geworden sein, da ältere Erwerbstätige aktuell wesentlich mehr I&K-Technologien verwenden als frühere Kohorten. Auch zeigen Studien, dass es durch die entsprechende didaktische Aufbereitung, Entwicklung und Erprobung zielgruppenspezifischer Trainings und PE-Maßnahmen möglich ist, Risikos im Bereich der Qualifizierung und Kompetenzentwicklung zu reduzieren und die Potenziale älterer Mitarbeiter für ihre berufliche Leistungsfähigkeit zu nutzen.

Ein *Motivationsrisiko,* als älterer Mitarbeiter weniger engagiert und beruflich aktiv zu sein, ist nach Befundlage dann gering bzw. nicht gegeben, wenn

- „neue“ Aufgaben individuell herausfordernd, beanspruchungsoptimal und lernförderlich sind,
- Mitarbeiter von der Führungskraft vorurteilsfrei unterstützt und gefördert werden und
- das Unternehmen von einer Kultur des Vertrauens- und Respekts älteren Mitarbeitern gegenüber gekennzeichnet ist, eine Harmonisierung von Privatleben und Arbeit ermöglicht werden kann sowie ökonomische Sicherheit geboten wird.

Risiken sind kalkulierbar und beherrschbar, wenn sie erkannt und geeignete Handlungsoptionen zu ihrer Minimierung realisiert werden. Die Nutzung der Potenziale älterer Mitarbeiter bedeutet zugleich die Reduktion der Risiken bei längerer Erwerbstätigkeit. Hierbei haben verschiedene Akteure und Bereiche innerhalb eines Unternehmens, aber auch der Mitarbeiter selbst, Einfluss (siehe Tabelle 3) auf die Risikominimierung und können so dazu beitragen, die Potenziale der beruflichen Leistungsfähigkeit und -bereitschaft älterer Erwerbstätiger auszuschöpfen.

Eine *demografiesensible Unternehmenskultur* artikuliert offen das vitale Interesse des Unternehmens an den Potenzialen und der Leistungsfähigkeit älterer Mitarbeiter und wendet sich von negativen, stigmatisierenden Vorurteilen ab. Die Unternehmensphilosophie wird getragen von positiv besetzten Altersbildern, die sich durchgängig in Leitbildern, normativen Vorgaben, strategischen Entscheidungen und operativem Tagesgeschäft und in den Verhaltensweisen aller Organisationsmitglieder als gelebte demografiesensible Unternehmenskultur wiederfinden.

Eine große Bedeutung kommt dabei auch den *Führungskräften* und Vorgesetzten im Umgang mit älteren Kollegen oder Mitarbeitern zu. Ihnen wertschätzend und vorurteilsfrei aber auch unterstützend entgegenzutreten, kann erheblich zur Reduktion des Motivationsrisikos beitragen. Den wohl stärksten Einfluss auf die Minimierung der jeweiligen Risiken älterer Beschäftigter hat die *Arbeitsgestaltung*. Bei der Behandlung ergonomischer, arbeitsorganisatorischer und -inhaltlicher Gestaltungsaspekte ist eine differenzielle, beteiligungsorientierte Vorgehensweise angezeigt, deren Bewertungsgrundlage die interindividuelle Variabilität, also die Leistungsfähigkeit des Einzelnen, darstellt. Es ist zu empfehlen, ältere Mitarbeiter bereits bei der Planung und Auslegung neuer Systeme, technischer Anlagen und Maschinen aufgrund ihres Erfahrungshintergrundes und Spezialwissens mit einzubeziehen.

Auch der *eigenverantwortliche Mitarbeiter* ist in einer demografiesensiblen Unternehmensstrategie und Personalpolitik ein wesentlicher Stellhebel zur Reduktion krankheits- und qualifikationsbezogener Risiken. Der Einzelne muss sich seiner Verantwortung bewusst sein und einen aktiven Lebensstil pflegen, der auf den Erhalt und den Ausbau der eigenen Ressourcen und Kompetenzen ausgerichtet ist. Dies ist eine wesentliche Voraussetzung für eine produktive Leistungsfähigkeit, um als älterer Erwerbstätiger den Herausforderungen der Veränderungen in der Arbeitswelt zu begegnen.

Tabelle 3: Organisationale und individuelle Unterstützer für die Potenzialnutzung durch Risikominimierung (aus Sonntag, 2014, S. 50; Sonntag & Seiferling, in Druck)

Unterstützer/Treiber	**Potenzialnutzung durch Reduzierung des**		
	Gesundheitsrisikos	**Qualifikationsrisikos**	**Motivationsrisikos**
Unternehmenskultur *demografiesensibel*	x	x	xx
HR-Management *strategisch, dynamisch*			
– Gesundheitsmanagement *ressourcenorientiert, präventiv*	xx	x	x
– HR Development *entwicklungsbezogen*	x	xx	x
Führung *vorurteilsfrei, wertschätzend*	xx	x	xx
Arbeitsgestaltung *differenziell, autonomie-betont*			
– Ergonomie (Hard- und Software) *belastungsarm, beeinträchtigungsfrei, lernförderlich*	xx	x	x
– Organisation *flexibel (räuml., zeitl.), Work-Life-Balance*	xx	x	xx
– Inhalte *individuell herausfordernd, beanspruchungsoptimal*	xx	xx	xx
Mitarbeiter *eigenverantwortlich*	xx	xx	xx

Anmerkungen: x = schwächerer Einfluss; xx = stärkerer Einfluss

Kompetenzentwicklung und Gesundheitsförderung – ein integratives und präventives Konzept

Entscheidungsprozesse des HR-Managements bewegen sich in einem dynamischen Umfeld – arbeitsseitig durch sich verändernde Anforderungen, personenseitig durch interindividuell unterschiedliche Gesundheit und variable Kompetenzen und Qualifikationsmuster.

Über die sich durch demografische Entwicklungen verlängernde Spanne des Erwerbslebens hinweg, spielen ein nachhaltiges, *ressourcenorientiertes Gesundheitsmanagement* (Sonntag, 2015) und eine tragfähige Kompetenzentwicklung eine wichtige Rolle. Abbildung 2 zeigt grafisch die entsprechenden Konzepte, Maßnahmen und Methoden eines „Ressourcenorientierten Gesundheitsmanagements“ und einer „Kompetenzentwicklung im Erwerbsleben“ entlang der zeitlichen (verlängerten) Dauer der Erwerbstätigkeit.

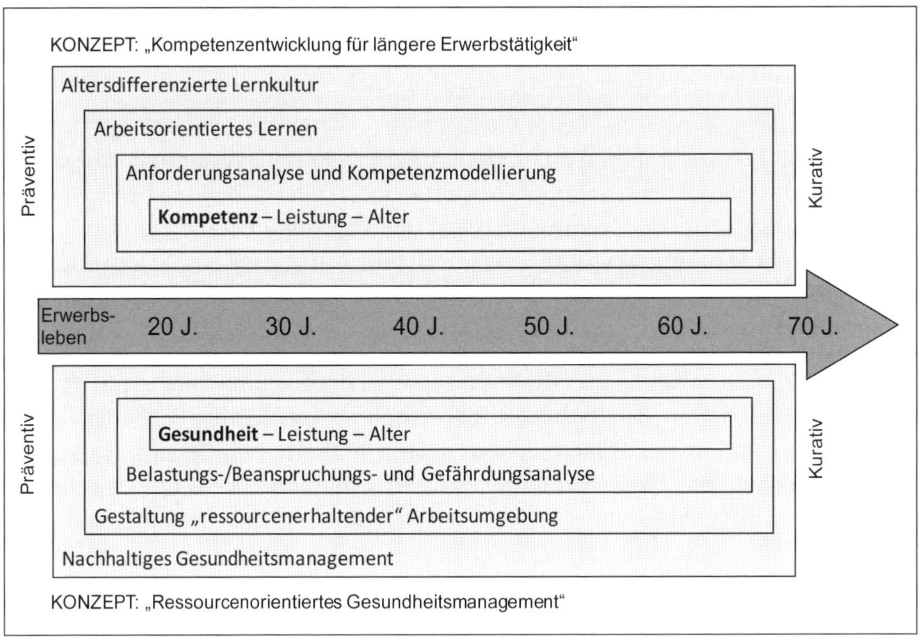

Abbildung 2: Demografiesensibles HR-Management für die Bereiche Kompetenz und Gesundheit

Die Verantwortung für die *gesundheitliche Förderung* liegt in einem präventiv ausgerichteten betrieblichen Gesundheitsmanagement. Im Zentrum des Konzeptes stehen Abgleiche zwischen *Gesundheit, beruflicher Leistung und Alter*. Hierfür ist es wichtig, im Rahmen von *Arbeits- und Gefährdungsanalysen* regelmäßig eine systematische Belastungs- und Ressourcendiagnostik durchzuführen. Dabei sind nicht nur potenziell belastende (pathogene), sondern auch gesund erhaltende (salutogene) Einflussfaktoren, wie personale Ressourcen (Kompetenzen, Bewältigungsstrategien, Selbstkonzept), organisationale Ressourcen (Anforderungsvielfalt, Handlungs- und Zeitspielraum) oder Ressourcen, die sich aus dem sozialen Umfeld ergeben (z. B. Unterstützung durch Vorgesetzte, Kollegen, Lebenspartner) zu erfassen. Um sich nicht nur auf subjektive Einschätzungen durch Fragebogen einzulassen, sind objektive Zugänge durch unabhängige Analyseteams geboten. Solche Analyseverfahren werden aktuell zur Erfassung psychischer Belastungen präferiert (vgl. die Gefährdungsbeurteilung Psychische Belastung, GPB, dargestellt in Kapitel 13 in diesem Buch).

Die Qualität der Arbeitsbedingungen und -inhalte beeinflusst entscheidend den Erhalt und die Entwicklung von Fähigkeiten und Ressourcen. Im Sinne der *Gestaltung einer „ressourcenerhaltenden" Arbeitsumgebung* ist die Arbeit so zu organisieren, dass die berufliche Leistungsfähigkeit der „alternden Belegschaft" erhalten werden kann. Eine Reihe erprobter arbeitswissenschaftlicher Methoden und Verfahren (vgl. bspw. Landau et al., 2007; Frieling et al., 2012) kann hierzu wertvolle Hilfe leisten.

Ein *nachhaltiges Gesundheitsmanagement* muss dabei nicht nur psychische Belastungen und Beanspruchungen moderner Arbeitswelten wesentlich stärker mit einbeziehen, sondern auch unternehmensstrategisch eine wirksame bereichs- und abteilungsübergreifende Zusammenarbeit des Personalmanagements mit dem Arbeits- und Gesundheitsschutz gewährleisten. Auf dieser engen Zusammenarbeit auf strategischer und operativer Ebene sind (präventive) Maßnahmen einzuleiten und umzusetzen.

Die zweite tragende Säule des HR-Managements im Zusammenhang mit der Potenzialnutzung älterer Mitarbeiter ist die *Personal- und Kompetenzentwicklung,* die versucht, entlang des Erwerbslebens jeweils aktuelle Lernbedarfe festzustellen und altersentsprechende Trainings- und PE-Maßnahmen zu entwickeln und zu evaluieren (vgl. Abbildung 2). Ausgehend von einer theoretischen und definitorischen Annäherung wird im ersten Themenfeld *Kompetenz – Leistung – Alter* das Verständnis von Kompetenz für ein erfolgreiches berufliches Handeln expliziert. Für die Kompetenzentwicklung älterer Mitarbeiter stellt insbesondere die berufliche Handlungskompetenz eine wesentliche Zielgröße dar, die sie dazu befähigt, die zunehmende Komplexität der beruflichen Umwelt zu begreifen und durch zielgerichtetes, selbstbewusstes, reflektiertes und verantwortungsbewusstes Handeln zu gestalten. Anforderungsbezug, Handlungsintention und Selbstorganisation sind leitend für die inhaltliche Gestaltung der Handlungskompetenz, die verschiedene Kompetenzfacetten umfasst (vgl. Kapitel 12 in diesem Buch).

Anforderungsanalyse und Kompetenzmodellierung stellen die methodische Vorgehensweise zur Identifikation und Modellierung von Kompetenzen aus konkreten Arbeitstätigkeiten dar (vgl. Kapitel 10 in diesem Buch). Solche Kompetenzmodelle ermöglichen eine aktuelle inhaltsvalide Abbildung der psychischen und physischen Leistungsvoraussetzungen einer Arbeitstätigkeit und leisten eine optimale Abstimmung zwischen Anforderungen und vorhandenen Kompetenzen der (älteren) Mitarbeiter. Kompetenzmodelle dienen als Orientierungsrahmen und Referenzgröße für das dritte Themenfeld *Arbeitsorientiertes Lernen.* Grundlage dieses innovativen psychologischen Ansatzes beruflichen Lernens ist die empirisch gut belegte Annahme, dass bei entsprechender strukturaler und instruktionaler Gestaltung Entwicklungspotenziale von Kompetenzen in der Arbeitstätigkeit selbst oder in arbeitsbezogenen Lernumgebungen liegen. Besonders für die Zielgruppe der älteren Mitarbeiter empfiehlt sich ein anwendungsbezogenes Lernen. Durch das Lernen in realen beruflichen Kontexten wird neben den Anwendungsbedingungen des Wissens auch die Fähigkeit zur flexiblen Nutzung, zur Reflexivität und zum Transfer gelernt.

Das Konstrukt der *Lernkultur* beschäftigt sich mit den organisationalen Rahmenbedingungen und Voraussetzungen einer nachhaltigen Kompetenzentwicklung, die die älteren Mitarbeiter explizit mit einbezieht. Als evaluative Komponente gibt sie darüber Auskunft, ob und in welcher Intensität und Qualität Lernen in Organisationen auf einer normativen, strategischen und operativen Ebene von den Verantwortlichen gewollt, gelebt und gefördert wird (vgl. Kapitel 9 in diesem Buch).

Hervorzuheben ist, dass die gesundheitserhaltenden Maßnahmen und aktualisierten Kompetenzen immer in systematischem und regelmäßigen Abgleich mit den individuellen Bedarfen und Entwicklungsstadien des (älter werdenden) Mitarbeiters zu sehen sind. Durch den präventiven Charakter dieses integrativen Ansatzes ist gewährleistet, dass die Risikofaktoren reduziert werden und die berufliche Leistungsfähigkeit auch in den späteren Phasen des Erwerbslebens erhalten bleibt.

4.2 Handlungsfelder der Potenzialerhaltung und -förderung älterer Mitarbeiter

Abbau von Vorurteilen gegenüber älteren Mitarbeitern

Für die Umsetzung einer demografiefesten Unternehmensstrategie, die ältere Mitarbeiter aktiv mit einbezieht und deren Potenziale fördert und nutzt, stellen Altersstereotype und Vorurteile ein ernstzunehmendes Hindernis dar. Ziel von Führungskräften und Unternehmen muss es daher sein, Vorurteile abzubauen und ihnen entgegenzuwirken. Essenziell dafür ist eine entsprechende Respekt- und Vertrauenskultur von Unternehmensseite und seitens der Vorgesetzten (vgl. hierzu auch die Erläuterungen zu Altersstereotypen in Kapitel 2 dieses Buches).

Negative Konsequenzen von Altersstereotypen können sich beispielsweise in der Benachteiligung älterer Arbeitnehmer in Bezug auf die Personalauswahl und -beurteilung niederschlagen (Nübold & Maier, 2012). Aufgrund des Vorurteils, ältere Mitarbeiter seien weniger motiviert, weniger leistungs- und anpassungsfähig, würden häufiger krank sein und weniger Innovations- und Weiterentwicklungspotenzial aufweisen, werden bei der Personalauswahl häufig jüngere Bewerber bevorzugt (Rothermund & Mayer, 2009).

Weiterhin können vorherrschende Altersstereotype auch einen unmittelbaren negativen Einfluss auf ältere Mitarbeiter haben. Dies zeigt sich z. B. im Phänomen des „Stereotype Threat", also dem Effekt, dass die wahrgenommene psychologische Bedrohung durch das Vorurteil zu einer selbsterfüllenden Prophezeiung führt und Angst das Verhalten im Sinne des Vorurteils beeinflusst (Aronson, Wilson & Akert, 2007). Von Hippel, Kalokerinos und Henry (2013) fanden außerdem, dass negative Stereotype zu geringerer Arbeitszufriedenheit, Commitment und psychischer Gesundheit führen und so indirekt den Kündigungswunsch älterer Mitarbeiter erhöhen.

Viele der bestehenden Vorurteile wurden in Einzelstudien oder Metaanalysen bereits wiederlegt. So fanden Ng und Feldman (2008) in ihrer Metaanalyse nicht nur, dass kein signifikanter (negativer) Zusammenhang zwischen Leistung und Alter besteht (vgl. Abschnitt 2.2), sondern auch, dass ältere Mitarbeiter nicht mehr Fehlzeiten (Absentismus) aufweisen und sogar weniger „counterproductive work behavior" sowie mehr „organizational citizenship" als ihre jüngeren Kollegen zeigen. Kunze, Boehm und Bruch (2013) zeigten außerdem entgegen einem verbreiteten Vorurteil, dass das Alter der Mitarbeiter in negativem Zusammenhang mit der Variable „Widerstand gegen Veränderungen" („resistance to change") steht.

Neben der Entkräftung des Vorurteils, ältere Mitarbeiter seien weniger innovativ (Ng & Feldman, 2013a, vgl. Abschnitt 2.2) analysierten Ng und Feldman (2012) in einer weiteren Metaanalyse mit 418 empirischen Studien ($N_{\text{kumuliert}}$ = 208.204) sechs weit verbreitete Vorurteile. Lediglich für das Stereotyp, ältere Mitarbeiter seien weniger gewillt, an Trainings-, Weiterbildungs- und Karriereentwicklungs-Maßnahmen teilzunehmen, konnte ein empirischer Zusammenhang festgestellt werden ($r_c = -.10$). In Bezug auf andere Vorurteile, wie z. B. geringe Arbeitsmotivation ($r_c = .10$), Gesundheitseinbußen ($r_c = -.06$) sowie Konflikte zwischen Arbeit und Familie ($r_c = -.05/-.07$), fand sich kein signifikanter Zusammenhang oder gar eine inverse Beziehung zum Alter. Die untersuchten Vorurteile sind demnach unbegründet und spiegeln nicht die Realität wider.

Altersgemischte Teams

Infolge des demografischen Wandels wird Teamarbeit als gängige Form beruflicher Zusammenarbeit zunehmend altersheterogener (Bruch, Kunze & Böhm, 2010), wobei die Altersspanne im Team wächst (Wegge et al., 2012). Für die Personalpolitik ergeben sich daraus neue Potenziale, aber auch Anforderungen: Die Bandbreite an Erfahrungen, Wissen und Einstellungen altersgemischter Teams kann wertvolle Synergieeffekte erzeugen. Das Wissen älterer Mitarbeiter soll im Unternehmen gehalten und die Bedürfnisse der Mitarbeiter unterschiedlichen Alters berücksichtigt werden. Die kognitive Diversität kann sich jedoch nur entfalten, wenn Altersstereotype, Konflikte in der Teamkommunikation und -kooperation keine Gefährdung darstellen (Bruch et al., 2010; Liebermann, Wegge, Jungmann & Schmidt, 2013).

Bruch und Kollegen (2010) diskutieren verschiedene Chancen und Herausforderungen altersgemischter Teams (vgl. Abbildung 3), die aus Prozessen der kognitiven Diversität sowie der sozialen Identität und Anziehung resultieren.

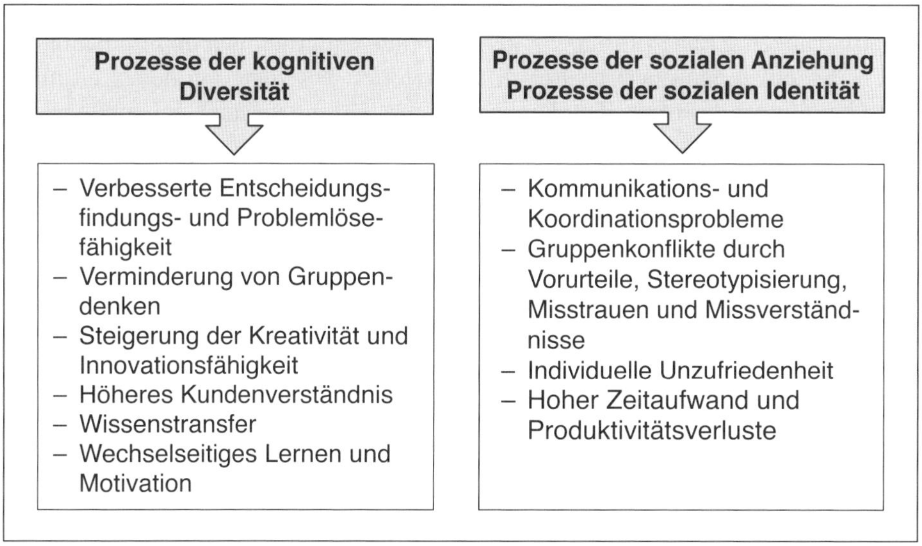

Abbildung 3: Chancen und Herausforderungen altersgemischter Teams (nach Bruch et al., 2010, S. 143)

Dabei können negative Effekte die Vorteile altersheterogener Teams teilweise oder ganz aufheben. Nicht funktionierende Teamarbeit und individuelle Unzufriedenheit der Teammitglieder schaden dem Wohlbefinden und können auch gesundheitlich relevant sein (Liebermann et al., 2013).

Die Ergebnisse eines sechsjährigen Forschungsprogrammes (Altersheterogenität von Arbeitsgruppen als Determinante von Innovation, Gruppenleistung und Gesundheit – ADIGU, gefördert durch die DFG), in dessen Rahmen insgesamt 745 natürliche Teams (N=8.848 Mitarbeiter) in drei verschiedenen Berufsfeldern (Autoproduktion, Administration und Finanzdienstleistung) untersucht wurden, zeigten ebenfalls sowohl Vor- als auch Nachteile altersgemischter Teams auf (Wegge, Jungmann, Liebermann, Shemla, Ries, Diestel & Schmidt, 2012). Basierend auf einem neuen Modell der Produktivität in altersgemischten Teams identifizierte die Forschungsgruppe Voraussetzungen für die Effektivität von altersgemischten Teams: hohe Aufgabenkomplexität, geringe Salienz (Auffälligkeit) und hohe Wertschätzung von Altersdiversität, positives Teamklima, geringe Altersdiskriminierung, ergonomische Arbeitsplatzgestaltung und altersdifferenzierte Führung. Ausgehend davon wurde im Rahmen des Projektes auch ein Training zur alter(n)sgerechten Führung entwickelt und evaluiert (siehe nachfolgendes Beispiel).

4.3 Praxisbeispiele für Maßnahmen und Initiativen

Seit ca. 15 Jahren ist das Thema „ältere Erwerbstätige" in der Wirtschaft virulent. Relativ frühzeitig haben einige vorausschauende Unternehmen und Verbände reagiert: So entstanden neben altersdifferenzierten HR-Programmen, Leitlinien und Handlungshilfen von Krankenkassen und Stiftungen auch Forschungsverbünde und Forschungsprogramme (wie z. B. die BMBF Förderlinie „betriebliches Kompetenzmanagement im demografischen Wandel") und betriebliche Regelungen wie z. B. zur Altersteilzeit, zur Heraufsetzung von Altersgrenzen für das Top-Management oder Rückholaktionen von Ruheständlern.

Trotz dieser vielfältigen Aktionen sind weitere – vor allem flächendeckende – Programme und tarifpolitische Maßnahmen notwendig. Generelle Lösungen werden allerdings nicht zu erwarten sein. *Sorgfältig evaluierte* branchen- und betriebsspezifische Lösungen können aber als Beispiele für „gute Praxis" hilfreich sein. Im Folgenden werden zwei Beispiele von personalpolitischen Interventionen vorgestellt.

Alter(n)sgerechte Führung

Aufgrund der zunehmenden Altersheterogenität in Arbeitsgruppen kommt den *Führungskräften* einer Organisation eine besondere Rolle bei der Potenzialförderung und -nutzung älterer Mitarbeiter zu. Insbesondere Altersstereotype und altersdiskriminierendes Verhalten sind dabei von Bedeutung (Wegge et al., 2012).

Aufbauend auf dem ADIGU-Modell entwickelten Wegge und Kollegen (2012) ein zweitägiges Führungskräftetraining, das auf die Schulung im vorurteilsfreien Umgang mit älteren Mitarbeitern ausgerichtet ist. Abbildung 4 zeigt den Trainingsaufbau.

Das modular aufgebaute Training zielt insbesondere darauf ab, ein Diversitätsbewusstsein zu schaffen sowie Stereotype und diskriminierendes Verhalten zu reduzieren. Außerdem sollen die teilnehmenden Führungskräfte Handlungsoptionen zum Abbau von Altersstereotypen, zum konstruktiven Umgang mit Vorurteilen und wertschätzendem Führen entwickeln und kennenlernen (Wegge et al., 2012).

Die Evaluation des Trainings erfolgte durch ein Kontrollgruppendesign mithilfe eines Prä-Post-Vergleichs. Trainingsteilnehmer waren Führungskräfte einer

Modul 1: Theorie	Modul 2: Anwendung	Modul 3: Transferworkshop
– Information zum Alterungsprozess von Mitarbeitern – Modelle zur Entstehung und den Folgen geringer Wertschätzung und Altersstereotype → Identifikation und Nutzung von Altersdiversität als Ressource	– Bearbeitung von Fallbeispielen → Entwicklung von Handlungsstrategien für eine wertschätzende, altersdifferenzierte Führung	– Wiederholung der Trainingsinhalte → Austausch mit anderen Teilnehmern über Umsetzung und -probleme in der Praxis
Tag 1	Tag 2	4 Monate später

Abbildung 4: Module der Intervention „alter(n)sgerechte Führung" (eigene Darstellung in Anlehnung an Wegge et al., 2012)

Landesverwaltung in Nordrhein-Westfalen. Hierzu wurden sowohl die Führungskräfte (Trainingsteilnehmer) als auch ihre Mitarbeiter vor und nach der Intervention zu verschiedenen Variablen des ADIGU-Modells befragt. Neben einer Reduktion der Vorurteile gegenüber älteren Mitarbeitern bei Führungskräften in der Experimentalgruppe fanden sich außerdem positive Effekte auf die Teamleistung (Innovationsfähigkeit). Die Studie von Wegge et al. (2012) zeigt den positiven Einfluss der Einstellungen und Verhaltensweisen von Führungskräften auf ihre Mitarbeiter und die Bedeutsamkeit sowie die Trainierbarkeit alter(n)sgerechter Führung. Eine ausführliche Beschreibung des Trainings findet sich in Wegge und Schmidt (2015).

Qualifizierungskonzept PerDemo

Auch das im Rahmen des BMBF Verbund-Projektes „Personalarbeit im Demografischen Wandel (PerDemo)" entwickelte praxisorientierte Qualifizierungskonzept für die demografiefeste Personalarbeit in kleinen und mittleren Unternehmen – KMU (Müller & Klinger, 2015; Müller, Klinger & Nerdinger, 2014) richtet sich an Mitarbeiter mit Personalverantwortung. Ziel des modularen Trainings ist es, „die Teilnehmer in die Lage zu versetzen, die mit den erwerbsdemografischen Entwicklungen einhergehenden Herausforderungen zu erkennen, diese zu bewältigen und mit Blick auf das eigene Unternehmen selbständig, aktiv, vorausschauend und kompetent zu gestalten" (Müller & Klinger, 2015; S. 178).

Die Inhalte des Curriculums wurden auf Grundlage einer telefonischen Befragung (N=505 Geschäftsführer, Inhaber, Personalverantwortliche) und anschließender Tiefeninterviews entwickelt. Neben der Vermittlung fachlicher (Baustein I) und methodischer Kompetenzen (Baustein II) steht dabei die praktische Anwendung der gelernten Inhalte im Fokus. Ergänzt wird das Curriculum durch eine gezielte kollegiale Beratung (Baustein III), die die Teilnehmerinnen und Teilnehmer bei der Identifizierung, Umsetzung und Evaluation der Demografieprojekte im betrieblichen Alltag unterstützt. Die drei Bausteine des Curriculums gliedern sich inhaltlich in fünf Module (à 1,5 Seminartage), die Umsetzung wird in drei Quartalen empfohlen (vgl. Abbildung 5).

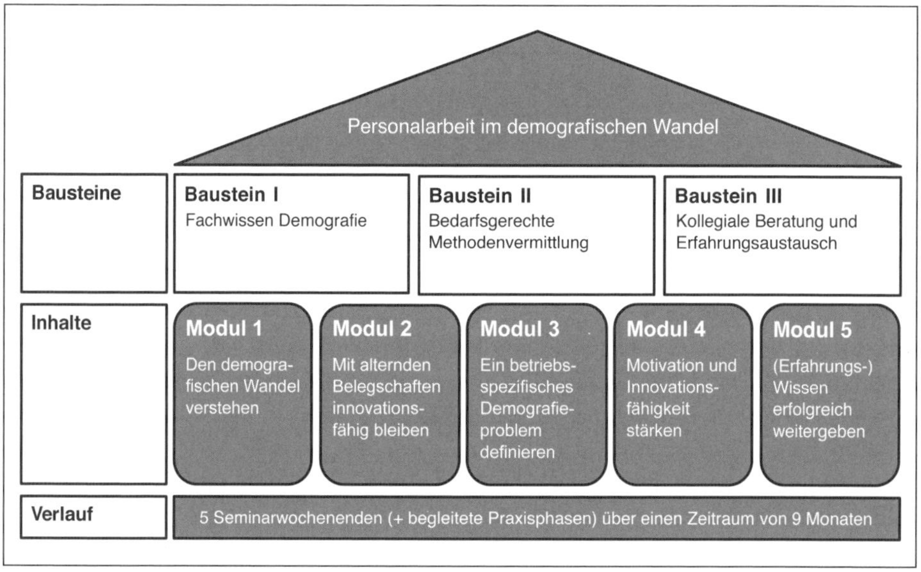

Abbildung 5: Das Qualifizierungsangebot im Überblick (nach Müller et al., 2014, S. 38)

Aufgrund geringer Resonanz in den KMU-Betrieben konnte das Qualifizierungsangebot nicht in der geplanten Form durchgeführt werden. Als mögliche Gründe für die geringen Anmeldezahlen nennen die Autoren u. a. fehlende (zeitliche) Ressourcen in KMU, den langen Durchführungszeitraum (9 Monate) und die zeitlich lange Dauer des Seminars. Als Reaktion darauf wurde auf Grundlage des entwickelten Curriculums eine themenspezifische Seminarreihe entwickelt. Drei Seminare (vgl. Tabelle 4) wurden als ein- oder zweitägige Veranstaltungen konzipiert und konnten im Zeitraum von Juni 2013 bis Februar 2014 durchgeführt und evaluiert werden, wobei alle drei Angebote von den Teilnehmern positiv bewertet wurden.

Tabelle 4: Themenspezifische Seminarreihe zur Qualifizierung für den demografischen Wandel (eigene Darstellung in Anlehnung an Müller & Klinger 2015)

Seminar	Inhalt
Alter(n)sgerechtes Führen	– Grundlagen generationalen/alternsgerechten Führens – Identifikation von Bedürfnissen und Erwartungen verschiedener Altersgruppen; Erhalt von Leistungsfähigkeit und Motivation – Entwicklung praktischer Lösungsansätze und Strategien
Werkzeuge für die Führung altersgemischter Teams	– Herausforderungen altersgemischter Teams – Lösungsansätze für die gelungene Führung: Individuelle Bedürfnisse und verschiedene Führungsperspektiven
Coaching und Mentoring in der Umsetzung altersspezifischer Personalziele	– Altersspezifische Personalziele (z. B. Wissensweitergabe, Erfahrungsaustausch) erkennen und Maßnahmen einsetzen – Umsetzungsmöglichkeiten im eigenen Betrieb – Coaching und Mentoring

5 Fazit

Vor dem Hintergrund des demografischen Wandels spielt die Potenzialnutzung und längerfristige Einbindung älterer Mitarbeiter eine wichtige Rolle. Deren Erfahrung, Expertise und Persönlichkeit stellt eine wichtige Ressource für den Erfolg und die Innovationsfähigkeit der Unternehmen dar. Ziel einer verantwortungsvollen und vorausschauenden Unternehmenspolitik muss es sein, die im Laufe eines Erwerbslebens aufgebauten Ressourcen zu erhalten und weiter zu fördern.

Die Ausschöpfung der Potenziale älterer Mitarbeiter verpflichtet jedoch auch! Voraussetzung dafür ist die Minimierung des Krankheits-, Qualifikations- und Motivationsrisikos sowie eine differenzielle und individuelle Sichtweise bei der Potenzial- und Risikoeinschätzung. Weiterhin ist es unabdingbar, den Mitarbeitern die Möglichkeit zur Mitsprache bei der zeitlichen und inhaltlichen Gestaltung der Arbeit einzuräumen sowie Anerkennung und Wertschätzung im Feedback- und Führungsverhalten zu vermitteln. Erst dann kann von einer demografiesensiblen Unternehmenskultur und Personalpolitik gesprochen werden. Eine enge und nachhaltige Zusammenarbeit des Personalmanagements und der betrieblichen Gesundheitsförderung auf strategischer und operativer Ebene ist angezeigt.

Literatur

Abraham, J. D. & Hansson, R. O. (1995). Successful aging at work: An applied study of selection, organization, optimization, and compensation through impression management. *The Journals of Gerontology: Series B: Psychological Sciences and Social Sciences, 50B* (2), 94–103.

Ackerman, P. L. (2008). Knowledge and cognitive ageing. In F. I. M. Craik & T. A. Salthouse (Eds.), *The Handbook of Ageing and Cognition* (pp. 445–489). New York: Psychology Press.

Aichberger, M. C., Busch, M. A., Reischies, F. M., Ströhle, A., Heinz, A. & Rapp, M. A. (2010). Effect of Physical Inactivity on Cognitive Performance after 2.5 Years of Follow-Up. *GeroPsych: The Journal of Gerontopsychology and Geriatric Psychiatry, 23* (1), 7–15.

Aronson, E., Wilson, T. D. & Akert, R. M. (2007). *Social psychology* (6th ed.). Upper Saddle River, NJ: Pearson Prentice Hall, Person Education International.

Baltes, B. B. & Baltes, M. M. (1990).Psychological perspectives on successful aging: the model of selective optimization with compensation. In P. B. Baltes & M. M. Baltes (Eds.), *Successful aging: Perspectives from the behavioral sciences* (pp. 1–34). New York, NY US: Cambridge University Press.

Baltes, P. B., Freund, A. M. & Li, S.-C. (2005). The psychological science of human ageing. In M. L. Johnson, V. L. Bengston, P. G. Goleman & T. B. L. Kirkwood (Eds.), *The Cambridge Handbook of Age and Ageing* (pp. 47–71). Cambridge: Cambridge University Press.

Baltes, B. B. & Rudolph, C. W. (2013). The Theory of Selection, Optimization, and Compensation. In M. Wang (Ed.), *The Oxford Handbook of Retirement* (pp. 89–101). New York: Oxford University Press.

Bausch, S., Sonntag, Kh., Stegmaier, R. & Noefer, K. (2010). Können Ältere mit neuen Medien lernen?: Gestaltung und Evaluation eines E-learning-Behavior-Modeling-Trainings für verschiedene Altersgruppen. *Zeitschrift für Arbeitswissenschaft, 64* (3), 239–251.

Becker, C. & Nicolai, S. (2012). Sturz und Motorik. In H. W. Wahl, C. Tesch-Römer & J. P. Ziegelmann (Hrsg.), *Angewandte Gerontologie* (S. 401–406). Stuttgart: Kohlhammer.

Beier, M. E. & Ackerman, P. L. (2005). Age, Ability, and the Role of Prior Knowledge on the Acquisition of New Domain Knowledge: Promising Results in a Real-World Learning Environment. *Psychology and Aging, 20* (2), 341–355. http://doi.org/10.1037/0882-7974.20.2.341

Börsch-Supan, A. & Weiss, M. (2010). Erfahrungswissen in der Arbeitswelt. In A. Kruse (Hrsg.), *Potenziale im Altern* (S. 221–234). Heidelberg: AKA Verlag.

Brown, M., Aumann, K., Pitt-Catsouphes, M., Galinsky, E. & Bond, J. T. (2010). *Working in Retirement. A 21st Century Phenomenon.* New York: Families and Work Institute.

Bruch, H., Kunze, F. & Böhm, S. (2010). *Generationen erfolgreich führen.* Wiesbaden: Gabler. http://doi.org/10.1007/978-3-8349-8506-4

Bundesinstitut für Berufsbildung (BiBB) & Bundesanstalt für Arbeitschutz und Arbeitsmedizin (BAuA). (Hrsg.). (2006). *Arbeit und Berufe im Wandel. Erwerbstätigenbefragung 2005/2006* [Datensatz]. Bonn: BiBB & BAuA.

Bundesministerium für Familie, Senioren, Frauen und Jugend (BMFSFJ). (Hrsg.). (2008). *Erfahrung rechnet sich. Aus Kompetenzen Älterer Erfolgsgrundlagen schaffen.* Berlin: BMFSFJ.

Bundesministerium für Wirtschaft und Energie (2015). *Wachstum und Demografie im internationalen Vergleich.* Zugriff am 05. 04. 2016. Verfügbar unter: http://www.bmwi.de/DE/Mediathek/publikationen,did=256364.html

Büsch, V., Dittrich, D. & Lieberum, U. (2010). Determinanten der Arbeitsmotivation und Leistungsfähigkeit älterer Arbeitnehmer und Auswirkungen auf den Weiterbeschäftigungswunsch. *Comparative Population Studies – Zeitschrift für Bevölkerungswissenschaft, 35* (4), 903–930.

Callahan, J. S., Kiker, D. S. & Cross, T. (2003). Does Method Matter? A Meta-Analysis of the Effects of Training Method on Older Learner Training Performance. *Journal of Management, 29* (5), 663–680. http://doi.org/10.1016/S0149-2063(03)00029-1

Cavallini, E., Cornoldi, C. & Vecchi, T. (2009). The effects of age and professional expertise on working memory performance. *Applied Cognitive Psychology, 23* (3), 382–395. http://doi.org/10.1002/acp.1467

Clavairoly, V. (2014). *Erfolgreiches Altern in der Arbeitswelt: die Anwendung des Modells Selektiver Optimierung mit Kompensation, eine Tagebuchstudie mit Architekten.* Dissertation, Universität Heidelberg. Zugriff am 17.01.2015. Verfügbar unter: http://www.ub.uni-heidelberg.de/archiv/16905

Cleveland, J. N. & Lim, A. S. (2007). Employee age and performance in organizations. In K. S. Shultz & G. A. Adams (Eds.), *Aging and work in the 21st century* (pp. 109–137). Mahwah, NJ US: Lawrence Erlbaum Associates Publishers.

Cohen, J. (1988). *Statistical power analysis for the bahvioral* sciences (2nd ed.). Hillsdale, NJ: Erlbaum.

Crawford, J. O., Graveling, R. A., Cowie, H. A. & Dixon, K. (2010). The health safety and health promotion needs of older workers. *Occupational Medicine, 60* (3), 184–192. http://doi.org/10.1093/occmed/kqq028

DAK-Gesundheit. (2014). *Gesundheitsreport 2014. Die Rushhour des Lebens. Gesundheit im Spannungsfeld von Job, Karriere und Familie.* Zugriff am 06.02.2015. Verfügbar unter: http://www.dak.de/dak/download/Gesundheitsreport_2014-1374440.pdf

Davila, E. P., Caban-Martinez, A. J., Muennig, P., Lee, D. J., Fleming, L. E., Ferraro, K. F., LeBlanc, W. G., Lam, B. L., Arheart, K. L., McCollister, K. E., Zheng, D. & Christ, S. L. (2009). Sensory impairment among older US workers. *American Journal of Public Health, 99* (8), 1378–1385. http://doi.org/10.2105/AJPH.2008.141630

Deacon, C., Smallwood, J. & Haupt, T. (2005). The health and well-being of older construction workers. *International Congress Series, 1280*, 172–177. http://doi.org/10.1016/j.ics.2005.01.018

DeLong, D. & Associates (2006). *Living Longer, Working Longer: The Changing Landscape of the Aging Workforce – A MetLife Study*. Zugriff am 30.04.2015. Verfügbar unter: https://www.metlife.com/assets/cao/mmi/publications/studies/mmi-living-longer-working-longer.pdf

Eschen, A., Zöllig, I. & Martin, M. (2012). Kognitives Training. In H. W. Wahl & C. Tesch-Römer (Hrsg.), *Angewandte Gerontologie* (2. Aufl., S. 279–284). Stuttgart: Kohlhammer.

Eurofound (2012). *Fifth European Working Conditions Survey*. Luxembourg: Publications Office of the European Union.

Fone, S. & Lundgren-Lindquist, B. (2003). Health status and functional capacity in a group of successfully ageing 65–85 year olds. *Disability and Rehabilitation: An International, Multidisciplinary Journal, 25* (18), 1044–1051. http://doi.org/10.1080/09638280310001596487

Forschungsunion Wirtschaft und Wissenschaft (2012). *Deutschlands Zukunft als Produktionsstandort sichern. Umsetzungsempfehlungen für das Zukunftsprojekt Industrie 4.0. Abschlussbericht des Arbeitskreises Industrie 4.0* (Vorabversion Oktober 2012). Berlin: Stifterverband für die deutsche Wissenschaft.

Forschungsunion Wirtschaft und Wissenschaft (2013). *Deutschlands Zukunft als Produktionsstandort sichern. Umsetzungsempfehlungen für das Zukunftsprojekt Industrie 4.0. Abschlussbericht des Arbeitskreises Industrie 4.0* Berlin: Stifterverband für die deutsche Wissenschaft.

Freund, A., Wahl, H., Landis, M. & Martin, M. (2014). Selektion, Optimierung und Kompensation, Modell der (SOK-Modell). In M. A. Wirtz (Hrsg.), *Dorsch – Lexikon der Psychologie* (17. Aufl., S. 1407). Bern: Huber.

Frey, R., Mata, R. & Hertwig, R. (2015). The role of cognitive abilities in decisions from experience: Age differences emerge as a function of choice set size. *Cognition, 142,* 60–80.

Frieling, E., Kotzab, D., Enríquez-Díaz, A. & Sytch, A. (2012). *Mit der Taktzeit am Ende. Die älteren Beschäftigten in der Automobilmontage*. Stuttgart: Ergonomia.

Hamberg van Reenen, H. H., van der Beek, A. J., Blatter, B. M., van Mechelen, W. & Bongers, P. M. (2009). Age-related differences in muscular capacity among workers. *International Archives of Occupational and Environmental Health, 82* (9), 1115–1121. http://doi.org/10.1007/s00420-009-0407-8

Hegele, M. & Heuer, H. (2010). Adaptation to a direction-dependent visuomotor gain in the young and elderly. *Psychological Research, 74* (1), 21–34. http://doi.org/10.1007/s00426-008-0221-z

Hippel, C. von, Kalokerinos, E. K. & Henry, J. D. (2013). Stereotype threat among older employees: Relationship with job attitudes and turnover intentions. *Psychology and Aging, 28* (1), 17–27. http://doi.org/10.1037/a0029825

Hoth, S. & Gudmundsdottir, K. (2007). Der Einfluss der Alterung auf die otoakustischen Emissionen – Eine Querschnittsstudie an über 10.000 Ohren. In R. Grieshaber, M. Stadler & H. C. Scholle (Hrsg.), *Prävention von arbeitsbedingten Gesundheitsgefahren und Erkrankungen* (S. 201–204). Jena: Dr. Bussert & Stadeler.

Ilmarinen, J. (2001). Aging Workers. *Occupational and Environmental Medicine, 58* (8), 546–551. http://doi.org/10.1136/oem.58.8.546

Ilmarinen, J. (2006). *Towards a longer worklife! Ageing and the quality of worklife in the European Union.* Helsinki: Finnish Insitute of Occupational Health, Ministry of Social Affairs and Health.

Jex, S. M., Wang, M., Zarubin, A., Shultz, K. S. & Adams, G. A. (2007). Aging and Occupational Health. In K. S. Shultz & G. A. Adams (Eds.), *Aging & Work in the 21st Century* (pp. 199–224). Mahwah, NJ: Erlbaum.

Kanfer, R. & Ackerman, P. L. (2004). Aging, Adult Development, and Work Motivation. *The Academy of Management Review, 29* (3), 440–458. http://doi.org/10.5465/AMR.2004.13670969

Kawakami, M. I., Inoue, F., Ohkubo, T. & Ueno, T. (2000). Evaluating elements of the work area in terms of job redesign for older workers. *International Journal of Industrial Ergonomics, 25* (5), 525–533. http://doi.org/10.1016/S0169-8141(99)00039-6

Kenny, G. P., Yardley, J. E., Martineau, L. & Jay, O. (2008). Physical work capacity in older adults: Implications for the aging worker. *American Journal of Industrial Medicine, 51* (8), 610–625. http://doi.org/10.1002/ajim.20600

Kliner, K., Rennert, D. & Richter, M. (2015). *Blickpunkt Psyche. BKK Gesundheitsatlas 2015*. Berlin: Medizinisch-wissenschaftliche Verlagsgesellschaft.

Knauth, P. (2007). Arbeitszeitgestaltung für die alternde Belegschaft. In GfA (Hrsg.), *Die Kunst des Alterns* (S. 27–43). Dortmund: GfA Presss.

Korniotis, G. & Kumar, A. (2007). *Does Investment Skill Decline due to Cognitive Aging or Improve with Experience?* Zugriff am 30. 04. 2015. Verfügbar unter: http://citeseerx.ist.psu.edu/viewdoc/download?doi=10.1.1.366.1188&rep=rep1&type=pdf

Kruse, A. (Hrsg.). (2009). *Lebenszyklusorientierung und veränderte Personalentwicklungsstrukturen* (Wissenschaftliche Schriftenreihe des Roman Herzog Instituts). München: Roman Herzog Institut.

Kubeck, J. E., Delp, N. D., Haslett, T. K. & McDaniel, M. A. (1996). Does job-related training performance decline with age? *Psychology and aging, 11* (1), 92–107. http://doi.org/10.1037/0882-7974.11.1.92

Kunze, F., Boehm, S. & Bruch, H. (2013). Age, resistance to change, and job performance. *Journal of Managerial Psychology, 28* (7–8), 741–760. http://doi.org/10.1108/JMP-06-2013-0194

Lampert, T. & Ziese, T. (2005). *Armut, soziale Ungleichheit und Gesundheit: Expertise des Robert Koch Instituts zum zweiten Armuts- und Reichtumsbericht der Bundesregierung*. Berlin: Robert Koch Institut.

Landau, K., Weißert-Horn, M., Rademacher, H., Brauchler, R., Bruder, R. & Sinn-Behrendt, A. (2007). *Altersmanagement als betriebliche Herausforderung*. Stuttgart: Ergonomia Verlag.

Liebermann, S. C., Wegge, J., Jungmann, F. & Schmidt, K.-H. (2013). Age diversity and individual team member health: The moderating role of age and age stereotypes. *Journal of Occupational & Organizational Psychology, 86* (2), 184–202. http://doi.org/10.1111/joop.12016

Lindenberger, U. & Ghisletta, P. (2009). Cognitive and sensory declines in old age: Gauging the evidence for a common course. *Psychology and Aging, 24,* 1–16. http://doi.org/10.1037/a0014986

Maertens, J. A., Putter, S. E., Chen, P. Y., Diehl, M. & Huang, Y.-H. (2012). Physical capabilities and occupational health of older workers. In J. W. Hedge & W. C. Borman (Eds.), *The Oxford handbook of work and aging* (pp. 215–235). New York, US: Oxford University Press.

Martin, M., Zehnder, E. & Zimprich, D. (2008). Kognitive Entwicklung im mittleren Lebensalter. *Wirtschaftspsychologie, 10,* 6–17.

Martin, M. & Zimprich, D. (2005). Cognitive development in midlife. In S. L. Willis & M. Martin (Eds.), *Middle adulthood: A lifespan perspective* (pp. 179–206). Thousand Oaks: Sage.

Masunaga, H. & Horn, J. (2001). Expertise and age-related changes in components of intelligence. *Psychology and Aging, 16* (2), 293–311. http://doi.org/10.1037/0882-7974.16.2.293

Mata, R., Josef, A. K., Samanez-Larkin, G. R. & Hertwig, R. (2011). Age differences in risky choice: a meta-analysis. *Annals of the New York Academy of Sciences, 1235* (1), 18–29.

Mazzonna, F. & Peracchi, F. (2012). Ageing, cognitive abilities and retirement. *European Economic Review, 56* (4), 691–710. http://doi.org/10.1016/j.euroecorev.2012.03.004

McEvoy, G. M. & Cascio, W. F. (1989). Cumulative evidence of the relationship between employee age and job performance. *Journal of Applied Psychology, 74,* 11–17. http://doi.org/10.1037/0021-9010.74.1.11

Meyer, M., Weirauch, H. & Weber, F. (2012). Krankheitsbedingte Fehlzeiten in der deutschen Wirtschaft im Jahr 2011. In B. Badura, A. Ducki, H. Schröder, J. Klose & M. Meyer (Hrsg.), *Fehlzeiten-Report 2012* (S. 291–488). Berlin: Springer.

Molter, B., Noefer, K., Stegmaier, R. & Sonntag, Kh. (2013). Die Bedeutung von Berufserfahrung für den Zusammenhang zwischen Alter, entwicklungsbezogener Selbstwirksamkeit und Anpassung an organisationale Veränderungen. *Zeitschrift für Arbeits- und Organisationspsychologie, 57* (1), 22–31. http://doi.org/10.1026/0932-4089/a000100

Müller, A., Weigl, M., Heiden, B., Herbig, B., Glaser, J. & Angerer, P. (2013). Selection, optimization, and compensation in nursing: Exploration of job-specific strategies, scale development, and age-specific associations to work ability. *Journal of Advanced Nursing, 69* (7), 1630–1642.

Müller, C. & Klinger, C. (2015). Qualifizierung für den demografischen Wandel – Ein Angebot für Mitarbeiter mit Personalverantwortung in KMU. In F. W. Nerdinger, C. Müller & C. Klinger (Hrsg.), *Personalarbeit im demografischen Wandel. Ergebnisse aus dem Verbundprojekt Per-Demo* (S. 164–214). München und Mering: Hampp.

Müller, C., Klinger, C. & Nerdinger, F. W. (2014). *Personalarbeit im demografischen Wandel. Qualifizierungskonzepte für eine demografiefeste Personalarbeit in kleinen und mittleren Unternehmen* (Rostocker Beiträge zur Wirtschafts- und Organisationspsychologie Nr. 15). Rostock: Lehrstuhl für ABWL.

Nägele, G. (2007). Demographischer Wandel und Arbeitswelt – das Beispiel Pflegeberufe. *Theorie und Praxis Sozialer Arbeit, 6,* 4–12.

Ng, T. W. H. & Feldman, D. C., (2008). The Relationship of Age to 10 Dimensions of Job Performance. *Journal of Applied Psychology, 93,* 392–423. http://doi.org/10.1037/0021-9010.93.2.392

Ng, T. W. H. & Feldman, D. C. (2010). The relationships of age with job attitudes: A meta-analysis. *Personnel Psychology, 63* (3), 677–718. http://doi.org/10.1111/j.1744-6570.2010.01184.x

Ng, T.W.H. & Feldman, D.C. (2012). Evaluating Six Common Stereotypes About Older Workers with Meta-Analytical Data. *Personnel Psychology, 65* (4), 821–858. http://doi.org/10.1111/peps.12003

Ng, T.W.H. & Feldman, D.C. (2013a). A meta-analysis of the relationships of age and tenure with innovation-related behaviour. *Journal of Occupational and Organizational Psychology, 86* (4), 585–616.

Ng, T.W.H. & Feldman, D.C. (2013b). Employee age and health. *Journal of Vocational Behavior, 83* (3), 336–345. http://doi.org/10.1016/j.jvb.2013.06.004

Nübold, A. & Maier, G.W. (2012). Führung in Zeiten des demografischen Wandels. In S. Grote (Hrsg.), *Die Zukunft der Führung* (S. 131–152). Berlin, Heidelberg: Springer.

Prager, J.U. & Schleiter, A. (Hrsg.). (2006). *Älter werden – aktiv bleiben. Ergebnisse einer repräsentativen Umfrage unter Erwerbstätigen in Deutschland.* Gütersloh: Bertelsmann Stiftung.

Raz, N. & Rodrigue, K.M. (2006). Differential aging of the brain: patterns, cognitive correlates and modifiers. *Neuroscience and Behavioral Reviews, 30,* 730–748. http://doi.org/10.1016/j.neubiorev.2006.07.001

Rolison, J.J., Hanoch, Y. & Wood, S. (2011). Risky decision making in younger and older adults: the role of learning. *Psychology and Aging, 27* (1), 129–140.

Rothermund, K. & Mayer, A.-K. (2009). *Altersdiskriminierung: Erscheinungsformen, Erklärungen und Interventionsansätze.* Stuttgart: Kohlhammer.

Rüters, I., Nachreiner, F., Horn, D., Giebel, O., Schomann, C. & Wirtz, A. (2008). Die Effekte langer Arbeitszeiten auf Gesundheit und Wohlbefinden – Ergebnisse einer Kreuz-Validierungsstudie. In GfA (Hrsg.), *Produkt- und Produktionsergonomie – Aufgabe für Entwickler und Planer* (S. 387–390). Dortmund: GfA Press.

Salthouse, T.A. (2004). What and When of Cognitive Aging. *Current Directions in Psychological Science, 13* (4), 140–144. http://doi.org/10.1111/j.0963-7214.2004.00293.x

Schaie, K.W. (2005). *Developmental influences on adult intelligence: the Seattle Longitudinal Study.* Oxford: Oxford University Press.

Scherf, B. (2014). Neue Schichtmodelle für eine Lebensphasen-orientierte Arbeitszeitgestaltung. *Zeitschrift für Arbeitswissenschaft, 68* (2), 119–121.

Schieber, F. (2006). Vision and Aging. In J.E. Birren & K.W. Schaie (Eds.), *Handbook of Psychology of Aging* (pp. 129–161). Amsterdam: Elsevier.

Sharit, J., Hernández, M.A., Czaja, S.J. & Pirolli, P. (2008). Investigating the Roles of Knowledge and Cognitive Abilities in Older Adult Information Seeking on the Web. *ACM transactions on computer-human interaction: a publication of the Association for Computing Machinery, 15* (1), 3.

Sonntag, Kh. (2014). *Potenziale Erwerbstätiger bei verlängerter Lebensarbeitszeit. Chancen und Herausforderungen für die Wirtschaft.* Berlin: Arbeitgeberverband Gesamtmetall. Zugriff am 06.02.2015. Verfügbar unter: http://www.gesamtmetall.de/gesamtmetall/meonline.nsf/id/PagePotenziale-Erwerbstaetiger-bei-verlaengerter-Lebensarbeitszeit--Chancen-und-Herausforderungen-f/$file/Potenziale-Erwerbstaetiger.pdf

Sonntag, Kh. (2015). Ressourcenorientiertes Gesundheitsmanagement – eine arbeits- und organisationspsychologische Perspektive. In Kh. Sonntag, R. Stegmaier & U. Spellenberg (Hrsg.), *Arbeit, Gesundheit, Erfolg. Betriebliches Gesundheitsmanagement auf dem Prüfstand* (2. Aufl., S. 243–258). Kröning: Asanger.

Sonntag, Kh. & Schaper, N. (1993). Strategies and Trainings for Maintenance Personnel: Optimizing Fault Diagnosis Activities. In M.J. Smith & G. Salvendy (Eds.), *Human-computer interaction: Application and case studies* (Vol. I, pp. 90–95). New York: Elsevier.

Sonntag, Kh. & Schaper, N. (Hrsg.). (1997). *Störungsmanagement und Diagnosekompetenz*. Zürich: Verein der Fachverlage.

Sonntag, Kh. & Seiferling, N. (in Druck). *Potenziale älterer Erwerbstätiger. Erkenntnisse, Konzepte und Handlungsempfehlungen*. Göttingen: Hogrefe.

Sonntag, Kh. & Stegmaier, R. (2007a). *Arbeitsorientiertes Lernen. Zur Psychologie der Integration von Arbeit und Lernen*. Stuttgart: Kohlhammer.

Sonntag, Kh. & Stegmaier, R. (2007b). Personale Förderung älterer Mitarbeiter. In H. Schuler & Kh. Sonntag (Hrsg.), *Handbuch der Arbeits- und Organisationspsychologie* (S. 662–667). Göttingen: Hogrefe.

Statistisches Bundesamt. (2006). *Leben in Deutschland: Haushalte, Familien und Gesundheit – Ergebnisse des Mikrozensus 2005*. Wiesbaden: Statistisches Bundesamt.

Statistisches Bundesamt. (2015). *Bevölkerung Deutschlands im Jahr 2060. 13. Koordinierte Bevölkerungsvorausberechnung*. Wiesbaden: Statistisches Bundesamt.

Stegmaier, R., Noefer, K., Molter, B. & Sonntag, Kh. (2006). Die Bedeutung von Arbeitsgestaltung für die Innovative und Adaptive Leistung älterer Berufstätiger. *Zeitschrift für Arbeitswissenschaft, 60,* 246–255.

Stegmaier, R., Noefer, K. & Sonntag, Kh. (2008). Innovations- und Anpassungsfähigkeit von Mitarbeitern: Altersneutrale und altersdifferenzierte Effekte der Arbeitsgestaltung und Personalentwicklung. *Wirtschaftspsychologie, 3,* 72–82.

Sturman, M.C. (2003). Searching for the inverted U-shaped relationship between time and performance: Meta-analyses of the experience/performance, tenure/performance, and age/performance relationships. *Journal of Management, 29,* 609–640.

Tesch-Römer, C. & Wahl, H.W. (2012). Seh- und Höreinbußen. In H.W. Wahl, C. Tesch-Römer & J.P. Ziegelmann (Hrsg.), *Angewandte Gerontologie* (S. 407–418). Stuttgart: Kohlhammer.

Thornton, W.J.L. & Dumke, H.A. (2005). Age Differences in Everyday Problem-Solving and Decision-Making Effectiveness: A Meta-Analytic Review. *Psychology and Aging, 20* (1), 85–99. http://doi.org/10.1037/0882-7974.20.1.85

Voorbij, A.I.M. & Steenbekkers, L.P.A. (2001). The composition of a graph on the decline of total body strength with age based on pushing, pulling, twisting and gripping force. *Applied Ergonomics, 32* (3), 287–292. http://doi.org/10.1016/S0003-6870(00)00068-5

Waldmann, D.A. & Avolio, B.J. (1986). A meta-analysis of age differences in job performance. *Journal of Applied Psychology, 71,* 33–38. http://doi.org/10.1037/0021-9010.71.1.33

Wegge, J., Jungmann, F., Liebermann, S., Shemla, M., Ries, B.C., Diestel, S. & Schmidt, K.H. (2012). What makes age diverse teams effective? Results from a six-year research program. *Work: A Journal of Prevention, Assessment & Rehabilitation, 41,* 5145–5151.

Wegge, J. & Schmidt, K.-H. (2015). *Diversity Management. Generationenübergreifende Zusammenarbeit fördern*. Göttingen: Hogrefe.

Wegge, J., Schmidt, K.-H. , Piecha, A., Ellwart, T., Jungmann, F. & Liebermann, S.C. (2012). Führung im demografischen Wandel. *Report Psychologie, 37* (9), 344–354.

Welch, L.S., Haile, E., Boden, L.I. & Hunting, K.L. (2008). Age, work limitations and physical functioning among construction roofers. *Work: A Journal of Prevention, Assessment & Rehabilitation, 31* (4), 377–385.

Whitbourne, S.K. & Whitbourne, S.B. (2011). *Adult development and aging: biopsychosocial perspectives* (4th ed.). Hoboken, NJ: Wiley.

Worthy, D.A., Gorlick, M.A., Pacheco, J.L., Schnyer, D.M. & Maddox, W.T. (2011). With age comes wisdom: Decision making in younger and older adults. *Psychological Science, 22* (11), 1375–1380. http://doi.org/10.1177/0956797611420301

Wurm, S. (2004). Prädiktoren für Gesundheit in der zweiten Lebenshälfte. In C. Tesch-Römer (Hrsg.), *Sozialer Wandel und individuelle Entwicklung in der zweiten Lebenshälfte: Ergebnisse der zweiten Welle des Alterssurveys, Abschlussbericht* (S. 357–394). Berlin: Deutsches Zentrum für Altersfragen.

Wurm, S. & Tesch-Römer, C. (2004). Gesundheit, Hilfe, Bedarf und Versorgung. In C. Tesch-Römer (Hrsg.), *Sozialer Wandel und individuelle Entwicklung in der zweiten Lebenshälfte. Ergebnisse der zweiten Welle des Alterssurveys, Abschlussbericht* (S. 291–355). Berlin: Deutsches Zentrum für Altersfragen.

Kapitel 16

Veränderungen bewirken: Transformationale Führung und Innovation

Ralf Stegmaier, Christoph Nohe & Karlheinz Sonntag

Inhaltsübersicht

Überblick:

Unternehmen, die im 21. Jahrhundert erfolgreich sein wollen, benötigen Führungskräfte, denen es gelingt, organisationale Veränderungen nachhaltig zu implementieren und Innovationen zu entwickeln sowie erfolgreich im Markt einzuführen. Entsprechend sind Führungskräfte gefordert, ihre Mitarbeiter so zu führen, dass diese Wandel akzeptieren und unterstützen bzw. kreative Ideen zur Verbesserung von Prozessen, Produkten und Strukturen entwickeln und umsetzen. Im Rahmen der neueren Führungsansätze wird vor allem die transformationale Führung als ein Ansatz betrachtet, der diesen Anforderungen gerecht werden kann. In diesem Beitrag soll aufgearbeitet werden, was man mittlerweile ausgehend von empirischen Studien über die Rolle der transformationalen Führung in Veränderungs- und Innovationskontexten weiß. Zunächst wird im ersten Teil des Beitrags ein Überblick gegeben zu Studien, die sich mit der Bedeutung transformationaler Führung bei organisationalen Veränderungen befassen. Der zweite Teil widmet sich der Forschung zur Frage, inwieweit transformationale Führung Kreativität und Innovationen fördern kann. Hierbei werden individuelle kreative Leistungen sowie Innovationen auf der Team- und Unternehmensebene betrachtet. Schließlich beschäftigt sich der dritte Teil des Beitrags mit der Förderung der transformationalen Führung. Unterschiedliche Trainings- und Entwicklungsmethoden werden vorgestellt und hinsichtlich ihrer Wirksamkeit diskutiert.

1 Veränderungen in Organisationen und Führung

1.1 Veränderungsprozesse und Change Management

Veränderungsprozesse in Organisationen nehmen an Häufigkeit, Intensität und Folgenschwere zu. Sie betreffen nicht nur Arbeitsprozesse und Arbeitsbedingungen, soziale Beziehungen, Technologien und Organisationsstrukturen. Von den Mitgliedern einer Organisation wird eine hohe Veränderungs- und Anpassungsbereitschaft gefordert, um die neuen, teilweise anspruchsvolleren Aufgaben und Anforderungen zu bewältigen. Aufgrund der hohen Veränderungsdynamik, die das tägliche operative Geschäft entscheidend prägt, ergeben sich allerdings „Stolpersteine", die einer beanspruchungsoptimalen Bewältigung durch die betroffenen Fach- und Führungskräfte entgegenstehen können.

Im Rahmen eines BMBF-geförderten Projektes, das sich mit gesundheitsrelevanten Aspekten bei Restrukturierungen beschäftigte (vgl. Sonntag & Spellenberg, 2005), zeigte eine Befragung von 1.150 Führungskräften des Top- und mittleren Managements in der Automobilindustrie die in Abbildung 1 dargestellten Problembereiche bei Veränderungen.

Diese Einschätzungen von Führungskräften sind sicherlich nicht nur für die Automobilindustrie repräsentativ, sondern werden immer dort zu finden sein, wo eine hohe Veränderungsdynamik das tägliche operative Geschäft entscheidend prägt:

- *Anzahl an Veränderungsprojekten:* 61 % der Führungskräfte geben an, dass in ihrer Organisation zu viele Veränderungsprojekte parallel ablaufen. Aufgrund eines hoch kompetitiven Umfelds versuchen Organisationen, ihre strategische und funktionale Position zu verbessern, was sich in einer Vielzahl laufender Veränderungsprojekte widerspiegelt. Des Weiteren führen auch personelle Veränderungen im Top-Management und die damit verbundenen strategischen Neuausrichtungen bzw. Abgrenzungsbemühungen zu den bisherigen Verantwortlichen oft zu organisationalen Restrukturierungen.
- *Abstimmung von Veränderungsprojekten:* 61 % der Führungskräfte geben an, dass die Veränderungsprojekte nicht in eine umfassende Veränderungsstrate-

gie eingebettet sind. Dies zeigt sich in inkonsistenten Zielen und Ad-hoc-Lösungsschritten.

- *Angemessene Bearbeitung von Veränderungen:* 62 % der Führungskräfte nennen die Schwierigkeit, Veränderungsprojekte in angemessener und effektiver Art und Weise bearbeiten zu können. In vielen Fällen erschweren Personalengpässe die erfolgreiche Implementierung von Veränderungsprozessen. Die Führungskräfte müssen zusätzlich zu täglichen Routineaufgaben Veränderungsprojekte bearbeiten und sind so Doppelbelastungen ausgesetzt.
- *Kommunikation über Veränderungen:* Nur 30 % der Führungskräfte führen an, dass die meisten Veränderungsprozesse ausreichend kommuniziert werden. Folglich können viele Mitarbeiter die Gründe, Vorteile und Ziele von organisationalen Veränderungsprojekten nicht nachvollziehen. Inkonsistente und verspätete Informationen verschärfen das Gefühl der Unsicherheit.

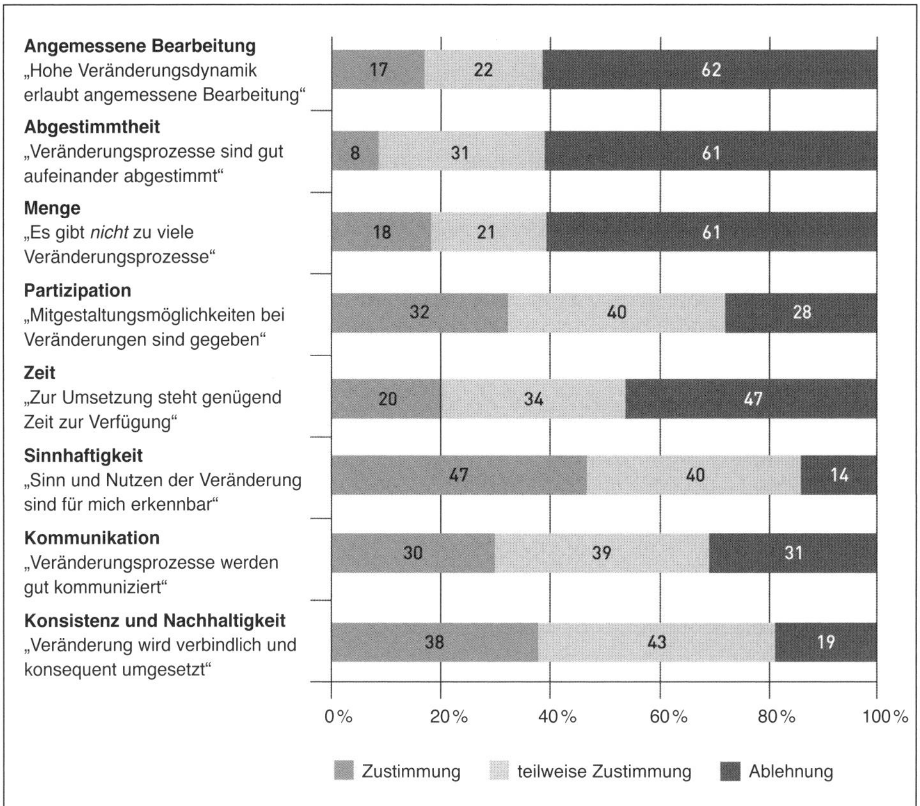

Abbildung 1: Problembereiche bei Veränderungsprozessen (aus Sonntag, Frieling & Stegmaier, 2012, S. 549)

- *Konsistenz, Nachhaltigkeit, Bedeutsamkeit und Partizipation:* Nur 38 % bzw. 43 % der Befragten geben an, dass sie keine oder nur teilweise Schwierigkeiten damit haben, die Konsistenz, Nachhaltigkeit und Bedeutsamkeit der laufenden Veränderungsprojekte zu erkennen. Fast 70 % sind außerdem der Meinung, dass es keine oder nur teilweise Möglichkeiten gibt, sich an der Planung von Veränderungsprozessen zu beteiligen. Je tiefer in der Managementhierarchie verankert, desto geringer empfinden Führungskräfte ihre Möglichkeiten zur Partizipation bei organisationalen Restrukturierungsvorhaben.

In der Studie von Sonntag und Spellenberg (2005) wurden die Führungskräfte außerdem gebeten, sich über Ressourcen zu äußern, die zur Verfügung stehen und genutzt werden sollten, um Veränderungen zu unterstützen. Besonders begünstigen nach Ansicht der Führungskräfte ein erfolgreiches Change Management:
- die partizipative Einbeziehung der Führungskräfte in geplante organisationale Veränderungen,
- eine transparente und ehrliche Kommunikation (bspw. hinsichtlich Sinnhaftigkeit und Nachhaltigkeit),
- eine vertrauensvolle Führung und Unterstützung durch Vorgesetzte,
- arbeitsinhaltliche Ressourcen (wie bspw. angemessener Handlungsspielraum und Aufgabendichte).

Korrelationsanalysen der Untersuchungdaten zeigten, dass neben dem Wunsch nach Partizipation (.60), Sinnhaftigkeit (.58) und Vertrauen in die Führung (.40) auch ein erweiterter Handlungsspielraum (.52) mit der Veränderungsbereitschaft signifikant zusammenhängt. Wie wichtig Partizipation und Vertrauen für das erfolgreiche Bewältigen von Veränderungsprozessen sind, haben auch internationale Studien überzeugend belegt (vgl. Kernan & Hanges, 2002; Lines, 2004).

Ernüchternde Zahlen über misslungene Veränderungsprozesse im Bereich Kulturwechsel, Total Quality Management oder Business Re-Engineering berichtet Burnes (2009), wonach bis zu 80 % der eingeleiteten Veränderungen scheitern, d. h. sie erreichen die gesteckten Ziele nicht oder werden gar vorzeitig abgebrochen. Ein deutliches Indiz dafür, dass arbeits- und organisationspsychologische Perspektiven der Führung bei der Bewältigung von Veränderungsprozessen stärker berücksichtigt werden müssen.

1.2 Transformationale Führung bei Veränderungsprozessen

Neuere Ansätze der Führungsforschung versuchen zu erklären, wie Führungskräfte ein hohes Niveau an Motivation, Engagement, Vertrauen, Loyalität und Leistung bei ihren Mitarbeitern erreichen (vgl. Michaelis, Nohe & Sonntag, 2012; Michaelis, Vasilev & Rainer, 2014). Führungskräfte, denen dies gelingt, werden als transformational, charismatisch, inspirierend, visionär oder wertorientiert beschrieben. In den letzten Jahren wurde vermehrt der Ansatz der transformationalen Führung in der Managementforschung untersucht (Avolio, Walumbwa & Weber, 2009).

Im Zentrum der transformationalen Führung stehen die sogenannten vier „I“: (1) *Idealized Influence*, (2) *Inspirational Motivation*, (3) *Intellectual Stimulation* und (4) *Individualized Consideration* (Bass & Avolio, 1994). Beim idealisierten Einfluss geht es darum, dass eine Führungskraft als Vorbild wirkt und so den Geführten Möglichkeiten zur Identifikation sowie Hilfe zur Orientierung bietet. Die inspirierende Motivierung bezieht sich darauf, dass es einer Führungskraft gelingt, ein attraktives Bild der Zukunft zu vermitteln und so die Geführten zu begeistern. Bei der intellektuellen Anregung ermutigt die Führungskraft die Geführten, gegenwärtige Bedingungen und Routinen zu hinterfragen und neue Verhaltensweisen auszuprobieren. Schließlich rundet die individualisierte Behandlung die transformationale Führung ab. Hierbei ist entscheidend, dass sich die Führungskraft bei Aufgabenverteilung, Feedback oder Unterstützung daran orientiert, welche Bedürfnisse und Fähigkeiten die Geführten mitbringen (vgl. Avolio, Bass & Jung, 1999; Judge & Piccolo, 2004).

Nach Felfe (2006a) gelingt es Vorgesetzten, die transformational führen „in besonderem Maße, Veränderungen und herausragende Leistungen zu erzielen. Sie motivieren Ihre Mitarbeiter unter anderem dadurch, dass sie attraktive Visionen vermitteln, überzeugend kommunizieren, wie Ziele gemeinsam erreicht werden können, selbst als Vorbild wahrgenommen werden und die Weiterentwicklung ihrer Mitarbeiter unterstützen.“ (S. 163).

Am häufigsten wird transformationale Führung mithilfe des *Multifactor Leadership Questionnaire* (MLQ; Felfe, 2006b), mit dem Mitarbeiter ihre direkten Führungskräfte einschätzen, operationalisiert. Der empirische Nutzen sowohl des Instruments als auch des Konzepts der transformationalen Führung konnte in zahlreichen Studien bestätigt werden. Metaanalysen haben überzeugend belegt, dass transformationale Führung positive Effekte auf die Zufriedenheit, Motivation und Leistung von Geführten hat und zur Effektivität von Führungskräften beiträgt (Judge & Piccolo, 2004; Lowe, Kroeck & Sivasubramaniam, 1996; Wang, Oh, Courtright & Colbert, 2011).

2 Studien zur Wirksamkeit transformationaler Führung

Damit organisationale Veränderungen erfolgreich umgesetzt werden können, ist es notwendig, dass die betroffenen Mitglieder der Organisation den Wandel unterstützen und akzeptieren. Dies dürfte dann wahrscheinlicher werden, wenn die

Betroffenen erkennen, warum der Wandel notwendig ist (Gebert, 2002). Aber die Bereitschaft zur Veränderung wird auch davon abhängen, ob man sich selbst und dem Unternehmen zutraut, die Neuerungen tatsächlich implementieren zu können (Holt, Armenakis, Field & Harris, 2007). Inwieweit transformationale Führung dazu beitragen kann, dass Betroffene eine positive Einstellung gegenüber einer Veränderung entwickeln und sich dieser nicht durch Widerstand entgegenstellen, wurde mittlerweile intensiv beforscht (vgl. Stegmaier, 2016). Im Folgenden wird auf Studien eingegangen, die sich mit Effekten der transformationalen Führung auf das Commitment to Change, die Veränderungsbereitschaft, den Zynismus gegenüber Veränderungen sowie die Widerstandsabsicht befasst haben.

2.1 Commitment to Change

Seo, Taylor, Hill, Zhang, Tesluk und Lorinkova (2012) haben untersucht, welche Rolle die transformationale Führung bei Veränderungen spielt. Die Datenerhebung fand zu zwei Messzeitpunkten statt. Zum Start der Veränderung (t1) wurden transformationale Führung, positive und negative Emotionen der Geführten sowie deren affektives und normatives Commitment to Change erfasst. 12 Monate danach (t2) beurteilten die Geführten ihr veränderungsbezogenes Verhalten anhand von Fragen zur Unterstützung des Wandels bzw. zur Entwicklung kreativer Ideen für die Veränderung. In die Analysen konnten Daten von 430 Angestellten einer öffentlichen Behörde einbezogen werden.

Zunächst zeigte sich, dass stärkere transformationale Führung bei den Geführten mit häufigeren positiven und selteneren negativen Emotionen einherging. Wer häufiger positive Emotionen wie Stolz oder Begeisterung erlebte, entwickelte dann ein größeres affektives sowie normatives Commitment to Change und unterstützte in der Folge die Veränderung engagierter bzw. entwickelte mehr kreative Ideen für den Wandel. Personen, die vermehrt negative Emotionen empfanden und sich beispielsweise ängstlich oder bedroht fühlten, unterstützten den Wandel kaum und entwickelten nur selten kreative Ideen. Für die Beziehung zwischen den negativen Emotionen und der Unterstützung der Veränderung bzw. der Entwicklung kreativer Ideen für den Wandel ließ sich keine Mediation durch das Commitment to Change belegen.

In einer weiteren Studie gelang es zu demonstrieren, dass das Commitment to Change durch eine Wechselwirkung der Variablen transformationale Führung, veränderungsspezifische Führung sowie Ausmaß jobbezogener Änderungen bestimmt wurde (Herold, Fedor, Caldwell & Yi, 2008). In einem hohen Commitment to Change drückte sich aus, dass die Betroffenen eine positive Sicht auf den Wandel hatten und bereit waren, diesen zu unterstützen. Während die transformationale Führung als situationsübergreifendes Führungsverhalten verstanden wurde, bezog sich die veränderungsspezifische Führung auf konkrete Verhaltensweisen im Zusammenhang mit der Veränderung (z. B. Ziele der Veränderung erklären, Fragen zum Wandel beantworten, Probleme der Implementation lösen). Mit dem Ausmaß jobbezogener Veränderung konnte erfasst werden, wie stark sich Aufgaben und Verantwortlichkeiten der Arbeit für die jeweils Betroffenen veränderten. Daten von 343 Personen aus 30 unterschiedlichen Unternehmen konnten in die Analysen einbezogen werden.

Wenn bei Personen die jobbezogenen Änderungen eher gering waren, förderte die transformationale Führung das Commitment to Change der Betroffenen nur dann, wenn die Führungskraft kaum veränderungsspezifisch führte. Anders fielen die Ergebnisse aus, wenn die Betroffenen sich einem hohen Ausmaß jobbezogener Änderungen gegenüber sahen. Dann steigerte die transformationale Führung das Commitment to Change der Betroffenen sowohl bei geringer als auch starker veränderungsspezifischer Führung.

In ihrer Studie wollten Michaelis, Stegmaier und Sonntag (2010) herausfinden, ob Commitment to Change eine mögliche Beziehung zwischen transformationaler Führung und der Nutzung einer neuen Technologie vermittelt. Außerdem sollte geprüft werden, ob das Klima für Initiative diese etwaige Beziehung moderiert. Ein starkes Klima für Initiative drückt sich darin aus, dass Mitglieder der Organisation proaktiv handeln und selbst Verantwortung übernehmen, indem sie beispielsweise versuchen, Lösungen für auftretende Probleme zu finden. Daten von 198 Führungskräften aus dem unteren bzw. mittleren Management der Forschungs- und Entwicklungsabteilung eines Automobilkonzerns standen für regressionsanalytische Auswertungen zur Verfügung. Zunächst ergab sich modellkonform eine positive Beziehung zwischen der transformationalen Führung und der Nutzung der neuen Technologie (Innovations-Implementation; vgl. Abbildung 2).

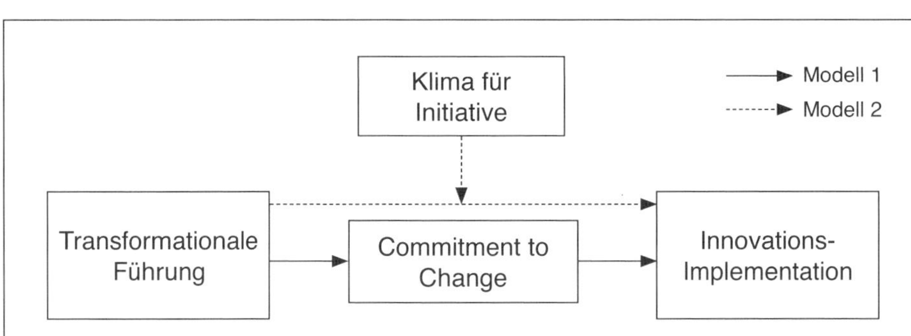

Abbildung 2: Modellzusammenhang zwischen transformationaler Führung und der Nutzung neuer Technologien (aus Michaelis, Stegmaier & Sonntag, 2010, S. 412)

Wenn ein Mitarbeiter stärker transformational geführt wurde, setzte dieser häufiger eine neue Technologie bei der täglichen Arbeit ein. Das Commitment to Change vermittelte diese positive Beziehung. Die transformationale Führung stärkte zunächst das Commitment to Change der Geführten und dieses wiederum begünstigte die Nutzung der neuen Technologie. Schließlich konnte ein Moderatoreffekt des Klimas für Initiative nachgewiesen werden (vgl. Abbildung 3).

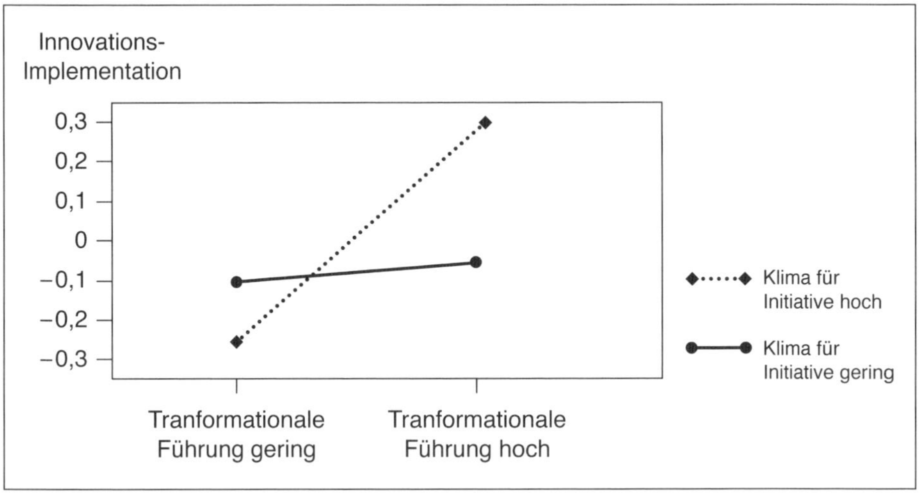

Abbildung 3: Moderatoreffekt des Klimas für Initiative auf die Beziehung zwischen transformationaler Führung und Nutzung neuer Technologie (aus Michaelis, Stegmaier & Sonntag, 2010, S. 419)

Transformationale Führung förderte die Nutzung einer neuen Technologie dann noch stärker, wenn die Geführten ein starkes Klima für Initiative wahrnahmen, in dem sie sich ermutigt sahen, proaktiv und eigenverantwortlich an Probleme und Chancen heranzugehen.

2.2 Veränderungsbereitschaft

Herrmann, Felfe und Hardt (2012) wollten herausfinden, ob durch transformationale Führung die Veränderungsbereitschaft bei Betroffenen gefördert werden kann. Außerdem sollte in der Studie geprüft werden, ob Stressoren oder Ressourcen eine mögliche Beziehung zwischen der transformationalen Führung und der Veränderungsbereitschaft der Geführten moderieren. Daten von 440 Beschäftigen einer Verwaltung konnten ausgewertet werden.

Die Ergebnisse zeigten zunächst, dass stärkere transformationale Führung der Vorgesetzten mit einer größeren Veränderungsbereitschaft der Geführten verbunden war. Diese Beziehung wurde außerdem durch Stressoren und Ressourcen moderiert. Stressoren, wie Spannungen zwischen Kollegen oder Rollenkonflikte, schwächten die positive Beziehung zwischen transformationaler Führung und Veränderungsbereitschaft ab. War der Arbeitskontext der Betroffenen hingegen durch Ressourcen wie Handlungsspielraum, soziale Unterstützung oder organisationale Gerechtigkeit stark geprägt, trug die transformationale Führung in noch stärkerem Maß zur Veränderungsbereitschaft der Geführten bei. Weitere Auswertungen konnten demonstrieren, dass transformationale Führung schließlich keinen Effekt mehr auf die Veränderungsbereitschaft hatte, wenn die Betroffenen in einem Kontext mit starken Stressoren und schwachen Ressourcen arbeiteten.

2.3 Zynismus gegenüber Veränderungen

Wu, Neubert und Yi (2007) wollten herausfinden, ob durch transformationale Führung der Vorgesetzten der Zynismus gegenüber Veränderungen bei Geführten reduziert werden kann. Wer eine zynische Einstellung gegenüber einer Veränderung hat, sieht keinen Nutzen im Wandel und zweifelt daran, ob dieser überhaupt erfolgreich umgesetzt werden kann. Außerdem sollten Moderatoren und Mediatoren dieser möglichen Beziehung aufgedeckt werden. 469 Mitarbeiter einer chinesischen Organisation haben an der Befragung teilgenommen.

Die Auswertungen ergaben einen negativen Zusammenhang zwischen transformationaler Führung und dem Zynismus der Geführten gegenüber den Veränderungen. Je stärker der Vorgesetzte transformational führte, desto weniger zynisch waren betroffene Geführte gegenüber der Veränderung eingestellt. Moderiert wurde diese Beziehung durch die Gruppenkohäsion. Fühlten sich in einer Gruppe die Mitglieder besonders zusammengehörig und identifizierten sie sich stark mit ihrer Gruppe, dann schwächte die transformationale Führung den Zynismus gegenüber der Veränderung noch mehr ab als bei Geführten aus einer Gruppe mit niedriger Kohäsion. Dies dürfte nach Ansicht der Autoren damit zu tun haben, dass transformationale Führung häufig auf die soziale Identität Bezug nimmt, die in hoch kohäsiven Gruppen eine besonders wichtige Rolle spielen dürfte. Für Erläuterungen zur Theorie der sozialen Identität sei auf Kapitel 7 in diesem Buch hingewiesen. In der Studie konnte auch gezeigt werden, über welche Mechanismen die transformationale Führung in Beziehung zum Zynismus gegenüber der Veränderung stand. Interpersonale und informationale Gerechtigkeit vermittelten diese Beziehung. Wer stark transformational geführt wurde, erlebte dies als Wertschätzung und fühlte sich gut über die Veränderungen informiert, was in der Folge eine zynische Einstellung gegenüber dem Wandel abschwächte.

2.4 Widerstandsabsicht

Oreg und Berson (2011) interessierten sich dafür, ob die transformationale Führung eine Rolle für die Widerstandsabsicht von Geführten spielt. Daten von 586 Geführten und 75 Führungskräften konnten in die Analysen einbezogen werden. Zunächst ergab sich eine negative Beziehung zwischen transformationaler Führung und der Widerstandsabsicht der Geführten. Je stärker jemand transformational geführt wurde, desto schwächer fiel die Absicht aus, sich dem Wandel entgegenzustellen. In der Studie wurde außerdem erfasst, wie stark der dispositionale Widerstand der Mitarbeiter war. In diesem Zusammenhang zeigte sich, dass die transformationale Führung die Beziehung zwischen dem dispositionalen Widerstand der Geführten und ihrer Absicht, Widerstand gegenüber dem spezifischen Veränderungsprojekt zu leisten, moderierte. Je stärker eine Person transformational geführt wurde, desto schwächer war der Zusammenhang zwischen ihrem dispositionalen Widerstand und der konkreten Widerstandsabsicht. Besonders deutlich zeigte sich dieser Effekt für die Dimension der inspirierenden Motivierung. Aus Sicht der Autoren lässt sich dieser Effekte so erklären, dass durch die transformationale Führung eine starke Situation entsteht, in der sich die Geführten mehr an den sozialen Erwartungen als an ihren eigenen Einstellungen und Dispositionen orientieren.

3 Transformationale Führung in Innovationskontexten

In der Literatur werden die Begriffe kreatives bzw. innovatives Verhalten weitestgehend synonym verwendet. Es geht darum, neue und nützliche Ideen zu entwickeln und umzusetzen (Anderson, DeDreu & Nijstad, 2004; Zhou & Shalley, 2011). Die Ideen können sich beispielsweise darauf beziehen, wie man ein Produkt, einen Prozess oder Bedingungen der Arbeit verbessert. Selbstverständlich stellt auch die Entwicklung eines vollständig neuen Produktes oder Geschäftsmodells eine innovative Leistung dar. Innovatives Verhalten ist an keine bestimmte Funktion oder hierarchische Position gebunden. Ein Mitarbeiter in der Montage kann genauso kreative Leistungen erbringen wie eine Forscherin in einem Team zur Produktentwicklung. Viele Unternehmen ermutigen ihre Mitarbeiter außerdem durch ein professionelles Ideenmanagement, ihre Ideen und Vorschläge zu formulieren und einzureichen (Büch, Michel & Sonntag, 2010; Pundt & Schyns, 2005). Nachfolgend soll dargestellt werden, wie transformationale Führung mit kreativer Leistung, proaktivem Verhalten, Engagement im Ideenmanagement sowie mit Innovationen auf der Team- und Organisationsebene zusammenhängt.

3.1 Kreative Leistungen

Als eine Voraussetzung für kreative Leistungen wird häufig ein hohes Maß an intrinsischer Motivation genannt (vgl. auch die ausführlichen Erläuterungen zur intrinsischen Motivation in Kapitel 4 dieses Buches). Menschen mit einer starken intrinsischen Motivation befassen sich mit einem Thema oder eine Aufgabe nicht, um eine externe Belohnung zu erzielen, sondern weil die Sache selbst sie begeistert und interessiert. In diesem Zusammenhang untersuchten Shin und Zhou (2003) in ihrer Studie, ob die intrinsische Motivation Effekte von transformationaler Führung auf kreative Leistungen von Geführten vermittelt. Zusätzlich wurde als mögliche Moderatorvariable der Wert Konservatismus erfasst. Personen, bei denen dieser Wert stark ausgeprägt ist, empfinden einen hohen Respekt gegenüber Traditionen und fühlen sich zu deren Einhaltung verpflichtet. Geführte beurteilten die transformationale Führung ihres direkten Vorgesetzten, ihre intrinsische Motivation und ihren Konservatismus. Wie kreativ die Leistungen der Geführten waren, schätzten deren direkte Vorgesetzte ein. Für die Analysen lagen Daten aus 290 Fragebogen von Geführten und Führungskräften aus 46 koreanischen Unternehmen vor.

Zunächst ergab sich ein positiver Zusammenhang zwischen der transformationalen Führung und der kreativen Leistung der Geführten. Je stärker Vorgesetzte transformational führten, desto eher entwickelten Geführte kreative Ideen und setzten diese um. Moderiert wurde dieser Effekt durch den Konservatismus der Geführten. Wenn die Geführten sich Traditionen gegenüber stark verpflichtet fühlten, war der positive Effekt der transformationalen Führung auf die kreative Leistung stärker als bei geringem Konservatismus. Schließlich konnte auch demonstriert werden, dass die intrinsische Motivation partiell den Zusammenhang zwischen transformationaler Führung und kreativer Leistung der Geführten vermittelte. Wer stark transformational geführt wurde, berichtete demnach über eine größere Begeisterung und Freude bei der Arbeit, was in der Folge mit einer stärkeren Entwicklung und Umsetzung kreativer Ideen verbunden war.

Gong, Huang und Farh (2009) wollten herausfinden, welche Faktoren für kreative Leistungen von Mitarbeitern bedeutsam sind und wie kreative Leistungen und allgemeine Arbeitsleistung zusammenhängen. Als Determinanten der kreativen Leistung wurden transformationale Führung des Vorgesetzten und Lernorientierung der Geführten erfasst. Personen mit einer ausgeprägten Lernorientierung suchen und gestalten aktiv Situationen, in denen sie ihre Fähigkeiten weiterentwickeln können. Die Lernorientierung der Geführten und die transformationale Führung durch den Vorgesetzten standen in einer positiven Beziehung zur kreativen Leistung der Geführten. Außerdem zeigte sich, dass diese Beziehungen durch die kreativitätsbezogene Selbstwirksamkeit der Geführten vermittelt wurden. Geführte, die aktiv Lernchancen nutzten und transformational geführt wurden, trauten sich demnach eher zu, kreative Leistungen erbringen zu können, und entwickelten in der Folge häufiger kreative Ideen. Erhöhte kreative Leistung ging schließlich mit einer besseren Leistungsbeurteilung durch den Vorgesetzten sowie einem größeren Verkaufserfolg der Geführten einher.

3.2 Proaktives Verhalten

Den Hartog und Belschak (2012) wollten Faktoren identifizieren, die zu proaktivem Verhalten von Geführten beitragen. Das proaktive Verhalten wurde in Studie 1 als persönliche Initiative und in Studie 2 als prosoziales proaktives Verhalten operationalisiert. Transformationale Führung der Vorgesetzten, die rollenbezogene Selbstwirksamkeit der Geführten und deren Autonomie bei der Arbeit standen in positiver Beziehung zum proaktiven Verhalten. Wenn eine Person stark transformational geführt wurde, sie sich in ihrer Rolle als ausreichend handlungsfähig erlebte und sie größere Freiheitsgrade und Handlungsspielräume bei der Arbeit hatte, zeigte die Person eher eine stärkere persönliche Initiative und engagierte sich vermehrt durch prosoziales proaktives Verhalten.

Außerdem ergab sich eine Dreifachinteraktion von transformationaler Führung, rollenbezogener Selbstwirksamkeit und Autonomie hinsichtlich des Effekts auf das proaktive Verhalten. Im Fall starker Autonomie hing transformationale Führung nur bei Personen mit hoher Selbstwirksamkeit positiv mit proaktivem Verhalten zusammen. Die Autoren interpretieren dies als Hinweis auf eine mögliche Überforderung der Geführten mit geringer rollenbezogener Selbstwirksamkeit in einer Situation, in der man bereits viele Entscheidungen selbst treffen muss und dann durch die transformationale Führung zusätzlich mit hohen Erwartungen konfrontiert wird. Die Personen mit hoher Selbstwirksamkeit hingegen werden vermutlich durch die transformationale Führung zusätzlich ermutigt und angespornt, die Freiheitsgrade bei der Arbeit zu nutzen, um mit neuen Verhaltensweisen und Lösungen zu experimentieren.

Bei geringer Autonomie zeigte sich ein positiver Zusammenhang zwischen transformationaler Führung und proaktivem Verhalten nur bei Personen mit geringer Selbstwirksamkeit. Hier argumentieren die Autoren, dass die Geführten mit geringer Selbstwirksamkeit wahrscheinlich durch die Impulse der transformationalen Führung erfolgreich angeregt werden können, neue Dinge auszuprobieren und etwaige Ängste im Hinblick auf proaktives Verhalten zu überwinden, da ihre Arbeitssituation klare Strukturen und Rahmenbedingungen aufweist. Personen mit hoher Selbstwirksamkeit sollten sich in einer klar strukturierten Situation ohnehin sicher fühlen und daher auf keine weitere Anregung oder Ermutigung durch die transformationale Führung angewiesen sein.

3.3 Engagement im Ideenmanagement

Detert und Burris (2007) interessierten sich für die psychologische Sicherheit als möglichem Mediator einer Beziehung von transformationaler Führung und dem Formulieren von Verbesserungsvorschlägen durch Geführte. Wenn sich eine Person psychologisch sicher fühlt, hat sie keine Angst vor Nachteilen oder Sanktionen, wenn sie offen auf Probleme oder kritische Punkte bei der Arbeit hinweist. In einer querschnittlichen Studie (N=3.149) wurden die Mitarbeiter einer Restaurantkette befragt (Studie 1), in einer längsschnittlichen Studie (N=223) die General Manager und Schichtleiter der Restaurants (Studie 2).

Zunächst konnte in Studie 1 ein positiver Zusammenhang zwischen der transformationalen Führung und den Verbesserungsvorschlägen der Geführten belegt werden. Je stärker eine Person transformational geführt wurde, desto eher entwickelte sie Ideen, wie man Bedingungen, Prozesse oder Produkte bei der Arbeit verbessern könnte. Die erlebte psychologische Sicherheit der Geführten vermittelte diesen positiven Zusammenhang. Je stärker jemand transformational geführt wurde, desto sicherer fühlte sich die Person, sich kritisch zu Sachverhalten äußern zu können, was wiederum in der Folge die Entwicklung von Verbesserungsvorschlägen begünstigte.

In Studie 2 fand die Erhebung der Daten zur psychologischen Sicherheit und zu den Verbesserungsvorschlägen zehn Monate nach der Erfassung der transformationalen Führung statt. Die Performance der Schichtleiter wurde durch die General Manager einen Monat nach dem ersten Messzeitpunkt beurteilt. Abweichend von den Ergebnissen der ersten Studie ergab sich kein direkter Zusammenhang zwischen der transformationalen Führung der General Manager und den Verbesserungsvorschlägen der Schichtleiter. Vielmehr zeigte sich, dass die Performance der Schichtleiter die Beziehung von transformationaler Führung der General Manager und den Verbesserungsvorschlägen der Schichtleiter moderierte. Es handelte sich um eine inverse Moderation. Zeichneten sich die Schichtleiter durch eine gute Performance aus, ging eine verstärkte transformationale Führung der General Manager mit vermehrten Verbesserungsvorschlägen der Schichtleiter einher. War die Performance der Schichtleiter hingegen schlecht, ging die Anzahl ihrer Verbesserungsvorschläge sogar zurück, wenn die General Manager stärker transformational führten.

Auch Pundt und Schyns (2005) interessierten sich für Beziehungen zwischen transformationaler Führung und dem Engagement von Geführten im Ideenmanagement. Vor allem sollte in ihrer Studie überprüft werden, ob einzelne Dimensionen der transformationalen Führung eine besonders wichtige Rolle für das Engagement der Geführten im Ideenmanagement spielten. Als Moderator möglicher Beziehungen zwischen transformationaler Führung und dem Engagement im Ideenmanagement wurde die Verbesserungskultur im Unternehmen betrachtet.

Hat ein Unternehmen eine starke Verbesserungskultur, sind die Organisationsmitglieder davon überzeugt, durch eigene Vorschläge Bedingungen verbessern zu können, ohne dass dies zu Konflikten mit Kollegen oder Vorgesetzten führt. Daten von 104 Mitarbeitern aus verschiedenen Unternehmen lagen den Analysen zugrunde. Die einzige Dimension der transformationalen Führung, bei der ein positiver Zusammenhang mit dem Engagement der Geführten im Ideenmanagement nachgewiesen werden konnte, war die inspirierende Motivierung. Moderiert wurde diese Beziehung außerdem durch die Verbesserungskultur im Unternehmen. Wenn das Unternehmen eine starke Verbesserungskultur hatte, fiel die positive Beziehung zwischen inspirierender Motivierung und dem Engagement der Geführten im Ideenmanagement noch stärker aus als bei einer schwachen Verbesserungskultur.

3.4 Innovationen auf Team- und Organisationsebene

Keller (2006) ermittelte ausgehend von 118 Forschungs- und Entwicklungsprojekten aus fünf verschiedenen Organisationen, inwieweit die transformationale Führung von Projektteams zum kurzfristigen (1 Jahr später) und mittelfristigen (5 Jahre später) Erfolg von Innovationsprojekten beitragen konnte. Operationalisiert wurde die transformationale Führung durch Items zu charismatischer Führung sowie intellektueller Stimulation. Um den kurzfristigen Erfolg der Projekte zu bestimmen, wurde überprüft, inwieweit diese ihre Vorgaben hinsichtlich Qualität, Terminen sowie Kosten erreichten oder sogar besser als geplant abschnitten. Schnelligkeit bei der Markteinführung neuer Produkte sowie die Profitabilität neuer Produkte dienten als Maße, um den mittelfristigen Erfolg der Projekte zu ermitteln. Die Projekte wurden darüber hinaus in zwei Gruppen eingeteilt. Bei forschungsorientierten Projekten gab es einen stärkeren Bezug zur Grundlagenforschung, entwicklungsorientierte Projekte hingegen standen in enger Verbindung mit der Entwicklung von Produkten. Bei den Forschungsprojekten sahen sich die Projektteams mit einer größeren Unsicherheit konfrontiert als bei den Entwicklungsprojekten.

Zunächst ergaben sich positive Beziehungen der transformationalen Führung mit dem kurzfristigen wie auch dem mittelfristigen Erfolg der Projekte. Je stärker die Projektleiter transformational führten, desto besser fiel die Qualität der Projektergebnisse aus und desto eher gelang es, Kosten- und Terminvorgaben des Projekts zu erfüllen. Darüber hinaus ging verstärkte transformationale Führung mit einer schnelleren Markteinführung neu entwickelter Produkte sowie größerer Profitabilität dieser Produkte einher. Die Art der Projekte moderierte ferner den Zusammenhang zwischen transformationaler Führung der Projektteams und der Qualität der Projektergebnisse. Bei Forschungsprojekten mit größerer Unsicherheit war der positive Zusammenhang von transformationaler Führung und

Qualität der Projektergebnisse stärker als bei Entwicklungsprojekten mit geringerer Unsicherheit.

Eisenbeiss, van Knippenberg und Boerner (2008) untersuchten bei einer Stichprobe von 33 Teams aus dem Bereich Forschung und Entwicklung, welche Rolle die transformationale Führung für die Teaminnovation spielt. Vorgesetzte der Teams schätzten die Qualität und Quantität der Teaminnovation ein. Hierbei bezogen sie sich sowohl auf die Generierung als auch die Implementierung von Ideen. Als Mediator wurde die Innovationsunterstützung erfasst, die sich darauf bezog, wie stark sich Teammitglieder gegenseitig bei innovativem Verhalten unterstützten. Außerdem wurde das Klima für Exzellenz als mögliche Rahmenbedingung der Teaminnovation betrachtet. In einem Team mit einem starken Klima für Exzellenz engagieren sich die einzelnen Teammitglieder, indem sie Ideen entwickeln, kritisch prüfen, ausgehend von Rückmeldungen verbessern und auch bei Rückschlagen hartnäckig an der Umsetzung von Lösungen arbeiten.

Transformationale Führung stand in einer positiven Beziehung zur Innovationsunterstützung im Team, die dann ihrerseits mit einer verstärkten Teaminnovation einherging, wenn es im Team ein starkes Klima für Exzellenz gab. Durch transformationale Führung konnten Vorgesetzte demnach dazu beitragen, dass sich Teammitglieder bei Innovationsarbeit gegenseitig unterstützten. Diese Unterstützung erleichterte es dem Team schließlich, zahlreiche hochwertige Innovationen zu entwickeln und umzusetzen, vorausgesetzt die Teammitglieder fühlten sich zu Exzellenz bei ihrer Arbeit verpflichtet.

Jung, Chow und Wu (2003) untersuchten, ob die transformationale Führung des CEOs eines Unternehmens (Vorstandsebene) in Beziehung zu organisationalen Innovationen stand. Patente und Ausgaben für Forschung und Entwicklung wurden herangezogen, um die Stärke organisationaler Innovationen zu erfassen. Als mögliche Mediatoren dieser Beziehungen wurden Empowerment und Unterstützung für Innovation untersucht. Das Empowerment im Unternehmen war stark, wenn dessen Mitglieder sich als kompetent, wirksam und selbstbestimmt erlebten und sie ihre Arbeit bedeutsam fanden. Als ein wichtiger Anhaltspunkt für die Unterstützung bei Innovationen diente die Toleranz gegenüber verschiedenen Sichtweisen und Meinungen im Unternehmen. Daten von 32 taiwanesischen Unternehmen aus den Bereichen Telekommunikation und Elektronik konnten erhoben werden, wobei in jedem Unternehmen drei Manager jeweils verschiedene Variablen einschätzten. So beurteilte ein Manager die transformationale Führung des CEOs, ein zweiter schätzte das Empowerment im Unternehmen ein und ein dritter Manager lieferte die Daten zu den organisationalen Innovationen.

In der Studie konnte zunächst ein positiver Zusammenhang zwischen der transformationalen Führung des CEOs und der organisationalen Innovation belegt werden. Je stärker der CEO transformational führte, desto mehr investierte das

Unternehmen in Forschung und Entwicklung und desto erfolgreicher wurden Innovationen patentiert. Die Unterstützung für Innovationen vermittelte diesen Zusammenhang. Ein Mediatoreffekt für das Empowerment ließ sich nicht belegen.

4 Förderung transformationaler Führung

4.1 Voraussetzungen der Trainierbarkeit von Führung

In 2013 investierten deutsche Unternehmen rund 33 Milliarden Euro für die betriebliche Weiterbildung ihrer Mitarbeiter (Seyda & Werner, 2014). Obgleich in den Berechnungen des Instituts der Deutschen Wirtschaft Köln nicht gesondert aufgeführt, kann davon ausgegangen werden, dass ein erheblicher Anteil der Kosten auf die Weiterentwicklung von Führungskräften entfällt. Dennoch wird die Notwendigkeit von Führungstrainings kontrovers diskutiert (Felfe & Franke, 2014). Ein Einwand gegen Führungstrainings ist, dass die benötigten Kompetenzen nicht erlernbar seien, sondern es sich eher um eine angeborene Gabe handle. Demnach wären Trainings überflüssig. Weiterhin wird der Nutzen von übergreifenden und generalisierten Führungsverhaltensweisen angezweifelt und argumentiert, es komme jedes Mal wieder auf die besondere Situation an, wie sich eine Führungskraft verhalten sollte. Entgegen diesen Einwänden belegen zahlreiche Studien die Wirksamkeit von Entwicklungsmaßnahmen. Basierend auf 83 Studien führten Collins und Holton (2004) eine Metaanalyse zur Effektivität von Führungstrainings durch. Mit mittleren bis großen Effektstärken belegen ihre Ergebnisse durchweg die Effektivität von Führungstrainings. So berichten Collins und Holton (2004) Effektstärken d von 0.96 bis 1.37 für Wissen-Zuwächse, von 0.35 bis 1.01 für Verhaltens-Verbesserungen und 0.39 für objektive Leistungsindikatoren auf organisationaler Ebene (z. B. Kostenreduktion, Produktivitäts- und Qualitätssteigerung).

Eine aktuellere Metaanalyse zur Wirksamkeit durchgeführter Managementtrainings relativiert allerdings diese Ergebnisse (vgl. Powell & Yalcin, 2010). Über eine Periode von 50 Jahren (1952 bis 2002; 85 Trainingsinterventionen; 4.779 Teilnehmer) kommen die Autoren zu dem Ergebnis, dass auf der Grundlage der analysierten Studien Trainings für Führungskräfte nicht so effektiv waren wie erhofft. Die Effektstärke von .24 über die gesamte Periode war moderat und statistisch nicht signifikant. Nur Trainingsstudien in den 1960er und 1970er Jahren zeigten signifikante Effektgrößen von .27 und .38. Allerdings fällt bei einer genaueren Betrachtung auf, dass für Lern-Zuwächse durchweg signifikante Effekte gefunden wurden, die allerdings vom gewählten Evaluationsdesign abhängen. Mittlere bis große Effektstärken wurden bei Studien gefunden, die (a) Posttests zwischen Trainings- und Kontrollgruppe verglichen ($r = .48$) und (b) Prä- und

Posttest der Trainingsgruppe verglichen ($r=.55$). Hingegen wurden kleine Effekte gefunden, wenn Prä- und Posttests zwischen Trainings- und Kontrollgruppe verglichen wurden ($r=.17$).

Die Befundlage ist also uneinheitlich. Es ist allerdings zu erwarten, dass die Wirksamkeit der Interventionen eher nachgewiesen werden kann, je sorgfältiger die Studie zur Evaluation eines Trainings geplant und organisatorisch durchgesetzt wird. Natürlich ist dies auch abhängig von den inhaltlich und methodisch-didaktisch aufbereiteten Maßnahmen. So ist die Wirksamkeit manch solcher „Führungsevents" häufig gar nicht belegt und die Frage bleibt offen, ob das Führen von Pferden, Hüten von Schafen oder Touren durch den Hochseilgarten und viele andere solcher arbeits- und unternehmensferner Maßnahmen angesichts der hiermit verbundenen Transferproblematik tatsächlich zur Entwicklung von Führungskräften beitragen (vgl. auch Kanning, 2013).

Maßgeblich für den Erfolg eines Führungstrainings ist dessen systematische Ausrichtung an einem vorher sorgfältig ermittelten Anforderungsprofil und Kompetenzmodell (vgl. Carberry & Cross, 2015 sowie Kapitel 10 in diesem Buch). Darin ist definiert, welche Kompetenzen eine Führungskraft benötigt. Ein solches Kompetenzmodell gibt Tabelle 1 wieder – aufgeteilt nach Führungs- und Managementkompetenzen. Eine solche Unterscheidung wird in der Management- und Kompetenzforschung empfohlen.

Tabelle 1: Ausgewählte Führungs- und Managementkompetenzen (aus Carberry & Cross, 2015; Day, Harrison & Halpin, 2009; Kent, Crotts & Aziz, 2001)

Führungskompetenzen	Managementkompetenzen
– Visionieren und inspirieren – „Wir"(-Gefühl) schaffen, Mitarbeiter beteiligen und Teams befähigen – Sinnstiftend kommunizieren – Selbstmanagement betreiben – Anerkennen, wertschätzen und fördern – Vernetzen und Kontakte aufrecht erhalten	– Planen, organisieren und entscheiden – Informieren – Die Organisationseinheit repräsentieren – Probleme analysieren und lösen – Konflikte erkennen und lösen – Evaluieren und Zielerreichung überprüfen – Beraten, delegieren und klären

Werden die vorhandenen mit den benötigten Kompetenzen einer Führungskraft abgeglichen, resultiert aus einer möglichen Differenz der Trainingsbedarf. Dann können entsprechende Methoden und Interventionen ausgewählt werden, um die erforderlichen Kompetenzen zu entwickeln. Eine Auswahl der Methoden zur Entwicklung von Führungskräften wird im Folgenden beschrieben.

4.2 Tools und Werkzeuge für das Führungstraining

Die Praxis der Führungskräftetrainings kann auf eine Vielzahl verschiedener Tools und Werkzeuge zurückgreifen. Im Folgenden werden einige Tools und Werkzeuge vorgestellt, für die empirische Evidenz vorliegt und Aussagen über deren Wirksamkeit getroffen werden können. Eine ausführliche Beschreibung und Bewertung unterschiedlicher Ansätze leisten Felfe und Franke (2014).

Mentoring

Mentoring bezeichnet in der Führungskräfteentwicklung eine Beziehung zwischen zwei Personen, die sich hinsichtlich ihrer Erfahrung unterscheiden. Eine erfahrene Person – meist in einer hierarchisch höheren Position – unterstützt eine andere (den Protegé) bei ihrer/seiner arbeits- und persönlichkeitsbezogenen Entwicklung und hat damit die Rolle eines Mentors inne. Die Funktion von Mentoren kann in instrumentelle bzw. karrierebezogene Unterstützung (z. B. Erhöhung der Sichtbarkeit des Protegés im Unternehmen) und psychosoziale Unterstützung (z. B. Ratgeber) unterteilt werden. Mentoring gehört zu den wenigen Entwicklungsmaßnahmen, für deren Bewertung eine breite empirische Grundlage existiert. Die Ergebnisse einer aktuellen Metaanalyse über 173 Studien und mehr als 40.000 Personen belegen, dass sich Mentoring für Protegés in Form von subjektiven (z. B. wahrgenommener Karriereerfolg) und objektiven (z. B. Einkommen) Indikatoren auszahlt (Eby, Allen, Hoffman et al., 2013). So gehen instrumentelle und psychosoziale Unterstützung einher mit höherem wahrgenommenem Karriereerfolg (r=.32 und .08) und Karriereaussichten (r=.23 und .15), einem etwas höheren Einkommen (r=.10 und .03), höherer Zufriedenheit (r=.36 und .26), niedrigerer Beanspruchung (r=–.12 und –.11) und geringerer Kündigungsabsicht (r=–.24 und –.08). Zu weiteren Studien über die Wirksamkeit von Mentoring vgl. Kapitel 17 in diesem Buch.

Coaching

Coaching beschreibt eine Methode der Führungskräfteentwicklung, bei der eine Führungskraft (Coachee) und ein Coach interagieren, um dem Coachee das Erlernen relevanter Fertigkeiten zu erleichtern und ihn beim Umgang mit Herausforderungen zu unterstützen (Yukl, 2006). Da die Kosten von Einzel-Coachings vergleichsweise hoch sind, wird es eher bei leitenden Führungskräften eingesetzt. Im Vergleich zu einem Mentor handelt es sich bei einem Coach um eine zeitlich begrenzte Begleitung, die in ihrer Dauer zwischen einer einmaligen Sitzung bis hin zu mehreren Jahren variieren kann.

Zur Wirkung von Coaching auf Affekt und Fertigkeiten liegt mittlerweile eine aktuelle Metaanalyse über 17 Studien vor (Jones, Woods & Guillaume, 2015).

Unter Affekt wurden beispielsweise Zufriedenheit und Wohlbefinden zusammengefasst, unter Fertigkeiten beispielsweise neue Führungskompetenzen und technische Fertigkeiten. Die Ergebnisse sprechen für eine positive Wirkung von Coaching auf Affekt ($d=0.46$) und Fertigkeiten ($d=0.26$). Zu weiteren Studien über die Wirksamkeit von Coaching vgl. Kapitel 17 in diesem Buch.

360°-Feedback

Eine sehr verbreitete Methode der Führungskräfteentwicklung stellt das 360°-Feedback dar. Im Rahmen eines 360°-Feedbacks wird eine Führungskraft von „allen Seiten" („multisource") eingeschätzt, beispielsweise von der Führungskraft selbst, den Mitarbeitern, von Kollegen, Vorgesetzten und Zulieferern oder Kunden (Yukl, 2006; Ryschka & Tietze, 2011). Ziel ist es hierbei, Stärken sowie Entwicklungsfelder für einzelne Führungskräfte zu identifizieren. Meist beinhalten 360°-Fragebogen verhaltens- und kompetenzbezogene Einschätzungen, diese können aber je nach Zielsetzung in ihren Anteilen variieren. Rückgemeldet werden die Ergebnisse anhand eines Berichts, der Selbst- und Fremdeinschätzungen vergleicht. Smither, London und Reilly (2005) gingen in einer Metaanalyse der Frage nach, ob sich aufgrund eines „multisource feedback systems" die Leistung tatsächlich verbessert. Die Ergebnisse zeigen lediglich einen kleinen Effekt von $d=0.12$, was Smither und Kollegen wohl dazu veranlasste eine Reihe von begünstigenden Bedingungen theoretisch zu postulieren: So soll die Leistungssteigerung stärker ausfallen, wenn das Feedback klar signalisiert, dass eine Verhaltensänderung bei der Führungskraft erforderlich ist. Zudem sollen Leistungssteigerungen aufgrund von „multisource feedback" besonders effektiv sein für Personen mit positiver Feedbackorientierung, die eine Verhaltensänderung als notwendig ansehen, und glauben, dass eine Veränderung möglich ist, wenn sie Handlungen unternehmen, um Kompetenzen und Leistung zu steigern.

Vielversprechend erscheint die Verzahnung von 360°-Feedbacks mit weiteren Entwicklungsmaßnahmen. Beispielsweise können die identifizierten Entwicklungsfelder im Rahmen begleitender Coachingsitzungen bearbeitet werden. Ebenso findet das 360°-Feedback im Rahmen der Erprobung eines neuen Instruments zur Führungskräfteentwicklung Verwendung. Michaelis, Vasilev und Rainer (2014) kombinieren das Tool mit Ansätzen der transformationalen Führung. In neun Dimensionen führungsrelevanter Kompetenzen (wie moralische Führung, Vertrauenswürdigkeit, Souveränität und Selbstsicherheit, Entscheidungsvermögen, Motivation usw.) lassen sich Entwicklungsdefizite mit dieser Methode diagnostizieren und entsprechende Fördermaßnahmen bei vorhandenen Defiziten für die Führungskräfte ableiten.

Projektlernen

Neben den drei empirisch relativ gut belegten Methoden der Führungskräfteentwicklung soll aufgrund der zunehmenden Verbreitung auch Projektlernen („action learning") dargestellt werden. Projektlernen ist eine Methode der Führungskräfteentwicklung, bei der einzelne Personen oder ganze Teams im Rahmen eines authentischen Projekts konkrete Lösungen für ein unternehmensrelevantes Problem erarbeiten (Leonard & Lang, 2010). Beispielsweise können ein Konzept zur Steigerung der Arbeitgeberattraktivität entwickelt oder der Ablauf eines Produktionsprozesses optimiert werden. Das Ziel liegt neben der Vertiefung von Fachwissen vor allem in der Steigerung organisatorischer und sozialer Fertigkeiten der Teilnehmer. Die Bearbeitungszeit eines Projekts kann von einigen Wochen bis hin zu mehreren Monaten reichen. Während der regelmäßig stattfindenden Treffen mit einem Prozessbegleiter diskutieren die Projektteilnehmer mögliche Schwierigkeiten und erhalten Hilfestellungen für ihre weitere Vorgehensweise. Es können auch mehrere Teams beteiligt sein, die sich regelmäßig zu gemeinsamen Seminaren treffen, um sich auszutauschen und so von den Erfahrungen der anderen zu profitieren. Projektlernen kann mit formalen Entwicklungsmaßnahmen kombiniert werden. Beispielsweise kann Coaching begleitend eingesetzt werden, um den Teilnehmern dabei zu helfen, ihre Erfahrungen zu reflektieren. Als Alternative zur Kombination des Aktionslernens mit formalen Entwicklungsmaßnahmen beschreibt Yukl (2006) einen Prozess gegenseitigen Coachings der Projektgruppenmitglieder. Hierbei identifizieren die Teilnehmer selbstständig eigene Lernbedarfe und formulieren Lernziele für sich selbst und andere. Die Teilnehmer unterstützen sich außerdem gegenseitig während regelmäßiger Treffen, bei denen der Stand der Arbeit präsentiert und Problemlöseansätze diskutiert werden.

Obgleich Projektlernen augenscheinlich zielführend zur Entwicklung von Führungskräften erscheint, untersuchten bisher nur wenige Studien deren Wirksamkeit. Ein qualitativer Überblick über 21 Studien (vgl. Leonard & Marquardt, 2010) zeigt eine positive Entwicklung, insbesondere in den Team- und Problemlösefähigkeiten von Führungskräften.

4.3 Trainierbarkeit transformationaler Führung

Ist transformationale Führung erlernbar? Die Ergebnisse verschiedener Studien sprechen für die Trainierbarkeit transformationaler Führung. Eine frühe Arbeit hierzu stammt von Barling et al. (1996). So teilten Barling et al. (1996) 20 Filialleiter einer großen kanadischen Bank in eine Trainings- und eine Kontrollgruppe auf. Die Mitglieder der Trainingsgruppe nahmen an einem eintägigen Workshop zu transformationaler Führung teil. Im Rahmen des Workshops wurden transformationale, transaktionale und Laissez-faire-Führung behandelt sowie praktische Übungen in Kleingruppen durchgeführt (z. B. Erarbeitung persönlicher Ziele zur Umsetzung des eigenen transformationalen Führungsstils und Rollenspiele zur Erprobung neuer Verhaltensweisen). Außerdem wurde mit Mitgliedern der Trainingsgruppe in vier Einzelsitzungen ihr transformationaler Führungsstil besprochen sowie spezifische Entwicklungsziele erarbeitet. Mitglieder der Kontrollgruppe nahmen weder an einem Workshop noch an Einzelsitzungen teil. Die Wirksamkeit des Trainings wurde auf zwei Arten gemessen. Erstens wurde erfasst, ob sich das Führungsverhalten der Teilnehmer veränderte. Hierzu wurde der transformationale Führungsstil der 20 Teilnehmer durch ihre direkten Mitarbeiter vor und nach dem Training eingeschätzt. Zweitens wurde erfasst, ob sich die Trainingsmaßnahme auf organisationale Größen auswirkte. Hierzu wurden die Bindung der Mitarbeiter an das Unternehmen (Commitment) und Verkaufszahlen (Anzahl verkaufter Kreditkarten und Vergabe privater Darlehen) vor und nach dem Training erfasst. Wie Barling und Kollegen (1996) berichten, konnte durch die Trainingsmaßnahmen eine Veränderung des Führungsverhaltens erzielt werden: Mitglieder der Trainingsgruppe wurden nach den Trainingsmaßnahmen von ihren Mitarbeitern „transformationaler“ eingeschätzt als Mitglieder der Kontrollgruppe. Vor dem Training bestand kein Unterschied. Zudem berichten Barling und Kollegen (1996), dass sich die Trainingsmaßnahmen positiv auf das Commitment der direkten Mitarbeiter sowie die Verkaufszahlen auswirkten.

In einer jüngeren Studie untersuchten Antonakis, Fenley und Liechti (2011) die Trainierbarkeit von Charisma – eine Facette der transformationalen Führung („idealized influence“ und „inspirational motivation“). Hierzu teilten Antonakis und Kollegen (2011) 34 Mitglieder des mittleren Managements einer großen Schweizer Bank in eine Trainingsgruppe und eine Wartekontrollgruppe auf. Einen Monat vor und drei Monate nach der Intervention wurde das Charisma der teilnehmenden Manager mittels 360°-Feedback erhoben, d. h. Vorgesetzte, Kollegen und Mitarbeiter füllten Fragebögen zum Charisma der Studienteilnehmer aus. Das Training gliederte sich in zwei Teile. Erstens wurden in einem circa fünfstündigen Workshop mit der Trainingsgruppe charismatische Verhaltensweisen besprochen, diese anhand von Filmszenen veranschaulicht und lernorientierte Rückmeldungen zu trainierten charismatischen Verhaltensweisen gegeben. Zweitens wurde ein Rückmelde-Bericht zum Führungsstil der Mitglieder der Trainingsgruppe einige Tage nach dem Workshop einzeln besprochen. Grundlage hierfür waren die 360°-Befragungen vor dem Training. Die Ergebnisse der Studie sprechen für die Wirksamkeit des Charisma-Trainings. So bestand vor dem Training kein Unterschied zwischen Trainings- und Wartekontrollgruppe (2,46 versus 2,49), hingegen wurde die Trainingsgruppe nach dem Training als charismatischer wahrgenommen als die Wartekontrollgruppe (2,99 versus 2,88; Eta-square = ,22).

Fazit der dargestellten sowie weiterer Trainingsstudien (Frese, Beimel & Schoenborn, 2003; Kelloway & Barling, 2000; Mullen & Kelloway, 2009) ist, dass transformationale und charismatische Führung durch Trainings erlernbar sind. Das sind wichtige Einsichten insbesondere für Organisationen, die von den positiven Seiten transformationaler und charismatischer Führungskräfte profitieren wollen, sei es bei der Motivation von Mitarbeitern oder beim Führen von organisationalen Veränderungsinitiativen (Nohe, Michaelis, Menges, Zhang & Sonntag, 2013).

5 Zusammenfassung

Der vorliegende Beitrag verdeutlicht die Wichtigkeit transformationaler Führung bei organisationalen Veränderungs- und Innovationsprozessen. So gelingt es transformationalen Führungskräften in besonderem Maße die Werte, Einstellungen und Verhaltensweisen ihrer Mitarbeiter im Sinne erfolgreicher organisationaler Veränderungen und Innovationen zu beeinflussen. Angesichts sich ständig wandelnder Rahmenbedingungen in Organisationen und Märkten sowie der damit verbundenen Anforderung an Führungskräfte, Veränderungen und Anpassungen zu gestalten, stellt der transformationale Führungsstil ein vielversprechendes Leitbild zur Führung in Organisationen dar. Gleichzeitig belegen die in diesem Beitrag dargestellten Studien die Trainierbarkeit transformationaler Führung. Wollen Organisationen die positiven Seiten transformationaler Führung für sich nutzen, stellen Führungskräftetrainings somit ein wirksames Mittel dar.

Literatur

Anderson, N., De Dreu, C.K.W. & Nijstad, B. (2004). The routinization of innovation research: A constructively critical review of the state-of-the-science. *Journal of Organizational Behavior, 25,* 147–173. http://doi.org/10.1002/job.236

Antonakis, J., Fenley, M. & Liechti, S. (2011). Can charisma be taught? Tests of two interventions. *Academy of Management Learning & Education, 10* (3), 374–396. http://doi.org/10.5465/amle.2010.0012

Avolio, B.J., Bass, B.M. & Jung, D.I. (1999). Re-examining the components of transformational and transactional leadership using the Multifactor Leadership Questionnaire. *Journal of Occupational and Organizational Psychology, 72,* 441–462. http://doi.org/10.1348/096317999166789

Avolio, B.J., Walumbwa, F.O. & Weber, T.J. (2009). Leadership: Current theories, research, and future directions. *Annual Review of Psychology, 60,* 421–449. http://doi.org/10.1146/annurev.psych.60.110707.163621

Barling, J., Weber, T. & Kelloway, E.K. (1996). Effects of transformational leadership training on attitudinal and financial outcomes: A field experiment. *Journal of Applied Psychology, 81* (6), 827–832. http://doi.org/10.1037/0021-9010.81.6.827

Bass, B.M. & Avolio, B.J. (1994). *Improving organizational effectiveness through transformational leadership.* Thousand Oaks, CA: Sage Publications.

Bück, V., Michel, A. & Sonntag, Kh. (2010). Justice is the mother of invention. A moderated mediation model of interactional justice, valence of the suggestion system, wellbeing and motivation to submit suggestions. *European Journal of Innovation Management, 13,* 507–524.

Burnes, B. (2009). *Managing Change: A Strategic Approach to Organisational Dynamics*. Harlow: FT Prentice Hall.

Carberry, R. & Cross, Ch. (2015). *Human Resource Development*. London: Palgrave.

Collins, D.B. & Holton III, E.F. (2004). The Effectiveness of Managerial Leadership Development Programs: A Meta-Analysis of Studies from 1982 to 2001. *Human Resource Development Quarterly, 15* (2), 217–248. http://doi.org/10.1002/hrdq.1099

Day, D.V., Harrison, M.M. & Halpin, S.M. (2009). *An integrative approach to leader development*. New York, NY: Routledge.

Den Hartog, D.N. & Belschak, F.D. (2012). When does transformational leadership enhance employee proactive behavior? The role of autonomy and role breadth self-efficacy. *Journal of Applied Psychology, 97,* 194–202. http://doi.org/10.1037/a0024903

Detert, J.R. & Burris, E.R. (2007). Leadership behavior and employee voice: Is the door really open? *Academy of Management Journal, 50,* 869–884. http://doi.org/10.5465/AMJ.2007.26279183

Eby, L.T., Allen, T.D., Hoffman, B.J., Baranik, L.E., Sauer, J.B., Baldwin, S., Morrison, M.A., Kinkade, K.M., Maher, C.P., Curtis, S. & Evans, S.C. (2013). An interdisciplinary meta-analysis of the potential antecedents, correlates, and consequences of protégé perceptions of mentoring. *Psychological Bulletin, 139* (2), 441. http://doi.org/10.1037/a0029279

Eisenbeiss, S.A., van Knippenberg, D. & Boerner, S. (2008). Transformational leadership and team innovation: Integrating team climate principles. *Journal of Applied Psychology, 93,* 1438–1446. http://doi.org/10.1037/a0012716

Felfe, J. (2006a). Transformationale und charismatische Führung – Stand der Forschung und aktuelle Entwicklungen. *Zeitschrift für Personalpsychologie, 5,* 163–176. http://doi.org/10.1026/1617-6391.5.4.163

Felfe, J. (2006b). Validierung einer deutschen Version des „Multifactor Leadership Questionnaire" (MLQ Form 5x) von Bass und Avolio (1995). *Zeitschrift für Arbeits- und Organisationspsychologie, 50,* 61–78. http://doi.org/10.1026/0932-4089.50.2.61

Felfe, J. & Franke, F. (2014). *Führungskräftetrainings*. Göttingen: Hogrefe.

Frese, M., Beimel, S. & Schoenborn, S. (2003). Action training for charismatic leadership: Two evaluations of studies of a commercial training module on inspirational communication of a vision. *Personnel Psychology, 56* (3), 671–698. http://doi.org/10.1111/j.1744-6570.2003.tb00754.x

Gebert, D. (2002). *Führung und Innovation*. Stuttgart: Kohlhammer.

Gong, Y., Huang, J.-C. & Farh, J.-L. (2009). Employee learning orientation, transformational leadership, and employee creativity: The mediating role of employee creative self-efficacy. *Academy of Management Journal, 52,* 765–778. http://doi.org/10.5465/AMJ.2009.43670890

Herold, D.M., Fedor, D.B., Caldwell, S. & Yi, L. (2008). The effects of transformational and change leadership on employees' commitment to a change: A multilevel study. *Journal of Applied Psychology, 93,* 346–357. http://doi.org/10.1037/0021-9010.93.2.346

Herrmann, D., Felfe, J. & Hardt, J. (2012). Transformationale Führung und Veränderungsbereitschaft. Stressoren und Ressourcen als relevante Kontextbedingungen. *Zeitschrift für Arbeits- und Organisationspsychologie, 56,* 70–86. http://doi.org/10.1026/0932-4089/a000076

Holt, D.T., Armenakis, A.A., Field, H.S. & Harris, S.G. (2007). Readiness for organizational change. *Journal of Applied Behavioral Science, 43,* 232–255. http://doi.org/10.1177/0021886306295295

Jones, R.J., Woods, S.A. & Guillaume, Y.R. (2015). *The effectiveness of workplace coaching: A meta-analysis of learning and performance outcomes from coaching. Journal of Occupational and Organizational Psychology*. Advance online publication. http://doi.org/10.1111/joop.12119

Judge, A. & Piccolo, R. F. (2004). Transformational and transactional leadership: A meta-analytic test of their relative validity. *Journal of Applied Psychology, 89,* 755–768. http://doi.org/10.1037/0021-9010.89.5.755

Jung, D. I., Chow, C. & Wu, A. (2003). The role of transformational leadership in enhancing organizational innovation: Hypotheses and some preliminary findings. *Leadership Quarterly, 14,* 525–544. http://doi.org/10.1016/S1048-9843(03)00050-X

Kanning, U. P. (2013). *Wenn Manager auf Bäume klettern: Mythen der Personalentwicklung und Weiterbildung*. Lengerich: Pabst.

Keller, R. T. (2006). Transformational leadership, initiating structure, and substitutes for leadership: A longitudinal study of research and development project team performance. *Journal of Applied Psychology, 91,* 202–210. http://doi.org/10.1037/0021-9010.91.1.202

Kelloway, E. K. & Barling, J. (2000). What we have learned about developing transformational leaders. *Leadership & Organization Development Journal, 21* (7), 355–362. http://doi.org/10.1108/01437730010377908

Kent, T. W., Crotts, J. C. & Aziz, A. (2001). Four factors of transformational leadership behavior. *Leadership & Organizational Development Journal, 22,* 221–229. http://doi.org/10.1108/01437730110396366

Kernan, M. C. & Hanges, P. J. (2002). Survivor reactions to reorganization: Antecedents and consequences of procedural, interpersonal, and informational justice. *Journal of Applied Psychology, 87,* 916–928. http://doi.org/10.1037/0021-9010.87.5.916

Leonard, H. S. & Lang, F. (2010). *Leadership development via action learning. Advances in Developing Human Resources, 12* (2), 225–240.

Leonard, H. S. & Marquardt, M. J. (2010). The evidence for the effectiveness of action learning. *Action Learning: Research and Practice, 7* (2), 121–136. http://doi.org/10.1080/14767333.2010.488323

Lines, R. (2004). Influence of participation in strategic change: Resistance, organizational commitment and change goal achievement. *Journal of Change Management, 4,* 193–215. http://doi.org/10.1080/1469701042000221696

Lowe, K. B., Kroeck, K. G. & Sivasubramaniam, N. (1996). Effectiveness correlates of transformation and transactional leadership: A meta-analytic review of the MLQ literature. *Leadership Quarterly, 7,* 385–425. http://doi.org/10.1016/S1048-9843(96)90027-2

Michaelis, B., Nohe, Ch. & Sonntag, Kh. (2012). Führungskräfteentwicklung im 21. Jahrhundert – Wo stehen wir und wo müssen (oder wollen) wir hin? In S. Grote (Hrsg.), *Die Zukunft der Führung* (S. 365–389). Heidelberg: Springer.

Michaelis, B., Stegmaier, R. & Sonntag, Kh. (2010). Shedding light on followers' innovation implementation behavior: The role of transformational leadership, commitment to change, and climate for initiative. *Journal of Managerial Psychology, 25,* 408–429. http://doi.org/10.1108/02683941011035304

Michaelis, B., Vasilev, J. & Rainer, G. (2014). Das „Complex Leadership Assessment" als Ausgangspunkt erfolgreicher Führungskräfteentwicklung: Theorie, Konzeption, Validierung und Anwendungsbereiche. *Zeitschrift für betriebswirtschaftliche Forschung, 66,* 658–693.

Mullen, J. E. & Kelloway, E. (2009). Safety leadership: A longitudinal study of the effects of transformational leadership on safety outcomes. *Journal of Occupational and Organizational Psychology, 82* (2), 253–272. http://doi.org/10.1348/096317908X325313

Nohe, C., Michaelis, B., Menges, J. I., Zhang, Z. & Sonntag, Kh. (2013). Charisma and organizational change: A multilevel study of perceived charisma, commitment to change, and team performance. *The Leadership Quarterly, 24* (2), 378–389. http://doi.org/10.1016/j.leaqua.2013.02.001

Oreg, S. & Berson, Y. (2011). Leadership and employees' reactions to change. The role of leaders' personal attributes and transformational leadership style. *Personnel Psychology, 64,* 627–659. http://doi.org/10.1111/j.1744-6570.2011.01221.x

Powell, K. S. & Yalcin, S. (2010). Managerial training effectiveness. A meta-analysis 1952–2002. *Personnel Review, 39,* 227–241. http://doi.org/10.1108/00483481011017435

Pundt, A. & Schyns, B. (2005). Führung im Ideenmanagement: Der Zusammenhang zwischen transformationaler Führung und dem individuellen Engagement im Ideenmanagement. *Zeitschrift für Personalpsychologie, 4,* 55–65. http://doi.org/10.1026/1617-6391.4.2.55

Ryschka, J. & Tietze, K.-O. (2011). Beratungs- und betreuungsorientierte Personalentwicklungsansätze. In J. Ryschka, M. Solga & A. Mattenklott (Hrsg.), *Praxishandbuch Personalentwicklung. Instrumente, Konzepte, Beispiele* (S. 95–136). Wiesbaden: Gabler. http://doi.org/10.1007/978-3-8349-6384-0_4

Seo, M.-G., Taylor, M. S., Hill, N. S., Zhang, X., Tesluk, P. E. & Lorinkova, N. M. (2012). The role of affect and leadership during organizational change. *Personnel Psychology, 65,* 121–165. http://doi.org/10.1111/j.1744-6570.2011.01240.x

Seyda, S. & Werner, D. (2014). IW-Weiterbildungserhebung 2014 – Höheres Engagement und mehr Investitionen in betriebliche Weiterbildung. *IW-Trends, 39,* 1–15.

Shin, S. J. & Zhou, J. (2003). Transformational leadership, conservation, and creativity: Evidence from Korea. *Academy of Management Journal, 46,* 703–714. http://doi.org/10.2307/30040662

Smither, J. W., London, M. & Reilly, R. R. (2005). Does performance improve following multisource feedback? A theoretical model, meta-analysis, and review of empirical findings. *Personnel Psychology, 58* (1), 33–66. http://doi.org/10.1111/j.1744-6570.2005.514_1.x

Sonntag, Kh., Frieling, E. & Stegmaier, R. (2012). *Lehrbuch Arbeitspsychologie* (3. Aufl.). Bern: Huber.

Sonntag, Kh. & Spellenberg, U. (2005). *Erfolgreich durch Veränderungen – Veränderungen erfolgreich managen.* Stuttgart: IPA-Verlag.

Stegmaier, R. (2016). *Management von Veränderungsprozessen.* Göttingen: Hogrefe.

Wang, G., Oh, J., Courtright, S. H. & Colbert, A. (2011). Transformational leadership and performance across criteria and levels: A meta-analytic review of 25 years of research. *Group & Organization Management, 36,* 223–270. http://doi.org/10.1177/1059601111401017

Wu, C., Neubert, M. J. & Yi, X. (2007). Transformational leadership, cohesion perceptions, and employee cynicism about organizational change. The mediating role of justice perceptions. *The Journal of the Applied Behavioral Science, 43,* 327–351. http://doi.org/10.1177/0021886307302097

Yukl, G. A. (2006). *Leadership in organizations* (6th ed.). Upper Saddle River, NJ: Pearson, Prentice Hall.

Zhou, J. & Shalley, C. E. (2011). Deepening our understanding of creativity in the workplace: A review of different approaches to creativity research. In S. Zedeck (Ed.), *APA handbook of industrial and organizational psychology, Vol 1: Building and developing the organization* (pp. 275–302). Washington, DC: American Psychological Association.

Kapitel 17

Berufliche Entwicklung steuern und Erfolg fördern: Mentoring und Coaching

Alexandra Michel & Katrin Bickerich

Inhaltsübersicht

Überblick:

In diesem Kapitel werden Mentoring und Coaching als zunehmend bedeutsame Interventionsformen der Personalentwicklung in Organisationen vorgestellt und kritisch hinterfragt. Ziel beider Interventionen ist es, Menschen in ihrer Karriereentwicklung zu unterstützen und beruflichen Erfolg zu fördern. Die Basis ist in beiden Fällen eine vertrauensvolle und intensive Eins-zu-Eins-Beziehung zwischen Mentor und Mentee bzw. zwischen Coach und Coachee. Das Kapitel ist in drei Bereiche unterteilt. Im ersten Teil wird Mentoring und im zweiten Teil Coaching als Instrumente der Personalentwicklung vorgestellt. Ziel jedes Bereiches ist es, einen Überblick zu folgenden Aspekten zu geben: (1) Ursprung und Definition des Begriffs, (2) Charakterisierung der Interventionsformen, (3) überblicksartige Darstellung des aktuellen Forschungsstands zur Evaluation, (4) Praxisimplikationen. Abschließend wird im dritten Teil ein Ausblick gegeben, welchen Beitrag Mentoring und Coaching leisten können, um den Herausforderungen des demografischen Wandels, der Globalisierung und Digitalisierung zu begegnen.

1 Einleitung

Mentoring-Programme sind im Talentmanagement heutiger Organisationen weit verbreitet (Graf & Edelkraut, 2014) oder werden als Evaluationsstudien durch staatliche oder EU-Projekte gefördert (vgl. bspw. Höher, 2014). Gleichzeitig ist Coaching ein in der Organisationspraxis längst etabliertes Personalentwicklungsinstrument, das allmählich auch als Untersuchungsgegenstand in der psychologischen Wissenschaft Beachtung findet, was sich z. B. durch zahlreiche Coaching-Kongresse (in den letzten Jahren auch im deutschsprachigen Raum) zeigt. Begründen lässt sich die Nachfrage nach Mentoring und Coaching dadurch, dass die Anforderungen an Mitarbeiter und Führungskräfte in den letzten Jahren durch den Wandel der Arbeit und die damit einhergehende Aufgabenverdichtung sowie zunehmende Komplexität gestiegen sind. Der beschleunigte Wissenszuwachs und die daraus resultierenden Lernprozesse verändern den Charakter von (Führungs-)Arbeit heute. Aus den sich verändernden Rahmenbedingungen sind negative Beanspruchungsfolgen und Überforderungssymptome in Unternehmen brisante Themen geworden, für deren Prävention z. B. Coaching als Intervention eingesetzt wird (Schumann, 2014). In Zeiten des Fach- und Führungskräftemangels können Mentoring und Coaching zudem eine wichtige Rolle hinsichtlich der Gewinnung und Bindung dieser Zielgruppe spielen. Im Sinne der Arbeitgeberattraktivität gelten Mentoring und Coaching inzwischen in vielen Organisationen vor allem bei jüngeren Führungskräften als attraktive Personalentwicklungsinstrumente.

2 Mentoring

2.1 Ursprung und Definition des Mentoring-Begriffs

Der Mentoring-Begriff findet seinen Ursprung in der altgriechischen Mythologie. Homer beschreibt in seinem Epos, dass Odysseus seinen Freund Mentor bittet, seinem Sohn Telemachos während seiner Abwesenheit als väterlicher Freund, Berater und Beschützer zur Seite zu stehen. Mentor unterstützt und begleitet Telemachos bis zu dem Tag, an dem Odysseus aus dem Trojanischen Krieg wieder heimkehrt. Dabei kennzeichnen Zuneigung, Achtung, Vertrauen und gegenseitiger Respekt die Beziehung zwischen Mentor und Telemachos (vgl. Blickle, 2014).

Mentoring beschreibt also eine Eins-zu-Eins-Beziehung zwischen einer weniger erfahrenen Person (Mentee/Protegé), z. B. Berufsanfänger, Nachwuchsführungskraft, und einer beruflich erfahreneren Person (Mentor). Diese Mentor-Mentee-Beziehung wird oftmals auch als Tandem bezeichnet. Ziel des Mentorings ist es, die persönliche und professionelle Entwicklung des Mentees zu fördern. Mentees können Personen weiblichen oder männlichen Geschlechts sein, die in einem Gebiet weniger erfahren sind, entsprechend Rat suchen und sich beruflich weiterentwickeln möchten. Mentoren sind in der Regel höherrangige, einflussreiche Personen weiblichen oder männlichen Geschlechts, die innerhalb oder außerhalb der Organisation der Mentees arbeiten können. Mentoren sollten über vielfältige berufliche Erfahrungen und ein breites Wissensspektrum verfügen und motiviert sein, ihre Mentees bei der beruflichen Entwicklung zu fördern und auf dem Karriereweg zu unterstützen (vgl. Blickle & Schneider, 2007; Schneider, Witzki & Blickle, 2011; Wanberg, Welsh & Hezlett, 2003).

2.2 Funktionen und Arten von Mentoring

Mentoring-Funktionen

Beim Mentoring werden drei Funktionen unterschieden, die ein Mentor während des Mentoring-Prozesses übernehmen kann (vgl. z. B. Blickle, 2014; Blickle & Schneider, 2007; Wanberg et al., 2003). Bei der *karrierebezogenen Funktion* unterstützt der Mentor den Mentee bei der beruflichen Entwicklung, dem Weiterkommen bzw. dem Karriereaufstieg. So bespricht dieser beispielsweise mit dem Mentee informelle und formelle Regeln in der Organisation und vermittelt dadurch einen Einblick in Organisationskultur und -politik. Er stellt neue Kontakte her und fördert die Sichtbarkeit der Potenziale und Leistungen des Mentees innerhalb der Organisation. Er unterstützt bei der Karriereplanung, bei Bewerbungen und Beförderungen. Die *psychosoziale Funktion* kennzeichnet hingegen die emotionale Unterstützung und den freundschaftlichen, vertrauensvollen Umgang zwischen Mentor und Mentee. Die Mentor-Mentee-Beziehung ist dadurch gekennzeichnet, dass der Mentor – auch bei Problemen des Mentees – aktiv zuhört, Stärken und Schwächen des Mentees thematisiert und diesem Rat gibt. Zusätzlich kann der Mentor *Vorbild und Rollenmodell* für den Mentee sein, welches die dritte Funktion von Mentoring kennzeichnet. Der Mentor kann ihm Vorbild im Hinblick auf das Verhalten als Führungskraft sowie auf Einstellungen und Werte sein. Als Rollenmodell zeigt er ihm beispielsweise, wie sich eine Führungskraft bei Mitarbeitergesprächen, Teambesprechungen, Zielvereinbarungen, der Projektplanung und der Delegation von Aufgaben verhalten sollte.

Mit dem *Mentor Role Instrument* (MRI), das von Ragins und McFarlin (1990) entwickelt wurde, lassen sich die karrierebezogene und die psychosoziale Funktion von Mentoring messen und dadurch mentorale Unterstützung erfassen. Für das Instrument liegt eine deutschsprachige Fassung vor, die von Schneider et al. (2011) validiert wurde. In der Tabelle 1 werden Skalen und Beispiel-Items des Fragebogens dargestellt (vgl. Schneider, Witzki & Blickle, 2011; S. 198).

Tabelle 1: Auszug aus dem Mentor Role Instrument nach Ragins und McFarlin (1990)

Karrierebezogene Dimension	
Dimensionen	**Items**
Herausforderungen	Der Mentor delegiert herausfordernde Aufgaben an den Mentee.
Karriereberatung	Der Mentor berät den Mentee zu Strategien und internen Organisationsregeln.
Sichtbarkeit	Der Mentor fördert die Sichtbarkeit des Mentees bzgl. seiner Fähigkeiten und Leistungen bei wichtigen Entscheidungsträgern.
Psychosoziale Dimension	
Dimensionen	**Items**
Akzeptanz	Der Mentor wertschätzt den Mentee sowohl privat als auch beruflich.
Beratung	Durch die beratende Funktion des Mentors kann sich der Mentee beruflich und persönlich weiterentwickeln.
Freundschaft	Mentoring erfolgt in Form einer von Freundschaft geprägten Vertrauensbeziehung.

Formelles und informelles Mentoring

Mentor und Mentee können auf unterschiedlichen Wegen zueinander finden. Entsprechend werden beim Mentoring zwei Hauptarten unterschieden. Unter *formellem Mentoring* werden Unternehmensprogramme als Teil der Human Resource Management-(HRM)-Strategie verstanden, bei denen mit organisationaler Unterstützung und über einen Matching-Prozess Tandems aus Mentor und Mentee gebildet werden, um z.B. Nachwuchskräfte bei der Übernahme neuer Aufgaben und bei der Karriereentwicklung zu unterstützen. Im Gegensatz hierzu hat sich beim *informellen Mentoring* die Mentor-Mentee Beziehung auf „natürlichem Wege" entwickelt, d.h. Mentoring-Tandems haben sich ohne organisationale Unterstützung gefunden (vgl. Underhill, 2006; Wanberg et al., 2003).

Werden formelles und informelles Mentoring miteinander verglichen, so weisen die Forschungsergebnisse darauf hin, dass informelles im Vergleich zu formellem Mentoring die beschriebenen Mentoring-Funktionen oftmals besser abdeckt (vgl. für einen Forschungsüberblick Wanberg et al., 2003). So zeigte sich beispielsweise, dass informelles Mentoring im Vergleich zu formellem Mentoring mehr zur karrierebezogenen Funktion und einer höheren Qualität der Mentoring-Beziehung beiträgt und auch mit höheren Gehältern und mehr Beförderungen korreliert (z. B. Chao, Walz & Gardner, 1992; Ragins & Cotton, 1999).

Allerdings konnte auch gezeigt werden, dass formelles Mentoring im Vergleich zu keinem Mentoring positive Effekte aufweist: So berichteten Teilnehmer von formellen Mentoring-Programmen Positives in Hinblick auf ihre Sozialisation in die Organisation, d. h. das Verstehen der Ziele, Werte und der Unternehmenspolitik (Chao et al., 1992). Seibert (1999) konnte zudem ein höheres Ausmaß an Arbeitszufriedenheit bei Beschäftigten zeigen, die an einem formellen Mentoring-Programm teilnahmen, im Vergleich zu Personen ohne Mentoring. Werden Führungskräfte zu den Auswirkung von Mentoring auf ihre Mitarbeiter, die daran teilnehmen, befragt, so zeigt die Studie von Thurston Jr., D'Abate und Eddy (2012) positive Zusammenhänge zwischen Mentoring und der Leistung sowie Kompetenz der Teammitglieder.

Auch konnten Ragins, Cotton und Miller (2000) zeigen, dass es keinen Unterschied in der Effektivität zwischen formellem und informellem Mentoring gibt, wenn sich die Zufriedenheit der Mentees mit ihrem Mentor nicht unterscheidet. Empfehlungen zur Gestaltung formeller Mentoring-Programme, die dazu beitragen deren Effektivität zu erhöhen, werden im Abschnitt 2.4 dargestellt.

Netzwerkansatz: Laufbahnförderung durch ein Unterstützernetzwerk

Der Netzwerkansatz des Mentorings postuliert, dass psychosoziale und karrierebezogene Unterstützung nicht über einen Mentor alleine erfolgen muss, sondern auch durch ein Netzwerk von unterschiedlichen Personen geleistet werden kann (Blickle, Kuhnert & Rieck, 2003). Dem Netzwerkansatz zufolge ist es für die Karriereentwicklung nicht relevant, einen einzigen einflussreichen Mentor zu finden, dem man vertrauen kann, sondern ein Unterstützungsnetzwerk aufzubauen. Dabei kann der Austausch mit verschiedenen Personen ganz unterschiedliche Funktionen erfüllen. So steht beispielsweise beim Gespräch mit einer Person die Laufbahnplanung (karrierebezogene Mentoring-Funktion), beim Austausch mit einer anderen Person die emotionale Unterstützung im Vordergrund (psychosoziale Mentoring-Funktion). Dieser Ansatz birgt den Vorteil, dass eine Nachwuchskraft nicht zu sehr in einem Abhängigkeitsverhältnis zu einer anderen, einflussreicheren Person steht. Zudem kann sie Informationen und Unterstützung von verschiedenen Quellen erhalten. Zu beachten ist in diesem Zusammenhang allerdings auch, dass es möglich ist, sowohl eine intensive Mentoring-Beziehung als auch Kontakte mit anderen Kollegen zu pflegen (Blickle et al., 2003).

Forschungsergebnisse stützen den Ansatz, dass ein Unterstützungsnetzwerk förderlich für die Karriere ist. So zeigten Blickle, Witzki und Schneider (2009a) in einer Studie mit 112 Teilnehmern, dass Netzwerkverhalten (Networking) ein signifikanter Prädiktor für Karriereerfolg war. Allerdings zeigte die Studie auch, dass Mentoring durch einen einflussreichen Mentor den objektiven Karriereerfolg über den Netzwerkeffekt hinausgehend signifikant beeinflusste. In einer weiteren Studie untersuchte das gleiche Autorenteam (Blickle, Witzki & Schneider, 2009b) den Zusammenhang zwischen selbstinitiiertem Mentoring und verschiedenen Karriereindikatoren bei 121 Berufsanfängern. Sie konnten zeigen, dass Networking und nicht Mentoring den Zusammenhang zwischen selbstinitiiertem Mentoring und dem erhaltenem Mentoring, der hierarchischen Position und dem Einkommen zwei Jahre später vermittelt. Diesen Ergebnissen zufolge scheint proaktives Verhalten im Sinne von Netzwerkverhalten förderlich für die berufliche Entwicklung und Karriere zu sein. Allerdings zeigt eine weitere nordamerikanische Studie (Feeney & Bozeman, 2008) mit 790 Beschäftigten auch, dass es keine signifikanten Unterschiede gibt in Anzahl und Fokus (innerhalb und außerhalb der Organisation) der Netzwerkbeziehungen, die aufgrund formeller oder informeller Mentorings entstanden sind.

Festzuhalten bleibt, dass sowohl Mentoring als auch Netzwerkverhalten förderlich für die Karriere zu sein scheinen. Weitere, insbesondere metaanalytische, Studien sind notwendig, um aufzuzeigen, ob beide Methoden gleichermaßen die verschiedenen Mentoring-Funktionen erfüllen können oder ob eine der anderen überlegen ist. Zusätzlich sollte genauer untersucht werden, inwiefern Mentoring und Networking sich hinsichtlich ihrer Wirkung gegenseitig ergänzen. Erste Hinweise hierzu liefern die Studien von Blickle et al. (2009a, b).

Mentoring als Instrument des Wissensaustausches und der Personalauswahl

Neben dem klassischen Austausch, in dem ein Mentor einem Mentee beratend zur Seite steht, wurden in den letzten Jahren weitere Mentoring-Formen entwickelt. Diese sollen dem Wissensaustausch zwischen Beschäftigten unterschiedlicher Wissensstände und Expertisen dienen. Beim Reverse Mentoring beraten jüngere Beschäftigte beispielsweise ältere Kollegen, beim Reciprocal Mentoring besteht ein wechselseitiger Wissensaustausch. Dabei können Beschäftigte sich sowohl Face-to-Face als auch unter Nutzung elektronischer Medien miteinander austauschen. Ebenso nutzen Human Resource Management-Abteilungen Mentoring auch als Instrument der Personalauswahl, um bereits frühzeitig Berufseinsteiger an Unternehmen zu binden. Im Folgenden werden diese Mentoring-Formen vorgestellt.

Reverse Mentoring. Beim Reverse Mentoring helfen jüngere Mitarbeiter (Nachwuchskräfte), die aber beispielsweise erfahrener im Umgang mit neuen Technologien sowie dem Wandel und der Globalisierung der Arbeit sind, älteren Kollegen diese zu verstehen und bei ihrer Arbeit zu nutzen (Harvey, McIntyre, Thompson, Heames & Moeller, 2009). So wurde beispielsweise 1999 ein Reverse Mentoring-Programm bei General Electric eingeführt. Ziel war es, dass die jüngeren, technologieerfahreneren Personen die älteren Führungskräfte bei der Nutzung des Internets unterstützen sollten. Gleichzeitig bietet Reverse Mentoring eine Möglichkeit des generationenübergreifenden Austauschs bzgl. Einstellungen und Werten. Übertragen auf die heutige Zeit könnte es beispielsweise sinnvoll sein, den Austausch zwischen Baby Boomer-Generation, Generation X, Generation Y und Digital Natives zu fördern (vgl. auch Murphy, 2012).

Reciprocal Mentoring. Beim Reciprocal Mentoring stehen der dyadische, gleichberechtigte Wissensaustausch zwischen Mentor und Protegé und das Ziel, voneinander zu lernen, im Vordergrund. Dabei wird der traditionelle Mentoring-Ansatz mit dem Ansatz des Reverse Mentoring kombiniert (Harvey et al., 2009). Ein reziproker Austausch ist auch über elektronische Medien möglich, wie im folgenden Abschnitt beschrieben wird (vgl. Plummer & Nyang'au, 2009).

E-Mentoring. Jeder Austausch im Sinne einer der zuvor beschriebenen Mentoring-Formen, der überwiegend unter Nutzung elektronischer Medien stattfindet, wird als E-Mentoring bezeichnet. Als Medien können hier beispielsweise E-Mails, Videokonferenzen, Telefonate und Chats genutzt werden (Hamilton & Scandura, 2003). E-Mentoring findet oftmals in globalen Organisationen statt, in denen ein Face-to-Face-Austausch durch räumliche und zeitliche Distanzen erschwert werden kann (Kacmar, McManus & Young, 2012; Plummer & Nyang'au, 2009). Hier kann beispielsweise die E-Mail-Nutzung den Austausch in interkulturellen Mentoring-Tandems fördern. Bei der Nutzung von elektronischen Medien für den Austausch im Tandem ist allerdings auch zu beachten, dass non-verbale Kommunikation (Gestik, Körperhaltung) sowie Stimmlage und -ton dazu beitragen, eine vertrauensvolle Beziehung aufzubauen (Hamilton & Scandura, 2003). Bislang steht noch Forschung aus, die systematisch untersucht, ob E-Mentoring Face-to-Face-Mentoring tatsächlich ersetzen kann oder nur ergänzend eingesetzt werden sollte.

Mentoring als Recruiting. Mentoring kann auch als Instrument der Personalgewinnung eingesetzt werden. Beim sogenannten *pre-hire-Mentoring* können beispielsweise Berufstätige Studierende sowohl entsprechend der karrierebezogenen als auch der psychosozialen Mentoring-Funktion unterstützen. Gleichzeitig können sie Berufseinsteigern ein realistisches Bild von der Organisation, in der sie arbeiten, vermitteln (Spitzmüller et al., 2008). Spitzmüller und Kollegen konnten in ihrer Studie zeigen, dass die psychosoziale Mentoring-Funktion in einem stärkeren Zusammenhang mit der positiven Wahrnehmung der Organisation und der Bewerbungsabsicht steht als die karrierebezogene Funktion.

2.3 Mentoring-Evaluationsforschung im Überblick

Einflussfaktoren auf und Auswirkungen von Mentoring wurden bereits in verschiedenen Studien untersucht und auch in verschiedenen Review-Arbeiten (z. B. Wanberg et al., 2003) und Metaanalysen (z. B. Eby et al., 2013; Ghosh, 2014) systematisch dargestellt. Ergebnisse dieser Forschungsstränge werden nachfolgend im Überblick dargestellt.

Förderliche und hinderliche Faktoren für Mentoring

Verschiedene Faktoren können einen Beitrag leisten, ob Mentees von ihren Mentoren unterstützt werden und das Mentoring entsprechend erfolgreich verläuft. Relevante Einflussfaktoren sind Charakteristika der Mentees, der Mentoren, der Mentoring-Beziehung sowie organisationale Rahmenbedingungen. Charakteristika des Mentees können beispielsweise dazu beitragen, dass diese Barrieren wahrnehmen, die sie möglicherweise davon abhalten, ein Mentoring zu initiieren (Blickle et al., 2010). Diese Faktoren werden in Tabelle 2 beispielhaft dargestellt (vgl. z. B. Aryee, Lo & Kang, 1999; Blickle et al., 2009b; Blickle, Schneider, Meurs & Perrewé, 2010; Ghosh, 2014; Wanberg et al., 2003).

Tabelle 2: Förderliche und hinderliche Faktoren für Mentoring – empirisch bestätigt

Charakteristika/Einflussfaktoren	
der Mentees	– Karriereorientierung (+) – Ziel- und Lernorientierung (+) – Extraversion (+) – Positive Selbstwirksamkeit (+) – Proaktives Verhalten (+) – Hoher ökonomischer Status (+) – Furcht vor sexueller Fehlinterpretation (–) – Furcht vor Zurückweisung (–) – Furcht vor Missbilligung der Kollegen (–) – Positive Affektivität (+)
der Mentoren	– Hohes Altruismusmotiv (+) – Internale Kontrollüberzeugung (+) – Transformationales Führungsverhalten (+)
der Mentoring-Beziehung	– Hohe Vertrautheit, d. h. emotionales und kognitives Öffnen (+) – Hohes gegenseitiges Verstehen (+) – Geringe Konflikte und Strategien zum Lösen von Konflikten (+) – Wahrgenommene Ähnlichkeit (+)

Tabelle 2: Fortsetzung

	Charakteristika/Einflussfaktoren
der Organisation	– Anreizsystem, das Mentoring honoriert, organisationale Mentoring-Unterstützung (+) – Entwicklungsklima der Organisation; Lernkultur und Personalentwicklung sind zentrale Werte und im Leitbild verankert (+) – Wertschätzung von Mentoring in der Organisation fördert Anzahl der Tandem-Treffen (+) – Unterstützung des Mentorings durch Führungskräfte und begleitende Trainings (+)

Anmerkungen: Förderliche Faktoren sind mit „(+)" und hinderliche Faktoren mit „(–)" gekennzeichnet.

Die Berücksichtigung dieser Faktoren bei der Auswahl von Mentees und Mentoren und bei der Gestaltung von Mentoring-Programmen kann zur erfolgreichen Umsetzung des Programms beitragen.

Effekte von Mentoring

Die Forschung konnte zeigen, dass Mentoring nicht nur positive Effekte für die Mentees, sondern auch für die Mentoren und die Organisation hat. Entsprechend ist Mentoring als wirkungsvolles Personalentwicklungsinstrument einzuordnen. Im Folgenden werden diese positiven Effekte zunächst für Mentees und nachfolgend für Mentoren und Organisationen dargestellt. Abschließend wird auf mögliche negative Effekte für Mentoren hingewiesen.

Effekte für Mentees. Effekte von Mentoring auf subjektive und objektive Karriereergebnisse wurden bereits in der Metaanalyse von Allen, Eby, Poteet, Lentz und Lima (2004) aufgezeigt. Hierbei wurden Personengruppen mit und ohne Mentor miteinander vergleichen. Zu den objektiven Karriereergebnissen zählen ein höheres Einkommen (r=.12) sowie eine höhere Anzahl von Beförderungen (r=.31). Indikatoren für subjektive Karriereergebnisse sind eine höhere Laufbahnzufriedenheit (r=.21), eine höhere Zuversicht auf beruflichen Erfolg (r=.26), höhere Arbeitszufriedenheit (r=.18), sowie ein höherer Einsatz für die Karriere (Karrierecommitment; r=.15). Die Analysen zeigen, dass Personen mit Mentor über positivere Karriereergebnisse verfügen als Personen ohne Mentor. Zudem weisen die Ergebnisse darauf hin, dass karrierebezogenes Mentoring stärker mit objektiven Karriereergebnissen zusammenhängt als psychosoziales Mentoring. Hingegen steht die psychosoziale Mentoring-Funktion in stärkerem Zusammenhang mit der Zufriedenheit mit dem Mentor. Keine Unterschiede in den beiden Mentoring-Funktionen gab es im Zusammenhang mit

Arbeits- und Karrierezufriedenheit. Mentoring – unabhängig von der Funktion – steht in einem positiven Zusammenhang mit diesen Variablen.

Weitere positive Mentoring-Effekte für Mentees konnten in der Metaanalyse von Eby, Allen, Evans, Ng und DuBois (2008) im Hinblick auf Variablen, die Verhalten, Einstellung, Gesundheit, Beziehungen, Motivation und Karriereergebnisse der Mentees betreffen, gezeigt werden. In die Metaanalye wurden 112 Studien einbezogen, die Mentoring im schulischen, akademischen und Arbeitskontext untersucht haben. Als Indikatoren im Arbeitskontext für Verhalten wurden beispielsweise Arbeitsleistung (r_c = .08) und Hilfeverhalten (r_c = .13; z. B. Mentoring, Organizational Citizenship Behavior), als Indikator für Einstellung die Arbeitszufriedenheit (r_c = .16,) und als Gesundheitsindikator psychische Belastung und Beanspruchung (z. B. Depression, Angst, Arbeitsstress, Rollenkonflikte; r_c = –.04,) betrachtet. Zwischenmenschliche Beziehungen (r_c = .12) wurden beispielsweise über die Variablen Zufriedenheit mit Kollegen und Unterstützung durch Vorgesetzte gemessen. Indikatoren für Motivation (r_c = .11,) waren z. B. Arbeitsstunden und Karrierecommitment. Karriereergebnisse wurden über Bezahlung und Beförderungen (r_c = .05,) und Kompetenzentwicklung (r_c = .11) erhoben. Die metaanalytischen Ergebnisse zeigen schwache, aber signifikante Effekte von Mentoring auf alle Variablen.

Effekte für Mentoren. Forschungsergebnisse zeigen, dass Mentoring nicht nur positive Effekte für Mentees, sondern auch für Mentoren aufweist (Grima, Paillé, Mejia & Prud'homme, 2014; Ghosh & Reio Jr., 2013; Wanberg et al., 2003). Wanberg et al. (2003) diskutieren in ihrer Review-Arbeit verschiedene Studien und benennen basierend auf diesen Ergebnissen folgende positive Effekte für Mentoren: Mentoren erlangen durch die Wissensweitergabe und das Unterstützen der Mentees eine innere Befriedigung sowie Anerkennung und Loyalität durch die Mentees. Zusätzlich erfahren sie Respekt von ihren Kollegen und erhöhen ihre eigene Sichtbarkeit in der Organisation. Durch die Arbeit mit Mentees bauen sie ein Unterstützungsnetzwerk auf bzw. erweitern bestehende Netzwerke. Sie erlangen ungefilterte Informationen aus der Organisation durch die Mentees und erweitern ihr Wissen, beispielsweise bzgl. technischem Know-how.

Zudem konnten positive Effekte von Mentoring auf die Arbeitsleistung der Mentoren gezeigt werden. Eine aktuelle Metaanalyse von Ghosh und Reio Jr. (2013), die 18 Einzelstudien umfasst, kommt zu dem Ergebnis, dass Mentoren im Vergleich zu Beschäftigten ohne Mentoren-Tätigkeit zufriedener mit ihrer Arbeit (r = .12) sind und gegenüber ihrer Organisation ein höheres Commitment (r = .12) zeigen. Ferner analysierten die Autoren, ob die drei Mentoring-Funktionen (karrierebezogene und psychosoziale Funktion sowie Rollenmodell/Vorbild-Funktion) unterschiedlich stark mit positiven Effekten für die Mentoren einhergehen.

Die Ergebnisse zeigen, dass karrierebezogenes Mentoring am stärksten mit einer erfolgreichen Karriere der Mentoren ($r = .44$) und psychosoziales Mentoring am stärksten mit organisationalem Commitment der Mentoren ($r = .22$) zusammenhing. Als Rollenmodell und Vorbild aufzutreten, hängt zudem positiv mit der Arbeitsleistung der Mentoren ($r = .25$) zusammen.

Effekte für Organisationen. Betrachtet man die zahlreichen positiven Effekte, die Mentoring sowohl für Mentees als auch Mentoren haben kann, so ist es nicht verwunderlich, dass sich Mentoring auch förderlich auf die Organisation auswirkt. Steigt beispielsweise Arbeitsleistung, Arbeitszufriedenheit und organisationales Commitment der Mentoring-Partner (vgl. z. B. Eby et al., 2008; Ghosh & Reio Jr., 2013; Underhill, 2006), so sollte sich dies auch positiv auf die Organisation auswirken und im organisationalen Erfolg widerspiegeln. Gelingt es Organisationen beispielsweise durch Mentoring einen Talent-Pool von High Potentials aufzubauen, so könnte dies zur Reduktion von Kündigungsraten beitragen (Ghosh & Reio Jr., 2013). Auch stellt Mentoring für Organisationen eine geeignete Maßnahme zur Führungskräfteentwicklung dar. Durch die Reflexion des eigenen Verhaltens und durch die Rollenmodell-Funktion können Mentoren ihr eigenes Führungsverhalten weiterentwickeln. Zudem werden Mentees durch den Austausch mit Mentoren, die oftmals erfahrene Führungskräfte sind, auf zukünftige Führungsaufgaben vorbereitet. Die Forschung konnte schon bereits sehr früh positive Mentoring-Effekte für Organisationen aufzeigen. Bereits Zey (1984, zitiert nach Wanberg et al., 2003) identifizierte, basierend auf Interviews mit 100 Führungskräften, verschiedene Effekte, die Mentoring für Organisationen haben kann, z. B. Integration von Mitarbeitern, Reduktion von Kündigungen, Verbesserung der organisationalen Kommunikation, Entwicklung von Führungskräften, Steigerung der Produktivität.

Negative Effekte. Bereits frühe Studien weisen auch auf mögliche negative Effekte für Mentoren hin. Diese sind Zeiterfordernisse, das Erleben von Unbehagen, wenn einzelnen Personen zu viel Aufmerksamkeit geschenkt wird (Angst vor Bevorzugung), ausbeutende Beziehungen und Informationsmissbrauch durch die Mentees sowie das Erleben von Versagen, falls der Mentoring-Austausch nicht in die gewünschte Richtung geht (vgl. für einen Überblick Wanberg et al., 2003). Mit der Untersuchung negativer Mentoring-Erfahrungen vonseiten des Mentors und deren Auswirkungen beschäftigen sich die Studien von Eby, Durley, Evans und Ragins (2008). Im Rahmen dieser Forschungsarbeit wurde ein Fragebogen zur Erfassung negativer Mentoring-Erfahrungen für Mentoren entwickelt. Negative Mentoring-Erfahrungen lassen sich drei Dimensionen zuordnen: (1) Performanz-Probleme des Mentees, (2) interpersonale Probleme sowie (3) destruktive Beziehungsmuster. Performanz-Probleme des Mentees können beispielsweise sein: Leistungen unterhalb der Erwartungen, Unwillen zu lernen sowie selbst-destruktives Verhalten bei der Arbeit. Zu interpersonalen Problemen zählen Mentor-Mentee-Konflikte, Mentee-Impression Management und Ablenkungsmanöver, Unterwürfigkeit der Mentees sowie Verschlechterung der Mentor-Mentee-Beziehung. Destruktive Beziehungsmuster können laut den Autoren gekennzeichnet sein durch Vertrauensbruch, ausbeuterisches Verhalten, Sabotage, Eifersucht, Wettbewerb und Schikanieren. In ihren Studien konnten die Autoren zeigen, dass diese negativen Erfahrungen des Mentors die Wahrnehmung der Beziehungsqualität sowohl durch die Mentoren selbst als auch durch die Mentees negativ beeinflussen und zudem positiv mit Burnout der Mentoren zusammenhängen können. Ferner zeigen die Ergebnisse, dass Mentoren als Antwort auf diese negativen Erfahrungen ihre Mentees weniger im Hinblick auf die karrierebezogenen und psychosozialen Mentoring-Funktionen unterstützen. Aus diesen Ergebnissen lassen sich verschiedene Praxisimplikationen für Recruiting, Auswahl und Training von Mentoren und Mentees ableiten, die im nächsten Abschnitt vorgestellt werden.

2.4 Implikationen für die Praxis: Wie sollte ein Mentoring-Programm aufgebaut sein?

Obwohl Mentoring mit vielen positiven Effekten für Mentees, Mentoren und Organisationen einhergehen kann, ist zu beachten, dass formelle Mentoring-Programme nicht unter allen Umständen zum Erfolg führen müssen. Im Folgenden werden zentrale Ansatzpunkte zur Erhöhung des Erfolgs von formellen Mentoring-Programmen vorgestellt (vgl. Tabelle 3) und anschließend beschrieben.

Tabelle 3: Empfehlungen zur Planung und Durchführung formeller Mentoring-Programme

Empfehlung	Inhalt
Klares Ziel des Mentorings aus Sicht der Organisation formulieren	– Förderung von Nachwuchskräften, Eingliederung neuer Mitarbeiter
Zielgerichtetes Recruiting von Mentoren und Mentees	– Mögliche Benefits der Teilnahme an formalen Mentoring-Programmen aufzeigen, um die Motivation für die Teilnahme zu erhöhen sowie einen reziproken Austausch zu fördern
Sorgfältige Auswahl von Mentoren und Mentees	– Insbesondere die Freiwilligkeit der Mentoren ist bedeutsam – Passung der Vorstellungen von Mentees und Mentoren zur Zielsetzung des Programms

Tabelle 3: Fortsetzung

Empfehlung	Inhalt
Matching-Methode einsetzen	– Einbezug von Wünschen der Mentees bezüglich ihrer Mentoren fördert Vertrautheit, gegenseitiges Verstehen, gegenseitiges Ergänzen und Anzahl der Interaktionen – Beim Matching berücksichtigen, welche Mentoring-Funktion möglichweise im Vordergrund stehen soll – Matching aufgrund eines Ähnlichkeitsaspekts fördert Interaktion – Matching mit Führungspersonen unabhängig des Geschlechts
Richtlinien zur Häufigkeit und Dauer der Treffen festlegen	– Erlaubnis für Tandem-Gespräche trotz knapper Zeit
Goal Setting-Prozess anregen und begleiten	– Klare Ziele gehen mit häufigeren Treffen einher
Mentees und Mentoren durch begleitende Trainings und Supervision unterstützen	– Training zur Orientierung sollte Konflikte reduzieren, z. B. Zweck des Programms, Funktionen des Mentorings, Aufgaben und Rollen von Mentees und Mentoren, Nutzen und Grenzen aufzeigen – Begleitende Trainings zur Verbesserung individueller Bedarfe
Evaluation und Optimierung des Mentoring-Programms	– Erfahrungen und Bewertungen des Programms durch Mentees und Mentoren einholen, um zukünftige Programme optimieren zu können

Ein erster wichtiger Schritt ist es, bereits bei der Planung und Ausschreibung des Mentoring-Programms klare Ziele zu formulieren. Das Kennen der spezifischen *Programmziele* hilft den Mentees und Mentoren einzuschätzen, ob ihre persönlichen Ziele und Erwartungen den Programmzielen entsprechen (z. B. Wanberg et al., 2003). Werden bereits beim *Recruiting* von Mentoren und Mentees die Vorteile einer Programmteilnahme für beide Tandem-Partner hervorgehoben, so erhöht dies die Wahrscheinlichkeit eines gegenseitigen, fairen und vertrauensvollen Austausches. Zugleich sollte aber auch auf mögliche Probleme im Sinne einer realistischen Tätigkeitsvorschau hingewiesen werden (z. B. Eby et al., 2008; Ghosh & Reio Jr., 2013).

Haben sich genügend Mentees und Mentoren für die Programmteilnahme gemeldet, so stellt der nächste Schritt die *Auswahl* geeigneter Mentees und Mentoren dar. Hierbei ist es wichtig, dass die Beschäftigten freiwillig an dem Programm teilnehmen und nicht von ihrem Vorgesetzen geschickt wurden (z. B. Wanberg et al., 2003). Zusätzlich sollten Erwartungen und Vorstellungen von Mentoren und Mentees zu den Programmzielen passen. An die Auswahl schließt sich der *Matching-Prozess* an (z. B. Eby et al., 2008). Empfehlenswert ist es hierbei, wenn möglich, Wünsche des Mentees bzgl. des Betreuers zu berücksichtigen, da dies gegenseitiges Vertrauen, Verständnis und Interaktionsanzahl fördern kann (z. B. Wanberg et al., 2003). Auch sollten Mentees möglichst mit in der Organisationshierarchie höher stehenden Mentoren gematcht werden; das Geschlecht sollte hierbei keine Rolle spielen (Blickle & Boujataoui, 2005). Wird erfragt, in welchem Gebiet sich ein Mentee die meiste Unterstützung wünscht, so kann beim Matching-Prozess beachtet werden, ob ein Mentor mehr karrierebezogene oder psychosoziale Unterstützung geben oder als Rollenmodell agieren möchte (Ghosh & Reio Jr., 2013).

Während des Mentorings sollten den Tandems *Richtlinien zur Häufigkeit und Dauer der Treffen* und zum *Goal Setting-Prozess* und Planung des gemeinsamen Austausches an die Hand gegeben werden (z. B. Wanberg et al., 2003). Dies trägt dazu bei, dass die Tandems organisationale Unterstützung erleben und wissen, dass eine bestimmte Anzahl von Treffen zusätzlich zu bestehenden Arbeitsaufgaben vorgesehen ist. Werden zudem klare Ziele und Meilensteine zwischen Mentee und Mentor vereinbart, so fördert dies den Entwicklungsprozess sowie die Häufigkeit der Treffen. Begleitende *Trainings und Supervisionsangebote* für Mentees und Mentoren können Orientierung geben, was ein Mentoring leisten kann und was nicht und welche Aufgaben und Rollen Mentoren und Mentees übernehmen sollten (z. B. Eby et al., 2008). Zusätzlich können in Trainingsmaßnahmen Weiterbildungsbedarfe, die durch das Mentoring möglichweise aufgezeigt werden, abgedeckt werden. Am Ende eines jeden Mentoring-Programm-Durchlaufs sollte eine *Evaluation* stehen, bei der Mentees und Mentoren nach ihren Erfahrungen und Bewertungen befragt werden. Diese Ergebnisse können genutzt werden, um das Programm weiter zu optimieren und dadurch den Erfolg zu erhöhen. Werden darüber hinaus beispielsweise Beförderungen der Mentees systematisch über die Zeit erfasst, so könnte dies auch als Indikator für den Unternehmenserfolg gewertet werden.

3 Coaching

3.1 Ursprung und Definition des Coaching-Begriffs

Ursprünglich leitet der Begriff „Coaching" bzw. „Coach" seine Herkunft von „Kutscher" ab und beschreibt die Person, die mit der Verantwortung betraut ist, die Pferde zu lenken und zu pflegen. Seit Ende des 19. Jahrhundert werden im angloamerikanischen Raum auch Personen im Sport als Coach bezeichnet, die eine Mannschaft betreuen und für das Training und die Motivation zuständig sind. Einzug in den Managementbereich von Organisationen und in die Personalentwicklung hielt Coaching in den 1970er Jahren in den USA im Sinne eines entwicklungsorientierten Führungsstils durch den Vorgesetzten (Schumann, 2014).

Seit Mitte der 80er Jahre hat sich Coaching auch in Deutschland im organisationalen Kontext als Instrument der individualisierten Führungskräfteentwicklung verbreitet. Heute gilt Coaching im deutschsprachigen Umfeld laut der Marburger Coaching-Marktanalyse von 2013 als wachstumsstärkstes Personalentwicklungsinstrument (Stephan & Gross, 2013), das seit der Jahrtausendwende weltweit enorme Popularität erlangt hat und heute eine „mainstream activity" in Organisationen darstellt (Grant, 2013). Nach Loos und Rauen (2005, S. 157) wird Einzel-Coaching wie folgt definiert: „Coaching ist die in Form einer Beratungsbeziehung realisierte individuelle Einzelberatung, Begleitung und Unterstützung von Personen mit Führungs- bzw. Managementfunktionen. Formales Ziel ist es, bei der Bewältigung der Aufgaben der beruflichen Rolle zu helfen."

Da *Coaching* kein geschützter Begriff bzw. *Coach* kein klares Berufsbild ist, kann sich heute jeder Coach nennen. Um die Abnutzung des Coaching-Begriffes zu vermeiden und einen Beitrag zur Professionalisierung im Sinne der Qualitätssicherung zu leisten, häufen sich die Bestrebungen von Wissenschaftlern und Coaching-Verbänden verbindliche Qualitätsstandards und professionelle Zugangskriterien sowie fundierte Richtlinien für Ausbildungsgänge vorzugeben (Lippmann, 2013b; Sperry, 2013). Es lässt sich hierzu eine Bandbreite von Kategorisierungen und zielgruppen- sowie themenspezifischen Definitionen finden, die einerseits die Vielfalt von Coaching als Beratungsformat widerspiegeln und andererseits für Verwirrung bei allen beteiligten Interessensvertretern in Praxis und Wissenschaft sorgen. Inhaltlich lassen sich Life- und Business-Coaching als zwei Coaching-Richtungen voneinander abgrenzen. Dabei kennzeichnet Life-Coaching (oder Personal-Coaching) eine psychologisch orientierte Lebensberatung mit Schwerpunkten wie Familie, Eltern- oder Partnerschaft. Business-Coaching (oder Executive Coaching) hingegen stellt eine Unterstützung insbesondere für Führungskräfte dar, die Fragestellungen im Arbeitskontext betrifft (Migge, 2007). Der Fokus dieses Kapitels richtet sich auf Business- bzw. Executive Coaching als Personalentwicklungsinstrument in Organisationen, im Folgenden als Coaching bezeichnet.

3.2 Anlässe von Coaching

In der Marburger Coaching-Studie (Stephan & Gross, 2013) wurden Coachs ($N=971$) und Kunden ($N=133$) zu den Anlässen von Coaching befragt. Der am häufigsten genannte Anlass bzw. Coaching-Bedarf bezieht sich auf die Reflexion des Führungsverhaltens (vgl. Jüster, Hildenbrand & Petzold, 2005; Mollbach, 2008). Weitere häufige Anlässe sind:

Coaching zur Entwicklung von Führungskompetenz. Die Ziele und Themenfelder in einem *Executive* oder *Leadership Coaching* umfassen im weitesten Sinne das Beziehungsmanagement mit Mitarbeitern, d. h. die direkte Personalführung bzw. laterale Führungsaufgaben oder auch den Umgang mit dem eigenen Vorgesetzten. Selbstpräsentation, Kommunikationsverhalten und Umgang mit mikropolitischen Prozessen stehen hierbei im Fokus (Leinweber, Mollbach, Reimann, Mât & Meifert, 2013; Stokes & Jolly, 2010).

Coaching in Change-Prozessen. Laut Bickerich und Michel (2013) ist es das „Ziel eines Change-Coachings, Führungskräfte dabei zu unterstützen, organisationale Veränderungsprozesse lösungs- und ressourcenorientiert persönlich zu bewältigen und Mitarbeitern in Situationen des Wandels Orientierung zu geben und Neuerungen effektiv zu gestalten" (S. 444). Insbesondere stehen die Entwicklung von Veränderungskompetenz, der Umgang mit Komplexität, Emotionen und Widerständen, Fragen der Identität und der Passung der eigenen Werte und Kompetenzen zu der sich ändernden Organisation (Person-Environment-Fit; O'Reilly, Chatman & Caldwell, 1991) sowie die Wechselwirkung zwischen Individuum und neuen Organisationsstrukturen im Fokus des Coachings (Bickerich & Michel, 2012; Hausherr Fischer, Enderli, Lippmann, Ullmann-Jungfer, Negri & Perrin, 2013). Dies betrifft die Klärung von Rollen und Positionierungsfragen und je nach Funktion und Hierarchieebene die Strategieentwicklung sowie die Umsetzung des Change Managements (vgl. auch die Erläuterungen zu Veränderungsprozessen und Führung in Kapitel 16 dieses Buches.)

Coaching zur Karriere- oder Laufbahnplanung. Im Zentrum steht die Reflexion der beruflichen Entwicklung, um die Passung zwischen den eigenen Fähigkeiten und den Anforderungen einer Tätigkeit zu erhöhen (Hausherr Fischer et al., 2013). Auslöser für diese Coaching-Variante können der Wunsch nach einer beruflichen Neuorientierung, Lebensphasenübergänge und persönliche Veränderungsprozesse wie beispielsweise der Eintritt ins Berufsleben oder in eine Führungsposition („vom Kollegen zum Chef") sein. Inhaltlich geht es um Entscheidungen hinsichtlich Karrierefragen oder um die Suche nach einer neuen Stelle sowie um die Kompetenzentwicklung in einem neuen Umfeld (Hazen & Steckler, 2010).

Coaching bei Konflikten. Soziale Konfliktsituationen stellen häufig Anlass für ein Coaching dar, da Unvereinbarkeiten beispielsweise zwischen Mitarbeitern oder Kollegen häufig die Führungsarbeit direkt betreffen. Im Coaching kann es um frühzeitiges Erkennen, Vorbeugung und Bewältigung von Konflikten gehen (Schreyögg, 2005). Eine sorgfältige Analyse der Eskalationsstufen sowie das Erkennen und Abgrenzen zu anderen Interventionsformen (z. B. Mediation) sind hier von Bedeutung.

Coaching bei Krisen. Emotional sehr belastende berufliche Situationen wie Entlassungen, Mobbing oder Krisen im Führungsverhalten können ebenfalls Anlass für Coaching sein (Hausherr Fischer et al., 2013). In diesem Fall geht es um die Wiederentdeckung eigener Ressourcen und die Entwicklung neuer Perspektiven.

Coaching zur Persönlichkeits- und Potenzialentwicklung. Bei einem *Developmental Coaching* steht die Förderung der bewussten Selbstreflexion, Selbstveränderung und Selbstentwicklung (Greif, 2008) im Vordergrund. In der Literatur finden sich konzeptuelle Ansätze, die darin übereinstimmen, dass diese Coaching-Variante über arbeits- oder karrierespezifische Zielsetzungen hinausgeht und die persönliche Weiterentwicklung im Sinne des Selbstmanagements ganzheitlich und langfristig im Blick hat (Bachkirova, 2013; Berman & Bradt, 2006; Cox & Jackson, 2010; Hawkins & Smith, 2007).

Zwei weitere Coaching-Anlässe, deren Entstehung Bezug nimmt auf den Ansatz des Diversity Managements (Byrd & Hughes, 2015), sind:

Expatriat-Coaching bzw. Interkulturelles Coaching. Coaching zur Vorbereitung auf eine Auslandsentsendung mit Fokus auf den Umgang mit Kulturunterschieden.

Gender-Coaching. Coaching mit dem Schwerpunkt auf soziokulturellen Aspekten des Geschlechts, welche z. B. Karrierefragen, Führungssituationen, Gehaltsverhandlungen und die Vereinbarkeit von Karriere und Familie betreffen.

Bei allen Coaching-Anlässen ist es wichtig, eine klare Abgrenzung vorzunehmen, welche Situationen keine coaching-relevanten Anlässe darstellen und wann andere Maßnahmen der Personalentwicklung sinnvoller erscheinen. Wenn es darum geht, Fach- und Methodenwissen oder fehlende Grundkompetenzen zu vermitteln, ist ein Training zu empfehlen (vgl. hierzu ausführlich Kapitel 12 dieses Buches). Falls der Ratsuchende in erster Linie an den Erfahrungen eines Experten teilhaben möchte, um sich mit eigenen Karrierethemen auseinanderzusetzen, ist das Mentoring dem Coaching vorzuziehen (vgl. Abschnitt 2). Bei eskalierenden Konflikten ist ein Mediator gefragt, der alle Konfliktparteien einbezieht, und wenn es darum geht, Themen zu bearbeiten, die eine gesamte Arbeitsgruppe betreffen, sollte eine Teambildungsmaßnahme erfolgen. Bei psychischen Erkrankungen sollte, bei Burnout-Symptomen kann, eine Psychotherapie das Mittel der Wahl sein. Wenn die Entscheidung für ein Coaching getroffen wird, sind nach Rauen und Eversmann (2014) die grundlegenden Voraussetzungen einer erfolgreichen Coaching-Maßnahme: Freiwilligkeit, Diskretion, gegenseitige Akzeptanz, Selbstmanagementfähigkeiten des Klienten sowie Offenheit und Transparenz.

3.3 Beratungsansätze im Coaching

Coachs haben aufgrund der nicht geschützten Berufsbezeichnung unterschiedlichste Qualifikationen. Bei der Marburger Coaching-Studie (Stephan & Gross, 2013) gaben 72,2 % der Coachs an, eine Coaching-Zusatzausbildung absolviert zu haben. Ausführlichere Darstellungen in der Literatur, nach welchen Schulen Coachs arbeiten und welche Beratungsansätze sowie Methoden sie anwenden, finden sich z. B. bei Cox, Bachkirova und Clutterbuck (2010), Lippmann (2013a) oder Passmore, Peterson und Freire (2013). Diese Beratungsansätze können nach folgenden Richtungen unterschieden werden:

Systemisch-lösungsorientiertes Coaching. In der deutschsprachigen Unternehmenspraxis ist der systemische Ansatz am weitesten verbreitet (Schumann, 2014). Charakteristisch für das systemische Coaching ist einerseits die Betrachtung des sozialen Umfeldes und andererseits eine konsequente Ziel- und Lösungs- sowie eine klare Ressourcenorientierung. Probleme werden nicht als Defizite der Person betrachtet, sondern als ein Ergebnis der Kommunikation und Interaktion zwischen Personen erklärt.

Kognitiv-behaviorales Coaching. Dieser Ansatz beruht auf der zentralen Annahme, dass das Denken über Ereignisse sowie innere Dialoge maßgeblich die Wahrnehmung des Wohlbefindens beeinflussen. Auf das Coaching übertragen werden in der Psychotherapie längst bewährte Konzepte. Zum Einsatz kommt eine Kombination aus Problemlösetechniken, die kognitive und verhaltensorientierte Methoden integrieren sowie z. B. Tools aus Mindfulness-Trainings einbeziehen, um so den Klienten bei der Zielerreichung zu unterstützen (Michel, Bosch & Rexroth, 2014; Palmer & Williams, 2013; Williams, Edgerton & Palmer, 2010). In einer eigenen Studie (Michel, Bosch et al., 2014) konnte beispielsweise die Wirksamkeit von Achtsamkeit als kognitiv-emotionale Segmentationsstrategie zur Trennung von Arbeit und Privatleben gezeigt werden. Entsprechend der Studienergebnisse helfen tägliche kurze Achtsamkeitsübungen, besser von der Arbeit abzuschalten sowie die Zufriedenheit mit der Work-Life-Balance zu erhöhen. Infobox 1 stellt eine der Übungen exemplarisch dar, die in Anlehnung an Übungen der achtsamkeitsbasierten kognitiven Therapie für Depression (Segal, Williams & Teasdale, 2002) entwickelt wurde (vgl. auch Bosch & Michel, 2016).

Infobox 1: Achtsamkeit als kognitiv-emotionale Segmentationsstrategie zur Förderung von Work-Life-Balance

Achtsam in den Feierabend – Aufgabe für die kommenden 5 Werktage
Damit Ihnen der achtsame Start in den Feierabend gelingt, haben wir für Sie *eine 3-minütige Atemübung*, die Sie bitte an den nächsten *5 Werktagen ab Montag jeweils zu Beginn Ihres Feierabends* durchführen. Wählen Sie Zeitpunkt und Ort so, wie es für Sie gut passt.

Nutzen Sie die Übung zusätzlich bitte auch immer dann, wenn Sie in Ihrem Feierabend bemerken, dass Sie in Gedanken bei der Arbeit sind.

3-Minuten-Atemübung

1. Nehmen Sie eine aufrechte, angenehme Haltung ein. Fragen Sie sich: *„Was ist meine Erfahrung in diesem Moment … Gedanken … Gefühle … Körperempfindungen?“* Nehmen Sie Ihre Erfahrung zur Kenntnis, auch wenn sie vielleicht unerwünscht ist.
2. Richten Sie *Ihre Aufmerksamkeit auf Ihren Atem*, auf jedes Einatmen und jedes Ausatmen. *Wenn Ihre Gedanken abschweifen, holen Sie sie wieder zurück.*
3. *Weiten Sie Ihre Aufmerksamkeit auf Ihren ganzen Körper aus.*

Achtsamkeit braucht Zeit und Übung, um sich zu entfalten. Seien Sie also geduldig mit sich. Es geht nicht darum, das besonders gut zu machen und nicht abzuschweifen, sondern *ernsthaft, aber nicht verkrampft* zu versuchen, nach jedem Abschweifen wieder zurück in die Gegenwart zu kommen.

Psychodynamisches Coaching. Basierend auf tiefenpsychologischen und psychoanalytischen Annahmen sind die zentralen Inhalte die Analyse und Bearbeitung von Konflikten auf der bewussten sowie unbewussten Ebene (Diamond 2013; Lee, 2010; Neukom, Kiel, Meier & Storch, 2013). Prinzipien wie Übertragung und Gegenübertragung bzw. Methoden wie das freie Assoziieren werden auf Coaching-Fragestellungen von Individuen und Arbeitsgruppen angewendet.

Gestalttherapeutisches Coaching. Unterschiedliche humanistisch geprägte Strömungen wie z. B. Gestaltpsychologie, Feldtheorie sowie die Existenzialphilosophie fließen bei diesem Coaching-Ansatz ein (Bluckert, 2010; Neukomet et al., 2013; Spoth, Toman, Leichtman & Allan, 2013).

Coaching nach der Positiven Psychologie. Aufgekommen ist die Positive Psychologie in den letzten zwei Jahrzehnten durch Konzepte wie Flow (Csikszentmihalyi, 1990) und Happiness (Diener, 2000), deren Anwendung auf das Coaching übertragen wird (Freire, 2013; Grant & Cavanagh, 2011; Kauffman, Boniwell & Silberman, 2010). Hatten klassische Ansätze zum Ziel, Defizite zu verringern, möchte die Positive Psychologie vor allem Zufriedenheit und Glück mehren. Durch Stärkung von Resilienz, Selbstwirksamkeit und Optimismus wird die seelische Gesundheit und Stabilität in den Fokus gerückt.

Weitere Beratungsansätze und Methoden, die beim Coaching zum Einsatz kommen oder in Coaching-Ausbildungen vermittelt werden, sind z. B. personenzentrierte Ansätze wie Gesprächspsychotherapie nach Rogers (2012), Neurolinguistisches Programmieren (Grimley, 2010), Transaktionsanalyse (Schlegel, 1988; Mohr, 2008) oder Psychodrama (Hutter & Schacht, 2014). Welche Schulen bzw. Interventionen hilfreich sind, wurde im Kontext von Coaching bisher empirisch kaum untersucht. Eine Studie von de Haan, Culpin und Curd (2011), die 71 Führungskräfte-Coachees befragte, kam zu dem Ergebnis, dass die Coaching-Wirksamkeit weniger vom Coaching-Ansatz oder bestimmten Techniken vorhergesagt werden kann als von allgemeinen Wirkfaktoren wie z. B. der Beziehungsgestaltung im Coaching.

3.4 Coaching-Settings

Die Einzelberatung unter „vier Augen“ stellt das klassische Coaching-Setting dar (Lippmann, 2013c) und damit die häufigste Form (Rauen, 2008; Lippmann, 2013b). Hierbei kann zwischen organisationsexternem vs. -internem Coaching unterschieden werden:

Organisationsexternes Coaching. Der Grundgedanke des organisationsexternen Coachings beinhaltet die Idee der Reflexion und des Gedankenaustauschs mit einem neutralen Gesprächspartner, die nur durch eine organisationsexterne Person ermöglicht werden kann (Rauen, 2005). Externe Coachs sind in der Regel hauptberuflich selbstständig im Beratungs- und Trainingssektor oder für eine Unternehmensberatung tätig. Diese Coaching-Form wird hauptsächlich vom Top-Management bevorzugt nachgefragt.

Organisationsinternes Coaching. Laut Schreyögg (2011b) scheint das organisationsinterne Coaching in der Literaturdebatte ein bisher kaum beachtetes Randphänomen zu sein. Hingegen haben sich in der Praxis interne Coach-Pools für die mittlere und untere Managementebene in den Organisationen längst etabliert. Interne Coachs können als solche in der Personal- und Organisationsentwicklung verankert sein; jedoch übernehmen auch Vorgesetzte der eigenen oder anderer Bereiche, HR-Manager oder Peers die Coach-Rolle, was von Lippmann (2013b) als „semi-professionelle“ Beratung bezeichnet wird.

Weitere Coaching-Settings, die bei zunehmender Digitalisierung in der Arbeitswelt eine Rolle spielen dürften, sind:

Tele-, Online- oder E-Coaching. Bei diesen Coaching-Formen findet kein persönliches Aufeinandertreffen von Coach und Coachee statt, sondern die Beratungsleistung unter Zuhilfenahme von Medien wie Telefon oder Videokonferenz. Beim Online- oder E-Coaching (auch als E-Mail-, Cyber- oder Virtuelles Coaching bezeichnet) kann eine anonyme Beratung zu einem konkreten Anliegen erfolgen, ohne dass es notwendig ist, einen Termin zu vereinbaren, da der Coach zeitversetzt antworten kann (Lippmann, 2013c). Vergleichbar mit Blended Learning im Trainingsbereich (siehe auch die Erläuterungen zu hybriden Lernarrangements in Kapitel 12 dieses Buches), kann ein zukunftsorientiertes Coaching-Setting die Kombination von Präsenzphasen und medialen Kontakten sein; bei Schumann (2014) als „virtuelles Transfercoaching“ bezeichnet.

Gruppen- oder Teamcoaching. Unter Gruppen- oder Teamcoaching sind alle Settings zu verstehen, bei denen mehrere Personen gleichzeitig beraten werden. Eine besondere Form stellt das (Projekt-)Teamcoaching dar, bei dem die Coaching-Teilnehmer eine Arbeitseinheit bilden (Lippmann, 2013c). Eine klare Abgrenzung zu weiteren Gruppenformaten wie Supervision, kollegiale Beratung oder Teamentwicklungsmaßnahmen sollte beachtet werden.

Selbst-Coaching. Unter dem Begriff „Selbst-Coaching" werden Techniken im Sinne eines Selbstmanagements verstanden, die dazu dienen, die gesetzten Ziele und die persönliche Kompetenzerweiterung ohne Coach zu erreichen. Die Methoden stammen häufig aus den Bereichen des Neurolinguistischen Programmierens, der Transaktionsanalyse, dem lösungsorientierten Ansatz oder dem (hypno-)systemischen Ansatz (Lippmann, 2013c). Eine Untersuchung von Offermanns (2004) belegte, dass beim Selbst-Coaching wichtige Funktionen zu kurz kommen, die der Coach übernimmt (z. B. Feedback geben). Da es bisher kaum Belege für die Wirksamkeit von Selbst-Coaching gibt, wird dieser Ansatz in der Literatur eher kritisch gesehen (Rauen, 2008; Lippmann, 2013b).

3.5 Coaching-Evaluationsforschung im Überblick

Obwohl die Forschungsaktivitäten zu Coaching zunehmen, besteht noch relativ wenig Konsens über Theorien, Modelle und Befunde. Bislang liegen erst wenige empirische Studien vor, die Zusammenhänge zwischen Voraussetzungen und postulierten Wirkfaktoren und Coaching-Ergebnissen systematisch untersucht haben (Input-Prozess-Outcome). Wenngleich diese Forschungsperspektive vermehrt eingefordert und vereinzelt bereits realisiert wird, existieren bisher kaum Forschungsgruppen oder -verbünde, die diese Forschungsfrage systematisch untersuchen (Möller, Oellerich, Schubert & Kotte, 2014). Hinzu kommen unzureichende finanzielle Fördermöglichkeiten für Coaching-Forschung, mangelndes Commitment der Praktizierenden für die Beteiligung an Studien und fehlender Bedarf der Coaching-Community an systematischer Forschung (vgl. auch de Haan, Duckworth, Birch & Jones, 2013). Dies stellt Herausforderungen an die Coaching-Forschung und führte bislang dazu, dass viele der vorliegenden Studien kleine Stichproben und teilweise methodische Mängel aufweisen.

Als Schritt in die richtige Richtung hingegen ist zu werten, dass sich zwischenzeitlich einige mehr oder minder wissenschaftliche Coaching-Zeitschriften etabliert haben:
- International Journal of Evidence Based Coaching and Mentoring (Ersterscheinungsjahr 2003)
- The Coaching Psychologist (Ersterscheinungsjahr 2005)
- International Coaching Psychology Review (Ersterscheinungsjahr 2006)

- Coaching: An International Journal of Theory, Research and Practice (Ersterscheinungsjahr 2008)

Auch hat die Anzahl der Veröffentlichungen zum Thema Führungskräfte-Coaching in den letzten Jahren zugenommen. So liegt die Trefferanzahl für den Suchbegriff „Executive Coaching" in der Datenbank PsycINFO bei über 700 gelisteten Publikationen, wovon über 90 % nach dem Jahr 2000 erschienen sind. Schwerpunktthemen sind die Charakterisierung von Merkmalen der Coaching-Anwendungen in Organisationen und Ausbildungsinstituten sowie bei Coachs oder Coachees (Grant, 2013).

Die Anzahl der Überblicksartikel (Ely et al., 2010; de Haan et al., 2013; Feldman & Lankau, 2005; Grant, Passmore, Cavanagh & Parker, 2010; Grant, 2013; Greif, 2007; Kampa-Kokesch & Anderson, 2001; Künzli, 2005, 2009; Joo, 2005; Lai & McDowall, 2014) und die erschienenen Forschungsarbeiten sind ebenso zahlreich, vielfältig und qualitativ unterschiedlich wie der Coaching-Markt selbst. Erste vorliegende Metaanalysen systematisieren die bisherigen Ergebnisse (Jones, Woods & Guillaume, 2015; Theeboom, Beersma & van Vianen, 2013). Die Vergleichbarkeit der Studienergebnisse gestaltet sich aufgrund diverser Forschungsdesigns, Outcome-Variablen und Messinstrumente sowie Studienteilnehmer unterschiedlichster Kontexte als schwierig. Hinzu kommt die wachsende Vielfalt an Coaching-Strömungen und angebotener Tools auf dem Coaching-Markt (Rauen & Eversmann, 2014). Dies macht deutlich, dass das Forschungsfeld Coaching sich noch in seinen Anfängen befindet. Im folgenden Abschnitt werden erste empirische Coaching-Evaluationsstudien vorgestellt, die Wirkfaktoren bzw. Voraussetzungen für die Wirkung und zur Prozessqualität (formative Evaluation) untersuchen. Von diesen können Studien zur Wirksamkeit und zur Ergebnisqualität (summative Evaluation) (Ely et al., 2010) unterschieden werden.

Formative Evaluation: Voraussetzungen für ein gelingendes Coaching

Die Ergebnislage zu den Prozessvariablen und Wirk- bzw. Erfolgsfaktoren ist derzeit noch limitiert. Eine sinnvolle Unterteilung – analog etwa zur Psychotherapieforschung – sind die in der Literatur beschriebenen Komponenten Coach, Klient, Coach-Klient-Beziehung, Coach-Klient-Match und Prozess (Ely et al. 2010; Möller & Kotte, 2011). In Anlehnung an das Strukturmodell der Wirkungen beim ergebnisorientierten Einzel-Coaching (Greif, 2008) werden nachfolgend zunächst Voraussetzungen des Coachs und des Klienten erläutert.

Voraussetzungen des Klienten. Als Voraussetzungen aufseiten des Klienten werden beispielsweise die Erwartungen an das Coaching, die Veränderungsbereitschaft sowie die Ziele und das organisationale Umfeld des Klienten genannt (Ely et al., 2010; Wang, 2013). Stober, Wildflower und Drake (2006) empfehlen, als Ergänzung sowohl Entwicklungs- und Lebensphasen als auch soziokulturelle Aspekte und die Persönlichkeit im Coaching zu berücksichtigen. Empirisch untersucht wurde z. B. anhand einer Stichprobe mit Führungskräften der Einfluss von Persönlichkeitsvariablen des Klienten (Stewart, Palmer, Wilkin & Kerrin, 2008). Es zeigte sich, dass Gewissenhaftigkeit, Offenheit, emotionale Stabilität und Selbstwirksamkeit Moderatoren für positive Coaching-Ergebnisse sind.

Voraussetzungen des Coachs. Als Voraussetzungen aufseiten des Coachs werden neben Ausbildungs- und Erfahrungshintergrund sowie Qualifizierung (de Haan et al., 2013; Passmore, 2010) auch Persönlichkeitsvariablen wie z. B. Authentizität oder Integrität (Bono, Purvanova, Towler & Peterson, 2009) als mögliche Erfolgsfaktoren für Coaching in Betracht gezogen. Basierend auf der Analyse von (bisher meist qualitativen) Studien sowie auf den von Verbänden und Ausbildungsinstituten definierten Qualitätskriterien werden außerdem zunehmend Kompetenzmodelle (Lai & McDowall, 2014; Maltbia, Marsick & Ghosh, 2014; Michel, Merz, Frey & Sonntag, 2014) entwickelt, mit dem Ziel Standards für einen professionellen Coach zu beschreiben (zu Kompetenzmodellen vergleiche auch Kapitel 10 in diesem Buch).

Coach-Klient-Beziehung bzw. Working Alliance. Die Beziehungsqualität zwischen Coach und Klient gilt als bedeutsamer Wirkfaktor für gelungenes Interaktionsverhalten im Coaching (de Haan et al., 2011; O'Broin & Palmer, 2009). In der Literatur wird der Beziehungsaufbau im Sinne der Reziprozität als Ko-Konstruktion beschrieben, an der sowohl der Coach als auch der Klient beteiligt sind (O'Broin & Palmer, 2010; Wang, 2013). Eine Studie von Baron und Morin (2009) kommt zu dem Ergebnis, dass eine vom Klienten positiv wahrgenommene Coach-Klient-Beziehung Veränderungen in der Selbstwirksamkeitsüberzeugung des Klienten bewirken kann, wohingegen die Beziehungswahrnehmung des Coachs dies nicht vorhersagt.

Es stellt sich also die Frage, welche Bedingungen für die Gestaltung einer konstruktiven Coach-Klient-Beziehung vorliegen müssen, d. h. welche Variablen des Coachs, des Klienten und der Interaktion welche Rolle spielen. Ianiro und Kauffeld (2014) untersuchten in einer Studie mittels Videoanalyse 48 Coach-Klient-Dyaden (Psychologie-Bachelor-Absolventen mit Coaching-Ausbildung als Coach-Stichprobe und Young Professionals bzw. Studierende als Coachee-Stichprobe) und konnten zeigen, dass das verbale und non-verbale Kommunikationsverhalten des Coachs einen Einfluss auf das Verhalten des Klienten und dessen Wahrnehmung der Coaching-Beziehung hat. Wenn Coachs ein dominant-freundliches Interaktionsverhalten in der ersten Sitzung zeigten, verhielten sich

Klienten in der 5. Coaching-Sitzung ebenfalls dominant-freundlich und bewerteten die Coach-Klient-Beziehung positiver im Vergleich zu anderem Interaktionsverhalten. In einem systematischen Review analysierten Lai und McDowall (2014) 140 Studien und beschreiben fünf Schlüsselfaktoren, die für den Aufbau einer positiven Coach-Klient-Beziehung relevant sind:

- Vertrauensbildung (Rapport/Aufmerksamkeit, Engagement, Glaubwürdigkeit)
- Verständnis, Empathie und Umgang mit den emotionalen Reaktionen des Klienten
- „Two-way"-Kommunikation (Zuhören, Fragen, Feedback sowie verbale Kommunikation und Körpersprache)
- Unterstützung des Lern- und Entwicklungsprozesses entsprechend den Klienten-Bedürfnissen
- Klare Vereinbarungen und transparenter Prozess

Coach-Klient-Match. Studien, die die Übereinstimmung von Coach und Klient mittels Vergleich von Persönlichkeitsvariablen untersucht haben, kommen zu folgenden Ergebnissen. Scoular und Linley (2006) haben herausgefunden, dass Unähnlichkeit gemessen mit dem *Myers-Briggs Type Indicator* (MBTI; Myers, McCaulley, Quenk & Hammer, 1998) zu mehr Coaching-Erfolg führt als eine hohe Ähnlichkeit zwischen Coach und Klient.

Boyce, Jackson und Neal (2010) untersuchten an einer amerikanischen Militär-Akademie sowohl den Einfluss der Coach-Klient-Beziehung (u. a. Rapport, Glaubwürdigkeit und Commitment) als auch des Coach-Klient-Matches (u. a. demografische Variablen, Kompatibilität im Verhalten) auf verschiedene Outcome-Variablen des Coaching-Programms. Es zeigte sich ein signifikanter Zusammenhang zwischen Coach-Klient-Beziehung und Outcome-Variablen. Zusätzlich vermittelte die Coach-Klient-Beziehung den Zusammenhang zwischen den Match-Kriterien Kompatibilität und Glaubwürdigkeit und den Coaching-Programm-Outcomes.

Die bislang umfassendste Studie, die sowohl die Coach-Klient-Beziehung, die Persönlichkeit und die Selbstwirksamkeitsüberzeugung des Klienten sowie den Persönlichkeits-Match zwischen Coach und Klient einbezieht, legten de Haan et al. (2013) vor. Die Ergebnisse zeigen, dass die vom Klienten wahrgenommen Coaching-Ergebnisse signifikant mit der wahrgenommen Qualität der Beratungsbeziehung, der Selbstwirksamkeitsüberzeugung des Klienten sowie mit der wahrgenommenen Bandbreite an Techniken und Methoden des Coachs zusammenhängen. Die Coach-Klient-Beziehung als Mediator scheint hierbei der Schlüsselfaktor zu sein. Einflüsse der Persönlichkeit des Klienten sowie des Persönlichkeits-Matches zwischen Coach und Klient, jeweils gemessen mit MBTI-Profilen (Myers et al., 1998), ließen sich nicht belegen.

Coaching-Prozess. Coaching wird als non-linearer und iterativer Prozess beschrieben, der das Entwickeln und die kontinuierliche Anpassung von Zielen und von Handlungsoptionen umfasst, die für die Zielerreichung geeignet scheinen (Wang, 2013). Die sich in diesem Zusammenhang stellenden Forschungsfragen sind bislang kaum bzw. nur in Ansätzen beantwortet. Welche Prozesse der Zielfindung oder der Emotionsregulation finden statt? Welche Schulen, Modelle und Methoden, nach denen Coachs arbeiten, sind unter welchen Bedingungen effektiv? Wie gestaltet sich die Interaktion? Wie reagieren die Klienten darauf? Welche Lernprozesse finden statt? Vorliegende Prozessmodelle wie das Model of Coaching Effectiveness (Kilburg, 2001) und das Leadership Development Model (Ting & Riddle, 2006) bieten eine konzeptionelle Grundlage für die Prozessevaluation. Weitere Anhaltspunkte bietet der Coaching Cube (Segers, Dries & Versées, 2014). In einer der wenigen bisher vorliegenden empirischen Studien zeigte Grant (2012) mit einer Stichprobe von 225 Psychologie-Studenten, dass lösungsorientierte Coaching-Fragen mit einem Anstieg des positiven Affekts und der Selbstwirksamkeit sowie einem geringeren negativen Affekt einhergingen als in der Vergleichsgruppe mit problemorientierten Fragen.

Summative Evaluation: Positive und negative Effekte von Coaching

Wenngleich Studienergebnisse erste Hinweise geben, dass Business-Coaching positive Effekte hat, scheint eine differenzierte Betrachtungsweise hinsichtlich der bisher vorliegenden Ergebnisse zur Coaching-Wirksamkeit angebracht. In vielen Studien liegen auch nicht signifikante Ergebnisse vor und die Befundlage insgesamt ist als sehr uneinheitlich einzustufen. Zudem weisen die Studien häufig methodische Mängel auf, verwenden kleine Stichproben oder sind als Einzelfallstudien nur begrenzt aussagekräftig (Schreyögg, 2011a).

Positive Effekte auf Leistung, Selbstregulation und Wohlbefinden. Häufig werden in Untersuchungen zur Ergebnisevaluation *interventionsbezogene Maße* zum Erfolg und zur Zufriedenheit mit dem Coaching (Brauer, 2005, 2006) sowie zum Zielerreichungsgrad („Wurden die im Coaching gesetzten Ziele erreicht?“) (Grant, Curtayne & Burton, 2009; Mäthner, Jansen & Bachmann, 2005) erfasst.

Im Hinblick auf *arbeitsbezogene Maße* zeigt die Forschung positive Coaching-Effekte auf Leistung (Bowles, Cunningham, De La Rosa & Picano, 2007), den Umgang mit organisationalen Veränderungsprozessen (Grant et al., 2009) und Führungskompetenzen bzw. -verhalten (Kampa-Kokesch & Anderson, 2001; Kaufel, Scherer, Scherm & Sauer 2006; Perkins, 2009; Thach, 2002; Wasylyshyn, 2003) sowie auf die Produktivität der Mitarbeiter gecoachter Führungskräfte (Olivero, Bane & Kopelman, 1997). Ebenso können durch Coaching effizientere Kommunikationskompetenzen entwickelt (Kombarakaran, Yang, Baker & Fernandes, 2008; Thoele, 2012), die Fähigkeit, Ziele zu setzen und zu erreichen (Grant et al., 2009), gefördert sowie interpersonale Beziehungen (Mäthner et al., 2005) verbessert werden.

Werden *personenbezogene Maße* betrachtet, zeigen Studienergebnisse positive Coaching-Effekte auf Wohlbefinden (Duijts, Kant, van den Brandt & Swaen, 2008; Grant et al., 2009), Selbstwirksamkeitserleben (Evers, Brouwers & Tomic, 2006; Leonard-Cross, 2010), Selbstreflexion (Mäthner et al., 2005), Coping und Selbststeuerung (Steinmetz, 2005) sowie negative Effekte auf Angst und Stress (Gyllensten & Palmer, 2005).

Eine Metaanalyse von Theeboom et al. (2014), welche 18 Studien zu Coaching im Organisations- bzw. Ausbildungskontext umfasst, zeigt positive Effekte hinsichtlich der Kategorien Leistung/Fähigkeiten ($g=0.60$), Wohlbefinden ($g=0.46$), Coping ($g=0.43$), Einstellung zur Arbeit ($g=0.54$) und Selbstregulation ($g=0.74$).

Eine Metaanalyse von Jones et al. (2015) bezieht 17 Studien ein und kommt zu dem Ergebnis, dass Coaching positiv wirkt auf affektive Outcomes ($\delta=0.51$), Fähigkeiten/Kompetenzen ($\delta=0.28$) und Coaching-Ergebnisse auf Individualebene ($\delta=1.24$). Zudem fanden sie zwei bedeutsame Moderatoren: (1) Hinsichtlich der Art des Coachings zeigen sich stärkere Effekte bei internen Coachs im Vergleich zu externen Coachs und (2) bei Studien, die Multisource-Feedback einsetzen, sind die Effekte schwächer.

Negative Effekte aufgrund unerwünschter (Neben-)Wirkungen und Fremdbestimmung der Coaching-Ziele. Eine systematische Auseinandersetzung mit negativen Effekten findet in der Coaching-Forschung bisher wenig statt, erste Ergebnisse liefert eine Studie von Schermuly, Schermuly-Haupt, Schölmerich und Rauterberg (2014). Mittels Online-Fragebogen wurden 123 Coachings aus der Perspektive der Coachs evaluiert. Es zeigten sich durchschnittlich zwei negative Coaching-Effekte, die jedoch eine niedrige Intensität besitzen. Die häufigsten „Nebenwirkungen" sind (1) das Anstoßen von tiefergehenden Problemen, die nicht bearbeitet werden konnten, (2) Veränderung der Ziele, ohne Zustimmung des Klienten, und (3) dass der Klient seine Arbeit als weniger bedeutsam erlebt. Als Ursachen für diese negativen Effekte gaben die Coachs insbesondere Klientenvariablen wie z. B. ein zu geringes Problembewusstsein an. Zudem wurde ein positiver Zusammenhang zwischen der Anzahl behandelter Themen und der Häufigkeit negativer Effekte gefunden. Die Limitation der Untersuchung besteht in der einseitigen Perspektive der befragten Coachs, da die Wahrnehmung aus Klientensicht möglichweise zu einer anderen Einschätzung kommen könnte. Eine weitere Untersuchung berichtet negative Effekte insbesondere hinsichtlich interpersonaler Beziehungen und Führung, die sich nach Coaching-Interventionen in einem dänischen Krankenhaus gezeigt haben (Aust, Rugulies, Finken & Jensen, 2010). Die negativen Effekte werden in dieser Studie durch nicht erfüllte Erwartungen an die Intervention Coaching erklärt.

3.6 Implikationen für die Praxis: Was sollte bei der Durchführung von Coachings beachtet werden?

Coaching scheint derzeit in seiner Anwendung überwiegend positiv bewertet, wenngleich auch negative Effekte bekannt sind. Da jedoch das Wissen darüber, unter welchen Umständen Coaching für Mitglieder von Organisationen erfolgreich und wirksam ist, noch begrenzt ist, können aus den bisher vorliegenden Konzepten und den beschriebenen Studienergebnissen zunächst lediglich erste Empfehlungen für Praxisimplikationen abgeleitet werden.

Es erfolgt eine überblicksartige Darstellung zu Kompetenzmodellen, die in systematische Coach-Auswahlprozesse integriert werden können. Um die Passung zwischen Kompetenzen des Coachs und Bedürfnissen des Coachees zu optimieren, sollte der Coaching-Bedarf bei der Führungskraft systematisch erfasst werden. Hierzu wird die *Need for Coaching Skala* näher beschrieben, die zurzeit von der Erstautorin dieses Beitrags und ihrem Team erprobt wird.

Kompetenzmodell als Grundlage der Auswahl von Führungskräfte-Coachs

Kompetenzmodelle (vgl. Kapitel 10 in diesem Buch) liefern eine Antwort auf die Frage, welche Kenntnisse und Fertigkeiten einen professionellen Coach kennzeichnen. Basierend auf einer Analyse von 32 Studien geben Lai und McDowall (2014) einen Überblick über Eigenschaften eines Coachs kategorisiert nach (1) Wissen *(required knowledge)*, (2) Persönlichkeit und Einstellungen *(personality/attitudes)* sowie (3) Kompetenzen und Verhalten (*skills/behaviors)*. Eine weitere Übersicht unter Berücksichtigung von neun Studien findet sich bei Blumberg (2014), unterteilt in (1) Wissen *(knowledge)*, (2) Kompetenzen *(skills)*, (3) Fähigkeiten *(abilities)*, (4) andere Merkmale *(other characteristics)*. Sechs Kategorien werden bei Maltbia, Marsick und Ghosh (2014) unterschieden: (1) Soziale Kompetenz und (2) Emotionale Kompetenz (Beziehungsaufbau), (3) Zuhören und (4) Fragen stellen (Dialogkompetenz), (5) Framing/Reframing (Umdeutung) und (6) Contributing (Unterstützung bei Zielerreichung).

Ein Kompetenzmodell, basierend auf einer umfassenden Literatur- und Internetrecherche sowie auf Interviews mit erfahrenen Führungskräfte-Coachs, wurde von Michel, Merz, Frey und Sonntag (2014) entwickelt. Es basiert auf dem

Konzept der beruflichen Handlungskompetenz nach Sonntag (2009), wonach folgende Facetten unterschieden werden: Fachkompetenz, Methodenkompetenz, Sozialkompetenz und Selbst- und Personalkompetenz (zur Definition der Bereiche beruflicher Handlungskompetenz vgl. auch Kapitel 12 in diesem Buch). Das Heidelberger Modell ist ein wichtiger Schritt in Richtung einer Professionalisierung. Die Beauftragung eines Coachs durch eine Organisation basiert häufig auf persönlichen Empfehlungen. Bei der Auswahl des passenden Coachs verlassen sich die Personalverantwortlichen meist auf ihre Intuition und ihr „Fingerspitzengefühl" (vgl. Schumann 2014). Das Heidelberger Kompetenzmodell stellt ein fundiertes Hilfsmittel bei der Coach-Auswahl dar (Michel, Merz et al., 2014), auf dessen Basis strukturierte Auswahl-Interviews oder Fragebögen entwickelt werden können. Das Gesamt-Modell umfasst 56 Kompetenz-Hauptkategorien und ist bei Merz und Frey (2011) ausführlich dargestellt. Ein Überblick über die wichtigsten Kompetenz-Kategorien ist in Tabelle 4 dargestellt.

Tabelle 4: Das Heidelberger Kompetenzmodell für Führungskräfte-Coachs (Michel, Merz et al., 2014)

Fachkompetenzen		**Methodenkompetenzen**	
Psychologisches Wissen	– Arbeits- und organisationspsychologisches Wissen – Wissen über Sozialpsychologie – Wissen über psychologische Diagnostik	Kognitive Fähigkeiten	– Strukturierungsfähigkeit – Umgang mit Komplexität/Systemdenken – Analytisches Problemlösen
Sozialwissenschaftliches Wissen	– Betriebswirtschaftliches Wissen – Wissen über Organisationen – Wissen über die wirtschaftliche Lage	Adäquater und flexibler Methodeneinsatz	– Methodenvielfalt – Transparenz – Handlungskonzept
Coaching-Wissen	– Praktisches Coaching-Wissen – Theoretisches Coaching-Wissen – Wissen über die Rahmenbedingungen des Coachings	Methoden der Gesprächsführung	– Fragetechniken – Metaphern und Analogien – Aktives Zuhören

Tabelle 4: Fortsetzung

Sozialkompetenzen		Selbst- und Personalkompetenzen	
Interaktions-gestaltung	– Angemessener Interaktionsstil – Förderung der Selbstentwicklung des Klienten – Offene und ehrliche Interaktion	Selbstkenntnis und Selbst-reflexion	– Selbstreflexions-fähigkeit – Selbsterfahrung – realistische Selbst-einschätzung
Beziehungs-gestaltung	– Aufbau einer effektiven und kooperativen Beziehung – Wertschätzung und gegenseitiger Respekt – Schaffung einer vertrauensvollen Atmosphäre	Authentizität und Integrität	– Glaubwürdigkeit
Emotionale Intelligenz	– Zwischenmenschliche Intelligenz und Einfühlungsvermögen – Feinfühliger Umgang mit dem Klienten	Effektiver Umgang mit eigenen Emotionen	– Belastbarkeit – Emotionsregulation

Zur Erfassung der im Heidelberger Kompetenzmodell abgebildeten Kategorien wird derzeit ein Fragebogen entwickelt. Dieses Instrument soll dazu beitragen systematisch zu erfassen, welche Coaching-Kompetenzen beispielsweise bei einem Coaching-Schüler oder auch einem ausgebildetem Coach bereits vorhanden sind bzw. an welchen Stellen noch Qualifizierungsbedarf besteht. Das Instrument soll somit einen Beitrag zur Qualitätssicherung von Coaching leisten.

Ermittlung von Coaching-Bedarf

Ob ein *Coaching-Bedarf* vorliegt, wird häufig vom Vorgesetzen oder Personaler mittels Potenzialanalysen oder Gesprächen ermittelt bzw. vom Coaching-Kandidaten selbst initiiert (Schumann, 2014). Zur Potenzialbeurteilung sei auch auf Kapitel 11 in diesem Buch hingewiesen. Coaching stellt ein vergleichsweise kosten- und zeitintensives Personalentwicklungsinstrument für die Organisationen dar. Deshalb ist eine Optimierung des Entscheidungsprozesses im Hinblick auf zwei Aspekte ratsam: (1) Ist Coaching die richtige Maßnahme, um den Bedarf des Mitarbeiters oder der Führungskraft zu decken? (2) Welchen inhaltlichen Schwerpunkt sollte das Coaching haben, und welcher Coach sollte im Sinne des „best fit“ ausgewählt werden? Hierzu entwickelt und validiert eine Forschungsgruppe unter Leitung der Erstautorin derzeit ein Messinstrument zur Ermittlung des konkreten Coaching-Bedarfs, welches den Unternehmen die Bedarfsanalyse auf standardisierte Weise ermöglichen soll. Tabelle 5 umfasst eine Auswahl der Subskalen der *Need for Coaching Skala* (Instrument zur Ermittlung des Coaching-Bedarfs) mit jeweils einem Beispielitem.

Tabelle 5: Überblick der Need for Coaching Skala

Coaching-Bedarf	Beispielitem
Team- und Mitarbeiterführung	„Ich möchte Coaching in Anspruch nehmen, um meine Führungsqualitäten zu optimieren.“
Selbstdarstellung im Unternehmen	„Ich möchte durch Coaching lernen, meine Anliegen unternehmenspolitisch geschickter verkaufen zu können.“
Burnout-Vorbeugung	„Ich bin oft überarbeitet und möchte durch Coaching lernen, sinnvoll Grenzen zu setzen.“
Positions- oder Aufgabenwechsel	„Ich möchte mich durch Coaching auf eine bevorstehende Beförderung vorbereiten.“
Umgang mit Konflikten	„In meinem Team gibt es derzeit Querelen, daher möchte ich mit einem Coach erarbeiten, was ich als Führungskraft dagegen tun kann.“
Veränderungsbegleitung	„Mein Team reagiert mit Widerstand auf beschlossene Veränderungen. Ich hätte gerne Unterstützung von einem Coach, um damit erfolgreich umzugehen.“
Karriereplanung	„Ich möchte mit einem Coach gemeinsam erarbeiten, wie ich die nächsten Schritte meiner beruflichen Entwicklung angehen kann.“

Anmerkungen: Aktuell werden Validierungsstudien der *Need for Coaching Skala* durchgeführt.

Eine aktive Unterstützung der Coaching-Forschung durch Organisationen, Coaching-Verbände, Coachs und Klienten ist im Sinne der Qualitätssicherung wünschenswert und unabdingbar. Auch ist dies ökonomisch langfristig sinnvoll, da Coaching eine für Organisationen sehr kostenintensive Maßnahme darstellt. Es sollte im ureigenen Interesse der Unternehmen sein, dass der Einsatz von organisationsexternen Coachs nicht nur die gewünschten Wirkungen hat und ein positives Image fördert, sondern die Beratungsform zukünftig noch gezielter eingesetzt und entwickelt werden kann. Eine unumgängliche Voraussetzung dafür ist die wissenschaftliche Untersuchung realer Coaching-Prozesse, um Erkenntnisse darüber zu erhalten, welches Coaching für wen und wie, zu welchem Zeitpunkt und unter welchen Bedingungen nachhaltig funktioniert. Verbände, Ausbildungsinstitute und Kongressorganisatoren sollten daher die Vernetzung von Praxis und Forschung weiterhin im Blick haben und vorantreiben, um den gemeinsamen Wissensaustausch und die Qualitätssicherung systematisch zu fördern auf dem Weg einer Professionalisierung von Coaching (für Empfehlungen zur Förderung des Dialogs zwischen Wissenschaftssystem und Praxisexperten vgl. auch Kotte, Oellerich, Schubert & Möller, 2015; Möller et al., 2014).

4 Bewertung und Ausblick auf zukünftige Forschung

Mentoring und Coaching haben ihren Platz in der Personalentwicklung in Organisationen gefunden und ihre Berechtigung als Interventionen längst durch den Praxisnutzen legitimiert. Es stellt sich jedoch die Frage, inwieweit die beiden Formate neben der individuellen Karriereförderung des Einzelnen auch geeignete Mittel sind, um aktuellen und zukünftigen Herausforderungen der Arbeit zu begegnen. Zentrale Themen sind hierbei der demografische Wandel, Globalisierung und eine zunehmende Digitalisierung der Arbeit.

Einen Beitrag, um dem *demografischen Wandel* zu begegnen, können Coaching und Mentoring dahingehend leisten, dass beide Formate einerseits für junge Fach- und Führungskräfte Anreize im Sinne der individuellen Weiterentwicklung darstellen und damit die Arbeitgeberattraktivität sowie die Chancen erhöhen, dass sich ein Bewerber für eine Organisation entscheidet. Denn fair aufgebaute, formelle Mentoring-Programme geben Nachwuchskräften unabhängig von Gender, soziodemografischem Background und Hautfarbe Raum für Karriere (Wanberg et al., 2003). Anderseits können für eine zunehmend älter werdende Belegschaft neue beraterische Aufgabenfelder entstehen, bei denen erfahrene Fach- und Führungskräfte ihr Wissen z. B. als Mentor weitergeben. Dies kann zu einem systematischen Wissensmanagement beitragen und somit das Wissen in der Organisation halten und gleichzeitig sinnstiftende Tätigkeiten für erfahrene Experten schaffen.

Die Herausforderungen, die mit der *Globalisierung* und Internationalisierung der Märkte einhergehen, sind bereits durch permanente Veränderungs- und Optimierungsprozesse in den Organisationen präsent. Durch die damit einhergehende steigende Komplexität und Arbeitsverdichtung haben sich die Anforderungen an

Führungskräfte hinsichtlich der Umsetzung und Steuerung von Change Management-Prozessen, der Mitarbeiterführung und des Selbstmanagements (Bickerich & Michel, 2014) verändert. Entsprechend kann Change-Coaching eine geeignete Maßnahme sein, Führungskräften in Zeiten des Wandels Orientierung und Unterstützung zu geben (Bickerich & Michel, 2012, 2013).

Im Zuge der *Digitalisierung* haben sich bereits E-Mentoring- und E-Coaching-Formen durch Nutzung digitaler Medien ausdifferenziert. Diese werden zukünftig aufgrund der steigenden Mobilität weiter an Bedeutung gewinnen. Beispielsweise kann der beschriebene Ansatz des Reverse Mentorings eine Unterstützung für ältere Mitarbeiter sein, um besser mit neuen Technologien und dem Wandel der Arbeit umzugehen.

Literatur

Allen, T. D., Eby, L. T., Poteet, M. L., Lentz, E. & Lima, L. (2004). Career benefits associated with mentoring for proteges: A meta-analysis. *Journal of Applied Psychology, 89* (1), 127–136. http://doi.org/10.1037/0021-9010.89.1.127

Aryee, S., Lo, S. & Kang, I.-L. (1999). Antecedents of early career stage mentoring among Chinese employees. *Journal of Organizational Behavior, 20,* 563–576. http://doi.org/10.1002/(sici)1099-1379(199909)20:5<563::aid-job890>3.3.co;2-r

Aust, B., Rugulies, R., Finken, A. & Jensen, C. (2010). When workplace interventions lead to negative effects: Learning from failures. *Scandinavian Journal of Public Health, 38* (3), 106–119. http://doi.org/10.1177/1403494809354362

Bachkirova, T. (2013). Developmental coaching – Developing the self. In J. Passmore, D. B. Peterson & T. Freire (Eds.), *The Wiley-Blackwell handbook of the psychology of coaching and mentoring* (pp. 135–154). Malden, MA: Wiley-Blackwell.

Baron, L. & Morin, L. (2009). The coach-coachee relationship in executive coaching: A field study. *Human Resource Development Quarterly, 20* (1), 85–106. http://doi.org/10.1002/hrdq.20009

Berman, W. H. & Bradt, G. (2006). Executive coaching and consulting: 'Different strokes for different folks'. *Professional Psychology: Research and Practice, 37* (3), 244–253. http://doi.org/10.1037/0735-7028.37.3.244

Bickerich, K. & Michel, A. (2012). Wenn's turbulent wird – Forschungsprojekt zu Coaching bei Veränderungen in Organisationen. *Coaching Magazin, 3,* 44–49.

Bickerich, K. & Michel, A. (2013). Coaching meets Change Management – ein komplexes Praxisfeld zwischen Individuum und Organisation aus arbeits- und organisationspsychologischer Perspektive reflektiert. In R. Wegener, A. Fritze & M. Loebbert (Hrsg.), *Coaching-Praxisfelder. Forschung und Praxis im Dialog* (S. 437–449). Wiesbaden: Springer VS.

Bickerich, K. & Michel, A. (2014, September). *Coaching im Change Management – Ergebnisse einer Längsschnittstudie.* Vortrag auf dem 49. Kongress der Deutschen Gesellschaft für Psychologie, Bochum, Deutschland.

Blickle, G. (2014). Personalentwicklung. In F. Nerdinger, G. Blickle & N. Schaper (Hrsg.), *Lehrbuch Arbeits- und Organisationspsychologie* (S. 291–320). Heidelberg, Berlin, New York: Springer.

Blickle, G. & Boujataoui, M. (2005). Mentoren, Karriere und Geschlecht: Eine Feldstudie mit Führungskräften aus dem Personalbereich. *Zeitschrift für Arbeits- und Organisationspsychologie, 49* (1), 1–11. http://doi.org/10.1026/0932-4089.49.1.1

Blickle, G., Kuhnert, B. & Rieck, S. (2003). Laufbahnförderung durch ein Unterstützungsnetzwerk. *Zeitschrift für Personalpsychologie, 2* (3), 118–128. http://doi.org/10.1026//1617-6391.2.3.118

Blickle, G. & Schneider, P. B. (2007). Mentoring. In H. Schuler & Kh. Sonntag (Hrsg.), *Handbuch der Arbeits- und Organisationspsychologie* (S. 395–402). Göttingen: Hogrefe.

Blickle, G., Schneider, P. B., Meurs, J. A. & Perrewé, P. L. (2010). Antecedents and consequences of perceived barriers to obtaining mentoring: A longitudinal investigation. *Journal of Applied Social Psychology, 40* (8), 1897–1920. http://doi.org/10.1111/j.1559-1816.2010.00644.x

Blickle, G., Witzki, A. H. & Schneider, P. B. (2009a). Mentoring support and power: A three year predictive field study on protégé networking and career success. *Journal of Vocational Behavior, 74* (2), 181–189. http://doi.org/10.1016/j.jvb.2008.12.008

Blickle, G., Witzki, A. & Schneider, P. B. (2009b). Self-initiated mentoring and career success: A predictive field study. *Journal of Vocational Behavior, 74* (1), 94–101. http://doi.org/10.1016/j.jvb.2008.10.008

Bluckert, P. (2010). The gestalt approach to coaching. In E. Cox, T. Bachkirova & D. Clutterbuck (Eds.), *The complete handbook of coaching* (pp. 80–93). Los Angeles, CA: Sage.

Blumberg, K. M. (2014). Executive coaching competencies: A review and critique with implications for coach education. *Journal of Psychological Issues in Organizational Culture, 5* (2), 87–97. http://doi.org/10.1002/jpoc.21143

Bono, J. E., Purvanova, R. K., Towler, A. J. & Peterson, D. B. (2009). A survey of executive coaching practices. *Personnel Psychology, 62* (2), 361–404. http://doi.org/10.1111/j.1744-6570.2009.01142.x

Bosch, C. & Michel, A. (2016). Achtsamkeit und Coaching. In S. Greif, H. Möller & H. Scholl (Hrsg.), *Handbuch Schlüsselkonzepte im Coaching*. Berlin: Springer.

Bowles, S., Cunningham, C. J. L., De La Rosa, G. M. & Picano, J. (2007). Coaching leaders in middle and executive management: Goals, performance, buy-in. *Leadership & Organization Development Journal, 28* (5), 388–408. http://doi.org/10.1108/01437730710761715

Boyce, L. A., Jackson, R. J. & Neal, L. J. (2010). Building successful leadership coaching relationships: Examining impact of matching criteria in a leadership coaching program. *Journal of Management Development, 29* (10), 914–931. http://doi.org/10.1108/02621711011084231

Brauer, Y. (2005). Wie Zielvereinbarungen im Coaching helfen. *Wirtschaftspsychologie aktuell, 1*, 40–43.

Brauer, Y. (2006). *Zielvereinbarungen beim Coaching: Eine empirische Untersuchung aus Kundensicht*. Düsseldorf: VDM.

Byrd, M.Y. & Hughes, C. (2015). A paradigm shift for diversity management: From promoting business opportunity to optimizing lived career work experiences. In C. Hughes & C. Hughes (Eds.), *Impact of diversity on organization and career development* (pp. 28–53). Hershey, PA, US: Business Science Reference/IGI Global.

Chao, G. T., Walz, P. M. & Gardner, P. D. (1992). Formal and informal mentorships: A comparison on mentoring functions and contrast with nonmentored counterparts. *Personnel Psychology, 45*, 619–636. http://doi.org/10.1111/j.1744-6570.1992.tb00863.x

Cox, E., Bachkirova, T. & Clutterbuck, D. (Eds.). (2010). *The complete handbook of coaching*. Los Angeles, CA: Sage.

Cox, E. & Jackson, P. (2010). Developmental coaching. In E. Cox, T. Bachkirova & D. Clutterbuck (Eds.), *The complete handbook of coaching* (pp. 217–230). Los Angeles, CA: Sage.

Csikszentmihalyi, M. (1990). *Flow: The Psychology of Optimal Experience*. New York: Harper & Row.

de Haan, E., Culpin, V. & Curd, J. (2011). Executive coaching in practice: What determines helpfulness for clients of coaching? *Personnel Review, 40* (1), 24–44. http://doi.org/10.1108/00483481111095500

de Haan, E., Duckworth, A., Birch, D. & Jones, C. (2013). Executive coaching outcome research: The contribution of common factors such as relationship, personality match, and self-efficacy. *Consulting Psychology Journal: Practice and Research, 65* (1), 40–57. http://doi.org/10.1037/a0031635

de Haan, E. & Stewart, S. (2011). *Relational coaching: Journeys towards mastering one-to-one learning*. Chichester: Wiley.

Diamond, M.A. (2013). Psychodynamic approach. In J. Passmore, D.B. Peterson & T. Freire (Eds.), *The Wiley-Blackwell handbook of the psychology of coaching and mentoring* (pp. 365–384). Malden, MA: Wiley-Blackwell.

Diener, E. (2000). Subjective well-being: The science of happiness and a proposal for a national index. *American Psychologist, 55* (1), 34–43. http://doi.org/10.1037/0003-066X.55.1.34

Duijts, S.F.A., Kant, I., van den Brandt, P.A. & Swaen, G.M.H. (2008). Effectiveness of a preventive coaching intervention for employees at risk for sickness absence due to psychosocial health complaints: Results of a randomized controlled trial. *Journal of Occupational and Environmental Medicine, 50* (7), 765–776. http://doi.org/10.1097/JOM.0b013e3181651584

Eby, L.T., Allen, T.D., Evans, S.C., Ng, T. & DuBois, D.L. (2008). Does mentoring matter? A multidisciplinary meta-analysis comparing mentored and non-mentored individuals. *Journal of Vocational Behavior, 72* (2), 254–267. http://doi.org/10.1016/j.jvb.2007.04.005

Eby, L.T., Allen, T.D., Hoffman, B.J., Baranik, L.E., Sauer, J.B. & Baldwin, S. (2013). An interdisciplinary meta-analysis of the potential antecedents, correlates, and consequences of protégé perceptions of mentoring. *Psychological Bulletin, 139* (2), 441–476. http://doi.org/10.1037/a0029279

Eby, L.T., Durley, J.R., Evans, S.C. & Ragins, B.R. (2008). Mentors' perceptions of negative mentoring experiences: Scale development and nomological validation. *Journal of Applied Psychology, 93* (2), 358–373. http://doi.org/10.1037/0021-9010.93.2.358

Ely, K., Boyce, L.A., Nelson, J.K., Zaccaro, S.J., Hernez-Broome, G. & Whyman, W. (2010). Evaluating leadership coaching: A review and integrated framework. *The Leadership Quarterly, 21* (4), 585–599. http://doi.org/10.1016/j.leaqua.2010.06.003

Evers, W.J.G., Brouwers, A. & Tomic, W. (2006). A quasi-experimental study on management coaching effectiveness. *Consulting Psychology Journal: Practice and Research, 58* (3), 174–182. http://doi.org/10.1037/1065-9293.58.3.17

Feeney, M.K. & Bozeman, B. (2008). Mentoring and network ties. *Human Relations, 61* (12), 1651–1676. http://doi.org/10.1177/0018726708098081

Feldman, D.C. & Lankau, M.J. (2005). Executive Coaching: A review and agenda for future research. *Journal of Management, 31* (6), 829–848. http://doi.org/10.1177/0149206305279599

Freire, T. (2013). Positive psychology approaches. In J. Passmore, D.B. Peterson & T. Freire (Eds.), *The Wiley-Blackwell handbook of the psychology of coaching and mentoring* (pp. 426–441). Malden, MA: Wiley-Blackwell.

Ghosh, R. (2014). Antecedents of mentoring support: A meta-analysis of individual, relational, and structural or organizational factors. *Journal of Vocational Behavior, 84* (3), 367–384. http://doi.org/10.1016/j.jvb.2014.02.009

Ghosh, R. & Reio Jr., T.G. (2013). Career benefits associated with mentoring for mentors: A meta-analysis. *Journal of Vocational Behavior, 83* (1), 106–116. http://doi.org/10.1016/j.jvb.2013.03.011

Graf, N. & Edelkraut, F. (2014). *Mentoring: Das Praxisbuch für Personalverantwortliche und Unternehmer.* Wiesbaden: Springer Gabler. http://doi.org/10.1007/978-3-658-02170-2

Grant, A.M. (2012). Making positive change: A randomized study comparing solution-focused vs. problem-focused coaching questions. *Journal of Systemic Therapies, 31* (2), 21–35. http://doi.org/10.1521/jsyt.2012.31.2.21

Grant, A. M. (2013). The efficacy of coaching. In J. Passmore, D. B. Peterson & T. Freire (Eds.), *The Wiley-Blackwell handbook of the psychology of coaching and mentoring* (pp. 15–39). Malden, MA: Wiley-Blackwell.

Grant, A. M. & Cavanagh, M. J. (2011). Coaching and positive psychology. In K. M. Sheldon, T. B. Kashdan & M. F. Steger (Eds.), *Designing positive psychology: Taking stock and moving forward* (pp. 293–309). New York, NY, US: Oxford University Press.

Grant, A. M., Curtayne, L. & Burton, G. (2009). Executive coaching enhances goal attainment, resilience and workplace well-being: A randomised controlled study. *The Journal of Positive Psychology, 4* (5), 396–407. http://doi.org/10.1080/17439760902992456

Grant, A. M., Passmore, J., Cavanagh, M. J. & Parker, H. M. (2010). The state of play in coaching today: A comprehensive review of the field. In G. P. Hodgkinson & J. K. Ford (Eds.), *International review of industrial and organizational psychology 2010* (Vol. 25, pp. 125–167). Malden, MA: Wiley-Blackwell.

Greif, S. (2007). *Advances in research on coaching outcomes. International Coaching Psychology Review, 2* (3), 222–249.

Greif, S. (2008). *Coaching und ergebnisorientierte Selbstreflexion*. Göttingen: Hogrefe.

Grima, F., Paillé, P., Mejia, J. H. & Prud'homme, L. (2014). Exploring the benefits of mentoring activities for the mentor. *Career Development International, 19* (4), 469–490. http://doi.org/10.1108/CDI-05-2012-0056

Grimley, B. (2010). The NLP approach to coaching. In E. Cox, T. Bachkirova & D. Clutterbuck (Eds.), *The complete handbook of coaching* (pp. 187–200). Los Angeles, CA: Sage.

Gyllensten, K. & Palmer, S. (2005). Can coaching reduce workplace stress? A quasi-experimental study. *International Journal of Evidence Based Coaching and Mentoring, 3* (2), 75–85.

Hamilton, B. A. & Scandura, T. A. (2003). E-mentoring: Implications for organizational learning and development in a wired world. *Organizational Dynamics, 31* (4), 388–402.

Harvey, M., McIntyre, N., Thompson Heames, J. & Moeller, M. (2009). Mentoring global female managers in the global marketplace: traditional, reverse, and reciprocal mentoring. *The International Journal of Human Resource Management, 20* (6), 1344–1361. http://doi.org/10.1080/09585190902909863

Hausherr Fischer, A., Enderli, L., Lippmann, E., Ullmann-Jungfer, G., Negri, C., Perrin, D. et al. (2013). Spezielle Anwendungsfelder und Fragestellungen. In E. Lippmann (Hrsg.), *Coaching. Angewandte Psychologie für die Beratungspraxis* (3., überarb. u. erw. Aufl., S. 221–368): Berlin, Heidelberg: Springer.

Hawkins, P. & Smith, N. (2007). *Coaching, Mentoring and Organizational Consultancy: Supervision and Development.* Maidenhead, Berkshire, England: McGraw-Hill.

Hazen, B. & Steckler, N. A. (2010). Career coaching. In E. Cox, T. Bachkirova & D. Clutterbuck (Eds.), *The complete handbook of coaching* (pp. 311–323). Los Angeles, CA: Sage.

Höher, F. (2014). *Vernetztes Lernen im Mentoring: eine Studie zur nachhaltigen Wirkung und Evaluation von Mentoring*. Wiesbaden: Springer VS. http://doi.org/10.1007/978-3-658-05150-1

Hutter, C. & Schacht, M. (2014). Morenos Werk und eine allgemeine Theorie des Psychodramas. In W. Eberwein & M. Thielen (Hrsg.), *Humanistische Psychotherapie. Theorien, Methoden, Wirksamkeit* (S. 183–198). Gießen: Psychosozial-Verlag.

Ianiro, P. M. & Kauffeld, S. (2014). Take care what you bring with you: How coachs' mood and interpersonal behavior affect coaching success. *Consulting Psychology Journal: Practice and Research, 66* (3), 231–257. http://doi.org/10.1037/cpb0000012

Jones, R. J., Woods, S. A. & Guillaume, Y. R. F. (2015). *The effectiveness of workplace coaching: A meta-analysis of learning and performance outcomes from coaching. Journal of Occupational and Organizational Psychology.* Advance online publication. http://doi.org/10.1111/joop.12119

Joo, B.-K. (2005). Executive coaching: A conceptual framework from an integrative review of practice and research. *Human Resource Development Review, 4* (4), 462–488. http://doi.org/10.1177/1534484305280866

Jüster, M., Hildenbrand, C.-D. & Petzold, H. (2005). Coaching in der Sicht der Führungskräfte – Eine empirische Erhebung. In C. Rauen (Hrsg.), *Handbuch Coaching* (3., überarb. u. erw. Aufl., S. 77–98): Göttingen: Hogrefe.

Kacmar, C. J., McManus, D. J. & Young, A. (2012). Telementoring in global organizations: Computer mediated communication technologies and mentoring networks. *International Journal of Applied Science and Technology, 2* (1), 1–11.

Kampa-Kokesch, S. & Anderson, M. Z. (2001). Executive coaching: A comprehensive review of the literature. *Consulting Psychology Journal: Practice and Research, 53* (4), 205–228. http://doi.org/10.1037/1061-4087.53.4.205

Kaufel, S., Scherer, S., Scherm, M. & Sauer, W. (2006). Führungsbegleitung in der Bundeswehr, Coaching für militärische Führungskräfte. In W. Backhausen & J.-P. Thommen (Hrsg.), *Coaching: Durch systemisches Denken zu innovativer Personalentwicklung* (3. Aufl., S. 419–438). Wiesbaden: Gabler.

Kauffman, C., Boniwell, I. & Silberman, J. (2010). The positive psychology approach to coaching. In E. Cox, T. Bachkirova & D. Clutterbuck (Eds.), *The complete handbook of coaching* (pp. 158–171). Los Angeles, CA: Sage.

Kilburg, R. R. (2001). Facilitating intervention adherence in executive coaching: A model and methods. *Consulting Psychology Journal: Practice and Research, 53* (4), 251–267. http://doi.org/10.1037/1061-4087.53.4.251

Kombarakaran, F. A., Yang, J. A., Baker, M. N. & Fernandes, P. B. (2008). Executive coaching: It works! *Consulting Psychology Journal: Practice and Research, 60* (1), 78–90. http://doi.org/10.1037/1065-9293.60.1.78

Kotte, S., Oellerich, K., Schubert, D. & Möller, H. (2015). Das ambivalente Verhältnis von Coachingforschung und -praxis: Dezentes Ignorieren, kritisches Beäugen oder kooperatives Miteinander? In A. Schreyögg & C. Schmidt-Lellek (Hrsg.), *Akademisierung von Coaching* (S. 23–46). Wiesbaden: Springer.

Künzli, H. (2005). Wirksamkeitsforschung im Führungskräfte-Coaching. *Organisationsberatung, Supervision, Coaching, 12* (3), 231–243. http://doi.org/10.1007/s11613-005-0109-3

Künzli, H. (2009). Wirksamkeitsforschung im Führungskräfte-Coaching. *Organisationsberatung, Supervision, Coaching, 16* (1), 4–18. http://doi.org/10.1007/s11613-009-0116-x

Lai, Y.-L. & McDowall, A. (2014). A systematic review of (SR) coaching psychology: Focusing on the attributes of effective coaching psychologists. *International Coaching Psychology Review, 9* (2), 118–134.

Lee, G. (2010). The psychodynamic approach to coaching. In E. Cox, T. Bachkirova & D. Clutterbuck (Eds.), *The complete handbook of coaching* (pp. 23–26). Los Angeles, CA: Sage.

Leinweber, S., Mollbach, A., Reimann, M. & Mât, C. (2013). *Management Coaching. Wie Unternehmen Führungskräfte zum Erfolg bringen können.* Freiburg: Haufe.

Leonard-Cross, E. (2010). Developmental coaching: Business benefit – Fact or fad? An evaluative study to explore the impact of coaching in the workplace. *International Coaching Psychology Review, 5* (1), 36–47.

Lippmann, E. (2013a). *Coaching: Angewandte Psychologie für die Beratungspraxis* (3., überarb. u. erw. Aufl.). Berlin, Heidelberg: Springer. http://doi.org/10.1007/978-3-642-35921-7

Lippmann, E. (2013b). Grundlagen auf der Basis eines systemisch-lösungsorientierten Beratungsansatzes. In E. Lippmann (Hrsg.), *Coaching: Angewandte Psychologie für die Beratungspraxis* (3., überarb. u. erw. Aufl., S. 13–52): Berlin, Heidelberg: Springer.

Lippmann, E. (2013c). Settings. In E. Lippmann (Hrsg.), *Coaching: Angewandte Psychologie für die Beratungspraxis* (3., überarb. u. erw. Aufl., S. 87–106): Berlin, Heidelberg: Springer.

Loos, W. & Rauen, C. (2005). Das Konzept einer komplexen Beratungsbeziehung. In C. Rauen (Hrsg.), *Handbuch Coaching* (3., überarb. u. erw. Aufl., S. 155–197): Göttingen: Hogrefe.

Maltbia, T. E., Marsick, V. J. & Ghosh, R. (2014). *Executive and organizational coaching: A review of insights drawn from literature to inform HRD practice. Advances in Developing Human Resources, 16* (2), 161–183. http://doi.org/10.1177/1523422313520474

Mäthner, E., Jansen, A. & Bachmann, T. (2005). Wirksamkeit und Wirkung von Coaching. In C. Rauen (Hrsg.), *Handbuch Coaching* (3., überarb. u. erw. Aufl., S. 55–76). Göttingen: Hogrefe.

Merz, C. & Frey, A. (2011). *Empirisch fundiertes Kompetenzmodell für den Bereich des Führungskräftecoachings*. Aachen: Shaker Verlag.

Michel, A., Bosch, C. & Rexroth, M. (2014). Mindfulness training and its effects on well-being and work-life-balance. *Journal of Occupational and Organizational Psychology, 87,* 733–754. http://doi.org/10.1111/joop.12072

Michel, A., Merz, C., Frey, A. & Sonntag, Kh. (2014). Was zeichnet einen kompetenten Coach im HR-Management aus? Entwicklung eines Kompetenzmodells für Führungskräftecoaching. *Organisationsberatung, Supervision, Coaching, 21* (4), 431–447. http://doi.org/10.1007/s11613-014-0391-z

Migge, B. (2007). *Handbuch Coaching und Beratung: wirkungsvolle Modelle, kommentierte Falldarstellungen, zahlreiche Übungen* (2., überarb. Aufl.). Weinheim; Basel: Beltz.

Mohr, G. (2008). *Coaching und Selbstcoaching mit Transaktionsanalyse: Professionelle Beratung zu beruflicher und persönlicher Entwicklung*. Köln: Edition Humanistische Psychologie.

Mollbach, A. (2008). Gegenwart und Zukunft des Coachings – aus Unternehmenssicht. *Organisationsberatung, Supervision, Coaching, 15* (4), 404–420. http://doi.org/10.1007/s11613-008-0105-5

Möller, H. & Kotte, S. (2011). Die Zukunft der Coachingforschung. *Organisationsberatung, Supervision, Coaching, 18* (4), 445–456. http://doi.org/10.1007/s11613-011-0256-7

Möller, H., Oellerich, K., Schubert, D. & Kotte, S. (2014). Beratungsforschung mit, für oder gegen die Praxis? *Organisationsberatung, Supervision, Coaching, 21,* 313–327. http://doi.org/10.1007/s11613-014-0376-y

Murphy, W. M. (2012). Reverse Mentoring at work: fostering cross-generational learning and developing milleninial leaders. *Human Resource Management, 51* (4), 549–574. http://doi.org/10.1002/hrm.21489

Myers, I. B., McCaulley, M. H., Quenk, N. L. & Hammer, A. L. (1998). *MBTI manual: A guide to the development and use of the Myers-Briggs Type Indicator*. Palo Alto, CA: Consulting Psychologists Press.

Neukom, M., Kiel, V., Meier, R. & Storch, M. (2013). Coachinggrundlagen aus der Sicht weiterer Beratungsansätze. In E. Lippmann (Hrsg.), *Coaching: Angewandte Psychologie für die Beratungspraxis* (3., überarb. u. erw. Aufl., S. 53–86): Berlin, Heidelberg: Springer.

O'Broin, A. & Palmer, S. (2009). Co-creating an optimal coaching alliance: A cognitive behavioural coaching perspective. *International Coaching Psychology Review, 4* (2), 184–194.

O'Broin, A. & Palmer, S. (2010). Exploring key aspects in the formation of coaching relationships: Initial indicators from the perspective of the coachee and the coach. *Coaching: An International Journal of Theory, Research and Practice, 3* (2), 124–143. http://doi.org/10.1080/17521882.2010.502902

O'Reilly, C. A., Chatman, J. & Caldwell, D. F. (1991). People and organizational culture: A profile comparison approach to assessing person-organization fit. *Academy of Management Journal, 34* (3), 487–516. http://doi.org/10.2307/256404

Offermanns, M. (2004). *Braucht Coaching einen Coach? Eine evaluative Pilotstudie*. Stuttgart: ibidem.

Olivero, G., Bane, K.D. & Kopelman, R.E. (1997). Executive coaching as a transfer of training tool: Effects on productivity in a public agency. *Public Personnel Management, 26* (4), 461–469. http://doi.org/10.1177/009102609702600403

Palmer, S. & Williams, H. (2013). Cognitive behavioral approaches. In J. Passmore, D.B. Peterson & T. Freire (Eds.), *The Wiley-Blackwell handbook of the psychology of coaching and mentoring* (pp. 319–338). Malden, MA: Wiley-Blackwell.

Passmore, J. (2010). A grounded theory study of the coachee experience: The implications for training and practice in coaching psychology. *International Coaching Psychology Review, 5* (1), 48–62.

Passmore, J., Peterson, D.B. & Freire, T. (Eds.). (2013). *The Wiley-Blackwell handbook of the psychology of coaching and mentoring*. Malden, MA: Wiley-Blackwell.

Perkins, R.D. (2009). *How executive coaching can change leader behavior and improve meeting effectiveness: An exploratory study. Consulting Psychology Journal: Practice and Research, 61* (4), 298–318.

Plummer, C.A. & Nyang'au, T.O. (2009). Reciprocal e-mentoring: Accessible international exchanges. *International Social Work, 52* (6), 811–822. http://doi.org/10.1177/0020872809342652

Ragins, B.R. & Cotton, J.L. (1999). Mentor functions and outcomes: A comparison of men and women in formal and informal mentoring relationships. *Journal of Applied Psychology, 84* (4), 529–550. http://doi.org/10.1037/0021-9010.84.4.529

Ragins, B.R., Cotton, J.L. & Miller, J.S. (2000). Marginal mentoring: The effects of type of mentor, quality of relationship, and program design on work and career attitudes. *Academy of Management Journal, 43* (6), 1177–1194. http://doi.org/10.2307/1556344

Ragins, B.R. & McFarlin, D.B. (1990). Perception of mentor roles in cross-gender mentoring relationships. *Journal of Vocational Behavior, 37* (3), 321–339. http://doi.org/10.1016/0001-8791(90)90048-7

Rauen, C. (Hrsg.). (2005). *Handbuch Coaching* (3., überarb. u. erw. Aufl.). Göttingen: Hogrefe.

Rauen, C. (2008). *Coaching*. Göttingen: Hogrefe.

Rauen, C. & Eversmann, J. (2014). Coaching. In H. Schuler & U.P. Kanning (Hrsg.), *Lehrbuch der Personalpsychologie* (3., überarb. u. erw. Aufl., S. 563–606). Göttingen: Hogrefe.

Rogers, C.R. (2012). *Die klientenzentrierte Gesprächspsychotherapie. Client-centered Therapy.* Frankfurt am Main: Fischer Verlag.

Schermuly, C.C., Schermuly-Haupt, M.-L., Schölmerich, F. & Rauterberg, H. (2014). Zu Risiken und Nebenwirkungen lesen Sie … – Negative Effekte von Coaching. *Zeitschrift für Arbeits- und Organisationspsychologie, 58* (1), 17–33. http://doi.org/10.1026/0932-4089/a000129

Schlegel, L. (1988). *Die Transaktionale Analyse: Ein kritisches Lehrbuch und Nachschlagewerk.* Tübingen: Francke.

Schneider, P.B., Witzki, A. & Blickle, G. (2011). Erfassung von Mentoring-Unterstützung: Eine Längsschnittstudie mit multiplen Datenquellen zur Validierung der deutschsprachigen Fassung des Mentor Role Instruments. *Zeitschrift für Arbeits- u. Organisationspsychologie, 55* (4), 197–209. http://doi.org/10.1026/0932-4089/a000064

Schreyögg, A. (2005). Konflikt-Coaching. In C. Rauen (Hrsg.), *Handbuch Coaching* (3., überarb. u. erw. Aufl., S. 213–224). Göttingen: Hogrefe.

Schreyögg, A. (2011a). Möglichkeiten der Evaluation von Coaching. *Organisationsberatung, Supervision, Coaching, 18* (1), 89–96. http://doi.org/10.1007/s11613-010-0218-5

Schreyögg, A. (2011b). Organisationsinternes Coaching. *Organisationsberatung, Supervision, Coaching, 18* (2), 127–128. http://doi.org/10.1007/s11613-011-0235-z

Schumann, K. von (2014). *Coaching im Aufwind: professionelles Business-Coaching: Inhalte, Prozesse, Ergebnisse und Trends*. Wiesbaden: Springer VS.

Scoular, A. & Linley, A. (2006). Coaching, goal-setting and personality type: What matters? *The Coaching Psychologist, 2* (1), 9–11.

Segal, Z. V., Williams, J. M. G. & Teasdale, J. D. (2002). *Mindfulness based cognitive therapy for depression: A new approach to preventing relapse*. New York, NY: Guilford Press.

Segers, J., Dries, N. & Versées, D. (2014). Coaching. In P. J. Hartung, M. L. Savickas & W. B. Walsh (Eds.), *APA handbook of career intervention* (Vol. 2, pp. 397–411). Washington, DC, US: American Psychological Association.

Seibert, S. (1999). The effectivesness of facilitated mentoring: A longitudinal quasi-experiment. *Journal of Vocational Behavior, 54,* 483–502. http://doi.org/10.1006/jvbe.1998.1676

Sonntag, Kh. (2009). Kompetenztaxonomie und -modelle: Orientierungsrahmen und Referenzgröße beruflichen Lernens bei sich verändernden Umweltbedingungen. In U. M. Staudinger & H. Heidemeier (Hrsg.), *Altern in Deutschland. Band 2* (Nova Acta Leopoldina, NF, Bd. 100, S. 249–265). Stuttgart: Wissenschaftliche Verlagsgesellschaft.

Sperry, L. (2013). Executive coaching and leadership assessment: Past, present, and future. *Consulting Psychology Journal: Practice and Research, 65* (4), 284–288. http://doi.org/10.1037/a0035453

Spitzmüller, C., Neumann, E., Spitzmüller, M., Rubino, C., Keeton, K. E., Sutton, M. T. et al. (2008). Assessing the influence of psychological and career mentoring on organizational attractiveness. *International Journal of Selection and Assessment, 16,* 403–415. http://doi.org/10.1111/j.1468-2389.2008.00444.x

Spoth, J., Toman, S., Leichtman, R. & Allan, J. (2013). Gestalt approach. In J. Passmore, D. B. Peterson & T. Freire (Eds.), *The Wiley-Blackwell handbook of the psychology of coaching and mentoring* (pp. 385–406). Malden, MA: Wiley-Blackwell.

Steinmetz, B. (Hrsg.). (2005). *Stressmanagement für Führungskräfte – Entwicklung und Evaluation einer Intervention.* Hamburg: Kovač.

Stephan, M. & Gross, P.-P. (2013). *Coaching-Marktanalyse 2013. Ergebnisse der 3. Marburger Coaching-Studie 2013.* Unveröffentlichtes Manuskript, Deutscher Bundesverband Coaching e. V. & Phillips-Universität Marburg.

Stewart, L. J., Palmer, S., Wilkin, H. & Kerrin, M. (2008). The influence of character: Does personality impact coaching success? *International Journal of Evidence Based Coaching and Mentoring, 6* (1), 32–42.

Stober, D. R., Wildflower, L. & Drake, D. (2006). Evidence-based practice: A potential approach for effective coaching. *International Journal of Evidence Based Coaching and Mentoring, 4* (1), 1–8.

Stokes, J. & Jolly, R. (2010). Executive and leadership coaching. In E. Cox, T. Bachkirova & D. Clutterbuck (Eds.), *The complete handbook of coaching* (pp. 245–256). Los Angeles, CA: Sage.

Thach, E. C. (2002). The impact of executive coaching and 360 degree feedback on leadership effectiveness. *Leadership and Organization Development Journal, 23* (4), 205–214. http://doi.org/10.1108/01437730210429070

Theeboom, T., Beersma, B. & van Vianen, A. E. M. (2014). Does coaching work? A meta-analysis on the effects of coaching on individual level outcomes in an organizational context. *The Journal of Positive Psychology, 9* (1), 1–18. http://doi.org/10.1080/17439760.2013.837499

Thoele, I. (2012). *Qualitätskriterien für erfolgreiches Coaching: Grundlagen und Perspektiven für professionelle Standards in Coachingprozessen.* Saarbrücken: AV Akademikerverlag.

Thurston Jr., P. W., D'Abate, C. P. & Eddy, R. R. (2012). Mentoring as an HRD Approach: Effects on employee attitudes and contributions independent of core self-evaluations. *Human Resource Development Quarterly, 23,* 139–165. http://doi.org/10.1002/hrdq.21130

Ting, S. & Riddle, D. (2006). A framework for leadership development coaching. In S. Ting (Ed.), *The center for creative leadership (CCL) handbook of coaching* (pp. 34–62). San Francisco: Jossey-Bass.

Underhill, C. M. (2006). The effectiveness of mentoring programs in corporate settings: A meta-analytical review of the literature. *Journal of Vocational Behavior, 68,* 292–307. http://doi.org/10.1016/j.jvb.2005.05.003

Wanberg, C. R., Welsh, E. T. & Hezlett, S. A. (2003). Mentoring research: A review and dynamic process model. *Research in Personnel and Human Resource Management, 22,* 39–124.

Wang, Q. (2013). Structure and characteristics of effective coaching practice. *The Coaching Psychologist, 9* (1), 7–17.

Wasylyshyn, K. M. (2003). Executive coaching: An outcome study. *Consulting Psychology Journal: Practice & Research, 55* (2), 94–106. http://doi.org/10.1037/1061-4087.55.2.94

Williams, H., Edgerton, N. & Palmer, S. (2010). Cognitive behavioural coaching. In E. Cox, T. Bachkirova & D. Clutterbuck (Eds.), *The complete handbook of coaching* (pp. 37–53). Los Angeles, CA: Sage.

Zey, M. G. (1984). *The mentor connection.* Homewood, IL: Dow-Jones Irwin.

III. Methoden und Strategien der Personalentwicklung

Evaluation

Kapitelübersicht

Kapitel 18

Evaluation: Güte und Qualität personaler Förderung sichern

Christine Sattler & Karlheinz Sonntag

Inhaltsübersicht

Überblick:

Im Rahmen des vorliegenden Buchkapitels werden zunächst die Grundlagen der Evaluation von Personalentwicklungsmaßnahmen vorgestellt (Definition, Ziele und Formen der Evaluation). Es folgt eine Übersicht über das systematische Vorgehen bei der Evaluation, wobei neben Standards und Voraussetzungen vor allem auf die unterschiedlichen Phasen eines Evaluationsprojekts sowie methodische Aspekte eingegangen wird. Eine Zusammenfassung des aktuellen Forschungsstands zur Evaluation von Maßnahmen personaler Förderung und ein Ausblick bilden den Abschluss des Kapitels.

1 Einleitung

Eine wissenschaftlich fundierte Evaluation zählt entsprechend der „Qualitätsstandards für Personalentwicklung in Wirtschaft und Verwaltung“ zu den zentralen Gütekriterien jeder systematischen Personalentwicklungsmaßnahme (Arbeitskreis Assessment Center, 1998; Höft & Wolf, 2003). Das Ziel der Evaluation besteht im Wesentlichen darin, festzustellen, inwiefern eine Maßnahme zum individuellen Erfolg und zur Zielerreichung einer Organisation beiträgt. Im Fokus steht neben Qualitätssicherung der Gedanke der Qualitätsentwicklung: „Evaluation should not be viewed as a final judgment on the overall worth of a training program but rather as an integral part of a process of continuous improvement" (Quinones & Tonidandel, 2003; S. 241). Nach der *Analyse* des Entwicklungsbedarfs sowie der *Gestaltung* und *Realisierung* der *Maßnahme* handelt es sich bei der *Evaluation* um die letzte und abschließende Phase des Personalentwicklungszyklus.

Nach Kirkpatrick und Kirkpatrick (2006) lassen sich aus Unternehmensperspektive drei wesentliche Gründe für die Evaluation von Personalentwicklungsmaßnahmen benennen: Zum einen können Evaluationsergebnisse genutzt werden um die Existenz – und vor allem die Kosten – von Interventionen zu *legitimieren*. In diesem Zusammenhang können Evaluationsergebnisse auch als fundierte *Entscheidungsgrundlage* für die Beibehaltung oder aber auch Beendigung einer Maßnahme dienen. Nicht zuletzt kann eine Evaluation wertvolle Hinweise auf konkrete *Optimierungspotenziale* durchgeführter Interventionen liefern.

Trotz des hohen potenziellen Nutzens der Evaluation für die Personalentwicklung wird diese in der Praxis häufig nicht systematisch bzw. methodisch nur unzureichend eingesetzt. Tatsächlich geben 52,3 % der weiterbildenden Unternehmen in Deutschland an, *keinerlei* Evaluationsmaßnahmen im Zuge ihrer Weiterbildungen durchzuführen (Statistisches Bundesamt, 2013). Darüber hinaus werden entsprechende Aktivitäten in 20 % der Unternehmen *nicht systematisch* evaluiert. Eine systematische Bewertung jeder Weiterbildungsmaßnahme findet demnach in weniger als einem Drittel der weiterbildenden Unternehmen statt. Demgegenüber stehen enorme Kostenaufwendungen zur Finanzierung der betrieblichen Weiterbildung. Nach Angaben des Statistischen Bundesamtes lagen die direkten Kosten für entsprechende Lehrveranstaltungen im Jahr 2010 bei durchschnittlich 802 Euro pro Lehrveranstaltungsteilnehmer (Statistisches Bundesamt, 2013). Von US-amerikanischen Unternehmen werden vergleichbare Ausgaben von 881 US-Dollar pro Teilnehmer berichtet (Training magazine, 2013). Das Institut der deutschen Wirtschaft Köln ging für das Jahr 2013 von einem gesamtwirtschaftlichen Investitionsvolumen von 33,5 Milliarden Euro aus (Seyda & Werner, 2014). In den USA werden die entsprechenden Ausgaben auf 55,4 Milliarden US-Dollar geschätzt (Training magazine, 2013).

Ein Hauptgrund für die häufig nur oberflächlich durchgeführte Evaluation von Personalentwicklungsmaßnahmen besteht nach Kirkpatrick und Kirkpatrick (2006) in einem mangelnden Interesse aufseiten der Unternehmensleitung. Wird der Evaluation *kein hoher Stellenwert* zugeschrieben, ist die Wahrscheinlichkeit groß, dass andere Tätigkeiten im HR-Management deutlich priorisiert werden. Nach Salas und Cannon-Bowers (2001) werden Evaluationen von Trainingsmaßnahmen sehr häufig aus *Kosten- und Zeitgründen* nicht durchgeführt. Doch auch *unternehmenspolitische Gründe* spielen eine Rolle: So werden die potenziellen Konsequenzen negativer Evaluationsergebnisse von vielen Entscheidungsträgern gescheut – zur Freude der Anbieter von Interventionen geringer Qualität und Validität. Eine weitere wesentliche Hürde kann zudem in der *mangelnden Kenntnis von wissenschaftlich fundierten Evaluationsmethoden* bestehen (Kirkpatrick & Kirkpatrick, 2006).

2 Grundlagen

2.1 Definition von Evaluation und Evaluationsforschung

Nach Wottawa und Thierau (2003) dient eine wissenschaftlich fundierte *Evaluation* als Planungs- und Entscheidungshilfe und hat somit stets mit der *Bewertung* von Handlungsalternativen zu tun. Das primäre Ziel der Evaluation besteht in der Überprüfung und Verbesserung praktischer Maßnahmen. Als verwandte bzw. synonyme Begriffe werden in diesem Zusammenhang häufig Schlagworte wie „Erfolgskontrolle", „Qualitätskontrolle" oder auch „Controlling" verwendet (Holling, 2009). Evaluation geht aber auch über Qualitätssicherung hinaus, indem durch konstruktive Rückmeldungen die Qualität der Intervention weiterentwickelt werden soll.

Evaluations*forschung* befasst sich mit der systematischen Anwendung von empirischen Forschungsmethoden zur Bewertung des Konzeptes, des Untersuchungsplanes, der Implementierung und der Wirksamkeit von Interventionsprogrammen (Höft, 2014; Rossi, Lipsey & Freeman, 2004). Bezogen auf den Bereich der Personalentwicklung umfasst Evaluationsforschung somit die *empirisch fundierte Bewertung von Personalentwicklungsmaßnahmen.* Der Fokus der Evaluation kann sowohl auf der inhaltlichen und didaktischen Konzeption, der konkreten Durchführung, der Wirksamkeit als auch der Kosten-Nutzen-Relation einer Maßnahme liegen. Wesentlich ist dabei stets die Orientierung an wissenschaftlichen Kriterien und Standards.

2.2 Ziele und Funktionen der Evaluation

Nach Döring und Bortz (2016) lassen sich fünf zentrale Ziele bzw. Funktionen einer Evaluation unterscheiden, die im Folgenden auf den Bereich der Personalentwicklung übertragen werden.

So trägt die Evaluationsforschung zunächst zu einem wissenschaftlichen Erkenntnisgewinn bzgl. der Wirksamkeit der Maßnahme bei *(Erkenntnisfunktion).* Ergebnisse einer Evaluation können darüber hinaus konkrete Hinweise zur Verbesserung bzw. Weiterentwicklung entsprechender Interventionen liefern *(Opti-*

mierungsfunktion). Ein zentrales Ziel der Evaluation kann im Austausch und Dialog zwischen den beteiligten Interessengruppen bestehen *(Lern- und Dialogfunktion).* Evaluationsdaten können außerdem als fundierte Entscheidungsgrundlage hinsichtlich des Einsatzes von Maßnahmen genutzt werden *(Entscheidungsfunktion).* Schließlich kann ein wesentliches Ziel der Evaluation in einer Legitimierung der eingesetzten Intervention bestehen *(Legitimationsfunktion).*

Grundsätzlich weist die Evaluation von Personalentwicklungsmaßnahmen einen hohen potenziellen *Nutzen* für alle *direkt* und *indirekt* beteiligten Personengruppen auf (Sonntag, Frieling & Stegmaier, 2012). Während Seminarteilnehmer und Trainer unmittelbar an der Durchführung und Gestaltung einer Maßnahme beteiligt sind, handelt es sich bei Vorgesetzten und der Unternehmensleitung in der Regel um überwiegend indirekt beteiligte Akteure.

Für *Seminarteilnehmer* kann eine Evaluation u. a. als Lernerfolgsnachweis oder individuelles Feedback dienen. Ein hoher potenzieller Evaluationsnutzen für *Trainer* besteht in einer Rückmeldung über den persönlichen Lehrerfolg sowie in Hinweisen auf Potenziale zur Entwicklung der eigenen Trainingsqualität. *Vorgesetzte* bekommen die Möglichkeit Trainingsaktivitäten auf der Grundlage von Evaluationsergebnissen auch als Außenstehende fundiert zu beurteilen. Für die *Unternehmensleitung* besteht ein hoher potenzieller Nutzen zudem in der Erbringung eines Effizienznachweises, der für die Rechenschaftslegung genutzt werden kann (für eine detaillierte Darstellung weiterer Ziele und Motive für eine Evaluation sei auf Wottawa & Thierau, 2003 verwiesen). Obligatorische Evaluationen, konsequent umgesetzt, würden Organisationseinheiten und Unternehmensleitungen sehr wirksam feststellen lassen, wie überflüssig manche Führungskräftetrainings oder Gesundheitsmaßnahmen sind. Für die Darstellung von Maßnahmen, die sich in diesen beiden Bereichen als erfolgreich erwiesen haben, sei auf Kapitel 16 (transformationale Führung) und 13 (Gesundheitsförderung) in diesem Buch verwiesen.

Evaluation kann neben dem wissenschaftlichen und praxisbezogenen Erkenntnisgewinn allerdings auch für fragwürdige Zwecke eingesetzt werden (Döring & Bortz, 2016). So ist es z. B. durchaus denkbar, dass eine Evaluation lediglich durchgeführt wird, um eine kritische Selbstreflexion nach außen zu demonstrieren, ohne dass die Ergebnisse jedoch tatsächlich systematisch analysiert werden, geschweige denn in eine qualitätsorientierte Weiterentwicklung der evaluierten Maßnahme einfließen. Ein weiteres Beispiel für ein fragwürdiges Evaluationsvorgehen besteht in einer Vermeidung von kritischen Fragen im Zuge der Erstellung des Evaluationsinstruments, sodass die Evaluationsergebnisse bereits im Vorfeld in eine positive Richtung beeinflusst werden. Auftraggeber mit derartigen Instrumentalisierungsabsichten sollten durch Evaluatoren möglichst im Vorfeld identifiziert und gemieden werden.

2.3 Formen und Gegenstände der Evaluation

Im Rahmen der Evaluationsforschung lassen sich unterschiedliche Ansätze und Herangehensweisen unterscheiden. Eine wichtige Differenzierung wird zunächst zwischen *summativen* und *formativen* Evaluationsansätzen getroffen (Scriven, 1969). Die *summative* Evaluation wird *nach* Abschluss einer Personalentwicklungsmaßnahme durchgeführt und daher auch häufig als *Ergebnisevaluation* bezeichnet. Der Evaluator nimmt in diesem Fall die Rolle eines unparteilichen Gutachters ein, der eine abschließende Beurteilung der Wirksamkeit der Intervention vornimmt. Das Ziel einer summativen Evaluation besteht typischerweise darin, die Effektivität bzw. Wirksamkeit eines Trainings und dessen wirtschaftlichen Nutzen zu bestimmen, sodass üblicherweise quantitative bzw. numerische Daten im Vordergrund der Analysen stehen (Maier, Sobiraj, Steinmann & Nübold, 2014; Solga, 2008).

Im Gegensatz dazu zeichnet sich die *formative* Evaluation durch ihren *Begleitforschungscharakter* aus, indem die Evaluation bereits *während* einer laufenden Maßnahme durchgeführt wird. Das Ziel besteht in diesem Fall darin, gegebenenfalls korrigierend bzw. optimierend in den laufenden Prozess der Personalentwicklungsmaßnahme eingreifen zu können. Daher eignet sich diese Form der Evaluation insbesondere für neuere Interventionsansätze oder Maßnahmen personaler Förderung, über deren Wirksamkeit noch keine gesicherten Erkenntnisse vorliegen. Dabei steht das partnerschaftliche Problemlösen im Sinne einer kollegialen Beratung und Supervision unter der Nutzung qualitativer Daten im Vordergrund (Solga, 2008).

Eines der einflussreichsten Evaluationsmodelle stammt von Stufflebeam (2007), der in seinem *CIPP-Model* zwischen Kontext (C)-, Input (I)-, Prozess (P)- und Produkt (P)-Evaluation differenziert (siehe Tabelle 1). Die genannte Einteilung basiert auf dem zeitlichen Verlauf einer zu evaluierenden Maßnahme.

Tabelle 1: CIPP-Modell der Evaluation (nach Stufflebeam, 2007)

Art der Evaluation	Gegenstand der Evaluation	Evaluationsfragen
Kontextevaluation	Ziele	Welche Maßnahmen müssen ergriffen werden?
Inputevaluation	Pläne	Wie sollen die Maßnahmen umgesetzt werden?
Prozessevaluation	Handlungen	Werden die Maßnahmen umgesetzt?
Produktevaluation	Ergebnisse	Waren die Maßnahmen erfolgreich?

So bezieht sich die *Kontextevaluation* zunächst auf die Analyse der Evaluationsumgebung. Inhaltlich geht es beispielsweise darum festzustellen, wie groß der Bedarf an Personalentwicklungsmaßnahmen in verschiedenen Bereichen eines Unternehmens ist, um entsprechende Zielsetzungen formulieren zu können. In diesem Zusammenhang ist es wichtig, die (finanziellen) Möglichkeiten des Unternehmens sowie potenzielle Probleme bei der Umsetzung der erforderlichen Interventionen zu berücksichtigen.

Im Rahmen der *Inputevaluation* werden unterschiedliche Methoden und Herangehensweisen zur Zielerreichung einzelner Interventionen analysiert und miteinander verglichen. Das Ziel besteht dabei darin, das geeignete Konzept zur Zielerreichung auszuwählen, wobei auch an dieser Stelle die (finanziellen) Ressourcen der jeweiligen Organisation zu berücksichtigen sind.

Die *Prozessevaluation* dient der Bewertung der Implementierung und Umsetzung einer Personalentwicklungsmaßnahme. Hierzu zählt beispielsweise eine Überprüfung der Akzeptanz bei den Teilnehmern sowie der Einhaltung von zeitlichen und finanziellen Rahmenbedingungen.

Im Zuge der *Produktevaluation* werden schließlich die Ergebnisse einer Intervention analysiert, wobei diese vor dem Hintergrund der vorab formulierten Ziele sowie der Ergebnisse aus Kontext-, Input- und Prozessevaluation zu diskutieren und einzuordnen sind.

Während Input- und Prozessevaluation als formative Evaluationsansätze zu verstehen sind, lässt sich die Produktevaluation dem summativen Evaluationsansatz zuordnen (vgl. Solga, 2008). Für eine ausführliche Darstellung weiterer Evaluationsansätze und -modelle sei auf Wittmann (2009) verwiesen.

3 Systematisches Vorgehen im Rahmen einer Evaluation

3.1 Evaluationsstandards

Im Vorfeld der Durchführung einer wissenschaftlich fundierten und damit wirkungsvollen Evaluation von Personalentwicklungsmaßnahmen ist die Kenntnis gewisser Evaluationsstandards zwingend erforderlich, wie sie etwa von der *American Evaluation Association* oder der *Academy of Human Resource Development* vorgeschlagen werden (Russ-Eft, 2009). Die Gesellschaft für Evaluation (DeGEval) benennt *vier grundlegende Standards* für die Durchführung eines Evaluationsvorhabens (DeGEval, 2008). Dabei handelt es sich im Einzelnen um die *Nützlichkeit*, *Durchführbarkeit*, *Fairness* und *Genauigkeit* der Evaluation. Den grundlegenden Evaluationsstandards sind insgesamt 25 Einzelstandards zugeordnet, die in Tabelle 2 aufgeführt sind.

Tabelle 2: Evaluationsstandards (nach DeGEval, 2008)

Kategorie	Einzelstandards
Nützlichkeit	– Identifizierung der Beteiligten und Betroffenen – Klärung der Evaluationszwecke – Glaubwürdigkeit und Kompetenz der Evaluatoren – Auswahl und Umfang der Informationen – Transparenz von Werten – Vollständigkeit und Klarheit der Berichterstattung – Rechtzeitigkeit der Evaluation – Nutzung und Nutzen der Evaluation
Durchführbarkeit	– Angemessene Verfahren – Diplomatisches Vorgehen – Effizienz von Evaluation
Fairness	– Formale Vereinbarungen – Schutz individueller Rechte – Vollständige und faire Überprüfung – Unparteiische Durchführung und Berichterstattung – Offenlegung der Ergebnisse
Genauigkeit	– Beschreibung des Evaluationsgegenstandes – Kontextanalyse – Beschreibung von Zwecken und Vorgehen – Angabe von Informationsquellen – Valide und reliable Informationen – Systematische Fehlerprüfung – Analyse qualitativer und quantitativer Informationen – Begründete Schlussfolgerungen – Metaevaluation

Die *Nützlichkeitsstandards* sollen zunächst sicherstellen, dass sich eine Evaluation auch tatsächlich an den Zielsetzungen der Stakeholder, d. h. an den „Beteiligten und Betroffenen" orientiert. Die Aufgabe des Evaluators besteht u. a. darin, alle relevanten Akteure zu identifizieren und deren Ziele und Interessen so weit wie möglich zu berücksichtigen. Nur so kann sichergestellt werden, dass die Evaluationsergebnisse von den Adressaten auch als relevant erachtet und genutzt werden. In diesem Zusammenhang ist eine klare Zielexplikation mit der Festlegung konkreter Evaluationszwecke unerlässlich. Um eine nutzenbringende Evaluation zu gewährleisten, sollten Evaluationsberichte zudem auf die jeweilige Zielgruppe angepasst und für diese transparent und verständlich formuliert sein.

Die *Durchführbarkeitsstandards* sollen sicherstellen, dass eine Evaluation im Vorfeld sorgfältig methodisch durchdacht und in Bezug auf die zu erwartenden Kosten realistisch geplant ist. Eine wesentliche Herausforderung besteht in diesem Zusammenhang zunächst in der Auswahl angemessener sowie reliabler und valider Evaluationsinstrumente. So sind die aus wissenschaftlicher Sicht geeigneten Evaluationsdesigns aus Kosten- und Zeitgründen in der Praxis bzw. in natürlichen Settings oftmals nicht umsetzbar – ein durchaus nicht triviales Problem, das wissenschaftlich sorgfältig arbeitende Evaluatoren nicht selten von einer summativen Evaluation abhält. Das ist beispielsweise dann der Fall, wenn keine Kontrollgruppen innerhalb einer Organisationseinheit gebildet werden können, um die Wirkung einer Intervention analysieren zu können. Sich hierdurch ergebende Kompromisslösungen sind mit ihren Vor- und Nachteilen zu diskutieren und den Auftraggebern gegenüber transparent zu kommunizieren. Im Laufe des gesamten Evaluationsprojekts ist eine diplomatische und kompromissbereite Vorgehensweise des Evaluators erforderlich, um möglichst viele Stakeholder zu erreichen und eine kooperative Haltung bei diesen zu bewirken. Ein weiterer Durchführbarkeitsstandard betrifft die Kosten-Nutzen-Relation der geplanten Evaluation: So ist sicherzustellen, dass der voraussichtliche Aufwand mit dem zu erwartenden Nutzen in einem angemessenen Verhältnis steht.

Im Rahmen der *Fairnessstandards* soll gewährleistet werden, dass bei der Durchführung einer Evaluation auch ethische Aspekte explizit Berücksichtigung finden. Hierzu zählt beispielsweise ein respektvoller und fairer Umgang mit den zu evaluierenden Personen sowie eine unparteiische Durchführung und Berichterstattung. Hilfreich ist in diesem Zusammenhang die Erstellung einer formalen Vereinbarung, in der die Rechte und Pflichten aller Beteiligten dokumentiert werden.

Die *Genauigkeitsstandards* beziehen sich schließlich auf eine adäquate Vermittlung von Evaluationsergebnissen, wobei u. a. Aspekte der Reliabilität und Validität zu prüfen sind. Inhaltlich sollte im Rahmen eines Evaluationsberichtes zunächst auf den konkreten Evaluationsgegenstand und dessen Kontext eingegangen werden. Zudem sind die Zwecke, Fragestellungen und das methodische Vorgehen der Evaluation genau und nachvollziehbar zu dokumentieren. Im Rahmen der Ergebnisdarstellung ist auf eine methodisch adäquate Auswertung der qualitativen und/oder quantitativen Evaluationsdaten zu achten. Die sich hieraus ergebenden Schlussfolgerungen sind ausdrücklich und transparent zu begründen, wobei auch alternative Interpretationsmöglichkeiten zu diskutieren sind.

Die beschriebenen Evaluationsstandards stellen einen Orientierungsrahmen für Evaluatoren dar und sollen der Qualitätssicherung und Qualitätsentwicklung von Evaluationsprojekten dienen. Die DeGEval (2008) betont in diesem Zusammenhang jedoch, dass nicht jeder der 25 Einzelstandards im Rahmen jedes Evaluationsprojekts zwingend umgesetzt werden muss. So wird es in der Praxis häufig nicht möglich sein, jedem Evaluationsstandard gleichermaßen gerecht zu werden. Die Aufgabe des Evaluators besteht an dieser Stelle darin, eine möglichst optimale Kompromisslösung zwischen wissenschaftlich-methodischen Ansprüchen und organisationaler Machbarkeit, unter Berücksichtigung der damit verbundenen Vor- und Nachteile zu finden und diese transparent zu begründen. Hierfür sind sowohl eine methodisch fundierte Vorbildung (z. B. im Rahmen eines Psychologiestudiums) als auch praktische Erfahrungen mit den typischen Imponderabilien anwendungsbezogener Projekte von Vorteil.

3.2 Phasenmodell für Evaluationsforschungsprojekte

Eine wichtige Voraussetzung für die erfolgreiche Durchführung von Evaluationsprojekten besteht in einem systematischen Vorgehen, das sich nach Döring (2009) in insgesamt fünf Phasen unterteilen lässt (vgl. Tabelle 3).

Tabelle 3: Phasenmodell für Evaluationsforschungsprojekte (nach Döring, 2009)

Projektphasen der Evaluation	Arbeitsschritte
Initiierung ⬇	– Identifikation von Evaluationsmöglichkeiten – Prüfung von Evaluationszielen
Konzeption ⬇	– Exploration der Evaluationsbedingungen – Entwicklung des Evaluationskonzepts – Einbeziehung der Evaluationsstandards – Vorbereitung des Projektmanagements – Formulierung des Evaluationsvertrags
Planung ⬇	– Formulierung der Evaluationsfragen und -hypothesen – Untersuchungsplanung (Untersuchungsdesign, Stichprobenplan, Instrumente) – Projektplanung
Realisierung ⬇	– Erhebung von Evaluationsdaten – Analyse von Evaluationsdaten – Interpretation von Evaluationsdaten – Projektcontrolling
Abschluss	– Abgabe der Evaluationsberichte – Organisation der Evaluationsnutzung – Durchführung einer Metaevaluation – Publikation der Evaluationsstudie

In der Phase der *Initiierung* werden Möglichkeiten und Ziele der Evaluation identifiziert und geprüft. Im Zentrum steht dabei die Frage nach der Evaluierbarkeit einer Maßnahme. Bereits vor Beginn einer Intervention sollte idealerweise klar expliziert werden, welche *konkreten Ziele* für welche Beteiligten im Zuge der entsprechenden Maßnahme erreicht werden sollen. In diesem Zusammenhang sollten zudem der *Zeitpunkt der erwarteten Zielerreichung* sowie konkrete *Indikatoren* festgelegt werden, anhand derer die Zielerreichung überprüft werden soll. Ohne eine Formulierung entsprechender Zielvorstellungen kann im Rahmen der Evaluation keine fundierte Aussage über die Wirksamkeit einer Personalentwicklungsmaßnahme bzw. den Grad der erwünschten Zielerreichung getroffen werden (Quinones & Tonidandel, 2003).

Nach Festlegung der Evaluationsziele folgt die *Konzeptionsphase*, die zunächst eine Überprüfung der Rahmenbedingungen der Evaluation beinhaltet. Außerdem wird in dieser Phase ein Evaluations- und Projektmanagementkonzept unter Einbeziehung von Evaluationsstandards entwickelt. Die Phase der Konzeption schließt idealerweise mit einem Evaluationsvertrag ab, in dem u. a. konkrete Ziele, Methoden und ein Evaluationszeitplan festgelegt werden.

Die *Planungsphase* beinhaltet zunächst die Konkretisierung der Evaluationsfragen und -hypothesen. Darauf aufbauend werden in meist mehrmals erforderlichen Abstimmungsgesprächen mit dem Auftraggeber u. a. das Untersuchungsdesign, die zu untersuchende Stichprobe sowie die Evaluationsinstrumente festgelegt.

Anschließend folgt die *Realisierungsphase*, in der Evaluationsdaten entsprechend des Projektplans erhoben, analysiert und interpretiert werden, wobei gewährleistet sein muss, dass die Zielpopulation durch die gewählte Stichprobe ausreichend repräsentiert wird (Höft, 2014).

In der *Abschlussphase* wird ein Evaluationsbericht erstellt und ggf. publiziert. Gleichzeitig muss die Evaluationsnutzung organisiert werden. Gegebenenfalls bietet sich nach Abschluss des eigentlichen Evaluationsprojekts die Durchführung einer Metaevaluation („Evaluation der Evaluation") an. Dabei steht eine kritische Reflexion der Evaluationsergebnisse angesichts möglicher Einschränkungen des Evaluationsmodells oder des Evaluationsablaufs im Vordergrund (Höft, 2014; Solga, 2008).

Herausforderungen ergeben sich für den Evaluator – im Anschluss an die Konkretisierung der Evaluationsziele – vor allem in der Planungsphase des Evaluationsprojekts. Entscheidend ist an dieser Stelle eine geeignete Wahl des Untersuchungsdesigns und der Evaluationskriterien, anhand derer der Erfolg einer Maßnahme festgestellt werden soll (vgl. Popper, Spiel & von Eye, 2012). Auf diese beiden Aspekte soll daher im Folgenden gesondert eingegangen werden.

3.3 Untersuchungsdesigns

Im Rahmen der Planungsphase eines Evaluationsprojekts besteht eine wesentliche Aufgabe in der Festlegung des Untersuchungsdesigns. Anders als in einem klassischen Laborsetting ist im Rahmen der Evaluation von Personalentwicklungsmaßnahmen in der Regel kein experimentelles Untersuchungsdesign möglich. So sind die praktischen Rahmenbedingungen selten derart gestaltet, dass dem Evaluator die Durchführung eines idealtypischen Pre-Post-Follow-up-Designs mit mindestens zwei Vergleichs- bzw. Kontrollgruppen ermöglicht wird (Popper et al., 2012; Noe, 2013).

Nach Döring und Bortz (2016) stehen dem Evaluator – je nach Fragestellung – jedoch zahlreiche quasi-experimentelle Untersuchungspläne zur Verfügung, um fundierte Aussagen über die Wirksamkeit einer Personalentwicklungsmaßnahme treffen zu können. Zentral sind hierbei Vergleiche von Messwerten vor und nach einer entsprechenden Maßnahme.

Pretest-Posttest-Designs können sowohl als Eingruppen- als auch als Zweigruppenplan durchgeführt werden. Beim Eingruppenplan wird die Experimentalgruppe vor und nach der Personalentwicklungsmaßnahme getestet. Beim Zweigruppen-Pretest-Posttest-Plan findet darüber hinaus ein Pre- und Posttest bei einer (Warte-)Kontrollgruppe statt, sodass eine Berücksichtigung von Interaktionseffekten ermöglicht wird. Unterschiede zwischen der Experimental- und (Warte-)Kontrollgruppe lassen auf einen Trainingseffekt schließen. Ein Überblick über diese und weitere Erhebungsdesigns zur Messung von Effekten der Personalentwicklung bietet Tabelle 4 (vgl. Noe, 2013). Dabei wird deutlich, dass mit einer steigenden Aussagekraft des Designs in der Regel auch ein teilweise wesentlich höherer Organisations-, Zeit- und Kostenaufwand verbunden ist. Weitere Untersuchungspläne werden in Kapitel 19 dieses Buches vorgestellt.

Tabelle 4: Beispieldesigns zur Messung von Effekten der Personalentwicklung (nach Noe, 2013)

Evaluationsdesign	Zielgruppe	Erhobene Maße				
		vor dem Training	nach dem Training	Kosten	Aufwand	Aussagekraft
Posttest	EG	–	✓	+	+	+
Pretest/Posttest	EG	✓	✓	+	+	++
Posttest mit KG	EG, KG	–	✓	++	++	++
Pretest/Posttest mit KG	EG, KG	✓	✓	++	++	+++
Zeitreihe (Follow-up)	EG	✓	✓ (mehrere)	++	++	++

Tabelle 4: Fortsetzung

Evaluationsdesign	Zielgruppe	Erhobene Maße				
		vor dem Training	nach dem Training	Kosten	Aufwand	Aussagekraft
Zeitreihe (Follow-up) mit KG	EG, KG	✓	✓ (mehrere)	+++	++	+++
Solomon-Design	EG1 EG2 KG1 KG2	✓ – ✓ –	✓ ✓ ✓ ✓	+++	+++	+++

Anmerkungen: EG = Experimental- bzw. Trainingsgruppe; KG = (Warte-)Kontrollgruppe, + = gering; ++ = mittel; +++ = hoch; ✓ = zutreffend

Ein konkretes Anwendungsbeispiel für einen Pretest-Posttest-Follow-up-Untersuchungsplan mit zwei Trainingsgruppen und einer Kontrollgruppe in einem realen organisationalen Setting ist in Abbildung 1 wiedergegeben (vgl. Sonntag et al., 2012).

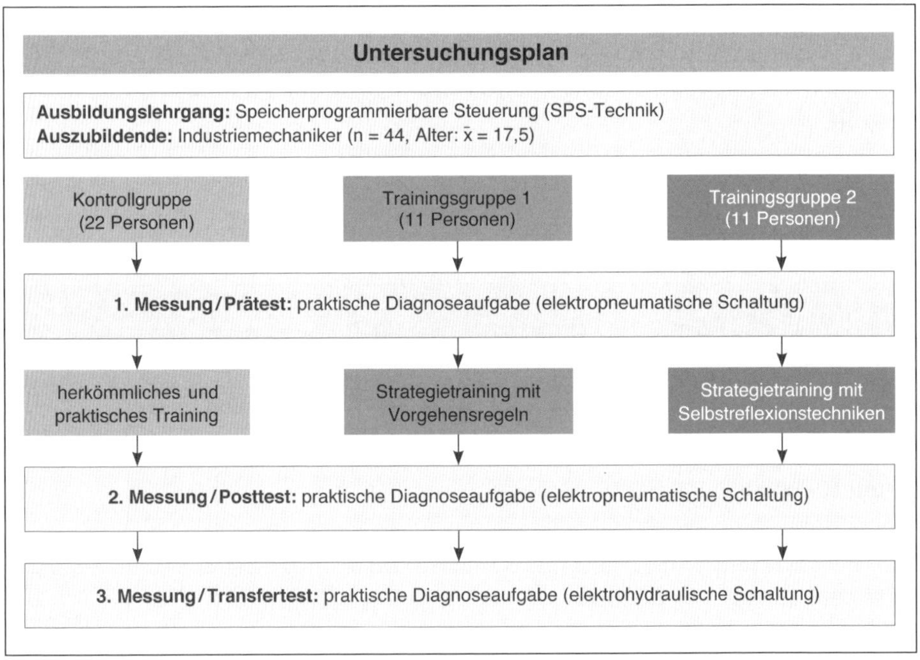

Abbildung 1: Untersuchungsplan zur Evaluation eines Strategietrainings für komplexe Diagnoseaufgaben (aus Sonntag et al., 2012, S. 244)

Im Rahmen eines Ausbildungslehrgangs sollte untersucht werden, inwiefern die Art der Trainingsinstruktion mit dem Trainingserfolg der Teilnehmer zusammenhängt. Zunächst wurde bei allen Teilnehmern ein Pretest durchgeführt, in dessen Rahmen eine praktische Störungsdiagnoseaufgabe gelöst werden sollte. Daraufhin nahm die erste Trainingsgruppe an einem Strategietraining mit Vorgehensregeln ($N=11$) teil, wohingegen die zweite Trainingsgruppe ein Strategietraining mit Selbstreflexionstechniken ($N=11$) erhielt. Das Training der Kontrollgruppe ($N=22$) orientierte sich an herkömmlichen Lehrmethoden. Im Anschluss an das Training fand ein Posttest statt, der um eine Follow-up-Messung bzw. einen Transfertest ergänzt wurde.

Neben Pre-Post-Follow-up-Designs ist der Einsatz zahlreicher weiterer Untersuchungspläne denkbar: Im Rahmen von *Korrelationsstudien* wird beispielsweise überprüft, inwiefern Eigenschaften einer bestimmten Personalentwicklungsmaßnahme mit deren Wirksamkeit in Beziehung stehen. *Pfadanalysen* oder *Strukturgleichungsmodelle* sind sinnvoll, um Hypothesen über wechselseitige Kausalbeziehungen testen und analysieren zu können. *Cross-lagged-Panel-Designs* erlauben aufgrund ihres längsschnittlichen Ansatzes, den Zusammenhang zwischen zeitversetzt erhobenen Merkmalen zu ergründen und dabei auf Kausalhypothesen einzugehen. Für eine ausführliche Darstellung weiterer quasiexperimenteller Untersuchungspläne (z. B. Regressions-Diskontinuitäts-Analyse, Einzelfallanalyse) sei auf Döring und Bortz (2016) verwiesen.

Neben dem Einsatz quantitativer Verfahren kann je nach konkreter Fragestellung und Zielsetzung der Evaluation auch der Einsatz *qualitativer Forschungsmethoden* geeignet sein. Ist es für die Evaluation beispielsweise von Interesse, eine detaillierte subjektive Rückmeldung der Teilnehmer über das Training zu erhalten, führen qualitative Einzelinterviews sicherlich zu umfassenderen Informationen als dies durch eine quantitative Befragung mittels Fragebogen möglich wäre (Rose & Davidson, 2003). Die Herausforderung bei der Wahl des Untersuchungsdesgins besteht für den Evaluator stets darin, diejenigen qualitativen und/oder quantitativen Methoden auszuwählen, die für die Bearbeitung des konkreten Evaluationsauftrags am geeignetsten sind, wofür eine hohe Methodenkompetenz erforderlich ist.

3.4 Evaluationsebenen, Kriterien und Instrumente

Ein weiterer wichtiger Aspekt in der Planungsphase eines Evaluationsprojekts besteht in der Festlegung konkreter Evaluationskriterien und -instrumente. Die Auswahl der Erfolgskriterien muss sich dabei unmittelbar an den Zielen der jeweiligen Personalentwicklungsmaßnahme orientieren. Außerdem müssen die Kriterien eindeutig definiert und operationalisiert werden (Arbeitskreis Assessment Center, 1998). Im Grunde liefert bereits die Bedarfsermittlung im Vorfeld einer Personalentwicklungsmaßnahme wertvolle Informationen für anzusetzende Evaluationskriterien, wobei u. a. Inhalte und Gestaltungsprinzipien einer Maßnahme berücksichtigt werden können (vgl. Kapitel 10 in diesem Buch).

Das Vier-Ebenen-Modell nach Kirkpatrick (1996)

Nach Kirkpatrick (1996; Kirkpatrick & Kirkpatrick, 2006) lassen sich vier aufeinander aufbauende Evaluationsebenen voneinander unterscheiden (siehe Tabelle 5). Dabei handelt es sich im Einzelnen um die *Reaktionsebene*, die *Lernebene*, die *Verhaltensebene* und die *Ergebnisebene*. Je nach Evaluationsebene kommen unterschiedliche Evaluationskriterien bzw. -instrumente zum Einsatz, auf die im Folgenden näher eingegangen wird.

Tabelle 5: Kirkpatricks Vier-Ebenen-Modell (nach Maier et al., 2014)

Ebene	Kriterien	Beispiele	Messmethoden
Reaktionen	Zufriedenheit, Nützlichkeit	Zufriedenheit mit Räumlichkeiten oder dem Trainer, Nützlichkeit der Materialien und des Trainingsinhaltes	Befragungen, Interviews
Lernen	Deklaratives oder prozedurales Wissen zu Fakten, Prinzipien, Techniken oder Prozessen, veränderte Einstellungen	Sicherheitsregeln, Stufen eines multimodalen Interviews, Funktionsprinzipien einer neuen Verwaltungssoftware	Tests, Rollenspiele, Arbeitsproben
Verhalten	Interpersonelle oder technische Fertigkeiten und Verhaltensweisen	Stärkere Kundenorientierung, Befolgung ethischer Richtlinien, fehlerfreie Bedienung eines Computerprogramms	Beobachtungen, Selbstbericht, Fremdbericht, Interviews, Tests, Arbeitsproben
Ergebnisse	Monetärer Nutzen oder Return on Investment (ROI) für das Unternehmen	Produktivitätssteigerung, Qualitätssteigerung, Kostenreduktion, weniger Unfälle, höheres Kundenaufkommen	Beobachtungen, Leistungsbeurteilungen, Daten zu Verkaufszahlen, Unfallraten

Reaktionsebene und Kriterien. Auf der ersten Evaluationsebene wird der Erfolg einer Trainingsmaßnahme an der unmittelbaren affektiven bzw. einstellungsbezogenen Teilnehmerreaktion auf das Training gemessen. Als Erhebungsinstrument kommen dabei in der Regel klassische Evaluationsbögen zum Einsatz, in denen beispielsweise erfragt wird, wie zufrieden die Teilnehmer mit dem Trainingsleiter und den Trainingsinhalten oder auch der Trainingsumgebung waren. Somit hat der Einsatz von Reaktionskriterien vor allem zum Ziel, eine fundierte Aussage über die subjektive Teilnehmer- bzw. „Kundenzufriedenheit" treffen zu können.

Der Vorteil der Methode besteht in ihrer einfachen Handhabbarkeit. Allerdings ist davon auszugehen, dass die Tatsache, dass ein Training Teilnehmern gefallen hat, noch keine fundierte Schlussfolgerung über den tatsächlich erzielten Lernerfolg zulässt. In diesem Zusammenhang wird von mehreren Autoren der Vorteil einer ergänzenden Nützlichkeitsbewertung („utility reaction") des Trainings durch die Teilnehmenden betont (Alliger, Tannenbaum, Bennett, Traver & Shotland, 1997, Arnold, Randall, Patterson et al., 2010).

Lernebene und Kriterien. Auf der zweiten Evaluationsebene wird der Erfolg einer Personalentwicklungsmaßnahme an zuvor definierten Lernkriterien gemessen. Nach Kirkpatrick und Kirkpatrick (2006) können Trainingsmaßnahmen im Wesentlichen drei unterschiedliche Ziele verfolgen, wobei innerhalb einer Maßnahme mehrere Zielsetzungen möglich sind:

- Einstellungsänderung
- Vermittlung von Wissen
- Vermittlung von Fertigkeiten

Die Überprüfung des Lernerfolgs erfolgt – je nach Zielsetzung des Trainings – z. B. anhand eines Wissens- oder Leistungstests, der sich auf die Inhalte der jeweiligen Maßnahme bezieht. Somit kann sichergestellt werden, dass ein Training dazu führt, dass zuvor definierte Lernkriterien auch erreicht werden. Idealerweise sollte dabei ein Vergleich zwischen Pre- und Post-Testwerten unter Berücksichtigung einer Kontrollgruppe erfolgen. Dabei bleibt allerdings noch unklar, inwiefern das Gelernte auch tatsächlich in den Arbeitsalltag transferiert wird und somit ein organisationaler Nutzen durch die Personalentwicklungsmaßnahme vorliegt (vgl. hierzu Kapitel 19 in diesem Buch).

Verhaltensebene und Kriterien. Auf der dritten Evaluationsebene finden sich die sogenannten Verhaltenskriterien, die es ermöglichen den Erfolg einer Intervention anhand der tatsächlichen „on the job performance" zu messen. Diese Art von Evaluationskriterien eignet sich insbesondere dann, wenn das Hauptziel einer Maßnahme in einer Transferleistung auf die unmittelbare Arbeitssituation besteht (vgl. Kapitel 19 in diesem Buch). Der Zeitabstand zwischen dem Training und einer Evaluation auf der Verhaltensebene sollte nach Kirkpatrick (1996) mindestens drei Monate betragen, wobei analog zu der Lernebene ein Pre-Post-Design unter Berücksichtigung einer Kontrollgruppe angestrebt werden sollte.

Als Methoden kommen beispielsweise Verhaltensratings (Selbst- und/oder Fremdeinschätzungen) oder Verhaltensbeobachtungen infrage. Verfahren zur Transfermessung werden in Kapitel 19 dieses Buches ausführlich dargestellt.

Im Rahmen einer Evaluation auf der Verhaltensebene ist es nach Kirkpatrick und Kirkpatrick (2006) wichtig, die Reaktions- und Lernkriterien nicht außen vorzulassen, sondern als wertvolle Zusatzinformationen zu berücksichtigen. So könnte ein mangelnder Transfer auf der Verhaltensebene beispielsweise unmittelbar mit einem geringen Lernerfolg zusammenhängen, der anhand konkreter Lernkriterien auf der zweiten Evaluationsebene operationalisiert werden kann.

Ergebnisebene und Kriterien. Auf der vierten Evaluationsebenebene wird der Erfolg einer Personalentwicklungsmaßnahme schließlich daran gemessen, inwiefern eine Organisation als Ganzes durch das Training profitiert. Als Ergebniskriterien wären – je nach konkreter Zielsetzung des Trainings – beispielsweise eine Steigerung der Produktivität und Kundenzufriedenheit oder eine Reduktion von Arbeitsunfällen denkbar.

Erweiterung des klassischen Vier-Ebenen-Modells von Kirkpatrick (1996) um den *Return on Investment.* Das Vier-Ebenen-Modell von Kirkpatrick (1996) wurde von Phillips und Schirmer (2005) ausdifferenziert. Damit wird das *Verhältnis zwischen Aufwand und Ertrag* bzw. der sogenannte *Return on Investment* (ROI) abgebildet (Tonhäuser & Seeber, 2015). Nach Phillips und Schirmer (2005) repräsentiert der ROI die für Entscheidungsträger aussagekräftigste Stufe der Evaluation, da hier der monetäre Nutzen eines Programms mit dessen Kosten in Beziehung gesetzt wird. Dabei sind sowohl direkte als auch indirekte Kosten zu berücksichtigen (Noe, 2013). Eine ausführliche Aufarbeitung und Diskussion dieser Evaluationsperspektive im Zusammenhang mit der Unternehmensperformance wird in Kapitel 20 dieses Buches geleistet.

Praktische Anwendung des Vier-Ebenen-Modells. Bei dem Evaluationsmodell von Kirkpatrick (1996) handelt es sich um das bekannteste und am häufigsten angewandte Modell zur Evaluation von Personalentwicklungsmaßnahmen (Salas & Cannon-Bowers, 2001 – weitere Evaluationsmodelle werden von Alvarez, Salas & Garofano, 2004 diskutiert). Trotz der Betonung der Bedeutung aller vier Evaluationsebenen (Kirkpatrick, 1996) kommen in der Praxis sehr häufig lediglich affektive Reaktionskriterien zum Einsatz, da sich diese ohne größeren Aufwand in Form sogenannter „Happiness Sheets“ erheben lassen, ohne dabei allerdings Aussagen über die Nachhaltigkeit einer Maßnahme zu ermöglichen (Bimmler, Kleinert & Bonhage, 2009). Nach einer Studie von Kabst und Wehner (2013) werden Reaktionskriterien von mehr als 90 % der evaluierenden Unternehmen in Deutschland eingesetzt. An zweiter Stelle steht die Messung von Verhaltensänderungen (78 %), gefolgt von der Evaluation des Organisationsergebnisses (60 %). Eine systematische Analyse von Lerneffekten wird hingegen von lediglich 40 % der Unternehmen berichtet. An dieser Stelle besteht von Unternehmensseite somit sicherlich noch ein erhebliches Entwicklungspotenzial.

Anwendungsbeispiel: Selbstbeurteilung der beruflichen Handlungskompetenz

Im Rahmen einer Evaluation von Bildungsmaßnahmen auf der Verhaltensebene können neben objektiven Arbeitsproben und Tests auch subjektive Fremd- und Selbsteinschätzungen der Teilnehmer als wichtige Informationsquellen genutzt werden (vgl. Tabelle 5).

Ein empirisch fundiertes Selbstbeurteilungsinstrument wurde von Sonntag und Schäfer-Rauser (1993) mit dem Fragebogen zur *Selbsteinschätzung beruflicher Kompetenzen* (SBK) entwickelt. Anhand von 57 Items erhalten Teilnehmer die Möglichkeit, ihre Fach-, Methoden- und Sozialkompetenz hinsichtlich verschiedener Dimensionen einzuschätzen (siehe Tabelle 6). Die Reliabilitäten der 7 Subskalen bewegen sich zwischen $\alpha = .67$ (Kommunikation) und $\alpha = .85$ (Kreativität). Anhand einer Faktorenanalyse konnte die theoretische Struktur des Fragebogens hinsichtlich der drei übergeordneten Kompetenzbereiche (Fach-, Methoden- und Sozialkompetenz) bestätigt werden.

Tabelle 6: Inhaltliche Struktur und Beispielitems des Fragebogens zur Selbsteinschätzung beruflicher Kompetenzen (SBK – nach Sonntag et al., 2012)

Fachkompetenz	**Methodenkompetenz**	**Sozialkompetenz**
Fertigkeiten	**Denken und Problemlösen**	**Kommunikation**
– Berufspraktische Fertigkeiten – Handhabung von Arbeitsgeräten – Genauigkeit, Sorgfalt und Geschicklichkeit bei der Arbeitsausführung z. B. „Ich brauche ziemlich lange, bis ich neue Handgriffe so gut draufhabe, dass sie einwandfrei sitzen."	– Abstraktes Denken – Diagnostizieren, Fehlersuche – Problemlösen, Fehlerbeseitigung – Informationsbeschaffung – Planung, Kontrolle, Bewertung z. B. „Es fällt mir schwer, das Wesentliche einer Sache zu erkennen."	– Kontaktfähigkeit – Um Unterstützung/Hilfe bitten können – Vertreten des eigenen Standpunktes, Meinungsäußerung – Informationsweitergabe z. B. „Wenn ich anderen Personen etwas mitteile, achte ich darauf, mich so auszudrücken, dass sie mich gut verstehen."

Tabelle 6: Fortsetzung

Fachkompetenz	Methodenkompetenz	Sozialkompetenz
Kenntnisse	**Kreativität**	**Kooperation**
– Berufsspezifische Kenntnisse – Wissen über Arbeitsabläufe, Geräte und Maschinen, Arbeitsmittel – Fachtermini – Kenntnis der Arbeitsschutzmaßnahmen z. B. „Ich weiß, bei welchen Arbeiten es sehr gefährlich oder teuer werden kann, wenn etwas falsch gemacht wird."	– Kreativität, Einfallsreichtum – Flexibilität – Interesse, Neues auszuprobieren z. B. „Ich probiere in meiner Arbeit gerne neue Ideen aus, um zu sehen, ob sich die Arbeit dadurch verbessern lässt."	– Fähigkeit zur Zusammen- und Gruppenarbeit – Aktive Mitarbeit und Durchsetzungsfähigkeit in Gruppen – Konfliktfähigkeit – Hilfsbereitschaft/ Kollegialität z. B. „Ich arbeite gerne mit mehreren zusammen, weil man sich gegenseitig ergänzen kann."
	Lernfähigkeit	
	– Allgemeine Lernfähigkeit – Gedächtnis, Merkfähigkeit – Arbeits- und Lerntechniken – Auffassungsgabe z. B. „ Ich kann mir nur für kurze Zeit etwas merken."	

Im Zuge einer explorativen Evaluationsstudie (Pre-Post-Design mit Kontrollgruppe) konnten die Autoren einen positiven Effekt kognitiver Trainingsverfahren auf die Methodenkompetenz (Denken und Problemlösen, Kreativität, Lernfähigkeit) sowie die Sozialkompetenz (Kooperation) der Teilnehmer feststellen. Die Selbsteinschätzung beruflicher Kompetenzen stellt damit eine bedeutsame Informationsgröße dar, die sowohl zur Analyse und Bewertung als auch Gestaltung beruflicher Weiterbildungsprozesse genutzt werden kann.

4 Zum Stand der Evaluationsforschung in der Personalentwicklung

Schwerpunkte der Evaluationsforschung bestehen inhaltlich vor allem in der Weiterentwicklung von Evaluationsmethoden, der Analyse von Personalentwicklungsergebnissen bzw. Outcomes (training evaluation) sowie der Untersuchung von Bedingungen, die zu einer erfolgreichen Anwendung von neu erworbenem Wissen sowie Fertigkeiten und Einstellungen führen (training effectiveness; vgl. Alvarez et al., 2004).

In einem umfassenden Literaturreview fassen Salas und Cannon-Bowers (2001) den Stand der Trainingsforschung in Organisationen zusammen, wobei u. a. auch ausführlich auf die Effektivität von Trainingsmaßnahmen eingegangen wird. Demnach sind erfolgreiche Personalentwicklungsmaßnahmen vor allem durch vier wichtige *Gestaltungsmerkmale* gekennzeichnet:

- Präsentation relevanter Lerninhalte
- Demonstration von Wissen, Fertigkeiten und Einstellungen, die erlernt werden sollen
- Möglichkeiten das Gelernte zu üben
- Feedback während und nach der Übung

Als bedeutsam werden zudem *individuelle Voraussetzungen* angesehen, die die Teilnehmer in eine Personalentwicklungsmaßnahme einbringen (Salas & Cannon-Bowers, 2001). Zu den Erfolgsfaktoren zählen dabei Eigenschaften wie Intelligenz, Selbstwirksamkeit und Zielorientierung (Salas & Cannon-Bowers, 2001), aber auch Persönlichkeitsmerkmale wie emotionale Stabilität und Offenheit für neue Erfahrungen (Herold, Davis, Fedor & Parsons, 2002). Alvarez et al. (2004) betonen in ihrem Review darüber hinaus die Bedeutung von *lernförderlichen organisationalen Rahmenbedingungen*, die es den Teilnehmern einer Personalentwicklungsmaßnahme ermöglichen sollen, das Gelernte auch im Arbeitsalltag anzuwenden bzw. umzusetzen (für eine ausführliche Darstellung weiterer förderlicher Transferbedingungen siehe Kapitel 19 in diesem Band).

In einer Metaanalyse kommen Arthur, Bennett, Edens und Bell (2003) zu dem Schluss, dass organisationalen Trainings insgesamt eine mittlere bis hohe Effektivität zugesprochen werden kann. Im Rahmen der umfassenden Analysen wurden Daten aus insgesamt 162 Studien aufgenommen, die zwischen 1960 und 2000 publiziert wurden. Zur Bestimmung der Effektivität organisationalen Trainings wurden die Kriterien des Vier-Ebenen-Modells von Kirkpatrick (1996) als abhängige Variablen berücksichtigt. Hinsichtlich der Effektstärke konnten dabei keine Unterschiede zwischen Reaktionskriterien ($d = 0.60$), Lernkriterien ($d = 0.63$), Verhaltenskriterien ($d = 0.62$) und Ergebniskriterien ($d = 0.62$) festgestellt werden. Allerdings erzielten Trainings mit kognitiven und interpersonellen Trainingsinhalten höhere Effektstärken als Trainings mit psychomotorischem Schwerpunkt.

Die Autoren Powell und Yalcin (2010) befassen sich in ihrer Metaanalyse gezielt mit der Effektivität von Führungskräftetrainings. In die statistischen Analysen flossen Ergebnisse von 85 Studien aus den Jahren 1952 bis 2002 ein. Insgesamt konnten die Autoren einen moderaten Effekt von Führungskräftetrainings feststellen. Interessanterweise erzielten Evaluationsstudien, die Lernkriterien ($r_{max} = .55$) als abhängige Variable berücksichtigten, im Vergleich zu Verhaltens- (r_{max} = .29) und Ergebniskriterien (r_{max} = .17) die insgesamt höchsten Effektstärken. Zu ähnlichen Ergebnissen kommen Taylor, Russ-Eft und Chan (2005), die in ihrer Metaanalyse (N = 117 Studien) den Zusammenhang zwischen *Behavior Modeling Trainings* und verschiedenen Evaluationskriterien untersuchten. Behavior Modeling Trainings (BMT) zeichnen sich nach Taylor et al. (2005) und Kapitel 12 in diesem Buch durch folgende Eigenschaften aus: (1) klar definierte Verhaltensweisen bzw. Fähigkeiten, die erlernt werden sollen; (2) Demonstration dieser Verhaltensweisen bzw. Fähigkeiten an einem Modell; (3) Möglichkeit, das Verhalten bzw. die Fähigkeit zu üben; (4) Feedback und positive Verstärkung des gewünschten Verhaltens; (5) Maßnahmen zum erfolgreichen Trainingstransfer auf die Arbeitssituation. Dabei konnten die Autoren ebenfalls die höchsten Effektstärken für Lernkriterien (d_{max} = 1.30), gefolgt von Verhaltens- (d_{max} = 0.30) und Ergebniskriterien (d_{max} = 0.12) feststellen.

Alliger et al. (1997) untersuchten in einer früheren Metaanalyse explizit die Beziehung zwischen den einzelnen Evaluationskriterien, wobei 34 empirische Studien berücksichtigt wurden. Die Autoren konnten zeigen, dass die Bewertung der Nützlichkeit einer Maßnahme („utility reactions") stärker mit dem Lern- und Transfererfolg zusammenhängt als die affektive Teilnehmerreaktion (Lernerfolg: $r_{utility}$ = .26 vs $r_{affective}$ = .02; Transfererfolg: $r_{utility}$ = .18 vs $r_{affective}$ = .07). Darüber hinaus korrelierten nutzenbezogene Reaktionen höher mit dem Transfererfolg als unmittelbar bzw. verzögert erhobene Lernmaße ($r_{immediate}$ = .11; $r_{retained}$ = .08). Die Ergebnisse der Metaanalyse sprechen dafür, dass die Bewertung der Nützlichkeit einer Maßnahme im Rahmen der Reaktionskriterien explizit berücksichtigt werden sollte, da diese eine vergleichsweise hohe Korrelation mit dem Lern- und Transfererfolg aufweist und gleichzeitig sehr aufwandsökonomisch erhoben werden kann.

5 Zusammenfassung und Ausblick

Eine methodisch fundierte Evaluation von Personalentwicklungsmaßnahmen ist zur Qualitätssicherung und Qualitätsentwicklung personaler Förderung in Organisationen unerlässlich. Dennoch wird die Evaluation entsprechender Maßnahmen häufig vernachlässigt, da viele Organisationen bislang keine explizite Personalmanagement- und Personalentwicklungsstrategie verfolgen, die eine obligatorische Evaluation und Qualitätssicherung beinhaltet (Kabst & Wehner, 2013). Bleibt eine systematische Evaluation aus, so können nach Sonntag et al. (2012) vielfältige negative Konsequenzen für das betroffene Unternehmen, Lernende und Trainer entstehen:

- Diskrepanz zwischen Anspruch und Wirklichkeit personaler Förderung
- Fehlinvestitionen in Trainer und Lernprogramme

- Frustration bei den Lernenden durch Über- bzw. Unterforderung
- Mangelnder Transfer gewünschter Arbeitsleistungen in den Alltag
- Selbst- und Fremdtäuschungen über die Wirkung personaler Förderung

Nach Einschätzung von Döring und Turnwald (2007) findet vor allem in kleinen und mittleren Unternehmen (KMU) bislang nur selten eine systematische Bewertung des Weiterbildungserfolgs statt. Auch das Statistische Bundesamt kommt 2013 zu dem Ergebnis, dass KMUs ihre Personalentwicklungsmaßnahmen häufig nicht systematisch evaluieren. So gaben 58,9 % der weiterbildenden Unternehmen mit einer Größe von 10 bis 19 Beschäftigten an, keinerlei Bewertungen ihrer betrieblichen Weiterbildungsmaßnahmen durchzuführen. Für Unternehmen mit einer Größe ab 1.000 Beschäftigten lag der entsprechende Anteil mit 19,7 % deutlich darunter (Statistisches Bundesamt, 2013). Hinsichtlich der Evaluation von Personalentwicklungsmaßnahmen scheint somit insbesondere für KMUs noch erheblicher Nachholbedarf zu bestehen.

Andererseits lassen sich auch förderliche Bedingungen für die Evaluation von Personalentwicklungsmaßnahmen identifizieren. In ihrer Analyse von Daten der „Schweizer Betriebsbefragung zur Weiterbildung 2008" kommen Liechti und Abraham (2010) zu dem Schluss, dass Unternehmen vor allem solche Weiterbildungsmaßnahmen evaluieren, die aufgrund ihrer hohen Kosten bzw. betriebswirtschaftlichen Relevanz als besonders aufwendig bzw. wichtig erachtet werden. Eine systematische Evaluation ist zudem vor allem dann wahrscheinlich, wenn eine Weiterbildung zum ersten Mal durchgeführt wird, bzw. wenn ein externer Anbieter erstmals mit der Durchführung einer entsprechenden Maßnahme betraut wird. Wiederkehrende Angebote desselben Anbieters werden demnach eher selten evaluiert. Interessanterweise orientieren sich Unternehmen hinsichtlich ihres Evaluationsverhaltens offensichtlich auch an anderen Betrieben aus derselben Branche. Führen entsprechende Betriebe Evaluationen von Weiterbildungsmaßnahmen durch, so steigt die Wahrscheinlichkeit, auch im eigenen Unternehmen entsprechende Evaluationen durchzuführen. Zudem konnten Liechti und Abraham (2010) einen generellen Branchentrend in der Schweiz feststellen: Privatwirtschaftliche Unternehmen evaluieren ihre Weiterbildungsmaßnahmen deutlich seltener als Organisationen aus dem öffentlichen bzw. Non-Profit-Bereich.

Es ist davon auszugehen, dass der Bedarf an Personalentwicklung auch in Zukunft steigen wird. Durch eine zielgerichtete Evaluation von Personalentwicklungsmaßnahmen können Organisationen im Hinblick auf ihre Wettbewerbsfähigkeit dafür sorgen, dass ihre Mitarbeiter auch den zukünftigen Anforderungen der Arbeitswelt gerecht werden können. Beiträge aus der Forschung können in diesem Zusammenhang wichtige Erkenntnisse zur (Weiter-)Entwicklung effektiver Personalentwicklungsmaßnahmen liefern. Dies gilt vor allem für wissenschaftliche Erkenntnisse aus Trainingsmaßnahmen, die sich im Rahmen einer Evaluation als unwirksam erwiesen haben (Salas & Cannon-Bowers, 2001).

Nach Einschätzung von Frank (2012) werden informelle und digital gestützte Lernformen immer mehr in den Vordergrund der betrieblichen Weiterbildung treten, da Unternehmen sich zunehmend dazu gezwungen sehen, möglichst schnell auf Veränderungen ihrer Umgebung zu reagieren. Aus einer Studie des *Centre for Learning & Performance Technologies* geht hervor, dass internetbasierte Angebote, wie Twitter, YouTube oder Google Docs bereits sehr häufig als informelle Lernquellen bzw. -medien genutzt werden (Hart, 2015). Entscheidend für den Erfolg informellen Lernens ist dabei die Selbstorganisation und Selbstmotivation der Mitarbeiter im Sinne eines lernorientierten Bottom-up-Ansatzes (Frank, 2012). Möglichkeiten zur Erfassung informellen Lernens am Arbeitsplatz werden in der Forschungsliteratur bislang vergleichsweise selten diskutiert. Eine der wenigen Skalen stammt von Noe, Tews und Marand (2013). Anhand von neun Items werden die drei informellen Lerndimensionen *Lernen durch sich selbst* (z. B. Reflexion des eigenen Handelns), *Lernen von anderen Personen* (z. B. Kollegen) und *Lernen durch nicht-personenbezogene Quellen* (z. B. Fachliteratur) operationalisiert.

Eine weitere relevante Entwicklung stellt das sogenannte *Blended Learning* oder auch *integrierte Lernen* dar – eine Lernform, in der klassische Herangehensweisen des Präsenzlernens und moderne Ansätze des E-Learnings miteinander kombiniert werden (Sauter, Sauter & Bender, 2004; vgl. auch Kapitel 12 in diesem Buch). In einer Metaanalyse ($N = 96$ Studien) verglichen Sitzmann, Kraiger, Stewart und Wisher (2006) die Effektivität von Blended Learning mit der Wirksamkeit des klassischen Präsenzlernens. Dabei konnten die Autoren eine deutlich höhere Effektivität des Blended Learnings hinsichtlich des deklarativen (13 %) und prozeduralen Wissens (20 %) der Teilnehmer feststellen. Gleichzeitig fielen die Teilnehmerreaktionen für das reine Präsenzlernen allerdings um 6 % positiver aus. Dieser interessante Befund könnte nach Ansicht der Autoren mit einem höheren Aufwand des Blended Learning-Formats in Zusammenhang stehen, der zwar zu einem größeren Lernerfolg, jedoch zu einer gleichzeitig geringeren Gesamtzufriedenheit der Teilnehmer führt. An dieser Stelle sind sicherlich weiterführende empirische Studien – unter einer zusätzlichen Berücksichtigung von Verhaltens- und Ergebniskriterien – gefragt.

In dem Maße wie informelles Lernen, Blended Learning und E-Learning in Organisationen an Bedeutung gewinnen, werden auch Herausforderungen hinsichtlich einer methodisch adäquaten Evaluation entsprechender Lernformen zunehmen. Dabei wird sich die Evaluationsforschung auch in Zukunft stets im Spannungsfeld zwischen idealtypisch-methodischen Vorgehensweisen und den Bedingungen natürlicher Organisations-Settings bewegen.

Literatur

Alliger, G. M., Tannenbaum, S. I., Bennett, W., Traver, H. & Shotland, A. (1997). A Meta-Analysis of the Relations among Training Criteria. *Personnel Psychology, 50,* 341–358. http://doi.org/10.1111/j.1744-6570.1997.tb00911.x

Alvarez, K., Salas, E. & Garofano, C. M. (2004). An Integrated Model of Training Evaluation and Effectiveness. *Human Resource Development Review, 3,* 385–416. http://doi.org/10.1177/1534484304270820

Arbeitskreis Assessment Center (1998). *Qualitätsstandards für Personalentwicklung in Wirtschaft und Verwaltung.* Zugriff am 24.03.2016. Verfügbar unter: http://www.arbeitskreis-ac.de/images/attachments/149_pe-standards.pdf

Arnold, J., Randall, R., Patterson, F., Silvester, J., Robertson, I., Cooper, C., Burnes, B., Swailes, S., Harris, D., Axtell, C. & Hartog, D. D. (2010). *Work Psychology. Understanding Human Behavior in the Workplace.* Harlow: Pearson Education.

Arthur, W., Bennett, W., Edens, P. S. & Bell, S. T. (2003). Effectiveness of Training in Organizations: A Meta-Analysis of Design and Evaluation Features. *Journal of Applied Psychology, 2,* 234–245. http://doi.org/10.1037/0021-9010.88.2.234

Bimmler, S., Kleinert, A. & Bonhage, M. (2009). *Nachhaltigkeit von Personalentwicklungsmaßnahmen.* Köln: Menschen, Entwicklung, Systeme GmbH.

DeGEval – Gesellschaft für Evaluation e. V. (2008). *Standards für Evaluation.* Zugriff am 24.03.2016. Verfügbar unter: http://www.degeval.de/publikationen/standards-fuer-evaluation/

Döring, N. (2009). Phasen der Evaluationsforschung. In H. Holling (Hrsg.), *Grundlagen und statistische Methoden der Evaluationsforschung* (Enzyklopädie der Psychologie, Serie Evaluation, Bd. 1, S. 99–134). Göttingen: Hogrefe.

Döring, N. & Bortz, J. (2016). *Forschungsmethoden und Evaluation in den Sozial- und Humanwissenschaften* (5. Aufl.). Heidelberg: Springer. http://doi.org/10.1007/978-3-540-333 06-7

Döring, O. & Turnwald, S. (2007). *Personalentwicklung in kleinen und mittleren Unternehmen. Anforderungen, Möglichkeiten, Grenzen und Perspektiven.* Zugriff am 13.03.2015. Verfügbar unter: http://www.f-bb.de/uploads/tx_fffbb/Fachartikel_PE_in_KMU_Doering.pdf

Frank, G. (2012). Informelles Lernen als Erfolgsfaktor. In K. Schwuchow & J. Gutmann (Hrsg.), *Personalentwicklung 2013* (S. 131–139). Freiburg: Haufe.

Hart, J. (2015). *Top 100 Tools for Learning 2014. Results of the 8th Annual Survey of Learning Tools.* Zugriff am 24.03.2016. Verfügbar unter: http://c4lpt.co.uk/top100tools/

Herold, D. M., Davis, W., Fedor, D. B. & Parsons, C. K. (2002). Dispositional Influences on Transfer of Learning in Multistage Training Programs. *Personnel Psychology, 55,* 851–869. http://doi.org/10.1111/j.1744-6570.2002.tb00132.x

Höft, S. (2014). Erfolgsüberprüfung personalpsychologischer Arbeit. In H. Schuler & U. P. Kanning (Hrsg.), *Lehrbuch der Personalpsychologie* (3., überarb. u. erw. Aufl., S. 1081–1135). Göttingen: Hogrefe.

Höft, S. & Wolf, B. (Hrsg.). (2003). *Qualitätsstandards für Personalentwicklung in Wirtschaft und Verwaltung. Wie Konzepte greifen. Mit zahlreichen Umsetzungsbeispielen aus der Praxis.* Hamburg: Windmühle.

Holling, H. (2009). Grundlagen der Evaluationsforschung. In H. Holling (Hrsg.), *Grundlagen und statistische Methoden der Evaluationsforschung* (Enzyklopädie der Psychologie, Serie Evaluation, Bd. 1, S. 1–34). Göttingen: Hogrefe.

Kabst, R. & Wehner, M. C. (2013). Institutionalisierung der Personalentwicklung – Ist der Patient auf dem Weg der Besserung? In M. T. Meifert (Hrsg.), *Strategische Personalentwicklung. Ein Programm in acht Etappen* (S. 45–60). Wiesbaden: Springer.

Kirkpatrick, D. L. (1996). Revisiting Kirkpatrick's four-level-model. *Training & Development, 1,* 54–57.

Kirkpatrick, D. L. & Kirkpatrick, J. D. (2006). *Evaluating Training Programs. The Four Levels.* San Francisco: Berret-Koehler Publishers.

Liechti, L. & Abraham, M. (2010). *Die Evaluation von betrieblichen Weiterbildungsmaßnahmen. Eine empirische Untersuchung zur Verbreitung und Anwendung von Evaluationsinstrumenten in der betrieblichen Weiterbildung.* Zugriff am 24. 03. 2016. Verfügbar unter: http://www.laser.uni-erlangen.de/papers/paper/105.pdf

Maier, G. W., Sobiraj, S., Steinmann, B. & Nübold, A. (2014). Personalentwicklung I: Training und Transfer. In H. Schuler & K. Moser (Hrsg.), *Lehrbuch Organisationspsychologie* (S. 127–175). Bern: Huber.

Noe, R. A. (2013). *Employee Training and Development.* New York: McGraw-Hill.

Noe, R. A., Tews, M. J. & Marand, A. D. (2013). Individual differences and informal learning in the workplace. *Journal of Vocational Behavior, 83,* 327–335. http://doi.org/10.1016/j.jvb.2013.06.009

Phillips, J. J. & Schirmer, F. C. (2005). *Return on Investment in der Personalentwicklung: Der 5-Stufen-Evaluationsprozess.* Berlin: Springer.

Popper, V., Spiel, C. & von Eye, A. (2012). Evaluation von Führungskräfteentwicklung: Lösungsansätze zur Sicherung methodischer Standards an einem Fallbeispiel. *Zeitschrift für Evaluation, 11,* 39–59.

Powell, K. S. & Yalcin, S. (2010). Managerial Training Effectiveness. A Meta-Analysis 1952–2002. *Personnel Review, 39,* 227–241. http://doi.org/10.1108/00483481011017435

Quinones, M. A. & Tonidandel, S. (2003). Conducting Training Evaluation. In J. E. Edwards, J. C. Scott & N. S. Raju (Eds.), *The Human Resources Program-Evaluation Handbook* (pp. 225–243). Thousand Oaks: Sage.

Rose, D. S. & Davidson, E. J. (2003). Overview of Program Evaluation. In J. E. Edwards, J. C. Scott & N. S. Raju (Eds.), *The Human Resources Program-Evaluation Handbook* (pp. 3–26). Thousand Oaks: Sage.

Rossi, P. H., Lipsey, M. W. & Freeman, H. E. (2004). *Evaluation: A Systematic Approach.* Thousand Oaks: Sage.

Russ-Eft, D. F. (2009). Human Resource Development (HRD) Evaluation and Principles Related to the Public Interest. *American Journal of Evaluation, 30,* 225–231. http://doi.org/10.1177/1098214009334677

Salas, E. & Cannon-Bowers, J. A. (2001). The Science of Training: A Decade of Progress. *Annual Review of Psychology, 52,* 471–499. http://doi.org/10.1146/annurev.psych.52.1.471

Sauter, A. M., Sauter, W. & Bender, H. (2004). *Blended Learning. Effiziente Integration von E-Learning und Präsenztraining.* München: Luchterhand.

Scriven, M. (1969). The Methodology of Evaluation. In R. Tyler, R. Gagne & M. Scriven (Eds.), *Perspectivers of Curriculum Evaluation* (pp. 39–83). Chicago: Rand McNally.

Seyda, S. & Werner, D. (2014). IW-Weiterbildungserhebung 2014 – Höheres Engagement und mehr Investitionen in betriebliche Weiterbildung. *IW-Trends, 4,* 1–15.

Sitzmann, T., Kraiger, K., Stewart, D. & Wisher, R. (2006). The Comparative Effectiveness of Web-Based and Classroom Instruction: A Meta-Analysis. *Personnel Psychology, 59,* 623–664. http://doi.org/10.1111/j.1744-6570.2006.00049.x

Solga, M. (2008). Evaluation der Personalentwicklung. In J. Ryschka, M. Solga & A. Mattenklott (Hrsg.), *Praxishandbuch Personalentwicklung. Instrumente, Konzepte, Beispiele* (S. 333–363). Wiesbaden: Gabler.

Sonntag, Kh., Frieling, E. & Stegmaier, R. (2012). *Lehrbuch Arbeitspsychologie.* Bern: Huber.

Sonntag, Kh. & Schäfer-Rauser, U. (1993). Selbsteinschätzung beruflicher Kompetenzen bei der Evaluation von Bildungsmaßnahmen. *Zeitschrift für Arbeits- und Organisationspsychologie, 37,* 163–171.

Statistisches Bundesamt (2013). *Berufliche Weiterbildung in Unternehmen. Vierte europäische Erhebung über die berufliche Weiterbildung in Unternehmen (CVTS4).* Wiesbaden: Statistisches Bundesamt.

Stufflebeam, D. L. (2007). *CIPP Evaluation Model Checklist. A tool for applying the CIPP Model to assess long-term enterprises.* Zugriff am 24. 03. 2016. Verfügbar unter: https://www.wmich.edu/sites/default/files/attachments/u350/2014/cippchecklist_mar07.pdf

Taylor, P. J., Russ-Eft, D. F. & Chan, D. W. (2005). A Meta-Analytic Review of Behavior Modeling Training. *Journal of Applied Psychology, 90,* 692–709. http://doi.org/10.1037/0021-9010.90.4.692

Tonhäuser, C. & Seeber, S. (2015). Assessing the Return on Investments in Human Resource Development. In M. Andresen & C. Nowak (Eds.), *Human Resource Management Practices* (pp. 69–87). Cham: Springer.

Training magazine (2013). 2013 Training Industry Report. *Training, 50,* 22–35.

Wittmann, W. W. (2009). Evaluationsmodelle. In H. Holling (Hrsg.), *Grundlagen und statistische Methoden der Evaluationsforschung* (Enzyklopädie der Psychologie, Serie Evaluation, Bd. 1, S. 59–98). Göttingen: Hogrefe.

Wottawa, H. & Thierau, H. (2003). *Lehrbuch Evaluation.* Bern: Huber.

Kapitel 19

Transfer: Gelerntes im Arbeitsalltag kompetent nutzen

Sabine Hochholdinger & Karlheinz Sonntag

Inhaltsübersicht

Überblick:

Transfer bedeutet, dass Berufstätige ihre in Trainings geförderten und erworbenen Kompetenzen auf ihre Arbeitstätigkeit übertragen und dort nutzen. Wenn Transfer gelingt, können die Organisationsmitglieder aktiv auf geänderte Anforderungen der Arbeitswelt reagieren und diese gestalten. Um dies aus Sicht der Personalentwicklung nachhaltig zu begleiten, muss Transfer auf fundierte Weise evaluiert werden. Der Beitrag gibt anhand von Studien zur Transferwirksamkeit Auskunft darüber, welche Merkmale des Arbeitsumfeldes, der Trainingsgestaltung, der Lernenden selbst und des Trainingspersonals Transfer fördern oder behindern. Daraus lassen sich praktische Empfehlungen für die Personalarbeit ableiten, sodass Mitarbeitende und Führungskräfte den Arbeitsalltag wirksam bewältigen können.

1 Begriff und Arten von Transfer

Das wesentliche Ziel von Personalentwicklung und betrieblicher Weiterbildung besteht darin, dass Berufstätige das Gelernte bei der konkreten Arbeitstätigkeit auch anwenden und dadurch ihre Arbeitsleistung nachhaltig verbessern. Gleichzeitig dokumentieren sowohl Forschungsstand als auch Praxiserfahrungen, dass Transfer keineswegs automatisch gelingt, sondern fundiert überprüft werden muss. Bis heute ist nicht völlig geklärt, welche individuellen Prozesse beim Transfer ablaufen und von welchen persönlichen und situativen Faktoren der Transfererfolg abhängt.

Es scheint, als ob der Lerntransfer „die Achillesferse" der Personalentwicklung darstellt (Kanning, 2014, S. 501). Aber erst der Transfer ermöglicht die Nutzung neuen Wissens und die Anwendung geänderter Verhaltensweisen. Dadurch bleiben Organisationen wettbewerbsfähig, können auf Veränderungen reagieren und diese proaktiv gestalten (Aguinis & Kraiger, 2009; DeGrip & Sauermann, 2013).

Trotz der enormen Bedeutung des Wissens-, Erfahrungs- und Lerntransfers beim Übergang in eine moderne Wissensgesellschaft und für die veränderten Tätigkeiten in der digitalisierten Arbeitswelt bestehen Transferbarrieren bei der Umsetzung entsprechender Maßnahmen in der betrieblichen Praxis. So liegt spezielles Fachwissen über Transfer für die Nutzergruppe (Personalverantwortliche, Fachtrainer) oftmals in einer schwer verständlichen Form vor, etwa in den wissenschaftlichen Studien oder aufgrund einer Vielzahl technischer Fachtermini. Des Weiteren sind die methodischen und organisatorischen Anforderungen an die Durchführung von Transferstudien anspruchsvoll und aufwendig zu realisieren.

Angesichts dieser Komplexität inhaltlicher und durchführungsorganisatorischer Art stellt die Transferüberprüfung in der betrieblichen Praxis alles andere als eine Routineaufgabe dar. Hesketh (1997) spricht von einem Transferdilemma infolge von Überforderung, da die kognitive Verarbeitungskapazität bei der Umstrukturierung und Neuorganisation von Wissen begrenzt ist, was der Transfer von Seminar- zu Arbeitsinhalten erfordert.

Was bedeutet nun Transfer? Im Wesentlichen ist unter Transfer zu verstehen, dass Personen Wissen und Können unter anderen Bedingungen anwenden, als sie es beim Lernen vermittelt bekommen und erlebt haben. Allgemein bezeichnet Transfer den Sachverhalt, dass Lerneffekte sich nicht allein auf die Leistung bei trainierten Aufgaben beschränken, sondern auch auf nicht trainierte oder nicht trainierbare übertragen werden können (Klauer, 1993). Infobox 1 fasst weitere Transferdefinitionen zusammen.

Infobox 1: Transferdefinition

Transfer erfolgt dann, wenn in einem Zusammenhang („source") ein Lernprozess stattgefunden hat und der Lerner in einem zweiten Zusammenhang („target") mit einer Aufgaben- und Problemstellung konfrontiert wird, auf die eine Anwendung des Gelernten sinnvoll oder hilfreich ist (Holyoak & Thargard, 1989; Singley & Anderson, 1989).

Die Lern- bzw. Trainingssituation kann somit als *Lernfeld*, die Aufgaben- und Problemsituation auf die hin der Transfer ausgerichtet ist, als *Funktionsfeld* bezeichnet werden. Hauptziel einer Weiterbildungsmaßnahme ist nicht allein ein großer Wissenszuwachs während eines Lehrgangs oder Seminars, sondern außerdem die Übertragung des erworbenen Wissens, Verhaltens oder von Strategien auf die Aufgabenbewältigung am Arbeitsplatz.

Es gibt eine Fülle von Bezeichnungen für verschiedene Transferprozesse und -ergebnisse. Dahinter stehen letzten Endes zwei differenzierende Fragestellungen:

1. Wie groß ist der Unterschied zwischen Lerninhalt, Lernleistung und Lernsituation auf der einen Seite und den Erfordernissen der Anwendungssituation auf der anderen Seite? Begriffe, wie naher vs. weiter Transfer, spezifischer vs. unspezifischer Transfer, horizontaler oder lateraler vs. vertikaler Transfer bilden dies ab (Ford, 1990). Allgemeiner wird das Ausmaß der Unterschiedlichkeit der Anforderungen in Lern- und Anwendungssituationen und der Generalisierbarkeit im organisationalen Kontext mit Transferdistanz beschrieben (Laker, 1990).
2. Inwieweit ist das Gelernte dienlich und nutzbar für die Arbeitstätigkeit? Bei einem positiven Transfer werden die Inhalte erfolgreich angewendet, bei negativem Transfer wird Gelerntes falsch übertragen, bei Nulltransfer gibt es keinen Effekt. Vertikaler Transfer bedeutet darüber hinaus, dass nach dem Training weitere, nutzbringende Lernprozesse angeregt werden, die über die ursprünglichen Lerninhalte hinausreichen (Ford, 1990).

Hense und Mandl (2011) zufolge kann Transfer auf drei Ebenen, einer Mikro-, Meso- und Makroebene stattfinden. Auf einer *Mikroebene* wird Transfer als individueller Prozess verstanden und mit verschiedenen gedächtnis-, lern- und kognitionspsychologischen Konzepten erklärt. Das oben angesprochene Konzept der Transferdistanz (Laker, 1990) ist dieser Mikroebene zuzuordnen, da sie von der Sicht des Lernenden ausgeht. Hier gilt es insbesondere, das sogenannte *„inert knowledge“* zu vermeiden (vgl. Infobox 2).

Weiterhin wird zwischen typischem und maximalem Transfer unterschieden (Huang, Blume, Ford & Baldwin, 2015). In Anlehnung an das Konzept der maximalen und der typischen Arbeitsleistung (Sackett, Zedeck & Fogli, 1988) beinhaltet der maximale Transfer das größte mögliche Ausmaß an Transferleistung, das Lernende insbesondere in Bewertungssituationen mit großer Anstrengung für kurze Zeit erzielen können. Im Unterschied dazu zeigt sich typischer Transfer im alltäglichen Verhalten, wenn sich Lernende nicht beobachtet oder bewertet fühlen und ein Leistungsniveau zeigen, das sie langfristig aufrechterhalten. Tests und sonstige „arrangierte“ Prüfsituationen erfassen eher maximalen Transfer, während Einschätzungen von Dritten eher typischen Transfer beschreiben. Diese Unterscheidung legten Huang et al. (2015) ihrer Metaanalyse von insgesamt 144 Transferwirksamkeitsstudien zugrunde. Demzufolge hängen typischer und maximaler Transfer empirisch nur gering miteinander zusammen ($\rho = 0{,}04$).

Infobox 2: Guter Transfer vermeidet „inert knowledge"

In der Wissenspsychologie wird das Phänomen, dass Transfer nicht immer gelingt, häufig mit dem Begriff des trägen Wissens *(inert knowledge)* begründet (Renkl, 1996). Dahinter stehen verschiedene Erklärungen. Situierte Lernkonzepte gehen davon aus, dass Wissen nicht überall losgelöst und frei zur Verfügung steht, sondern dass eine Wissensrepräsentation die gesamte Situation umfasst, in der es erworben wurde. Entsprechend sind diese Wissensrepräsentationen in anderen Situationen, die davon deutlich abweichen, schwerer aktivierbar, da Bestandteile fehlen. Weitere Erklärungen bestehen darin, dass das Wissen selbst ungeeignet ist für die Anwendung (Strukturdefizit) oder metakognitive Prozesse (z. B. Strategien, Selbstregulation, Motivation) unzureichend sind, die dafür nötig wären, das Gelernte in das Funktionsfeld umzusetzen. Alle Erklärungen werden empirisch in Teilen gestützt.

Auf einer *Mesoebene* sieht die arbeits- und organisationspsychologische Forschung Transfer als ein wesentliches Ergebnis *berufs*bezogener Trainings an. Diese Forschungsrichtung untersucht zumeist in Feldstudien individuelle, organisationale und trainingsbezogene Faktoren, die zeigen, wie gut Gelerntes vom Lernfeld auf das Funktionsfeld übertragen wird. Individualpsychologische Transferprozesse bleiben auf dieser Betrachtungsebene weitgehend unberücksichtigt. Dennoch hat diese Vorgehensweise eine breite Befundlage mit vielen Anhaltspunkten zur praktischen, betrieblichen Transferförderung hervorgebracht (vgl. Abschnitt 3 in diesem Kapitel).

Auf einer *Makroebene* widmen sich verschiedene Teildisziplinen dem Forschungs-Praxis-Transfer, also der Frage, wie schnell und unter welchen Umständen wissenschaftliche Innovationen und Erkenntnisse in die betriebliche Praxis Eingang finden (vgl. Abschnitt 5 in diesem Kapitel).

2 Ansätze zur Erklärung und Unterstützung von Transfer

In den letzten Jahrzehnten wurden zahlreiche Studien durchgeführt, die Wirkungszusammenhänge zwischen kontextuellen Einflussfaktoren und individueller Transferleistung herausarbeiten (bspw. Grossman & Salas, 2011). Dabei lassen sich die dort untersuchten Einflussfaktoren dem Modell von Baldwin und

Ford (1988) zuordnen. In der inzwischen klassischen Überblicksarbeit zur Transferforschung legten die Autoren ein allgemeines Rahmenmodell zur Erklärung und Beschreibung des Transferprozesses zugrunde, das mehrere Wirkfaktoren unterscheidet (vgl. Abbildung 1).

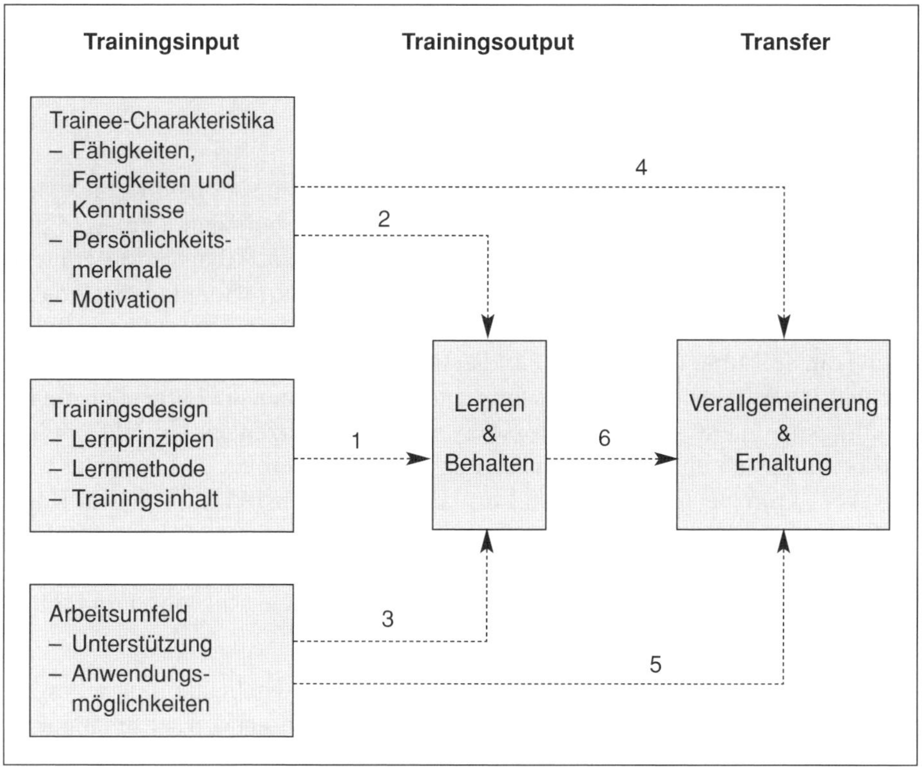

Abbildung 1: Ein Modell zur Beschreibung des Transferprozesses (nach Baldwin & Ford, 1988; aus Bergmann & Sonntag, 2006, S. 359)

Wie das Modell zeigt, haben Trainingsin- und output sowohl direkte als auch indirekte Auswirkungen auf den Transfer. Die Fähigkeit des Transferierens ist abhängig von den Trainingsergebnissen, dem Umfang des Gelernten und des Behaltens (Bezugslinie 6). Einen direkten Einfluss auf den Transfer haben ebenso die Persönlichkeit der Lernenden und die Kontextbedingungen der Arbeit (Bezug 4 und 5). So wird die Anwendung von in Trainings erworbenen Fertigkeiten und Kenntnissen im Funktionsfeld beispielsweise erschwert, wenn eine transferförderliche und motivierende Umgebung durch das Verhalten des Vorgesetzten nicht gegeben ist. Design, Arbeitsumfeld und Lernerpersönlichkeit (Bezug 1, 2 und 3) haben auch direkten Einfluss auf den „Output" der Maßnahme.

Auf der Grundlage der beschriebenen Systematik lassen sich wesentliche Befunde der Transferforschung zu Einflussfaktoren und Wirkmechanismen in den Bereichen Arbeitsumgebung, Trainingsgestaltung und Traineecharakteristika darstellen, aus denen praktische Empfehlungen für die Personalentwicklung resultieren. Sie stammen vor allem aus Übersichtsbeiträgen und Metaanalysen (Blume, Ford, Baldwin & Huang, 2010; Grossman & Salas, 2011; Salas, Tannenbaum, Kraiger & Smith-Jentsch, 2012).

2.1 Arbeitsumgebung

Zu den Merkmalen der Arbeitsumgebung gehören organisationale Kontextvariablen, die sich im beruflichen Umfeld der Lernenden befinden. Dies sind beispielsweise Unterstützung durch Vorgesetzte, Lernklima, Arbeitsanforderungen oder Austausch mit Kollegen. Konzepte wie Lernkultur (Sonntag, Stegmaier, Schaper & Friebe, 2004; Schaper, Friebe, Wilmsmeier & Hochholdinger, 2006) oder Transferklima (Rouiller & Goldstein, 1993) weisen darauf hin, dass eine nachhaltige Personalentwicklung nur gelingen kann, wenn die Lernenden ein für Trainingsmaßnahmen aufgeschlossenes und unterstützendes Umfeld erleben und beim Lernen und bei der Umsetzung gezielt vorbereitet und begleitet werden. Verfahren zur Erfassung von Lernkultur und Transferklima sind in Kapitel 9 dieses Buches dargestellt. Ähnlich stellen Grossmann und Salas (2011) in ihrem Übersichtsbeitrag heraus, dass neben dem Arbeitsklima das Transferklima im Arbeitsumfeld wichtig ist und die Möglichkeit, das Gelernte dort unmittelbar umzusetzen.

Ein methodisches Problem vieler Studien zu diesem Themenkomplex besteht darin, dass solche Umfeldvariablen zumeist von den Lernenden selbst charakterisiert werden. Sie können häufig am besten beschreiben, ob und welche Unterstützungen sie in welchem Ausmaß erhalten haben und auf welche Hürden sie gestoßen sind. Damit treffen solche Studien allerdings Aussagen darüber, wie die Befragten ihr Arbeitsumfeld wahrnehmen und nicht allein darüber, wie es objektiv beschaffen ist. Hierbei wäre es sinnvoll, verschiedene Urteilsquellen zu nutzen. Aggregierte Urteile auf der Ebene einer Arbeitseinheit wären hier gegebenenfalls aussagekräftiger. Auch lässt sich z. B. mit mehrebenenanalytischen Verfahren statistisch trennen, inwieweit solche Urteile auf individuelle Erlebensunterschiede und strukturelle Eigenschaften der Arbeitsumgebung zurückgehen. Wie dies umgesetzt werden kann, haben z. B. van Dick, Wagner, Stellmacher und Christ (2005) in ihrer Studie veranschaulicht.

Für Studien, bei denen die Arbeitsumgebung und die Transferleistung von unabhängigen Informationsquellen stammen, fanden Blume et al. (2010) zunächst einen pauschalen Zusammenhang von $\rho = 0{,}23$ mit Transfer für Kontextfaktoren, während diese bei Huang et al. (2015) zu $\rho = 0{,}23$ mit typischem Transfer und zu $\rho = 0{,}00$ mit maximalem Transfer korrelierten. Blume et al. (2010) schlüsseln die Befunde zu ihren Kontextfaktoren weiter auf:

- Den insgesamt größten Effekt hatte das *Transferklima* ($\rho = 0{,}27$). Rouiller und Goldstein (1993) zufolge beinhaltet es Aspekte des Arbeitsumfeldes, die für den Lerntransfer wichtig sind. Dazu gehören Bedingungen, die anregen, das Gelernte umzusetzen und potenzielle positive oder negative Konsequenzen des Transfers.
- Ebenfalls wichtig war die *Unterstützung durch Vorgesetzte und Kollegen* ($\rho = 0{,}21$), wobei die Vorgesetzten eine wichtigere Rolle spielten ($\rho = 0{,}31$) als die Kollegen ($\rho = 0{,}14$). Vorgesetzte haben die Aufgabe, mit den Mitarbeitenden zu vereinbaren und zu planen, welche Möglichkeiten zum Lernen und Transfer sie haben und ihnen dafür auch Freiraum einzuräumen. Sie begleiten ihre Mitarbeitenden durch den Lern- und Transferprozess.
- Geringfügige gegenläufige Effekte zeigten sich für *hinderliche Faktoren* bestehend aus mangelnder Autonomie und situativen Einschränkungen ($\rho = 0{,}05$). Allerdings lagen hierfür in der Metaanalyse nur zwei Studien vor, sodass dieser Effekt schwer generalisierbar ist.

Salas et al. (2012) sehen für den Transfer die Rolle der Arbeitsumgebung vor allem für die Zeit vor und nach dem Training als besonders relevant an und empfehlen dafür folgende praktische Maßnahmen (vgl. Infobox 3).

Infobox 3: Transferförderliche Maßnahmen der Arbeitsumgebung (Salas et al., 2012)

Vor dem Training

- Lernbedarfsanalyse durchführen und Training daraufhin ausrichten
- Führungskräfte einbinden
- Trainingsziele und deren Relevanz klar kommunizieren
- Zeitpunkt des Trainings und der geplanten Umsetzung möglichst eng aufeinander abstimmen, ggf. Auffrischungskurse anbieten

Nach dem Training

- Führungskräfte über Möglichkeiten in ihrer Rolle bei der Unterstützung der Weiterbildung und Transferförderung informieren und unterweisen
- Einsatzmöglichkeiten der Trainingsinhalte am Arbeitsplatz besprechen, vorab Lösungsmöglichkeiten für Umsetzungsschwierigkeiten erarbeiten
- Hürden für Transfer minimieren, indem Mitarbeitenden Zeit und Gelegenheit eingeräumt wird, das Gelernte auszuprobieren und umzusetzen
- Transfer unterstützen, z. B. dafür hilfreiche Informationen bereitstellen oder Austausch mit anderen Kollegen ermöglichen
- Transfer belohnen, z. B. durch Anreizsysteme oder Zielvereinbarungen
- Trainingserfolg hinsichtlich der Trainings- und Transferziele evaluieren

Zusammenfassend stellt sich die Unterstützung durch die Führungskraft als ein entscheidender Faktor der Arbeitsumgebung dafür heraus, dass Mitarbeitende Gelerntes kompetent bei ihrer Arbeit anwenden. Doch wie genau unterstützen Führungskräfte Transfer? Dieser Frage gingen Govaerts und Dochy (2014) nach und werteten 99 Studien aus, in denen Zusammenhänge zwischen der Unterstützung durch die Führungskraft und dem Transfer der Lernenden erhoben wurden. Dabei analysierten sie, wie diese Unterstützung in den Studien definiert und operationalisiert wurde und identifizierten 24 verschiedene Kategorien. Weiterhin zählten sie aus, in wie vielen Studien die jeweiligen unterstützenden Maßnahmen der Führungskräfte vorkamen. Die mit Abstand häufigsten Aktivitäten waren dabei:

- Arbeitsziele setzen, die sich auf Trainingsinhalte beziehen
- Informelles Lob, persönliche Anerkennung für die Umsetzung
- Mitarbeitende bei der Umsetzung des Gelernten begleiten
- Anwendungsmöglichkeiten mit den Mitarbeitenden diskutieren
- Zur Umsetzung ausdrücklich ermutigen
- Interesse am Trainingsinhalt zeigen
- Mitarbeitende auf die Trainingsziele einstimmen

Weitere transferförderliche Verhaltensweisen der Führungskräfte waren beispielsweise Feedback, emotionale Unterstützung, ungestörte Freiräume schaffen oder Fehlertoleranz bei der Umsetzung. Es ist darauf hinzuweisen, dass diese Verhaltensweisen in den meisten Studien nur durch die Mitarbeitenden eingeschätzt werden.

2.2 Trainingsgestaltung

Die Trainingsmerkmale beziehen sich darauf, wie Maßnahmen der Personalentwicklung in didaktisch methodischer Hinsicht gestaltet sind. Dazu gehören Inhalte, Lernmethoden und Instruktionsprinzipien im weiteren Sinne.

Die inhaltliche Gestaltung des Trainings hat nach Blume et al. (2010) bedeutsame Effekte als Moderatorvariable. Umfeldbezogene Merkmale hingen bei unspezifischen Lerninhalten stärker mit Transfer zusammen ($\rho = 0{,}26$) als bei spezifischen Inhalten ($\rho = 0{,}04$). Umgekehrt ist es bei kognitiven Fähigkeiten. Diese begünstigen den Transfer von spezifischen Inhalten ($\rho = 0{,}41$) deutlich mehr als von allgemeinen Inhalten ($\rho = -0{,}14$). Grossmann und Salas (2011) heben noch hervor, dass für den Transfer die Lernumgebung idealerweise möglichst ähnlich wie die praktische Anwendungssituation gestaltet wird, um die Wahrscheinlichkeit für einen erfolgreichen Transfer zu erhöhen.

Für den Lernerfolg hingegen fand die Metaanalyse von Mesmer-Magnus und Viswesvaran (2010) deutliche Effekte bei der Gestaltung von Pre-Training-Maßnahmen. Dass überwiegend Begleitmaßnahmen untersucht wurden, unterstreicht den Forschungsbedarf zur transferrelevanten methodisch-didaktischen Gestaltung von betrieblichen Trainings. Salas et al. (2012) berichten ähnlich wie Aguinis und Kraiger (2009) weitere Studien zu Gestaltungsfaktoren, die sie in ihre Checkliste für die betriebliche Weiterbildungspraxis überführen (vgl. Infobox 4):

Infobox 4: Empfehlungen zur transferförderlichen Trainingsgestaltung (Salas et al., 2012)

- Auf wissenschaftlich fundierte Lerntheorien zurückgreifen (z. B. Modelllernen)
- Möglichkeiten zur praktischen Umsetzung des Gelernten einräumen
- Fehlermöglichkeiten berücksichtigen und Umgang mit Fehlern üben
- Lerntechnologien reflektiert und gezielt verwenden
- Simulationen nur dort einsetzen, wo sie eine sinnvolle Lernumgebung bieten, dabei Diagnose- und Unterstützungsmöglichkeiten nutzen

Die lernpsychologische Grundlagenforschung erbrachte unter anderem, dass sich Menschen komplexe Verhaltensabläufe auf dem Weg des Modelllernens erstaunlich effizient aneignen können (Bandura, 1979). Diese Mechanismen wurden für die Entwicklung der sogenannten Behavior Modeling-Trainings systematisch genutzt (vgl. Kapitel 12 in diesem Buch). Dabei zeigen Modelle das Zielverhalten üblicherweise in Videos, während die Teilnehmenden schrittweise dabei begleitet werden, wie sie das Zielverhalten umsetzen. Metaanalysen belegen, dass diese Trainings in der betrieblichen Praxis Lernen und Transfer nachhaltig unterstützen (Taylor, Russ-Eft & Chan, 2005).

2.3 Lernende

Auch Eigenschaften der Lernenden können sich auf den Transfer auswirken; sie bringen unterschiedliche kognitive Voraussetzungen und verschiedene persönliche Einstellungen und Neigungen mit. Grossmann und Salas (2011) weisen darauf hin, dass Lernende, die das Training als wichtig und nützlich bewerten, mit größerer Wahrscheinlichkeit das Gelernte am Arbeitsplatz umsetzen.

Blume et al. (2010) zufolge hängen folgende Eigenschaften bedeutsam mit der Transferleistung zusammen:

- *Kognitive Fähigkeiten* weisen einen bedeutsamen Zusammenhang mit der Transferleistung auf ($\rho = 0{,}37$). Sie erleichtern es, zu erkennen, wie und wann das Gelernte anzuwenden ist.
- *Gewissenhaftigkeit* ($\rho = 0{,}28$) und *emotionale Stabilität* ($\rho = 0{,}19$) sind zwei stabile Persönlichkeitseigenschaften, die sich ähnlich wie die kognitiven Fähigkeiten im Zusammenspiel von Umwelt und Veranlagung entwickeln. Personen mit hoher Sorgfalt geben sich mehr Mühe, das Gelernte umzusetzen, während Gelassenheit dazu führt, sich nicht allzu leicht frustrieren zu lassen.

- *Selbstwirksamkeit* ($\rho = 0{,}22$) bedeutet, dass Personen davon überzeugt sind, mit ihren Fähigkeiten Aufgaben erfolgreich zu bewältigen. Dies kann auch beim Transfer helfen.
- *Motivation* ($\rho = 0{,}23$) weist ebenfalls Zusammenhänge mit Transfer auf. Die Effekte sind in der Regel wesentlich kleiner als für kognitive Fähigkeiten.
- *Freiwilligkeit der Teilnahme* ($\rho = 0{,}34$) ist wichtig und kann mit Motivation und Gewissenhaftigkeit zusammenhängen.

Nur sehr geringe Effekte ergaben sich bei Blume et al. (2010) für weitere Persönlichkeitseigenschaften, wie Extraversion, Verträglichkeit und Offenheit für neue Erfahrungen, für soziodemografische Variablen, wie Alter, Ausbildung, Geschlecht und Berufserfahrung und für weitere Facetten von Motivation, wie Lernzielorientierung, Leistungszielorientierung und Leistungsvermeidung oder selbstberichtetes Arbeitsengagement.

Wird dabei zwischen maximalem und typischem Transfer unterschieden, wie es in der Metaanalyse von Huang et al. (2015) der Fall ist, ergibt sich ein differenzierteres Bild. So prognostizieren kognitive Fähigkeiten ($\rho = 0{,}39$ vs. $-0{,}17$), Wissen ($\rho = 0{,}44$ vs. $0{,}17$), Fertigkeiten ($\rho = 0{,}67$ vs. $0{,}10$) und Selbstwirksamkeit ($\rho = 0{,}30$ vs. $0{,}18$) die maximale Transferleistung besser als die typische Transferleistung. Gewissenhaftigkeit ($\rho = 0{,}03$ vs. $0{,}36$) und Motivation ($\rho = -0{,}02$ vs. $0{,}22$) sind wiederum für den maximalen Transfer weniger relevant als für den typischen Transfer.

Welche Konsequenzen haben diese Befunde für die Personalentwicklung? Die psychologische Diagnostik bietet für die o. g. Eigenschaften effektive und praktikable Testverfahren, um Lernende mit weniger günstigen Voraussetzungen für einen Lerntransfer zu identifizieren und sie gezielt zu fördern. Sie benötigen intensivere Trainingsbegleitung, z. B. durch zusätzliche Pre- und Post-Training-Angebote und können dann am meisten von Maßnahmen eines umfassenden Transfermanagements profitieren (z. B. Solga, 2011b). Letztlich hat dies folgende Konsequenzen für Personalfachleute, Vorgesetzte und Trainingspersonal:

- Persönliche Voraussetzungen der Lernenden qualifiziert diagnostizieren
- Trainings und Begleitmaßnahmen auf diese Voraussetzungen zuschneiden
- Lernstand und Transferfortschritte kontinuierlich erfassen
- Trainings- und Begleitmaßnahmen daran anpassen

Es gilt also, die zunehmende Heterogenität der Lernenden zu berücksichtigen und angemessene pädagogisch-psychologische Verfahren der Diagnostik und Intervention zu beherrschen. Die empirische Unterrichtsforschung erforscht bereits intensiv Zusammenhänge zwischen Eigenschaften der Lernenden und Unterrichtsgestaltung. Demzufolge kommt der Lerngestaltung eine umso größere Bedeutung zu, desto ungünstiger die Voraussetzungen der Lernenden sind. Lernende mit gutem Vorwissen oder hoher Intelligenz können suboptimale Instruktionsgestaltung leichter kompensieren, während sowohl bei Lernenden mit ungünstigeren Voraussetzungen als auch dann, wenn Spitzenleistungen angestrebt werden, eine optimale Lerngestaltung erforderlich ist (z. B. Schrader & Helmke, 2008). Somit sind die pädagogisch-psychologischen Qualifikationen des zuständigen Personals, also insbesondere der Personalfachleute und des Trainingspersonals, von großer Bedeutung für den Lern- und Transfererfolg, gerade angesichts zunehmend heterogener Voraussetzungen der Lernenden.

2.4 Die (vernachlässigte) Rolle des Trainingspersonals

Das Trainingspersonal konzipiert die Schulungen in didaktischer und inhaltlicher Hinsicht und führt sie mit den Lernenden durch (Burke & Hutchins, 2008). Damit sind sie neben den Lernenden, Vorgesetzten und dem organisationalen Umfeld wichtige Akteure, die in den bisherigen Modellen zur Transferwirksamkeit nicht berücksichtigt wurden. Es ist plausibel, dass sie mit ihrem fachlichen und didaktischen Wissen und Handeln sowie mit weiteren Eigenschaften und Persönlichkeitsmerkmalen den Lern- und Transfererfolg ihrer Lernenden beeinflussen. Interdisziplinäre Forschungsaktivitäten liefern verschiedene Hinweise darauf.

Empirische Unterrichtsforschung und Bildungsökonomie. Die pädagogisch-psychologische Schulforschung belegt, dass die Lehrperson mit ihren Eigenschaften und Handlungsweisen einen wesentlichen Einfluss auf den Lernerfolg, die Unterrichtsqualität und das emotionale Erleben ihrer Schülerinnen und Schüler hat. Hattie (2009) zeigte in seiner Metastudie, dass die Lehrperson eine der wichtigsten Wirkgrößen darstellt, die sich stärker als strukturelle und makrodidaktische Gestaltungsfaktoren auswirkt und deren Einfluss über den von Lernendenvariablen hinausgeht. Dies unterstreichen zahlreiche Studien und Forschungsprogramme, etwa die COACTIV-Studie, welche die Kompetenz von Mathematiklehrkräften operationalisiert und deren Zusammenhänge mit Lernerfolgsvariablen der Lernenden untersucht (Kunter, Baumert, Blum, Klusmann, Krauss & Neubrand, 2013). Belegt sind insbesondere die Bedeutung von inhaltlichem Wissen, fachdidaktischem und didaktischem Wissen und Können sowie von verschiedenen Persönlichkeitseigenschaften und Belastungserleben der Lehrperson. Auch die Bildungsökonomie liefert Befunde, dass das Wissen und Können der schulischen Lehrkräfte von wirtschaftlicher Relevanz ist (z. B. Hanushek, 2011). Es ist anzunehmen, dass sich ähnliche Zusammenhänge für das Trainingspersonal im außerschulischen Kontext finden.

Pädagogische Weiterbildungsforschung. Die pädagogische Weiterbildungsforschung hat in erster Linie Lehrende an öffentlichen Trägern und vereinzelt betriebliches Weiterbildungspersonal betrachtet. Für beide Gruppen zeigte sich, dass für diese Tätigkeit keinerlei einheitliche, geregelte oder standardisierte Qualifikationen existieren und informelle Lernaktivitäten zur eigenen Qualifizierung überwiegen (z.B. Schrader, 2010, Hutchins, Burke & Berthelsen, 2010). Demzufolge hat betriebliches Trainingspersonal häufig eine sogenannte Trainerausbildung absolviert, für die selbst keine einheitlichen Standards bestehen.

Wirkungsstudien der Trainingsforschung. Bisher haben nur wenige Studien Zusammenhänge ausgewählter Trainervariablen mit dem Lern- und Transfererfolg der Lernenden untersucht. Sie zeigten Effekte der fachlichen und didaktischen Kompetenz (z.B. Russ-Eft, Dickison & Levine, 2011), der Expressivität (z.B. Towler, 2011) und des Charismas (Towler, Arman, Quesnell & Hoffmann, 2014). Auch Wechselwirkungen von Trainer- und Lernendenvariablen wurden analysiert (z.B. Rangel, Chung, Harris, Carpenter, Chiaburu & Moore, 2015). Hierbei wurden die Trainereigenschaften recht knapp erfasst, oft ausschließlich durch Einschätzungen der Lernenden. Manchmal wurde nur eine Lehrperson von allen Lernenden bewertet.

Bausch, Sonntag, Stegmaier und Noefer (2010) evaluierten für das Online-Training ZeuS (Zeit- und Selbstmanagement) die Rolle des Zusammenhangs zwischen dem Alter des Trainers und der Lernenden mit insgesamt 285 Teilnehmenden. Im Mittelpunkt der E-Learning-Umgebung auf der Basis des Behavior Modeling-Training stehen Videosequenzen mit unterschiedlich alten Akteuren (25 – 40 – 55 Jahre). Die altersbezogene Passung zwischen ihnen und den Lernenden wurde variiert. Dabei war der Transfereffekt für alterskongruente Trainer-Lernenden-Konstellationen signifikant höher als für inkongruente Konstellationen.

Hochholdinger und Keller (2015) erhoben bei 69 beruflichen und betrieblichen Weiterbildnern den Instruktionsstil und Trainingsinhalt, während ihre 614 Teilnehmenden ihre Trainingszufriedenheit und affektive Reaktionen einschätzten. Dabei gingen zunächst Trainerinnen und Trainer in verhaltensbezogenen Angeboten stärker auf ihre Lernenden ein und regten sie stärker zu eigenen Aktivitäten an als Trainerinnen und Trainer in wissensbezogenen Angeboten. Mehrebenenanalytische Zusammenhangsanalysen zeigten, dass sowohl ein teilnehmerorientierter Instruktionsstil als auch verhaltensbezogene Trainingsinhalte mit positiveren Reaktionen der Lernenden einhergingen.

Best Practice-Studien aus dem HR-Management. In der Personalforschung wurden bisher wenige Studien über die Bedeutung des betrieblichen Trainingspersonals im Transferprozess durchgeführt. Befragungen von Personalpraktikern und Teilnehmenden ergaben, dass diese generell den Kompetenzen, insbesondere dem fachlichen und didaktischen Wissen und Können von Trainingspersonal, große Bedeutung für den Transfererfolg zuschreiben (z.B. Gauld & Miller, 2004, Burke & Hutchins, 2008; Donovan & Darcy, 2011).

Damit bestehen in der Transferforschung vereinzelte, unterschiedlich angelegte Aktivitäten, teilweise mit eher oberflächlichen Erhebungen zur Trainerperson, die anders als im allgemeinbildenden schulischen Sektor bisher nicht übergreifend zusammengeführt wurden und auch selten in den Forschungsmodellen (Baldwin & Ford, 1988; Grossman & Salas, 2011) vorzufinden sind. Burke und Hutchins (2008) ordnen das Trainingspersonal den Umfeldvariablen zu. Unseres Erachtens ist es jedoch der Trainingsgestaltung vorgeordnet, da diese nicht isoliert von der Lehrperson zu sehen ist. Kopp (2006) kritisiert, dass das Trainingspersonal in der Forschung und in der betrieblichen Personalpraxis weitgehend und fast systematisch vernachlässigt wird. Er plädiert deshalb dafür, Lehrende bei der Qualitätssicherung der Weiterbildung explizit und stärker als bisher zu berücksichtigen. Vor diesem Hintergrund lohnt es sich im Interesse einer transferförderlichen Personalentwicklung, dem Handeln, der Kompetenz und der Qualifikation von Trainingspersonal in Forschung und Praxis mehr Aufmerksamkeit zu widmen, indem diese etwa in Trainings- und Transferevaluationen einbezogen werden.

3 Nachweis und Förderung von Transfereffekten

Der Nachweis von Transfereffekten hat nicht nur das Ziel, eine optimale Umsetzung des Gelernten und von Verhaltensweisen in das Funktionsfeld zu belegen, sondern auch ergänzenden Förder- und Unterstützungsbedarf zu identifizieren.

Grundsätzlich zielen Transfermessungen darauf, Änderungen des Arbeitsverhaltens und der Arbeitsleistung als Effekte von Trainings zu prüfen. Um den durch Weiterbildungen erreichten Transfer festzustellen, ist zum einen eine fundierte und aussagekräftige Erfassung dieser Transferleistung nötig und zum anderen ein geeigneter Untersuchungsplan, um von etwaigen Änderungen möglichst sicher auf die Trainingswirkung zu schließen.

3.1 Verfahren zur Transfermessung

Transfermessungen können sowohl im Untersuchungsfeld, also direkt bei Arbeitstätigkeiten, oder mittels spezieller Tests oder Arbeitsproben stattfinden. Sie sollten zentrale Arbeitsanforderungen abbilden und im möglichst realistischen Kontext prüfen, wie das Gelernte umgesetzt wird. Dabei sind psychometrische Prinzipien zu beachten, um aussagekräftige Ergebnisse und eine gute Vergleichbarkeit zu erhalten. Auch Forschungsmethoden und Evaluationsstrategien müssen beherrscht werden (vgl. Kapitel 18 in diesem Buch). Hilfreiche Hinweise und Anregungen – auch für die Praxis der Personalentwicklung – enthalten z. B. der Band von Kauffeld (2010) oder der Beitrag von Solga (2011a). Für die Transfermessung bieten sich typischerweise verschiedene Möglichkeiten an, besonders auch Methodenkombinationen.

Selbstauskünfte in Befragungen. Selbstauskünfte ermöglichen Einblicke in die persönlichen Erfahrungen, Ressourcen und Schwierigkeiten bei der Umsetzung, sofern die Fragen gezielt und konkret gestellt werden (Hense & Mandl, 2011). Sie sind auch deshalb informativ, weil Transferprozesse bisher individualpsychologisch unzureichend erschlossen sind. Andererseits korrelieren Selbstauskünfte kaum mit objektiven Lern- und Transfermaßen oder Beobachtungen Dritter (z. B. Blume, Ford, Baldwin & Huang, 2010; Alliger & Janak, 1989; Heidemeier & Moser, 2009). Zur individuellen, themenübergreifenden Einschätzung von Lern- und Transfererfolg stellt die Forschung bereits standardisierte und praktikable Instrumente zur Verfügung, mit guter Dokumentation zur Handhabung. Die Inventare des *Questionnaire for Professional Training Evaluation* (QTE) von Grohmann und Kauffeld (2013) oder das *Training Evaluation Inventory* (TEI) von Ritzmann, Hagemann und Kluge (2014) enthalten psychometrisch bewährte Skalen zur Einschätzung des Transfererfolgs. Das *Lerntransfer-System-Inventar* (LTSI) berücksichtigt insbesondere Rahmenbedingungen des Transfers (Kauffeld, Bates, Holton & Müller, 2008; zur Beschreibung des Verfahrens vgl. auch Kapitel 9 in diesem Buch). Daneben empfiehlt es sich, Selbstauskünfte mit objektiveren Methoden wie den im Folgenden aufgeführten zu kombinieren.

Testverfahren. Fragebogen lassen sich auch als Tests gestalten, indem dort transferrelevante Aufgaben in strukturierter Form gestellt und systematisch ausgewertet werden. Um den Situations-, Handlungs- und Prozessbezug von Transfer gegenüber einer rein deklarativen Wissensabfrage zu berücksichtigen, bieten sich hierfür auch komplexere Formate wie die Situational Judgement Technique (z. B. Weekley & Ployhart, 2013) bzw. vignettenbasierte Fragen an. Mit der Vignettentechnik werden konkrete, vorgegebene Szenarios in Text-, Bild- oder Videoform dargestellt, auf die Befragte offen oder strukturiert antworten können. Vignetten können sämtliche Fragebogen- und Testformate ergänzen.

Fremdeinschätzungen. Vorgesetzte und Mitarbeitende, ggf. auch Externe wie Kunden, können aus unterschiedlichen Perspektiven Auskünfte über Arbeitsverhalten und -leistung der Trainierten geben (z. B. Heidemeier & Moser, 2009). Solche Einschätzungen lassen sich in regulären Verfahren zur betrieblichen Leistungsbewertung (z. B. 360°-Feedback) integrieren. Zu beachten ist, dass sich diese Fragen möglichst konkret auf relevante Verhaltensweisen beziehen sollten, statt pauschale Einschätzungen abzufragen (Lohaus & Schuler, 2014; vgl. auch Kapitel 11 in diesem Buch).

Arbeitsproben. Bei Arbeitsproben müssen die Teilnehmenden typische und trainingsrelevante alltägliche Arbeitsaufgaben bewältigen, die in strukturierter und systematischer Weise arrangiert werden. Hierbei kann das Verhalten beobachtet werden und/oder das Ergebnis dieser Arbeitsleistung, also inwieweit die Anforderungen erfüllt oder wie gut die Aufgaben gelöst wurden (z. B. Görlich, 2007).

Leistungskennzahlen. Je nachdem, wie umfassend betriebliche Controlling-Systeme implementiert sind und abhängig von der Art der Tätigkeit, können dort auch

Leistungsdaten auf eine Person und bestimmte Zeiträume bezogen abgerufen und für Transfermessungen verwendet werden. Beispiele dafür wären Produktionsstückzahlen, Anzahl von Vertragsabschlüssen oder Umsatz etc. (siehe Kapitel 20 in diesem Buch).

Angesichts der beispielhaft aufgeführten Transferindikatoren und Erhebungsmethoden wird deutlich, dass diese umso aussagekräftiger sind, je konkreter sie formuliert werden. Zu diesem Zweck muss vorher festgelegt werden können, welche Ziele das Training für die Teilnehmenden hat und in welcher Form sich ihr Arbeitsverhalten und ihre Arbeitsleistung verbessern sollen. Laker und Powell (2011) weisen darauf hin, dass dies bei verhaltensorientierten Trainings, die fachübergreifende Fertigkeiten, sogenannte Soft Skills, vermitteln sollen, schwieriger zu operationalisieren ist als bei wissensorientierten Trainings, die Faktenwissen und spezifische Fertigkeiten beinhalten.

Selbstberichte können mehr Einblicke insbesondere in die Umsetzung der schwerer fassbaren Soft Skills geben, aber wiederum den Transfer überschätzen. Deutlich wird dies in der Metaanalyse von Managementtrainings von Taylor, Russ-Eft und Taylor (2009). Dabei beurteilten die Lernenden (Führungskräfte der unteren/mittleren Ebene) ihren Transfer am höchsten ($d=0{,}61$), gefolgt von der Wahrnehmung ihrer Vorgesetzten ($d=0{,}51$) und Kollegen ($d=0{,}25$). Am geringsten ausgeprägt war der Transfer aus der Sicht der Mitarbeitenden ($d=0{,}12$) – die eigentliche Zielgruppe der intendierten Verhaltensänderungen bei den Führungskräften. Auch Chiaburu, Sawyer und Thoroughgood (2010) fanden in zwei Studien, dass Lernende ihre Transferleistungen selbst überschätzen im Vergleich zu den Einschätzungen durch Dritte. Darüber hinaus berichteten die Teilnehmenden der Untersuchung von Chiaburu et al. (2010) in ihren Selbstauskünften sogar Transfereffekte für Fertigkeiten, die gar nicht Gegenstand des Trainings waren. Diese Selbstüberschätzung korrelierte positiv mit Gewissenhaftigkeit. In einer weiteren Befragung von Chiaburu, Huang, Hutchins und Gardner (2014) wurden jedoch keine bedeutsamen Zusammenhänge dieser Überschätzungen mit den Neigungen zu Impression Management oder sozialer Erwünschtheit gefunden.

3.2 Erhebungspläne

Ein geeignetes Transfermaß zu erheben, ist eine notwendige, aber noch keine hinreichende Bedingung, um Transfer festzustellen. Genauso wichtig ist es, durch eine entsprechende Untersuchungsplanung sicherzustellen, dass ein möglichst eindeutiger Zusammenhang mit dem im Mittelpunkt stehenden Training gezeigt werden kann. Erst dann lässt sich halbwegs zuverlässig auf einen Trainingstransfer schließen. Prinzipiell gelten diese und im Folgenden genannten Empfehlungen für sämtliche Kriterien der Trainingsevaluation, z. B. die Messung von Lernerfolg und betrieblichen Ergebnismaßen (vgl. auch Kapitel 18 in diesem Buch). Hinsichtlich der Untersuchungsplanung sind mehrere Dinge zu beachten (z. B. Solga, 2011a):

1. Die Transfermessung sollte mindestens einmal vor und einmal nach dem Training stattfinden. Im Idealfall sollte hier ein Zuwachs nach dem Training vorliegen.
2. Weiterhin sollte es eine ausgewählte zusätzliche Gruppe ohne Training geben, um den Zuwachs mit der trainierten Gruppe zu vergleichen. So lassen sich trainingsbezogene Effekte von „normalen" Lerneffekten durch tägliche Erfahrung und Übung isolieren. Auch kann die Messung vor dem Training bereits an sich Lerneffekte anstoßen und zu einer trainingsunabhängigen Verbesserung führen.
3. Beide Gruppen sollten möglichst zufällig ausgewählt werden. Praktisch bietet sich für die Vergleichsgruppe ohne Training häufig eine sogenannte „Wartegruppe" an, die das Training aus organisatorischen Gründen ohnehin erst zu einem späteren Zeitpunkt und nach den Transfermessungen absolviert.
4. Um die Nachhaltigkeit des Transfers festzustellen, sollen die Transfermessungen in größeren Abständen (Wochen bis Monate) nach dem Training wiederholt werden (Follow-up).
5. Grundsätzlich empfiehlt es sich, neben den Transfermaßen noch Reaktions- und Lernindikatoren zu erheben, und bei den Transferindikatoren auch unterschiedliche Transferabstände zu berücksichtigen (Bergmann & Zehrt, 1999). Auch mehrere Urteilsquellen sind sinnvoll (z. B. Selbsteinschätzung, Fremdeinschätzung, Tests).

Außerdem sollte beachtet werden, dass es zu überschätzten Zusammenhängen kommen kann, wenn Lern- und Transfererfolg und außerdem Kontextfaktoren nur von einer Person selbst beurteilt und in querschnittlichen Korrelationsdesigns ausgewertet werden. Wird Lerntransfer durch extern bewertete Übungen oder Tests (objektive Maße) erfasst, hängt er weniger stark mit Kontextfaktoren zusammen als Selbstauskünfte des Lerntransfers (subjektive Maße). Das zeigten Blume et al. (2010) in ihrer Metaanalyse. Einer solchen Überschätzung liegt ein sogenannter Mono-Source- oder Common-Source-Bias zugrunde. Deshalb sollte es vermieden werden, die Transfermessung und generell die Trainingsevaluation alleine auf Selbstauskünfte zu stützen. Ergebnisse von Forschungsstudien ebenso wie von betrieblichen Evaluationen mit dieser Schwäche sind nur begrenzt aussagekräftig.

3.3 Realitätsbezogene Ansätze zur Förderung des Lerntransfers

Mit Blick auf die konkrete Förderung des Lerntransfers in didaktischer Hinsicht führen Bergmann und Sonntag (2006) eine Reihe transferförderlicher Maßnahmen auf, die vor allem auf einer realitätsbezogenen Analyse und Gestaltung der Lernumgebungen basieren (vgl. Tabelle 1).

Tabelle 1: Realitätsbezogene Ansätze zur Förderung des Lerntransfers

Ansätze zur Erklärung des Transfers	Transferförderliche Intentionen	Instrumente/Techniken zur Transferunterstützung in realen Settings
Identische Elemente (behavioristischer Ansatz)	Strukturelle und inhaltliche Übereinstimmung bzw. Angleichung von „Source" und „Target"	– „Transfer of Training Needs Analysis"; (TTNA, Hesketh, 1997, Sonntag, 1997) – Kombinierte Arbeits-/Wissensanalysen (siehe Kapitel 10 in diesem Buch) – Strategische Arbeitsanalyse (siehe Kapitel 10 in diesem Buch)
Strategie- und Analogiebildung (kognitiver Ansatz)	Vermittlung allgemeiner Strategien und Heurismen, Fördern von Analogieschlüssen	– Kognitive Trainings mit Reflexions-/Verbalisierungsphasen, heuristischen Regeln (siehe Kapitel 12 in diesem Buch)
Problemorientierte Lernumgebung (konstruktivistischer Ansatz)	Gestaltung von Lernkontexten nach den Prinzipien von Authentizität, Situiertheit, multipler Kontext, sozialer Kontext	– Cognitive Apprenticeship-Ansatz mit Coaching, Fading, Reflexion usw. (siehe Kapitel 12 in diesem Buch) – Videounterstützung, multimediale Ausgestaltung, Expertenkultur (siehe Abschnitt 4 und Kapitel 6 in diesem Buch)

Angleichung von „Source" und „Target"

Dieser Ansatz geht auf die klassische Transfertheorie „identischer Elemente" nach Thorndike (1914) zurück. Wenn Lern- und Funktionsfeld identische Elemente haben, gelingt die Übertragung. Im Lernfeld erworbene Handlungsprogramme können dann im Funktionsfeld abgerufen werden.

Aufgaben und Anforderungen im Funktionsfeld können arbeitsanalytisch erfasst und damit validere Gestaltungsaussagen für das Lernfeld gemacht werden. Aus der Sicht der Transferforschung ergeben sich bei der Modellierung einer Lernaufgabe nach vorausgegangenen Arbeitsanalysen jedoch Probleme (Mandl, Prenzel & Gräsel, 1991). So wird bei der behavioristischen Orientierung des Ansatzes „identischer Elemente" nur die Oberflächenstruktur einer Aufgabe abgebildet;

kognitive Prozesse bleiben unbeachtet. Des Weiteren ist eine vollständige Angleichung des Lernfeldes an das Funktionsfeld weder möglich noch pädagogisch sinnvoll, da das Lernfeld immer auch spezielle Elemente enthalten muss, die den Lernprozess anregen und steuern. Und schließlich müssen neu auftretende Elemente oder sich verändernde Aufgabenmerkmale jeweils neu im Lernfeld implementiert werden.

In einem viel beachteten Review zur Transferforschung plädiert Hesketh (1997) für sogenannte „Transfer of Training Need Analysis" (TTNA), die stärker kognitiv ausgerichtet sind und so das Transferumfeld insgesamt valider abbilden (vgl. auch Sonntag, 1997). In diesem Zusammenhang empfehlen sich kombinierte wissens- und arbeitsanalytische Ansätze sowie strategische Analysen, um zu begründeten Annahmen über Strukturen und Inhalte kognitiver Prozesse bei der Bewältigung komplexer realer Aufgaben zu kommen und diese lehr- und transferierbar aufzubereiten (vgl. Kapitel 10 in diesem Buch).

Vermittlung von Denk- und Problemlösestrategien

Bei diesem Ansatz wird davon ausgegangen, dass Lernende mithilfe allgemeiner bereichsunabhängiger Strategien auch unbekannte Anforderungen im Funktionsfeld, mit denen sie sich im Lernfeld noch nicht auseinandergesetzt haben, bewältigen können. Hier wird angenommen, dass die Beherrschung generell anwendbarer Denk- und Problemlösestrategien (bspw. die Mittel-Ziel-Analyse, das Hypothesentesten oder logisches Schlussfolgern) einen Lerner in die Lage versetzt, diese Strategien auf die Lösung unterschiedlichster realer Probleme anzuwenden. Man hat daher versucht, solche Denk- und Problemlösestrategien durch Trainingsprogramme zu vermitteln. Die hoch gesteckten Erwartungen in diese Trainingsprogramme konnten jedoch nicht erfüllt werden. Eine Reihe von Untersuchungen (Friedrich & Mandl, 1992; Gick, 1986) zeigen, dass ein spontaner Strategietransfer eher ein seltenes Ereignis ist.

Gestaltung von problemorientierten Lernumgebungen

Nach konstruktivistischer Auffassung ist der traditionelle Transferbegriff obsolet; dafür nimmt der „Kontext" einen besonderen Stellenwert ein (Spiro, Feltovich, Jacobson & Coulson, 1992; Cognition and Technology Group at Vanderbilt – CTGV –, 1993). Sowohl in der Lern- als auch in der Anwendungssituation finden Konstruktionsprozesse statt, die in entscheidendem Maße vom Kontext abhängen. Der Kontext gibt einer Lernsituation erst die Bedeutung („context of meaning"), ebenso wie dies bei der Wissensanwendung („context of use") der Fall ist. Der Transfer ist davon abhängig, ob und welche Anwendungsbedingungen für das Wissen konstruiert werden. Je vielfältiger, problemorientierter und realistischer Lernumgebungen bzw. Anwendungsbedingungen gestaltet sind, desto besser gelingt der Transfer. Wie Wissen erworben wird, ist somit in hohem Maße abhängig vom konkreten Bedeutungs- und Überzeugungskontext, in dem das Lernen stattfindet bzw. „situiert" ist.

Vor dem Hintergrund dieser Überlegungen sind die in der Infobox 5 aufgeführten Gestaltungsprinzipien für Lernumgebungen als transferförderlich anzusehen (Reinmann & Mandl, 2006; Sonntag, 1996).

Ausschlaggebend für die Entwicklung anwendbarer und zunehmend generalisierbarer Wissensbestände ist neben der spezifischen Beschaffenheit der Lernumgebung die Einbindung des Lernenden in eine Expertenkultur. Hier „erlebt" der Lernende, was Expertise ausmacht, wie der Experte sich in Entscheidungssituationen verhält, wie er Probleme nach welchen Strategien und Prinzipien löst oder wie er sein Wissen in neuartigen Situationen anwendet. Der Unterschied zum Erklärungsansatz von Transfer durch die Vermittlung allgemeiner Denk- und Problemlösestrategien liegt hier in der Authentizität der Problemlösung durch den Experten, also das Strategieentwickeln in einer gerade aktuellen, komplexen und problemorientierten Aufgabenstellung. Einer in diesem Sinne adaptiven Expertise wird in der Transferforschung erhebliche Bedeutung für den Transfererfolg zugeschrieben (Hesketh, 1997).

Infobox 5: Prinzipien konstruktivistisch gestalteter Lernumgebungen

- *Authentizität:* Das heißt, die Gestaltung von Lernumgebungen, soll die reale Situationen in ihrer ganzen Komplexität widerspiegeln, sodass die Lernenden einerseits vielfältige und realitätsnahe Lernerfahrungen sammeln und andererseits mit dem Wissen auch die Anwendungsbedingungen dieses Wissens erwerben.
- *Situiertheit:* Das heißt, wenn das Lernen anhand authentischer Probleme nicht möglich ist, werden Probleme und Aufgaben in einen größeren Kontext eingebettet oder simuliert, sodass der Lernende in Situationen versetzt wird, die ihm einen Anwendungskontext für das zu erwerbende Wissen anschaulich vor Augen führen (meist medial gestützt).
- *Multiple Kontexte:* Um zu verhindern, dass das erworbene Wissen auf eine Situation fixiert bleibt, sollten dieselben Inhalte in mehreren verschiedenen Kontexten angewandt werden; hiermit soll erlernt werden, dass das Wissen auf andere Problemstellungen übertragen werden kann.
- *Multiple Perspektiven:* Das heißt, beim Lernen sollten Inhalte oder Probleme in unterschiedlichen Sichtweisen reflektiert werden.
- *Sozialer Kontext:* Das heißt, Lernen ist nicht als ein ausschließlich individueller Prozess zu verstehen. Auch soziales Wissen, als Wissen über kooperative und unterstützende Verhaltensweisen, sollte gemeinsam erarbeitet, „erfahren" und angewandt werden. Hierfür sind gemeinsame kooperative Phasen des Lernens und Arbeitens Lernender untereinander sowie mit Experten in die situierte Lernumgebung mit einzubeziehen.

In mehreren instruktionspsychologischen Ansätzen wurde versucht, die in Infobox 5 genannten Prinzipien umzusetzen – allerdings überwiegend im schulischen Kontext oder in der medizinischen Ausbildung. Aktuell unterstreichen u. a. die Ergebnisse des COACTIV-Projekts, dass ein kognitiv aktivierender Unterricht, der eigenständiges Arbeiten der Lernenden etwa mit komplexen Problemen anregt, die Lernleistung verbessert (Kunter et al., 2013). Für den arbeitsbezogenen Kontext wurden die Prinzipien zur Gestaltung von Lernumgebungen in der Ausbildung von Instandhaltern angewandt (Sonntag, Schaper, Hochholdinger & Zink, 2004; siehe auch die ausführliche Beschreibung dieses Trainings „Diagnose-Kit" im folgenden Abschnitt).

Die bisher aufgeführten Empfehlungen gelten sowohl für wissenschaftliche Studien als auch für Trainingsevaluationen in der betrieblichen Praxis. Die Umsetzung der Evaluationsmethoden mag insbesondere aus Praxissicht anspruchsvoll und aufwendig erscheinen. Saks und Burke (2012) konnten jedoch in einer Befragung von Personalverantwortlichen zeigen, dass sich dieser Aufwand lohnt, da sich evaluierte Trainings ihrer Studie zufolge als effektiver erwiesen als nicht evaluierte. Daneben unterstreicht eine ähnliche Studie von Saks und Burke-Smalley (2014), dass Transfer und Firmenerfolg zusammenhängen. Damit ist der Transfernachweis als Bestandteil einer Trainingsevaluation ein wichtiges und erfolgsrelevantes Qualitätsmerkmal einer jeden Personalarbeit.

4 Transferstudie: Simulationsbasierte E-Learning-Umgebung zur technischen Störungsdiagnose

Komplexe Fertigungsanlagen ermöglichen in der Industrie hohe Produktionsraten. Jedoch stellen sie hohe Anforderungen an das zuständige Personal. Insbesondere bei Ausfällen genügen die integrierten Diagnosesysteme selten alleine, um die Störungsursachen zu identifizieren. Vielmehr muss in der Regel das zuständige Personal möglichst gezielt und rasch die Ursache finden, da Ausfallzeiten für die Unternehmen schnell teuer werden (Sonntag & Schaper, 1997). Daneben kann es sich ein Unternehmen selten leisten, solche teuren und empfindlichen Anlagen zu Übungszwecken bereitzustellen. Deshalb bietet es sich an, die nötigen Fertigkeiten an einer computerbasierten Simulation zu erwerben oder zu vertiefen. Weiterhin muss dieser Lernprozess ebenso wie der Transfer mit geeigneten Instruktionsansätzen unterstützt werden.

Zu diesem Zweck wurde die simulationsbasierte E-Learning-Umgebung *Diagnose-KIT* (vgl. Abbildung 2) mit verschiedenen Lernmodulen schrittweise entwickelt und hinsichtlich Lern- und Transferförderlichkeit formativ und summativ evaluiert (z. B. Hochholdinger, Schaper & Sonntag, 2007). Ihre Gestaltung

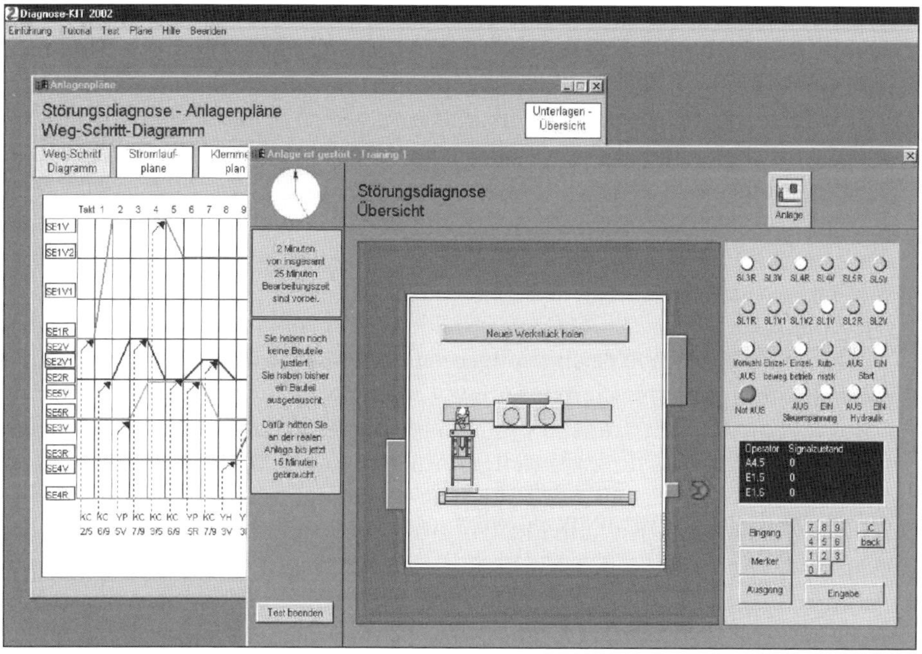

Abbildung 2: Screenshots der Lernumgebung des Diagnose-Kit: 1. Ansicht der Anlagensimulation, 2. Anlagenpläne: Weg-Schritt-Diagramm

leitet sich aus situierten Instruktionsansätzen ab, die im Wesentlichen ein aktives und eigenständiges Lernen mit hohen Praxisbezügen empfehlen, was den Transfer in besonderer Weise fördern soll (vgl. Abschnitt 3). Damit besteht Diagnose-KIT aus sechs unterscheidbaren und frei kombinierbaren Lernmodulen (Bergmann & Sonntag, 2006, Schaper, Sonntag, Zink & Spenke, 2000; Schaper, Hochholdinger & Sonntag, 2004):

1. *Anlagensimulation:* Zentrale Komponente ist die realitätsnahe Simulation einer SPS-gesteuerten (speicherprogrammierbaren) Fertigungsanlage aus der Autoteilefertigung. In 26 Takten werden Metallzylinder befördert und hydraulisch gepresst. Lernende können über eine grafische Oberfläche die Anlage bedienen und dieselben Eingriffe und Diagnosen durchführen wie das Wartungspersonal am originalen Vorbild. Neben einem fehlerfreien Modus gibt es 20 Übungsaufgaben, in denen eine typische oder besonders wichtige Störung einzelner Anlagenkomponenten zu finden ist.
2. *Zwei Einführungstutorials:* Hierbei handelt es sich um zwei Module in der Form tutorieller Systeme. Das erste enthält technisches Grundwissen zur Anlagenfunktion, das zweite führt in die Bedienung der simulierten Anlage ein. Beide verbinden informative Elemente mit dazwischengeschalteten Übungseinheiten.

3. *Videos zur kognitiven Modellierung:* Abgeleitet vom Instruktionsprinzip des Modeling im Cognitive Apprenticeship-Ansatz (Collins, Brown & Newman, 1989) wurden passend zu sechs Übungsaufgaben in der Simulation zusätzliche Videos erstellt, die zeigen und erläutern, wie an der realen Anlage ein erfahrener Instandhalter dieselbe Störung systematisch diagnostiziert (Schaper, Hochholdinger & Sonntag, 2004). Lernende können diese Videos nach ihrer eigenständigen Störungssuche aufrufen. Anschließend bearbeiten sie Reflexionsfragen, um das eigene Vorgehen und das des Experten gegenüberzustellen.
4. *Transferanker (Tutorials und Videos):* Die Gestaltung der sogenannten Transferanker beruht auf dem Anchored Instruction-Ansatz (z. B. CTGV, 1993), einer Variante des problembasierten Lernens, wobei verschiedene Lernsituationen (Makrokontexte) den Transfer erleichtern sollen. Diagnose-KIT enthält dazu Einführungstutorials für zwei weitere Anlagen (CNC-Drehautomat, Transferstraße) sowie vier Videos mit Fehlersituationen und Lösungsstrategien. Die Videos werden zunächst individuell bearbeitet und anschließend in Kleingruppen diskutiert.
5. *Adaptive tutorielle Hilfen:* Weitere Prinzipien des Cognitive Apprenticeship (Collins et al., 1989) sind Coaching und Scaffolding, das bedeutet, dass Lernende beim Problemlösen nur genau so viel Unterstützung erhalten, wie sie benötigen (Fading). Diagnose-KIT realisiert dies durch automatische Programmfunktionen, die auf ungünstige Diagnosehandlungen mit entsprechenden Hinweisen reagieren. Solange oder sobald die Lernenden sinnvolle Aktionen verfolgen, bleiben die Hilfen aufgrund des zugrundeliegenden Algorithmus aus und setzen somit das Fading um (Hochholdinger & Schaper, 2009).
6. *Kooperatives Lernen:* Als letztes Element wurde ein Modul zum kooperativen oder kollaborativen Lernen umgesetzt. Es findet außerhalb der E-Learning-Umgebung an einer realen Modellanlage statt und ist Bestandteil der Trainingsphase. Die mit dem Austausch verbundenen Reflexionen sollen das Gelernte vertiefen (Fischer & Mandl, 2002). Auch soll es transferförderlich sein, wenn die Lerneinheiten bereits Praxisbezüge integrieren. Nicht zuletzt werden bei E-Learning-Angeboten häufig ergänzende Präsenzphasen empfohlen (Blended Learning). Konkret wurden beim Training mit Diagnose-KIT drei problembasierte Aufgaben zur Fehlersuche in Kleingruppen an einem Anlagenmodell ergänzt (Hochholdinger & Schaper, 2009).

Die Transferwirksamkeit der vorgestellten Instruktionsmodule wurde mit Feldexperimenten in der gewerblich-technischen Ausbildung eines Technologiekonzerns evaluiert (Hochholdinger, Schaper & Sonntag, 2007, 2008). Dabei wurde mit auszubildenden Mechatronikern untersucht, inwieweit die unter 3. bis 6. genannten einzelnen Module den Transfererfolg unterstützen im Vergleich zu einer

Arbeit an der Lernumgebung ohne dieses Modul. Vor dem Hintergrund der Empfehlungen von Bergmann und Zehrt (1999) sowie Bergmann und Sonntag (2006) wurden bei der Transfermessung mehrere Transferabstände mit entsprechenden Diagnoseaufgaben realisiert (Schaper et al., 2004):

- *Binnentransfer:* Hier bearbeiten die Lernenden in der Simulation drei ähnliche Diagnoseaufgaben, wie sie bereits vorher in der Lernphase geübt wurden.
- *Inhaltstransfer:* Dies erforderte, dass die Lernenden sich in der Simulation mit zwei Diagnoseaufgaben in einem neuen Störungsbereich auseinandersetzten, welche die hydraulische Steuerung betrafen.
- *Kontexttransfer:* Hier wurden wiederum zwei Störungen aus bereits geübten Bereichen, aber an einem realen Anlagenmodell (Sortieranlage) gesucht.

Tabelle 2 gibt zusammenfassend die Effektstärken (Cohens d) für den Vergleich der Experimentalgruppe (Simulation mit Instruktionsmodul) und die Kontrollgruppe (Simulation ohne Instruktionsmodul) wieder. Die Prätest-Ergebnisse an drei Störungsdiagnoseaufgaben zeigen, dass die Experimental- und Kontrollgruppen vor den unterschiedlichen Lernbedingungen auf einem vergleichbaren Leistungsniveau waren.

Tabelle 2: Effektstärken aller Instruktionsmodule (Hochholdinger et al., 2008), * $p<0.05$

Instruktionsmodul	*N*	Prätest	Binnen-transfer	Inhalts-transfer	Kontext-transfer
Kognitive Modellierung	45	–.12	.68*	.51	.07
Transferanker	42	.05	.92*	.44	.25
Adaptive tutorielle Hilfen	41	–.06	.45	.05	.62
Kooperatives/kollaboratives Lernen	57	–.04	.51	.22	.70*

Weiterhin ergaben sich bedeutsame Effekte für alle Lernmodule. Dabei zeigt sich idealtypisch, dass reine Lerneffekte am größten waren, während Transfer bei zunehmender Transferdistanz höhere Anforderungen stellt. Dies ist insbesondere für die kognitive Modellierung und die Transferanker zu sehen, während die adaptiven tutoriellen Hilfen Lernen und Transfer in vergleichbarer Weise förderten. Den größten Effekt auf den Kontexttransfer hatte das Modul zum kollaborativen Lernen. Vermutlich ist das damit zu erklären, dass bei diesem Blended Learning-Modul bereits in der Trainingsphase an der Simulation Diagnoseübungen an derselben Modellanlage durchgeführt wurden, an der auch der Kontexttransfer erhoben wurde. Das macht nochmals deutlich, dass es den Transfer weiter fördern kann, wenn Praxissituationen von Anfang an in das Training integriert werden, um Praxisbezüge herzustellen.

5 Forschungs-Praxis-Transfer im HR-Management: Evidenzbasiertes Personalmanagement

Der Transfer von aktuellen Erkenntnissen und Innovationen aus wissenschaftlichen Studien in die praktische Tätigkeit betrifft auch die Arbeit der Personalfachleute selbst. Hense und Mandl (2011) ordnen diese Perspektive auf den Transfer der Makroebene zu. Für einen idealtypischen und damit effektiven Forschungs-Praxis-Transfer hat sich – aus dem amerikanischen Raum kommend – der Begriff des „evidenzbasierten Personalmanagements" etabliert (Brodbeck & Woschee, 2013).

5.1 Konzept des evidenzbasierten Personalmanagements

Das evidenzbasierte Personalmanagement geht auf das allgemeinere Prinzip der „evidenzbasierten Praxis" zurück. Letzteres bedeutet, dass Experten ihr professionelles Handeln stets auf aktuelle, belastbare Forschungsbefunde sowie fundierte eigene Datenerhebungen stützen. Nicht nur in Deutschland hat sich dies beispielsweise in der Medizin, der Psychotherapie, der Rechtsprechung und Bildungspolitik etabliert. Eine evidenzbasierte Praxis gilt als Standard für Professionalität und Qualität, die beispielsweise in Qualitätszertifizierungen von Betreuungs- oder Pflegeeinrichtungen (z. B. Meyer, Balzer & Köpke, 2013) oder im Rahmen der psychotherapeutischen Aus- und Weiterbildung nachzuweisen ist (z. B. Baumeister, 2014).

Hintergrund für diese Entwicklung ist, dass die Forschung in diesen Bereichen kontinuierlich neue und praxisrelevante Erkenntnisse hervorbringt, während die Befundlage aus der Zeit der akademischen Erstausbildung von Praxisexperten rasch veraltet. Stets aktuelle und neue Erkenntnisse, von denen die betriebliche Personalpraxis profitieren kann, betreffen sämtliche Bereiche der Personalarbeit. Auch dort hat die betriebswirtschaftliche oder psychologische Personalforschung praktisch nutzbare Erkenntnisse hervorgebracht, die bei Weitem nicht durchgängig umgesetzt werden (z. B. Biemann, Sliwka & Weckmüller, 2012).

Um dennoch einen aktuellen Stand wissenschaftlich abgesicherter Methoden im HR-Bereich zu erreichen, empfehlen Briner und Rousseau (2011) zwei grundlegende Informationsquellen:

Wissenschaftliche Studien. Verantwortliche sollten zu konkreten Fragen aktuelle Forschungsstudien recherchieren, auswerten und nutzen. Diese liefern verallgemeinerbare Wirksamkeitsaussagen. Ideal sind hierfür Metaanalysen und Experimentalstudien, die theoriegeleitet durchgeführt und statistisch ausgewertet wurden. Um die Aussagekraft zu bewerten, müssen die Personalverantwortlichen bei solchen Studien die Aussagekraft und Limitationen, die sich durch die Forschungsmethoden ergeben, einschätzen können und praktische Konsequenzen ableiten.

Betriebliche Evaluationen. Betriebliche Maßnahmen sollten regelmäßig auf ihre Wirksamkeit hin evaluiert werden. Die so gewonnenen Daten sind statistisch zu analysieren und die Ergebnisse entsprechend aufzubereiten. Auch hierbei müssen Reichweite und Grenzen der Interpretation richtig eingeschätzt werden. Solche Datenquellen genügen wissenschaftlichen und methodischen Standards bisher manchmal nur in eingeschränkter Weise, sodass hier verstärkt darauf zu achten ist, um aussagekräftige Informationen zu erhalten.

Kanning, Thielsch und Brandenburg (2011) gliedern den Forschungs-Praxis-Transfer in die drei Phasen Input, Prozess und Output. Der Input umfasst, welche Informationen und Methoden die Forschung erzeugt. Der Prozess bezeichnet den Zugriff auf diese Ergebnisse durch die Praxis, was sich schließlich im Ergebnis (Output) niederschlägt, in Form der praktizierten Professionalität. Abbildung 3 veranschaulicht, wie diese Phasen bei einem idealtypischen Forschungs-Praxis-Transfer zusammenwirken, der in ein evidenzbasiertes Personalmanagement mündet.

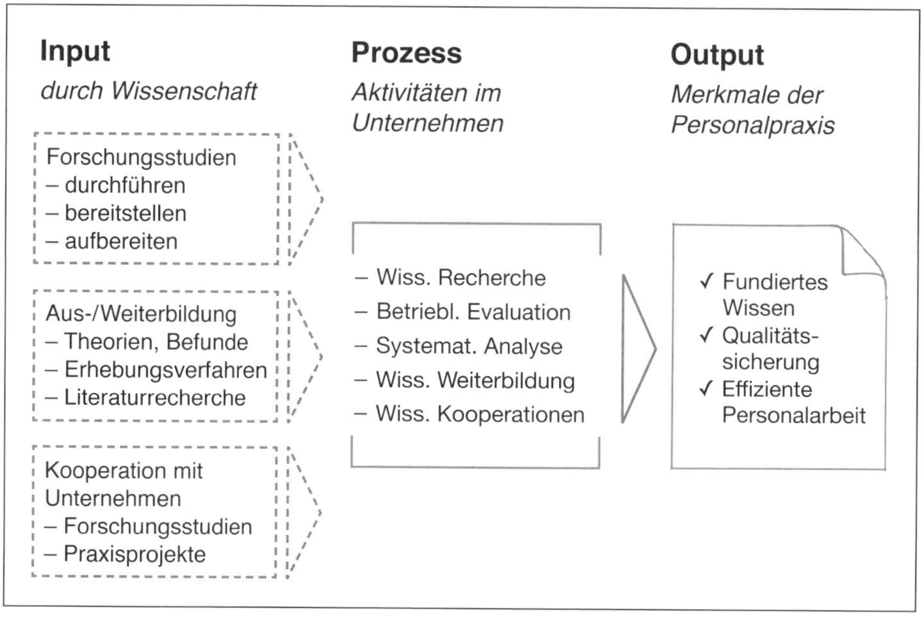

Abbildung 3: Idealtypischer Forschungs-Praxis-Transfer

5.2 Status quo und Entwicklungen

Nach Einschätzung von Briner und Rousseau (2011) sind zwar bereits zahlreiche Informationen zu wissenschaftlichen Methoden und Befunden für die Praxis aufbereitet und leicht zugänglich, jedoch dokumentieren viele Studien eine deutliche Kluft bei der Umsetzung in die Praxis. Kanning et al. (2011) machen Vorschläge zur Verbesserung des Forschungs-Praxis-Transfers:

1. *Input:* Hier stellt sich die Frage, ob und wie die Forschungsergebnisse von wissenschaftlicher Seite bereitgestellt werden. Wird die Praxisrelevanz deutlich und sind die Studien verständlich aufbereitet (Maier & Antoni, 2009)? Dies wird dann der Fall sein, wenn Wissenschaftler sich schon frühzeitig in Kooperationsprojekten mit der Praxis austauschen und die Herausforderungen anwendungsbezogener Forschung verstehen. Kanning und Thielsch (2015) stellen auf Basis einer Befragung von Personalfachleuten weiterhin heraus, dass eine zielgruppengerechte Aufbereitung von Forschungsergebnissen idealerweise deutschsprachig ist, den Praxisbezug hervorhebt und leicht verfügbar ist.
2. *Prozess:* Beim Prozess wird betrachtet, wie intensiv und umfassend Praktiker auf wissenschaftliche Informationen und Befunde zugreifen. Nutzen sie einschlägige wissenschaftliche Literatur, suchen sie den Austausch oder die Kooperation mit Wissenschaftlern? Ein regelmäßiges Ergebnis solcher Studien ist, dass wissenschaftliche Literatur am seltensten herangezogen wird (Kanning et al., 2011). Lieber orientieren sich Personalfachleute an Vertrautem (Sanders, Riemsdijk & Groen, 2008) oder an der gängigen Praxis (König, Klehe & Berchtold, 2010). Auch der Austausch mit Wissenschaftlern wird selten gesucht. Stattdessen bevorzugen Personalfachleute praktisch orientierte Fortbildungen und den Erfahrungsaustausch mit Kollegen (Hutchins et al., 2010).
3. *Output:* Der Output bezieht sich darauf, inwieweit die konkrete Personalpraxis letztlich dem Forschungsstand bzw. gesicherten personalpsychologischen und arbeitswissenschaftlichen Erkenntnissen entspricht. Zu diesem Zweck wurden Personalfachleute befragt, inwieweit sie wissenschaftlich gut abgesicherten Aussagen zu verschiedenen HRM-Maßnahmen zustimmen (z. B. Guest & Zijlstra, 2012; Sanders et al., 2008) oder bekannte Prinzipien in ihrer Praxis umsetzen (z. B. Schuler, Hell, Trapmann, Schaar & Boramir, 2007; König et al., 2010). Dabei zeigen sich deutliche, aus Forschungssicht erschreckende, Lücken in der betrieblichen Personalarbeit, die stellenweise um Jahrzehnte hinter dem Forschungsstand zurückliegt.

Es besteht großer Bedarf an seriösen Analysen, an welchen Stellen und warum der Transfer misslingt (Kanning et al., 2011). Liegen die Ursachen in praxisfernen Forschungsbeiträgen, in ungeeigneten Ausbildungskonzepten durch die Hochschulen, fehlender Motivation oder Wissenslücken der Personalfachleute? Spielen Vorurteile oder schlechte Erfahrungen mit den Akteuren eine Rolle? Warum meiden manche Wissenschaftler in ihren Untersuchungen natürliche Settings in Organisationen, um stattdessen artifizielle Experimente durchzuführen?

So liegt in der Verbesserung des Forschung-Praxis-Transfers, insbesondere auf dem Gebiet des HR-Managements, ein großes Potenzial, Maßnahmen der Personalentwicklung zu optimieren, um den Herausforderungen der Digitalisierung, Globalisierung und des demografischen Wandels genügen zu können.

6 Zusammenfassung und Ausblick

Transfer beschreibt das Ausmaß, in dem Gelerntes auf die Arbeitstätigkeit übertragen und dort genutzt wird. Damit ist Transfer entscheidend und kritisch für den Erfolg von Maßnahmen der Personalentwicklung. Deshalb ist es wichtig, Transfer möglichst fundiert und zuverlässig zu erfassen.

Die Wirkungsforschung untersucht Bedingungen und Einflussgrößen zur Erklärung und Förderung von Transfer: Arbeitsumgebung, Gestaltung des Trainings und die Person des Lernenden stehen dabei im Fokus. Aufseiten des Arbeitsumfeldes erwiesen sich vor allem Transferklima, organisationale Unterstützung und Unterstützung durch Vorgesetzte als bedeutsam. Ebenfalls wichtig sind die individuellen Voraussetzungen der Lernenden, insbesondere kognitive Fähigkeiten, Persönlichkeitseigenschaften und motivationale Variablen. Hinsichtlich der Trainingsgestaltung spielt der Inhalt eine wesentliche Rolle, da ein Transfer spezifischer Kenntnisse und Fertigkeiten leichter fällt als der von übergreifenden Verhaltensweisen. Aus diesen Befunden lassen sich praktische Empfehlungen ableiten.

Kritisch zu bemerken ist – und darauf weisen die Übersichtsbeiträge immer wieder hin – dass sich etliche Studien alleine auf Einschätzungen der Lernenden zu ihren Lern- und Transferleistungen sowie zu Kontextvariablen stützen („common-source-bias"). Dies überschätzt die gefundenen Zusammenhänge und beeinträchtigt die Interpretierbarkeit. Auch sind subjektive Einschätzungen begrenzt aussagekräftig. Das bedeutet, dass Erhebungen in Forschung und in Praxis bevorzugt objektive Maße für die Transferleistung verwenden sollten, wenn möglich ebenfalls für Kontextvariablen.

Des Weiteren wird Forschungsbedarf zur Rolle des Trainers oder Coaches, seiner Kompetenzen und Persönlichkeit im Transferprozess konstatiert. Die Schulforschung hat bereits eindrücklich gezeigt, dass die Kompetenz und das didaktische Handeln von Lehrkräften wesentliche Faktoren für den Lernerfolg darstellen und bedeutsamere Effekte als die strukturellen Bedingungen zeitigen. Es ist zu erwarten, dass Ähnliches für die betriebliche Weiterbildung und Personalentwicklung gilt.

Um den Nutzen personalpsychologischer und arbeitswissenschaftlicher Erkenntnisse im HR-Bereich optimal erreichen zu können, muss allerdings der Forschungs-Praxis-Transfer gelingen. Aktuelle und künftige Herausforderungen einer individuelleren und flexibleren Gestaltung von HR-Maßnahmen vor dem Hintergrund erheblicher Veränderungen in der Arbeitswelt können sonst nicht angenommen und optimal bewältigt werden.

Literatur

Aguinis, H. & Kraiger, K. (2009). Benefits of training and development for individuals and teams, organizations, and society. *Annual review of psychology, 60,* 451–474. http://doi.org/10.1146/annurev.psych.60.110707.163505

Alliger, G. M. & Janak, E. A. (1989). Kirkpatrick's levels of training criteria: Thirty years later. *Personnel psychology, 42,* 331–342. http://doi.org/10.1111/j.1744-6570.1989.tb00661.x

Baldwin, T. T. & Ford, J. K. (1988). Transfer of training: A review and directions for future research. *Personnel Psychology, 41,* 63–105. http://doi.org/10.1111/j.1744-6570.1988.tb00632.x

Bandura, A. (1979). *Sozial-kognitive Lerntheorie.* Stuttgart: Klett-Cotta.

Baumeister, H. (2014). Implementationsforschung in der Klinischen Psychologie, Rehabilitationspsychologie und Psychotherapie. *Psychologische Rundschau, 65,* 150–158. http://doi.org/10.1026/0033-3042/a000217

Bausch, S., Sonntag, Kh., Stegmaier, R. & Noefer, K. (2010). Können Ältere mit neuen Medien lernen? Gestaltung und Evaluation eines e-Learning Behavior Modeling Trainings für verschiedene Altersgruppen. *Zeitschrift für Arbeitswissenschaft, 3,* 239–251.

Bergmann, B. & Sonntag, Kh. (2006). Transfer: Die Umsetzung und Generalisierung erworbener Kompetenzen in den Arbeitsalltag. In Kh. Sonntag (Hrsg.), *Personalentwicklung in Organisationen* (3., überarb. u. erw. Aufl.; S. 355–388). Göttingen: Hogrefe.

Bergmann, B. & Zehrt, P. (1999). Transferbefähigung als Ziel eines Störungsdiagnosetrainings. *Zeitschrift für Arbeits-und Organisationspsychologie, 43,* 180–192. http://doi.org/10.1026//0932-4089.43.4.180

Biemann, T., Sliwka, D. & Weckmüller, H. (2012). Auf gesicherte empirische Fakten setzen, statt auf Mythen vertrauen. *Personal Quarterly, 4,* 10–17.

Blume, B. D., Ford, J. K., Baldwin, T. T. & Huang, J. L. (2010). Transfer of training: A meta-analytic review. *Journal of Management, 36,* 1065–1105. http://doi.org/10.1177/0149206309352880

Briner, R. B. & Rousseau, D. M. (2011). Evidence-based I–O psychology: not there yet. *Industrial and Organizational Psychology, 4,* 3–22. http://doi.org/10.1111/j.1754-9434.2010.01287.x

Brodbeck, F. & Woschee, R. (2013). Grundlagen und Möglichkeiten eines evidenzbasierten Personalmanagements. In J. Gutmann & K. Schwuchow (Hrsg.), *Personalentwicklung 2013 – Themen, Trends, Best Practice* (S. 19–29). Freiburg: Haufe.

Burke, L. A. & Hutchins, H. M. (2008). A study of best practices in training transfer and proposed model of transfer. *Human Resource Development Quarterly, 19,* 107–128. http://doi.org/10.1002/hrdq.1230

Chiaburu, D. S., Huang, J. L., Hutchins, H. M. & Gardner, R. G. (2014). Trainees' perceived knowledge gain unrelated to the training domain: the joint action of impression management and motives. *International Journal of Training and Development, 18,* 37–52. http://doi.org/10.1111/ijtd.12021

Chiaburu, D.S., Sawyer, K.B. & Thoroughgood, C.N. (2010). Transferring more than learned in training: Employees' and managers'(over) generalization of skills. *International Journal of Selection and Assessment, 18,* 380–393. http://doi.org/10.1111/j.1468-2389.2010.00520.x

Cognition and Technology Group at Vanderbilt – CTGV. (1993). Designing learning environments that support thinking: The Jasper series as a case study. In T.M. Duffy, J. Lowyck & D. Jonassen (Eds.), *Designing learning environments for constructive learning* (pp. 1–36). New York: Springer.

Collins, A., Brown, J.S. & Newman, S.E. (1989). Cognitive apprenticeship: Teaching the crafts of reading, writing, and mathematics. *Knowing, learning, and instruction: Essays in honor of Robert Glaser, 18,* 32–42.

De Grip, A. & Sauermann, J. (2013). The effect of training on productivity: The transfer of on-the-job training from the perspective of economics. *Educational Research Review, 8,* 28–36. http://doi.org/10.1016/j.edurev.2012.05.005

Donovan, P. & Darcy, D.P. (2011). Learning transfer: the views of practitioners in Ireland. *International Journal of Training and Development, 15,* 121–139. http://doi.org/10.1111/j.1468-2419.2011.00374.x

Fischer, F. & Mandl, H. (2002). Lehren und Lernen mit neuen Medien. In R. Tippelt (Hrsg.), *Handbuch Bildungsforschung* (S. 623–637). Wiesbaden: VS Verlag für Sozialwissenschaften.

Ford, J.K. (1990). Understanding training transfer: The water remains murky. *Human Resource Development Quarterly, 1,* 225–229. http://doi.org/10.1002/hrdq.3920010304

Friedrich, H.F. & Mandl, H. (1992). Lern- und Denkstrategien – ein Problemaufriss. In H. Mandl & H.F. Friedrich (Hrsg.), *Lern und Denkstrategien – Analyse und Intervention* (S. 3–54). Göttingen: Hogrefe.

Gauld, D. & Miller, P. (2004). The qualifications and competencies held by effective workplace trainers. *Journal of European Industrial Training, 28,* 8–22. http://doi.org/10.1108/030905904 10513866

Gick, M.L. (1986). Problem solving strategies. *Educational Psychologist, 21,* 99–120. http://doi.org/10.1207/s15326985ep2101&2_6

Govaerts, N. & Dochy, F. (2014). Disentangling the role of the supervisor in transfer of training. *Educational Research Review, 12,* 77–93. http://doi.org/10.1016/j.edurev.2014.05.002

Görlich, Y. (2007). Arbeitsproben. In H. Schuler & Kh. Sonntag (Hrsg.), *Handbuch der Arbeits- und Organisationspsychologie* (S. 468–474). Göttingen: Hogrefe.

Grohmann, A. & Kauffeld, S. (2013). Evaluating training programs: Development and correlates of the Questionnaire for Professional Training Evaluation. *International Journal of Training and Development, 17,* 135–155. http://doi.org/10.1111/ijtd.12005

Grossman, R. & Salas, E. (2011). The transfer of training: what really matters. *International Journal of Training and Development, 15,* 103–120. http://doi.org/10.1111/j.1468-2419.2011.00373.x

Guest, D.E. & Zijlstra, F.R. (2012). Academic perceptions of the research evidence base in work and organizational psychology: A European perspective. *Journal of Occupational and Organizational Psychology, 85,* 542–555. http://doi.org/10.1111/j.2044-8325.2012.02057.x

Hanushek, E.A. (2011). The economic value of higher teacher quality. *Economics of Education Review, 30,* 466–479. http://doi.org/10.1016/j.econedurev.2010.12.006

Hattie, J. (2009). *Visible learning: A synthesis of over 800 meta-analyses related to achievement.* New York: Routledge.

Heidemeier, H. & Moser, K. (2009). Self-other agreement in job performance ratings: A meta-analytic test of a process model. *Journal of Applied Psychology, 94,* 353. http://doi.org/10.1037/0021-9010.94.2.353

Hense, J. & Mandl, H. (2011). Transfer in der beruflichen Weiterbildung. In O. Zlatkin-Troitschanskaia (Hrsg.), *Stationen Empirischer Bildungsforschung* (S. 249–263). Wiesbaden: VS Verlag für Sozialwissenschaften.

Hesketh, B. (1997). Dilemmas in training for transfer and retention. *Applied Psychology, 46,* 317–339. http://doi.org/10.1111/j.1464-0597.1997.tb01243.x

Hochholdinger, S. & Keller, I. (2015). Welche Zusammenhänge bestehen zwischen den affektiven Reaktionen von Trainingsteilnehmenden, der Lehrorientierung von Weiterbildungspersonal und Weiterbildungsinhalten? *Zeitschrift für Erziehungswissenschaft, 18,* 123–144. http://doi.org/10.1007/s11618-014-0602-6

Hochholdinger, S. & Schaper, N. (2009). Diagnose-KIT – Eine E-Learning-Umgebung zur technischen Fehlersuche. In S. Kauffeld (Hrsg.), *Handbuch Kompetenzentwicklung* (S. 351–365). Stuttgart: Schäffer-Poeschel.

Hochholdinger, S., Schaper, N. & Sonntag, Kh. (2007). Formative Evaluation einer situierten E-Learning-Umgebung in der betrieblichen Bildung. *Zeitschrift für Medienpsychologie, 3,* 105–115. http://doi.org/10.1026/1617-6383.19.3.105

Hochholdinger, S., Schaper, N. & Sonntag, Kh. (2008). Lern- und Transferwirksamkeit betrieblicher E-Learning-Module. In J. Rowold, S. Hochholdinger & N. Schaper (Hrsg.), *Evaluation und Transfersicherung betrieblicher Trainings* (S. 146–164). Göttingen: Hogrefe.

Holyoak, K.J. & Thargard, P.R. (1989). Analogical mapping by constraint satisfaction. *Cognitive Science, 13,* 295–335. http://doi.org/10.1207/s15516709cog1303_1

Huang, J.L., Blume, B.D., Ford, J.K. & Baldwin, T.T. (2015). A tale of two transfers: Disentangling maximum and typical transfer and their respective predictors. *Journal of Business and Psychology, 30,* 709–732.

Hutchins, H.M., Burke, L.A. & Berthelsen, A.M. (2010). A missing link in the transfer problem? Examining how trainers learn about training transfer. *Human Resource Management, 49,* 599–618. http://doi.org/10.1002/hrm.20371

Kanning, U.P. (2014). Prozess und Methoden der Personalentwicklung. In H. Schuler & U.P. Kanning (Hrsg.), *Lehrbuch der Personalpsychologie* (S. 501–562). Göttingen: Hogrefe.

Kanning, U.P. & Thielsch, M.T. (2015). Wie bilden Personalpraktiker/innen sich weiter? *Zeitschrift für Arbeits-und Organisationspsychologie, 59,* 206–215. http://doi.org/10.1026/0932-4089/a000195

Kanning, U.P., Thielsch, M.T. & Brandenburg, T. (2011). Strategien zur Untersuchung des Wissenschafts-Praxis-Transfers. *Zeitschrift für Arbeits-und Organisationspsychologie, 55,* 153–157. http://doi.org/10.1026/0932-4089/a000052

Kauffeld, S. (2016). *Nachhaltige Personalentwicklung und Weiterbildung.* Heidelberg: Springer. http://doi.org/10.1007/978-3-662-48130-1

Kauffeld, S., Bates, R., Holton III, E.F. & Müller, A.C. (2008). Das deutsche Lerntransfer-System-Inventar (GLTSI): psychometrische Überprüfung der deutschsprachigen Version. *Zeitschrift für Personalpsychologie, 7,* 50–69. http://doi.org/10.1026/1617-6391.7.2.50

Klauer, K.J. (1993). Trainingsforschung: Ansätze, Theorien, Ergebnisse. In K.J. Klauer (Hrsg.), *Kognitives Training* (S. 15–63). Göttingen: Hogrefe.

König, C., Klehe, U.-C. & Berchtold, M. (2010). Reasons for being selective when choosing personnel selection procedures. *International Journal of Selection and Assessment, 18,* 17–27. http://doi.org/10.1111/j.1468-2389.2010.00485.x

Kopp, D.M. (2006). Trainer self-loathing. *Human Resource Development Quarterly, 17,* 351–357. http://doi.org/10.1002/hrdq.1179

Kunter, M., Baumert, J., Blum, W., Klusmann, U., Krauss, S. & Neubrand, M. (2013). *Cognitive activation in the mathematics classroom and professional competence of teachers.* New York: Springer. http://doi.org/10.1007/978-1-4614-5149-5

Laker, D.R. (1990). Dual dimensionality of training transfer. *Human Resource Development Quarterly, 1,* 209–223. http://doi.org/10.1002/hrdq.3920010303

Laker, D. R. & Powell, J. L. (2011). The differences between hard and soft skills and their relative impact on training transfer. *Human Resource Development Quarterly, 22,* 111–122. http://doi.org/10.1002/hrdq.20063

Lohaus, D. & Schuler, H. (2014). Leistungsbeurteilung. In H. Schuler & U. P. Kanning (Hrsg.), *Lehrbuch der Personalpsychologie* (S. 357–411). Göttingen: Hogrefe.

Maier, C. & Antoni, C. (2009). Arbeits-und organisationspsychologische Forschung und betriebliche Praxis – zwei ferne Königskinder? *Zeitschrift für Arbeits-und Organisationspsychologie, 53,* 22–32. http://doi.org/10.1026/0932-4089.53.1.22

Mandl, H., Prenzel, M. & Gräsel, C. (1991). *Das Problem des Lerntransfers in der betrieblichen Weiterbildung* (Forschungsbericht Nr. 1). München: Ludwig-Maximilians-Universität, Institut für Pädagogische Psychologie und empirische Pädagogik.

Mesmer-Magnus, J. & Viswesvaran, C. (2010). The role of pre-training interventions in learning: A meta-analysis and integrative review. *Human Resource Management Review, 20,* 261–282. http://doi.org/10.1016/j.hrmr.2010.05.001

Meyer, G., Balzer, K. & Köpke, S. (2013). Evidenzbasierte Pflegepraxis – Diskussionsbeitrag zum Status quo. *Zeitschrift für Evidenz, Fortbildung und Qualität im Gesundheitswesen, 107,* 30–35. http://doi.org/10.1016/j.zefq.2012.12.001

Rangel, B., Chung, W., Harris, T. B., Carpenter, N. C., Chiaburu, D. S. & Moore, J. L. (2015). Rules of engagement: the joint influence of trainer expressiveness and trainee experiential learning style on engagement and training transfer. *International Journal of Training and Development, 19,* 18–31. http://doi.org/10.1111/ijtd.12045

Reinmann, G. & Mandl, H. (2006). Unterrichten und Lernumgebungen gestalten. In A. Krapp & B. Weidenmann (Hrsg.), *Pädagogische Psychologie. Ein Lehrbuch* (S. 613–658). Weinheim: Beltz.

Renkl, A. (1996). Träges Wissen: wenn Erlerntes nicht genutzt wird. *Psychologische Rundschau, 47,* 78–92.

Ritzmann, S., Hagemann, V. & Kluge, A. (2014). The training evaluation inventory (TEI)-Evaluation of training design and measurement of training outcomes for predicting training success. *Vocations and Learning, 7,* 41–73. http://doi.org/10.1007/s12186-013-9106-4

Rouiller, J. Z. & Goldstein, I. L. (1993). The relationship between organizational transfer climate and positive transfer of training. *Human Resource Development Quarterly, 4,* 377–390. http://doi.org/10.1002/hrdq.3920040408

Russ-Eft, D., Dickison, P. & Levine, R. (2011). Taking the pulse of training transfer: Instructor quality and EMT certification examination results. *Human Resource Development Quarterly, 21,* 291–306. http://doi.org/10.1002/hrdq.20052

Sackett, P. R., Zedeck, S. & Fogli, L. (1988). Relations between measures of typical and maximum job performance. *Journal of Applied Psychology, 73,* 482–486. http://doi.org/10.1037/0021-9010.73.3.482

Saks, A. M. & Burke, L. A. (2012). An investigation into the relationship between training evaluation and the transfer of training. *International Journal of Training & Development, 16,* 118–127. http://doi.org/10.1111/j.1468-2419.2011.00397.x

Saks, A. M. & Burke-Smalley, L. A. (2014). Is transfer of training related to firm performance? *International Journal of Training and Development, 18,* 104–115. http://doi.org/10.1111/ijtd.12029

Salas, E., Tannenbaum, S. I., Kraiger, K. & Smith-Jentsch, K. A. (2012). The science of training and development in organizations: What matters in practice. *Psychological science in the public interest, 13,* 74–101. http://doi.org/10.1177/1529100612436661

Sanders, K., van Riemsdijk, M. & Groen, B. (2008). The gap between research and practice: a replication study on the HR professionals' beliefs about effective human resource practices. *The*

International Journal of Human Resource Management, 19, 1976–1988. http://doi.org/10.1080/09585190802324304

Schaper, N., Friebe, J., Wilmsmeier, A. & Hochholdinger, S. (2006). Ein Instrument zur Erfassung unternehmensbezogener Lernkulturen – das Lernkulturinventar (LKI). In R. Rapp, P. Sedlmeier & G. Zunker-Rapp (Hrsg.), *Perspectives on cognition. A Festschrift for Manfred Wettler* (S. 175–198). Lengerich: Pabst Science Publishers.

Schaper, N., Hochholdinger, S. & Sonntag, Kh. (2004). Förderung des Transfers von Diagnosestrategien durch computergestütztes Training mit kognitiver Modellierung. *Zeitschrift für Personalpsychologie, 3,* 51–62. http://doi.org/10.1026/1617-6391.3.2.51

Schaper, N., Sonntag, Kh., Zink, T. & Spenke, H. (2000). Authentizität und kognitive Modellierung als Gestaltungsprinzipien eines Diagnose-CBT. *Zeitschrift für Arbeits-und Organisationspsychologie, 44,* 209–220. http://doi.org/10.1026//0932-4089.44.4.209

Schrader, F. W. & Helmke, A. (2008). Determinanten der Schulleistung. In M. K. W. Schweer (Hrsg.), *Lehrer-Schüler-Interaktion: Inhaltsfelder, Forschungsperspektiven und methodische Zugänge* (S. 285–302). Wiesbaden: Verlag für Sozialwissenschaften.

Schrader, J. (2010). Fortbildung von Lehrenden in der Erwachsenenbildung: Notwendig? Sinnvoll? Möglich? Bedarf und Angebote im Überblick. In J. Schrader, R. Hohmann & S. Hartz (Hrsg.), *Mediengestützte Fallarbeit. Konzepte, Erfahrungen und Befunde zur Kompetenzentwicklung von Erwachsenenbildnern* (S. 25–68). Bielefeld: Bertelsmann.

Schuler, H., Hell, B., Trapmann, S., Schaar, H. & Boramir, I. (2007). Die Nutzung psychologischer Verfahren der externen Personalauswahl in deutschen Unternehmen. *Zeitschrift für Personalpsychologie, 6,* 60–70. http://doi.org/10.1026/1617-6391.6.2.60

Singley, M. K. & Anderson, J. R. (1989). *The transfer of cognitive skill.* Cambridge: University Press.

Solga, M. (2011a). Evaluation der Personalentwicklung. In J. Ryschka, M. Solga & A. Mattenklott (Hrsg.), *Praxishandbuch Personalentwicklung* (S. 369–399). Wiesbaden: Gabler.

Solga, M. (2011b). Förderung von Lerntransfer. In J. Ryschka, M. Solga & A. Mattenklott (Hrsg.), *Praxishandbuch Personalentwicklung* (S. 339–386). Wiesbaden: Gabler.

Sonntag, Kh. (1996). *Lernen im Unternehmen – Effiziente Organisation durch Lernkultur.* München: C. H. Beck.

Sonntag, Kh. (1997). Real life tasks and authentic contents in learning as a potential for transfer. *Applied Psychology, 46,* 344–349. http://doi.org/10.1111/j.1464-0597.1997.tb01236.x

Sonntag, Kh. & Schaper, N. (1997). Aufgaben-und Wissensanalysen bei komplexen Diagnoseaufgaben zur Ermittlung des Lernbedarfs bei komplexen Diagnoseaufgaben. In Kh. Sonntag & N. Schaper (Hrsg.), *Störungsmanagement und Diagnosekompetenz* (S. 95–118). Zürich: vdf Hochschulverlag.

Sonntag, Kh., Schaper, N., Hochholdinger, S. & Zink, T. (2004). *Verbesserung des Transfers bei computergestütztem Diagnosetraining durch konstruktivistische Instruktionsgestaltung* (Arbeitsbericht zum DFG-Forschungsprojekt So-224/5-3). Heidelberg: Psychologisches Institut.

Sonntag, Kh., Stegmaier, R., Schaper, N. & Friebe, J. (2004). Dem Lernen im Unternehmen auf der Spur: Operationalisierung von Lernkultur. *Unterrichtswissenschaft, 32,* 104–127.

Spiro, R. J., Feltovich, P. J., Jacobson, M. J. & Coulson, R. L. (1992). Cognitive flexibility, constructivism and hypertext. In T. M. Duffy & D. H. Jonassen (Eds.), *Constructivism and the technology of instruction* (pp. 57–76). Hillsdale, NJ: Erlbaum.

Taylor, P. J., Russ-Eft, D. F. & Chan, D. W. (2005). A meta-analytic review of behavior modeling training. *Journal of Applied Psychology, 90,* 692. http://doi.org/10.1037/0021-9010.90.4.692

Taylor, P. J., Russ-Eft, D. F. & Taylor, H. (2009). Transfer of management training from alternative perspectives. *Journal of Applied Psychology, 94,* 104. http://doi.org/10.1037/a0013006

Thorndike, E. L. (1914). *The psychology of learning.* New York: Teachers College.

Towler, A. J. (2011). Effects of trainer expressiveness, seductive details, and trainee goal orientation on training outcomes. *Human Resource Development Quarterly, 20,* 65–84. http://doi.org/10.1002/hrdq.20008

Towler, A., Arman, G., Quesnell, T. & Hoffman, L. (2014). How charismatic trainers inspire others to learn through positive affectivity. *Computers in Human Behavior, 32,* 221–228. http://doi.org/10.1016/j.chb.2013.12.002

van Dick, R., Wagner, U., Stellmacher, J. & Christ, O. (2005). Mehrebenenanalysen in der Organisationspsychologie: Ein Plädoyer und ein Beispiel. *Zeitschrift für Arbeits- und Organisationspsychologie, 49,* 27–34.

Weekley, J. A. & Ployhart, R. E. (Eds.). (2013). *Situational judgment tests: Theory, measurement, and application.* Hillsdale, NJ: Lawrence Erlbaum Associates.

Kapitel 20

HR-Praktiken und Unternehmenserfolg – eine ökonomische Evaluationsperspektive

Karlheinz Sonntag & Ralf Stegmaier

Inhaltsübersicht

Überblick:

Im Beitrag wird wertorientiertes Human Resource Management (HR-Management bzw. HRM) als eine ökonomische Evaluationsperspektive für die Personalentwicklung dargestellt. Hierzu werden zunächst die historischen Entwicklungslinien eines wertorientierten Human Resource Managements nachgezeichnet. Die Bedeutung von HR-Praktiken für den Erfolg von Unternehmen wird dann im Kontext von Best Practice- und kontingenztheoretischen Ansätzen diskutiert. Es folgt ein Überblick zu den zentralen Fragestellungen der HR-Performance-Forschung. Auf diesem Grundverständnis aufbauend wird dargestellt, wie unterschiedlich die HR-Praktiken und Performance-Maße in Studien konzeptualisiert und gemessen werden. Dann werden die Ergebnisse empirischer Studien zu Mediatoren und Moderatoren der HR-Performance-Beziehung ausführlich dargestellt und diskutiert. Schließlich sollen Perspektiven für die weitere Forschung aufgezeigt werden, für die eine stärkere Verzahnung psychologischer und managementwissenschaftlicher Ansätze wünschenswert erscheint. Am Beispiel der Personalentwicklung wird erläutert, wie Modelle aus beiden Paradigmen gewinnbringend integriert werden können, um zu einem besseren Verständnis der ökonomischen Auswirkungen von HR-Praktiken auf die Leistung von Unternehmen zu gelangen.

1 Wertorientiertes HR-Management und Personalentwicklung

Die Personalarbeit und damit auch die Personalentwicklung sieht sich in Unternehmen mit einem anhaltenden Rechtfertigungsdruck konfrontiert und soll nachweisen, dass durch ihre Maßnahmen angestrebte Ziele erreicht und ein Nutzen für das Unternehmen geschaffen werden. Die Evaluation von Maßnahmen der Personalentwicklung als eine der zentralen Aufgaben der Personalarbeit erfolgt klassischerweise auf verschiedenen Ebenen (Kirkpatrick, 1975), wobei sich die psychologische Forschung auf die Ebenen Reaktion, Lernen und Verhalten fokussiert (vgl. auch Kapitel 18 (Evaluation) und Kapitel 19 (Transfer) in diesem Buch). Nur wenige Studien beziehen Auswirkungen von Personalentwicklungsaktivitäten direkt auf organisationale Ergebnisgrößen wie Produktivität oder finanzielle Performance.

Solche Ergebnisgrößen sind jedoch insbesondere für betriebliche Entscheidungsträger, die Investitionen in Entwicklungsmaßnahmen rechtfertigen müssen, von enormer Bedeutung. Im Bereich der internationalen Management- und Organisationsforschung (vgl. Alagaraja, 2012; Huselid, Jackson & Schuler, 1997; Tharenou, Saks & Celia, 2007; Youndt, Snell, Dean & Lepak, 1996) werden derartige Effekte mittlerweile intensiv beforscht. Maßnahmen der Personalentwicklung stehen hierbei nicht isoliert, sondern werden im Kontext eines ganzheitlichen Human Resource Managements (HRM) betrachtet (Jiang, Lepak, Hu & Baer, 2012). Diese Studien bieten interessante Anknüpfungspunkte und Erweiterungsmöglichkeiten für klassische Formen der Evaluation von Personalentwicklungsmaßnahmen. Gleichzeitig kann die eher managementwissenschaftlich geprägte Forschung von den psychologischen Forschungsperspektiven profitieren, insbesondere wenn es darum geht, vermittelnde Prozesse zwischen HR-Praktiken und organisationalen Ergebnissen besser zu verstehen. In diesem Beitrag soll daher eine Annäherung beider Forschungsparadigmen erreicht werden.

Im Konzept des *wertorientierten Human Resource Managements* sind zwei Sichtweisen kombiniert. Dies ist zum einen die Erkenntnis, dass Mitarbeiter eines Unternehmens nicht nur ein Kostenfaktor sind, sondern dem Unternehmen Nutzen bringen und somit eine Form von Kapital darstellen, das Humankapital (Crook, Todd, Combs, Woehr & Ketchen, 2011). Gleichzeitig deutet die Begriffsbildung darauf hin, dass das Human Resource Management eine wichtige Funktion für die Optimierung des Wertes von Humankapital erfüllt, indem es durch Entwicklung, Einsatz und Beurteilung von Mitarbeitern deren Beitrag zur Unternehmensleistung steigert.

Betrachtet man das Verhalten an den Kapitalmärkten, scheint dies im Gegensatz zu den allgemeinen Proklamationen des Top-Managements über den Wert der Mitarbeiter zu stehen. Obwohl der Stellenwert kompetenter Mitarbeiter in aller Munde ist, reagieren die Kapitalmärkte paradoxerweise insbesondere auf angekündigten Personalabbau mit Kursgewinnen. Dass sich Investitionen in Humankapital und eine langfristig orientierte Personalpolitik auch am Kapitalmarkt auszahlen, zeigen Studien der Unternehmensberatungen Bain & Company oder der Boston Consulting Group, denen zufolge radikaler Personalabbau dem Aktienkurs schadet und Unternehmen mit hohem Wertzuwachs im Durchschnitt mehr Arbeitsplätze schaffen als Unternehmen mit niedriger Wertsteigerung (vgl. Überblick bei Heidecker, 2003). Außerdem gibt es überzeugende empirische Belege, dass Unternehmen, die ihr Personal professionell auswählen und systematisch durch internes Training fördern, wirtschaftlich schwierige Phasen besser bewältigen, da die Investitionen in das Personal sich in einer gesteigerten Produktivität und hieraus resultierend einem stärkeren Gewinnwachstum niederschlagen (Kim & Ployhart, 2014).

Ein kurzer Blick auf die Entwicklungslinien der Debatte um den Stellenwert der Mitarbeiter in Unternehmen wirft Licht auf diese widersprüchliche Situation (vgl. für eine ausführliche Rekonstruktion Heidecker, 2003). Mitarbeiter bzw. den Produktionsfaktor Arbeit als eine Art Vermögen mit einem finanziellen Wert zu sehen, geht auf einen volkswirtschaftlichen Diskussionszusammenhang zurück. Im Umfeld der neoklassischen Wachstumstheorie in den 60er Jahren hat diese Sichtweise einen Durchbruch erlebt. Unter den Bedingungen von Vollbeschäftigung schienen Produktivitätsverbesserungen nur noch durch die Kombination von technologischer Innovation und qualifizierten Mitarbeitern erreicht werden zu können.

In der Betriebswirtschaftslehre hingegen wurde bis in die 70er Jahre hinein der Mitarbeiter in erster Linie als Kostenfaktor betrachtet. Wert und finanzieller Nutzen von Mitarbeitern wurden eher ausgeblendet. Das Human Resource Accounting bzw. die Humanvermögensrechnung leiteten auch hier ein Umdenken ein. Die Ansätze zielen darauf ab, sowohl mit dem Mitarbeiter verbundene Kosten wie auch dessen Nutzen (im Sinne des Werts der Leistungen, die ein Mitarbeiter im Rahmen seiner Verweildauer im Unternehmen voraussichtlich erbringt) zu erfassen und gegeneinander aufzurechnen (Flamholtz, 1972; Schmidt, 1982).

Die Frage nach der Gestaltung und dem Management des Wertes von Mitarbeitern wurde insbesondere in Amerika mit starkem Interesse verfolgt und hat beispielweise im Buch von Schuster „The Schuster Report – The proven connection between people and profits“ im Jahr 1986 eine erste wichtige Veröffentlichung erfahren. Sonderausgaben renommierter Fachzeitschriften wie „Academy of Management Journal“ oder „Strategic Management Journal“ unterstreichen die Bedeutung, die das Thema zwischenzeitlich auch im akademischen Diskurs einnimmt. In der Folge rückt die Frage nach gestaltbaren Bedingungen, die zu einer Verbesserung der Unternehmensleistung beitragen, ins Zentrum des Interesses. Intensiv wurde auch die Frage diskutiert, ob bestimmte HR-Praktiken grundsätzlich die Performance von Unternehmen steigern können (Best Practice) oder ob sie nur dann leistungssteigernd wirken, wenn sie auf die spezifische Situation des jeweiligen Unternehmens abgestimmt sind (Kontingenzperspektive).

1.1 Best Practice versus Kontingenzperspektive

Der *Best Practice-Ansatz* geht davon aus, dass eine bestimmte HR-Praktik unabhängig von den Besonderheiten eines Unternehmens und seiner Umwelt einen Beitrag zum Erfolg leisten kann (Becker & Gerhart, 1996; Tharenou, Saks & Celia, 2007). In diesem Sinn identifiziert beispielsweise Fitz-enz (1997) folgende Best Practices:

- Balance humaner und finanzieller Werte,
- Orientierung an der Unternehmensstrategie,
- Verbindung von Kultur und Managementsystemen,
- Innovationskultur und Risikobereitschaft,
- intensive Kommunikation zwischen Mitarbeitern und Management,
- ebenenübergreifende Zusammenarbeit,
- Partnerschaft von internen und externen Stakeholdern und
- Wettbewerbsorientierung.

Auch Pfeffer (1994) kommt durch Metaanalysen zur Formulierung einer Reihe von Best Practices: angemessene Auswahl neuer Mitarbeiter, keine Angst vor Arbeitsplatzverlust, Selbstorganisation und Dezentralisation, leistungsorientierte Vergütung, umfangreiches Training sowie intensive Kommunikation ergebnis- und performancebezogener Daten in der Organisation.

Die *Kontingenzperspektive* hingegen nimmt an, dass Praktiken nur, wenn sie die besondere Situation eines Unternehmens berücksichtigen, dessen Performance nachhaltig steigern können (Becker & Gerhart, 1996). Als theoretischer Hintergrund dient die ressourcenbasierte Sichtweise von Unternehmen. Hierbei geht man davon aus, dass Ressourcen heterogen über Organisationen verteilt sind und nicht ohne Kosten zwischen Organisationen transferiert werden können (Barney, 1991; Hamman & Freiling, 2000; Priem & Butler, 2001). Ressourcen, die selten und wertvoll sind, schaffen einen Wettbewerbsvorteil. Sind sie ferner auch nicht imitierbar, nicht substituierbar und nicht transferierbar, ist dieser Vorteil auch nachhaltig (Barney, 1991; Priem & Butler, 2001; Proff, 2000).

Aus dieser Sicht müssen HR-Praktiken einen Beitrag zu nicht imitierbaren organisationalen Ressourcen leisten, damit sie die Performance des Unternehmens nachhaltig steigern. Dies setzt HR-Praktiken voraus, die untereinander und mit der Strategie abgestimmt sind (internaler Fit) und mit den Umwelterfordernissen im Einklang stehen (externaler Fit). Das bedeutet, um die Beziehung zwischen HRM und der Performance verstehen zu können, muss der Kontext von Organisationen berücksichtigt werden.

Was als Best Practice oder Wettbewerbsvorteil gilt, hängt immer auch davon ab, was durch Gesetze oder Vereinbarungen ohnehin gefordert ist oder durch den Einfluss von beteiligten Institutionen sowie internen und externen Interessengruppen als Quasi-Standard etabliert wird (Boselie, Paauwe & Jansen, 2001). HR-Praktiken, die infolge dieser Kräfte hohe Verbreitung in Organisationen erfahren, eignen sich kaum, um nachhaltige Wettbewerbsvorteile zu begründen.

Die Hoffnung, die theoretische Debatte angesichts empirischer Befunde entscheiden zu können, wird leider enttäuscht. Die empirische Befundlage zur Frage der Bedeutung von internalem und externalem Fit ist widersprüchlich. In einer Studie von Huselid (1995) hatte der internale Fit der HR-Praktiken neben dem Nutzen der Praktiken per se einen zusätzlichen positiven Effekt auf die Performance von Unternehmen. Die Befunde von Youndt, Snell, Dean und Lepak (1996) stützten ebenfalls den Kontingenzansatz, da nur auf die Produktionsstrategie abgestimmte HR-Praktiken zu einer Steigerung der Unternehmensperformance führten. Auch Huselid, Jackson und Schuler (1997) fanden einen Beleg für eine ressourcenbasierte Sichtweise, da nur die strategische HRM-Effektivität, also die klare Ausrichtung der Personalarbeit an der Unternehmensstrategie, jedoch nicht die technische HRM-Effektivität positiv mit der Unternehmensperformance zusammenhing.

Widersprüchliche Befunde fanden auch Richard und Johnson (2001) je nach gewähltem Analyseniveau. Bezogen auf die Fluktuation wurde eine Best Practice-Interpretation, bezogen auf die Eigenkapitalrentabilität und Produktivität die Kontingenzperspektive unterstützt. Im Sinne des Best Practice-Gedanken fielen auch die Ergebnisse von Delaney und Huselid (1996) aus, die keine Hinweise auf Effekte eines internalen oder externalen Fits progressiver HR-Praktiken auf die Unternehmensperformance bei Non-Profit- oder Profit-Organisationen fanden. Auch MacDuffie (1993) konnte bei der Untersuchung der Rolle von HR-Praktiken im Kontext verschiedener Produktionskonzepte keine Belege für den Kontingenzansatz finden. Insgesamt ist die Befundlage also widersprüchlich.

1.2 Forschungsperspektiven des wertorientierten HR-Managements

Zahlreiche Einzelstudien und eine Reihe von Metaanalysen haben mittlerweile positive Beziehungen zwischen HR-Praktiken und der Performance von Unternehmen demonstriert. Zunehmend kommen in dieser Forschung auch Untersuchungsdesigns mit mehreren Messzeitpunkten, unterschiedlichen Datenquellen sowie verschiedenen Messmethoden zum Einsatz. Die Performance der Unternehmen wurde anhand unterschiedlicher organisationaler Ergebnisse bestimmt. Hierzu zählen operative Ergebnisse wie Produktivität oder Qualität, finanzieller Erfolg wie Umsatzwachstum bzw. Maße der Rentabilität, aber auch Kundenzufriedenheit oder auch das erfolgreiche Bestehen am Markt bei neu gegründeten Unternehmen (vgl. auch Alagaraja, 2012).

Hatte sich die Forschung zunächst darauf konzentriert zu zeigen, dass eine HR-Performance-Beziehung überhaupt besteht, widmen sich inzwischen viele Studien den Mediatoren und Moderatoren dieser Beziehung. Dadurch soll deutlich werden, über welche Mechanismen die HR-Praktiken die Performance beeinflussen und unter welchen Bedingungen die Effekte der HR-Praktiken verstärkt, abgeschwächt, umgekehrt oder gar aufgehoben werden. Nachfolgend wird ein Überblick zur HR-Performance-Forschung gegeben. Wir beginnen damit aufzuzeigen, welche HR-Praktiken in der Forschung überhaupt betrachtet wurden. Hierauf aufbauend werden Forschungsergebnisse zu den Mediatoren und Moderatoren der HR-Performance-Beziehung dargestellt und diskutiert.

2 Überblick zur HR-Performance-Forschung

2.1 Systematisierung von HR-Praktiken

HR-Praktiken lassen sich grundsätzlich zwei Kategorien zuordnen. Zum einen sind dies klassische HRM-Funktionen, also alle Aufgaben, die mit dem Lebenszyklus eines Mitarbeiters in einer Organisation zusammenhängen wie Rekrutierung, Auswahl, Entwicklung, Beurteilung oder Freisetzung. Zum anderen geht es um Formen der Aufgaben- und Organisationsgestaltung und des Einsatzes von Mitarbeitern, die durch Aspekte der Partizipation, des Empowerment der Mitarbeiter oder auch durch Teamarbeit gekennzeichnet sind.

Zunächst soll ein Überblick vermittelt werden, welche einzelnen HR-Praktiken bzw. Systeme von Praktiken in verschiedenen Studien untersucht wurden (vgl. Tabelle 1): Kontrollorientierte und Commitment-orientierte Praktiken (Arthur, 1994), fähigkeits- und motivationsorientierte Praktiken (Huselid, 1995), administrative und Humankapital fördernde Systeme (Youndt, Snell, Dean & Lepak, 1996), strategische und technische HRM-Effektivität (Huselid, Jackson & Schuler, 1997), High Involvement Practices (Guthrie, Spell & Nyamori, 2002), wertorientiertes Human Capital Management (Heidecker, 2003), leistungs- bzw. erhaltungsorientierte HR-Praktiken (Gong, Law, Chang & Xin, 2009), „skill-enhancing“, „motivation-enhancing“ bzw. „opportunity-enhancing“ HR-Praktiken (Jiang, Lepak, Hu & Baer, 2012) sowie gesundheits- und ressourcenorientierte HR-Praktiken (Sonntag & Stegmaier, 2015b).

Tabelle 1: HR-Praktiken und Beispiele der Operationalisierung

Kategorisierung von HR-Praktiken	Beispiele der Operationalisierung (Exemplarische Auswahl von Dimensionen bzw. Items)
Kontrollorientierte und Commitment-orientierte HR-Praktiken (Arthur, 1994)	– *Dezentralisierung:* Ausmaß, in dem Mitarbeiter Daten bezüglich Qualität, Kosten und Produktivität überwachen (Skala: 1 = gering, 6 = sehr stark) – *Partizipation:* Prozentualer Anteil von Mitarbeitern, die sich regelmäßig treffen, um Produktions- oder Qualitätsprobleme zu diskutieren (Skala: Prozente) – *Training:* Anteil von Trainingsmaßnahmen, die nicht nur unmittelbar für den aktuellen Job von Bedeutung sind (Skala: 1 = gering, 6 = hoch)
Fähigkeits- und motivationsorientierte HR-Praktiken (Huselid, 1995)	1. *Mitarbeiterkompetenzen und organisationale Strukturen:* Wie viel Prozent der Mitarbeiter nehmen regelmäßig an Mitarbeiterbefragungen teil? (Skala: Prozente) Wie viel Prozent der Mitarbeiter sind in formelle Informations- und Kommunikationsprozesse eingebunden? (Skala: Prozente) 2. *Mitarbeitermotivation:* Wie viel Prozent der Mitarbeiter erhalten eine formale Leistungsbeurteilung? (Skala: Prozente) Bei wieviel Prozent der Mitarbeiter wird die formale Leistungsbeurteilung zur Gehaltsfestlegung genutzt? (Skala: Prozente)
Administrative und Humankapital fördernde HR-Systeme (Youndt, Snell, Dean & Lepak, 1996)	1. *Index administrative HR-Systeme:* Auswahl mit Fokus auf handwerklichen und körperlichen Leistungsvoraussetzungen, Training zur Vermittlung von Richtlinien und Verfahrensregeln 2. *Index für Humankapital fördernde HR-Systeme:* Auswahl mit Fokus auf technischen Kompetenzen und Problemlösefähigkeiten, umfangreiches Training auch im Bereich Problemlösefähigkeiten
Strategische und technische HRM-Effektivität (Huselid, Jackson & Schuler, 1997)	1. *Strategische HRM-Effektivität:* Mitarbeiterpartizipation und Empowerment, Führungskräfteentwicklung (Skala: 1 = sehr zufrieden mit Ergebnissen, 5 = sehr unzufrieden mit Ergebnissen) 2. *Technische HRM-Effektivität:* Mitarbeiterbeurteilung, Aus- und Weiterbildung (Skala: 1 = sehr zufrieden mit Ergebnissen, 5 = sehr unzufrieden mit Ergebnissen)

Tabelle 1: Fortsetzung

Kategorisierung von HR-Praktiken	Beispiele der Operationalisierung (Exemplarische Auswahl von Dimensionen bzw. Items)
High Involvement Practices (Guthrie, Spell & Nyamori, 2002)	Prozentsatz von Mitarbeitern, die ... – in erster Linie kompetenz- und wissensbezogen entlohnt werden – regelmäßig an Mitarbeiterbefragungen teilnehmen – Training mit Relevanz für zukünftige Anforderungen erhalten
Human Capital Management (Heidecker, 2003)	1. *Stellenwert des Personals* (Rolle und Stellenwert des Personalbereichs im Unternehmen, Bedeutung und Stellenwert der Mitarbeiter) 2. *Fähigkeiten der Mitarbeiter* (Qualität der Rekrutierungskanäle, Anzahl Trainingsstunden, Qualität der Erfolgskontrolle von Trainingsmaßnahmen, Abdeckungsgrad Karriere-/Förderpläne) 3. *Motivation der Mitarbeiter* (Abdeckungsrad Zielvereinbarung, Qualität der Leistungsbeurteilung, Anteil Personal mit leistungsabhängiger Belohnung, Qualität der Instrumente zur Mitarbeiterbindung) 4. *Verantwortlichkeiten und Ressourcen der Personalarbeit* (Umfang und Qualität der Fähigkeiten des Personalbereichs, Umfang der Übernahme von Personalverantwortung durch Führungskräfte, Ausmaß der Berücksichtigung personalbezogener Ziele bei der Beurteilung von Führungskräften) 5. *Strategische Ausrichtung und Koordination der Personalarbeit* (Einbindungsgrad der Personalarbeit in Planungsprozesse anderer Abteilungen, Abstimmungsqualität der Personalaktivitäten untereinander, Abstimmungsqualität der Personalarbeit auf die Geschäftsprozesse des Unternehmens) 6. *Controlling des Erfolgs der Personalarbeit* (Befragungen der internen Kunden, regelmäßige Erhebung der Mitarbeiterzufriedenheit, Qualität der Erfolgsmessung in der Personalarbeit) 7. *Rahmenbedingungen: Unternehmenskultur und Führungsstil* (Qualität der Unternehmenskultur, Arbeitsplatzsicherheit, Qualität des Führungsstils und der Führungskultur) Kommentar: Detailangaben zu Items oder Skalenformaten liegen nicht vor.

Tabelle 1: Fortsetzung

Kategorisierung von HR-Praktiken	Beispiele der Operationalisierung (Exemplarische Auswahl von Dimensionen bzw. Items)
High Performance Work Systems (HPWS) (Takeuchi, Lepak, Wang & Takeuchi, 2007)	– Mitarbeiter nehmen an Jobrotation teil. – Mitarbeiter haben die Kompetenz, Entscheidungen zu treffen. – Bei der Personalauswahl werden unterschiedliche Instrumente eingesetzt. – Training wird kontinuierlich angeboten. – Bei der Leistungsbeurteilung gibt es entwicklungsorientiertes Feedback. – Anreize beziehen sich auf die Teamperformance. – Die Vergütung ist abhängig von der Leistung. (1 = trifft überhaupt nicht zu, 7 = trifft voll zu)
Leistungsorientierte bzw. erhaltungsorientierte HR-Praktiken (Gong, Law, Chang & Xin, 2009)	– *Leistungsorientierte HR-Praktiken:* Manager erhalten regelmäßig Leistungsbeurteilungen. Die Leistungsbeurteilungen der Manager orientieren sich an quantifizierbaren Zielen. Manager nehmen häufig an Jobrotation oder funktionsübergreifendem Training teil. – *Erhaltungsorientierte HR-Praktiken:* Unser Unternehmen versucht es zu vermeiden, Manager zu entlassen. Auch in wirtschaftlich schwierigen Zeiten sind Manager die letzte Gruppe, die von Personalabbau betroffen ist. Manager in unserem Unternehmen können erwarten, so lange im Unternehmen zu bleiben, wie sie dies wünschen. (1 = trifft überhaupt nicht zu, 7 = trifft voll zu)
Skill-enhancing, motivation-enhancing und opportunity-enhancing HR-Praktiken (Jiang, Lepak, Hu & Baer, 2012)	– *Skill-enhancing HR-Praktiken:* Personalbeschaffung, Personalauswahl, Training – *Motivation-enhancing HR-Praktiken:* Leistungsbeurteilung, Vergütung, Anreize, Benefits, Beförderungen, Karrieremanagement, Jobsicherheit – *Opportunity-enhancing HR-Praktiken:* Arbeitsgestaltung, Teamarbeit, Mitarbeiterpartizipation, Beschwerdeprozesse, Weitergabe von Informationen (unterschiedliche Skalierungen, da es sich um eine Metaanalyse handelt)

Tabelle 1: Fortsetzung

Kategorisierung von HR-Praktiken	Beispiele der Operationalisierung (Exemplarische Auswahl von Dimensionen bzw. Items)
Gesundheits- und ressourcenorientierte HR-Praktiken (Sonntag, Büch & Stegmaier, 2015; Sonntag & Stegmaier, 2015a)	– *Gesundheitsmanagement:* Strategien, Strukturen, Angebote – *Arbeitsumgebung:* Arbeitscharakteristika, Unternehmensklima, physische Belastung, Führung, Sicherheitsklima, Unterstützung durch Kollegen – *Mitarbeiter:* Leistungsfähigkeit, Leistungsbereitschaft (unterschiedliche Skalierungen)

Kontrollorientierte und Commitment-orientierte HR-Praktiken. Arthur (1994) stellte kontrollorientierte und Commitment-orientierte HR-Praktiken gegenüber. Commitment-orientierte Praktiken zeichnen sich aus durch verstärkte Teamarbeit, höhere Qualifikationen der Mitarbeiter, vermehrte Delegation und Dezentralisierung sowie höhere Bezahlung. In diesem Zusammenhang belegte Arthur (1994), dass durch Commitment-orientierte Management-Praktiken im Vergleich zu kontrollorientierten kürzere Produktionszeiten (–34 %) und geringere Ausschussquoten (–63 %) bei Unternehmen der Stahlindustrie erreicht werden konnten.

Fähigkeits- und motivationsorientierte HR-Praktiken. In seiner prämierten Studie aggregierte Huselid (1995) verschiedene Praktiken des HRM faktorenanalytisch zu einem Index für fähigkeitsorientierte und einem Index für motivationsorientierte Praktiken. Huselid hat den Nutzen der Verbesserung dieser Praktiken anschaulich in Dollarwerten quantifiziert. Eine Verbesserung dieser Praktiken um eine Standardabweichung senkte die Fluktuationsquote um 7,05 %, erhöhte den Umsatz pro Mitarbeiter um USD 27.044, steigerte den durchschnittlichen Marktwert eines Unternehmens pro Mitarbeiter um USD 18.641 und erhöhte den Gewinn pro Mitarbeiter um USD 3.814.

Administrative und Humankapital fördernde HR-Systeme. Youndt, Snell, Dean und Lepak (1996) erfassten HR-Praktiken aus den Bereichen Personaleinsatz, Training, Beurteilung und Vergütung anhand mehrerer Skalen. Die Skalen wurden anschließend zu einem Index für administrative HR-Systeme (z. B. Training von Verfahrensregeln) und einem Index für Humankapital fördernde HR-Systeme (z. B. Training von Problemlösen) aggregiert. Die Autoren haben Effekte der verschiedenen HR-Systeme auf die Unternehmensperformance abhängig von der Produktionsstrategie belegt.

Strategische und technische HRM-Effektivität. Huselid, Jackson und Schuler (1997) fanden eine 4-faktorielle Struktur der HR-Praktiken: strategische HRM-

Effektivität (bezogen auf die Unterstützung der Geschäftsstrategie), technische HRM-Effektivität (bezogen auf die klassischen Funktionen des Personalbereichs), professionelle HRM-Fähigkeiten von HR-Managern sowie geschäftsbezogene Fähigkeiten von HR-Managern. Richard und Johnson (2001) belegten, dass strategische HRM-Effektivität positiv mit der Marktperformance zusammenhing. Es zahlt sich also aus, wenn die HR-Aktivitäten die Umsetzung der Unternehmensstrategie nachhaltig unterstützen. Huselid, Jackson und Schuler (1997) konnten für die strategische HRM-Effektivität positive Zusammenhänge mit Mitarbeiterproduktivität, Cash Flow und Marktwert von Unternehmen belegen.

High Involvement Practices. Guthrie, Spell und Nyamori (2002) entwickelten einen High Involvement Practices-Index (HIWP), der folgende Skalen umfasste: interne Beförderung, leistungsbezogene Beförderung, kompetenzbezogene Vergütung, gruppenbasierte Vergütung, Aktienprogramme, „cross-training", Umfang von Training, Training mit Fokus auf zukünftigen Anforderungen, Partizipationsmanagement, Informationspolitik, Mitarbeiterbefragungen sowie Teamarbeit. Die Beziehung der Implementierung von HIWP zur Unternehmensperformance wurde durch die Unternehmensstrategie moderiert.

Wertorientiertes Human Capital Management. Heidecker (2003) ordnete 47 Dimensionen eines wertorientierten Human Capital Managements verschiedenen Werttreibergruppen wie Stellenwert des Personals, Fähigkeiten oder Motivation der Mitarbeiter zu. Bei der Messung wurden sowohl intervall- als auch nominalskalierte Variablen eingesetzt. Die Indexbildung basierte auf 140 Teilfragen aus 48 Themenbereichen. Bei der Indexbildung wurden die Gewichte der einzelnen Variablen ausgehend von ihrer Korrelation mit dem VAP (value added per person), einem Maß für den Wertbeitrag eines Mitarbeiters, bestimmt. Heidecker (2003) demonstrierte in seiner Studie einen klaren Zusammenhang zwischen einem wertorientierten Human Capital Management und der Wertschöpfung pro Mitarbeiter bzw. dem Total Shareholder Return von Unternehmen. Von den 47 betrachteten Einzeldimensionen wiesen der Stellenwert der Mitarbeiter, die Qualität der Führungskultur, die Übernahme von Personalverantwortung durch Führungskräfte sowie der Stellenwert des Personalbereichs im Unternehmen die stärksten Zusammenhänge mit der Wertgenerierung auf.

High Performance Work Systems (HPWS). Viele Studien nutzen das Konzept der „High Performance Work Systems" (HPWS) als Rahmen, um HR-Praktiken zu erfassen (Combs, Liu, Hall & Ketchen, 2006; Datta, Guthrie & Wright, 2005; Liao, Toya, Lepak & Hong, 2009, Takeuchi, Lepak, Wang & Takeuchi, 2007). Zentral beim HPWS ist, dass man sich nicht auf einzelne Praktiken konzentriert, sondern ein ganzes Bündel von sich wechselseitig unterstützenden HR-Praktiken als System erfasst. Meist wird aus einer Reihe von Items zu konkreten HR-Praktiken dann ein Index für das HPWS gebildet. Typischerweise werden unter anderem folgende Aspekte erfasst (vgl. Takeuchi, Lepak, Wang & Takeuchi, 2007): Jobrotation, professionelle Personalauswahl, interne Stellenbesetzungen, kontinuierliches Training, arbeitsintegrierte Lernprozesse, zielbasiertes Performance Management, teambezogene Anreize, entwicklungsorientiertes Feedback, leistungsabhängige Vergütung, überdurchschnittliche Bezahlung. Studien haben positive Beziehungen von HPWS sowohl für operative wie auch finanzielle Maße der Performance von Unternehmen belegt (Combs et al., 2006; Liao et al., 2009; Takeuchi et al., 2007).

Leistungsorientierte bzw. erhaltungsorientierte HR-Praktiken. Gong, Law, Chang und Xin (2009) untersuchten, in welcher Beziehung leistungsorientierte bzw. erhaltungsorientierte HR-Praktiken zur Performance von Unternehmen stehen. Leistungsorientierte HR-Praktiken wie Training oder leistungsabhängige Vergütung zielen darauf, die Leistung der Mitarbeiter zu steigern. Erhaltungsorientierte HR-Praktiken wie Jobsicherheit sollen das Wohlergehen der Mitarbeiter schützen. Befragt wurden 2.148 Manager aus 463 chinesischen Firmen. Leistungsorientierte HR-Praktiken standen in positiver Beziehung zur Performance des Unternehmens. Erhaltungsorientierte HR-Praktiken wiesen keinen Zusammenhang zur Performance auf. Allerdings ergab sich eine positive Beziehung zum fortsetzungsbezogenen Commitment der Manager.

„Skill-enhancing", „motivation-enhancing" und „opportunity-enhancing" HR-Praktiken. Jiang, Lepak, Hu und Baer (2012) orientierten sich am „ability-motivation-opportunity"-(AMO)-Modell, demzufolge die Arbeitsleistung einer Person von ihren Fähigkeiten, ihrer Motivation sowie leistungsförderlichen Gelegenheiten abhängt. Auf dieses Modell bezogen sich die Autoren, um die HR-Praktiken mithilfe von drei Dimensionen zu systematisieren. „Skill-enhancing" HR-Praktiken, wie professionelle Personalauswahl oder umfangreiches Training, setzen an den Fähigkeiten der Mitarbeiter an. „Motivation-enhancing" HR-Praktiken sollen die Motivation des Personals fördern, unter anderem durch Karrierechancen, entwicklungsorientiertes Performance Management, Anreize und Belohnungen. „Opportunity-enhancing" HR-Praktiken, hierzu zählen beispielsweise Arbeitsgruppen, partizipative Arbeitsgestaltung oder offener Informationsaustausch, ermöglichen es den Mitarbeitern, ihre Ressourcen einzusetzen, um organisationale Ziele zu verfolgen. Für alle drei Dimensionen der HR-Praktiken konnten positive Beziehungen zur finanziellen Performance belegt werden.

Gesundheits- und ressourcenorientierte HR-Praktiken. Wie gesundheits- und ressourcenorientierte HR-Praktiken die Leistungsfähigkeit und die Leistungsbereitschaft von Mitarbeitern sowie den wirtschaftlichen Erfolg von Unternehmen beeinflussen, beleuchtete eine Studie im Rahmen des vom BMBF geförderten (Förderkennzeichen: 01FA0601, Projektträger DLR) Projekts BiG – Benchmarking in einem Gesundheitsnetzwerk (vgl. Sonntag & Stegmaier, 2015a, S. 8 ff.). Die Studie orientierte sich am Modell eines nachhaltigen Gesundheitsmanagements, demzufolge sowohl Faktoren des Gesundheitsmanagements selbst sowie gesundheitsrelevante Faktoren der Arbeitsumgebung für die Leistungsfähigkeit und Leistungsbereitschaft der Mitarbeiter bedeutsam sind, wobei diese leistungsbezogenen Variablen dann ihrerseits eine Rolle für den wirtschaftlichen Erfolg von Unternehmenseinheiten spielen (vgl. Sonntag, Büch & Stegmaier, 2015, S. 36 ff. oder Abbildung 3 in Kapitel 13 dieses Buches).

Um die *Leistungsfähigkeit* zu ermitteln, wurde nach dem subjektiven Wohlbefinden und der Stärke körperlicher Beschwerden gefragt. Als Indikatoren für die *Leistungsbereitschaft* dienten Maße der Arbeitsmotivation, Arbeitszufriedenheit sowie des organisationalen Commitments. Wie wirtschaftlich erfolgreich Unternehmenseinheiten waren, konnte durch Kennzahlen zu Produktivität, Anwesenheit sowie Arbeitsunfällen abgebildet werden.

Als Faktoren des *Gesundheitsmanagements* wurden betrachtet: Gesundheitsklima (z. B. Sensibilität für Risiken), Strukturen (z. B. Ressourcenausstattung), Strategie (z. B. Steuerkreis Gesundheit), Umsetzung (z. B. Rückkehrgespräche), Evaluation (z. B. Optimierung der Angebote durch Evaluationsergebnisse) sowie die Verzahnung der Prozesse des Gesundheitsmanagements mit anderen Steuerungs- und Planungsprozessen (vgl. Michaelis, Stegmaier & Sonntag, 2015, S. 40 ff.).

Faktoren zur Messung der *Arbeitsumgebung* waren Arbeitscharakteristika (z. B. Rollenklarheit, Feedback), Unternehmensklima (z. B. Klima für Initiative), physische Belastung (z. B. Lärm), Führung (z. B. Vertrauen), Sicherheitsklima (z. B. Stellenwert von Sicherheit) sowie Unterstützung durch Kollegen z. B. bei Problemen und schwierigen Aufgaben (vgl. Sonntag, Büch & Stegmaier, 2015, S. 36 f.).

Mithilfe eines Fragebogens konnten rund 2.000 Mitarbeiter die genannten Faktoren des Gesundheitsmanagements sowie der Arbeitsumgebung einschätzen und auch ihre individuelle Leistungsfähigkeit und Leistungsbereitschaft bewerten. Aus den Daten zu den Faktoren des Gesundheitsmanagements und der Arbeitsumgebung wurde als Basis für weitere Analysen ein Gesundheitsindex (GI) gebildet. Außerdem wurden aus dem Controlling Kennzahlen für den wirtschaftlichen Erfolg ermittelt.

Unter anderem ergaben sich folgende Effekte (vgl. Michaelis, Sonntag & Stegmaier, 2015 für eine ausführliche Darstellung der Ergebnisse). Die GI-Dimensionen (Führung, geringe physische Belastung, Unternehmensklima, Arbeitscharakteristika, Gesundheitsmanagement, Unterstützung durch Kollegen und Sicherheitsklima) standen in negativer Beziehung zu subjektiven Gesundheitsvariablen wie Atemwegserkrankungen, Rückenbeschwerden oder Herz-Kreislauf-Beschwerden sowie positiver Beziehung zum Wohlbefinden. Für einzelne der GI-Dimensionen konnten auch positive Zusammenhänge zu subjektiven Leistungsvariablen wie Eigeninitiative, aufgabenbezogene Leistung, Verbesserungsvorschläge, Ideengenerierung oder Arbeitszufriedenheit nachgewiesen werden. Schließlich zeigten sich bei Organisationseinheiten mit einem hohen Gesundheitsindex weniger Arbeitsunfälle, geringere Krankenstände sowie eine höhere Personalproduktivität im Vergleich zu Einheiten, bei denen der Gesundheitsindex niedrig war.

Wie bedeutsam Interventionen des Gesundheitsmanagements sind, um Fehlzeiten zu reduzieren, belegen auch Metaanalysen von Parks und Steelman (2008) oder Darr und Johns (2008). Einen Überblick zu weiteren nationalen und internationalen Studien über den Nutzen des betrieblichen Gesundheitsmanagement bieten Lerner, Rodday, Cohen und Rogers (2013) oder Sonntag und Stegmaier (2015b; vgl. auch Kapitel 13 in diesem Buch).

2.2 Mediatoren der HR-Performance-Beziehung

Aus wissenschaftlicher Perspektive interessiert über den Zusammenhang zwischen HR-Praktiken und der Unternehmensperformance hinaus, welche Mechanismen für das Zustandekommen dieser Effekte verantwortlich sind. Eine Variable, die dabei hilft zu verstehen, auf welchem kausalen Prozess der Zusammenhang von zwei Faktoren beruht, wird als *Mediator* bezeichnet (vgl. Baron & Kenny, 1986). In einer Reihe von Studien wurden vermittelnde Prozesse bzw. Variablen identifiziert. Hierbei handelt es sich um Arbeitsklima (Gelade & Ivery, 2003), soziales Klima, Austausch und Rekombination von Wissen (Collins & Smith, 2006), kollektives Humankapital und sozialen Austausch (Takeuchi, Lepak, Wang & Takeuchi, 2007), HR-Flexibilität (Beltran-Martin, Roca-Puig, Escrig-Tena & BouLlusar, 2008), Zufriedenheit (Subramony, Krause, Norton & Burns, 2008), affektives Commitment (Gong, Law, Chang & Xin, 2009), Humankapital, Empowerment und organisationale Unterstützung (Liao, Toya, Lepak & Hong, 2009), Humankapital, Fluktuation, Motivation und operative Ergebnisse (Jiang, Lepak, Hu & Baer, 2012) sowie kollektives Engagement (Barrick, Thurgood, Smith & Courtright, 2015).

Arbeitsklima. In der Studie von Gelade und Ivery (2003) spielte das „work climate“, gemessen u. a. bezogen auf Führung, Zielklarheit, angemessene Qualifizierung, Coaching, Herausforderungen und Belohnung, die Rolle eines partiellen Mediators zwischen HR-Praktiken und der Unternehmensperformance (gemessen über Zielerreichung des Umsatzes, Kundenzufriedenheit und Mitarbeiterfluktuation). Eine interessante Erklärungsperspektive für die Rolle des Klimas bei der Steigerung der Unternehmensperformance legten Bowen und Ostroff (2004) vor. Die Autoren nehmen an, dass durch spezifische Merkmale des HRM-Systems wie Konsistenz, Konsensus oder Distinkheit ein Klima geschaffen wird, das im Sinne einer „starken Situation" den Mitarbeitern anzeigt, welche Verhaltensweisen von ihnen erwartet werden. Durch die so geteilten Erwartungen und Vorstellungen gelingt es den Mitarbeiten leichter, ihr Verhalten zu relevanten organisationalen Ergebnissen zu kombinieren. So können durch ein starkes Klima Transaktions- und Koordinationsaufwände im Unternehmen reduziert werden (Bowen & Ostroff, 2004).

Soziales Klima, Austausch und Rekombination von Wissen. Collins und Smith (2006) wollten herausfinden, welche Mechanismen eine mögliche Beziehung von „commitment-based" HR-Praktiken (CBHR) und der Performance von Unternehmen vermitteln. Items zu CBHR bezogen sich unter anderem auf die Verfügbarkeit interner Arbeitsmärkte, gruppenorientierte Prämien, langfristig ausgerichtete Trainingsprogramme bzw. Leistungsbeurteilungen sowie Maßnahmen zur Teamentwicklung. Die Performance der Unternehmen wurde bestimmt über ihr Umsatzwachstum sowie den Anteil des Umsatzes, der auf neue Produkte und Dienste zurückgeht. Als mögliche Mediatoren wurden das soziale Klima sowie der Austausch und die Rekombination von Wissen betrachtet. Items zur Messung des sozialen Klimas bezogen sich auf das Vertrauen gegenüber Kollegen, die Kooperation mit den Kollegen sowie die Verwendung einer gemeinsamen Sprache. Beim Austausch und der Rekombination von Wissen ging es bei den Items sowohl um die Fähigkeit als auch die Motivation der Mitarbeiter, sich in dieser Form für Wissensmanagement zu engagieren. Daten von 136 Technologiefirmen konnten ausgewertet werden.

Je stärker CBHR implementiert waren, desto größer waren das Vertrauen in die Kollegen, die Kooperation mit den Kollegen und Gemeinsamkeiten in der Sprachverwendung. CBHR stand demnach in einer positiven Beziehung zum sozialen Klima. Dieses wiederum hing positiv mit dem Austausch und der Rekombination von Wissen zusammen. Ein ausgeprägtes soziales Klima dürfte dazu beitragen, dass Mitarbeiter aufeinander zugehen, ihr Wissen nicht zurückhalten, sich verstärkt austauschen und Informationen anderer angemessen interpretieren und einordnen können. Das Wissensmanagement seinerseits wies eine positive Beziehung zur Performance der Unternehmen auf. Wenn Mitarbeiter Wissen austauschen und rekombinieren, sollte es wahrscheinlicher werden, dass sie Marktchancen erkennen und innovative Produkte entwickeln können. Diese Innovationsimpulse könnten dann für einen starken Umsatz vor allem bei neuen Produkten verantwortlich sein. Mediatoranalysen verdeutlichten, dass ein erheblicher Anteil der positiven Beziehung zwischen CBHR und der Performance der Unternehmen über die Mechanismen des sozialen Klimas und des Austauschs und der Rekombination von Wissen vermittelt wurde (vgl. auch Kapitel 6 zum Wissensaustausch und Kapitel 9 zum organisationalen Klima in diesem Buch).

Die Autoren schätzen die von ihnen aufgedeckten Effekte auch als praktisch bedeutsam ein. Verbessert man die Implementierung der CBHR um eine Standardabweichung, sollte der Umsatz mit neuen Produkten um 16,9 % steigen und das allgemeine Umsatzwachstum um 18,8 % zunehmen.

Kollektives Humankapital und sozialer Austausch. Takeuchi, Lepak, Wang und Takeuchi (2007) konnten in ihrer Studie mit Daten von 76 Geschäftsbereichen aus 56 verschiedenen japanischen Unternehmen zunächst demonstrieren, dass eine positive Beziehung zwischen „High Performance Work Systems“ (HPWS) und der Performance der Geschäftsbereiche bestand. Diese Beziehung wurde durch das kollektive Humankapital sowie den erlebten sozialen Austausch zwischen Mitarbeiter und Unternehmen vermittelt. Demnach tragen die HPWS dazu bei, dass die Mitarbeiter in den Geschäftsbereichen die notwendigen Kenntnisse und Fertigkeiten erwerben, um als Experten in ihren Aufgabengebieten zu gelten. Außerdem fördern die HPWS bei den Mitarbeitern den Eindruck, dass ihr Einsatz für das Unternehmen langfristig ihrer Karriere nutzt und durch das Management anerkannt und honoriert wird.

HR-Flexibilität. Beltran-Martin, Roca-Puig, Escrig-Tena und Bou-Llusar (2008) untersuchten, inwieweit die HR-Flexibilität die Beziehung zwischen HPWS und der organisationalen Performance vermittelt. Die HR-Flexibilität wurde durch Items zu drei Aspekten bestimmt: funktionale Flexibilität (z. B. Mitarbeiter können leicht andere Aufgaben übernehmen), kompetenzbezogene Flexibilität (z. B. Mitarbeiter lernen kontinuierlich dazu) und verhaltensbezogene Flexibilität (z. B. Mitarbeiter gehen effektiv mit auftretenden Problemen um). Bei der organisationalen Performance wurde in erster Linie die Effektivität des Kundendienstes betrachtet (z. B. Items zu Zufriedenheit der Kunden, Rückgang in Reklamationen, Kundenbindung). Daten von 226 spanischen Firmen aus verschiedenen Branchen konnten analysiert werden. Es zeigte sich, dass die HR-Flexibilität die positive Beziehung zwischen HPWS und organisationaler Performance vermittelte. Demnach fördern HPWS die Anpassungsfähigkeit der Mitarbeiter, die sich dann wiederum positiv auf die Effektivität des Kundendienstes auswirkt.

Zufriedenheit und Wertschätzung der Mitarbeiter. Subramony, Krause, Norton und Burns (2008) konnten in ihrer „organizational-level“ Studie basierend auf Daten von 126 Unternehmen belegen, dass eine attraktive Vergütung in positiver Beziehung zur Arbeitsproduktivität sowie zur Kundenzufriedenheit stand. Möglicherweise fühlen sich die Mitarbeiter durch die attraktive Vergütung gegenüber dem Unternehmen verpflichtet, sich besonders anzustrengen und Überdurchschnittliches zu leisten. Man könnte auch argumentieren, dass die attraktive Bezahlung dazu führt, dass besonders qualifizierte Mitarbeiter für das

Unternehmen gewonnen werden können. In beiden Fällen wäre eine erhöhte Arbeitsproduktivität plausibel. Die Zufriedenheit der Mitarbeiter vermittelte den Zusammenhang von attraktiver Vergütung und Kundenzufriedenheit. Zufriedene Mitarbeiter dürften eher Standards im Serviceprozess einhalten und proaktiv Probleme von Kunden lösen, was die von Kunden erlebte Servicequalität positiv beeinflussen sollte. Außerdem können zufriedene Mitarbeiter durch emotionale Ansteckung auch positive Emotionen auf Kunden übertragen (zur Emotionsarbeit vgl. auch Kapitel 8 in diesem Buch). Schätzen Kunden die Qualität des Service und erleben möglicherweise auch noch positive Emotionen in der Serviceinteraktion, werden sie voraussichtlich auch eine erhöhte Kundenzufriedenheit berichten. Außerdem zeigte sich, dass Unternehmen ihren Mitarbeitern dann eher eine attraktive Vergütung anboten, wenn sie zuvor finanziellen Erfolg hatten.

Auch für neu gegründete Unternehmen spielen Vergütung und Wertschätzung eine wichtige Rolle. Eine Studie von Wellbourne und Andrews (1996) zeigte, dass die Erfolgschancen eines neuen Unternehmens für ein Bestehen am Markt nach einem Initial Public Offering (IPO) auch von HR-Praktiken abhingen. Neue Unternehmen mit höherer Wertschätzung ihrer Mitarbeiter und besserer Vergütung bestanden deutlich erfolgreicher am Markt.

Affektives Commitment von Managern. Gong et al. (2009) wollten herausfinden, ob affektives und fortsetzungsbezogenes Commitment von Managern die Beziehung zwischen leistungsorientierten HR-Praktiken und der Performance von Unternehmen vermitteln. Während sich im affektiven Commitment eine emotionale Bindung an das Unternehmen ausdrückt, ist die Bindung beim fortsetzungsbezogenen Commitment dadurch motiviert, dass man persönliche Kosten oder Nachteile vermeiden möchte, die mit dem Ausscheiden aus dem Unternehmen verbunden wären (van Dick, 2007). Für das fortsetzungsbezogene Commitment konnte keine Mediatorwirkung belegt werden. Beim affektiven Commitment hingegen wurde die Mediatorwirkung bestätigt. Je besser ein Unternehmen leistungsorientierte HR-Praktiken implementierte, desto stärker war das affektive Commitment der Manager. Ein höheres affektives Commitment ging schließlich mit einer besseren Performance der Unternehmen einher.

Humankapital, Empowerment und organisationale Unterstützung. Liao, Toya, Lepak und Hong (2009) untersuchten, welche Mechanismen eine mögliche Beziehung zwischen der Implementierung von „High Performance Work Systems“ (HPWS) und der Serviceleistung von Mitarbeitern vermitteln. Items zu HPWS bezogen sich unter anderem auf umfangreiches Training, freien Informationsaustausch, leistungsabhängige Vergütung und selbstregulierte Teamarbeit. Zwei Aspekte der Serviceleistung wurden betrachtet. Bei der allgemeinen Serviceleistung ging es um professionelles Auftreten, Zuverlässigkeit oder Empathie gegenüber dem Kunden. Die Items zur wissensintensiven Serviceleistung bezogen sich auf spezifische Kenntnisse und Fertigkeiten, die Servicemitarbeiter benötigen, um Kunden professionell bei der Gestaltung und Auswahl von Finanzprodukten zu beraten. Drei mögliche Mediatoren wurden betrachtet: Humankapital der Mitarbeiter, psychologisches Empowerment der Mitarbeiter und erlebte organisationale Unterstützung. Das Humankapital bezog sich auf Wissen, Fähigkeiten und Fertigkeiten der Mitarbeiter, die für ihre Dienstleistungen erforderlich sind. Mit den Items zum psychologischen Empowerment wurde unter anderem erfasst, wie bedeutsam die Mitarbeiter ihre Arbeit erleben und über wie viel Autonomie und Selbstbestimmung sie verfügen. Bei den Items zur erlebten organisationalen Unterstützung gaben die Mitarbeiter an, in welchem Ausmaß die Organisation an ihrem Wohlergehen interessiert ist und die Mitarbeiter schätzt und unterstützt. In 91 Banken wurden Daten bei Kunden, Managern und Mitarbeitern erhoben.

Je besser HPWS in den Banken implementiert wurden, desto stärker waren das Humankapital der Mitarbeiter, deren psychologisches Empowerment sowie die erlebte organisationale Unterstützung ausgeprägt. Humankapital, Empowerment und organisationale Unterstützung standen ihrerseits in positiver Beziehung sowohl zur allgemeinen wie auch wissensintensiven Serviceleistung. Ergänzende Mediatoranalysen ergaben folgendes Bild: Die positive Beziehung von HPWS und allgemeiner Serviceleistung wurde vollständig durch das Humankapital sowie die organisationale Unterstützung vermittelt. Humankapital und psychologisches Empowerment vermittelten hingegen vollständig die positive Beziehung von HPWS und wissensintensiver Serviceleistung.

Humankapital, Fluktuation, Mitarbeitermotivation und operative Ergebnisse. Jiang, Lepak, Hu und Baer (2012) untersuchten in ihrer Studie, wie sich „skill-enhancing“, „motivation-enhancing“ und „opportunity-enhancing“ HR-Praktiken auf drei verschiedene Arten organisationaler Ergebnisse auswirken. HR-Ergebnisse betreffen Fähigkeiten, Wissen, Einstellungen oder Verhaltensweisen von Mitarbeitern. Operative Ergebnisse beziehen sich unter anderem auf die Produktivität oder die Produkt- und Servicequalität einer Organisation. Zu den finanziellen Ergebnissen zählen beispielsweise das Umsatzwachstum, die Eigenkapitalrentabilität oder der Marktwert eines Unternehmens.

In ihre Metaanalyse haben Jiang et al. (2012) 116 Artikel einbezogen, in denen der Zusammenhang von HR-Praktiken und organisationalen Ergebnissen auf dem „organizational level“ untersucht wurde. Die Stichprobe bestand aus 31.463 Organisationen. Die drei Dimensionen der HR-Praktiken standen alle in positiver Beziehung sowohl zum Humankapital wie auch zur Mitarbeitermotivation. „Skill-enhancing“ HR-Praktiken konnten 48 % der Varianz im Humankapital aufklären, „motivation-enhancing“ HR-Praktiken 36 % und „opportunity-enhancing“

HR-Praktiken 16 % der Varianz. Den größten Varianzanteil der Mitarbeitermotivation klärten mit 45 % die „motivation-enhancing“ HR-Praktiken auf, gefolgt von den „opportunity-enhancing“ HR-Praktiken (38 %) und den „skill-enhancing“ HR-Praktiken (17 %). Humankapital und Mitarbeitermotivation standen in einer negativen Beziehung zu freiwilliger Fluktuation (β=–.20 bzw. –.34) und einer positiven Beziehung zu operativen Ergebnissen (β=.15 bzw. .26). Für die freiwillige Fluktuation ergab sich eine negative Beziehung zu finanziellen Ergebnissen (β=–.08). Die operativen Ergebnisse wiesen eine positive Beziehung zu den finanziellen Ergebnissen auf (β=.42). Ergänzende Mediatoranalysen zeigten, dass die Beziehungen zwischen „skill-enhancing“ HR-Praktiken bzw. „motivation-enhancing“ HR-Praktiken und den finanziellen Ergebnissen partiell durch Humankapital, Mitarbeitermotivation, freiwillige Fluktuation und operative Ergebnisse vermittelt wurden. Für die „opportunity-enhancing“ HR-Praktiken vermittelten die genannten Variablen vollständig die Beziehung zu den finanziellen Ergebnissen. Verbessert man die „skill-enhancing“, „motivation-enhancing“ oder „opportunity-enhancing“ HR-Praktiken um eine Standardabweichung, erhöhen sich die finanziellen Ergebnisse um den Faktor .13, .18 bzw. .09 einer Standardabweichung.

Wie sinnvoll es sein kann, verschiedene Formen des Humankapitals zu differenzieren, zeigte eine weitere Studie. Crook, Todd, Combs, Woehr und Ketchen (2011) untersuchten in ihrer Metaanalyse anhand von 66 Studien Beziehungen zwischen Humankapital und der Performance von Unternehmen. Zunächst ergab sich eine durchschnittliche Korrelation von .17 für die Beziehung von Humankapital und Performance. Bei Maßen für unternehmensspezifisches Humankapital war die Beziehung zur Performance stärker (.24) als bei allgemeinen Maßen des Humankapitals (.14). Die Autoren weisen darauf hin, dass unternehmensspezifisches Humankapital einen größeren strategischen Wert besitzt als allgemeines Humankapital, da es nicht so leicht auf Arbeitsmärkten gehandelt werden kann bzw. durch seine Kontextualisierung für Konkurrenten schwerer imitierbar ist. Außerdem ergaben sich stärkere Effekte des Humankapitals auf die operative Performance (.26) als auf globale Performance-Maße (.15). Dies werten die Autoren als Hinweis, dass globale Performance-Maße stärker durch Verwertungsinteressen mächtiger Stakeholder beeinflusst werden können als operative Maße.

In weiteren Studien wurde die Fluktuation allein als Mediator untersucht, Batt und Colvin (2011) wollten herausfinden, welche Faktoren in einem Call Center die Fluktuation der Mitarbeiter und die Kundenzufriedenheit beeinflussen. Daten aus 339 Call Centern wurden ausgewertet. Je stärker in einem Call Center eine „High Involvement Work Organization“ (HIWO) implementiert war, desto geringer fielen Entlassungen, Kündigungen und Fluktuation aus. Zentrale Elemente einer HIWO waren Autonomie der Mitarbeiter, Einsatz von Problemlösegruppen sowie Arbeit in sich selbst regulierenden Teams. Auch langfristige Anreize für die Mitarbeiter gingen mit weniger Entlassungen und Kündigungen sowie geringer Fluktuation einher. Zu den langfristigen Anreizen gehörten interne Karrierechancen, ein attraktives Gehalt, Pensionsleistungen sowie Jobsicherheit. Setzten Unternehmen jedoch verstärkt kurzfristige Anreize ein, um unmittelbar Leistungsdruck aufzubauen, stiegen Entlassungen, Kündigungen sowie Fluktuation an. Druck wurde vor allem aufgebaut durch die intensive Überwachung der Arbeitsleistung sowie einen hohen Anteil leistungsabhängiger Vergütung (vgl. auch die ausführlichen Erläuterungen zu Anreizen in Kapitel 4 in dieses Buches).

Außerdem berichteten Unternehmen mit einer starken Ausprägung von HIWO über eine höhere Kundenzufriedenheit als Unternehmen mit schwacher HIWO. Die Kundenzufriedenheit wurde auch durch das Maß von Kündigungen und Fluktuation beeinflusst. Je weniger Kündigungen und Fluktuation es in einem Unternehmen gab, desto zufriedener waren die Kunden. Schließlich ergab eine Mediatoranalyse, dass die Fluktuation die positive Beziehung von HIWO und Kundenzufriedenheit vermittelte.

Auch Huselid (1995) zeigte in seiner Studie, dass die Effekte der HR-Praktiken auf die finanzielle Performance von Unternehmen teilweise durch die Fluktuation der Mitarbeiter vermittelt wurden. Für den Bankenbereich demonstrierten Gelade und Ivery (2003), dass HRM-Praktiken (u. a. Personalausstattung, Anteil Überstunden) positiv mit der Unternehmensperformance gemessen über Zielerreichung des Umsatzes, Kundenzufriedenheit und Mitarbeiterfluktuation zusammenhingen. Darüber hinaus erwies sich eine geringe Fluktuation als stärkster Prädiktor für die Kundenzufriedenheit.

Kollektives Engagement. Barrick, Thurgood, Smith und Courtright (2015) wollten herausfinden, ob das kollektive organisationale Engagement als Mediator zwischen verschiedenen organisationalen Praktiken und der Performance von Unternehmen, gemessen über den Return on Assets (ROA), wirkt. Das kollektive organisationale Engagement wurde anhand körperlicher (z. B. alle Mitarbeiter strengen sich sehr an), kognitiver (z. B. alle Mitarbeiter sind stolz, wenn sie gut arbeiten) und emotionaler (z. B. alle Mitarbeiter empfinden eine Leidenschaft für ihre Arbeit) Aspekte erfasst. Als organisationale Praktiken wählten die Autoren eine motivierende Arbeitsgestaltung, HR-Praktiken sowie die transformationale Führung des CEOs. Die motivierende Arbeitsgestaltung wurde mithilfe von Items zu Autonomie, Abwechslungsreichtum oder Bedeutsamkeit ermittelt. Bei den HR-Praktiken ging es unter anderem um Jobsicherheit, entwicklungsorientiertes Feedback und leistungsorientierte Vergütung. Außerdem sollte untersucht werden, ob die konsequente Implementation der strategischen Ziele die Beziehungen zwischen den organisationalen Praktiken und dem kollektiven organisationalen Engagement moderiert. Die konsequente Implementation wurde durch Items zur Spezifikation von Zielen und zum Monitoring des Fortschritts bei der Verfolgung der Ziele bzw. des Einsatzes von Ressourcen gemessen. Die Auswertungen basierten auf Daten von 83 Firmen.

Zunächst zeigte sich, dass das kollektive organisationale Engagement die positiven Beziehungen zwischen den organisationalen Praktiken (Arbeitsgestaltung, HR-Praktiken, CEO transformationale Führung) und der Performance der Unternehmen vermittelte. Außerdem moderierte die konsequente Implementation strategischer Ziele durch das Top-Management die positiven Beziehungen zwischen den drei organisationalen Praktiken und dem kollektiven organisationalen Engagement. Bei einer hohen konsequenten Implementation waren die positiven Beziehungen zwischen den drei organisationalen Praktiken und dem kollektiven organisationalen Engagement stärker ausgeprägt als bei einer geringen Implementation der strategischen Ziele. Der Nutzen motivierender Arbeitsgestaltung, professioneller HR-Praktiken und transformationaler Führung des CEOs für das kollektive organisationale Engagement lässt sich demnach steigern, wenn das Top-Management gleichzeitig auf eine konsequente Implementation strategischer Ziele achtet.

2.3 Moderatoren der HR-Performance-Beziehung

Die Effekte der HR-Praktiken auf die Unternehmensperformance sind nicht immer unabhängig von Kontextfaktoren. Man spricht hier in der Forschung auch von Moderatorvariablen. Je nachdem, wie der Moderator ausgeprägt ist, kann sich die Beziehung zwischen zwei Variablen ändern, also beispielsweise schwächer bzw. stärker werden oder sich sogar in ihrer Richtung umkehren (vgl. Baron & Kenny, 1986). Oft sind inkonsistente Forschungsbefunde ein Hinweis dafür, dass relevante Moderatoren noch nicht entdeckt und somit in Studien vernachlässigt wurden. Folgende Moderaten wurden bereits identifiziert: Produktionsstrategie (Youndt, Snell, Dean & Lepak, 1996), Kultur (Ngo, Turban, Lau & Lui, 1998), Qualifizierungsniveau der Mitarbeiter (Caroli & van Reenen, 1999), Fragen der Arbeitnehmervertretung (Addison, Siebert & Wagner, 2000), Unternehmensstrategie (Guthrie, Spell & Nyamori, 2002) sowie Kapitalintensität, Wachstum und Differenzierung in einer Branche (Richard & Johnson, 2001; Datta, Guthrie & Wright, 2005).

Produktionsstrategie. Die Befunde von Youndt, Snell, Dean und Lepak (1996) verdeutlichen, dass die Produktionsstrategie den Zusammenhang von HRM und Performance moderiert. Humankapital fördernde HR-Systeme in Produktionsfabriken führten in Kombination mit einer qualitätsorientierten Produktionsstrategie (Fokus auf Zuverlässigkeit und Produktperformance) zu verbesserter Mitarbeiterproduktivität, Maschinennutzung und Kundenzufriedenheit. Administrative HR-Systeme hingegen führten zusammen mit einer kostenbasierten Produktionsstrategie (Fokus auf Arbeits-, Material- und Stückkosten) zu verbesserter Mitarbeiterproduktivität und in Kombination mit einer Flexibilitätsstrategie (Fokus auf termingerechter Lieferung, Skalierbarkeit der Produktion, schnelle Einführung neuer Produkte) zu verbesserter Kundenzufriedenheit. Die Entwicklung von hochqualifizierten und teamorientierten Mitarbeitern durch Humankapital fördernde HR-Systeme verbindet sich demnach besonders erfolgreich mit der qualitätsorientierten Produktionsstrategie. Interessanterweise zeigen sich aber auch für administrative HR-Systeme positive Effekte, wenn sie in einem Kontext zum Einsatz kommen, in dem niedrige Kosten und die Vermeidung von nicht kontrollierbarem Verhalten im Vordergrund stehen. Der in der Studie gewählte Fokus auf die Produktionsstrategie, im Gegensatz zur Unternehmensstrategie, ist besonders interessant, da diese Strategieebene unmittelbar mit dem täglichen Verhalten von Mitarbeitern und Managern in Beziehung steht.

Kultur bzw. Herkunftsland. Die meisten Studien zu Effekten von HR-Praktiken auf die Performance von Unternehmen wurden bisher im anglo-amerikanischen Raum durchgeführt. Für Deutschland liegen kaum Befunde vor. Ausnahmen stellen beispielsweise die Studien von Wolf und Zwick (2002) sowie Zwick (2002, 2004) dar. Studienergebnisse können keinesfalls einfach von einem Kulturraum auf einen anderen übertragen werden. Angesichts von Unterschieden der Industrial Relations (starke Arbeitnehmervertretung), der Ausbildungs- und Trainingssysteme (hohes Qualifikationsniveau der Mitarbeiter) sowie der grundsätzlichen Personalpolitik (eher Vertrauenskultur und längerfristige Beziehung) sind abweichende Effekte der HR-Praktiken für den deutschen im Vergleich zum anglo-amerikanischen Kontext zu erwarten. Gleichwohl sind die Entwicklungen in den Unternehmen infolge der Globalisierung durch eine weltweite Homogenisierung und Angleichung gekennzeichnet, sodass ein Gegengewicht zu kultur- und landesspezifischen Bedingungen entsteht. Gerade dieses Spannungsfeld unterstreicht den wachsenden Forschungsbedarf.

Multinationale Unternehmen sehen sich bezüglich der Gestaltung ihrer HR-Systeme mit einem Dilemma konfrontiert. Zum einen streben sie Konsistenz ihrer Praktiken auf globaler Ebene an (globale Integration). Zum anderen müssen sie sich an Normen und gesetzliche Regelungen in den verschiedenen Ländern anpassen (lokale Adaptation). Drei Strategien stehen zum Umgang mit dem Spannungsfeld zur Auswahl (vgl. Ngo, Turban, Lau & Lui, 1998): ethnozentrisch (Transfer der Praktiken der Zentrale in die lokalen Niederlassungen), polyzentrisch (starke Anpassung an die lokalen Gegebenheiten) sowie geozentrisch (Balance zwischen globaler Integration und lokaler Adaptation). Die kulturellen Werte des Herkunftslandes eines Unternehmens spielen eine wichtige Rolle bei der Wahl der verfolgten Strategie. Unternehmen aus Ländern mit niedriger Unsicherheitstoleranz und hoher Machtdistanz bevorzugen häufig die ethnozentrische Strategie. In diesem Zusammenhang untersuchen Ngo et al. (1998) die Rolle des Herkunftslandes für die Wirkung von HR-Praktiken bei verschiedenen in Hong Kong ansässigen Unternehmen. Die Autoren fanden deutliche Effekte des Herkunftslandes und so zeigte sich beispielsweise, dass die Beziehung zwischen strukturellem Training und Mitarbeiterzufriedenheit stärker für chinesische Firmen im Vergleich zu amerikanischen oder japanischen Firmen war.

Qualifizierungsniveau der Mitarbeiter. Bei der Entscheidung für bestimmte HR-Praktiken ist es auch wichtig zu beachten, welche Personalzusammensetzung ein Unternehmen hat. Positive Effekte der Einführung von High Performance Work Practices waren stärker in Institutionen mit einem hohen Anteil gut qualifizierter Mitarbeiter (Caroli & van Reenen, 1999).

Arbeitnehmervertretung. Auch die Arbeitnehmervertretung in Unternehmen steht in Wechselwirkungen mit Merkmalen des Human Resource Managements. Für Unternehmen aus Großbritannien zeigte sich, dass bei schwacher Arbeitnehmervertretung die Produktivität mehr gesteigert werden konnte, wenn man den Mitarbeitern zusätzliche Möglichkeiten zur Mitbestimmung bei arbeitsbezogenen Fragen einräumte, als bei Unternehmen mit einer starken Vertretung (Addison, Siebert & Wagner, 2000).

Unternehmensstrategie. Der Erfolg von HR-Praktiken hängt auch von der Passung zur Unternehmensstrategie ab. Guthrie, Spell und Nyamori (2002) demonstrierten, dass „High Involvement Work Practices" (HIWP) positiv mit der Performance von Unternehmen in Neuseeland zusammenhingen, sofern diese auf der Basis von Differenzierung im Wettbewerb agierten. Kein Effekt zeigte sich bei Unternehmen, die eine Strategie der Kostenführerschaft verfolgten. Zur Bestimmung der Unternehmensstrategie wurden die Unternehmen gebeten, sich für eine Reihe von Dimensionen relativ zu führenden Wettbewerbern einzuschätzen. Eine Clusteranalyse ergab auf der Basis dieser Angaben zwei Cluster. Im Cluster der Differenzierungsstrategie zeichneten sich die Unternehmen durch höhere Durchschnittswerte von Kosten, Preisen, Markenimage, Ausgaben in F&E und Marketing, Qualität von Produkten und Dienstleistungen und Kundendienst aus als im Cluster der Kostenführer. Firmen im Differenzierungscluster boten ihren Mitarbeitern mehr Stunden an Training und richteten ihre Trainingsinhalte stärker an zukünftigen Anforderungen aus (Guthrie, Spell & Nyamori, 2002). HIWP dürften bei Unternehmen mit einer Differenzierungsstrategie deshalb eine besondere Rolle spielen, da die Umsetzung dieser Strategie höhere Anforderungen an die Mitarbeiter stellt und zwar insbesondere bezogen auf Eigenverantwortung, Umgang mit Veränderungen, Kompetenzniveau, Flexibilität und Qualitätsstandards.

Kapitalintensität, Wachstum und Differenzierung einer Branche. Datta, Guthrie und Wright (2005) untersuchten, ob die Kapitalintensität einer Branche, deren Wachstum und die Differenzierung innerhalb der Branche die Beziehung zwischen „High Performance Work Systems" (HPWS) und der Produktivität moderierten.

Die Stichprobe umfasste Daten von 132 produzierenden Unternehmen. Die Produktivität wurde über das Verhältnis von Umsätzen zur Zahl der Mitarbeiter ermittelt. Für alle drei Moderatorvariablen ergaben sich signifikante Effekte. Ein höheres Wachstum in der Branche und eine größere Differenzierung verstärkten jeweils die positive Beziehung zwischen HPWS und Produktivität. Verstärktes unternehmerisches Denken und das Verfolgen von Chancen und Optionen in Wachstumsbranchen dürften nach Ansicht der Autoren zum Teil diesen Moderatoreffekt erklären. Den Moderatoreffekt der Differenzierung der Branche führen die Autoren vor allem darauf zurück, dass mit steigender Differenzierung die Aufgaben komplexer und damit die Anforderungen an die Mitarbeiter vielfältiger und herausfordernder werden. Unter solchen Bedingungen sollten die HPWS eine besonders starke Wirkung entfalten. Anders war das Ergebnis für die Kapitalintensität. Hier ergab sich, dass bei höherer Kapitalintensität die positive Beziehung zwischen HPWS und Produktivität abgeschwächt wurde. Eine mögliche Erklärung für diesen Effekt sehen die Autoren darin, dass mit zunehmender Kapitalintensität die Automatisierung durch Produktionstechnologien steigt und somit die Freiheitsgrade im Handeln der Mitarbeiter eingeschränkt werden. In diesem Fall können die HPWS nicht so stark das Handeln der Mitarbeiter beeinflussen.

Im Bankenkontext identifizierten Richard und Johnson (2001) die Kapitalintensität als wichtige Moderatorvariable. Ein positiver Zusammenhang von strategischer HRM-Effektivität und Produktivität sowie der Rentabilität von Bankfilialen bestand nur bei hoher Kapitalintensität (Richard & Johnson, 2001). Das bedeutet, dass sich eine starke Ausrichtung der HR-Praktiken an der Unternehmensstrategie besonders dann auszahlt, wenn das Geschäft des Unternehmens hohe Investitionen in das Anlagevermögen erfordert. Die Mitarbeiterfluktuation hingegen konnte durch strategische HRM-Effektivität direkt reduziert werden unabhängig von der Kapitalintensität. Die Befunde stützen also je nach Wahl der Ergebnisvariable eine universalistische Best Practice-Perspektive (für Fluktuation) oder eine ressourcenorientierte Kontingenzperspektive (für Produktivität und Return on Equity). Die Autoren vermuten, dass sich Interaktionen mit strategischen Kontingenzfaktoren wie der Kapitalintensität nicht auf der Ebene von Verhaltensweisen der Mitarbeiter zeigen, sondern erst auf einem höheren Analyseniveau wirksam werden.

3 Weiterentwicklungen der HR-Performance-Forschung

Die Forschung zum Zusammenhang von HR-Praktiken und Unternehmensperformance hat mittlerweile in einer Vielzahl hochwertiger Studien ihren Niederschlag gefunden. Dennoch bieten sich Möglichkeiten, um die Generalisierbarkeit, die Replizierbarkeit und die Integrierbarkeit der HR-Performance Forschung weiter zu verbessern. Einige Ansatzpunkte sollen abschließend diskutiert werden.

3.1 Theoriegeleitete Auswahl von Variablen

HR-Praktiken werden anhand unterschiedlicher Dimensionen und Aspekte betrachtet. Keinesfalls herrscht ein Konsens darüber, welche Merkmale von besonderer Relevanz sind. Betrachtet man beispielsweise das Thema Personalentwicklung und Training werden u. a. folgende Dimensionen und Aspekte erfasst: Anteil von jobübergreifenden Trainingsinhalten (Arthur, 1994), durchschnittliche Anzahl von Trainingsstunden der letzten 12 Monate (Huselid, 1995), Qualität der Erfolgskontrollen von Training (Heidecker, 2003), prozentualer Anteil als kompetent zertifizierter Mitarbeiter (Gelade & Ivery, 2003) sowie Ermutigung der Mitarbeiter zur Kompetenzentwicklung (Patterson, Warr & West, 2004).

Für die weitere Forschung ist es wichtig, Dimensionen der HR-Praktiken stärker ausgehend von theoretischen Annahmen zu erfassen. Die untersuchten Praktiken sollten anhand von Dimensionen charakterisiert werden, die zu einem besseren Verständnis der kausalen Mechanismen beitragen, die zwischen HR-Praktiken und organisationalen Ergebnisgrößen vermitteln. Anders formuliert, sollten theoretische Annahmen über vermittelnde Prozesse und deren Determinanten die Auswahl der Dimensionen der HR-Praktiken mitbestimmen.

Für das Thema Personalentwicklung und Training eignen sich Modelle der Forschung zur Trainingsmotivation (Colquit, LePine & Noe, 2000), zum Wissens- und Lerntransfer (vgl. Kapitel 19 in diesem Buch) oder zur Lernkultur (Sonntag, Stegmaier, Schaper & Friebe, 2004 und Kapitel 9 in diesem Buch), um sowohl relevante Dimensionen der Personalentwicklung wie auch vermittelnde Variablen zu identifizieren. Für Merkmale der Personalentwicklung sind Aspekte der Bedarfsorientierung, der Qualitätssicherung oder der Transferunterstützung von Bedeutung. Auch die Berücksichtigung der Rolle von Kompetenzmodellen als Bezugspunkt für die Gestaltung von Entwicklungsmaßnahmen stellt eine interessante Forschungsperspektive dar. Werden Kompetenzmodelle auch mit klarer Ausrichtung auf die Unternehmensstrategie formuliert, sollte die Orientierung der Personalentwicklung an diesen Kompetenzmodellen dazu beitragen, dass Mitarbeiter strategierelevante Kompetenzen aufbauen (siehe Kapitel 10 in diesem Buch). Personalentwicklung orientiert an Kompetenzmodellen in Kombination mit Zielvereinbarungsgesprächen, in denen der Kompetenzaufbau als Entwicklungsziel formuliert wird, sollten in der Konsequenz zu einer erfolgreicheren Strategieumsetzung und damit letztlich einer verbesserten Performance der Unternehmen beitragen.

Die psychologische Forschung bietet aber auch wichtige Hinweise auf vermittelnde Prozesse und Variablen. Motivationale Konzepte wie Trainingsmotivation oder entwicklungsbezogene Selbstwirksamkeit (Maurer, Weiss & Barbeite, 2003) sowie verhaltensbezogene Konzepte wie kontinuierliches, karrierebezogenes Lernen oder karrierebezogenes Selbstmanagement (Kossek, Roberts, Fisher & DeMarr, 1998; London & Smither, 1999) können als vermittelnde Größen zwischen Personalentwicklung und organisationalen Ergebnisgrößen eine erklärende Rolle übernehmen.

3.2 Einheitlichere Konzeptualisierung der HR-Praktiken

Bei der Auswahl und Klassifizierung von HR-Praktiken besteht zwischen verschiedenen Studien wenig Konsistenz (vgl. Becker & Gerhart, 1996). So betrachtet beispielsweise Arthur (1994) variable Vergütung nicht als Teil von „High Performance Work Systems", Huselid (1995) und MacDuffie (1995) hingegen als wesentlichen Bestandteil. Eine verstärkte Besetzung offener Positionen durch interne Mitarbeiter wird von Huselid (1995) oder Pfeffer (1994) als fortschrittliche HR-Praktik eingestuft, wohingegen andere Studien diese Praktik eher als Teil inflexibler HR-Systeme betrachten (Arthur, 1994). Auch im Hinblick auf die Allgemeinheit bzw. Spezifität der Praktiken bestehen große Unterschiede. Schließlich variieren die Studien auch hinsichtlich einer deskriptiven oder evaluativen Erfassung der Praktiken. Entsprechend bieten Patterson, Warr und West (2004) ein Orientierungsraster für die Untersuchung von HR-Praktiken mit vier Typen an:

1. Deskriptiv-spezifisch: Untersuchung des Vorhandenseins einer spezifischen Praktik
2. Evaluativ-spezifisch: Untersuchung der Bewertung einer spezifischen Praktik
3. Deskriptiv-allgemein: Untersuchung des Vorhandenseins einer Gruppe von Praktiken
4. Evaluativ-allgemein: Untersuchung der Bewertung einer Gruppe von Praktiken

Welche Rolle die Konzeptualisierung von HR-Praktiken spielt, zeigt eine Studie von Combs, Liu, Hall und Ketchen (2006). Untersucht wurde, ob die Beziehungen zwischen HR-Praktiken und organisationalen Ergebnissen davon abhängen, wie diese Variablen operationalisiert werden und welche Branche man betrachtet. HR-Praktiken können einzeln oder als System von Praktiken betrachtet werden. „High Performance Work Practices" (HPWS) sind ein Beispiel für ein solches System von HR-Praktiken. Bei den organisationalen Ergebnissen haben die Autoren operative und finanzielle Ergebnisse verglichen. Hinsichtlich der Branche wurden produzierende Unternehmen und Dienstleister differenziert. Die

Metaanalyse mit 92 Studien ergab eine durchschnittliche korrigierte Korrelation von .20 zwischen HPWS und organisationalen Ergebnissen. Wird der Einsatz von HPWS um eine Standardabweichung intensiviert, steigt beispielsweise der Return on Assets um 4,6 Prozentpunkte von 5,1 auf 9,7 an und die Fluktuation sinkt um 4,4 Prozentpunkte von 18,4 auf 14 %. Der Effekt war bei HPWS-Systemen (.28) stärker als bei einzelnen Praktiken der HPWS (.14). Für die Stärke der Effekte spielte es keine Rolle, ob man operative (z. B. Fluktuation) oder finanzielle Ergebnisse (z. B. Return on Assets) betrachtete. Bei produzierenden Unternehmen war die durchschnittliche korrigierte Korrelation von HPWS und organisationalen Ergebnissen mit .30 stärker als bei Dienstleistern mit .17. Die Autoren erklären diesen Unterschied unter anderem dadurch, dass bei Dienstleistungen die Qualität der Leistung von der Mitwirkung des Kunden abhängt und somit potenziell positive Wirkungen der HPWS eingeschränkt werden können.

3.3 Bessere Messung von HR-Praktiken und Performance-Maßen

In einer Reihe von Studien wurde die Performance der Unternehmen durch subjektive Einschätzungen erfasst. Delaney und Huselid (1996) arbeiteten mit subjektiven Einschätzungen, wobei die Untersuchungsteilnehmer die Güte von Ergebnissen und Leistungen ihres Unternehmens im Vergleich zu Wettbewerbern einschätzten. In diesem Sinn zeigten die Autoren, dass progressive HRM-Praktiken wie Selektivität bei der Auswahl und dem Personaleinsatz, Training und variable Vergütung positiv mit wahrgenommenen Merkmalen der organisationalen Performance (Produktqualität, Kundenzufriedenheit) sowie der Marktperformance (Marktanteil, Umsatzwachstum) zusammenhingen. Auch Ngo et al. (1998) setzten subjektive Performancemaße ein. Für in Hong Kong ansässige Unternehmen belegten die Autoren, dass strukturelles Training und die Fluktuation reduzierende Formen der Entlohnung positiv mit der subjektiven Einschätzung der Unternehmensperformance zusammenhingen. Die Performance wurde über die subjektive Einschätzung der Güte des Abschneidens im Vergleich zu Wettbewerbern in den Bereichen Umsatz, Gewinn, Neuproduktentwicklung, Zufriedenheit und Fluktuation der Mitarbeiter ermittelt. Grundsätzlich wäre es wünschenswert, die Performance mithilfe objektiver Kennzahlen zu ermitteln.

In einer Studie von Liao, Toya, Lepak und Hong (2009) wurde gezeigt, dass Manager die Implementierung von HR-Praktiken signifikant abweichend von den Mitarbeitern einschätzten. Auch innerhalb der Gruppe der Mitarbeiter gab es deutliche Unterschiede, wie die Implementierung der HR-Praktiken wahrgenommen wurde. Diese Befunde können darauf hindeuten, dass die HR-Praktiken tatsächlich in verschiedenen Bereichen des Unternehmens unterschiedlich umgesetzt wurden oder dass die Mitarbeiter die Umsetzung unterschiedlich interpretierten und bewerteten. Jedenfalls machen die Ergebnisse deutlich, dass es problematisch ist, wenn für eine Studie eine Person im Unternehmen (z. B. ein HR-Manager) allein einschätzt, wie die HR-Praktiken ausgeprägt sind. Gerade wenn man vermittelnde Prozesse wie Motivation oder Zufriedenheit der Mitarbeiter untersuchen möchte, dürfte es entscheidend sein, wie die Mitarbeiter selbst die HR-Praktiken tatsächlich erleben.

In den meisten Studien zu HR-Performance-Beziehungen werden Messfehler nur sehr einseitig betrachtet. Fast ausschließlich kommen nur Maße der internen Konsistenz (Cronbachs alpha, Spearman-Brown) zur Charakterisierung der Reliabilität der Messung von HR-Praktiken zum Einsatz. Hiermit wird aber lediglich der Messfehler, der auf das Item-Sampling zurückgeht, berücksichtigt. Ignoriert wird der Rater-bezogene Messfehler. Neben der internen Konsistenz muss daher für eine vollständige Betrachtung der Reliabilität auch die Interrater-Reliabilität herangezogen werden (Gerhart, Wright, McMahan & Snell, 2000; Wright, Gardner, Moynihan, Park, Gerhart & Delery, 2000). Wright et al. (2000) schlagen eine Reihe von Verbesserungen für zukünftige Studien vor. Um den Rater-bedingten Fehler zu reduzieren, sollten mehrere Rater eingesetzt werden. Diese müssen kompetent und aussagefähig für die betreffenden Fragen sein und sonst angehalten werden, den Fragebogen an entsprechende Kollegen weiterzugeben. Auch durch einen engeren Fokus der Untersuchung auf der Ebene einer Filiale, einer Fabrik oder eines Geschäftsbereichs kann sichergestellt werden, dass die Verarbeitungskapazität der Befragten angemessen ist. Der Item-bedingte Messfehler lässt sich durch präzisere Itemformulierungen reduzieren, da so Interpretationsfehler als Quelle von Fehleinschätzungen verringert werden. Bei den Ratingskalen gibt es bisher keinen Konsens, ob eher „objektive Skalen" (z. B. prozentualer Anteil bezüglich einer Praktik) oder „Likert-Skalen" (zur Messung der Zustimmung zu spezifischen Praktikbeschreibungen) reliable und valide Messungen erlauben (vgl. auch die Erläuterungen zu Ratingverfahren in Kapitel 11 dieses Buches). Jedoch sind auch „objektive Skalen" keinesfalls messfehlerfrei. Der Befragte muss die Beschreibung der Praktik korrekt auf die eigene Situation beziehen, über die entsprechenden Mitarbeiterzahlen in der Organisation genau informiert sein und schließlich korrekt Prozentwerte errechnen.

3.4 Strengere Überprüfung der Kausalrichtung

Wright, Gardner, Moynihan und Allen (2005) wollten in ihrer Studie herausfinden, in welcher Richtung kausale Beziehungen zwischen HR-Praktiken und der operativen Performance von Unternehmen bestehen. Nach Ansicht der Autoren konnte die bisherige Forschung zur Beziehung von HR-Praktiken und Unternehmensperformance angesichts von Schwächen der Untersuchungsdesigns nicht überzeugend demonstrieren, dass es sich bei gefundenen Zusammenhängen tatsächlich um einen kausalen Effekt der HR-Praktiken auf die Performance handelt.

Wright und Kollegen (2005) diskutieren drei alternative Erklärungen für die HR-Performance-Beziehung. Im Sinne einer „reverse causation" ist denkbar, dass erfolgreiche Unternehmen ihre Gewinne und Ressourcen mit ihren Mitarbeitern teilen, indem sie diesen beispielsweise mehr Trainings oder Sonderzahlungen anbieten, bzw. die verfügbaren Mittel nutzen, um HR-Praktiken durch zusätzliche Stellen, qualifizierte HR-Experten und optimierte Prozesse zu professionalisieren. Eine zweite Erklärung bieten Drittvariablen. Möglicherweise wird die „scheinbare" Beziehung zwischen HR-Praktiken und Performance durch eine dritte Variable hervorgerufen, die auf beide Variablen einwirkt. Denkbar wäre zum Beispiel, dass erfahrene Führungskräfte sowohl auf die Performance des Unternehmens wie auch auf die Einführung professioneller HR-Praktiken positiv einwirken. Die dritte Erklärung hat mit impliziten Theorien zur Performance zu tun. Es könnte sein, dass sich jemand beim Einschätzen der HR-Praktiken davon leiten lässt, wie gut die Performance des Unternehmens ist. Hat man die implizite Theorie, dass für eine gute Performanz des Unternehmens professionelle HR-Praktiken unerlässlich sind, kann das Wissen um die starke Performanz zu einer „beschönigenden" Einschätzung der HR-Praktiken führen.

Um also die kausale Richtung in der HR-Performance-Beziehung näher zu beleuchten, korrelierten Wright et al. (2005) die Ausprägung von HR-Praktiken mit vergangenen, gegenwärtigen und zukünftigen Maßen der operativen Performance. Für die HR-Praktiken in den Bereichen Personalauswahl, Training, leistungsorientierte Vergütung, Leistungsbeurteilungen sowie partizipative Arbeits- und Organisationsgestaltung wurde ein Index ermittelt. Grundlage hierfür waren Daten von 45 Geschäftsbereichen.

Zunächst korrelierten die HR-Praktiken in vergleichbarer Höhe mit den vergangenen, gegenwärtigen und zukünftigen Performance-Maßen. Wurden bei den Auswertungen zur Beziehung der HR-Praktiken und der zukünftigen Performance die vergangene und gegenwärtige Performance als Kontrollvariablen berücksichtigt, hatten die HR-Praktiken auf die meisten Maße der zukünftigen Performance (z. B. Produktivität oder Profitabilität) keinen signifikanten Effekt mehr. Angesichts dieser Ergebnisse raten die Autoren zu mehr Zurückhaltung bei der kausalen Interpretation („HR-Praktiken führen zu besserer Performance") gefundener HR-Performance-Zusammenhänge. Als Alternative schlagen Wright et al. (2005) ein „dual causation"-Modell vor, demzufolge sich HR-Praktiken und Performance wechselseitig beeinflussen. Hat ein Unternehmen

Gewinne erwirtschaftet, investiert es einen Teil davon möglicherweise, um seine HR-Praktiken zu stärken. Die professionalisierten HR-Praktiken können dann ihrerseits wieder einen Beitrag zu einer besseren Performance des Unternehmens leisten. So betrachtet, bedeuten die Ergebnisse der Studie von Wright et al. (2005) nicht, dass fortschrittliche HR-Praktiken umzusetzen für die Performance von Unternehmen nicht nützlich ist. Aber die Studie weist darauf hin, dass die Stärke der Effekte in der bisherigen Forschung möglicherweise überschätzt wurde.

4 Schlussfolgerung

Die Bedeutung des Human Resource Managements und der Personalentwicklung für die Performance von Unternehmen wurde mittlerweile empirisch in einer Vielzahl von Studien belegt. Auch hinsichtlich der Prozesse, die zwischen HR-Praktiken und organisationalen Ergebnissen vermitteln, und der moderierenden Faktoren tragen mittlerweile eine Reihe von Studien zu einem besseren Verständnis bei. Vor allem die Verbindung der HR-Performance-Forschung mit Ansätzen zu Humankapital, sozialem Austausch, kollektivem Engagement oder Wissensmanagement hat sich als hilfreich für das Aufdecken vermittelnder Mechanismen erwiesen. Als Moderatorvariablen wurden neben den Strategien von Unternehmen auch Merkmale der Branchen wie Kapitalintensität, Wachstum oder Differenzierung identifiziert. Trotz der Fortschritte wurden im Beitrag eine Reihe von Anforderungen für die Weiterentwicklung der Forschung formuliert. Insbesondere die Inkonsistenz in der Auswahl der HR-Praktiken und ihrer Merkmale steht bislang einem kumulativen Erkenntnisfortschritt im Wege. Außerdem wurden in der managementwissenschaftlich geprägten Forschung psychologische Konstrukte bisher eher vernachlässigt. Gerade diese können aber einen wesentlichen Beitrag für ein vertieftes Verständnis der kausalen Mechanismen leisten, die zwischen HR-Praktiken und Unternehmensperformance vermitteln. Insbesondere die psychologisch ausgerichtete Trainings- und Personalentwicklungsforschung bietet hier eine Vielzahl interessanter personaler Konstrukte (wie Trainingsmotivation, entwicklungsbezogene Selbstwirksamkeit, Zielorientierungen) und Blickperspektiven auf die Personalentwicklung (wie Bedarfsorientierung, Qualitätssicherung, Transferunterstützung, Zielvereinbarung, Kompetenzmodellierung). Auch hinsichtlich der Untersuchungsdesigns kann die Forschung zum wertorientierten Human Resource Management vom methodischen Repertoire der psychologisch ausgerichteten Evaluationsforschung profitieren. Hierbei ist insbesondere an längsschnittliche Untersuchungsanlagen sowie den Einsatz von Interventionen mit Kontrollgruppenplänen zu denken (vgl. auch die Erläuterungen zu Untersuchungsdesigns in Kapitel 18 dieses

Buches). Derartige Studien könnten dazu beitragen, die Frage nach der Kausalrichtung in der HR-Performance-Beziehung belastbarer zu beleuchten. Die Verbindung der Untersuchungsansätze der klassischen psychologischen Evaluationsforschung mit den stärker auf die Unternehmensebene ausgerichteten Studien der Management- und Organisationsforschung stellt für beide Forschungsparadigmen eine wertvolle Integrationsperspektive dar, die in Zukunft noch stärkeres Gewicht erhalten dürfte.

Literatur

Addison, J., Siebert, W. & Wagner, J. (2000). Worker participation and firm performance: Evidence from Germany and Britain. *British Journal of Industrial Relations, 83,* 7–48. http://doi.org/10.1111/1467-8543.00150

Aguinis, H. & Kraiger, K. (2009). Benefits of training and development for individuals and teams, organizations, and society. *Annual Review of Psychology, 60,* 451–474. http://doi.org/10.1146/annurev.psych.60.110707.163505

Alagaraja, M. (2012). HRD and HRM perspectives on organizational performance: A review of the literature. *Human Resource Development Review, 12,* 117–143. http://doi.org/10.1177/1534484312450868

Arthur, J.B. (1994). Effects of human resource systems on manufacturing performance and turnover. *Academy of Management Journal, 37,* 670–687. http://doi.org/10.2307/256705

Baron, R.M. & Kenny, D.A. (1986). The moderator-mediator-variable distinction in social psychological research: conceptual, strategic and statistical considerations. *Journal of Personality and Social Psychology, 51* (6), 1173–1182.

Barney, J. (1991). Firm resources and sustained competitive advantage. *Journal of Management, 17,* 99–120.

Barrick, M.R., Thurgood, G.R., Smith, T.A. & Courtright, S.H. (2015). Collective organizational engagement: Linking motivational antecedents, strategic implementation, and firm performance. *Academy of Management Journal, 58,* 111–135. http://doi.org/10.5465/amj.2013.0227

Batt, R. & Colvin, A.J.S. (2011). An employment systems approach to turnover: HR practices, quits, dismissals, and performance. *Academy of Management Journal, 54,* 695–717. http://doi.org/10.5465/AMJ.2011.64869448

Becker, B.E. & Gerhart, B. (1996). The impact of human resource management on organizational performance: Progress and prospects. *Academy of Management Journal, 39,* 779–801. http://doi.org/10.2307/256712

Beltran-Martin, I., Roca-Puig, V., Escrig-Tena, A. & Bou-Llusar, J. (2008). Human resource flexibility as a mediating variable between high performance work systems and performance. *Journal of Management, 34,* 1009–1044. http://doi.org/10.1177/0149206308318616

Boselie, P., Paauwe, J. & Jansen, P. (2001). Human resource management and performance: lessons from the Netherlands. *International Journal of Human Resource Management, 12,* 1107–1125. http://doi.org/10.1080/09585190110068331

Bowen, D.E. & Ostroff, C. (2004). Understanding HRM-firm performance linkages: The role of the „strength" of the HRM system. *Academy of Management Review, 29,* 203–221. http://doi.org/10.5465/AMR.2004.12736076

Caroli, E. & van Reenen, J. (1999). Skill biased organizational change? Evidence from an Panel of British and French establishments. *The Quarterly Journal of Economics, 116,* 1449–1492. http://doi.org/10.1162/003355301753265624

Collins, C.J. & Smith, K.G. (2006). Knowledge exchange and combination: The role of human resource practices in the performance of high-technology firms. *Academy of Management Journal, 49,* 544–560. http://doi.org/10.5465/AMJ.2006.21794671

Colquit, J.A., LePine, J.A. & Noe, R.A. (2000). Toward an integrative theory of training motivation: A meta-analytic path analysis of 20 years of research: *Journal of Applied Psychology, 85,* 678–707. http://doi.org/10.1037/0021-9010.85.5.678

Combs, J., Liu, Y., Hall, A. & Ketchen, D. (2006). How much do high-performance work practices matter? A meta-analysis of their effects on organizational performance. *Personnel Psychology, 59,* 501–528. http://doi.org/10.1111/j.1744-6570.2006.00045.x

Crook, T.R., Todd, S.Y., Combs, J.G., Woehr, D.J. & Ketchen, D.J. (2011). Does human capital matter? A meta-analysis of the relationship between human capital and firm performance. *Journal of Applied Psychology, 96,* 443–456. http://doi.org/10.1037/a0022147

Darr, W. & Johns, G. (2008). Work strain, health and absenteeism: A meta-analysis. *Journal of Occupational Health Psychology, 13,* 293–318. http://doi.org/10.1037/a0012639

Datta, D.K., Guthrie, J.P. & Wright, P.M. (2005). Human resource management and labor productivity: Does industry matter? *Academy of Management Journal, 48,* 135–145. http://doi.org/10.5465/AMJ.2005.15993158

Delaney, J.T. & Huselid, M.A. (1996). The impact of human resource management practices on perceptions of organizational performance. *Academy of Management Journal, 39,* 949–969. http://doi.org/10.2307/256718

Fitz-enz, J. (1997). *The 8 practices of exceptional companies: How great organizations make the most of their human assets.* New York: Amacom.

Flamholtz, E. (1972). Toward a theory of human resource value in formal organizations. *Accounting Review, 47,* 666–678.

Gelade, G.A. & Ivery, M. (2003). The impact of human resource management and work climate on organizational performance. *Personnel Psychology, 56,* 383–404. http://doi.org/10.1111/j.1744-6570.2003.tb00155.x

Gerhart, B., Wright, P.M., McMahan, G. C & Snell, S.A. (2000). Measurement error in research on human resources and firm performance: How much error is there and how does it influence effect size estimates? *Personnel Psychology, 53,* 803–834. http://doi.org/10.1111/j.1744-6570.2000.tb02418.x

Gong, Y., Law, K.S., Chang, S. & Xin, K.R. (2009). Human resource management and firm performance: The differential role of managerial affective and continuance commitment. *Journal of Applied Psychology, 94,* 263–275. http://doi.org/10.1037/a0013116

Guthrie, J.P., Spell, C.S. & Nyamori, R.O. (2002). Correlates and consequences of high involvement work practices: the role of competitive strategy. *International Journal of Human Resource Management, 13,* 183–197. http://doi.org/10.1080/09585190110085071

Hammann, P. & Freiling, J. (2000). (Hrsg.). *Die Ressourcen- und Kompetenzperspektive des strategischen Managements.* Wiesbaden: Gabler.

Heidecker, M. (2003). *Wertorientiertes Human Capital Management. Zur Steigerung des Unternehmenswertes durch die Personalarbeit.* Wiesbaden: Deutscher Universitätsverlag. http://doi.org/10.1007/978-3-663-11841-1

Huselid, M.A. (1995). The impact of human resource management practices on turnover, productivity and corporate financial performance. *Academy of Management Journal, 38,* 635–672. http://doi.org/10.2307/256741

Huselid, M. A., Jackson, S. E. & Schuler, R. S. (1997). Technical and strategic human resource management effectiveness as determinants of firm performance. *Academy of Management Journal, 40,* 171–188. http://doi.org/10.2307/257025

Jiang, K., Lepak, D. P., Hu, J. & Baer, J. (2012). How does human resource management influence organizational outcomes? A meta-analytic investigation of mediating mechanisms. *Academy of Management Journal, 55,* 1264–1294. http://doi.org/10.5465/amj.2011.0088

Kim, Y. & Ployhart, R. E. (2014). The effects of staffing and training on firm productivity and profit growth before, during and after the great recession. *Journal of Applied Psychology, 99,* 361–389. http://doi.org/10.1037/a0035408

Kirkpatrick, D. L. (1975). *Evaluating training programs.* Madison: Wesley.

Kossek, E. E., Roberts, K., Fisher, S. & DeMarr, B. (1998). Career self-management: A quasi-experimental assessment of the effects of a training intervention. *Personnel Psychology, 51,* 935–961. http://doi.org/10.1111/j.1744-6570.1998.tb00746.x

Lerner, D., Rodday, A. M., Cohen, I. T. & Rogers, W. H. (2013). A systematic review of the evidence concerning the economic impact of employee-focused health promotion and wellness programs. *Journal of Occupational and Environmental Medicine, 55,* 209–222. http://doi.org/10.1097/JOM.0b013e3182728d3c

Liao, H., Toya, K., Lepak, D. P. & Hong, Y. (2009). Do they see eye to eye? Management and employee perspectives of high-performance work systems and influence processes on service quality. *Journal of Applied Psychology, 94,* 371–391. http://doi.org/10.1037/a0013504

London, M. & Smither, J. W. (1999). Career-related continuous learning: Defining the con-struct and mapping the process. *Research in human resources management, 17,* 81–121.

MacDuffie, J. P. (1995). Human resource bundles and manufacturing performance: Organizational logic and flexible production systems in the world auto industry. *Industrial and Labor Relations, 48,* 197–221. http://doi.org/10.1177/001979399504800201

Maurer, T. J., Weiss, E. M. & Barbeite, F. G. (2003). A model of involvement in work-related learning and development activitiy: The effects of individual, situational, motivational and age variables. *Journal of Applied Psychology, 88,* 707–724. http://doi.org/10.1037/0021-9010.88.4.707

Michaelis, B., Sonntag, Kh. & Stegmaier, R. (2015). Studien zum Gesundheitsindex, zur Mitarbeiterleistung und zum ökonomischen Nutzen. In Kh. Sonntag, R. Stegmaier & U. Spellenberg (Hrsg.), *Arbeit – Gesundheit – Erfolg: Betriebliches Gesundheitsmanagement auf dem Prüfstand – das Projekt BiG* (2. Aufl., S. 107–126). Kröning: Asanger.

Michaelis, B., Stegmaier, R. & Sonntag, Kh. (2015). Institutionale Komponente „Gesundheitsmanagement" im BiG-Modell. In Kh. Sonntag, R. Stegmaier & U. Spellenberg (Hrsg.), *Arbeit – Gesundheit – Erfolg: Betriebliches Gesundheitsmanagement auf dem Prüfstand – das Projekt BiG* (S. 39–52). Kröning: Asanger.

Ngo, H.-Y., Turban, D., Lau, C.-M. & Lui, S.-Y. (1998). Human resource practices and firm performance of multinational corporations: influences of country origin. *International Journal of Human Resource Management, 9,* 632–652. http://doi.org/10.1080/095851998340937

Parks, K. M. & Steelman, L. A. (2008). Organizational wellness programs: A meta-analysis. *Journal of Occupational Health Psychology, 13,* 58–68. http://doi.org/10.1037/1076-8998.13.1.58

Patterson, M., Warr, P. & West, M. (2004). Organizational climate and company productivity: The role of employee affect and employee level. *Journal of Occupational and Organizational Psychology, 77,* 193–216. http://doi.org/10.1348/096317904774202144

Pfeffer, J. (1994). *Competitive advantage through people: Unleashing the power of the work force.* Boston: Harvard Business School Press.

Priem, R. L. & Butler, J. E. (2001). Is the resource-based „views“ a useful perspective for strategic management research? *Academy of Management Review, 26,* 22–40.
Proff, H. (2000). Hybrid strategies as strategic challenge – The case of the German automotive industry. *Omega. The International Journal of Management Science, 28,* 541–553.
Richard, O. C. & Johnson, N. B. (2001). Strategic human resource management effectiveness and firm performance. *International Journal of Human Resource Management, 12,* 299–310. http://doi.org/10.1080/09585190121674
Schmidt, H. (Hrsg.). (1982). *Humanvermögensrechnung zur Ergänzung der unternehmerischen Rechnungslegung – Konzepte und Erfahrungen.* Berlin: De Gruyter.
Sonntag, Kh., Büch, V. & Stegmaier, R. (2015). Entwicklung des Modells eines nachhaltigen Gesundheitsmanagements. In Kh. Sonntag, R. Stegmaier & U. Spellenberg (Hrsg.), *Arbeit – Gesundheit – Erfolg: Betriebliches Gesundheitsmanagement auf dem Prüfstand – das Projekt BiG* (2. Aufl., S. 35–39). Kröning: Asanger.
Sonntag, Kh. & Stegmaier, R. (2015a). Benchmarking in einem Gesundheitsnetzwerk: Das Projekt BiG. In Kh. Sonntag, R. Stegmaier & U. Spellenberg (Hrsg.), *Arbeit – Gesundheit – Erfolg: Betriebliches Gesundheitsmanagement auf dem Prüfstand – das Projekt BiG* (2. Aufl., S. 7–14). Kröning: Asanger.
Sonntag, Kh. & Stegmaier, R. (2015b). Creating value through occupational health management. In M. Andresen & C. Nowak (Eds.), *Human Resource Management Practices. Assessing Added Value* (pp. 125–145). Heidelberg: Springer.
Sonntag, Kh., Stegmaier, R., Schaper, N. & Friebe, J. (2004). Dem Lernen im Unternehmen auf der Spur: Operationalisierung von Lernkultur. *Unterrichtswissenschaft, 32,* 104–128.
Subramony, M., Krause, N., Norton, J. & Burns, G. N. (2008). The relationship between human resource investments and organizational performance: A firm-level examination of equilibrium theory. *Journal of Applied Psychology, 93,* 778–788. http://doi.org/10.1037/0021-9010.93.4.778
Takeuchi, R., Lepak, D. P., Wang, H. & Takeuchi, K. (2007). An empirical examination of the mechanisms mediating between high-performance work-systems and the performance of Japanese organizations. *Journal of Applied Psychology, 92,* 1069–1083. http://doi.org/10.1037/0021-9010.92.4.1069
Tharenou, P., Saks, A. M. & Celia, M. (2007). A review and critique of research on training and organizational-level outcomes. *Human Resource Management Review, 17,* 251–273. http://doi.org/10.1016/j.hrmr.2007.07.004
van Dick, R. (2007). Identifikation und Commitment. In H. Schuler & Kh. Sonntag (Hrsg.), *Handbuch der Arbeits- und Organisationspsychologie* (S. 287–293). Göttingen: Hogrefe.
Wellbourne, T. M. & Andrews, A. O. (1996). Predicting the performance of initial public offerings: Should human resource management be in the equation. *Academy of Management Journal, 39,* 891–919. http://doi.org/10.2307/256716
Wolf, E. & Zwick, T. (2002). *Reassessing the impact of high performance workplaces* (ZEW Discussion Paper No. 02–07). Mannheim: Zentrum für Europäische Wirtschaftsforschung.
Wright, P. M., Gardner, T. M., Moynihan, L. M. & Allen, M. R. (2005). The relationship between HR practices and firm performance. Examining causal order. *Personnel Psychology, 58,* 409–446. http://doi.org/10.1111/j.1744-6570.2005.00487.x
Wright, P. M., Gardner, T. M., Moynihan, L. M., Park, H. J., Gerhart, B. & Dellery, J. E. (2000). Measurement error in research on human resources and firm performance: Additional data and suggestions for future research. *Personnel Psychology, 54,* 875–901. http://doi.org/10.1111/j.1744-6570.2001.tb00235.x
Youndt, M. A., Snell, S. A., Dean, J. W. & Lepak, D. P. (1996). Human resource management, manufacturing strategy and firm performance. *Academy of Management Journal, 39,* 836–866. http://doi.org/10.2307/256714

Zwick, T. (2002). *Continuous training and firm productivity in Germany* (ZEW Discussion Paper No. 02–50). Mannheim: Zentrum für Europäische Wirtschaftsforschung.

Zwick, T. (2004). Weiterbildungsintensität und betriebliche Produktivität. *Zeitschrift für Betriebswirtschaft, 74,* 651–668.

Anhang

Übersicht

Die Autorinnen und Autoren des Bandes

Prof. Dr. Jens B. Asendorpf studierte Mathematik, Informatik und Psychologie. Er war von 1982 bis 1994 Mitarbeiter am Max-Planck-Institut für psychologische Forschung und von 1994 bis 2014 Professor für Persönlichkeitspsychologie an der Humboldt-Universität zu Berlin mit den Forschungsschwerpunkten Persönlichkeitsentwicklung, soziale Beziehungen und Akkulturation. Inzwischen ist er im Ruhestand. Er war langjähriger Herausgeber des European Journal of Personality und Präsident der European Association of Personality Psychology.

Dipl.-Psych. Katrin Bickerich ist Doktorandin in der Arbeits- und Organisationspsychologie an der Universität Heidelberg mit dem Forschungsschwerpunkt Evaluation von Coaching bei Veränderungen in Organisationen. Seit 2012 ist sie als Personalentwicklerin mit dem Arbeitsschwerpunkt Führungskräfteentwicklung an einem Universitätsklinikum beschäftigt sowie als selbständiger Coach tätig. Sie studierte Psychologie an der Universität Trier und absolvierte eine Ausbildung in systemischer Therapie, Beratung, Supervision und Coaching (MAGST). Sie ist Mitglied in der Deutschen Gesellschaft für Psychologie (DGPs).

Prof. Dr. Veronika Brandstätter ist seit 2003 ordentliche Professorin für Allgemeine Psychologie (Schwerpunkt Motivation und Emotion) an der Universität Zürich. Mit einem Promotionsstipendium des Max-Planck-Instituts für Psychologische Forschung in München schloss sie 1991 ihre Promotion zum Dr. phil. ab. Nach einer Tätigkeit als wissenschaftliche Mitarbeiterin und Programmleiterin im Bereich des Kontaktstudiums Management der Universität Augsburg und anschließend als wissenschaftliche Assistentin am Lehrstuhl für Sozialpsychologie (Prof. Dieter Frey) am Institut für Psychologie der Ludwig-Maximilians-Universität München habilitierte sie sich 2000 für das Fach Psychologie. In ihrer Forschung zu Theorie- und Praxisaspekten der Motivation erforscht sie die Bedingungen gelungenen Zielstrebens und der Ablösung von allzu problematischen Zielen. Die so gewonnenen Erkenntnisse nutzt sie in Trainings zur Motivationsförderung im Kontext von Wirtschafts- und Bildungsinstitutionen.

Dipl.-Psych. Julia Dexheimer studierte Psychologie in Heidelberg und Madrid. Im Anschluss an das Studium arbeitete sie als wissenschaftliche Mitarbeiterin und Doktorandin am Lehrstuhl für Allgemeine und Theoretische Psychologie der Universität Heidelberg sowie als Lehrbeauftragte an der Hochschule Coburg. Seit 2015 ist sie als Personalentwicklerin bei der HeidelbergCement AG tätig. Ihre Forschungsschwerpunkte sind komplexes Problemlösen und Auswirkungen auf Verhalten und Einstellungen am Arbeitsplatz.

Dr. Valerie Elsässer, Diplom-Psychologin, promovierte zum Thema „Arbeitszufriedenheit und Depressivität im mittleren Erwachsenenalter: Eine Längsschnittanalyse mit Daten der ILSE-Studie“ bei Prof. Dr. H.-W. Wahl. Ihre Forschungsinteressen umfassen psychologische Lebenslauf- und Alternsforschung, Zusammenhänge zwischen psychischer und körperlicher Gesundheit sowie zwischen Arbeitszufriedenheit und Depressivität und empirische Forschungsmethoden. Derzeit ist sie als psychologische Leiterin der Psychiatrischen Ambulanz für Kognitives Training (PAKT), Psychiatrische Universitätsklinik Heidelberg, beschäftigt und absolviert eine Weiterbildung zur Psychologischen Psychotherapeutin (Schwerpunkt Verhaltenstherapie).

Elisa Feldmann, M. Sc. studierte Psychologie an den Universitäten Mannheim und Heidelberg. 2011 absolvierte sie ihren Bachelor of Science an der Universität Mannheim, 2013 den Master of Science mit Schwerpunkt Organizational Behavior and Adaptive Cognition an der Universität Heidelberg. Seit 2013 ist sie wissenschaftliche Mitarbeiterin der Abteilung Arbeits- und Organisationspsychologie der Universität Heidelberg, seit 2014 außerdem Mitarbeiterin der Deutschen Lufthansa AG im Bereich Arbeitssicherheit. Ihre Arbeits- und Forschungsschwerpunkte sind Erholung, Gefährdungsbeurteilung psychischer Belastung am Arbeitsplatz, Gesundheitsförderung sowie Vereinbarkeit von Arbeit und Privatleben.

Prof. Dr. Joachim Funke ist Professor für Allgemeine und Theoretische Psychologie an der Universität Heidelberg. Er studierte Psychologie, Philosophie und Germanistik an den Universitäten Düsseldorf, Basel und Trier. An der Universität Trier schloss er 1980 das Diplom und 1984 seine Promotion ab. Seine Habilitation erfolgte 1990 an der Universität Bonn. Von 1980 bis 1984 war er Mitarbeiter an der Universität Trier. Im Anschluss (1984–1997) war er Mitarbeiter, Hochschulassistent, Oberassistent und Hochschuldozent an der Universität Bonn, bevor er 1997 den Ruf an die Universität Heidelberg auf den Lehrstuhl für Allgemeine und Theoretische Psychologie annahm. Seine Forschungsschwerpunkte sind Kognitive Psychologie, speziell Denken und Problemlösen.

Dr. Marie Hennecke, Diplom-Psychologin, ist seit 2013 als Oberassistentin am Lehrstuhl „Allgemeine Psychologie: Motivation“ an der Universität Zürich tätig. Nach ihrer Promotion in Zürich im Jahr 2011 absolvierte sie einen Forschungsaufenthalt an der University of Virginia, USA. In ihrer Forschung und Lehre befasst sie sich derzeit vor allem damit, wie Personen ihre persönlichen Ziele verfolgen und wie sich Selbstregulation und Persönlichkeit im Erwachsenenalter entwickeln. Außerhalb der Universität unterrichtet sie auch Anwendergruppen zu Themen der Motivation und Selbstregulation und verfasst populärwissenschaftliche Publikationen zu verschiedenen Themen der Psychologie.

Prof. Dr. Sabine Hochholdinger leitet seit 2010 den Lehrstuhl für Betriebspädagogik an der Universität Konstanz. Nach dem Psychologie-Diplom 1996 an der Universität Mannheim promovierte sie dort 2002 und habilitierte 2006 an der Universität Paderborn. Weitere Stationen waren die RWTH Aachen, die Universitäten Heidelberg und Bamberg. Ihre Forschungsschwerpunkte liegen in der theoriebasierten Gestaltung und Evaluation betrieblichen Lernens, mit Projekten zu E-Learning, Qualifikationen und Kompetenzen von Weiterbildungspersonal sowie zu evidenzbasiertem Personalmanagement.

Prof. Dr. Dr. Friedrich W. Hesse studierte Psychologie an den Universitäten Marburg und Düsseldorf (Diplom 1976), promovierte an der RWTH Aachen (1979) und habilitierte sich für Psychologie an der Universität Göttingen (1989). Seit 1990 ist er als Professor in Tübingen tätig. Von 1993 bis 2000 war er Leiter der Abteilung Angewandte Kognitionswissenschaft am Deutschen Institut für Fernstudienforschung (DIFF). Von 1995 bis 1997 war er zusätzlich Direktor des CNRS-geförderten Laboratoire Européen de Recherche sur les Apprentissages et les Nouvelles Technologies (LERANT) in Frankreich. Seit 1999 hat er den Lehrstuhl für Angewandte Kognitionspsychologie und Medienpsychologie an der Universität Tübingen inne und ist seit 2001 Gründungsdirektor des Leibniz-Instituts für Wissensmedien. Seit 2010 ist Friedrich W. Hesse wissenschaftlicher Vizepräsident der Leibniz-Gemeinschaft. Seine Forschungsschwerpunkte liegen im Bereich der netzbasierten Wissenskommunikation und des computer-unterstützten kollaborativen Lernens (z. B. Gruppenlernen unter Einsatz von Multi-Touch-Screens).

Dr. Pia V. Ingold, Diplom-Psychologin, ist Oberassistentin in der Abteilung Arbeits- und Organisationspsychologie der Universität Zürich. Ihr Forschungsschwerpunkt richtet sich auf personalbezogene Themen, v. a. Personaldiagnostik und -auswahl, Leistungsbeurteilungen, soziale Kompetenzen und Impression Management von Bewerbern und Arbeitnehmern. Im Rahmen ihrer Dissertation konzipierte und leitete Frau Ingold Projekte mit Assessment Centern und Interviews für 300 Personen. Ihre Doktorarbeit befasst sich mit interindividuellen und situativen Faktoren, die die Vorhersage der beruflichen Leistung durch Personalauswahlverfahren beeinflussen. Seit 2011 wird ihre wissenschaftliche Tätigkeit durch Zertifizierungen von Schweizer Assessment Centern in Zusammenarbeit mit SQS und Swiss Assessment ergänzt.

Prof. Dr. Martin Kleinmann ist Lehrstuhlinhaber für das Fach Arbeits- und Organisationspsychologie an der Universität Zürich. Derzeit ist er zudem Direktor des Psychologischen Instituts der Universität Zürich. Nach seiner Habilitation nahm er einen Ruf als Professor an die Universität Marburg an. Er arbeitete mehrere Jahre als Berater und Betriebspsychologe mit Schwerpunkt Personalpsychologie, war Sprecher der Fachgruppe Arbeits- und Organisationspsychologie der DGPs und Herausgeber der Zeitschrift für Personalpsychologie. Martin Kleinmann hat diverse Forschungsgelder erhalten, u. a. von der Deutschen Forschungsgemeinschaft (DFG) und dem Schweizerischen Nationalfonds (SNF). Für seine Verdienste um die Arbeits- und Organisationspsychologie wurde er mit einem SIOP-Fellowship geehrt. Seine Forschungsschwerpunkte beinhalten Personalauswahl, Personalentwicklung, Leistungsbewertung in verschiedenen Zusammenhängen, Zeitmanagement und Forschung zu effizienten Meetings.

PD Dr. Alexandra Michel, Diplom-Psychologin, arbeitet als wissenschaftliche Leiterin eines Fachbereichs bei der Bundesanstalt für Arbeitsschutz und Arbeitsmedizin (BAuA). Sie promovierte 2008 und habilitierte 2014 am Psychologischen Institut der Universität Heidelberg. Ihre Forschungsinteressen gelten den Themenfeldern Occupational Health und Gesundheitsmanagement, Ressourcenorientierte Interventionen im Arbeitskontext, Coaching und Change Management. Sie ist nicht nur Wissenschaftlerin, sondern als ausgebildete systemisch-lösungsorientierte Beraterin und Therapeutin (SG) verfügt sie über langjährige Erfahrungen als Personal- und Organisationsentwicklerin sowie als Coach.

Prof. Dr. Korbinian Moeller studierte Psychologie mit dem Schwerpunkt Arbeits- und Organisationspsychologie an der RWTH Aachen und der University of Dundee (Schottland, Vereinigtes Königreich). Danach arbeitete er als wissenschaftlicher Mitarbeiter in der Abteilung für Psychologische Diagnostik der Paris-Lodron-Universität Salzburg (Österreich) und der Eberhard Karls Universität in Tübingen, wo er 2010 promovierte. Seit 2012 ist Korbinian Moeller Professor für Angewandte Lern- und Wissenspsychologie am Leibniz-Institut für Wissensmedien. Sein Forschungsschwerpunkt liegt auf der Untersuchung der neuro-kognitiven Grundlagen von Lernprozessen.

Prof. Dr. Johannes Moskaliuk hat an der Universität Tübingen Psychologie studiert und dort auch promoviert. Er ist assoziierter Wissenschaftler am Leibniz-Institut für Wissensmedien in Tübingen. In seiner Forschung untersucht er das Potenzial von Web 2.0-Medien für individuelles und organisationales Lernen. Außerdem ist Johannes Moskaliuk Professor für Wirtschaftspsychologie an der EBC Hochschule in Düsseldorf und Geschäftsführer der ich.raum GmbH, die Training und Coaching für Führungskräfte anbietet mit einem Schwerpunkt auf wertorientierter Führung und Kommunikation.

Dr. Christoph Nohe, Diplom-Psychologe, studierte Psychologie in Eichstätt-Ingolstadt, Cincinnati (USA) und Trier. Im Anschluss promovierte er an der Universität Heidelberg zur Vereinbarkeit von Familie und Beruf (2014). Seit 2014 ist er als Postdoktorand an der Universität Münster tätig. Seine Forschung befasst sich mit Führung, Arbeitsleistung, Arbeitsstress und Gesundheit.

Prof. Dr. Kai Sassenberg hat an der Universität Mannheim Psychologie (Diplom, 1996) studiert und an der Universität Göttingen promoviert (1999). Danach war er als Postdoktorand und Nachwuchsgruppenleiter an der Universität Jena tätig, bevor er als Associate Professor für Organisationpsychologie an die Universität Groningen (NL) und schließlich als Professor an die Universität Tübingen wechselte. Dort ist er seit 2007 Leiter der Arbeitsgruppe „Soziale Prozesse“ am Leibniz-Institut für Wissensmedien. Seine Forschung befasst sich mit Kooperation und Lernen in Gruppen, Macht und Führung sowie unterschiedlichen Aspekten der Psychologie des Online-Verhaltens.

Dr. Christine Sattler, Diplom-Psychologin, studierte Psychologie an der Universität Bonn und der Macquarie University Sydney, Australien. Im Anschluss promovierte sie als Stipendiatin des Marsilius-Kollegs im Rahmen der Exzellenzinitiative der Universität Heidelberg. Seit 2012 ist Frau Dr. Sattler als akademische Mitarbeiterin am Lehrstuhl für Arbeits- und Organisationspsychologie der Universität Heidelberg tätig. Ihr Forschungsschwerpunkt besteht in der Analyse von Qualitätskultur und Qualitätsmanagement im organisationalen Kontext. Im Zuge ihrer Forschungstätigkeiten wurde Frau Dr. Sattler 2014 als Senatsbeauftragte für Qualitätsentwicklung der Universität Heidelberg gewählt.

Prof. Dr. Niclas Schaper studierte Psychologie in Göttingen. Von 1989 bis 1994 war er Promovend und wissenschaftlicher Mitarbeiter am Institut für Arbeitswissenschaft der Universität Kassel. Von 1994 bis 2004 war er wissenschaftlicher Assistent und Hochschuldozent am Psychologischen Institut der Ruprecht-Karls-Universität Heidelberg und habilitierte sich dort im Jahr 2000 mit der venia legendi für Psychologie. Seit 2004 ist er Professor für Arbeits- und Organisationspsychologie an der Universität Paderborn. Zu seinen Arbeitsschwerpunkten zählen Arbeits-, Anforderungs- und Aufgabenanalysen, Kompetenzmodellierung und -messung, Gestaltung und Evaluation arbeitsplatznahen Lernens, berufliches Weiterbildungsverhalten, organisationale Lernkultur, Evaluation betrieblicher Trainings- und Entwicklungsmaßnahmen, Rolle organisationaler Einstellungs- und Motivationskonstrukte in Zusammenhang mit Mitarbeiterbindung, Talentmanagement und Employer Branding, Kompetenzorientierung in Studium und Lehre sowie Kompetenzmodellierung und -messung in der Lehrerbildung.

Dipl.-Psych. Nadine Seiferling studierte Psychologie an der Ruprecht-Karls-Universität Heidelberg und an der University of Otago in Dunedin, New Zealand. Seit 2011 ist sie als akademische Mitarbeiterin am Lehrstuhl für Arbeits- und Organisationspsychologie der Universität Heidelberg tätig. 2013 nahm Frau Seiferling ihre Promotion am Lehrstuhl auf. Im Rahmen des durch den Innnovationsfonds FRONTIER der Universität Heidelberg geförderten Projektes „Zufrieden in den Ruhestand“ entwickelt und evaluiert sie eine ressourcenbasierte Gruppen-Intervention für angehende Ruheständler.

Prof. Dr. Karlheinz Sonntag studierte Betriebswirtschaftslehre und Psychologie an den Universitäten in Augsburg und München und promovierte (Psychologie) an der LMU München. Seit 1993 ist er Universitätsprofessor und Inhaber des Lehrstuhls für Arbeits- und Organisationspsychologie an der Universität Heidelberg. Er hatte Gastprofessuren an den Universitäten Bern (1999), der Wirtschaftsuniversität Wien (2005) und der Université de Fribourg (2007) inne und war Herausgeber der Zeitschrift für Arbeits- und Organisationspsychologie und der Zeitschrift für Personalpsychologie. Von 2009 bis 2013 war er Prorektor für Qualitätsentwicklung an der Universität Heidelberg. Zu seinen Arbeitsschwerpunkten zählen Demografie und Arbeitswelt, Occupational Health und Gesundheitsmanagement, Personalentwicklung und Trainingsforschung, Anforderungsanalyse und Kompetenzmanagement. Er leitet mehrere Forschungsprojekte zur Gefährdungsbeurteilung psychischer Belastung am Arbeitsplatz, zur Work-Life-Balance und Unternehmenskultur, zu Gesundheitsförderung in einer digitalisierten Arbeitswelt, zur Beurteilung von Potenzialen älterer Mitarbeiter sowie zur Qualitätsentwicklung an Hochschulen.

Prof. Dr. Ralf Stegmaier ist Professor für Wirtschaftspsychologie an der Hochschule Osnabrück. Er studierte Psychologie an der Universität Heidelberg (Diplom, 1995) wo er im Jahr 2000 promovierte. 2008 schloss er seine Habilitation an der Universität Heidelberg mit der venia legendi in Psychologie ab. Seine Forschungsschwerpunkte sind Change Management, Innovation und Kreativität, betriebliches Gesundheitsmanagement, Kompetenzforschung, Personalentwicklung, Lehr- und Lernprozesse, Selbstmanagement, Verhaltensänderung.

Dr. Sarah Turgut, Diplom-Psychologin, studierte Psychologie an der Universität Heidelberg und der University of Melbourne, Australien. Im Anschluss an das Studium arbeitete sie als wissenschaftliche Mitarbeiterin in der Abteilung Arbeits- und Organisationspsychologie der Universität Heidelberg. Ihr Forschungsschwerpunkt liegt auf dem betrieblichen Gesundheitsmanagement und Change Management in Organisationen. Im Oktober 2014 schloss sie ihre Promotion zur inhaltlichen und methodischen Gestaltung des betrieblichen Gesundheitsmanagements ab, für die sie den Südwestmetall-Förderpreis erhielt. Seit 2015 arbeitet sie bei dem Global Learning Campus der Siemens AG. In ihrer Rolle als Consultant für den weltweiten Konzern beschäftigt sie sich mit komplexen Fragestellungen der Führungskräfteentwicklung und Eignungsdiagnostik.

Prof. Dr. Rolf van Dick ist Professor für Sozialpsychologie an der Goethe Universität Frankfurt. Davor war er Professor für Sozial- und Organisationspsychologie an der Aston University, Birmingham und hatte Gastprofessuren in Tuscaloosa (USA), auf Rhodos (Griechenland) und in Katmandu (Nepal) inne. Von 2011 bis 2015 war er Dekan des Fachbereichs Psychologie und Sportwissenschaften und seit 2011 ist er Direktor des Center for Leadership and Behavior in Organizations (CLBO). Rolf van Dick hat vor allem zur Anwendung von Identitätsprozessen in organisationalen Kontexten, insbesondere im Hinblick auf Stress, Diversität und Führung, publiziert. Er war Herausgeber bzw. Mitherausgeber der internationalen Fachzeitschriften British Journal of Management, European Journal of Work and Organizational Psychology und Journal of Personnel Psychology.

Prof. Dr. Hans-Werner Wahl leitet seit 2006 die Abteilung für Psychologische Alternsforschung am Psychologischen Institut der Universität Heidelberg. Er promovierte 1989 an der Freien Universität Berlin. Seine Forschungsschwerpunkte umfassen die Untersuchung von Wechselwirkungen zwischen Altern und Umwelt, Adaptationsprozesse im späten Leben, die Rolle subjektiven Alternserlebens sowie den Umgang mit chronischen Verlusten, speziell Sensorik- und Mobilitätseinbußen. Seit 2004 ist er Mitherausgeber des European Journal of Ageing. Seine Beiträge sind mehrfach ausgezeichnet worden, so 2009 mit dem M. Powell Lawton Award der Amerikanischen Gerontologischen Gesellschaft, bei der er auch Fellow-Status besitzt.

Prof. Dr. Dieter Zapf ist seit 1997 Professor für Arbeits- und Organisationspsychologie und Scientific Director am Center for Leadership and Behavior in Organizations (CLBO) an der Johann Wolfgang Goethe-Universität Frankfurt, außerdem Visiting Professor an der Manchester Business School, University of Manchester, UK. Er unterrichtet Arbeits- und Organisationspsychologie im Bachelor- und Masterstudium an der Goethe-Universität. Zu den Forschungsschwerpunkten der letzten Jahre gehören Arbeit und Gesundheit, stressbezogene Arbeitsanalyse, Gefährdungsanalysen in Unternehmen, ältere Mitarbeiter und demografischer Wandel, soziale Konflikte und Mobbing am Arbeitsplatz sowie Emotionsarbeit in Dienstleistungsorganisationen.

Sachregister